C000075948

# 1 MONTH OF
# FREE
# READING

## at

## www.ForgottenBooks.com

By purchasing this book you are eligible for one month membership to ForgottenBooks.com, giving you unlimited access to our entire collection of over 1,000,000 titles via our web site and mobile apps.

To claim your free month visit:

www.forgottenbooks.com/free699565

\* Offer is valid for 45 days from date of purchase. Terms and conditions apply.

ISBN 978-0-265-48608-5
PIBN 10699565

This book is a reproduction of an important historical work. Forgotten Books uses
state-of-the-art technology to digitally reconstruct the work, preserving the original format
whilst repairing imperfections present in the aged copy. In rare cases, an imperfection in
the original, such as a blemish or missing page, may be replicated in our edition. We do,
however, repair the vast majority of imperfections successfully; any imperfections that
remain are intentionally left to preserve the state of such historical works.

Forgotten Books is a registered trademark of FB &c Ltd.
Copyright © 2018 FB &c Ltd.
FB &c Ltd, Dalton House, 60 Windsor Avenue, London, SW19 2RR.
Company number 08720141. Registered in England and Wales.

For support please visit www.forgottenbooks.com

bound in 2 vols.

16 colored pl

many ill.

"5 Blätter einer geognostischen
empfehlen p. 203, 474,

"1 Blatt Gebirgsmassenkarten

**BRANNER
GEOLOGICAL LIBRARY**

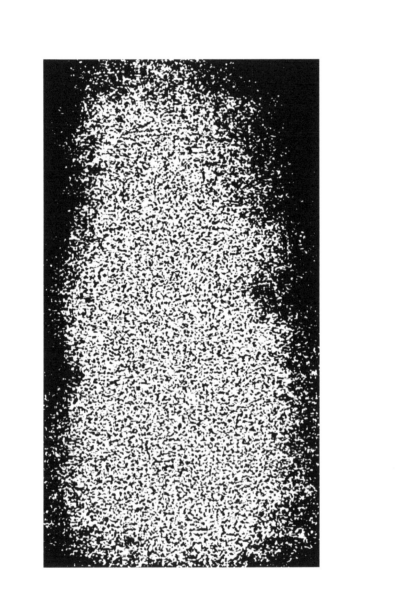

# GEOGNOSTISCHE BESCHREIBUNG

DES

# KŒNIGREICHS BAYERN.

## ZWEITE ABTHEILUNG

als Fortsetzung der geognostischen Beschreibung Bayerns:

**Erste Abtheilung:**

„Geognostische Beschreibung des bayerischen Alpengebirges und seines Vorlandes,
ausgearbeitet von C. W. Gümbel. 1861".

GOTHA.

Verlag von Justus Perthes.

1868.

# GEOGNOSTISCHE BESCHREIBUNG

DES

# OSTBAYERISCHEN GRENZGEBIRGES

ODER DES

## BAYERISCHEN UND OBERPFÄLZER WALDGEBIRGES.

---

Herausgegeben

auf Befehl des k. bayer. Staatsministeriums der Finanzen.

Ausgearbeitet

nach den im dienstlichen Auftrage vorgenommenen geognostischen Untersuchungen

von

## Dr. C. W. Gümbel,

königl. Bergrath, Professor und Akademiker.

---

Mit 5 Blättern einer geognostischen Karte und 1 Blatt Gebirgsansichten.
Im Texte 16 Ansichten und zahlreiche Holzschnitte.

GOTHA.

Verlag von Justus Perthes.

1868.

554.33
G7258
v.2
pt.1

# Inhalt.

---

# Verzeichniss der Ansichten.

# Einleitung.

Wie im Süden Bayerns das Alpengebirge, so zieht sich auch längs der Ostgrenze von der Donau an nordwärts ein breiter Höhenzug, der im Ganzen, d. h. mit Einschluss der in's Erzherzogthum Österreich und nach Böhmen hinüber reichenden Theile, als der **Böhmerwald** oder das **bayerisch-böhmische Waldgebirge** bekannt ist. Der bayerische Antheil an diesem grossen Gebirgsganzen, den man passend das **Nordwaldgebirge** nennen kann, wird im Süden als **bayerischer Wald**, in den mittleren Partieen als **Oberpfälzerwald**, im Norden als **Fichtelgebirge** bezeichnet und unterschieden. In dieser Abtheilung der geognostischen Beschreibung des Königreichs sind es nur die zwei zuerst genannten Gebirgsglieder, das sogenannte **ostbayerische Grenzgebirge** oder auch der **Wald** schlechtweg, deren nähere Beschreibung hier unsere Aufgabe ist. Da es nicht zu vermeiden war, dass die diese Gebirgstheile darstellenden Karten noch viel weiter westwärts in's Gebiet der **fränkischen Alb (Frankenjura)** hinübergreifen, so werden dadurch auch nicht unbeträchtliche Theile dieses Gebirges und die zwischen beiden ausgebreiteten Niederungen längs der Naab wenigstens so weit bei dieser Schilderung Berücksichtigung finden müssen, als es das Verständniss der Karten erfordert. Der erschöpfenden Darstellung der geognostischen Verhältnisse in der fränkischen Alb soll eine besondere Abtheilung dieses Werkes gewidmet werden.

Ragt auch das **ostbayerische Grenzgebirge** nicht zu jenen beträchtlichen Höhen empor, bis zu welchen die Alpen in vielen ihrer Berggipfel sich über die Grenze des ewigen Schnees erheben, so schliesst es sich doch unter den Gebirgen, welche an der Oberflächengestaltung Bayerns betheiligt sind, am nächsten an die Alpen an; es ist das **zweithöchste** Gebirge unseres Landes.

Diese Verhältnisse eines mittelhohen Gebirges im Zusammenhange mit der ganz abweichenden Beschaffenheit der Gesteine (Urgebirgsfelsarten), aus welchen das östliche Gebirge aufgebaut ist gegenüber der vorwaltend kalkigen Natur der Hochgebirgs-Felsmassen, verleihen dem **Waldgebirge** jene Eigenthümlichkeiten, welche allerdings in grellem Kontraste zu den vielgerühmten Herrlichkeiten des Alpengebirges stehen, aber gleichwohl nicht so sehr alle landschaftlichen Reize ausschliessen, dass der Wald nicht verdiente, mehr als bisher besucht und gesehen zu werden.

Zwar fehlen in ihm die Zauber der Gletscherregion, welche in ihren riesigen Krystallbauten uns mit unwiderstehlicher Gewalt zu sich emporziehen, die Pracht mächtiger Wasserfälle, in welchen die munteren Alpenbäche mit ihrem freundlichen grünen Wasser über blendend weisse Kalkfelsen sich stürzen, und die Reize jener lieblichen Seeen der Alpen, deren von dunklen Bergen eingerahmte Spiegelfläche uns in dem heiteren Blau des Himmels rein entgegenglänzt.

Wir vermissen im Waldgebirge die überwältigenden Gegensätze des schattigen Waldes in den Thälern, der sonnigen, buntbelebten Alpflächen oben auf den Berggehängen und der verwegenen, wildzackigen Felsen, die ihnen sich anlehnend in unersteiglich scheinenden schroffen Spitzen die Bergmassen vielgestaltig krönen. Es fehlen ihm der muntere Sang und Klang des Hochgebirges, die unerschöpfliche Frische des urkräftigen Alplers, die bunte Mannichfaltigkeit in der Pflanzen- und Thierwelt.

Der Wald ist ein breites Haufwerk von langgezogenen rundlichen Bergen, die sich so dicht und gleichförmig an einander schliessen, dass das ganze Land das Aussehen eines erstarrten welligen Meeres gewinnt. Selten gewahrt man einen seine Umgebung beherrschenden Gipfelpunkt, der uns eine Rundsicht, einen Überblick über seine Nachbarschaft zu geben verspricht. Haben wir endlich nach langem Suchen den höchsten Punkt erreicht, wo oben auf der fast ebenen Bergfläche der eigentliche Gipfel sich wölbt, dann versperrt uns der nächste, nur um Weniges niedrigere runde Kopf die Aussicht in der einen Richtung und ein zweiter und dritter Rücken setzen nach einer anderen Gegend hin dem Blicke enge Schranken. Selbst die höchsten Bergspitzen, der Arber, der Rachel, der Lusen, der Plöckenstein, der Fahrenberg, gewähren eine verhältnissmässig beschränkte und einseitige Fernsicht. Der Wald ist in sich selbst verschlossen und abgeschlossen. Er lässt nicht aus der Ferne in sich hineinblicken und schaut nur wenig aus sich heraus. Diese Einförmigkeit, welche durch die stets wiederkehrenden rundlichen Formen aller Berge und Hügel selbst als Charakter dem Ganzen sich aufdrängt, dieser Abschluss nach aussen, welcher durch die sein Gebiet rings umziehenden Niederungen verstärkt wird, geben dem Walde den Grundton seiner Eigenthümlichkeit, die beschauliche Ruhe und die fast melancholische Stille. Dieser Charakter des Bodens spiegelt sich auch in dem ganzen Bereiche der belebten Natur, in Pflanzen und Thieren, selbst in seinen Bewohnern gewissermaassen ab. Man darf daher die Schönheiten des Grenzgebirges in nichts Anderem suchen wollen, als in der ernsten Majestät seiner dunklen Wälder, die sich, an den vorderen niederen Theilen des Gebirges schon beginnend, tiefer hinein immer enger und geschlossener an einander reihen und endlich im innersten Winkel zu wahrem Urwalde sich verdichten. Zwar dringen Kultur und Spekulation von Jahr zu Jahr immer tiefer in diesen ureigentlichen Wald vor. Wer aber noch vor wenigen Jahren in dem Zwieseler Walde oder am Rachelsee oder an den Osthängen des Plöckenstein-Waldes sich in die pfadlose Wildniss des tiefsten Waldes wagte, wo zwischen lebenskräftigen, kolossalen Fichten und Tannen von ungeheuerem Umfange und Kirchthurmhöhe nach allen Richtungen gekreuzt gleichmächtige Stämme halbvermodert einer jungen aufsprossenden Generation bereits schon zur nährenden Unterlage dienen und ein weiteres Vordringen fast unmöglich zu machen scheinen, der hat sicherlich den überwältigenden Eindruck der ernsten, fast unheimlichen Ruhe im Urwalde nicht von sich weisen können. Dieser Zug des Schwermüthigen und Düsteren liegt ganz besonders auf den Seeen des Waldes. Es sind deren nur wenige, aber alle liegen in den verstecktesten

Buchten hoch oben in den Bergen, wo das Dunkel ihres an sich braungefärbten Wassers von dem Schatten des dicht herandrängenden Hochwaldes noch tiefer umdämmert wird und in dem Beschauenden kaum eine fröhliche Stimmung aufkeimen lässt. Auch die Bäche, wenn sie hier und da versuchen, im lustigen Sprunge über Gestein und Felsblöcke zu hüpfen, vermögen die Einsamkeit der Waldberge nicht lange zu stören. Denn bald sammeln sie wieder ihr braunes Wasser in flachen, oft sogar versumpften Thalmulden (Auen), durch welche sie langsam fortschleichen, oder in eintönigen Thalgründen ohne anderen Wechsel als den der vielfach gekrümmten Richtungen, in welchen sie rascheren Laufes aus dem Walde zur Ebene sich niederziehen.

Selbst ausgedehnte Felsengruppen sind in dem sonst so steinreichen Gebirge nicht häufig genug, um in die Gleichförmigkeit der Oberflächengestaltung eine namhafte Änderung und eine merkliche Abwechslung zu bringen. Es fehlt allerdings in vielen Gegenden des Waldes nicht an pittoresken, in ihrer Art prächtigen Felsformen, in welchen die Gesteine frei emporragen, aber in den allermeisten Fällen sind sie so im Walde versteckt, dass ihr Einfluss auf den Wechsel der landschaftlichen Scenerie völlig verloren geht. Selbst ihre hervorragendsten Partieen, wie sie in den Felsgruppen auf dem Rücken und Gipfel des Ossagebirges am meisten den alpinen Charakter an sich tragen, verschwinden gegen die Mannichfaltigkeit, Wildheit und kolossalen Dimensionen der Felsgebilde des Hochgebirges.

Versucht man es, aus den tieferen und unteren Regionen des Waldes zu seinen höchsten Höhen, zu den wenigen Gipfeln des Gebirges, welche die Höhe des sogenannten hohen Vorgebirges der Alpen nicht einmal ganz erreichen, emporzusteigen, so überrascht uns ebenso sehr die fast plötzliche Änderung in der Natur des Waldes wie das unfreundliche Wetter, das so oft auf diesen Höhen den Besucher empfängt.

Der Wald lichtet sich nach oben auffallend rasch; er löst sich in einzelne Gruppen von Fichten auf, die, wie zum gegenseitigen Schutze dicht zusammengedrängt, mit schlaff herabhängendem Astwerk eine eigenthümliche konische Gestalt annehmen. Zwischen den immer seltener und kümmerlicher werdenden Fichten greift eine spärlich beraste Lichtung (Schachten) Platz, welche nur kleinen Heerden von Jungvieh dürftige Nahrung zu geben vermag. Endlich begegnen wir einseitig gegen die Wetterseite bereits abgestorbenen Bäumen, krüppeligem Buschwerk von Fichten, — ein trauriger Anblick und ein Beweis für die Unwirthlichkeit der verhältnissmässig nicht sehr hoch gelegenen Berge. Auf dem Gipfel aber empfängt uns, selbst bei dem lieblichsten Sonnenschein und sonst stillem Wetter, mitten im Sommer oft ein eisiger Luftzug, wenn nicht gar jagende Wolken, feuchter Nebel und winterliche Kälte. Wie selten gelingt es, einer klaren Fernsicht hier sich zu erfreuen, wie häufig dagegen ist die ganze Landschaft in trüben Dunst gehüllt! Selbst die blauen Farbentöne, welche über den Wald in seltener Schönheit und Tiefe sich legen, dienen, so sehr sie uns mit ihrem Zauber bannen, nur dazu, den Ernst der Stimmung zu verstärken. Treten wir aber heraus aus dem Walde und suchen die Menschen auf, so begegnen uns schon hoch oben auf den Berggehängen die ersten Siedelungen, die ersten Gehöfte mit ihren Feldern, auf welchen nur Kartoffel, Hafer und Roggen gepflanzt werden kann. Das ist

ein wesentlicher Unterschied gegen die Alpen, wo ganze Gebirgsdörfer ohne Ackerbau einzig und allein von Viehzucht sich nähren. Im Walde ist das unmöglich;
hier lässt es sich nicht ohne Ackerbau leben. Daher ist der Wald an unzähligen
Punkten gleichsam durchlöchert, nicht in den tiefen Thalgegenden, sondern oben
an den Gehängen und auf den breiten Rücken. Denn der Waldler liebt es gar
sehr, auf der Höhe, nicht in der Niederung seinen Wohnsitz aufzuschlagen, jeder
für sich in abgeschlossenem und einsamem Gehöfte, einer Reuth im Walde, die
Feld, Wiese und Wald, diesen meist als Birkig, in sich schliesst. Aber auch die Dörfer
sind bloss grosse Lichtungen im Walde, die sich ihm um so enger anschliessen,
als selbst ein bedeutender Theil des Fruchtlandes zeitweise als Wald, sogenannte
Birkenberge, wieder unbebaut liegen bleibt. Diese Birkenberge sind eine dem
Walde ganz eigenthümliche, charakteristische landschaftliche Staffage, die zwar
mit ihrem lichten Laubwerk gegen die Monotonie des dunklen Grüns der herrschenden Nadelwälder in der Färbung grell absticht, aber durch ihre sichtbar
künstlich vorgezeichneten Grenzen die Landschaft mehr beunruhigt als belebt.

Die Landwirthschaft beschränkt sich auch hier noch meist auf den Anbau von
Sommerfrüchten, von Roggen und Hafer nebst Flachs, daneben bildet die Kartoffel
ein Hauptnahrungsmittel im Walde. Für Waizen ist durchgehends Boden und Klima
nicht geeignet, wohl aber für Futterkräuter, deren Anbau aber leider sehr ver-
nachlässigt ist. Eine eigenthümliche Rindviehrasse mit dünnen Knochen, aber
feinem Fleische, wie sie die kalkarme Nahrung erzeugen muss — das Waldler-
Vieh —, dazu Schweine und Gänse machen den Hauptbestandtheil der gezüch-
teten Hausthiere aus. Die Anzahl des Viehs steht jedoch in keinem richtigen
Verhältnisse zu Wiesen und Futterbau; man hält mehr Rinder, als diese ernähren.
Daher die ökonomische Unsitte des Viehaustreibens, der Weide. Damit hängt der
Entgang des Düngers für die Feldwirthschaft zusammen und das unverständige,
aber überall laute Geschrei nach Waldstreu. Der Wald soll die Fehler der Viehzucht wieder gut machen und seine Hilfe wird in höherem Grade in Anspruch
genommen, als er sie ohne Gefahr für die eigene Erhaltung zu leisten im Stande ist.

In der Natur des Waldlers selber begegnen wir wenig Eigenthümlichem. Sein
Äusseres gleicht dem des Altbayern im Süden, doch ist sein Körper durchgehends
weniger gross und weit weniger kräftig, nicht selten seine Form rauh, fast unschön
und merkwürdig gleichartig. Sein Wesen ist einfach, schlicht, in sich gekehrt,
still überlegend, schweigsam, gegen das Fremde zurückhaltend; Ehrlichkeit und Ge-
nügsamkeit sind Hauptzüge seines Charakters. Die Begabung seines Geistes scheint
mehr in dem, was auf das Innerliche gerichtet ist und auf Zahlenverhältnisse sich
bezieht, einer Entwicklung fähig zu sein, als in der Richtung nach aussen und
des freien, spekulativen Forschens. Seine Welt ist seine Heimath, ist der Wald;
daher seine unbegrenzte Heimathsliebe und der eingeengte Gesichtskreis der Welt-
anschauung, das Selbstzufriedene und Genügsame.

Das Pflanzenreich des Waldes trägt gleichfalls den Stempel des Einfachen
und Gleichförmigen, welcher dem Ganzen aufgedrückt ist. Es sind erstaunlich
wenige Pflanzenarten, welche in allgemeiner Verbreitung, d. h. nicht vereinzelt, an
nur wenigen Punkten und in wenigen Exemplaren, die Pflanzendecke bilden. Zugleich neben dieser Eigenthümlichkeit des Einförmigen in der Flora fällt das

F e h l e n  sehr vieler solcher Arten auf, welche in anderen Gegenden zu den gewöhnlichsten und häufigsten Pflanzen gehören. Dadurch erhält der Typus der Einfachheit in der Vegetation noch den Beigeschmack der Armuth an Abwechslung.

Wie die Pflanzen, so die Thiere. Denn die meisten der charakteristischen Thiere eines Landes sind zunächst abhängig von der Natur, der Vegetation. Sehen wir ab von den höheren Thieren, deren Dasein meist mit dem Stande der die natürlichen Verhältnisse umgestaltenden Kultur auf's engste verknüpft ist, so fällt uns die Armuth an solchen, von der Vernichtung durch Menschenhand mehr oder weniger unabhängigen Thieren im Waldgebirge unverkennbarer Weise auf. Schon die Häufigkeit des munteren Vogelgesangs glaubt man zu vermissen. Deutlicher und bestimmter macht sich die Seltenheit und das Fehlen der ohnehin bei uns artenarmen Reptilien und Amphibien bemerkbar. Wie auffallend muss jedem Fremden die abendliche Stille der Gewässer vorkommen, während uns sonst überall wenigstens 'der Unkenruf als Wetterprophezeiung nicht unfreudig zu begrüssen pflegt! Bei den Schnecken und Muscheln ist die Seltenheit ihres Vorkommens geradezu eine enorme. Zugleich ist das kümmerliche Aussehen mancher Exemplare ganz augenfällig, gleichsam als hätten sich solche Thiere in den Wald, der ihnen ihre rechte Nahrung nicht zu liefern vermag, nur verirrt und müssten mit schmaler, schlechter Kost sich begnügen. In ähnlicher Weise findet dieses Verhältniss auch bei den übrigen Thierklassen statt. Mit dem Mangel an vielen Pflanzenarten hält natürlich das Fehlen entsprechender, von den Pflanzen sich nährender Thierarten gleichen Schritt.

Werfen wir noch einen Blick auf die Schätze der Tiefe, des Mineralreichs, welche im Waldgebiete sich vorfinden und geeignet sind, in der Beschäftigungsweise der Bewohner eine freilich immer nur auf kleinere Distrikte beschränkte industrielle Thätigkeit und damit eine merkantilische Bewegung hervorzurufen, so fehlt es allerdings an dem Rohstoff für Bergbau und Hüttenbetrieb in unserem Gebirge nicht gänzlich, aber im Allgemeinen ist es immerhin als auch in dieser Beziehung arm zu bezeichnen, so dass der industrielle Aufschwung, welcher durch die Gewinnung und Verarbeitung der unterirdischen Schätze erzeugt wird, kaum eine merkliche Abwechslung in der einförmigen Beschäftigung der Waldbewohner hervorruft. Es ist sehr charakteristisch, dass gerade die Gewinnung der zwei . Hauptstoffe, welche der Wald in seinem Untergrunde birgt, des G r a p h i t s und der P o r z e l l a n e r d e, in der Gegend, wo die Vortheile ihrer Benützung nicht unbeträchtlich zur allgemeinen Wohlhabenheit beitragen, bloss eine Nebenbeschäftigung neben dem Betriebe der Landwirthschaft ausmacht. Nur die G l a s h ü t t e n im Süden und die E i s e n h ü t t e n im Norden repräsentiren die Mineralstoffe verarbeitende Industrie des Waldes, der ihnen die Hauptstoffe, Holz oder Kohle, Quarz und Eisenerze, wenigstens in nächster Nähe ehemals reichlich und billig bot. Aber auch für die Eisenindustrie sind die goldenen Tage vorüber, und die steigenden Holzpreise bedrohen jetzt schon in hohem Grade den Fortbestand auch dieses , Industriezweiges, wenigstens der kleineren Werke, von welchen eine grosse Anzahl bereits aufgegeben sind und für andere Zwecke Verwendung finden.

So sehen wir, wie im Gesammtleben des ostbayerischen Grenzgebirges der Einfluss des Waldes so sehr vorwiegt, dass ohne ihn die ganze Eigenheit dieses

Landstrichs verloren geht. Leider haben wir selbst innerhalb des ostbayerischen Gebirgszuges auf nicht unbeträchtliche Strecken Beispiele, welche in trauriger Weise lehren, wie das seiner ganzen Natürlichkeit nach zum Wald bestimmte Land ohne das rechte Maass von diesem eine Umgestaltung zum Schlimmern erlitten hat. Diess findet man in dem nördlichen Theil, dem sogenannten Oberpfälzer-Wald, wenigstens in einem grossen Striche desselben, während in der vorausgehenden Schilderung der mehr in seiner Natürlichkeit erhaltene südliche Theil, der bayerische Wald, in's Auge gefasst war.

Der Oberpfälzer-Wald ist seiner ganzen Natur nach absolut dasselbe Gebirge wie das südliche, mit all' den Eigenthümlichkeiten, den vortheilhaften und nachtheiligen Verhältnissen, welche in der natürlichen Beschaffenheit des letzteren ihren Grund haben. Die wenigen Minuten nördlicher Breite mehr, welche in der geographischen Lage auf das allgemeine Klima ändernd einwirken könnten, sind nicht so einflussreich, um wahrnehmbare Differenzen zu erzeugen. Und doch ist das nördliche Gebirge im Vergleiche zu der südlichen Hälfte entschieden arm und dürftig. Der Grund aber hiervon liegt unzweideutig darin, dass jener nördliche Theil die seiner Bodennatur angemessene Menge Waldes entbehrt. Zwar fehlen dem oberpfälzer Gebirgstheil nicht alle Waldungen, aber man vermisst jene grossen, in wohlgeordneter Weise bewirthschafteten Waldkomplexe, wie sie die Staatsbesitzungen im Süden darbieten. Der Wald im Norden ist überwiegend in Privatbesitz übergegangen. Der Einzelne, begreiflicher Weise mehr auf den eigenen Nutzen bedacht als auf den Vortheil für das Allgemeine, hat nach der Vertheilung des Waldes nichts Eiligeres zu thun gehabt, als den Wald, so weit er auf irgend zum Feldbau geeignet scheinendem Boden wurzelte, auszureuthen und den übrig bleibenden Rest möglich rasch auszunutzen. Dadurch entstand einmal ein Missverhältniss zwischen Land- und Waldwirthschaft, da der übrig gebliebene, dazu meist aus Jungholz bestehende Waldtheil die an den Wald im Allgemeinen gerichtete Anforderung an Streu nicht zu befriedigen vermochte. So entstanden zahllose Blössen, welchen nach jahrelanger Benützung als Feld nicht weiter mehr Erträgnisse abzugewinnen waren und die darnach aller nährenden Bestandtheile in solchem Grade beraubt waren, dass auch der Wald nicht mehr festen Fuss darauf zu fassen vermochte. Zum Anderen aber bewirkte die Entwaldung eine merkliche Änderung in klimatischer Beziehung, insbesondere in den Feuchtigkeitsverhältnissen. Am sichtbarsten tritt diess dem Beobachter in der Armuth an Quellen und Quellwässern in den nördlichen Gegenden gegenüber ihrer Fülle im bayerischen Walde vor Augen.

Damit steht unmittelbar der so fühlbare Mangel einer Bewässerung der zahlreichen Bergwiesen und eine allgemeine Trockenheit des Untergrundes in Verbindung.

Die Kontraste, welche durch dieses Missverhältniss im Oberpfälzer-Walde gegenüber dem bayerischen Walde hervorgerufen werden, sind so augenscheinlich, dass Jedem, der sich von dem hohen Grade der Wirkung dieser Verhältnisse Überzeugung verschaffen will, gerade diese beiden Striche ein und desselben gleichartigen Gebirgsganzen als die zum gründlichen Studium geeignetsten anempfohlen werden können.

Haben wir im Vorausgehenden versucht, eine allgemeine Übersicht über die natürlichen Verhältnisse des Landstriches zu geben, dessen geognostische Beschreibung die eigentliche Aufgabe der folgenden Darstellung bildet, so sollte damit der innige Zusammenhang und die Abhängigkeit angedeutet werden, welche bestehen einestheils zwischen der Natur der den Untergrund bildenden Gesteine und der Gestaltung der Oberfläche, anderentheils aber auch zwischen der Terrainform sowie der Bodenbeschaffenheit und der Art des darauf angesiedelten organischen Reichs.

Diess im Einzelnen und bis in's kleinste Detail näher nachzuweisen, die Wechselbeziehungen zwischen Boden und Bevölkerung auf tiefere Ursachen zurückzuführen und die Wege anzuzeigen, welche in der Natur des Bodens liegen, eine harmonische Beziehung zwischen beiden zu erhalten oder herbeizuführen, dazu soll die nachfolgende geognostische Beschreibung dieser Landestheile brauchbare Beiträge liefern. Sie soll zeigen helfen, wie die wissenschaftliche, oft für überflüssig gehaltene Forschung dazu dient, den Grund der Erscheinungen zu erkennen und durch dieses Erkennen die Mittel vorzubereiten, das Leben der Bevölkerung den Verhältnissen gemäss gut einzurichten, ohne desshalb die Zielpunkte ausser Acht lassen zu müssen, welche ihr zur Förderung der allgemeinen wissenschaftlichen Erkenntniss gesteckt sind.

# Erster Abschnitt.
## Topographische Verhältnisse.

——

### Kapitel I.
## Umfang des Gebiets.

§. 1. Den eigentlichen Gegenstand der geognostischen Darstellung in dieser Abtheilung bildet das ostbayerische Grenzgebirge in seiner Erstreckung längs der Ostgrenze des Königreichs von der Donau an bis zum Fichtelgebirge und in der Breite von der östlichen Landesgrenze bis zum Fusse der gegenüberstehenden fränkischen Alb. Die Hauptaufgabe dieser Schilderung bezieht sich demnach auf das aus Urgebirgsfelsarten bestehende Waldgebirge, so weit dasselbe südlich und westwärts sich ausdehnt. Nach Norden schliesst dasselbe mit der Niederung ab, welche scheidend sich quer vor das benachbarte und seiner Natur nach innigst verwandte Fichtelgebirge vorlegt. Im Süden bezeichnet der ziemlich geradlinige Lauf der Donau und die an derselben hinziehende Fläche auf eine weite Strecke das Ende des Gebirges. Erst in der Gegend von Vilshofen und dann thalabwärts bis Linz, südwärts bis Aidenbach, Ortenburg, Schärding, Taufkirchen, Baierbach und Efferding bricht die Donau in das Urgebirgsgebiet ein, so dass von da ein Urgebirgstheil (bayerischer Seits das Dreieck zwischen Donau und Inn an seiner Mündung in jene), in der Hauptsache der sogenannte Neuburger Wald, südlich von der Thalfurche der Donau gelagert ist. Derselbe ist naturgemäss mit in diese Beschreibung eingeschlossen.

Westwärts bildet im grossen Ganzen die Thalung der Naab die Grenzscheide gegen die fränkische Alb. Doch ist in dieser Richtung das Urgebirge so vielfach mit einschneidenden Buchten und hinausgreifenden Vorsprüngen versehen, dass der Verlauf der Westgrenzlinie zu einem sehr unregelmässigen sich gestaltet. Schon bei Regensburg, genauer genommen am Tegernheimer Keller, dem südwestlichsten Eck des Urgebirges, ist das Naabthal weit ab von dem Urgebirge mitten in jurassischem Schichtgestein eingetieft und bis oberhalb Leonberg und Loisnitz unfern Burglengenfeld bricht der Urgebirgsrand in ziemlich gerader Süd-Nord-Richtung nicht an einer Thalvertiefung ab, sondern die Flötzschichten reichen, sich an das ältere Gestein anlehnend, hoch an jenem empor. Zwischen Loisnitz und Schwarzenfeld tritt zwar die Naab in die Richtung dieser Grenzlinie herein, aber gerade hier weicht das Urgebirge tief nach Osten zurück, indem hier die grosse Bucht des Bödenwöhrer Beckens tief in dasselbe einschneidet. Zwischen Schwarzenfeld und Luhe tritt dagegen das umgekehrte Verhältniss ein. Das Urgebirge springt in bedeutenden Höhen weit bis in die Amberger Gegend vor, während die Naab hier das Urgebirge quer durchbricht und zwischen Luhe und Neustadt a./W. von dem wieder ostwärts zurückgebogenen Gebirge durch hügeliges Zwischenland getrennt ist. Von Neustadt a./W. an tritt die Naab, oder ein Theil derselben, die sogenannte Waldnaab, nun bis zu ihrem Quellpunkte ganz in das Gebiet der krystallinischen Gesteine hinein und die Grenze des Gebirges wendet sich von Neustadt a./W. in NW.-Richtung der Thalung der Schweinsnaab ungefähr parallel nach Waldeck, dem ureigentlichen Eck des ganzen Waldgebirges. Denn hier scheidet dieses sich von dem Fichtelgebirge in der Querlinie über Erbendorf, Reuth, Wiesau und von da längs der Naab-Wondreb-Ebene und der Wondreb-Thalfurche über Waldsassen nach Eger.

Bezeichnen die so umgrenzten Gebirgstheile das Gebiet dieser Darstellung der Hauptsache nach, so schliessen sich denselben dennoch vielfach kleinere Gruppen an, welche damit in näherem und entferntem Zusammenhange stehen. Zunächst sind es die, wenn auch nicht mehr den Urgebirgsformationen angehörigen Gebietstheile, welche so innig mit dem älteren Gebirge verbunden sind, sei es als Vorterrasse, sei es als Ausfüllung beckenartiger Vertiefungen im Urgebirge, dass es unnatürlich wäre, sie in der Beschreibung zu isoliren. Dahin gehören die Flötzgebirgsschichten am Rande des Urgebirges, die Partieen des Rothliegenden und der jüngeren Formationen an den Staufer Bergen, am Keilberg, bei Regenstauf, die Gebilde, welche das Bodenwöhrer, das Schmidgadener, das Weidener, das Erbendorfer Becken ausfüllen, und die Schichten, die sich an vielen Punkten dem Urgebirge an- und aufgelagert finden.

Entfernter stehen dem krystallinischen Gesteine diejenigen Massen, welche die das Urgebirge einrahmenden Niederungen zunächst am Rande des letzteren bilden helfen. Aber vielfach ist ihre Beschaffenheit direkt von der Natur ihrer nächsten Nachbarschaft abhängig. In der Donauhochebene längs des Urgebirgsrandes, in der Naabniederung und in der Naabwondrebfläche begegnen wir Bildungen, welche nur im Zusammenhange mit dem nahen Urgebirge sich richtig beurtheilen lassen.

Endlich macht es der geradlinige Verlauf der Kartenränder und der allgemeine Plan für die Darstellung der Gesammtfläche des Königreichs nothwendig, dass Theile verschiedener Hauptgebirgszüge auf ein und demselben Blatte dargestellt werden. So reichen die Blätter, welche die geognostischen Verhältnisse des ostbayerischen Grenzgebirges zur Anschauung bringen, sowohl in's Gebiet der Donauhochebene als in jenes der fränkischen Alb, ja sogar bis zum Centralstock des Fichtelgebirges. Obwohl nun diese Gebietstheile in besonderen Abtheilungen der geognostischen Beschreibung des Königreichs eingehend geschildert werden sollen, so scheint es zweckmässig, wenigstens eine vorläufige, kurze Erläuterung der Beschreibung der dargestellten Hauptgruppe beizufügen, der Verbindung entsprechend, welche auch in der Natur zwischen benachbarten Gebirgen besteht.

Aus gleichem Grunde fehlen auch auf den dieser Erläuterung zu Grunde liegenden Karten einige Partieen, welche, wie jene Urgebirgsdistrikte zwischen Bogen, Deggendorf, Hengersberg, Hofkirchen und Bischofsmais, auf einem später nachfolgenden Blatte der geognostischen Karte des Königreichs ihre Stelle finden werden.

Es darf wohl als ein besonderer Vorzug unserer Karte bezeichnet werden, dass es durch die ächt wissenschaftliche Liberalität der k. k. Reichsanstalt in Wien, wofür wir hier nur schwachem Danke Ausdruck zu geben Gelegenheit finden, möglich wurde, einen grossen Theil des anstossenden österreichischen Gebiets mit auf unserer Karte zu verzeichnen. Insbesondere verdanken wir dem lebhaften mündlichen und schriftlichen Verkehr mit Professor F. v. Hochstetter, welcher als k. k. Geolog die geognostische Aufnahme der Grenzdistrikte des Böhmerwaldes gleichzeitig mit unseren Arbeiten im ostbayerischen Grenzgebirge vornahm, die Übereinstimmung der geognostischen Grenzen längs der sich berührenden Landestheile.

## Flächeninhalt.

§. 2. Der auf den fünf Kartenblättern dargestellte Flächenraum umfasst ungefähr 230 Quadratmeilen. Davon treffen 181 Quadratmeilen auf das Urgebirgsgebiet und 24 Quadratmeilen auf das Zwischenland zwischen Urgebirge und fränkischer Alb sammt den Buchten in ersterem. Zieht man von der dem Urgebirgsgebiete entsprechenden Fläche die Zahlen ab, welche den nicht dem ostbayerischen Grenzgebirge angehörigen Theilen entsprechen (Fichtelgebirge und Ausland), zählt dagegen die Fläche hinzu, welche noch zum ostbayerischen Grenzgebirge gehört, aber erst auf einem nachfolgenden Blatte dargestellt werden wird (Straubing, Bischofsmais, Hofkirchen), so erhält man in runder Summe 132 Quadratmeilen, als denjenigen Flächenraum, über welchen sich das eigentliche aus Urgebirgsfelsarten bestehende Waldgebirge ausdehnt.

## Kapitel II.

# Das hercynische Gebirgssystem.

### Ausdehnung und Gliederung im Allgemeinen.

§. 3. Mittel-Europa wird in seiner Oberflächengestaltung von drei grossen Gebirgssystemen, dem alpinischen, rheinischen und hercynischen, beherrscht. Sie bilden in ihren Hauptumrissen ein fast gleichseitiges Dreieck, dessen Basis die Alpen in der Richtung von O. nach W., dessen von SW. nach NO., dann von SO. nach NW. streichenden Seiten das rheinische und hercynische Gebirgssystem ausmachen. Nach aussen schliessen sich an diese Hauptgerüste des Gebirgsbaues zahlreiche Vorsprünge, Ausläufer und hügeliges Vorland, endlich als tiefste Stufen weite Flachländer bis zum Meere an. Nach innen aber wird eine grosse Hochfläche von den drei Gebirgen umfasst, welche als die Donauhochebene die eigentliche Mitte Deutschlands bezeichnet.

Das hercynische Gebirgssystem breitet sich über den nordöstlichen Theil Deutschlands aus und besteht wesentlich aus zwei Parallelrücken, auf der südwestlichen Seite aus der eigentlichen hercynischen Kette und in Nordost aus der Sudetenkette, welche durch querziehende Mittelgebirge, im Süden durch das mährische Gebirge, im Norden durch das Erzgebirge, verbunden sind. Das so ringsum eingeschlossene Hügelland ist der weite Kessel Böhmens.

Die Hauptrichtung dieses Systems ist die von SO. nach NW. Sie ist bestimmt und scharf nicht allein in der Längenausdehnung der zwei Hauptketten ausgedrückt, sondern giebt sich auch in der Erstreckung des Thüringer Waldes, des Harzes, selbst noch im Teutoburger Walde und bis zu den äussersten Hügeln an dem Rande der norddeutschen Ebene (Flemming, Lappwald) deutlich zu erkennen. Aber diese Hauptrichtung ist nicht die einzige, welche im Grossen der Gebirgszüge hervortritt. Auch die zu ihr senkrecht stehende Direktion von SW. nach NO. zeigt sich vielfach in der Oberflächengestaltung ausgebildet; in den Bindegliedern hat diese sogar die Herrschaft über alle anderen Richtungslinien erhalten und tritt uns in sehr vielen Fällen in kleineren Verhältnissen als bestimmend entgegen.

Richtet man den Blick mehr auf das Einzelne der Gebirgsgestaltung, auf die Form, Erstreckung und Begrenzung der das Ganze zusammensetzenden Gebirgstheile und -Glieder, so machen sich neben den genannten dirigirenden Richtungen noch ganz besonders Linien bemerkbar, welche, mit den herrschenden des Alpengebirges gleichlaufend, von O. nach W., dann von N. nach S. streichen und das Gebirge im Kleinen wie mit Wellenschlägen durchkreuzen. Schärfer ausgeprägt erscheinen sie stellenweise als Randlinien, welche das Urgebirge plötzlich abschneiden und begrenzen (Staufer Berge bei Regensburg).

So haben wir in unserem hercynischen Gebirgssystem zwar alle Hauptrichtungen der mitteleuropäischen Gebirgszüge vertreten, aber unzweideutig ist die ihm ureigene die von SO. nach NW., welcher das Gebirge seine Hauptgestaltung verdankt, während die zu ihr senkrecht stehende des rheinischen Systems so zu sagen die Überreste der Oberflächengestaltung einer früheren Zeit darstellt, welche, durch die zur Oberherrschaft gelangten Formen abgeschwächt, jetzt gleichsam nur mehr durchschimmern. Endlich wurde das bereits fertige starre Gebirge von den letzten Wellenschlägen der alpinischen Gebirgsbewegung nur in erlöschenden Zuckungen berührt, ohne grossartige Gestaltungserscheinungen bewirken zu können.

In dem hercynischen Gebirgssystem ist als der Hauptstock das auch geognostisch ganz einheitliche Gebirge zu betrachten, welches das böhmische Kesselland rings umgiebt. Dasselbe gliedert sich in die zwei Hauptketten, in das innere, südwestliche Randgebirge oder den bayerisch-böhmischen Wald und in das äussere, nordöstliche Randgebirge oder die Sudeten, zwischen welchen als Bindeglieder das mährische und das Erzgebirge stehen. An der Nordwest-Ecke ist das Fichtelgebirge angefügt. Was weiter nordwestlich von gleicher Richtung beherrscht vorliegt und bis zum norddeutschen Tieflande vordringt, lässt sich als hercynisches Vorgebirge betrachten, bei dem die Parallelgliederung des Hauptstocks fast genau sich wiederholt. Denn auf der südlichen Abdachung reihen sich Franken-, Thüringer und Teutoburger Wald aneinander und im Norden stehen ihnen die Finne, der Harz und das Deistergebirge gegenüber; als Bindeglieder zwischen beiden Zügen aber erscheinen das Eichsfeld, der Sollinger Wald und Hils.

Das äussere Randgebirge, die Sudeten im Allgemeinen, zwischen Elbe und Oder ausgedehnt, beginnt mit dem Lausitzer Gebirge an der Elbe und erreicht in dem mittleren Theil, dem Riesengebirge, die höchste Höhe (5000 par. F.), bis zu welcher überhaupt das ganze hercynische Gebirge aufragt. An diese höchste

2*

Höhe in der Schnee- oder Riesenkoppe reihen sich andere Höhenpunkte von 4782'
(Silberberg), 4758' (Brunnenberg), 4664' (gr. Rad), 4562' (gr. Sturmhaube), welche
sämmtlich die höchste Erhebung des inuern Randgebirges im grossen Arber (4476,5')
überragen.

In südöstlicher Richtung schliesst sich dann der Zug der eigentlichen Sudeten an das Riesengebirge an und erreicht im Altvater 4600', im Peterstein 4402'
und im Schneeberge die Höhe von 4547'. Es steht nicht unmittelbar mit dem
mährischen Gebirge in Verbindung, sondern senkt sich rasch nach SO. in das
mährische Gesenke ein und fällt mit ziemlich steilen Gehängen zur Elbe-
und Marchebene ab.

Westwärts von der Querfurche des Elbthales erhebt sich das nördliche Zwischengebirge des hercynischen Centralgebirges als Erzgebirge, welches nordwärts
mit schwach geneigten Gehängen allmählig sich in das Flachland senkt, südwärts aber mit steiler Abdachung in's Egerthal abfällt. Losgetrennt und zurück-
geschoben gegen das Innere des Kessellandes steht das von der Elbe durchbro-
chene vulkanische Mittelgebirge auch geognostisch vom Hauptgebirge isolirt.

Je bestimmter nun in der Längenausdehnung des Erzgebirges die südwest-nord-
östliche Richtungslinie ausgeprägt ist, um so bemerkenswerther ist das Herein-
greifen der hercynischen Hauptrichtung von SO. nach NW. in seinen östlichen Gebietstheilen, wo von Teplitz bis Riesa alle Höhenzüge sich nach NW. hindrängen.
Ein ähnliches Durchkreuzen beider Richtungen findet sich in ausgezeichneter Weise
im Fichtelgebirge wieder, das seiner ganzen Natur nach mehr zum Erzgebirge sich hinneigt als zum innern Randgebirge.

Seiner Erhebung nach reiht sich das Erzgebirge zwischen das äussere und
innere Randgebirge wie auch nach seiner Lage ein; dem Fichtelgebirge steht
es an zahlreichen höheren Bergen bedeutend voran, ist jedoch um ein Namhaftes
niedriger als das südwestliche Randgebirge. Sein höchster Punkt ist der Keilberg
(3802'); daran reihen sich der·Fichtelberg (3720'), der Spitzberg (3445'), Plattenberg (3200'), Auerberg (3152') und Plattener Buchberg (3069'). Gegen NW.
verflacht sich das Gebirge an den Quellen der Flöss und Fleissen, und hier ist
es, wo dem Fichtelgebirge gegenüber das Elstergebirge bei Asch den engsten
Anschluss beider Gebirge vermittelt.

Das südliche Zwischengebirge oder das mährische Gebirge, welches zwi-
schen den Sudeten im engeren Sinne und dem Greiner Walde des innern
Gebirgsrandes ausgestreckt ist, stellt mehr ein breites, bergiges Land als eine
Gebirgskette dar. Der Manhartswald in seinem südöstlichen Fusse ist nur
ein Ausläufer dieses Gebirgsgliedes. Gegen den hochgelegenen Kessel des innern
Böhmens ist die Verflächung eine ganz allmählige, aber auch der Abfall auf den
südöstlichen Gehängen in das hügelige Land an der March ist ein sehr mässiger.
Die höchste Erhebung des ganzen Berglandes übersteigt 3500' nur wenig, ·wie
im Kunitzberg (3650'), im Skalkaberg (3638'); nahe dieselbe Höhe erreicht Horcitz
(3450'). Doch bildet es eine Wasserscheide, die auf der ganzen Länge nicht unterbrochen ist.

## Das südwestliche Randgebirge des hercynischen Systems.

§. 4. Das vierte Glied des hercynischen Centralgebirges erstreckt sich von der Donau bei Krems und Linz bis zum Fichtelgebirge, zwischen dem Tiefland des böhmischen Kessels, der Thalung der Donau und der Naabniederung, durch Oberösterreich, Böhmen und das östliche Bayern. Der eigentliche Kern dieses Gebirges findet sich in der genau von SO. nach NW. gerichteten Kammhöhe, welche sämmtliche Gipfel der massigen Erhebung in sich schliesst. Dieser innerste Gebirgstheil erstreckt sich von Linz bis Waldsassen gegen 32 geographische Meilen in die Länge und dehnt sich von dieser Linie der Hauptgebirgserhebung nach beiden Abhängen durchschnittlich ungefähr 3 geographische Meilen in die Breite, einerseits ziemlich allmählig in's Innere Böhmens, rascher dagegen andererseits bis zu dem Steilrand an der Donau und dem Abfall zur Naabvertiefung.

In diesem Hauptzuge des Gebirges liegt kein inneres Motiv zur Theilung, es ist ein Gebirgsganzes — das bayerisch-böhmische Waldgebirge, oft schlechtweg Böhmerwald genannt. Nur die Gebirgsglieder im äussersten SO., welche durch die Einsenkung zwischen Freystadt an der Feld-Aist und Hohenfurt an der grossen Moldaukrümmung abgetrennt sind und die Verbindung mit dem mährischen Gebirge vermitteln — der Greiner Wald —, stehen in lockerem Zusammenhang mit dem Grenzgebirge, dem sie auch an Höhe nicht gleichkommen, indem sie über 3500' nicht emporragen. Da dieser Gebirgstheil überdiess etwas aus der Hauptrichtung weicht, so lässt er sich als ein massiges, ziemlich selbstständiges Vorgebirge des Böhmerwaldgebirges ansehen. Ähnliches gilt im Norden von dem Kaiserwald, dem Tegler und Carlsbader Gebirge südlich von dem Egerthale. Durch ihre Abzweigung nach innen tritt eben die Zusammengehörigkeit des ganzen Ringgebirges zu einem Ganzen recht augenfällig hervor. Doch nicht in seiner ganzen Länge und Breite ist das bayerisch-böhmische Waldgebirge ungegliedert und ungetheilt.

Eine Hauptquertheilung bewirkt auf sehr entschiedene Weise die Bucht, welche von dem Bodenwöhrer Becken durch das Regenthal aufwärts, dann der Chamb über Furth und der Einsenkung der nach beiden Abdachungen gleichgenannten Bäche Pastritz folgend, hinüber nach Böhmen reicht und mit der Thalung über Taus, Teinitz und Pilsen in Verbindung tritt. Bayerischer Seits wird es dadurch in zwei Haupttheile getheilt, in das nördliche Gebirge oder in den Oberpfälzer Wald und in das südliche Gebirge oder den bayerischen Wald.

Der bayerische Wald umfasst mithin alle Urgebirgstheile, welche südwärts von der grossen Chamauerbucht und diesseits der Landesgrenze bis zur Donau und der Naabvertiefung reichen, während unter Oberpfälzer-Wald alle Urgebirgstheile im Norden jener Bucht bis zum Fusse des Fichtelgebirges zu verstehen sind.

Was nun die Grenzscheide gegen letzteres anbelangt, so könnte hierüber eine verschiedene Auffassung möglich sein. Es legen sich nämlich im Norden zwei Einsenkungen quer zur Hauptrichtung des Stocks, welche als Gebirgsscheiden an-

gesehen werden können, eine nördliche, von der Fichtelnaab bei Riglasreut
(circa 1600') über Pullenreut, Waltershof, Redwitz durch die Buchten des Kössein-
und Röslaubaches bis Egerthal und eine südliche, von der Waldecke Waldeck,
Erbendorf, Reut, Wiesau, Mitterteich, Waldsassen durch Wondreb in's Egerthal.
Zwischen beiden Einschnitten liegt eine bedeutend hohe Gebirgskette in der Richtung des Erzgebirges ausgestreckt, welche als Steinwald, Reichsforst und
Siebenlindengebirge bezeichnet wird.    Jene nördliche Einbuchtung kann
aber nicht die Bedeutung einer Hauptgebirgsscheide im Vergleiche mit der südlichen beanspruchen, weil ihr niedrigster Sattelpunkt (zwischen 1780 — 1800')
bedeutend höher liegt, als jener im Süden (1650'), weil ihre Eintiefung weit weniger breit und geognostisch weniger markirt ist, als jene höchst merkwürdige
Hochfläche zwischen Naab und Wondreb, durch welche der südliche Einschnitt
verläuft, und endlich weil das Zwischengebirge, wollte man das Oberpfälzer-Wald-
gebirge erst mit der nördlichen Querfurche enden lassen, dem letzteren zufiele,
obwohl es seinen topischen und geognostischen Verhältnissen nach weit mehr sich
dem Fichtelgebirge anschliesst.

Zwar setzt die Terrainvertiefung sich weder im Norden noch im Süden bis
zum westlichen Hauptrande des Gebirges direkt fort. In der nördlichen Linie ist
es der hohe Thonschieferrücken zwischen Fichtelnaabthal und dem Westrande,
über welchen diese Einbuchtung nicht hinüberstreicht. In der südlichen Einsenkung
stellt sich zwischen Erbendorf und Waldeck geradezu ein ziemlich hohes Gebirge
aus Porphyr und Rothliegendem der Spalte quer vor.    Da aber die Gesteinsarten
dieses vorgeschobenen Gebirgstheiles nicht zu dem Urgebirge gehören, vielmehr
jüngeren Ursprungs sind, so ist ihr Vorkommen an dieser Stelle geradezu ein
Beweis für das Vorhandensein einer uralten Eintiefung, die sie zu ihrer Ablagerung
benutzten.  Diese hohe Aufschüttung von Sedimentmasse und der Porphyr hindern
also nicht nur nicht, sondern verstärken sogar die Annahme, dass die Südeinbuch-
tung die Grenzscheide zwischen Oberpfälzer-Wald und Fichtelgebirge bilde.

In dem langen Zuge des bayerisch-böhmischen Waldes lässt sich
auch im Süden noch ein, wenn auch kleines Gebirgsglied unterscheiden.  Am
Plöckenstein (Dreisteinmark) verlässt nämlich der Gebirgskamm, der von Norden
bis hierher in der Hauptsache längs der Grenze zwischen Bayern und Böhmen
fortzieht, die Grenzlinie beider Länder und tritt erst scheidend zwischen Böhmen
und dem Erzherzogthum Österreich, endlich ganz in letzteres hinein.  Die Terrainvertiefung durch das grosse Mühelthal bis Haslach und von da längs des Schwarzenberg'schen Kanals nach Unter-Wuldau im Moldauthale löst einen Gebirgstheil
ab, der, bis zu dem schon genannten Greiner Wald fortsetzend, wohl unter der
Bezeichnung Linzer Wald zusammengefasst werden könnte.  Der Sternstein und
grosse Traberg sind seine höchsten Punkte, welche über 3500' nicht aufsteigen.
Haben wir somit durch diese Querbuchten in dem langen Zug des innern hercynischen Randgebirges einige Punkte der weiteren Orientirung gewonnen,
so stellt sich damit auch das Bedürfniss ein, diess durch passende Bezeichnungen
festzuhalten.

In dem südwestlichen Randgebirge des hercynischen Gebirgssystems
von der Donau bis zum Fichtelgebirge scheiden sich, um die Haupttheile noch einmal

kurz zu bezeichnen, zunächst als Bindeglieder mit den Zwischengebirgen im Süden der **Greiner Wald**, im Norden das **Fichtelgebirge** ab. Der übrig gebliebene Theil ist als Ganzes genommen das **bayerisch-böhmische Waldgebirge**. Für die innerhalb des letzteren unterschiedenen drei Glieder möchten sich, wenn wir von ihrer Zugehörigkeit zu diesem oder jenem Lande vorerst absehen, die Namen: **nördliches bayerisch-böhmisches Grenzgebirge**, nördlich von der Chamauer Furche, **südliches bayerisch-böhmisches Grenzgebirge**, südlich von der genannten Eintiefung, und endlich **Linzer Wald**, zwischen dem Plöckensteingebirge und dem Greiner Walde, empfehlen. Sprechen wir speziell von dem Antheil dieses Gebirges, welcher Bayern zugefallen ist, so lässt sich derselbe im Ganzen als **Nordwaldgebirge** bezeichnen, im Einzelnen weiter als **Fichtelgebirge** im Norden und als **ostbayerisches Grenzgebirge** im Süden, endlich innerhalb des letzteren wieder nördlich als **Oberpfälzer-Wald** und südlich als **bayerischer Wald** unterscheiden.

----

## Kapitel III.

## Das ostbayerische Grenzgebirge.

### Äussere Gestalt.

§. 5. Das ostbayerische Grenzgebirge von seinen höchsten Erhebungen bis zu seinen äussersten Schwellen am Rande der dasselbe umgebenden Niederungen bewahrt den Charakter eines welligen Berglandes, dessen in zahllose einzelne Rücken und Kuppen zertheilte Oberfläche stets in **abgerundeter Form** erscheint. Schmale, schroffe Kämme, wie der Osser und die Keitersberge, sind hier eine Seltenheit. Eine ausführliche Schilderung dieser Oberflächengestaltung erspart uns ein Blick auf das beigegebene Blatt landschaftlicher Bilder, auf das wir hiermit verweisen dürfen.

Indem die rückenartig ausgestreckten Gebirgstheile sich aneinander schliessen, bilden sie **Gebirgsketten**, die, zwar vielfach abgesetzt und von wechselnder Höhe, gleichwohl deutlich die Hauptrichtung des Gebirges angeben. Wie im ganzen Gebiete des Gebirges, so herrscht auch in diesen reihenweisen Gliedern ein stetes Wechseln kammartiger Rücken, breiter Kuppen, kegelförmiger Spitzen und schwach welliger Hochflächen, auf denen die wasserscheidenden Linien im Zickzack vor und zurück, auf- und abwärts springen. Weitere Längenthäler, tiefe, schmalsohlige Querthäler, welche zuweilen selbst zu felsigen Schluchten sich verengen (Klammer oder Leithen genannt) und dann zu Wasserschnellen sich gestalten, treten mit meist steilen Gehängen zwischen die Kuppen und Rücken der Berge und bringen allerdings einige Abwechslung in den ruhigen Ernst und die Eintönigkeit der stets wiederkehrenden abgerundeten Formen. Diess zeigt sich besonders erst bei einer Wanderung durch das Gebirgsland; bei einer Betrachtung aus der Ferne sind diese Thalvertiefungen meist verdeckt und unsichtbar daher ohne Einfluss auf das Ganze des Gebirgsbildes.

Die Bergspitzen treten selten scharf und kühn hervor. Denn sie sind meist massigen Gebirgstheilen aufgesetzt, welche in allmähligem Ansteigen Kuppe an Kuppe in terrassenförmigem Aufbau sich anschliessen, so dass man beim Anblick aus der Ferne zweifelhaft sein kann, wo die eigentliche höchste Kuppe zu suchen ist. Bei manchen Gebirgsstöcken mit plateauförmiger Ausbreitung hält es oft schwer, selbst bei der Begehung sich des höchsten Punktes zu versichern. Viel trägt hierzu der verdeckende Wald und die Seltenheit grösserer Felsgruppen, welche über die Höhe der Bäume emporragten, bei. Eine Ausnahme macht auch hierin das Ossergebirge, dessen Gipfel nicht nur hohe, scharfgeschnittene Felsgruppen krönen (grosser und kleiner Osser, Zwergeck), sondern dessen ganzer Rücken mit pittoresken Felsen besetzt ist. Auch der spitze Felsenkegel des Lusen erhebt

Hoher Bogen.                      Gipfel des grossen Osser.

sich bestimmt aus dem Gebirgsmassiv, dem er aufgesetzt ist, hervor, so dass er auch von weiter Ferne kenntlich bleibt.

Viel weniger ist diess mit den höchsten Gipfelpunkten des ganzen Gebirges der Fall, mit dem Arber und dem Rachel. Man muss besonders günstige Standpunkte wählen, um an ihrer äussern Gestalt ihre Bedeutung in orographischer Beziehung richtig zu erkennen. Die zweite, von dem Weissensteine aufgenommene Ansicht auf unserem Blatte der Gebirgsformen fasst die Gebirgstheile um den Arber und Rachel in sich. Man sieht, wie wenig beide Höhen als dominirend

Lusengebirge, von Westen gesehen.

sich hervorthun.  Auch in nächster Nähe, von wo aus in der Gesammtnatur der Charakter des „höheren" Gebirges schon klar vor Augen tritt, gewinnt der Arbergipfel trotz seiner felsigen Partieen nicht jene grotesken Formen, die man auf

Gipfel des grossen Arber.

solchen Gipfelpunkten erwarten dürfte. Nur auf der Seite nach Bayerisch-Eisenstein
hin thürmen sich jähe Felswände und kolossale Felsbrocken übereinander bis zum
Rande der kleinen Gipfelfläche, die berast ganz allmählig zum höchsten Punkte
ansteigt.

Auch vom R a c h e l, der zweithöchsten Spitze, können wir kein grosses Fel-
senbild zeichnen. Selbst gegen den düsteren Vordergrund des unfreundlichen Sees,
der an seinem Gehänge in einer dunklen Bucht vergraben liegt, steht der breite
und hoch hinauf bewaldete Bergkopf nicht in grellem Kontraste. Form und Färbung stimmen vielmehr fast ganz genau überein.

Suchen wir weiter im Süden die höchsten Gebirgstheile auf, so ist es hier das
D r e i s e s s e l g e b i r g e, welches mehr noch als alle bisher genannten auf seinen
Höhen gerundet und abgeflacht erscheint. Es fehlt ihm allerdings nicht an präch-
tigen Felspartieen, wie z. B. die Granitgruppe des Plöckensteins zeigt, doch sind

Granitfelsen am Dreisesselgebirge.

DER RAHELSEE.

Digitized by Google

diese Felsspitzen zu vereinzelt, um einen merklichen Einfluss auf die vorwaltend rundliche Form der Bergkuppen überhaupt auszuüben. Trotz der bedeutenden absoluten Höhe seiner Bergspitzen macht das Dreisesselgebirge im Ganzen nur den Eindruck einer flachgewölbten Kuppe.

Dreisesselgebirge, von Neureichenau aus gesehen.

Solche wellige, abgerundete Plattformen begegnen uns in fast allen wesentlich aus Granit bestehenden Gebirgstheilen. Sie stellen sich ein in den der Donau näher

Falkenberg bei Tirschenreuth.

3 *

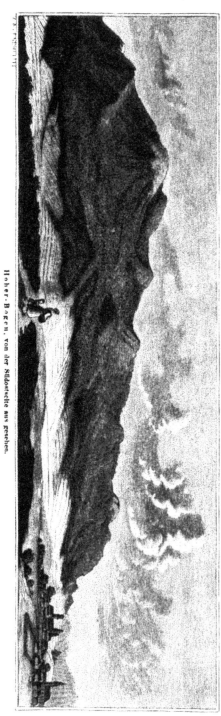

Hoher Bogen, von der Südostseite aus gesehen.

gerückten Partieen des Ödwaldes, aus dem ein hoher unbewaldeter Fels, die Saldenburg, Waldlaterne genannt, weithin sichtbar vorleuchtet, des Sonnenwaldes, des Lallingergebirges, des Dreitannenriegels, des Ödenwieser- und näher bei Regensburg des Stauferwaldes. Im Oberpfälzer-Walde kehren ganz dieselben Formen wieder, obwohl ihre Höhen gegen jene im Süden um mehr als 1000′ zurückstehen. Es sei nur beispielsweise das Bärnauergebirge (Silberhüttenberg) und der Tirschenreuther Wald namhaft gemacht, denen es an pittoresken Einzelfelsen keineswegs fehlt.

Bemerkenswerth sind im Einzelnen die zahlreichen kegelförmigen Berggestalten, die besonders da, wo tief einschneidende Querthäler sich einander nähern, ihre Stelle gefunden haben. Ihre Form ist der eines Schuttkegels zu vergleichen, welchem eine Spitze aufgesetzt ist. Es genügt, den Lamberg bei Cham zu nennen, dem sich unzählige, an Form ähnliche Einzelberge anschliessen. Hier lässt sich auch der isolirte hohe Bogen nennen, welcher, mit langem, schmalem Rücken zwischen weissem Regen und der Chamb querüber gestellt, die Chamauer Niederung ostwärts abschliesst.

### Innere Gliederung.

§. 6. Die Hauptgebirgskette zieht mit der Landesgrenze zwischen Bayern und Böhmen oder doch wenigstens stets in ihrer Nähe von der Dreisteinmark im Dreisesselgebirge, dem Grenzpunkte zwischen Bayern, Böhmen und Erzherzogthum Österreich, in NW.-Richtung hinauf bis zum Düllen am Rande der Eger'schen Tertiärebene. Die Chamb-Pastritz-Eintiefung scheidet, wie früher schon ausgeführt wurde, in diesem Hauptzuge auf seinen nach Bayern abdachenden Partieen nördlich den Oberpfälzer-Wald, südlich den bayerischen Wald.

Neben dieser Hauptkette und den ihr eng angeschlossenen Rücken und Bergkuppen tritt näher am äussern Rande des Gebirges ein zweiter Zug zwar minder hoher, aber deutlich zu einer Kette verbundener Bergrücken hervor.

In den südlichen Theilen des Gebirges ist die Scheidung und Lostrennung vom Hauptkamme sehr bestimmt ausgeprägt. Gegen Norden dagegen verwischt sich durch einen engeren Anschluss der wellenförmigen Berge und durch die zahlreichen Buchten, welche in's Urgebirge tief eindringen, der Charakter einer zweiten Parallelkette fast gänzlich.

Der Höhenzug am Rande des südlichen Gebirges ist nahe an die Thalung der Donau vorgerückt und zieht längs dieser von Regensburg oder von Kirn an über das Staufer, Falkensteiner, Passauer Gebirge bis in's österreichische Mühelviertel herab.

Von der Stellung vor der Hauptkette und in der nächsten Nachbarschaft der Donau trägt dieser südliche Höhenzug passend den Namen: vorderer Wald oder Donaugebirge, dem gegenüber der Hauptzug als hinterer Wald oder Grenzgebirge zu bezeichnen ist. Das mehr hügelige Bergland zwischen beiden Hauptrücken mag von der dasselbe seiner ganzen Länge nach durchziehenden Quarzfelsbildung „Pfahl" den Namen Pfahlgebiet annehmen.

Im Norden, jenseits des Bodenwöhrer Beckens und der Chambniederung bis westwärts zur Naabthalung, macht sich ein vorderer Höhenzug in der Weise, wie an der Donau nicht bemerkbar. Das Gebirge wird im Ganzen niedriger und es springen daher die Differenzen in der Oberflächengestaltung weniger in die Augen.

Das Pfahlgebiet hat eine in gleicher Richtung nördlich von dem Regenthal streichende Fortsetzung am nördlichen Rande des Bodenwöhrer Beckens im Schwärzenberg und Hirschberg. Gegen das Naabthal senken sich diese Rücken wieder rasch ein und die Naab bricht zwischen Schwarzenfeld und Wernberg quer durch einen westlichen Gebirgsvorsprung, der als Verlängerung des Pfahlgebirges oder vielmehr des Hirschwaldes gelten kann. Daraus geht klar hervor, dass das Oberpfälzer-Gebirge des eigentlichen Vorderzuges entbehrt, dass dagegen das Mittelgebirge des bayerischen Waldes dort die Rolle eines vorderen Parallelrückens ungefähr übernimmt.

Wir wollen diesen von der Naab quer durchbrochenen Gebirgsrücken zwischen Regen und Schwarzach bis hinauf nach Hirschau und Wernberg das Naabgebirge nennen.

Was dem Oberpfälzer-Walde dagegen eigenthümlich ist, sind die meist sehr steil nach W. abfallenden, sehr bestimmt in der Hauptrichtung des Gebirges in die Länge gestreckten Rücken, mit welchen das ganze Gebirge westwärts an dem vorliegenden Hügelland plötzlich abbricht.

Das weit nach W. vorspringende Naabgebirge wird nördlich steil abgeschnitten; damit weicht das Gebirge tief nach Osten zurück und bildet so die Ränder der grossen Weidener Bucht. Vom südöstlichen Winkel dieser Buchtenvertiefung, in der Gegend von Leuchtenberg, beginnt nun mit steilen Gehängen ein Gebirgsrücken sich von dem übrigen Bergland loszutrennen, welcher längs des Gebirgsrandes bis Erbendorf fortstreicht und von da weiter in's Gebiet des Fichtelgebirges eintritt. In den kleineren Verhältnissen des Oberpfälzer-Waldes gewinnt dieses Randgebirge die Bedeutung eines vorderen Zuges. Es ist sehr bemerkenswerth, dass fast in gleicher Gegend, wo das Randgebirge sich aufzuthun anfängt, in der Hauptkette, welche auch im oberpfälzer Gebiete der Landesgrenze entlang zieht, mit dem Gebirgsknoten zwischen Flossenbürg und Bärnau (Silberhüttenberg) ein Zurückweichen aus der bis dahin eingehaltenen Südost-Nordwestrichtung nach Osten, ja eine förmliche Wendung nach NO. eintritt. Der Oberpfälzer-Wald geht daher an seinem nördlichsten Ende im Haupt- oder hinteren und im Rand-zuge fast rechtwinklig auseinander und umfasst so mit beiden Flügeln jene nahezu kesselförmig vertiefte Hochfläche an der oberen Naab und Wondreb, welche scheidend zwischen ihm und dem Fichtelgebirge ausgebreitet ist.

## Gebirgsverhältnisse des bayerischen Waldes.

§. 7. Gehen wir nun näher ein auf die Betrachtung der bisher abgetheilten Hauptgebirgsglieder, so erkennen wir leicht, dass innerhalb derselben in der Art und Weise ihres Aneinanderschlusses und der Trennung durch Einschnitte oder Buchten Motive genug geboten sind, ihre Gliederung weiter in's Einzelne zu verfolgen.

Der hintere bayerische Wald, dessen Oberflächengestaltung die beiden ersten Bilder unseres Gebirgsformenblattes zur Anschauung bringen, zerfällt zunächst in zwei grosse Glieder:

I) in den unteren Wald, von der Donau bis zum Rachelgebirge, und

II) in den oberen Wald, vom Rachelgebirge bis zur Chambebene.

Der südliche Theil schliesst sich zu einem ersten Gliede durch die Vertiefung zwischen Duschlberg und Haidhäuser ab: zum Plöckenstein- oder Dreisessel-gebirge, welches, längs der böhmisch-österreichischen Grenze fortziehend, mit dem Hochfichtet- und Schindlauer Berg zusammen ein Ganzes bildet. Seine Gipfel-punkte ragen vielfach über 4000' empor; der höchste Punkt ist der österreichische Plöckenstein (4260'), der mit sehr steilem Gehänge, bedeckt von dem grossartig-sten Urwalde, zum Plöckenstein-See (3359') abfällt, während die Gehänge nach SW. und weiter nach NO. ziemlich sanft ansteigen. Zahlreiche, oft höchst groteske Granitfelsen zieren das auf der Hochfläche abgerundete Granitgebirge. Über seiner nordwestlichen Abdachung breitet sich der Langbrücker Wald aus.

Nördlich schliesst sich daran bis zum Quereinschnitte des Teufels-, Roth- und kleinen Moldaubaches ein minder hohes, der Hauptsache nach gleichfalls aus Granit bestehendes Gebirge, das man als Moldauquellgebirge bezeichnen könnte.

Der weitaus bedeutendere Antheil, der nach Bayern fällt, dürfte den Namen Bischofsreuther Gebirge tragen. Sein waldiges Revier gehört mit zu den höchstgelegenen, noch bewohnten Distrikten des Waldes (Leopoldsreuth 3417', Bischofsreuth 3113', Klein-Philippsreuth 3062', M. Firmiansreuth 3249') und ge-winnt im Haidelberg eine Höhe von 3726'; im Almberg 3516'. Es ist diess der einzige Bergname, der an das Hochgebirge und eine frühere Alpwirthschaft er-innert. Ausserdem sind Scheuereck, Geis- und Strickberg namhafte Punkte. Der Bischofsreuther und Schlichtenberger Wald bedecken einen grossen Theil dieser Gebirgsgruppe.

Das Lusengebirge setzt in nordwestlicher Richtung den Hauptzug fort. Hier umfasst derselbe die breiten Bergkuppen zwischen dem Teufelsbach und der Quervertiefung von Scharr- (Kl. Ohe-) und Lusen- (Maader-)Bach und herab bis Mauth, Altglashütte und St. Oswald einerseits und bis Aussergefilde, Innergefilde und Maaderthal andererseits. Der spitze, aus Granitblöcken aufgethürmte Kegel des Lusen von 230' Höhe beherrscht diese Gruppe mit den in nördlicher Richtung ihm angeschlossenen Höhenpunkten der Marberge, die fast ebenso hoch aufragen (4150'). Auf der bayerischen Abdachung zeichnen sich dann noch aus: Steinfleckberg (4127'), hoher Filzberg (3929'), Siebensteinfelsen (3859'), grosses Allmaier Schloss (3687') u. a.; böhmischerseits der Postberg (4036'), der Tafelberg (3737') und Antiglberg (3842'). Die Höhe, bis zu welcher hier die bewohnten Orte und die Kultur emporreichen, rivalisirt mit jener des vorherigen Distriktes. Finsterau, ein grosses Dorf, liegt 3089', die obersten Waldhäuser am Lusen sogar 3184' hoch und bei Buchwald (3630') reicht der Roggenbau selbst bis 3620'. Weitaus die grössere Fläche ist von Wald (Finsterauer, Neuhütten-, Weinhütten-, Schönauer Wald) bedeckt. Ganz besonders bemerkenswerth sind die weiten Ausbreitungen sumpfiger Strecken und grosser Torfgründe, welche trotz der hohen Lage von der vorherrschend flach gewölbten Oberfläche Zeugniss ablegen.

Der Gebirgsrücken setzt in NW. vom Lusengebirge fort im Rachelgebirge zwischen Scharrbach und Klein-Regen und westwärts bis zur Einsenkung von St. Oswald über Riedlhütten zur Flanitz und nach Zwiesel. Das fast ausschliesslich waldige Gebirge zieht vom Lusen weg in einem hohen Rücken mit Spitzberg und Plattenhausen fort und koncentrirt sich in den mächtigen Stock des eigentlichen Rachelberges mit grosser und kleiner Rachelspitze (4476' und 4343'). Von dieser Höhe senken sich fast nach allen Richtungen flache, bewaldete Gehänge, nach Böhmen der sogenannte Kammeral-Wald und das Maader Revier, nach Bayern der Klingenbrunner und Poschinger Wald, ohne auffallende Bergspitzen nieder. Am steilsten ist der Abfall von der grossen Rachelspitze zum Rachelsee, dessen braunes Wasser in kesselförmiger Vertiefung einen finsteren Anblick gewährt.

Der Zwieseler Wald oder das Lakagebirge zwischen dem kleinen Regen und dem tiefen Thaleinschnitte des grossen Regen umfasst ein weites waldiges Bergrevier zwischen den beiden höchsten Gebirgsgruppen, dem Rachel und Arber. Seine höchsten Punkte übersteigen nur um Weniges die Höhe von 4000' (grosser Falkenstein 4048', Lakaberg 4100'; in Böhmen Mittagsberg 4100', Steindlberg 4015', Fallbaumberg 3817'; diesseits wieder das Scheuereck 3837'). Bayerischerseits dehnt sich darin der Forstbezirk des Zwieseler Waldhauses mit seinen zahlreichen Schachten, d. h. im Walde eingehauenen, meist zu Weide benutzten Blössen (Ruckowitz-, Rindl-, Bären-, Lang-, hinterer Schachten), in Böhmen das Neubrunner und Stubenbachenrevier aus.

Im Westen scheiden das grosse Regen- und Deffernik-Thal einen Gebirgstheil ab, der zu diesem wie zum folgenden Gliede gezählt werden kann. Es ist diess der Sauruck mit dem Hoch- (2811'), Drah-, grossen und kleinen Kuhberg (2330'). Noch müssen wir am Fusse des Lakaberges im hintersten Hurkenthal den kleinen Lakasee erwähnen, ein Ebenbild des Rachelsees, von gleich düsterem Aussehen.

Jenseits des grossen Regenthales zeigt sich in dem Gebirgsrücken eine Tendenz zur Gabelung. In der Hauptgebirgsrichtung streicht der scharf rückenförmige Kamm des künischen oder Ossergebirges geradlinig fort, während weiter nach SW. abgerückt das Gebirge sich zu seinen höchsten Massen aufthürmt und so den einzigen Centralstock des ganzen Gebirges bildet, von dem aus verschiedene kurze Züge radienförmig auslaufen. Es ist diess der Arbergebirgsstock. Die etwas auseinanderlaufenden Flügel beider Gebirgstheile schliessen jene tiefe, weite Bucht ein, die von ihrem Hauptorte Lam den Namen Lamer Winkel trägt.

Der Arbergebirgsstock zwischen grossem und weissem Regen im SO. und NW., dann zwischen dem Einschnitte von B. Eisenstein zum Berlasbach beim Scheibensattel bis hinab zum Thale des Weissregens im NO., und der Einbuchtung von Zwiesel über Brandten, Bodenmais, Drachselsried, Arnbruck zum Keitersbach- thale im SW., hat seinen Gipfelpunkt im höchsten Berg des bayerisch-böhmischen Waldes, im grossen Arber (4489'). An ihn dicht gedrängt steht die Berg- spitze des kleinen Arber (4251'). Von diesem Knoten läuft ein hoher Rücken in westnordwestlicher Richtung kammartig zugespitzt und ohne namhafte Unter- brechung über Schobereck, Enzianruck (4014'), Schwarzeck, Mühlriegel, die Stan- zen mit dem schmalgratigen Keitersberg (3496') bis zum Regen bei Kötzting. Bei der Schaarebene, dem Waldecker Sattel und den Stanzen bewirken flache Ein- buchtungen in diesen langen, mit dem Schoberecker, Blachendorfer, Arnbrucker und Kötztinger Wald bedeckten Rücken eine schwach ausgeprägte Quergliederung. In südlicher Richtung dringt vom Arber ein Höhenzug gegen Bodenmais bis zur Bischofshaube oder Silberberg (2946') und ein anderer gegen Rabenstein bis zum Hühnerkobel (2927') im Brandtener Forst vor; nördlich aber verbindet sich der Gebirgsstock durch einen Querrücken mit dem künischen Gebirge.

Die nächsten Ausläufer des Arber fallen mit in diesem Gebirge seltener Steil- heit über die Seewand ab in jene tiefe Bucht, welche von dem schwarzen Wasser des grossen Arbersees ausgefüllt ist. Obwohl im Allgemeinen dem düsteren Bilde des Rachel- oder Lakasees ähnlich, nimmt doch die Umgebung des grossen Arbersees einen etwas lieblichen und heiteren Ausdruck an, während der kleine Arbersee ganz das Wilde und Finstere der südlichen Gebirgsseeen wiederholt.

Das dem Arberstocke nordostwärts vorliegende künische oder Osser- gebirge beginnt schon von bayerisch Eisenstein an sich rasch aus der Thalung des grossen Regens zu dem kahlen Zwergecke und damit zugleich zum höchsten Punkte (4074') des ganzen schroffen, schmalen Felsrückens, der von hier zum grossen und kleinen Osser zieht, zu erheben. Der grosse Osser erreicht nicht ganz dieselbe Höhe (3986'), wie das Zwergeck, überbietet dasselbe jedoch an Wildheit der Felsformen, wie denn überhaupt dieser Gebirgstheil als derjenige gelten muss, welcher innerhalb des ganzen Grenzgebirges die zackigsten Felsen auf dem schmalen Kamme trägt.

Der von Felsen umringte Bistritzer See gehört zu den eigenthümlichsten und wildschönsten des Waldes.

Der Hauptgebirgsrücken zieht sich über Zwieseleck (3425') und der Landes- grenze entlang über Rittstieg, Buch- und Hofberg gegen Jägershof und verflacht sich dort an der breiten Chambniederung zwischen Eschelkam und Neumarkt.

:hbrechen
erscheint.
hm einen
'artieen.
stein und
nfiger als
1den und
n Rinnsal
1nd etwas
reinander
:deutende
·auenberg
Järnstein-
sserfällen
en durch
sind die
'fahl auf
:ei Regen,
; Waldes
:sicht auf

.lung des
W.-Ende.

hintere
aldes an
, welche,
1ter den-
:s hohen
stehende
, welche
nd durch
las Cer-
Arnstein
nung als
· Rücken
sich der
fer Hang
iche und
i und bis
Bergland
. Im O.
(2540')
Buchberg

Grosser Arbersee.

Südlich von Rittsteig zweigt sich ein Höhenzug ab und verläuft zurückgewendet nach SW. über die Einsattelung an der Absetz zum Kolmstein (2430'). Der Rücken stellt eine Verbindung mit dem hohen Gebirgstheil her, der als hohes Bogengebirge quer vor dem Thale des weissen Regen ausgebreitet ist und auch die Chambniederung ostwärts plötzlich durch seine steile Aufrichtung abschliesst. Es ist diess der äusserste nordwestliche Vorsprung des bayerischen Waldes, mit welchem der letztere gegen den Oberpfälzer-Wald an der Chamb endet. Seine Gehänge sind meist steil, obwohl nicht sehr felsig. Als höchste Punkte sind zu nennen: Schwarzriegel (3336'), Eckwiesstein (3332') und der mit einer Ruine gekrönte Burgstall (3035').

Dem ganzen Zug des Hauptrückens vom Dreisesselgebirge bis zum hohen Bogen ist auf seiner südwestlichen Seite ein parallel laufender, viel niedrigerer Gebirgstheil auf's engste angeschlossen, welcher zwar sehr vielfach quer durchbrochen und abgesetzt ist und dadurch des Charakters eines fortlaufenden Gebirgsrückens beraubt erscheint, gleichwohl durch die in allen einzelnen Gliedern gleichbleibende Längenausdehnung und durch die in gleicher Streichungslinie fortsetzende Aneinanderreihung beweist, dass er einen zusammengehörigen, den Hauptrücken begleitenden Vorderzug oder eine Vorterrasse ausmacht.

Vom Dreisesselgebirge bis zum Rachel löst sich dieser Parallelzug von dem östlichen Grenzgebirge nicht entschieden ab. Es deuten ihn hier zwar einzelne hohe Bergköpfe, wie z. B. die Höhen bei Altreichenau (2562'), Seilberg,

Kreuzberg (2633'), Katzberg (2663'), Imberg bei St. Oswald (2685'), an, aber erst nördlich von Klingenbrunn gewinnt er eine deutliche Selbstständigkeit und breitet sich als vielkuppiges, hohes Gebirge zwischen Flanitz, Regen und Rinchnach, den Zwieseler Kessel nach Süden abschliessend, aus.

Diese Gebirgsgruppe des Rinchnacher Hochwaldes beginnt im Süden bei Klingenbrunn mit der Erhebung des Ludwigsteins (2720'), des Ochsenkopfs (2571'), des Eschelberges (3209') und Wagensons (2922'), setzt mit dem Rücken des Kohlrucks und Dreikegelriegels (2650') fort und endet in dem Aschberg mit Hochrannet (2645') und Hochwürz (Sattel 2392'). Genau in gleichem Anschlusse, wie dieses Vorgebirge zum Rachel, stehen jenseits, nördlich von Regen, die vielköpfigen, rückenartig aneinander gereihten Berge im Schönecker Forste und bei Böbrach zum Arberstocke. Es 'sind diess der Auerkielerwald, der Harlachberg mit Kron- (2989') und Hallerberg (2831') und der Fratherberg mit Hammerplatten (2720') und dem Frather-Hörnel (2255').

Jenseits des Regenthales begegnet man der Fortsetzung dieser Vorberge wieder in den Höhen bei Nussberg (2770') und Wettzell (2509'), welche bis zur tiefen Thalung der Vereinigung von weissem, schwarzem Regen und Keitersbach vorspringen.

Endlich sind dem hohen Bogengebirge der von weiter Ferne sichtbare kegelförmige Haidstein (2291') und vor diesem der Rossberg (2063') und der Schlossberg Runding (1660') als Vorberge vorgelagert. Letztere bilden in dem Zwickel zwischen Regen und Chamb in allmähligem Ansteigen bis zum hohen Bogen einen höchst malerischen Hintergrund zur breiten Fläche der Chamer-Au, deren Öffnung sie ostwärts abschliessen.

Dem hinteren Walde haben wir den vorderen oder das Donaugebirge gegenübergestellt. Wie ein hoher Wall erhebt sich dasselbe im N. der Donau mit steilen, vielfach eingeschnittenen Gehängen, denen ein Heer von Einzelkuppen und Spitzen aufgesetzt scheint. Unser drittes und viertes Gebirgsbild veranschaulichen die Oberflächengestaltung dieses Donaugebirges in der Gegend von Deggendorf und Regensburg, während das erste uns einen Einblick auf die dem hinteren Wald vorliegenden Donauberge unterhalb Passau gestattet. Man theilt den Zug gewöhnlich in zwei Glieder, in das untere Donaugebirge an der unteren Donau bis zum Sonnenwald und in das obere Donaugebirge von Sonnenwald bis zur Regenkrümmung.

Beginnt man die Betrachtung im Einzelnen wieder in SO., so ist die erste grössere Gruppe, welche sich von den übrigen ablöst, zwischen Mühel, Erlau und Donau eingeschlossen. Sie reicht tief noch nach Österreich hinab. Nennt man das Ganze Mühelgebirge, so lässt sich der bayerische Antheil an demselben als Wegscheider-Gebirge unterscheiden. Nach Süden gegen das Donauthal und die Einschnitte der Erlau und des Osterbaches dacht sich das Gebirge stark und steil ab, während es gegen N. durch die „neue Welt" und das Hügelland bei Altreichenau mit sanfter Verflächung sich zu dem hohen Grenzzuge emporzieht. Der südöstliche Theil, der graphit- und porzellanerdereiche Gneissdistrikt, ist vielfach zerschnitten und zertheilt; eine Menge Einzelköpfe erheben sich zwischen den tiefen Thälern, oft bis zu sehr ansehnlicher Höhe, z. B. der Friedrichsberg (2884'), grosser Rathberg (2770'), Staffelberg (2554'), der Thurnreutherberg (2585'),

Lüssen (2296′), Höhenberg (2338′), der Pfaffenreutherberg (Kühberg 2624′). Gegen N. und NW. ist das Gebirge geschlossener, massiger; es besteht hier durchweg aus Granit (Hauzenberger Granit) und wird als F r a u e n w a l d besonders hervorgehoben. Der höchste Punkt misst 2913′.

Zwischen Erlau und Gaissa (grosse Ohe) setzt der Donauzug in nordwestlicher Richtung fort im I l z g e b i r g e, welches mit Ausnahme eines schmalen Streifens längs der Donauthalung ganz aus Granit besteht. Die Ilz durchschneidet dasselbe in seiner ganzen Breite. Es ist durchgehends ein nicht hohes, ziemlich flaches Bergland, in dem kein Höhepunkt bis 2000′ reicht; die höchsten Bergkuppen sind: Hochbuchet im Ödwald (1858′), Fürstenstein (1779′), Engelburg (1794′), Saldenburg (1761′), Blümersberg bei Dittling (1758′) und Dachsberg bei Kringell (1705′).

Daran schliesst sich der durch die Donauthalspalte abgetrennte, jetzt südlich von derselben liegende Urgebirgsdistrikt in dem Winkel zwischen Donau und Inn, der N e u b u r g e r   W a l d. Sein Untergrund besteht aus Urgebirgsfelsarten, welche in einzelnen Köpfen und an den eingeschnittenen Thalspalten unter den überdeckenden Sedimentschichten zu Tag treten. Der höchste Punkt ist die granitische H o c h g a s s e (1606′) bei Altenmarkt. Donau- und Inngehänge sind steil, letztere besonders felsig.

Die höchste Erhebung erreicht das Donaugebirge in dem mittleren Distrikte von der Gaissa aufwärts bis zur Querspalte von Ober-Altaich durch das Aschatbal über Stallwang nach Gosszell in's Neuhauser Thal. Es sind hier drei grosse Gebirgsgruppen, die eng miteinander verbunden sind. Man könnte das Ganze R u s e l - oder  D e g g e n d o r f e r   G e b i r g e nennen. Die südöstliche Gruppe ist die des S o n n e n w a l d e s, welche in der Pyramide 3132′, im Brodjackelriegel 3034′, im Büchelstein 2668′ Höhe erreicht. Die weit vorspringende Felsplatte des letzteren mit schöner Aussicht auf die Donauebene bis zu den Alpen hin macht diesen Punkt fast jährlich zum Sammelplatz der Naturfreunde des Waldes (Büchelsteiner Fest).

In weitem Bogen verbindet sich der Sonnenwald mit der mittleren Gruppe an der Rusel, dem R u s e l g e b i r g e, welches in dem Hausstein (2828′) weit nach S. vorspringt, während der höhere Rücken in fast rein nördlicher Richtung bis gegen Ruhmannsfelden streicht. Jene südlichen Vorsprünge an der Rusel (2396′) (der Hausstein) und im Sonnenwalde umgeben im Halbkreis mit den steil ansteigenden hohen Bergrücken des Seiboldsrieder- (2769′) und Leopoldswaldes (im Padlinger Rachel 2438′) den fruchtbaren L a l l i n g e r   W i n k e l. In jenem nördlichen Hauptzuge liegen zahlreiche Höhenpunkte über 3000′: Dreitannenriegel (3772′), Muschenriederberg (3649′), Geiskopf (3429′), Anhangberg (3282′).

Die ungefähr 1800′ hohe Bucht bei Grub unfern Gotteszell trennt das R u s e l g e b i r g e von der nördlichsten Gruppe, welche, dem Arbergebirge gegenübergestellt, im vorderen Walde am meisten einen Gebirgsknoten mit auslaufenden Flügeln repräsentirt. Den centralen Stock bildet die Hochfläche der Ödenwies (3200′) mit dem vorspringenden hohen Felskopf des Hirschensteins (3363′). Von hier zweigt sich ein Rücken, rauher Kolben (3218′), nach SO. ab, der durch den Sattel „auf der Grün" (2339′) mit dem Kegel des Krackenwaldes (3139′) in Verbindung steht.

Nach SW. fällt das Gebirge mit dreifachen Vorsprüngen in ziemlich steilen Gehängen (S c h w a r z a c h e r   W a l d) gegen Innernböbrach und Schwarzach ab, während die Hochfläche als Ö d e n w i e s e r   W a l d die nordwestliche Richtung einhält und dann über Glashüttenriegel (3220'), Predigtstuhl (3158'), den Sattel an der Markbuche (2691'), den Preller (3231'), die Käsplätten (3018'), Bern-hardtsnagelberg (2767') bis Neurandsberg (1895') fortsetzt.

Von der Hochfläche schlägt ein Seitenzug eine nordöstliche Richtung gegen Haidenberg ein, wo er bei Perlesried die Höhe von 2656' erreicht. Auch bei Engelmar zweigt sich ein Rücken quer ab und dringt auf's Neue sich gabelnd einerseits dem Hauptrücken parallel im Riedelswald (2754') nach NW., anderer-seits über den Elisabethen-Bühel (2896'), Kegel (3174') und Dachsberg (2366') bis zum Buchberg bei Mitterfels (2598') an die Donau vor.

Als Bindeglieder dieser mit der folgenden Gruppe sind die Vorsprünge gegen W. und NW. zu betrachten, welche mehr isolirt gestellt sind. Am bemerkens-werthesten sind darunter die Bergrücken, die von den Höhen bei Gossersdorf (Sonnberg mit 2048') einerseits über den Hinterberg gegen Sattelbeilstein, anderer-seits über Schweiklsberg nach Sattelbogen (kalter Berg 1993') vordringen. Ganz isolirt steht der Galnerberg bei Stallwang (2151').

Das letzte Glied des v o r d e r e n   W a l d e s endlich ist in dem weiten Bogen zwischen dem unteren Laufe des Regen und der Donau eingeschlossen. Es kann S t a u f e r w a l d oder F a l k e n s t e i n e r g e b i r g e genannt werden und gehört be-reits der Oberpfalz an. Hier verliert sich die rückenartige Gebirgsform, welche bis dahin im Donaugebirge herrschte, fast ganz und dafür greift ein uneben wel-liges Bergland ohne grosse Erhebungen und tiefe Thaleinschnitte Platz. Es ist ein Granitgebirge im Gegensatze zum Gneissgebirge, das in dem südlichen Donau-gebirge überwiegt. Kein Punkt in ihm erreicht die Höhe von 2500'. Die höchste Höhe des ganzen Stocks in den östlichen Theilen überhaupt ist der Engelsbars-zeller Kopf (2067') bei Falkenstein; daran reiht sich der Kopf bei Hagnhof, der grosse Viechtberg (2213') u. a. Gegen W. zieht sich das Gebirge noch tiefer nieder. Hier erreicht ein Punkt bei Frauenzell zwar noch die Höhe von 2104' und dann die Felsspitze im Dorfe Brennberg 2004'; in der südwestlichen Ecke sind im Staufenforst (Frauenholz 1606') die Höhen aber weit geringer. Mehr nach N. an der grossen Regenkrümmung hebt sich das Gebirge wieder in dem Jugendberg (1959') und im Gailenberger Forst (1841'), um mit desto steilerem Gehänge in das enge, tiefe Thal des durchbrechenden Regens abzufallen.

Der vom Regen zwischen Nittenau bis Regenstauf nördlich und westlich ab-geschnittene Gebirgstheil ist seiner ganzen Natur nach nur ein gewaltsam los-gerissenes Glied, das wir dem Falkensteinergebirge anschliessen müssen (R e g e n-e c k g e b i r g e). An Höhen machen sich darin bemerkbar: der s c h w a r z e  B e r g (1865'), Stockenfels (1415') und Leonberger Wald (1606').

Das im S. sehr schmale Zwischenland zwischen h i n t e r e m und v o r d e r e m Hauptzuge, das P f a h l g e b i e t, hat seine grösste allgemeine Erhebung nahe dem SO.-Ende bei N e u r e i c h e n a u an der bayerischen Landesgrenze, seine grösste Einzelerhebung daselbst bei Wolfstein im Nadelholzberg (2544') und Winkelbrunner Berg (2640'), dann bei Grafenau im grossen Steinberg (2809'), mehr gegen N.

DER PFAHL
von St. Anton bei Viechtach.

Digitized by Google

im Weissenstein bei Regen (2335'). Fast alle Flüsschen und Bäche durchbrechen dasselbe in der Quere, daher es sehr zerstückelt und zerrissen gestaltet erscheint. Nur die immer gleichbleibende Quarzfelsbildung des Pfahls giebt ihm einen Anstrich der landschaftlichen Ähnlichkeit in allen seinen verschiedenen Partieen.

Das Durchbrechen der Bäche und Flüsschen quer durch das Quarzgestein und die dasselbe begleitenden festen Gebirgsarten veranlasst, dass hier häufiger als im ganzen übrigen Gebirge enge Spaltenthäler mit pittoresken Felswänden und Wasserschnellen vorkommen. Bei Freyung hat sich der Sausbach sein Rinnsal durch den Pfahlfels, auf dem hier Schloss Wolfstein liegt, ausgeweitet und etwas weiter nach NW. ist es das Reschwasser, welches zwischen wild übereinander gestürzten Felsmassen in enger Schlucht dahinbraust. Bei Grafenau, wo bedeutende Höhen innerhalb dieses Zuges sich anhäufen (hoher Sachsen 2414', Frauenberg 2303', Spitzberg 2289' u. s. w.), bildet die sogenannte Steinklamm oder Bärnstein-leiten ein enges felsiges Thal, durch welches die kleine Ohe in kleinen Wasserfällen stürzt, und nahe dabei hat die grosse Ohe in der Hartmannsreuter Leiten durch einen ähnlichen felsigen Grund sich Bahn gebrochen. Weiter nach NW. sind die Querthäler weiter und minder felsig; dagegen gewinnt der eigentliche Pfahl auf den Höhen eine Mannichfaltigkeit, Wildheit der Form, welche die Berge bei Regen, dann besonders bei Viechtach und Moosbach zu den berühmtesten des Waldes macht. Der Weissenstein namentlich zeichnet sich durch seine Aussicht auf die Centralberge des ganzen Waldes aus.

Mit dem Thierlstein bricht der Quarzfels an der breiten Querthalung des Regen ab und damit erreicht auch das Zwischengebiet des Pfahls sein NW.-Ende.

## Gebirgsverhältnisse des Oberpfälzer-Waldes.

§. 8. Im Oberpfälzer-Walde beginnt der Hauptzug oder der hintere Wald gegenüber der fast fächerförmigen Theilung des bayerischen Waldes an seinem Nordende in einer dieser entsprechenden Verästelung mit Höhen, welche, obwohl sie die höchsten des ganzen nördlichen Waldgebirges sind, weit unter denjenigen des bayerischen Waldes zurückstehen und kaum den Bergen des hohen Vorgebirges gleichkommen. Dieser dem südöstlichen Ende ziemlich nahe stehende höchste Berg ist der Cerkow in Böhmen (3193'). Die Gebirgstheile, welche sich um diesen Gipfelpunkt bayerischer- und böhmischerseits gruppiren und durch den Strassenzug von Waldmünchen nach Klentsch abgegrenzt sind — das Cerkowgebirge — fallen mit ziemlich steilen Gehängen von den Höhen bei Arnstein (Eben 2514') und des Kramberges (2667') in die Schwarzach-Verebnung als Waldmünchener Gebirge ab, während nach S. und SW. ein hoher Rücken gegen Furth, Gleissenberg und Herzogau sich abzweigt. Hier breitet sich der Ödforst mit dem Reisseck (2883') und der Kesselwald mit dem Sonnhofer Hang bei Herzogau (2654') aus. Weiter ist dann zwischen der Chamb-Regenfläche und dem Schwarzachthale im Norden und westwärts bis Neunkirchen — Balbini und bis gegen die Fortsetzung des Pfahls im Schwärzerberg ein vielkuppiges Bergland angeschlossen, das als Ganzes wohl Chamer Bergland heissen dürfte. Im O. ist der Eschelmaiser Berg als der höchste Punkt des ganzen Gebirgstheiles (2540') zu nennen; ausserdem sind hier bemerkbar der Katzberg (2023'), der Buchberg

(1825'), der Tharstein (1982'), das Schönthaler Holz (2021'), der Kirnberg bei Stammsried (1730') und das Rannenholz (2198') bei Rötz.

Der Hauptzug setzt nordwestlich von der Waldmünchener Strasse längs der Landesgrenze im Schauergebirge fort, dessen Gipfelpunkte im Lissa (2666') und Schauerberg (2716') ganz in Böhmen liegen; bayerischerseits dacht es sich im Tiefenbacher Walde ab und bildet im Klee- (2185'), Silber-, Schüller- (2212') und Koppelberg Einzelhöhen.

Das Schönsee-Gebirge als Grenzrücken und ihm parallel, mehr gegen SW. gestellt, der Schneeberg (2768') liegen wieder mit ihren höheren Gebirgs- theilen ganz innerhalb des bayerischen Gebiets.

Es sind hohe, schmale Gneissrücken, die unter sich durch den Sattel bei Winding zusammenhängen und jenseits des Murachthales bis zum Einschnitte der Pfreimt und bis zur Ebene des Pfrentschweihers im Eslarner Gebirge fort- setzen. Im Grenzrücken sind es der Schönauer Wald und der Reichensteiner Forst mit perlmuschelreichen Bächen, welche die höchsten Punkte in sich schliessen (Reichenstein 2695'). Mehr nördlich liegt der Friedrichgehäng- (2595') und Stückholzberg (2413'). Der waldige Schneeberg mit dem Tiefenbacher und dem Frauensteiner Forst hat seinen höchsten Punkt im Frauenstein (2745'). In dem mehr hügeligen Gebirge von Eslarn ragt der Stangenberg (2309') bei Gaisheim als Höhenpunkt hervor.

Wie im Süden das Chamer Bergland dem Waldmünchener Gebirge, so liegt mehr gegen Norden eine breite, fast mehr hügelige als bergige Landschaft zwischen den Thälern der Pfreimt und der Schwarzach dem hinteren Walde vor. Die Murach durchschneidet sie in zwei ziemlich gleiche Hälften; in der südlichen ist der Schwärzwöhresberg (2163'), in der nördlichen der Tännesberger Wald (2337') besonders hervorzuheben. Das Ganze mag das Muracher Gebirge heissen. Mit seinen Ausläufern reicht es bis Schwarzhofen, Naabburg und Pfreimt und be- hält bis nahe zum Rande an den tiefen Thaleinschnitten, die es umgeben, eine ansehnliche Höhe bei. An die Kuppe des Schwärzwöhresberges lehnen sich die Höhen des Kupferschlags und die Haager Berge (1888'); es folgen dann nördlich die Höhen bei Oberviechtach, der Pfaffenberg und die Trichenrichter Höhe. Längs der Landesgrenze nördlich von dem Pfreimtthale vermittelt ein hoher Gebirgstheil nördlich von Waidhaus die Fortsetzung des Hauptzuges als — Waidhausergebirge. Von den Thalungen der Pfreimt und des Zottbaches umspannt, erreicht dieser Ge- birgstheil seine höchste Erhebung im Schimmelberg (2307') und verbindet sich nach NO. durch das Schönwalder Gebirge mit den Höhen südlich von Tachau in Böhmen, welche bis zu dem inselartig hochaufragenden, aus grossen Entfernungen sichtbaren Fraunberg (Pfrauenberg) (2597') an der Waidhaus-Hayder Strasse ansteigen.

Zwischen Waidhauser Gebirge und dem Sattel bei Bärnau, über den die Bär- nau-Tachauer Strasse zieht, erhebt sich im Grenzgebirge ein breiter Gebirgsstock, von dessen Centrum nach verschiedenen Richtungen Rücken auslaufen: nach S. längs der Landesgrenzen gegen Waldheim zu und davon abzweigend der Schön- thauer und der Schellenberger Wald bis gegen Flossenbürg, dann nach W. der Steinbruckwald bei Dreihof und bis Plössberg, nach NW., der Hochberg, nach NO. endlich gegen Paulusbrunn der Bärnauerberg. Diese vielfache Theilung, mehr noch die NO.-Richtung, welche von da an die wassertheilenden Gebirgsrücken einschlagen, deuten auf eine grossartige Änderung, welche im Gebirgsbau sich vorbereitet. Es sind diess die Vorboten des von nun an weiter nach Norden immer stärker hervortretenden Einflusses, den die Richtung des Erzgebirgssystems gewinnt.

Nahe der Waldnaabquelle ist der höchste Punkt im Silberhüttenberg (2883'), zugleich auch die Mitte des ganzen Stocks. Bedeutende Bergköpfe liegen in dem ganzen Gebirgstheile zerstreut: der Elisenberg, Schellenberg (2511'), Sarnstein, Flossenbürg (2270'), Haselstein (2173').

Angeschlossen an diesen und an den vorher erwähnten Theil des hinteren Waldes zieht ein hohes Bergland von Moosbach im Pfreimtthale über Pleistein, Waldthurn, Floss bis gegen Plössberg — Waldthurner Bergland. Von mehreren Thaleinschnitten quer durchschnitten erscheint es als ein Conglomerat von Berg und Hügel, dem gleichwohl durch Formähnlichkeit der Typus der Zusammengehörigkeit aufgedrückt ist. Die freistehende kegelförmige Kuppe des Fahrenberges (2470') überragt die Nachbarhöhen um ein Beträchtliches und gewährt wegen ihrer isolirten Stellung den schönsten Rundblick in und über den Oberpfälzer-Wald. Das sechste Gebirgsbild dient als Beweis für den grossen Umfang der Aussicht von diesem Berggipfel über die mittleren Theile des Gebirges, während das siebente oder letzte Gebirgsbild die Berge des nördlichsten Theiles des Oberpfälzer-Waldes mit dem Bärnauer Gebirge zusammen zur Anschauung bringt.

Der vom Silberhüttenberg und von der Waldnaabquelle nach NO. gewendete Zug des Hauptgebirgsrückens streicht in der eingeschlagenen Richtung längs der Landesgrenze gegen Mähring und wendet sich dort mit dem Verlaufe der Grenzlinie wieder mehr nach N., sogar nach NW. bis zum ganz flachen Abfall in's Wondrebthal und in die Ebene des Eger'schen Ländchens. Die Vertiefung bei Mähring theilt diesen letzten, nördlichsten Theil des Oberpfälzer-Waldes in zwei Gruppen. Die südliche nennen wir hier die Griesbacher Berge, die nördliche das Stiftsgebirge.

In der südlichen Gruppe reiht sich in staffelförmigem Aufbau von dem Waldnaabthale ostwärts bis zur Landesgrenze eine Bergspitze an die andere. Es ist hier ein wahres Meer von Bergkuppen zusammengedrängt, ohne dass jedoch eine Höhe eine besonders dominirende Stellung gegen die anderen erlangt. Der höchste Punkt liegt im S., der Hermannsreuther Steinberg (2507'); nächst diesem steht dann der Ahornberg (2444'), diesem reihen sich Asch-, Wetter-, Marchaney-, Ringelberg, alle bei Griesbach, an; näher dem Westrand erhebt sich der Buchberg (2019'), der Seiler (1829'), gegen NW. das Hechtholz und bei Tirschenreuth die Kl. Klenauer Höhe (1786').

Die Stiftsberge nördlich von Mähring und der Tirschenreuther Strasse werden auf drei Seiten von der stark gekrümmten Wondreb, die selbst ihren Quellpunkt in diesem Gebirgsstock, bei St. Nicolaus, hat, begrenzt; nach S. verbinden sie sich durch die Poppenreuther Höhe (2235') mit dem Griesbacher Gebirge und dringen mit flachen Ausläufern weit nach W. und N., bis fast nach Mitterteich und Waldsassen vor. Es ist ein von den bisher besprochenen Bergformen abweichend gestaltetes, hohes, kuppenförmiges Gebirge, dem auf seine fast ebenen Höhen mächtige,

bizarr ausgezackte Felsriffe aufgesetzt sind, während seine Gehänge sanft und ganz
allmählig sich bis in die Thalsohlen niederziehen.                    •

Gipfel des Düllen.

Die höchsten Höhen fallen bereits in dem Bergrücken südöstlich von N.-Alben-
reuth, der mit der Kalmreuth und dem Muglberg ansteigend sich bis zum Düllen
(2817′) zuspitzt, ganz nach Böhmen. Bayerischerseits breitet sich im S. der Hochwald mit der Höhe beim alten Herrgott (2342′), in der Mitte der Eger'sche
Wald mit dem Hedelberg (2320′), gegen Norden der untere Wald (1853′)
und gegen W. der Hohlerwald mit der Leonberger Platten (1843′) aus. Ein
rückenartiger Vorsprung streicht von Wernersreuth über den Teichelrang bis zur
Wondrebkrümmung bei Königshütte.

Die grossen, fast rechtwinkligen Krümmungen der Waldnaab in ihrem oberen
Lauf von Liebenstein über Tirschenreuth, Falkenberg bis zu ihrem Austritt aus
dem Urgebirge bei Neustadt a./W. umschliessen ein grosses Granitgebiet von nur
sehr geringer Erhebung. Der höchste Punkt dürfte die Höhe bei Schönficht (1708′)
sein. Dieser waldige Bezirk — der Tirschenreuther Wald — legt sich westwärts den Griesbacher Bergen vor und reicht gegen SO. an das Bärnauergebirge, von
dessen Vorbergen ihn die Bucht von Plössberg durch das Schlatteinthal scheidet.
Trotz sehr zahlreicher Granitfelsen, welche in pittoresker Gruppirung einzelne Höhenpunkte zieren, können wir doch von keiner besonderen Bergkuppe sprechen, welche
als Höhenpunkt hervorsticht. Das ganze Bergland ist nur wellig uneben. Es
zeigt diess das letzte Bild des Blattes der Gebirgsformen, welches uns auf
einen Punkt des Tirschenreuther Waldes mit seinen Granitfelsgruppen führt und

die Aussicht nach dem ganzen nördlichen Theil des Oberpfälzer-Waldes sammt der bereits hier beginnenden Naabwondreb-Hochebene vorführt.

Wenden wir uns von der Betrachtung des Gebirgszuges längs der östlichen Landesgrenze und des diesem westwärts angelehnten Berglandes zu dem das ganze Gebirge nach W. abschliessenden Randgebirge, so haben wir als Fortsetzung des Pfahlgebirges am nördlichen Rande des Bodenwöhrer Beckens, wie bereits erwähnt, zunächst einen Rücken zu betrachten, der selbst über die Naabthalspalte westwärts fortsetzend bis Amberg und Hirschau streicht — das Naabgebirge.

Dasselbe ist durch Quer- und Längseinschnitte vielfach zertheilt, so dass es im Ganzen deutlicher, als man es in einem anderen Theil des Gebiets wahrnimmt, den Eindruck macht, als sei es bloss der Überrest eines vielfach durch tief ein-· greifende Veränderungen, Dislokationen und Einschwemmungen umgestalteten Vorgebirges — ein weit vorragendes Felsenriff, welches schon die Brandungen der ältesten Meere zu benagen begannen.

Das Naabthal zerreisst diesen Gebirgstheil in zwei ungleiche Partieen. Die südliche, welche dem Chamer Bergland eng verbunden ist, bildet die unmittelbare Fortsetzung des Pfahls und des Pfahlgebiets nördlich vom Regen. Hier ist der Schwarzenberg (1715') und der Hirschberg (1719') auf dem schmalen Rücken von Quarzfelsen besetzt, deren direkte Fortsetzung jenseits, d. h. westlich vom Naabthal, bei Schwarzenfeld in einem schmalen, von der Hauptmasse abgetrennten Urgebirgsrücken zwischen Högling und Triesching vermuthet werden darf, obwohl die Quarzfelsmasse des Pfahls selbst ihm gänzlich abgeht. Diesem Pfahlgebirge im engsten Sinne des Wortes streichen mehr nach NO. Höhenrücken bei Auerbach und Weiding parallel, die in der rundlichen Kuppe des flussspathreichen Wölsenberges am Naabthale schon ein Glied des Westnaabgebirges berühren. Dieses dringt nun, von drei Seiten mit Flötzschichten ummantelt, in vielzackigen Aus- und Einbiegungen und zerstreut stehenden Einzelköpfen, doch in der Hauptrichtung nach NW. streichend, einestheils im Hirschauer Buchberg (2034'), anderentheils in den Freudenbergen (Johannes- [2014'], Grafenberg und Steinköpfel) vor. In den mittleren und nördlichen Partieen zeichnen sich der Kulm bei Windpaissing (1933') und der Eixelberg (1637') bei Pfreimt als Höhenpunkte aus.

Die Thalungen der Naab zwischen Pfreimt und Luhe, der Pfreimt im S. und der Luhe im N., schliessen ein Bergland zwischen sich, das ostwärts allmählig in die Höhen des Waldthurner Gebirges verläuft. Es lässt sich als eine Fortsetzung des Westnaab- und Murachgebirges zugleich betrachten, da es mit beiden gewisse Verhältnisse gleich hat. Der südwestliche Theil könnte Wernberger, der nordöstliche Leuchtenberger Gebirge genannt werden.

Die Höhen, zu welchen das Gebirge hier ansteigt, sind nicht bedeutend; Leuchtenberger Schloss (1765'), Kaltenbaum bei Wieselried (1850'), Höhe bei Trausnitz (gegen 1850'), Höhe bei Kotschdorf (1758') sind die namhaftesten. Dagegen sind die Thalgehänge steil und die Thäler selbst, namentlich das Pfreimtthal, eng und felsig. Bei Luhe liegt noch ein kleines Fragment Urgebirge auf der Westseite des Naabthales.

Nördlich von Leuchtenberg beginnt nun das eigentliche, scharf ausgeprägte Randgebirge in den hohen, schmalen Rücken von Micheldorf, Muglhof bis

Neustadt und jenseits der Naabthalspalte fortsetzend in den Höhen bei Globenreuth, Demenreuth, Wildenreuth bis zu den Höhen des Albenreuther Forstes.

Im südlichen Randgebirge (Letzauer Höhe) ist die südost-nordwestliche Richtung minder streng eingehalten, als in dem nördlichen Theil — der Wildenreuther Höhe. Tief eingeschnittene Thäler, steile Gehänge und gegen das anschliessende Sedimentärgebiet rasch abfallende Ränder charakterisiren diese Gebirgsrücken. Im Süden steigen darin einzelne Höhen bis zu 2000′ empor: Muglhoferberg (2017′), Steinfrankenreuthberg (2000′); im Norden dagegen finden sich mehrere noch etwas höhere Punkte: Steinreuther Berg, Pyr. (2058′), Wildenreuther Waldhöhe (2108′) u. s. w.

Es ist höchst merkwürdig, dass dieser Höhenzug nördlich nicht nur ohne Unterbrechung und ohne Einschnitt im Sedimentärgebirge (Rothliegendes) des Albenreuther Forstes fortsetzt, sondern sogar in demselben auch zu theilweise grösserer Höhe: Hessenreutherberg (2201′), Abspannberg (2057′) und Silber (2177′), ansteigt.

Nördlich vom Albenreuther Forste tritt in diesem Höhenzuge wieder das Urgebirge in seine Rechte ein. Dieser Theil des Randgebirges, nördlich des Einschnittes: Waldeck, Guttenberg, Tiefenbach, Frauenberg, gehört aber bereits zum Fichtelgebirge, wesshalb dasselbe erst in einer späteren Abtheilung ausführlicher beschrieben werden soll. An dieser Grenze stehen noch als Schluss des Oberpfälzer-Waldes die Porphyrkuppen des Kornberges (1899′).

## Oberflächenbeschaffenheit der das ostbayerische Grenzgebirge zunächst umgebenden Bezirke.

§. 9. Es ist bereits früher gezeigt worden, dass das ostbayerische Grenzgebirge im SW. und grossentheils auch im N. von fast ebenem oder hügeligem Lande umsäumt wird. Im Süden tritt die grosse Donauhochebene dicht an das Gebirge heran und die Donauthalung bildet von Regensburg bis Pleinting die Scheide zwischen der Ebene und dem Gebirge. Nur einzelne kleine Urgebirgsinseln tauchen auf der Südseite der Donau aus der Fläche auf, wie der Natternberg bei Deggendorf. Ein grösserer, rechtsseitiger Urgebirgsdistrikt breitet sich dagegen in dem Zwickel aus, den die Donau und der Inn miteinander bilden — der Neuburgerwald —, indem von Pleinting aus die Donau ihre Wasserrinne in das Gebiet des Urgebirges selbst verlegt. Hier ist es auch, wo die Donauhochfläche ohne scharfe Abgrenzung in den Urgebirgstheil übergeht, in ähnlicher Weise, wie diess auch bei und oberhalb Regensburg mit dem Kalkgebirge der fränkischen Alb der Fall ist. Denn hier bricht die Donau, anstatt, wie in ihrem ganzen oberen Lauf von Ulm herab, auf der Grenze zwischen Donauebene und Jurakalkgebiet sich zu halten, mitten durch Kalkfelsen durch und trennt dadurch einen Theil der letzteren auf der rechten Seite von der Hauptmasse der Alb ab.

Innerhalb der Donaufläche selbst lassen sich nur geringe, wellenförmig auf- und niederwogende Unebenheiten wahrnehmen, soweit dieselbe nicht direkt von Thaleinschnitten durchbrochen ist. An diesen bilden die Uferränder, welche in grösserer oder geringerer Entfernung vom eigentlichen Flusslaufe mit demselben fortziehen, bald breitere, bald engere sekundäre Thalflächen in terrassenförmigem Aufbau. Auch längs der alluvialen Donauthalung ziehen sich solche Hochränder, oft mit steilem Ansteigen, der Urgebirgsgrenze parallel von Regensburg bis Vilshofen fort.

Weit weniger streng ist die Abgrenzung des Urgebirges gegen W. und SW., von Regensburg oder eigentlich vom Tegernheimer Keller an bis Kemnath oder Waldeck.

Es ist bekannt, dass ein plateauförmiges jurassisches Kalkgebirge — die fränkische Alb — dem ostbayerischen Grenzgebirge gegenübersteht, das in seiner Haupterstreckung hier mit der Längenrichtung des Urgebirges sich parallel hält, in einzelnen Zweigen aber auch dicht an dasselbe heranreicht, ja sogar in Vertiefungen desselben -eindringt. Obwohl nun im Allgemeinen zwischen den Höhen des Urgebirges und denen der fränkischen Alb eine Terrainvertiefung trennend sich ausbreitet, so bewirkt doch dieser direkte Anschluss jurassischer Gebirgsglieder an den Urgebirgsrand, wie andererseits das vorgebirgsähnliche Hinausgreifen des Urgebirges nach W., dass das in der Mitte liegende Zwischenland nur stellenweise den Charakter einer Fläche oder einer breiten Thalung erlangt, während es an anderen Punkten durch quer ziehende Hügel oder Vorsprünge die Natur eines hügeligen Vorlandes gewinnt. Dieser Wechsel von Verebnung und hügeligen Querrücken bewirkt, dass das längs der Naab aufwärts ziehende westliche, tiefere Grenzgebiet vor dem Walde staffelförmig in mehreren Buchten mit quer vorliegenden Dämmen ansteigt. Zwei solcher kesselförmigen Verebnungen machen sich durch ihre Ausdehnung besonders bemerkbar, der obere und untere Naabkessel, deren Gebiet wir als oberes und unteres Naabkesselland bezeichnen. Der untere Kessel wird von dem breiten Gebirgstheil südlich abgedämmt, mit welchem zunächst nördlich von Regensburg bis hinauf nach Leonberg und Burglengenfeld die Juraberge sich unmittelbar an das Urgebirge anlehnen. Zwar wird dieser Damm zweifach durch die Naab- und Regenthal-Spalte durchbrochen, aber die Natur dieser Abzugskanäle lässt es deutlich erkennen, dass die Gewässer in relativ später Zeit und nur allmählig durch das vorliegende Bergland einen Thalweg sich zu bahnen im Stande waren. Ursprünglich war wahrscheinlich nur ein Abzugskanal vorhanden, der von Teublitz nach Regenstauf in's Regenthal herüberzog und dann im Regenthale selbst weiter südwärts zur Donau führte; die nordöstliche Naabthal-Spalte von Kalmünz abwärts ist jüngerer Entstehung.

Das hinter diesem Querrücken liegende tiefe Flachland trägt noch jetzt deutlich die Spuren einer grossen Wasseranstauung. Die zahllosen Weiher, Sümpfe und Torfgründe, die es bedecken, sind die Überreste eines ehemaligen Seebeckens.

Dieser untere Naabkessel beginnt bei Burglengenfeld, zieht der Naab folgend aufwärts bis zum zweiten Querrücken, dem Naabgebirge am Wölsenberg, und gewinnt seine eigentliche Ausdehnung erst in der grossen Bucht des Bodenwöhrer Beckens, deren Fortsetzung sich längs des Urgebirges bis nach Amberg ausdehnt.

Dieses Kesselland wird durch einen Längsrücken, der in den Höhen von Pittersberg beginnt, bei Schwandorf von der Naab durchbrochen ist (zwischen Egidiund Weinberg), dann in der Bodenwöhrer Bucht über Grafenricht, Kölbldorf,

5 *

Thürn fortsetzt, in zwei Abtheilungen gespalten. In der u n t e r e n Partie verzweigen sich Vertiefungen bis Au und Thannheim in das Gebiet der fränkischen Alb. Die mittlere Höhe mag hier etwa 1150′ betragen, wogegen der tiefste Einschnitt in dem südlich vorliegenden Hügelland (das Naabthal ausgenommen) bei Ibenthann die Höhe von 1200′ nicht viel übersteigt. Daraus ergiebt sich die grosse Wahrscheinlichkeit eines alten Flusslaufes in dieser Vertiefung nach der Donau zu.

Die o b e r e Abtheilung des Kessellandes erstreckt sich längs des südwestlichen Urgebirgsrandes vom Regenthal bei Roding bis zum Vilsthal bei Amberg. Sie steht mehrfach mit der unteren Stufe durch Quereinschnitte in Verbindung und dringt auch in mehreren Buchten seitlich in das Urgebirgs- und Juragebiet ein. Die bemerkenswertheste Seitenbucht ist jene, welche von Weiding bis Stullen und Schmidgaden nördlich von Schwarzenfeld eingetieft ist und durch einen niederen Urgebirgsrücken theilweise von der Hauptbucht geschieden wird. Sie liesse sich als eine kleine dritte Abtheilung betrachten, stände sie nicht durch den breiten Einschnitt hinter dem Miesberg mit der Hauptbucht in offener Verbindung. Für diese beträgt die durchschnittliche Höhe circa 1200′. Es wird, nach dem Terrain und den aufgehäuften Schutt- und Geröllmassen beurtheilt, sehr wahrscheinlich, dass einst die Gewässer der Vils ihren Lauf von Amberg an gegen Schwarzenfeld nahmen.

An diese schon seit den ältesten (postcarbonischen) Zeiten der Erdbildung bestehenden Einbuchtungen schliesst sich direkt eine jetzt durch Ausfüllung mit Gesteinsschichten des Rothliegenden etwas verwischte enge Mulde, die, hinter dem schmalen Urgebirgsrücken von Jeding sich bei Pennating abzweigend, bis Rottendorf und Schmidgaden vor das Freudenberger Gebirge hingelagert ist. Das Gestein, welches in ihr abgelagert wurde, umsäumt von ihrem Westende an den Vorsprung des Urgebirges zwar nur in schmalen Streifchen, aber diese genügen, um wenigstens die Verbindung zu konstatiren, welche ehedem zwischen dieser Bucht und einem nördlichen breiten Einschnitt in's Urgebirge bestand. Dieser nördliche Einschnitt ist der o b e r e  N a a b k e s s e l.

Der südliche Damm dieses oberen Kessellandes wird von dem westlichen Vorsprung des Urgebirges an der Naab und von dem Wernberger Urgebirge gebildet. Die Naabthalspalte, die jetzt zwischen Luhe oder Wernberg und Wölsenberg mitten durch die Urgebirgsfelsen durchbricht, entstand in ihrer gegenwärtigen Tiefe sicherlich erst in sehr neuer Zeit. Ostwärts lehnt sich das Tiefland von der Urgebirgsecke bei Engelshof an das Westrandgebirge der Letzauer Höhe und nördlich von der Waldnaabspalte bei Neustadt a./W. an die Wildenreuther Höhe und verbindet sich durch das Rothliegend-Gebirge des Albenreuther Forstes mit der das Fichtelgebirge und den Oberpfälzer-Wald scheidenden Hochfläche.

Gegen Westen stossen wir auf einen rückenartig verlaufenden Höhenzug in der Richtung des Naabgebirgsvorsprunges, der nordwestlich auf der Wasserscheide zwischen Vils und Heidenaab bis zum Hauptkörper der fränkischen Alb vorgeschoben ist. Es steigt desshalb der Boden der Bucht im Westen langsam zu diesen Höhen auf, welche unmittelbar mit den Jurabergen verbunden sind, so dass hier die verschiedenen Gesteine, welche das Kesselland ausfüllen oder an seinem Rande dem Urgebirge sich anlehnen, — Rothliegendes, Keuper — in gleicher Höhe mit den

Jurabergen selbst gelagert sind. Nach
NW. erheben sich allmählig vor dem Fich-
telgebirgsrande zwischen Kemnath und
Creussen schmale, abgerundete Rücken
aus Muschelkalk und Buntsandstein,
welche das Kesselland nach dieser Richtung begrenzen.

Diese Verhältnisse bewirken, dass
die tiefste Einsenkung in nächster Nähe
des Urgebirgsrandes hinzieht und der
tiefste Punkt des Kessels in den äussersten
südöstlichen Theil zu liegen kommt.

Diese Ausbuchtung des o b e r e n
N a a b k e s s e l s bestand schon vor der
Bildung des Rothliegenden. Denn die
Gesteine dieser Formation sind es vorzüglich, welche am Süd- und Ostrande
ursprünglich wohl den grössten · Theil
der Vertiefungen ausgefüllt hatten. Daher
finden wir auch hier Berge aus Rothliegendem bis gegen 1800′ emporragen
(Trebsauer Höhe 1608′; Forst Mitterwald 1752′). Spätere Dislokationen haben
aber diese Ausfüllungsmassen theilweise
wieder zerstört. Es entstanden so gleichsam sekundäre Einbuchtungen, in welche
theilweise Keuperschichten abgelagert
wurden. Die Hirschau-Schnaittenbacher
Thalung ist eine solche sekundäre Furche
im oberen Naabkessel, welche zwischen
das Urgebirge des Buchberges und den
Rothliegenden-Rücken des Mitterwaldes
sich einsenkt. Der ganze nördliche und
nordwestliche Theil des Kessellandes ist
von Keupergestein erfüllt, das nur weites
Flachland und niedere Hügel bildet. Die
wüsten Sandflächen des Mantler (1494′)
und Parksteiner Waldes (1435′) sind das
Ergebniss der Abschwemmung dieser
Keuperhügel, aus deren einförmigen Wellen der basaltige P a r k s t e i n (1823′)
und weiter im Norden der r a u h e K u l m
(2129′) um so stattlicher ihre kegelförmigen Häupter hoch erheben. Zahlreiche
Sümpfe und Torfmoore liefern auch hier

Rauher Kulm bei Neustadt a.K. (Basaltberg im Keupergebiete).

den besten Beweis dafür, dass früher durch Wasseranstauungen die ganze Fläche überfluthet war. Davon mögen auch die grossen Sandmassen herrühren, welche manche Theile des Kessels jetzt überdecken und in wahre Sandwüsten verwandelt haben.

Gegen NW. steigt aus diesem Kessellande nach und nach ein welliges Hügel- und Bergland auf, welches an der Wasserscheide zwischen Main und Naab, in der Gegend von Weidenberg und Bayreuth, bereits als ein selbstständiges Zwischenglied zwischen Fichtelgebirge und fränkischer Alb in rückenförmig von SO. nach NW. verlaufenden Höhen ausgebreitet ist. In diesen Rücken stellen sich Erhebungen bis über 1800′ ein und viele Punkte bei Neustadt a./K., bei Pressat und Eschenbach gewinnen eine Höhe von mehr als 1600′. Dagegen dürfte im Allgemeinen die mittlere Höhenlage des oberen Naabkessellandes kaum 1350′ erreichen.

Zu diesem oberen Naabkesselland steht auch die Bucht im Urgebirge bei Erbendorf in nächster Beziehung; sie ist gleichsam nur eine Fortsetzung desselben, wie diess die Anhäufung von Schichten des Rothliegenden in ihr andeutet. Durch den Umstand, dass sie zugleich auch als Fortsetzung der grossen, Fichtelgebirge und Oberpfälzer-Wald trennenden Hochfläche zwischen die Ausläufer beider Gebirge gestellt ist, ergeben sich bei derselben noch besondere Eigenthümlichkeiten, welche eine etwas ausführlichere Betrachtung nöthig machen.

An den hohen Steilrand des Urgebirges in der Wildenreuther Höhe legt sich schon bei Parkstein der Keuper unmittelbar an und steigt nach und nach im Pressater Walde mit empor bis zu einer Höhe von mehr als 1800'. Zugleich tritt das Rothliegende in den Bergen des Albenreuther Forstes an die Stelle der den Gebirgsrand bis dahin einnehmenden Urgebirgsfelsarten und es verwischt sich durch diese Verschmelzung von Keuper und Rothliegendem die Grenze des Gebirges um so mehr, als der Urgebirgsrücken, durch keine bestimmte Querbucht vom Rothliegenden getrennt, in fast gleicher Höhe in die Berge des letzteren übergeht.

Die Berge des Rothliegenden erreichen im Albenreuther Forste eine Höhe von mehr als 2100'; doch senkt sich das Terrain ostwärts gegen das Fichtelnaabthal rasch bis auf 1500' ein und in dieser Einbuchtung breitet sich nun eine grössere Partie älterer Sedimentärgebilde (Rothliegendes und Kohlengebirge), auf drei Seiten von Urgebirgswänden umschlossen, aus. Es ist diess das **Erbendorfer Becken,** das nordwärts durch die Porphyrkuppe des Kornberges einen Abschluss gegen das Fichtelgebirge erhält. Der schmale Streifen des Kohlengebirges, das den äussersten Urgebirgsrand vom Fuchsweiher bis zum Fichtelnaabthal umsäumt, ist ein Beweis für das hohe Alter dieser Bucht und die frühzeitige Scheidung zwischen den nördlichen und südlichen Gebirgstheilen. Obwohl nun die Berge des Rothliegenden im Albenreuther Forst (Silber 2154') die höchsten Höhen des Randgebirges überragen, so weist doch ihre Stellung quer vor dem Rücken des Urgebirges auf eine tiefgehende Scheidung zwischen

1. Hauptkohlen - Bergwerksschacht.
2. Strassenschacht.
3. Bohrloch gegen Schadenreuth.
4. Bohrloch zu der Kemnather Strasse
5. Hauptschacht des Bleibergwerkes.

6.} Porphyrkuppe des Kornberges.
7.}
8. Dorf Schadenreuth.
9. Gneissgrenze am Fuchsweiher.
10. Alte Berghalden bei Altenmark.

Erbendorfer Becken.

11. Albenreuther Forst.
12. Gehänge aus Chloritschiefer bei Grötschenreuth.
13. Peterhütte.
14. Alte Berghalden am Silbernauer.

dem Gebirge diesseits und jenseits der Bucht, deren Vorhandensein es ja erst möglich machte, dass sich hier Schichten des Rothliegenden ablagern konnten. Desshalb betrachten wir die Berge des Rothtodtliegenden bei Erbendorf, die Ausfüllungsmassen einer alten Bucht, trotz ihrer Höhe als die Grenzsäule zwischen Oberpfälzer-Wald und Fichtelgebirge.

Von der Erbendorfer Bucht zieht sich eine Terrainvertiefung über ein Urgebirgsgebiet von Chloritschiefer, Serpentin, Urthonschiefer und Granit über Reuth bis zu jener weiten Ebene, welche zwischen Reuth, Tirschenreuth und Waldsassen an der oberen Naab und Wondreb ausgebreitet ist. Das breite Wondrebthal vermittelt die Verbindung mit der tiefen Terrasse des Eger'schen Tertiärbeckens. Diesem gegenüber erscheint jene rings von Urgebirgsrücken eingeschlossene Fläche als Hochebene, eine Bezeichnung, welche auch durch ihre mittlere Höhe (1600') gerechtfertigt erscheint. Wir bezeichnen sie hier als Naabwondreb-Hochfläche.

In ihr finden wir eine Wasserscheide zwischen Elb-. und Donaugebiet, aber durch eine so schwache Erhöhung bewirkt, dass wenige Fuss Anstauung genügt, das Wasser nach einer oder der anderen Abdachung zu wenden. Es ist schon früher erwähnt worden, dass diese Eintiefung auf eine längere Strecke die Grenze zwischen Oberpfälzer-Wald und Fichtelgebirge bildet, obwohl die Gebirgsverhältnisse an ihrem nordwestlichen und südöstlichen Rande grosse Unterschiede nicht zeigen, wenn man nicht den zahlreichen in N. auftauchenden Basaltkuppen und Kegeln ein besonderes Gewicht beimessen müsste. Ein Blick auf eine geognostische Übersichtskarte genügt indess, um erkennen zu lassen, dass in der That die längs des Südrandes des Erzgebirges fortziehenden Basaltmassen aus dem Eger'schen Tertiärbecken in unser Gebiet eintreten und hier, wie im Erzgebirgssystem, eine geotektonisch höchst wichtige Trennungslinie bezeichnen. Sie charakterisiren das Zwischengebiet zwischen dem ostbayerischen Grenzgebirge und dem Fichtelgebirge; im ostbayerischen Gebirge selbst kommt kein Basalt vor — er hält sich immer nur an seine Ränder.

Die Naabwondreb-Hochfläche ist kein vollständig ebenes Land; es heben sich vielmehr in derselben nicht bloss Inseln von Urgebirgsfelsarten· und Basalt hervor, sondern die ausfüllenden Schutt-, Geröll- und Sandmassen selbst sind durch zahlreiche Thaleinschnitte in eine Menge kleiner Hügel zertheilt. Als besonders charakteristisch erscheinen hier die Weiher, welche in erstaunlicher Anzahl, oft rosenkranzartig dicht aneinander gereiht, jede Vertiefung besetzt halten. Verdanken auch die meisten dieser Weiher ihren Ursprung der Vorsorge für Vorräthe an Fischen, deren Zucht zur Zeit der Herrschaft des Stiftes Waldsassen besonders wichtig war, so weist doch die Möglichkeit, so viele Wasseranstauungen in Form von Weihern zu veranstalten, auf die ursprüngliche Natur dieser Ebene hin, auf ein ehedem mit süssem Wasser erfülltes Seebecken, das bereits schon zur Tertiärzeit hier bestand. Denn viele der in dieser Fläche jetzt vorfindlichen Ablagerungen sind Erzeugnisse der Tertiärzeit, gleichalterig mit den Süsswassergebilden des Eger'schen Beckens und der Tertiärbuchten im Innern von Böhmen. Der Natur des umgebenden höheren Gebirges und des von diesem kommenden Wassers entsprechend werden alle kalkigen Gesteine bei diesen Ablagerungen vermisst; dafür erfüllen Sand und kieselige Massen als Begleiter einer Braunkohlenbildung neben Thon und angeschwemmtem Gerölle ausschliesslich die weite Fläche. Dürfen wir nach der Höhenlage, bis zu welcher gegenwärtig diese Schuttmassen an den Gehängen in ungestörter Lagerung sich emporziehen, den Stand der früheren Wasseranstauungen beurtheilen, so kann als Anhaltspunkt die Beobachtung dienen, dass bei Tirschenreuth solche Anschwemmungen noch auf einer Höhe von nahe 1800' sich finden. Bis dahin reichten wenigstens die Hochfluthgewässer. Auch auf beiden Seiten des Wondrebthales sind die Geröllmassen bis hoch an die Gehänge der Thonschieferberge angehäuft, gleichsam als ob erst an der felsigen Thalenge bei Hundsbach der Seedamm zu suchen wäre, über welchen das Wasser einen Abflusskanal fand. Doch deuten ähnliche Geröllanhäufungen in der breiten Thalung des kleinen Bienbaches bei Hardeck auf eine direkte Verbindung mit der Wasserfläche des Eger'schen Tertiärbeckens, das sich in seinen letzten Ausläufern hier herein, wie weiter im N. durch das Eger- und Röslauthal in's Fichtelgebirge verzweigte.

## Reliefverhältnisse des ostbayerischen Grenzgebirges.

§. 10. Bei der Betrachtung der Gebirgszüge im Ganzen und Einzelnen fand sich häufig Gelegenheit, einige Bemerkungen über ihre gegenseitige Erhebung und das Verhalten zu den benachbarten Thaleinschnitten einzuschalten. Es ist hier unsere nächste Aufgabe, diese Verhältnisse in ihrem Zusammenhange etwas ausführlicher zu besprechen.

Als Erstes tritt uns in dieser Beziehung die Frage über die mittlere Höhe des ganzen Grenzgebirges entgegen. Um diese bestimmen zu können, scheint es zweckdienlich, vorerst die Basis, auf welche das Gebirgsganze gleichsam aufgesetzt ist, unserer Betrachtung zu unterziehen.

Lassen wir hier die kleinen Vorsprünge des Gebirges ausser Berücksichtigung, so giebt uns im Süden der Lauf der Donau zwischen Tegernheim (Regensburg) und Jochenstein bei Passau zugleich auch die Basis, den Gebirgsfuss gegen Süden, an. Derselbe senkt sich mithin von NW. nach SO. um 200' (Donau bei Tegernheim circa 1033', bei Jochenstein 835'). Dabei ist zu bemerken, dass die Senkung im letzten Drittel von Vilshofen abwärts eine ungleich stärkere als im oberen Laufe ist. Die mittlere Höhe der Südbasis lässt sich daher unter Berücksichtigung dieses Umstandes auf 950' anschlagen.

Der Westfuss unseres Gebirges ist durch den vielfachen zackigen Verlauf der Gebirgsgrenze und den unregelmässigen Anschluss der nächstangelagerten Sedimentgesteine weniger scharf bezeichnet. Lassen wir dafür die Thalung der Naab von Regensburg (Mariaort 1027') bis Kemnath (Keibitz 1400') gelten, so beträgt die Höhendifferenz zwischen beiden Endpunkten ungefähr 400', also beträchtlich mehr als am Südrande, trotzdem der letzte um mehr als ein Viertheil länger ist. Aus obiger Ziffer lässt sich die mittlere Höhe des Westfusses (nicht Thalspalte) mindestens auf 1300 bis 1320' anschlagen, wenn damit die Grenze zwischen Urgebirge und Flötzgebirge bezeichnet werden soll. Im Norden behält der Gebirgsfuss mindestens eine Höhe von 1600'. Daraus ergiebt sich für das ganze Gestell des Gebirges eine entschiedene Senkung von NW. nach SO., wie diess ohnehin im Lauf der Gewässer sich erkennen lässt.

Diesem entsprechend liegt der tiefste Punkt unseres Gebiets im äussersten SO. Es ist diess der Austrittspunkt der Donau aus Bayern (835′). Den höchsten Punkt dürfen wir aber nicht entsprechend in der äussersten nordwestlichen Ecke suchen. Derselbe findet sich vielmehr dem Centrum des ganzen Gebirges genähert auf der Hauptwasserscheide im grossen Arber (4489′) innerhalb jenes Gebirgsstocks, welcher die meisten der bedeutenderen Erhebungen des ganzen Gebirges in sich schliesst. Da hier die Höhen gegenüber den Thaleinschnitten an Tiefe nichts eingebüsst haben (weisser Regen bei Sommerau 2063′, grosser Regen bei Bayerisch-Eisenstein 2164′, Thalsohle bei Bodenmais 1970′), so stellen sich in diesem Centrum der massigen Erhebungen auch die schärfsten Kontraste im Relief ein. Diess kann von dem ganzen südlichen Theil des Waldes gelten, wesshalb eine weitere Detaillirung unnöthig erscheint. Selbst dicht an dem Donauthal beträgt die Differenz der Höhe zwischen Berggipfel und Thalsohle noch über 1500′ (Höhenberg 2378′, Jochenstein 835′), Differenzen, welche sich in den nördlichsten Theilen des Gebirges zwischen höchstem und tiefstem Punkt überhaupt nicht ergeben. Hier ist der stärkste Abfall dicht an dem südöstlichen Ende und zwar gegen Böhmen hinein. Denn der höchste Gipfel (Cerkow 3193′) ist gegen die Thaleintiefungen in Böhmen (Klentscher Hochofen 1382′) um ungefähr 1800′ gegen jene in Bayern (Schwarzach bei Waldmünchen 1593′) nur um 1600′ höher. Fast die gleiche Differenz ergiebt sich in der relativen Erhebung von dem Thal bei Furth (1259′) bis zum Reisseck (2882′). Schon bei Rötz sinkt der Höhenunterschied um ein Beträchtliches und beträgt nur noch gegen 800′, wie bei Schönsee (Reichenstein 2705′ — Schönsee 2052′ oder am Fahrenberg 2470′ — Luhethal bei Waldthurn 1700′). Bei Schneeberg hebt sich das Gebirge rasch um 1200′ (Thalsohle bei Ort Schneeberg 1582′, Frauensteinkopf 2768′); dagegen im Bärnauergebirge (2709′) senkt sich die Thalung nur um 1000′, nahezu um das Gleiche erscheint auch im Düllengebirge die äusserste Niederung eingetieft.

Gegen das Naabthal beträgt die relative Erhebung des benachbarten Gebirges durchschnittlich zwischen 500 bis 700′.

Neben den Gipfel- und Thalpunkten verdienen noch die Sattelpunkte besondere Beachtung wegen ihrer mittleren Höhe. In dem Hauptzuge beginnt die Wassertheilung erst mit dem Eintritte des Gebirges im Dreisesselgebirge. An dieses schliesst sich zunächst nördlich einer der tiefsten Sättel zwischen Duschelberg und Haidhäuser, d. h. zwischen Osterbach (Donau) und Hüttenbach (Moldau), mit circa 2800′ Höhe an. Die Hauptstrassen ziehen hier über die Bergrücken weg (Strassenzüge nach Winterberg in Böhmen, über Bischofsreuth, Klein-Philippreuth, Finsterau); doch benützt die Strasse bei Klein-Philippreuth eine untergeordnete Sattelvertiefung (3017′) zum Übergang.

Ein zweiter Hauptsattel ist östlich von Finsterau zwischen Teufelswasser und Moldau mit 3227′; er liegt ganz in Böhmen (Schönebene). Noch höher ist der tiefste Sattel zwischen dem Lusen- und Rachelgebirge am Schaarbach (3694′).

In dem unwegsamen, wilden Waldgebirge, in welchem der Gebirgskamm nördlich von Rachel fortsetzt, tieft sich der Rücken zwischen Stubenbach und Hilzhütte bayerischerseits zu einem Sattel ein, der nicht viel über 3100′ steigen wird. Weiter nördlich folgt nun ein Sattel, den die Strasse zwischen Zwiesel und

Neu-Hurkenthal benützt. Er liegt bereits weit in Böhmen und mag gegen 3200' hoch sein.

Erst jenseits des zackigen Felskamms des Osser kommen nun niedere Sättel, der erste bei Rittsteig (2600') und dann an der breiten Chambthalung der eine über Neumark nach Neugedein (circa 1500'), der andere durch das Pastrizthal nach Taus (circa 1550').

Im Oberpfälzer- und anschliessenden Böhmerwald-Gebirge finden wir folgende Hauptsättel: Sattel an der Waldmünchen-Klentscher Strasse (2071') in Böhmen; Sattel zwischen Eslarn und Weissensulz (1582') in Böhmen; Pfraunbergsattel an der Waidhaus-Hayder Strasse in Böhmen (1956'); Bärnauer Sattel (2144') an der Landesgrenze; Sattel bei Rödenbach (2103') zwischen Tirschenreuth und Mähring (nicht Strassenzug); endlich in der Naabwondreb-Hochebene Sattel zwischen Waldnaab und Wondreb (1663'). Die mittlere Sattelhöhe beträgt demnach in dem südlichen Theil des bayerisch-böhmischen Grenzgebirges circa 2900', die des nördlichen Theiles 1870'. Schlägt man die mittlere Gipfelhöhe des Hauptrückens dort zu 3900', hier zu 2600' an, so ergiebt sich, dass die Höhendifferenzen zwischen Sattel und Bergspitzen im Süden durchschnittlich 1000', im Norden nur 780' betragen und dass im Verhältniss zur absoluten Höhe der Berggipfel die Sättel des nördlichen Gebirgstheiles minder tief eingeschnitten sind, als im Süden. Auffallend ist, dass der Einschnitt zwischen bayerischem Wald und Oberpfälzer-Wald tiefer ist als zwischen diesem und dem Fichtelgebirge. Es finden sich zwar auch im vorderen Wald auf der Sekundär-Wasserscheide zwischen Donau und Regen Satteleinschnitte, sie erlangen jedoch nicht die Wichtigkeit, um sie hier besonders namhaft zu machen.

Aus diesen Einzelverhältnissen des Reliefs lässt sich nun auch ein Überblick über das Ganze gewinnen. Für den südlichen Theil des Gebirges hat O. Sendtner (die Vegetations-Verhältnisse des bayerischen Waldes, 1860) berechnet, dass ein Dritttheil des Waldes unter 1500, ein zweites Dritttheil zwischen 1500 bis 2000 und das letzte Dritttheil zwischen 2000 und 4500 liege und dass die mittlere Höhe des ganzen südlichen Waldes ungefähr 1850' betrage. Ziehen wir auch den nördlichen Theil des ostbayerischen Grenzgebirges hinzu, so vermindert sich die mittlere Höhe wohl um 100', d. h. würde man in dem ganzen ostbayerischen Gebirgskomplex, so weit er reicht, Berge und Thäler ausebnen bis zu einer gleichen Höhe, so erhielte man eine Erdmasse, bei welcher die nach oben sie begrenzende horizontale Fläche 1750' über das Meeresniveau aufragen würde.

## Wasservertheilung und Thalbildung.

§. 11. Die entschiedene Längenausdehnung des bayerisch-böhmischen Grenzgebirges von SO. nach NW. würde auf nur zwei grosse Abdachungen und zwei Hauptthalungen schliessen lassen, denen das in ihm gesammelte Wasser zugewendet wäre. Das ist nun auch in der That im grossen Ganzen der Fall. Die nach SW. abgedachten Gebirgstheile entsenden ihre Gewässer dem Flussgebiet der Donau, jene nach NO. dem der Elbe zu. Betrachtet man aber die Veraderung des

Wasserlaufes mehr im Einzelnen, so treten an die Stelle der zwei Hauptflussgebiete fünf sekundäre, welche sich freilich schliesslich in jene zwei grosse vereinigen. Es sind diess die Flussgebiete der Donau (im engeren Sinn), des Regen, der Naab, der Wondreb (Elbe) und böhmischerseits der Moldau (gleichfalls Elbegebiet).

Die Hauptscheide zwischen den grossen Wassergebieten verläuft auf der Kammhöhe des Hauptgebirgszuges und fällt damit fast auch mit der Grenzlinie zwischen Bayern und Böhmen zusammen. Es gehört demnach die westliche Abdachung oder der bayerische Gebirgsantheil dem Donaugebiete, die östliche oder böhmische Abdachung dem Elbegebiete an. Nur im äussersten Norden jenseits des Sattels zwischen Tirschenreuth und Mähring fliessen in den Waldsasser Stiftsbergen die Bäche auf beiden Gehängen des Grenzrückens der Wondreb oder Elbe zu.

Bis zur Wasserscheide an dem Eckstein der Drei-Ländergrenze im Dreisesselgebirge sind weiter nach Süden zu alle Bäche und Flüsse der Donau zugewendet. Erst von diesem Knotenpunkte an nach Norden zu bewirkt der Gebirgskamm auch die Theilung der Gewässer. Da die Landesgrenze nicht genau diese Kammlinie einhält, sondern um ein Weniges bald auf dieses, bald auf jenes Gehäng tritt, so geschieht es, dass zu Bayern gehörige kleine Gebirgstheile noch dem Elbe- oder Moldausystem angehören (z. B. Haidhäuser im Dreisesselgebirge, ein kleiner Zwickel im Zwieseler Walde), wie auch anderentheils auf kleine Strecken das Donaugebiet über die Landesgrenze nach Böhmen hineinreicht.

Unter den Sekundär-Wasserscheiden ist jene zwischen Donau und Regen am bestimmtesten ausgesprochen. Ihr Verlauf hält sich im Ganzen auf der Kammhöhe des vorderen Waldes oder Donaugebirges. Gegen SO. aber wendet sie sich quer vom vorderen zum hinteren Zug zwischen kleinem Rachel im Donaugebirge und grossem Rachel im Grenzzuge und schlägt eine fast senkrecht zu beiden stehende Richtung ein.

Die wassertheilende Linie zwischen Regen und Naab nimmt gleichfalls einen zur Hauptrichtung des Gebirges in die Quere gehenden Verlauf. Sie beginnt im Cerkowgebirgsstock und Ödforst und setzt von da durch das Chamergebirge in vorherrschend westlicher Richtung bis zum Rande des Bodenwöhrer Beckens, bis zum Hirschberg, fort. Daselbst senkt sie sich rasch in die Niederung von Taxsöldern quer durch bis zur Fischbacher Höhe, von wo an dann ein schmaler wasserarmer Landrücken bis zur nachbarlichen Mündung beider Flüsse in die Donau die Wasserscheide ausmacht.

Dem Naabgebiete gehört der grösste Theil des Oberpfälzer-Waldes an bis hinauf zu den Waldsasser Stiftsbergen und selbst noch ein Theil des centralen Fichtelgebirges sendet seine Wasser der Naab zu (Fichtelnaab). Zugleich nimmt sie alles Wasser der verschiedenen kesselartigen Naabthal-Ausweitungen und selbst jenes der östlichen Theile der fränkischen Alb (Vils) in sich auf.

In der grossen Hochfläche zwischen Naab und Wondreb verläuft die Wasserscheide zwischen beiden auf einem kaum merklich erhöhten Rücken, erhebt sich aber einerseits zum Kamm des fichtelgebirgischen Steinwaldes, andererseits in dem Griesbacher Gebirge von dem Grenzrücken bei Hermannsreuth über Marchaney zum Langholz an der Tirschenreuther Strasse.

Am wenigsten ausgedehnt ist die Sekundär-Wasserscheide zwischen den beiden Moldauzuflüssen (Elbegebiet) Eger und Beraun oder spezieller Wondreb und Mies. Sie zieht von Hermannsreuth über den Sattel bei Rödenbach zum Hochwalde 'und tritt bei St. Nikolaus über die Landesgrenze, um über den Düllen und Königwarth quer im Kaiserwald fortzusetzen.

Fast alle Thäler des Waldgebirges zeigen die Natur von Quer-, wenigstens von Spaltenthälern. Die Donau kommt hier fast nicht in Betracht, denn sie nimmt ihren Weg grösstentheils bereits ausserhalb des eigentlichen Gebirges, und wo sie in dasselbe eintritt, gewinnt ihr Thal weit mehr den Charakter einer Querspalte als den einer Längeneintiefung. So ist es fast allein der Regen in seinem mittleren Lauf zwischen Regen und Cham, bei welchem man von einem deutlichen Längenthal sprechen kann. Hier scheint es der Pfahl gewesen zu sein, welcher dem Regen auf dieser Strecke die Längenrichtung vorgezeichnet hat. Ausserdem nehmen nur kleinere Bäche und Flüsschen zuweilen einen der Längenausdehnung des Gebirges entsprechenden Verlauf, aber fast in allen Fällen bloss auf kurze Strecken, z. B. der weisse Regen im oberen Lauf, der Keitersbach, der Biberbach, der Rötzbach, der Trebes- und Zottbach. Von grösseren Wasseradern ist auch die Fichtelnaab zu nennen, welche über Erbendorf bis gegen den Vereinigungspunkt mit der Waldnaab einen dem Randgebirgsrücken parallelen Lauf einschlägt.

Die ganze Natur des Waldgebirges in seinem Untergrunde lässt es kaum anders erwarten, als dass die abziehenden Gewässer hier Querspalten und die ursprüngliche Abdachung des Gebirges benützen, um sich ein Rinnsal zu suchen, dass sich ihnen Muldenvertiefungen dagegen bei der steilen Schichtenstellung des Gneisses nur ausnahmsweise zum Rinnsal darboten. Am häufigsten sind es die Linien, in welchen verschiedene Gesteine sich aneinander schliessen, die zugleich auch dem Wasser in der Richtung der Längenerstreckung einen Weg vorzeichneten. Daher kommt es auch, dass bei allen Flüssen und Bächen des Waldes die Thäler vielfach wechselnd aus Quer- und Längenstrecken zusammengesetzt sind, bei welchen jedoch die Querrichtung weitaus die vorherrschende ist.

Aus demselben Grunde erklärt es sich auch, dass die meisten Thalsohlen schmal und eng sind und dass grössere Thalweiten im Innern des Gebirges höchst selten vorkommen. Das weiteste Thal bilden der Regen und die Chamb bei Roding und oberhalb der Wetterfelder Enge aufwärts bis Chamerau und Arnschwang. Auch die Schwarzach erweitert sich stellenweise in breiten Wiesengründen, wie bei Zangenstein und Alfalter. Bei der Pfreimt findet sich eine Thalweite oder eigentlich eine kesselförmige Eintiefung in ihrem obersten Laufe in der Gegend, welche früher die Wasserfläche des Pfrenschweihers einnahm. Im übrigen Lauf ist ihr Thal eng, oft sogar schluchtenartig und von Felsen umdrängt. Ein ähnliches Seebecken bildete die Waldnaab zweifelohne ehedem bei Tirschenreuth. Der jetzt entwässerte Kessel erscheint nur noch als breite Thalfläche.

Den Thalerweiterungen stehen die Thalverengerungen gegenüber. Davon hat der Wald eigentlich im Verhältniss zu den vielen Querthälern nicht gerade viele von ausgeprägter Form aufzuweisen. Die engsten und am meisten pittoresken sind schon früher genannt worden: die Bärensteinerleithe bei Grafenau, die Buchbergerleithe bei Wolfstein; dazu kommt die Steinklammer bei Klingenbrunn, die Kühleithe an der Erlau, die Halser- und Fürstenecker-Enge an der Ilz, wie denn das ganze Ilzthal, sowie jenes der Pfreimt sich durch zahlreiche Engen auszeichnet. Im innersten Wald ist' das Rissloch und das felsige Thal der dürren Böbrach zunächst bei Bodenmais ebensowohl wegen der Wildheit der Felsengruppen, durch welche sich die Thalspalte durchzieht, wie wegen der Schönheit der dadurch veranlassten Wasserfälle zu erwähnen.

Im Oberpfälzer-Walde zieht sich das Naabthal öfters zu Engen, wie bei Luhe, Wernberg und am Wölsenberg, zusammen. Es ist aber bereits ausführlich dargestellt worden, wie diess gleichsam nur die Schleusenthüren höher liegender kesselförmiger Erweiterungen sind. Erst an und oberhalb Neustadt a./W. nimmt das Thal vorherrschend den Charakter einer oft schluchtenartigen Enge an und hier wechseln bis Falkenberg hinauf mannichfaltige grossartige Felsenpartieen mit kurzen Strecken etwas erweiterter Wiesengründe und schattiger Wälder in malerischer Schönheit ab.

Granitfelsen von Neuhaus im Waldnaabthal.

Besonders wildschön sind die Granitpartieen im Waldnaabthal zwischen Windisch-Eschenbach und der Hammermühle.

Noch haben wir der Wasseranstauungen in Seeen, Weihern, Teichen und Sümpfen zu erwähnen. Hier giebt sich ein merkwürdiger Unterschied zwischen dem eigentlichen Gebirge des Waldes und zwischen den ihm westlich angelagerten Niederungen zu erkennen. So reich letztere an stehendem Wasser, so sehr entbehrt diese das eigentliche Waldgebirge, und wo sie hier vorkommen, finden sie

WASSERFALL IM RISSLOCH AM ARBER.

Dgtzed by Goc

sich fast ausschliesslich auf den verebneten, muldenförmigen Flächen der Gebirgskämme oder doch im innersten, höchsten Theil des Gebirges.

Von eigentlichen Seeen können wir kaum sprechen; es sind eigentlich nur Teiche, nicht über 40 Tagwerke gross, welche den Namen Seeen führen und in geringer Anzahl in der Nähe der höchsten Spitzen des hinteren Gebirgszuges in kesselförmigen Vertiefungen düster und unfreundlich das braune Wasser der Gebirgsquellen in sich sammeln.

Bayerischerseits ist der grösste der grosse Arbersee am Fusse des Arbers (40 Tagwerke gross) mit köstlichen Forellen, dann der wilde kleine Arbersee, nördlich vom grossen und kleinen Arber und der öde Rachelsee (18 Tagwerke gross) am Fusse der grossen Rachelspitze.

In Böhmen trifft man ähnlich wie diesseits mehrere Seeen dicht am Fusse der höchsten Gebirgsgipfel, wie den Bistritzer oder Eisenstrasser See, den grössten aller Gebirgsseeen, und den Girgel- oder Teufelssee, beide am Fusse des Zwergecks im Ossergebirge, den Plöckensteiner See am Fusse des Plöckensteins und den Lakasee in der Tiefe des Lakawaldes bei Zwiesel.

Zahlreiche Versumpfungen, zum Theile jetzt in Torfmoore verwandelt, die, wie erwähnt, sich meist auf den Gebirgskämmen oder an ihre nächste Nähe halten, sind in nicht wenigen Fällen Überreste früherer Gebirgsseeen oder Teiche, die, wie der kleine Arbersee es zeigt, vom Rande her nach und nach mit Torf sich ausfüllten. Dahin gehören namentlich die zahlreichen Versumpfungen im Lusengebirge, die grossentheils als Filze, häufig auch als Auen bezeichnet werden: grosser, kleiner, vorderer und hinterer Filz. Viele derselben erfüllen jetzt flache Wasserrinnen oder Thalvertiefungen, die wohl ehedem ebensoviele Teiche heberbergten. Unzweideutig ist diess z. B. in dem sogenannten grossen Filz bei St. Oswald noch jetzt zu erkennen.

Auch der vordere Wald hat analoge Erscheinungen aufzuweisen; denn die Versumpfungen auf der Höhe des Ruselgebirges (todte Au, Lohseigen) verdanken einer ähnlichen Wasseranstauung ihren Ursprung.

Im Oberpfälzer-Walde nimmt besonders der sogenannte Pfrentsch- oder Pfreimtweiher unsere Aufmerksamkeit in Anspruch. Doch lässt sich zur Zeit von demselben nur noch als von einem früher vorhandenen sprechen, dessen 1400 Tagwerke umfassende Wasserfläche jetzt durch weite Wiesengründe ersetzt ist, nachdem man seinen Abfluss — die Pfreimt — durch einen Kanal künstlich tiefer gelegt hat. Es war die grösste Wasseransammlung im ganzen Grenzgebirge und lag innerhalb des Hauptzuges, da, wo derselbe in Böhmen sich zu einem der tiefsten Sättel einsenkt, jedoch noch diesseits, d. h. auf der Westabdachung, 1450' hoch. Der besonders leichten Zersetzbarkeit der in seiner Umgebung vorfindlichen, meist spatheisensteinhaltigen Gneissvarietät mag es vor Allem zuzuschreiben sein, dass hier inmitten des Gebirges eine so grossartige Vertiefung sich ausbilden konnte.

Ganz anderer Natur sind die Weiher, Teiche und Sümpfe in dem Zwischenlande zwischen Waldgebirge und der fränkischen Alb, insbesondere in den verschiedenen Kesseln der Naab, in den flachen Vertiefungen und Buchten, welche ostwärts in's Urgebirgsgebiet vordringen, und auf dem hochgelegenen Naabwondreb-

Plateau. Hier erklärt sich die Häufigkeit der oft in erstaunlicher Menge und zum grossen Nachtheil für die Landwirthschaft angehäuften Weiher und Teiche leicht aus dem geringen Gefälle, welches es möglich machte, durch ganz niedere Dämme einen Weiher über dem anderen künstlich anzulegen. Beim älteren klösterlichen Regimente mag besonders im Waldsassischen Gebiete der Werth der Fische und der Unwerth des Bodens Veranlassung gegeben haben, einen, wenn auch kleinen Nutzen — aber mit geringer Mühe — daraus zu ziehen. Auch die zahlreichen Hammer- und Hüttenwerke, an welchen früher die Oberpfalz so reich war, trugen nicht wenig bei, einen Vorrath an Wasserkraft durch Anlage einer Reihe von Teichen sich zu verschaffen. Diess war namentlich in der mit Weihern wohl gesegnetsten Gegend bei Vilseck der Fall, wo oft auf einer Fläche von einer Quadratstunde mehr als 50 solcher Teiche zu zählen sind.

Mit der Vilsecker Gegend rivalisirt noch die Ebene zwischen Tirschenreuth und Wiesau, wie denn überhaupt das ehemalige Waldsassische Stiftsland auch jetzt noch an Weihern keinen Mangel leidet. Auch das Bodenwöhrer Becken ist überfüllt mit Weihern und zum Theile torfigen oder ganz von Torf ersetzten Wassertümpeln. Hier ist der freilich künstlich erweiterte Bodenwöhrer Hammerweiher mit 180 Tagwerken einer der umfangsreichsten des Gebiets. Es wäre im Interesse der einer Stallfütterung so sehr benöthigten Landwirthschaft zu wünschen, dass ein grosser Theil dieser meist unnöthigen und ertragslosen Wasserflächen nach dem Muster der Pfrentschweiher-Entwässerung in Wiesengründe verwandelt würde.

Die Wasserflächen des Gebiets nehmen im Gebirgstheil ungefähr $1\frac{1}{4}$ % der Gesammtoberfläche ein; in dem Naabtiefland steigert sich dieses Verhältniss bis zu 2 % und in einzelnen Gegenden erreicht es selbst die Höhe von $2\frac{1}{2}$ % des Gesammtareals. Dagegen ist wiederum in einzelnen Distrikten des Gebirges nur $\frac{1}{2}$ % der Gesammtfläche von Wasser bedeckt, wie z. B. im Landgerichtsbezirk Grafenau.

Als ehemalige grosse Wasserflächen sind endlich noch ganz besonders die grossen Torfflächen bei Weiden (Moosweiher), im Mantler und Grünhunder Forst (z. B. Röthelweiher, Wolfslegel u. s. w.) und das Kollermoos bei Eschenbach namhaft zu machen.

## Wassergefäll.

§. 12. Als nächsten Anhaltspunkt für die Vergleichung des Gefälls der Bäche und Flüsse des Waldes kann das Gefäll der Donau längs des Urgebirges dienen. Theilt man dasselbe in die zwei Partieen des oberen Donaulaufes von der ersten Berührung mit dem Urgebirge bei Tegernheim bis zu dem merkwürdigen Eintritt in das Urgebirgsgebiet bei Pleinting und des unteren Laufes von Pleinting bis zum Austritt aus Bayern bei Jochenstein, über welche Strecken sichere Höhenkoten vorliegen, so ergiebt sich für den

oberen Lauf ein Gefäll von 0,016 auf 100′ Lauflänge,

unteren „ „ „ „ 0,085 „ „ „

Daraus ist zu ersehen, dass die Donau im Urgebirge ein stärkeres Gefäll besitzt als im Diluvialgebiete.

Das am meisten wechselnde Gefäll bietet daneben die Naab in den verschiedenen Strecken ihres Laufes.

Es liegen hierüber folgende Höhenkoten vor:

1) Quelle der Waldnaab . . . . . . . . 2529' mit 2,26 % Gefäll,
2) Eintrittspunkt in Bayern . . . . . . . 2393' „ 3,28 % „
3) Wasserspiegel bei Bärnau . . . . . . 1770' „ 0.66 % „
4) „ „ Stein . . . . . . . 1571' „ 0,25 % „
5) „ „ Tirschenreuth . . . . 1496' „ 0,25 % „
6) „ „ Neuhaus . . . . . . 1297' „ 0,18 % „
7) „ „ Neustadt . . . . . . 1233' „ 0,69 % „
8) „ „ Weiden . . . . . . 1211' „ 0,10 % „
9) „ „ Rothenstadt . . . . . 1183' „ 0,08 % „
10) Naab, Wasserspiegel bei Luhe . . . . . 1163' „ 0,06 % „
11) „ „ „ Pfreimt . . . . 1138' „ 0,08 % „
12) „ „ „ Naabburg . . . 1125' „ 0,53 % „
13) „ „ „ Schwarzenfeld . . 1109' „ 0,05 % „
14) „ „ „ Schwandorf . . 1094' „ 0,53 % „
15) „ „ „ Burglengenfeld . 1059' „ 0,35 % „
16) „ „ Mündung in die Donau bei Maria-Ort 1027'

Aus diesen Zahlen, die freilich durch die nicht in jedem Fall absolut richtige Höhe der einzelnen Vergleichungspunkte noch einige Änderung erleiden dürften, ergiebt sich wenigstens im Allgemeinen, dass das Gefäll im oberen Laufe, wo die Flüsse noch die Natur der Quellbäche besitzen, ausserordentlich stark ist, dass es jedoch nach dem unteren Laufe zu rasch sich vermindert. Insbesondere trifft das stärkere Gefäll auf die Laufstrecken durch das Urgebirge (vgl. 5—6, 6—7), während in dem Gebiete des Naabtieflandes dasselbe sich stark verringert und auf grosse Längen ziemlich gleich bleibt.

Anders gestalten sich die Gefällverhältnisse des Regen, der, so zu sagen, ganz Urgebirgsfluss ist. Es lassen sich für dessen Lauf folgende Zahlen gewinnen:

Grosser Regen, Quelle am Panzer . . . . . . circa 2800' mit 3,23 % Gefäll,
Grosser Regen bei Eisenstein, bayerische Mühle . . 2072' „ 0,82 % „
Grosser Regen bei Zwiesel, Vereinigung mit dem
    kleinen Regen . . . . . . . . . . . . 1727' „ 0,36 % „
Schwarzer Regen bei Markt Regen . . . . . . 1598' „ 0,34 % „
Schwarzer Regen bei Viechtach . . . . . . . . 1247' „ 0,207% „
Schwarzer Regen bei Gmünd (Zusammenfluss mit
    dem weissen Regen) . . . . . . . . . circa 1166'
Weisser Regen, Quelle am kleinen Arber . . . . 3412' „ 9,68 % „
Weisser Regen im kleinen Arbersee . . . . . . 2831' „ 9,44 % „
Weisser Regen am Knie, Mündung des Berlasbaches 2028' „ 2,87 % „
Weisser Regen an der Zachermühle . . . . . 1861' „ 1,77 % „
Weisser Regen bei Lam an der Riedermühle . . . 1603' „ 0,70 % „
Weisser Regen bei Hohenwarth . . . . . . 1352' „ 0,55 % „
Weisser Regen bei Kätzting (Ketterlmühle) . . . 1219' „ 0,36 % „
Weisser Regen, Mündung in den schwarzen Regen . 1166'

Regen, vereinigter (schwarzer und weisser) bei Gmünd circa 1166'  mit 0,044 % Gefäll,
Regen bei der Chambmündung . . . . . . . . . .  1140'
Regen bei der Katzbachmündung . . . . . . . .  1123'  "  0,09  %  "
Regen bei Pösing . . . . . . . . . . . . .  1109'  "  0,04  %  "
Regen bei Roding . . . . . . . . . . . .  1099'  "  0,044 %  "
Regen bei Walterbach . . . . . . . . . . .  1085'  "  0,034 %  "
Regen bei Nittenau . . . . . . . . . . . .  1064'  "  0,075 %  "
Regen bei Regenstauf . . . . . . . . . . .  1028'  "  0 005 %  "
Regen bei der Donaumündung . . . . . . . .  1010'  "  0,037 %  "

Hier nimmt die Stärke des Gefälls ziemlich regelmässig ab. Sie beträgt im ersten Lauf nicht viel weniger, als bei mehreren Fluss-Quellbächen des Alpengebirges, z. B. der Isar. Mit dem Eintritt in das C h a m e r B e c k e n beginnt, so weit dessen Gebiet reicht, ein langsamer Abfluss und das Gefäll verstärkt sich erst wieder in dem Laufe durch die Urgebirgsengen zwischen Walterbach und Nittenau, sowie zwischen diesem Orte und Regenstauf. Viel deutlicher würde dieser Wechsel und die Grösse der Änderung noch in's Auge springen, wenn gerade von den Punkten das Niveau des Flusses bekannt wäre, bei welchen das Bett von Thalweiten in Thalengen übergeht.

Daran reiht sich als einer der bedeutendsten Zuflüsse des Regengebiets die C h a m b.

Über ihr Gefäll besitzen wir folgende Niveauangaben:

Chamb bei Schachten . . . . . . . . . . .  1303'  mit 0,17 % Gefäll,
Chamb bei Eschekam . . . . . . . . . . . .  1268'
Chamb bei Furth . . . . . . . . . . . . .  1223'  "  0,15  %  "
Chamb bei Nösswartling, Einfluss des Zenchingerbaches 1165'  "  0,22  %  "
Chamb bei der Mündung in den Regen . . . . . .  1140'  "  0,66  %  "

Ihr Gefäll ist demnach auffallend geringer als das des Hauptflusses, was wohl davon herrühren mag, dass die Chamb vorzüglich in der grossen Vertiefung zwischen bayerischem und Oberpfälzer-Walde fortrinnt.

Von besonderem Interesse ist auch die Ilz im Passauer Gebiete. Dieselbe entsteht aus dem Zusammenfluss der grossen und kleinen Ohe bei Schönberg.

Grosse Ohe, Quelle am Rachel . . . . . . . .  4196'  mit 0,46 % Gefäll,
Grosse Ohe, Austritt aus dem Rachelsee . . . . .  3276'
Grosse Ohe, am Einfluss des hinteren Schachtenbaches 2358'  "  7,34  %  "
Grosse Ohe bei der Gugelöder Brücke . . . . . .  2267'  "  1,52  %  "
Grosse Ohe bei der Spiegelauer Mühle . . . . . .  2220'  "  0,26  %  "
Grosse Ohe bei der Hirschthalmühle . . . . . . .  1773'  "  5,26  %  "
Grosse Ohe bei der Schreinermühle . . . . . . .  1355'  "  1,94  %  "
Grosse Ohe, Zusammenfluss mit der kleinen Ohe zur  .  "  0,30  %  "
    Ilz an der Ettlmühle . . . . . . . . . .  1317'

Kleine Ohe, Torfmoor an der Landesgrenze . . . . 3693'  
Kleine Ohe, Mündung des Schaarbaches . . . . . . 2604' mit 12,10 % Gefäll,  
Kleine Ohe bei der Waldhäuser Brücke . . . . . . 2286' „ 6,36 % „  
Kleine Ohe an der Schönanger Brücke . . . . . . 2010' „ 1,38 % „  
Kleine Ohe an der Klebermühle . . . . . . . . 1767' „ 2,43 % „  
Kleine Ohe an der Dümpfelmühle . . . . . . . . 1678' „ 0,68 % „  
Kleine Ohe, Ausgang der Bernsteinleithe . . . . . 1430' „ 7,08 % „  
Kleine Ohe, Vereinigung, die Ilz bildend . . . . . . 1317' „ 0,90 % „ .

Ilz, Zusammenfluss aus grosser und kleiner Ohe . . . 1317'  
Ilz bei Preying . . . . . . . . . . . . . . . 1196' mit 0,46 % Gefäll,  
Ilz bei Ilzrettenbach . . . . . . . . . . . . 1110' „ 0,37 % „  
Ilz an der Aumühle bei Fürsteneck . . . . . . . 1038' „ 1,60 % „  
Ilz bei Kalteneck . . . . . . . . . . . . . . 996' „ 0,40 % „  
Ilz an der Brücke bei Hals . . . . . . . . . . 906' „ 0,21 % „  
Ilz, Mündung in die Donau . . . . . . . . . . 902' „ 0,03 % „  

In dem Gefäll der Ilz und ihrer Quellen giebt sich ganz die Natur eines Gebirgsflusses zu erkennen. Dabei ist die Unregelmässigkeit sehr bemerkenswerth und charakteristisch. In der Klamm der Bernsteinleithe steigt das Gefäll von ½ % rasch wieder auf 7 %, um ebenso rasch wieder auf circa 1 % zu fallen.

Der Ilz aus dem südlichen Walde stellen wir die Pfreimt aus dem nördlichen gegenüber.

Pfreimt an der Brücke in Pfrentsch . . . . . . . 1514'  
Pfreimt bei Treswitz . . . . . . . . . . . . 1462' mit 0,11 % Gefäll,  
Pfreimt bei Döllnitz . . . . . . . . . . . . . 1275' „ 0,47 % „  
Pfreimt bei Trausnitz . . . . . . . . . . . . 1196' „ 0,24 % „  
Pfreimt bei Stein . . . . . . . . . . . . . . 1187' „ 0 07 % „  
Pfreimt an der Naabmündung . . . . . . . . . 1138' „ 0,30 % „  

Im Gegensatz zu der Naab ist hier in dem quer durchbrechenden Laufe der Pfreimt ein auffallend stärkeres Gefäll zu bemerken.

Bei der Wondreb zeigen sich die Gefällverhältnisse in folgender Weise:  
Wondreb, Quelle nahe bei St. Nikolaus . . . . . 2200'  
Wondreb, Quelle bei Gross-Konreuth . . . . . . 1700' mit 2,22 % Gefäll,  
Wondreb bei Wondreb (Dorf) . . . . . . . . . 1575' „ 0,71 % „  
Wondreb bei Waldsassen . . . . . . . . . . . 1446' „ 0,20 % „  

Es ist hier sehr charakteristisch, dass die Wondreb selbst innerhalb der sogenannten Naabwondreb-Hochebene einen sehr starken Fall behält. Diess bestättigt die Auffassung dieser Ebene als eine Hochebene im Gegensatz zum Tiefland längs der Naab.

Zum Schluss der Übersicht über die Gefällverhältnisse unseres ostbayerischen Grenzgebirges finde des Vergleichs wegen hier noch die Heidenaab als Stellvertreterin eines rein auf das Naabvorland beschränkten Flusses eine Stelle.

Heidenaab im Dorf Heidenaab . . . . . . . . . 1422'  
Heidenaab bei Reisach . . . . . . . . . . circa 1400 mit 0,11 % Gefäll,  
Heidenaab bei Wolframshof . . . . . . . . . . 1358' „ 0,52 % „

Heidenaab bei Pressat . . . . . . . . . . . 1308′ mit 0,18 % Gefäll,

Heidenaab bei Gmünd . . . . . . . . . . . . 1244′ „ 0,18 % „

Heidenaab bei Mantel . . . . . . . . . . . 1211′ „ 0,10 % „

Heidenaab bei der Radschinmühle . . . . . . . . 1192′ „ 0,12 % „

Heidenaab beim Zusammenfluss mit der Waldnaab . . 1171′ „ 0,14 % „

Die geringe Neigung des Flussbettes im oberen Laufe und die stetige Abnahme des Gefälls im Mittellaufe, sowie die dann weit wenigeren Schwankungen unterworfene Senkung gegen die Mündung kennzeichnen die Gefällverhältnisse eines Flusses im Gebiete des weichen, leicht zerstörbaren Keupergesteins.

Überblickt man im Allgemeinen die Gefällverhältnisse der Urgebirgs-flüsse mit Ausschluss der Donau und Naab und vergleicht dieselben mit denjenigen des alpinen Gebiets, so stellt sich heraus, dass die Flüsse des ostbayerischen Grenzgebirges kaum geringere Neigung besitzen, als jene der südbayerischen Hochebene und die des alpinen Vorgebirges. Aber trotzdem, dass das Gefäll im obersten Quellengebiete oft mit Neigungen, welche jenen der Alpenquellen wenig nachstehen, beginnt, so erlischt doch dieses Verhältniss rasch und sinkt bis auf durchschnittlich 0,2 % im unteren Laufe herab.

Zwischen Quer- und Längenthälern konnte sich im Urgebirgsdistrikte ein scharfer Kontrast in den Gefällverhältnissen nicht ausbilden, weil keiner der Flüsse auf eine grössere Strecke den Charakter einer Quer- oder Längenfurche rein darstellt. Die Pfreimt durchbricht zwar der Hauptsache nach entschieden die Hauptgebirgsrichtung in der Quere, während die Thalung der Ilz mehr der Längenrichtung folgt. Aber gleichwohl dürfte aus dem geringeren Gefäll der ersteren und dem stärkeren der letzteren kaum ein Schluss gezogen werden, der Anspruch auf allgemeine Giltigkeit machen könnte, dass im Urgebirgsdistrikte Ostbayerns die Sohle der Längenthäler stärker geneigt sei, als die der Querthäler.

## Kapitel IV.

# Die fränkische Alb im Anschluss an das ostbayerische Grenzgebirge.

### Zusammenhang zwischen beiden Gebirgszügen.

§. 14. Obwohl in der gegenwärtigen Oberflächengestaltung zwischen den östlichen Urgebirgsdistrikten und den westlichen Jurakalkhöhen, der fränkischen Alb, ein oft breites Zwischenland, beide trennend, ausgebreitet ist, so deuten doch einzelne, der Formation der Alb angehörige Hügel, welche sich unmittelbar und dicht an das Urgebirge anschmiegen, die früheren innigeren Beziehungen zwischen beiden Gebieten auf das Bestimmteste an.

Das ostbayerische Grenzgebirge bildete ehedem den östlichen Uferrand für dasjenige Meer, aus welchem sich die Kalkablagerungen der fränkischen Alb niederschlugen. In dem südlichen Naabthalgebiete, von Amberg an abwärts, beweisen die von Stelle zu Stelle unmittelbar am Urgebirge gelagerten Kalkbildungen unzweideutig, dass hier die Wellen jenes Jurameeres die krystallinischen Gesteine unseres Waldgebirges direkt bespülten, während mehr im Norden, von dem Amberg-Hirschauer Urgebirgsvorsprung an, dem älteren Gebirge noch Vorberge aus Rothliegendem und Keuper angelagert sind, welche hier das alte Ufer des jurassischen Meeres bildeten. Dass dieser innige Anschluss nicht mehr oder doch wenigstens nur undeutlich in der jetzigen Konfiguration der Oberfläche zu erkennen ist, rührt von Auswaschungen her, die erst nachträglich dazwischen eingetreten sind. Die Naabthal-Vertiefung, wie dieses jetzt das Urgebirge und die Jurakalkkette trennende Flachland genannt wird, ist nach Ablagerungen nicht nur der jurassischen, sondern selbst der Kreideschichten in Folge von Dislokationen und Auswaschungen entstanden, über deren Wirkung uns zum Theil die verstürzten Flötzschichten längs des Urgebirgsrandes, zum Theil die massenhaften Anhäufungen von Schutt, Geröll und Sand vor der Naabvertiefung belehren.

So steht nun das früher dem Ostgebirge angeschlossene Vorland als ein selbstständiges Gebirge diesem gegenüber — als fränkische Alb — und nimmt sogar von der südlichen Ecke bei Regensburg westwärts der Altmühlthalung einen Verlauf, welcher zu der bisher dem Urgebirgszuge parallel gehenden Richtung senkrecht gestellt ist.

Damit scheint jede fernere Beziehung zwischen Urgebirge und den Jurakalkbergen abgebrochen und beendet. Das ist nun aber nicht der Fall.

Vorerst verdienen jene Kalkgebirgsfragmente näher berücksichtigt zu werden, welche wie Fetzen eines abgerissenen grösseren Gebirges an dem südlichen Rande des Urgebirges von Regensburg bis Passau angelagert erscheinen, genau wie gewisse Trümmer desselben Gesteins am Westrande des Waldes zwischen Leonberg und Tegernheim. Sie beweisen, dass das Jurameer, auch längs des südlichen Waldrandes weithin ausgedehnt, das Urgebirge berührte, und verrathen den früheren Bestand eines Kalkgebirges, dem fränkischen Jura entsprechend, welches, in die Tiefe versenkt und hoch von jüngerem Schutt bedeckt, da gesucht werden muss, wo jetzt die weiten Flächen der Donauhochebene sich ausdehnen und wo selbst nicht die geringsten Spuren eines solchen Gebirges an der Oberfläche mehr erkennen lassen.

Ein Blick auf eine Karte des bayerisch-schwäbischen Juragebirges genügt, um sich die Überzeugung zu verschaffen, dass nach Süden dieses Gebirge keinen natürlichen Abschluss besitzt. Es fehlt hier der ursprünglich das Jurameer abgrenzende Rand und die Kalkfelsen sind längs der Donau unzweideutig abgebrochen und abgesprengt. Nur der Theil nordwärts von der Donau hat sich erhalten und bildet die schwäbisch-bayerische Alb, ein in seiner Ausdehnung unbekanntes Stück gegen Süden ist verschwunden und in die Tiefe der Donauhochebene versenkt. Hohe Geröll- und Schuttmassen bedecken dasselbe und lassen es fast nirgends zu Tag treten.

Dieser in der Donauhochfläche grossentheils überdeckt gelagerte Juragebirgstheil ist es auch, der längs des Südrandes des ostbayerischen Grenzgebirges zwischen Regensburg und Passau fortsetzt und dem die Kalkgebirgs-Fragmente von Ortenburg, Flintsbach und Pfaffenmünster angehören.

Dieser versteckte Jurakalkzug muss nach S. eine Grenze, einen höheren Rand besessen haben, an den er sich, wie jetzt an das ostbayerische Grenzgebirge, anschloss. Denn mit dem Alpengebirge, dessen Juragebilde einem anderen Reiche

des Juragebiets angehören, steht er hier nicht in direkter Verbindung. Das Vorhandensein dieses Südrandgebirges wurde auch schon aus anderen Gründen im
ersten Bande der geognostischen Beschreibung des Königreichs zu beweisen versucht. Wir gelangen hier wiederum zur Nothwendigkeit derselben Annahme durch
die Betrachtung des nördlichen ausseralpinen Gebirges.           ,

Fragen wir aber nach der Natur und Beschaffenheit des Gebirges, welches
einst dem jurassischen Meere der schwäbisch-fränkischen Provinz nach S. zu
Schranken setzte, so kann es nur ein Urgebirgsrücken gewesen sein, der von dem
südlichen Vorsprung des Sauwaldes und von Neunburg aus quer gegen die Schweiz
seinen Verlauf genommen haben mag. Dass aber wirklich eine solche Verbindung
des Urgebirges zwischen Ost und West früher einmal stattfand, dafür kann als
sicherer Beweis das Auftauchen von Urgebirgstheilen gelten, welche in dem zer-
spalteten und ausgekesselten Becken des Rieses bei Nördlingen zum Vorschein
kommen.

## Überblick über die Gebirgsverhältnisse der fränkischen Alb.

§. 15. Da ein grosser Theil des Kalkgebirges bereits auf den der Darstellung der geognostischen Verhältnisse im ostbayerischen Grenzgebirge
gewidmeten Kartenblättern mit eingeschlossen ist, so darf von einer wenigstens
vorläufigen übersichtlichen Schilderung der topographischen Verhältnisse auch der
fränkischen Alb hier nicht ganz Umgang genommen werden.

Zwischen dem Schwarzwald und dem bayerischen Nordwaldgebirge
(ostbayerischem Grenzgebirge und Fichtelgebirge) liegt ein Kalkrücken ausgestreckt,
welcher nach SW. nur schwach über das Aarthal hinüber mit dem eigentlichen
Schweizer-Juragebirge zusammenhängt, aber ganz aus denselben, d. h. gleichalterigen,
Gesteinsschichten, wie dieses, aufgebaut ist. Man bezeichnet desshalb auch den
deutschen Zug des Gebirges häufig schlechtweg als „Jura". Passender möchte
dieser Name auf das Gestein, welches das Gebirge vorzüglich zusammensetzt, be-
zogen, dagegen der Gebirgszug selbst mit dem ihm ohnehin eigenthümlichen Namen
„Alp" oder „Alb" bezeichnet werden.

Dieser süddeutsche Jura ´oder die schwäbisch-bayerische Alb
lässt bezüglich ihrer Längenausdehnung ein höchst merkwürdiges Verhältniss erkennen. Vom Rhein bis zum Altmühlthale ist die Längenrichtung entschieden,
gleichlaufend mit jener der Erzgebirgslinie, von SW. nach NO. gerichtet. In der
Regensburger Gegend, wo sie dem Rande des ostbayerischen Gebirges sich nähert,
biegt der Zug sich rechtwinklig um und nimmt nun einen Verlauf, parallel der
Hauptrichtung des Waldgebirges von SO. nach NW. bis hinauf gegen den westlichen Fuss des Fichtelgebirges und des Thüringer Waldes, wo er mit den letzten ˙
hier dem Keuper aufgesetzten jurassischen Höhen bei Coburg endigt.

Durch diese auffallende Richtungsänderung gliedert sich die schwäbisch-bayerische Alb sehr natürlich in zwei grosse Distrikte, welche sehr auffallende Verschiedenheiten zeigen. Es soll nur an das Vorherrschen des Dolomits in den
nördlichen und nordöstlichen Gebirgstheilen und seine Unterordnung unter das
kalkige Gestein im SW. erinnert werden. Hier haben wir es nur mit dem nord-

östlichen Distrikt, mit der eigentlichen f r ä n k i s c h e n  A l b zu thun, welche dem Urgebirgsgebirge gegenüber gestellt ist und genau dessen Grenze folgt.

Es ist für dieses Kalkgebiet von wesentlichem Einflusse, dass dasselbe nach drei Seiten von älteren Gebirgsschichten begrenzt ist, gegen NO. von dem U r - g e b i r g s g e s t e i n  d e s  W a l d e s, gegen N. und SW. aber von Keuperschichten. Wenn auch letztere in ihrer jetzigen Ausbreitung und Höhe nicht mehr' deutlich ihre ursprüngliche Bedeutung als Uferrand des Jurameeres zu' erkennen geben, so setzten sie dennoch ehedem unzweifelhaft der weiteren Ausdehnung der jurassischen Gesteinsschichten unübersteigbare Grenzen, welche erst durch spätere Zerstörungen verwischt wurden.

Das fränkische Juragebirge ist ein schmaler, langer, scharf abgegrenzter Zug, welcher in seiner fundamentalen Anlage gegenüber dem nach SW. abgebrochenen und der ganzen Länge nach nicht von älterem Gestein umsäumten übrigen Theile der s c h w ä b i s c h - b a y e r i s c h e n  A l b unzweideutig auf eine verhältnissmässig s c h m a l e und nach N. zu a u s l a u f e n d e  B u c h t, in welcher er gebildet wurde, hinweist. Wie der Golf von Suez jetzt vom rothen Meere, so mag einst vom grossen Jurameere ein Busen zwischen das Urgebirge und die Keuperhöhen Frankens sich bis zum Thüringer Walde hinauf gezogen haben. Seine Ausfüllung mit jurassischen Sedimenten macht die Gesteinsmasse aus, die wir jetzt als f r ä n - k i s c h e s  A l b g e b i r g e bezeichnen.

Diese wenigen Andeutungen werden genügen, die plateauartige Natur der fränkischen Alb aus der eigenthümlichen Form der Meeresbucht, in welcher die kalkigen Sedimente sich ablagerten, zu erklären.

Die u r s p r ü n g l i c h e Platte ist aber nachträglich vielfach umgestaltet worden. Vorzüglich waren es die Dislokationen längs des Urgebirgsrandes, welche auf der nordöstlichen Seite zuerst Zerspaltungen und steile Aufrichtungen hervorriefen und jenen merkwürdigen rückenförmigen Erhebungen des Amberger Erzberges, des St. Anna-Langenbrucker Erzberges, des Pappenberges und so fort bis hinauf zum Thurndorfer Calvarienberg ihr Dasein gaben.

Die später folgenden Auswaschungen haben diese Umformung in dem Grade vollendet, dass selbst neuere, jüngere Anschwemmungen darin nur Weniges auszuebnen vermochten. So entstand die Eintiefung zwischen dem Urgebirge und dem Frankenjura im Nordosten. Doch erscheint auch heute noch die fränkische Alb, von den Urgebirgsgegenden der Oberpfalz aus betrachtet, in vielen Fällen nur wie ein vorliegendes Hügelland mit sanft ansteigenden flachen Gehängen, nicht wie ein streng geschiedenes Gegengebirge.

Steiler, oft mit einer jähen Wand steigt im SO. das Albgehänge auf. Hier hat die Wegwaschung des wenig festen Keupersandsteins und selbst. auch der tieferen jurassischen Schichten bis zum harten Kalkstein, der jetzt das Steilgehänge ausmacht, das ursprüngliche Randgebirge und einen grossen Theil der ihm zunächst gelagerten Gesteinsmassen zerstört und so eine weite, tiefe Bucht erzeugt. Damit wurde den nächst jüngeren Kreideablagerungen ihr Verbreitungsgebiet vorgezeichnet. Durch diese Eintiefung auch am südwestlichen Fusse der Alb wie an ihrem nordwestlichen Rande wird das westliche Kalkgebirge von dem benachbarten Berg- und Hügelland mehr und mehr geschieden und isolirt; es gewinnt die Form und

Bedeutung eines selbstständigen, hohen, schmalen, plattenförmigen Gebirges mit weit vorgreifenden Terrassen.

Nach der Natur der im W. oder SW. an dem Albrande entstandenen Umgestaltungen ergiebt sich hier keine scharfe Linie, welche den Fuss des Gebirges genau angiebt. Bald dringen buchtenartige Einschnitte tief in den Körper der Kalkmassen vor, bald erheben sich weit in's Keupergebiet vorspringende Vorberge halbinselähnlich westwärts von der Hauptfusslinie oder auch völlig abgesonderte Inseln legen sich wie Riffe vor das Gebirge hin.

Von diesen Buchten und Einschnitten ziehen nun zahlreiche Thaleinschnitte tiefer in's Innere der Alb. Dadurch wird die Gebirgsplatte vielfach zerspalten und zerrissen. Diese Thalspalten sind meist eng und schmal, so dass die Gesammtphysiognomie des Plateauförmigen dadurch im Allgemeinen kaum eine Änderung erleidet.

Die Hochfläche ist meist nur sanftwellig uneben, in einzelnen Theilen aber, namentlich in vielen Dolomitdistrikten mit oft bizarren Felsgruppen geziert. Auch viele der meist durch Erweiterungen von Spalten ausgebildeten Thäler erhalten durch solche pittoreske Felsbildungen ein Aussehen, welches bei dem häufigen Mangel an belebendem Gewässer (Trockenthäler) den Charakter des Wilden mit dem des Öden vereinigt.

Beschränken wir unsere Betrachtung auf den dem ostbayerischen Grenzgebirge parallel verlaufenden Zweig des Albgebirges, so finden wir den höchsten Punkt hier im Pappenberg (2026'), der nur um wenige Fuss niedriger, als der überhaupt höchste Punkt (Hesselberg) in dem bayerischen Antheil der Alb ist. Nächstdem bezeichnet der Kutschenrain oder der Thurndorfer Calvarienberg bereits am äussersten Ostrande und in der Region der von Hebungen berührten und in Rücken umgestalteten Gebirgstheile einen der höchsten Gipfelpunkte (1980')*). Höhen von 2000' und wenig darüber trifft man immer nur vereinzelt, z. B. in der Amberger Gegend; selbst Punkte, welche über 1900' aufragen, gehören noch zu den seltenen. Doch lässt sich im Allgemeinen die mittlere absolute Höhe zu 1650' anschlagen, da das Plateaugebirge im Ganzen sehr massig bleibt.

Die Gewässer der Alb vertheilen sich auf das Rhein- und Donaugebiet, welche an einem Punkte (Fossa Carolina) nur durch einen 20' hohen Bergrücken geschieden werden. Der tiefste Punkt in der rheinischen Abdachung liegt im äussersten NW., an der Mündung der Regnitz in den Main (700'), um 300' tiefer als der entsprechende Punkt im Donaugebiete bei Regensburg. Es ist überhaupt auffallend, dass der Fuss der Alb gegen O. und S. nahezu die gleiche durchschnittliche Höhe erreicht, gegen welche die des westlichen Fusses um 200' nachsteht. Aber trotzdem fliessen von diesem Westrande aus mehrere Flüsse in den Gebirgskörper der Alb hinein und durch denselben hindurch. Dieses Hineinfliessen aus dem scheinbar tiefer liegenden Keupergebiete in das Gebirge gehört zu den am meisten hervorzuhebenden Eigenthümlichkeiten der fränkischen Alb. Die Altmühl

---

*) Es ist zweifelhaft, ob diese Höhe sich auf den höchsten Punkt des Bergrückens bezieht. Meine Messungen geben hierfür 2043'. Ist diese Zahl richtig, so nimmt der Kutschenrain gleich nach dem Hesselberg seine Stelle ein.

und ihre Nebenflüsse, die Schwarzach und Sulz, entspringen aus Quellen der Keuperhügel und durchbrechen von Dietfurt an das Kalkgebirge in seiner ganzen Breite. Diese auffallende Erscheinung findet ihre Erklärung nur in dem Umstande, dass, wie bereits früher erwähnt wurde, die jetzt eingetiefte Keupergegend ursprünglich als Randgebirge über die Alb aufragte und dass damals die Gewässer nothwendig ihren Abzug quer durch die Kalkmassen der Alb nach SO. suchen mussten. Einmal vorgebildet, erhielten sich dann diese quer durch die Kalkmassen gezogenen Thalfurchen auch später noch als Abzugskanäle für die von Westen kommenden Gewässer, nachdem der hohe Keuperrand längst zerstört und niedriger geworden war, als das Kalkgebirge.

Ähnliche Verhältnisse können wir bezüglich des Durchbruches der Pegnitz und Wiesent in umgekehrter Richtung bemerken. Im Norden war ursprünglich unzweifelhaft das östliche Grenzgebiet höher gelegen, als das westliche. Demnach flossen ehedem auch die Gewässer wenigstens theilweise aus dem östlichen, höheren Gebirge quer durch die ganze Alb nach Westen. Spätere Wasserzüge benützten diese älteren Thalfurchen, und diess ist der Grund der auffallenden Erscheinung, dass jene beiden Flüsschen, obwohl jenseits, d. h. im O., der Alb entspringend, doch durch dieselbe quer durchfliessen und westwärts dem Rheingebiete zufallen.

Was die Wassertheilung anbelangt, so berührt die Wasserscheide zwischen Rhein- und Donaugebiet zwar die Alb, da diese aber so vielfach durch Thalungen ganz durchschnitten wird, so ist es eine nur kurze Linie, an welcher sich die Gewässer nach beiden Gebieten theilen. Merkwürdiger Weise zieht diese nicht in der Längenrichtung fort, sondern verläuft von dem einen Rande der Alb quer zum anderen. Im nördlichen Theile fliessen ohnehin alle Gewässer in dem grossen, um die Mainzuflüsse ausgespannten Bogen, von dem Quellpunkte des rothen Mains bei Creussen bis zum Pegnitzthale, das sich ganz in der Nähe der Rothmainquelle zu entwickeln beginnt, dem Rheine zu. An diesen Quellpunkten bei Creussen macht sich zuerst auch die Abdachung nach der Donauseite hin bemerkbar.

Vom Thurndorfer Kutschenrain wendet sich das Wasser nach W. dem Pegnitz-, nach O. dem Naabthale zu. Auf eine kurze Strecke zieht die Theillinie auf dem Scheitel des östlichen Randrückens fort und beginnt da, wo Pegnitz- und Vilsgebiet sich berühren, erst mehr oder weniger südlich und endlich nach SW. sich zu wenden. Von dem Ostrand der Alb zum Westfuss allmählig quer vordringend, tritt sie bei Neumarkt an der Wasserscheide der Schwarzach und Sulz aus dem Albkörper heraus und setzt westwärts in's Keupergebiet über.

Die Wasserarmuth der Albhochfläche ist eine allgemeine; sie theilt sie mit allen plateauartig geformten Kalkgebirgen. Die starke Zerklüftung der Kalkfelsmassen, welche die atmosphärischen Niederschläge rasch in grössere Tiefe hinableitet, und die Armuth an thonigen, wasserzurückhaltenden Zwischenlagen bis zum Dogger oder fast bis zum Lias wirken zusammen, eine eigenthümliche Vertheilung der Wassercirculation hervorzurufen. Das Wasser der atmosphärischen Niederschläge kann sich nämlich in grösseren Adern oder unterirdischen höhlenartigen Weitungen sammeln und tritt nun nicht, wie in anderen Gebirgen, in viele und schwache Quellen getheilt wieder aus dem Untergrunde am Ausgehen der nicht durchlassenden Schichten zu Tag, sondern bricht meist mit oft sofort einen grösseren Bach ausmachender Wassermenge an verhältnissmässig wenigen Punkten aus seinem unterirdischen Verlaufe wieder an's Licht. Die Alb zeichnet sich daher durch wenige, jedoch starke Quellen aus. Da aber gleichwohl in gewissen Jahreszeiten oder in besonders wasserreichen Jahren die niedersitzenden Tagwässer reichlicher sind, als sie die gewöhnlichen unterirdischen Kanäle zu fassen vermögen, so laufen diese gleichsam auch an ungewöhnlichen Punkten über und bilden sogenannte **Hungerbrunnen** oder **periodische Quellen**, deren Wasser sich nun in sonst wasserleeren Thalgründen einen Abzug in die grösseren Thäler suchen. Daraus entstehen dann die zahllosen **Trockenthäler**, die nur zeitweise von einem kleinen Bächlein durchrieselt, nach einem Wolkenbruch aber oft von verheerenden Fluthen durchzogen werden. Es ist daher die Alb an sich nicht wasserärmer, als ein anderes Gebirge von gleicher Oberflächenbeschaffenheit, das etwa aus Sandstein besteht, aber die Vertheilung des fliessenden Wassers ist eine andere; die Wasseradern sind weniger zahlreich, aber wasserreicher.

Hier dürften auch die sogenannten **Hühlen** oder **Hüllen** (wohl eigentlich Höhlen) Erwähnung verdienen. Es sind umgekehrt kegelförmige, Pingen-ähnliche Vertiefungen von 10 bis 30′ Tiefe auf der Hochfläche der Alb, welche oft in erstaunlicher Häufigkeit namentlich im Dolomitgebiete vorkommen. Die Umwohnenden nennen solche Vertiefungen wohl auch **Wetter-** oder **Schauerlöcher**, weil die Sage geht, dass sie durch einen Blitzstrahl, der in den Boden schlug, entstanden seien. Ihre Bildung steht in Verbindung mit den Klüften, Weitungen und Höhlungen in dem Untergrunde. Es sind Zusammenbrüche und Einkesselungen auf Spalten oder über höhlenartigen unterirdischen Weitungen, ganz von der Natur der Pingen, welche beim Zusammenbrechen z. B. eines Schachtes entstehen. Daher liegen sehr häufig viele solcher **Hühlen** in einer Linie an einander gereiht auf einer das Gebirge durchziehenden Spalte; nicht selten deuten sie den trichterförmigen Zugang zu einer Höhle an.

Es sind diese Vertiefungen natürliche Behälter, in denen sich das abfliessende Regenwasser sammelt, und, da sie mit Spalten oder Höhlungen in Verbindung stehen, auch die reichlichsten Zuleiter der atmosphärischen Niederschläge zu der Tiefe. Schlägt man sie mit Letten aus, so dass sie das Sammelwasser nicht tiefer niedersitzen lassen, so erhält man Cisternen-ähnliche Brunnen oder Teiche, auf deren Wasser in vielen Gegenden auf der Hochfläche der Alb die Bewohner fast ausschliesslich angewiesen sind.

Hieran reihen sich wohl füglich auch einige Bemerkungen über die Höhlen der fränkischen Alb, an welchen dieses Gebirge so reich ist und denen es einen grossen Theil seiner Berühmtheit verdankt. Es unterliegt keinem Zweifel, dass der Höhlenreichthum Frankens in Zusammenhang steht mit dem Vorherrschen dolomitischen Gesteins. Dass die Höhlen keine primäre Bildungen, d. h. nicht gleichzeitig mit der Ablagerung des Gesteins, in dem sie jetzt liegen, entstanden sind, bedarf keines Beweises. Es sind keine ursprünglichen Blasenräume im Gebirge, sondern spätere Ausspülungen durch die Einwirkung der Gewässer, deren Thätigkeit um so erfolgreicher da sein musste, wo im Gebirge chemisch und mechanisch leicht zerstörbare Gesteinsmassen sich vorfanden, insbesondere da, wo das Gestein, durch zahlreiche Klüfte zerspalten, der zerstörenden Einwirkung der Gewässer grosse

Oberfläche darbot. Diese Verhältnisse treffen ganz insbesondere im Dolomitgebiete, zumal da zusammen, wo der Dolomit auf Kalkbänken aufruht und diese Grenzfläche sich über die benachbarte Thalsohle erhebt. Die unmittelbar über den Kalkbänken gelagerten Massen von Dolomit oder Halbdolomit zeichnen sich besonders durch leichtere Zerstörbarkeit aus und diese Grenzregion ist es daher vorzugsweise, in welcher höhlenartige Erweiterungen durch sich niedersetzendes Wasser gebildet werden konnten. Doch finden sich ausnahmsweise auch Höhlen in dem massigen Felsenkalke, wie das Schulerloch bei Kelheim. Spalten oder Höhlen bilden die Zugänge in das Innere, welches häufig durch lokale Ausweitungen und Zusammenziehen auf die Enge der Kluft in mehrere Kammern abgetheilt ist. In sehr vielen sind noch jetzt Wasseransammlungen vorhanden, welche ihre Bedeutung als unterirdische Reservoire ausser Zweifel setzen. Auf dem Boden der meisten ist überdiess diluviale Modererde, in welcher die Knochen der bekannten Höhlenthiere lagern, ausgebreitet. Stalaktiten und Stalagmiten überkleiden in vielen Fällen Wände und Boden.

## Gliederung der Alb, das Nordgaugebirge oder oberpfälzisch-fränkische Alb.

§. 16. Bezeichnet man den bayerischen Antheil an dem Juragebirge östlich von der Wörnitzspalte als fränkische Alb, so umfasst diese sowohl den noch entschieden nach NO. und O. fortsetzenden Zug, als auch denjenigen, welcher längs des Urgebirgsrandes bis zum nördlichsten Ende bei Coburg von SO. nach NW. sich erstreckt. Jener erste Theil wird im Westen als Hahnenkamm- und gegen Osten als Eichstädter Gebirge von dem letzteren Zug durch die Thalungen der Sulz und Altmühl getrennt. Von diesem Gebirgsstock greifen nur wenige Theile noch herüber in das Gebiet unserer Kartendarstellung. Es sind die südwärts von Riedenburg gelegenen Kalkberge. Die Hauptmassen der Alb, welche die begleitenden Karten noch in sich fassen, gehören dem letzten, von SO. nach NW. gewendeten Zweige an, den man die oberpfälzisch-fränkische Alb oder das Nordgaugebirge nennen kann.

Dieser Theil der Alb ist gegen Westen und so weit er nordwärts reicht, ein vollständiges Plateaugebirge in der Art, wie wir es als charakteristisch für dieses so eben zu zeichnen versucht haben. Gegen S. und O. erleidet diese eigenthümliche Form einige Abänderungen. Schon das Zusammentreffen so vieler und ansehnlicher Thäler in der südlichen Ecke des Gebirges, in der Regensburger Gegend, macht hier die Plattform undeutlich. Indem sich zugleich hier jüngere Schichten auf die Kalkplatten aufsetzen und in terrassenförmigen Absätzen allmählig sich nach oben zuwölben, verwischt sich schliesslich der Charakter des Plateauförmigen in den Bergen von Regensburg bis hinauf gegen Amberg und westwärts bis gegen das Vilsthal mehr oder weniger.

Im Osten tritt aber noch ein weiteres Gestaltungsmoment, wie früher schon angedeutet wurde, hervor. Ist hier schon das vielfache Aus- und Einbuchten der von Juraschichten gebildeten Höhen an der Zickzacklinie des Urgebirgsrandes auffallend, so steigert sich der Kontrast zu der Einförmigkeit des Gebirges gegen das Innere und den Westrand noch mehr durch die Rückenform, in welcher am äusser-

sten Ostfuss viele Berge aufragen. Es sei nur erinnert z. B. an den Bergrücken
von St. Egidi bei Schwandorf über Pittersberg, an den Mariahilfberg und Arzberg
bei Amberg, an den St. Annaberg bei Sulzbach u. s. f., an die Bergrücken bei
Iber und Weissenberg, dann bei Vilseck, an den Langenbrucker Wald, den Thurndorfer Calvarienberg, den Lindenharder Forst, dem sich die Züge in nordwestlicher
Richtung über Glashütten, Lochau, Mönchau, Casendorf und Zultenberg bis zum
Görarangen und Weismain anschliessen.

Als Grund dieser Abweichung von der Plattform, wie sie in der innern Natur
der Alb begründet liegt, ist bereits im Vorausgehenden die Schichtenstörung bezeichnet worden, welche längs der Urgebirgsgrenze bis in das Nachbargebiet der
jurassischen Schichtgesteine sich erstreckte. Verwerfungen und Verschiebungen der
Schichten, welche sich gleichzeitig in derselben Linie wahrnehmen lassen, legen Zeugniss von den in diesen rückenförmigen Erhebungen stattgehabten Niveanänderungen ab.

Auch von dieser Nordgau-Alb fällt nur ein Theil innerhalb des Rahmens unserer
Kartenblätter; namentlich ist diess derjenige Antheil, welcher fast ausschliesslich
dem Kreise Oberpfalz angehört. Wir können daher auf eine speziellere Gliederung
verzichten, welche wohl naturgemässer bei der späteren Detailbeschreibung dieses
Gebirges ihre Stelle finden wird.

## Hereinragen des Fichtelgebirges.

§. 17.　Da selbst ein kleiner Theil des Fichtelgebirges noch in das nördliche Blatt unserer geognostischen Karten hereinfällt, so müssen wir daher auch
hierüber einige kurze Bemerkungen hier anschliessen.

Es wurde bereits früher die grosse Übereinstimmung des nördlichsten Theiles
vom Oberpfälzer-Walde und des südlichsten vom Fichtelgebirge bezüglich des am
Gebirgsaufbau betheiligten Gesteins und der allgemeinen Lagerungsverhältnisse
hervorgehoben. Aus dieser Ähnlichkeit entspringt nun auch die Gleichartigkeit
des Gebirgsbaues und der äussern Gestaltung der Oberfläche. Die flache und
breite Eintiefung, welche jetzt als Naabwondreb-Hochebene trennend zwischen beiden Gebirgen sich ausbreitet, ist keine ursprüngliche Scheide beider Berg-
züge, sondern erst nachträglich in Folge der Gebirgsverrückung in der Richtung
des Erzgebirges entstanden. Überall begegnen wir den Spuren eines früheren
Zusammenhanges. Die Thonschiefergebilde südlich und nördlich von dem Won-
drebthale sind absolut dieselben, der Granit des Steinwaldes hat dieselbe Beschaffenheit wie jener des Tirschenreuther Waldes, mit dem er sogar oberflächlich noch
direkt in Zusammenhang steht; das westliche Randgebirge zwischen Neustadt und
Erbendorf setzt nördlich von Erbendorf in gleicher Richtung und mit gleich schmalem, nach den vorliegenden Triashügeln steil abfallendem Rücken am Fusse des
Fichtelgebirges fort. Selbst die Streifen und grösseren Flächen des Rothliegenden
und die Porphyrkuppen lehnen sich beiderseits in gleicher Weise an die Gebirgs-
ränder an. Nur in dem Vorlande tritt eine geognostische Differenz hervor.

Es setzt nämlich das eingetiefte Zwischenland zwischen Urgebirge und der
Juraplatte der fränkischen Alb, das man als die Verlängerung der Naabthalflächen
ansehen kann, in nordwestlicher Richtung am Fusse des Fichtelgebirges fort. Aber

hier dehnt sich das Juragestein, wie bereits auch schon in dem nördlichen Naabgebiete, nicht nur nicht mehr bis an das Urgebirge aus, sondern es tauchen sogar
neue Glieder der triasischen Formationsgruppe hier im Zwischengebiete auf (Buntsandstein und Muschelkalk) und verstärken so die Kluft zwischen Fichtelgebirge
und Alb. Es ist bemerkenswerth, dass diese älteren Triasglieder im gegabelten
Zug von NW. her eintreten, dass aber beide Züge kaum die Linie südwärts über-
schreiten, welche die Verlängerung der Grenze zwischen Fichtelgebirge und Oberpfälzer-Wald angiebt. In diesem erweiterten nördlichen Zwischengebiete haben
wir daher zwei neue Gestaltungsmomente zu bezeichnen, welche neben dem bis
dahin herrschenden Keuper sofort ihren Einfluss auf die Oberflächenform zur Gel-
tung bringen. Die schmalen, aber hohen und oben fast ebenen, langgezogenen
Bergrücken, wie sie östlich von Creussen und zwischen Bayreuth und Weidenberg
zum ersten Mal innerhalb unseres Gebiets sich bemerkbar machen, verdanken
diese ausgeprägte Form nur den hier auftretenden Muschelkalk- und Buntsand-
steinschichten.

Innerhalb der Fichtelgebirgsgebiete lassen sich selbst in dem wenig umfangreichen, hier zu erwähnenden Theile drei Glieder näher bezeichnen. Das erste ist
jenes Randgebirge, welches als Fortsetzung des Oberpfälzer-Westrandgebirges
nördlich von Erbendorf bis zum nördlichen Rande unserer Karte fortzieht. Die
Thalung der Fichtelnaab macht ungefähr die Ostgrenze. Von dieser Eintiefung
zieht eine Niederung von Riglasreuth über Pilgramsreuth nach Waltershof und
Redwitz zum Egerthal fort. Von ihr steigen mit zwei Flügeln die aus Thonschiefer
bestehende Gehänge zu den zwei granitischen Centren, von welchen der nach S.
vorgeschobene mit den ihm angeschlossenen hohen Basaltbergen ein Mittelgebirge
darstellt, empor. Es ist diess der als Steinwald und, wo der Basalt zu herrschen
beginnt, als Reichsforst insbesondere bezeichnete Gebirgstheil, dem sich noch
weiter nach Osten der Thonschieferrücken des Siebenlindengebirges bis St. Anna
in Böhmen verbindet. Das nördliche Granitgebirge, das mit einzelnen Ausläufern
weit südlich ausgreift, ist bereits ein Theil des eigentlichen centralen Fichtelgebirges.

---

## Kapitel V.

# Höhenverzeichniss.

### Vorbemerkungen.

§. 18. Den kurzen Betrachtungen über die topographischen Verhältnisse des zur geognostischen Beschreibung vorliegenden Gebiets soll in dem Folgenden ein Verzeichniss sämmtlicher Punkte angefügt werden, deren Höhe bis jetzt
(so weit bekannt) trigonometrisch oder barometrisch bestimmt worden ist. Die
Zahlen, welche sich auf trigonometrische Messungen beziehen, sind durch Cursiv-
Schrift kenntlich gemacht; gewöhnlicher Zahlendruck deutet mithin auf Bestimmungen mittelst des Barometers. Zugleich sind die Punkte der Triangulirung, welche

Dreieckspunkte der ersten Ordnung, ihre Koten daher Höhenkoten ersten Ranges darstellen, durch grosse fette Schrift, sowie jene Punkte der zweiten Ordnung im Hauptdreiecksnetz, deren Höhen Koten des zweiten Ranges bilden, durch kleine fette durchschossene Schrift hervorgehoben.

Wie früher ist auch hier der pariser Fuss als Maass angenommen. Im Übrigen kann auf das verwiesen werden, was im ersten Bande S. 41 angeführt wurde.

Wir erneuern den Ausdruck des bereits früher ausgesprochenen Dankes gegen Herrn Direktor Dr. Lamont und Herrn Assistent Feldkirchner für die Fortdauer ihrer freundlichen Unterstützung durch Mittheilung korrespondirender Barometerbeobachtungen und ergreifen zugleich die Gelegenheit, auf's wärmste unseren Dank für die grosse Gefälligkeit, mit welcher der königl. Generalquartiermeisterstab durch Mittheilung von Karten und Höhenkoten unsere Arbeiten so wesentlich förderte, hier ausdrücken zu können. Auch Herrn Regierungsrath Blumenröder in Bayreuth sind wir tiefst verpflichtet für die aufopfernde Bereitwilligkeit, mit welcher derselbe durch Mittheilung von Barometerbeobachtungen eine genauere Berechnung der Höhenpunkte im nördlichen Walde möglich machte.

Die den Höhenzahlen nachstehenden Buchstaben bedeuten (vgl. I, S. 41):

L.: Lamont, Dr. J., Verzeichniss der vorzüglichsten Höhenpunkte Bayerns. München 1851.

T.: Mittheilungen des königl. topograph. Bureau's im königl. Generalquartiermeisterstabe.

S.: Sendtner in: Vegetationsverhältnisse des bayerischen Waldes, München 1860, nach den dort angeführten Quellen.

H.: Hilber, königl. Forstmeister, Mittheilungen, theils im Sendtner'schen Werk, theils direkt.

G.: Gümbel, nach den während der geognostischen Aufnahme gemachten Barometer-Beobachtungen.

R.: k. k. geol. Reichsanstalt in Wien, Mittheilungen in deren Jahrbuch nach den dort angeführten spexiellen Quellen und Beobachtungen.

B.: Bergbaus in „Deutschlands Höhen", 1854.

O.: Eisenbahnnivellement der Ostbahn.

Einzelne andere Quellen oder Beobachter sind speziell an dem betreffenden Orte angegeben.

| | Höhe in par. Fuss. | | Höhe in par. Fuss. |
|---|---|---|---|
| Abach oder Abbach, Bad, e. E. | 1065 S. | Achtel, Ort NW. von Sulzbach, | |
| „ beim untern Koller, über | | Wegweiser | 1340 G. |
| 1 Stiege | 1111 G. | „ der Hirschbach am Vorder- | |
| „ der Mühlberg, zunächst O. | | Achtel, Wsch. | 1208 T. |
| davon, Edb. | 1317 G. | Achteringshof, SO. von Roding | |
| „ nach Nieder - Gebraching, | | (L, 32), Stocksignal, Edb. | 1330 T. |
| höchster Punkt dazwischen | 1408 G. | Adamsberg, nördlich von Maader | |
| Abbachhof bei Zeitlarn, N. v. Re- | | (Böhmen) | 3303 R. |
| gensburg, das Postholz, Edb. | 1212 G. | Adelburg, S. von Velburg, Sts. | |
| Abdecker, SW. v. Riedenburg, Edb. | 1519 T. | dabei, Edb. | 1887 T. |
| Absetz, Ort O. von Schwarzach, bei | | Adelmannsstein, Ort N. von Do- | |
| Bogen, Höhe dabei, Edb. | 1332 G. | naustauf, Brückenniveau | 1317 G. |
| Abspann bei Erbendorf, Sts. da- | | Adelsberg, östl. von Grafenau, | |
| bei, Edb. | 2067 T. | Kapellchen | 2018 G. |
| Abtsschlag, Gross-, Ort W. von | | Aderzhausen, Ort bei Hohenburg, | |
| Grafenau, 2. Sts. dabei, Edb. | 2000 T. | Sts. dabei, Edb. | 1527 T. |
| „ „ oberes Ende | | Adlersberg, s. Arlasberg. | |
| des Dorfes | 1984 G. | Agatha, St., NW. von Linz in | |
| Achslach, Ort SW. von Ruhmans- | | Österreich | 1905 R. |
| felden, unfern Regen, Kpfl. | 1481 T. | Ahornberg, Ort N. v. Kemnath, | |
| „ die Thalsohle dabei | 1849 G. | Thalsohle | 1745 G. |

Höhe in par. Fuss.

Ahornberg, Ort N. v. Kemnath, der
Tannenbühl dabei, höchster Punkt 2218 G.
Ahornberg, Gerüstsignal un-
fern Tirschenreuth, Edb. . . . 2444 T.
    »     »   . . . . 2483 L.
                2405 L.
    »   höchster Punkt des
Berges, Edb. . . . . . . . 2483 G.
Ahornberg bei Haidl in Böhmen 3341 R.
Ahornruck im Frauenwalde . . 2335 H.
                 2334 L.
Ahrnschwang, Ort bei Furth (Ost-
bahn-Haltstelle), Planie . . . . 1205 T.
    »   Ths. der Chamb
daselbst, Wasser . . . . . . 1248 S.
Aicha vorm Walde, N. von Vilsho-
fen, Kirchthpfl. . . . . . . . 1120 T.
    »     Kirchthschw. 1125 G.
    »   Zsfl. der gr. und kl. Ohe,
Thals. . . . . . . . . . . 1111 G.
Aicha, Dorf NW. von Kastel, ober-
stes Haus, Edb. . . . . . . 1593 G.
Aicha, Hof bei Sassenreuth, N. von
Kirchenthumbach, Edb. . . . . 1555 G.
    »     »     »   Haus-
flötz . . . . . . . . . . 1565 T.
    »   höchster Punkt dabei, Edb. 1606 T.
Aicha, Berg bei, an der Rieden-
burger Strasse, S. von Hemau . 1783 G.
Aichazant, Ort SW. von Sulzbach,
Ortsmitte . . . . . . . . . 1380 G.
Aichazant, Berg NW. davon, ober-
halb Wagensass . . . . . . 1488 G.
Aichberg, W. von Rossbach in
Österreich, S. der Donau . . . 1479 R.
Aichet, Bauernhof O. von Passau 1193 L.
Aichkirchen zwischen Hemau
und Riedenburg, Kpfl. . . . . 1738 T.
    »   Kthurmschw. . . . 1743 G.
Aidenbach, S. bei Vilshofen, He-
berbräu, über 2 St. . . . . . 1111 G.
    »   Ths. des Engelham-
merbaches daselbst . . . . . 1075 G.
    »   Buchenöd, Berg
gegen Aunkirchen . . . . . 1311 G.
Aigelsöd, zunächst S. bei Weg-
scheid, Höhe dabei . . . . . 2249 G.
Aign, Dorf N. bei Kulmain, unfern
Stadt Kemnath, Stocksignal dabei, Edb. . . . . . . . . . 1845 T.
    »   Porphyrkuppe in der Nähe
des Dorfes, Edb. . . . . . . 1819 G.

Höhe in par. Fuss.

Aign, siehe auch Kusch.
Aign (Pass) nach Unter-Waldau in
Böhmen, höchster Punkt bei der
Brücke über den Schwemmkanal 2403 R.
Aigner, Kapelle unfern Passau . 1181 L.
Aihof am Pfahl, SO. von Viechtach,
Ortstafel . . . . . . . . . 1478 G.
Aitnach, Wasserspiegel bei Pfahl,
S. vom Markt Viechtach . . . 1286 T.
Albenreuth, Alt-, W. von Unter-
Sandau, unfern Waldsassen, nörd-
liches Ende, Thn. . . . . . . 1728 R.
Albenreuth, Neu-, O. von Wald-
sassen, Sts. dabei, Edb. . . . 2039 T.
    »     »   höchster Punkt
dabei, Edb. . . . . . . . . 2118 T.
    »     »   Ort beim un-
teren Wirth . . . . . . . . 1739 G.
    »     »   Wirthshaus . 1660 B.
Albenreuther Berg, Alt. (Böhm.) 1852 R.
Albenreuther Forst, s. Silber,
Abspann und Hesserberg.
Albernhof bei Schönthal, Schwar-
zachbrücke . . . . . . . . 1442 S.
Albersdorf, N. nahe bei Vilshofen,
Sts. dabei, Edb. . . . . . . 1334 T.
Albershof, Gross-, Mineralquelle
N. bei Sulzbach . . . . . . 1378 G.
    »     »   d. obere Grenze
des Keupers das. . . . . . . 1511 G.
Albertsberg bei Bogen (XXXV,
43), Sts., Edb. . . . . . . . 1292 T.
Albertshofen, Ort N. von Vel-
burg, Kpfl. . . . . . . . . 1536 T.
    »   Stocksignal dabei,
Edb. . . . . . . . . . . . 1677 T.
Albesried, Ort bei Waldthurn, O.
von Weiden, Ths. . . . . . 1555 G.
    »   Schmirgelgrube das.,
Schachtkranz . . . . . . . 1566 G.
Alfalter, Ort bei Schwarzenfeld,
Kuppe dabei . . . . . . . 1461 T.
Alfalter, Berg, höchster Kopf da-
bei, Edb. . . . . . . . . . 1614 G.
Alfalterbach, Gross-, SW. von
Velburg, Sts. dabei, Edb. . . 1728 T.
Alfalterbach, Klein-, Ort bei
Batzhausen, W. von Velburg, Ths. 1534 G.
    »     »   Stocks. dabei,
Edb. . . . . . . . . . . . 1653 T.
Algerding bei Vilshofen, Wirths-
haus, e. E. . . . . . . . . 1056 S.

| | Höhe in par. Fuss. |
|---|---|
| **Algerding**, Strassenhöhe gegen Aunkirchen . . . . . . . . | 1084 S. |
| **Allerheiligen** bei Wernersreuth, unfern Waldsassen, Sts. dab., Edb. | 1888 T. |
| „ „ die Kirche . . . . . . . . . . | 1949 L. |
| „ „ die Kirchthürschwelle . . . . . | 1907 G. |
| **Allersdorf**, S. v. Viechtach, Ths. an der Teublmühle . . . . . | 1742 G. |
| **Alletsberg**, zunächst O. bei Metten, Sts. dabei, Edb. . . . . . | 1292 T. |
| **Alletsrieder Berg** bei Meiglsried, zunächst S. von Rötz . . | 2052 G. |
| **Allhardsmais**, N. v. Schäfweg, W. von Schönberg, Sts. dabei, Edb. . . . . . . . . . . | 2416 T. |
| **Allmaierschloss, Gross-**, bei Finsterau, Sts., Edb. . . . . . | 3687 T. |
| „ „ . . . | 3748 G. |
| **Allmaierschloss, Klein-**, d. Edb. | 3596 G. |
| **Allmaierschloss**, der Sulzriegel zunächst dabei . . . . | 3925 G. |
| **Allmannsberg** bei Winkel, O. v. Kastel, höchster Punkt . . . . | 1678 T. |
| **Almberg**, auch **Alpen-** oder **Alsenberg**, NO. von Wolfstein, Gerüstsignal, Edb. . . . . . | 3516 T. |
| „ Signal . . . . . . | 3509 L. |
| „ Gipfel . . . . . . | 3572 S. |
| „ Forsthaus daselbst | 3474 S. |
| **Altarstein**, s. Griesbach. | |
| **Alteich, Nieder-**, bei Straubing, südlicher Thurm, Kirchpfl. | 965 T. |
| **Alteich, Ober-**, bei Straubing, nördlicher Thurm, Kirchpfl. . . | 998 T. |
| **Altencreussen**, Ort bei Creussen, Ortstafel . . . . . . . . | 1553 G. |
| **Altenkreut** bei Roding, Strassenhöhe S. dabei . . . . . . | 1225 S. |
| **Altenmarkt** bei Passau, s. Hochgasse. | |
| **Altennussberg**, Ort SO. von Viechtach, Sts. dabei, Edb. . . | 2048 T. |
| „ höchster Rücken SW. davon, Edb. . . . . . . | 2228 G. |
| „ Schlossriegel daselbst, Edb. . . . . . . . | 2125 G. |
| **Altenrandsberg**, Ort NW. von Viechtach, Kirchpfl. . . . . | 1368 T. |
| „ Stpkt. dab., Edb. | 1379 T. |
| „ Thalsohle dabei | 1269 G. |

| | Höhe in par. Fuss. |
|---|---|
| **Altenricht, O.** von Amberg (LXII, 13), Sts. dabei, Edb. . . | 1420 T. |
| „ Keuperhöhe gegen Freudenberg . . . . . . . | 1379 G. |
| **Altenschneeberg** bei Schönsee (LXIII, 31), Sts., Edb. . . . . . | 2363 T. |
| „ Schlossruine bei Oberviechtach . . . . . | 2353 L. |
| „ Ruine, höchste Gneisskuppe auf der Burg, Edb. | 2377 G. |
| „ nördl. Bergkuppe zunächst dabei . . . . | 2537 G. |
| „ siehe auch Frauenstein. | |
| **Altenschwand**, Kuppe im Wald dabei, Sts., Edb. . . . . . . | 1461 T. |
| „ der Hahnenhübel dabei, Edb. . . . . . . . . | 1373 G. |
| „ Ostbahnhofplanie . | 1237 O. |
| „ Keuperhügel gegen Taxsöldern . . . . . . . . . | 1303 G. |
| **Altenstadt**, Chambmündung bei Cham . . . . . . . . . | 1170 S. |
| **Altenstadt** bei Neustadt a. Wn., Stocksignal dabei, Edb. . . . | 1590 T. |
| „ „ Kirchenthürschwelle . . . . . . . | 1254 G. |
| **Altenstadt**, Dorf b. Vohenstrauss | 1768 L. |
| **Altenthann**, Ort NO. von Donaustauf, die Martinshöhe dabei . . | 1716 G. |
| **Altenthannstein**, Granitpunkt, Ruine NO. von Neunburg vor'm Walde . . . . . . . . . | 2023 G. |
| **Alterherrgott**, im Hochwald NO. unfern Tirschenreuth, der höchste Punkt dabei . . . . . . | 2342 T. |
| „ höchster Punkt bei der Kapelle, Edb. . . . . | 2341 G. |
| „ die Kapelle selbst, Thürschwelle . . . . . . . | 2230 G. |
| **Altglashütte**, höchste Häuser bei Bärnau . . . . . . . . . | 2443 G. |
| **Altherrgott**, s. Alterherrgott. | |
| **Althütte** bei Furth, höchste Felder | 2558 S. |
| **Althütte** bei Rabenstein am Hühnerkobel (höchste Häuser) . . | 2914 S. |
| **Altmannsberg**, Ort SW. v. Vilseck, Stocks. dabei, Edb. . . . | 1611 T. |
| **Altmannsberg** unfern Kötzting, Ortstafel, Edb. . . . . . . . | 1606 G. |
| **Altmannshof** am Eichelberg, NW. von Hemau, Ortsmitte . . . . | 1485 G. |

| | Höhe in par. Fuss. |
|---|---|

Altmannshof zunächst bei Am-
berg (Ostbahnhof) . . . . . . 1195 O.
Altmugl-Mühle bei Neualber-
reuth unfern Waldsassen, Weg
oberhalb, Edb. . . . . . . . 1979 G.
Altneuhaus N. von Vilseck, Wei-
herdamm . . . . . . . . . 1267 G.
Altnussberg, s. Altennussberg.
Altrandsberg, s. Altenrandsberg.
Altreichenau, Dorf am Dreisessel,
Signal am Hochfelde, Edb. . . 2527 T.
»      Thchn. . . . 2455 T.
»      Höhe der Strasse
gegen Neureichenau . . . . . 2498 S.
»      Höhe der Strasse
gegen die Branntweinhäuser . . 2562 G.
Altreutberg O. von Deggendorf .1520 G.
Altschönau, Försterhaus zwischen
Rachel und Lusen, e. E. . . . 2269 H.
»      Försterhaus, e. E. . 2263 S.
»      Försterh., Thals. dab. 2134 G.
Alzenberg, s. Almberg.
Alzersberg, Ths. das., kl. Ohe bei
der Heibelmühle, O. von Tittling 1192 G.
Amberg, Pfarrkirche, Pflast. . . 1157 T.
»      Gasthaus zum wilden
Mann . . . . . . . . . . 1159 L.
»      Gasth. zum wilden Mann,
1. Stock (2 M.) . . . . . . 1222 S.
»      Gasth. zum wilden Mann,
über 2 Stiegen (13 M.) . . . . 1205 G.
»      Ostbahnhofplanie . . . 1186 O.
»      die Vils daselbst, Ths.. 1197 G.
»      die Vils das., Bahnbrücke
oberhalb der Stadt, Wsp. . . . 1154 T.
»      der Erzberg (Arzberg),
Mundloch des tiefsten Stollens . 1248 G.
»      d. Erzberg, Schachtkranz
des alten Maschinenschachtes . 1408 G.
Ameisberg W. von Sarleinsbach
in Österreich, N. der Donau . 2895 R.
Ameisenberg, Gerüstsignal O. v.
Tännersberg, Edb. . . . . . 2331 T.
»      Baumsignal das.,
Edb. . . . . . . . . . . 2379 T.
Amesberg, Ort NO. von Nittenau,
der Kuhberg das., höchster Punkt 1500 G.
Ammerbach, s. Oberammerbach.
Ammerthal, Ober-, O. v. Amberg,
Thalsohle (2 M.) . . . . . 1266 G.
»      »      Thals. gegen
Unterammerthal . . . . . . 1247 G.

| | Höhe in par. Fuss. |
|---|---|

Amselfing bei Straubing, Ost-
bahnhofplanie . . . . . . . 1018 O.
Amsham SW. von Ortenburg,
Kthschw. . . . . . . . . . 1154 G.
Anglbach bei Tremlhof in Böhmen 1464 R.
Anglbach beim Steg von Neuern 1265 R.
Anglmühle bei Rittsteig, N. von
Lam, Thalsohle . . . . . 1822 G.
Anhangberg auf der Breitenau, N.
von Deggendorf . . . . . . 3282 S.
Anna, St., bei Purschau in Böhmen 2104 R.
»      . . . . . . . . 2068 R.
Anna, St., bei Neukirchen, s. Neu-
kirchen.
Annaberg, St., bei Sulzbach, Fuss-
boden . . . . . . . . . . 1547 T.
»      Kirche, Thschw.. 1607 G.
Ansdorf N. von Hohenwarth, bei
Kötzting, Sts., Edb. . . . . . 2392 T.
Antigelberg im Lusengebirge, N.
von Innerngefild in Böhmen, Gipfel 3842 R.
»      Forsthaus darauf . 3325 R.
Anton, St., s. Pillmersried.
Anzenberg, Basaltkuppe b. Kem-
nath, Sts., Edb. . . . . . . 1830 T.
»      ders., höchster Punkt
des Felsens . . . . . . . 1697 G.
Anzenberg S. v. Blaibach unfern
Kötzting, Sts., Edb. . . . . . 1743 T.
Appelholzkapelle am Eutenhofer
Steig, W. von Hemau, Thschw. . 1455 G.
**Arber, grosser, Gipfel, Sts.**
darauf (nicht höchster Punkt),
Edb. . . . . . . . . . . 4476,s T.
»      »      höchster Punkt
des Gipfels, Edb. . . . . . . 4489 T.
»      »      trigonom. Signal 4545 L.
»      »      . . . . . 4466 L.
»      »      nach österr. trigonom. Messung . . . . . . 4552 R.
»      »      Gipfel (5 Mess.) 4542 S.
»      »      Gipfel, nach Rabenstein berechnet . . . . . 4511 S.
»      »      höchster Punkt
auf dem Gipfel . . . . . . 4521 G.
»      »      höchste Spitze . 4480 R.
»      Kapelle am gr. Arber,
innerer Boden . . . . . . . 4463 T.
»      »      »      Thürschwelle (Mess. 1863) . . . . 4441 G.
»      »      »      österreich. Mess. . . . . . . . . 4434 R.

9

| | Höhe in par. Fuss. |
|---|---|

Arber, kleiner, Berg in der Nähe
des gr. Arbers, höchster Punkt 4281 T.
»  »  Gipfel .... 4332 S.
»  »  höchst.Pkt.,Edb. 4345 G.
»  Umgegend, Quelle NW.
unter dem Gipfel ...... 4430 S.
»  »  Quelle SW.
vom Gipfel ........ 4365 S.
»  Diensthütte, daran Flötz . 3540 T.
»  Brunnen, der sogen. Arber-
brunnen gegen W. ..... 3412 S.
»  Hänghütte am N.-Gehänge
des gr. Arber, Edb. ..... 3549 G.
»  Buchhütte ....... 3597 S.
»  Veithüttel am N.-Gehänge
des gr. Arber, Edb. ..... 3078 G.
»  Kreuzweg zwischen d. Hin-
terscheiden und wilden Au .. 3469 S.
»  Steinschachtenhütte ... 3598 S.
»  Kleinhütte am Arb., Dienst-
hütte .......... 3469 G.
»  Anfang der Stiege ... 3698 S.
»  Kreuzweg oberhalb d. Stiege 3946 S.
»  Seewandkopf, Höhe des
Rückens S. von Arber .... 4131 S.
»  Sattel zwischen dem grossen
und kleinen Arber ..... 3929 S.
»  in der Geigen, Sattel zwisch.
der G. dem Arbergipfel ... 3886 S.
»  siehe auch Rissloch.
Arberhütte, grosse, Buchen-
grenze dabei ....... 3940 S.
»  »  Erdb. an
der Hütte ........ 3696 G.
Arberhütte, kleine, am Arber,
Erdb. dabei ........ 3954 G.
Arberkapelle, siehe Arber, gross.
Arbersee, grosser, Wassersp.. 2858 T.
»  ......... 2925 S.
»  Dammniveau (2 M.) 2909 G.
»  der See ... 2852 R.
»  Quelle daran . 3931 T.
»  kleiner, Wassersp.. 2831 T.
»  ........ 2829 Schw.
»  ........ 2766 G.
»  ........ 2848 S.
Arbing an der Donau, bei Osterhofen 956 L.
Arlasberg, Ort bei Etterzhausen
unfern Regensburg, Steinbruchsohle 1293 G.
Armannsberg, Basaltberg b. Kemnath, Kirchpfl. ....... 2258 T.
»  ......... 2289 L.

| | Höhe in par. Fuss. |
|---|---|

Armannsberg, die Kirche darauf,
Thürschwelle ....... 2278 G.
Arnbruck bei Kötzting, Kapelle . 1792 S.
»  nach Thalersdorf, Thal-
sohle daselbst ....... 1641 G.
Arnetsried an der Strasse von
Regen nach Viechtach, Ortstafel,
Edb. .......... 1896 G.
Arnschwang, s. Ahrnschwang.
Arzberg (Erzberg), s. Amberg.
Arztingerhöhe bei Deggendorf 1235 S.
Asbach NW. von Kirchenthum-
bach, oberstes Haus, Edb. ... 1618 G.
Asbach N. von Rottthalmünster,
Kirchthurmschwelle ..... 1163 G.
Asbach, Alten-, beim vorigen,
Dorfmitte, Edb. ...... 1186 G.
Asberg, s. Aschberg.
Asberger Holz bei Hochdorf, S.
von Weiden (Rothliegendes) .. 1560 G.
Ascha, der Bach, Thal derselben
bei Stegen, unfern Winklarn,
Wasserspiegel ....... 1367 T.
»  bei der Silbermühle unfern
Dieterskirchen, W. von Winklar 1430 G.
»  oberhalb Gaisthal .... 1672 T.
»  in Gaisthal ...... 1645 G.
»  oberhalb Schönsee ... 2022 T.
Ascha, Ort zwischen Straubing
und Stallwang, Kirchpfl. ... 1046 T.
»  Wirthshaus, e. E. darin . 1082 S.
Aschach, Ort O. von Amberg,
Kirchthürschwelle ..... 1480 G.
Aschbachermühle bei Viechtach,
Brücke daselbst ...... 1397 S.
Aschberg oder Asberg, höchster
Punkt auf d. Strasse nach Zwiesel 2418 H.
»  ......... 2392 G.
»  höchster Punkt von
Rinchnach nach Zwiesel ... 2365 S.
Aschberg, Ober-, neues Sts., Edb. 2521 T.
Aschberg, Ober-, altes Sts., Edb. 2672 T.
Aschberg, unterer, Granulitkup-
pe bei Griesbach unfern Tir-
schenreuth, höchster Punkt .. 2437 G.
Aschbergerwaid (Ochsenwaid),
S. von Jandelsbrunn, unfern Wald-
kirchen, Sts. dabei, Edb. .... 2379 T.
Aschenstein im Sonnenwald, s.
Sonnenwald.
Atlasberg, Gerüstsignal W. von
Schwarzhofen (LIX, 23), Edb. . 1753 T.

Höhe in par. Fuss.

**Atsing** N. von Otterskirchen bei
Vilshofen, Gerüstsignal, Edb. . *1636* T.
**Atzmannsberg**, Dorf SO. von
Kemnath, Ortstafel, Edb. . . . 1565 G.
  » s. auch Gulch.
**Au** NW. von Cham (LIV, 32), Sts.,
Erdboden . . . . . . . . . *1289* T.
**Au vor'm Wald**, SO. von Mitter-
fels, Kirchpfl. . . . . . . . *1067* T.
  » Wasserspiegel des Baches dabei *1038* T.
**Au** W. von Schwandorf, Halde einer
verlassenen Braunkohlengrube,
Erdboden . . . . . . . . 1251 G.
  » Dorf, Grenze zwischen braun.
und weiss. Jura daselbst . . . 1284 G.
**Auberg** W. v. Wolfstein (XXXVIII,
60), Sts. dabei, Hausflötz . . . *1510* T.
**Auerbach**, Stadt b. Vilseck, Kthpfl. *1343* T.
  » Gasth. z. wilden Mann,
1 St. (2 Mess.) . . . . . . . 1341 G.
  » daselbst, die Thals. am
Weiher, Edb. . . . . . . . 1380 G.
  » das., Dreifgk., Sts., Edb. 1413 T.
  » das., die Thalsohle des
Speckbaches, Wsp. . . . . . *1303* T.
**Auerbach, Mittel-**, SO. v. Naab-
burg, Thals. . . . . . . . . 1298 G.
**Auerbach, Unter-**, Ort N. von
Hengersberg, Kpfst. . . . . . *1008* T.
  » » Thals. das. . 971 G.
  » (Standpunkt?) . . . . *933* H.
  » Standpunkt dabei, Edb. *997* T.
**Auerbach, Unter-**, Ort bei Alfal-
ter, SO. v. Naabburg, Sts. dab., Edb. *1654* T.
**Auerbergmühle** s. Plattenberg.
**Auerkiel, Ober-**, Dorf SW. von
Bodenmais, Eingang in's Dorf,
Erdb. . . . . . . . . . . 1669 G.
**Auerkiel, Ober-**, höchster Wald-
kopf N. zunächst dabei . . . 1916 G.
  » Jägerhaus gegen Katz-
bach, Edb. . . . . . . . . 1743 G.
**Auersberg**, Ort SW. von Amberg,
Wirthshaus, e. E. . . . . . . 1769 G.
  » Kreuzweg, Edb. . . 1713 G.
**Aufhausen** O. v. Regensburg, Kirche *1168* L.
**Auggenthal** bei Neudeck, NO. von
Wörth, Bergkuppe S. dabei, Edb. 2051 G.
**Augrub**, Dorf im Forstamte Schön-
berg, höchster Punkt . . . . 2061 H.
**Augrub** am Hobernberg unfern Ep-
penschlag, NW. von Grafenau . 1970 G.

Höhe in par. Fuss.

**Augsberg**, s. Auersberg.
**Aumühle** bei Fürsteneck an der
Ilz . . . . . . . . . . . 1045 H.
  » an der Ilz . . . . . 1037 S.
**Aussergefild** in Böhmen, Kirche 3151 R.
  » Schloss daselbst . 3139 R.
**Ausserzell**, Ort NO. von Hof-
kirchen, Kirchpfl. . . . . . . *1149* T.
  » Thalsohle bei der
Brücke an der Ohe . . . . . 1116 G.
**Ausserried** bei Bodenmais, obere
Häuser, Edb. . . . . . . . 1840 G.
**Ayrhof** am Pfahl, s. Aihof.

**Baarleiten** oder **Barleiten** NO.
von Kürn bei Regensburg, Kchpfl. *1490* T.
**Bacher Forst** bei Donaustauf, Hö-
henpunkt darin . . . . . . . *2130* L.
  » » Höhe darin, die
Schopflohe, Edb. . . . . . . 2105 G.
**Bachmühle**, oberhalb Adelmanns-
stein, O. von Regenstauf, Ths. . 1406 G.
**Baderwinkel** N. von Paulusbrunn
in Böhmen, bei Bärnau . . . 2152 R.
  » s. Hochholz.
**Bärenstein** NO. von Trossalter bei
Fürnricht, höchster Punkt, Edb. . 1852 T.
**Bärenwinkel**, Waldabtheilung in
den blauen Bergen bei Vilseck . 1813 G.
**Bärnau**, Stadt SO. von Tirschen-
reuth, Sts., dabei, Edb. . . . *2471* T.
  » d. Kirche darin, Thürschw. 1904 G.
  » Holzmühle, s. Holzmühle.
**Bärnlochfilz** am Plattenhausen,
unfern des Lusen . . . . . . 4015 S.
**Bärnlochriegel** am Plattenhausen
beim Lusen . . . . . . . . 3810 S.
**Bärnlochschachten** zwisch. Lusen und Rachel, am Bärnlochberg 3769 H.
**Bärnlohberg** oder Bärnlochschachten zwischen Rachel und
Lusen, höchster Punkt . . . . 4232 G.
**Bärnstein** bei Grafenau, Wirthshaus . . . . . . . . . . . 1829 S.
  » Kapelle daselbst, Thürschwelle . . . . . . . . . 1722 G.
  » höchster Strassenpunkt
nach Schönberg (2 Mess.) . . . 1828 S.
**Baierbach** im Rottthale, Kthschw. 1120 G.
**Baierischer Hof** bei Thumsenreuth, NO. von Erbendorf, Braun-
kohlenmulde, Edb. . . . . . 1587 G.

9 *

Baiern, Ort 8. von Schwaighausen,
unfern Regensburg, Ortst., Edb.   1420 G.
Baiersdorf O. von Riedenburg
(XL, 6), Kthpfl. . . . . . . .   1645 T.
  »      Kthschw. . . . . .   1639 G.
  »        »        Stand-
punkt dabei, Edb. . . . . . .   1655 T.
Baireuth, kathol. Kirche, Pfl.  .   1054 T.
  »   Wohnung des Herrn Re-
gierungsraths Blumenröder, jetzt   1060 Bl.
               früher .   1061 Bl.
  »   Eisenbahnhof, Planie .   1062 O.
  »   Herr Stadt-Geometer
Gerstner, Barometer . . . . .   1059
          Barom. nach Berghaus   1050,77
  »   Brandenburger Kchpfl.   1116 T.
Balbersdorf, Ort N. von Cham,
Ths. . . . . . . . . . .   1355 G.
Bannholz, Forst bei Schönberg,
Markstein Nr. 12 am Wege  . .   1821 H.
Barbaraberg, Kirche NW. von
Pressat, Thschw. . . . . . . .   1675 G.
  »   Stocks. dabei, Edb.   1664 T.
  »   der Berghof da-
bei, Edb. . . . . . . . . .   1567 G.
Bartholomäus-Kapelle, St., bei
Besin (Böhmen) . . . . . .   1995 R.
Batzhausen SW. von Velburg,
Kthschw. . . . . . . . . .   1578 G.
Bauhof, Weiler bei Rötz, ober-
stes Haus . . . . . . . . .   1677 S.
Bauholzberg bei Deschenitz in
Böhmen . . . . . . . . . .   2358 R.
  »   . . . . . . . . .   2311 R.
Baumgarten N. von Freudenberg,
NO. von Amberg, Sts. dabei, Edb.   1739 T.
  »   Kuppe dabei, Edb.   1861 T.
Blumengarten S. von Aidenbach,
unfern Vilshofen, Wirthshaus,
Thürschwelle . . . . . . .   1360 G.
  »   dass., Höhe im Pann-
holz gegen Waldhof, Edb.  . .   1176 G.
Baumühle, Thalsohle des Forel-
lenbaches NW. von Kallmünz .   1259 G.
Baxenholz, zunächst N. von Mün-
ster, unfern Straubing, Meierleite
darin, Edb. . . . . . . . .   1319 G.
Bayereck (Ruine) bei Ober-Neuern
(Böhmen) . . . . . . . . .   1804 R.
Beckendorfer Strassenhöhe
bei Kötzting . . . . . . . .   1658 S.
Beerenfels am Cerkow (Böhmen)   2858 R.

Befreiungshalle bei Kelheim,
obere Fläche der untersten Stufe   1392 T.
Beidlbach, s. Beudler Bach.
Beilstein, hinterer, bei Birn-
brunn W. von Viechtach, Edb. .   2035 G.
Bellevue oberhalb Gr.-Prüfering
bei Regensburg, Edb. . . . .   1254 G.
Benkhof 80. von Amberg (LXI, 11),
Sts. dabei, Edb. . . . . . .   1290 T.
Beratzhausen N. bei Hemau,
Brücke 10' über d. Wasserspiegel   1276 G.
  »   Pfarrkirche, Pflast.   1289 T.
  »   Mariahilf, Thpfl. .   1408 T.
  »   Laber,   Wasser-
spiegel . . . . . . . . . .   1373 T.
  »   Höhe zwischen da
und Hemau, am Wege, Edb. . .   1631 G.
Berg bei Deggendorf, Kirchhofthüre   1348 S.
Berg, Martersäule bei Windisch-
Eschenbach, Sts., Edb. . . . .   1550 T.
Berg NW. von Viechtach (XLVIII,
40), Sign., Edb. . . . . . .   1731 T.
Berg NO. von Metten bei Deggen-
dorf, Sts. dabei, Edb.  . . . .   1399 T.
  »   Kirchthürschwelle . . .   1306 G.
Berg, Dorf SW. von Höhenstatt bei
Passau, Ths. . . . . . . . .   1116 G.
Bergdorf W. v. Ronsperg (Böhm.)   1777 R.
Bergerdorf, Gross-, zunächst
NW. von Cham (LIII, 34), Sts.,
Edb. . . . . . . . . . .   1369 T.
Bergham, Ort S. von Vilshofen,
Kapellepfl. . . . . . . . .   1231 G.
Berghausen N. von Hohenburg
bei Kastel, Kthschw. . . . . .   1404 G.
Bergheim zunächst SW. von
Schmidmühlen, Kthschw. . . .   1473 G.
  »   Edb. bei der Kirche .   1463 G.
Berghof, Höhe dabei im Sinzin-
gerholz, SW. von Regensburg .   1385 G.
Berghof, s. Barbaraberg.
Bergkirche zunächst bei Vilseck,
s. Vilseck.
Bergmading, Ort SW. von Re-
gensburg (XL, 13), Sts. dabei, Edb.   1496 T.
  »   höchste Höhe N. da-
von, Edb. . . . . . . . .   1505 G.
Bergstadtl in Böhmen, Kirche .   1944 R.
Berlasbach, Einfluss in den Re-
gen, s. Regen, weisser.
Bernbach N. von Strasskirchen
bei Passau, Ths. . . . . . .   1281 G.

| | Höhe in par. Fuss. |
|---|---|
| Bissendorf, Gross-, der Spitzigberg, Dolomitkuppe, höchster Punkt | 1792 G. |
| Bistritz, Schloss in Böhmen | 1269 R. |
| Bistritz, Dreifaltigkeitskapelle das. | 1536 R. |
| " | 1435 R. |
| Bistritzersee (Eisenstrasser, schwarzer oder Deschenitzer See) bei Böhmen | 3651 R. |
| Bistritzersee am NO. Fuss des Zwergecks in Böhmen | 3154 G. |
| Blachendorfer Wald bei Drachselsried, NW. von Bodenmais, (XLVIII, 46), Sts. dabei, Edb. | 3001 T. |
| Blässelberg bei Urspring, SW. von Hirschau, Kuppe, Edb. | 1936 T. |
| Blätterberg zunächst SO. von Furth (LVI, 41), Sts., Edb. | 1564 T. |
| Blaibach, Ort W. von Kötzting, Regenbrücke | 1182 G. |
| Blankenhammer an der Glasschleif unfern Floss | 1601 G. |
| Blatte (Platte), s. Poppenberg. | |
| Blattenberg S. von Oberviechtach | 2120 L. |
| " Kuppe zunächst NO. von Neunburg v. W., Edb. | 2140 T. |
| Blattenberg zwischen Vohenstrauss und Pleistein, S. von Weissenstein, höchster Punkt | 2143 G. |
| Blattenhof bei Burglengenfeld, s. Plattenhof. | |
| Blauberg S. von Hirschau (LXVI, 11), Baumsignal, Edb. | 1767 T. |
| " der Hahnschlag, Granitkopf darauf, Edb. | 1840 G. |
| Blauberg, s. auch Bärenwinkel und Tannet. | |
| Blechhammer, Bahnhof bei der Bodenwöhrer Planie | 1170 T. |
| Blöckenstein, bayer. (Dreisesselgebirge, bayer. Spitze), Gerüstsignal, Edb. | 3805 T. |
| " bayer. Gipfel (welcher?) | 4160 R. |
| " die Dreisesselsteine, höchster derselben | 4088 S. |
| " Hohenstein od. Hochstein, Sts., Edb. | 4098 T. |
| " Hochstein im Dreisesselgebirge | 4126 S. |
| " Hochstein, höchster Punkt des Felsens | 4128 G. |

| | Höhe in par. Fuss. |
|---|---|
| Blöckenstein, bayer. höchster Punkt am Markstein 146 | 4209 S. |
| " bayer. höchster Punkt bei Markstein 146, höchste Felsspitze | 4229 G. |
| " Höhe beim Grenzstein Nr. 144 | 4116 S. |
| Blöckenstein, Eckmark, Grenze zwischen Bayern, Österreich und Böhmen, Edb. | 4112 S. |
| " Eckmark, s. auch Eckmark. | |
| " Zwiesel. Fleck, Waldhütte | 3784 S. |
| Blöckenstein, s. auch Dreiseselselberg. | |
| Blöckenstein, österr., auf der Grenze zwischen Österreich und Böhmen (nicht Bayern) | 4235 R. |
| " der höchste Punkt desselben | 4261 G. |
| Blöckensteinsee, bei d. Schleuse am Fusse des Blöckensteins | 3358 S. |
| " der Damm, Edb. | 3367 G. |
| " der See | 3362 R. |
| Blümersberg, Signal bei Tittling, Edb. | 1758 T. |
| " " " trig. Signal | 1804 L. |
| " " | 1818 L. |
| " " | 1722 S. |
| Blümersberg, zunächst N. bei den Häusern, Edb. | 1750 G. |
| Blumern, Signal O. bei Stallwang, Edb. | 2109 T. |
| Blumersberg, s. Blümersberg. | |
| Bocksberg W. von Eschenfelden (LXIX, 1), Sts. | 1584 T. |
| " auf der „Höhe", höchster Punkt | 1655 T. |
| Bocksleiten, Muschelkalkrücken W. von Weidenberg, höchster Punkt | 1784 G. |
| Boden, Ort bei Neualbenreuth, unfern Eger in Böhmen, Lavakegel dabei, Edb. | 1840 G. |
| Bodenmais, Pfarrthurm, Kpfl. | 2127 T. |
| " Kirche | 2164 L. |
| " Kirche | 2164 H. |
| " der Hofwirth, über 1 Stiege | 2132 G. |
| " Pass (Janka) e. E. (5 M.) | 2107 S. |

| | Höhe in par. Fuss. |
|---|---|

Bodenmais, Pass (Janka), über 1 St.
(10 Mess.) . . . . . . . . . 2087 G.
&raquo; (Standpunkt?) . . . 2193 L.
&raquo; Ths. an dem Sudhause
im Dorfe . . . . . . . . . 1998 G.
&raquo; Brücke über d. Rothbach am Vitriolwerk . . . . 1970 S.
&raquo; Brücke über d. Moosbach am Mooshof . . . . . . 1972 G.
&raquo; Brücke über d. Moosbach . . . . . . . . . . 1929 S.
&raquo; Strassensattel an der
Kapelle bei Geisau . . . . . 2237 G.
&raquo; schöne Ebene, Höhe
gegen Rabenstein . . . . . . 2872 S.
&raquo; die Plätz, Quarzbruch
bei Bodenmais, Halde . . . . 2966 G.
&raquo; Ebenhof, Wasser-
scheide zwischen Kötzting und
Zwiesel . . . . . . . . . 2326 S.
Bodenmühle, Brücke an d. Pfreimt,
W. von Waidhaus bei St. Ulrich 1540 G.
Bodenwöhr, Stocksignal dab., Edb. 1247 T.
&raquo; Wirthshaus, 1 St.
(28 Mess.) . . . . . . . . 1196 G.
&raquo; Wirthshaus, 1 St. 12'
über der Strasse (7 M.) . . . 1186 S.
Bodenwöhr, Bahnhof, s. Blech-
hammer.
Bodenwöhrer Weiher beim Hüt-
tenwerk, Wasserspiegel . . . 1150 T.
&raquo; &raquo; an d. Bahn 1146 T.
Böbrach bei Viechtach, Wirthshaus, e. E. . . . . . . . . 2074 S.
&raquo; &raquo; Eck, Bräuhaus . . . . . . . . . . . 1698 S.
&raquo; Rothbachbrücke am Dürn-
bergersteg . . . . . . . . 1652 S.
Böbracherberg, Simmelbrünnel
daran . . . . . . . . . . 2368 S.
&raquo; Gipfel . . . 2741 S.
Böheimzwiesel, Ort N. von Waldkirchen, unfern Wolfstein, Kap.-
Tschw. . . . . . . . . . 1799 G.
Böhmischbruck, Brücke über d.
Pfreimt (2 M.) . . . . . . . 1454 G.
Bogen beim Münsterbräu, 15' über
der Kirchthürschwelle . . . . 1024 G.
&raquo; Donau, bei der Überfuhr
bei Ambrach . . . . . . . . 1002 S.
**Bogenberg** bei Straubing, Kchpfl. 1331 T.
&raquo; . . . . . . . . 1332 L.

| | Höhe in par. Fuss. |
|---|---|

Bogenberg, Kirche . . . . . 1356 L.
&raquo; bei der Kirche, Edb. 1328 G.
Bogendorf, nördl. v. Sarleinsbach,
in Osten N. der Donau . . . 2049 R.
Bonholz, Forst, höchster Punkt bei
Burglengenfeld . . . . . . . 1259 G.
Bonzau bei Obernzell (XXII, 65),
Gerüstsignal, Edb. . . . . . . 1705 T.
Borekberg b. Welhartitz in Böhmen 2626 R.
&raquo; das. . . . . . . . 2608 R.
Brand, Ort bei Fichtelberg, Wirths-
haus, e. E. . . . . . . . . 1810 G.
Brand, am hohen, bei Regens-
burg, höchster Punkt . . . . 1641 T.
Brand, Kirche in Böhmen . . . 1791 R.
Brandriegelberg am Kuhberg,
SO. v. Bayer.-Eisenstein, b. Wald-
stein Nr. 84 . . . . . . . . 2860 G.
Brandten, Ort SO. v. Bodenmais,
Thalebene O. davon . . . . . 1754 G.
Brandwiese bei Zwieseleck am
Ossa (LIII, 48), Sts., Edb. . . 3394 T.
Braun- (oder Brann-, auch Brom-)
Berg, höchst. Dol. S. von Kastel 1814 T.
Braun- oder Braun-Berg, höch-
ster Punkt (2 Mess.) . . . . 1825 G.
Braunetsried, Ort SW. von Plei-
stein, Ortstafel, Edb. . . . . 1784 G.
Braunried bei Roding, höchster
Punkt am Walde . . . . . . 1455 S.
Brechhausen b. Deggendorf, ober-
stes Haus . . . . . . . . . 1953 S.
Brechhausen N. von Hengersberg,
Thalsohle daran . . . . . . 1016 G.
&raquo; Höhe dabei, O.
zwischen Vorder- und Hinter-
Beut . . . . . . . . . . 1342 G.
Breitenau, Geiskopf, Höhe N. der
Breitenau bei Deggendorf . . . 3467 S.
&raquo; der Einödberg dabei 3330 G.
&raquo; unterstes Haus beim
Krai . . . . . . . . . . 3236 G.
Breitenauerriegel S. von Breitenau unfern Deggendorf . . . 3469 S.
&raquo; . . . . . . . . 3474 G.
&raquo; höchster Pkt. 3498 T.
&raquo; höchster Pkt.
der Steinbockberg . . . . . 3483 G.
Breitenberg in der Neuwelt, unfern Wegscheid, Kthpfl. . . . 2143 T.
&raquo; &raquo; &raquo; Kirchthürschwelle . . . . . . . . 2118 G.

Bürschlagberg bei Ort Bürschlag
W. von Amberg, höchster Punkt 1534 G.
Bug, Gneissberg bei Prunn, unfern
Tirschenreuth . . . . . . . 1826 G.
Bunding SO. bei Griesbach, S. von
Passau . . . . . . . . . . 1321 G.
Burgleite, s. Hohenfels.
Burglengenfeld (Dreifaltig-
keit), Kirchpfl. . . . . . . *1302* T.
    »    Dreifaltig-
keitsberg . . . . . . . . 1411 L.
    »      Ruine, Edb. . *1330* T.
    »      Burg, im Hofe 1425 L.
    »      Post, 1 Stiege,
(3 M.) . . . . . . . . . . 1162 G.
    »    Mitte d. Platzes 1191 L.
    »      Thalsohle an d.
Naab, Wassersp. . . . . . . *1059* T.
    »      Naab, unt. d. Br. *1122* L.
Burgsdorf bei Zenting, Strassen-
höhe unfern Hengersberg . . . 1432 S.
Burgstall, Ruine am hohen Bogen,
s. hoher Bogen.
Burgstall NW. von Breitenberg
unfern Wegscheid, Huts., Edb. . *2340* T.
Burgstall, s. Draissenfeld.
Burgtreswitz, Pfreimtniveau bei
Vohenstrauss . . . . . . . 1501 G.
Burkhartshof, Berg dabei an der
Strasse n. Amberg, NW. v. Kastel 1995 G.

Cachrau, Schloss (Böhmen) . . 2102 R.
**Carolus**, St., Kapellthurm bei
Waldkirchen, Kirchpfl. . . . *2023* T.
    »   St., Kapellthurm, Kthschw. 2034 G.
Cerkowberg in Böhmen, nahe der
hayer. Grenze, unfern Waldmün-
chen, Gipfel . . . . . . . . *3193* R.
    »     » . . . . . . . . . . *3287* S.
    »    Pfälzer, Jägerhaus
daran . . . . . . . . . . 2573 R.
Cham, Stadtkirche, Kirchpfl. . . . *1188* T.
    »     » . . . . . . . . 1216 L.
    »   Station, Ostbahnhof - Planie *1153* O.
    »   Post, 1. Stock (24 M.) . . 1204 G.
    »   Gasthof von Scherbauer,
2. Stock (30 M.) . . . . . . 1230 S.
    »   Regenfluss bei der Stadt . 1192 L.
    »   Regenfluss, 2' über dem
Spiegel (5 M.) . . . . . . . 1177 S.
    »   Strassenhöhe gegen Win-
dischbergerdorf . . . . . . 1392 S.

Cham, Katzberg dabei . . . . . 1464 S.
    »   Kalvarienberg, bei den drei
Kreuzen . . . . . . . . . 1455 S.
Chamb bei Altenstadt, O. von Cham,
Einfluss in den Regen . . . . *1140* T.
    »   Einfluss in den weissen Re-
gen, bei Altenstadt . . . . . 1179 S.
    »   bei Nösswartling, Einfluss
des Zenchingerbaches . . . . *1165* T.
    »   bei Ahrnschwang . . . . 1248 S.
    »   bei Furth, Brücke an der
Hauptstrasse, Wassersp. . . . *1211* T.
    »   bei Furth, unterhalb des
Orts, Wassersp. . . . . . . *1223* T.
    »   bei Furth, Mündung der
Pastritz, Wassersp. . . . . . *1230* T.
    »   bei Furth . . . . . . . 1288 S.
    »   bei Eschelkam, Wassersp. *1268* T.
    »   bei Eschelkam, Einfluss des
Freibaches . . . . . . . . 1326 S.
    »   bei Schachten, Hopfenbächel
nahe am Einfluss in die Chamb,
Wasserspiegel . . . . . . . *1303* T.
Chlistau, Kirche in Böhmen . . 1758 R.
Chodangelbach bei der Huixen-
mühle, an der Landesgrenze . 1729 R.
Claramühl W. von Fürnricht, un-
fern Amberg, Thalsohle . . . . 1294 G.
Coloman, St. (Collmann), Kirche
zunächst NO. von Velburg . . *1947* T.
Corona, St., zu Dietzing bei Passau,
Kirchthurmpfl. . . . . . . . *1313* T.
    »   St., zu Dietzing bei Passau 1370 S.
Creetz, Thalsohle d. Mistelbaches
S. von Bayreuth . . . . . . 1290 G.
Creussen, Stadt S. v. Bayreuth, Kpfl. *1372* T.
    »   Stadt S. von Bayreuth,
Th. an der Brücke . . . . 1313 G.
    »   Gasthof zum schwarzen
Boss, 1 St. (5 M.) . . . . . 1358 G.
Culm, s. Kulm.
Cuvany, Berg in Böhmen . . . *4494* L.

Dachelberg bei Schwandorf, höch-
ster Punkt bei St. Egydi, SO. . *1401* T.
Dachsberg NO. von Mitterfels
(nicht im Sonnenwalde) . . . . *2366* L.
Dachsberg bei Kringell, unfern
Passau, höchster Punkt . . . 1705 G.
Dachstein oder Daxstein, s. Son-
nenwald.
Daierling, s. Deuerling.

| | Höhe in par. Fuss. |
|---|---|

Dais'mauer bei Velburg, Thalsohle der schwarzen Laber . . . . 1465 G.
Dalberg bei Wegscheid, s. Thalberg.
Dallakenried, Ort W. von Kallmünz, Edb. an der Kapelle . . 1558 G..
Dallenberg N. von Mähring (Böhmen), höchster Punkt . . . . 3191 L.
  »    zweithöchster Punkt . 2941 L.
Damerlberg (Hirschenberg) SW. von Breitenberg unfern Wegscheid, Signal bei den Stübelhäusern, Edb. . . . . . . . 2694 T.
Dannlohe N. von Fürnricht . . 1513 G.
Dantelberg NW. von Fürnricht bei Sulzbach, höchster Punkt . 1844 G.
  »    NW. von Fürnricht bei Sulzbach, höchster Punkt, Edb. 1824 T.
Darlesberg O. von Wernberg (LXVII, 20), Sts., Edb. . . . . 1742 T.
Darshofen S. v. Velburg, Brücke (2 Mess.) . . . . . . . . . 1384 G.
  »    Sts. dabei, Edb. . . . 1528 T.
  »    höchst. Pkt., S. davon 1584 T.
Dasswang SW. v. Parsberg, Kpfl. 1615 T.
  »    Kirchthschw. . . . . . 1628 G.
  »    das Laubholz dabei, höchster Punkt . . . . . . 1642 G.
Daxstein, s. Sonnenwald.
Dechbetten b. Regensburg, Brunnstube . . . . . . . . . . 1144 S.
  »    Weghöhe gegen den Schutzfelsen . . . . . . . . 1272 S.
  »    Geröllhöhe gegen Ziegertsdorf . . . . . . . . 1339 G.
Deckelstein, Ort im Naabthal bei Ettershauzen, höchste Berghöhe O. davon gegen Pettendorf . . 1433 G.
Defernik, Brücke an der Landesgrenze unfern Zwiesel . . . . 2202 G.
  » .    an der Grenze beim Eintritt in Bayern . . . . . . 2155 G.
Degel, zunächst S. bei Haarschädel, unfern Passau, Höhe . . . 1225 G.
Degenberg b. Schwarzach, Wirthshaus, unfern Boggendorf . . . 1148 S.
  »    Quelle dabei . . . 1569 S.
Degernberg, Kapelle bei Deggendorf . . . . . . . . . . 1706 L.
Degernberg zunächst N. von Schwarzach bei Bogen, höchster Punkt, altes Schloss . . . . 1884 G.

| | Höhe in par. Fuss. |
|---|---|

Deggendorf, Stadtkirche, Kthpfl. 992 T.
  »    Pflaster vor dem Gasthaus von Pustet (42 M.) . . 988 G.
  »    Pflaster vor dem Landgericht (20 M.) . . . . . . 990 S.
  »    Platz in der Stadt 1034 L.
  »    beim Bäcker Beck, 1. Stock, 10' über dem Pflaster (44 M.) . . . . . . . . . 997 S.
  »    Donau dabei . . 955 T. / 964 L.
  »    Donau 0 Pegelstand, berechnet nach den Barometerständen beim Tuchscheerer Staudinger . . . . . . . . 969 S.
  »    Donau, derselbe, berechnet nach den Barometerst. beim Bäcker Beck (44 Mess.) . 972 S.
  »    Donau, derselbe, Mittel von 58 Messungen . . . 971 S.
  »    Donau, derselbe . 976 L.
  »    Duschlgarten . . . 984 S.
  »    Strassenh. geg. Berg 1442 S.
  »    Himmelreich, Kapelle 1230 S.
  »    Ölschlag, Quelle . 1241 S.
  »    Platielkeller . . . 1099 S.
Deichselberg SO. von Dasswang bei Parsberg, höchster Punkt . 1834 T.
Deindorf, Ort zwischen Wernberg und Vohenstrauss, Kthschw. . . 1675 G.
Deihing, Ort an der Hauptstrasse von Neumarkt nach Regensburg, Thalsohle . . . . . . . . 1455 G.
Demmenricht, Ort S. bei Schneittenbach, Sts. dabei, Edb. . . . 1499 T.
Denglerwald N. von Zeuting bei Hengersberg, die Windhöhe . . 2581 G.
Dengling, Ort S. von Wörth, Kirchpfl. . . . . . . . . . 1059 G.
Denkenreuth N. von Neustadt a./Wn., Sts., Edb. . . . . . . 1609 T.
Dennhof bei Kirchenpingarten, Sts., Edb. . . . . . . . . . 1654 T.
Denried, s. Thenried.
Deschenitz (Böhmen), Kirche . 1454 R.
Deschlberg bei Ahrnschwang (LV, 40), höchster Punkt, Edb. . . . 1792 T.
Deuerling, Ort im Laberthal bei Hemau, Thalsohle . . . . . 1109 G.
Dexenhof bei Falkenfels unfern Straubing, der Hochschlag, höchster Punkt . . . . . . 1569 G.

Höhe in par. Fuss.

Donau, Strom bei Maria-Ort,
Naabmündung, Wassersp. . . . *1027* T.
» Strom bei Regensburg,
Wassersp. . . . . . . . . *1017* T.
» Strom, unterer Landungs-
platz der Dampfschiffe, O Pegel-
stand (12 M.) . . . . . . . 1046 S.
» Strom (Standpunkt?) . . 1055 L.
» Strom, nach v. Schmöger's
Bestimmung . . . . . . . . 1083 L.
» 0 - Punkt des Pegels an
der Bahnbrücke . . . . . . *1009* T.
» Strom bei Donaustauf,
Wassersp. . . . . . . . . . *1010* T.
» Strom bei Friesheim,
Wassersp. . . . . . . . . . *998* T.
» Strom bei Frenghofen,
Oberfläche . . . . . . . . 1012 S.
» Strom bei Geisling, Wsp. *994* T.
» Strom bei Pfatter an der
Brücke . . . . . . . . . . 1000 G.
» Strom bei Pondorf . . *985* T.
» Strom bei Straubing,
Agnes Bernauer-Brücke . . . 1083 L.
» Strom, Bogen an d. Über-
fuhr bei Ambrach . . . . . 1002 S.
» Strom bei Deggendorf . *955* T.
» Strom bei Deggendorf,
0 Pegel (58 Mess., im Mittel) . 971 S.
» Strom bei Deggendorf,
0 Pegel (3 Mess.) . . . . . . 967 G.
» Strom bei Deggendorf,
die Donau (?) . . . . . . . *964* L.
» Strom bei Deggendorf,
nach Lamont's eigenen Beobacht.
am Landungsplatz der Dampfboote 976 L.
» Strom bei Deggendorf,
nach Weiss' Bestimmung . . . 1000 L.
» Strom b. Niederaltteich,
Wassersch. . . . . . . . . *951* T.
» Strom bei Mühlham,
nächst Osterhofen . . . . . *946* T.
» Strom bei Osterhofen . 942 L.
» Strom bei Winzer . . *943* T.
» Strom bei Endlau, ober-
halb Hofkirchen, Wassersp. . . *940* T.
» Strom bei Hofkirchen,
Wassersp. . . . . . . . . . 940 G.
» Strom bei Vilshofen,
unter der Brücke, Ths. . . . 934 S.
» Strom bei Vilshofen . 917 L.
904 H.

Höhe in par. Fuss.

Donau, Strom bei Passau, Lan-
dungsplatz der Dampfboote, 0-
Punkt am Pegel (34 Mess.) . . 901 S.
» Strom bei Passau, Ein-
fluss des Inns . . . . . . . 892 H.
873 L.
» Strom bei Obernzell, am
Spital, Wassersp. . . . . . . *875* T.
» Strom bei Obernzell,
0 Pegelst. (8 M.) . . . . . . 860 S.
» Strom bei Obernzell . 869 H.
» Strom, an der Mündung des
Kolberbaches . . . . . . . 853 S.
» Strom bei Jochenstein,
Überfuhr, Wsp. . . . . . . . *860* T.
» Strom bei Jochenstein 834 S.
838 L.
801 H.

» Strom, Grenzstation v.
Bayern gegen Oesterreich . 857 R.
» Strom bei Engelhards-
zell in Oesterreich . . . . 856 R.
» Strom bei Krannsau . 853 R.
» Strom bei Kronschlag . 853 R.
» Strom bei Niederranna 849 R.
» Strom bei Marschallzell 844 R.
» Strom bei Kirschbaum 841 R.
» Strom bei Au . . . . . 837 R.
» Strom bei Insell . . . 831 R.
» Strom bei Obermühl . 827 R.
» Strom bei See . . . . 820 R.
Donaustauf b. Regensb., Kpfl. *1107* T.
» Kirchenpflaster . . 1108 S.
» Gasthof, e. E. (2 M.) 1094 S.
» Eingang in den
Schlossberggarten . . . . . 1192 S.
» Schlossruine,
höchste Terrasse . . . . . . 1325 S.
» Ufer des Altwassers 1033 S.
» Erdbod. d. Schlosses *1335* L.
» St. Salvator (Wal-
halla) . . . . . . . . . . 1256 L.
Dornau, Ort zwischen Schwaighau-
sen u. Kallmünz, Sts. dabei, Edb. *1348* T.
Dorngreil, Berg im Rinchnacher
Hochwalde, NO. von Schlag . . 2999 G.
Drachselsried, Ort W. v. Boden-
mais, Kirchpfl. . . . . . . . *1641* T.
» Bräuhaus, e. E. 1650 G.
» Bräuhaus-Garten 1656 S.
» Ort W. von Bo-
denmais, Garten (2 M.) . . . . 1616 S.

| | Höhe in par. Fuss. |
|---|---|

Eberhartsreuth, Ort S. v. Schönberg, Wirthshaus . . . . . . 1474 H.

» Thalsohle im
Ohethal daselbst . . . . . . 1379 G.

Ebermannsdorf O. von Theuern
bei Amberg, Sts. dabei, Edb. . 1332 T.

» O. von Theuern,
ob. Gr. des Doggers das. . . . 1141 G.

Ebersberg am Galgenberg, N. von
Otterskirchen bei Passau, Edb. 1744 G.

Ebersberg SO. von Auerbach,
Sts., Edb. . . . . . . . . . 1634 T.

Ebersdobel, römische Grabhügel
bei Höhenstatt, S. von Passau . 1352 G.

Ebersroith S. von Falkenstein
unfern Wörth, Kirchpfl. . . . 1883 T.

» Wasserspiegel des
Baches daselbst . . . . . . 1787 T.

Ebnath, Dorf bei Kemnath, Sts.
dabei, Edb. . . . . . . . . 1844 T.

» oberes Wirthshaus, e. E. 1659 G.

» höchster Pkt. dabei, Edb. 1853 T.

Echendorf S. von Riedenburg,
Sts., Edb. . . . . . . . . . 1475 T.

Eck, Bauernhäuser bei Passau . 1233 L.

Eck, Hof am Keitersberge, Bauern-
haus unfern Kötzting . . . . 2632 S.

» Mulde zwischen Ahrnschwang
und Hudlach . . . . . . . . 2628 G.

Eckersberg (Eggersberg) b. Lam,
Strassenhöhe W. vom Dorfe . 2175 S.

Eckmark auf d. Dreisesselgebirge,
Signal, Grenzstein Nr. 16 . . . 4059 T.

» Grenzstein, Edb. . . . 4112 S.

» Landesgrenzstein . . . 4126 R.

Eckstein, s. hoher Bogen.

Edeldorf, oberer Ausgang des
Dorfes unfern Weiden . . . . 1280 G.

Edelmühle, s. Treffelstein.

Edelsfeld, Ort SW. von Vilseck,
Ortstafel, Edb. . . . . . . . 1638 G.

» Sts. dabei, Edb. . . 1598 T.

Edt bei St. Egydi, S. von Engelhardszell in Österreich . . . . . 1778 R.

Egelsee, Ort N. von Waldmünchen,
höchster Gneissfels oberhalb . 2114 G.

Egelsee, Tertiärplateau NW. von
Burglengenfeld, Hirsch- und Bir-
kenäcker dabei . . . . . . . 1421 G.

» die Ortstafel im Orte . 1264 G.

Eger, Stadt in Böhmen, die Löwen-
Apotheke . . . . . . . . . 1382 L.

| | Höhe in par. Fuss. |
|---|---|

Eger, Stadt, Eisenbahnhofplanie . 1431 O.

Egerbildberg b.Sandau in Böhmen 1942 R.

Eger'sche Kapelle, s. Hedelberg.

Egg, Brunnen an der Strasse nach
Metten . . . . . . . . . 1168 S.

Eggelham, Unter-, W. von Ortenburg, Kthschw. . . . . . 1083 G.

Eggelhammerberg NO. vom Vori-
gen, gegen Martinstödting . . . 1276 G.

Eggerl in der Weid bei Reichenau 2103 S.

Eggersberg, s. Eckersberg.

Egging, Ober-, O. von Hofkirchen,
gegen Tittling, Edb. bei der Kirche 1301 G.

Egnermühl bei Waldsassen, Sts.
dabei, Edb. . . . . . . . . 1608 T.

Egydi, Hof auf dem Dachelberg, W.
von Schwandorf, Tennenboden . 1341 T.

» Kuppe SO., s. Dachelberg.

Ehenfeld, Ort N. von Hirschau,
Waldkuppe dabei (LXIX, 12) . 1814 T.

» Stocksignal dabei,
Erdboden . . . . . . . . . 1698 T.

» Knittel, Höhe gegen
Massenricht . . . . . . . . 1856 G.

Ehrn bei Dörfl, S. von Viechtach,
Thalsohle . . . . . . . . . 1638 G.

Eibenberg S. von Bischofsreuth,
bei Wolfstein . . . . . . . 3317 G.

Eibenstein, s. Schwarzwöhresberg.

Eibenstock N. von Kötzting (LIII,
41), höchster Punkt, Edb. . . . 1999 T.

Eibrunn bei Ettershausen unfern
Regensburg, Steinbruch . . . 1334 G.

Eicha, Ochsenbach zwischen Hahnbach und Hirschau, höchster Pkt. 1460 T.

Eichelberg SO. von Pressat, die
Kirche darauf . . . . . . . 1737 L.

» W. Sts. darauf, Edb. 1667 T.

» Sts., Edb. . . . . 1675 T.

» höchst. Punkt darauf,
Edb. . . . . . . . . . . . 1748 G.

Eichelberg bei Taxöldern, Sts.
darauf, Edb. . . . . . . . . 1622 T.

» Kuppe NW. dabei,
Edb. . . . . . . . . . . . 1741 T.

Eichelberg, Stocksignal bei Wal-
derbach, O. von Nittenau, Edb. 1465 T.

» Kuppe NW. dabei, Edb. 1485 T.

Eichelberg NW. von Freischweibach, S. von Kastel, höchst. Pkt. 1801 T.

Eichelberg SO. von Ronsolden,
S. von Velburg, höchster Punkt 1853 T.

Eichelberg, Höhe bei Bayreuth,
S. davon, höchster Punkt, Edb. 1314 G.
Eichelberg, Höhe bei Sieben-
eichen, NW. von Amberg . . . *1550* L.
 " Höhe bei Sieben-
eichen, Edb. . . . . . . . 1553 G.
**Eichelberg, Kirche** NW. von
Hemau, Kpfl. . . . . . . . *1796* T.
 " Kirche NW. von He-
mau, Kthschw. . . . . . . . 1777 G.
 " ' d. Holzberg zunächst
nördlich dabei . . . . . . . 1809 G.
 1775 T.
Eichelgarten im Walde zwischen
Tirschenreuth und Grossensees,
Wasserscheide . . . . . . . 1583 G.
Eichenberg bei Frechetsfeld, W.
von Amberg, höchster Punkt . . 1903 G.
Eichenhofen, Ort S. von Velburg,
Kpfl. . . . . . . . . . . . ¯*1565* T.
Eichensee, Ort NW. von Hohen-
fels, Sts., Edb. . . . . . . . *1807* T.
Eichig am Kutschenrain, O. von
Schnabelwaid, höchster Punkt . *1620* T.
Eichkirchen, s. Aichkirchen.
Eichlberg b. Hemau, s. Eichelberg.
Eidelberg, Kapelle zunächst W.
von Lauterhofen . . . . . . 1564 G.
**Eiersdorfer Höhe** O. von He-
mau, Sts., Edb. . . . . . . . *1662* T.
Einfürst, Ort O. von Ascha, NW.
von Mitterfels, Höhe dabei . . 1389 G.
Einhausen, Hof bei Regensburg *1092* L.
Einödriegel bei Unterbreitenau
(XXXIX, 46), unfern Regen, höch-
ster Punkt, Edb. . . . . . . 3523 T.
Einsiedeler Forst, s. Kobel.
Einsiedler, beim, Stein Nr. 382,
Forst: Schönberg . . . . . . 1724 H.
Einsicht an d. Besselberge, W.
von Amberg, Sts., Edb. . . . . *1773* T.
Eisching, Dorf N. von Hengers-
berg, Lösshöhe dabei . . . . 1123 G.
Eiselberg N. von Markt Laber bei
Bergstätten . . . . . . . . 1661 G.
Eisendorf N. von Neuessing bei
Kelheim, Sts., Edb. . . . . . *1597* T.
 " Baumsignal unfern der
Waldkuppe Pettenau dabei, Edb. 1633 T.
Eisendorf in 'Böhmen, Kirche ' . 1476 R.
**Eisenhart**, Signal zunächst W.
bei Mitterfels, Edb. . . . . . *1351* T.

Eisenhart S. vom Knabenhof, SO.
von Viechtach . . . . . . . 2654 G.
Eisenstein, Bayerisch-, Wirths-
haus, Kegelbahn . . . . . . 2461 S.
 " Bayerisch-, Wirths-
haus, e. Ed. . . . . . . . . 2380 G.
 " Bayerisch-, (wo?) *2389* R.
Eisenstein in Böhmen, Kirche . 2228 R.
 " ˙Böhmisch-, Post-
strasse, höchst. Pkt. beim Zollh. N. 2845 R.
 " Böhmisch-, Zoll-
haus dabei, N. . . . . . . . 2846 R.
Eisensteinerwald, Weghöhe
nach der Scheibe . . . . . . 3452 S.
Eisenstrass, Ober-, in Böhmen,
Kirche . . . . . . . . . . 2619 R.
 " Ober-, höchster
Punkt SO. davon . . . . . . 2983 R.
Eisenstrasse bei Amberg nach
Schmidtmühlen, Kuppe an der
alten (LVII, 11), Edb. . . . . 1535 T.
 " zwischen Kreit und
Winnbuch, Höhe b. Stein Nr. 269 1586 G.
 " s. auch Taubenbach.
Eitelbrunn, Ort W. v. Regenstauf,
Kirchenpflaster . . . . . . . 1132 G.
Eixelberg N. v. Naabburg, Kchpfl. *1598* T.
 " N. von Naabburg, Kir-
che bei Pfreimt . . . . . . *1305* L.
 " St. Barbara, Thür-
schwelle . . . . . . . . . 1637 G.
Elbart S. von Freihung (LXXI, 11),
Steinbruch dabei . . . . . . 1507 T.
Elisabeth, St., zunächst S. von
Bärnau, Kirchpfl. . . . . . . *1928* T.
Elisabethenzell, Ort SW. von
Viechtach, Thals. bei der Säge-
mühle im Orte . . . . . . . 1816 G.
 " Zirlbauernholz
dabei . . . . . . . . . . . 2432 G.
 " Bergkopf zwi-
schen da u. Haibach am Loiderahof 2260 G.
Elisabethswald, hinterst. Rücken
bei Viechtach . . . . . . . 2896 G.
Ellenbach, der Tannenbühl O. von
Neustadt a./Wn. . . . . . . 1883 G.
Ellenfeld, Dorf N. von Bärnau,
Sts. dabei, Edb. . . . . . . *2255* T.
 " am Teiche, Edb. . . 2025 G.
Emairiegel zwischen Lusen und
Rachel, am Kreuzungspunkt von
3 Distriktslinien . . . . . . 3415 H.

Höhe in par. Fuss

Emhofen, Vilsniveau, 3' über dem
Wasserspiegel . . . . . . . . 1131 G.
Emmersdorf, Ort.W. von Aiden-
bach, Ths. dabei . . . . . . 1081 G.
Emtmannsberg, Ort N. v. Creus-
sen, Sts., Edb. . . . . . . . *1551 T.*
Engelbarszell, Ort W. von Stall-
wang, Bergkuppe NW. . . . . 2067 G.
Engelbolding, NW. von Passau . *1241 L.*
Engelburg bei Fürstenstein un-
fern Tittling, Schlosshof des
SO. Schlossthurms . . . . *1794 T.*
  » Eingang in's Schloss-
gebäude . . . . . . . . . 1789 S.
  » Schlossgiebel . . . *1917 L.*
  » Loderhof . . . . . 1345 S.
  » Lusthäuschen am
Schloss, Edb. . . . . . . . 1830 G.
Engelfing, Brücke über das Perl-
wasser . . . . . . . . . . 1140 S.
Engelhardszell, Donau das. . 838 L.
Engelhof nach Neukirchen, Höhe
dazwischen, s. Hochstrass.
Engelmannsbrunn zunächst SW.
bei Waldmünchen, Bs., Edb. . . *1968 T.*
Engelmar, Ort SW. von Viechtach,
Pfarrkirchpfl. . . . . . . . *2477 T.*
  » Baumsignal dabei, Edb. 2718 T.
  » Wasserspiegel des Ba-
ches dabei. . . . . . . . . 2362 T.
  » beim mittleren Wirth,
über eb. E. . . . . . . . . 2483 G.
  » Bergkopf W. davon,
Felsboden . . . . . . . . 2743 G.
  » Hilm S. vom Dorfe,
Baumsignal, Edb. . . . . . 2407 G.
  » Strasse nach Mark-
buchen, höchster Punkt gegen
Viechtach . . . . . . . . 2781 G.
Engelsberg S. von Lauterhofen
und Kastel, Ortsmitte . . . . 1711 G.
Engelsdorf, Ort O. von Amberg,
Frattenberg, Jurakalkplatte . . 1630 G.
Engelshütte in der Lam, Rad-
schuhsäule . . . . . . . . 1795 S.
  » Farmberg, Sts. dar-
auf, Edb. . . . . . . . . . *2526 T.*
  » Farmberg, höchster
Punkt, Edb. . . . . . . . 2850 T.
  » altes Sts. daselbst 2520 T.
Engertsham W. von Schärding
bei Passau, Thalsohle . . . . . 992 G.

Höhe in par. Fuss

Englbolding, s. Engelbolding.
Engolling, Ort zunächst NO. von
Hengersberg, hohes Feld dabei 1393 G.
Ensbachermühle bei Üding, O.
von Deggendorf, Thalsohle . . 1149 G.
Ensdorf, Ort S. von Amberg, Ka-
pelle der 14 Nothh., Kirchpfl. . *1439 T.*
  » Kuppe W. dabei, Edb. . 1499 T.
  » Bräuhaus, 1 St. (6 M.) . 1223 G.
Enzelwang, Ort SO. von Ho-
henburg, Sts., Edb. . . . . . 1567 T.
Enzianried-Berg im Schober-
ecker Walde, NW. von Bodenmais 4072 G.
Enzianruck am Lusenberg, W.
von Finsterau . . . . . . . 4172 G.
Enzianrück NW. von Bodenmais
(XLVIII, 48), Sts., Edb. . . . *3969 T.*
  » Gipfel desselben . . 4014 S.
  » Hochsteinebene . 3338 S.
  » Quelle . . . . . 3398 S.
  » „am Eischen", Fuss
des Steinblocks . . . . . . 3811 S.
  » die Kohlstatt dar-
auf, Kreuz . . . . . . . . *3777 T.*
  » Hochwies, Buchen-
grenze . . . . . . . . . . 3773 S.
  » Brunnen auf der
Hochwies, SW. . . . . . . 3712 S.
  » Sattel gegen den
kleinen Arber . . . . . . 3770 S.
Eppenschlag, Ort NW. von Gra-
fenau, Bräuhaus . . . . . . 1863 H.
  » am oberen Ende
des Dorfes, Edb. . . . . . 1926 G.
  » Thalsohle b. Fürst-
berg . . . . . . . . . . 1825 G.
Erbendorf, Beneficium, Kapellthurm, Kirchpfl. . . . . . . *1572 T.*
  » Platz vor dem Kreuz-
gasthaus . . . . . . . . . 1546 B.
  » Platz vor dem Gast-
haus z. Kreuz (M. 1852, 25), Edb. 1572 G.
  » Platz vor dem Gast-
haus zum Kreuz (M. 1851, 10) . 1568 G.
  » Platz vor dem Gast-
haus zum Kreuz (M. 1858, 5) . 1580 G.
  » Bleierzgrubenschacht
daselbst, Schachtkranz . . . . 1514 G.
  » Kohlengrubenschacht,
Schachtkranz . . . . . . . 1594 G.
  » Einfluss des Silber-
baches in die Naab . . . . . 1476 G.

11

Höhe in par. Fuss.

Eutenhofen, Waldkuppe N. davon 1574 T.

Eutenhofen - Wildenstein, Höhe
dazwischen, W. von Hemau . . 1493 G.

Eybrunn, s. Eibrunn.

Fahnersdorf N. von Rötz (LXI,
31), Sts., Edb. . . . . . . . . 1752 T.

Fahrenberg, Ober-, bei Waldthurn unfern Weiden, Kirchpfl. 2470 T.

» trigon. Hauptsignal,
Kirchboden . . . . . . . . 2464 L.

» Kirchthürschwelle
(2 M.) . . . . . . . . . . 2474 G.

» Boden an d. Kirche 2459 B.

» . . . . . . . . . 2459 L.

Fahrenberg am Reschgehäng bei
Finsterau am Siebensteinfelsen . 3661 G.

Fahrenbühl, s. Wetzelbrunn.

Fahrenbühl, Serpentinkuppe bei
Erbendorf . . . . . . . . 1687 G.

Falkenberg, Markt unfern Tirschenreuth, Sts. dabei, Edb. . . 1668 T.

» Naabniveau im Orte 1424 G.

» » unter der
Brücke . . . . . . . . . 1387 B.

Falkenberg, Ort bei Brennberg
(XLVI, 25), unfern Regensburg,
Sts., Edb. . . . . . . . . . 1866 T.

Falkenfels bei Straubing (XLII,
32), Kthpfl. . . . . . . . 1559 T.

» (Stpkt.?) . . . . . 2042 L.

» Bräuhaus, oben. . . 1591 G.

» Bach an der Steg-
mühle, Wasserspiegel . . . 1295 T.

Falkenstein, Landgerichtssitz bei
Wörth, Kthpfl. . . . . . . . . 1935 T.

» Post, e. E. (3 M.) . 1757 S.

» höchster Schlosshof 1929 S.

» Burghofsohle, Edb. 1945 G.

» Strassenhöhe gegen
Ruderszell . . . . . . . . 1973 G.

» Standpunkt in der
Nähe . . . . . . . . . 1609 T.

Falkenstein, grosser, Berg bei
Zwiesel (Bukowitz), Gipfel, Baumsignal, Edb. . . . . . . . 4048 T.

» · » Gipfel . 4045 S.

» » Gipfel,
derselbe nach dem Barometer
von Rabenstein . . . . . . 4090 S.

» höchste Felskuppe,
Edb. . . . . . . . . . 4053 G.

Höhe in par. Fuss.

Falkenstein, kleiner, Gipfel am
grossen, unfern Zwiesel . . . 3748 S.

» » Gipfel, der-
selbe, nach dem Barometer in
Rabenstein berechnet . . . . 3767 S.

» höchste
Felsspitze, Edb. . . . . . . 3671 G.

» b. Waldhaus, kleiner,
Quelle daran . . . . . . . 3533 S.

» Waldhauser Dienst-
hütte am Falkenstein . . . . 4069 H.

Fallbaumberg, trigon. Zeichen
in Böhmen . . . . . . . . 3817 R.

» » . . . 3728 R.

» höchster Punkt
O. von Eisenstein in Böhmen . 3886 R.

Farmberg bei Engelshütte, s. Engelshütte.

Fatting bei Passau . . . . . . 1265 L.

Feistelberg N. von Wernberg,
Sts. dabei, Edb. . . . . . . 1593 T.

» nach Köschdorf,
Kuppe dazwischen . . . . . 1758 G.

Feistelberger Höhe in der Nähe
von Wernberg . . . . . . . 1712 Hierl.

Fenken, Berg zwischen Auerbach
· und Kirchenthumbach, höchster
Punkt . . . . . . . . . . 1743 G.

Fenkenhof bei Langenbruck N.
von Vilseck, Sts., Edb. . . . . 1425 T.

Fenkensees, Berg N. vom Dorfe
S. bei Weidenberg . . . . . 1769 G.

» Sts. . . 1745 T.

Fensterbach b. Weiher am Buchberg, Wasserspiegel . . . . . 1556 T.

» bei Högling, Was-
serspiegel . . . . . . . . 1172 T.

Ferchenhaid, Forsthaus in Böhmen . . . . . . . . . . 2688 R.

Ferdinandsthal auf der Grenze
in Böhmen, unfern Zwiesel . . 2449 R.

» Pass an der
Landesgrenze . . . . . . . 2098 R.

Fernsdorf zwischen Viechtach und
Regen, höchster Punkt der Strasse
dabei . . . . . . . . . . 1725 G.

Feuerschwend NW. von Hut-
thurn (XXVII, 59), Sts. dabei,
Edb. . . . . . . . . . . 1354 T.

Fichta, obere, Höhe zwischen
Pirk und Trebsau S. von Weiden . . . . . . . . . . 1602 G.

11*

| | Höhe in par. Fuss. |
|---|---|

Fichtelnaab, Zusammenfluss mit der Waldnaab bei Windisch-Eschenbach, Wasserspiegel . . 1304 G.

» b. Erbendorf, Wsp. *1433* T.

» » an der Mündung des Silberbaches . 1476 G.

» bei Tresesen, Thalsohle an der Brücke . . . 1567 G.

» bei Riglasreuth, Wasserspiegel . . . . . . . *1569* T.

» Quelle am Ochsenkopf (Fichtelgebirge) . . . 2678 B.

Fichtenbach, Glashütte S. vom Cerkowberg . . . . . . . . 1463 R.

Fichtenfels an der Landesgrenze, SO. von Waldmünchen, Sts., Edb. *2859* T.

Fichtenhof an der Strasse von Königsstein nach Holenstein (2 M.) 1679 G.

Filz, grosser, bei St. Oswald, am oberen Rand des Kanals, beim Markstein . . . . . . . . 2318 S.

» » Ebene am Bach . 2366 G.

Filzbach bei der Strassenbrücke O. von Neuhurkenthal in Böhmen 2220 R.

Filzberg, hoher, im Lusengebirge, höchster Punkt . . . 3929 G.

Finkenstich, Wasserscheide zwischen Naab und Wondreb, SO. von Mitterteich, Edb. . . . . 1584 G.

Finsing, Ort NW. von Deggendorf, bei den Tegelgruben, Edb. . . 1215 G.

Finsterau bei Grafenau, Wirthshaus, Thürschwelle (3 M.) . . 3089 G.

» oberstes Haus, Höhe dabei oberhalb Finsterau . . . 3300 G.

Finsterhaid, Waldhöhe bei Engelsberg, S. von Lauterhofen . 1895 G.

Finsternauer Pass nach Aussergefild, Strasse, höchster Punkt bei Buchwald . . . . . . . . 3517 R.

Firmiansreith, Vorder-, unfern Finsterau, Wirthshaus . 2959 S.

Firmiansreith, Mittel-, Kreuz im Dorfe . . . . . . . . . 3248 S.

» » bei der Esche im Dorfe, Edb. . . . -. 3197 G.

Fischbach, Ort NW. von Nittenau, Sts. dabei, Edb. . . . . . . *1616* T.

» Baums. dabei, Edb. . *1635* T.

» Granitkuppe S. von Lohebüchl, in gerader Linie nach Höfling . . . . . . . . 1685 G.

| | Höhe in par. Fuss. |
|---|---|

Fischbachköpfl S. vom Ort Fischbach, S. bei Weidenberg . . . 1739 G.

Fischerhammer, s. Pfreimt.

Flanitz, Bach bei Zwiesel, Beginn beim Einfluss des Schorbaches . 3027 H.

» bei der Abkehr in den Waldhüttenbach . . . . . . 2646 H.

» in der Flanitzebene am Rachel, Edb. . . . . . . . 2463 G.

» Fluss, Brücke im Klingenbrunner Walde, zwischen der Poschinger und Klingenbrunner Hütte . . . . . . . . . 2314 S.

» bei der Maierhütte . . 2009 T.

» bei Unter-Frauenau . . 1889 T.

» » . . . . 1787 H.

» an der Flanitzmühle, Thalsohle . . . . . . . . . 1887 G.

» Flussmündung in den kleinen Regen, neben der Brücke an der Strasse von Zwiesel-Frauenau 1849 S.

Flanitz, Dorf bei Zwiesel, Strassenhöhe zwischen Zwiesel und Frauenau . . . . . . . . 1987 S.

Flanitzer Glasfabrik am N. Fusse der Einsattelung zwischen dem Rachel und Rinchnacher Hochwald . . . . . . . . 1980 H.

Flinsberg (Feuersteinhügel) bei Kirchenbingarten SO. von Weidenberg, höchster Punkt . . . 1640 G.

Flintsbach an der Donau, Berghöhe beim Kreuz unfern Hofkirchen . . . . . . . . 1462 S.

» » Lehmgrube daselbst . . . . . . . 1018 S.

» » oberster Kalksteinbruch . . . . . . 1176 S.

Flötzbach bei Kemnath, s. Kemnath.

Plosbach, s. Floss und Sternstein.

Floss, Markt bei Neustadt a./Wn., der Flossbach das., Wassersp. . 1477 T.

» Gasthaus z. goldnen Löwen, 1. Stock . . . . . . . . . 1538 G.

» St. Nikolaus-Kapelle dabei, Thürschwelle . . . . . . . 1686 G.

» höchster Punkt zwischen Floss, Würnreuth und Boxdorf, Edb. . . . . . . . . . . 1797 G.

Flossenbürg bei Neustadt a./Wn., Sts., Edb. . . . . . . *2215* T.

| | Höhe in par. Fuss. |
|---|---|

Flossenbürg, unfern Neustadt
a./N., Felsen . . . . . . . . . 2327 L.

„     innere Schlosshof-
sohle, Edb. . . . . . . . . . 2200 G.

„     „   Felsenhöhe
dabei . . . . . . . . . . 2270 G.

Flügelsbach, Ort SO. von Amberg, Sts., Edb. . . . . . . 1581 T.

Förauerbàch, Beginn beim Einflusse des Faistenbergerbaches . 2471 H.

Forstberg N. bei Schwaighausen,
unfern Regensburg, Sts. dabei,
Edb. . . . . . . . . . . . 1259 T.

Forstbrunn NO. von Wörth, höchster Punkt des unteren Forstes
im südwestl. Theile . . . . . 2192 G.

Forstenberg zwischen Karlstein
und Ramspau unfern Regenstauf,
höchster Punkt . . . . . . . 1474 G.

Forsthof bei Gross-Albershof N.
von Sulzbach . . . . . . . 1465 G.

Forstmühle NO. von Donaustauf,
Thalsohle . . . . . . . . . 1452 G.

„   Höhe an der Strasse
nach Lichtenwald, W. von Schaar,
Edb. . . . . . . . . . . . 1695 G.

Forst Öd, Spitze d. Pfennighügels
N. von Tittling . . . . . . 1716 H.

„   Gupfreutlspitze darin . 1797 H.

Fossbühl bei Manzenberg, unfern
Redwitz . . . . . . . . . 1993 G.

Fräth, Signal S. von Wiesenfelden
bei Wörth (XLII, 31), Edb. . . 2068 T.

Frahels, zunächst W. von Lam,
Sts. dabei, Edb. . . . . . . 2012 T.

Frankenberg b. Brennberg (XLVI,
26), unfern Regensburg, Baumsignal, Edb. . . . . . . . . 1982 T.

Fratersdorf, Pfahl, Strassenhöhe
O. vom Dorfe, NW. von Regen   1839 S.

„   Ortstafel darin, Edb.   1780 G.

Fratherberg bei Kalteneck, Waldtheil „Schanze", wo der Weg nach
dem rauhen Kolben abgeht, SO.
von Ödenwies am Hirschenstein  2977 G.

Frather Gnögel oder Hörnel SO.
vom Orte Frath bei Bodenmais  2254 G.

Frauenau, Glashütte bei Zwiesel  2288 S.

„   Haus des Herrn v. Po-
schinger, Eingang (2 Mess.) . . 2173 L.

Frauenau, Unter-, bei Zwiesel,
Kirchpfl. . . . . . . . . . 1906 T.

| | Höhe in par. Fuss. |
|---|---|

Frauenau, Unter-, Wirthshaus,
e. E. . . . . . . . . . . . 1984 S.

„   Brücke über d. Flanitz  1792 H.

Frauenberg, Revier Schönberg,
Markstein Nr. 7 . . . . . . 1769 H.

„   „   am
Brudersbrunn . . . . . . . 2044 H.

Frauenberg bei Grafenau, Brudersbrunn, Kapelle . . . . . 2038 H.

„   „   Gipfel  2232 H.

„   Rev. Schönberg, Spitze  2262 H.

„   „   Gipfel  2303 G.

„   „   Mark-
stein Nr. 10 . . . . . . . . 1733 H.

Frauenberg W. von Piehlenhofen
(XLV, 11), unfern Regensburg,
Thurmpfl. . . . . . . . . . 1517 T.

Frauenberg, Ort am Dreisesselgebirge, oberstes Haus . . . . 2966 G.

Frauenbrunn oder Frohnberg,
Kapelle S. bei Hahnebach, Kpfl.  1312 T.

„   „   Kthschw.  1357 G.

Frauenforst bei Kelheim, höchster Punkt (XXXIX, 12) . . . 1330 T.

„   Plateau beim Bilde
am Steig nach Kelheim . . . 1440 G.

„   s. auch Goldberg.

Frauenhofberg bei Burglengenfeld, trig. Hauptsign. (? Münchberg) . . . . . . . . . . . 1780 L.

„   „   . . . 1724 L.

„   s. auch Münchberg.

Frauenholz, Höhe bei Donaustauf  1510 L.

„   höchster Punkt beim
Markstein . . . . . . . . . 1594 S.

„   höchster Pkt. darin  1606 G.

Frauenholz bei Hohengebraching,
s. Höhenhöfen.

Frauenreuth, Geröllhöhe dabei,
N. von der Strasse Tirschenreuth-
Mähring . . . . . . . . . . 1708 G.

„   Gneissberg beim
Dorfe, NO. von der Mühle . . 1772 G.

Frauenschlag bei Burglengenfeld,
Boden am Signal . . . . . . 1644 L.

Frauenstein, Ruine bei Schönsee,
Sts., Edb. . . . . . . . . . 2745 T.

„   Ruine . . . . . 2706 L.

„   (Altenschneeberg),
höchster Gipfel . . . . . . . 2765 L.

„   s. auch Schneeberg
und Altschneeberg.

Höhe in par. Fuss.

**Frauenwald** N. von Hauzenberg, .
Gipfel, Baumsignal, Edb. . . . . 2913 T.
   »   Standpunkt? . . . 2933 L.
   »   Gipfel darin . . . 2940 S.
   »   Höhe N. von dem
gleichnamigen Dorfe . . . . . 2740 G.
   »   Höhe S. von den Häu-
sern, höchster Punkt . . . . 2850 G.
   »   Waldhütte Nr. 28 . 2274 H.
**Frauenwald**, Ober-, Dorf am
Berg gleichen Namens, unfern
Hauzenberg, oberstes Haus . . 2744 S.
   »   Häuser beim Uhr-
macher im Dorfe . . . . . . 2541 G.
**Frauenwald**, Unter-, Dorf heim
vorigen, oberstes Haus . . . . 2675 S.
**Frauenwald** SO. von Rötz (LVII,
32), Baumsignal, Edb. . . . . 1990 T.
**Frauenzell** bei Brennberg, unfern
Donaustauf, Thurmpfl. . . . . 1637 T.
**Frechetsfeld** W. von Amberg,
tiefster Punkt im Dorfe . . . . 1671 G.
   »   der Brunnberg
dabei, Stocksignal, Edb. . . . 1993 T.
**Freihausen**, Ort W. von Pars-
berg, Sts., Edb. . . . . . . 1663 T.
**Freihöls** zwischen Schwandorf u.
Schwarzenfeld, Stocksignal dabei,
Edb. . . . . . . . . . . 1151 T.
   »   Kuppe dabei, Edb. . . . 1187 T.
**Freihölz**, Station der Ostbahn
zwischen Schwandorf und Am-
berg, Planie . . . . . . . . 1195 T.
   »   Ostbahn, Übergang über
die Staatsstrasse dabei, Stnn. . 1204 T.
   »   Stocksignal dabei, Edb. 1189 T.
   »   Kuppe dabei . . . . 1227 T.
   »   Ostbahnhof-Planie . . 1195 O.
   »   Bahnhof, Schienen . . 1167 G.
**Freihung**, Ort SW. von Weiden,
Kirchenpfl. . . . . . . . . 1337 T.
   »   »   Wirthshaus,
über 1 Stiege . . . . . . . 1393 G.
   »   »   Weiher-
ebene dabei . . . . . . . . 1380 G.
**Freischweibach**, Ort S. von Ka-
stel, Sts. dabei, Edb. . . . . 1819 T.
**Frenghofen**, Donauufer, 3' über
dem Wasserspiegel . . . . . 1015 S.
**Freudenberg** NO. von Amberg,
Bräuhaus, e. E. . . . . . . 1471 G.
   »   »   1 Stiege . 1493 G.

Höhe in par. Fuss.

**Freudeneck** an den Keitersbergen,
Bergkopf NO. daran . . . . . 2597 G.
**Freudenhain**, Schlosshof bei Pas-
sau . . . . . . . . . . . 1098 H.
**Freudensee**, Wasserspiegel un-
weit Hauzenberg . . . . . . 1503 T.
   »   »    . . . . 1489 G.
   »   Strasse, Erdboden . 1478 H.
   »   8' über dem Ufer . 1529 S.
**Freundelsdorf** bei Stammsried,
unfern Cham . . . . . . . 1218 S.
**Freundorf**, Ober-, O. von Bogen,
Sts. dabei, Edb. . . . . . . 1182 T.
**Freyung** (Wolfstein), Kirche darin,
Kthpfl. . . . . . . . . . . 2025 T.
   »   Post, über 1 Stiege (2 M.) 2041 S.
   »   »   » (2 M.) 2060 G.
   »   Brücke bei der Steffel-
mühle (3 M.) . . . . . . . 1929 S.
**Freyung**, Forsthaus in Böhmen . 2567 R.
**Frichenhofen** bei Oberwiessen-
acker SW. von Kastel, ob. Gr. d.
Dogger's, beim Dorfe . . . . 1545 G.
**Friedenfels** bei Erbendorf, Kirch-
pflaster . . . . . . . . . . 1656 T.
   »   unteres Wirthshaus,
1. Stock, 30' hoch über der
Strasse . . . . . . . . . . 1662 G.
   »   Weiherdamm im Dorfe,
Edb. . . . . . . . . . . 1596 G.
**Friedenfelser Grenzbach** bei
Friedenfels, Wassersp. . . . . 1601 T.
   »   »   bei Thum-
senreuth, s. Thumsenreuth.
**Friedersried**, Ort bei Strahlfeld
N. von Roding, Bachsohle . . 1209 G.
**Friedrichsberg** bei Thalberg
(Mühldemelberg), Gipfel bei Weg-
scheid . . . . . . . . . . 2889 S.
   »   »    . . . . 2884 G.
**Friedrichshäng**, Ort N. von
Schönsee, Felsriff oberhalb . . 2695 G.
**Frohnau** bei Bodenwöhr, Kirchen-
boden . . . . . . . . . . 1414 S.
**Frohnau**, Forsthaus in Böhmen . 1954 R.
**Frohnberg**, s. Frauenbrunn und
Fronberg.
**Frohnforst** NW. von Scharden-
berg in Österreich . . . . . 1810 R.
**Fronberg** N. bei Schwandorf, Sts.
dabei, Edb. . . . . . . . . 1211 T.
**Fronhof** N. von Hahnebach, Edb. 1352 G.

| | Höhe in par. Fuss. |
|---|---|

Fronreut bei Schönberg, Schahen-
bachbrücke . . . . . . . . 1482 H.
Fuchsberg bei Passau, höchster
Punkt, Kirschbaum hinter dem
Ebenerhof . . . . . . . . 1254 H.
Fuchsberg unfern Passau . . . 1793 H.
Fuchsberg, höchster Punkt bei
Lohma, unfern Vohenstrauss, Edb. 1826 T.
Fuchsenberg bei Pleistein, Edb. 2029 G.
Fuchsmühl bei Waldsassen, Sts.
dabei, Edb. . . . . . . . . 2005 T.
    »    höchster Punkt in der
Nähe . . . . . . . . . . 2016 T.
    »    Kirchthürschwelle . . 1931 G.
    »    der Sägfeilbach dabei,
Wasserspiegel . . . . . . . . 1837 T.
Fuchsstein W. v. Amberg (LXIII,
8), Sts., Edb. . . . . . . . 1299 T.
Fürberg SW. von Abtschlag, un-
fern Grafenau, Baums., Edb. . . 2658 T.
    »    höchste O. Kuppe, Edb. 2690 G.
Fürnricht oder Fürnried, Ort
SW. von Sulzbach, Kthschw. . 1552 G.
Fürsteneck an der Ilz, unfern
Passau, Kthpfl. . . . . . . . 1327 T.
    »    Wirthsstube im ehe-
maligen Schlosse . . . . . . 1496 H.
    »    Bräuhaus, Wirthsst. 1262 G.
    »    Holzsperre . . . . 1049 H.
    »    Flussufer . . . . 1037 S.
Fürstenhut in Böhmen, Wirths-
haus, allgemeine Sattelhöhe un-
fern Finsterau . . . . . . . 3227 S.
    »    Sattel gegen Scheuer-
eck, Hauptgrenzstein V . . . 3043 S.
Fürstenhut, altes Forsthaus in
Böhmen, unfern Finsterau . . . 3091 R.
    »    neues Forsthaus in
Böhmen, unfern Finsterau . . 3032 R.
    »    nach Scheuereck, Lan-
desgrenze, Markstein Nr. 5 . . 2900 R.
Fürstenstein W. von Tittling,
Signal, Thorweg . . . . . 1779 T.
    »    Schloss, Signal . 1899 L.
    »     »    Boden am
Signalthurm . . . . . . . . 1787 L.
    »    Schlosshof, Edb. . 1794 L.
    »    Ruine, oberste
Terrasse . . . . . . . . . 1792 S.
    »     »    Pflaster d.
Kapelle . . . . . . . . . . 1829 G.
    »    Wirthshaus, e. E. 1742 S.

| | Höhe in par. Fuss. |
|---|---|

Fürstenzell, Ort S. von Passau,
Thalsohle das. . . . . . . . 1122 G.
Fuhren O. von Schwandorf (LVIII,
22), Kirchpfl. . . . . . . . 1576 T.
Fundberg bei Obergosszell, SO.
von Roding (XLVIII, 33), Bs.,
Edb. . . . . . . . . . . . 1893 T.
Funkenberg, höchster Punkt W.
von Funkendorf bei Creussen . 1750 G.
Funkendorf, Ort SO. von Creus-
sen, Ortsmitte . . . . . . . 1476 G.
Furth, Stadt bei Cham, Kirche,
Kthpfl. . . . . . . . . . . 1262 T.
    »     »    Eisenbahnhof, Planie 1250 O.
    »     »    Post, über 1 St. (2 M.) 1374 S.
    »     »    (wo?) . . . . . 1376 L.
    »    Ufer der Pastritz bei der
Brücke . . . . . . . . . . 1288 S.
    »    Tunnel am Klöpfelsberg,
Bahnplanie am oberen Ende . . 1379 T.
    »    bei Ösbühl (Nössbühel),
nat. Boden über dem Tunnel . 1440 T.
    »    Endpunkt der Bahn an der
Reichsgrenze, Planie . . . . 1440 T.
    »     »    Terraincôte, unterer
Boden . . . . . . . . . . 1436 T.
    »    gemeinsamer Fixpunkt an
der Grenze (Markst. Nr. 22) . . 1451 T.
    »    Thalsohle am Zusammen-
fluss der Chamb und des Rappen-
dorfer Baches . . . . . . . 1229 G.
    »    s. auch Pastritz.
Furth, Brücke über die Ilz . . . 1278 S.
Furthmühle, s. Kirchberg und
Euschertsfurt.

Gänsberg O. von Bruck, Stocksignal darauf, Edb. . . . . . 1394 T.
Gänsholz, höchster Punkt d. Kirchwaldes bei Luhe . . . . . . 1765 Hierl.
Gärbersdorf, Ort NW. von Windischeschenbach, Höhe N. dabei 1848 G.
Gailberg-Grimming, Höhe dazwischen, zunächst O. von Deggendorf . . . . . . . . . . 1489 G.
Gailenberger Forst, s. Hohefels.
Gaisa, Weg an der Brücke nach
Aicha vor'm Wald, unfern Passau 1089 T.
    »    Weg nach der Grubmühle,
unfern Passau . . . . . . . 940 T.
Gaisberg, grosser, bei Klingenbrunn, unfern Zwiesel . . . . 2611 H.

Höhe in par. Fuss.

Gaisheim, Ort NO. von Oberviech-
tach, Ortstafel . . . . . . . 1807 G.
Gaiskopf bei Bischofsmais, SW.
von Regen, Sts., Edb. . . . . 3234 T.
» höchster Punkt darauf,
Edb. . . . . . . . . . . . 3446 T.
Gaisthal, s. Geisthal.
Galgenberg, bayrischer, bei
Regensburg . . . . . . . . 1194 S.
Galgenberg, alte Schanze W. von
Passau . . . . . . . . . . 1221 L.
Galgenberg, Stocksignal bei Neun-
burg v. W., Edb. . . . . . . 1367 T.
Galgenberg bei Cham (LIII, 35),
Sts., Edb. . . . . . . . . . 1394 T.
Galgenberg bei Stammsried (LV,
30), unfern Cham, Sts., Edb. . . 1483 T.
Galgenberg N. von Otterskirchen,
unfern Passau, Sts. dabei, Edb. . 1641 T.
Galgenberg bei Pfrauenberg in
Böhmen . . . . . . . . . 2314 R.
Galgenberg nächst Neustadt a./Wn.,
Hornblendeschieferberg, höchster
Punkt . . . . . . . . . . 1467 G.
Galgenberg, s. Hemau u. Sulzbach.
Gallenberg zwischen Passau und
Vilshofen . . . . . . . . . 1756 L.
Gallnerberg zunächst O. von Stall-
wang, Signal darauf, Edb. . . . 2151 T.
» » höchster
Punkt des Berges . . . . . . 2231 G.
» Standpunkt? . 2085 L.
Galtenhof, Hochofen in Böhmen. 1676 R.
Galtenstallungberg in Böhmen 1956 R.
Gammel, s. Gommel.
Gansleitenberg, s. Poppenberg.
Garham bei Osterhofen O. von
Hofkirchen, Kirche, Kthpfl. . . 1541 T.
» » Standpunkt? 1508 L.
» höchster Punkt, Berg N.
der Kapelle, Edb. . . . . . , 1572 G.
Gassenhof bei Gr.-Albershof, N.
von Sulzbach, obere ·Grenze des
Dogger's das. . . . . . . . 1446 G.
Gatternberg, Revier Schönberg,
Kreuz . . . . . . . . . . 2126 H.
Gattershof NO. v. Schmidmühlen,
Sts. dabei, Edb. . . . . . . 1383 T.
Gebelkofen, Ort bei Köfering S.
von Regensburg, Ths. . . . . 1128 G.
Gebenbach, Ort zwischen Sulz-
bach und Hirschau, Kthschw. . 1417 G.

Höhe in par. Fuss.

Gehenhammer O. von Weiden, an
der Landesgrenze, Ths. . . . 2115 G.
Gehmannsberg O. zunächst bei
Rinchnach, Signal dabei, Edb. . 2249 T.
» Kirche . . . . 2258 L.
Gehsdorf zunächst NW. an
Kötzting, Sts., Erdbod. . . . . 1583 T.
Geiersberg bei Deggendorf, Kir-
cheneingang . . . . . . . . 1167 S.
» » Schober . 1224 S.
Geiersberg, s. Geyersberg.
Geigant S. v. Waldmünchen (LVII,
35), Signal, Edb. . . . . . . 1573 T.
» Kirchpfl. . . ·. . . . . 1550 T.
Geisau, s. Silberberg.
Geisberg, grosser, s. Gaisberg.
Geisberg zunächst bei Oberbrei-
tenau, unfern Deggendorf . . . 3609 L.
Geisberg bei Furth, Bergkopf . 2047 L.
Geisberg bei Hohenburg (Vel-
burg), Sts. . . . . . . . . 1690 T.
Geisberg bei Firmiansreith, un-
fern Finsterau . . . . . . . 3180 G.
Geisberg, Waldrücken O. von
Schärding (Österreich) . . . . 1428 R.
Geiselhöring (Ostbahn), Eisen-
bahnhofplanie . . . . . . . 1108 O.
Geiselhof bei Wildenreuth S. von
Erbendorf, Sts. dabei, Edb. . . 1915 T.
Geiserwald O. von Enzenkirchen
(Österreich) . . . . . . . . 1991 R.
Geisholz zwischen Eulabrunn und
Etterzhausen . . . . . . . . 1510 G.
Geiskopf auf der Breitenau, Gipfel 3467 S.
Geisloh SO. von Bärnau, an der
Landesgrenze . . . . . . . 2299 G.
Geisselstein, Berg N. von Zen-
ting, unfern Hengersberg . . . 2691 G.
Geisthal NO. von Oberviechtach,
Kirchpfl., Edb. . . . . . . . 1658 T.
Geisweiher an der Ostbahn bei
Irrenloh, unfern Schwandorf,
Wasserspiegel . . . . . . . 1141 T.
Georgenberg N. von Passau . . 1233 L.
Georgenberg, Ort O. von Weiden,
an der Landesgrenze, Ths. . . 1865 G.
Gerersdorf, Ort SW. von Roding,
Perlbachsohle oberhalb . . . . 1361 G.
Gerlasberg NW. v. Passau (XXIV,
57), Sts. dabei, Edb. . . . . . 1209 T.
Germersdorf, Ort SO. von Am-
berg, Thalsohle . . . . . . . 1214 G.

Höhe in par. Fuss.

Gesess, Ort bei Sophienberg, unfern Bayreuth, Thalsohle . . . 1272 G.
Gewend (steiniges), Porphyrkuppe bei Erbendorf . . . . . . . 1834 G.
Gewintzyberg bei Plöss in Böhmen . . . . . . . . . 2265 R.
Geyersberg, Bergkopf, Gerüstsignal NO. von Hauzenberg, Edb. . . . . . . . . 2419 T.
     „     höchster Punkt des Berges . . . . . . . . 2431 T.
Geyersberg, Dorf am Vorigen, Kapellenthürschwelle . . . . 2478 G.
Gfällhöhe zunächst S. beim Zwieseler Waldhaus, höchster Punkt, Edb. . . . . . . . . . . . 2015 T.
Giggelsberg NO. von Kastel, Sts., Edb. . . . . . . . . . . 1657 T.
Giggling, Ort S. von Lauterhofen, Ths. u. obere Grenze d. Dogger's 1545 G.
Ginching, Ort NW. von Velburg, Sts., Edb. . . . . . . . . . 1791 T.
     „     obere Grenze des Dogger's im Dorfe, Kreuzweg . . . 1509 G.
Ginghartinger Mühle bei Thurmannsbang NW. von Tittling, Ths. 1305 G.
Gipfelsberg an d. Strasse v. Hofkirchen nach Iggensbach, Sts. dabei, Edb. . . . . . . . . 1312 T.
Girnitz S. von Zangenstein, W. von Neunburg v./W., Sts. dabei, Edb. . . . . . . . . . . . 1362 T.
Gittersdorf (Göttersdorf) N. von Auerbach, unfern Pegnitz . . . 1518 G.
Glasberg bei Waldsassen, Steingerölle darauf, Basaltberg . . . 1788 G.
Glasberg, höchster bayr. Punkt bei Altglashütte, unfern Bärnau 2414 G.
Glasern, Ort S. von Erbendorf, bei Altenparkstein, Brücke über den Bach . . . . . . . . . 1584 G.
Glashüttenriegel, Fels oberhalb Engelmar, W. von Viechtach . 3220 Schw.
Gleicheröd bei Ebermannsdorf, SO. von Amberg . . . . . . 1462 G.
Gleissenberg, Ort NO. von Cham, bei Furth, Kirchpfl. . . . . . 1298 T.
     „     der Wiegenbach dabei, Wasserspiegel . . . . 1256 T.
     „     Thalsohle dabei . 1316 G.
Gleissenberger Diensthütte bei Furth, unfern Cham (2 M.) . 2427 S.

Höhe in par. Fuss.

Globenreuth, Ort N. von Neustadt a./Wn., Sts., Edb. . . . . . 1634 T.
     „     höchster Punkt W. vom Dorfe, neben d. Strasse, Edb. 1691 G.
Glozdorf SO. von Bayreuth, Bahnübergang unter dem Drahtbächel, Wasserspiegel . . . . . . . 1186 T.
Gmünd an der Haidnaab bei Grafenwöhr, Sts., Edb. . . . . . 1281 T.
Gnadersdorf, das Baderhaus das. 1479 H.
Göggelbach, Ort W. von Schwandorf, Thalsohle bei Schmiedt . 1076 G.
Göhrau (Breitenberg) NW. von Weidenberg, Sts., Edb. . . . . 1696 T.
Göllhorn, s. Hochberg.
Gönlas, Hammer N. von Vilseck, Thalsohle . . . . . . . . 1313 G.
Göppmannsbühl, Ort an der Haidnaab NW. von Kemnath, Thalsohle . . . . . . . . 1432 G.
     „     „     Sts., Edb. 1571 T.
Görgedt, Häuser O. von Pfaffenreuth, Edb. . . . . . . . . 2204 G.
Görnitz, höchster Punkt gegen Wilchenreuth, NO. von Weiden 1752 G.
Göschelmühle SW. von Wolfstein, Sohle des Ohethales . . 1241 G.
Göttersdorf, s. Gittersdorf.
Götzendorf SW. v. Amberg, Kpfl. 1373 T.
     „     Ortsmitte . . . . . 1386 G.
     „     Sts. dabei, Edb. . . 1548 T.
Goldbach in Böhmen . . . . . 1934 R.
Goldberg bei Deggendorf . . . 1288 S.
Goldberg zunächst NO. von Kelheim, Waldhöhe NO. davon, bei Waldstein 469 . . . . . . . 1575 G.
Goldbrunn, Ort bei Waldthurn, O. von Weiden, Ende des Dorfes 1780 G.
Goldbrunnen im Albenreuther Forst bei Erbendorf (Temp. + 5,0) 1720 G.
Goldkronach, Krone, 1 St. (2 M.) 1395 G.
Gollnerberg in der Neuwelt, Strassenhöhe . . . . . . . 2350 S.
     „     „     Sts. dabei, Edb. 2253 T.
Gommel bei Waldsassen, Basaltkegel, Kapellpfl. . . . . . . 1795 T.
     „     „     Thürschwelle . 1794 G.
Goriholz zwischen Eulsbrunn und Waltenhofen bei Regensburg . 1475 G.
Gossenreuth NO. von Weidenberg, Mitte des Dorfes . . . . 1615 G.
     „     der Ziegenrück dabei 1921 G.

Gossersdorf, Ort W. von Viechtach, Bräuhaus, 1 St. (4 M.) . . 1915 G.
  »   der Sonnberg NW.
davon, höchster Punkt . . . . 2047 G.
  »   der Himmelberg da-
bei, höchster Punkt . . . . . 2129 G.
Gosszell, Unter-, N. von Stallwang, Ortstafel : . . . . . . 1397 G.
Gosting N. von Thürnau bei Passau,
Eingang in's Dorf, Edb. . . . 1397 G.
Gotteszell, Ort bei Ruhmannsfelden unfern Regen, Bräuhaus,
über 1 Stiege . . . . . . . 1718 G.
  »   Thalsohle dabei . . 1594 G.
  »   nach Tatting, Strassen-
scheitel . . . . . . . . 1824 G.
Gottsdorf, Bräuhaus bei Obern-
zell . . . . . . . . . . . 1910 H.
  »   Kirchthürschwelle . . 1987 G.
Gottvaterberg, Kapelle b. Auer-
bach, Thürschwelle . . . . . *1699 T.*
  »   »   Thürschw. 1735 G.
Gotzendorf bei Kötzting, Ostende
des Dorfes . . . . . . . . 1545 S.
Graben, Ort im Seebachthale, O.
von Deggendorf, Thalsohle . . 1028 G.
Grabmühle, Ohe bei Schönberg,
s. Ohe.
Gradertwald, Berg bei Kirchberg,
S. von Regen, höchster Punkt . 2355 G.
Gränzhäusl, bayr., unfern Regen *2565 L.*
Grafenau, Stadtkirche, Kthpfl. . *1888 T.*
  »   Pfarrhof . . . . . . *1865 H.*
  »   Kirche, hinterer Ein-
gang (2 M.) . . . . . . . 1862 S.
  »   Haus Nr. 9, 1 St. (172 M.) 1840 S.
  »   Enthammer, 1 St. (5 M.) 1830 S.
  »   Österlbräu, 1 St. (3 M.) 1774 G.
  »   Standpunkt? . . . . 1613 L.
  »   Langmühle, Brücke
(5 Mess.) . . . . . . . . 1781 S.
  »   »   . . . . . 1767 H.
  »   Sturmmühle, Brücke . 1758 S.
  »   Hammerbrücke über die
Ohe . . . . . . . . . . 1706 H.
  »   Dümpfelmühle, Brücke 1678 S.
  »   Österlkeller · . . . . 1725 H.
  »   Haskeller . . . . . 1972 S.
  »   Signal am Schweins-
berge, Edb. . . . . . . . *2170 T.*
  » ·  Gipfel des Schweins-
berges (2 M.) . . . . . . 2181 S.

Grafenau, Schweinsberg, Höhe der
Strasse nach Rosenau am Kreuz
(2 Mess.) . . . . . . . . . 2057 S.
  »   »   Höhe des
Gangsteiges nach Rosenau (2 M.),
Boden . . . . . . . . . . 2100 S.
Grafenberg, Bergkuppe bei Freu-
denberg, O. von Amberg, Sts.
darauf, Edb. . . . . . . . . *1992 T.*
  »   Platte, Bergkopf
auf demselben . . . . . . . 1867 G.
  »   Steinköpfl, Bergkopf
auf demselben . . . . . . . 1968 G.
  »   bei Amberg (Stpkt. ?) 2055 L.
  »   s. auch Johannisberg.
Grafenöd bei Wörth (XLIII, 27),
Sts., Edb. . . . . . . . . . *1465 T.*
Grafenricht N. von Wackersberg,
O. von Schwandorf, Sts. dabei,
Edb. . . . . . . . . . . . *1460 T.*
Grafenried, Kirche, W. v. Klentsch
in Böhmen . . . . . . . . 1958 R.
Grafenwöhr, Ort bei Weiden,
Bergkirche, Kirchpfl. . . . . *1345 T.*
  »   Rösslewirth, e. E. . 1326 G.
  »   Gasthaus zum rothen
Ochsen, über 1 Stiege, 25' über
dem Wasserspiegel . . . . . 1296 G.
  »   unterer Wald, Berg-
ebene darin . . . . . . . . 1406 G.
  »   der Creussenbach, an
der Felsmühle dabei, Wassersp. *1256 T.*
Grafling, Ort N. von Deggendorf,
Ortstafel . . . . . . . . . 1389 G.
Gragnitz, höchster Punkt bei der
Kemnathstr., s. Kirchenlaibach.
Grainet, Unter-, bei Passau,
Kirche . . . . . . . . . . 1749 L.
  »   »   Bräuhaus, über
1 Stiege . . . . . . . . . 2148 G.
  »   »   Wirthshaus, e. E. 2108 S.
Graining, Ort NW. von Schmied-
mühlen, Höhe südl. . . . . . 1464 G.
Gramlhof S. von Erbendorf, Signal
bei Wildenreuth, Edb. . . . . 2058 G.
  »   »   . . . . 2027 L.
Granatbrunnen am Düllen, s.
Düllen.
Grandsberg, Bergkuppe im
Schwarzacker-Wald bei Bogen . 2855 G.
Granswang, Ort NO. von Pars-
berg, Kthschw. . . . . . . . 1686 G.

Höhe in par. Fuss.

Granswang, Sts. dabei, Edb. . 1814 T.
   „ der Kühberg dabei,
höchster Punkt . . . . . . . 1835 G.
Grass oder Gras an der Strasse
von Regensburg nach Abbach,
Thalsohle . . . . . . . . . 1268 G.
   „ Punkt an d. Strasse
dabei . . . . . . . . . . 1407 G.
Grasslfing, Ort N. von Abbach,
Berg W. davon . . . . . . . 1435 G.
Greising, Dorf an der Rusel bei
Deggendorf, Kirchthürschwelle . 2438 G.
Gressenwehr N. bei Vilseck,
Brücke über d. Vilslein . . . 1252 G.
Griesbach (Unter-), Markt bei
Wegscheid, Kirchthurmpfl. . . 1723 T.
   „ „ Kirchenpfla-
ster, 30' unter dem höchsten
Strassenpunkt . . . . . . . 1735 S.
   „ „ Kirchenthür-
schwelle . . . . . . . . . 1738 G.
   „ „ die Kirche . 1748 L.
   „ Gartenzaun am Bräu-
haus, höchster-Punkt . . . . 1660 H.
   „ Gasth. von Sachsinger,
über 1 Stiege . . . . . . . 1779 G.
Griesbach, Markt S. von Passau,
gegen Pfarrkirchen, Gasth. von
Ostermünchner, über 2 Stiegen
(15 Mess.) . . . . . . . . 1423 G.
   „ die Kapelle am Kron-
berg, Thürschwelle . . . . . 1519 G.
   „ die Thalsohle unter
dem Schlosse . . . . . . . 1242 G.
Griesbach, Dorf O. von Tirschenreuth, Sts. am Kreuz, Edb. . . 2298 T.
   „ „ Wirthshaus, Platz
davor . . . . . . . . . . 2079 G.
   „ „ der Altarstein,
höchster Punkt an der Grenze das. 2362 G.
Griesbach-Leiten zunächst
SO. bei Zwiesel, I. Sts., Edb.
(XLI, 53) . . . . . . . . . 2495 T.
   „ (Ochsenhöhe), II.
Sts., Edb. (XLI, 53) . . . . . 2549 T.
Griesstetten bei Dietfurt, Alt-
mühlthal, Thalsohle . . . . . 1090 G.
   „ „ Kanal, Wsp. . 1109 T.
Grietzing N. bei Strasskirchen,
unfern Passau, Sts. dabei, Edb. 1388 T.
Griffenwang, Ort W. von Hohen-
burg, Sts., Edb. . . . . . . 1672 T.

Höhe in par. Fuss.

Grillaberg zunächst S. von Wolf-
stein, Thalsohle des Grillabaches 1648 G.
Groppenmühlbach b. Griesbach,
O. von Tirschenreuth, Wasser-
spiegel . . . . . . . . . . 1829 T.
Grossarmschlag bei Grafenau,
Höhe des.Weges . . . . . . 2100 S.
Grossberg, höchster Punkt der
Strasse dabei, unfern Regensburg 1364 G.
Grossberger Strassenhöhe bei Re-
gensburg . . . . . . . . . 1348 S.
Grossenpfalz, Ort N. von Sulz-
bach, höchster Punkt dabei . . 1683 G.
   „ „ Sts. dab., Edb. 1608 T.
Grossenschwand NW. von Tän-
nesberg bei Wernberg, Sts. dabei,
Edb. . . . . . . . . . . . 1872 T.
   „ Kuppe O. davon 2066 T.
Grossensees unfern Tirschen-
reuth, Wondrebbrücke (nicht
Wasserspiegel) . . . . . . . 1570 G.
   „ nach Zirkenreuth,
Berg dazwischen, gegen Leonberg 1843 G.
Grossensterz, Ort h. Mitterteich,
Mitte des Dorfes . . . . . . 1567 G.
Gross-Höflarn O. von Stellwang,
Kirche . . . . . . . . . . 1695 L.
Grosslichtenberg bei Leopolds-
reith am goldenen Steig unfern
Wolfstein, höchster Punkt . . 3675 G.
Grossprüfening, s. Prüfening.
Grossramspau am Regenfluss, s.
Ramspau.
Grossschlattengrün, Ort bei
Waldsassen, Wirthshaus, e. E.
(3 Mess.) . . . . . . . . . 1748 G.
Grossschönbrunn NW. von
Hirschau, Sts. dabei, Edb. . . . 1688 T.
   „ die Kirche im
Dorfe, Thürschwelle . . . . . 1520 G.
   „ oberes Ende des
Dorfes, nächst dem Kalkstein-
bruch, Edb. . . . . . . . . 1559 G.
Grossschönbrunner Berg, s.
Schönbrunner Berg.
Grub nahe S. von Furth (LV, 40),
Sts., Edb. . . . . . . . . . 1562 T.
Grub SO. v. Rinchnach, Strassenniv. 1885 G.
Grub (in der) N. von Sarleinsbach
in Österreich, N. der Donau . . 1810 R.
Grubweg N. bei Passau, das Burg-
holz bei Laimgruben, höchst. Pkt. 1459 G.

| | Höhe in par. Fuss. | | Höhe in par. Fuss. |
|---|---|---|---|

Grüblmühle bei Grafenau, Brücke, Ufer der Grüben ...... 1808 S.

Grün, Ort zwischen Kastel und Velburg, Sts., Edb. ..... 1733 T.

Grün, Wasserscheide bei Klingelbach, SW. von Viechtach ... 2336 G.

Grünberg, Thalsohle an d. Brücke zwischen Kemnath und Fichtelberg ........... 1690 G.

Gründelbach, Ort O. von Tirschenreuth, Sts. dabei, Edb. ... 1764 T.

» nach Prunn, Gneisskuppe dazwischen ...... 1859 G.

Grünet, Höhe beim Schopfmann, NO. von Engertsham, S. von Ortenburg ........ 1191 G.

Grünhund bei Grafenwöhr, Weiherdamm, Edb. ...... 1241 G.

» (Gruben) bei Stein 7 . 1396 G.

Grünmühle W. von Engelmar bei Viechtach, die Thalsohle ... 2000 G.

Grünthaler Mühle b. Rottendorf, W. von Naabburg, Thalsohle . 1383 G.

Gsandner Stadel, Höhe SW. von Griesbach, S. von Passau ... 1452 G.

Gschaidt, Ober-, SW. von Kötzting (XLVIII, 39), Sts., Edb. .. 1893 T.

Gschwellsägmühle N. v. Wörth, Thalsohle ......... 1137 G.

Gstein bei Handlab, N. von Hofkirchen, Sts. dabei, Edb. .... 1461 T.

Gucker bei Kramberg (bei Waldmünchen), s. Kramberg.

Güntherberg, St., bei Gutwasser in Böhmen ........ 3070 R.

Güssübel am Frauenwald, N. von Hauzenberg ........ 2093 S.

» beim Sepperl, Weg das. 1996 G.

Güttenberg N. bei Rötz, höchste Gneisskuppe dabei ..... 1722 G.

Gugl O. v. Neustadt a./Wn. (LXXVI, 20), Sts., Edb. ....... 1543 T.

Guglöd bei St. Oswald, bei Stein Nr. 17 .......... 2476 H.

» beim Waldaufseher ... 2483 S.

» oberstes Haus (Geigerhaus) 2628 S.

» höchster Strassenpunkt gegen Schachenbach ..... 2648 S.

Gulch, Basaltberg bei Waldsassen, Spitze .......... 1947 G.

Gulch, Basaltberg bei Atzmannsberg, unfern Kemnath .... 1842 G.

Gumpenreith S. von Schönberg, an der Strasse nach Tittling, Sts. dabei, Edb. ......... 1716 T.

Gumppenberg (Guppenberg) N. von Kastel, höchster Punkt .. 1919 T.

Gunzendorf, Ort SO. von Pegnitz, Kthschw. ......... 1440 G.

» » . Sts., Edb. .. 1782 T.

Gunzendorfer Berg O. bei Vorigem ........... 1717 G.

Gunzlas N. v. Ahornberg (LXXXVI, 9), Sattel gegen die Hölzlmühle 1915 G.

Gusterei, Strassenhöhe zwischen Roding und Nittenau .... 1476 S.

Guttenberg, Ort O. von Kastel, Sts., Edb. .......... 1625 T.

Guttenthau, Brücke dabei W. von Kemnath ......... 1372 G.

» Bahnbrücke über den Beingraben das., Wassersp. ... 1390 T.

Gutwasser in Böhmen, die Kirche 2654 R.

» (Einöde) ..... 2893 R.

Haag, Ort O. von Hersau, Kpfl. . 1660 T.

» die Schanze, Edb..... 1650 T.

Haag W. von Lembach in Österreich, W. der Donau .... 1996 R.

Haag, Ort NW. von Creussen, Thalsohle ......... 1457 G.

Haag bei Vilseck, Kirche (nicht voriger Ort) ........ 1835 G.

Haag O. von Grafenau, Kapelle am obern Ende des Dorfes, Thschw. 2283 G.

Haagberg NW. von Kastel, höchster Punkt ......... 1711 T.

Haagerberg, der südliche, bei Haag, N. von Neunburg v./W. . 1888 G.

Haar bei Passau, oberstes Haus . 1592 S.

Haarbacher SW. von Ortenburg, Schulerhölzer dabei .... 1311 G.

Haasla W. von Burglengenfeld (LI, 11), Sts. dabei, Edb. ... 1465 T.

Habichtstein im Kinchnacher Hochwalde bei Zwiesel .... 2686 H.

Habischried, Ort bei Breitenau, SW. von Regen ....... 2561 G.

Habres, Ort SO. von Holenstein bei Sulzbach, Höhe oberhalb . 1757 G.

Habsberg, Kirche N. von Velburg, Kpfl. ......... 1913 T.

» Platz vor der Kirche, Edb. .......... 1944 G.

Haidstein bei Cham, höchster
Fels (2 Mess.) . . . . . . . 2101 S.
 *  bei Kötzting, Ruine . *2404 L.*
 *  höchster Punkt am alten
Thurm (nicht Kirche) . . . . 2302 G.
Haimberg, s. Heimberg.
Haindling bei Straubing, Kirche 1242 L.
Haingrün, Dorf im Reichsforste
unfern Redwitz, Ortstafel . . . 1917 G.
 * Erllohwiesen in der Nä-
he des Dorfes, Edb. . . . . . 1959 G.
Hainsburg, Berg bei Illschwang,
W. von Amberg . . . . . . *1836 L.*
 * höchster Punkt . . . 1711 T.
Hainzacker N. von Regensburg
(XLV, 15), Stocksignal . . . . *1369 T.*
Haiselschlag, Hutweide bei Plöss
in Böhmen . . . : . . . . . 2308 R.
Halbritterberg, Waldkuppe SO.
von Thonlohe, N. von Riedenburg 1706 T.
Hallenhausen S. von Dietfurt,
Sts., Edb. . . . . . . . . . *1642 T.*
Hallerberg am Weissenstein ge-
gen Gross-Seyboldsried, unfern
Regen . . . . . . . . . . . *3499 L.*
Hallerberg bei Bodenmais (Kron-
berg), Gipfel . . . . . . . . 3076 S.
 * höchster Punkt darauf 2372 T.
 * s. auch Harlachberg.
Hals, Ruine bei Passau, Signal
darauf, Edb. . . . . . . . . *1052 T.*
 *  Ruine, höchster Mauerrand
darauf . . . . . . . . . . *1130 L.*
Hals, Markt bei Passau . . . . *900 L.*
Hamberg, Ort S. von Parsberg
(XLVII, 4), Kthschw. . . . . *1644 T.*
 *  . . . . . . . . . . . . 1664 G.
 * höchster Punkt NW.
davon, Edb. . . . . . . . . *1735 T.*
Hammerbühl bei Seebarn, SO.
von Neunburg v./W. . . . . . 1812 G.
Hammermühle bei Schlammers-
dorf, W. von Neustadt a. r. K., Ths. 1305 G.
Hammern, Kapelle in Böhmen . 1428 R.
Hammerplatten bei Bodenmais,
NO. von Böbrach, höchster Pkt. 2720 G.
Hammerweiher bei Bodenwöhr,
Ufer . . . . . . . . . . . 1163 S.
Handlab, Kapelle bei Iggensbach,
N. von Hofkirchen, höchst. Pkt. W. 1482 G.
Hanefberg bei Aussergefild in
Böhmen . . . . . . . . . *3916 R.*

Hangerleiten, Ort S. von Kirch-
berg, ' unfern Deggendorf, das
Hochfeld dabei . . . . . . . 2308 G.
Hansbauerberg zunächst an Hö-
henstatt bei Passau . . . . . 1236 G.
Hansl, beim, höchster Punkt der
Strasse zwischen Pürstling und
Maader in Böhmen . . . . . 3705 R.
Hansing bei Obernzell, Gerüst-
signal, Edb. . . . . . . . . *1760 T.*
 * Bergkuppe zwischen H.
und Berg . . . . . . . . . 1885 G.
Harlachberg (Hallerberg) zu-
nächst SW. von Bodenmais,
höchster Punkt . . . . . . . 2831 T.
 * höchste Kuppe des
Berges . . . . . . . . . . 2805 G.
Harlachberg, Hof beim Vorigen,
Kapellenthürschwelle . . . . 2464 G.
Harlanden, Ort W. von Rieden-
burg, Kthschw. . . . . . . . 1393 G.
Harmering W. von Fürstenstein,
unfern Tittling, Stocksignal dabei,
Edb. . . . . . . . . . . . *1438 T.*
Harras NO. von Parsberg (LII, 7),
Kapelle, Thürschwelle . . . . 1535 G.
 * („Platte"), Dolomitberg bei
Vorigem . . . . . . . . . 1891 G.
Harschetsreuth, Weghöhe dabei 1875 S.
Hart, Forst W. von Vilshofen,
höchster Punkt am Dorf Hart . 1336 G.
 *  * Punkt bei der Ziegel-
hütte, Waldstein Nr. 50 . . . 1298 G.
 *  * Punkt bei den römi-
schen Grabhügeln, Stein Nr. 79 1240 G.
 *  * Punkt b. Westermeyer,
Höhe dabei . . . . . . . . 1196 G.
Hart, Ort SO. von Parsberg, Kpfl. *1606 T.*
Härtenhof S. von Lauterhofen
(NW. LVIII, 1), Edb. . . . . . 1649 G.
 *  * Edb. dabei . 1639 G.
Hartlingerhof N. von Hauzen-
berg, bei Rassberg . . . . . . 1639 G.
Hartmanitz in Böhmen, Kirche . 2135 R.
Hartwachsried, der Berg SO.
davon, unfern Breitenau, SW.
von Regen . . . . . . . . . 2778 G.
Haselbach W. von Schwandorf,
Thalsohle beim Kreuz . . . . 1112 G.
Haselbach, unterer, Bach N.
von Neukirchen (heil. Blut), s.
Neukirchen bei heil. Blut.

Höhe in par. Fuss.

**Haselbach, Unter-,** Ort NW. bei Passau, Thalsohle am Orte . 1093 G.

**Haselberg** W. von Troschenreuth gegen Pegnitz . . . . . . . 1740 G.

**Haselhof** bei Regensburg, Wald (Tremelhausen), höchster Punkt O. davon . . . . . . . . 1442 G.

**Haselmühle,** Vilsniveau an der Brücke S. von Amberg . . . . 1178 G.

**Haselstein** bei Flossenbürg, unfern Weiden, Sts., Edb. . . . 2173 T.

**Haudenberg** SO. von Oberöd in Österreich, S. der Donau . . . 1666 R.

**Haugenried** S. von Daierling, unfern Regensburg, Sts. dabei, Edb. . . . . . . . . . . . 1603 T.

**Haugstein** im Sauwalde, s. Hausstein.

**Haumberg,** s. Kneiting.

**Haunritz** W. von Sulzbach, obere Grenze des Dogger's . . . . 1163 G.

**Haupertsreuth,** Ort S. von Floss, Mitte des Dorfes . . . . . . 1650 G.

**Hauptenberg** N. von Straubing, nahe S. bei Wiesenfelden . . . 1928 L.

**Haus,** Ort S. von Grafenau, Hof des alten Schlosses . . . . . 1538 G.

**Hausstein** an der Rusel, Gerüstsignal, Edb. . . . . . 2697 T.

» Bergvorsprung nächst Rusel . . . . . . . . . 2777 Weiss

» Terrasse . . . . . . 2696 S.

» Gipfel . . . . . . 2850 S.

» bei der Gedenksäule, Sohle . . . . . . . . . . 2701 G.

» höchster Punkt, Felsriegel N. vom Waldstein Nr. 6 . 2840 G.

» Quellen an d. Strasse 2260 S.

**Hausstein** im Sauwald (Erzherzogthum Österreich), Pyr., Edb. 2697 T.

» daselbst . . . . . 2740 L.

» daselbst . . . . . 2734 R.

**Hauzenberg,** Kirchenthurmpfl. . 1685 T.

» die Kirche . . . . 1681 L.

» Kirchthurm . . . 1697 H.

» Post, e. E. . . . 1686 S.

» üb. 1. St. 1661 G.

» Gasthaus von Würm, über 1 Stiege . . . . . . . 1713 G.

» Thalsohle des Staffelbaches dabei, an dem Glötzinger Steg . . . . . . . . 1457 G.

Höhe in par. Fuss.

**Hechenberg,** s. Höhenberg.

**Hedelberg,** Eger'sche Kapelle am, unfern Tirschenreuth, Tschw. . 2132 G.

» Waldhäusel im Hochwalde . . . . . . . . . . 2150 G.

» höchster Punkt . . . 2320 L.

**Hegerhaus** am Lichtenberge in Böhmen . . . . . . . . . 2835 R.

» am Schindlauwald bei Neugebäu in Böhmen . . . . . 3247 R.

**Heidenhof** bei Passau, Schloss . 1182 L.

**Heideweiher** SO. von Amberg, Wasserspiegel . . . . . . . 1192 T.

» ders. . . . . . . 1234 L.

» Damm b. Weiherhaus 1233 G.

**Heidhof** (Ostbahn), Bahnhofplanie 1206 O.

**Heidnaab,** s. Haidnaab.

**Heidstein,** s. Haidstein.

**Heiligbrünnel** bei Roding, Kirchenboden . . . . . . . . 1206 S.

**Heiligenkreuz** bei Straubing, Kirche . . . . . . . . . 1515 L.

**Heilig-Geist-Wald** zunächst SO. von Kirchenthumbach, höchster Punkt . . . . . . . . 1666 G.

**Heilstein** zwischen Lusen und Rachel, Rev. Schönau Nr. 78 . . 3039 H.

**Heimberg** S. von Dailing, unfern Regensburg (XLIII, 11), Stocks. 1478 T.

**Heimprechtsreith** SW. von Schönberg (XXXIV, 55), Sts. dabei, Edb. . . . . . . . . 2376 T.

**Heinersreuth,** Ort zwischen Kirchenthumbach und Creussen, Strasse vor dem Wirthshaus . 1587 G.

**Heinrichsbrunn** an der Strasse S. bei Finsterau, Sts. dabei, Edb. 2875 T.

**Heinrichskirchen** bei Oberviechtach, N. von Rötz . . . . . 1628 L.

**Heining** W. von Passau, Thalsohle dabei . . . . . . . 922 G.

**Heitzlsberg,** Ort SW. von Kötzting, höchster Punkt NO. vom Dorfe . . . . . . . . . 2012 G.

**Heldenwinte** unter Kunzenstein bei Wernberg . . . . . . . 2119 Hierl.

**Helfenberg,** Schlossruine W. von Velburg, höchster Punkt, Nussbaum . . . . . . . . . . 1940 G.

» obere Mauer . . . 1893 T.

» obere Grenze des Schwammkalkes gegen d. Dolomit 1520 G.

| | Höhe in par. Fuss. |
|---|---|

Hellberg S. von Kastel, höchster
Punkt . . . . . . . . . . 1832 T.
Hellkofen im Dunkelboden, höchster Punkt der Anhöhe . . . 1207 S.
Helmberg gegen Wiedenhof, Jurakalkberg dazwischen, b. Straubing 1205 G.
Hemau, Kpfl. . . . . . . . . 1587 T.
   »  Gasthaus zur Gans, über
1 Stiege, 14' über dem Pflaster
(9 Mess.) . . . . . . . . . 1564 G.
   »  der Galgenberg dabei,
höchster Punkt . . . . . . 1605 G.
   »  Kuppe W. dabei, Edb. . 1667 T.
   »  s. auch Appelholz und
Kahrholz.
Hengersberg, Frauenberg-
Kirche, Kpflst. . . . . . . 1035 T.
   »    Rohrberg-Kirche, Kpflst. . . . . . . . 1069 T.
   »    Hauptkirche,
Thürschwelle . . . . . . . 1080 G.
   »    beim Bergmüller 960 S.
   »    der Labkeller . 1001 H.
   »    niedrigster Pkt. 971 H.
   »    Brücke b. Schwarzach, Thalsohle . . . . . . . 957 G.
Hengstleite unfern Wernberg . 1863 Hierl.
Heringlohe, s. Häringlohe.
Heringnohe, s. Häringnohe.
Hermannsbrunn, Ort O. von
Winklarn, Höhe geg. Muschenried 1736 G.
Herrmannsdorf zwischen Velburg
und Hohenfels, höchster Punkt . 1719 T.
Hermannshof S. von Eschenbach,
unterstes Haus . . . . . . 1360 G.
Hermannsreuth, Ort unfern Bärnau, Wirthshaus, e. E. . . . . 2385 G.·
Hermannsreuther Berg, höchster Punkt S. vom vorigen Orte 2473 G.
Herrnberg NW. von Kastel, höchster Punkt . . . . . . . . 1721 T.
„Herz Jesus", Berg bei Velburg,
Kirchenthürschwelle . . . . . 1758 G.
Herzogau bei Waldmünchen, oberste Häuser . . . . . . . . 2120 S.
   »  Wirthshaus daselbst . . 2115 G.
Herzoghut bei Kirchenbingarten,
SO. v. Weidenberg, unteres Haus 2238 G.
   »  Stocks. dabei, Edb. . 2227 T.
Herzogöd bei Fuchsmühl, unfern
Waldsassen, höchster Punkt der
Strasse . . . . . . . . . 2264 G.

| | Höhe in par. Fuss. |
|---|---|

Herzogöd, höchst. Basaltberg beim
Dorfe selbst . . . . . . . . 2346 G.
Herzogsreuth (Sandhäuser) NO.
von Wolfstein, an der Strasse
nach Böhmen, Kirchthpfl. . . . 2670 T.
   »  höchster Punkt der
Strasse im Dorfe . . . . . . 2695 S.
Hessenreuther Wald SW. von
Erbendorf, Baumsignal, Edb. . . 2201 T.
Hesserberg bei Hessenreuth, unfern Pressat. . . . . . . . 2314 L.
Hesslach NO. von Weidenberg,
Thalsohle . . . . . . . . . 1584 G.
Hetzenbach N. von Süssenbach,
unfern Nittenau (XLVIII, 26),
Stocksignal, Edb. . . . . . . 1912 T.
Hetzing bei Cham, Schlossgarten,
Eingang . . . . . . . . . 1194 S.
   »   »  Heilerbüchel, Eggartenfeld . . . . . . . . . 1262 S.
   »   »  Zantwald, höchster
Punkt . . . . . . . . . . 1289 S.
Heubach, s. Haibach.
Heugestatt, Berg im Schoberecker
Forst, NW. von Bodenmais . . 3925 G.
Heuhof S. von Neumark (Böhmen) 1215 R.
Hexenagger, Ort S. bei Riedenburg, Ths., 10' über dem Wsp. . 1131 G.
Hexenödgarten unf. Regenstauf 1650 G.
Hezelsdorf zwischen Roding und
Ascha, Kreuz . . . . . . . 2089 S.
Hienheimerforst bei Kelheim, am
Steinbrüchl am Essinger „Schwaben", Steig . . . . . . . . 1398 G.
   »  höchster Punkt
darin . . . . . . . . . . 1549 G.
   »  s. auch Schlott.
Hildenbach, Mündung in den Regen bei Roding, Wassersp. . . 1106 T.
   »  Bahnbrücke der Ostbahn, Planie . . . . . . . . 1125 O.
Hilgenreith, Dorf am Fusse des
Sonnenwaldes, Bräuhaus . . . 2003 H.
Hiltersdorf, Dorf O. von Amberg,
Stocksignal dabei, Edb. . . . . 1206 T.
   »  Grünsandhügel dabei 1330 G.
Hilzhütte O. von Zwiesel, Thalsohle unterhalb des Wegüberganges . . . . . . . . . 2188 G.
Himmelberg zunächst W. von
Metten, Thurm, Fletz . + . . 1113 T.
Himmelberg, s. auch Gossersdorf.

| | Höhe in par. Fuss. |
|---|---|
| Himmelmuhle, Thalsohle dabei. | 1559 G. |
| Himmelreich bei Deggendorf, Kapelle . . . . . . . . . . . | 1230 S. |
| Himmelreich in der Lam, Kreuz am Wege . . . . . . . . . | 1984 S. |
| Himmelwies, die Häuslerhöhe dabei (XLIII, 43), höchster Punkt | 2396 G. |
| Himmelwieserberg zwisch. Himmelwies und Prenning, S. von Viechtach . . . . . . . . . | 2542 G. |
| Hinterfreundorf, Höhe am Fussweg nach Neureichenau . . . | 2516 S. |
| Hinterhals, Thurmruine b. Passau | 1110 L. |
| Hirschau, Stadt bei Amberg, Kirchpflaster . . . . . . . . | 1257 T. |
| " Schwanenwirth, e. E. | 1283 G. |
| " " . . . . | 1304 L. |
| " der Hirschenbach daselbst, Thalsohle, Wassersp. . . | 1272 T. |
| Hirschberg bei Neunburg vor dem Walde, Sts. darauf, Edb. . | 1719 T. |
| " Pfahlfels, W. Gipfel | 1699 S. |
| " O. Gipfel, höchster Punkt . . . . . . . . . . | 1755 S. |
| " . . . . . . . . . | 1756 L. |
| " höchster Punkt auf einer Pfahlquarz-Felsspitze . . | 1726 G. |
| Hirschberg bei Buchenau, O. von Zwiesel (XLIII, 56), höchster Punkt . . . . . . . . . . | 3009 T. |
| Hirschberg, Lindberger-, s. Lindberger Hirschberg. | |
| Hirschberg, Ort W. von Hohenburg, höchster Punkt . . . . | 1699 T. |
| Hirschbrunn im Strahlfelder Forste bei Roding (+ 7,0°) . . . . | 1177 G. |
| Hirschenberg, s. Damerlberg. | |
| Hirschenstein im Ödenwieser Walde, unfern Deggendorf, Gerüstsignal, Edb. . . . . . | 3363 T. |
| " Berg und trigon. Signal, Boden am Signal . . . | 3349 L. |
| " trigon. Signal . | 3392 L. |
| " Fels am Signal, Edb. (3 Mess.) . . . . . . . | 3441 G. |
| " Fels, worauf das Signal steht (5 Mess.) . . . . | 3434 S. |
| Hirschperlberg b. Allmansdorf, unfern Kötzting (XLVIII, 39), höchster Punkt, Edb. . . . . | 2052 T. |
| Hirschstallmuhle bei Klingenbrunn, Brücke über den Rehbach | 1773 S. |

| | Höhe in par. Fuss. |
|---|---|
| Hirschstein, s. Hirschenstein. | |
| Hirschstein N. bei Beratzhausen, unfern Hemau, Kreuzweg, Edb. . | 1550 G. |
| " Sts., Edb. . . . . . | 1595 T. |
| Hirschsteinberg in Böhmen . | 2603 R. |
| Hirschwald, Dorf S. von Amberg, Kirche . . . . . . . . . . | 1602 G. |
| " Kuppe im Walde. . | 1595 T. |
| Hitzing b. Obernzell, oberst. Kalkbr. | 1309 S. |
| Hizing N. von Thürnau, unfern Passau (XXV, 63), Strasse . . | 1375 G. |
| Hocha nahe NW. bei Waldmünchen, Sts., Edb. . . . . . . | 1556 T. |
| Hochaberg, s. Höchenberg. | |
| Hochabrunn, Bergkopf dabei, W. von Waldmünchen . . . . . | 1984 G. |
| " s. auch Hochbrunn. | |
| Hochberg SW. von Thanhausen und NW. von der Silberhütte bei Bärnau, Sts., Edb. . . . . | 2228 T. |
| Hochberg S. von Bayer.-Eisenstein an der Defernick, höchste Felskuppe . . . . . . . . . . | 2895 T. |
| " NW. vom vorigen Punkt | 2818 T. |
| " Gipfel des Berges, Edb. | 2850 G. |
| " s. auch Steinerhöhe. | |
| Hochberg oberh. Göllhorn (XLIV, 42), S. bei Viechtach . . . . | 1757 G. |
| Hochberg bei Müsbrunn, W. von Waidhaus, höchster Punkt . . | 2441 G. |
| Hochberg O. von Enzenkirchen in Österreich . . . . . . . | 1744 R. |
| Hochbruck „an der Reiben", von Regen nach der Rusel . . . . | 1942 S. |
| Hochbruckberg bei Glaserwald in Böhmen . . . . . . . . . | 3307 R. |
| Hochbrunn SO. von Roding . . | 1524 G. |
| Hochbuchet, Höhe zwischen Zenting und Ranfels, höchster Punkt | 1712 G. |
| Hochbuchet W. bei Saldenburg, unfern Tittling, höchster Punkt | 1858 G. |
| Hochdorf O. von Rothenstadt, unfern Weiden, Sts., Edb. . . . | 1529 T. |
| Hochdorf, Schloss SW. von Kallmünz (XLVIII, 11), Hausflötz . | 1598 T. |
| Hochdorf, Ort S. bei Regen, Kuppe O. vom Dorfe, höchster Punkt . | 2023 G. |
| Hochfeld, s. Hangerleiten. | |
| Hochfichtelberg in Böhmen . | 4113 R. |
| " . . . . . . . | 4159 R. |
| Hochfiederei, Berggipfel bei Hof in Böhmen . . . . . . . | 3616 R. |

| | Höhe in par. Fuss. |
|---|---|

Hochfilz, Ebene O. vom Lusen,
unfern Finsterau . . . . . . 3928 G.
Hochgasse im Neuburger Wald,
höchster Punkt darin . . . . 1606 Wn.
» derselbe Punkt, höch-
ster Gipfel . . . . . . . . 1593 G.
Hochgefichtberg oberhalb des
Lindberger Schachten (= Lind-
herg der topogr. Karte), O. von
Zwiesel . . . . . . . . . 3956 G.
Hochholz heim Baderwinkel un-
fern Bärnau, höchster Punkt . 2494 G.
Hochrannetberg am Aschberg,
S. von Zwiesel, höchster Punkt 2645 G.
Hochreut, Berghöhe zunächst N.
bei Klingenbrunn, unfern Zwiesel 2625 G.
Hochreut, s. Enzianruck.
Hochreutberg S. vom Dreitannen-
riegel unfern Deggendorf . . . 3233 G.
Hochschlag bei Thonberg, N. von
Cham (LV, 34), höchster Punkt 1788 T.
Hochstein bei Kürn, unfern Re-
gensburg, höchster Felspunkt . 1805 G.
Hochsteinebene am Enzianruck,
unfern Bodenmais . . . . . . 3308 S.
Hochstetten zunächst N. von Ab-
bach, Bergkuppe NW. davon . 1402 G.
Hochstrass zwischen Engelhof
und Neukirchen, SW. v. Schwan-
dorf . . . . . . . . . . . 1558 G.
Hochstrass bei Wernberg, Stein
Nr. 255 bei der Buche . . . . 1834 Hierl.
Hochstrass bei Viechtach . . . 2314 S.
Hochstrasse W. von Regenstauf,
an der Strasse nach Steinsberg,
Stocksignal . . . . . . . . 1261 T.
» » Punkt N. da-
von, Edb. . . . . . . . . . 1319 G.
Hochwald SW. von Fichtelberg
am Rothenfels (LXXXVII, 8) . 2503 G.
» » Distrikt, Flötz am
Reindorn . . . . . . . . . 2621 G.
» » das Waldhaus da-
rin, Edb. . . . . . . . . . 2544 G.
Hochwald am Hedelberg, unfern
Tirschenreuth, höchster Punkt
heim Altenherrgott . . . . . 2341 G.
» Altherrgott, s. Alten-
herrgott.
Hochwaldberg N. von Hirschberg
in Böhmen . . . . . . . . 3210 R.
Hochwurz, s. Aschberg.

| | Höhe in par. Fuss. |
|---|---|

Hochzell am grossen Arber, bei
der Hochzellhütte, höchster Pkt. 3761 T.
» » Berggipfel . 4198 G.
Höchelberg bei Bogen (XXXVIII,
41), Sts., Edb. . . . . . . . 2129 T.
Höchenberg, Ort W. von Stall-
wang, der Hohen- oder Höcha-
berg, Baums., Edb. . . . . . 2036 T.
» » . . . . . 2164 G.
» s. auch Höhenberg.
Höcherlsee NW. von Piehlen-
hofen (XLVI, 10), Stocksignal . 1686 T.
Höfling S. bei Regensburg, Höhe
S. davon . . . . . . . . . 1223 G.
Högen W. von Sulzbach, Thalsohle
bei der Quelle (+ 8,0° R.) . . 1243 G.
Högerlsee, s. Höcherlsee.
Högling, Ort bei Wolfering, O. von
Amberg, Kpfl. . . . . . . . 1237 T.
» s. auch Fensterbach.
Höhenberg, Dorf bei Gottsdorf,
SW. von Wegscheid, Signalbaum 2327 H.
» » Gerüstsignal
darauf . . . . . . . . . 2338 T.
» » Erdbod. bei
der Pyramide . . . . . . 2375 G.
Höhenberg bei Pappenberg, SO.
von Kirchenthumbach, Ortstafel 1421 G.
Höhenberg SW. von Eschenbach,
Sts., Edb. . . . . . . . . . 1498 T.
Höhenberg bei Müsbrunn, siehe
Hochberg.
Höhenbrunn W. von St. Oswald
bei Grafenau, höchster Punkt im
Dorfe . . . . . . . . . 2521 H.
» I. Signal . . . . 2626 T.
» d. Bienstandberg dab. 2682 G.
Höhengau, Dorf N. von Amberg,
oberstes Haus . . . . . . . 1513 G.
» nach Mimbacherberg,
höchster Punkt daselbst . . . 1641 G.
Höhenhöfe bei H.-Gebraching, S.
von Regensburg, Höhe zunächst
dabei . . . . . . . . . 1278 G.
Höhenstadt, Ort N. von Stallwang,
Berg westl. davon . . . . . 1856 G.
Höhenstadt, Bad SW. von Pas-
sau, Schwefelbrunnen . . . . 1068 G.
Höhenstein, s. Blöckenstein.
Höll, s. Haid.
Höllbach bei Pullenreuth, unfern
Ebnath, Wasserspiegel . . . . 1659 T.

Höhe in par. Fuss. | Höhe in par. Fuss.

Höllberg S. von Schönwald . . 2181 R.
Höllbühl bei Pilmersreuth, unfern Tirschenreuth ....... 1989 G.
Höllenberg S.v.Purschau in Böhm. 2216 R.
Höllmannsried, Wirthshaus, e.E. 2163 S.
Höllmühle N. von Wörth und S. von Brennberg, Thalsohle dabei 1346 G.
Höllmühle bei Bogen, Thalsohle 1248 G.
Höllmühle am Forellenbach W. von Hartmanitz (Böhmen) . . . 1869 R.
Höllöd, Haus bei Asbach, N. von Pfarrkirchen ....... 1297 G.
Höllranken, s. Manteler Forst.
Höllziehen N. von Vilseck, Ths. 1299 G.
Hölzlmaier SO. von Griesbach, S. von Passau, Höhe bei d. Häusern 1333 G.
Hönigsgrub NW. von Rinchnach, Sts. dabei, Edb. ...... 2055 T.
Hörmannsdorf, Ort NO. von Parsberg, Kirchthschw..... 1588 G.
    " Ortsmitte . . . 1578 G.
Hörndlberg am Arber, Turmalinfundstelle circa 50' unter dem Rücken.......... 3141 G.
Hötzelsberg, Kapelle .... 2095 S.
Hof O. von Konzell, unfern Stallwang, Baums., Edb...... 2188 T.
Hofenmühle NO. von Stammsried (LV, 31), Thalsohle . . . 1309 G.
Hofholz, Kuppe S. von Thanhausen, S. von Bärnau, Sts., Edb. . 2165 T.
Hofkirchen bei Osterhofen, Kirchpflaster .......... 958 T.
    " Saliter, über 1 Stiege 952 G.
    " Donauufer am Felsen, Edb.. .......... 912 G.
    " Thalsohle der kleinen Ohe, bei der Bruchmühle . . . 962 G.
Hofkirchen, Stadt N. von der Donau, in Österreich ..... 1856 R.
Hofkirchen, Scheitelpunkt der Strasse nach Lembach in Österr. 2224 R.
Hofkirchnerwald O. von Hofkirchen in Österreich .... 2457 R.
Hofpoint NW. von Ruhmannsfelden (XLI, 43), Sts. dabei, Edb. . . 2428 T.
    " höchste Kuppe des Hollholzer, N. vom Signal .... 2660 T.
Hofstetten bei Fürnricht W. von Amberg, Ortstafel ..... 1677 G.
    " " Stpkt. dabei . 1770 T.
    " " Sts., Edb. . . 1870 T.

Hofstetten O. von Hofkirchen, Thalsohle der grossen Ohe . . 1118 G.
Hofteich SW. von Waldsassen, Niederung daselbst ..... 1441 G.
Hohebogen, s. hoher Bogen.
Hohefels im Gailenberger Forst bei Marienthal, unfern Regenstauf 1841 G.
Hohelohberg bei Ödmissbach, NW. von Oberviechtach . . . 2202 G.
Hohenau, Ort N. bei Wolfstein, Kirche, Pflaster...... 2476 T.
    " Kirchhof ..... 2525 S.
    " Moosbauer, 1 St. (3 M.) 2533 S.
    " oberer Eingang in's Dorf . . ......... 2567 G.
Hohenberg NW. von Tittling, gegen Saldenburg....... 1869 G.
Hohenberg, s. auch Höchenberg.
Hohenbrunn, Dorf, höchster Pkt. 2520 H.
Hohenburg SO. von Kastel . . 1612 T.
    " die Ruine, Eingang . 1640 G.
    " " Edb. darin . . 1630 G.
    " Markt, Schwan, 1 St. (2 Mess.) ......... 1197 G.
    " " Kpfl..... 1187 T.
    " Brücke, 5 F. über der Brückensohle ....... 1174 G.
    " Bubenholz O. vom oberen Lammerthal, höchster Pkt. 1494 T.
Hohenfels O. von Parsberg, die Burgleite ......... 1584 T.
Hohenfels O. von Parsberg, Kirchenthüre, Dolomit (2 M.) . . . 1233 G.
    " Kpfl....... 1209 T.
Hohengebraching, Schloss S. von Regensburg ..... 1384 G.
Hohenhart bei Fuchsmühl am Steinwald, Wirthshaus, Edb. . . 2156 G.
Hohenkemnath bei Amberg, Kpfl. 1611 T.
    " wo? .... 1602 L.
    " " Kthschw. . 1616 G.
    " Kapellenberg S. davon ......... 1753 G.
Hohenlohe, Ort N. von Beratzhausen, Sts., Edb....... 1752 T.
Hohenoberdorferberg bei Deggendorf, Gipfel ....... 2534 S.
Hohenschambach, Ort SO. bei Heman, Kpfl....... 1609 T.
    " Kthschw. . . 1616 G.
Hohenschlag, Waldabtheilung, s. blauer Berg.

| | Höhe in par. Fuss. |
|---|---|

Hohenschlag bei Sackdilling, N.
von Königstein, Sts., Edb. . . . 1579 T.
Hohenstein, höchster Fels am
Uhrthurm b. Hersbruck (zur Ver-
gleichung als hoher Dolomitpunkt
hier eingesetzt) (2 M.) . . . . 1985 G.
Hohensteinberg, höchster Fels
in Böhmen . . . . . . . . 4142 R.
» » . . . . 4140 ?
Hohenthann, Ort bei Bärnau,
Wirthshaus . . . . . . . . 1805 G.
» Kirchenpflaster . . . 1773 B.
Hohentreswitz O. von Pfreimt,
Sts. dabei, Edb. . . . . . . 1693 T.
Hohenwart, Ort zunächst N. von
Schwaighausen bei Regensburg,
das Riedlholz dabei . . . . . 1490 G.
Hohenwarth, Ort O. von Kötz-
ting, Schloss, Wirthshaus, e. E. 1516 S.
» Thalsohle dabei . . 1345 G.
» » bei der Gross-
mühle . . . . . . . . . 1421 G.
Hohenzant, Ort S. von Vilseck,
Häuser . . . . . . . . . 1621 G.
Hohenzanter Berg bei Vorigem,
höchster Punkt . . . . . . 1619 G.
Hoher Berg, s. Kühberg.
Hoher Bogen, Burgstall dar-
auf, Sts., Edb. . . . . . . . 3023 T.
» » . . . . . 3023 L.
» » höchst. Pkt. 3035 S.
» » (nach Ra-
bensteiner Beobacht. berechnet) 3062 S.
» » höchst. Fels-
punkt . . . . . . . . . 2978 G.
» Eckstein bei
Markstein 63 . . . . . . . 3304 T.
» . Eckstein, Gipfel . 3332 G.
» Eckstein b. Stein 63 3301 G.
» » zwischen
Stein 63 und 64 . . . . . . 3299 G.
» Schwarzriegel,
Rand des Kammes . . . . . 3215 S.
» » höchst.
. Wegpunkt . . . . . . . . 3336 S.
» Ahornriegel
zwischen Stein 69 und 70 . . . 3214 G.
» Quelle in d. Saigen 2879 S.
» Bauer, ehemaliges
Jägerhaus am Südgehänge . . 2334 S.
» » . . . 2398 G.
» Hirt auf d. Rüsl dar. 2214 S.

| | Höhe in par. Fuss. |
|---|---|

Hoher Bogen, Diensthaus (2 M.) 2805 S.
» » nach Ra-
benstein berechnet . . . . . 2831 S.
» Quelle am Halt-
platz (+ 4,2°) . . . . . . . 2217 G.
Hoher Filzberg, s. Hochfilz.
Hohe Wärz, Berg zwischen Kö-
nigstein und Krottensee, höchster
Punkt . . . . . . . . . 1882 G.
» Berg O. davon, gegen
Funkenried . . . . . . . . 1908 G.
Hohe Warte W. von Bayreuth,
s. Warte, hohe.
Hohe Warte, höchster Punkt der
Strasse zwischen Schnabelwaid
und Creussen . . . . . . . 1512 G.
Holenstein, Ort NW. von Sulz-
bach, Thalsohle . . . . . . 1323 G.
Hollenstein, Eck am Rindberg,
Revier Schönau . . . . . . 2609 H.
Hollerberg bei Purschau (Böhm.) 2135 R.
Hollerruck oder Hollerhäng bei
Rinchnacher Hochwald (Nr. II, 7) 2709 H.
Holnsteinrücken, s. Rabenstein.
Holzberg, s. Eichelberg.
Holzfreihung N. von Hauzenberg,
oberes Haus . . . . . . . 2222 G.
Holzhammer, Baumsignal dabei,
unfern Schnaittenbach, Edb. . . 1338 T.
» Bräuhaus, e. E. . . 1216 Hierl.
Holzhaus zunächst NO. von
Schwandorf . . . . . . . 1178 G.
Holzkirchen, Ort N. von Orten-
burg, Kthschw. . . . . . . 1197 G.
Holzmühle N. von Bärnau, Thal-
sohle am Wege . . . . . . 1900 G.
Hopfenohe O. v. Auerbach, Kpfl. 1719 T.
Hornau im Wörther Forst (XLIII,
28), Stocksignal dabei, Edb. . . 1643 T.
Hradek, Gasthaus in Böhmen . . 1348 R.
Hub bei Hengersberg, Hubinger-
brücke . . . . . . . . . 978 S.
Hühnerkobel bei Rabenstein, Ro-
senquarzbruch . . . . . . . 2940 S.
» » Stollensohle 2812 G.
» Weghöhe gegen Bo-
denmais . . . . . . . . . 2900 S.
» Baums. dabei, Edb. 2927 T.
» höchster Punkt zu-
nächst SW. vom Quarzbruche . 2988 G.
Hütten im Heidnaabthale bei Wei-
den, Gerüstsignal, Edb. . . . 1413 T.

| Höhe in par. Fuss. |
|---|

| | Höhe in par. Fuss. |
|---|---|
| **Kagerberg** S. von Bärwinkel, W. | |
| von Ruhmannsfelden | 2423 G. |
| &raquo; N. von Bärwinkel, höchster Punkt | 2581 G. |
| **Kagerhöhe**, höchster Punkt bei Vorigem, Edb. | 1426 G. |
| **Kagerhof** bei Zinzenzell, NW. von Stallwang, Bs. dabei, Edb. | 2218 T. |
| **Kahrholz** W. von Hemau, höchster Punkt darin | 1575 G. |
| &raquo; (Appelholz), Edb. | 1573 T. |
| **Kaimling** W. bei Vohenstrauss, Sts., Edb. | 1692 T. |
| **Kaining**, niedrigster Strassenpunkt gegen Perlesöd | 2090 S. |
| &raquo; höchster Strassenpunkt gegen Unterseilberg | 2264 S. |
| &raquo; Brücke | 2044 H. |
| **Kainzenmühle** im Hof unfern Wernberg | 1425 Hierl. |
| **Kallberg** S. von Engelhardszell in Österreich | 2282 R. |
| **Kallmünz**, N. Stocksignal dabei, Edb. | 1400 T. |
| &raquo; Naab und Vils, Zusammenfluss | 1102 L. |
| &raquo; &raquo; (2 M.) | 1103 G. |
| &bull; Schlosshof, am Thurme daselbst, Edb. | 1408 G. |
| &bull; Schreinerbauerberg, Sandplateau in der Nähe, Edb. | 1446 G. |
| **Kalmreuth** NO. bei Floss, Sts., Edb. | 1711 T. |
| **Kalsing**, Ort SO. von Roding, Kirchenpflaster | 1813 T. |
| &raquo; Standpunkt dabei, Edb. | 1813 T. |
| &bull; Kapelle auf d. Hochfläche | 1798 G. |
| **Kalte Moldau**, Wasserspiegel bei Haidmühle | 2489 T. |
| &raquo; derselbe | 2471 G. |
| **Kaltenbach**, Glashütte | 2859 R. |
| **Kaltenbaum** unfern Vohenstrauss, höchster Punkt neben d. Strasse | 1850 G. |
| **Kaltenbrunn** b. Kirchberg, Quelle | 2298 S. |
| **Kaltenbrunn**, Ort W. von Weiden, Kirchenpflaster | 1352 T. |
| &raquo; W. liegender höchster Punkt, Sts., Edb. | 1531 T. |
| &raquo; Sts. dabei, Edb. | 1422 T. |
| &raquo; Ochsenwirth, e. E. | 1409 G. |
| &bull; höchster Punkt W. dabei | 1775 G. |

| | Höhe in par. Fuss. |
|---|---|
| **Kaltenbrunn**, Ort W. v. Weiden, d. Lindenweiher das., s. Lindenweih. | |
| **Kalteneck** auf der Grün zwischen rauhem Kolm und Krackelwald | 2357 G. |
| &raquo; &raquo; Wirthshaus, Ahornbaum (5 M.) | 2339 S. |
| **Kaltenhof**, Ober-, bei Rittsteig unfern Lam, Sts. dabei, Edb. | 2367 T. |
| **Kaltenstein**, Ort bei Passau | 1760 L. |
| **Kaltwasser**, Ort SW. von Altreichenau bei Wolfstein, der Berg dabei | 2564 G. |
| **Kalvarienberg** bei Neustadt an der Waldnaab, Edb. | 1394 G. |
| **Kammeraitnach**, Ort S. b. Viechtach, Thalsohle | 1369 G. |
| **Kammersdorf**, Ort zunächst NW. bei Stallwang, Thalsohle dabei | 1229 G. |
| **Kammerweiher** bei Unterweiherhaus, O. von Zillheim, Wsp. | 1092 T. |
| **Kammerwetzdorf** N. von Thürnau (XXVI, 63), Sts. dabei, Edb. | 1465 T. |
| &raquo; Ortsmitte, Edb. | 1397 G. |
| **Kapfelberg**, Ort bei Abbach, Sohle des Grünsandsteins das. | 1208 G. |
| **Kapfham**, Ort O. von Hofkirchen, nordöstl. Höhe | 1446 G. |
| **Kapfham**, Ort O. bei Grafenau, Ortstafel | 2267 G. |
| **Kappel** S. von Wegscheid in Österreich, Kirchenpflaster | 1577 T. |
| **Kappeln**, Nieder-, Kirche in Böhmen | 1722 R. |
| **Karlhammer** zwischen Bodenmais und Böbrach, Thalsohle | 1667 G. |
| **Karmensölden**, Ort NW. von Amberg, Thalsohle | 1258 G. |
| **Karpfham** unfern Griesbach, Post, e. E. | 1005 G. |
| **Kasberg**, Ort SO. von Regen, höchster Punkt der Strasse N. dabei | 1973 G. |
| &raquo; höchster Punkt d. Strasse bei Sitzberg | 2111 G. |
| &raquo; Thalsohle gegen Regen, vor Polchetsried | 1734 G. |
| **Kasberg**, Ort SO. von Eppenschlag, unfern Grafenau, Stocksignal dabei, Edb. | 2319 T. |
| **Kaserberg**, s. Zell. | |
| **Kasparzell**, Ort W. von Viechtach, Weihermühle, Thalsohle | 1610 G. |

| | Höhe in par. Fuss. |
|---|---|
| **Kaspelhub**, Ort NW. v. Nittenau, | |
| Granitkuppe SW. dabei . . . | 1607 G. |
| **Kastel**, Dorf S. von Kemnath, | |
| Wirthshaus, e. E. . . . . . . | 1358 G. |
| **Kastel oder Kastl**, Markt SW. | |
| von Amberg, Pfarrkirchpflaster . | *1469* T. |
| » » Brücke im Markt, | |
| Edb. . . . . . . . . . . . | 1335 G. |
| » Kapelle oberhalb, gegen | |
| Giggelsberg, Thürschwelle . . | 1637 G. |
| » Kalvarienberg, mittleres | |
| Kreuz, Edb. . . . . . . . . | *1792* T. |
| **Kastlerberg** bei Kastl, S. von | |
| Kemnath, Sts. darauf, Edb. . . | *1676* T. |
| » höchster Punkt, Edb. | 1701 G. |
| **Katariederholz** NO. von Beratz- | |
| hausen, höchster Punkt ˙ . . . | 1672 G. |
| **Katharina**, Hochofen in der Nähe, | |
| O. von Waldhaus in Böhmen . | 1501 R. |
| **Katterlberg** bei Schönberg, Kreuz | |
| daselbst . . . . . . . . . | 2126 H. |
| » » höchster Punkt | |
| des Felsen . . . . . . . . | 2169 G. |
| **Katzbach**, s. Pischdorf. | |
| **Katzbach** S. von Bodenmais, Edb. | 1820 G. |
| **Katzberg** N. an Cham, Stock- | |
| · signal, Edb. . . . . . . . . | *1464* T. |
| **Katzenstein** W. von Oberviech- | |
| tach (LXV, 24), Kuppe, Edb. . | 1907 T. |
| **Kauerhof** W. von Sulzbach, Sts., | |
| Edb. . . . . . . . . . . . | *1378* T. |
| **Kaussing**, Langenberg dabei, N. | |
| von Hengersberg . . . . . . | 1306 G. |
| **Keilberg** bei Regensburg, Sts. . | *1414* T. |
| » Höhe gegen Schwabelweis | 1428 S. |
| » Jurahöhe NW. vom Dorfe, | |
| Erdboden . . . . . . . .˙. . | 1435 G. |
| **Keilsdorf** O. von Riedenburg | |
| · (XL, 7), Kthschw. . . . . . . | 1577 G. |
| **Keilsdorferholz**, Grabenschlag | |
| bei Vorigem . . . . . . . . | 1600 G. |
| **Keitersberg** (gr. Riedelstein), | |
| O. Stocksignal, Edb. . . . . . | *3496* T. |
| » » höchste | |
| Felsspitze . . . . . . . . . | 3476 G. |
| » W. Stocksignal . | *3082* T. |
| » höchste Spitze . . | 3267 L. |
| » W. Spitze . . . | 3116 L. |
| » Bärnstein, höch- | |
| ster Punkt . . . . . . . . | 3508 S. |
| » » höchster | |
| Punkt der ganzen Berggruppe . | 3505 G. |

| | Höhe in par. Fuss. |
|---|---|
| **Keitersberg**, Reischfleck . . | 3405 S. |
| » am Gsenget, höch- | |
| ster Stein . . . ˙ . . . . . . | 3256 S. |
| » · Hohenstein, | |
| Kuppe, höchster Punkt (2 Mess.) | 3241 G. - |
| » Mittagstein, | |
| Felsspitze . . . . . . . . . | 3195 G. |
| » Plattenberg, | |
| Felsboden . . . . . . . . . | 3085 G. |
| » Gotzendörferhöhe, | |
| höchster Stein am sog. Doctor- | |
| sprung . . . . . . . . . . | 3041 S. |
| » Rückenweg, Höhe | 2967 S. |
| » Eck, höchste Saat- | |
| felder . . . . . . . . . . | 2714 S. |
| » » Bauernhaus . | 2632 S. |
| » vorderer Kopf, NO. | |
| von Freudeneck, höchster Punkt | 2596 G. |
| **Kelheim oder Kellbeim**, Donau- | |
| thor, Pflaster . . . . . . . | *1060* T. |
| » Stadtplatz . . . . . . | 1100 L. |
| » Donau, Altmühlmündung | 1082 L. |
| » » » untere | |
| (nicht beim Kanal) . . . . | 1054 G. |
| » » am Brückenzoll- | |
| haus, Wasserspiegel . . . . . | *1050* T. |
| » deutscher Hof, 2 Stiegen | |
| (3 Mess. im Jahre 1854) . . . | 1106 G. |
| » » » 26' über | |
| der Strasse (6 Mess. 1858) . . | 1112 G. |
| » » » 26' über | |
| dem Pflaster . . . . . . . . | 1100 S. |
| » · Plateau, NO. beim Bild- | |
| stock am Fusssteig . . . . . | 1439 G. |
| » Kanalhafen, Mauerrand, | |
| Pegelnullpunkt . . . . . . . | *1054* T. |
| » Kanallagerplatz, Edb. . | 1086 G. |
| » » der Wassersp. | |
| daselbst . . . . . . . . . | 1061 G. |
| **Kelheimwinzer** zunächst O. | |
| bei Kelheim, Stocksignal . . . | *1385* T. |
| » Ort bei Kel- | |
| heim . . . . . . . . . . | *1087* L. |
| **Kellberg** bei Passau, Kirche . . | *1509* L. |
| » » » Thür- | |
| schwelle . . . . . . . . . | 1537 G. |
| » » Eingang in den | |
| Kirchhof . . . . . . . . . | 1475 S. |
| » Kurhaus, Hausflötz . . | 1355 T. |
| » Badhaus . . . . . . | 1334 H. |
| » der Badbrunnen | 1360 G. |
| » Thals. bei der Grafmühle | 1215 _G._ |

Höhe in par. Fuss.

Kellberg bei Passau, Standpunkt bei dem Dorfe . . . . . . . 1460 T.
Kellermühle, s. Unterkellermühle.
Kellnerhöhe bei Einsiedel' im Brucker Forst bei Bodenwöhr . 1596 G.
Kemnath, Stadt, Kirchpfl. . . . 1425 T.
» Platz vor dem Gasthaus zur Post (46 Mess.), Edb. . . . 1436 G.
» der Flötzbach das., Wsp. 1402 T.
» Eisenbahnhof bei Neustadt a./K., Planie . . . . . . 1387 O.
Kemnath, Dorf SO. von Hirschau, Kirchenthürschwelle . . . . . 1616 G.
» » Kapelle dab., Tschw. 1754 G.
Kemnath, s. auch Hohenkemnath.
Kemnath, Hohen-, Dorf NO. von Schwandorf, Kthschw. . . . . 1482 G.
» ». Sts. dabei, Edb. 1609 T.
Kemnathen, Dorf NW. von Hemau, Feldkreuz . . . . . . 1636 T.
Kerngaberl b. Breitenberg (XXIX, 71), Stocksignal, Edb. . . . . 2038 T.
Kernmühle bei Passau . . . . 922 H.
Kienzelberg O. von Schwendreut bei Wolfstein, Edb. . . . . . 3125 G.
Kiesberg bei Grainet, O. von Wolfstein . . . . . . . . . . . 3485 G.
Kiesleitenberg S. von Hartmanitz in Böhmen . . . . . . . . 3342 R.
Kindlas NO. von Hirschau, Baumsignal, Edb. . . . . . . . . 1588 T.
Kindlbach, Ort S. bei Griesbach, Thalsohle . . . . . . . . . 1108 G.
Kindtener Berg S. von Ried, O. von Waldhof bei Ortenburg . . 1511 G.
Kinsabach bei Stallwang, Wsp. . 1076 T.
» bei Ascha, Wsp. . . . 1038 T.
» bei d. Brückmühle, Wsp. 1033 G.
Kinzing bei Passau . . . . . . 1144 L.
Kirchberg, Ort bei Regen, Pfarrkirche, Pflaster . . . . . . 2274,5 T.
» » Kirche . 2041 L.
» ·Kirchenthürschwelle . 2263 G.
» Kirchenpflaster . . . 2283 S.
» Bräuhaus, e. E. . . 2072 S.
» » über 1 Stiege (2 Mess.)· . . . . . . . . . 2058 G.
» Thals. b. d. Furthmühle 1825 G.
Kirchberg S. zunächst bei Schönberg unfern Grafenau, Kirchpfl. 1712 T.
Kirchberg zwischen Vohenstrauss und Pleystein, N. v. Weissenstein 2103 G.

Höhe in par. Fuss.

Kirchberg, s. Blattenberg.
Kirchberg N. von Otterskirchen bei Passau, der Steinberg das. . 1411 G.
Kirchberg in Österreich, N. der Donau . . . . . . . . . . 1856 R.
Kirchdorf zwischen Schönberg u. Zwiesel bei Eppenschlag . . . 2178 L.
» . » Wirthshaus 2123 H.
» » » . 2116 G.
» . » » e. E. 2083 S.
» Strassenhöhe geg. Schlag 2169 S.
» » .» Rinchnach . . . . . . . . . . 2182 S.
» » Thalsohle . bei Bruck daselbst . . . . . 1935 G.
Kirchenbingarten SO. von Weidenberg, Weiherdamm . . . . 1614 G.
Kirchenbuch bei Buchheim, SW; von Schwandorf, Kirchpfl. . . . 1349 T.
Kirchenbuckl bei Altentann, Sts. (XLVI, 23) . . . . . . . . 1668 T.
Kirchendornbach O. bei Auerbach, Kthschw. . . . . . . . 1636 G.
Kirchenlaibach, Ort SO. von Bayreuth, Kthschw. . . . . . 1424 G.
» die Eisenbahn-Station, Planie. . . . . . . . 1425 O.
» Granitz, höchster Punkt an der Strasse, NW. vom Dorfe . . . . . . . . . 1554 G.
» Wasserscheide dabei, höchster Punkt der Eisenbahn . . . . . . . . . . 1433 T.
» Übergang über den Lainbach, Thalsohle . 1362 T.
Kirchenödenhart S. von Schmidmühlen, Ortstafel . . . . . . 1407 G.
» Eingang in's Dorf . . . . . . . . . . 1398 G.
Kirchenpingarten, s. Kirchenbingarten.
Kirchenreinbach bei Holenstein, NW. von Sulzbach, Kthschw. . 1364 G.
Kirchenthumbach, s. Thumbach.
Kirchenwien, Ort N. von Velburg, Kthschw. . . . . . . . 1661 G.
» Stocksignal, Edb. . 1839 T.
Kirmsees SO. bei Weidenberg, oberstes Haus . . . . . . . 1711 G.
» Stocksignal dabei, Edb. 1697 T.
Kirnberg, Ruine N. bei Stamsried, Stocksignal, Edb. . . . . 1730 T.

Ködlitz, Ort S. von Kirchenlai-
bach, Stocksignal, Edb. . . . . *1642* T.
Köfering, s. Käfering.
Kögelholz bei Buchberg, zunächst
O. von Mitterfels . . . : . . . 1527 G.
Kölbldorf, Ort W. von Boden-
wöhr, Stocksignal dabei, Edb. . *1396* T.
„ auf dem sogenannten
Köpfel am Dorfe, höchster Pkt. 1370 G.
Königsdobel S. von Passau, höch-
ster Punkt W. vom Häuschen . 1511 G.
Königshaide O. von Weiden-
berg, Stocksignal; Edb. . . . . *2550* T.
„ am Königshaus . . 2602 G.
Königshütte, Eisenhütte b. Wald-
sassen, Wohnhaus, Thschw. . . 1546 G.
Königskron, Häuser O. von Wei-
denberg . . . . . . . . 2433 G.
Königstein, Ort W. von Vilseck,
Kirchenthürschwelle . . . . . 1531 G.
Köpfelsberg bei Zandt, S. von
Cham . . . . . . . . . . 2137 L.
„ höchster Pkt. (XLVIII,
35), Edb. . . . . . . . . . 2058 T.
„ höchster Punkt . . . 2104 G.
Köppelen im Kachetergericht,
Gasthaus in Böhmen . . . . . 2329 R.
Kösselne, Hutsignal im Fichtel-
gebirge, Erdboden . . . . . *2894* T.
Kössing SO. von Vohenstrauss
(LXX, 25), Stocksignal, Edb. . . *1733* T.
Köttlitz, s. Pechelberg.
Kötzersdorfer Höhe, Muschel-
kalkberg NW. von Kemnath . . 1580 G.
Kötzting, Markt, die Kirche, Kthpfl. *1262* T.
„ Post (Schrank), 1 St. (5 M.) 1288 S.
„ Markt . . . . . . . 1282 L.
„ Ludwigshöhe, obere Ter-
rasse . . . . . . . . . . 1534 S.
„ Beckendorfer Strassen-
höhe . . . . . . . . . . 1658 S.
„ Regenbrücke . . . . . 1238 S.
„ „ . . . . 1198 G.
Kogel oder Kogelberg, Gerüst-
signal zunächst NO. von Viech-
tach (XLVII, 42), Edb. . . . . *2339* T.
„ s. auch Kronberg.
Kogelberg S. von Viechtach (ob
voriger?) . . . . . . . . . *3174* L.
Kohlberg, Ort SW. von Weiden,
oberste Häuser an der Weg-
tafel . . . . . . . . . . . 1551 G.

Kohlberg, Ort SW. von Weiden,
die Bergkuppe S. davon, Edb. . 1815 T.
Kohlberg S. von Hackendorf in
Österreich, S. der Donau . . . *2375* R.
Kohlbergerhof oder Nässlgut
bei Passau . . . . . . . . *1349* L.
Kohlenburg, s. Kollnburg.
Kohlstattholz bei Altenmark, s.
Hochgasse.
Kolbachthal, Brücke. . . . . 1077 L.
Kolben, s. Rauher Kolben.
Kolbenberg, s. Kolmberg.
Kolberbach unter Obernzell, Mün-
dung der Donau . . . . . . 873 S.
Koldmühle in Böhmen . . . . 2038 R.
Kolinetz, Niveau der Wostruzna 1490 R.
Kollenburg, s. Kollnburg.
Kollermoos, Torffläche bei Pres-
sat, Wegniveau . . . . . . 1466 G.
Kollerschlag, Ort in Österreich,
S. der Donau . . . . . . . 2423 R.
Kollmberg, s. Kolmberg.
Kollnburg SW. von Viechtach
(Kohlenburg), Kpfl. . . . . . *2019* T.
„ „ Bräuh., Gartenh. 1942 S.
„ „ daselbst, der
höchste Fels darin . . . . . 2086 G.
Kolm, siehe Neudeck und Rauher
Kolben.
Kolmberg N. von Cham . . . . *2096* L.
„ der sogenannte
Ochselberg dabei . . . . . 2023 G.
Kolmberg bei Cham (NO. LV, 35),
Gerüstsignal . . . . . . . . *1830* T.
Kolmberg oder Kolbenberg bei
Wald, SO. von Nittenau, Sts.
dabei, Edb. . . . . . . . . *1831* T.
Kolmberg, Ort bei Kolmstein, W.
von Lam . . . . . . . . . 2429 G.
„ s. auch Kolbenberg.
Kolmitz SO. von Cham (L, 37),
Kuppe dabei, Edb. . . . . . *1783* T.
Kolnberg, s. Kolmberg.
Konradsgrünberg in Böhmen . *1761* R.
Konreuth, Gross-, Ort O. von
Tirschenreuth, Thurmpfl. . . . *1724* T.
„ „ Thals. davor 1610 G.
„ Geröllhöhe gegen Tir-
schenreuth an der Strasse . . 1670 G.
Konzell, Ort O. von Stallwang,
Thurmpflaster . . . . . . . *1818* T.
„ Standpunkt dabei, Edb. . *1892* T.

| | Höhe in par. Fuss. |
|---|---|

Kopfing, Ort O. von Schärding in Österreich, Kirchthurm . . . . 1805 R.

Kornberg, Stangensignal auf der Porphyrkuppe b. Erbendorf, Edb. 1899 T.

» der höchste Punkt . 1879 G.

Kornthann, Höhe des Hornblendeschiefers bei Friedenfels, unfern Erbendorf . . . . . . . . . 1545 G.

Korona, St., s. Corona.

Kosteberg oberhalb Griesbach, unfern Tirschenreuth . . . . 2419 G.

Kothmaisling an der Ostbahn, Bahnhofplanie . . . . . . . 1165 O.

Kotschdorf bei Wernberg, Strasse darin, Edb. . . . . . . . . 1393 G.

» Kuppe zwischen da und Feistelberg, s. Feistelberg.

Kottersreuth NO. von Weidenberg, Thalsohle . . . . . . 1932 G.

Kotzbauerschacht bei Frohnhof, NO. von Hahnebach . . . 1594 G.

Koxberg bei Schönberg, unfern Grafenau, höchster Punkt . . . 2202 G.

Krackelwald, Berg SW. von Ruhmannsfelden, Sts., Edb. . . . . 3139 T.

» . . . . . . . . 3133 L.

» ed. Vogelgesangberg, höchster Punkt . . . . . . . 3180 G.

Krähenhaus, Granitkuppe N. davon, unfern Tirschenreuth . . . 1721 G.

Krämerbühl bei Wildenau, Granit- und Serpentinkuppe . . . 1513 G.

Kraimoosweiher bei Schnabelwaid . . . . . . . . . . 1409 L.

Kramberg O. bei Waldmünchen, Stocksignal, Edb. . . . . . . 2500 T.

» SO. höchster Punkt darauf . . . . . . . . 2667 T.

» Gucker, höchst.Pkt., Erdboden . . . . . . . . 2679 G.

» N. höchster Punkt (Ebenberg) . . . . . . . 2540 T.

Kramelhof, s. Gramlhof.

Kramhof N. bei Waldmünchen, Stocksignal, Edb. . . . . . . 1891 T.

Kranabitzhof zwisch. Wegscheid und Obernzell . . . . . . . 1699 S.

» » der Porzellanerdestampf daselbst . . . . 1571 G.

Kranzberg bei Schwarzach, Försterstein . . . . . . . . . 2535 S.

» Ebene . . . . . . . 2287 S.

| | Höhe in par. Fuss. |
|---|---|

Krausmühl, Gross-, bei Trachenreuth, NW. von Kirchenthumbach, Thalsohle . . . . . 1474 G.

Krempelsberg, Ort S. bei Röhrnbach, unfern Passau . . . . . 1637 G.

Kressau, grösste Höhe dabei . . 1759 Hierl.

Kreussen, s. Creussen.

Kreuter Forst, höchster Punkt (XLVI, 21), S. von Kürn . . . 1597 T.

Kreusberg, Signal bei Amberg, S. von Vilseck . . . . . . . 1605 T.

Kreusberg, Ober-, bei Klingenbrunn (XXXVII, 56), Kpfl. . 2404 T.

» . . . . . . . . 2441 H.

» » höchster Felspunkt bei der Kirche, Edb. . . . . . 2462 G.

Kreusberg, Unter-, N. bei Wolfstein (XXXV, 63), Thurmpfl. 2523 T.

» Dorfkirche bei Wolfstein . . . . . . . . . . 2350 L.

» bei Hohenau, Kirchhof 2549 S.

Kreuzbügelberg bei Zielheim, S. von Schwandorf, höchst. Pkt. 1481 G.

Kreuzbühl bei Kirchenthumbach, am Orte, Hügel, Edb. . . . . 1506 G.

Kreuzhütte in Böhmen . . . . 1629 R.

Krickeldorf, Ort zunächst NW. von Hirschau, Thalsohle . . . 1472 G.

Krickelhof, Bergkopf zunächst S. von Hirschau . . . . . . . 1530 G.

Krien, Ort NW. von Putzleinsdorf in Österreich . . . . . . . 1943 R.

Krippersberg, s. Krüppersberg.

Kritzenast bei Waldmünchen, Schwarzachbrücke, 10' über dem Wasserspiegel . . . . . . . 1445 G.

Kronawitthof, s. Kranabitzhof.

Kronberg bei Bodenmais, Gipfel . 3076 S.

» » höchster Felspunkt, Edb. . . . . . . . 2989 G.

» Quelle am Steig nach Schöneck . . . . . . . . 2676 S.

» Baumsignal darauf, Edb. 3031 T.

Kronberg, Ort N. von Viechtach, höchster Punkt N. davon . . . 2508 G.

» daselbst der Kogelberg, W. vom Orte . . . . . . . 2421 G.

Krondorf, Ort NO. von Schwandorf, Sts. dabei, Edb. . . . . 1485 T.

» Berg oberh., alte Bleigrub. 1546 G.

Krottensee, Ort S. von Auerbach, Baum im Dorfe, Edb. . . . . 1321 G.

| | Höhe in par. Fuss. |
|---|---|

**Krottensee**, Höhle, Eingang . . 1547 T.

„ „ tiefster Punkt
darin . . . . . . . . . . 1304 T.

**Krüppersberg**, höchster Punkt
N. von Piehlenhofen am Naabthal 1474 G.

**Kuchenreuth** S. zunächst bei
Kemnath, Sts. dabei, Edb. . . . 1521 T.

**Kuchen**- oder **Kochenthal** bei
Hohenschambach, S. von Hemau,
Stocksignal, Edb. . . . . . . 1184 T.

„ „ Thalsohle
S. davon . . . . . . . . . 1276 T.

**Kuchlhof** N. von Wiesenfelden,
unfern Falkenstein, Sts. dabei,
Erdboden . . . . . . . . . 2029 T.

**Kücha**, höchster Punkt an d. Grenze
des Glaubendorfer Kirchwaldes,
unfern Wernberg . . . . . . 1799 Hierl.

**Küchenhof** am Natzl (Wartei
Wernberg) . . . . . . . . 1678 FM.

**Kühberg** bei Höfling, SW. von
Sulzbach, Sts., Edb. . . . . . 1728 T.

**Kühberg** oder **Kuhberg**, Stocksignal bei Zwergau, unfern Erbendorf, Edb. . . . . . . . 2181 T.

„ höchster Punkt, Edb. . . 2213 G.

**Kühberg** am Schwarzwöhresberg
unfern Neunburg a./W., Bs., Edb. 1800 T.

**Kühberg**, s. Pfaffenreuther Berg.

**Kühberg** bei Glashütten in Böhmen 1980 R.

**Kühberg** bei Ratzenricht, W. von
Aichazant, unfern Sulzbach . . 1748 G.

„ oder hoher Berg, höch-
ster Punkt . . . . . . . . 1742 T.

**Kühberg** bei Bieberswöhr, SO. von
Creussen . . . . . . . . . 1742 G.
„ s. auch Granswang.

**Kühberg** NO. von Königstein, Sts.,
Edb. . . . . . . . . . . 1756 T.

**Kühlberg**, Signal bei Passau . . 1227 L.

**Kühnhausen**, Ort W. von Hohenfels, Stocksignal, Edb. . . . . 1625 T.

**Kürn**, Ort bei Regensburg, Stocksignal, Fels . . . . . . . . 1804 T.

„ d. Hochstein dabei, s. Hochstein.

„ der Ort selbst (Stpkt.?) . 1668 L.

„ der Buchholzberg N. davon,
gegen Seibersdorf . . . . . 1691 G.

„ Thalsohle an der Löchelmühle daselbst . . . . . . 1280 G.

**Kürnberg**, s. Kirnberg.

| | Höhe in par. Fuss. |
|---|---|

**Kütschenrain**, s. Kutschenrain.

**Kufhäuser** bei Elisabethszell im
Riedlwalde, SW. von Viechtach,
Baumsignal, Edb. . . . . . . 2821 T.

„ Rücken zunächst W.
dabei, Edb. . . . . . . . . 2771 G.

„ Bergrücken N. davon,
höchster Punkt . . . . . . 2897 G.

**Kugelholz** bei Haar, unfern Obernzell, höchster Punkt . . . . . 1821 S.

**Kugelstatt** b. Schwarzach, Diensthütte . . . . . . . . . . 2730 S.

**Kuhberg**, grosser, W. v. Zwieseler Waldhaus, höchster Punkt,
Edb. . . . . . . . . . . 2330 T.

**Kuhberg** bei Pfaffenreuth, s. Pfaffenreuth.

**Kuhberg**, s. auch Kühberg.

**Kuhhübel**, Basaltberg am rauhen
Kulm . . . . . . . . . . 1616 G.

**Kuhtriftmühle** am Chodangelbach in Böhmen . . . . . . 1328 R.

**Kulm**, hoher, bei Windpaising,
unfern Naabburg (NW.), Stocksignal darauf, Edb. . . . . . 1933 T.

„ „ „ . . . 2069 L.

„ „ nördlichst. Kegel 1903 G.

„ „ mittlerer Kegel . 1943 G.

„ „ höchster Punkt . 1964 G.

**Kulm, rauher**, bei Neustadt a./K.,
Basaltkegel . . . . . . . . 2104 T.

„ „ „ . . . 2156 L.

„ „ „ . . . 2138 L.

„ „ höchster Punkt
darauf (2 M.) . . . . . . . 2150 G.

**Kulm**, der kleine, in Neustadt
a./Kulm, Höhenpunkt . . . . 1691 G.

**Kulm**, Muschelkalkberg S. v. Weidenberg, Sts., Edb. . . . . . 1677 T.

**Kummersdorf**, Ort NO. von Kötzting, Weissregenthal daselbst,
Thalsohle. . . . . . . . . 1411 G.

**Kumreith**, I. Signal an den Büchel-
äckern, S. von Wolfstein, Edb. . 1751 T.

„ SW. von Wolfstein, Berg
an der Strasse vor Oberndorf . 1795 G.

**Kunzenstein** b. Wernberg, grösste
Höhe . . . . . . . . . . 2314 Hierl.

**Kurfürstberg** in Steinkart, S.
von Ortenburg, an der Strasse . 1661 G.

**Kusch**, Basaltkegel bei Aign, N.
von Kemnath, höchster Punkt . 1878 G.

| | Höhe in par. Fuss. |
|---|---|

**Kuschwarda**, Pass, höchster Pkt. der Poststrasse zwischen Winterberg und Kuschwarda, Forsthaus von Kubohütten in Böhmen . . . . . . . . . . . 2975 R.

» Landesgrenze gegen Bayern, Landstrasse . . . . . 2501 R.

**Kutschenrain**, Berg bei Thurndorf, O. von Pegnitz, Kalvarienberg, Kapellenpflaster . . . . *1980 T.*

» Kalvarienberg darauf, die Kapelle . . . . . . 1997 L.

» » Sts., Edb. *1902 T.*

» » » *1937 T.*

» bei dem Hüttchen (2 M.), Edb. . . . . . . . . 2043 G.

» bei der Kapelle, Erdboden . . . . . . . . . 2006 G.

» Kalvarienberg, der Erdboden daselbst . . . . . 2088 G.

» s. auch Eichig.

**Kyffhäuserberg** bei Straubing . *2909 L.*

**Laber** oder **Laaber**, Markt an der Laber bei Hemau, Kpfl. . . *1239 T.*

» » Marktplatz, Edb. 1232 G.

» Stocksignal dabei, Edb. . *1372 T.*

» Brücke über den Fluss . 1183 G.

**Laher**, schwarze, Fluss, Mündung in die Donau . . . . . 1024 G.

» » Wasserspiegel bei Thumhausen . . . . . . *1131 T.*

» » bei Deuerling . . . . . . . . 1109 G.

» » bei Markt Laber . . . . . . . *1181 T.*

» » bei Beratzhausen . . . . . . . *1273 T.*

» » » . . *1266 G.*

» » oberhalb der Pexmühle . . . . . 1317 T.

» » » oberhalb der Wieselbruckmühle . . *1343 T.*

» » » am Steg der Hammermühle bei Parsberg . . . . . . . . . . . *1371 T.*

» » » am Steg bei Röckenhofen . . . . *1426 T.*

» » » am Ausfluss d. Lengenfelder Weihers *1449 T.*

» » » am Ursprung bei Laber . . . . . *1517 T.*

| | Höhe in par. Fuss. |
|---|---|

**Laberthal**, Zusammenfluss bei Haas zunächst bei Dietfurt, unfern Hemau . . . . . . . . 1121 G.

**Lackenhäuser** in der Neuwelt, beim Rosenberger Sommerhaus (3 Mess.) . . . . . . . . . 2503 S.

» über 1 Stiege . . . . . . . . . 2539 G.

» höchste Felder dabei, Edb. . . . . . . . . 3108 S.

**Lämersdorf** bei Waldau, NW. von Vohenstrauss, Sts., Edb. . . *1665 T.*

**Längau** bei Rötz, oberstes Haus . 2127 S.

**Lageln**, Rotthaler Strasse, höchster Punkt dabei . . . . . . 1344 G.

**Laineck**, Thalsohle bei der Brücke unfern Bayreuth . . . . . . 1113 G.

**Lakaberg** im Zwieseler Walde, höchstes Plateau, Edb. . . . . 4100 G.

» Grenzstein gegen Böhmen Nr. 25 . . . . . . . 4057 G.

**Lakasee** bei Stubenbach an der Grenze in Böhmen, Schwelle. . 3354 G.

» bei Stubenbach in Böhmen 3278 R.

**Lalling**, Ort bei Hengersberg, Kirchenpflaster . . . . . . . *1380 T.*

» Thalsohle am Dorfe . . 1215 G.

**Lam**, Ort O. von Kötzting, Pfarrkirche, Kpfl. . . . . . . . . *1774 T.*

» Kirche . . . . . . . . . 1779 L.

» beim Bäcker Mühlbauer, 1 St. (10 Mess.) . . . . . . . . 1797 S.

» » » (2 M.) 1725 G.

» Himmelreich, am Weg beim Kreuze . . . . . . . . . . 1987 S.

» Steg über den Regen dabei . 1564 G.

» s. auch Buchet (Bergwerk).

**Lambach** bei Lam, Herrnhaus, e. E. (2 M.) . . . . . . . . . . 2197 S.

**Lamberg** zunächst SO. bei Cham (LI, 36), Kirchenpflaster . . . *1856 T.*

» Kirchenthürschwelle . 1843 G.

» (Standpunkt?) . . . . *1892 L.*

**Lamberg**, Ort bei Neukirchen bei heil. Blut, der Moosberg SO. dabei 2432 G.

**Lamerwald** zwischen Lam und Arnbruck, Waldwiese (XLIX, 46), Stocksignal, Edb. . . . . . . . *3556 T.*

» höchster Punkt am Markstein 88 daselbst, Edb. . . *3655 T.*

**Lammerbach** bei Viechtach, Kapelle . . . . . . . . . . . 1627 S.

Leithen, Berg bei Freyung, Rad-
schuhsäule zwischen Schmieding
und Freyung . . . . . . . . 2229 S.
Leithenmühle an der österreich.
Grenze, Hauptgrenzstein LI . . 1595 H.
    »     Riedl, Ruine . . . 1775 H.
Leittendorf, s. Loitendorf.
Leitzersberg N. von Obernzell,
Thalsohle an der Wastlmühle . 1425 G.
Lembach, Stadt N. der Donau in
Österreich . . . . . . . . 1774 R.
    »    Mühle dabei . . . . . 1693 R.
Lengau, Klein-, SO. von Koller-
schlag in Österreich, N. d. Donau 2586 R.
Lengenfeld S. von Amberg, St.? 1207 L.
    »     »   Wirthshaus,
ebene Erde . . . . . . . . 1185 G.
Lengenfeld, Ort W. von Velburg,
Kirchenpflaster . . . . . . . 1489 T.
    »     » obere Grenze
des Dogger . . . . . . . . 1459 G.
Lengenfeld nach Rothenbürg,
Granitfels SW. von Tirschenreuth 1652 G.
    »     nach Schönficht, höch-
ste Steigung dazwischen . . . 1743 G.
Lengseugenberg bei Neuhaus,
S. von Cham . . . . . . . . 2183 L.
    »      höchste
Spitze . . . . . . . . . . 2023 G.
Lenkenreuth, Unter-, Ort SO.
von Creussen, der Dorfweiher . 1588 G.
Lenzingerberg bei Hutthurn um
Passau . . . . . . . . . . 1766 L.
Leonberg, Ort O. von Burglen-
genfeld, Kirchenpflaster . . . 1276 T.
    »     » . . . . . . . 1359 L.
Leonberg, Ort S. von Waldsassen
(LXXXVII, 22), Kthschw. . . . 1660 G.
    »   Stocksignal dabei,
Erdboden . . . . . . . . . 1765 T.
    »     Berg nächst SO., Wald-
stein Nr. 420 bei Vorigem . . 1571 G.
    »     höchster Punkt dabei . 1822 T.
Leonberger Wald oberhalb des
Bergbofes, NO. davon beim vo-
rigen Orte . . . . . . . . 1605 G.
Leonhard, St., N. von Sarleins-
bach in Österreich, N. der Donau 1885 R.
Leopoldsreuth, Sandhäuser, Kir-
chenpflaster . . . . . . . . 3417 T.
    »     Wirthshaus, e. E.
(2 Mess.) . . . . . . . . . 3472 S.

Leopoldsreuth, Gerüstsignal
dabei, Erdboden . . . . . . 3472 T.
    »     die Steinreuth
dabei, höchster Punkt . . . . 3602 G.
Lerchberg b. Hofkirchen, O. davon 1327 G.
Lessau SW. bei Weidenberg, Ths. 1316 G.
Lettenmühle bei, Waldeck, unfern Kemnath, Thalsohle . . . 1558 G.
Letzau, Ort O. von Weiden, Stocksignal, Erdboden . . . . . . 1961 T.
    »    nach Tröglersricht, Höhe
dazwischen . . . . . . . . 1945 G.
    »    das Dorf selbst, Kthschw. 1741 G.
    »   s. auch Steinfrankenreuth.
Leuchtenberg bei Weiden, Kirchenpflaster . . . . . . . . 1765 T.
    »     Sohle des vierecki-
gen Thurms . . . . . . . . 1859 G.
    »     Schlossruine . . . 1870 L.
    »     Ruine, Schlossplatz 1866 Hierl.
    »     Wirthsh. am Markte 1831 G.
    »     Forsthaus, e. E. . 1788 Hierl.
Lichtenauerberg, Pyramide
NW. von Hauzenberg, Edb. . . 2233 T.
    »      höchste Berg-
kuppe NW. v. Hauzenberg (vor.?) 2507 G.
Lichtenberg, Kirche S. von Adel-
mannsstein b. Donaustauf, Tbschw. 1698 G.
Lichtenberg bei Wallern in Böh-
men . . . . . . . . . . . 3332 R.
    »    SW. von Winterberg
in Böhmen . . . . . . . . 3450 R.
Lichteneck SW. von Sulzbach,
Stocksignal, Edb. . . . . . . 1797 T.
Lichteneck bei Grafenau, nördl.
Anhöhe . . . . . . . . . . 2212 S.
Lichteneck, Ruine am W. Ge-
hänge des hohen Bogens unfern
Kötzting, oberer Rand d. Thurms 2231 T.
    »     Kapelle, Edb. dabei . 2141 G.
Lichtwasser im Dreisesselgebirge,
Grenzstein Nr. 13, Edb. . . . 2908 G.
Liebenstein, Burg unfern Tir-
schenreuth, Edb. . . . . . . 1652 G.
    »    Mühle das., Wasser-
spiegel der Waldnaab . . . . 1552 G.
Lieblmühle am Erlaubache bei
Passau . . . . . . . . . . 1120 S.
Liegharding in Böhmen, Flur
des Posthauses . . . . . . . 988 R.
    »     Post, 40' über der
Bachsohle . . . . . . . . . 1087 R.

Höhe in par. Fuss.

Liesenthan, Ort W. von Naabburg, Stocks. S. davon, Edb... 1396 T.

Limpel- oder Lumpelberg
SO. von Velburg, Stocks., Edb.. 1983 T.

Lindberg N. von Peterskirchen bei
Aidenbach, Geröllhöhe dabei . 1410 G.

Lindberg bei Zwiesel, neue Sägmühle von H. Hentsch .... 1923 S.

 »      Thalsohle daselbst . . 1939 G.

 »      Kreuzbuchenhöhe gegen
Zwiesel ......... 2008 S.

 »      Lohwald, Berg zu-
nächst N. dabei ...... 2329 G.

Lindberger Hirschberg NO.
von Zwiesel (XLIV, 57), Sts., Edb. 3786 T.

 »       »      höchster
Punkt (XLV, 57), Edb..... 3903 T.

Lindbüchl, Hof N. von Hauzenberg, Edb......... 1776 G.

Lindenberg bei Sandau (Böhmen) 2034 R.

Lindenhardter Forst W. von
Creussen, höchster Punkt . . . 1844 G.

Linden-Weiher bei Kaltenbrunn,
W. von Weiden, Wasserspiegel 1330 T.

Lindetwald S. von Schärding in
Österreich ........ 1251 R.

Linglmühle, s. Pfreimt.

Linkenried, s. Luhe, Bach.

Lintach, Ort O. von Amberg,
Stocksignal dabei, Edb. .... 1316 T.

 »   Kirche, Thürschwelle . . 1416 G.

 »   nach Raigering, Höhe dazwischen, höchster Punkt . . . 1555 G.

 »   Niveau des Keuper und
Lias in der Nähe ...... 1357 G.

Lintacherberg zunächst O. von
Mantel, höchster Punkt . . . 1495 G.

Lissaberg in Böhmen .... 2666 R.

Lobensteigerberg O. bei Peg-
nitz, Dolomitfels, höchster Punkt 1781 G.

Lobenstein, Ruine S. von Wal-
derbach, unfern Nittenau, Edb.. 1737 T.

 »   Thurmsohle .... 1836 G.

Loch am Pfahl, SW. von Cham . 1321 G.

Lochhäusl, Forsthaus in Böhmen 1940 R.

Loderhart S. von Ruhmannsfelden
(XXXVIII, 45), Sts. dabei, Edb. 2757 T.

Loderhof bei Engelburg, N. von
Passau .......... 1345 S.

Löchelmühle, s. Kürn.

Löchelsau O. von Bogen (XXXVII,
41), Stocksignal dabei, Edb. . . 1192 T.

Höhe in par. Fuss.

Löwendorf zwischen Cham und
Rötz (LVII, 33); Baumsignal . . 1970 T.

Lohberg, Einzelhof am Fusse des
Ossa bei Lam ....... 1992 H.

 »   im Lamerthal, Kirchenboden .......... 1997 S.

Lohberg, s. Diebstein.

Lohberger Glashütte bei Lam,
Brücke über d. Regen unterhalb 1786 G.

Lohe bei Hengersberg an der Donau 952 S.

Lohholz bei Passau, Strassenhöhe 1434 S.

Lohma, Ort O. von Pleistein, Sts..
Erdboden ......... 1683 T.

 »   der Zottbach, Thalsohle
desselben ......... 1561 G.

Lohwald, s. Lindberg.

Lohwies, Ober- (drei Steine),
zunächst N. an Bodenmais, Sts.
dabei, Erdboden ...... 2686 T.

Loibling SW. von Roding (L, 28),
Stocksignal, Edb....... 1512 T.

Loifing, zunächst S. bei Hauzenberg, Stocksignal dabei, Edb. . 1654 T.

Loigendorf, Ort SO. von Naabburg, Stocksignal dabei, Edb. . 1528 T.

Loisbach, s. Eslarn.

Loisimthal, Neu-, in Böhmen,
Kirche .......... 1958 R.

Loisnitz, Ort NO. von Burglengenfeld, Stocksignal dabei, Edb. 1353 T.

Loitendorf W. von Waldmün-
chen (LX, 33), Stocks., Edb. . 1579 T.

Loitzendorf N. von Stallwang,
Thalsohle ......... 1222 G.

Loizenried, s. Peyk.

Loretto, St., bei Alt-Kienberg in
Böhmen ......... 1561 R.

Losenried, Ort NO. von Nittenau,
Stocksignal dabei, Edb. . . . 1255 T.

 »   Bachsohle daselbst . 1111 G.

Luben S. von Schärding in Österreich ....'..... 1136 R.

Ludwigshöhe bei Kötzting, siehe
Kötzting.

Ludwigsstein auf der Einsattelung zwischen dem Rachel und
dem Rinchnacher Hochwald . . 2661 H.

 »   bei Klingenbrunn . 2720 S.

Ludwigsthal, Glashütte bei Zwiesel, Thalsohle ....... 1840 G.

 »   Brücke über den Kol-
bersbach daselbst ...... 1950 S.

15

Ludwigsthal, Strassenhöhe gegen
Waldhaus . . . . . . . . . . 2233 S.
Lügens (Kurfürst), Waldhöhe S.
von Wolfakirch bei Ortenburg,
höchster Punkt . . . . . . . 1554 G.
Lüssen, Bergrücken bei Eiden-
berg, S. von Wegscheid, N. Kuppe 2235 G.
 　*　　　　　　*　S. Kuppe 2296 G.
Lützelburger Anger bei Hau-
zenstein, s. Maad.
Luftleite NO. von Pegnitz, Sts.,
Erdboden . . . . . . . . . 1745 T.
Luhe, Markt bei Weiden, der Ort,
Kirchpflaster . . . . . . . . 1200 T.
 　*　　*　der Marktplatz, Edb. 1199 G.
 　*　　*　Eisenbahnhof, Planie 1200 O.
 　*　　*　Brücke am N. Eingang,
Brückensohle (2 M.) . . . . . 1250 G.
Luhe, Bach, Mündung in die Naab
bei Luhe . . . . . . . . . 1165 G.
 　*　　*　b. Leuchtenberg, Wsp. 1257 T.
 　*　　*　bei Linkenried, Thals. 1298 G.
 　*　　*　bei der Ziegelmühle
unfern Lämmersdorf, Thalsohle 1544 G.
 　*　　*　bei Waldthurn, Wsp. 1632 T.
Luitpoldszeche, s. Schönbrun-
nerberg.
Lunz, Ort W. von Roding (LI, 28),
 , Stocksignal dabei, Edb.. . . . 1469 T.
 　*　Berg zwischen da und Ödhof 1501 G.
Lupburg bei Parsberg, Kpfl. . . 1569 T.
 　*　höchster Fels der Burg,
O. von Parsberg . . . . . . 1673 G.
 　*　Strasse im Markt . . . 1663 G.
 　*　höchster Punkt SO. da-
von, Erdboden . . . . . . . 1667 T.
Lusen, Spitze, Signal darauf,
Erdboden . . . . . . . . . 4230 T.
 　*　　*　höchster Punkt
(4 Mess.) . . . . . . . . . 4243 G.
 　*　　*　darauf . . . . 4259 H.
 　*　Gipfel (2 Mess.) . . . . 4222 S.
 　*　　*　dies. Beobacht. nach d.
Rabensteiner Baromet. berechnet 4260 S.
 　*　　*　österr. trig. Best. . 4215 R.
 　*　　*　(Standpunkt?) . . 4022 L.
 　*　Spitze am Fusse des Gra-
nitkegels . . . . . . . . . . 3909 G.
Lusen-Umgegend, Grenze, Markstein 2/1 . . . . . . . . . 4042 S.
 　*　Sattel gegen Hochgericht,
Grenze . . . . . . . . . . 3771 S.

Lusen-Umgegend, Sattel gegen
den Spitzberg, tiefster Punkt . 3693 S.
 　*　Sägbach (Schreibach), Ur-
sprung bei dem alten Lusener
Waldhaus . . . . . . . . . 3455 S.
 　*　Rendlbergerschachten,
Stierplatz, Waldhütte . . . . 3235 S.
 　*　nach Rachel, dazwischen,
Hauptgrenzstein Nr. 9 . . . . 3730 H.
 　*　　*　　*　Nr. 7 4132 H.
 　*　　*　　*　Nr. 6 3795 H.
 　*　　*　Lauferstein Nr. 1¼ 3950 H.
 　*　　*　Hauptgrenzstein
Nr. 5 . . . . . . . . . . 3805 H.
 　*　Grenzstein Nr. 1 (Böhm.) 3869 R.
 　*　Waldhäuser, Lusener, s.
Waldhäuser.
Lutzmannstein, Markt bei Vel-
burg, Kirchpfl. . . . . . . . 1596 T.
 　*　　*　Kapelle
an der Ruine, Pflaster . . . . 1759 T.
 　*　　*　Kapelle,
Thürschwelle . . . . . . . 1773 G.
 　*　Ort, Thalsohle darin . . 1548 G.
 　*　Stocksignal, Edb.. . . . 1807 T.

Maad, Ort O. von Regenstauf, Porphyrkuppe zunächst NW. dabei 1663 G.
 　*　　*　der Lützelburger An-
ger, Porphyrkuppe höchster
Punkt . . . . . . . . . . 1510 G.
Maader (Bienert's Haus) in Böh-
men . . . . . . . . . . . 3022 R.
 　*　Forsthaus . . . . . . 3112 R.
Maaderbach, Niveau bei Rechen
in Böhmen . . . . . . . . . 2791 R.
 　*　Zusammenfluss mit
der Widra heim Antigelbauer . 2620 R.
 　*　Zusammenfluss mit
dem Ahornbach . . . . . . 2935 R.
Machtelwies, Ort W. von Burg-
lengenfeld, Höhenplateau dabei . 1409 G.
Machtesberg, zunächst S. von
Herzogau, unfern Waldmünchen,
Stocksignal, Edb. . . . . . . 2522 T.
Madel bei Grainet, wo der Berg-
pfad von der Chaussee abgeht . 2630 S.
Madelholz bei Rehberg, SO. von
Wolfstein, Baumsignal, Edb. . . 2538 T.
 　*　höchster Punkt des
Berges, Edb. . . . . . . . 2544 T.
 　*　　*　　*　. . 2642 G.

Höhe in par. Fuss.

Mähring, Ort O. von Tirschen-
reuth, Kirchpflaster . . . . . . *2010* T.
 " Löwenwirthshaus, e. E. . 2052 G.
 " die Schwammäcker dabei 2201 G.
Mähringer Bach beim vorigen
Ort, Wasserspiegel . . . . . *1954* T.
Mahrbach, Anhöhe S. dabei, in
Österreich, N. der Donau . . . *1113* R.
Maibrunn bei Klingelbach, SW.
von Viechtach, Platte NW. davon 2859 G.
Maierhöfen bei Pointen, unfern
Riedenburg, Ortsmitte . . . . 1575 G.
Maierhofen, Ort bei Christuszell,
W. von Viechtach, Thalsohle . 1836 G.
Maiertshof, Ort bei Süssenbach, ·
unfern Wörth, Thalsohle . . . 1588 G.
Main, rother, Quelle im Lindenhardter Forst . . . . . . . 1789 T.
 " " bei Creussen, Wsp. *1277* T.
 " " bei der Schlehen-
mühle, Wasserspiegel . . . . *1170* T.
 " " an der Eisenbahn-
brücke bei Aichig, Wassersp. . *1083* T.
 " " an der Eremitage,
Wasserspiegel . . . . . . . *1058* T.
 " " in Bayreuth, Eisen-
bahnbrücke, Wasserspiegel . . *1030* T.
 " " " in der
Stadt . . . . . . . . . . *1028* T.
Mainberg O. von Bogen (XXXVII,
40), Stocksignal dabei, Edb. . . *1175* T.
Maissenberg SÖ. von Neunburg
v. W., an der.Strasse nach Neukirchen-Balbini, Kreuz, Edb. . *1475* T.
Mallerbühel NW. von Ursensol-
ben bei Amberg, höchster Punkt 1723 G.
 " " hoher Pkt.,
Ehringsfelder Berg . . . . . 1669 T.
Malsbach SO. von Kastel, Brücke
über den Hausnerbach, 10' über
dem Wasserspiegel . . . . . 1239 G.
 " Rausbacher Berg, höch-
ster Fels W. vom vorigen Orte 1637 G.
Mammersreuther Steinbruch SO.
von Waldsassen . . . . . . 1691 G.
Mantel SW. von Weiden, N. Stock·
signal, Edb. . . . . . . . . *1287* T.
· Wasserspiegel an der Haidnaab, 1251 T.
 " Hirschwirthsh., üb. 1 Stiege 1289 G.
Mantelberg, s. Martinsneukirchen.
Manteler Forst, der Höllrangen
darin (LXXV, 15), Edb. . . . 1503 T.

Höhe in par. Fuss.

Manteler Forst s. Binger.
Mantlern-Wagnern O. v. Naah-
burg, Höhe dazwischen . . . 1845 G.
Mappenberg, Ort SO. v. Schwan-
dorf, d. Dreieichentheile daselbst,
höchster Punkt . . . . . . . 1324 G.
Marberg am Lusen, Grosser,
Gipfel, Markstein Nr. 54 . . . 4248 S.
 " " " (Mark-
kopf) . . . . . . . . . . . 4143 G.
 " " " . . . . . . . . 4150 R.
 " " bei Markstein
Nr. 6 . . . . . . . . . . 4039 G.
 " Sattel zwischen dem klei-
nen und grossen, Markst. Nr. 8/7 3946 S.
Marberg, Kleiner, Gipfel, Mark-
stein Nr. 10/9 . . . . . . . 4165 S.
 " Sattel gegen den Sieben-
steinberg, Markstein Nr. 16/15 . 3796 S.
March, Ort W. bei Regen, Stock-
signal dabei, Edb. . . . . . *2177* T.
**Mariahilf**, Kirche bei Amberg,
Kirchpflaster . . . . . . . *1597,5* T.
 " der Berg bei Amberg,
Kirche, Edb. . . . . . . . . *1644* L.
 " höchster Punkt·N. von
der Kirche . . . . . . . . 1699 G.
Mariahilf, Kirche bei Lam, Kirch-
pflaster . . . . . . . . . . *2514* T. .
 " " Kirchenboden 2576 S.
Mariahilfsberg bei Passau, Kirche *1102* L.
Maria-Ort, Ort bei Regensburg,
Kirchthurmpflaster . . . . . *1043* T.
Mariaposching unterhalb Strau-
bing, Donau . . . . . . . 979 L.
Mariastein, s. Marnstein.
Marienhöhe zunächst bei Zwiesel,
Erdboden . . . . . . . . *2009* T.
Marienthal im Regenthale, W.
von Nittenau, Thalsohle . . . 1094 G.
Markbuche, Wirthshaus am Wege
von Viechtach nach dem Hir-
schenstein . . . . . . . 2691 Schwerin
Markbuchet bei Viechtach, höch-
ste Kornfelder . . . . . . . 2808 S.
Markkopf am Lusen, s. Marberg,
Grosser.
Markstetten, Ort NW. von Kall-
münz, Bildsäule . . . . . . 1473 G.
 " Ortsmitte . . . . 1463 G.
Marnstein oder Mariastein,
Ort NW. bei Falkenstein, Kpfl. . *1614* T.

15 *

Höhe in par. Fuss.

**Marnstein** oder **Mariastein**,
Thalsohle beim Haushof . . . 1350 G.
**Marschallzell**, Donau daselbst,
in Österreich . . . . . . . 844 R.
**Marterberg** N. von Ortenburg, am
Buchet . . . . . . . . . . 1312 G.
**Martinshöhe**, s. Altenthan.
**Martinsneukirchen**, Ort SW.
von Roding, der Mantelberg dab. 1970 G.
**Massenricht**, Ort zwischen Wei-
den und Hirschau, Mühlstein-
bruch daselbst . . . . . . . 1722 G.
　　　„　　Wirthshaus, e. E. . 1543 G.
　　　„　　Steinbruch dabei
(LXX, 12), Sts., Edb. . . . . *1595 T.*
**Matzelsberg**, Dorf beim Kreuz
O. von Luhe, unfern Weiden . 1414 G.
**Matzenberg** bei Obernzell, Ka-
pelle O. vom Dorfe . . . . . 1478 S.
**Matzenhof** N. von Lauterhofen,
Ortstafel . . . . . . . . . 1637 G.
　　　„　　unt. Eingang, Edb. . 1627 G.
**Matzersreuther** Höhe unfern
Tirschenreuth . . . . . . . 1745 G.
**Matzhausen** bei Burglengenfeld
(LII, 12), Stocksignal dabei, Edb. *1423 T.*
**Matzing**, Ort zunächst O. von
Hengersberg, Thalsohle . . . 1048 G.
**Mauschberg** N. von Neu-Loisim-
thal in Böhmen . . . . . . . *2312 R.*
**Mausdorf** N. v. Amberg, Kthschw.,
50' unter der oberen Keuper-
grenze . . . . . . . . . . 1391 G.
**Mauth** bei Finsterau, Kirchthpfl. *2529 T.*
**Mauther Forst**, s. Altmaierschloss.
**Maxbofen** bei Deggendorf, Wirths-
haus, e. E. . . . . . . . . 1255 S.
**Maximilianshof** zunächst W.
bei Oberviechtach, Höhe dabei 1786 G.
**Mayersgrün**, offene Kapelle . . 2211 R.
**Meilendorfer Berg** zunächst O.
von Auerbach, höchster Punkt
der Gegend . . . . . . . . 1820 G.
**Meldau**, Ort zwischen Schwandorf
und Bodenwöhr, Bergholz dabei 1541 G.
**Mendorferbach**, Ort NO. von
Hohenburg . . . . . . . . *1512 T.*
**Messnerschlager Büchele** zu-
nächst N. von Wegscheid, Stock-
signal, Edb. . . . . . . . . *2257 T.*
**Metten** bei Deggendorf, Kthpfl. . *984 T.*
　　　„　　Thalsohle an der Brücke　956 G.

Höhe in par. Fuss.

**Metten**, vor dem Wirthshaus, ebene
Erde . . . . . . . . . . 983 S.
**Meyerhof** und Trichenricht NW.
von Naabburg, Berg oberhalb . 1809 G.
**Michelbach, Klein-**, Mühle bei
Vordernschlag in Österreich . . 1640 R.
**Micheldorf**, Ort b. Leuchtenberg,
SO. von Weiden, der Buchhübel
daselbst . . . . . . . . . 1671 G.
**Micheleckmühle** N. von Weg-
scheid, Austritt des Michelsba-
ches aus Bayern . . . . . . 1963 G.
**Michelsbach, Gross-**, an der
Vordermühle bei Neureichenau,
Wasserspiegel . . . . . . . *1949 T.*
　　　„　　　„　　am Einfluss
des Gegenbaches, Wassersp. . . *1875 T.*
**Michelsbach, Klein-**, an der
Strasse zwischen Altreichenau
und Kaltwasser, Wasserspiegel . *2301 T.*
**Michelsfeld** unfern Auerbach,
Brücke . . . . . . . . . . 1264 G.
　　　„　　　„　　Klosterkpfl. *1255 T.*
　　　„　　der Flembach, Thal-
sohle, Wasserspiegel . . . . . *1244 T.*
**Michelsneukirchen**, Ort N. von
.Falkenstein, Wirthshaus . . . 1802 S.
　　　„　　Höhe gegen
Prombach . . . . . . . . . 1881 S.
　　　„　　Höhe N. von
St. Quirin, höchste Kuppe . . 1951 G.
**Miedersdorf, Gross-**, Ort N.
von Hohenfels, Stocks., Edb. . . *1514 T.*
　　　„　　s. auch Kleinmie-
dersdorf.
**Miesberg** bei Schwarzenfeld an
der Naab, Kapelle . . . . . *1385 L.*
**Mietnach** bei Au, NW. von Fal-
kenstein, Wasserspiegel . . . *1341 T.*
**Mietraching** N. von Deggendorf,
Stocksignal dabei, Edb. . . . *1248 T.*
　　　„　　Thalsohle oberhalb
der Glasschleif . . . . . . . 1356 G.
**Mimbach**, Ort O. von Sulzbach,
Höhe gegen Steinigenlohe, höch-
ster Punkt . . . . . . . . 1665 G.
**Mistelbach**, Ort W. von Aidenbach, unfern Vilshofen, Thals. . 1135 G.
**Mittagsberg** SO. von Stubenbach
in Böhmen . . . . . . . . *4100 R.*
**Mittelfirmiansreith**, s. Firmi-
ansreith.

Höhe in par. Fuss.

Mittelreinsbach bei Holenstein, N. von Sulzbach, Stocks., Edb. . *1733* T.
Mitterberg bei Miesbrunn, W. von Waidhaus, Kuppe im Walde, Erdboden . . . . . . . . . 2422 T.
Mitterfels, Kirchthurmpflaster . *1254* T.
» unteres Wirthshaus, über 1 Stiege (4 Mess.) . . . 1268 G.
» höchster Punkt der Strasse W. davon, Edb. . . . 1371 G.
Mitterteich, Kirchthurmpflaster . *1600* T.
» das Pflaster an der Kirche . . . . . . . . . . 1623 G.
» Bärenwirthh., Pflaster davor . . . . . . . . . . 1649 G.
» Eisenbahnhof, Planie *1584* O.
» der Saubertsbach dabei, Wasserspiegel . . . . . *1576* T.
Mohrbach, Zusammenfluss mit d. Ahornbach oberhalb der Fischerhütten . . . . . . . . . . 3094 R.
Moldau, Zusammenfluss der kalten und warmen . . . . . . . . 2139 R.
» beim Guthauser Steg . . 2205 R.
» beim Rechen vom Elendbachel, Niveau der Moldau . . 2355 R.
» Zusammenfluss mit dem Elendbachel . . . . . . . . 2408 R.
» unterhalb Ferchenhaid, Zusammenfluss mit dem Moldaubachel . . . . . . . . . . 2860 R.
» Zusammenfluss mit dem Seebach bei Aussergefild, Niveau . . . . . . . . . . . 3004 R.
» Ursprung bei Buchwald . 3492 R.
» » im Moos b. Buchwald . . . . . . . . . . 3680 G.
Moldau, kalte, Austritt aus Bayern, s. Kalte Moldau.
Moos bei Deggendorf, Wirthshaus, ebene Erde . . . . . . . . 985 S.
Moosbach NW. von Viechtach, Kirchthürschwelle . . . . . . 1664 G.
» Kirchthurmpflaster . *1646* T.
» und Prackenbach, höchster Punkt dazwischen (Pfahlfels), . . . . . . . . . . . 1799 G.
Moosberg, s. Lamberg.
Moosdorf S. von Waldmünchen, Bachsohle . . . . . . . . 1643 G.
Mooserholz bei Bärndorf, W. von Aidenbach . . . . . . . . 1295 G.

Höhe in par. Fuss.

Moosham, Ort S. von Grafenau (XXXIV, 58), Stocks. dabei, Edb. *3233* T.
Moosham im Dunkelboden, Eisenbahnstation bei Regensburg . . 1101 S.
» Bräuhaus daselbst . . . 1080 G.
Mooshütte, Austrägerhaus beim kleinen Arbersee, Edb. . . . . 2572 G.
Mooslohe, Torfstich bei Weiden, Moosebene . . . . . . . . . 1800 G.
Moosteich bei Münchsgrün unfern Tirschenreuth, Edb. . . . . . 1502 G.
Mosbach, Ort SO. von Vohenstrauss, am Weiher, Edb. . . . 1573 G.
Mosdorf, s. Moosdorf.
Muckenreuth bei Weidenberg, Thalsohle . . . . . . . . . 1816 G.
» » Sts., Edb. *1868* T.
» s. auch Iscara und Schieferberg.
Mühlbach, Unter-, bei Bogen, Höhe dabei . . . . . . . . 1613 G.
» » a. d. Buchenmühle daselbst, Thalsohle . . . . . 1248 G.
Mühlbach bei Mietraching unfern Deggendorf, Wasserspiegel . . *1206* T.
Mühlberg bei Schönsee, höchstes Felsriff, Grenzstein Nr. 58 . . 2809 G.
Mühlberg, Dorf zwischen Burglengenfeld und Schmidmühlen . 1345 G.
» s. Frauenreuth.
Mühlbuchetschachten zwischen Lusen und Rachel . . . . . 3555 H.
Mühldemelberg (grüne Kirche) N. von Wegscheid, Gerüsts., Edb. *2867* T.
» Friedrichsberg in der Neuwelt . . . . . . 2889 S.
Mühlhausen, Ort S. von Kastel, Stocksignal N. davon, Edb. . . *1687* T.
» » Stocksignal S. davon, Edb. . . . . *1780* T.
Mühlthal an der Grenze b. Schönsee . . . . . . . . . . 2256 G.
Müllerhütten am Fusse des Ossa 2143 R.
**Münchberg** N. von Burglengenfeld, Hauptsignal, Edb. . . . . . *1646,8* T.
» » höchster Punkt am Signal . . . . . . 1648 G.
» » obere Grenze des Dogger's daselbst . 1539 G.
München, Ort bei Kirchenreinbach (LXVIII, 1), Stocksignal, Erdboden . . . . . . . . . *1690* T.

Münchried, Ort zunächst W. von
Piehlenhofen unfern Regensburg,
höchster Punkt N. davon . . . 1516 G.
Münchsberg, s. Münchberg.
Münchsgrün NW. von Tirschen-
reuth, Edb. . . . . . . . . . 1579 T.
Münchsreut NW. von Speins-
hardt, Stocksignal, Edb. . . . 1404 T.
Münchszell SW. von Engelmar
unfern Viechtach, Stocks., Edb. 2391 T.
Münschberg . . . . . . . . 1156 R.
Masbrunn NO. von Vohenstrauss,
Thurm, Edb. . . . . . . . 1830 T.
   » s. auch Hochberg.
Müttersdorf . . . . . . . 1324 R.
Mugl, s. Altmuglmühle.
Muglhof, Berg an der Strasse nach
Weiden (Neuriedholz) . . . . 1539 G.
Muglhofberg, Signal O. von
Weiden, Stocksignal, Edb. . . 1948 T.
   » Signal bei Weiden 1965 L.
   » Signalspitze . . . 1973 B.
   » höchste Bergspitze
daselbst, Edb. . . . . . . . 2017 G.
Mungenhof NW. von Hemau
(XLV, 4), Erdboden . . . . . 1500 G.
Murach, Bach, Mündung in die
Schwarzach bei Zangenstein . . 1150 G.
   » b. Niedermurach, Wasser-
spiegel . . . . . . . . . . . 1292 T.
   » bei Lukahammer, Brük-
kenniveau . . . . . . . . 1674 G.
Murach, Nieder-, Ort, Kirche,
Thurmpflaster . . . . . . . 1309 T.
   » » Thalsohle an
der Brücke . . . . . . . . 1331 G.
Murach, Ober-, bei Oberviech-
tach, Schlossruine, Edb. . . . 1830 T.
   » » Ruine . . . . . 1838 L.
   » » Schloss, Felshöhe,
höchster Punkt . . . . . . . 1850 G.
Muschenried, Dorf O. von Winklarn, Kirchpflaster . . . . . 1510 T.
   » am Weiher, Edb. . 1523 G.
   » Bach daselbst, Was-
serspiegel . . . . . . . . . 1470 T.
Muschenriedberg an der dürren
Teisnach bei Ruhmannsfelden,
unfern Viechtach . . . . . . 3649 L.

Naab, Fluss, Mündung in die
Donau bei Mariaort, Wassersp. 1027 T.

Naab, Fluss, an der Brücke bei
Piehlenhofen . . . . . . 1034 G.
   » » an der Brücke bei
Burglengenfeld, Wassersp. . 1059 T.
   » » b. Dachelhof, Wsp. 1087 T.
   » » an d. Eisenbahnbrücke
bei Schwandorf, mittl. Wsp. . 1094 T.
   » » bei Schwarzenfeld,
Wasserspiegel . . . . . . 1109 T.
   » » bei Naabburg, Wsp. 1125 T.
   » » » . . . . 1204 L.
   » » » Wsp. 1131 G.
   » » bei Pfreimt, Zusam-
menfluss mit d. Pfreimt, Wassersp. 1138 T.
   » » Thals. 1156 G.
   » » » (Stpkt.?) 1164 Hierl.
   » » bei Wernberg, Wsp. 1152 T.
   » » » Brük-
kenniveau . . . . . . . . 1172 G.
   » » » unter
der Brücke bei Köblitz . . . 1172 Hierl.
   » » bei Luhe, Wassersp. 1163 T.
   » Zusammentritt aus Waldnaab und Haidnaab bei Unter-
wildenau, Wasserspiegel . . . 1171 G.
Naab, Wald-, Fichtel-, Haid-,
Schwein-, s. Waldnaab, Fichtelnaab, Haidnaab u. Schweinnaab.
Naabberg bei Rothenstadt, S. von
Weiden, höchster Punkt . . . 1408 G.
   » bei Weiden (LXXI, 17),
Stocksignal, Edb. . . . . . . 1302 T.
   » bei Hofplatte (LXXI,18),
höchster Punkt, Edb. . . . . 1381 T.
Naabburg, Stadtkirche, Kthpfl. . 1259 T.
   » Stadtkirche . . . . 1339 L.
   » im „Hecht", 15' über d.
Pflaster, über 1 Stiege . . . 1274 G.
   » im „Schwan", über
1 Stiege (32 Mess.) . . . . . 1283 G.
   » Eisenbahnhof, Planie . 1137 O.
Naabeck bei Schwandorf, Stock-
signal dabei, Edb. . . . . . . 1377 T.
   » » Wirthshaus 1191 S.
   » » Striesendor-
fer Heilingholz . . . . . . . 1554 S.
Nachtmann, von der Rusel nach
der Breitenau . . . . . . . 2922 S.
Nadling NO. von Deggendorf, Sts.
dabei, Erdboden . . . . . . 1839 T.
Nagel, Ort bei Fichtelberg, Kirchpflaster . . . . . . . . . . 1809 T.

| | Höhe in par. Fuss. |
|---|---|

**N a g e l**, der Mühlweiher dabei, Wsp. 1781 T.

**N a m s r e u t h**, Ort W. von Vilseck,
Thalsohle . . . . . . . . . . 1612 G.

**N a n z i n g** O. von Roding, Wasserspiegel des Baches daselbst . . 1157 T.

**N a s n i t z**, Ort O. von Pegnitz,
Ortstafel, Edb. . . . . . . . 1430 G.

**N a s s b r u c k b e r g** bei Plössberg,
NO. von Neustadt a./Wn. . . . 2140 G.

**N a s s k a m p i n g** W. von Rathmannsdorf, unfern Vilshofen, Stocksignal dabei, Edb. . . . . . . . 1240 T.

**N a t t e r n b e r g** bei Deggendorf, Gipfel, höchster Punkt . . . . . 1189 G.

» Fuss des Berges ebendaselbst . . . . . . . . 954 G.

» Höhe . . . . . . 1184 L.

» Schlosshof (2 M.) . 1145 S.

**N e h r e u t, O b e r-**, an der Strasse von Hauzenberg nach Breitenberg, Stocksignal am Dorf, Edb. 2562 T.

**N e i d l i n g**, s. Neundling.

**N e i d s t e i n** NO. von Etzelwang bei Sulzbach, Stocksignal, Edb. . . 1626 T.

**N e i g e r m ü h l e** bei Regen, Brücke über die Ohe . . . . . . . 1658 S.

**N e n n e i g e n**, Dorf W. von Wernberg, Kirchthürschwelle . . . 1307 G.

» an der Strasse von Wernberg nach Hirschau, Standensäule 21¼ . . . . . . . 1227 G.

**N e p o m u k**, höchster Punkt der Strasse von Waldmünchen nach Klentsch in Böhmen . . . . . 2071 R.

» höchster Punkt bei Nepomuk am Fuss des Cerkowberges in Böhmen . . . . . . . . 2138 R.

**N e t z a b e r g**, Ort bei Grafenwöhr, Feldkapelle . . . . . . . . 1582 G.

» » » oder der Bodenleite höchster Punkt 1564 G.

» » » Stocksignal, Edb. . . . . . . . 1539 T.

» » » oberstes Haus . . . . . . . . . 1579 G.

**N e u a l b e n r e u t h**, s. Albenreuth.

**N e u b ä u** O. von Bodenwöhr, Weiher, Wasserspiegel . . . . . 1175 T.

» » » . . . 1169 G.

» Stocksignal dabei, Edb. . 1389 T.

» Haltstelle der Ostbahn, Planie . . . . . . . . . 1199 O.

| | Höhe in par. Fuss. |
|---|---|

**N e u b ä u**, Eisenbahn, Wegübergang über die Staatsstrasse W. davon, Erdboden . . . . . . . . . 1205 O.

**N e u b ä u e r W e i h e r** O. von Bodenwöhr, Wasserspiegel . . . 1173 T.

» » Bahnnivellement, Wasserspiegel . . . . . 1175 T.

» » Ufer . . . 1202 S.

**N e u b ä u h ö h e** NW. von Muttersdorf in Böhmen . . . . . . 2164 R.

**N e u b a u h ü t t e n** in Böhmen . . 1592 R.

**N e u b r u n n**, Forsthaus in Böhmen 2304 R.

**N e u b u r g** S. bei Passau, Schlossthorschwelle . . . . . . . 1257 G.

**N e u d e c k** zunächst SW. von Winklarn (LXI, 28), Stocks., Edb. . 1848 T.

» höchster Punkt N. dabei (Kolm) . . . . . . . . . 1926 T.

**N e u d o r f**, Ort zunächst O. von Luhe, Kirche, Kirchthpfl. . . . 1332 T.

» der höchste Berg im Mitterwald oberhalb Waldstein 387 1752 G.

» höchster Punkt W. davon, Erdboden . . . . . . . . 1598 T.

**N e u d o r f** O. von Grafenau, zwischen den beiden obersten Häusern . 2239 S.

» » Kapelle daselbst, Erdboden . . . . . 2202 G.

**N e u e b e n** zunächst NW. bei Creussen, die Häuser . . . . . . 1451 G.

**N e u e n n u s s b e r g**, Ort O. von Viechtach, Fuss des Thurms . 2121 G.

**N e u e r n, O b e r-**, in Böhm., Kirche 1333 R.

**N e u e r n, U n t e r-**, in Böhmen, Gasthaus zum schwarzen Ross . 1295 R.

» bei der Eisenerzgrube „Hilfe Gottes" in Böhmen . . . 1565 R.

**N e u e s s i n g**, Kanalbrücke, Wsp. . 1072 T.

**N e u f a n g** NO. von Waldkirchen bei Wolfstein, Pyram., Edb. . . 2325 T.

**N e u f a n g** im Sonnenwald, Wirth, höchstes Ackerland . . . . . 2955 H.

» Rappenberg im Sonnenwald, Kapelle . . . . . . . 2603 S.

**N e u h ä u s l**, Dorf in Böhmen . . 1731 R.

**N e u h a m m e r** bei Klingenbrunn, Badhaus, ebene Erde . . . . 2156 S.

**N e u h a u s**, Wassersp. d. Waldnaab 1297 T.

» die Waldnaab, Thalsohle am Steg . . . . . . . . . 1822 G.

**N e u h a u s**, Ort S. von Cham, Thalsohle . . . . . . . . . . 1331 G.

Höhe in par. Fuss.

Neuhaus im Warmensteinachthale
im Fichtelgebirge . . . . . . 1982 G.
Neuhaus bei Windischeschenbach,
Kirchpflaster . . . . . . . . 1438 T.
     »       »    Stock-
signal dabei, Edb. . . . . . . 1626 T.
Neuhaus, Alt-, s. Altneuhaus.
Neuhausberg N. bei Wörth, S.
von Brennberg . . . . . . . 1619 G.
Neuhauser Ebene am Warmen-
steinachthale bei Grenzst. Nr. 14,
100' unter dem höchsten Punkt 2486 G.
Neuhof (Fulzerhof) in Böhmen . 1731 R.
Neuhof bei Troschenreuth, O. von
Pegnitz, Ortstafel . . . . . . 1654 G.
Neuhofen O. von Hengersberg,
Obernberg dabei . . . . . . . 1209 G.
Neuhofer Höhe NO. vom Ort,
O. von Creussen . . . . . . 1651 G.
Neuhütte bei Riedlhütte unfern
Zwiesel, 20' über der Glashütte 2441 S.
Neuhurkenthal in Böhmen,
Gasthaus . . . . . . . . . 2338 R.
Neukelheim, Stocksignal auf der
Felsplatte, Edb. . . . . . . 1472 T.
Neukirchen, St. Christoph, Ort
O. von Weiden, an der böhmi-
schen Grenze, Kthschw. . . . 2159 G.
Neukirchen, Ort zwischen Sulz-
bach u. Herschbruck, Ostbahnhof 1389 O.
    »  Kirche darin, Kirch-
thürschwelle . . . . . . . . 1387 G.
    »  Wegübergang oberhalb,
höchster Punkt der Eisenbahn
daselbst . . . . . . . . . 1457 G.
    »  Wasserscheide bei
Schönlind, höchster Punkt der
Eisenbahn . . . . . . . . . 1446 T.
Neukirchen, Ort zwischen Pars-
berg und Heman, Dorfeingang . 1676 G.
    »      »  Kpfl. 1692 T.
    »      »  höchster
Punkt NW. davon . . . . . 1715 T.
Neukirchen, Ort SW. von Wei-
den (LXXIII, 17), Kpfl. . . . 1467 T.
    »      »  Kirche,
Thürschwelle . . . . . . . 1511 G.
    »      »  höchster
Punkt am Wege nach Etzenricht,
Erdboden . . . . . . . . . 1558 T.
    »      »  Stock-
signal, Erdb. . . . . . . . 1489 T.

Höhe in par. Fuss.

Neukirchen, zunächst SW. von
Schwandorf, Kpfl. . . . . . . 1468 T.
   »      »  St. Anna,
die Formationsgrenze oberh. ders. 1496 G.
   »      »  Sts.
dabei, Erdb. . . . . . . . . 1522 T.
   »      »  siehe
auch Hochstrasse.
Neukirchen-Balbini unfern
Neunburg v./W., Sts., Erdb. . . 1709 T.
   »      »  Signal-
höhe NO. davon . . . . . . 1743 G.
Neukirchen beim heil. Blut,
unfern Kötzting, Kpfl. . . . . 1534 T.
   »      »  Gast-
hof von Kammermeyer, über 1 St. 1589 G.
   »      »  Frei-
bach das., Ths., Wsp. . . . . 1471 T.
   »  am Fusse d. hohen Bog. 1522 Sch.
   »  der Haselbach an der
Strasse nach Eschelkam, Brücke,
Wsp. . . . . . . . . . . 1371 T.
Neukirchen vor'm Wald, an der
Strasse von Passau nach Dittling,
Kirchhof, Portal . . . . . . 1455 S.
   »      »  Kirche,
Thürschw. . . . . . . . . 1497 G.
   »      »  Wirthsh. 1467 H.
   »  Strassenhöhe gegen
Dittling . . . . . . . . . 1664 S.
Neumark, Poststrasse von Klattau
nach Eschelkam, an der Landes-
grenze . . . . . . . . . . 1380 R.
   »  an der Grenze, Thals. 1382 G.
Neu-Mugl, Glimmerschieferfelsen
am Wege nach d. Düllen . . . 2664 G.
   »  Wirthshaus, Thürschw. 2228 G.
   »  SW. von Mayersgrün,
offene Kapelle daselbst . . . . 2211 R.
Neunburg vor'm Wald, Kpfl. . 1238 T.
   »      »  Post, über
1 Stiege . . . . . . . . . 1258 G.
   »      »  der Gal-
genberg dabei, s. Galgenberg.
Neundling bei Haunzenzell W.
von Stallwang, Sts. dabei, Edb. . 1737 T.
   »  höchste Kuppe NW.
davon, Erdb. . . . . . . . 1980 T.
Neunkirchen bei Weiden, s. Neukirchen.
Neunkirchen SO. von Bayreuth,
Platz vor dem Wirthsh., Erdb. . 1131 G.

Höhe in par. Fuss.

Neunussberg, Schloss O. v. Viechtach, Sts. dabei, Edb. ..... 2136 T.
" ........ 2179 Sch.
" Schlossboden .. 2170 S.
Neupistelwies SW. von Schwandorf (LIV, 15), Sts. dabei, Edb. 1486 T.
Neurandsberg, Ort bei Viechtach 1818 Sch.
" Schlossruine, höchster Punkt ........ 1895 G.
Neureichenau, Ort am Dreisesselgebirge, Kpfl. ....... 2061 T.
" Wirthsh. bei Göschl, über 1 St. (9 M.) ...... 2073 S.
" Signal N. davon, „Märzbuche", Edb. ..... 2339 T.
" 15' über der Mühle 1985 S.
" . Ths. an der Mühle 2044 G.
Neureuth an der Strasse SW. von Wolfstein, Sts. dabei, Edb. .. 1844 T.
" " " Kapelle, Thürschwelle ....... 1850 G.
Neuriedlhütte bei Zwiesel, Ths. 2456 G.
Neusath, Ort O. von Naabburg, Kalvarienberg ....... 1587 G.
" Stocks. dabei, Edb... 1543 T.
Neustadt an der Waldnaab, Kirchthurmpflaster ..... 1293 T.
" Kirchthürschwelle... 1280 G.
" Eisenbahnhof-Planie . 1255 O.
" Gasthof z. Kronprinzen, über 2 Stiegen ........ 1345 G.
" " Platz davor, Erdb. 1303 G.
" Schloss daselbst ... 1310 L.
" Wsp. der Waldnaab dabei 1233 T.
" Sohle d. Waldnaabthales an der Brücke ....... 1185 G.
" der Galgenberg dabei, s. Galgenberg.
Neustadt am rauhen Kulm, Kirchenpflaster ........ 1591 T.
" " " Wirthshaus vor'm Thor, Edb..... 1633 G.
" " " Gasthof zum Löwen ...... 1602 L.
" " " s. auch Kulm, rauher und kleiner.
Neustift, Wimmerhof, W. v. Passau 1093 S.
Neuthaler Forsthaus in Böhm. 2543 R.
Neuweiher bei Plössberg unfern Neustadt a/Wn., Wasserspiegel . 1815 T.
Neuwelt, s. Breitenberg und Lakkerhäuser.

Höhe in par. Fuss.

Neuwerk im Warmensteinachthale bei Weidenberg ...... 1504 G.
Neuwirthshaus bei Vohenstrauss, Weghöhe beim Wegweiser .. 1778 G.
Nicolaus, St., bei Floss, Kirchpfl. 1634 T.
" " Kthschw. 1625 G.
Nicolaus-Kapelle, St., bei Mähring, Thürschwelle ..... 2249 G.
Niederärndt, Ort W. von Vilseck 1501 G.
Niederaltaich, Kirche .... 1010 L.
" Bräuhaus, e. E. 966 H.
" (Standpunkt?) . 957 L.
Niederhofen, Ort S. von Höhenstatt bei Passau, Ths. .... 1061 G.
Niederkappeln in Österreich, N. von Donau, Kirche .... 1722 R.
Niedermurach, s. Murach.
Niederndorf N. von Obernzell, oberer Eingang in's Dorf, Edb. . 1520 G.
Niedernhof, Ort S. von Lauterhofen, obere Grenze des Dogger's 1558 G.
Niedernehreuth bei Hanzenberg, an der Strasse ....... 2168 H.
Niederranna, Donau daselbst . 849 R.
Niedertraubling, Ort S. von Regensburg, Brücke ...... 1054 G.
Niesass, zunächst S. bei Oberviechtach, Sts. dabei, Edb. .. 2083 T.
Niklasberg N. v. Schmolau in Böhm. 2237 R.
" " 2192 R.
Nittenau, die Kirche, Kthschw. 1082 T.
" Gasthaus zum Bären, über 1 Stiege ....... 1260 G.
" der Regenfluss daselbst, unterhalb ......... 1064 T.
" " 1118 L.
" " an der Brücke, Wsp. ....... 1084 G.
Nittendorf bei Etterzhausen (XLIII, 13), Edb. ...... 1481 T.
Nitzelbach, Ort SO. von Auerbach, Sts., E. ....... 1519 T.
Nösswartling, Ort zunächst S. von Ahrnschwang, Edb. ... 1536 T.
" bei, Einfluss des Zenchingerbaches, Wsp. ... 1165 T.
Nunsenried, zunächst SO. von Oberviechtach, Sts., Edb. ... 1976 T.
Nussberg, s. Alt- und Neu-Nussberg.
Oberaich und Tauchersdorf, Berg dazwischen ........ 1928 G.

Oberaltaich, Kloster b. Straubing 1005 L.
Oberammerbach W. von Amberg,
　Thalsohle . . . . . . . . . 1309 G.
Oberberg bei Parst Lüss am Rusel-
　gebirge, NO. von Deggendorf . 2300 G.
Oberbernried, s. Bernried.
Oberbreitenau, s. Breitenau.
Oberdiendorf bei Hauzenberg,
　unfern Passau . . . . . . . 1396 H.
　　　　"　　　höchster
Strassenpunkt . . . . . . . 1416 S.
Obere Hütten bei Furth, höchste
　Felder . . . . . . . . . . 2558 S.
Obereiselberg zwischen Parsberg
　und Hemau, Höhe dabei . . . 1714 G.
Ober-Eisenstrass-Kirche . . 2619 R.
Obererberg bei Oberndorf, N.
　von Deggendorf, höchster Punkt 2501 G.
Obergrainet b. Wolfstein, oberste
　Häuser . . . . . . . . . . 3115 S.
Obergrubhof bei Deggendorf . . 1502 S.
Obergschwand S. bei Altrands-
　berg, unfern Viechtach, Sts. da-
　bei, Erdb. . . . . . . . . 1752 T.
Oberhaus bei Passau, Sts. dar-
　auf, Erdb. . . . . . . . . 1263 T.
　　"　b. Passau, Waffenplatz 1177 H.
　　"　　Neuwelt - Batterie,
Schilderhaus . . . . . . . '. 1268 H.
　　"　　Observationsthurm auf
　der Katz . . . . . . . . . 1314 H.
Oberhof und Schneckenreuth NO.
　von Regenstauf, höchster Granit-
　punkt dabei . . . . . . . 1797 G.
Oberhof S. von Wiesenfelden, un-
　fern Straubing, Baums. dab., Edb. 2283 T.
　　"　　IlIfsgl. . . . . . . . 2265 T.
Oberhüttensölden, Kapelle im
　Dorfe . . . . . . . . . 1496 S.
　　　"　　wo der Fuss-
weg die Schönberger Strasse ver-
lässt (2 Mess.) . . . . . . 1482 S.
Oberjacking an der Strasse von
　Passau nach Tittling, Sts. dabei,
　Erdboden . . . . . . . . 1321 T.
Oberkreuth N. von Roding, Keu-
　perberg O. davon . . . . . 1393 G.
Oberkreuzberg, s. Kreuzberg,
　Ober-.
Oberkuhnreuth NO. von Wald-
　sassen, Thonschiefer-Steinbrüche,
　Landesgrenzstein 2 . . . . . 1962 G.

Oberlind, zunächst SW. an Vo-
　henstrauss, Sts., Edb. . . . . 1863 T.
Obermiche] in Österreich, 8 Klaf-
　tern über der Donau . . . . 887 R.
Obermühl . . . . . . . . . 827 R.
Obernhart, zunächst NO. von Vils-
　hofen . . . . . . . . . . 1322 G.
Obernried N. von Cham (LVII, 34),
　Sts., Edb. . . . . . . . . 1949 T.
Obernzell, vulg. Hafnerzell, Markt-
　kirche, Tbpfl. . . . . . . . 905 T.
　　"　Zaspel - oder Lüsten-
eggers-Haus, e. E., 30' über der
Donau . . . . . . . . . . 909 H.
　　"　Zaspel, 1 St. (8 Mess.),
39' über der Donau . . . . . 899 S.
　　"　Donauufer (8 Mess.), 13'
über 0-Pegelstand . . . . . . 860 S.
Oberöd O. von Obernzell, der Berg
　W. dabei . . . . . . . . . 1777 G.
Oberölschnitz N. von Creussen,
　Ortstafel . . . . . . . . . 1308 G.
　　"　bei den drei Tan-
nen, höchster Punkt . . . . . 1604 T.
　　"　. . . . . . . 1624 G.
　　"　s. Hangenreuther
Holz.
Oberpolling, Wirthshaus, e. E. . 1446 S.
Oberreut, Ort am Forst „Hart" W.
　von Vilshofen am Stadel . . . 1357 G.
Oberried, Frat, Revierförsterhaus,
　e. E. . . . . . . . . . . 2064 S.
Oberroith NO. von Wörth (XLIII,
　29), Sts. dabei, Edb. . . . . 2016 T.
Obersatzbach, Strassenhöhe
　gegen Passau . . . . . . . 1218 S.
　　"　bei Passau, Huterer 1267 H.
　　"　Strassenhöhe gegen
Thürnau . . . . . . . . . 1393 S.
Oberschreez, siehe Schreez.
Oberschwarzach, Ort NO. von
　Creussen, Thals. . . . . . . 1300 G.
Obersdorf N. v. Amberg, Sts., E. 1345 T.
Oberstadeln bei Passau . . . 1233 L.
Obersteinhausen, Ort N. von
　Hengersberg, Steinbühl dabei . 1677 G.
　　"　　"　Hansflötz 1654 T.
Oberteich W. - von Mitterteich,
　höchster Punkt der Strasse am
　Rohnberg . . . . . . . . . 1704 G.
Obertraubling, Eisenbahnhof-
　Planie . . . . . . . . . . 1057 O.

| | Höhe in par. Fuss. |
|---|---|

Oberviechtach, Markt d. Bezirks-
amtes Neunburg v./W., Kthpfl. . *1563* T.

» Markt, Kirche . 1582 L.

» Gasthof zur Post,
über 1 Stiege (28 Mess.) . . . 1595 G.

» Löwen - Gasthaus 1569 L.

» Bach dabei, Wsp. 1563 T.

Oberweiling, Ort S. von Velburg,
Kirchenpflaster . . . . . . . *1492* T.

» höchster Punkt SW.
davon, Edb. . . . . . . . . 1686 T.

Ober-Zassau beim Kreuzweg . 2764 R.

Ochsenberg, höchster Punkt der
Strasse zwischen Schönberg und
Grafenau, Edb. . . . . . . 1753 G.

Ochsenberg bei Pimmern S. von
Viechtach (XLIV, 42) . . . . 1920 G.

» bei Klingenbrunn,
Strassenhöhe . . . . . . . 2537 S.

Ochsenkopf im Fichtelgebirge
(Anschlusspunkt), Pyr., Edb. . . 3153,4 T.

Ochsenkopf im Rinchnacher Hochwald, beim Schnecken . . . . 2571 S.

Odenberg (Otterberg) bei Ödmiesbach, SO. von Tännesberg (LXVI,
25), höchster Punkt, Edb. . . . 2135 T.

Öchselberg bei Batzenhausen S.
von Velburg, höchster Punkt . 1825 G.

» höchster Punkt . . 1828 T.

Öd bei Wildenau, Berg NO. von
Neustadt a./Wn. . . . . . . 1798 G.

Öd bei Spannlhof, NW. von Nit-
tenau (LII, 21), Sts. dabei, Edb. *1463* T.

Öd SO. von Rötz bei Cham, Sts.,
Erdboden . . . . . . . . . *1747* T.

Öd bei Furth, ebene Erde . . . 2004 S.

Öd, trigon. Signal N. von Hals bei
Passau . . . . . . . . . . *1269* L.

Öd im Revier Schönberg, Höhe des
Forstmeisterweges . . . . . . 1607 H.

» im Revier Schönberg, Gupfreutlspitze . . . . . . . . 1798 H.

» » » Spitze
des Pfennighügels . . . . . . 1717 H.

Ödenhof O. von Regenstauf, höchster Punkt östl. von der Regensburger Strasse gegen Wolfersdorf 1802 G.

» » (XLVIII, 21),
Stocksignal dabei, Edb.. . . . *1766* T.

Ödenthurm zwischen Velburg und
Hohenfels, höchster Punkt, Erdboden . . . . . . . . . . 1829 T.

| | Höhe in par. Fuss. |
|---|---|

Ödenwies S. von Viechtach, Forsthaus, über 1 Stiege (3 Mess.) . 3226 G.

» Forsthaus (6 Mess.) . . 3200 S.

» Forsthaus auf dem Do-
naugebirge . . . . . . 3108 Schwerin

Ödenwieser Wald S. von Viechtach, Bergkuppe SO. vom Predigtstuhl . . . . . . . . . 3228 G.

Ödforst, höchste Bergspitze N.
von Furth . . . . . . . . 2881 L.

Ödforst bei Schönberg, s. Öd.

Ödgartenholz, s. Wiesenfelden.

Ödhöflarn bei Gebhardtsreuth,
zwischen Moosbach und Eslarn,
der Bergkopf dabei . . . . . 1850 G.

Ödhof bei Adlholz NO. von Hahnebach, Kapelle, Thschw.. . . . 1591 G.

» der Kotzbauerschacht dabei,
s. Kotzbauerschacht.

Ödschönlind NO. von Plössberg,
unfern Bärnau, Sts. dabei, Edb. *1895* T.

Ödwald, s. Öd.

Ödwaldhausen, Ort NW. von
Bärnau, Stocks. dabei, Edb. . . *1993* T.

» » höchster
Punkt im Dorfe . . . . . . 1983 G.

Ödwalpersreuth, Ort unfern
Windischeschenbach, Stocksignal
dabei, Edb. . . . . . . . . *1596* T.

» » höchster
Pkt. der Strasse gegen Bernstein 1614 G.

Ögelmais und Klingenbach, Berg
zwischen beiden im Regengebirge *3284* L.

Österberg SW. von Schönlind,
NW. von Sulzbach, höchst. Pkt. 1626 T.

Öttlmühle an der Vereinigung der
grossen und kleinen Ohe, Brücke,
Ilzanfang . . . . . . . . . 1321 H.

» » » . . 1293 S.

Ötzdorf, Ober-, Ort bei Obernzell, Dorfmitte . . . . . . . 1829 G.

Ötzen, St., Ort N. von Flossenbürg, Stocksignal dabei, Edb. . *2279* T.

Ohe bei Hengersberg (Lallinger
Ohe) bei Unterauerbach, Wsp. *993* T.

» bei Brechhausen, Thalsohle . 1016 G.

» bei Lalling, Thalsohle . . . 1215 G.

Ohe, grosse (grosse Ilzohe),
aus deren Vereinigung mit d. kleinen Ohe die Ilz entsteht, Zusammenfluss mit dieser bei
der Öttlmühle, Wasserspiegel . 1317 T.

16 *

Höhe in par. Fuss.

Ohe, grosse, derselbe Punkt . . 1321 H.
„ „ „ . . „ 1293 S.
„ „ bei Schönberg,
Wasserspiegel . . . . . . . 1318 T.
„ „ bei der
Schreinermühle . . . . . . 1367 H.
„ „ „ Schrei-
nerbrücke (2 Mess.) . . . . . 1355 S.
„ „ (Rehbach) bei der
Hirschthalmühle, unfern
Oberkreuzberg . . . . . . . 1773 S.
„ „ (Rehbach), unterster
Steg in der Steinklamm . . 1971 S.
„ „ (Rehbach) bei der
Spiegelauer Mühle . . . . 2247 S.
„ „ „ . . . 2221 H.
„ „ Einfluss des Ölbä-
chel bei Riedlhütte . . . . . 2237 H.
„ „ Wasserspiegel bei
Riedlhütte . . . . . . . . 2252 T.
„ „ (Rehbach) bei der
Guglöder Brücke . . . . 2268 H.
„ „ „ Beginn, d. h.
Zusammentritt von Seebach
und Schachtenbach . . . . . 2356 H.
„ „ s. auch Seebach und
Schachtenbach.
Ohe, kleine (kleine Ilzohe),
Zusammenfluss mit der grossen
Ohe, wodurch die Ilz entsteht,
bei Schönberg (Öttlmühle) . . . 1317 T.
„ „ Ausgang der Bärn-
steinleithe bei Grafenau . . . 1430 H.
„ „ Anfang (oberer) der
Bärnsteinleithe . . . . . . . 1661 H.
„ „ Brücke b. d. Dampfel-
mühle unterhalb Grafenau . . . 1678 S.
„ „ bei d. Hammerbrücke
unfern Grafenau . . . . . . 1705 H.
„ „ bei der Sturmmühle,
Brücke . . . . . . . . . . 1758 G.
„ „ bei der Langmühle . 1767 H.
„ „ . . . 1781 S.
„ „ bei der Klebermühle 1867 H.
„ „ Brücke b. Schönanger 2010 S.
„ „ Einfluss d. Gaisbaches 2045 H.
„ „ Einfluss des Knotten-
baches . . . . . . . . . . 2073 H.
„ „ bei der Bergerbrücke 2136 S.
„ „ . . . 2125 H.
„ „ bei d. Waldhäuserbr. 2335 S.
„ „ . . . 2286 H.

Höhe in par. Fuss.

Ohe, kleine, beim Einfluss des
Schaarbaches . . . . . . . 2604 H.
„ „ Beginn bei der Mar-
tinsklause . . . . . . . . . 3001 H.
Ohe, Zufluss der grossen Ilzohe
bei Schönberg (Röhrnacher
Ohe), Brücke b. Eberhartsreuth,
nahe bei Schönberg . . . . . 1340 H.
„ „ Brückensohle das. . 1379 G.
„ „ bei der Ohebrücke
am Ohehof, NW. von Schönberg 1451 H.
„ „ „ . . . 1485 G.
„ „ s. auch Röhrnach.
Ohe, schwarze, Zufluss der Ilz
bei Fürsteneck (Reschwasser-
Ohe), Mündung in die Ilz . . 1036 G.
„ „ Thalsohle an dem
Mauthhäusl bei Alzersberg . . 1192 G.
„ „ „ bei der Gö-
schelmühle . . . . . . . . 1241 G.
„ „ Brücke bei d. Buch-
bergermühle bei Wolfstein . . 1521 S.
„ „ oberer Steg in der
Buchbergerleithen . . . . . 1730 S.
„ „ Entstehung aus dem
Zusammenfluss von Reschwasser
und Saussbach . . . . . . . 1680 G.
„ „ s. auch Reschwasser
und Saussbach.
Ohe, kleine, Nebenzufluss zur
Reschwasser-Ohe oder der Oster-
bach (Osterbach-Ohe), siehe
Osterbach.
Ohe, Zufluss zum Regen an der
Oleumhütte bei Regen (Bi-
schofsmaiser Ohe), Mündung
in den Regen . . . . . . . 1533 G.
„ Thalsohle bei Maurerhäusl
unfern Hochdorf . . . . . . 1733 G.
„ bei Bischofsmais, Wassersp. . 1938 T.
Ohe, grosse, aus deren Zusam-
menfluss mit der kleinen Ohe bei
Aicha die Gaissa entsteht (grosse
Gaissa-Ohe), Zusammenfluss
bei Aicha, Wasserspiegel . . . 1111 G.
„ „ Thals. bei Hofstetten 1118 G.
„ „ bei Ranfels an der
Brücke, Wasserspiegel . . . . 1160 T.
„ „ Thals. 1182 G.
„ „ Entstehung, d. h. Zu-
sammenfluss vom Zentinger und
Ginhartinger Bach bei Limberg 1190 G.

Höhe in par. Fuss.

O he, kleine, die mit der vorigen
die Gaissa bildet (kleine Gaissa-
Ohe), Zusammenfluss . . . . 1111 G.
» » Brücke bei Reutenfurt,
Thalsohle . . . . . . . . . 1309 G.
» » bei Rothaumühle, Ths. 1365 G.
» » unmittelbarer Zufluss
zur Donau, die Pleinting gegen-
über einmündet (Schöllnacher
Ohe), Mündung . . . . . . 938 G.
» » Brücke bei der Brück-
mühle unfern Hofkirchen . . . 962 G.
» » Thalsohle bei Schöllen-
stein . . . . . . . . . . . 1058 G.
» » » » Aussern-
zell, Wasserspiegel . . . . . 1108 T.
» » » daselbst . 1116 G.
» » » bei Schöll-
nach, Wasserspiegel . . . . . 1137 T.
» » » » Ths. 1147 G.
Ohemühle, s. Osterbach.
Ohrenberg bei Schönwald in Böhm. 2271 R.
Oitzing, Ort im Gaissathale bei
Vilshofen, Ths. . . . . . . . 1014 G.
Olschowitz in Böhmen, Kirche . 1824 R.
Oppersdorf und Lappersdorf,
Orte N. von Regensburg, Wald-
höhe dazwischen . . . . . . 1336 G.
Ortelsbrunn, Ort N. bei Auerbach,
Weiherdamm, Edb. . . . . . 1543 G.
Ortenburg bei Passau, Gasthaus
zum Hasen, über 1 Stiege . . 1082 G.
» » Wohnung
des Dr. Egger, über 1 Stiege . 1105 G.
» » Thalsohle
an der Brücke der Wolfach . . 1056 G.
» » das Zellerholz W. da-
von, Edb. . . . . . . . . . 1264 G.
Osingerberg, Signal bei Königsstein S. von Auerbach . . . . 2010 T.
» » höchster
Felspunkt . . . . . . . . . 2083 G.
Ossa, grosser, böhmische Spitze,
höchster Felsgipfel (2 Mess.) . 4012 G.
» » der höchste Punkt 3985 S.
» » » (nach
dem Rabensteiner Barometerstand
berechnet) . . . . . . . . 3977 S.
» » böhmische Spitze 3943 R.
» » » (nach
v. Hochstetter's Beobachtungen) 3906 R.
Ossa, Hinter-, bei Lam . . . 3986 T.

Höhe in par. Fuss.

Ossa, kleiner, Signalpunkt in
Bayern, höchster Punkt . . . 3936 G.
» » Gipfel . . . . 3939 S.
» -Berg (kleiner), bayer. Spitze 3812 R.
» -Sattel zwischen dem grossen
und kleinen . . . . . . . . 3783 S.
» Quelle unter d. Ossa-Sattel 3750 S.
» Quelle am Wege von Lam
nach dem kleinen Ossa. . . . 3206 S.
» Quelle ober den Kreuzen . 3042 S.
» Sattel bei den Kreuzen ober
Lam . . . . . . . . . . . 2886 S.
» s. auch Taferlhöhe.
Osserhütten am Ossa auf dem
böhmischen Gehänge . . . . 2300 R.
Osser-Schachten, kleiner, Hü-
terhütte, Edb. . . . . . . . 3557 G.
Ossingerberg, s. Osingerberg.
Osta, Revier Neunaigen, St. Nr. 35
bei Wernberg . . . . . . , . . 1525 Hierl.
Osterbach oder kl. Ohe bei Alt-
reichenau, Waasserspiegel . . 2354 T.
» Brücke zwischen Alt-
reichenau und Bärnloch . . . 2248 S.
» an den Säghäusern . 2272 G.
» an der Ohemühle . . 1746 G.
Osterbach, Grenzbach O. v. Wegscheid, an der Waldmühle, W. 1935 T.
» an der Weishäupel-
mühle, Wasserspiegel . . . . 1889 T.
» Zusammenfluss mit der
Rana, W. . . . . . . . . . 1523 T.
» an der Strasse von
Röhrenbach nach Waldkirch., Wa. 1216 T.
» an demselben Punkte . 1253 G.
Osterhofen, Marktpl. darin, Edb. 942 G.
» » . . . . 963 L.
» Eisenbahnhof, l'lanie . 978 O.
Oswald, St., Bräuhaus unfern Grafenau, über 1 St. (37 M.) . . . 2487 S.
» » Bräuhaus . . . . 2437 H.
» » » 1 Stiege . . 2510 G.
Oswald, St., höchster Punkt westl.
vom Gangsteig nach Rosenau . 2302 S.
» » höchster Strassen-
punkt nach Rosenau . . . . . 2382 S.
» » Strassenhöhe gegen
Höhenbrunn . . . . . . . . 2536 S.
» » verwunschener Prinz 2547 S.
Ottenberg, Ort N. von Pocking
bei Griesbach, bei der Kapelle,
ebene Erde . . . . . . . . 1078 G.

Ottenfelder Waldkuppe zwischen
Fischbach und Steinberg, SO. v.
Schwandorf, Stocks., Edb. . . 1373 T.
Ottengrün, Glimmerschiefer-
grenze dabei, SO. v. Waldsassen 1860 G.
Ottenzell bei Haibühl an der Str.
von Lam nach Kötzting, Stocks.
dabei, Edb. . . . . . . . . 2395 T.
" Kreuzstrasse in d. Mitte
des Dorfes . . . . . . . . 1560 S.
Otterberg, s. Odenberg.
Otterskirchen NW. v. Passau, Kpfl. 1248 T.
" " " Kthschw. 1259 G.
" Kapelle an der Strasse
gegen Stampfing . . . . . . 1109 S.
Otterzhofen N. von Riedenburg,
Stocks., Edb. . . . . . . . 1495 T.
Ottobad bei Waldsassen, Fuss-
boden im Wohngebäude . . . 1656 G.
" Quelle . . . . . . . 1576 T.
Otzing bei Straubing, Wirthshaus
daselbst . . . . . . . . . 1077 L.

Pacherforst, s. Bacher Forst.
Pachling b. Runding O. v. Cham,
Kirchenpfl. . . . . . . . . 1496 T.
" Wirthshaus das., e. E. . 1556 S.
Padlinger Rachel, der kleine,
im Leopoldswalde, höchst. Pkt.,
Erdb. . . . . . . . . . . 2438 T.
" . . . . 2444 G.
Painten, s. Pointen.
Palmberg, Forstamt Schönberg,
höchster Punkt das. . . . . . 2321 H.
Pampferberg in Böhmen . . . 3579 R.
Panzerberg N. von Eisenstein in
Böhmen . . . . . . . . . 3539 R.
" " " . . . . 3621 R.
Pappenberg, Ort SW. von
Eschenbach, Kchthschw. . . . 1515 G.
" " Torffläche O. daran 1360 G.
" " Baumsignal dabei . 1613 T.
Parkstein, Basaltberg b. Weiden,
trigonom. Signal, Kirchenpfl. . . 1832 T.
" trigonom. Signal . . 1837 L.
" am Signal auf d. Gipfel,
Erdboden . . . . . . . . . 1821 B.
" höchster Punkt . . . 1892 G.
" Fuss des Bergs . . . 1434 B.
Parkstein-Hütten, Eisenbahnh.,
Planie . . . . . . . . . . 1294 O.
Parsberg, Kirchenpflaster . . . 1701 T.

Parsberg, Gasth. bei Mulzer (8 M.),
ebene Erde . . . . . . . . 1670 G.
" d. Brücke ab. d. schwarze
Laben bei der Hammermühle . . 1391 G.
Parsberger Kalvarienberg,
höchster Punkt . . . . . . . 1822 G.
" mittl.
Kreuz, Edb. . . . . . . . . 1819 T.
Parst Löss, s. Oberberg.
Parstriegel am Ruselgebirge, N.
von Deggendorf, Stcks. dar., Edb. 2177 T.
Paselsdorf NW. von Naabburg
(LXIV, 18), Stocks. dabei, Edb. . 1654 T.
Pass von Aigen in Österr. nach
Unter-Wuldau in Böhmen, höch-
ster Punkt bei der Brücke über
den Schwemmkanal . . . . . 2408 R.
Passau, Stadt, Eisenbahn, Planie 933 O.
" Graben Nr. 476, 1 Stiege
(16 Mess.) . . . . . . . . 960 S.
" k. Forstamt am Domplatz,
Gefässh. des Barometers . . . 969 L.
" wilder Mann, 3 St., 64' ab.
der Donau, O-Pegelst. (39 M.) . 965 S.
" wilder Mann, 2 St. (2 M.) 962 S.
" Donaustrom, O-Punkt des
Pegels (39 Mess.) . . . . . . 961 S.
" Strommündung . . . . 863 L.
Passau, Umgegend, Pulvermagazin,
nördlich . . . . . . . . . 1309 L.
" Festungsmagazin zwisch.
Riess und Festung . . . . . 1212 H.
" Jansengütl . . . . . 1064 H.
" Nonnengütl, Linde am äus-
sern Thor. . . . . . . . . 1144 H.
" Park bei der Fontaine . 1011 H.
" Plantage, Wirthsh.. . . 1103 H.
" Sägemühle am Eselstein-
bach . . . . . . . . . . . 936 H.
" Sporerhaus . . . . . 1275 H.
Pastritz, Eisenbahnbrücke bei
Furth, Planie . . . . . . . 1312 T.
" an ders. Brücke, Wsp. . 1262 T.
" Münd. in d. Chamb, Wsp. 1230 T.
Patersdorf zwischen Viechtach
und Regen, Kirche, Thpfl.. . . 1554 T.
" " Thschw. . . 1484 G.
" Brücke üb. d. Theis nach 1415 S.
Patriching, Ort an der Strasse
zwisch. Passau und Schönberg . 1314 L.
Pattershofen, Ort W. bei Kastel,
Thalsohle . . . . . . . . . 1339 G.

Höhe in par. Fuss.

Paulersdorf, Ort O. von Amberg,
Kirchberg, höchster Punkt . . 1457 G.
Paulusbrunn in Böhmen, Kirche 2144 R.
 *  höchst. Punkt bei, Str.
v. Tachau in Böhmen n. Bärnau
in Bayern . . . . . . . . . 2144 R.
Paulushütte, Forsthaus. . . . 1970 R.
Pechbrunn, Ort NW. von Metter-
teich, Thals. an der Brücke . . 1679 G.
Pechelberg, höchste Kuppe zwischen Kötzlitz und Weyhern SO.
von Wernberg . . . . . . . 1854 G.
Pechofen, zunächst NO. bei Met-
terteich, Strassenhöhe beim Orte 1618 G.
Pechofen, höchste Kuppe bei Pres-
sat, s. Pressat.
Pechstried, Ort SO. v. Weiden,
höchster Punkt dabei . . . . 1652 G.
Pechtnersreuth bei Waldsassen,
Wirthshaus, Edb. . . . . . . 1695 G.
 *  unterhalb, Steinbruchs-
sohle daselbst . . . . . . . 1617 G.
 *  die Landesgrenze das.
beim Stein Nr. 33, Edb. . . . 1719 G.
Pegnitz, Stadt, Stadtkirche, Pfl. . 1301 T.
 *  *  Post, über 1 Stiege 1339 G.
 *  *  Thalsohle d. Peg-
nitz, Wasserspiegel . . . . . 1283 T.
Pegnitzloch, am, unfern Stadt
Pegnitz . . . . . . . . . . 1219 G.
Peilstein in Österr., N. d. Donau,
Kirche . . . . . . . . . . 1874 R.
Peissing, Ort zunächst SO. v. Ab-
bach, Thalsohle S. davon . . . 1156 G.
Pempfling oder Pemfling NW. v.
Cham (LV, 33), Stocks., Edb. . 1440 T.
 *  Sattel in der Nähe,
höchster Punkt, Edb. . . . . 1501 G.
Penck, Höhe O. dav., s. Windsberg.
Pensenberg W. von Weidenberg,
höchster Punkt . . . . . . . 1710 T.
 *  *  . . . . . 1753 G.
Pensenreut, Ort SO. v. Pegnitz,
Stocks., Edb. . . . . . . . . 1575 T.
Penting, Ort bei Neunburg vor'm
Walde, Kirche . . . . . . . 1665 L.
 *  *  Sts. dabei, Edb. 1613 T.
Pentling bei Regensburg, Wirths-
garten darin . . . . . . . . 1330 S.
 *  Berg S. davon . . . . 1403 G.
Penzenried, Ort b. Bogen, Thals. 948 G.
 *  Kapelle im Orte . 1140 G.

Höhe in par. Fuss.

Penzenriederberg, Dolomit-
kuppe S. von Pegnitz . . . . 1643 G.
Peppelhof bei Pilzheim, O. von
Schmidmühlen, Sts. dabei, Edb. 1369 T.
Perlbach, Nebenflüsschen des Re-
gen, bei Rattenberg, Wassersp. 1424 T.
 *  b. Altenrandsberg, Wsp. 1268 T.
Perlbach, Nebenflüsschen der Do-
nau, bei Haibach unfern Mitter-
fels, Wasserspiegel . . . . . 1274 T.
 *  b. Mitterfels, Wassersp. 1070 T.
Perlesreuth, Ort SW. v. Wolf-
stein, Kirchenpfl. . . . . . . 1684 T.
 *  Gasthof zum Hirsch,
über 1 Stiege . . . . . . . 1730 G.
 *  *  beim Mandlmaier 1688 H.
 *  Ort, wo? . . . . . 1696 L.
Pessenricht bei Illschwang, W. v.
Amberg, Ortstafel . . . . . . 1678 G.
Peter, St., b. Tirschenreuth, Kirch-
thürschwelle. . . . . . . . . 1621 G.
Petermühle ober Hammern am
Osserbach in Böhmen . . . . 1613 R.
Peterskirchen, Ort S. v. Aiden-
bach bei Vilshofen, Thalsohle . 1214 G.
 *  Höhe NW. dabei,
das Gstockertholz, Höhe . . . 1405 G.
Petzenberg, Ort N. von Kellberg
bei Passau, höchster Punkt im
Dorfe . . . . . . . . . . . 1469 G.
Petzenberg, Ort N. von Kastel,
Stocks. dabei, Edb. . . . . . 1747 T.
Petrowitz, Ort in Böhmen, Kirche 1616 R.
 *  Zsmfl. des Forellenba-
ches und des Köpplerbaches, An-
fang der Wolsowka . . . . . 1493 R.
Pettendorf, Ort b. Etterzhausen
unfern Regensburg, Kirchenpfl. . 1405 T.
 *  Stocks. dabei, Edb. 1453 T.
 *  und Schwetzendorf,
Steinbruch dazwischen . . . . 1280 G.
 *  Höhe W. davon . . 1448 G.
 *  u. Deckelstein, Höhe
dazwischen, s. Deckelstein.
Pettenhofen, Ort W. von Lauter-
hofen, Wirthshaus . . . . . 1757 G.
Pettenreuth NO. vom Kürn bei
Regensburg, Thals. . . . . . 1394 G.
Peyck, Berg bei Gr.-Loizenried, S.
von Regen . . . . . . . . . 2449 G.
Pfaben NO. v. Erbendorf am Stein-
wald, Stocks. dabei, Edb. . . . 2210 T.

Höhe in par. Fuss.

Pfälzer Jägerhaus am Cerkow
in Böhmen, O. von Waldmünchen   2573 R.
Pfaffenberg W. von Oberviech-
tach, bei Pischdorf . . . . .   *1914 L.*
„         „    . . . . .   1920 G.
Pfaffenberg bei Pfaffenreut, un-
fern Wegscheid (XXIV, 67), Ge-
rüstsignal, Erdboden. . . . .   *1963 T.*
Pfaffenbergmühle W. von Sar-
leinsbach in Österr., N. d. Donau   1547 R.
Pfaffenbühel bei Oberbernried,
s. Bernried.
Pfaffenfang b. Süssenbach, unfern
Donaustauf (XLVII, 24), Edb.   . *1717 T.*
Pfaffenreut bei Obernzell, unfern
Passau, Kirchthürschw. (2 M.)   .   1920 G.
„       Berg O. vom Orte: „Auf
der hohen Buche". . . . . .   2484 G.
„       der sog. Pfaffenreuter
Berg. . . . . . . . . .   2438 L.
„       „    . . . . .   2424 L.
„       Berg SO. vom Orte:
„Hochwiese", höchster Punkt   .   2410 G.
„       NO. davon „der Küh-
berg", höchster Punkt . . . .   2624 G.
Pfaffenreuth SW. v. Waldsassen,
Stocks. dabei, Edb. . . . . .   *1678 T.*
„       Hochstrasse bei, höch-
ster Punkt, Edb. . . . . . .   1774 T.
Pfaffenreuth b. Waltershof, Edb.   1781 T.
Pfaffenreuth, Granitkuppe dabei,
unfern Windischeschenbach, SO.
davon . . . . . . . . .   1527 G.
„       „    Stocks., Edb.   *1400 T.*
Pfaffenstein, zunächst b. Regens-
burg, Edb. . . . . . . . .   *1279 T.*
„       Anhöhe oberhalb des
goldenen Kreuzes, Edb.   . . .   1289 S.
Pfahl, Quarzfels-Rücken, sein NW.
Ende im Hirschberg, s. Hirschberg.
„    bei Frohnau, s. Frohnau.
„    auf dem Schwärzenberg, s.
Schwärzenberg.
„    bei Strahlfeld, s. Strahlfeld.
„    bei Thierlstein, s. Thierlstein.
„    bei Loch, SW. v. Cham, Ths.   1321 G.
„    am Riedhof bei Zandt S.
von Cham, Höhe . . . . . .   1325 G.
„    bei Zandt (XLVIII, 37), Sts.,
Erdboden. . . . . . . . .   *1567 T.*
„    am Pfahlhof bei Zandt, höchster Punkt das. . . . . . .   1509 G.

Höhe in par. Fuss.

Pfahl, Quarzfels-Rücken, höchster
Punkt zwischen Moosbach und
Prakenbach . . . . . . . .   1799 G.
„       „       „    zwi-
schen Prakenbach u. Hetzelsdorf   1741 G.
„       bei Hetzelsdorf, höchster
Punkt daselbst . . . . . . .   1790 S.
„       bei Viechtach, St. Anton,
Kirchenpflaster . . . . . . .   *1570 T.*
„       bei Viechtach an d. 3 Kreuzen auf dem Kalvarienberg   . .   1557 S.
„       „    W. von der
Stadt, höchster Punkt . . . .   1681 S.
„       bei Schlatzendorf unfern
Viechtach, höchster Punkt das. .   1579 S.
„       b. Weiler unfern Viechtach,
höchste Erhebung des Pfahls das.   1608 S.
„       bei Eging, zweites Thal, SO.
Brücke . . . . . . . . .   1389 S.
„       bei Weging, s. Weging.
„       bei Fernsdorf, Höhe der
Strasse daselbst . . . . . .   1647 S.
„       bei Patersdorf, Brücke dabei   1415 S.
„       b. Fratersdorf, s. Fratersdorf.
„       an der Oleumshütte b. Regen,
s. Obe.
„       am Weissenstein bei Regen,
s. Weissenstein.
„       am Lüss, höchster Punkt
SO. von Regen, in der Nähe des
Weissensteins . . . . . . .   2371 G.
Pfarrkirchen, Postflur . . . .   1152 G.
Pfarrkirchen in Österreich, N. der
Donau . . . . . . . . .   2558 R.
Pfatter, Ort bei Wörth . . . .   1090 L.
„       Ebene dabei . . . . .   1027 G.
Pfefferbühlberg W. von Heili-
genkreuz in Böhmen . . . . .   *2283 R.*
Pfelling, Ort an der Donau, SO. von
Bogen, Kirchpfl. . . . . . .   *983 T.*
Pfenniggeigerhäuser, s. Klein-
Phillipsreuth.
Pfrauenberg, Dorf unfern Waid-
haus in Böhmen . . . . . .   1956 R.
„       Ruine dabei . . .   *2597 R.*
„       „    . . .   2557 R.
„       höchst. Pkt. d. Post-
strasse von Hayd nach Waidhaus   1956 R.
Pfraundorf, Ober-, NO. v. Hemau
(XLVIII, 9), Kthschw. . . . .   1614 G.
„       „    höchster Punkt
SW. davon, Sts., Edb. . . . .   1754 T.

Höhe in par. Fuss.

Pfreimtweiher, s. Pfrentsch.
Pfreimt, die Stadt, Kirchen-
thurm, Kpfl. . . . . . . . . 1150 T.
» » am Thor
gegen Weiden, Pflaster . . . . 1185 G.
» » Gasthof z.
Schwan, e. E. . . . . . . . 1233 G.
» » Naabthal
daselbst, Edb. . . . . . . . 1156 G.
» » Eisenbahn-
hof-Planie . . . . . . . . 1148 O.
Pfreimt, Fluss, Zusammenfluss
mit der Naab, Wsp. . . . . . 1138 T.
» » » . . . 1159 G.
» » » . . . 1212 L.
» bei Stein, Wsp. . . . 1187 T.
» » » . . . 1205 G.
» bei Trausnitz, Wsp. . . 1196 T.
» » unterhalb
(2 Mess.) . . . . . . . . . 1192 G.
» bei Döllnitz, Wsp. . . 1275 T.
» bei dem Fischerhammer,
Thalsohle . . . . . . . . . 1329 G.
» bei d. Linglmühle, Thals. 1396 G.
» bei Böhmischbruck,
Brücke (2 Mess.) . . . . . . 1454 G.
» bei Treswitz, Wsp. . . 1462 T.
» bei Burgtreswitz, Wsp. 1501 G.
» bei Pfrentsch, an der
Brücke, Wsp. . . . . . . . 1514 T.
Pfrentsch, ehemaliger Weiher
(Pfreimtweiher) . . . . . . 1467 L.
» jetziger Boden des ab-
gelassenen Teiches . . . . . 1473 G.
» Stocksignal dabei, Edb. 1540 T.
Philippshütten, altes Forsthaus
in Böhmen . . . . . . . . 3269 R.
Philippsreuth, s. Klein-Philipps-
reuth.
Pichelberg, Höhe oberhalb des
Dorfes gleichen Namens, W. von
Pressat, Edb. . . . . . . . 1549 T.
» » » höchster
Punkt . . . . . . . . . . 1573 G.
Pieblenhofen, Ort im Naabthal
bei Regensburg, Ths. . . . . 1044 G.
Pierlhof, s. Bühlhof.
Pilchau zunächst S. von Tännes-
berg, Sts. dabei, Edb. . . . . 1884 T.
Pilgramsberg, Ort W. von Stall-
wang, zunächst N. der Kirche . 1948 G.
» oberstes Haus . 1691 S.

Höhe in par. Fuss.

Pilgramsreuth S. von Walters-
hofen, Sts. dabei, Edb. . . . . 1932 T.
» » höch-
ster Punkt dabei, Edb. . . . . 1936 T.
Pillenhofen, Ort NO. von Vel-
burg, Sts., Edb. . . . . . . 1751 T.
» höchster Punkt S. dav. 1781 T.
Pilling bei Neukirchen ober Wald,
S. von Tittling, Sts. dabei, Edb. 1505 T.
Pillmersried, Ort N. von Rötz,
St. Anton, Kap.-Th. . . . . . 1413 G.
Pillnach, Ort zwischen Wörth und
Münster, Ths. . . . . . . . 1018 G.
Pilmersreuth an der Strasse von
Tirschenreuth nach Schönficht,
Sts. dabei, Edb. . . . . . . 1669 T.
» s. Zöllbühl.
Pingarten, Ort O. von Schwan-
dorf, Porphyrkuppe das. . . . 1461 G.
» Schachtkranz eines Ver-
suchsbaues auf Eisenerz . . . 1467 G.
Pinzerberg bei Pinzig, SO. von
Auerbach, Sts., Edb. . . . . . 1710 T.
Pinzig, Kapelle NO. v. Auerbach,
Kirchenpflaster . . . . . . . 1672 T.
Pinzigberg, Ort unfern Auerbach
(LXXIV, 4), Thürschw. . . . . 1707 G.
» höchster Punkt der
Dolomitfelsen . . . . . . . 1826 G.
Pirk, Ort zwischen Tirschenreuth
und Falkenberg, Sts. dabei, Edb. 1613 T.
» Granitkuppe (Türk) dabei . 1655 G.
Pirk NW. von Schönsee (LXVII,
28), Sts., Edb. . . . . . . . 2146 T.
Pirkhof zunächst NO. von Ober-
viechtach, Sts., Edb. . . . . . 1939 T.
Pirkmühle O. von Stallwang, Thal-
sohle dabei . . . . . . . . 1352 G.
Pischdorf zwischen Naabburg u.
Oberviechtach, Thals. . . . . 1492 G.
» der Katzbach dabei,
Thals., Wassersp. . . . . . . 1446 T.
» Stocks. dabei, Edb. . 1480 T.
Pischldorf SO. von Rothenstadt,
S. von Weiden, Sts. dabei, Edb. 1457 T.
Pissau SW. von Neunburg v. W.
(LVIII, 24), Stocks. dabei, Edb. 1657 T.
Pittersberg, Ort, Kirchenpfl. . 1501 T.
» Kirche . . . . . 1475 L.
» » » . . . 1480 B.
Pittersberg, Berghöhe beim
Dorfe, Gerüsts. . . . . . . . 1597 T.

Pittersberg, höchster Punkt der
Strasse nach Schwandorf . . . 1582 L.
„ höchste Höhe SO.
vom Dorfe, Edb. . . . . . . 1628 G.
Pittersberger Ziegelhütte in
der Nähe des Dorfes, untere
Kreidegrenze . . . . . . . 1375 G.
Plätterberg bei Furth, s. Blätter-
berg.
Plätz, Stollenmundloch bei Boden-
mais (Quarzbruch) . . . . . 2955 G.
Planie, Kreuzungspunkt der
Strassen in Böhmen . . . . . 3287 R.
Plankenhammer, s. Blanken-
hammer.
Platte bei Tröglersricht, s. Tróg-
lersricht.
Platte, die, N. von Jenewelt in
Böhmen . . . . . . . . . 2823 R.
Platte, die grosse, s. Steinwald.
Platten, Thalpunkt an der Ram-
felser Ohe (Ginghartinger Bach) 1325 S.
Plattenberg bei der Auerbergs-
mühle, unfern Plössberg . . . 1791 G.
„ „ höchster
Granitpunkt NO. von Neustadt
a./W. . . . . . . . . . . 1491 G.
Plattenberg, Pyramide zu-
nächst N. bei Finsterau, Edb. . 3282 T.
Plattenhausen, Berg zwischen
Rachel und Lusen, Spitze Nr. 2. 4257 H.
„ ? . . . . . 4139 L.
„ Gipfel. . . . . 4227 S.
„ . . . . 4195 R.
„ Bärnlochfilz . . 4015 S.
Plattenhauserschachten,
Waldhütte. . . . . . . . . 3656 S.
„ und Bärnlochriegel,
Grenze . . . . . . . . . . 3810 S.
Plattenhof W. von Burglengeu-
feld (LI, 12), Stocksignal dabei,
Erdboden . . . . . . . . . 1361 T.
Plattenmühle zunächst N. von
Fuchsmühl, Strasse, Edb. . . . 1849 T.
Platterberg in Böhmen . . . . 2641 R.
Plattling, Ostbahnhof, Planie . . 991 O.
Pleckenstein, s. Blöckenstein.
Pleinting N. von Vilshofen, Ost-
bahnplanie . . . . . . . . 967 O.
„ „ Hammerbräu,
über 1 Stiege . . . . . . . 1008 G.
Pleistein, s. Pleystein.

Plessbühl bei Poppenreuth, unfern
Tirschenreuth, Glimmerschiefer-
Berg im Hochwalde . . . . . 2245 G.
Pleystein, Kreuzberg, Kthpfl. . 1775 T.
„ Pfarrkirche, Kpfl. . . 1693 T.
„ Kreuzwirthshaus, über
1 Stiege . . . . . . . . . 1759 G.
„ Stocks. dabei, Edb. . 1894 T.
„ s. auch Zottbach.
Plitting NO. von Kürn, S. von Nit-
tenau, Stocks. dabei, Edb. . . . 1583 T.
Plöckenstein, s. Blöckenstein.
Plöss, Dorf O. v. Neumark in Böhm. 1235 R.
Plössberg, Ort bei Tirschen-
reuth, Stocks. dabei . . . . . 1906 T.
„ Spitze des Signals . 1911 B.
„ der Ort selbst, Kirch-
pflaster . . . . . . . . . 1871 B.
„ mittleres Wirthshaus 1787 B.
„ Adler - Wirthshaus,
ebener Erde . . . . . . . . 1875 G.
„ weisses Ross, Erd-
boden (3 M.) . . . . . . . 1834 G.
Plössberg, Basaltkegel am Stein-
wald bei Fuchsmühl (auf der top.
Karte: Rossstein) . . . . . . 2541 G.
Plössen, Ort W. von Kemnath,
Eisenbahn - Übergang über den
Mühlbach, Wassersp. . . . . 1397 T.
Plobausenberg bei Maader in
Böhmen . . . . . . . . . 3433 R.
Pocking bei Pfarrkirchen, Post,
Thürschwelle . . . . . . . 955 G.
Pöllerberg bei Brand (Österreich) 2111 R.
Pölzöd bei Wildenranna, unfern
Wegscheid, Thals. der Ranna . 1675 G.
Pöppelhof, s. Peppelhof.
Pösing, Ort bei Roding, Eisen-
bahnhof der Ostbahn, Planie . . 1126 O.
Pötzelmühle bei Seubothenreuth,
SO. von Bayreuth, Thals. . . . 1243 G.
Pognroith zunächst W. an Wiesen-
felden, unfern Straubing, Stocks.
dabei, Edb. . . . . . . . . 2001 T.
Poikam, Ober-, bei Griesbach,
S. von Passau . . . . . . . 1063 G.
Pointen, Ort bei Kelheim, Kchpfl. 1538 T.
„ „ Kthschw. . . 1545 G.
„ Feldkreuz . . . . . 1691 T.
„ Stocks., Edb. . . . . 1677 T.
Pointener Forst am Brandhof,
NO. von Pointen, höchster Punkt 1676 G

Höhe in par. Fuss.

Pointener Forst, Baumsignal . 1679 T.
      "     "  s. auch Thier-
berg.
Pointholz bei Wildenau, Horn-
blendegestein unfern Neustadt
a./Wn. . . . . . . . . . . 1779 G.
Pollenried, Ort zunächst W. von
Etterzhausen, Edb. . . . . 1440 T.
Polzhausen, Ort SO. von M. Laa-
ber, unfern Hemau, Sts., Erdb. . 1514 T.
  "     im Gesteint dabei . 1573 G.
Pometsauermühle im Ohethal,
SW. von Regen, Thals. . . . 1814 G.
Pommershof, Ort NO. von König-
stein, Stocks., Edb. . . . . . 1519 T.
Pondorf an der Donau, O. von
Wörth, Kirchenpfl. . . . . . 1017 T.
Ponholz, Ort S. von Burglengen-
feld, Ostbahnhof-Planie . . . 1169 O.
Ponholzer Forst, höchst. Punkt
darin . . . . . . . . . . 1250 G.
Poppberg bei Naabeck, S. von
Schwandorf . . . . . . . . 1488 G.
Poppberg, Ort am Poppberg, NW.
von Lauterhofen, unt. Grenze des
Plattenkalkes . . . . . . . 1742 G.
  "  an d. Thurm d. Ruine, E. 2026 T.
Poppberg, Signalpunkt NW. von
Lauterhofen an dem Thurm der
Ruine, Erdb. . . . . . . . . 2026 T.
  "  höchster Fels am
Thurm (2 M.) . . . . . . . 2024 G.
  "  ders. . . . . . . . 2053 L.
Poppenberg auf der Platte, N.
von Kirchenbingarten . . . . 2557 T.
  "    "  . . . . . . 2594 G.
  "    "  Thals. gegen Rusel 1864 G.
Poppenreuth, Ort SW. von Redwitz, Kirchthürschwelle. . . . 2133 G.
Poppenreuth O. von Tirschenreuth, Wirthshaus. . . . . . 1814 G.
  "    "  . . . . . . 1776 B.
  "    "  . . . . . . 1858' L.
Poppenreuther Berg zwi-
schen Tirschenreuth u. Mähring,
Stocks. darauf . . . . . . . 2235 T.
  "    "  . . . . . 2274 B.
  "    "  . . . . . 2406 L.
  "    "  höchst. Pkt.
darauf, Edb. . . . . . . . . 2515 T.
  "    "    "  Gra-
nit N. der Strasse . . . . . 2426 G.

Höhe in par. Fuss.

Poppensell, O. NO. v. Viechtach
(XLVIII, 43), höchste Bergkuppe
O. davon, Gerüsts., Edb. . . . 2519 T.
  "  höchster Punkt . . 2593 G.
Poschetsried, Ort bei M. Regen,
Ortstafel . . . . . . . . . 1883 G.
  "  an der Strasse . . . 1925 H.
  "  im Dorfe, Strassenhöhe 1894 S.
  "  gegen  Rinchnach,
Strassenhöhe . . . . . . . 1999 S.
Poschingerhof bei Jenewelt . . 2159 R.
Poschingerhütte, alte . . . 2503 S.
Postberg in Böhmen, unfern Fin-
sterau . . . . . . . . . . 4037 G.
  "    "  . . . . . 3926 R.
Postfelden bei Falkenstein, ge-
gen Ruderzell, Kapelle . . . . 1768 S.
Postholz, s. Allachhof.
Pottenstetten NW. von Burg-
lengenfeld, Stocks. dabei, Edb. . 1365 T.
Poxdorf, Ort S. bei Waldsassen,
der Bildstock dabei . . . . . 1841 G.
Prackendorf S. von Oberviech-
tach, Stocks. dabei, Edb. . . . 1526 T.
Prakenbach, Dorf am Pfahl, NW.
von Viechtach . . . . . . . 1533 T.
  ·  "  Ort (wo?) . . . . 1559 L.
  "  Thalsohle das., Edb. 1520 G.
Prakenbach, Bach, Thals. in der
Zeitlau zw. Zell und Schwaben . 1685 G.
  "    "  Wassersp. . 1518 T.
Prassreith NW. von Röhrbach,
S. von Wolfstein, Stocks. dabei,
Erdboden . . . . . . . . . 1591 T.
Prebitz, Dorf nahe O. v. Creussen,
Ebene . . . . . . . . . . 1314 G.
Predelfing, Ort NO. von Dietfurt,
Kuppe S. dabei, Edb. . . . . 1542 T.
Predigtstuhl, Berg im Regen-
gebirge, Stocks., Edb. . . . . 3158 T.
  "  h. Punkt SO. davon,
s. Oedenwieser Wald.
  "  (wo?) . . . . . . 3336 L.
Preisleitenberg in Österreich . 3394 R.
Prellerberg an den Käsplatten
bei Klingelbach, SW. von Viech-
tach, Baums., Edb. . . . . . 3231 T.
  "    "  Erdboden 3248 G.
Premberg, Ort bei Burglengen-
feld, obere Grenze des Dogger's 1194 G.
Premertshofen bei Breitenbrunn
O. von Hemau, Ortsmitte . . . 1443 G.

17 *

Prenning (Brennern od. Prenner)
SO. von Viechtach (XLIII, 43),
Signal, Edb. . . . . . . . . 2439 T.
Prensdorf, Ort N. von Velburg
(LVI, 3), Ortstafel, Edb. . . . 1612 G.
Preppach und Deinsdorf NO. von
Naabburg, Berg dazwischen . . 1904 G.
Pressat bei Kemnath, Kirchthpfl. 1315 T.
» Hirschwirthshaus, über
1 St., 15' über dem Erdboden . 1361 G.
» Eisenbahnhof, Planie . . 1310 O.
» Markt an der Heidnaab . 1378 L.
» (wo?) . . . . . . . 1297 B.
» Judenhübel dabei . . . 1554 G.
Pressater Wald (LXXX, 12),
Baumsignal, Edb. . . . . . . 1702 T.
» » Pechofen, höchste
Kuppe darin, S. von Pressat
LXXVII, 11), Edb. . . . . . 1399 T.
Pretzabruck bei Schwarzenfeld,
Brücke . . . . . . . . . . 1179 G.
Preying S. von Saldenburg, unfern
Tittling, Kthpfl. . . . . . . 1554 T.
Probstberg, Ort NO. von Regens-
burg (XLIV, 20), Edb. . . . . 1432 T.
» höchste Höhe dabei 1515 G.
» Ort . . . . . . 1426 L.
Prombach, Ober-, bei Roding,
oberste Häuser . . . . . . 1602 S.
Promenhof in Böhmen, Gasthaus 1525 R.
Pronfelden, Kapelle zwischen
Rachel und Lusen . . . . . 2294 H.
Prüfening, Gross-, Ort bei Re-
gensburg, Bellevue dabei . . . 1255 G.
Prüfeninger Holz zwischen Sin-
zing und Eulsbrunn, Höhe . . . 1398 G.
Prüller, s. Prellerberg.
Prünthal, Ort O. von Parsberg,
Stocks., Edb. . . . . . . . 1495 T.
» h. Pkt. O. dav. (Geisberg) 1803 T.
Prunn im Altmühlthale bei Rieden-
burg, Schlossthor, Edb. . . . 1380 G.
Püchersreuth, Dorf NO. v. Neu-
stadt a./Wn., Stocks. dabei, Edb. 1545 T.
Püllersreuth, Ort zunächst SW.
von Windischeschenbach, Kpf. . 1732 T.
» böchst. Pkt., Sts. dabei,
Erdboden . . . . . . . . . 1746 T.
» Dorfmitte, Edb. . . . 1759 G.
Pürschlag, h. Pkt. NW. v. Kühn-
hof, W. von Amberg . . . . . 1591 T.
Pürstling in Böhmen, Forsthaus 3467 R.

Pullenreuth bei Ebnath N. v. Er-
bendorf, Kirchenpfl. . . . . . 1700 T.
» der Höllbach daselbst,
s. Höllbach.
Pullenried W. von Schönsee,
am Grenzlinienstock . . . . . 1943 G.
» und Pirk W. von
Schönsee, Bergkopf dazwischen 2046 G.
Purschau in Böhmen, Forsthaus 1753 R.
Pursruck, Ort bei Freudenberg,
NO. von Amberg, Thalsohle . . 1405 G.
Putzentannet im Krackelwald bei
Deggendorf, Stocksignal dabei,
Erdboden . . . . . . . . . 2386 T.
» höchster Punkt dabei 2403 T.
Putzleinsdorf in Österr., Kirche 1856 R.
» Sattel WNW. davon 2609 R.
» Höhe gegen Sarleins-
bach, W. von Wallersdorf . . . 2003 R.
» Kuppe SW. von Sar-
leinsbach u. NW. von Putzleinsdorf 2744 R.

Quirin, St., Kirche bei Neu-
stadt a./Wn., Kirchenpfl. . . . 1518 T.
» Thurmspitze . . . . . 1604 R.
» Kirchthurmpflaster . . 1550 G.
» Berg N. davon . . . . 1950 G.

Raasch, Ort SW. von Parsberg,
Kirchenpflaster . . . . . . . 1494 T.
Rabengütl (Firmiangütl), Hof bei
Passau . . . . . . . . . . 1118 L.
Rabenstein, Ort, bei Zwiesel,
Schlossth., Flötz . . . . . . 2080 T.
» Kirche . . . . . . 2019 L.
» an der Kapelle im Orte
(2 Messungen) . . . . . . . 2107 G.
» Revierförster - Wohn.,
ebene Erde (32 Mess.) . . . . 2107 S.
Rabenstein, Umgegend, Berg-
kopf SW. vom Quarzbruch . . 2936 G.
» Mühlbachhänge, Ta-
rokbank . . . . . . . . . . 2469 S.
» hohler Stein . . . . 2897 S.
» » . . . . 2871 S.
» Hohlersteinrücken, h.
Punkt . . . . . . . . . . . 2970 G.
» rothe Höhe am Wege
nach Schachtenbach . . . . . 3029 S.
» Ableghaus . . . . . 2291 S.
» Hüttenreiten am gross.
Hengst . . . . . . . . . . 2357 S.

Höhe in par. Fuss.

Regen, Fluss, verein., bei Wal-
derbach, Brücke, Wasserspiegel 1085 T.

» » Einfluss des Perl-
baches unterhalb Roding, Thals. 1132 G.

» » bei Roding, Wsp. . 1099 T.

» » » Brücken-
sohle . . . . . . . . . . 1131 G.

» » Brücke,
Wasserspiegel (4 Mess.) . . . 1103 S.

» » bei Wetterfeld, 3000′
unterhalb des Hildenb., Wsp. . 1105 T.

» » bei Pösing, an der
Ostbahnbrücke, Wasserspiegel . 1109 T.

» » » Eisenbahn-
planie . . . . . . . . . . 1119 T.

» » unter der Brücke bei
Unter-Traubenbach, Wassersp. . 1116 T.

» » bei Loibling und
Mündung des Katzbaches, Wsp. 1123 T.

» » bei Altenstadt
(Cham), Wasserspiegel . . . . 1133 T.

» » bei Cham, unter der
Brücke am östl. Thor, Wsp. . . 1136 T.

» » » Wassersp.
unterhalb der Stadt . . . . . 1134 G.

» » » 2′ über dem
Wasserspiegel (5 Mess.) . . . 1165 S.

» » » Niveau . 1192 L.

» » Einfluss der Chamb
bei Cham, Wasserspiegel . . . 1140 T.

» » b. Wollmering, Über-
fuhr . . . . . . . . . . . 1192 S.

» » bei Blaibach, Brücke,
Thalsohle . . . . . . . . . 1180 G.

» » Zusammenfluss aus
schwarzem und weissem Regen
bei Gmünd, Wasserspiegel . . 1166 G.

» » Thalsohle daselbst . 1210 G.

Regen, schwarzer, bei Viechtach, Wasserspiegel . . . . . 1247 T.

» » » Niveau 1236 L.

» » » . . . 1252 S.

» » » Wehr-
höhe . . . . . . . . . . 1241 G.

» » Einfluss der Ohe
bei Regen, Thalsohle . . . . 1588 G.

» » an der Brücke
unterhalb . . . . . . . . . 1569 Stolz

» » am Orte Regen,
Wasserspiegel . . . . . . . 1598 ₰T.

» » » Brücke,
Wasserspiegel (3 Mess.) . . . 1597 S.

Höhe in par. Fuss.

Regen, schwarzer, am Orte
Regen, Niveau(?) . . . . . . 1634 L.

» » » . . . . 1601 L.

» » » Thal-
sohle an der Brücke . . . . . 1614 G.

» » Einfluss der
Rinchnach . . . . . . . . 1658 S.

» » Zusammenfluss
aus grossem und kleinem Regen
unterhalb Zwiesel (2 Mess.) . . 1718 S.

» » » (2 M.) 1690 G.

Regen, grosser, bei Zwiesel, Wsp. 1727 T.

» » bei Ludwigsthal,
Wasserspiegel . . . . . . . 1838 G.

» » bei der Regen-
hütte, Thalsohle (2 M.) . . . . 1890 G.

» » bei Bayer.-Eisen-
stein, Wasserspiegel . . . . . 2072 T.

» » Brücke b. Bayer.-
Eisenstein an der Grenze . . . 2131 S.

» » Eintritt in Bayern,
Thalsohle . . . . . . . . . 2163 G.

Regen, weisser, bei Kötzting am
rothen Steg, Wasserspiegel . . 1218 T.

» » » an der
Ketterlmühle, Wasserspiegel . . 1219 T.

» » » . . . 1238 S.

» » » . . . 1272 H.

» » » Thals.
am Steg . . . . . . . . . 1271 G.

» » an d. Fessmanns-
dorfer Mühle . . . . . . . 1298 S.

» » bei Hohenwart,
Steg an der Mühle, Wassersp. . 1352 T.

» » bei der Hohen-
warter Mühle . . . . . . . 1355 S.

» » b. der Grossmühle 1403 S.

» » b. Kummersdorf,
Thalsohle . . . . . . . . . 1411 G.

» » bei Lam, Wsp. . 1481 T.

» » ( » am Steg,
Thalsohle . . . . . . . . . 1566 G.

» » » am Sil-
berbach . . . . . . . . . 1671 S.

» » an der Zacker-
mühle . . . . . . . . . . 1861 S.

» » Mündung des
Berlasbaches, Thalsohle . . . 2036 G.

» » am kleinen Ar-
bersee, Wasserspiegel . . . . 2831 T.

» » » See . 2829 Schw.

» » » » . 2848 S.

| | Höhe in par. Fuss. |
|---|---|
| Regen, weisser, Ausfluss aus dem See, Wasserspiegel | 2766 G. |
|     »   »    Quelle am kleinen Arber | 3412 G. |
| Regenhütte am Arber, bei Zwiesel, Thalsohle | 1954 St.-Niv. |
|     »      Wirthshaus, e. E. | 2009 S. |
| Regenhütte am kleinen Regen, O. von Zwiesel, Thalsohle | 1886 G. |
| Regensburg, Stadt, Dreifaltigkeitskirche | 1181 L. |
|     »    im grünen Kranz, über 2 Stiegen (19 M.) | 1132 S. |
|     »     »     »   über 1 St., Zimmer Nr. 27 | 1093 G. |
|     »    Eisenbahnplanie | 1049 O. |
|     »    rother Hahn, über 2 St. | 1071 S. |
|     »    Hôtel Dampfschiff, 1 St., 30′ über dem 0-Pkt. d. Pegels (12 Mess.) | 1046 S. |
|     »    Donau, 0-Punkt des Pegels bei Regensburg | 1010 T. |
|     »    Donau, am Landungsplatz der unteren Dampfboote, Nullpunkt des Pegels | 1017 S. |
|     »    Donau, Niveau (?) | 1055 L. |
|     »    Donau (?) | 1061 v. Schnög. |
| Regensburg, Umgegend, zwischen Kneinting und Etterzhausen, Weghöhe | 1431 S. |
|     »    Höhe ober dem goldnen Kreuz bei Pfaffelstein | 1289 S. |
|     »    bayer. Galgenberg, Gipfel zw. Brennhausen und Wutzelhofen | 1194 S. |
| Regenschachten am kl. Regen, O. von Zwiesel, s. Regenhütte. | |
| Regenstauf, Kirchenpflaster | 1069 T. |
|     »    Eisenbahnst., Planie | 1060 O. |
|     »    Regenfluss, mittl. Wst. | |
| an der Eisenbahnbrücke, Wsp. | 1030 T. |
|     »     »    Hochwasserstand | 1039 T. |
|     »    Schlossberg dabei, höchster Punkt | 1300 G. |
|     »    S. von dem Schlossberg, Edb. | 1346 T. |
|     »    auf dem Pfarrkobl, Erdboden | 1450 T. |
|     »    Eisenbahnstat., Planie | 1059 T. |
|     »    Regenfluss, Wsp. | 1028 T. |
| Rehbach, s. Ohe, grosse. | |

| | Höhe in par. Fuss. |
|---|---|
| Rehberg, Dorf NO. von Hersau, Kirchenpflaster | 1674 T. |
|     »     »    Ortsmitte | 1719 G. |
| Rehberg, Dorf SO. von Wolfstein, Ortsmitte | 2120 G. |
| Rehberg, hinterer, Ort O. von Weiden, an der Landesgrenze, Bergkuppe dabei | 2472 G. |
|     »    Dorf, Kirche (?) | 2621 R. |
| Rehberghäusl bei Boden in Böhmen, unfern Eger | 1883 G. |
| Rehbrücke NW. von Grafenau, bei Gr.-Armschlag, Thals. | 1749 G. |
| Reheberg, s. Rehberg. | |
| Reichenau beim Eggert in d. Weid | 2108 S. |
|     »    beim Rickseisen in Gänswies | 2150 S. |
|     »    s. auch Alt- und Neu-Reichenau. | |
| Reichenbach bei Auerbach, Weiher das., Edb. | 1404 G. |
| Reichenbach O. von Nittenau, Kirche, südlicher Theil, Kirchpflaster | 1195 T. |
|     »     »    Erdboden | 1382 T. |
| Reichenberg, Dorf unfern Passau | 2561 H. |
|     »    Strassenhöhe gegen Höhenbrunn | 2650 S. |
| Reichenberger Höhe, Gipfel | 2673 S. |
| Reichenstein, Ruine O. von Schönsee, Stocks., Edb. | 2695 T. |
|     »    Platte bei Schönsee, höchster Punkt | 2752 G. |
|     »     »     »   Ruine | 2705 L. |
| Reichenthal in Böhmen | 1541 R. |
| Reichermühl O. von Waldkirchen, bei Wolfstein, Thals. | 1898 G. |
| Reifberg, s. Raifberg. | |
| Reinhausen, Ort zunächst N. an Regensburg, Edb. | 1215 T. |
| Reisach, Ort SW. bei Vilseck, Ortstafel | 1400 G. |
| Reisach NO. von Cham (LV, 37), Stocks., Edb. | 1534 T. |
| Reisch O. von Velburg (LIII, 6), Ortsmitte | 1601 G. |
| Reischelberg in Böhmen | 3780 R. |
| Reiseck NW. v. Furth (LVII, 38), Gerüstsignal, Edb. | 2780 T. |
| ♦  »   Observatorium, Edb. | 2883 T. |
|     »    Pyramide zw. Furth und Schönthal, Edb. (2 Mess.) | 2894 S. |

Höhe in par. Fuss.

Reiselberg (Reisberg) NO. von
Hohenfels, höchst. Punkt, Edb. . 1582 T.
Reiserberg bei Reisach neben
der Str. von Passau nach Dittling 1462 G.
Reismühle NO. von Kammerau
bei Cham, Thals. am Rossberg . 1322 G.
Reisslas bei Kirchenbingarten, SO. ⚫
von Weidenberg, Thalsohle . . 1658 G.
Reiteröd S. bei Schmidmühlen,
Ortstafel . . . . . . . . . 1485 G.
Reiting, Ort bei Loisnitz, S. von
Schwandorf, Granitfelsblöcke dab. 1568 G.
Remelsberg und Letzau, Höhe
dazwischen, O. von Weiden . . 1852 G.
Rendelmoos N. von Grafenau,
Thalfläche daselbst . . . . . 1546 G.
Renfting, Berg O. von Hauzen-
berg bei Passau, höchster Punkt 2487 G.
Renholding N. bei Aicha, unfern
Vilshofen, Stocksignal dabei, Edb. 1659 T.
Rentpoldenreith bei Haus, S.
von Grafenau, Kapelle . . . . 1690 G.
Reschalm, s. Hochgasse.
Reschmühle NW. von Wolfstein,
Thalsohle . . . . . . . . . 1972 G.
Reschwasser (Teufelswasser) an
der Klause bei Finsterau, Was-
serspiegel . . . . . . . . . 3136 T.
⚫ ⚫ am Hochgstettersteg,
Thalsohle . . . . . . . . . 2690 G.
⚫ an der Sägmühle, Wsp. 2588 T.
⚫ am Fürstensteg bei
Finsterau, Thalsohle . . . . 2455 G.
⚫ Wasser b. Mauth, Wsp. 2337 T.
⚫ (Ohebach), Brücke bei
der Reschmühle . . . . . . 2019 S.
Reschwasserebene am Grenz-
stein Nr. 25 im Lusengebirge . 3572 G.
Rettenbach O. von Zenting, SW.
von Schönberg . . . . . . . 1345 G.
Reut bei Krottensee, Baums., Edb. 1488 T.
Reut, s. Brechhausen.
Reutenberg bei Kötzting . . . 2380 S.
Reutenfurtbrücke W. von Für-
stenstein, Thalsohle . . . . . 1309 G.
Reutern, Ort NO. von Griesbach,
S. von Passau, Kthschw. . . . 1164 G.
Reuth, Eisenbahnstation bei Er-
bendorf, Bahnhofplanie . . . . 1432 O.
Richardsreith N. von Waldkir-
chen, unfern Wolfstein, Stocks.
dabei, Erdboden . . . . . . 1719 T.

Höhe in par. Fuss.

Richt bei Alfalter, NO. v. Schwar-
zenfeld, Kuppe dabei, Edb. . . 1527 T.
Richthof oder Richt S. von
Schmidmühlen (LIII, 11), Stock-
signal, Edb. . . . . . . . . 1431 T.
⚫ ⚫ an den Häu-
sern, Edb. . . . . . . . . 1357 G.
Richthofen, Ort am Habsberg,
S. von Kastel, Edb. . . . . . 1714 G.
Rickau, s. Riggau.
Rickerting, Wirthshaus (2 M.) . 1477 S.
Ried NO. von Riedenburg, Thschw. 1657 G.
Ried, Schlossthurm N. von Stall-
wang, Thurmpflaster . . . . . 1302 T.
Ried am Haidstein, westl. Haus . 1760 S.
Riedelhütte SO. von Klingen- ⚫
brunn, Kirchpflaster . . . . . 2267 T.
⚫ ⚫ Stocksignal
dabei, Erdboden . . . . . . 2285 T.
⚫ ⚫ die Ohe da-
bei, Wasserspiegel . . . . . 2252 T.
Riedelsbach, Ort am Dreisessel-
gebirge, Kapelle . . . . . . 2853 G.
Rieden, Ort an der Vils, S. von
Amberg, Stocks. dabei, Edb. . . 1414 T.
Riedenburg, Brücke über die
Altmühl, Thalsohle . . . . . 1072 G.
⚫ Kanal, Wasserspiegel
(Oberwasser) . . . . . . 1086 Nivell.
⚫ ⚫ ⚫ . 1077 T.
⚫ ⚫ bei Kienhofer, über
2 St. (8 Mess.) . . . . . . . 1130 G.
⚫ ⚫ Schloss, Hofpflaster . 1406 T.
Riedenburger Strasse nach
Hemau, Höhe bei der Kapelle . 1550 G.
Riedendorf bei Hauzenberg, höch-
ster Strassenpunkt . . . . . 1416 S.
Riedhof am Pfahl, bei Zandt, S.
von Cham, Thalsohle . . . . 1325 G.
Riedlhütter Diensthütte bei
Zwiesel . . . . . . . . . 2712 H.
⚫ ⚫ (3 M.) . 2755 S.
Riedl-Leiten bei Jochenstein
(XX, 68), Stocks. dabei, Edb. . 1932 T.
Riedlöd NW. von Rottthalmünster,
Höhenpunkt . . . . . . . . 1412 G.
Riedlswald, höchste Bergkuppe
nächst dem Kreuzhaus SW. von
Viechtach . . . . . . . . . 2754 G.
⚫ s. Kufhäuserwald.
⚫ Kuppe zunächst N. von
Blöss . . . . . . . . . . 2433 G.

18

Rötz, Markt bei Neunburg v./W.,
Brücke das. . . . . . . . . 1391 G.
» Schwarzachufer unter der
Brücke, Wassersp. . . . . . 1388 G.
» Markt, Löwengasthaus, e. E. 1433 S.
» » » . . . . . . . . . 1393 S.
» Strassenhöhe bei Bernried 1720 S.
» Bergkuppe N. an d. Strasse
nach Neunburg v./W. . . . . 1627 G.
» Weiler Bauhof, oberst. Haus 1677 S.
Rötz, Dorf im Forstamte Schön-
berg, höchster Punkt . . . . 1906 H.
Roggersing (Rockersing), Wirthsh. 1271 H.
Roggessing, Ort NO. von Hen-
gersberg (XXXII, 49), Kirchpfl. 1300 T.
Rohrmünz im Sauloch bei Deggen-
dorf, Kapelle . . . . . . . 2279 S.
» bei Deggendorf, Brücke
bei der Mühle . . . . . . . 2121 S.
» » Thals. oberhalb
der Rohrmünzmühle . . . . . 2200 G.
Rommerwald in Österr., SW. von
Neustift . . . . . . . . . 3093 R.
Ronfels, Ruine bei Schönberg, obe-
rer Mauerrand . . . . . . . 1931 S.
Ronnberg, auch Ranaberg, N. von
Völling, unfern Falkenstein . . 2095 L.
Rosall bei Wondreb, N. von Tir-
schenreuth, Stocks. dabei, Edb. 1994 T.
» höchster Punkt im Walde
dabei, Edb. . . . . . . . . 2065 T.
Rosenau bei Grafenau, oberstes
Haus . . . . . . . . . . . 2060 S.
» Kapelle, tiefstes Haus . 1987 S.
Rosenberg zunächst S. von Sulz-
bach, Thalsohle . . . . . . 1228 G.
» Eisenbahnbrücke über d.
Mühlbach, Wassersp. . . . . 1193 T.
Rosenberger, s. Lackerhäuser.
Rosenhammer bei Weidenberg,
Thalsohle . . . . . . . . . 1390 G.
» Wirthshaus das., über
1 Stiege . . . . . . . . . 1396 G.
Rossberg, Ort NW. von Kötzting
(LI, 38), Stocks., Edb. . . . 1896 T.
Rossberg, grosser, Berg bei
vorigem (L, 38), h. Pkt., Edb. . 2063 T.
» » . . . . . 2243 L.
» » auf dem sog.
Weissgesteinert, Edb. . . . . 2105 G.
Rossberg, kleiner, beim vorig.,
höchster Punkt, Edb. . . . . 1981 T.

Rossberg, kleiner, höchster
Punkt, Edb. . . . . . . . . 2059 G.
Rosshaupt in Böhmen, Gasthaus 1580 R.
» an der Landesgrenze
dabei . . . . . . . . . . . 1537 R.
Rosshöfe N. von Katzbach bei
Cham . . . . . . . . . . . 1916 L.
Rosshöferberg W. von Gleissen-
berg, unfern Furth, Baumsignal,
Erdboden . . . . . . . . . 2361 T.
Rosskopf bei Fuchsmühl, Basalt-
kuppe, Edb. . . . . . . . . 2202 T.
Rothaumühle zunächst NW. von
Dittling, Weiherdamm . . . . 1365 G.
Rothbachel und Teufelswasser,
am Zusammenfluss derselben zur
kalten Moldau, Thalebene . . . 2806 G.
Rothbürg, s. Rothenbürg.
Rothe Bühl bei Wittschau . . 1946 Forst-Act.
Rothe Höhe bei Schachtenbach,
unfern Rabenstein . . . . . . 3077 G.
Rothe Kothberg bei Zwiesel, h.
Punkt . . . . . . . . . . . 2292 G.
Rothenbürg, Ort bei Tirschen-
reuth, Stocks. dabei, Edb. . . . 1618 T.
» h. Punkt dabei, Edb. 1667 T.
» Granitfelskuppe dabei 1631 G.
Rothenbürger Weiher bei vo-
rigem, unf. Tirschenreuth, Wsp. 1496 T.
Rothenhof in Böhmen, S. v. Schüt-
tenhofen, beim Zusammenfluss der
Wolsowka und Watawa . . . 1349 R.
Rothenstadt, Ort S. von Weiden
an der Naab, Kirchpflaster . . 1197 T.
» Thalsohle, Edb. . . 1221 G.
Rothmain bei der Bruckmühle,
Brücke b. Bayreuth, oberh. ders. 1122 G.
» bei der Bodenmühle
bei Bayreuth . . . . . . . . 1173 G.
» bei d. Neumühle SW.
von Creussen . . . . . . . 1364 G.
» Zusammenfl. mit dem
Höhenbach W. von Creussen . 1422 G.
Rott, Brücke bei der Aumühle bei
Schärding . . . . . . . . . 959 G.
Rottenberg, s. Rattenberg.
Rottendorf, Ort W. von Naabburg,
Kirchthürschwelle . . . . . . 1388 G.
» Thals. zw. da u. Bru-
dersdorf . . . . . . . . . . 1181 G.
Rottendorf zunächst W. von Ober-
viechtach, Stocks. dabei, Edb. . 1800 T.

Rubendorf, Ober-, NW. von
Viechtach, an der Strasse nach
Moosbach, Kuppe O. vom Signal,
Erdboden . . . . . . . . . 2101 T.
   „    „  das Haus an der
Strasse, Strassenniveau . . . . 1717 G.
   „    „  Stocks. dab., Edb. 1926 T.
Ruckowitz, Berg bei Zwiesel
(Gr.-Falkenstein?) . . . . . . 4004 L.
Ruderszell zunächst W. von Fal-
kenstein, an der Strasse nach
Wörth, Stocks. dabei, Edb. . . 1984 T.
   „  der Gwendlberg N. da-
bei, Edb. . . . . . . . . . . 2033 G.
Ruderting bei Passau, Wirthsh.,
ebene Erde . . . . . . . . 1368 S.
Räberting NW. von Aicha, unfern
Vilshofen (XXVIII, 54), Stocks.
dabei, Edb. . . . . . . . . 1319 T.
Rückertschlag S. v. Rötz (LVII,
30), höchster Punkt, Edb. . . . 2011 T.
Rügersberg O. von Weidenberg,
mittlere Häuser. . . . . . . 1863 G.
   „  Grenze des Rothlie-
genden das. . . . . . . . . 1808 G.
Ruhberg, Basaltkegel bei Hain-
grün im Reichsforst bei Wald-
sassen, Edb. . . . . . . . . 2137 T.
   „     „  . . . . . 2147 G.
Ruhe (Hohe-) W. von Creussen,
Stocks., Edb. . . . . . . . 1513 T.
Ruhmannsberg O. von Hauzen-
berg bei Passau, Baums., Edb. . 2657 T.
   „  höchster Punkt 2713 G.
Ruhmannsfelden, Pfarrkirche,
Thurmpflaster . . . . . . . 1653 T.
   „    Huberbräu, über
1 Stiege (2 Mess.). . . . . . 1634 G.
   „    Thalsohle dabei 1538 G.
Ruhsdorf, s. Russdorf.
Ruitberg bei Neudorf in Böhmen 1842 R.
Rumpelmühle bei Altrandsberg,
NW. von Viechtach . . . . . 1228 G.
Rumplmühle in Böhmen, zwisch.
Eisenstrass und dem Brennerberg 1692 R.
Runding, Schloss O. von Cham,
Boden des chem. Tafelzimmers 1678 T.
   „  Standpunkt das., Edb. . 1660 T.
   „  Plateau neb. d. Kapelle 1663 G.
   „  Schlosshof . . . . . 1680 L.
   „  Ruine, höchster Hof . 1703 S.
Rupertshof, s. Zinkenzell.

Rupprechtstein W. von Neu-
kirchen bei Sulzbach, höchster
Fels, am Fuss d. runden Thurmes 1723 G.
   „  Ruine, Edb. . . 1676 T.
Rusel, Wirthshaus bei Deggendorf,
Thürschwelle . . . . . . . 2398 G.
   „  höchst. Strassenpunkt gegen
Deggendorf . . . . . . . . 2621 S.
   „    das., Strassenniveau 2396 T.
   „  bei Deggendorf, Wirthsgar-
ten (3 Mess.). . . . . . . . 2384 S.
   „  Quelle, wo der Gangsteig
abgeht . . . . . . . . . . 2260 S.
Rusel, früheres Wohnhaus S. vom
Fichtelberg (LXXXVII, 9), Weg
oberhalb . . . . . . . . . 2363 G.
Ruselstrasse, Glasschleif über
Maxhof bei Deggendorf. . . . 1369 S.
Russbrenner SW. bei Auerbach,
Stocks., Edb. . . . . . . . 1371 T.
Russdorf bei Windorf O. von Vils-
hofen, Stocks. dabei, Edb. . . . 1325 T.

Saas bei Pottenstetten, NW. von
Burglengenfeld . . . . . . . 1367 G.
Sablerberg bei Passau . . . . 2341 L.
Sachsen, Grosser, bei Grafenau,
Gipfel . . . . . . . . . . 2318 S.
   „    höchster Punkt
darauf, Edb. . . . . . . . . 2414 G.
Sachsen, Kleiner, bei Grafenau,
Gipfel . . . . . . . . . . 2253 S.
Sackdilling, Forsthaus im König-
steiner Forst, S. von Auerbach,
Thürschwelle . . . . . . . 1432 G.
Sägfeilbach bei Fuchsmühl, s.
Fuchsmühl.
Saghäuser W. von Altreichenau
unfern Wolfstein, Thalsohle des
Osterbaches . . . . . . . . 2272 G.
Sagwasser zwisch. St. Oswald u.
Freyung, Brücke bei d. Sägmühle 2006 S.
   „  Brücke bei d. Sägmühle
daselbst . . . . . . . . . 2121 G.
Sailer, s. Seiler.
Saldenau an der Strasse von Gra-
fenau n. Wolfstein, Sts. dab., Edb. 2616 T.
   „  Ortstafel, Edb. . . . 2366 G.
Saldenau bei Hohenau, östlichstes
Haus, e. E. . . . . . . . . 1487 S.
Saldenburg im Ödwald S. von
Grafenau, Hausflötz . . . . . 1761 T.

Schaarehen, Sattel zwischen Bo-
denmais und Lam, Diensthütte,
Thürschwelle . . . . . . . 3019 G.
Schachten N. von Eschelkam
(LVIII, 43), Stocks., Edb. . . . *1397 T.*
Schachten, Dorf bei Neu-Alben-
reuth, unfern Waldsassen, Schul-
haus, Edb. . . . . . . . . 1677 G.
  „  alte Berghalde daselbst 1700 G.
Schachtenbach am Herrnhaus,
Eingang in d. Glashütte b. Zwiesel 2885 G.
  „  bei Rabenstein,
Wirthshaus, ebene Erde . . . 2837 R.
Schachtenbach, hinterer
(Riedlhütte), Klause . . . . . 2684 H.
Schachtenbach, vorderer
(Riedlhütte), beim Einflusse des
Kanals . . . . . . . . . . 2578 S.
  „  vord., unterm
Rachel, Brücke an der Strasse
nach der Riedlhütte, Diensthütte 2382 R.
  „  Einfluss des vor-
deren in die grosse Ohe . . . 2400 S.
Schachtenwald N. von Hengers-
berg, bei Stein 191 . . . . . 1267 G.
Schämelsberg O. von Creussen,
Signal, höchster Punkt . . . . 1613 G.
Schärding, Pfarrthurm . . . . *972 R.*
  „  Gasthof zum goldenen
Kreuz, 2 Stiegen . . . . . . 935 R.
  „  35' über dem Inn-
spiegel . . . . . . . . . . 1005 R.
Schärdinger Holz in Österreich,
Quarzkonglomerat . . . . . . 1652 R.
Schafberg SW. von Pfrauenberg
in Böhmen . . . . . . . . *1842 R.*
Schafbrück bei Redwitz, oberstes
Wirthshaus, Hofsohle . . . . 2186 G.
Schafhill S. von Riedenburg
(XXXVIII, 2), Kirche . . . . 1408 G.
Schaggenhof, Ort O. von Laaber,
unfern Hemau, am Kreuz . . . 1409 G.
Schalding, Eisenbahn-Niveau der
Ostbahn . . . . . . . . . *933 O.*
Schalkenbach, Ober-, Ort S.
von Vilseck . . . . . . . . 1491 G.
Schalkenthann, Ort bei Hahn-
bach, Stocksignal, Edb. . . . . *1564 T.*
Schambach S. bei Riedenburg . 1580 L.
Schardenberg im Erzh. Öster-
reich, S. von Passau, Kirche, Kpfl. *1672 T.*
  „  Kirchthurm . . *1796 R.*

Scharten SW. von Schönberg
(XXXIII, 55), Kirchpfl. . . . . *2142 T.*
Scharten, Ort NO. von Zenting,
unf. Hengersberg, Kirchthschw. 2163 G.
Schauerberg, vulgo Kniebrecher *2716 R.*
Schaufelbach, s. Waldmünchen.
Scheckenberg S. von Neustadt
am rauhen Kulm, Sts., Edb. . . *1585 T.*
Scheckenhof beim vorigen, Stock-
signal, Edb. . . . . . . . . *1579 T.*
  „  Einsattelung, Edb. . *1508 T.*
Schedlhöf, Schachtkranz des Ei-
senerzschachtes unfern Tirschen-
reuth . . . . . . . . . . 1645 G.
Scheiben, grosse, bei Bayer.-Ei-
senstein, oberstes Haus . . . 3173 S.
  „  „  höchster Punkt
bei den Häusern . . . . . . 3258 G.
Scheiben bei Bayer.-Eisenstein,
Pichelbauer, höchste Saatfelder 3325 S.
  „  Pichelbauer . . . . . 3316 S.
Scheibenberg im Hochwalde,
 · S. vom Fichtelberg, Gerüstsignal,
Erdboden . . . . . . . . . *2457 T.*
  „  „  „  höch-
ster Punkt daselbst . . . . . 2471 G.
Scheichelberg zunächst O. von
Donaustauf, Edb. . . . . . . *1662 T.*
  „  zunächst W. von
Bach . . . . . . . . . . *1690 L.*
  „  „  höchster
Punkt, Edb. . . . . . . . . 1689 G.
  „  vorderer Berg ge-
gen Sulzbach, Edb. . . . . . 1654 G.
Schellenberg unfern Flossen-
bürg, Hofsohle, circa 50' unter-
halb des Häuschens . . . . . 2611 G.
  „  der Drechselbach am
Fusse, Thalsohle . . . . . . 2295 G.
Schelleneck, Eisenhütte bei Kellheim, Hüttensohle . . · . . . . 1126 G.
Schergendorf bei Passau, Kreuz
SO. vom Dorf . . . . . . . 1476 S.
Scherreut, Höhe an der Strasse
unfern Neustadt a./W. . . . . 1666 G.
Scheuer bei Köfering, SO. von
Regensburg, Thalsohle . . . . 1059 G.
Scheuereck und Fürstenhutb
in Böhmen, Grenzstein Nr. 5
dazwischen . . . . . . . . 2900 R.
Scheuereck bei Zwiesel, Brücke
 · nach der Diensthütte . . . . 2100 S.

Höhe in par. Fuss.

Scheuereck b. Zwiesel, Diensthütte 2478 S.
„ Weghöhe an der Distriktsgrenze zwischen Vorder- und Hinterscheuereck . . . . 3520 S.
„ Jährlingschachten, trigonom. Punkt . . . . . . 3726 S.
„ „ Waldhütte 3657 S.
„ Taferlbaum . . . . 3332 S.
Scheuereckberg bei Firmiansreuth unfern Finsterau . . . . 3547 G.
Scheuereckenberg an d. Reichsgrenze . . . . . . . . . . 3242 R.
Scheueröd, Vorder-, N. von Ortenburg, Edb. . . . . . . 1335 G.
Schieferberg bei Muckenreuth, O. von Weidenberg . . . . . 2257 G.
Schiffberg bei Peilstein in Österreich, N. der Donau, Punkt NW. von demselben . . . . . . . 2309 R.
Schildertschlag NW. von Grafenau, höchste Weghöhe O. vom Dorf, Sattel zwischen der grossen und kleinen Ohe . . . . . . 1927 S.
„ „ Kapelle, Thürschwelle . . . . . . . . 1861 G.
Schillertswiesen bei Brennberg (XLVII, 27), Stocks., Edb. . . 1997 T.
Schimmelberg N. von Waidhaus, höchster Punkt im Walde, Edb. . . . . . . . . . . . 2307 T.
Schindelhof bei Langenbruck, Stocksignal, Edb. . . . . . . 1418 T.
Schindellohe bei Pappenberg, N. von Vilseck, Baums., Edb. . . 1559 T.
Schindelranger S. von Auerbach, Stocksignal, Edb. . . . . . . 1438 T.
Schirmerberg bei Ellenfeld, SO. von Tirschenreuth . . . . . 2289 G.
Schirmitz zunächst S. bei Weiden, Stocksignal dabei, Edb. . . 1554 T.
„ höchster Punkt dabei, Erdboden . . . . . . . . . 1569 T.
Schirnbrunn N. von Wildenau, NO. von Neustadt a./Wn. (LXXIX, 22), Stocks. dabei, Edb. . . . 1641 T.
Schitzingerberg zunächst O. von Deggendorf . . . . . . 1888 G.
Schlag SO. von Rinchnach, an der Strasse nach Kirchdorf, Stocks. dabei, Edb. . . . . . . . . 2141 T.
„ höchster Punkt der Strasse daselbst, Edb. . . . . . . . 2128 G.

Höhe in par. Fuss.

Schlagenteich, am unteren, bei Fuchsmühl (LXXXVI, 18), Wsp. 1793 T.
Schlammersdorf, Ort NO. von Kirchenthumbach, Kthschw. . . 1405 G.
Schlatteinerbrücke bei Neustadt a./Wn., Niveau des Brückengeländers . . . . . . . 1269 G.
Schleeberg S. von Regen, Stocksignal dabei, Edb. . . . . . . 2345 T.
„ das sogenannte Bergl : bei Zell, Edb. . . . . . . . 2361 G.
Schleerauf, höchst. Punkt, Markstein 9 . . . . . . . . . 2120 H.
Schlichtenberg NO. von Wolfstein, Försterhaus . . . . . 2607 S.
Schlossberg SO. von Creussen, Stocksignal, Edb. . . . . . . 1731 T.
Schlott im Hienheimer Forst bei Riedenburg, Tbschw. . . . . 1427 G.
Schmalzbachschwelle, Diensthütte zwischen Eisenstein und Waldhaus . . . . . . . . . 1953 S.
Schmalzkistler Haus an der Waldkirchner Strasse bei Hauzenberg . . . . . . . . . 2348 G.
Schmelz, Schwefelofen unf. Lam, Erdboden . . . . . . . . . 2024 G.
Schmelzhäuser, Brücke über das Scheuereckbächel, Thal gegen den Strickberg . . . . . 2929 S.
„ Wirthshaus . . 2959 S.
Schmidaltnach, Ort S. v. Viechtach, Thalsohle . . . . . . 1513 G.
Schmidgaden, Ort SW. von Naabburg, Edb. . . . . . . . . 1351 T.
„ Thalsohle an der Brücke daselbst . . . . . 1189 G.
Schmidheim, Unter-, zwischen Parsberg u. Hohenburg, Kthschw. 1584 G.
„ „ zwischen da und dem Oberschmidheimer Weg . . . . . . . . . . . 1574 G.
Schmidmühlen, s. Schmidtmühlen.
Schmidtlohe bei Sonnengrün, O. von Weidenberg, Edb. . . . . . 2509 G.
Schmidtmühlen, Kapelle an dem Kreuzberge, Kirchpfl. . . . . . 1449 T.
„ „ Stocks. dabei, Edb. . . . . . . . . . 1368 T.
„ Zusammenfluss der Vils und Lauterach, Wsp. . 1115 G.
„ „ . 1128 L.

Höhe in par. Fuss.

**Schmieding, Hinter-**, bei Grainet unfern Wolfstein, Kapelle . 2238 S.

**Schmieding, Vorder-**, bei Grainet, Weghöhe . . . . . . . 2196 S.

**Schmierhütte** bei Grünhund, S. von Grafenwöhr, Baums., Edb. . 1401 T.

**Schmolau** in Böhmen . . . . . 1345 R.

**Schnabelwaid** bei Creussen, Kirchpflaster . . . . . . . . 1383 T.

     »        Kthschw. 1407 G.

     »    Schlossthurm, Flötz 1472 T.

**Schnaittenbach** O. von Hirschau, Bachsohle darin . . . . . . 1251 G.

**Schneckenreuth**, s. Oberhof.

**Schneckenreuth**, Ort NO. von Regenstauf, Thalsohle bei der Langwies . . . . . . . . . 1533 G.

**Schneeberg** im Schimmelwald, N. bei Waidhaus, Baums., Edb. . . 2302 T.

     »    Kopf, höchster Punkt . 2291 G.

**Schneeberg**, Ort bei Oberviechtach, Thalsohle an der Brücke . 1582 G.

**Schneeberg**, Berg, s. Frauenstein und Altenschneeberg.

**Schneiderbach** bei der Erddammklause . . . . . . . . 2404 H.

     »   beim Einfluss in die Schwarzach . . . . . . . . 2248 H.

**Schneittenbach**, s. Schnaittenbach.

**Schnellersdorf** bei Edelsfeld, N. von Sulzbach, Kreuzweg . . 1593 G.

**Schnepfenberg** NW. von Regenstauf, Hochholz dabei . . . . 1235 G.

**Schobereck** NW. von Bodenmais, höchster Punkt N. vom Signal auf der sogenannten Hochwies . 3795 G.

**Schöfweg**, Ort am Sonnenwald bei Hengersberg, Edb. . . . . 2433 T.

     »   auf der Einsattelung des Donaugebirges, Krämer an der Strasse nach Deggendorf . . . 2385 H.

     »   Einsattelung des Donaugebirges . . . . . . . . . 2386 H.

     »   am Sonnenwald, vor dem Wirthshaus . . . . . . . . 2419 S.

     »      »   Wirthshaus, ebene Erde . . . . . . . . 2416 G.

**Schöfweg** SO. von Wolfstein, Thalsohle bei der Ohomühle . 1746 G.

**Schölköpfing**, Bauernhof NW. von Passau . . . . . . . . 1297 L.

Höhe in par. Fuss.

**Schöllenstein** N. von Hofkirchen, Thalsohle . . . . . . . . . 1058 G.

**Schöllnach** O. von Hengersberg, Kirchpflaster . . . . . . . . 1146 T.

     »    Thalsohle dabei (2 M.) 1147 G.

**Schömesdorf** W. von Oberviechtach (LXV, 25), Stocks. dabei, Erdboden . . . . . . . . . 1954 T.

**Schönach**, Ort S. von Wörth, Brücke dabei . . . . . . . 1034 G.

**Schönanger**, oberstes Haus beim Botschafter . . . . . . . . 2074 R.

     »    Obebrücke . . . . 2010 R.

**Schönau** bei Schönsee, Thalsohle an der Brücke . . . . . . 1646 G.

**Schönau, Alt-**, Revierförsterhaus, ebene Erde . . . . . . . . 2263 S.

**Schönau, Neu-**, zunächst O. von St. Oswald, Stocks. dabei, Edb. 2398 T.

**Schönauer Bach** bei Stadlern, unfern Schönsee, Wassersp. . . 2076 T.

     »      »   b. Treffelstein, Wasserspiegel . . . . . . . 1466 T.

**Schönauer Berg** bei Wegscheid, Gipfel . . . . . . . . . . 2538 S.

**Schönauer Dienstbütte** bei der Martinsklause . . . . . . . 3021 H.

**Schönbacher Glashütte** bei Draxlsried, oberste Brücke . . 2220 S.

**Schönberg**, Hauptsignal, Edb. . 2090 T.

     »      »    Thurmpflaster . . . . . . . . . 1740 T.

     »    Kirchenthürschwelle . . . . . . . . 1740 G.

     »    Markt, Posthaus . . 1772 L.

     »    Kirche an der Höhe . 1986 L.

     »    Forstamtsgebäude, e. E. 1719 H.

     »            e. E. 1722 S.

     »   bei Hörner, 1 Stiege . 1699 S.

     »      »      »   . 1763 G.

     »    Strassenhöhe am Burgstall . . . . . . . . . . 1884 S.

**Schönberg** O. von Kollerschlag in Österreich, N. der Donau . . 2423 R.

**Schönbrunn** b. Steinfrankenreuth, SO. von Floss, Buchenhübel das. 1877 G.

**Schönbrunn, Gross-**, Ort N. von Hirschau, s. Grossschönbrunn.

**Schönbrunnenberg, Gross-**, bei vorigem, höchster Punkt . . 1770 G.

     »      »   Luitpold's-zeche beim Signal, Edb. . . . 1728 G.

| | Höhe in par. Fuss. |
|---|---|
| Schönbuche, Strassenhöhe gegen Kötzting | 1699 S. |
| Schönburg unfern Pfarrkirchen, Eingang zum Schlosse | 1111 G. |
| Schönebach, Glashütte bei Bodenmais, Thalsohle | 2066 G. |
| Schönebene in Böhmen, Sattelhöhe gegen Scheuereck, Markstein V bei Finsterau | 3043 S. |
| Schönebene in Böhmen, allgemeine Sattelhöhe, Wirthshaus | 3227 S. |
| Schöneck I. zwischen Regen und Bodenmais, Gerüstsignal, Edb. | 2570 T. |
| » der Berg SO. vom Orte Schöneck, Edb. | 2585 G. |
| Schöneck beim vorigen, oberstes Haus, Edb. | 2227 G. |
| » » Bauernhaus | 2196 S. |
| » und Langsdorf, Sattel dazwischen, Edb. | 2426 G. |
| Schönficht unfern Tirschenreuth, Stocks. dabei, Edb. | 1700 T. |
| » Postflur | 1628 G. |
| » am Wegweiser | 1696 G. |
| » am Bild neben der Strasse nach Wildenau | 1698 G. |
| Schönhaid bei Wiesau, NW. von Tirschenreuth, Stocksignal dabei, Erdboden | 1548 T. |
| Schönkirch unfern Tirschenreuth, Wegweiser im Dorfe | 1678 G. |
| Schönleiten bei Holzheim, O. von Kallmünz, Stocksignal dabei, Erdboden | 1255 T. |
| Schönort zwischen Rachel und Lusen | 2985 H. |
| Schönsee, Kirche darin, Edb. | 2021 T. |
| » Wirthshaus bei Sperl, über 1 Stiege (5 Mess.) | 2049 G. |
| » SO. Stocksignal, Edb. | 2243 T. |
| » s. auch Stückholz. | |
| Schönthal bei Waldmünchen und Rötz, Kirchpflaster | 1398 T. |
| » » Stocks., Erdboden | 1459 T. |
| » Bräuhaus das. (2 M.) | 1460 S. |
| » Teich | 1447 G. |
| » Forsthaus | 1849 R. |
| Schöntbaler Teich | 1446 G. |
| Schöntbaler Wald SO. von Rötz, höchster Punkt oberhalb des Steins 22 | 2021 G. |

| | Höhe in par. Fuss |
|---|---|
| Schörlhofberg N. von Stubenbach in Böhmen | 2687 R. |
| Schollenbühl, Berg S. von Mehlmeisel bei Fichtelberg, Erdboden | 2564 T. |
| Schollried bei Regen, oberst. Haus | 1901 S. |
| Schopflohe bei Brennberg (XLIV, 25), höchster Punkt, Erdboden | 2047 T. |
| Schopfloh, siehe Bacher Forst. | |
| Schreez, Ober-, am Sophienberg bei Bayreuth | 1751 G. |
| Schreinerbauerberg SO. von Kallmünz, siehe Kallmünz. | |
| Schülerhöhe od. Schüllerberg bei Schönsee, höchster Fels an der Landesgrenze, Stocks., Edb. | 2212 T. |
| » » » | 2220 G. |
| Schützenberg NW. von Unterschmidheim, O. von Velburg, höchster Punkt | 1805 T. |
| Schützenhof bei Regen gegen Weissenstein, Erdboden | 1837 G. |
| Schützenwald N. von Maader in Böhmen, Forsthaus | 2834 R. |
| Schützinger Berg, s. Schitzinger Berg. | |
| Schuhnagelkopf zwischen Rachel und Lusen | 4156 H. |
| Schultersdorf bei Kapfelberg unfern Abbach, Erdboden | 1324 T. |
| Schulthols, höchster Punkt zwischen Engelfing u. Hungerleithen | 1267 S. |
| Schupfenrangen bei Haingrün, Basaltkegel in Reichsforst bei Waldsassen | 2110 G. |
| Schussenberg bei Hohenwart W. von Regenstauf | 1333 G. |
| Schusterberg NW. von Ulrichsberg (Kais. Österr.) | 2042 R. |
| Schwabelweiss bei Regensburg, Stocks., Erdboden | 1310 T. |
| » Ort | 1082 L. |
| Schwabelweisser Berg, Höhe bei Regensburg | 1423 L. |
| » » bei Regensburg, höchster Punkt gegen Keilberg | 1428 S. |
| Schwabenhof, s. Thannheim. | |
| Schwärzenberg bei Roding, Pfahl, Signal auf der Ruine | 1715 T. |
| » höchster Punkt darauf | 1689 S. |
| » » » | 1743 G. |

Höhe in par. Fuss.

Schwärzenberg, Strassenhöhe zwischen Roding und Neukirchen 1538 S.
Schwaigelhaidberg in Böhmen 3287 R.
Schwaighausener Forst bei Regensburg . . . . . . . . 1541 L.
Schwainberg bei Passau, Wirthshaus, ebene Erde . . . . . . 1318 S.
Schwammäcker bei Mähring, s. Mähring.
Schwand zunächst W. an Schönsee, Stocks., Edb. . . . . . . 2272 T.
Schwand, Ort N. von Parkstein, SO. von Pressat, Stocks. dabei, Erdboden . . . . . . . . . 1605 T.
»     » O. von dem S. gelegenen höchsten Punkt, Edb. 1590 T.
Schwandorf, Bahnhof, Planie . 1108 O.
»    Post, 1 St., 13' über dem Strassenpflaster (15 M.) . . 1141 S.
»    Post, über 1 St. (4 M.) 1182 G.
»    Stadtplatz . . . . 1186 L.
»    Naab, an der Eisenbahnbrücke, mittl. Wasserstand 1094 T.
»    Naabfluss daselbst . 1149 L.
Schwandorf, Umgebung, Kapelle auf dem Kreuzberg, Kirchpflaster . . . . . . . . 1262 T.
»     » Stocks. dab., Erdboden . . . . . . . . . 1325 T.
»    Kuppe O. davon, Edb. 1338 T.
»    Mühlenberg oder Egidiberg, höchster Punkt, 70' über dem Hof . . . . . . 1397 S.
»    Freyholz, Steinbrücke, 20' unter der Höhe . . . . . 1159 S.
»    Kreuzberg, Fuss, am Weiher bei den zwei Linden . 1123 S.
»    Kreuzberg, Gipfel . . 1285 S.
»    Weinberg, höchst. Pkt. 1372 S.
Schwanebrücke W. von Muttersdorf . . . . . . . . . . 1466 R.
Schwanenkirchen bei Hengersberg, Kirchpflaster . . . . . 1175 T.
»    Pflaster bei d. Kirche . . . . . . . . . . 1150 G.
Schwarzach, Mündung in die Naab bei Schwarzenfeld, Wsp. . 1110 G.
»    Einmündung der Murach bei Zangenstein, Thalsohle 1150 G.
»    b. Schwarzhofen, Wsp. 1154 T.
»    bei Neunburg, Wsp. . 1170 T.
»    bei Schönthal, Wsp. . 1388 T.

Höhe in par. Fuss.

Schwarzach bei Rötz, unter der Brücke, Wasserspiegel . . . . 1366 T.
»      » an d. Brücke, Thalsohle . . . . . . . . 1388 G.
»    bei Kritzenast, W. von Waldmünchen, Wsp. (2 M.) . . 1441 G.
»    bei Unterhöll, an der Landesgrenze bei Waldmünchen 1649 G.
Schwarzach, Dorf bei Bogen, Wirthshaus, 1 St. (9 Mess.) . . 1095 S.
»  '    » oberes Wirthshaus, über 1 St. . . . . . 1102 G.
»    Diensthütte auf der Kugelstatt . . . . . . . . 2730 S.
Schwarzach, Mündung in die gr. Ohe . . . . . . . . . . 2227 H.
»      Einfluss des Waldhüttenbaches . . . . . . . 2311 H.
»      Einfluss des Förauerbaches . . . . . . . . . 2431 H.
»      Einfluss des Gfällbaches . . . . . . . . . 2933 H.
Schwarzacherwald, Diensthütte (Waldhäusel) bei Bogen . . . 2782 G.
»      s. auch Grandsberg, rauher Kolben und Hirschenstein.
Schwarzbach, grosser, an der Klause W. von Finsterau . . . 3452 G.
Schwarzbach, kleiner, Thals. am Langfilszeigenstog . . . . 3557 G.
Schwarzberg N. von Kemnath, Baumsignal, Edb. . . . . . . 2023 T.
»      » höchster Punkt . . . . . . . . . . 2118 G.
»      » 2130 L.
Schwarzberg in Böhmen . . . 3921 R.
Schwarzeck bei Bodenmais, W. vom Arber (XLIX, 47), Sts., Edb. 3791 T.
»    am Markstein Nr. 34, Erdboden . . . . . . . . 3510 T.
»    höchster ·Punkt im Schoberecker Forst . . . . . 3871 G.
Schwarzenbach, Ort S. von Tirschenreuth, Wirthshaus . . . 1782 G.
Schwarzenbachebene, höchst. Punkt des Fusssteigs von Bodenmais nach Lam, Sattel . . . . 3424 G.
Schwarzenberg, s. Schwärzenberg.
Schwarzenberg O. von Langenbruck bei Vilseck, höchst. Pkt. . 1668 G.

| | Höhe in par. Fuss. |
|---|---|

**Silberhüttenberg, höchst. Pkt.**
S. von der Glashütte .... 2888 T.
  » Steingeröll,
unfern Bärnau, Edb. ..... 2816 L.
  » höchster Punkt
oberhalb der Glashütte .... 2696 G.
**Simandlruck** SW. vom Lusen . 3461 G.
**Simelsreuth**, Ort W. von Zen-
ting unfern Hengersberg ... 1812 G.
**Simetsreuth**, oberstes Haus . . 1732 S.
**Sinzendorf** N. von Cham (LVIII,
34), W. Stocks., Edb. .... 1862 T.
**Sinzenhof** O. von Schmidmühlen
(LIV, 12), Stocks. dabei, Edb. . 1389 T.
**Sinzing** SW. von Regensburg, La-
berbrücke daselbst ....... 1098 G.
**Sinzing und Eulsbrunn**, Höhe
dazwischen im Prüfeninger Holz 1397 G.
**Sittenberg**, Ort an der Strasse
von Passau nach Dittling, Edb. . 1469 T.
  » bei Passau, Strassen-
höhe im Dorfe ....... 1481 S.
  »    » höchster
Punkt im Dorfe ...... 1520 G.
**Sodelholz** bei Manzenberg unfern
Redwitz ......... 2125 G.
**Sodlitz** an der Strasse von Pfreimt
nach Vohenstrauss, Kirchpfl. . . 1702 T.
**Sohl oder Sohlen** bei Arnetsried,
NW. von Regen, Edb. .... 1880 T.
  »    » Ausgang aus dem
Dorfe, Edb. ........ 1790 G.
**Solla**, höchster Punkt der Strasse
bei Garham ........ 2119 S.
**Sommerau**, Heinzelwirth ... 2126 S.
  » beim Wirth Frisch, üb.
1 Stiege (4 Mess.)...... 2064 S.
**Sommersberg** S. von Rinchnach,
unfern Regen, s. Klendberg.
**Sonnberg** NW. von Konzell, un-
fern Stallwang, Stocksignal dabei,
Erdboden ......... 2025 T.
**Sonnenberg** bei Herzogau, S. von
Waldmünchen, höchster Punkt . 2654 G.
**Sonnengrün**, Haus O. von Wei-
denberg ......... 2318 G.
**Sonnenwald**, Baumsignal (XXXIII,
52), Erdboden ....... 3132 T.
  » der Daxstein, Musir-
häusl, höchst gelegenes Ackerland 2954 H.
  » Aschensteinspitze (I,1) 2972 H.
  »    » 2943 G.

| | Höhe in par. Fuss. |
|---|---|

**Sonnenwald**, Aschenstein am
Platzl Nr. 51 ....... 2401 H.
  » Büchelstein, Gipfel
(2 Messungen) ....... 2668 S.
  » Büchelstein am Festpl. 2561 H.
  » Brodjackelriegel, Sg. 3034 H.
  »    »    » 3158 G.
  » Jägerriegel, Gipf.(II,5) 2826 H.
  » Oberaigen,höchst.Haus 2508 S.
  » Pyramide bei Schön-
berg, Erdboden ....... 3136 L.
  » Neufang, Rappenberg,
Kapelle. ......... 2603 S.
  » Sturmriegel,Gpf.(III,3) 2993 H.
  » Sturmriegel, Gipfel . 3036 S.
**Sonnenwirthshaus** in der Neuwelt,
bei Wegscheid, Brunnen ... 2526 H.
  »  in der Neuwelt,
Kegelstatt ........ 2510 H.
  »    » Wirths-
haus, Thürschwelle ..... 2594 G.
**Sonntagsfeld**, Anhöhe N. von
Freinberg, O. v. Passau in Österr. 1358 R.
**Sophienberg** S. von Bayreuth,
Signal, Erdboden ...... 1831 T.
  » höchster Punkt des
Berges, Erdboden ...... 1856 G.
**Sophienthal**, Glashütte in Böhmen 1829 R.
**Sophienthal** bei Weidenberg,
Brücke über die W. Steinach . 1461 G.
**Sorghof** ......... 1498 R.
**Speinshardt** N. von Eschenbach,
Kthschw. (2 M.) ...... 1363 G.
**Sperrberg**, höchster Punkt bei
Pappenberg N. von Vilseck . . 1640 G.
**Sperrbühel** bei Klein-Philipps-
reuth unfern Wolfstein .... 3554 G.
**Spiegelauer Mühle** an d. grossen
Ohe(Rehbach),Brücke b.Grafenau 2247 S.
**Spielberg**, Ort NO. von Weiden
(LXXVI, 24), Stocksignal, Erdb. 2020 T.
**Spitzberg**, gross., an der Landes-
grenze NW. von Lusen, höchster
Punkt, Erdboden ...... 4186 T.
  » bei Birkenhaid ... 3479 R.
  » Gipfel nahe der Grenze
in Böhmen ........ 4202 S.
  » Markstein Nr. 7 . . 4133 S.
  » Filz gegen den Platten-
haufen ......... 4073 S.
**Spitzberg**, Signal bei Passau . . 1099 L.
**Spitzberg** zunächst NO. v. Grafenau 2289 G.

| | Höhe in par. Fuss. |
|---|---|
| Spitzberg NW. von Auerbach, Stocksignal, Erdboden . . . . | 1421 T. |
| Spürberg, Granitkuppe NW. von Wörth, Erdboden . . . . . . | 1610 G. |
| Stachesried zunächst SO. an Eschelkam, Stocksignal, Erdbod. | 1574 T. |
| Stadl bei Engelhartszell in Österr. | 2199 R. |
| Stadler W. von Riess, unfern Passau, Stocksignal dabei, Erdboden | 1236 T. |
| Stadlern, Ort O. von Schönsee, Stocksignal, Erdboden . . . . | 2192 T. |
| " " " Kchpfl. | 2183 T. |
| " Anger, höchster Punkt zwischen Stadlern und Schönsee | 2484 G. |
| " s. auch Schönauer Bach. | |
| Staffelbach an der Dangelmühle bei Hauzenberg, Wasserspiegel . | 1417 T. |
| " an der Neumühle bei Ort Diendorf . . . . . . . | 1220 G. |
| Staffelberg bei Hauzenberg unfern Passau, höchster Punkt . . | 2140 L. |
| " der höchste Punkt . | 2554 G. |
| Stallwang, Ort b. Straubing, Kpfl. | 1246 T. |
| " Post . . . . . | 1112 Schwerin |
| " Thalsohle an dem Zusammenfluss zweier Bäche . . | 1085 G. |
| " nach Riem . . . . | 1282 S. |
| Stammsried, Platz vor dem Rathhaus, Pflaster . . . . . . . | 1425 S. |
| " Thalsohle an d. Mühle | 1231 G. |
| " S. von der Ruine auf dem Kirnberg, Parzelle Städlberg | 1850 G. |
| " Strassenhöhe gegen Diebsried, Radschuhsäule . . . | 1707 S. |
| Standlberg NW. von Freiung . | 3245 R. |
| Stangenberg NO. von Oberviechtach, Stocksignal, Erdboden | 2709 T. |
| " höchster Punkt SW., Erdboden . . . . . . | 2336 T. |
| " b. Gaisheim, höchster Punkt, Erdboden . . . . | 2361 G. |
| Stanglhof bei Wulkersdorf S. von Nittenau, Höhe dabei. . . . | 1640 G. |
| Stegenthumbach bei Eschenbach, Stocksignal, Erdboden . . . . | 1416 T. |
| " " " Thals., Wasserspiegel . . . . . . . | 1302 T. |
| Stein bei Liebenstein S. von Tirschenreuth, Kirchpflaster . .'. | 1623 T. |
| Stein an der Pfreimt, NO. von der Stadt Pfreimt, Stcks. dabei, Edb. | 1587 T. |
| " höchster Punkt dabei, Edb. | 1759 T. |

| | Höhe in par. Fuss. |
|---|---|
| Stein, siehe Steinerhöhe. | |
| Steinach, Granitfels bei Regenstauf, Erdboden . . . . . . | 1701 G. |
| Steinbach N. von Holenstein, unfern Sulzbach, Thalsohle . . . | 1478 G. |
| Steinberg, Ort NO. von Burglengenfeld, Stocks. dabei, Edb. . | 1235 T. |
| " der Mühlweiher dabei, Wasserspiegel . . . . . . . | 1150 T. |
| Steinberg, höchster Punkt bei Loderhart N. von Deggendorf (XXXVIII, 45), Erdboden . . . | 3093 T. |
| Steinberg, Dorf SO. von Schwandorf, Schwefelquelle . . . . . | 1198 G. |
| Steinberg, Granitfels bei Albernhof NO. von Neustadt a./Wn. . | 1645 G. |
| Steinberg, Basaltkegel bei Grossbüchelberg unfern Waldsassen . | 1991 G. |
| Steinberg (LXXI, 3), höchster Punkt der Kuppe bei Königstein | 1909 G. |
| Steinberg im Weithüttenwald W. von Mauth, unfern Grafenau . . | 3196 G. |
| Steinberg, grosser, bei Hohenau unfern Wolfstein, Gipfel . . . | 2720 S. |
| " " Gipfel. . . | 2809 G. |
| Steinberg, siehe Tillyschanze. | |
| Steinberg bei Hauzenberg, siehe Lichtenauer Berg. | |
| Steinbüchel im Zellerthal, Kreuz | 1483 S. |
| Steinbühl, siehe Obersteinhausen. | |
| Steinbühl W. von Thürnau bei Passau, höchster Punkt der St. . | 1339 G. |
| Steindlberg bei Stubenbach . . | 4015 R. |
| " " . . . . | 4001 R. |
| Steindollner N. von Ortenburg, höchster Punkt . . . . . . . | 1453 G. |
| Steindorf, Wegniveau N. von Pfarrkirchen . . . . . . .. | 1158 G. |
| Steinerhöhe (Gesteiner Höh) N. von Stein, W. bei Viechtach . . | 2401 G. |
| Steinerödberg S. von Viechtach | 2775 L. |
| Steinfels, Ort b. Mantel, Hüttens. | 1283 G. |
| Steinfleckberg W. von Finsterau, Baumsignal, Erdboden . . . . | 4127 T. |
| " s. auch Enzianruck. | |
| Steinfrankenreuth, Ort O. von Weiden, Stocks. dabei, Erdboden | 1854 T. |
| " Höhe NW. davon, Edb. | 1900 G. |
| " höchster Berg dabei, zwischen Theiseil und Letzau | 2000 G. |
| Steingeröll, Basaltbruch an der Kapelle bei Waldsassen. . . . | 1800 G. |

Höhe in par. Fuss

Höhe in par. Fuss.

Steiniges Gewend bei Erbendorf,
siehe Gewend.
Steininglohe, Mühle zwisch. Amberg und Hirschau, Thalsohle . 1365 G.
  » u. Mimbach, höchster Berg dazwischen . . . . 1664 G.
Steinkapf bei Neuthal. . . . . 2801 R.
Steinkart S. von Ortenburg, höchster Punkt. . . . . . . . . 1636 G.
Steinklammer bei Klingenbrunn, unterster Steg . . . . . . . 1971 S.
Steinknöckel bei Böbrach, W. von Bodenmais, Baumsignal, höchster Punkt, Erdboden . . . . 2600 T.
Steinkopf oder gesengter Riegel zwischen Rachel und Lusen . . 3498 H.
Steinling N. von Sulzbach, Ortstafel . . . . . . . . . . . 1429 G.
Steinlohe an der Landesgrenze N. von Waldmünchen, Stcks., Edb. 1935 T.
Steinmühle bei Weishäuptlmühle am Osterbach b. Wegscheid, Stat. 1911 T.
Steinöd, Bergkuppe bei Wilchenreuth, NO. von Weiden . . . . 1671 G.
Steinreuth SW. von Windischeschenbach, d. Pyramide dab., Edb. 1989 T.
Steinriegel bei Vierhäuser S. von Mauth bei Wolfstein, Gerüsts. 2728 T.
Steinriegel zwischen Marberg und Lusen bei Finsterau, bei Markstein 6 . . . . . . . . . . 4039 R.
Steinsberg bei Albernhof . . . 1657 G.
Steinsberg, Ort W. von Regenstauf, Wirthshaus . . . . . . 1168 G.
Steinschachten zwischen Lusen und Rachel . . . . . . . . 3765 H.
Steinschachten, Berg b. Schachtenbach am Arber . . . . . . 3575 G.
Steinschachtenberg b. Zwiesel, NO. von der Hilzhütte . . . . 3886 G.
Steinschartenberg O. von Judenhof bei Grafenau . . . . . 2092 G.
Steinwald bei Erbendorf, Katzentrögerl, Stangensignal, Erdboden 2900 T.
  » gebrannter Felsen, Edb. 2910 T.
  » Platte, höchster Fels . 2976 G.
  » siehe Weissenstein.
Stephansposching, Eisenbahnniveau . . . . . . . . . . . 1012 O.
Sternstein, Kirchthürschwelle . 1442 G.
  » der Flossbach daselbst, Wasserspiegel . . . . 1430 T.

Sternstein, Zusammenfluss der Floss und Görnitz, Thalsohle . 1329 G.
Sterz, Gross-, Ort S. von Mitterteich, Stocksignal dabei, Erdbod. 1655 T.
Sterzmühle am Forellenbach im Kaiserthum Österreich . . . . 2175 R.
Stetten, Ort NW. von Schwaighausen unfern Regensburg, Stocksignal, Erdboden . . . . . . 1538 T.
  » höchster Punkt W. davon, bei Wall . . . . . . . 1510 G.
Stetten, Ort W. von Hohenfels, Stocksignal, Erdboden . . . . 1799 T.
Stetting bei Vilshofen, Strasse gegen Windorf, Höhe der Kiesgrube bei der Kapelle . . . . 1380 S.
Stieberberg bei Paulusbrunn unfern Bärnau . . . . . . . . 2429 G.
Stierbach bei Wegscheid, Brücke bei der Stierbachmühle . . . . 1734 S.
  » » » 1683 G.
Stierleshöhe bei St. Nicolaus NW. von Mähring, Baums., Edb. 2225 T.
Stierplatz zwischen Seewandberg und Osser . . . . . . . . 3670 R.
Stiftshäusel NO. von Pressat (LXXIX, 14), Baumsignal, Edb. . 1896 T.
Stockau zunächst O. bei Erbendorf, Stocksignal dabei, Erdboden . . 1569 T.
Stockberg, Granitberg S. von Roding . . . . . . . . . . 1392 G.
Stockenfels, Ruine bei Nittenau, Erdboden . . . . . . . . . 1115 T.
Stocksried bei Buch NO. von Bodenwöhr, Stocksignal dabei, Edb. 1541 T.
Stopfer am Berg, Haus NW. von Rottthalmünster . . . . . 1369 G.
Strahlfeld bei Roding, NW. davon, Stocksignal, Erdboden . . . . 1314 T.
  » Schenke, ebene Erde 1270 S.
  » Weghöhe gegen Roding 1357 S.
  » steinerne „Säule am hohen Acker" . . . . . . . 1404 S.
Strahlfelder Forst, höchster Punkt bei Roding . . . . . . 2202 L.
  » Hirschbrunnen das. . 1176 G.
Strasskirchen, Ort bei Passau, Thurmpflaster . . . . . . . 1406 T.
  » (Ort?) . . . . . 1378 L.
Straubing, Stadt, Eisenbahnplanie 1007. O.
  » Donau unter der Agnes Bernauer-Brücke . . . . . . 1006 L.

Höhe in par. Fuss.

Straubing, Stadt, Post, 2 St. . . 1062 S.
Strickberg bei Scheuereck unfern
     Finsterau . . . . . . . . . 3475 G.
     „ bei Scheuereck, Gipfel 3363 S.
Stubenbach, Bach, Austrittspunkt
     aus Bayern NO. von Zwiesel. . 2988 G.
Stubenbach, Ort, Forstamt in
     Böhmen . . . . . . . . . 2593 R.
     „ Forsthaus . . . . 2687 R.
Stubenbacher See am Mittags-
     berg in Böhmen . . . . . . 3261 R.
Stück, Felsenkuppe S. v. Eslarn
     (LXVIII, 30), Stocksignal, Erd-
     boden . . . . . . . . . . 2517 T.
Stückholz, Gneisskuppe bei Lan-
     gau NO. von Oberviechtach . . 2489 G.
     „ Stocksign. (LXVII, 30) 2413 T.
     „ Berghöhe bei Schönsee 2513 L.
     „ (?) Berggipfel unfern
     , Schönsee . . . . . . . . . 2845 L.
Stuhlberg bei Engelhartszell in
     Österreich. . . . . . . . . 1683 R.
Stuhlberg, Ort N. von Hals bei
     Passau . . . . . . . . . . 1138 L.
Sturmleithe, höchster Punkt N.
     von Strassholz, W. von Kirchen-
     laibach . . . . . . . . . . 1671 G.
Sturmriegel im Sonnenwalde,
     Gipfelpunkt . . . . . . . . 3036 S.
Suben, Dorf S. von Schärding in
     Österreich. . . . . . . . . 1136 R.
Süssenbach, Ort N. von Wörth,
     Bräuhaus, ebene Erde . . . . 1526 G.
     „ das Schwarzhäusel-
     holz daselbst. . . . . . . . 1972 G.
Süsserberg NO. von Amberg,
     höchster Punkt . . . . . . . 1757 T.
     „ höchster Punkt darauf 1836 G.
Sulzbach, Stadt, Eisenbahnplanie 1231 O.
     „ Pfarrkirchpflaster . . 1314 T.
     „ Kirchthürschwelle. . 1362 G.
     „ Thalsohle bei d. Brücke 1248 G.
     „ der Galgenberg dabei,
     Erdboden . . . . . . . . . 1490 T.
Sulzberg zunächst N. von Waid-
     haus, Stocksignal, Erdboden . . 2209 T.
     „ „ böchst. Punkt 2333 G.
Sunkendorf NO. von Fürnricht
     bei Amberg, Ortssäule . . . . 1442 G.
Swatoborberg bei Schüttenhofen
     in Böhmen . . . . . . . . 2452 R.
Swoyschitz, Dorf in Böhmen . . 1651 R.

Höhe in par. Fuss.

Tachau, Niveau des Miesflusses
     in Böhmen . . . . . . . . 1342 R.
Tännersberg, Ort, Wirthshaus im
     Dorfe, ebene Erde . . . . . 1840 G.
     „ Kirche des Marktes 1983 L.
     „ trigonometrisches
     Signal bei Tännersberg . . . . 2169 L.
     „ Kalvarienberg . 2162 F. Mitth.
Tännersberg, Stocks. beim
     Dorfe, Erdboden . . . . . . 2137 T.
Tännersberger Forst, Platte
     darin, Erdboden . . . . . . 2337 G.
     „ höchste Berg-
     kuppe O. vom Orte . . . . . 2207 G.
Tännersreuth bei Schwarzenbach
     S. von Tirschenreuth, Stocksign.
     dabei, Erdboden . . . . . . 2046 T.
Tafelberg, mittlerer, in Böhmen . 3737 R.
Taferlhöhe am Ossa, unfern Lam 2773 G.
Tafertsried bei Gotteszell SW.
     von Ruhmannsfelden, Stocksignal
     dabei, Erdboden . . . . . . 2089 T.
Tagmanns, Ort NW. von Kirchen-
     thumbach, Baum dabei . . . . 1754 G.
Taiding unfern Hengersberg, Stras-
     senhöhe im Dorfe . . . . . . 1362 S.
Taimering, Ort SW. v. Wörth, Ths. 1061 G.
Tannberg zunächst N. von Ahorn-
     berg (Fichtelberg), Stocksignal,
     Erdboden . . . . . . . . . 2193 T.
Tannenbühl, höchster Granit-
     punkt rechts der Strasse nach
     Floss, bei Ellenbach . . . . . 1895 G.
     „ bei Schlattein, unfern
     Neustadt a./Wn. . . . . . . 1855 G.
Tannenbühl, s. auch Ellenbach.
Tannenriegel (Drei-), siehe Drei-
     tannenriegel.
Tannet, Bergplateau N. von Asch-
     ach unfern Amberg . . . . . 1795 G.
Tanzfleck, Ort bei Freihung O.
     von Vilseck, Stocks. dabei, Edb. 1448 T.
Tasching, Ort zunächst S. an
     Cham, Stocksignal, Edb. . . . 1372 T.
Tattenbach, Ort bei Waldhof,
     SW. von Ortenburg . . . . . 1231 G.
     „ das Holz O. von Kirch-
     berg . . . . . . . . . . . 1511 G.
Tatting bei Deggendorf, Wirths-
     haus, ebene Erde . . . . . . 1409 S.
Taubenbach u. Rieden, böchst.
     Punkt der Eisenstrasse . . . . 1632 G.

| | Höhe in par. Fuss. |
|---|---|

Tauchersdorf u. Oberaich, Berg
zwisch. diesen, NO. von Naabburg 1928 G.
» s. auch Häuselberg.
Taxsöldern, Ort N. von Boden-
wöhr, oberste Häuser . . . . . 1384 G.
» Wirthshaus, eb. E. . 1367 S.
» , u. Altenschwand,
Keuperhügel dazwischen . . . 1302 G.
Tegernheim bei Regensburg,
Bräuhaus, ebene Erde . . . . 1037 S.
Tegernheimer Bierkeller(2M.) 1148 S.
Teichelberg, grosser, Basalt-
kuppe bei Mitterteich, Edb. . . 2145 G.
Teichelberg, kleiner, Basalt-
kuppe . . . . . . . . . . 2205 G.
Teinitzer Forsthaus b. Schmo-
lau in Böhmen . . . . . . . 1582 R.
Teisnach SO. von Viechtach, ober-
halb Gotteszell . . . . . 1685 Schwerin
» Stocksignal, Edb. . . . 1834 T.
Teisnachbach NW. von Regen,
oberh. Wetzelsdorf . . . . . 1387 G.
Tettenweis, Ort O. von Gries-
bach, Kirchpflaster . . . . . 972 G.
Teublmühle, s. Allersdorf.
Teufelsmühlberg bei Straubing 2801 L.
Teufelsmühle im Lauterachthale,
oberhalb Schmidmühlen, Quelle
dabei . . . . . . . . . . 1145 G.
Teufelsöd N. von Pfarrkirchen
bei Asbach, Haus . . . . . . 1455 G.
Teufels- oder Girgl-See in
Böhmen . . . . . . . . . 3050 R.
Teufelstisch bei Unter-Breitenau
unfern Ruhmannsfelden (XXXIX,
47), höchster Punkt, Erdboden . 2776 T.
Teufelswasser bei Finsterau
gegen Buchwald, an der Grenze,
Wasserspiegel . . . . . . . 3447 T.
» » daselbst
bei der Klause (XL, 63), Wsp. . 3136 T.
» » Zusam-
menfluss mit dem Rothbach bei
Schönebene . . . . . . . . 2807 G.
» » d. Wald-
mühle daselbst . . . . . . . 2373 G.
Teunz O. von Naabburg, zunächst
bei Oberviechtach, Thalsohle . 1400 G.
Thännersberg, s. Tännersberg.
Thännersreuth, s. Tännersreuth.
Thalberg, Ort N. von Wegscheid,
beim Schulhaus, Erdboden . . 2481 G.

| | Höhe in par. Fuss. |
|---|---|

Thalberg N. v. Wegscheid, Schul-
garten, Erdboden . . . . . . 2351 S.
Thalmässing O. von Abbach,
Pfatterbach, Thalsohle . . . . 1120 G.
Than u. Raigering, s. Raigering.
Thann, Pfarrdorf bei Passau . . 1006 L.
Thannberg b. Deggendorf, Kreuz
W. vom Dorf . . . . . . . 1230 S.
Thannhausen SW. von Bärnau,
Stocksignal dabei, Erdboden . . 2018 T.
Thannheim S. von Amberg, Braun-
kohlenlager am Weiher . . . 1338 G.
» Höhe N. davon, vor dem
Schwabenhof. . . . . . . . 1538 G.
Thannstein, s. Altenthannstein.
Thanried bei Neukirchen, Balb.
an der Strasse nach Stamsried,
Stocksignal, Erdboden . . . . 1394 T.
Thansüss N. von Hirschau, bei
Freyhung, Höhe dabei . . . . 1500 G.
Tharstein N. von Cham, höchste
Kuppe S. von Schmitzdorf . . 2262 L.
» höchster Punkt der
Felsen . . . . . . . . . . 2162 G.
Tharstein, Ort, Kirche, Schlb. . 2008 T.
» » » Dach . . 2014 T.
» » Kirche . . . . 1981 L.
Theisseil, Ort NO. von Weiden,
Mitte des Dorfes . . . . . . 1727 G.
» Fichtenhübel dabei . 1898 G.
» s. auch Steinfrankenreuth.
Thennersreuth bei Tirschen-
reuth, Wasserscheide zwischen
Waldnaab und Wondreb . . . 1651 G.
Thenning am weissen Regen,
Wirthshaus, ebene Erde . . . 1438 S.
Thenried N. von Kötzting, an der
Strasse nach Eschelkam, Stocks.,
Erdboden . . . . . . . . . 1776 T.
Theresiendorf, Zusammenfluss
der Bäche W. von Petrowitz in
Böhmen . . . . . . . . . 1607 R.
Theuern, Ort S. von Amberg,
Kirchpflaster . . . . . . . 1134 T.
» der Hirschwald, Höhe W.
vom Dorfe . . . . . . . . 1401 G.
Thierberg im Pointerwalde bei
Kasperl, Erdboden . . . . . 1585 G.
Thiergrub, Sattel SO. von Jul-
bach in Österreich, N. der Donau 2306 R.
Thierling und Thal, Berg da-
zwischen, S. von Cham . . . . 1882 G.

| | Höhe in par. Fuss. |
|---|---|

Thierlstein bei Roding, a. d. Pfahl,
Thurmknopf . . . . . . . . . *1359* T.

» » Lat.-Dach . *1344* T.

» » Fensterges. *1316* T.

» Schloss, Eingang (2 M.) *1241* S.

» höchster Punkt des
Pfahls an der N. Schlossmauer . 1266 S.

» Wirthsgarten (3 M.) . 1204 S.

Thierstall unf. Viechtach, höchster Punkt . . . . . . . . 1961 G.

Thörl, am, N. von Galtenhof im
Kaiserthum Österreich . . . . *2043* R.

Thonberg, s. Tharstein.

Thonhausen SO. von Kastel, oberstes Haus, Erdboden . . . . 1482 G.

Thonlohe, Ort O. von Dietfurt,
Kirchpflaster . . . . . . . . *1525* T.

Thorberg, Basaltkuppe im Reichsforste, bei Groschlatteugrün . . 2167 G.

Thürn, Hinter-, am Bilde . . 1328 G.

Thürn, Vorder-, s. Vorderthürn.

Thürnau bei Passau (Thyrnau),
St. Christoph, Kirchpflaster . . *1352* T.

» Schloss bei Passau . . 1426 L.

» Schloss bei Passau . . *1437* L.

» Kapelle beim Schulhaus,
Thürschwelle . . . . . . . 1440 G.

» Wirthshaus, ebene Erde 1434 S.

» » des Otzinger 1406 H.

Thumbach, Kirchen-, bei Bayreuth, Kirchpflaster . . . . . *1449* T.

» » Post, üb. 1 Stiege
(6 Mess.) . . . . . . . . . 1439 G.

» » Zeil dabei . . 1504 G.

» » Kreuzbühel dab. 1506 G.

» » Stocksignal dabei, Erdboden . . . . . . . *1504* T.

» » Thalsohle des
Thumbaches, Wasserspiegel . . *1383* T.

Thumhausen, Ort bei Schönhofen
unfern Regensburg (XLII, 12),
Thurmpflaster . . . . . . . *1381* T.

Thumsenreuth, Ort NO. von
Erbendorf, Thurmpflaster . . . *1541* T.

» Serpentinkuppe
zwischen da und Siegritz, Edb. 1483 G.

» der Friedenfelser
Grenzbach, Wasserspiegel . . *1428* T.

Thurmannsbang NW. von Dittling, Thurmpflaster . . . . . *1523* T.

» Kirchthürschwelle (2 Mess.) . . . . . 1529 G.

| | Höhe in par. Fuss. |
|---|---|

Thurndorf O. von Pegnitz, Kirchthürschwelle . . . . . . . . 1861 G.

» s. auch Kutschenrain.

Thurnreuther Berg W. von
Wegscheid, Gerüstaignal, Edb. . 2535 T.

» » Gipfel 2565 S.

» » » 2561 G.

» » » 2514 L.

Thyrnau, s. Thürnau.

Tiefenbach NW. von Waldmünchen, Bachsohle am Hammer,
Wasserspiegel . . . . . . . 1493 G.

Tiefenbach, Ort NW. von Passau,
Kirchthürschwelle . . . . . 1180 G.

Tiefenbach, Ort bei Straubing . 1195 S.

Tiefenthal NO. von Creussen,
Brücke . . . . . . . . . . 1224 G.

Tiessenberg, höchster Punkt bei
Hauzenberg, Waldkuppe N. dabei 2090 G.

Tillenberg, s. Düllen.

Tillyschanze (alte Schanze bei
Bärnau), Berg dabei . . . . 2523 G.

Tirolerberg bei Neugebäu in
Böhmen . . . . . . . . . 3297 R.

Tirschenreuth, Kirchenpflaster *1553* T.

» Platz vor der Post
(32 Mess.) . . . . . . . . 1543 G.

» Posthaus . . . . 1550 L.

» Wolfensteiner Teich
daselbst, Wassersp. . . . . . *1546* T.

» Geröllhöhe an der
Strasse nach Gross-Konreuth . 1670 G.

» Sattel an der Strasse
nach Wondreb . . . . . . . 1689 G.

» s. auch St. Peter.

Tittling, s. Dittling.

Todtenacker, Berg N. von Rimberg bei Deggendorf, höchster
Punkt, Erdboden . . . . . . *1770* T.

» » . . . . 2243 L.

Todtenbach, Ursprung, Thal zwischen Kirchberg und Raindorf . 1869 S.

Tölscher Höhe, s. Dölach.

Trabitz, Dorf bei Pressat, Eisenbahnstation, Planie . . . . . 1347 O.

Traßlberg, Ort an der Vils, N.
von Amberg, Vils, Thalsohle an
der Bahn . . . . . . . . . 1166 T.

Traubenberg bei Roding, Gipfel,
höchster Punkt, Edb. . . . . 1577 T.

Traubenberg O. von Roding, am
Regenfluss . . . . . . . . 1737 L.

| | Höhe in par. Fuss. |
|---|---|

Traubenberg O. von Roding, Vogelschlag, Erdb. . . . . . . 1539 G.
» N. Kopf, Edb. . . . 1605 G.
» höchster Punkt, Edb. 1568 S.
» Weghöhe nach Thierlstein . . . . . . . . . . 1428 S.
Traubling, Nieder-, s. Niedertraubling.
Traunricht, dicht O. an Schwarzenfeld, Stocks. dabei, Edb. . . 1331 T.
» Kuppe dabei, Edb. . 1367 T.
Trausnitz, Schloss NO. v. Pfreimt, Kirchpflaster . . . . . . . 1372 T.
Trautmannsdorf, Wirthshaus, ebene Erde . . . . . . . . 1579 S.
» Höhe gegen Dittling . . . . . . . . . 1615 H.
Trebes, Dorf N. von Oberviechtach, Wirthshaus . . . . . . 1744 G.
Trebsau, s. Fichta.
Treffelstein NW. von Waldmünchen, Kirchthurmpflaster . . 1621 T.
» Kthschw. . . . 1624 G.
» Wirthshaus, ebene Erde . . . . . . . . . 1680 G.
» Thalsohle des Schönauer Baches, Wassersp. . 1466 T.
» N. Felsenkuppe, Erdboden . . . . . . . . . 1626 T.
» Thalsohle an der Edelmühle . . . . . . . . 1523 G.
Tremau, Ort W. von Neustadt a./Kulm, Stocks., Edb. . . . . 1602 T.
Tremersdorf, Ort NO. v. Eschenbach, Kirchpflaster . . . . . 1305 T.
» Thals. des Creussen, Wasserspiegel . . . . . . . 1289 T.
Tremmelhausen NW. von Regensburg, Tbals. im Dorfe . . 1377 G.
Trenker, kleiner, Höhe O. von Griesbach, S. von Passau . . . 1400 G.
Tressau SO. v. Weidenberg, Thals. 1564 G.
Treswitz, Burg-, S. von Vohenstrauss, Kirchpflaster . . . . 1539 T.
» die Pfreimt das., Wsp. . 1462 T.
Trevesen, Fichtelnaabbrücke N. von Erbendorf . . . . . . . 1564 G.
Triebeloh an der Grenze bei Griesbach, unfern Tirschenreuth 2334 G.
Trisching NW. von Schmidgaden, unfern Naabburg, Stocks. dabei, Erdboden . . . . . . . . . 1291 T.

| | Höhe in par. Fuss. |
|---|---|

Trischlberg, Ort SO. von Kallmünz, der Schusserbühl das.. . . 1377 G.
Trockenstein, s. Drackenstein.
Trockensteinberg bei Heiligenhausen, am Regen bei Regenstauf 1878 L.
Tröglersricht, Ort O. von Weiden, Platte, höchste Porphyrkuppe 1974 G.
Trosau NW. von Zangenstein, SO. von Naabburg, Gerüstsignal, Erdboden . . . . . . . . . 1770 T.
Troschelhammer bei Pressat, Thalsohle . . . . . . . . . 1241 G.
Troschenreuth W. von Kirchenthumbach, Kirchthürschwelle . 1644 G.
» (Stpkt.?) . . . . 1761 L.
» Höhe NO. davon . 1701 G.
Trupolding, Ort O.. von Hengersberg (XXXI, 50), Stocks. dabei, Erdboden . . . . . . 1304 T.
» Ödberg dabei . . 1314 G.
Tumiching bei Schönberg, oberstes Haus . . . . . . . . 1858 S.
Tumpenberg unfern Wildenranna, höchster Punkt, Stein Nr. 48 . 1830 H.
» Bergkuppe zunächst N. von Wildenranna, höchst. Pkt. 1933 G.
Tusset, Kapelle in Böhmen . . 2818 R.
» Schloss . . . . . . 2950 R.
» Wald, höchster Punkt . 3263 R.
Tussetau bei Tusset in Böhmen . 2379 R.
Tusseter Forsthaus bei Böhmisch - Röhren . . . . . . . 2544 R.

Überbuchlberg bei Stockau . . 2176 R.
Ullersberg, Ort SW. von Amberg, Kirchpflaster . . . . . 1428 T.
Ulrich, St., bei Pfrentsch, unfern Eslarn, Kirchthurmpflaster . . 1824 T.
» » Kirchthürschwelle . . 1862 G.
Ulrichsberg N. von Deggendorf, Kirchpflaster . . . . . . . . 1953 T.
» Kirchthürschwelle . 1966 G.
» » . . . . 1997 L.
» Terrasse rückwärts der Kirche . . . . . . . . 1980 S.
Ulrichsberg in Österreich, N. der Donau . . . . . . . . . . 2037 R.
Ungernberg W. von Schärding in Österreich . . . . . . . . . 1991 R.
Unteraich an der Strasse von Naabburg nach Oberviechtach, Kirchpflaster . . . . . . . 1393 T.

20 *

| | Höhe in par. Fuss. |
|---|---|

Unteraich, der Zitterbach dabei,
Thalsohle, Wasserspiegel . . . *1387* T.
Unterauerbach, siehe Auerbach,
Unter-.
Unterer Forst, s. Forstbrunn.
Unterer Wald, s. Grafenwöhr.
Unterer Wald bei Waldsassen,
Strassenhöhe gegen Neualben-
reuth . . . . . . . . . . 1919 G.
Untergosszell, s. Gosszell.
Unterhöll, Ort N. von Waldmün-
chen, Thalsohle . . . . . . 1649 G.
Unterkellermühle SO. von Tir-
schenreuth, an der Landesgrenze,
Wasserspiegel . . . . . . . 1993 G.
Unterlind bei Vohenstrauss, Thal-
sohle . . . . . . . . . . 1297 G.
Untermassing SO. von Abbach,
Thalsohle . . . . . . . . . 1194 G.
Unterniedersteinach SW. von
Ascha bei Straubing, Thalsohle 1060 G.
Untersteinach bei Goldkronach,
Ortstafel . . . . . . . . . 1271 G.
Unterwald zwischen Kirchenthum-
bach und Eschenbach, Distrikt
Kandelschlag . . . . . . . 1455 G.
Unterweissach, Thalsohle . . 1145 G.
Urlading N. von Hengersberg,
höchster Punkt des Auholzes . 1272 G.
Ursensollen, Ort SW. von Am-
berg, Kirchthürschwelle . . . 1663 G.
   „      „      „ Kpfl. 1658 T.
   „      der Schweizschuster-
berg dabei . . . . . . . . *1676* L.
Urspring, Ort zwischen Amberg
und Hirschau, Edb. . . . . . 1434 G.
Uschlberg bei Ensdorf, S. von
Amberg, Kirchpflaster . . . . *1373* T.
Uttlau, Ober-, NW. von Gries-
bach bei Ortenburg, Thalsohle . 1216 G.
   „      „ Berg S. davon,
beim Thaner, Edb. . . . . . 1515 G.
Utzenhofen S. von Kastel (LVIII,
4), Thals. bei der Aumühle . . 1361 G.
   „      Kirchpflaster . . . *1136* T.

Varnbach, Ort S. von Passau,
Kirchthürschwelle . . . . . . 1012 G.
Veithüttel, Hüterplatz am Arber,
s. Arber.
Veitsberg, Ort O. von Wernberg,
höchste Bergkuppe dabei, Edb.. 1856 G.

| | Höhe in par. Fuss. |
|---|---|

Veitsberg O. v. Wernberg, Wirths-
haus, eb. Erde . . . . . . . 1763 F.Mitth.
   „      Stocks. dabei, Edb. . *1867* T.
Velburg, Post, 1 St. (3 M.) . . 1578 G.
   „      unterer Ausgang, Edb. . 1565 G.
   „      Schlossruine, Dolomitfels
am Fuss des Thurmes, 10' über
der Ruinenfläche . . . . . . 1957 G.
   „      Schlossruinen- Spitze . . 1960 L.
   „      Ruine, Edb. am Thurme 1925 T.
   „      Bienleite auf dem sog.
Esel, höchster Punkt . . . . 1971 T.
   „      Wolfgang, Baums., Edb. *1957* T.
Viechtach, Stadt bei Regen, Kpfl. *1341* T.
   „          „ Gasthaus von
Kasperbauer, hinteres Zimmer
(9 Mess.) . . . . . . . . . 1313 G.
   „          „ Gasthaus zur
Post (4 Mess.) . . . . . . . 1354 S.
   „          „ Gasth. zur Post 1364 L.
   „      beim Kellerbräu, über
1 Stiege (4 Mess.) . . . . . 1356 S.
   „      Physikatswohnung, bei
Dr. Regler (1857) . . . . . . 1367 S.
   „      St. Anton, s. Pfahl.
   „      Hilfsstationspunkt . . *1313* T.
   „      Pfahl am Kalvarien-
berg, bei den drei Kreuzen, s.
Pfahl.
   „      der Regenfluss das. . *1236* L.
   „          „      „ . *1252* S.
Viechtach, Ober-, s. Oberviech-
tach.
Viechtberg bei Gross-Viecht, W.
von Stallwang . . . . . . . 2213 G.
Viechtenstein im Sauwaldgebirge
in Österreich . . . . . . . 1641 R.
Viehhausen, Ort W. von Regens-
burg, Höhe südöstl. davon . . 1441 G.
Viehhausen und Irlbrunn, Höhe
dazwischen, beim vorigen . . . 1606 G.
Viehhauserberg bei Hohenburg,
SO. von Kastel, höchster Punkt 1746 G.
Viehweidholz bei Wegscheid, N.
von Griesbach . . . . . . . 2241 S.
   „      Gipfel, höchst. Pkt. 2245 G.
Vils, Mündung in die Naab bei
Kallmünz . . . . . . . . . *1050* Niv.
   „      Niveau bei Dietldorf, an der
Brücke, Wasserspiegel . . . . *1074* T.
   „      Niveau bei Schmidmühlen, an
der Brücke, Wasserspiegel . . *1090* T.

Höhe in par. Fuss.

**Vils**, Niveau bei Ensdorf, an der
Brücke, Wasserspiegel . . . . *1132* T.
» Niveau bei Theuern, Wsp. . 1132 G.
» an der Haselmühle (2 Mes-
sungen) . . . . . . . . . 1175 G.
» oberhalb Amberg, an der
Brücke, Thalsohle . . . . . 1197 G.
» an der Pfarrkirche von Am-
berg, Wasserspiegel . . . . . *1119* T.
» unterhalb Hahnbach, Wsp. . *1175* T.
» Irlbachbrücke, Thalsohle . . 1222 G.
» bei Vilseck, an der Brücke,
Thalsohle (3 Mess.) . . . . . 1212 G.
» Ursprung bei Häringnohe,
Weiher . . . . . . . . . 1250 G.
**Vilseck**, Stadt, Kirchpflaster . . *1257* T.
» » Stadtweiher, Wsp. *1222* T.
» Kleber, Post, über 1 St.
(9 Mess.) . . . . . . . . . 1250 G.
» Bergkirche, Thschw. . . 1366 G.
» Vilslein-Brücke . . . 1252 G.
**Vilsecker Weiher** bei Freihung,
O. von Vilseck, Wasserspiegel . *1261* T.
**Vilshofen**, Eisenbahnplanie das. . *969* O.
» Stadt . . . . . . . 914 L.
» Föckerer, 1 Stiege, 23'
über der Donau, 0-Pegelstand
(11 Mess.) . . . . . . . . 960 S.
» Donau . . . . . 917 L.
» Oberfläche der Donau
(3 Mess.) . . . . . . . . 934 S.
» Donau, 0-Pegelstand . 903 H.
**Vockenberg** zwischen Wolfstein
und Waldkirchen, Gerüsts., Edb. *1918* T.
**Vogelbrunn**, Ort S. von Velburg,
Stocksignal, Edb. . . . . . . *1722* T.
**Vogelherd** bei Seebarn, SW. von
Rötz, höchster Punkt . . . . 1813 G.
**Vogelherd** am Kulm, höchster
Punkt bei der Neustadter Strasse 1570 G.
**Vogelöder Berg** NW. von Jan-
delsbrunn bei Wolfstein . . . 2286 G.
**Vogeltenn** bei Bärnstein . . . 2013 S.
**Voggendorf**, Ort W. von Ober-
viechtach, höchster Punkt bei
Maximilianshof . . . . . . . 1789 G.
**Voglarn**, Ober-, NO. von Orten-
burg, Thalsohle . . . . . . 1130 G.
**Vohenstrauss**, Stadt, Kirchpfl. . *1754* T.
» Gasth. zum Kron-
prinzen, 15' über d. Pflaster (1853) 1764 G.
» » » (1862) 1725 G.

Höhe in par. Fuss.

**Vohenstrauss**, Stadt, Stocks.
dabei, Erdboden . . . . . . *1898* T.
» der Leeraubach
dabei, Wasserspiegel . . . . *1645* T.
**Voitenberger** Glashütte b.Furth 1540 S.
**Voitsberg**, Wirthshaus, e. E. 1751 Forstl. M.
**Voitschlag** bei Grafenau, ober-
stes Haus . . . . . . . . . 2019 S.
**Vorbach**, Ort W. von Neustadt
a./Kulm, Kirchthürschwelle . . 1417 G.
**Vorbacher Holz**, höchster Punkt
in der Nähe des vorigen Ortes . 1472 G.
**Vordereschelberg** bei Rinch-
nach, Friedl. . . . . . . . . 2738 S.
**Vorderschwarzkopf**, Berg bei
Wolfstein . . . . . . . . . 3130 L.
**Vorder-Thürn** W. zunächst bei
Bruck, Stocks. dabei, Edb. . . *1364* T.
**Vorholzberg** bei Wesseslinden
unfern Obernzell . . . . . . 2374 G.

**Wacherling** zunächst S. von
Roding, Stocksignal, Edb. . . . *1465* T.
**Wacht**, auf der, Berg bei Fürn-
richt, W. von Amberg . . . . 1875 G.
**Wachtelgraben**, s. Raigering.
**Wackersdorf**, Ort SO. v. Schwan-
dorf . . . . . . . . . . . 1252 L.
» alter Braunkohlen-
schacht am Dorfe . . . . . . 1216 G.
» der Jägerweiher bei
Grafenricht, Wasserspiegel . . *1180* T.
**Wärz**, s. Hohenwärz.
**Wagensäss** SW. von Sulzbach,
Kuppe dabei . . . . . . . . *1374* T.
**Wagensonn**, Felsenspitze im Rinch-
nacher Hochwald, unfern Zwiesel,
Stein Nr. 164 . . . . . . . 2971 H.
» » Stein Nr. 165
darauf, Erdboden . . . . . . 2922 G.
**Wagnern**, Ort S. von Oberviech-
tach, Stocksignal, Edb. . . . . *1822* T.
» Bergk. dab., höchst. Pkt. 1884 G.
» Baumsignal, Edb. . . *1834* T.
**Wahrberg** W. von Kallmünz, Berg-
höhe am Hohenfelser Weg . . 1659 G.
**Waidhaus**, Kirche, Pflaster . . *1617* T.
» Post, über 1 St. (6 M.) 1625 G.
» Sulzberg, s. Sulzberg.
» wo? . . . . . . . *1497* L.
» Höhe bei Hagendorf
im Forste Schimmelberg . . . 2597 L.

| | Höhe in par. Fuss. |
|---|---|

**Waldthurn, zum Wirthsh., Markt O., von Weiden, Reichsadler, ebene Erde (3 Mess.)** . . . . 1732 G.
» d. Luhebach das., Wsp. *1632* T.
**Walhalla bei Donaustauf, Estrade** *1272* T.
» Plattform, Eingang an der Rückseite . . . . . . . 1281 S.
» obere Thürschwelle . . 1275 G.
**Walhallaberg bei Donaustauf, höchster Punkt** . . . . . . . 1298 S.
**Walhallastrasse b. Regensburg, Haltstelle, Planie** . . . . . . *1037* O.
**Walpersreuth, höchster Punkt auf der Strasse nach Bernstein** . 1625 G.
**Waltenhofen, Ort O. von Dietfurt, Höhe dabei, Edb.** . . . . *1542* T.
**Waltersdorf zunächst O. von Bogen, Brücke** . . . . . . . 991 G.
» b. Hengersberg, Strasse mitten im Dorf . . . . . . . 1172 S.
**Waltershofen, unfern Waldsassen, Kirchpflaster** . . . . . . *1685* T.
» beim Wirth Unger, über 1 Stiege . . . . . . . 1730 G.
**Walting O. von Cham (LIII, 38), Stocksignal, Edb.** . . . . . . *1544* T.
**Wappen, drei, NW. von Furth (LVIII, 38), höchster Punkt, Erdboden** . . . . . . . . . . . . 2814 T.
**Warmersdorf, Ort W. von Bodenwöhr, der Kneiblitz** . . . . 1518 G.
**Warte, auf der, bei Wildenau unfern Neustadt a./Wn.** . . . . 1753 G.
**Warte, hohe, N. von Bayreuth, bei Theta, höchster Punkt** . . *1433* T.
**Warte, hohe, siehe auch „hohe Warte".**
**Warzenried O. von Eschelkam (LVI, 44), Stocksignal, Edb.** . . *1721* T.
**Wassekenberg im Kaiserthum Österreich** . . . . . . . . *2914* R.
**Wasserkraut NW. von Creussen, einzelnes Haus** . . . . . . . 1619 G.
**Wasserscheide zwisch. d. Waldnaab und der Wondreb, siehe Thennersreuth.**
**Watawa, Ursprung am Lusen** . . *3897* R.
» bei der Brücke unterhalb Unterreichenstein in Böhmen, Niveau . . . . . . . . . . 1614 R.
» am Lanzendorfer Holzrechen in Böhmen . . . . . 1379 R.

| | Höhe in par. Fuss. |
|---|---|

**Weging an der Strasse von Viechtach nach Regen, Thalsohle** . . 1559 G.
**Wegscheid, Kirche, Thurmpfl.** . *2214* T.
» Gasthaus bei Escherich, 1 Stiege (7 Mess.) . . . 2255 S.
» Donaubauer, Gasthaus, 1 Stiege . . . . . . . . . 2126 H.
» Donaubauer, eb. Erde 2213 S.
» Höhe zunächst W. daran, Erdboden . . . . . . . 2230 G.
» Brücke über d. Schinterbach . . . . . . . . . . 1924 S.
» Thalsohle am Osterbach, Strasse nach Peilstein . . 1948 G.
» Käsbuchet-Quelle . . 2119 S.
**Wegscheid, Signal, Fritzenacker, Stocksignal, Erdboden** . *2351* T.
**Weibing, Ort NW. von Deggendorf, Thalsohle** . . . . . . 1149 G.
**Weichselmühle bei Regensburg, Ursprung des Mühlbaches** . . 1114 S.
**Weiden, Stadtkirche, Pflaster** . . *1227* T.
» Gasthaus zum Schwan, über 1 Stiege (61 Mess.) . . . 1272 G.
» Naabfluss daselbst . . . 1270 L.
» Eisenbahnhof, Planie . . *1226* O.
» Stocksignal dabei, Erdb. *1295* T.
**Weidenberg bei Bayreuth, Kpfl.** *1431* T.
» Kthschw. 1453 G.
» Stocks. W. davon, Edb. *1763* T.
» die warme Steinach daselbst, Wasserspiegel . . . *1331* T.
**Weiding bei Passau, nahe S. bei Aicha, Stocks. dabei, Erdb.** . . *1323* T.
**Weiding b. Schönsee, Kirchthschw.** 2062 G.
**Weiding bei Cham, gegen Furth, Ostbahnbrücke, Planie** . . . . *1163* T.
**Weiding bei Schwandorf, Ausgang eines Braunkohlenfl., Thals.** . . 1193 G.
**Weidlberg zunächst S. v. Eschenbach, Breitenloh-Häuser** . . . 1604 G.
**Weiglesreuth, Gross-, NW. von Creussen** . . . . . . . 1491 G.
**Weiglesreuth, Klein-, zunächst NW. von Creussen, Ortstafel, Dorfmitte, Erdboden** . . . . . 1492 G.
**Weiher, Ort S. von Hirschau, am Buchberg, Kirchpflaster** . . . *1583* T.
» der Fensterbach, Thalsohle daselbst, Wasserspiegel . *1556* T.
**Weiherhammer bei Weiden, Hüttensohle** . . . . . . . . 1242 G.

|  | Höhe in par. Fuss. |
|---|---|

Weiherhammer bei Weiden,
Stocksignal dabei, Erdboden . . 1333 T.
Weihermühl, s. Kasparzell.
Weihern, Ort im Thumbachthale,
W. von Grafenwöhr, Thalsohle . 1313 G.
Weihern, Ort NO. von Wörth,
Weiherdamm . . . . . . . 1595 G.
» Bergkuppe S. davon . . 1817 G.
Weihersberg, Schloss N. von
Pressat . . . . . . . . . . 1459 L.
Weihmörting N. von Pfarrkir-
chen, Kirchthürschwelle . . . 1123 G.
Weinried O. v. Wernberg (LXVIII,
22), Stocksignal dabei, Edb. . . 1716 T.
Weisching nahe S. von Dittling,
Stocksignal dabei, Erdboden . . 1669 T.
Weissach, Unter-, O. von
Schwarzach bei Bogen, Thals. . 1146 G.
Weissenberg SW. von Vilseck,
Ortstafel . . . . . . . . . 1418 G.
» höchster Punkt dabei,
Erdboden . . . . . . . . . 1717 G.
Weissenbrunn, Ort SW. von
Weiden, am Weiher, oberste
Häuser . . . . . . . . . . 1423 G.
Weissendaxberg zunächst NO.
von Mitterfels, Stocks., Erdb. . 1485 T.
Weissenregen, Ort bei Kötzting,
Kirchpflaster . . . . . . . . 1481 S.
» am NW. Abhang
des Frat, am Arber . . . 1525 Schwerin
Weissenstein, Schlossruine bei
Regen, Sts. auf der Ruine, Flötz 2335 T.
» » . . . . 2258 L.
» » höchster
Fels über der Stiege . . . . . 2320 S.
» Fuss des Thür-
mes, höchster Felstheil . . . 2355 G.
» Kapelle am Fuss 2135 G.
Weissenstein, Ruine im Stein-
wald bei Erbendorf, Flötz . . 2649 T.
» » höchster
Punkt des Felsen . . . . . . 2643·G.
» » Anlage
am sogenannten Lustplatz . . 2454 G.
» » Schloss-
ruine . . . . . . . . . . 2599 v. Brand
Weissensteinerriegel beim Ort
Breitenau S. von Ruhmannsfelden
(XXXVIII, 46), höchster Pkt., Edb. 3355 T.
Weitfällenfilz bei Maader in
Böhmen . . . . . . . . . 3254 R.

|  | Höhe in par. Fuss. |
|---|---|

Weitfällenfilzbach, Zusammen-
fluss mit d. Raebelbach in Böhmen 3194 R.
Welhartitz, Kirche in Böhmen . 1766 R.
Wellershof, N. Gneissrücken un-
fern Neustadt a./Wn. . . . . 1453 G. ,
Welsenberg, siehe Wölsenberg.
Wendernmühle N. bei Bärnau,
Wasserspiegel unterhalb . . . 1801 G.
Wenzenbach bei Irlbach, unfern
Regensburg, Wasserspiegel . . 1073 T.
Werberschlag NW. von Putz-
leinsdorf in Österreich, Sattel . 2481 R.
Wernberg, Markt, Kehpfl. . . 1167 T.
» » Pilaster vor
der Kirche . . . . . . . . 1197 F.M.
» » Eisenbahnhof 1178 O.
» » Post, über 1
Stiege (3 Messungen) . . . . 1217 G.
» » Stocksignal
dabei, Erdboden . . . . . . 1423 T.
Wernberg, Schloss bei vorigem,
über 2 Stiegen . . . . . . 1386 F.M.
Wernberg, Berg zwischen dem
Kulm und Eixelberg, NW. von
Naabburg . . . . . . . . 1702 G.
Wernersreuth bei Riglasreuth,
unfern Kemnath, Sts. dabei, Edb. 1850 T.
» höchst. Punkt im
Walde daselbst, Erdboden . . 1862 T.
Wernersreuth bei Waldsassen,
Stocksignal, Erdboden . . . . 1969 T.
» » Berg
gegen Schachten, höchster Punkt 1969 G.
Wesselinden SW. v. Wegscheid,
Bergkuppe N. dabei . . . . . 2234 G.
Wetterberg bei Dieppersreuth, O.
von Tirschenreuth . . . . . . 2173 G.
Wettzell S. von Kötzting, gegen
Viechtach, Kirchpflaster . . . 1840 T.
» Standpunkt dabei, Edb. 1873 T.
» Höhe zwischen Viech-
tach u. Kötzting, Kirchhof, Portal 1840 S.
» auf einer Einsattelung
des Frat . . . . . . . . 1850 Schwerin
Wetzlbrunn, Ort SO. von Floss,
der Fahrenbühl dabei . . . . 2057 G.
Wetzlsberg, Ort NW. von Stall-
wang, Haselmühle, Thalsohle. . 1257 G.
Widra bei der Bruckmühle unter-
halb Rehberg in Böhmen . . . 1951 R.
» Zusammenfluss mit dem Kis-
lingbach (Watawa) . . . . . 1865 R.

Höhe in par. Fuss.

Wieden bei Steinsberg, W. von
Regenstauf, Stocksignal, Erdbod. 1298 T.
Wiedenbühl S. von Flossenbürg
(LXXV, 25), Stocksignal, Edb. . 2051 T.
» frühere Signalstelle
daselbst, Erdboden . . . . . 2068 T.
Wiegenbach, siehe Gleissenberg.
Wienering, Ort O..von Schärding
in.Österr., Schliergrube W. dabei 1366 R.
Wiesau bei Mitterteich, Kpfl. . . 1629 T.
» Wirthshaus an der Kirche,
Erdboden . . . . . . . . . 1638 G.
» (wo?) . . . . . . . . 1642 L.
» Eisenbahnhof, Planie . . 1564 O.
» höchster Punkt N. davon,
Erdboden . . . . . . . . 1709 T.
Wieselbruck O. von Lupburg bei
Parsberg, Brückensohle. . . . 1378 G.
Wieselrieth zwischen Wernberg
u. Vohenstrauss, Wirthsh., Strasse 1639 G.
Wiesenacker, Unter-, im Laber-
thale, NW. von Velburg, Ortstafel 1495 G.
Wiesenfelden, Ort W. von Stall-
wang, Kirche, Pflaster . . . . 1881 T.
» Wirthsh., über 1 St. 1938 G.
» grosser Hammer-
weiher daselbst, Wasserspiegel . 1868 T.
» Sohle des Weiher-
damms . . . . . . . . . . 1915 G.
» Ödengartenholz da-
bei, S. vom Göttlingerhof . . . 2365 G.
Wiesensüss, nahe SO. bei
Pfreimt, Stocksignal dabei, Edb. 1605 T.
» Baumsignal da-
selbst, Erdboden . . . . . . 1608 T.
Wiesent bei Wörth, Stocks., Edb. 1244 T.
» Forst, höchster Punkt . 2029 S.
» , » siehe Schopflohe.
Wieslager Höhe an Pfaffenzell
NO. von Viechtach . . . . . 2769 G.
Wildenau, Granitkuppe zwischen
da und Wurmsgefäll bei Neustadt
a./Wu. . . . . . . . . . . 1552 G.
» der Kramerbühl dabei 1541 G.
» siehe auch Pointholz,
Od und Warte.
Wildenau, Ober-, bei Luhe, Thls. 1208 G.
Wildenberg an der Strasse von
Passau nach Dittling, höchst. Pkt. 1740 G.
Wildenranna bei Wegscheid,
Wirthshaus, ebene Erde . . . 1886 S.
» » Mauth-Wirthsh. 1773 H.

Höhe in par. Fuss.

Wildenranna bei Wegscheid, die
Kapelle, Thürschwelle . . . . 1875 G.
» siehe auch Tum-
penberg.
Wildenreuth, Ort S. von Erben-
dorf (LXXX, 16), Stocksignal da-
bei, Erdboden . . . . . . . 2002 T.
» Höhe W. vom Dorfe 2052 G.
» und Birkenreuth,
höchster Gneissrücken dazwischen 2108 G.
Wildenreuth, Waldort auf der
Königshaide O. von Weidenberg,
Signalpunkt . . . . . . . . 2233 G.
Wildenstein, Schloss bei Dietfurt
W. von Hemau, Eingang, Erdbod. 1441 G.
Wildscheuereck, Sattel O. von
Hilzhütte bei Zwiesel, hinteres
Schachtenhaus . . . . . . . 3518 G.
Wildstein, Schloss bei Wildstein
N. von Oberviechtach, Stocksignal,
Erdboden . . . . . . . . . 2296 T.
» Sohle des Felsen,
Erdboden . . . . . . . . . 2409 G.
Willenhofen, Ort zwischen Pars-
berg u. Hemau, Kirchthürschwelle 1738 G.
» Stocks. dabei, Edb. 1760 T.
Willersdorf N. von Obernzell,
Dorfmitte, Erdboden . . . . . 1552 G.
Windberg N. von Bogen, Bräu-
haus, Sommerhaus . . . . . . 1257 S.
» der Berg S. dabei, gegen
Hohenthann . . . . . . . . 1373 G.
Windhöhe, siehe Denglerwald.
Windischbergerdorf NO. von
Cham, Strassenhöhe gegen Weiding 1374 S.
Windisch-Eschenbach, Wirths-
haus z. grünen Baum, üb. 1 Stiege 1387 G.
» Eisenbahnhof,
Planie . . . . . . . . . . 1317 O.
» Zusammenfluss
der Wald- und Haidenaab, ¼
über dem Wasserspiegel . . . 1304 G.
Windorferberg bei Vilshofen,
höchste Strassenhöhe . . . . 1361 S.
Windpassl N. von Dirsbach im
Kaiserthum Österreich . . . . 1728 R.
Windsberg oberhalb Penk bei
Ettershausen . . . . . . . . 1441 G.
Windsorkastl bei Wörth, siehe
Käsplatten.
Wingersberg bei Passau, Kreuz
im Dorf . . . . . . . . . . 1586 R.

**21**

Höhe in par. Fuss.

Wolfstein, Schloss in Freyung,
Hausflötz . . . . . . . . . . 1961 T.
  »    Wegscheide nach Gra-
fenau und Finsterau . . : . . 2126 G.
Wolkenscheid, Quelle zwischen
Regen und Deggendorf . . . . 2758 L.
Wollaberg bei Breitenberg am
Dreisesselgebirge, Kirchthurmpfl. 2351 T.
  »    Höhe an der Kirche . 2415 G.
  »    Signal . . . . . . 2419 L.
  »    Rosenberger, Gasthof,
ebene Erde . . . . . . . . . 2230 S.
  »    Grundmühle, Brücke 1950 S.
Wollenzhofen, Ort N. von Hohen-
burg, Stocksignal, Erdboden . . 1625 T.
Wolmering bei Cham, Regenufer 1182 S.
Wondreb, Dorf, b. Tirschenreuth,
Wirthshaus, ebene Erde . . . 1652 G.
  »    nahe dabei, N.Stcks., Edb. 1783 T.
  »    Brücke der Wondreb im
Dorfe . . . . . . . . . . 1580 G.
  »    Dorf (wo?) . . . . . 1704 L.
Wondreb, Fluss, Quelle bei St.
Nikolaus . . . . . . . . . . 2200 G.
  »    bei Grosskonreut, Wsp. 1700 T.
  »    bei Wondreb, Wassersp. 1675 T.
  »    »   »   Thalsohle 1580 G.
  »    »   Grossensee, Thals. 1548 G.
  »    an der Egnermühle bei
Waldsassen, Wasserspiegel . . 1446 T.
  »    an der Brücke bei Wald-
sassen, Wasserspiegel . . . . 1429 G.
Woppenhof NO. von Wernberg,
gegen Vohenstrauss, Stocksignal
dabei, Erdboden . . . . . . 1714 T.
  »    Kuppe dabei, Erdb. 1906 T.
Woppmannsdorf N. von Süssenbach bei Brennberg (XLVII, 26),
Stocksignal, Erdboden . . . . 1750 T.
Wosnitzer Flurberg bei Heiligenkreuz in Böhmen . . . . . 1853 R.
Wostruzna beim Einfluss des Ka-
lenibaches . . . . . . . . . 1367 R.
  »    bei der Strassenbrücke
von Bergstadl nach Kolinetz . . 1404 R.
  » »  bei Kolinetz, Niveau . 1490 B.
  »    bei Welhartitz . . . 1690 R.
  »    bei Nemulkau . . . . 1899 R.
  »    bei Cachrau . . . . . 2002 R.
Würnreuth W. von Floss an der
Strasse nach Neustadt a./Wn.,
Stocksignal dabei, Erdboden . . 1681 T.

Höhe in par. Fuss.

Wulfing bei Wetterfeld, unfern
Roding (LII, 31), Stocksign., Edb. 1340 T.
Wunsiedel, Thurm, Katharinen-
berg, Thurmpflaster . . . . . 1896 T.
  »    Pflaster vor d. Kirche,
an Jean Paul's Denkmal . . . 1651 G.
Wuzldorf, Ort N. von Nittenau,
Wirthsholz dabei . . . . . . 1868 G.

Zadekberg bei Klentsch in Böhmen 3615 R.
Zährmühle S. v. Viechtach (XLIV,
43), an der Kapelle . . . . . 1542 G.
Zabradkaberg bei Cachrau-Besin
in Böhmen . . . . . . . . 2502 R.
Zandt, Ort S. von Cham, Kthschw. 1342 G.
Zangenstein, siehe Schwarzach.
Zant, siehe Hohenzant.
Zautberg N. von Holnstein bei
Sulzbach (2 Messungen) . . . . 2040 G.
  »    »   . höchster Pkt., Edb. 1920 T.
Zbinitz, Dorf in Böhmen, Kirche 1496 R.
Zedlisch, Neu-, Schloss . . . 1493 R.
Zehrlmühl O. von St. Agatha in
Österreich, S. der Donau . . . 966 R.
Zeil, siehe Thumbach, Kirchen-.
Zeinberg bei Pichlenhofen, unfern
Regensburg (XLVII, 11), Stock-
signal, Erdboden . . . . . . 1510 T.
  »    Zeinberger Wald, s.
Katarieder Holz.
Zeitlarn N. bei Regensburg, Stock-
signal, Erdboden . . . . . . 1231 T.
Zell, Ort NW. von Riedenburg,
Kirchpflaster . . . . . . . . 1529 T.
  »    »   Denksäule dabei, Edb. 1540 T.
Zell, Ort W. von Viechtach, die
Zellwies, Berghöhe dabei . . . 2656 G.
Zell, Ort SW. von Roding, Thal-
sohle an der Mühle . . . . . 1498 G.
Zell, Ort S. von Regen, der Kaser-
berg dabei, höchster Punkt . . 2200 G.
Zellmiesberg bei Cham, Signal . 2670 L.
Zellwies SW. von Prakenbach,
W. von Viechtach, Stocks. dabei,
Erdboden . . . . . . . . . 2621 T.
Zenching, Ort NO. von Cham
(LIII, 39), Kirchpflaster . . . 1340 T.
Zenting bei Schönberg, Bräuhaus,
über 1 Stiege . . . . . . . 1434 G.
  »    Bräuhaus, eb. Erde (2 M.) 1367 S.
  »    Brücke über den Zentin-
gerbach . . . . . . . . . 1308 S.

21 *

| | Höhe in par. Fuss. |
|---|---|
| Z e t t e n d o r f e r  G e m e i n d e b e r g | |
| bei Kötzting, Weghöhe  . . . | 1688 S. |
| Z e t t l i t z, Torfgrund W. von Pressat | 1286 G. |
| Z i e g e l m ü h l e an der Luhe, O. | |
| von Weiden, Thalsohle  . . . | 1544 G. |
| Z i e g e n r u c k, s. Gossenreuth. | |
| Z i e g e t s d o r f e r  Höhe an d. Land- | |
| strasse bei Regensburg . . . . | 1433 S. |
| Z i l l e n d o r f bei Schönthal, Forst- | |
| wart . . . . . . . . . . . | 1664 S. |
| Z i m m e r h o l z b e r g  O. von Grub | |
| und Ried SO. von Rinchnach . | 2022 G. |
| Z i m m e r i n g, Ort S. von Roding | |
| (XLIX, 29), Stocksignal, Erdb. . | 1599 T. |
| Z i n s e n s e l l, Ort NW. von Stall- | |
| wang, Erdboden . . . . . . | 2166 T. |
| »  . Bergkopf N. dabei, | |
| Erdboden . . . . . . . . | 2214 G. |
| »  » NW. bei Ru- | |
| pertshof . . . . . . . . | 2257 G. |
| Z i n z e n z e l l zwischen Roding und | |
| Ascha, Strassenhöhe gegen Strass- | |
| berg . . . . . . . . . , . . | 2165 S. |
| Z i p s, Ort NO. von Pegnitz, Thals. | 1388 G. |
| Z i p s e r b e r g  O. von Pegnitz, höch- | |
| ster Punkt gegen Neuhof . . . | 1738 G. |
| »  Auerbacher Wegwei- | |
| ser daselbst . . . . . . . . | 1696 G. |
| Z i r k e n d o r f, N e u -, Ort W. von | |
| Kirchenthumbach, Ortstafel . . | 1708 G. |
| Z i r k e n d o r f, A l t -, bei vorigem, | |
| Ortstafel . . . . . . . . . | 1650 G. |
| »  » Höhe dabei . | 1717 G. |
| Z i r k e n r e u t h e r  E i s e n s t e i n- | |
| g r u b e, altes bei Waldsassen, | |
| Halde . . . . . . . . . . | 1739 G. |
| Z i r n b e r g  N. von Tiefenthal bei | |
| Straubing . . . . . . . . . | 1893 L. |
| Z i r n l i n g  SO. von Konzell, unfern | |
| Stallwang, Stocks. dabei, Erdb. . | 2300 T. |
| »  höchste Kuppe S. davon, | |
| Erdboden . . . . . . . . . | 2437 T. |
| Z i s s e n h o f, Häuser SO. bei Kir- | |
| chenthumbach, Erdboden . . . | 1580 G. |
| Z o g e n r e u t h e r  B e r g  O. bei | |
| Auerbach, Stocks., Erdboden . | 1808 T. |
| »  » höchster | |
| Punkt . . . . . . . . . . | 1785 G. |
| Z o l l h a u s bei Eisenstein, s. Eisen- | |
| stein. | |

| | Höhe in par. Fuss. |
|---|---|
| Z o t t b a c h bei Waldheim unfern | |
| Waidhaus, Wasserspiegel . . . | 1886 T. |
| »  an der Hagenmühle, Thal- | |
| »  sohle . . . . . . . . . | 1706 G. |
| »  zwischen Pingermühle und | |
| Finkenhammer, Thalsohle . . . | 1555 G. |
| »  bei Pleystein, Wassersp. | 1549 T. |
| Z o t t e n w i e s, Braunkohlenschacht | |
| bei Waltershof, Hängebank . . | 1916 G. |
| Z u c k e n r i e d bei Patersdorf NW. | |
| von Regen, Ortstafel . . . . | 1570 G. |
| Z w e r g a u e r  B e r g  SO. vom Orte | |
| bei Waldeck . . . . . . . | 1959 G. |
| Z w e r g e c k im Ossagebirge bei | |
| Bayer.-Eisenstein, Stocks., Erdb. | 4074 T. |
| »  derselbe . . . . . . | 4201 L. |
| »  » höch- | |
| ster Punkt darauf . . . . . . | 4116 G. |
| Z w i e s e l, Pfarrthurm, Thurmpfl. . | 1784 T. |
| »  Kirche . . . . . . . | 1755 L. |
| ».  Kammermeier, 1 Stiege, | |
| 12' über dem Pflaster (42 Mess.) | 1808 S. |
| »  Kammermeier, 1 Stiege . | 1797 H. |
| »  Kammermeier, üb. 2 Stie- | |
| gen (24 Mess.) . . . . . . . | 1811 G. |
| »  Strassenhöhe gegen Re- | |
| gen, N. Höhepunkt . . . . . | 1920 S. |
| »  Strassenhöhe gegen Re- | |
| gen, S. Höhepunkt . . . . . | 1951 S. |
| Z w i e s e l a u, O b e r -, bei Zwiesel, | |
| Kapellthurm . . . . . . . . | 1990 T. |
| Z w i e s e l a u, U n t e r -, Stocksignal | |
| dabei, Erdboden . . . . . . | 2543 T. |
| Z w i e s e l b e r g, Ort zunächst SW. | |
| von Zwiesel, Stocks. dabei, Erdb. | 2113 T. |
| Z w i e s e l b e r g  O. v. Unter-Schwar- | |
| zenberg in Österr., N. der Donau | 3669 R. |
| Z w i e s e l e c k, Grenzberg N. am | |
| Ossagebirge, Stocks., Erdboden . | 3016 T. |
| »  » SO. Kuppe, | |
| höchster Punkt . . . . . . . | 3341 G. |
| »  » SW. Kuppe, | |
| am Stein 72, höchster Punkt . | 3425 G. |
| Z w i e s e l e r  W a l d h a u s, s. Wald- | |
| haus. | |
| Z w i r e n z l auf der Buche, Berg | |
| bei Rötz . . . . . . . . . | 2098 S. |
| Z w ö l f l i n g oder Z w ö l f i n g  SO. | |
| bei Thürnau, unfern Passau, Sts. | |
| dabei, Edb. . . . . . . . . | 1419 T. |

# Zweiter Abschnitt.
## Geognostische Verhältnisse.

—

### Kapitel I.
## Allgemeine Übersicht über die geognostischen Verhältnisse des bayerischen Waldes und des ihm angeschlossenen Gebiets.

#### Einleitung.

§. 1. In dem vorausgehenden Abschnitte ist bereits wiederholt auf die Zweitheilung des auf den begleitenden Karten dargestellten Gebiets in geognostischer Beziehung hingewiesen worden. Es scheidet sich nämlich ein vorzüglich aus sogenannten krystallinischen oder Urgebirgs-Felsarten bestehender Distrikt in dem ostbayerischen Grenzgebirge von den ihm west- und südwärts angeschlossenen und gegenüberstehenden Flötzgebirgsbildungen älteren und jüngeren Ursprungs am Rande des Urgebirges, in der Naabvertiefung und endlich in der fränkischen Alb ab. Die geognostische Aufgabe, die uns hier beschäftigt, nimmt nur Bezug auf die ersten Gesteinsbildungen, auf das krystallinische Gebirge, und auf die demselben zunächst angelagerten, ihm innigst verbundenen versteinerungsführenden Sedimentgesteine, welche keine grössere Selbstständigkeit in ihrer inneren Entwicklung und Ausbreitung gewinnen, um zum Gegenstand einer gesonderten Abtheilung dieser Publikationen dienen zu können.

Solche Bildungen am Rande des Urgebirges — die kleinen Partieen der produktiven Steinkohlenformation; das Rothliegende, theilweise auch Distrikte der Trias, der jurassischen, Procän- (Kreide-), ja selbst der Tertiärformationen — müssen ebenso nothwendig bei der Beschreibung des Urgebirges erwähnt werden, zu dessen späterer Geschichte sie uns durch ihre Beschaffenheit und Lagerung fast allein Anhaltspunkte liefern, als sie selbst ohne die Urgebirgsbasis in ihren örtlichen Verhältnissen nicht richtig verstanden werden können.

Dagegen bilden die auf unseren Karten als zweite grosse Gruppe hervortretenden, weit verbreiteten, hauptsächlich jurassischen Gesteine nur einen kleineren Theil eines selbstständigen Gebirgsganzen — der fränkischen Alb — und schliessen sich daher naturgemäss zunächst an dieses an, welchem eine eigene Abtheilung der geognostischen Beschreibung des Königreichs gewidmet werden wird. Hier kann darüber vorläufig nur soviel angeführt werden, als zum Verständniss der auf den vorliegenden Kartenblättern zur Darstellung gelangten Fläche unumgänglich nothwendig erscheint.

Wenn wir uns nun zur näheren Betrachtung des sogenannten Urgebirges, der krystallinischen Gesteine oder der primitiven Formationen, welchen die Hauptmassen des ostbayerischen Grenzgebirges unzweifelhaft angehören, wenden, so stossen wir in Bezug auf die Bezeichnungsweise sofort auf eigenthümliche Schwierigkeiten. Denn die ganz allgemeine Bezeichnung, die wir für die in Frage stehenden Theile der festen Erdrinde bereits oben in Anwendung gebracht haben, scheint dem Endergebniss der erst in den folgenden Blättern ausgeführten Darstellung schon vorzugreifen. Sie soll einstweilen nur als eine vorläufige gelten.

So bestimmt auch in Bezug auf die Gesteinsbeschaffenheit (lithologisches Verhalten) die einzelnen hierher gehörigen Zusammenhäufungsmassen von Mineralien — die Urgebirgsfelsarten — charakterisirt sind und sicher erkannt werden können, so verschieden und schwankend sind die Ansichten über die eigentliche Natur dieser Gesteine, über ihre Entstehung und ihre Struktur. Was man als Gneiss, als Granit, Glimmerschiefer u. s. w. in lithologischer Beziehung anzusprechen habe, darüber sind die meisten Forscher einig, aber nicht darüber, ob der Gneiss beispielsweise geschichtet oder geschiefert ist, d. h. ob seine Absonderung in parallele, mit der Lage seiner Gemengtheile korrespondirende Platten oder Tafeln im Zusammenhange stehe mit seiner primären Entstehung und der Schichtenbildung der Sedimentgesteine analog sei, oder ob diese Plattung als Folge irgend eines Druckes, welcher erst nach ihrer Entstehung auf das Gestein einwirkte, aufgefasst werden müsse, in ähnlicher Weise, wie die bei gewissen Thonschieferarten wahrnehmbare Absonderung in mehr oder weniger dünne Täfeln, welche quer durch die Schichtung fortsetzen (Schieferung).

Es erscheint desshalb zum Verständniss des Folgenden nothwendig, gleich hier im Eingange diejenigen verschiedenen Ansichten über die Natur der krystallinischen Gesteine, welche als die am meisten begründeten und verbreitetsten Anspruch auf besondere Berücksichtigung zu machen berechtigt sein dürften, in Kürze darzulegen. Wir können im Verlaufe unserer Darstellung unmöglich Umgang davon nehmen, gewisse speziell hierauf bezügliche Verhältnisse zur Sprache zu bringen und vielfach eigenthümlicher Ausdrücke und Bezeichnungen uns zu bedienen, die ohne beigegebene, oft weitläufige und öfters sich wiederholende Erörterung unverständlich wären und den Hauptzweck mancher Erörterungen nur schwer errathen lassen würden. Es dient daher wesentlich zur Abkürzung und Vereinfachung der Darstellung, wenn wir hier in einigen allgemeinen Grundzügen das Wesentliche über die Natur der krystallinischen Gesteine zusammenstellen. Dass hier nicht alle bisher aufgestellten Ansichten berührt werden konnten, liegt in der Natur des Zweckes dieser keineswegs auf alle Urgebirgsbildungen und Gebiete sich beziehenden Schilderung, welche die Spezialität des ihr zugewiesenen engen Gebiets nicht aus dem Auge verlieren durfte. Wenn einige beachtungswerthe Ansichten vielleicht hier keine Erwähnung gefunden haben sollten, wie sie es verdienten, so wolle der Grund hierzu nicht in einer absprechenden Beurtheilung des Verfassers, sondern in dem Umstande gesucht werden, dass sie nicht in nächster Beziehung zu unserem Urgebirgsdistrikte stehen. Auch wird es kaum Tadel verdienen, nicht bis zu den ältesten Ansichten, welche weit über die Zeit Werner's hinaufreichen, zurückzugehen, da jene früheren Theorieen kaum mehr als ein historisches Interesse darbieten. Eigentlich sollte man erst von da die Theorieen als begründete mitsprechen lassen, seitdem man durch Beobachtungen über die Natur und die Lagerung der Gesteine zugleich mit Berücksichtigung der Erfahrungen in der Chemie die Lösung dieser schwierigen Frage zu versuchen begann.

Überblickt man die grosse Reihe von Theorieen, welche sich mit der Natur und der Entstehung der sogenannten Urgebirgsfelsarten — Granit, Gneiss, Glimmerschiefer und Urthonschiefer — und der ihnen verwandten Gesteine befasst haben, so lassen sich dieselben im grossen Ganzen in vier Hauptgruppen theilen:

1) in die neptunistische,
2) in die plutonistische Theorie,
3) in die der Metamorphose,
4) in die der Hydatopyrogenesis, d. h. einer Entstehung unter gleichzeitiger Betheiligung von Wasser und Wärme.

Was nun zuvörderst die neptunistische Theorie älterer und jüngerer Zeit anbelangt, so stellt sich dieselbe vor, dass die sogenannten Urgebirgsfels-arten als die zuerst gebildeten und ältesten der festen Erdrinde und als Grund-feste aller nachfolgenden Verdickungsrinden aus dem Wasser eines Urmeeres während des chaotischen Zustandes der Erde in Form rein chemischer, mehr oder weniger krystallinischer Niederschläge gebildet worden seien (Werner's Vorlesungen). In der älteren Zeit wurde diese Ansicht von Werner und der Werner'schen Schule aufgestellt und zu begründen gesucht. Man liess sich hierbei hauptsächlich von der Beobachtung leiten, dass die meisten Urgebirgsfelsarten, namentlich Gneiss, Glimmerschiefer und Urthonschiefer, in dünnen, weit verbreiteten Schichten vorkommen, die nicht nur in ihrer Struktur mit jenen Schichten der offenbar aus Wasser niedergeschlagenen Gesteine vollkommen übereinstimmen, sondern auch durch allmählige Übergänge mit letzteren in genetischem Zusammenhange stehen. Auch der Granit gilt den Vertretern dieser Ansicht als im Grossen mehr oder weniger deutlich geschichtet oder in grosskugelige Absonderungen getheilt. Ausserdem führt diese Theorie als Beweis der Richtigkeit ihrer Annahme an, dass diese Urgebirgsfelsarten Mineralien mit Wasser und mit Kohlensäure enthalten, die im Feuer nicht zurückgehalten werden können, und dass sie aus verschiedenen Mineralien bestehen, die in einer Verflüssigung durch Feuer glas- oder schlacken-artig zusammenfliessen müssten und sich nicht scheiden könnten, wie sie etwa im Gneiss oder Granit wirklich geschieden sind.

Zu diesen Gründen der älteren neptunistischen Anschauungen fügte die Neu-zeit noch mehrere, besonders auf die Erfahrungen der Chemie gestützte, hinzu. Nepomuk Fuchs, unser grosser Mineralog und Chemiker, versuchte zuerst[1]) wie-der die fast in Vergessenheit gerathene Werner'sche Lehre mit neuen Stützen aus den Erfahrungen der Chemie zu erheben. Er wies darauf hin, dass im Granit und in den granitischen Gesteinen überhaupt Mineralien neben und durch einander ver-wachsen vorkommen, die, obwohl wegen dieser Art der Zusammenhäufung un-zweifelhaft gleichzeitig mit einander entstanden, gleichwohl einen sehr verschiedenen Grad von Schmelzbarkeit besitzen: Wäre z. B. der Granit, in einer homogenen Masse geschmolzen gewesen, so hätte offenbar bei der Verkühlung zuerst der am schwierigsten schmelzbare Gemengtheil, der, Quarz, sich ausscheiden müssen vor der Krystallisation des viel leichtflüssigeren Feldspaths und Glimmers. Der Augen-schein beweise aber das Gegentheil; der Quarz sei immer als das zuletzt fest-gewordene Mineral zu erkennen, das gleichsam die Zwischenräume zwischen Feld-spath und Glimmer ausfülle. Demnach könne das Gestein nicht in feurigem Flusse

---

[1]) N. Fuchs, Akadem. Festrede 1838.

sich befunden haben. Aber auch aus Wasser seien diese Mineralien unmöglich direkt ausgeschieden worden, weil sie meist nur in sehr geringer Menge darin löslich sind, und zwar in verschiedenem Grade, so dass nicht nur eine ungeheuere, nicht nachweisbare Menge Wasser zu ihrer Lösung nothwendig gewesen wäre, sondern auch die Ausscheidung nach dem Grade ihrer Löslichkeit schichtenweise hätte erfolgen müssen, was nicht der Fall ist. Es müsse daher dem Isoliren dieser Mineralgemenge ein Zustand vorausgegangen sein, welcher es möglich machte, dass die verschiedenen Gemengtheile sich neben einander gleichzeitig bilden konnten. Diess sei der sogenannte amorphe Zustand, in dem sich die Gesteinsmasse zuerst befand und der es möglich machte, dass beim Durchdrungensein von Wasser trotz der halbfesten Beschaffenheit die Moleküle sich zu bestimmten Mineralien zusammenfinden und an einander schliessen konnten. Wie die erste Entstehung der amorphen Masse zu denken sei und wie die Struktur des sogenannten krystallinischen Schiefers, des Gneisses u. s. w. bei dieser Annahme sich erklären lasse, ist von Fuchs nicht weiter ausgeführt worden.

An diese mit so grosser Klarheit, Konsequenz und Bestimmtheit ausgesprochene und nur auf die wirkliche Erfahrung der Chemie gegründete Theorie, welche an Vollständigkeit kaum durch eine spätere, auf ähnliche Grundsätze gestützte Ansicht übertroffen wird, reihen sich die Versuche vieler Forscher, wenigstens die Betheiligung des Wassers und seine Mitwirkung bei der Bildung der krystallinischen Urgesteine nachzuweisen. Fast Alle gelangen bei diesen Untersuchungen zu dem Endergebnisse, dass ausser Wasser noch andere Kräfte (Hitze, Druck u. s. w.) bei der Granitbildung mit thätig wären, und führen so zu Annahmen, welche von der eigentlichen, reinen neptunistischen Theorie abweichen

Als einer der hauptsächlichsten Gründe gegen die Annahme der Entstehung der granitischen Gesteine aus feuerflüssigem Zustande galt immer die Reihenordnung, in welcher die Bestandtheile dieser Felsarten, wie der Augenschein lehrt, fest geworden sind und welche mit dem Grad ihrer Strengflüssigkeit fast im umgekehrten Verhältnisse steht, indem z. B. der am schwierigsten schmelzbare — also aus feurigem Flusse am ersten erstarrende — Quarz im Granit offenbar zuletzt feste Form annahm[1]). Scheerer machte ferner gegen die pyrogene Natur des Granites[2]) geltend, dass in demselben Quarz überhaupt ausgeschieden sei, eine Absonderung, die selbst in quarzhaltigen Laven (z. B. Trachytporphyr) fehle, dass mit und im Granit gewisse Mineralien vorkommen, die bis kaum zur dunklen Rothgluth erhitzt plötzlich eine lebhafte Lichtentwicklung wahrnehmen lassen (gewisse Gadolinite, Orthite, Allanite) und die deshalb, wenn sie früher in feurigflüssigem Zustande sich befunden hätten, dieses pyrognomische Verhalten nicht jetzt noch besitzen könnten, und endlich, dass mehrere Mineralien des Granites ursprünglich chemisch gebundenes Wasser enthalten (Glimmer, Chlorit, Hornblende, Turmalin u. s. w.), die eine Mitbetheiligung des Wassers bei der Granitbildung ausser Zweifel setzen.

Gustav Bischof in seinem klassischen Lehrbuche der Geologie sieht sich ebenfalls aus gleichen und ähnlichen Erwägungen veranlasst, die Betheiligung des Wassers bei der Granitbildung gegen die Annahme seiner pyrogenen Entstehung zu vertheidigen, und fügt als weitere Begründung dieser Ansicht noch hinzu, dass der Quarz des Granites oft gefärbt vorkommt und

---

[1]) Vergl. Breislack, 1822, Struct. du globe I, 856; Mitscherlich 1822 (Abh. d. Akad. d. Wiss. in Berlin 1823, 38); P. Scrope, Transact. of the geol., 2. Ser. V. II; Scheerer, 1842, Pogg. Ann. LVI, 479; de Boucheporn, 1844, Étud. sur l'hist. de la terre 216; Schäfhautl, 1845, Münch. Gel. Anz. 1845, 557; Festrede.

[2]) N. Jahrb. 1847, S. 856.

dass diese Färbung bei der Hitze verschwindet[1]), mithin der gefärbte Quarz früher einer hohen Hitze nicht ausgesetzt gewesen sein kann. Auch glaubt er, dass das Vorkommen von Granit-adern so dünn wie Papier nicht wohl mit dem hohen Hitzgrade in Übereinstimmung gebracht werden kann, bei dem erst die Granitmasse flüssig wird[2]). In solch feiner Vertheilung hätte der Granit unzweifelhaft früher fest werden müssen, als er durch die dünnen Spalten hätte vordringen können.

Auch D e l e s s e in seiner höchst wichtigen Arbeit über die Entstehung der Gesteine[3]) rechnet den Granit zu den A u s b r u c h s g e s t e i n e n n i c h t f e u r i g e n U r s p r u n g s. Es be-stimmen ihn hierbei neben den früher schon erwähnten Gründen noch die Beobachtungen, dass der Feldspath des Granites nicht den eigenthümlichen Glasglanz der Feldspäthe der aus feurigflüssigen Massen entstandenen Gesteine besitzt, dass überdiess der Feldspath meist nicht etwa zufällig auf-genommenes Wasser enthält, dann dass der Quarz zwar glasglänzend, aber nicht rissig und reich-licher ausgeschieden ist, als selbst in den an Kieselsäure reichsten Laven. Seiner Ansicht nach muss dieser Glasglanz nicht nothwendiger Weise von einer Schmelzung herrühren, indem der aus Wasser entstandene Quarz wohl solchen Glanz besitze, nicht aber der aus einem Schmelzflusse erzeugte. Überdiess enthalte der Quarz organische und bituminöse Stoffe, die ihn oft dunkel färben und welche beim Glühen verschwinden. Der Granit besässe überdiess nicht die zellige Struktur der pyrogenen Gesteine und habe nirgends da, wo er mit anderen Gesteinen in Be-rührung tritt, Veränderungen hervorgebracht, welche als die Wirkung einer sehr grossen Er-bitzung gedeutet werden könnten. Es sei demnach wahrscheinlich, dass der Granit im Zustande eines gewässerten oder doch durch Wasser erweichten Breies zum Ausbruche gelangt sei. Da es aber sehr schwierig ist, die grosse Masse der in Wasser fast unlöslichen Gemengtheile des Granites bloss unter dem Einflusse des Wassers und des Drucks sich verflüssigt zu denken, so hält É l i e de B e a u m o n t[4]) es nicht für unwahrscheinlich, dass neben dem Wasser Chlor-, Fluor- und Borverbindungen bei der Entstehung der Granitgemengtheile einwirkten, welche bei dem Festwerden theilweise wieder verschwanden. Es besässe die Bildungsweise des Granites demnach einen Charakter, der die Mitte hält zwischen der Entstehung der gewöhnlichen Gänge und der vulkanischen Eruptionsgesteine.

Einige sehr beachtungswerthe neue hierher gehörige Thatsachen hat H e i n r i c h R o s e in seiner Abhandlung „über die verschiedenen Zustände der Kieselsäure"[5]) angeführt, indem er den Unterschied zwischen k r y s t a l l i n i s c h e r und a m o r p h e r Kieselerde feststellt und nach-weist, dass die erstere ein specifisches Gewicht von 2,6, die letztere aber ein solches von nur 2,2 bis 2,3 besitzt und dass die erstere Form durch wässerige Bildung, die letztere durch Schmel-zung erhalten werde. Da die Kieselerde des Granites nur das specifische Gewicht der krystallini-schen (2,6) zeigt, so kommt er zum Schlusse, dass bei dem jetzigen Standpunkte der Wissenschaft der Chemiker eine plutonische Entstehung des Granites nicht für wahrscheinlich halten könne. Es hat dagegen B u n s e n[6]) darauf hingewiesen, dass die Erstarrungstemperatur eines Körpers für s i c h eine andere ist oder sein könne, als diejenige, bei welcher er aus seinen Lösungen in anderen Körpern fest wird. Es müsse daher auch als möglich gedacht werden, dass der Quarz, welcher nicht einmal weit von seinem Schmelzpunkt in die amorphe, lösliche Modifikation mit dem specifischen Gewicht 2,2 übergeht, aus der geschmolzenen Granitmasse bei verschiedenen Tem-peraturen herauskrystallisiren konnte, die alle unter der seines Schmelzflusses liegen, und dass er desshalb auch, aus dem Schmelzfluss erstarrt, nicht das specifische Gewicht 2,2, sondern 2,6 besitzen könne.

[1]) Bischof, Lehrbuch der chem. u. phys. Geologie. 1. Aufl. II, S. 1290.
[2]) Das. II, S. 2251.
[3]) Bulletin de la société géologique de France, XV, pag. 728, und Zeitschrift der deutsch. geol. Gesellschaft, 1859, Bd. XI, S. 310.
[4]) Bulletin de la société géol. de France, 1847, 2. sér., t. IV, p. 468.
[5]) Poggendorf's Annalen, Bd. 108, S. 147.
[6]) Zeitschrift d. d. geol. Gesellschaft, 1861, XIII, S. 61—64.

« Eine ähnliche Dichtigkeitsänderung erleidet nach den Versuchen von Hayes [1] auch der natürliche Feldspath, der vor dem Schmelzen ein specifisches Gewicht von 2,56, nach dem Schmelzen von 2,26 zeigt, und nach v. Kobell der Granat, welcher vor dem Schmelzen ein specifisches Gewicht von 4,04, nach dem Schmelzen von 3,12 annimmt. Von ganz besonderem Interesse sind die Entdeckungen II. C. Sorby's [2]. Er hat gezeigt, dass die verschiedenen Mineralgemengtheile in dünnen Schliffen unter dem Mikroskop im Innern kleine Räume erkennen lassen, die je nach der Entstehungsart des Minerals 1) mit Luft oder Dämpfen, wenn sie durch Sublimation gebildet, oder 2) mit Wasser bei Wassergebilden erfüllt sind und 3) als Glas oder Steinzellen bei Feuerprodukten vorkommen. Da nun der Quarz des Granites Flüssigkeitszellen und in diesen nicht selten bis 0,02 Volumen Wasser enthält, zugleich aber auch der Feldspath und Quarz schöne Steinbläschen erkennen lassen, so folgt nach seiner Annahme daraus, dass der Granit nicht ein einfaches Feuergestein, sondern feurig-wässerigen Ursprungs sei, dass er sich unter Vermittlung des Wassers, unter bedeutendem Drucke und in einer Hitze von dunkler Rothgluth gebildet haben müsse. Auch die Untersuchungen A. Bryson's [3] haben das Vorhandensein zahlreicher Wasserblasen in den Gemengtheilen des Granites nachgewiesen. Bryson folgert daraus eine Entstehung des Granites auf wässerigem Wege ohne hohe Temperatur und Druck. Auch Zirkel [4], welcher Sorby's Versuche wiederholte und erweiterte, fand die erwähnten Blasen und Poren im Granite und ist geneigt, demselben eine hydatopyrogene Entstehungsart zuzuschreiben. Dass unter gewissen Bedingungen selbst wasserfreie Silikate durch feuchte Wärme unter hohem Drucke entstehen können, hat zuerst Daubrée nachgewiesen [5] und durch direkte Versuche die Möglichkeit der Entstehung jener Mineralien, die den Granit zusammenzusetzen pflegen, festgestellt.

Dass Feldspath in der Natur unter Verhältnissen sich finde, welche an seiner Bildung auf wässerigem Wege nicht zweifeln lassen, darauf deuten das öfter beobachtete Vorkommen des Feldspaths auf Gängen, wie solches von Hausmann in dem Kongsberger Revier [6], von Wiser [7] auf den Erzgängen zu Schemnitz erkannt wurde, dann das Vorkommen von Feldspath in einem sedimentären Sandstein und auf Klüften eines Porphyrkonglomerates bei Oberwiesa in Sachsen nach den Beobachtungen Naumann's [8], Knop's [9] und O. Volger's [10] und endlich die Bedeckung von Kluftflächen eines Schiefers mit Feldspathkrystallen (Bischof l. c. II, S. 1652) nach den Beobachtungen v. Decken's und Grandjean's. Augenscheinlicher noch wird diese Thatsache nachgewiesen durch ein von G. Rose [11] beschriebenes Aufsitzen von Albitkrystallen auf den mit Eisenoxyd überzogenen Orthoklaskrystallen in Drusenräumen des Granites vom Riesengebirge und durch das von Volger [12] entdeckte Aufsitzen von Feldspath auf Kalkspath in den Alpen. Hierher gehört auch das Auftreten von Albit im Kalke, wovon schon Weibye (Bischof l. c. II, S. 966) ein schönes Beispiel im körnigen Kalke von der Insel Langö anführt. Fournet [13] beschreibt eine noch merkwürdigere Erscheinung aus der Maurienne. Hier liegen nämlich in einem versteinerungsführenden Dolomite wasserhelle und schwärzlich gefärbte, beim Erhitzen sich entfärbende Krystalle von Albit porphyrartig eingesprengt.

[1] Poggendorf's Annalen, 1861, CXIII, S. 468 u. f.
[2] Proc. geol. Soc. of London und Edinburgh philos. J., 1859, VII, p. 371, und IX, p. 150; dann N. Jahrb. von Leonhard und Br., 1861, S. 769.
[3] Edinb. new philos. Journ., 1861, XIV, p. 144.
[4] Verhandlungen der k. k. geologischen Reichsanstalt in Wien. XIII, S. 8.
[5] Daubrée, Observ. sur le métamorph. in Ann. des mines, 1857, 5. sér., t. XII, pag. 289, u. Étud. in Mémoir. de l'acad. des sciences, t. XVII, 1859.
[6] Bischof, Lehrbuch der Geologie, II, S. 401.
[7] Neues Jahrbuch, 1861, S. 3.
[8] Geognost. Beschreibung des Königr. Sachsen, Erläuterung zu Sekt. XV, S. 391, Anm.
[9] Neues Jahrbuch, 1859, S. 597.
[10] Daselbst, 1861, S. 10 u. folg.
[11] Poggendorf's Annalen, LXXX, S. 123.
[12] Studien zur Entwicklung der Mineralien, 1854, S. 151; Neues Jahrbuch, 1854, S. 292, und N. Jahrb., 1861, S. 3.
[13] Bulletin de la soc. géol., 2. série, XIX, pag. 124.

Eine Umhüllung der auf Quarz aufsitzenden Feldspathkrystalle durch eine Quarzsubstanz führt Söchting[1]) aus der Gegend von Jerischau in Schlesien an und schliesst daraus auf eine Bildung der Feldspathmasse auf wässerigem Wege.

Einen neuen Grund für die wässerige Entstehung des Granites führt ferner Tschermak[2]) an. Er beobachtete an Ganggraniten von San Domingo in Brasilien eine Aufeinanderfolge der Mineralbildung, welche zu Gunsten der Annahme einer wässerigen Entstehung spricht. Da aber die Aufeinanderfolge der Mineralausscheidung ganz dieselbe ist, wie im Allgemeinen im Granit, so hält Tschermak auch bei letzterem eine gleiche Entstehungsart — die wässerige — für erwiesen.

Endlich sind auch noch verschiedene Pseudomorphosen von Feldspath nach anderen Mineralien zu erwähnen, von welchen v. Rath[3]) ein sehr interessantes Beispiel — Feldspath nach Aragonit — von Herrengrund in Ungarn beschrieben hat. Diese Pseudomorphosenbildung kann kaum auf andere Weise entstanden gedacht werden, als unter Vermittlung des Wassers, welches die Feldspathsubstanz gelöst enthielt.

Dieser Theorie über die Entstehung des Urgebirges, vorzüglich des Granites, auf wässerigem Wege oder doch unter Betheiligung des Wassers steht die Annahme unversöhnlich gegenüber, welche jene Felsmasse als ein Produkt des Feuerflusses erklärt. ·

Die Geognosie, welche als Wissenschaft der exakten Beobachtung, nicht bloss der philosophischen Spekulation, erst mit den drei grossen Beobachtern Saussure, Pallas und Werner ihren Anfang nahm, betrachtete damals einstimmig die vulkanischen Erscheinungen als Folge bloss zufälliger und rein örtlicher Processe; sie kannte ausserdem keine andere Entstehungsweise der Oberflächengesteine, als die aus Wasser. Die mit der Ausdehnung geognostischer Forschung sich immer mehr und mehr erweiternde, auf direkte Beobachtungen gestützte Annahme der Entstehung des Basaltes, des Trapps, des Trachyts auf analoge Weise, wie die der Lavagesteine der jetzt noch thätigen Vulkane hatte rasch einen Umschlag dieser früheren Ansicht angebahnt. D'Aubuisson, ein begeisterter Anhänger und Schüler Werner's, bekehrte sich nach der Untersuchung der Auvergne zu einer Annahme, welche der seines Lehrers direkt entgegenstand, wenigstens in Bezug auf die vulkanische Entstehung des Basaltes. Bezüglich der Bildung des Granites aber hielt d'Aubuisson noch an der Theorie der Werner'schen Schule fest. Als sich aber von Jahr zu Jahr die Zahl derjenigen Gesteine, welche man für Erzeugnisse des Schmelzflusses erkannt zu haben glaubte, vermehrte durch die Untersuchungen Hutton's[4]), welcher bereits schon aus dem gangartigen Vorkommen des Granites seine Eruptivnatur und seine Verflüssigung durch die Hitze ableitete, durch die Arbeiten Playfair's[5]), Strange's[6]), Desmarest's[7]), Macculloch's[8]), Boué's[9]), Necker's[10]) und besonders L. v. Buch's[11]) bildete sich, ganz ins-

---

[1]) Zeitschrift d. d. geolog. Gesellsch. XI, 147.
[2]) Sitzungsber. der k. k. Akademie der Wissenschaft. in Wien, XLVII, S. 207.
[3]) Niederrheinische Gesellschaft für Naturkunde in Bonn, 1860.
[4]) Theory of the earth, Edinburgh, 1795, II parts.
[5]) Explication on the Huttonian theory, 1802.
[6]) Transact. etc., 1775, LXV, pag. 5.
[7]) Mém. sur la déterm. des trois époques etc. (Mém. de l'instit., 1804).
[8]) Descript. of the western Island of Scotland, 1819.
[9]) Geognost. Gemälde von Deutschland, 1822, und Annal. d. sc. natur., t. II, 1824.
[10]) Voyage en Écosse et aux Îles Hébrides, 1821.
[11]) Briefe über die Geologie vom südl. Tyrol, Leonh. Taschenbuch, 1824, Bd. XIX u. XX.

besondere unterstützt von dem vielgerühmten Experimente Hall's [1]), körnigen Kalk unter grossem Drucke zu schmelzen, immer fester und bestimmter die Theorie aus, dass nicht bloss eine Reihe der auch schon petrographisch den Laven verwandten Gesteine (Basalt, Dolerit, Melaphyr, Trapp, Grünstein u. s. w.) aus der Tiefe der Erdrinde feurigflüssig emporgedrungen sei, sondern dass auch wenigstens die Massengesteine des Urgebirges — Granit, Syenit, Diorit u. s. w. — gleichen Ursprung hätten. Von dem krystallinischen Schiefer wurde oft das Gleiche, jedoch nicht von allen genannten Geologen [2]), angenommen. Die grösste Ausbildung erreichte die plutonistische (nicht im Sinne Scheerer's) Lehre durch die La Place'sche Theorie über die Entstehung unseres Sonnensystems aus nebligen kosmischen Massen. Man nahm an, das Urgebirge sei die erste Erstarrungsrinde, mit welcher die Erde nach dem Übergang aus dem gasförmigen in den flüssigen Zustand — bei welcher Kondensation eben die zum Schmelzen der Stoffe erforderliche Wärme nothwendig sich entwickeln musste — bei fortgesetzter Abkühlung in dem kalten Himmelsraume überzogen wurde, und betrachtete die schichtenartige Absonderung der krystallinischen Schiefer als schalige Rinden, entstanden in Folge der successiv fortschreitenden Erstarrung, die Granite aber als dazwischen eingeschobene Eruptivmassen, entstanden durch Emporpressungen des noch weichen feurigflüssigen Teiges unterhalb dieser primitiven Erstarrungsrinde. Naumann [3]) fasst diess in Folgendem trefflich zusammen: Die grosse Verwandtschaft zwischen Gneiss und Granit und anderen Eruptivgesteinen, die Wahrscheinlichkeit, dass diese Eruptivgesteine aus feurigflüssigem Zustande erstarrt sind, besonders die Thatsache, dass in der Urgneissformation Granite mit Gneiss regelmässig wechsellagern, diess spricht dafür, dass die primitiven Formationen die ursprüngliche Erstarrungskruste unseres Planeten bilden.

Dieser Plutonismus in seiner reinsten Form hat mannichfache Modifikationen erlitten, namentlich in Bezug auf die sogenannten krystallinischen Schiefer, welche Viele wegen ihrer unzweideutig der Schichtung analogen Ausbildung als bloss umgeänderte Sedimentgebilde betrachten. Daraus entwickelte sich die Theorie des sogenannten Metamorphismus, von der später ausführlicher die Rede sein soll.

Der plutonistischen Lehre der älteren Schule kann die Anerkennung nicht versagt werden, dass sie sich auf thatsächliche Beobachtungen zu stützen und nach Analogieen mit Erscheinungen in der Jetztwelt (Vulkanismus) Vorgänge und Bildungen in früheren Zeitperioden zu erklären suchte. Wenn der Dolerit, der Basalt, der Trachyt, der Trapp die unzweideutig grösste Verwandtschaft nach Gesteinsbeschaffenheit und Lagerung mit den Laven besitzen, wie die Beobachtung lehrt, so scheint es denn doch naturgemäss, die Entstehungsweise dieser tertiären oder diluvialen Eruptivmassen enger an die vulkanischen Vorgänge anzuschliessen, als an die Sedimentirung eines, wenn auch vielleicht feldspathhaltigen, Sandsteins. In gleicher Weise gelangt man durch die Schlüsse analoger Gesteinsbeschaffenheit und Lagerung zur Annahme, dass auch noch ältere Eruptivgesteine, die Mela-

---

[1]) Edinburgh phil. trans. t. VI, 1812.
[2]) Vergl. Rivière in Compt. rend., 1847, XXV, pag. 898.
[3]) Vergl. das Weitere in Naumann's Lehrbuch der Geognosie, 2. Aufl., Band II, S. 154.

phyre, Diabase, einer ähnlichen Bildungsweise ihre Entstehung zu verdanken haben. Endlich glaubt man um so mehr auch auf die allerältesten Eruptivgesteine des Urgebirges diese Analogie anwenden zu dürfen, als viele derselben nach ihrer Lagerung augenscheinlich Bildungen der Emporpressung sind, gemäss ihres lithologischen Charakters aber gewisse Ähnlichkeit mit jüngeren Eruptionsgesteinen bewahrt halten; so der Granit mit Trachyt, der Diorit mit Melaphyr. Wenn aber bei diesen Gesteinen Erscheinungen, namentlich die Art der Mineralzusammenmengung und der chemischen Konstitution, zu bemerken sind, welche mit den Lehren der Chemie nicht in Einklang zu stehen scheinen, sofern man eine Entstehung derselben auf absolut gleiche Weise wie bei unseren Schmelzarbeiten in den Hochöfen annimmt, so fehlt man darin, dass der Chemie zugemuthet wird, die von ihr noch nicht aufgefundenen Wege zur Erklärung dieser durch die thatsächliche Beobachtung festgestellten Erscheinungen noch zu entdecken, oder dass man Zuflucht bei der Annahme des Bestehens und Wirkens von zur Zeit nicht mehr nachweisbaren Naturkräften oder Eigenschaften der Stoffe, welche früher thätig gewesen sein sollten, sucht.

Es wurden schon bei Gelegenheit der Besprechung des Neptunismus die Schwierigkeiten erwähnt, welche der Feuerentstehung namentlich der Granite entgegenstehen. Darauf zurückweisend genügt es hier, an die Gründe zu erinnern, welche G. Bischof[1]) neulich mit der Schärfe wissenschaftlicher Kritik insbesondere gegen die Wahrscheinlichkeit der Entstehung des Granites aus einer feuerflüssigen Masse zusammenstellt.

Die grösste Schwierigkeit, für die granitartigen Gesteine einen plutonischen Ursprung festzuhalten, besteht in dem zuerst von Fuchs mit Klarheit und Bestimmtheit erhobenen Bedenken, dass im Falle feuriger Verflüssigung des Granites seine Gemengtheile nicht in der Ordnung, wie sie wirklich ausgebildet im Granit vorkommen, erstarrt sein könnten, dass namentlich der Quarz als schwerflüssiger Stoff zuerst — und nicht, wie er im Granit sichtlich gebildet ist, zuletzt — hätte ausgeschieden werden müssen.

Fournet[2]) versuchte diese Erscheinung durch die Theorie der „Surfusion" zu erklären, welche sich darauf gründet, dass bei manchen Körpern (Schwefel, Phosphor u. s. w.) die Tempe-. ratur des Schmelz- und des Erstarrungspunktes weit aus einander liegen und mithin solche Körper weit unter der Temperatur ihres Schmelzens noch weich und biegsam bleiben können. Dieses soll nun auch bei der Kieselerde der Fall sein, so dass sie, noch nach Erstarrung des Feldspaths und Glimmers im Granite weich geblieben, endlich die übrig gebliebenen Räume einzunehmen genöthigt war. Indess ist diese Eigenschaft des Quarzes durch Experimente nicht nachgewiesen und vielfach mit Recht in Zweifel gezogen worden. Jedenfalls scheint es gewagt, auf eine theoretische Annahme eine neue Theorie zu bauen.

Es wurde bereits angeführt, dass in ähnlichem Sinne Bunsen[3]) gleichfalls auf eine Erscheinung aufmerksam gemacht hat, die analog auch bei der Granitbildung als möglich gedacht werden könnte, dass nämlich die Temperatur, bei welcher ein Körper für sich erstarrt, nicht dieselbe ist, bei welcher er aus seiner Lösung in anderen fest wird. Er führt als Beispiel die Lösung von Chlorcalcium in Wasser an, welche bei einem gewissen Gehalt an dem Salze etwa erst bei —10° C. (nicht bei 0°) anfange, fest zu werden, und zwar zu Eis erstarre, in dessen Masse Chlorcalciumkrystalle eingebettet liegen. Da darüber kein Zweifel bestehen könnte, dass, was für Lösungen in niederen Temperaturen gelte, auch für Lösungen in höheren Temperaturen giltig sei, so müsse diess auch auf das feuerflüssige Gemenge von Quarz und Feldspath an-

---

[1]) Lehrbuch der chem. und phys. Geologie, 2. Aufl. Kap. XXIV—XLII.
[2]) Compt. rendus, 1844, XVIII, pag. 1050.
[3]) Zeitschrift der deutschen geologischen Gesellschaft, 1861, XIII, S. 61.

wendbar sein. Der direkte Versuch des geschmolzenen Granites, welcher beim Erkalten in Form einer Glasmasse erstarrt, scheint dagegen zu lehren, dass der Vorgang der Granitbildung nicht als so einfach gedacht werden kann.

Durocher[1]) hatte schon früher aus ähnlichem Grunde auf den Umstand hingewiesen, dass die heterogenen Mineralien erst nach und nach aus der homogenen Masse ausgeschieden wurden und dass daher der Quarz nur als zuletzt übrig gebliebener Ausscheidungsrückstand gedacht werden könne. Es lässt sich gegen diese Annahme das Bedenken erheben, dass im Granit ausser dem Quarze verschiedene Gemengtheile von verschiedener Schmelzbarkeit sich finden. Auch müsste z. B. nach Ausscheidung des Feldspaths eine so grosse Menge Quarzes übrig geblieben sein, dass sie sich fast wie reine Kieselsäure verhalten hätte. Durocher kann als der Vertreter des Plutonismus angesehen werden, wie sich solcher in neuerer Zeit, modificirt unter dem Einfluss der Berücksichtigung nicht von der Hand zu weisender Naturgesetze, entwickelte. Er betrachtet in ähnlicher Weise, wie diess lange vorher Bunsen nachzuweisen versucht hatte, alle Eruptivmassen von der ältesten bis zu der jüngsten Zeit als Glieder zweier Mineralmassen, welche feuerflüssig gleichzeitig unter der starren Kruste der Erde in verschiedenen Regionen über einander liegen. Die eine Reihe, die quarzreichen — Granit u. s. w. —, stamme aus der sauren, leichter erstarrenden Mineralflüssigkeit näher der Oberfläche, die andere Reihe, die hornblende- und augithaltigen, aus der basischen, der grösseren Tiefe angehörigen Schmelzflussmasse. Demnach wäre auch die erste Kruste der Erde aus dem kieselerdereichen Gestein der Granitreihe erstarrt.

Die wesentliche Differenz in der Struktur verschiedener sogenannter Urgebirgsfelsen, als deren Hauptrepräsentanten Granit und Gneiss angesehen werden müssen, veranlasste in neuerer Zeit gleichsam eine Theilung der Ansicht über die Entstehung der beiden Typen. Viele Geologen nehmen für den Granit einen anderen Ursprung als für die krystallinischen Schiefergesteine an, und zwar für die Granitreihe den feurigflüssigen (vgl. v. Leonhard, Lehrb. der Geognosie und Geologie, 1835, S. 488 u. f.), für die schieferigen Gesteine den der Umwandlung (Metamorphismus). Es ist wohl hier nicht der Ort, auf alle Einzelheiten und Modifikationen der Ansichten verschiedener Forscher einzugehen. Es wird sich in Folgendem öfter Gelegenheit bieten, auf die theilweise dem Plutonismus zugewendete Meinung zurückzukommen, wesshalb hier diese kurze Erwähnung vorläufig genügen dürfte.

Der Vorstellung einer Entstehung der Urgebirgsgesteine aus wässerigen Lösungen nach Art der Sedimentgebilde oder aus einem feuerflüssigen oder durch Wasser erweichtem Zustande stellte sich eine dritte Theorie gegenüber, welche als die des Metamorphismus bezeichnet wird.

Diese Theorie nimmt an, dass, um bei unseren Urgebirgsfelsarten stehen zu bleiben, diese nicht ursprünglich in dem Zustande gebildet wurden, in welchem sie heut zu Tag sich vorfinden, sondern dass sie durch spätere materielle Umwandlung oder Texturänderung aus früher vorhandenem Gestein entstanden und als sogenannte metamorphische Gebilde zu betrachten seien.

Diese Annahme vereinigt in sich mehrere unter sich wieder sehr weit aus einander gehende Meinungen sowohl in Bezug auf den Umfang der den metamorphischen Gebilden zuzurechnenden Gebirgsmassen, als auch in Bezug auf die Ursache der Erscheinung. Einige Geognosten gehen sogar zu, dass ein und dasselbe Gestein als auf verschiedene Weise ausgebildet gedacht werden könnte, dass es ursprünglichen und durch Metamorphose umgewandelten Gneiss oder Granit gebe.

---

[1]) Compt. rendus, 1857, XLIV. pag. 325 u. f. bis 863.

In dieser Beziehung heben wir die Meinungsverschiedenheit hervor, welche darüber besteht, ob alle Urgebirgsfelsarten, geschieferte wie massige, gneiss- wie granitartige, als Metamorphosen zu betrachten seien, oder nur die ersten, die sogenannten krystallinischen Schiefer, während dann die massigen oder granitartigen ächte plutonische, zum Theil die Metamorphose veranlassende Eruptivgebilde darstellen würden. Auch darin gehen die Ansichten der Vertreter des Metamorphismus aus einander, dass die einen die Umänderung nur als eine solche der Textur ansehen, die anderen als eine Umwandlung der Gesteinsmasse durch eine neue Vereinigungsart der Elemente zu neuentstehenden Mineralien. Was die Ursache der Metamorphose selbst anbelangt, so wird diese theils in der trockenen Hitze gesucht, indem beispielsweise eine Gesteinsmasse in die Erdtiefe versenkt, dort durch die innere Erdwärme erweicht und durch langsames Erkalten in krystallinische Gesteine übergeführt werden könne, oder in der feuchten Wärme, wobei Wasser und Hitze, oft auch noch Druck zusammen gewirkt haben sollen, das frühere Gestein zu einem metamorphischen umzubilden, oder endlich in der einfachen Durchsickerung gewöhnlicher Taggewässer, welche Mineralbestandtheile ,in gewöhnlicher Weise gelöst, enthalten und diese in dem durchsickerten Gestein absetzen oder gegen andere umtauschen.

Nach der klassischen Darstellung der metamorphischen Erscheinungen durch Daubrée[1] waren Hutton[2] und sein Schüler Playfair[3] die Begründer desjenigen Metamorphismus, welcher annimmt, dass gewisse sogenannte Primitivgebilde, ursprünglich auf die Weise der neueren Flötzgesteine gebildet, ihre Verdichtung und krystallinische Struktur durch eine Erweichung in Folge der Einwirkung der inneren Wärme des Erdkörpers erlangten, während der Granit, ein Eruptivgebilde, in feuerflüssigem Zustande gangartig emporgepresst worden sei.

Diese Ansicht schlug Wurzel und verbreitete sich rasch, als nach einander Boué[4], Necker[5], v. Buch[6] und Lyell[7] sich in gleichem Sinne aussprachen und namentlich Lyell dieselbe in ein geordnetes System brachte.

L. v. Buch[8] erklärte ausdrücklich den finnländischen Gneiss für eine Umbildung des Thonschiefers durch die Einwirkung des Granites.

Lyell setzt den Grundsatz an die Spitze seiner Prinzipien der Geologie, dass niemals andere Kräfte in der Natur gewirkt haben, als diejenigen, welche noch jetzt thätig und in ihrer Wirksamkeit deutlich nachweisbar sind. Da nun nachgewiesen sei, dass z. B. in Norwegen Schiefer vom Alter der Silurformation (in anderen Gegenden sogar solche der Juraformation) in Gneiss, Glimmerschiefer und krystallinisches Gestein umgewandelt wurde, so dürfte auch für die sogenannten Urgebirgsschiefer allgemein eine Entstehung durch Metamorphose angenommen werden. Die Ursache dieser Umwandlung müsse dem Einflusse der unterirdischen Wärme, starkem Druck und gewissen chemischen und elektrischen Kräften zugeschrieben werden, die man mit dem Namen plutonische bezeichnen könne, d. h. Kräften der Tiefe, unter deren Herrschaft auch der Granit dort feuerflüssig gebildet wurde. Diese Thätigkeit der Umbildung ursprünglich sedimentärer Schichten in krystallinisch-geschieferte gehe aber nur in der Tiefe vor, daher solche Gebilde hypogen seien, im Gegensatz zu vulkanischen Erzeugnissen, die an der Oberfläche sich bilden. Die Entstehung solcher krystallinischer Felsarten beschränke sich aber nicht bloss auf die älteren Perioden der Erde oder habe damals häufiger stattgefunden als später, sondern, da sie immer hypogener Art sei und die Oberfläche fortschreitend immer mehr von jüngeren Sedimenten überdeckt wurde, so kämen sie in der sekundären und tertiären Periode nur weniger entblösst vor, d. h. seltener an's Tageslicht.

[1] Études sur le métamorphisme, 1860. Mém. de l'académ. des sciences, t. XVII.
[2] Theory of the earth, 1785; 2. ed. 1795, Edinburgh.
[3] Explication on the Huttonian theory, 1802.
[4] Gemälde v. Deutschland (Journ. de physique, 1822) und Ann. des scienc. natur., t. II, 1824.
[5] Voyage en Écosse et aux Iles Hébrides, 1821.
[6] Annales de chimie et de physique, t. XXIII, 1822, u. Leonh. Taschenbuch, 1824, S. 19 u. 20.
[7] Principles of geology.
[8] Abhandlungen der Akademie der Wissenschaften in Berlin, 1842.

Diese Ansicht Lyell's, welche zwar sehr konsequent durchgeführt ist, aber auf dem dunklen Grunde des Plutonismus, d. h. in der Tiefe wirkender, uns unbekannter Kräfte, ruht, blieb lange die fast allein herrschende Ansicht über den Ursprung des sogenannten Urgebirges, welches als solches immer mehr anerkannt wurde. Nach und nach zog die Wissenschaft die Frage über die Wirkungsart der trockenen Hitze und der sogenannten plutonischen Kräfte in den Bereich ihrer Untersuchung und fand, dass durch diese eine Umbildung in der angedeuteten Weise sich wissenschaftlich nicht begründen lasse.

Der Nachweis über die Entstehung gewisser Mineralgänge in Folge des Durchgangs eines mit Mineraltheilchen geschwängerten Wassers durch Spalten und in Bezug auf die Wirkung von Mineralwasser, welches Gestein durchdringt, darin Neubildungen von Mineralien veranlasst, hatte eine andere Vorstellung vorbereitet, die man als die der wässerigen Metamorphose bezeichnen kann.

Hier steht G. Bischof[1]) an der Spitze derjenigen, welche der wässerigen Metamorphose die ausgedehnteste und grossartigste Wirksamkeit zuschreiben. Zu gleichen oder ähnlichen Ergebnissen führten überdiess auch die Arbeiten von Delesse, Scheerer, Bunsen (zum Theil), Daubrée, Volger u. A. Bischof weist die Möglichkeit nach, dass nach den Erfahrungen der Chemie der Gneiss, der Granit als aus sedimentärem Gestein — Thonschiefer, Grauwacke u. s. w. — in Folge ganz gewöhnlicher Durchtränkung dieser Felsmassen mit Gewässer, welches gewisse Stoffe gelöst enthält, entstanden gedacht werden kann, und nimmt auch sofort diese nach chemischen Gesetzen mögliche Entstehungsweise als die wirkliche an. Ob aber dieser Schluss vollständig gerechtfertigt ist, wird erst dann entschieden werden können, wenn auch durch thatsächliche Beobachtungen in der Natur die Richtigkeit dieser Annahme sich nachweisen lässt. Denn es muss wohl zugegeben werden, dass nicht in jedem Falle die Vorgänge, welche nach den Naturgesetzen als möglich gedacht werden können, auch wirklich in der gedachten Weise und nur in dieser stattgefunden haben. Die Natur erreicht oft auf sehr verschiedenem Wege ganz dasselbe Resultat.

Die Ansicht, dass eruptive Feuergesteine, als welche der Granit, der Syenit u. s. w. galten, die Umänderung der Schiefer von krystallinischer Textur könnten veranlasst haben, hat wohl mit den glücklichsten Erfolgen Delesse widerlegt. Schon durch Breislack, Fuchs, Schafhäutl, Boucheporn, Scheerer u. A. war allerdings die Annahme des feuerflüssigen Ursprungs der Granitgesteine lebhaft bekämpft worden, Delesse[2]) aber zeigte, dass überall, wo der Granit an seinem Nachbargesteine Veränderungen bewirkt hat, diese nur der Einwirkung mit Lösungen angereicherten Wassers zugeschrieben werden können, daher denn weder die Metamorphose der Schiefer als durch Granit erfolgt, noch dieser selbst als feuerflüssige Bildung angenommen werden dürfe.

Zu der raschen Entwicklung der Lehre des Metamorphismus trug nicht wenig der Umstand bei, dass es gelang, durch direkte Versuche feldspathartige Mineralien — wasserfreie Silikate — unter dem Einflusse des Wassers bei Anwendung von Wärme und Druck darzustellen. Daubrée[3]) war es 1857 zuerst geglückt, auf diesem Wege durch das Experiment die sogenannte Metamorphose der feuchten Wärme zu begründen. Diese Metamorphose, führt Daubrée weiter aus, ist entweder beschränkt auf die Veränderung, die, ein Eruptivgestein an dem von ihm durchsetzten in der Nachbarschaft der Berührung bewirkt (Kontakt-, Lokal- oder Juxtapositions-Metamorphose), oder sie ist ausgedehnt auf weite Distrikte, auf offenbar sedimentäre Gesteine, ohne dass in der Nähe Eruptivmassen vorkommen (Regional-, Normal- oder General-Metamorphose). Diese letztere Art der Metamorphose findet namentlich bei den älteren, selbst bei versteinerungsführenden Schichten statt. Ihre Wirksamkeit scheint sich aber nach und nach verschwächt zu haben und erloschen zu sein, während besonders die allerältesten Thonschieferbildungen in Folge ähnlicher Processe in die sogenannten krystallinischen Schiefer umgewandelt wurden, und viele Geognosten nehmen daher geradezu an, dass Glimmerschiefer, Gneiss u. s. w.

---

[1]) Lehrbuch der chemikalischen und physikalischen Geologie, 1847—1855; 2. Aufl. 1863.
[2]) Annales des mines, 5. série, t. XII et XIII, 1857—1858.
[3]) Annales des mines, 1857, 5. série, XII, pag. 289.

durch Metamorphose aus älterem und jüngerem Thonschiefer entstanden sei, eine Vorstellung, zu deren Unterstützung auf die grosse Ähnlichkeit dieser tiefsten krystallinischen Schiefer mit den angeblich unzweifelhaft durch metamorphische Einwirkung umgebildeten jüngeren Gesteinen des Übergangsgebirges, sowie auf die ganz gleichförmige Zwischenlagerung von Kalk, Kieselschiefer, Hornblendeschiefer und Graphit im Gneiss und in den jüngeren, selbst versteinerungführenden Schichten hingewiesen wird.

Diese Einlagerungen namentlich beweisen auf das bestimmteste die Unrichtigkeit der Vorstellung, nach welcher der Gneiss einfach durch eine Streckung der Granitmasse schiefrig geworden sei. Die Präexistenz von Kalkmassen im Granit und ihre Ausbildung durch Streckung zu solchen Lagen, wie sie im Gneiss vorkommen, sind völlig undenkbar. Wahrscheinlicher ist, dass das eigentliche Gneissgebirge wirklich älter ist, als die ältesten Silurschichten. In dieser älteren, der Silurzeit vorausgehenden Periode muss einmal der Zeitpunkt eingetreten sein, wo die Erdoberfläche soweit abgekühlt war, dass das Wasser sich zu tropfbarer Flüssigkeit verdichten konnte, und da musste es auf die vorher entstandenen Silikate mit der ganzen Kraft seiner umbildenden Thätigkeit einwirken, die Struktur der geschmolzenen Gesteine umändern und aus denselben Material in sich aufnehmen, aus dem neue Mineralien entstehen konnten.

Diese Mineralien des Uroceans mussten zu Boden fallen und hier Gesteine erzeugen, welche in dem Maasse andere Beschaffenheit annahmen, als die Wärme der Flüssigkeit sich verringerte. Diese verschiedenen Perioden der chemischen Zersetzung und Wiedererzeugung scheinen wenigstens den Verhältnissen zu entsprechen, unter denen Granit und Gneiss vorkommen, indem der erstere massig, der letztere wie ein Niederschlag aus Wasser gebildet ist und beide ganz unmerklich in einander übergehen.

Naumann[1]) schliesst sich bezüglich der Gneissbildung der Ansicht derer an, welche dem zu weit gehenden Metamorphismus entgegentreten; er hält es für eine durch die Theorie der Metamorphose kaum erklärbare Thatsache, dass es jüngere Gneisse, Glimmerschiefer u. s. w. giebt, welche sedimentären Gesteinen aufgelagert (und eingelagert) sind, ohne dass sich der geringste Übergang in diese unterliegenden Gesteine erkennen lasse; weder eine hypogene noch katagene Metamorphose sei in diesem Falle denkbar. Eine zweite Schwierigkeit gegen die zu weit gehende Lehre der Metamorphose bestehe in der Beobachtung eruptiver Gneissbildungen. Er hält es daher für wahrscheinlicher, dass die primitiven Formationen die ursprüngliche Erstarrungskruste unserer Erde bilden.

Cotta[2]) spricht sich gleichfalls eingehend über Gneiss- und Granitbildung aus. Der Granit, ein offenbar eruptives Gestein, gilt ihm, wie überhaupt alle Eruptivgesteine, als ein im heissflüssigen Zustande emporgedrungener Theil des Erdinnern und als ein plutonisches Gebilde — d. h. nicht, wie die vulkanischen Gesteine, an der Oberfläche oder ganz in deren Nähe fest geworden, sondern in der Tiefe, im Erdinnern, zwischen anderen Gesteinen erstarrt und erst später durch Abschwemmung frei gelegt. Die krystallinischen Schiefer, Thonglimmerschiefer, Glimmerschiefer und Gneiss, sind dagegen, wenn wir ihre Hauptmasse in's Auge fassen und lokale, sowie untergeordnete Vorkommnisse bei Seite lassen, weder Theile der ursprünglichen Erstarrungskruste noch ursprüngliche Ablagerungsprodukte der Urzeit, noch Eruptivgebilde, sondern durch Umwandlung aus sedimentären Bildungen entstanden; sie sind das Resultat einer durch Druck, Wärme und vielleicht noch in Verbindung mit Wasser erfolgten Umbildung in der Tiefe (plutonisch oder hypogen), welche andauernd wirkt auf alle in der Tiefe befindlichen Massen, deren Produkt wir aber nur in den allerältesten Erzeugnissen sehen, weil die späteren Umwandlungsgebilde — einzelne Fälle in den Alpen ausgenommen — durch Auflagerung jüngerer Gesteine verdeckt bleiben. Als Gründe für diese Annahme führt Cotta an einmal, dass Übergänge unzweifelbar sedimentärer Gesteine in krystallinische Schiefer in Folge einer Umwandlung direkt beobachtet wurden, dann dass die Wechsellagerungen verschiedener Gesteinsvarietäten und die Einlagerung von heterogenen Massen, wie

---

[1]) Lehrbuch der Geognosie, II. Bd.; S. 153 (2. Aufl.).
[2]) Neues Jahrbuch, 1862, S. 648 u. f.

körniger Kalk, Graphit u. s. w., in den krystallinischen Schiefern vollständig der Wechsellagerung und Einlagerung der sedimentären Gesteine entsprechen, weiter dass die gewöhnliche
Lage der krystallinischen Schiefer die unterhalb aller Sedimentärgesteine mit oft vollständigen
allmähligen Übergängen in dieselben sei, und endlich dass zuweilen noch Versteinerungen in
den krystallinischen Schiefern sich erhalten haben.

Aus diesem Gewirre von einander entgegengesetzten Theorieen und Ansichten
über den Ursprung der krystallinischen Schiefer und der granitischen
Gesteine lässt sich noch eine vermittelnde und versöhnende Annahme ausscheiden,
welche als die hydatopyrogene Theorie[1]) oder nach Scheerer als Plutonismus[2]) bezeichnet werden kann. Obwohl bei den bereits vorgetragenen Ansichten öfters erwähnt, soll diese Theorie hier mehr im Zusammenhange zur Sprache
gebracht werden, wobei weniger auf die Detaildarstellungen der Einzelnen, welche
zu dieser Theorie Beiträge lieferten, Rücksicht genommen werden kann, als es sich
hier um eine Verschmelzung der oft sehr auseinandergehenden Annahmen zu
einem zusammenhängenden Ganzen handelt. Als Solche, welche wenigstens theilweise
und in einzelnen Erscheinungen eine mit dieser Erklärungsweise übereinstimmende
Ansicht aussprachen, sind besonders zu nennen: Scrope, Mitscherlich,
Scheerer, Élie de Beaumont, Dana, Angelot, Delesse, Daubrée,
H. Rose u. A. Es lassen sich ungefähr folgende Sätze aufstellen, welche dieser
Theorie entsprechen. Die krystallinischen Schiefer und granitischen Gesteine sind ihrer Lagerung nach, im grossen Ganzen betrachtet, unzweifelhaft die
ältesten Gebilde der überhaupt uns bekannten Erdrinde. Die Verwandtschaft
beider Gesteinsgruppen (als Repräsentanten einer Reihe ihnen ähnlicher) in Bezug
auf ihre Mineralzusammensetzung, die innige Verbindung zwischen beiden
in Folge ihrer Wechsellagerung, die vielfach beobachtet wurde, und endlich die
Übergänge ihrer Textur beweisen die Gleichzeitigkeit und Gleichheit
oder Analogie ihrer Bildung. Die Textur der krystallinischen Schiefer ist eine der
Schichtung nicht bloss ähnliche, sondern sie muss für eine damit identische
erklärt werden, da man den Übergang der krystallinischen Schiefer in darauf-
liegende geschichtete (nicht geschieferte) Thongesteine der ältesten Übergangs-
periode und den Parallelismus dieser Absonderung deutlich nachweisen kann, da
man ferner beobachtet, dass bei eingetretenen Dislokationen in solchen Distrikten,
wo krystallinisches Gebirge und älteres versteinerungführendes benachbart sind,
die Parallelabsonderung der krystallinischen Schiefer auf gleiche Weise von der
Dislokation betroffen und, unter gleichem Winkel, nach gleicher Weltgegend aufgerichtet wird, wie die Schichten des jüngeren Gebirges.

Zu gleichem Schlusse berechtigt ausserdem die Beobachtung, dass die Gesteinsvarietäten innerhalb der Gneissbildung, z. B. hornblendehaltiger Gneiss, Dichroit-
Gneiss, schwefelkiesreicher Gneiss, selbst auch heterogene Einlagerungen von körnigem Kalk, von Schwefelkies, Quarz, Graphit genau der Schichtenabsonderung folgen,
d. h. wirkliche Lager darstellen. Endlich erkennt man aus der Lage der Gesteins-
elemente, dass ihre Anordnung stets der Bildung der Schichtung folgt, ohne dass
z. B. in dem Augengneiss je die Schichtungsfläche einen Feldspathkrystall oder

---

[1]) Siehe Naumann's Lehrbuch der Geognosie, II. Bd., S. 155 (2. Aufl.).
[2]) Zeitschrift der deutschen geologischen Gesellschaft, 1862, XIV, S. 112.

Feldspathknoten, wie es bei Kluft- oder Schieferungsflächen der Fall ist, durchschni idet. Die Bildung der krystallinischen Schiefer muss mithin eine gewisse Analogie mit jener der offenbar sedimentären Schiefer besitzen. Andererseits erscheint neben den dem Gneiss eingebetteten Granitlagern noch eine Granitbildung von unzweideutig eruptiver Natur. Diese Lagerungsart in Verbindung mit der materiellen Ähnlichkeit zwischen Granit und den jüngeren Eruptivgebilden, namentlich dem Trachyt, spricht zu Gunsten eines mit der Entstehung dieser jüngeren Eruptivgesteine analogen Ursprungs auch des Granites. Solche eruptive Granite, sei es in grossen typhonischen Stöcken, sei es in mehr oder weniger mächtigen Gesteinsgängen oder in den dünnsten und feinsten Äderchen, welche fremdartiges Gestein durchziehen, beschränken sich nicht auf die Formationen der krystallinischen Schiefer, sondern sie sind selbst in die Gesteine jüngerer Formationen eingedrungen. Diese bis in das feinste Aderwerk verzweigten Granite sind unzweifelhaft aus einer sehr leichtflüssigen Masse entstanden; doch kann diese Masse nicht feuerflüssig gewesen sein, weil bei der strengen Schmelzbarkeit dieses Mineralgemenges die Erstarrung früher hätte erfolgen müssen, als eine solche feine Vertheilung in schmale Streifchen stattfinden konnte. Auch würde das Nebengestein die Spuren erlittener Erhitzung durch den durchziehenden feurigflüssigen Gesteinsstrom erkennen lassen. Die nachweisbaren Veränderungen, welche solche Granitgänge an dem durchsetzten Gestein bewirkt haben, beschränken sich aber auf solche, welche keinen hohen Grad von Hitze voraussetzen. Dagegen kann man sich solche schmale Granitadern auch nicht auf die Weise entstanden denken, wie manche Mineralgänge durch Absatz aus wässerigen Lösungen gebildet werden; denn es wären in diesem Falle die Mineraltheile wie auf Mineralgängen streifenweise oder bandartig geordnet, nicht gleichförmig gemengt. Auch bemerkt man, dass solche feine Adern mit mächtigen Gangmassen und Stöcken, denen man eine solche gangartige Entstehung unter keiner Bedingung zuschreiben kann, in unmittelbarer Verbindung stehen und von diesen sich direkt abzweigen.

Endlich ist noch die Natur der Mineralien und die Art ihrer Ausbildung in diesen krystallinischen Gebirgsarten zu berücksichtigen.

Diese bestehen aus Mineralien, Feldspath, Quarz'und Glimmer, die im Einzelnen wie im Ganzen durch Wasser nur in geringsten Mengen löslich sind. Diese Löslichkeit wird zwar vermehrt bei Anwendung von Druck und Wärme. Es ist durch Beobachtungen direkt nachgewiesen, dass Feldspath, der als das wichtigste Mineral der granitischen Gesteinsreihe hier näher in's Auge gefasst werden soll, sich auf wässerigem Wege gebildet hat; das Experiment hat dieses direkt bestättigt. Aber auch die Entstehung des Feldspaths aus feurigflüssigen Massen ist nicht ausgeschlossen. Die Produkte der Vulkane und metallurgische Schmelzprocesse beweisen es unzweideutig. Ganz Ähnliches gilt vom Glimmer. Vom Quarz wissen wir, dass er in der Natur überaus häufig aus wässerigen Lösungen abgesetzt vorkommt; im Feuer ist er für sich sehr schwierig, leichter als Silikat durch Hitze schmelzbar.

Die Ordnung, in welcher die einzelnen granitischen Mineralgemengtheile nach einander im Granit sich herausbildeten, ist die umgekehrte ihrer Schmelzbarkeit durch Wärme. Es ist noch nicht durch ein Experiment nachgewiesen worden, dass die Kieselsäure tief unter ihrem Schmelzpunkt noch plastisch bleibt (wie Schwefel) und dass aus dem Schmelzflusse der granitischen Gesteine (in e i n e Masse geschmolzen gedacht) beim langsamen Erkalten zuerst die krystallisirten Mineralien, Feldspath und Glimmer, sich ausscheiden und der gleichsam als Lösungsmittel auftretende, nach der Ausscheidung von Feldspath und Glimmer übrig bleibende Quarz die Zwischenräume ausfüllt, wie der Vorgang gedacht werden müsste, wenn der Granit aus einer durch einfache Hitze erweichten Masse erzeugt wurde. Ferner ist die Dichtigkeit des Quarzes im Granit nicht die des geschmolzenen (2,2), sondern die des aus Wasserlösung entstandenen (2,6). Endlich enthält der Granit verschiedene Mineralien, die nicht erst sekundär darin gebildet sind, sondern durch ihren Einschluss in Feldspath oder Quarz die gleichzeitige Entstehung mit diesen bekunden, — von der Art, dass ihr Bestehen neben Feldspath oder Quarz nach chemischen Grundsätzen in feurigflüssigen Massen nicht denkbar ist, oder dass ihre physikalischen Eigenschaften einen höheren Hitzegrad, dem sie je ausgesetzt gewesen seien, ausschliessen. Auch findet sich Wasser in den granitischen Massen chemisch gebunden, das ursprünglich bei der Bildung des Gesteins betheiligt gewesen ist. Überdiess kommen in der Feldspathund Quarzmasse des Granites viele kleine Hohlräumchen vor, welche theils leer, theils mit Wasser oder Wassergas erfüllt sind und die Mitwirkung des Wassers bei der Granitbildung direkt zu beweisen scheinen.

Aus diesen Thatsachen und Erwägungen sind Schlüsse zu ziehen, welche darauf hinauslaufen, dass die g r a n i t i s c h e n Gesteine, s c h i e f r i g e wie e r u p t i v e, nicht entstanden gedacht werden können wie e i n f a c h e S e d i m e n t b i l d u n g e n, wie Thonschiefer, Grauwacke oder Sandstein, durch A u s s c h e i d u n g a u s e i n e r M e e r e s ü b e r d e c k u n g, oder wie die Gesteine, die aus einer f e u r i g f l ü s s i g e n M a s s e beim Erkalten sich erzeugen, aber auch nicht durch eine h y p o g e n e, rein durch Hitze erfolgte, oder durch eine a n o g e n e, durch Wasser unter ganz gewöhnlichen, auch heut zu Tage noch fortbestehenden Verhältnissen vor sich gehende Metamorphose. Denn gegen die e r s t e Annahme spricht insbesondere die Schwerlöslichkeit der Granitmineralien in Wasser unter gewöhnlichen Verhältnissen, die unzweideutige eruptive Natur vieler Granite und das Fehlen der sich wiederholenden Gneissbildung in jüngeren sekundären Formationen. Gegen die Theorie der Entstehung aus Feuerfluss wird geltend gemacht: die Schichtung der krystallinischen Schiefer, ihr Übergang und ihre, obwohl seltene, Zwischenlagerung in offenbar aus Wasserbedeckung sedimentirten Schichten, die Anordnung ihrer Mineralgemenge und die Natur vieler ·accessorischer Beimengungen. Gegen die Hypothese der Metamorphose durch einfache Hitze lässt sich anführen, dass sich eine solche nach chemischen Grundsätzen nicht nachweisen und nicht rechtfertigen lässt; ausserdem kommen die entgegenstehenden Bedenken hinzu, die sich auf die Anordnung wesentlicher und auf das Vorkommen accessorischer Einmengungen stützen. Die Metamorphose durch die Einwirkung des Wassers unter gewöhnlichen Verhältnissen lässt sich kaum anders denken, als die Vorgänge, durch welche die Pseudomorphosen im Mineralreiche entstehen oder in vorhandenen Räumen und auf ·Gangspalten Neubildungen von Mineralien zu Stande kommen. Die Gemengtheile der granitischen Gesteine können aber nicht als durch pseudomorphische Vorgänge gebildet betrachtet werden. Denn es widerspricht ihre gleichmässige Vertheilung im Gestein der Vorstellung vorhandener oder erst durch Zersetzung entstandener Räume, in welchen nachträglich die Mineralien sollten abgesetzt worden sein. Das Vorkommen eruptiver granitischer Gesteine in gigantischen Stöcken und dünnen Adern ist nach dieser Theorie völlig unbegreiflich. So bleibt nur eine Annahme übrig, welche alle vorkommenden Erscheinungen erklärt, ohne gegen die Gesetze der Chemie und Physik zu verstossen, und diese besteht in der Theorie von der gleichzeitigen Zusammenwirkung des Wassers und Feuers bei der Bildung der granitischen Gesteine.

Diese hydatopyrogene Ausbildung der sogenannten Urgesteine würde, wie diess Scheerer[1]) und Daubrée, letzterer im Anhange zu seiner klassischen Arbeit über den Metamorphismus, darstellen, eine unter starkem Drucke erhitzte Wasserbedeckung voraussetzen, welcher die Eigenschaft, Silikate und Kieselsäure aufzulösen oder bei grossem Druck und Wärme wenigstens flüssig oder weich zu erhalten, in erhöhtem Maasse zukäme, welche aber zugleich durch die Art der Ausscheidung von Mineralien oder des zu ihrer Bildung nothwendigen Magma's eine der Sedimentbildung entsprechende schichtenweise Absonderung der erzeugten Gesteinsmasse zuliesse. Die erste unter solcher Vereinigung der Kräfte von Wärme, Wasser und Druck entstandene Gesteinssubstanz könnte kaum anders als massenhaft gedacht werden — wie es der Granit ist —, während bei fortschreitender Absonderung des Wassers dann die absätzmässigen oder geschichteten Gesteine zu entstehen begannen. Das langsam erfolgende Festwerden, das in dem Maasse weniger rasch vor sich ging, je höher die tiefere Masse von jüngeren Überlagerungen bedeckt wurde, also in den ursprünglichen Verhältnissen, unter welchen sie gebildet wurde, versetzt blieb, machte es möglich, dass der granitische Teig in Gängen, Adern und grösseren Stöcken neben und in dem krystallinischen Schiefergestein hervortrat und selbst noch in jüngeren Formationen, obwohl nur selten noch, zur Eruption gelangte. Es lässt sich gegen diese Ansicht der Einwand erheben, als gründe sich auch diese Theorie auf Theorieen, nämlich auf die Annahme grösserer Wärme an der Oberfläche der Erde in früheren Zeitperioden. Indess ist diese Voraussetzung durch zusammentreffende, aus direkten Beobachtungen abgeleitete Folgerungen so wohl begründet, dass sie nicht als Theorie, sondern als eine Thatsache anzuerkennen ist. Die Beobachtungen über die Erdwärme und die Thatsache, dass die Fauna und Flora älterer Gesteinsbildungen eine grössere Wärme und eine gleichmässigere Vertheilung derselben über die ganze Erde um so mehr andeuten, je älteren Formationen das einschliessende Gestein angehört, stimmen mit dieser Annahme vollkommen überein.

Scheerer (l. c. p. 112) nennt, etwas abweichend von der gewöhnlichen Bezeichnungsweise, die Theorie, welche bei der Bildung der Urgebirgsgesteine hohe Temperatur und Wasser — unter entsprechendem Druck — thätig annimmt, plutonische Theorie im Gegensatz zur vulkanischen, die eine rein feurige Entstehung zu beweisen sucht. Scheerer schliesst den Metamorphismus nicht aus, sondern glaubt, dass Plutonismus und Metamorphismus sich gegenseitig bedingen. Bei den erzgebirgischen Gneissen, welche gemäss ihrer chemischen Konstitution in 2 Hauptvarietäten getrennt sind — in den grauen und rothen —, hält er es für unmöglich, sie als metamorphische Gebilde zu erklären. Schon die offenbar eruptive Natur wenigstens des rothen Gneisses spräche dagegen. In Folge der streng gesetzmässigen chemischen Konstitution beider Gneisse nach Art einer Mineralspecies müsste man annehmen, dass jeder der Gneisse ursprünglich eine ungetheilte chemische Verbindung mit vollkommen homogener, plutonisch flüssiger Masse bildete, welche sich durch allmählige Abkühlung und Druckabnahme bis nahe zum Erstarrungspunkte in die 3 chemischen Materien des Quarzes, Feldspaths und Glimmers — die Gemengtheilen des Gneisses — theilte. Das Gneissmaterial wurde daher erst bei oder kurz vor seiner Erstarrung Gneiss. Die Schichtstruktur der eruptiven

---

Gneisse ist blosse Parallelstruktur oder Schieferung, worauf die eigenthümliche Art des graphischen Verlaufs des Gneisses und insbesondere der Umstand hinweist, dass Streichen und Fallen der Schichtstruktur (Schieferung) in benachbarten Massen grauen und rothen Gneisses stets ein und dasselbe sind, so dass die Parallelstruktur erst nach der Eruption beider Gesteine eingetreten gedacht werden könnte.    •

Was aber das Verhältniss anbelangt, dass mittlerer [1]) und rother Gneiss nebst Quarzit lagerförmige Zonen und Gänge im grauen Gneisse bilden, so stellt sich Scheerer vor, dass der graue Gneiss, der ursprünglich der unterste von allen war, soweit er jetzt im Erzgebirge bekannt ist, nur ein eruptiv gewordener Theil desselben sei, welcher sich über bereits erstarrte oder noch plastische, ursprünglich darüber liegende Schichten ausgebreitet hat. Bei diesen Eruptionen wurden vereinzelte kleinere und grössere Massen der anderen Gneisse mit heraufgebracht, welche sich nicht mit den anderen mischten oder doch nicht gemischt blieben, sondern als chemisch gesonderte Materien nebeneinander erstarrten und hierbei von einem und demselben Gesetze der Parallelstruktur beherrscht wurden. Daher kommt es, dass die Gänge und die lager- und stockförmigen Zonen des rothen Gneisses im grauen von so kurzer Erstreckung zu sein pflegen. Die Gänge treten hier oftmals nur als sporadische Trümmer auf. So Scheerer. Erst die allerneueste Zeit hat ein neues Moment von höchster Wichtigkeit für die Beurtheilung der Entstehung der Urgebirgsschiefer kennen gelernt, welches, wenn es begründet ist, ein für alle Mal alle Theorieen über die Entstehung dieser Urgebilde als erste Erstarrungsrinde der an der Oberfläche erkaltenden feuerflüssigen Gesteinsmaterie der Erde oder als durch den Metamorphismus irgend einer Art umgebildete Sedimente als völlig unhaltbar erweist und selbst die sogenannte hydatopyrogene Bildungsweise nur mit gewissen Modifikationen annehmbar erscheinen lässt. Es ist diess die Entdeckung von ganz bestimmten Arten organischer Einschlüsse (Eozoon canadense) in dem dem Gneiss gleichförmig eingelagerten körnigen Kalke verschiedener, weit von einander entfernter Urgebirgsdistrikte — Canada, Irland, Skandinavien, bayerischer Wald —, welche beweist, dass das organische Leben schon in frühester Urzeit erwacht sei und dass daher für die Altersbeziehungen der Urgebirgsfelsarten dasselbe paläontologische Prinzip wie bei den jüngeren Flötzschichten anzuwenden in Aussicht gestellt ist. Die krystallinischen Schiefergebilde scheinen demnach nur eine nach rückwärts verlängerte Reihe jener bis jetzt als älteste versteinerungführende gehaltenen Schichten der sogenannten Primordialfauna darzustellen, welche, wie die jüngeren Flötzschichten, sich nach der Art ihrer Übereinanderlagerung und ihrer organischen Einschlüsse in bestimmte Formationen, Stockwerke und Stufen ordnen und gliedern, genau so, wie wir es schon vor dem Bekanntwerden dieser organischen Einschlüsse aus der Zusammenordnung der verschiedenen Urgebirgsfelsarten und ihrem übereinstimmenden Gesteinscharakter folgern zu dürfen geglaubt haben. Zu gleicher Annahme drängte auch die nach und nach sich feststellende Thatsache, dass über die durch die Primordialfauna gezogene künstliche Grenze des organischen Reichs einzelne, wenn auch geringe Spuren organischen Lebens in die zunächst die Primordialgebilde unterlagernden Thonschiefer- und Grauwackenschichten (Cambrische Formation) da und dort in Formen gefunden wurden, welche mit keiner der paläozoischen Arten identisch sind [2]). Das Eozoon der Gneissschichten ist eine analoge, nur ältere organische Bildung.

Stammt nun das sogenannte Eozoon wirklich aus dem organischen Reiche, wie die übereinstimmenden Urtheile Dawson's, Carpenter's und von Rup. Jones anzunehmen zwingen und auch meine eigenen mikroskopischen Untersuchungen gelehrt haben, so ist klar, dass die umhüllenden Kalkmassen nicht feuerflüssigen Ursprungs sind, die begleitenden und einschliessenden Urgebirgsschichten nicht als Erstarrungsrinden aufgefasst werden dürfen. Ihre plutonische Entstehung ist undenkbar.

_____

[1]) Eine der chemischen Konstitution nach zwischen rothem und grauem Gneiss in der Mitte stehende Abänderung.

[2]) Vergleiche: Gümbel, Über Eozoon, in den Sitzungsberichten der Akademie der Wissensch., München, 1866, 1. Heft, S. 25.

Aber auch durch Metamorphose können diese Felsmassen nicht aus früheren Sedimenten umgebildet sein, obwohl sie seit ihrer ersten Entstehung wohl vielfache Veränderungen erlitten haben, wie alle Sedimente vom Augenblick ihrer Ausscheidung bis zu ihrer gegenwärtigen Verfestigung, aber keine solche, wie sie eben der Metamorphismus annimmt und nöthig hat. Denn was soll metamorphosirt sein? Jüngere Sedimentschichten, silurische, devonische oder noch jüngere Gebilde? Dann müssten, da ja die metamorphosirten Schiefer Versteinerungen enthalten, diese nothwendiger Weise derselben Art sein, wie sie im Silur, Devon u. s. w. beobachtet werden. Das ist nun durchaus nicht der Fall. Die organischen Einschlüsse sind so eigener Art wie jene der Silurformation selbst, sie bilden eine eigene Fauna, welche, da sie normal in tieferen Schichten als in silurischen eingeschlossen liegt, nach allen sonst üblichen Schlussfolgerungen als eine ältere betrachtet werden muss. Wir kennen keine jüngere Sedimentbildung, aus der unsere Gneissbildung durch Metamorphose entstanden sein könnte, sie muss daher als primitive und, da sie unter der Primordialzone liegt, ältere Schichtenbildung angesehen werden.

Aber auch die Art und Weise, wie im körnigen Kalke die organische Form meist erhalten ist, vollständig gut, weder verzerrt, noch zertrümmert oder zerstückelt, spricht mit aller Entschiedenheit gegen eine Umänderung der ganzen Felsmassen durch sogenannten Metamorphismus; es wären hier nur Umänderungen nach Art der Pseudomorphosenbildung denkbar.

Die krystallinischen Schiefer sind Sedimente der ältesten Art, ähnlich den Sedimenten der Thonschiefer und Grauwackenformationen; sie sind aber unter Umständen erzeugt worden, welche an der Stelle blosser Schlamm- und Trümmermassen, wie bei letzteren, die Entstehung krystallisirter oder krystallinischer Massentheilchen gestatteten, ohne dass das organische Leben unmöglich war. Solche besondere Umstände können kaum in anderen Verhältnissen gesucht werden, als in einem an unorganischen Stoffen reicheren Bildungsmeer, vielleicht unter Beiwirkung von vermehrtem Druck und erhöhter Temperatur.

In letzter Beziehung ist aber durch das Vorkommen von Organismen für die sogenannte hydatopyrogene Theorie eine engere Grenze gezogen, als früher angedeutet wurde.

Nach dieser kurzen Erörterung der hauptsächlichsten, über die Bildung der gneissartigen Gesteine bis jetzt aufgestellten Ansichten wird der Leser soweit vorbereitet sein, dem weiteren Gang unserer Darstellung mit dem Interesse zu folgen, welches die geognostischen Verhältnisse eines der ausgedehntesten Urgebirgsdistrikte Europa's — wenigstens des bayerischen Antheils an demselben — in Anspruch zu nehmen verdienen. Am Schlusse der bis in's Detail eingehenden Beschreibung wird dann Gelegenheit genommen werden, die durch die Beobachtungen in unserem Urgebirgsdistrikte gewonnenen festen Thatsachen den Annahmen der verschiedenen so eben vorgetragenen Theorieen gegenüber zu halten, um zu sehen, für welche sich durch unsere Untersuchung neue Stützpunkte gewinnen lassen.

# Überblick über die in dem ostbayerischen Urgebirgsdistrikte vorkommenden Gesteinsarten.

§. 2. Der Untergrund im ostbayerischen Grenzgebirge und die Gesteinsmassen, welche an nicht sehr wenigen Stellen als nackte Felsen unbedeckt zu Tage treten, bestehen durchweg aus gneiss- und granitartigen Gebirgsarten. Vorwaltend machen Gneiss und Granit selbst die Hauptmasse aller vorkommenden Gesteine aus.

Wir müssen uns bei dieser und der folgenden Betrachtung die Oberfläche von ihrer durch die Zersetzung der Gesteine entstandenen Überdeckung mit Vegetationserde — Acker- oder Waldboden — entblösst denken, um den Zusammenhang und die Natur der das eigentlich feste

Gerippe bildenden Erdmassen besser erkennen zu können, wie diess auch bei der Darstellung auf den geognostischen Karten angenommen zu werden pflegt. Es rechtfertigt sich dieses Verfahren durch den Umstand, dass in der That die oberflächliche Überdeckung mit Vegetationserde nur eine durch Zersetzung des tiefer liegenden Gesteins entstandene Modifikation des letzteren darstellt, bei welcher allerdings die Beimengung organischer Substanzen noch einen wesentlichen Antheil nimmt.

Betrachtet man also die auf solche Weise nackt gedachte Gesammtfläche des Waldgebirges, so betheiligen sich im grossen Ganzen G n e i s s und G r a n i t nahezu in g l e i c h e r Ausbreitung, der erstere etwas vorwaltend, an der Zusammensetzung desselben. In einzelnen Theilen herrscht allerdings der Granit, in anderen dagegen weitaus das gneissartige Gestein vor.

Nichtsdestoweniger aber ist doch im Einzelnen eine grosse Mannichfaltigkeit der vorkommenden Gesteine zu bemerken. Denn die Bezeichnung G n e i s s und G r a n i t umfasst eine reiche Reihe von Gesteinsmodifikationen, welche bei näherer Betrachtung sich noch weiter von einander unterscheiden lassen. Ausserdem schliessen sich den zwei Haupttypen andere, lithologisch b e s t i m m t a b g e g r e n z t e, aber ihrer Verbreitung nach nur u n t e r g e o r d n e t auftretende Gesteine an, welche, wenn man von der allgemeinen Natur der Felsarten spricht, mit Gneiss oder Granit zusammengefasst werden. Dadurch vereinigen beide Bezeichnungsweisen mit ihrer engeren Bedeutung in streng petrographischem Sinne auch noch den Begriff in sich, den man mit dem „d e r F o r m a t i o n e n" zu verbinden pflegt, etwa wie man zu dem Keuper auch Sandsteinbildungen zählt, auf die, streng genommen, der Name K e u p e r [1]) nicht mehr Anwendung finden sollte. Man spricht von G n e i s s g e b i r g e n und G r a n i t g e b i e t e n, ohne damit das ausschliessliche Vorkommen des G n e i s s e s oder G r a n i t e s innerhalb dieses oder jenes Bezirkes verstanden wissen zu wollen. Es genügt hier, vorläufig auf diese doppelte Bedeutung von G n e i s s und G r a n i t aufmerksam gemacht zu haben.

Nimmt man G n e i s s in rein lithologischem Sinne, als ein Gemenge von Feldspath (vorwaltend Orthoklas), Quarz und Glimmer zu einem Gestein, welches vermöge der Anordnung und gegenseitigen Lagerung ·dieser Gemengtheile eine Absonderung in dünnen parallelen Lagen (Schichtung) besitzt, so geben sowohl diese w e s e n t l i c h e n G e m e n g t h e i l e selbst in Bezug auf ihre nähere (mineralogische) Beschaffenheit — Feldspath-, Glimmerarten —, auf ihre Mengeverhältnisse und die Art der gegenseitigen Verbindung, als auch die zufällig hinzutretenden Beimengungen — a c c e s s o r i s c h e G e m e n g t h e i l e — Veranlassung, eine ganze Reihe von Gesteinsmodifikationen abzugrenzen und näher zu bezeichnen, welche in fast jedem Gneissgebiete und so auch in unserem ostbayerischen Grenzgebirge vorkommen und eine besondere Betrachtung nothwendig machen. Gewinnen auch diejenigen Modifikationen, die man nach der Art der Zusammenlagerung der Gemengtheile z. B. als dünnschiefrigen, streifigen, flasrigen, stengligen G n e i s s unterscheidet, keine ·höhere Bedeutung, so nimmt dagegen jene auf die Natur der Gemengtheile gegründete Verschiedenheit innerhalb der Gneissgebilde, die man im Erzgebirge durch die Forschungen M ü l l e r's und die chemischen Analysen S c h e e r e r's kennen

---

[1]) K e u p e r oder K i p p e r ist in Franken und Thüringen nur der feste Schieferthon und Lettenschiefer.

gelernt hat, — (rother und grauer Gneiss) — unsere ganze Aufmerksamkeit in Anspruch.

Ähnliche Verschiedenheiten können auch innerhalb des ostbayerischen Grenzgebirges wahrgenommen werden, wo sie im engsten Zusammenhange mit dem Alter der Gneissbildungen zu stehen scheinen. Die Gneissvarietäten, welche dem r o t h e n  G n e i s s des Erzgebirges gleich oder doch analog sind, nehmen bei uns, wie die Urgebirgsdistrikte um Wernberg, Naabburg und Oberviechtach lehren, eine bestimmte, tiefere Lage gegen diejenigen Gneisszonen ein, welche schon vermöge ihres engeren Anschlusses an das entschieden jüngere Glimmer- und Urthonschiefergebiet als die später entstandenen sich zu erkennen geben. Wir haben es mithin in unserem Gneissgebiete gleichfalls mit verschiedenalterigen Bildungen zu thun, die sich nicht nur vermöge ihrer Lagerung als solche erkennen lassen, sondern auch durch ihre Beschaffenheit selbst, namentlich durch ihre Mineralzusammensetzung diese Verschiedenheiten erkennen lassen. Ich habe vorgeschlagen [1]), diese Verschiedenartigkeit innerhalb des ostbayerischen Grenzgebirges durch die Unterscheidung einer ä l t e r e n oder b o j i s c h e n, hauptsächlich aus röthlichem Gneiss bestehenden, und einer j ü n g e r e n oder h e r c y n i s c h e n  G n e i s s b i l d u n g, welche die grauen Gneisse umfasst, festzuhalten. Es wird später ausführlicher darüber berichtet werden.

Von sehr grossem Interesse sind auch diejenigen Gesteinsmodifikationen, welche durch das Erscheinen und das innerhalb gewisser Regionen regelmässig werdende Auftreten accessorischer Beimengungen im G n e i s s zum Vorschein kommen. In erster Linie steht in dieser Beziehung die H o r n b l e n d e. Sie stellt sich, dem gewöhnlichen, vorzüglich grauen Gneiss beigemengt, erst spärlich ein und vermittelt dann durch ihr Überhandnehmen einen oft unmerklichen Übergang in eine neue Gesteinsreihe, deren vollständig entwickelten Typus der D i o r i t und das H o r n b l e n d e g e s t e i n repräsentirten.

Der Begriff einer bestimmten G e s t e i n s a r t schwankt immer zwischen gewissen Grenzen, innerhalb deren eine grössere oder geringere Annäherung an den Typus stattfindet. Eine Gesteinsart entspricht nicht dem Begriff einer A r t, wie sie bei Thieren und Pflanzen festgehalten werden kann, selbst nicht der konstanten oder gesetzmässigen Zusammensetzung einer chemischen Verbindung in einem Minerale, weil weder die einzelnen Theile organisch unter sich verbunden sind, noch die Gemengtheile als solche durch chemische Affinitätsgesetze beherrscht werden. Es lassen sich daher unter G e s t e i n s a r t e n nur gewisse T y p e n verstehen, welche als ein Gemenge bestimmter Mineralien nur durch ihr häufigeres Vorkommen und ihre grössere Verbreitung eine grössere Wichtigkeit gewinnen und durch besondere Namen hervorgehoben zu werden verdienen. Es giebt daher in der That in petrographischem Sinne Übergänge der Gesteinsarten und einen solchen Übergang bildet die Reihe, die uns im Urgebirgsgestein vom Gneiss zum hornblendehaltigen Gneiss, zum Diorit und endlich zum Amphibolit hinüberführt.

Neben der Hornblende, oft zugleich mit derselben, zeigen sich C h l o r i t, T a l k und S e r p e n t i n. Sie vermitteln den Übergang des Gneisses in chloritischen oder talkigen Gneiss, C h l o r i t s c h i e f e r und S e r p e n t i n, welche auch innerhalb des Waldgebirges weit verbreitet sind. Wo Hornblende auftritt, fehlt auch selten der G r a n a t. Er macht eine fast konstante Beimengung in hornblendehaltigem Gneiss und Hornblendegestein aus und bewirkt auf diese Weise Übergange in den sogenannten Eklogit. In ähnlicher Weise erscheinen der Dichroit und der Graphit innerhalb gewisser Distrikte unseres Waldgebirges im Gneisse als charakteristische Beimengungen (Dichroitgneiss bei Bodenmais, Graphitgneiss bei Passau).

Hieran schliessen sich noch die Varietäten, welche durch Überhandnahme von Glimmer oder Quarz oder durch putzenartige Ausscheidung von Feldspath (Augengneiss) sich bemerkbar machen. Man bezeichnet die erstere Modifikation als Glimmergneiss, die letztere als quarzigen Gneiss, der oft dem Glimmerschiefer sich auf's engste annähert. Stellt sich bei Abnahme namentlich des schwarzen Glimmers Granat oder in unserem Gebiete sehr häufig auch Turmalin ein, so bildet sich der Granulit heraus. Eine merkwürdige Übergangsreihe verbindet den Gneiss mit dem Granite. Sobald nämlich die Gemengtheile des Gneisses, welche dieselben sind, wie die der Granite, anstatt in regelmässig parallelen Lagen sich zusammenzuordnen, mehr zerstreut und unregelmässig miteinander verbunden sind, so entsteht aus dem Gneiss granitähnliches Gestein, das in manchen Fällen von Granit nicht verschieden ist. Diese Übergänge sind in manchen Bezirken so häufig, dass man keine rechten Anhaltspunkte gewinnen kann, das Gestein, im Allgemeinen betrachtet, als Gneiss oder als Granit anzusprechen. Man hat sich in solchen Fällen mit der vermittelnden Bezeichnung Granitgneiss oder Gneissgranit zu helfen gesucht.

Solche Gneissgranite vermitteln die Verbindung, welche sowohl beim rothen als beim grauen Gneiss zu unzweideutigen Granitgebilden hinüberführt.

Die Gesteine nämlich, die man nach ihrer petrographischen Beschaffenheit ganz allgemein Granite nennt, umfassen eine grosse Menge geognostisch ganz verschiedener Bildungen sowohl in Bezug auf Lagerung als in Bezug auf Alter und Entstehungsart. Ein grosser Theil des Wirrwarrs, welcher über Granitbildung besteht, nimmt seinen Ursprung aus der nicht naturgemässen Zusammenfassung aller Granitarten. Denn wie geognostisch verschieden sind die Granite, welche einestheils in unzweideutigen Lagen gleichförmig zwischen Gneissschichten eingeschlossen sind, anderentheils in Gängen und Adern selbst versteinerungsführende Thonschiefer durchsetzen oder in grossen Stöcken ununterbrochen viele Quadrat-Meilen der Erdoberfläche ausmachen, auch wenn sie petrographisch kaum Unterschiede erkennen lassen!

Sehen wir aber auch vorerst ab von dieser genetischen Verschiedenheit der Granite, so lassen sich gleichwohl nach rein lithologischen Verhältnissen vielfache Modifikationen erkennen. Schon einfach die Grösse der einzelnen wesentlichen Gemengtheile — Feldspath, Quarz und Glimmer — und die Art ihrer Ausbildung begründen eine ganze Reihe von Gesteinsvarietäten, die man als fein-, mittel- oder grobkörnig, dann als porphyrartigen oder Krystallgranit und als Fleckengranit, in anderen Fällen als Schriftgranit zu unterscheiden gewohnt ist. Wird das Gemenge sehr fein, fast dicht, und sind in dieser porphyrähnlichen Masse noch die einzelnen Mineralien als Körnchen eingesprengt, so stellt diese Varietät den Porphyrgranit dar. Tiefer greifende Differenzen ergeben sich noch weiter, wenn die Mineralverschiedenheit der Gemengtheile berücksichtigt und wenn auch die Art der Feldspäthe — ob Orthoklas oder Oligoklas —, dann ob sie allein oder gemengt, ob schwarze und weisse Glimmer oder beide zugleich vorkommen, untersucht wird. In dieser Beziehung trennt man den gewöhnlichen oder Gebirgsgranit ab von dem Pegmatit, einem grobkörnigen Gemenge von Orthoklas, Quarz und Kali- (weissem) Glimmer, und von dem Granitit, einer Granitvarietät, welche G. Rose neuerlich [1]) als ein konstantes Gemenge von rothem Orthoklas, hellfarbigem Oligoklas, von Quarz und spärlichem schwärzlichgrünem Magnesiaglimmer (ohne weissen Glimmer) auszuscheiden vorschlug. Zwar hat auch unser Waldgebirge ähnliche Gesteinsvarietäten aufzuweisen, aber merkwürdiger Weise ist hier der Oligoklas roth gefärbt und weisser Glimmer ist nicht ganz aus dem Gemenge ausgeschlossen, so dass wir den Rose'schen Typus hier nicht festhalten können. Berücksichtigt man die charakteristischen Einmengungen, welche sich in gewissen granitischen Gesteinen, oft wesentliche Bestandtheile ersetzend, einstellen, so schliessen sich hier zunächst gewisse hornblendehaltige Granite an, welche ähnlich, wie der Hornblendegneiss sich zum Gneiss verhält, in Granit übergehen. Es ist diess der sogenannte Syenitgranit, den dann ächter Syenit einerseits, Granite und chloritähnliche Beimengungen andererseits begleiten oder ersetzen. Auch Diorit und Zwischenformen zwischen Diorit- und Syenitgranit treten in ihre Stelle ein.

Einige sehr bemerkenswerthe Varietäten werden durch Beimengung von Eisenglimmer und von einem grünlichen, dem Steinmark ähnlichen Minerale (Onkosin), welches zum Theil den Glimmer vertritt oder durch eine Pseudomorphosenbildung aus demselben und aus Pistazit entstanden ist, erzeugt. Es sind Gesteine, denen man den Namen Protogyn und Eisengranit beigelegt hat. Mit Granit kommt ferner ein durch seine prächtige, bunte Färbung ausgezeichnetes Gestein vor, dessen Gemenge aus fleischfarbigem Orthoklas, laubgrünem Epidot und rothem Granat besteht (Epidosit). Diese sowie andere nur auf kleine Flecke beschränkte Felsarten, wie gabbroartige, glimmerporphyrähnliche Gesteine, Quarz, körniger Kalk und Ophicalcit, finden wohl passender in der Detailbeschreibung ihre Stelle, als hier, wo es sich bloss um einen Überblick über das Ganze handelt.

Wir haben bereits eines anderen Eintheilungsprinzipes der granitischen Gesteine Erwähnung gethan, des der Lagerung. Gewisse Granite sind nämlich dem krystallinischen Schiefer regelmässig und gleichförmig eingelagert und mit demselben von unzweifelhaft gleichem Bildungsalter. Man nennt diese Granite Lagergranite. In anderen Fällen bildet der Granit Adern, Gänge oder sehr mächtige Stöcke in und neben dem Schiefergebirge und deutet damit meist auch seine spätere Entstehung an. Denn Gangmassen sind immer jünger, als das Gestein, in welchem sie aufsetzen. Solche Granite mögen im Allgemeinen Ganggranite genannt werden. Es ist aber unter diesen Ganggraniten ihrer Natur nach ein grosser Unterschied, ob sie in feinen Adern auf engen Spalten, oder in mächtigen Gangräumen, oder endlich gar in weit ausgedehnten Stöcken vorkommen. Obwohl zwischen Spalte, Gang und Stock nur ein relativer Grössenunterschied besteht, der sich nach keiner Seite fest abgrenzen lässt, so kann man doch leicht zwischen den Extremen — Adern und Stöcken — unterscheiden, und da auch die Granite in diesen beiden extremen Lagerungsarten am weitesten in ihrer Natur

---

[1]) Zeitschrift der deutsch. geol. Gesellschaft, Jahrg. I., S. 352.

von einander abweichen, so scheint es praktisch nützlich, innerhalb der allgemein als
G a n g g r a n i t e ausgeschiedenen Gesteinsmodifikation noch weiter zwischen A d e r -
und S t o c k g r a n i t zu unterscheiden.

Wir müssen hier die Frage berühren, ob denn diese Granitvarietäten streng gesondert
sind. Bezüglich der Unterabtheilung der A d e r - und S t o c k g r a n i t e lässt sich diess nicht
behaupten. Die in Stöcken vorkommenden Granite verzweigen sich da, wo sie an krystallinisches
Schiefergestein angrenzen, sehr häufig in dasselbe und bilden innerhalb des letzteren Gänge
und Adern. Ja in der Regel sind die Gänge und Apophysen nur Ausläufer aus grösseren
Stöcken, selbst auch, wenn sie in einem älteren Stockgranit aufsetzen. Nicht so bestimmt lässt
sich der Übergang von L a g e r - und S t o c k g r a n i t behaupten. Die Schwierigkeit liegt hier
in dem richtigen Erkennen der Lagernatur des Gesteins, welches bei beschränkten Entblössun-
gen, wie sie meist nur der Beobachtung zugänglich sind, oft unmöglich ist. Dass es Lagergänge
von Granit im Gneiss gebe, daran kann Niemand zweifeln, der Studien in Urgebirgsdistrikten
gemacht hat. Auch fehlt es nicht an Beispielen, welche nachweisen, dass sich Granitgänge oder
-Adern häufig von lagerartigen Granitmassen in's Nebengestein abzweigen. Wo solche Fälle
vorkommen, konnte, so weit wenigstens meine Erfahrungen innerhalb des ostbayerischen Grenzgebirges reichen, die Gangnatur des scheinbaren Granitlagers nachgewiesen oder doch als
wahrscheinlich angenommen werden. Wir wollen versuchen, für u n s e r G e b i e t wenigstens,
an dieser Unterscheidung festzuhalten und sie später noch näher zu begründen.

Ausser den Distrikten, welche in unserem Waldgebirge von Gneiss, Granit und
beiden untergeordneten Gesteinsarten eingenommen werden, finden sich, obwohl
weit weniger ausgedehnt, auch solche, welche im Untergrunde vorherrschend feld-
spathfreie oder -arme krystallinische Schiefer beherbergen. Es sind diess die
Glimmerschiefer- und Urthonschieferbezirke des k ü n i s c h e n und W a l d s a s s e r -
G e b i r g e s, welch letzteres mit dem ausgedehnten Urthonschiefergebiete am südlichen Rande des Fichtelgebirges unmittelbar zusammenschliesst.

Die Gesteinsarten, welche zum Aufbau dieser Gebirgstheile beitragen, sind von
weniger wechselnder Beschaffenheit als jene der Gneissdistrikte. Die zwei Hauptrepräsentanten sind der G l i m m e r s c h i e f e r mit gewissem Hornblendeschiefer und
chloritischem Schiefer und der U r t h o n s c h i e f e r oder P h y l l i t.

Der G l i m m e r s c h i e f e r ist ein Gemenge von krystallinischem Glimmer und
Quarz in parallelen Lagen, wodurch eine ausgezeichnete Schichtung des Gesteins
entsteht. Feldspath, Granat, Schörl (Turmalin), Hornblende und Graphit sind mehr
oder weniger häufige charakteristische accessorische Bestandtheile. Namentlich
stellt sich eine Beimengung von F e l d s p a t h theilchen gegen die untere Grenze
in der Annäherung zu den Gneissdistrikten ziemlich regelmässig ein und bewirkt
einen Übergang in Gneiss, der als Glimmergneiss mitunter Zwischenlagen im Glimmerschiefer ausmacht. Durch Anhäufung von C h l o r i t bildet sich C h l o r i t s c h i e f e r
aus, der geognostisch die Stelle des Glimmerschiefers zu vertreten scheint. Regelmässige Einmengungen von Schörl oder Graphit charakterisiren die Modifikation,
die man als S c h ö r l - und G r a p h i t s c h i e f e r zu bezeichnen pflegt. Nimmt der
Quarz überhand, so entstehen erst quarzige Glimmerschiefer und endlich Q u a r z i t-
s c h i e f e r, welche sich an der Zusammensetzung der ostbayerischen Glimmerschiefer-
distrikte wesentlich betheiligen. Wir finden in unserem nördlichen Gebirgstheile
sogar in manchen Varietäten eine entschiedene Annäherung dieses Quarzschiefers
an den I t a k o l u m i t Südamerika's.

Im Urthonschiefergebiete bildet der U r t h o n s c h i e f e r oder der P h y l l i t weitaus das vorherrschende Gestein, welches seinem Aussehen nach die Mitte hält zwischen Glimmerschiefer und dem offenbar sedimentären, d. h. versteinerungsführenden, Thonschiefer der Übergangsformationen. Greift man die am bestimmtesten ausgesprochene Art unter der unendlichen Reihe von Abänderungen heraus, welche durch ihren glimmerartigen Seidenglanz sich auszeichnet, ohne dass sich jedoch ein glimmergleiches Mineral als Gemengtheil isoliren und durch die dem Glimmer eigenthümliche Spaltbarkeit ablösen lässt, so besteht dieser Schiefer als Typus des **Phyllites** aus einem innigen Gemenge von einem eisenreichen chloritähnlichen, von einem glimmerig glänzenden Mineral und von Quarz, welchen wohl auch noch feldspathartige Theilchen ziemlich konstant beigesellt zu sein scheinen. Diess lassen die Feldspathpartieen vermuthen, welche sehr häufig an den linsenförmigen Quarzausscheidungen hervortreten. Steigert sich dieser Gehalt an Feldspath bedeutend, so bildet sich eine merkwürdige Gneissvarietät, der sogenannte **Phyllitgneiss**, heraus, bei dem der Glimmerbestandtheil durch Thonschiefersubstanz vertreten ist und welcher konkordant mitten im Urthonschiefer selbst mit ihm wechsellagernd auftritt. Oft erscheint dann der Feldspath auch in Putzen koncentrirt (Augengneiss). Wir haben also hier evident eine Wiederholung der Gneissbildung innerhalb der Urthonschieferbildung, — eine Thatsache, welche geeignet ist, ein helles Licht auf die Entstehungsart des Gneisses selbst zu werfen.

Die glimmerglänzenden Thonschiefervarietäten oder typischen **Phyllite** werden von Gesteinen begleitet, welche unzweideutig dem Glimmerschiefer petrographisch gleich stehen. Eine ganze Zone, nämlich die der Grenze zwischen dem Glimmerschiefer- und Phyllitgebiete, zeichnet sich durch die Häufigkeit solcher Einlagerungen und Übergänge aus. Andererseits sind demselben Thonschieferarten von ganz erdiger Beschaffenheit, wie sie sonst die Hauptmasse der sedimentären, versteinerungsführenden Thonschiefer auszumachen pflegen, theils eingelagert, theils angeschlossen. Selbst **Lydite** fehlen nicht. Dagegen kommen eigentliche **Sandsteine, Konglomerate** und **Quarzbreccien** noch nicht vor, indem alle quarzreicheren Gesteinsvarietäten mehr oder weniger dem Quarzit entsprechen.

Nach Textur und accessorischen Beimengungen lassen sich weiter noch bei dem Phyllite unterscheiden: **Knoten- und Fleckenschiefer, Garben- und Fruchtschiefer**, je nachdem fremdartige, meist glimmer- oder fahlunitähnliche Beimengungen in knotigen Konkretionen, in fleckigen Zusammenhäufungen oder in garbenähnlichen Büscheln und getraidekornähnlichen Theilchen in der Thonschiefermasse eingebettet liegen. Sind dagegen Hornblende, Chiastolith oder Ottrelit eingestreut, so unterscheidet man solche Gesteine als **hornblendige, Chiastolith- und Ottrelitschiefer.**

Damit haben wir die hauptsächlichsten Gesteine, welche an der Zusammensetzung unseres Urgebirgsdistrictes betheiligt sind, erschöpft und es wird, um alle innerhalb dieses Urgebirges überhaupt vorkommenden Gesteinsarten, welche Beiträge zum Aufbau der Erdfeste liefern, zu nennen, nur noch einige wenige hinzuzufügen nöthig werden.

Dass durch die oberflächliche Zersetzung des Gesteins sich die Bildung der **Vegetationserde** vorbereitet, selbst da, wo nur Flechten das nackte Gestein überziehen, versteht sich von selbst. Je nach dem Grade dieser Zersetzbarkeit des im Untergrunde gelagerten Gesteins und nach seiner chemischen und physikalischen Beschaffenheit entstehen mannichfach verschiedene Arten der K r u m e, welche wesentlich noch dadurch verschiedenartig werden, dass stellenweise an günstigen Punkten durch`An- und Beischwemmungen aus der Nachbarschaft der Reichthum an Pflanzennährstoffen und die Tiefgründigkeit der lockeren Erdschicht eine Mehrung erfährt. Diese P f l a n z e n e r d e, welche das mehr oder weniger unzersetzte Gestein des Untergrundes auf der ganzen Oberfläche, wo nicht nackter Fels zu Tage tritt, bedeckt, kann als eine nur umgeänderte Form der Urgebirgsgesteine selbst gelten. Ihr Vorhandensein ist durch das Bestehen des Urgebirgsuntergrundes gleichsam von selbst gegeben. Ebenso bieten die A n s c h w e m m u n g s m a s s e n, welche die Einbuchten und Thalvertiefungen ausfüllen und einebnen, keine auffallenden Erscheinungen und Eigenthümlichkeiten dar, sofern ihre Entstehung der N e u z e i t angehört. Anders verhält es sich mit dem Schutt, Geröll und Schlamm der D i l u v i a l p e r i o d e. Es ist bekannt, dass die Oberfläche der grossen südbayerischen Hochfläche auf weite Strecken nur aus diluvialem Geröll und Lehm (Löss) besteht. Diese Gebilde verbreiten sich aus der Donauebene auch über den Rand des nördlich von der Donau gelegenen Urgebirges, wo sie bis zu bedeutenden Höhen stellenweise über dem krystallinischen Gestein gelagert sind und dadurch für die Geognosie des Waldes erhöhte Bedeutung gewinnen. Hauptsächlich sind es aus q u a r z i g e m Gestein bestehende Gerölle, welche meist locker, selten zu Konglomerat verkittet aus der Donauhochebene bis auf 1720' Meereshöhe in's Urgebirgsgebiet ansteigen. Bemerkenswerth ist, dass manche dieser Quarzgerölle aus a m o r p h e r Kieselerde bestehen, d. h. in kaustischem Kali theilweise löslich sind, wohl in Folge einer mit der Zeit erfolgten Umwandlung des krystallinischen Quarzes nach Art der Pseudomorphosenbildung; wenigstens weist die poröse Beschaffenheit solcher Rollstücke auf diesen Umbildungsprocess hin.

Über dem G e r ö l l e stellt sich meist ein lockerer, etwas kalkhaltiger brauner Lehm ein, der in der Donauebene als L ö s s die ausnehmende Ergiebigkeit der Fruchtfelder von Bayerns Kornkammer begründet. Auch dieser braune D i l u v i a l l e h m begleitet aus der Donaufläche die Geröllablagerungen bis in die südlichen Urgebirgsdistrikte. Am Westrande überdecken ähnliche Diluvialmassen die Ausläufer des Urgebirges; nur sind sie hier weniger deutlich charakterisirt und von jüngeren Anschwemmungen abgegrenzt. Bestimmter entsprechen den diluvialen Donaubildungen die S c h u t t-, S a n d- und L e h m a b l a g e r u n g e n, welche, aus dem Tertiärbecken des E g e r' s c h e n L ä n d c h e n s in Böhmen durch die Thalungen der Eger und Wondreb vordringend, in der grossen Naabwondrebhochebene ausgedehnte Flächen überdecken und über die Thalterrassen des Urgebirges sich ausbreiten.

Diese d i l u v i a l e n A b l a g e r u n g e n stehen in engster Beziehung mit den T e r t i ä r g e b i l d e n, welche ihnen im Alter zunächst vorangehen. Die letzteren erfüllen bekanntlich die Donauhochebene in der Tiefe unter dem Diluvium und treten, wie im Süden am nördlichen Fusse der Kalkalpen, so auch am entgegengesetzten Rande- längs des Donauthales an vielen Orten, namentlich zwischen Passau, Ortenburg und Marktl, zu Tag. Es sind m i o c ä n e und p l i o c ä n e oder n e o g e n e Ablagerungen, welche mit den Gebilden des Wiener Beckens im Alter gleich kommen: zu unterst m a r i n e r S a n d, in der mittleren Lage b r a c k i s c h e Mergel und zu oberst sandige und thonige Schichten mit Braunkohleneinlagerungen und Quarzkonglomeraten. Solche Tertiärmassen legen sich schon SW. von Passau in die Unebenheiten, welche hier das südwärts über die Donau reichende Urgebirge des Neuburger Waldes zur Tertiärzeit darbot. Ähnliche kleine Buchten des Urgebirges auch nordwärts des Donauthaleinschnittes sind wenigstens von den jüngsten Tertiärschichten — den Braunkohlen-führenden — erfüllt, wie an der Ries bei Passau und bei Bogen, doch reichen sie nicht so hoch und so tief in's Urgebirge, wie die Diluvialgebilde.

An der grossen SW.-Ecke des Urgebirges bei Regensburg tauchen die gleichen Braunkohlenbildungen wiederum auf und ziehen sich von hier aus der Donaufläche, der Eintiefung der Naabthalung folgend, in nördlicher Richtung zwischen dem Urgebirge und den jurassischen Höhen der fränkischen Alb fast ununterbrochen bis zum Gebirgsvorsprung zwischen Naabburg und Amberg (Freudenberg). Viele Buchten und Mulden des Urgebirges und der Alb haben gleichmässig solche Ablagerungen aufzuweisen, die in gewissen, wahrscheinlich älteren Modifikationen (ohne Braunkohle) selbst die Höhe der Kalkberge der fränkischen Alb weithin überdecken. Eine gleiche Bildung trifft man wieder im Norden, wo aus der Eger'schen Ebene Braunkohlen-führende Ablagerungen in die Tiefe der Naahwondrebhochfläche übergehen und mit dem Basalt selbst bis zu bedeutenden Höhen sich vergesellschaftet zeigen.

Ausser diesen jüngeren und jüngsten Sedimentgebilden ist auch noch eine Reihe älterer Ablagerungen theils dem Urgebirge aufgelagert, theils so innig angeschlossen, dass sie mit demselben ein geognostisches Ganze darzustellen scheinen. Mit Ausnahme der Steinkohlenschichten und des Rothliegenden finden sich zwar nur solche Formationsglieder, welche das nächst benachbarte sedimentäre Gebirge — die fränkische Alb — aufbauen helfen, aber es sind doch von dessen Hauptmasse abspringende Seitenzweige, welche durch den engen Anschluss an das Urgebirge sich gleichsam ihrem Stammgebirge entfremden und mit dem ersteren gewisse Entwicklungsstadien gemeinsam durchlaufen haben. Solche Sedimentgebilde, welche am westlichen Rande des Waldgebirges seinen krystallinischen Gesteinsarten auf's engste angelagert sind, gehören zum Buntsandstein, Muschelkalk, Keuper, Lias, Dogger, Jura und zur Procän- oder Kreideformation. Wir werden später Gelegenheit finden, diese Gebilde spezieller zu betrachten, und begnügen uns hier damit, sie vorläufig erwähnt zu haben, indem wir die Bemerkung hinzufügen, dass einige derselben, namentlich die jüngeren, nicht bloss den äussersten Rand des Urgebirges begleiten, sondern selbst sehr tief buchtenartig in's Urgebirgsgebiet vordringen, wie beispielsweise Keuper und Procänschichten an der Ostseite des grossen Bodenwöhrer Beckens.

Steinkohlenschichten und Rothliegendes finden sich in ihrer beschränkten Verbreitung nur an und über dem Urgebirge und nehmen keinen Antheil an der Zusammensetzung der fränkischen Alb. Wir müssen ihnen daher als eigentlichen Gliedern unseres Waldgebirges in der Reihe der dieses konstituirenden Gesteine ihre geognostische Stelle anweisen. Die Schichten der Steinkohlenformation, welche absatzweise von Norden, vom Thüringer und Frankenwalde her am Urgebirgsrande kleine Buchten hier und da ausfüllen, erscheinen inner-

halb unseres Gebiets sicher nachgewiesen nur in sehr geringer Mächtigkeit bei
Erbendorf und bestehen hier aus Grundkonglomerat, Kohlensandstein, Kohlenschiefer und zwei Steinkohlenflötzchen. Nicht unzweifelhaft sicher ist die Zugehörigkeit gewisser kohliger sandiger Schichtgesteine bei Donaustauf zur Kohlenformation, wahrscheinlicher sogar sind es Glieder der Rothliegendenbildung, welche,
obgleich grau gefärbt und von kohligen Einlagerungen begleitet, in der älteren
Stufe des sonst intensiv roth gefärbten Gebirges bei Donaustauf, im Bodenwöhrer
und Weidener Becken eingelagert sind.

Das Rothliegende, selbst noch bei Stockheim in Begleitung von Weiss-
liegendem, Kupferschiefer und Zechstein auftretend, verliert auf seiner südöstlichen
Fortsetzung am Rande des Urgebirges diese jüngeren Formationsglieder und erscheint so in oft ansehnlicher Ausbreitung und Mächtigkeit, reichgegliedert in
buchtenartigen Einschnitten der krystallinischen Gesteine bei Weidenberg, Erbendorf, Weiden, Schmidgaden, Pingarten, am Keilberge und bei Donaustauf.

Fügen wir endlich noch Porphyr und Basalt hinzu, von welchen der
erstere als Eruptivmasse den Granit durchsetzt (Pinitporphyr) oder an die Bildung des Rothliegenden sich anschliesst (Felsitporphyr), der letztere im nördlichsten Theile unseres Gebiets ausgedehnte Eruptionsmassen in der Spaltungs-
richtung des Erzgebirges und isolirte Kegelberge an dem Westrande des Urgebirges auf ·der hercynischen Spalte bildet, so dürfte damit die Zahl der in dem
Waldgebirge vorkommenden und ihm zunächst angeschlossenen Gesteine so ziemlich erschöpft sein.

## Ordnung und Lagerung dieser Gesteine des Urgebirges.

§. 3. Es unterliegt wohl keinem Zweifel, dass, wie verschiedenartig auch die
Gesteine unseres Urgebirges nach ihren lithologischen Charakteren sein mögen,
dennoch eine gewisse Ordnung in der Bildung und Entstehung derselben, in ihrer
Aufeinanderfolge und in ihrem Alter bestehe. Es sind zwar in Urgebirgsdistrikten
die Mittel, um dieses Gesetzmässige in der Lagerung zu erkennen, gegenüber denen,
welche in petrefaktenreichen Schichten in den Versteinerungen selbst sich darbieten, äusserst beschränkt, die Schwierigkeiten der richtigen Beurtheilung durch
Schichtenstörungen, Zusammenfaltelungen und durch das sehr häufige Auftreten
von Eruptivgesteinen sehr beträchtlich vermehrt. Auch beraubt die stete, oft
tausendfache Wiederholung des petrographisch gleichen oder doch sehr ähnlichen
Gesteins in verschiedenen Stufen uns der Möglichkeit einer raschen, allgemeinen
und absolut sicheren Orientirung und eines Erkennens der bestimmten Schichtenglie-
derung, die wenigstens innerhalb kleiner Bezirke ihren Werth behält, wenn auch
die auf das petrographische Aussehen des Gesteins allein gegründete Beurtheilung
nicht in allen Fällen als eine zuverlässige betrachtet werden kann. Sehr detaillirte
Untersuchungen setzen uns indess gleichwohl in den Stand, indem sie durch die
oftmals wiederholten Beobachtungen · derselben Erscheinungen uns über die
zufälligen Unregelmässigkeiten in Gesteinbeschaffenheit und Lagerung aufklären,
bis zu einem gewissen Grade die den Formationen der jüngeren Bestandtheile der Erdrinde entsprechende Lagerungsordnung und Aufeinanderfolge auch

im krystallinischen Gebirge zu erkennen. Indem ich versuche, den Nachweis über diese Ordnung durch Mittheilung der hierauf bezüglichen Thatsachen zu liefern, bedarf es kaum der Bemerkung, dass dieselben sich lediglich auf die Erfahrungen innerhalb unseres ostbayerischen und der zunächst angrenzenden Urgebirgsdistrikte beziehen und dass eine Verallgemeinerung der dadurch gewonnenen Resultate hier nicht beabsichtigt wird.

Die allgemeinste Wahrnehmung, welche die geognostische Untersuchung unseres Waldgebirges ergab, lehrt, dass es innerhalb desselben grosse Distrikte giebt, welche ausschliesslich aus Gneiss oder ihm untergeordneten krystallinischen Schiefergesteinen bestehen, während andere wesentlich nur Glimmerschiefer mit Quarzitschiefer, noch andere weit vorherrschend Urthonschiefer oder Phyllit zur Unterlage haben. Die Art aber, in welcher diese verschiedenen Gesteinszonen aneinanderstossen und zusammentreffen, ist ganz dieselbe, in welcher verschiedenalterige Glieder oder Formationen des Sedimentärgebirges zu einander zu stehen pflegen; ihre Schichtensysteme folgen sich bei annähernd gleicher Streichrichtung in gleichmässiger Lagerung übereinander oder bei der im Urgebirge vorherrschenden starken Neigung der Gesteinsschichten hintereinander, so dass die Gneisszone die tiefste oder hinterste, die des Glimmerschiefers die mittlere und endlich die des Urthonschiefers die oberste oder äusserste Lage einnimmt.

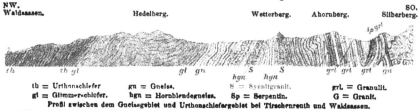

NW.
Waldaassen.                     Hedelberg.                   Wetterberg.        Ahornberg.          Silberberg.        SO.

th = Urthonschiefer      gn = Gneiss.             S = Syenitgranit.        grL = Granulit.
gl = Glimmerschiefer.    hgn = Hornblendegneiss.  Sp = Serpentin.          G = Granit.
Profil zwischen dem Gneissgebiet und Urthonschiefergebiet bei Tirschenreuth und Waldsassen.

Wir gehen hierbei von der Voraussetzung aus, dass die Absonderung der krystallinischen Schiefer in parallele Gesteinslagen, welche mit der Lage der konstituirenden Gemengtheile in Einklang stehen, dem Verhältnisse vollständig analog sei, welches wir bei den Sedimentgesteinen als Schichten zu bezeichnen gewohnt sind. Um diese Annahme zu begründen, dürfte hier der Ort sein, einige Bemerkungen einzuschalten, welche die Analogie der Schichtenbildung in Sediment- und krystallinischen Gesteinen erweisen.

Vorerst spricht die Lage der Gemenge in Flasern, Lamellen oder Linsen, welche mit den Schichtungsflächen parallel sind, für einen direkten Zusammenhang zwischen der Bildung der Gemengtheile und der Sonderung in parallele Lagen, wie sie in Schichtengesteinen vorkommt. Es darf hier vorläufig noch ganz unentschieden bleiben, ob die Bildung eine primäre oder eine sogenannte metamorphische ist. Wäre die Schichtung nur eine Zerspaltung in parallele Lamellen in Folge seitlichen Drucks, also eine Schieferungserscheinung, wie sie so häufig im Thonschiefergebirge und in allen, selbst den jüngeren Sedimentärschichten (Molasse am Fusse der Alpen), wo immer gewaltige Dislokationen grossen Druck und Spannung erzeugten, zu beobachten ist, wie sie auch im Gebiete der krystallinischen Schiefer neben der Schichtung auftritt, so wäre vorerst nicht einzusehen, wie die Anordnung der Gemengtheile einer solchen mechanischen und erst nach ihrer Konsolidirung auftretenden Kraftäusserung in irgend einem Zusammenhang stehen könnte; es wäre vielmehr zu erwarten, dass die parallelen Absonderungsflächen, unbekümmert um die wechselseitige Lage der Gemengtheile, mitten durchgreifen, selbst einzelne krystallinische Theilchen durchschneiden würden. Das ist aber keineswegs der Fall. Dieses Verhältniss wird ganz besonders an solchen Gesteinsvarietäten klar, welche einzelne grössere Mineralausscheidungen in Augen oder Linsen und charakteristische Mineralbeimengungen besitzen, an den Augengneissen, dem Glimmerschiefer mit Quarzlinsen und beispielsweise an dem Hornblendegneiss.

Bei den Augengneissen würde es sich wohl häufig treffen, wäre die parallele Absonderung eine Folge der Zerspaltung, dass solche mechanisch erfolgte Zersprengung die Feldspathausscheidungen treffen und mitten entzwei theilen müsste. Eine solche Zertheilung wurde aber nirgends wahrgenommen; es liegen vielmehr die Feldspathaugen stets in einer mit der Schichtung sichtbar harmonisirenden Lage und die Schichtfläche selbst bequemt sich, wo sie auf solche Linsen trifft, der Form derselben an, indem sie sich wulstig erhebt oder in grubige Vertiefungen sich senkt. Ganz anders ist das Verhalten, wo wirkliche Schieferung eintritt, deren Flächen beispielsweise mitten durch einen Turmalinkrystall, der in ihre Richtung fällt, hindurchschneiden. Sehr bestimmt zeigt diess die Schieferung mancher zu Dachschiefer brauchbaren Thonschiefer. Ich erinnere nur an den grossen Dachschieferbruch von Lehesten im Thüringer Walde, wo man deutlich sehen kann, wie die Schieferung quer durch die quarzigen und schwefelkieshaltigen Lagen und Linsen ohne Unterbrechung fortsetzt, unbekümmert selbst um die Windungen und Biegungen der Schichten. Die Spaltbarkeit der Schiefer nach dieser Schieferung ist es, welche hier die merkwürdige Erscheinung bewirkt, dass urplötzlich in einer oft zur Streichlinie der Schieferung rechtwinkligen Richtung das nutzbare Material aufhört und sogenanntes faules Gebirge, d. h. anders geartete, unbrauchbare oder ungeschieferte Schichten, sich vorlegen.

Ebenso bemerkt man, dass da, wo im Glimmerschiefer oder im Phyllit eine Quarzlinse ausgeschieden ist, oder ein Putzenwerk von Glimmer sich anhäuft, oder Andalusit, Chiastolith und Fahlunit beigemengt ist, die der Schichtung entsprechende Absonderung nicht etwa durch diese Mineralausscheidungen quer durchsetzt, sondern nach diesen unregelmässigen Einlagerungen selbst unregelmässig wird. Am entschiedensten aber zeigt sich der Zusammenhang zwischen der Lage der einzelnen Gemengtheile und der parallelen Absonderung und die Unzulässigkeit, diese als Folge einer Schieferung durch mechanischen Druck zu betrachten, da, wo z. B. in Gneissschichten dünne Lagen mit charakteristischen Beimengungen, etwa von Hornblende, mit normalem Gestein in oftmaliger Wechsellagerung sich finden. Wäre die Textur, die wir als Schichtung ansprechen, eine Schieferung, d. h. eine mechanische und nach der Verfestigung der Mineralgemenge eingetretene Zerspaltung, so ist kein Grund abzusehen, wie diese Zerspaltung, wenn nicht örtlich und rein zufällig, mit der Einordnung charakteristischer Mineralien parallel laufen könnte; sie müsste vielmehr in der Regel diese lagerweisen Gesteinsmodifikationen quer durchschneiden. Dagegen beobachtet man in unserem Gebirge oft einen bis in die dünnsten, nur einige Zolle oder Linien mächtige Lagen ausgeprägten Wechsel solcher Gesteinsvarietäten verschiedenartiger (schuppiger, flasriger, Augen-) Gneisse, hornblendehaltiger Gneisse, Dioritschiefer, Amphibolite, selbst Granulite, genau in Übereinstimmung mit der Ablösung des Gesteins nach parallelen Flächen. Man könnte ein solches Verhalten des Gesteinswechsels in dünnsten Lagen, konform mit der Schichtung, auf andere Weise nur erklären, wenn man annehmen dürfte, dass die krystallinischen Schiefer durch Metamorphose entstanden und die Zerspaltung der Schieferung diesem metamorphischen Process vorausgegangen sei, so dass dieser gleichsam parallel der vorhandenen Zerspaltung die Gesteinsumänderung bewirkt habe. Dass auch diese Annahme unzulässig sei, wird später nachzuweisen versucht werden.

Einen zweiten Grund, die sogenannte Parallelstruktur als wahre Schichtung der krystallinischen Schiefer anzusprechen, glaube ich aus dem gleichförmigen Verhalten der als Schichtung zu betrachtenden Paralleltextur der letzteren mit den unzweideutigen Sedimentschichten da, wo beide von einer gleichen Dislokationsrichtung oder von einer Linie der Schichtenaufrichtung getroffen werden, ableiten zu dürfen. Wir sehen z. B. die krystallinischen Schiefer in dem Mittelgebirge zwischen dem bayerischen Walde und Fichtelgebirge, in welchem dieselben von der grossen erzgebirgischen geotektonischen Richtungslinie getroffen werden, genau in gleicher Richtung, nach gleicher Weltgegend und unter fast gleichen Winkeln aufgerichtet, wie die benachbarten Thonschieferschichten, die bereits Versteinerungen enthalten. Noch auffallender springt diess bei den angelagerten jüngeren Schichten im Becken von Erbendorf und längs des ganzen westlichen Randes des Urgebirges in's Auge. Bei Erbendorf biegen sich an der NO.-Ecke der Mulde, welche hier in's krystallinische Gebiet eingeschnitten und mit Gliedern der Kohlenformation und des

Rothliegenden erfüllt ist, an der Durchkreuzung der Erzgebirgs- und Thüringer Wald-Richtungs-
linien, die Schichten des Gneissgebirges — Gneiss, hornblende- und chlorithaltiger Gneiss und
Chloritschiefer — genau so wie die Schichten des zunächst dicht angelagerten Kohlengebirges
oder des Rothliegenden in die zwei verschiedenen Streichlinien um. Die dislocirende Kraft hat
die Parallelabsonderung der krystallinischen Gesteine in gleicher Weise erfasst und in bestimmte
Richtung gebracht, wie die Schichten des Sedimentgesteins. Auch am Westrande herrscht bezüglich der oft steilen Aufrichtung der Petrefakten-führenden Gesteine dieselbe Gleichförmigkeit.
Die aufgerichteten Schichten des Keupers, des Lias, ja selbst der Procängebilde theilen mit
den zunächst angeschlossenen krystallinischen Schiefergebilden in den meisten Fällen ganz
dasselbe Streichen. Aus dieser Gleichartigkeit der Wirkung dislocirender Kräfte auf Sedimente
wie auf die krystallinischen Schiefer und aus der Gleichförmigkeit des Erfolgs, welche sich
aus dem Parallelism der Schichtenstellung ergiebt, darf wohl mit Grund auf eine Analogie
der Formen — Schichtmassen der Sedimentgebilde und Schichtmassen der Urgesteine —
geschlossen werden, welche von diesen äussern Einflüssen gleichmässig beherrscht werden.

Ein dritter Grund endlich, das krystallinische Schiefergestein für geschichtet
zu halten, ergiebt sich aus der Betrachtung ihrer Lagerung in Vergleichung mit der des angeschlossenen jüngeren Schichtgesteins.

Wir werden bei dieser Betrachtung von der Beobachtung geleitet, welche man zunächst da
zu machen Gelegenheit findet, wo jüngeres versteinerungsführendes Thonschiefer-
gestein an das Gebiet der sogenannten azoischen oder Urthonschiefer anstösst, wie
diess z. B. im Fichtelgebirge zwischen Selb und Rehau, im Grenzgebiete und im benachbarten Böhmen zunächst am NO.-Gehänge des Ossagebirges, zwischen Lam und Unter-Neuern,
dann in dem prachtvollen und lehrreichen Querprofile von Waldmünchen über Klentsch, Taus,
Neugedein nach Klattau, ebenso in dem Thaleinschnitte zwischen Neumarkt und Tuschkau bei
Mies der Fall ist.

Man kann hier bei einer im grossen Ganzen unzweideutig gleichförmigen Lagerung der
versteinerungsführenden und der krystallinischen Thonschieferschichten sehr
wohl bemerken, dass beide Bildungen, wo sie aneinander grenzen, ineinander übergehen, d. h.
dass sich zwischen beiden keine scharfe Grenze ziehen lässt, und dass erst in grösserer Entfernung
von einem gewissermaassen neutralen Gebiete, in welchem beide gleichsam vereinigt sind, die
bestimmten Charaktere beider nach zwei entgegengesetzten Richtungen klarer zu Tage treten.
Hier ist es nun sehr leicht zu erkennen, dass eine Absonderung im versteinerungsführenden Thonschiefergebiet, welche, unzweideutig die Folge der Sedimentbildung, als Schichtung erwiesen ist, und die vollkommen gleiche Absonderung in den nächsten Urthonschieferstreifen
auch genetisch einander gleichgestellt werden müssen: dass die Parallelabsonderung
der sogenannten primitiven Schiefer eine ebenso ächte Schichtung ist, wie
die des versteinerungsführenden Thonschiefers. Ist diess richtig, und wird Niemand
wird daran zweifeln, welcher ähnliche Grenzzonen studirt hat, so folgt fast von selbst, dass
auch die Paralleltextur des Glimmerschiefers und des Gneisses einer ächten
Schichtung entspricht. Denn in demselben Verhältnisse, in welchem der sogenannte azoische
Thonschiefer oder der Urthonschiefer zum silurischen an ihren Grenzzonen steht, in ganz dasselbe
tritt der Glimmerschiefer zum Urthonschiefer in den Regionen, wo sie zusammen-
grenzen, und endlich auch der Gneiss zum Glimmerschiefer innerhalb einer gewissen Zone
des Überganges beider Gesteine in einander. Es sind diess Verhältnisse, welche sich ganz besonders klar beobachten lassen in dem Landstriche zwischen Urthonschiefer und Glimmerschiefer
S. von Waldsassen, bei Pfaffenreuth und Wernersreuth, und zwischen Gneiss und Glimmerschiefer
in dem Gebirgstheile, der zwischen Tirschenreuth und Mähring längs des Südfusses der Waldsasser Stiftsberge fortstreicht.

Diese Gründe scheinen zureichend, um das krystallinische Schiefergestein unseres ostbayerischen Urgebirges als geschichtet anzusprechen, und wir werden in der Folge immer von Schichten
des Urgebirges sprechen, wobei die den Sedimentärschichten analoge Absonderung verstanden wird.

Nach Erledigung dieser zum Verständniss nöthig gewesenen Auseinandersetzung kehren
wir zur Hauptfrage, die uns vorher beschäftigte, über die Ordnung der krystallinischen

Gesteinsmassen, zurück und können diese unmittelbar an die zuletzt erwähnten Lagerungsverhältnisse der verschiedenen Urgebirgsgesteinszonen anschliessen.

Untersuchen wir zunächst das Verhältniss zwischen dem sogenannten **Urthonschiefer** und dem **versteinerungsführenden Thonschiefer der ältesten Silurformation**, so bietet sich zwar hierzu innerhalb des Waldgebirges,
da letzterer hier nicht entwickelt ist, keine Gelegenheit, aber in nächster Nähe
unseres Gebiets, in demselben Gebirgsganzen, sowohl am Südrande des Fichtelgebirges als auch innerhalb Böhmens in den vorhin erwähnten Gegenden, lassen
sich diese Wechselbeziehungen sehr bestimmt feststellen. Ich beschränke mich
hier auf das Beispiel, welches uns das Fichtelgebirge in der Gegend zwischen Selb
und Rehau darbietet, weil in allen wesentlichen Punkten die Profile im böhmischen
Gebirge damit übereinstimmen.

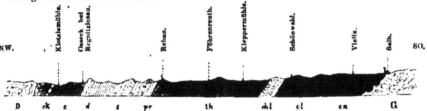

D = Diabas. ck = Kohlenkalk. e = Präcarbon-Schichten. d = Devonschichten. s = Silurschichten. pr = Stufe der
Primordialfauna. th = hercynische Phyllitformation. chl = chloritische Schiefer. gl = hercynische Glimmerschiefer-
formation. gn = hercynische Gneissbildung. . G = Stockgranit.
Profil von dem Granitstocke bei Selb bis zum Kohlenkalk bei Hof.

Wählt man den Durchschnitt, der vom Selber Walde in NW. Richtung zum
jüngeren Thonschiefergebiete hinführt, so begegnet man zunächst an dem mächtigen Granitstock des Selber Waldes (G des Profils) angeschlossen, bei Selb selbst,
einem Streifen von Gneissschichten (gn), deren Streichen konstant nach St. 3,
deren Einfallrichtung weit vorwaltend in St. 9 nach NW. gerichtet ist. Diese
Streichrichtung beherrscht sämmtliche Schieferbildungen, die krystallinischen wie die
paläozoischen, welche sich nun zonenweise nach NW. an diesen Gneiss anschliessen. Aber auch in der Einfallrichtung herrscht im grossen Ganzen, abgesehen von einigen Wellungen, die nordwestliche so vor, dass man die verschiedenen Gesteinsstreifen oder Zonen als gleichförmig gelagert und im Allgemeinen
nach gleicher Weltgegend unter nahezu gleichen Fallwinkeln geneigt annehmen
darf. Aus diesem Lagerungsverhalten folgt nun, dass in dem Grade, als die
Schiefergebilde in NW. Richtung gelagert sich finden, sie ü b e r die von ihnen
südöstlich liegenden gestellt sind und daher jüngeren Ursprungs sein müssen. Die
dem Selber Granit zunächst angelehnten, am weitesten nach SO. auftretenden Schiefer
müssen demnach die liegendsten und ältesten, die am weitesten nach NW. vorliegenden dagegen die hangendsten und jüngsten sein. Jene tiefsten und liegendsten bildet der erwähnte gegen 10000′ mächtige **Gneissstreifen** (gn). Auf ihn
oder neben ihm folgt nun in NW. Richtung zunächst eine Schieferzone, welche aus
**Glimmerschiefer** (gl) besteht. Die Gesteinsschichten des letzteren bei ungefähr
20000′ Mächtigkeit gehen in einer Linie nordwärts von Schönwald unter Vermittlung
chloritischer Schiefer in **Phyllit**, welchen **Murchison**[1]) mit der cambrischen

---

[1]) Quarterly Journal of the geol. Soc. for August 1863, p. 361.

Formation vergleicht, über.    Glimmerglänzende Urthonschiefer, reich an chloritischen Beimengungen, bedecken nun noch weiter nordwärts bei etwa 36000' Mächtigkeit einen breiten Landstrich, der bis gegen Rehau sich forterstreckt.  Hier aber zeigt sich ganz allmählig ein Übergang des glimmerig-glänzenden Thonschiefers in mehr erdige, oft knollige, quarzreiche Schiefer und zu Dachschiefer brauchbare Massen, welche genau die Stelle der sogenannten Phycoden- (ältesten Silur-) Schiefer des Thüringer Waldes einnehmen und welchen noch weiter nach NW. die jüngeren Glieder der Silur-, Devon- und Carbon-Formation vorgelagert sind[1]).

Wir gewinnen aus dieser Art der gleichförmigen Lagerung und Aufeinanderfolge, welche innerhalb der verschiedenen Formationen des versteinerungsführenden Thonschiefers hier ganz dieselbe ist, wie in dem ihm unmittelbar als Basis dienenden krystallinischen Schiefergebirge, eine so vollständige Analogie für Beurtheilung der aus der Lagerung zu folgernden Wechselbeziehung zwischen den verschiedenen Urgebirgsschiefersystemen, dass es vollständig gerechtfertigt erscheint, die drei grossen Komplexe der krystallinischen Schiefer nach dieser Art ihrer Aufeinanderfolge als verschiedenalterig zu erklären.    Es bildet demnach hier der Gneiss mit den ihm beigeordneten Gesteinslagen die älteste Stufe oder Formation, die Glimmerschiefergesteine die mittlere, die Urthonschiefer die jüngste des krystallinischen Schiefergebirges.

Dieses Verhältniss ist aber kein bloss lokales, wie es scheinen könnte, wenigstens nicht in unserem Gebirgssysteme.    Es genügt, bezüglich des konstanten Verhaltens des krystallinischen zu dem ältesten, versteinerungsführenden Thonschiefer, wie wir es so eben bei Rehau konstatirt haben, auf die analogen Erscheinungen hinzuweisen, welche sich in der Grenzregion zwischen den Gebieten beider Thonschieferformationen in der Gegend von Hirschberg und Lichtenberg beobachten lassen, welche auch schon vielfach in anderen Gebirgen[2]) und ganz insbesondere in zahlreichen Profilen innerhalb des böhmischen Kessels auf's bestimmteste erkannt wurden.

Für die Beziehungen zwischen Urthonschiefer und Glimmerschiefer einerseits, zwischen Glimmerschiefer und Gneiss andererseits können wir speziell auch auf Lagerungsverhältnisse hinweisen, welche in dem ostbayerischen Grenzgebirge selbst zu beobachten sind.

Ganz derselbe Komplex von Urthonschiefern, den wir zwischen Selb und Rehau abgelagert finden, kehrt südlich in dem Zwischengebiete zwischen Wald- und Fichtelgebirge wieder.    Diese Schiefer bilden hier südlich von dem Querthale der Wondreb bei Waldsassen die Berggehänge, welche sich in dem Düllen- und Hedelberg zu kuppigen Centren zusammenschliessen (s. Profil-Ansicht S. 193.) Diese höheren Bergtheile bestehen aus Glimmerschiefer; die Schiefer dieses Glimmerschiefers liegen auf den kulminirenden Höhen meist flach und schwebend, während sie nordwärts gegen die Urthonschiefergrenze wie südwärts in der Nähe des anstossenden Gneissgebiets ziemlich steil nach NW. einschiessen.    Sehen wir ab von den vielfachen Windungen und welligen Zusammenfaltelungen, welche bei den krystallini-

---

[1]) Näheres siehe in Quart. Journal of the geol. Soc. for August 1863, p. 360 ff., und in Bavaria, Bd. II, Buch IV, S. 10 ff.

[2]) Vergl. Naumann's Lehrbuch der Geognosie, 2. Aufl., II. Bd., S. 143 ff. ,dann S. 298.

Quarzitfelsen bei Neu-Albenreuth nufern Waldsassen.

schen Schiefern so häufig vorkommen, so senken sich die Glimmerschieferschichten
längs dieser ganzen, von SW. nach NO. streichenden Grenzlinie deutlich und bestimmt unter den vorliegenden Urthonschiefer ein und scheiden sich, sobald man
die Zone der Begrenzung und des Überganges beider Urgebirgsglieder überschritten
hat, als eine entschieden liegende und ältere Bildung vom Urthonschiefer aus.
Es bilden beide im Ganzen selbstständige und verschiedenalterige Schichtenkomplexe oder Urgebirgsformationen, der Glim-
·merschiefer die liegende, der Urthonschiefer die hangende oder
jüngere.

Zwar kehren innerhalb des der Urthonschieferformation zufallenden Gebiets
öfter noch Glimmer-führende Gesteine, namentlich in den quarzigen Lagen, selbst
feldspathreiche und durch augenartige Ausscheidung der Feldspaththeilchen als
wahrer Augengneiss ausgebildete Lagen wieder, aber es sind immer nur Zwischenschichten und untergeordnete Einlagerungen, die gegenüber dem weit vorherrschenden Thonschiefer keine geognostische Selbstständigkeit erlangen. Daher erscheinen
Glimmerschiefer und Gneissarten jüngeren Alters hier nur als Glieder der Urthonschieferformation. Es ist bemerkenswerth, dass gegenüber dem erneuten Auftauchen
älterer Gesteinsarten in den jüngeren Urgebirgsformationen mir innerhalb
unseres Gebiets der Fall nicht bekannt wurde, dass umgekehrt Urthonschiefer im
Glimmerschiefer- oder beide im Gneissgebiete (ausgenommen die Grenzzonen) gleichsam als Vorläufer späterer Bildungen schon aufzutreten begonnen hätten.

In demselben Verhältnisse nun, wie Glimmerschiefer zum Urthonschiefer am
NW. Gehänge der Stiftsberge steht, in ganz dem gleichen befindet sich am südöstlichen Fusse des Gebirges zwischen Tirschenreuth und Mähring der Gneiss
zum Glimmerschiefer. In der Hauptsache tauchen die Gneissschichten längs
dieser Begrenzungszone unter den Glimmerschiefer unter und bilden gleichfalls ein

abgeschlossenes Ganzes, das wir geognostisch als Formation zu bezeichnen pflegen.

Mehr im Süden unseres Gebirges bietet sich eine zweite Gelegenheit, ganz dieselben Erscheinungen und Lagerungsverhältnisse wiederholt beobachten zu können. Die Gneissschichten, welche die höchsten Spitzen des Waldgebirges zusammensetzen, den Arber und das Lakagebirge, streichen in der Richtung des hercynischen Systems in St. 9 und neigen sich mit den Schichtflächen im grossen Ganzen nach NO. In dieser Fallrichtung senkt sich das Gneissgebirge von dem höchsten Rücken in eine Einbuchtung, jenseits welcher dann wieder das schroffe Gebirge des Ossa anzusteigen beginnt. Diese gegenüber dem Gneiss der innersten Centralkette im Hangenden gelagerten Gesteine des Ossa- oder künischen [1]) Gebirges bestehen aus Glimmerschiefer, vorwaltend quarzig und daher zu den zackigsten und wildesten Felsformen, die überhaupt in diesem Urgebirgszug vorkommen, aufgethürmt und zerspalten

Glimmerschieferfelsen auf dem Gipfel des grossen Ossa im Künischen Gebirge.

Dieser Schichtenkomplex des Glimmerschiefers nimmt gegenüber dem Hauptgneissgebirge genau dieselbe Stellung ein, wie jener bei Waldsassen im Norden, er bildet eine selbstständige Formation über dem Gneiss. Gehen wir vom Ossagebirge noch weiter nach NO., so ist hier zwar die Auflagerung einer

---

[1]) Künisch, d. h. königlich, von den vormals königlichen Freibauern, die am Fusse angesiedelt waren.

grösseren Urthonschiefermasse nicht zu beobachten, vielmehr erhebt sich hier in Böhmen aus einer Zwischenbucht das Glimmerschiefergebirge in dem Parallelrücken des Brenner- und Brückelberges, über welchen die Hochstrasse hinzieht, auf's Neue und scheint bei andauernd NO. Einfallen der Glimmerschieferschichten unter den noch weiter in NO. Richtung vorgelagertem Gneiss sich niederzuziehen. Ich beobachtete jedoch namentlich in der Gegend N. von Eisenstrass bei Hammern und Hinterhäusern, dass der Glimmerschiefer des Ossarückens gegen das Hangende nach und nach den Charakter des versteckt glimmerigen annimmt, wobei zugleich die Färbung vom Perlgrauen in's Grünlichschiefergraue übergeht. Es beginnt Chlorit sich streifenweise beizumengen und es entsteht ein Gestein, das dem Phyllit in hohem Grade ähnlich wird. Zwischen Hinterhäusern und Schindelhof entwickelt sich deutlich Chloritschiefer, der aber durch die Änderung in der Streichrichtung, die hier plötzlich von St. 9 in St. 3 übersetzt, sich als zur Gruppe des weiter nördlich mächtig entwickelten Hornblendeschiefers gehörig erweist. Der dem Phyllit ähnliche Schiefer bei Hammern fällt noch nach NO. ein, ändert aber gegen Grün die Einfallrichtung in die entgegengesetzte SW., konform mit dem Glimmerschiefer, der ihn am SW. Gehänge des Brennerberges unterteuft und erst auf dem Rücken wieder in die NO. Einfallrichtung einlenkt. Mir scheint aus diesen Verhältnissen hervorzugehen, dass der Glimmerschiefer des künischen Gebirges von einer, wenn auch sehr wenig entwickelten, Urthonschieferpartie in einer Art Mulde überlagert wird, deren NO. Flügel in Folge einer Schichtenüberkippung aus gleichfalls nach NO. übergebogenen Schichten zusammengesetzt ist.

Wenn nun aus diesen Beobachtungen gefolgert werden darf, dass in unserem ostbayerischen Grenzgebirge sich drei grosse Urgebirgsformationen:

1) die hercynische Phyllit- oder Urthonschieferformation,

2) die hercynische Glimmerschieferformation und

3) die hercynische mit der bojischen Gneissbildung,

unterscheiden, welche sich nach Gesteinsbeschaffenheit und Lagerung leicht trennen und als verschiedenalterig erkennen lassen, so muss uns sofort bei einem Überblick über die von diesen verschiedenen Formationen eingenommenen Flächen schon der Umstand, dass die Urthonschiefer- und Glimmerschieferformationen so ungleich kleinere Flächenräume, als die dem Gneiss angehörigen Gesteine, bedecken, gleichsam von selbst auf die weitere Frage aufmerksam machen, ob denn nicht innerhalb dieser grossen Gneissformation sich noch weitere Abtheilungen oder Stufen erkennen liessen.

Einen grossen Schritt haben uns in dieser Richtung die glänzenden Untersuchungen H. Müller's und Scheerer's[1] im Erzgebirgsgebiete vorwärts geführt, und es gewinnt gerade dadurch um so mehr an Interesse, bei der allgemeinen Analogie zwischen unserem und dem Erzgebirge, bei ihrer nachbarlichen Lage und innigen Verbindung zu untersuchen, ob sich auch im ostbayerischen Grenzgebirge eine ähnliche Scheidung im Gneissgebiete wie in jenem erzgebirgischen erkennen lasse und wie man diese merkwürdige Verschiedenheit geognostisch zu deuten habe.

Im Erzgebirge hat zuerst H. Müller auf die regelmässige Ausscheidung zweier Gneiss-

---

[1] Neues Jahrbuch für Min., 1850, S. 592 ff.; Naumann's Lehrbuch der Geognosie, 2. Aufl., II. Bd., S. 101, und Zeitschrift der deutschen geologischen Gesellschaft, 1862, XIV, S. 23 ff.

varietäten, des grauen und rothen Gneisses, innerhalb gewisser Bezirke aufmerksam gemacht und v. Cotta[1]) hat diese Trennung als vollkommen begründet erklärt, soweit sie sich auf die petrographische Beschaffenheit und Lagerung bezieht. Scheerer hat dieses Verhältniss einer gründlichen chemischen Untersuchung unterworfen und ist zu höchst merkwürdigen und praktisch wichtigen Resultaten gelangt. Hiernach lassen sich auch chemisch innerhalb des Erzgebirgsdistriktes zwei Hauptgneiss-Arten festhalten, denen sich eine dritte als vermittelnd anschliesst; es sind diess

1) der normale graue Gneiss, bestehend aus 25 Gewichtsprozent Quarz, 45% Feldspath und 30% Glimmer; derselbe enthält im Ganzen 65 bis 66% Kieselsäure und ist als eine homogene Verbindung gedacht ein neutrales Silikat. Der Feldspath ist weit vorherrschend natronhaltiger, meist weissfarbiger Orthoklas, nur untergeordnet sind natronreiche, klinoklastische Feldspathe beigemengt; der Glimmer ist dunkelbraunschwarz, magnesia- und alkalihaltig, optisch zweiachsig, mit etwas Titansäure und bis über 3% Wasser; dann

2) der normale rothe Gneiss mit 30% Quarz, 60% Feldspath und 10% Glimmer; er enthält im Ganzen 75 bis 76% Kieselsäure und stellt als Ganzes betrachtet ein Anderthalb-Silikat vor.

Der Feldspath ist hier ausschliesslich natronhaltiger, oft röthlicher Orthoklas, der Glimmer grünlichgrau und graulichgrün, in Blättchen sogar fast silberweiss, optisch einachsig, kali- und magnesia- und bis über 5% wasserhaltig.

3) Mittelgneiss, zwischen beiden stehend, mit einem Gehalt von durchschnittlich 70% Kieselsäure.

In Bezug auf die Lagerungs- und Altersverhältnisse spricht sich Scheerer für die Annahme aus, dass die erzgebirgischen Gneisse sich nicht als ein metamorphisches Gebilde ansehen lassen, die, aus zusammengeschlemmten Schuttmassen zerstörter Gebirgsmassen entstanden, erst später ihr vulkanisches Gepräge erhalten haben, dass es vielmehr Eruptivmassen seien, welche in ihren drei Arten, wie ihre bestimmte stöchiometrische Formel nachweist, gewissermaassen drei Etagen in der Schmelzmasse des ursprünglichen plutonischen Herdes repräsentiren, dass mithin der graue Gneiss (mit den ihm gleichen Graniten zusammengefasst) für das ältere oder unterste Eruptivgebilde, über dem der rothe Gneiss dann erst folge, anzusehen sei.

Indem er die Parallelstruktur des Gneisses als nicht mit der Schichtung sedimentärer Gebirgsglieder analog, vielmehr nur für eine Schieferung ansieht, erklärt er die Wechselbeziehungen zwischen grauen und rothem Gneiss, das Vorkommen von lager- und gangförmigen Zonen und das gangartige Durchsetzen des rothen durch den grauen Gneiss, wobei beide gleiches Steigen und Fallen aufweisen, wie schon erwähnt, dadurch, dass diese Parallelstruktur erst nach der Eruption dieser Gesteine eintrat, daher gleichmässig und übereinstimmend beide Gesteinsmassen beherrschte. Dieses Vorkommen des rothen Gneisses in lagerförmigen Zonen und Gängen im grauen Gneiss spräche für die Annahme, dass der graue Gneiss, wie man ihn im Erzgebirge kenne, da er ursprünglich der unterste war, nur ein eruptiv gewordener Theil sein möchte. Bei diesen Eruptionen wären vereinzelte Massen des rothen Gneisses und der Quarzite heraufgebracht worden, welche dann nebeneinander erstarrend durch die gleiche Kraft ihre gleiche Parallelstruktur erlangt hätten.

Es sei ferner wahrscheinlich, dass gewisse Glimmerschiefer (mit lichtem Kaliglimmer) und dann die Quarzite auf die rothen Gneisse folgten und dass letztere als die oberste Etage des Urgebirges, welche stellenweise wenigstens den Boden des Urmeeres sedimentärer Bildungen darstellten und desshalb die Spuren einer Zwitterbildung, einer zugleich plutonischen und neptunischen Bearbeitung an sich tragen, anzusehen seien. Scheerer hat nun weiter durch die Analyse ähnlicher Urgebirgsgesteine anderer Gebirge nachgewiesen, dass die im Erzgebirge gefundenen Verhältnisse in sehr vielen Urgebirgsdistrikten genau wiederkehren, dass daher auch die abgeleiteten Folgerungen eine allgemeine Bedeutung gewinnen.

---

[1]) N. Jahrbuch 1854, S. 39.

Früher schon hatte Jokely die allgemeine Gültigkeit der Müller'schen Eintheilung an dem böhmischen Antheil des Erzgebirgsstocks nachweisen zu können geglaubt. Auch er unterscheidet einen älteren grauen Gneiss, von dem er geneigt ist anzunehmen, dass er ein Umwandlungsprodukt des Glimmerschiefers durch die metamorphosirenden Einflüsse des mit ihm in Kontakt stehenden rothen Gneisses sei, und einen jüngeren rothen Gneiss, ein Eruptivgebilde, dessen Parallelstruktur ihm als das Resultat des Kontaktes oder der Abkühlung und des seitlichen Drucks gilt, daher denn auch dieser wohl zu den Kontaktflächen, nicht aber zu der Schichtung des grauen Gneisses einen Parallelismus zeige.

Der Urgebirgsdistrikt des Erzgebirges steht direkt mit dem des Fichtelgebirges und unter Vermittlung dieses und eines böhmischen Zwischengebiets auch mit unserem ostbayerischen Urgebirge im Zusammenhange. Es wird dadurch die Vermuthung sehr nahe gerückt, dass dieser Zusammenhang nicht bloss äusserlich sei, sondern auch in der innern Gesteinsnatur und in den Lagerungsverhältnissen sich abspiegele.

Ein Überblick über die innerhalb des ostbayerischen Grenzgebirges vorkommenden Gesteine zeigt uns in der That auch hier, dass sich ein auffallender Unterschied zwischen roth und grau gefärbten Gesteinsvarietäten, namentlich der Gneissarten, bemerkbar mache. Nimmt man ferner Rücksicht auf das Vorkommen beider Gesteinsvarietäten, so lässt sich auch in dieser Beziehung nicht verkennen, dass gewisse Distrikte vorherrschend diese, andere dagegen jene Gneissvarietät beherbergen und dass in der Lagerung ebenfalls eine bestimmte Verschiedenheit sich ergebe.

Die Gneisszonen, welche sich sowohl im Norden als im SO. an das Glimmerschiefergebiet zunächst anschliessen, bestehen weit vorwaltend aus grauen Varietäten, aus glimmerreichem, hornblendehaltigem Gneiss, öfters mit Einlagerungen von Hornblendeschiefer, Diorit, Syenitgranit und Granulit und vielfach in Verbindung mit grob- und mittelkörnigen Graniten. Dieser gesammte Gesteinskomplex scheint durch eine übereinstimmende petrographische Beschaffenheit und durch gleichförmige Lagerung ein enger aneinandergeschlossenes Ganzes darzustellen, welches als dem Glimmerschiefer zunächst benachbart und ihn unterteufend einer dieser Formation an Alter unmittelbar vorangehenden Abtheilung im krystallinischen Schiefergebirge zugewiesen werden muss. Ich habe für diese die Bezeichnung hercynische Gneissformation [1]) in Vorschlag gebracht.

Die Gesteine dagegen, welche wenigstens äusserlich durch ihre vorherrschend röthliche Färbung dem rothen Gneiss ähnlich werden und durch die Eigenthümlichkeit ihres Glimmers und durch die so oft sich wiederholende Einlagerung feinkörniger gleichfalls röthlicher Granite besonders charakterisirt sind, liegen entfernter von der Glimmerschiefergrenze, im äussersten Westen und Süden unseres Gebirges, und der herrschenden Streich- und Fallrichtung nach unter den Schichten des grauen Gneisses. Es müsste diesem nach der Gesteinskomplex, welcher dem rothen Gneiss sich anschliesst, als der relativ ältere angesehen werden, ein Verhältniss, welches, wenn unser grauer und röthlicher Gneiss dem erzgebirgischen entspräche, geradezu umgekehrt, mit der im letzteren Gebiete erkannten Gesetzmässigkeit in Widerspruch stände oder als Folge einer Umkippung angesehen

---

[1]) Bavaria, Bd. II, Buch IV, S. 21 ff.

werden müsste. Ich habe daher schon früher [1]), als ich beide Urgebirgsdistrikte und Gebilde zuerst zu unterscheiden versuchte, für ihre Bezeichnung, statt r o t h und g r a u, die Namen·b o j i s c h e und h e r c y n i s c h e G n e i s s bildung gewählt.

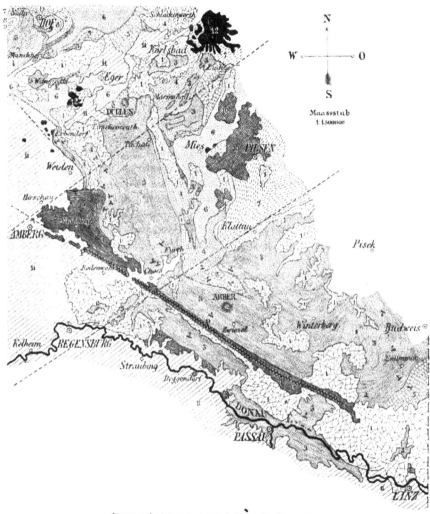

Geognostische Skizze des bayerisch - böhmischen Grenzgebirges.
1. Unabhängige Granitbildung. 2. Bojische Gneissbildung. 3. Hercynische Gneissbildung. 4. Hornblende- und 5. Glimmerschiefer der hercynischen Glimmerschieferformation. 6. Hercynische Phyllitformation. 7ᵃ Stufe der Primordialfauna. 7. Silurschichten. 8. Devonschichten. 9. Präkarbonschichten mit Bergkalk. 10. Karbonformation. 11. Jüngere Flötzbildungen. 12. Basalt. P. Zug des Pfahlquarzes. D. Diabas. E. Zug des Eozoon-führenden Kalkes.

Sehen wir diese Verhältnisse in unserem Gebirge noch näher an, so kann darüber kein Zweifel rege werden, dass die G n e i s s v a r i e t ä t e n an dem SO. Fuss der Waldsasser Glimmerschieferberge, wie die längs des SW. Fusses des

[1]) Bavaria, Bd. II, Buch IV, S. 21.

26 *

künischen Glimmerschiefergebirges, welche durch allmähligen Gesteinsübergang mit dem Glimmerschiefer selbst, wenn man so sagen könnte, verwachsen sind, der grauen Farbenüance angehören. Sie schliessen mit dem ihnen dann noch weiter im Liegenden verbundenen, gleichfalls nur grau gefärbten Schichtenkomplexe sich so eng zusammen, dass ich nicht im Stande bin, zwischen diesen Schichten irgend eine erhebliche und konstante Scheidelinie festzustellen. Schwieriger wird die Frage bezüglich des Verhältnisses der Lagerung zwischen grauem Gneiss und röthlichem, welch' letzterer den breiten Gebirgsvorsprung zwischen Naabburg und Amberg einnimmt und dann in SO. Richtung über die Naabthalung fortstreichend zwischen Naabburg und Cham sich ausbreitet. In der Grenzregion zwischen beiden Gneissvarietäten trifft man nämlich gerade jene grossartige geotektonische Linie, die aus dem Innern Böhmens mit einer nach NW. offenen Bogenlinie von Chiesch über Neumarkt, Leskau, Hals, bei Paulusbrunn die Landesgrenze erreicht und über Waldthurn, Leuchtenberg, Luhe bis gegen Hirschau in der Schichtenstellung und der Randrichtung des Urgebirges ihren Einfluss geltend macht. Dazu kommt, dass gerade in dieser Gegend grosse Stöcke von Granit eingeschoben sind. Es wird dadurch die Streichrichtung des Gneisses eine auffallend wirre und es hält sehr schwer, aus dem unendlichen Wechsel eine Gesetzmässigkeit in Bezug auf Über- und Unterlagerung zu gewinnen. Erst südlich von dem breiten Streifen wirrer Lagerung, in welchem etwa bis zur Linie Eslarn, Tännersberg, Schwarzenfeld der richtende Einfluss des Erzgebirgssystems mit dem des hercynischen zu kämpfen scheint und zumeist die Oberhand erlangt hat, tritt eine regelmässige Lagerung ein, indem alle Schichten nach SO. nunmehr in der ganzen Breite des Urgebirges in der hercynischen Richtung streichen und nach NO. sich einzusenken beginnen. In der Querlinie vom Hirschwald über Neunburg v./W. und Schönsee nach Hostau tritt daher die Auflagerung des grauen auf den röthlichen Gneiss sehr deutlich hervor. Aber diese regelmässige Schichtenaufeinanderfolge hält nicht über grosse Distrikte an. Noch einmal taucht die Erzgebirgsrichtung als theilweise Beherrscherin der Schichtenstellung am Rande der tiefen Chambthalung, welche das Gebirge quer durchbricht, auf und bewirkt ein hakenförmiges Umbiegen der Schichten, welches sich am klarsten in dem Verlaufe des Hornblendevorgebirges am hohen Bogen überblicken lässt. Die Schichtenstörung reicht aber westwärts bis über Cham hinaus, wo ziemlich plötzlich die liegende Partie des grauen Gneisses in der Facies des Dichroitgneisses sich breit macht. Es ist sehr eigenthümlich, dass bis nahe zum hier durchsetzenden Quarzfelsrücken des sogenannten Pfahls ein Streichen in St. 3, d. h. in der Erzgebirgsrichtung bei vorherrschend NW. Einfallen zu beobachten ist, dass diese Streichrichtung innerhalb der Zone des Pfahls selbst in die NW.-SO. Linie, die im Norden überhaupt vorwaltet, überspringt und erst in der Gegend zwischen Nittenau, Regensburg und Wörth in die SW.-NO. wieder einlenkt. In dem ganzen von hier SO. gelegenen Theile des Grenzgebirges, dem eigentlichen bayerischen Walde, herrscht von der Donau an bis tief nach Böhmen hinein ununterbrochen das Streichen nach St. 9 und weit vorwaltend ein Einfallen nach NO. Innerhalb dieses südöstlichen Zuges unseres Gebirges scheidet sich nach dem äusseren Aussehen immer noch deutlich die rothe Varietät des

Gneisses von derjenigen, welche mehr in NO. ihr aufliegt, reich ist an schwarzem Glimmer oft auch an Dichroit und endlich gegen die Glimmerschieferregion des böhmischen Gebirges in denselben grauen Gneiss übergeht, wie er sich im Norden findet. Der Streifen des röthlichen Gneisses, welcher genau der Linie der Längenerstreckung des Pfahls folgt, verschmälert sich aber in SO. Richtung rasch schon bei Grafenau und Wolfstein und engt sich am Fusse des Dreisesselgebirges, wo ihn auf zwei Seiten mächtige Granitstöcke in ihre Mitte einzwängen, auf einen ganz schmalen Strich von kaum 1200 Fuss in der Breite ein. Hier deuten die flasrigen, sehr quarzigen Gesteine und die eigenthümliche Art des Augengneisses, welche den Quarz des Pfahls zu begleiten pflegen, die Region der rothen Gneisse an, ohne dass diese weiter entwickelt zu beobachten sind.

Im Liegenden dieses verschmälerten Streifens röthlichen Gneisses, also zwischen dem Zuge des Pfahls und der Donau, beginnen im vorderen Walde, d. h. S. vom Regenquerthale, mit und neben dem Pfahlquarz und röthlichen Gneiss syenitartige, zuweilen grüne, glimmerähnliche Blättchen führende, feinkörnige Granite lagerförmig zwischen das geschichtete Gestein sich zu drängen. Es wird dadurch, wenigstens im Äussern, in dem Maasse der Charakter des röthlichen Gneisses (oder Granites) verwischt und undeutlich gemacht, dass wir gegen die österreichische Grenze hin kaum mehr von einer ausscheidbaren Zone röthlichen Gneisses reden können, obwohl das Pfahlgestein noch bei Neureichenau und Klafferstrass in der gehörigen Streichlinie zu erkennen ist. Die ausgedehnten Granitstöcke, welche an diesem SO. Ende unseres Gneissgebirges auftauchen und den grössten Theil der Oberfläche einnehmen, vermehren hier die Schwierigkeiten, die Abgrenzung gewisser Varietäten des Gneisses mit grösserer Sicherheit vorzunehmen, bis in die Gegenden, wo der Gneiss wieder die Oberhand gewinnt. In den durch das Vorkommen reicher Graphit- und Porzellanerdelagen berühmten Distrikten von Passau, Hafnerszell und Griesbach herrschen wieder mehr oder weniger reine Gneissbildungen. Diese gehören nach allen Merkmalen ihrer Gesteinsbeschaffenheit, nach der Beimengung charakteristischer accessorischer Bestandtheile und nach der Einlagerung verschiedener dem Gneiss untergeordneter Zwischenbildungen unzweifelhaft der Abtheilung der grauen Dichroitgneisse an; es ist ganz das Gebirge von Bodenmais. Donauaufwärts streicht diese Art der Gneissbildung bis über Vilshofen hinauf, wendet sich dann am Rande des Granitstocks nordwärts gegen den Pfahl, wogegen im Donaugebirge bis hinauf gegen Winzer und Wörth eine eigenthümliche Gneissvarietät Platz greift, die wir vorläufig als Winzergneiss und Perlgneiss unterscheiden wollen.

Es herrschen hier Verhältnisse, welche darauf hindeuten, dass diese Winzergneissbildung den röthlichen Gneiss vertritt; ja gewisse, freilich nur lokale Übergänge des Winzergneisses in ein dem rothen Gneisse gleiches Gestein sprechen entscheidend für diese Annahme.

In diesem oberen Donaugebirge würde also der graue oder der Dichroitführende Gneiss wieder die normale Stelle über einer Zone einnehmen, welche dem röthlichen Gneisse entspräche.

Da noch weiter nach NO. der Pfahl mit seinem Gneisse durchstreicht, so läge der Streifen grauen Gneisses hier gleichförmig mitten zwischen zwei Zonen des röthlichen Gneisses. Auch in der Passauer Gegend erscheint bei dem fast konstant nach NO. gerichteten Einfallen der graue Gneiss im Liegenden des röthlichen — ein Lagerungsverhältniss, welches sich nur durch einen der allgemeinen Streichlinie parallelen Aufbruch und durch ein theilweises Überschieben der gehobenen älteren, röthlichen Gneissschichten über die grauen, jüngeren erklären liesse.

Aus dieser kurzen Darstellung der Lagerungsverhältnisse ergiebt sich wenigstens soviel mit Sicherheit, dass sich in unserem Gneissgebirge, soweit diess die Lagerungen zu erkennen geben, die Verhältnisse des sächsischen Erzgebirges nicht genau wiederholen, um so weniger, als von einer eruptiven Gneissbildung in unserem Gebiete mir auch nicht die geringste Andeutung je zu Gesicht kam. Die Lagerungsverhältnisse in einem so alten, durch so viele Störungen und Dislokationen zerstückelten und in seinen Gliedern durcheinandergeschobenen Gebirge könnten aber Manchem zu unzuverlässig erscheinen, um daraus einen Schluss auf die Analogie zu ziehen, welche doch nach der direkten Verbindung zwischen dem Erzgebirge und dem bayerisch-böhmischen Grenzgebirge mit grösster Wahrscheinlichkeit vermuthet werden dürfte. Es wird desshalb nothwendig sein, auch die innere Natur der Gesteine, ihre chemische Zusammensetzung, zu befragen, ob vielleicht diese eine nähere Beziehung zwischen den Gneissbildungen beider Nachbargebirge nachweist, als die Lagerungsverhältnisse erkennen lassen.

Es liegen mir aus unserem ostbayerischen Grenzgebirge die chemischen Analysen [1]) von verschiedenen Gneissstücken der verschiedensten Gegenden und der verschiedenen Gesteinsvarietäten vor. Scheidet man zunächst diejenigen Analysen aus, welche sich auf aussergewöhnliche Varietäten beziehen, so bleiben noch 50 zur Berücksichtigung übrig. Da uns hier nur der Kieselerdegehalt der Gesteine interessirt, so beschränken wir die Angabe vorläufig auf diesen Bestandtheil und werden erst später, bei der Gesteinsbeschreibung, die Analysen vollständig mittheilen. Um möglichst objektiv zu verfahren, ordnen wir die Reihe der Gesteine nach ihrem Kieselerdegehalt.

1) 83,365 % Kieselerde, röthlicher mittelkörniger Gneiss mit weisslichem Orthoklas, rothem Oligoklas, schwarzem und grünem Glimmer, von Tresswitz bei Pfreimt (LXV, 22, Punkt 28).

2) 80,225 %    „    grauer, feinkörniger, quarziger Schuppengneiss mit rostbraunem und weissem Glimmer, von Brunn bei Tirschenreuth (LXXXII, 26, Punkt 7½).

3) 80,100 %    „    bunter oder rother Gneiss mit vielem Quarz und Feldspath, wenig schwarzem Glimmer, aus dem Naabgebirge SO. von Hirschau (LXVII, 13, Punkt 23).

4) 79,150 %    „    rother, sehr feinkörniger, flasriger Gneiss mit putzenförmig eingestreutem dunklem Glimmer, aus der Nähe des Pfahls bei Penting unfern Cham (LI, 34, Punkt 5).

5) 77,330 %    „    typisch rother, flasrig-streifiger Gneiss mit weissem Orthoklas, rothem Oligoklas, grünem und weissem Glimmer, von Witzlricht NO. von Amberg (LXV, 14, Punkt 19).

---

[1]) Diese Analysen wurden grossentheils im Auftrage und auf Kosten der geognostischen Untersuchung des Königreichs von Herrn Professor Dr. Wittstein in München ausgeführt, der demnach für die Richtigkeit dieser Analysen die Bürgschaft zu leisten hat. Wenn im Folgenden bei einer chemischen Analyse der Analytiker nicht namentlich aufgeführt wird, ist immer diese amtlich veranstaltete Untersuchung durch Herrn Dr. Wittstein zu verstehen. Einige Untersuchungen wurden zum Theil noch während des Druckes vom Verfasser und seinen Assistenten in einem inzwischen neu errichteten Laboratorium vorgenommen.

6) 76,250 % Kieselerde, grauer schuppiger Gneiss von Rödenbach O. von Tirschenreuth
          •         (LXXXIV, 29, Punkt 14). ·

7) 76,034 %    »    rother Gneiss, feinkörnig, dünnstreifig, von Wolfsberg bei Ruhmanns-
                felden in der Nähe des Pfahls (XLI, 46, Punkt x»).

8) 75,462 %    »    gelber Gneiss vom Ochsenberg bei Wörth (XLIV, 29, Punkt 10).

9) 75,303 %    »    rother Gneiss von Stein bei Pfreimt (LXVI, 21, Punkt 3).

10) 75,100 %    »    rother Gneiss mit vielem Quarz und Feldspath, wenigem putzenförmig
                vertheiltem Glimmer, von Böhmischbruck bei Vohenstrauss.

11) 75,00 %    »    rother, glimmerarmer, feinkörniger Granit von Oberkatzbach bei Naabburg.

12) 75,00 %    »    grauer körnigstreifiger Gneiss mit ziemlich reichlich beigemengtem
                schwarzem Glimmer, von Altschönau (L, 60, Punkt 6).

13) 74,733 %    »    rother, granitischer, körniger Gneiss von Kricklhof bei Hirschau.

14) 74,632 %    »    rother Granit von Ramsendorf bei Pfreimt.

15) 74,450 %    »    rother typischer Gneiss von Nenneigen bei Wernberg (LXVI, 17,
                Punkt 13).

16) 74,322 %    »    grauer körniger Lagergranit von Hagendorf bei Waldhaus.

17) 74,322 %    »    grauer streifig-schuppiger Gneiss mit zweierlei Feldspath und zweierlei
                Glimmer, von Kössing bei Tännersberg.

18) 74,175 %    »    graue Hauptgneissvarietät des Waldes von Schwendreith bei Wolfstein
                (XXXIV, 66, Punkt 3).

19) 73,986 %    »    grauer, körnigstreifiger, granitischer Gneiss von der Heilsberger Mühle
                bei Wörth.

20) 73,790 %    »    Dichroitgneiss mit fast dichter Grundmasse und porphyrartig eingespreng-
                tem weissem und grünem Orthoklas, Granat und Dichroit, von Draxels-
                ried bei Bodenmais (XLVII, 46, Punkt 3). Kinsingit Fischer's.

21) 73,50 %    »    rother flasrig-knolliger Gneiss mit zersetztem weichem, chloritartigem
                Glimmer, von Sitz am Buch bei Hirschau.

22) 73,50 %    »    röthlicher, ziemlich grobkörniger Granit von Kulm bei Naabburg.

23) 73,272 %    »    rother Gneiss von Boden bei Neukirchen Balbini (LVI, 27, Punkt 5).

24) 73,175 %    »    grauer Gneiss von Hofkirchen (XXXVII, 50, Punkt 8).

25) 73,00 %    »    grauer, streifiger, ziemlich glimmerreicher Gneiss von Oberndorf bei
                Kötzting.

26) 72,80 %    »    grünlichgrauer flasriger Gneiss mit einem weichen grünen Mineral
                von Natternberg bei Deggendorf (Winzergneiss).

27) 72,750 %    »    sehr dichter, feldsteinähnlicher Gneiss aus der Nähe des Pfahls südlich
                von Viechtach.

28) 72,50 %    »    sehr feinkörniger grauer Gneiss von Daxstein bei Zenting.

29) 72,20 %    »    intensiv rother, feldspathreicher Gneiss mit grünem Glimmer, von Prak-
                kenbach bei Naabburg.

30) 72,15 %    »    feinkörniger, grauer, streifiger Gneiss von Schönau bei Schönsee.

31) 71,90 %    »    grobkörniger, flasrig-streifiger Gneiss vom Stanglhof bei Nittenau.

32) 71,744 %    »    grauer schuppiger Gneiss von Sulzbrunn bei Waidhaus (LXXIII, 29, 11).

33) 71,426 %    »    Dichroitgneiss von Bromau bei Wolfstein (XXXIII, 64).

34) 71,096 %    »    röthlicher Gneiss aus der Nähe des Pfahls bei Regen, mit zweierlei
                Feldspath und grünem Glimmer.

35) 70,925 %    »    grauer mittelkörniger Lagergranit von Eben bei Schwarzach.

36) 70,10 %    »    grauer, sehr feinkörniger Gneiss aus der Glimmerschiefernähe bei
                Bayerisch-Eisenstein.

37) 69,980 %    »    grauer Gneiss von der Spitze des Arber's (Waldgneiss).

38) 69,90 %    »    grauer, grobkörniger, flasriger Gneiss mit Feldspathlamellen, von Eben
                bei Bayerisch-Eisenstein am Fusse des Arber's.

39) 68,90 %    »    grauer, mittelkörniger, granitähnlicher Gneiss mit Putzen schwarzen
                Glimmers, von Schwarzach am Hirschenstein (XXXII, 27) (Perlgneiss).

40) 68,160 % Kieselerde, flasrig-körniger grünlicher Gneiss mit Orthoklas und einer eigenthümlichen weisslichgrünen Substanz (Winzergneiss), von Winzer (XXIX,
48, Punkt 1).

41) 68,060 %    »    grauer glimmerreicher Gneiss, ähnlich dem Arbergneiss (21), vom Koth-
hof bei Falkenstein (XLVI, 27, Punkt 0).

42) 67,80 %    »    grauer, sehr feinkörnig streifiger Gneiss von Wegscheid.

43) 66,80 %    »    mittelkörniger, Dichroit-führender Granit von Haibach (XLIII, 36, 4).

44) 66,280 %    »    Dichroitgneiss, streifig, flasrig, mit vielem schwarzbraunen Glimmer
und Granaten, von Biberbach bei Waldmünchen (LXI, 27, Punkt 0).

45) 62,80 %    »    schwärzlichgrauer, sehr glimmerreicher Gneiss von Haberau (XXXV,
68, Punkt 1).

46) 62,45 %    »    rother, quarzarmer, glimmerreicher Gneiss aus dem Naabdistrikte von
Altendorf.

47) 60,40 %    »    grauer, granat- und glimmerreicher Gneiss vom Steigerfels bei Bodenmais.

48) 60,030 %    »    glimmerreicher schuppiger Gneiss, das Nebengestein der Bleierzgänge
von Erbendorf.

49) 58,877 %    »    grauer glimmerreicher Gneiss aus der Nähe der Glimmerschiefergrenze
von Poppenreuth bei Tirschenreuth (LXXXV, 28, Punkt 11).

50') 56,143 %    »    Dichroitgneiss von Pempfing bei Cham.

Überblickt man die Reihe dieser Gesteinsanalysen, so giebt sich zu erkennen, dass in dem
Gehalte an Kieselerde nicht die engen Schranken gezogen scheinen, wie sie für die Gneisse des
Erzgebirges von Scheerer angegeben wurden.

Es stehen hier petrographisch sehr ähnliche Gesteinsvarietäten mit sehr hohem und niederem Kieselerdegehalte weit auseinander, wie z. B. Nr. 5 und Nr. 21 oder Nr. 3 und Nr. 15,
während ihre Lagerung hätte vermuthen lassen, dass sie auch ihrem Gehalte nach einander
viel ähnlicher wären. Diese geringe Übereinstimmung wird jedoch kaum auffallend erscheinen,
wenn man die speziellen Verhältnisse näher prüft, unter welchen die krystallinischen Schiefer
in der Natur vorkommen. Es lässt sich hier innerhalb auch nur mässig mächtiger Lagen des
Gesteins eine vollständige Gleichheit der einzelnen Schichten kaum irgendwo wahrnehmen,
vielmehr wechselt bis in die dünnsten Lagen die Menge der Bestandtheile in oft erstaunlich
rascher Weise. Diess ist weit schwieriger da zu erkennen, wo nur die einfachen und gewöhnlichen Bestandtheile des Gneisses allein für sich auftreten, indem sich dann die Häufigkeit oder
die Seltenheit von Feldspath neben Quarz oder die der verschiedenen Feldspathe nach dem
Augenmaasse nur unsicher beurtheilen lassen. Treten aber charakteristische Nebenbestandtheile
hinzu, z. B. Hornblende, Granat, eigenthümlich gefärbter Oligoklas, Dichroit u. s. w., so werden
die einzelnen solche accessorische Mineralien enthaltenden Schichten oder Streifen des Gneisses
neben den nicht besonders ausgezeichneten Lagen leicht und sicher unterscheidbar. Einen
solchen Wechsel, der bis in die dünnsten Schichten sich fortsetzt, kann man aber in jedem
grösseren Profile beobachten, und es ist an sich klar, dass dann der Gehalt der Einzellagen,
z. B. jener einer hornblendereichen über einer hornblendeleeren, an Kieselerde grossen Schwankungen unterliegen muss. Man wird die Richtigkeit dieser aus vielfachen direkten Beobachtungen abgeleiteten Bemerkung nicht in Abrede stellen können, dagegen aber vielleicht anführen, dass man eben wegen dieses Wechsels grosse Partieen des Gesteins zusammengenommen
nur als Ganzes mit normalem Kieselerdegehalte zu betrachten habe und dass man daher bei
der Analyse grössere Massen einer chemischen Untersuchung unterwerfen müsse. Es ist zu-
zugeben, dass, wenn z. B. eine hornblendereiche Lage dicht über oder unter einer quarzreichen
vorkommt und man beide zusammennimmt, ein passendes Verhältniss des Kieselerdegehaltes

---

') Die Kieselsäurebestimmungen der Proben 3, 10, 11, 12, 21, 22, 25, 26, 28, 29, 30, 31, 36,
38, 42, 43, 45, 46 und 47 sind im chemischen Laboratorium des geognostischen Bureau's vom
Berg- und Salinenpraktikanten Reber ausgeführt worden.

sich zufällig ergeben könne. Wenn diess aber nicht der Fall ist, so hilft eben die Annahme, dass man die gehörige Menge des Gesteins bei der Untersuchung nicht verwendet habe. Es scheint im höchsten Grade schwierig, um nicht zu sagen unausführbar, hier eine Grenze zu bestimmen, bis zu welcher dieses Zusammenfassen ausgedehnt werden müsse, um richtige Resultate zu erhalten. Ich kenne in unserem Gebirge Streifen oder Zonen von Hornblendegneiss mitten im glimmerreichen Gneiss von 10 und mehr Fuss Mächtigkeit bis zur Ausdehnung von stundenbreiten Zügen, welche durch gleichförmige und wechselnde Lagerung sich nur als ein geognostisch zusammengehöriges Ganzes betrachten lassen und doch in den verschiedenen Gesteinsvarietäten einen sehr wechselnden Gehalt an Kieselerde besitzen.

Kann daher auch vom Standpunkte des praktischen Beobachters jene strenge Gesetzmässigkeit eines Kieselerdegehaltes verschiedener Gneissarten für unser Gebirge innerhalb so bestimmter und enger Grenzen, wie jene im Erzgebirge gezogenen, als unvereinbar mit der thatsächlichen Wechsellagerung der verschiedensten Gneissvarietäten, auch im Zusammenhalte mit den allgemeinen Resultaten der chemischen Analyse unserer Gesteine nicht bestättigt werden, so giebt sich doch aus diesen Analysen zu erkennen, dass bei gewissen Gesteinsvarietäten unseres Gebirges bei gleichen oder ähnlichen petrographischen Eigenschaften auch eine ähnliche chemische Zusammensetzung mit den Gneissvarietäten des Erzgebirges besteht.

Die dem typischen rothen Gneiss vom Erzgebirge äusserlich sehr ähnlichen röthlichen Gneisse unseres Gebirges, welche unter Nr. 7, 9, 10 und 11 aufgeführt sind, besitzen in der That einen Gehalt an Kieselerde, welcher das normale Maass von 75 bis 76 % einhält oder doch nahe erreicht. Aber es sind unter den 17 analysirten röthlichen Gneissen doch nur vier Proben, die annähernd diesen Normalkieselerdegehalt aufweisen, während Gesteine aus geognostisch gleicher Lage einerseits im Gehalte an Kieselerde auf 83, 79 und 77 % steigen, andererseits auf 73, 72, ja selbst auf 62 % fallen. Das Mittel aus allen Analysen der rothen Gneisse giebt einen Kieselerdegehalt, welcher nahezu noch innerhalb der Grenzen der normalen Zusammensetzung (74,827) sich hält; auch lässt sich nicht verkennen, dass die meisten in ihrem Kieselsäuregehalte sich zwischen 73 bis 75 % halten; aber die Regelmässigkeit der Zusammensetzung, wie sie behauptet wurde, lässt sich daraus nicht ableiten.

Es scheint mir aus diesen Ergebnissen der chemischen Untersuchung, wenn wir dieselben in Verbindung bringen mit den sonstigen Verhältnissen des Auftretens, der Lagerung, des Wechsels verschiedener Gesteinsvarietäten, gefolgert werden zu dürfen, dass in dem Schichtenkomplex, welcher vorherrschend aus rothem Gneiss besteht und in unserem Waldgebiete als eine geognostisch zusammengehörige Abtheilung innerhalb der krystallinischen Urgebirgsfelsarten aufgefasst werden muss, gewisse Gneissvarietäten vorwalten, welche unter sich und mit dem erzgebirgischen rothen Gneiss grosse Verwandtschaft besitzen und in gewissen Modifikationen sogar denselben Kieselerdegehalt aufweisen, wie letztere. Auch besteht das Gestein neben den feldspathigen Gemengtheilen aus meist grünlichem oder grünlichgrauem Glimmer, dem spärlich silberweisser beigemengt ist, wie es beim sächsischen rothen Gneiss der Fall ist.

Untersuchen wir aber die feldspathartigen Gemengtheile näher, so finden wir, dass unsere Gesteine, abweichend von den ähnlichen des Erzgebirges, welche ausschliesslich natronhaltigen, oft röthlichen Orthoklas aufweisen, immer zweierlei Feldspatharten unter ihren Gemengtheilen erkennen lassen: einen hell spiegelnden, glänzend schimmernden, weissen Orthoklas und einen weniger spiegelnden, matt schimmernden, leicht zur Zersetzung geneigten, rothen oder röthlichen parallelstreifigen Oligoklas. Diese merkwürdige und wesentliche Verschiedenheit gegenüber dem sächsischen rothen Gneiss macht es nun vollends klar, dass wir alle weitere Parallele fallen lassen müssen.

Noch geringere Übereinstimmung ergiebt sich bei einer Vergleichung der grauen Varietäten des Gneisses unseres Gebirges mit jenen des Erzgebirges. Schon der erste Überblick lehrt, dass hier die verschiedenartigsten Gesteinsabänderungen vor uns liegen. Diess bestättigt auch der grosse Wechsel ihres Gehaltes an Kieselerde, welcher von 80% bis auf 56% oder, wenn wir die Extreme ausschliessen, von 74% bis auf 60% herabsinkt. Es ist daraus ersichtlich, dass wir unsere grauen Gneisse in ihrem allgemeinen Erscheinen nicht als ein Analogon der sächsischen ansehen dürfen.

Wollten wir aus der grossen Reihe diejenigen herausgreifen, von welchen man vermöge ihres Kieselerdegehaltes (65 bis 66%) die nächste Verwandtschaft mit dem grauen Gneiss des sächsischen Gebirges vermuthen kann, so ist es höchst auffallend, dass Gneissvarietäten von niederem Kieselerdegehalte in unserem Gebirge so spärlich vertreten sind, dass nur eine der analysirten Varietäten annähernd (Nr. 44) die erforderliche Menge Kieselerde besitzt. Dieses Gestein ist aber durch die reichlichen Beimengungen von Dichroit und Granat schon petrographisch von dem typischen grauen Gneiss des Erzgebirges sehr verschieden. Nehmen wir dagegen solche Abänderungen von Gneiss unseres Gebirges, welche petrographisch die grösste Ähnlichkeit mit dem sächsischen grauen Gneiss aufweisen, wie die Gesteine unter Nr. 37 und 41, glimmerreiche, nur etwas feinkörnigere Gneisse, als die typischen aus der Grube Himmelfahrt bei Freiberg. Die erste Probe stammt vom Gipfel des Arber's und besitzt einen Kieselerdegehalt von nahe 70%; der Gneiss besteht aus weissem Orthoklas, rothbraunem dunkelfarbigem Glimmer und Quarz in innigem Gemenge; ob Oligoklas auch mit vorkommt, ist nicht deutlich zu erkennen. Die Probe Nr. 41 ist eine streifig-körnige Gneissvarietät mit 68% Kieselerde und, wie es scheint, vorwaltendem Oligoklas; der Glimmer ist dunkel-schwarzbraun; die Übereinstimmung mit dem sächsischen Normalgesteine ist demnach auch hier eine sehr geringe.

Aus diesen Untersuchungen geht hervor, dass in dem ostbayerischen Grenzgebirge eine Scheidung der vorkommenden Gneissgesteine im Sinne der Eintheilung der Erzgebirgsgesteine nach Scheerer weder nach den Ergebnissen der chemischen Analyse, noch aber nach der Art der Zusammenlagerung und des steten Wechsels verschiedenartiger Gneissvarietäten ausführbar erscheint.

Dagegen glaubte ich, wie bereits erwähnt, nach den allgemeinen geognostischen Verhältnissen eine Zusammengehörigkeit gewisser Gruppen von Gesteinsarten, so verschiedenartig auch immer ihr lithologischer Charakter und ihre chemische Zusammensetzung sein mag, eine Ordnung und eine Aneinanderreihung analog der Formationsgliederung jüngerer Sedimentgebilde erkennen zu können. Ich habe bereits in der Übersicht der geognostischen Verhältnisse unseres ostbayerischen Urgebirges [1]) diese Gliederung anzudeuten versucht und folgende Skizze der unterscheidbaren Abtheilungen aufgestellt.

I. Älteres oder bojisches Gneissstockwerk mit rothem, körnigstreifigem Glimmergneiss, grobkörnigem Granitgneiss und Einlagerungen von fleckigem, hellem und porphyrartigem Granit.

II. Jüngeres oder hercynisches Gneissstockwerk mit Glimmer-, Augen-, Dichroit-, quarzigem, Hornblendegneiss, Hornblende- und Dioritschiefer, Granulit, Diorit, Serpentin, körnigem Kalk, Syenit, Graphitschiefer u. s. w.

III. Hercynische Glimmerschieferformation mit Glimmerschiefer, Quarz-, Talk-, Hornblende- und Chloritschiefer.

IV. Hercynische Phyllit- oder Urthonschiefer-Formation mit

---

[1]) Bavaria, Bd. II, Buch IV, S. 21 und 22, 1863.

Urthonschiefer, Phyllit, Quarzit, Chiastolith-, Dach-, Hornblendeschiefer, körnigem Kalk, Lydit, Phyllitgneiss und Quarzitgneiss.

V. Gangformation mit den stock- und gangförmig auftretenden Gesteins- massen, gewisse Granite, Quarzite u. s. w. umfassend.

So viele Andeutungen auch gegeben waren, eine ähnliche Anordnung der Urgebirgsbildungen in anderen Distrikten, welche wesentlich vom krystallinischen Schiefer zusammengesetzt werden, gleichfalls zu vermuthen, so wollte ich doch vorerst eine weitere Parallele noch nicht ziehen.

In ein neues Stadium trat jedoch die Beurtheilung der Verhältnisse unseres Urgebirges, als Sir Rod. Murchison nach der Feststellung des sogenannten Grund- oder Fundamen- talgneisses in den schottischen Bergen, als tiefster und ältester Gesteinsbildung, seine Unter- suchungen dem grossen Gneissdistrikte zwischen Bayern und Böhmen zuzuwenden begann. Er glaubte guten Grund zu der Annahme gefunden zu haben[1], dass der Gneiss Böhmens und Bayerns wirklich der Repräsentant des Grundgneisses oder des Lorenzischen Gneisses von Kanada sei. Es scheint, dass es als ein reines Missverständniss meiner viel- leicht nicht klar genug ausgeführten Mittheilungen an Sir Rod. Murchison gedeutet werden darf, wenn der berühmte englische Geolog meine Unterscheidung einer älteren und jüngeren (bojischen und hercynischen) Gneissformation beanstandet, indem er sie mit dem älteren oder sogenannten Fundamentalgneiss und dem jüngeren oder glimmerigen Gneiss von Sutherland in Schottland, welcher, durch eine diskordante Lagerung und mächtige Zwischenbildung von dem Fundamentalgneiss getrennt, einfach verändertes Silurgestein vorstellt, in Parallele setzt. Mit diesen Abtheilungen des schottischen Gneisses hat unsere Eintheilung nichts zu thun; vielmehr entsprechen beide Gneissformationen zusammen dem, was Sir Rod. Murchison unter Grund- und Fundamentalgneiss zusammengefasst hat. Die beiden im ostbayerischen Urgebirge von mir unterschiedenen Abtheilungen des Gneissgebirges haben zur Zeit nur lo- kale Bedeutung. Ich befinde mich daher in meinen Ansichten in vollständiger Übereinstim- mung mit den Untersuchungsresultaten Sir Rod. Murchison's, welche eine erhöhte Bedeu- tung durch die Parallele gewinnen, welche zugleich mit der mächtigen Gneissbildung Kanada's (Laurentian series) gezogen wurde. Indem wir in drei weit auseinanderliegenden Urgebirgs- distrikten der Erde — Kanada, Schottland, Central-Europa — ganz dieselbe Bildung der krystallinischen Schiefer finden, ergiebt sich von selbst eine Thatsache, welche der Auffassung dieser als Formation analog den jüngeren Sedimentschichten eine nicht geringe Stütze ge- währt. Auf eine höchst erfreuliche Weise hat diese Ansicht in neuester Zeit durch das Auf- finden organischer Einschlüsse des *Eozoon*[2] jenseits und diesseits des Meeres jene Sicherheit erlangt, welche nöthig oder wünschenswerth erschien, um in der That diese Gneissbildungen unbedenklich in die Reihe der Formationen in der ganzen Bedeutung dieses Begriffs auf- zunehmen.

Wir können noch als einen weiteren Anhaltspunkt für die Richtigkeit dieser Auffassung und Parallele die übereinstimmende Ordnung anführen, in welcher auf eine höchst ungezwun- gene Weise die über den Gneissformationen gelagerten krystallinischen Schiefergesteine — Glimmerschiefer und Urthonschiefer — in den verschiedenen Gegenden übereinander gereiht vorkommen.

Nehmen wir als unverrückbar sicheren und vollständig gleichalterigen Horizont im Hangen- den der krystallinischen Schiefer die Schichtenreihe der Primordialfauna — in Kanada die Potsdamschichten, in England das Lingulalager und Tremadokschiefer in Nord- wales, die Paradoxidesschichten im cantabrischen Gebirge und in Aragonien, im ost- bayerischen Gebirge die Thonschiefer von Leimitz bei Hof, in Böhmen die Schicht C (protozoische Schichten) Barrande's oder die Ginetzer Schichten —, so ordnen sich unmittelbar als ihr Liegendes die sogenannten Urthonschiefermassen ein, die huronischen

---

[1] Quarterly Journal of the geol. Soc. for August 1863, p. 359.
[2] Quarterly Journal of the geol. Soc. for Febr. 1865, und Sitzungsberichte der Akademie der Wissenschaften in München, 1866, Januarsitzung.

Schichten in Kanada, die cambrischen Schichten in Nordwales, die hercynische Phyllitformation im ostbayerischen Grenzgebirge und die azoischen Schiefer Barrande's
oder die Przibramer Schiefer in Böhmen, welche nach den Entdeckungen von Fritsch in
Prag Annelidenspuren enthalten. Endlich reiht sich zwischen dieser oberen Schieferformation
und der tieferen Gneissbildung ein Schichtenkomplex in die Mitte ein, welcher vorherrschend
aus Glimmerschiefer besteht. Sehr wahrscheinlich sind gewisse chloritische und
hornblendige Schiefer örtliche Stellvertreter dieser Zwischenbildung, wie in unserem
Gebirge bei Erbendorf, am hohen Bogen und bei Rittsteig.

Ich nannte diesen Schichtenkomplex die hercynische Glimmerschieferformation.
In Kanada besteht die Gesteinsserie, welche als obere Lorenzische *(upper Laurentian series)*
Abtheilung oder als Labradorsystem bezeichnet wird, vorherrschend aus Labradorit- und
Hypersthengesteinen, mit welchen auch Lager körnigen Kalkes in Verbindung stehen.

Wir können hier, ehe die einzelnen Gesteinsarten, aus welchen diese verschiedenen Formationen zusammengesetzt sind, näher beschrieben und charakterisirt worden sind, nicht weiter
in das Einzelne der Gliederung eingehen, die wir für ein späteres Kapitel vorbehalten, und begnügen uns daher an dieser Stelle vorläufig mit einer übersichtlichen Skizze unserer Eintheilung
und Parallelisirung mit den entsprechenden Gebilden aus anderen Urgebirgsdistrikten.

### Entwurf einer Formationseintheilung des bayerisch-böhmischen Urgebirges.

| Bayerisch-böhmisch. Urgebirge. | England. | Kanada. | Andere Länder. |
|---|---|---|---|
| | **Hangendes des Urgebirges.** Stufe der Primordialfauna. (Barrande.) | | |
| Hercynische Phyllitfor-mation. Barrande's Etagen A und B, die Przibramer Schichten, die Phyllite von Mies und viele Ur-thonschiefer Sachsens. | Cambrische Formation. Longmyndschichten in Shropshire, Thon-schiefer von Harlech, Barmuth in N.-Wales, von Sutherland und von Wicklow in Irland. | Huronische Formation in Kanada und in vie-len Gegenden Nord-amerika's. | Phyllite von St.-Lo in der Normandie und in der Bretagne, d. skan-dinavischen Phyllit-distrikte, Urthonschie-fer am Riesengebirge und in Ungarn u. s. w. |
| Hercynische Glimmer-schieferformation. | Mearn's Glimmerschief. und chloritische Schie-fer in Schottland (Can-tyre). | Labradorschichten oder obere Lorenzische For-mation in Kanada und den Vereinigt. Staaten. | Glimmerschiefer im Riesengebirge und in den Sudeten, in Nor-wegen, Finnland. |
| Hercynisches Gneiss-stockwerk (Eozoon-führend). Bojisches Gneissstock-werk. | Fundamental-oder Grundgneiss. (Murchison.) | Untere Lorenzische For-mation (Laurentian) system Logan's). | Gneissschichten von Pargas in Finnland, von Tunaberg in Sö-dermanland. |

Diese Verhältnisse der Eintheilung und Gliederung werden sich noch klarer
erkennen lassen, nachdem die im Walde auftretenden Gesteine in ihren einzelnen
Varietäten näher beschrieben und geschildert worden sind. Diese Gesteinsbeschreibung wird den Inhalt des folgenden Kapitels ausmachen.

# Kapitel II.
# Gesteinsbeschreibung.
## Gesteinsarten der gneissartigen krystallinischen Schiefer.

§. 4. Wir beginnen bei der Beschreibung der Gesteine des ostbayerischen Grenzgebirges mit den gneissartigen krystallinischen Schiefern, theils weil diese Felsarten durch ihre weitaus bedeutendste Ausbreitung besondere Wichtigkeit für diesen Distrikt erlangen, theils weil dieselben passend zum Ausgangspunkte der Betrachtung aller sogenannter Urgebirgsgesteine genommen werden können. Dass fortan nur von den Gesteinen unseres Antheils am Walde die Rede sein wird, bedarf keiner weiteren Ausführung.

Bei dem Versuche, die äusserlich so verschiedenartigen Varietäten des Gneisses in natürliche und leicht erkennbare Gruppen zusammenzubringen, begegnet man bedeutenden Schwierigkeiten, die wohl in manchen Fällen nicht ganz beseitigt werden können, weil es an einem leitenden Prinzip für die Eintheilung fehlt, oder vielmehr, weil dafür in der That kein nach allen Richtungen genügendes aufgefunden werden kann. Für diejenigen, welche die Arten der Gesteine nach Analogie der Arten bei Thieren und Pflanzen festhalten wollen, ist und bleibt es ein trostloses Chaos. Diese Betrachtungsweise ist aber eine durchaus in der Natur der Gesteine unbegründete, da in dem Mineralreiche nur die Bedingungen des äusserlichen Zusammentreffens der Stoffe herrschen, um aus ihrer Vereinigung gewisse abgegrenzte und unterscheidbare Massen entstehen zu lassen, während in der organischen Welt aus in sich abgeschlossenen Individuen andere ähnliche wachsen. Es ist daher auch die Anwendung der Bezeichnung „Art" bei den Gesteinen eine unrichtige, wenn man den Artbegriff feststellen müsste, wie ihn die beschreibende Botanik und Zoologie für sich fixirt haben. Da aber die Auffassung dieses Wortes einen grösseren Spielraum zulässt, als ihn die Botanik und Zoologie in ihrem Sinne nachträglich festgestellt wissen wollen, so wird es verzeihlich erscheinen, auch immer noch von Gesteinsarten zu sprechen. Eine andere Frage ist, ob die unterschiedenen oder unterscheidbaren gemengten krystallinischen Gesteinsarten [1], als Ganzes aufgefasst, dem Begriff einer Mineralspecies mit all' den Schwankungen, welchen diese selbst unterworfen ist, entsprechen, gleichsam nur eine in verschiedene Einzelmineralien auseinandergegangene Urmineralspecies repräsentiren. Die chemische Zusammensetzung müsste in diesem Falle innerhalb gewisser weiter Grenzen eine gleiche sein. Diess scheint auch die chemische Untersuchung bei den meisten krystallinischen Gesteinen in der That zu bestättigen, nur sind die Variationen hier noch grösser, als bei den einfachen Mineralien, weil die Extreme der Zusammensetzung bei mehreren Mineralien einseitig wachsen können und weil die mechanische Vertheilung der einzelnen Gemengtheile oft eine so ungleiche ist, dass selbst bei der Anwendung grosser Gesteinsstücke zur Untersuchung, um mittlere Mischungsverhältnisse zu erlangen, der Einfluss ungleicher Vertheilung nicht beseitigt werden kann. Diese Schwankung der Elementarzusammensetzung ist in vielen Fällen so gross, dass die Kenntniss der chemischen Zusammensetzung allein nicht genügt, um den Begriff einer Gesteinsart festzustellen.

Wir versuchen im Folgenden die verschiedenen Gesteine nach ihren Gesammteigenthümlichkeiten zu unterscheiden, d. h. unter gleichzeitiger Berücksichtigung ihrer chemischen Elementarzusammensetzung, des Auftretens verschiedener Mineralien als konstituirender Bestandtheile und als bloss

---

[1] Von den nur aus einem Mineral bestehenden Gesteinsarten und den sedimentären Trümmergesteinen kann hier keine Rede sein.

accessorischer Beimengungen, der Struktur- und Texturverhältnisse, sowie endlich der Beziehungen, in welchen die Gesteine unter sich stehen und sich zu geognostisch erkennbaren Gliedern zusammengeordnet finden.

# Gneiss.

I. Gneiss, ein krystallinisch-körniges Gemenge von Feldspath, Quarz und Glimmer mit deutlicher Schichtung.

### 1) Bunter (rother) Gneiss [1]) und Pfahlgneiss.

Gneiss von vorherrschend körnig-streifiger Textur, bestehend aus zweierlei Feldspath, weisslichem Orthoklas (vorwaltend) und röthlichem oder gelblichem Oligoklas (untergeordnet), aus selten vorstechend sichtbarem graulichhellem Quarze und grünlichgrauem bis tombakbraunem, optisch einachsigem Glimmer, dem einzelne Schuppen von weissem, optisch zweiachsigem Glimmer beigemengt sind. Der graue Glimmer sieht meist wie zersetzt aus und fühlt sich fettig an. Übergänge in ein granitisches Gestein (bunter Lagergranit) finden am häufigsten statt. Die chemische Analyse der hierher gerechneten Felsarten weist folgende Zusammenstellung nach:

### Bunter Gneiss.

|  | I. | II. | III. | IV. |
|---|---|---|---|---|
| Kieselerde . . . . . | 75,303 | 74,450 | 73,272 | 76,034 |
| Titansäure . . . . | 1,020 | 0,550 | 0,403 | 2,012 |
| Thonerde . . . . . | 7,912 | 9,262 | 12,550 | 8,984 |
| Manganoxydul . . . | — | — | Spur | — |
| Eisenoxydul . . . . | 0,062 | 0,050 | 0,312 | — |
| Eisenoxyd . . . . . | 4,375 | 4,821 | 4,646 | 3,601 |
| Bittererde . . . . . | 0,030 | 0,033 | — | — |
| Schwefelkies . . . . | 0,044 | 0,832 | 0,123 | — |
| Kalkerde . . . . . | 2,923 | 0,784 | 0,174 | 0,841 |
| Baryterde . . . . . | — | — | — | — |
| Kali . . . . . . . | 4,576 | 5,808 | 5,367 | 6,206 |
| Natron . . . . . . | 2,215 | 2,660 | 1,635 | 1,841 |
| Wasser . . . . . . | 1,313 | 0,625 | 1,138 | 0,625 |
|  | 99,773 | 99,875 | 99,620 | 100,144 |

Ausserdem wurde von nachfolgenden Gesteinsproben bloss der Gehalt an Kieselerde bestimmt:

|  | V. | VI. | VII. | VIII. | IX. | X. | XI. | XII. |
|---|---|---|---|---|---|---|---|---|
| $\overline{Si} =$ | 62,450; | 71,096; | 72,000; | 73,500; | 74,733; | 75,100; | 77,330; | 79,150; |

XIII. . XIV.
80,100 und 83,365.

---

[1]) Da mit der Bezeichnung rother Gneiss nach Scheerer's Bestimmungen ein fester Begriff bereits verbunden werden muss, den wir nicht unbedingt auf unser Gestein übertragen können, musste hier eine andere Bezeichnung gewählt werden.

Über die zur Analyse verwendeten Gesteine ist Folgendes zu bemerken:

I. Bunter Gneiss von Stein bei Pfreimt unfern Naabburg ist ein fast granitisches Gestein, feinkörnig, nicht sehr deutlich geschichtet, mit glänzend spiegelndem weissem Orthoklas, wenig mattschimmerndem rothem Oligoklas und wasserhellem Quarz. Die fein vertheilten Glimmerschüppchen bestehen zum Theil aus grünen, zum Theil aus braungefärbten Arten, von welchen die grüngefärbte immer mehr oder weniger durch Zersetzung angegriffen erscheint und ein mattes Aussehen wahrnehmen lässt. Ähnliche, aber deutlicher geschichtete Gesteine bilden mit häufigen Zwischenlagen von Granit die Hauptmasse des Gebirges zwischen Amberg, Naabburg und Luhe und reichen ostwärts bis in die Gegend von Vohenstrauss.

II. Bunter typischer Gneiss von Nenneigen SW. von Wernberg, aus gleichem Gebirgszuge wie die erste Probe und unter gleichen Lagerungsverhältnissen vorkommend, ist auch ziemlich übereinstimmend mit dem vorher genannten Gestein zusammengesetzt; jedoch bemerkt man eine grössere Menge von röthlichem Oligoklas und kaum Spuren des tombakbraunen Glimmers, vielmehr besteht der glimmerartige Gemengtheil aus ziemlich weichen, braungrünen, flasrigen Schuppen, die sich nicht gut spalten lassen. Das specifische Gewicht (Mittel von 6 Proben) ist: 2,621.

III. Bunter, etwas fett anzufühlender Gneiss von Boden bei Neukirchen Balbini NW. von Cham mit blassröthlichem Orthoklas und stark rothgefärbtem Oligoklas, grünem und braunem Glimmer in grobkörniger Vermengung. Auch gewahrt man hie und da Schüppchen weissen Glimmers. Das Gestein ist nicht mehr ganz frisch und trägt, wie fast alle Gebirgsarten der Gegend, aus welcher es stammt, die Spuren erlittener Zersetzung an sich. Durch eine grössere Beimengung von Glimmer macht sich eine Neigung zur schuppigen Textur geltend. Das Gneissgebiet des Fundortes schliesst sich nicht mehr direkt an den Bezirk der unter I und II beschriebenen Gneissstücke an, sondern gehört bereits dem Zuge an, welchen der Quarz des Pfahls begleitet. Specifisches Gewicht: 2,638.

IV. Feinkörniger, dünnstreifiger rother Pfahlgneiss von Wolfsberg bei Ruhmannsfelden unfern Viechtach, wie voriges Gestein, aus der Nähe des Pfahlquarzes; die Bestandtheile sind so klein und so innig gemengt, dass es schwer hält, sie einzeln bestimmter zu charakterisiren. Namentlich erscheint der weissliche Orthoklas so innig mit dem rothen Oligoklas verwachsen, dass man nur an Farbe und Glanz beide unterscheiden kann. Der Glimmer besitzt das Aussehen der tombakbraunen Varietät. Im Übrigen ist das Gestein sehr frisch und anscheinend unangegriffen.

V. Ein typischer bunter Gneiss, jedoch sehr quarzarm; es ist das Gestein der Probe Nr. 46 (S. 208).

VI. Ein dem bunten Gneiss auffallend ähnliches, grobkörniges, geschichtetes Gestein unmittelbar neben dem Pfahlquarze bei der Regenbrücke unfern Regen (Pfahlgneiss). Durch das Vorwalten des grünen chloritischen oder zersetzten glimmerartigen Gemengtheiles nimmt das Gestein eine grünliche Färbung an. In der Grundmasse erkennt man ausserdem noch deutlich weisslichen Orthoklas, von rothem Oligoklas durchwachsen, und selten graulichen Quarz.

VII. Ist das Gestein der Probe Nr. 29 (S. 207).

VIII. Gestein der Probe Nr. 21 (S. 207) aus dem Distrikt des typischen bunten Gneisses.

IX. Rothfarbiger, fast granitischer, feinkörniger Gneiss von Kricklhof bei Hirschau, NO. von Amberg, aus demselben Gebirgstheile wie das Gestein II. Er besteht aus weisslichem Orthoklas, rothem Oligoklas und braunem Glimmer; selten bemerkt man ein Schüppchen weissen Glimmers, dagegen zeigen sich sehr häufig eisenrothe Partieen, welche zweifelsohne, obwohl das Gestein aus der Tiefe eines Steinbruches stammt, von einem zersetzten accessorischen Bestandtheile herrühren. Man glaubt hie und da noch Spuren von Granaten erkennen zu können.

X. Gestein der Probe Nr. 10 (S. 207) ein feinkörniger typischer bunter Gneiss.

XI. Typischer bunter Gneiss von Witzlricht bei Amberg in der Nähe des zuvor genannten Fundortes. Das flasrig-streifige Gestein enthält weissen Orthoklas, rothen Oligoklas, im Ganzen wenig grünen und einzelne Schuppen von weissem Glimmer.

XII. Intensiv rothes, streifig-körniges, geflasertes Gestein, dem vorigen ähnlich, jedoch findet sich in letzterem nur brauner Glimmer, der, in einzelne Putzen angehäuft, dem Gestein ein geflecktes Aussehen verleiht. Der Gneiss stammt aus der Nähe des Pfahls bei Penting unfern Cham und schliesst sich an die Gesteine der Analyse III, IV und VI an.

XIII. Gestein der Probe Nr. 3 (S. 206) aus dem Gebiete des typischen bunten Gneisses.

XIV. Ähnlich dem Nebengestein des Pfahls bei Regen (Nr. VI), nur etwas grobkörniger, doch lässt sich schon vom Ansehen ein merkliches Hervortreten des Quarzbestandtheiles erkennen, auch tritt der dunkel-braungrüne Glimmer sehr zurück. Dieser ganz unzersetzte Gneiss bildet Felsmassen bei Tresswitz unfern Pfreimt und gehört dem Bezirke des bunten Gneisses an.

Aus diesen Analysen lässt sich, wie schon früher erwähnt, kein direkter Anschluss unserer vorherrschend rothen Gneissvarietäten an jene Gesteinsarten des Erzgebirges erkennen, welche Scheerer als den Typus einer grossen Gneissbildung aufgestellt hat. Wenn auch in Folge offenbar erfolgter theilweiser Zersetzungen, welche bei einigen Gesteinsproben deutlich hervortreten, die ursprüngliche Mischung etwas verändert wurde, so kann doch wohl nicht die grosse Schwankung des Gehaltes an Kieselerde, welche z.B. an sehr frisch aussehenden Proben gefunden wurde und welche in I und XIV zwischen 75,3 und 83,4 beträgt, als Folge bereits erlittener Veränderung erklärt werden. Auch aus der Verschiedenheit ihrer Feldspathbestandtheile ergiebt sich eine ähnliche Folgerung, welche im Einklang mit der nicht eruptiven Natur unseres rothen Gneisses es vollends zur Gewissheit erhebt, dass der sächsische rothe Gneiss und der bunte Gneiss des bayerischen Grenzgebirges zwei ganz verschiedene Urgebirgsfelsarten darstellen, welchen nur die Äusserlichkeit einer röthlichen Färbung gemeinschaftlich zuzukommen scheint.

Was nun zunächst die einzelnen Bestandtheile anbelangt, so scheint in Bezug auf das Verhältniss der feldspathigen Theile ein sehr konstantes Verhältniss zu herrschen. Der weissliche, durch inniges Verwachsen mit rothem Oligoklas oft selbst fleischfarbig erscheinende Orthoklas lässt sich selbst in den fein gemengten Gesteinsvarietäten an den hell glänzenden, nicht gestreiften Spaltungsflächen erkennen; er ist, abgesehen vom Quarz, immer der scheinbar frischeste Bestandtheil des Gesteins. Ich habe versucht, seine Zusammensetzung durch eine chemische Analyse festzustellen, indem ich aus einer möglichst grobkörnigen Varietät von Denglarn bei Oberviechtach (LXI, 24, Pkt. 1) den orthoklastischen Feldspath mit aller möglichen Sorgfalt aus dem zu einem grobkörnigen Pulver zerschlagenen Gneiss herauszulesen bemüht war. Die Analyse dieses Feldspaths gab folgendes Resultat:

Orthoklas aus buntem Gneiss von Denglarn, XV.

| | |
|---|---:|
| Kieselerde | 69,551 |
| Thonerde | 11,410 |
| Eisenoxyd | 3,070 |
| Kalk | 2,754 |
| Baryterde | Spur |
| Kali | 11,988 |
| Natron | 1,142 |
| | 99,875 |

und zeigt unzweideutig, dass wir es anstatt mit einem einfachen Feldspath mit immer noch gemengten Gesteinstheilchen zu thun haben[1]). Die verhältnissmässig grosse Menge von Kieselerde erklärt sich leicht aus noch anhängenden Quarztheilchen; dagegen ist sowohl der hohe Gehalt an Eisenoxyd und Kali, als der niedere an Thonerde auffallend. Diese Analyse lässt kaum eine weitere Schlussfolgerung zu, als die, dass der weissliche Feldspath den orthoklastischen Arten angehöre, die mit einer zweiten natronkalkhaltigen Art dicht verwachsen sind.

---

[1]) Ich habe mich durch viele Versuche überzeugt, dass es bei fein gemengtem Gestein schlechterdings unmöglich ist, die einzelnen Gemengtheile völlig rein zu sondern; selbst die kleinsten Fragmente umschliessen, wenn man sie mikroskopisch untersucht, noch Beimengungen, z. B. Feldspath Theilchen anderer Feldspatharten, Quarz- oder Glimmerschüppchen. Aber auch selbst der Augengneiss gestattet keine Isolirung völlig reiner Feldspathkörnchen. Diess ist auch der Grund, warum ich nach vielen ungünstigen Versuchen es unterliess, das specifische Gewicht der feldspathigen Gemengtheile behufs ihrer Unterscheidung zu bestimmen.

Der rothe, selten gelblichweisse Feldspath des bunten Gneisses ist meist nur in ganz kleinen Körnchen in der Gesteinsmasse zerstreut, so dass es schwer hält, irgend eine Spaltungsfläche zu Gesicht zu bekommen. Diese zeigt sich, wo sie sichtbar wird, matt und mit Parallelstreifchen bedeckt. Wegen dieses Verhaltens und wegen des Gehaltes des bunten Gneisses von 1,6 bis 2,6% Natron und von 0,2 bis 2,9% Kalkerde wurde die zweite matte rothe Feldspathbeimengung, welche oft oder vielmehr meist mit dem weissen Orthoklas innigst verwachsen ist, als Oligoklas [1]) angesehen; eine direkte Analyse des isolirten reinen Minerals dürfte unausführbar sein.

Grossen Schwankungen scheint auch der Glimmerbestandtheil des rothen Gneisses unterworfen zu sein. Weit vorwaltend zeigt sich allerdings der dunkelgrüne Glimmer. Derselbe ist aber anscheinend meist etwas zersetzt, fettig anzufühlen, oft dem Chlorit ähnlich, nicht immer deutlich in dünne Blättchen spaltbar, sondern häufig in eine derbe Masse verwachsen, und stellt eine Mineralmasse vor, welche dem Aussehen nach dem Magnesiaglimmer sich anzuschliessen scheint. Doch weist die Analyse des Gesteins auffallend wenig Bittererde (0,08%) nach, dagegen immer viel Eisen. Aus diesem Umstande, sowie aus der Beobachtung, dass da, wo das Gestein stärker zersetzt ist, ringsum die Glimmerpartieen eine Anhäufung von Eisenoxyd oder Eisenoxydhydrat sichtbar wird, möchte gefolgert werden dürfen, dass dieser grüne, glimmerartige, sehr eisenreiche Gemengtheil mit der Varietät aus dem Protogyn der Alpen die nächste Verwandtschaft besitzt. Auch hier erwies es sich als unausführbar, eine für eine Analyse zureichende Menge der Glimmersubstanz aus dem Gestein rein herauszulesen.

Neben dem grünen Glimmer oder der glimmerartigen Substanz tritt häufig, namentlich in dem Gestein, welches in der Nähe des Pfahls bricht, auch tombakbrauner Glimmer auf, zuweilen mit und neben dem grünen und einzelnen Schüppchen des weissen Glimmers. Der lebhafte Glanz des braunen Glimmers deutet auf einen viel geringeren Grad bereits erlittener Veränderung dieser Varietät gegenüber der grünen.

Um die Vertheilung von Quarz und Feldspath klar zu machen, geben wir hier den Naturabdruck eines Stücks des bunten Gneisses von Boden bei Neukirchen Balbini, welches der Schichtungsfläche parallel angeschliffen und geätzt wurde. Die dunklen Flecken stellen den

[1]) Bergrath Jentsch erklärt den klinoklastischen Feldspath des sächsischen rothen Gneisses für Albit (Zeitschr. f. B. und H. 1864, S. 304). Ich erachte die Bestimmung des specifischen Gewichts mit einer Genauigkeit in der zweiten Dezimalstelle desshalb für nicht entscheidend, weil es unthunlich ist, vollständig reine Proben zu erlangen.

Quarz, die lichten den Feldspath vor. Letzterer lässt sich beim Ätzen mit Flusssäure sehr deutlich nach dem Grade der leichteren oder schwierigeren Zersetzung als Orthoklas und Oligoklas unterscheiden.

An accessorischen Beimengungen ist der bunte Gneiss auffallend arm, so dass er sich schon dadurch von anderen Gneissarten unterscheidet. Selten begegnet man Einsprengungen von röthlicher Färbung, welche als Granat zu deuten sein dürften; ihre Masse ist meist stark zerklüftet und in Zersetzung begriffen, oft von einem Kranz Glimmerschüppchen umgeben, als sei sie im Beginn einer Pseudomorphosenbildung von Glimmer nach Granat begriffen.

In den seltenen Fällen stellt sich Hornblende ein und vermittelt den Übergang zu einem Hornblendegneiss, der jedoch immer nur untergeordnete Zwischenlagen ausmacht, wie z. B. am Brachhüppel bei Nunzenried SO. von Oberviechtach (LXIII, 28). Bei Unterauerbach O. von Schwarzenfeld (LX, 21) kommt eine Einlagerung vor, bei welcher eine dichte, fast serpentinartige Masse linsenförmige Partieen des bunten Gneisses, jedoch fast ohne Glimmerbestandtheil, umschliesst, und bei Stein an der Pfreimt (LXVI, 21, Pkt. 22) eine flasrige glimmerreiche Varietät, bei welcher neben dem stark vorwaltenden tombackbraunen Glimmer eine dichte grüne, serpentinähnliche Masse auftritt. Diese Masse dürfte einen Übergang in die Substanz des grünen Glimmers vermitteln. Die feldspathigen Gemengtheile sind hier ganz zurückgedrängt. Daran schliessen sich körnige Varietäten, welche bei vorwaltendem braunem Glimmer im Ganzen grau gefärbt erscheinen und in gewissen putzenförmigen Ausscheidungen auf's lebhafteste an Dichroitgneiss erinnern. Man trifft solche Gesteine beispielsweise bei Friedersdorf W. von Pfreimt und bei Trausnitz an der Pfreimt. Augengneissähnliche Abänderungen wurden bei Sitzambach SO. von Hirschau u. a. a. O. beobachtet.

Eine viel grössere Anzahl von Modifikationen hat der Pfahlgneiss in dem Streifen aufzuweisen, welcher dem Quarzzuge des Pfahls folgt. Es lässt sich überhaupt eine gewisse Eigenartigkeit der Gesteine dieses Zuges gegenüber dem typischen bunten Gneiss in der Pfreimt-Naabburger Gegend nicht verkennen und es scheint sogar zweifelhaft, ob die Gesteine beider Verbreitungsgebiete einander völlig gleichgestellt werden dürfen. Desshalb wurde die besondere Bezeichnung Pfahlgneiss für die Gesteine der zweiten Gruppe gewählt. Bei dem bunten Gneiss des Pfahlgebiets (Pfahlgneiss) findet man neben dem typischen feinkörnigen Gestein Übergänge in eine fast dichte, felsitähnliche Masse einerseits und dann wieder in deutlich entwickelte Augengneisse oder andererseits in flasrige grobkörnige Gesteine. Dabei lassen sich solche Abänderungen selten auf grosse Strecken verfolgen, vielmehr schwanken sie in stetem Wechsel verschiedener Varietäten hin und her.

Am auffallendsten ist diejenige Abänderung des Pfahlgneisses, bei welcher die sämmtlichen Gemengtheile in eine gleichartige Masse vereinigt sind, wie die Analyse eines vollständig homogen aussehenden feinkrystallinischen Stückchens von schmutzig-gelblicher Farbe aus dem Nebengestein des Pfahls bei Viechtach (XLIV, 43, Punkt 1) zu erkennen giebt. Es besteht aus:

Pfahlschiefer (Hälleflinta) von Viechtach, XVI.

Kieselerde . . . . . . . . . . . . . . 72,750
Thonerde . . . . . . . . . . . . . . 11,890
Eisenoxyd und Bittererde . . . . . . . . 4,752
Kalkerde . . . . . . . . . . . . . . . 0,836
Kali . . . . . . . . . . . . . . . . . 6,886
Natron . . . . . . . . . . . . . . . . 2,035
Wasser . . . . . . . . . . . . . . . . 0,740
                                       ‾‾‾‾‾‾‾
                                       99,889

und ist demnach nicht wesentlich anders zusammengesetzt, als der deutliche bunte Gneiss von Boden (Analyse III), obwohl keine Spur von ausgeschiedenem Feldspath, Quarz oder Glimmer zu erkennen ist. Das Gestein ist meist sehr deutlich und dünn geschichtet, stellenweise jedoch auch versteckt geschichtet, fest verwachsen zu grossen Felsmassen, welche von vielen sich kreuzenden Sprüngen stark zerklüftet sind. Das überaus harte und pelzige Gestein überzieht sich an der Oberfläche mit einer Verwitterungsrinde, wird weich und bleicht sich hier zugleich aus. Meist ist das Gestein gelblichgrau, zuweilen dunkelfarbig, fast schwarz (Schloss Wolfstein), selten lichtgrünlich mit einzelnen Schuppen eines grünen glimmerigen Minerals, wie bei Wolfstein. Sichtlich und Schritt für Schritt zu verfolgen geht das Gestein in den normalen Pfahlgneiss über. Eine innigste Verwandtschaft mit der Felsart, welche man in Schweden „Hälleflinta" nennt, ist aus dem Gesammtverhalten unseres Gesteins zu entnehmen und wir tragen kein Bedenken, es geradezu als Hälleflint des Pfahls oder Pfahlschiefer zu bezeichnen.

Dieser Hälleflint des ostbayerischen Grenzgebirges macht einen wesentlichen Theil derjenigen Gesteine aus, welche den Pfahlquarz in seiner ganzen Erstreckung begleiten, und findet sich so häufig längs des Pfahls, dass wir einen besonderen Fundort nicht namhaft zu machen brauchen. Es sei nur noch bemerkt, dass auch da, wo der Pfahl als Quarzmasse aufhört, noch das charakteristische Nebengestein in gleicher Streichrichtung fortsetzt, wie z. B. bei Neureichenau kein Quarz, aber das grünliche Gestein unseres Hälleflints mächtig entwickelt in Felsen aufragt.

Die sich zunächst anreihende Varietät besteht aus einer dichten Grundmasse, in welcher eine Menge meist rundlicher Partieen von Feldspath mit deutlichem Blätterdurchgang und von Quarz nebst Putzen und Streifen von Glimmer oder glimmerähnlicher Masse eingeschlossen sind. Es entwickelt sich so ein Gestein von porphyrähnlicher und augengneissartiger Textur, wie es in ausgezeichneter Weise an dem Pfahl bei Schlag unfern Kirchdorf (XXXVIII, 53, Punkt 3) ansteht. Neben dem stark spiegelnden Orthoklas findet sich darin auch matter Oligoklas ausgeschieden und neben sporadischen Schuppen von tombackbraunem Glimmer ein chloritischer Gemengtheil.

Wir nennen diese Übergangsform porphyrartigen Hälleflint oder Pfahlschiefer. Noch einen Schritt weiter und wir stehen vor einem Gestein von vollständiger Augengneisstextur, nur dass neben den ausgeschiedenen Gemengtheilen des Gesteins noch eine dichte Grundmasse, diese aber nur untergeordnet, auftritt. Indem die ausgeschiedenen Gemengtheile sich häufiger einstellen, die Grundmasse dagegen abnimmt, bildet sich in einer Reihe von Übergängen endlich die Gesteinsmodifikation heraus, die als eigentlicher Pfahlgneiss bezeichnet wurde. Aus dieser grossen Übergangsreihe, in welcher sich die extremsten Arten als augengneissähnlicher Hälleflint einerseits und als in's Dichte übergehender bunter Augengneiss andererseits bezeichnen lassen, möchte nur noch diejenige Varietät besonders hervorgehoben zu werden verdienen, bei welcher die Grundmasse zwischen dem Zustande einer gleichartigen Masse und der Absonderung in krystallinischen isolirten Partieen schwankt. Dabei nimmt dieses Gestein eine völlig flasrige Beschaffenheit an und zeigt sich auf den welligen Schichtungsflächen von Glimmer oder der in's Dichte verwobenen grünen Substanz bedeckt. Zuweilen giebt sich auch eine Neigung zur Bildung von Augenausscheidungen zu erkennen. Solche Modifikationen trifft man z. B. bei Scharlau unfern Cham (LI, 34, Punkt 13), bei Moosbach unfern Viechtach (XLVII, 39, Punkt 1), bei Prackenbach in der Nähe des vorigen Fundortes, Übergänge in Augengneiss am Kreilstein bei Viechtach (XLVII, 39, Punkt 1).

Die grünliche Färbung ist beim Pfahlgneiss im Allgemeinen vorherrschend. Es rührt diess von der oft vorwaltenden Beimengung des grünen glimmerartigen Bestandtheiles her, der meist so weich ist, dass er sich mit dem Nagel ritzen lässt (Patersdorf an der Teisnach bei Viechtach; Grossgsenget, XXX, 69, Punkt 15; bei Altreichenau hier mit Eisenglimmerbeimengungen, XXXI, 69, Punkt 1).

Sehr dunkel gefärbte augengneissähnliche Abänderungen sind von Loifling unfern Cham (L, 34) und von Sommersberg bei Rinchnach (XXXVIII, 52, Punkt 1), fast schwarze Gesteine von Bromau (XXXIII, 64, 1) unfern Wolfstein bekannt. Ausgezeichnet feinstreifig bricht die Felsart

bei Vilzing unfern Cham (L, 35, Punkt 12). Ausnahmsweise enthält eine schöne grüne augen-
gneissartige Gesteinslage bei Metten W. von Regen (XLI, 48, Punkt 2) einen Nebenbestand-
theil, nämlich Epidot, in krystallinischen Partieen.

Ein Gestein von ganz ähnlichem Typus bricht zunächst bei Waldkirchen (XXIX, 64, 7 und
65, 2, sowie XXX, 59, 2) weit ab von dem eigentlichen Pfahlquarzzuge zu Tage.

Die Hauptmasse ist dicht, graulichweiss, wie die Grundmasse vieler Porphyre, und umschliesst zahlreiche kleine, seltener grössere Blättchen eines grünen chloritisch-glimmerartigen
Minerals nebst einzelnen opaken gelbweissen Feldspathsäulchen. Durch Verwitterung wird
die Aussenfläche des Gesteins weich und nimmt eine gelbliche Färbung an. Dieses Alles spricht
für die innigste Verbindung mit unserem Pfahlgestein. Dem typischen Pfahlgestein völlig gleiche
Felsmassen tauchen auch unfern Bogen (XXXVIII, 35, 7) aus dem Winzergneiss auf. An den
Pfahlschiefer, seine Stelle vertretend, reiht sich auch ein äusserlich dem Serpentin ähnliches,
weiches, grünlich gefärbtes Gestein, welches bei Neureichenau (XXX, 69,1) in mächtigen
Felsen ansteht.

Ich fand dasselbe zusammengesetzt aus:

   Chloritischer Pfahlschiefer von Neureichenau, XVII.
   Kieselerde . . . . . . . . . . . . . . . . 58,10
   Thonerde . . . . . . . . . . . . . . . . 18,00
   Eisenoxyd (und Oxydul) . . . . . . . . . . 12,50
   Kalkerde . . . . . . . . . . . . . . . . 5,04
   Bittererde . . . . . . . . . . . . . . . . 1,16
   Alkalien (meist Kali) . . . . . . . . . . . . 2,30
   Wasser und Glühverlust . . . . . . . . . . 2,90
                                              ‾‾‾‾‾‾‾
                                              100,00

Es dürfte dieses deutlich geschichtete Gestein als eine Vermengung von dichter feldspathiger Grundmasse mit einem chloritartigen Mineral anzusehen sein.

Am wichtigsten ist der Übergang des bunten Gneisses durch Texturänderung in bunten Granit, welcher unter den Granitarten näher beschrieben werden wird. Beide fliessen
in ein Ganzes zusammen und gehören, obwohl verschieden in ihren Lagerungsverhältnissen,
doch offenbar einer geognostischen Formation an.

Ob das Vorkommen von Kupfer- und Bleierzgängen mit Flussspath, Schwer- und Kalkspath
als Gangart im Gebiete des bunten Gneisses in Beziehung steht mit der Beschaffenheit des
Nebengesteins, werden wir später näher beleuchten.

Was nun die Verbreitung des typischen bunten Gneisses anbelangt, so ist schon mehrfach erwähnt, dass der ganze grosse Gebirgsvorsprung westlich der Naab zwischen Naabburg,
Luhe und Amberg, resp. Freudenhain fast ausschliesslich aus dieser Gesteinsart und aus den
ihr stets verbundenen bunten Granit aufgebaut ist. Von diesem Gebirgstheile dehnt sich dann
der Verbreitungsbezirk NO. über Luhe bis gegen Leuchtenberg und zieht sich auf der Ostseite
der Naab als breiter Streifen abwärts gegen Oberviechtach, um dann, in die Richtung des
Pfahls einlenkend, in der zweiten Modifikation des Gesteins mit der mächtigen Quarzmasse
des Pfahls fort und fort bis gegen die böhmisch-österreichische Grenze hin sich zu erstrecken.
Ausserhalb des engeren Pfahlbezirkes begegnet man nur höchst selten Gesteinen, die eine
Ähnlichkeit mit dem Pfahlgneiss aufweisen. Einige Gebilde dieser Art wurden bereits erwähnt.
Das ähnlichste ist überdiess ein dichtes Hälleflintgestein von Waldenreuth bei Wolfstein
(XXXII, 59, Punkt 1) von grüner Farbe mit Ausscheidung des grünen Minerals, das sich hier dem
Chlorit anschliesst. Augengneissähnliche sehr dichte Gesteine kommen bei Perasdorf unfern
Schwarzach (XXXIX, 40), dann bei Altmannsdorf unfern Elisabethzell (XLIV, 88), am Katzberg
bei Cham (LIII, 34, Punkt 21) und am Daxstein bei Zenting (XXXIII, 53, Punkt 4) vor. Ent-
fernte Verwandtschaft zeigt eine Reihe von Gneissarten, welche neben grossschuppigem grünem
Glimmer röthlichen Feldspath unter ihren Gemengtheilen besitzen. Sie finden sich W. von
Bärnau (LXXIX, LXXX und LXXXI, 25 und 26) im Übergang in Schuppengneiss. Bei Rotzers-
reuth unfern Neustadt a./Wn. (LXXVIII, 20) bricht ein feinkörniger granitischer Gneiss von
röthlichgelber Farbe.

Einer ähnlichen Gneissbildung begegnet man auch am Rande der Donau von Wörth an abwärts. Einzelne Partieen scheinen völlig mit jenen der mittleren Naabgegend übereinzustimmen, wie der rothe Gneiss von Hungersacker bei Wörth (XLII, 28, Punkt 3) und bei Langenbard unfern Winzer (XXIX, 49, Punkt 32). Doch hält sich das Gestein nicht konstant und gewinnt keine einigermaassen namhafte Ausdehnung, indem es immer und immer wieder in eine andere Modifikation übergeht, die wahrscheinlich allerdings nur eine Abart des bunten Gneisses ist, aber doch eine solche Selbstständigkeit in Gesteinsbeschaffenheit und Verbreitung besitzt, dass sie als besondere Art aufgeführt zu werden verdient. Es ist diess der

## 2) Winzergneiss.

Das vorherrschend körnige, selten körnigstreifige Gestein besitzt eine grünliche bis grünlichgraue, selten weissliche oder röthliche Färbung und besteht aus wasserhellem, stark glänzendem Orthoklas, dessen spiegelnde Spaltungsflächen besonders in's Auge fallen, aus einem fast derben, schmutzig-weissen bis spargelgrünen feldspathartigen Mineral (Zersetzungsprodukt), dann aus meist etwas graulichem Quarz und einem weichen, dunkelgrünen glimmerartigen Mineral mit Untermengung von wenigem tombackbraunem und silberweissem Glimmer.

Der wasserhelle oder weisse Orthoklas scheint besonders frisch und von Zersetzung nicht oder wenig angegriffen, was um so mehr auffällt, als das ganze Gestein den Eindruck einer Gebirgsart macht, die durch Umsetzungen stark verändert wurde. Höchst merkwürdig ist der zweite feldspathähnliche Gemengtheil, der genau die Stelle vertritt, welche der Oligoklas neben dem Orthoklas im Gneiss gewöhnlich einzunehmen pflegt. Diese weissliche bis spargelgrüne Substanz besitzt keine oder doch kaum erkennbare Spuren von Blätterdurchgängen und sieht im Ganzen dem Saussurit nicht unähnlich.

Sie schmilzt vor dem Löthrohre schwierig, doch leichter als Orthoklas und nimmt mit salpetersaurem Kobaltoxyd befeuchtet eine blaue Farbe an. Eine mit aller möglichen Sorgfalt isolirte Probe liess bei der chemischen Analyse folgende Zusammensetzung erkennen:

Grüne feldspathartige Substanz im Winzergneiss, XVIII.

| | |
|---|---|
| Kieselerde | 62,625 |
| Titansäure | 0,490 |
| Thonerde | 17,312 |
| Manganoxydul | 0,120 |
| Eisenoxydul | 2,730 |
| Eisenoxyd | 3,895 |
| Bittererde | Spur |
| Kalk | 0,969 |
| Kali | 6,398 |
| Natron | 2,870 |
| Wasser | 2,500 |
| | 99,909 |

Nach dieser höchst auffallenden Zusammensetzung [1]), welche keine andere Deutung des Minerals zulässt, als die eines feldspathartigen, ist die Substanz zweifelsohne eine veränderte, was der hohe Wassergehalt verräth. Die bedeutenden Mengen von Kieselerde, von Eisen und Kali sprechen zusammengefasst für eine mehr oder weniger fortgeschrittene Um-

---

[1]) Die Verantwortlichkeit für die Richtigkeit der Analyse muss von dem Chemiker, der mit deren Ausführung beauftragt war, von Herrn Dr. Wettstein, übernommen werden.

wandlung des Feldspaths, welcher gemäss der wenigstens spurweise sichtbaren Parallelstreifung der klinoklastischen Gruppe angehört. Das Mineral ist häufig nur specksteinhart, doch wechselt der Härtegrad, wie es scheint, nach dem Grade der vorangeschrittenen Veränderung, ziemlich bedeutend. Nur in einzelnen Fällen, wie bei Stückchen von Zeitldorf oberhalb Deggendorf ist das Mineral feldspathhart. An diesen Stücken erkannte ich noch deutlich mehr oder weniger unzersetzten klinoklastischen Feldspath mit gestreiften Spaltungsflächen. Auch der grüne glimmerartige Gemengtheil ist ganz eigenthümlicher Natur. Er bildet zwischen den anderen Bestandtheilen flasrige, schuppige, selbst dichte Massen, welche nicht, wie die Glimmeranhäufungen, sich in einzelnen Blättchen abheben lassen, sondern dicht verwachsen scheinen. Auch besitzt das grüne Mineral eine so geringe Härte, dass es sich mit dem Nagel ritzen lässt. Nur selten, wie bei Gesteinsstücken von Zeitldorf an der Donau oberhalb Deggendorf, erkennt man deutlich grüne Glimmerblättchen, die sich abschuppen lassen. Sie liegen in einer dichteren grünen Masse, die in Salzsäure sich leicht zersetzt, während der grünliche Glimmer wenig angegriffen wird und erst nach der Behandlung mit Säuren deutlich hervortritt.

Es scheint sohin auch die grüne, in flasrigen Partieen beigemengte Substanz als ein Umwandlungsprodukt des grünen Glimmers angesehen werden zu müssen. Der geringe Gehalt an Bittererde (siehe Analyse XIX), welchen das Gestein besitzt, verbietet, es als eine talkige Substanz zu betrachten, wofür das äussere Aussehen sprechen würde.

Dass das ganze Gestein wirklich vielfache Veränderungen erlitten hat, das bestättigt auch die Beobachtung, dass die meisten untersuchten Gesteinsproben als Pulver mit Säuren behandelt, allerdings sehr vorübergehend, ein schwaches Aufbrausen erkennen liessen, aber deutlich genug, um daraus entnehmen zu können, dass kohlensaurer Kalk in der Masse fein vertheilt vorhanden sei.

In einzelnen Fällen findet sich der kohlensaure Kalk sogar in Klüftchen mit Bleiglanz an mehreren Orten bei Bogen oder in Parallellagen bei Zeitldorf ausgeschieden.

Eine Analyse des Gesammtgesteins aus einem Steinbruche bei W i n z e r (XXIX, 48, Punkt 1) (Analyse XIX) und eines flasrigen Gneisses von Natternberg bei Deggendorf (Analyse XX) gab folgendes Resultat:

|  | XIX. | XX. |
|---|---|---|
| Kieselerde . . . . . . . . . | 68,160 | 72,80 |
| Titansäure . . . . . . . . . | 0,402 | — |
| Thonerde . . . . . . . . . . | 11,220 | — |
| Eisenoxydul . . . . . . . . . | 0,810 | — |
| Eisenoxyd . . . . . . . . . | 10,179 | — |
| Schwefelkies . . . . . . . . | 0,133 | — |
| Bittererde . . . . . . . . . | 0,220 | — |
| Kalk . . . . . . . . . . . | 0,700 | — |
| Natron . . . . . . . . . . | 1,431 | — |
| Kali . . . . . . . . . . . | 4,939 | — |
| Wasser . . . . . . . . . . | 1,875 | — |
|  | 100,069 | |

*nicht bestimmt.*

Der Kieselsäuregehalt dieser Gneissart beträgt demnach viel weniger, als im bunten Gneiss, und nähert sich entschieden dem für den sächsischen grauen Gneiss als normal geltenden Maasse. Der Gehalt an Eisen ist aber ganz ungewöhnlich gross und muss wohl dem grünen Bestandtheile zugeschrieben werden, durch dessen Umbildung es auch in die feldspathähnliche Substanz gelangt zu sein scheint. Der geringe Gehalt an Bittererde ist schon früher hervorgehoben worden.

An Nebenbestandtheilen ist der Winzergneiss so arm wie der bunte, daher auch nur sehr wenige Varietäten zu bezeichnen sind. Am häufigsten ist die Abänderung, bei welcher an die Stelle des dunkelgrünen Minerals eine lichtgrüne Substanz getreten ist und das Gestein überhaupt einen hohen Grad von Zersetzung bis zu einer bröcklig-mürben, fast sandstein- artigen Masse erlitten hat. Bei dieser Abänderung trifft man besonders häufig auf den Kluft- flächen ausgeschieden eine zeisiggrüne Steinmark-ähnliche Substanz (Perasdorf bei Schwarzach, Hofdorf bei Wörth, Sand bei Wörth und Winzer). Eine roth gefärbte Abart findet sich bei Hofdorf unfern Wörth und an anderen Orten mit deutlichen weisslichen Glimmerschuppen. Jedoch scheint die rothe Farbe nur von Eisenoxyd herzurühren, das sich als feiner Überzug zwischen den Gemengtheilen angelegt hat. Bei der Forstmühle unfern Wörth nimmt das Gestein eine fast dichte Beschaffenheit an und nähert sich dem den Pfahl begleitenden Gneiss. Man bemerkt in der mehr dichten Masse zahlreicher, als gewöhnlich, weissen Glimmer. Bei Hengersberg begegnet man einer Varietät, bei welcher der Glimmer deutlich und bestimmt ausgeschieden ist, ohne in eine dichte Masse zu verlaufen. Gleichzeitig erscheinen in dem grobkörnig gemengten Ge- stein einzelne grössere rundliche Partieen von Orthoklas, wodurch eine Art Augengneiss ent- steht. Bei Lalling (XXXIV, 50, 0) trifft man runde Körner von Nigrin, welche wahrscheinlich aus diesem Gneiss stammen.

Das Vorkommen von Kalkspath und Bleiglanz ist schon erwähnt worden. Auch durch diese Einschlüsse wird die nähere Verwandtschaft zwischen dem bunten und Winzergneiss bestättigt. Es finden sich einzelne Schichten bei beiden Arten, welche eine bis zum Verwechseln ähnliche Beschaffenheit besitzen, so z. B. eine Gneisslage bei Schwarzenfeld, in welcher ebenfalls Blei- glanzgänge aufsetzen. Ausserdem bilden Quarz und Schwefelkies krystallisirte Ausscheidungen auf Klüften.

Der Winzergneiss hat eine sehr beschränkte Ausbreitung in dem Donaurandgebirge zwischen Wörth und Hengersberg bis gegen Hofkirchen und reicht nicht tief in das ansteigende Bergland hinein, etwa bis zu einer Linie von Mitterfels nach Aussenzell. Am schönsten tritt er bei Winzer, Bogen und am Natternberg unfern Deggendorf auf. Nur untergeordnet erscheint er in schmalen Streifen dem bunten Gneiss eingelagert in dem Gebirge S. von Neunburg v./W., besonders bei Pemting bis gegen Neukirchen Balbini.

### 3) Schuppengneiss.

Als Typus dieser von den übrigen Varietäten des Gneisses abgesonderten Ge- steinsart ist ein flasrig-streifiger Gneiss zu betrachten, bei welchem dem ziemlich feinkörnigen Gemenge von Feldspath und Quarz zahlreiche Schuppen von glänzen- dem braunem Glimmer in flasrigen Lagen sich beigesellen und zugleich eine in's Dichte übergehende, mit dem braunen Glimmer verwobene, matt schimmernde glimmerartige Substanz eingesprengt ist. Nicht selten treten auch weisse Glimmer- schüppchen oder ein grünliches chloritisches Mineral hinzu.

Das Eigenthümliche dieser Gneissvarietät besteht in dem schuppigen, dichten, glimmer- artigen Gemengtheile, welcher meist das Ansehen besitzt, als sei er eine nur dicht verfilzte, schalige, graue Glimmersubstanz, die in Glimmerschuppen gleichsam übergeht, oft aber auch die Beschaffenheit eines seidenglänzenden weissen Minerals annimmt und sich dem Buch- bolzit (Faserkiesel [1])) anzunähern scheint. Zuweilen tritt diese Substanz zurück und dafür nimmt eine schalig-schuppige Anhäufung von braunem und weissem Glimmer in innigster Zu- sammenmengung ihre Stelle ein. Hierbei zeigen die weissen Glimmerblättchen eine eigenthüm- liche Zerrissenheit an ihrem Rande, als wären sie hier zerschlitzt. Sondern sich zugleich diese beiden Glimmerarten mehr und mehr aus ihrer schuppigen Verschmelzung in isolirte Blättchen, so entstehen dadurch Übergangsformen in die folgende Gneissvarietät, in den sogenannten Körnelgneiss.

Die Feldspathgemengtheile sind meist so fein gekörnelt und mit Quarz verwachsen, dass es schwer hält, über ihre Natur weitere Aufschlüsse zu erlangen. Man erkennt zwar immer

---

[1]) Fuchs in Schweigger's Journal für Chemie und Physik, Bd. XXXIII, 1821, S. 379.

eine hellere Feldspathart mit stark spiegelnden Spaltflächen ohne Parallelstreifen — Orthoklas — und daneben eine matte, meist etwas zersetzt aussehende und gelblich gefärbte feinkörnige Feldspathsubstanz mit Parallelstreifen. Es ist daher anzunehmen, dass diese letztere
als Oligoklas angesehen werden darf. Um ein Bild von der Grösse der Gemengtheile und
der Art ihrer Vermengung zu geben, kann der beigesetzte Naturabdruck dienen. Leider ist
die Schliffläche nicht genau senkrecht zu den Schichtflächen geführt, es treten daher die
Parallelstreifen des Glimmers nicht deutlich hervor.

In manchen Varietäten nimmt der dichte schuppige Bestandtheil, wie z. B. bei Waldthurn (LXX, 24, Punkt 94) mehr die Beschaffenheit eines grünen Glimmers oder einer chloritischen Substanz an. Aus dieser Abänderung bildet sich allmählig eine Modifikation des Gneisses
heraus, bei welcher der intensiv braune Glimmer fehlt oder selten wird, dafür aber ein matt-
grüner eintritt. Man kann diese Art von Gneiss als grünen Schuppengneiss vom typischen unterscheiden, obwohl sie in geognostischer Beziehung keine besondere Wichtigkeit
erlangt. Dieser grüne Schuppengneiss besteht in den extremsten Formen, die sich am
weitesten von dem Typus entfernen, aus feinkörnigem Feldspath (Orthoklas und Oligoklas), Quarz
und aus nur wenigem tombackfarbigen Glimmer, fast ohne Faserkieselbeimengung; dagegen
bemerkt man ziemlich häufig einzelne Partieen weissen Glimmers, wie z. B. bei Dürnkonreuth
unfern Tirschenreuth (LXXXI, 25, Punkt 244) und bei Erbendorf (LXXXI, 16, Punkt 38) in der
Nähe des Choritschiefers. Dazu kommen nun noch die Schuppen und Flasern eines weichen,
grünen glimmer- und chloritähnlichen Minerals, welches dem Gestein die charakteristische
grüne Färbung verleiht. Möglichst rein ausgesuchte Schuppen dieses Gemengtheiles habe ich
einer chemischen Untersuchung unterworfen und gefunden, dass von der Substanz

52,7 % in Salzsäure unlöslich,
47,3 % in Salzsäure löslich sind.

Der in Salzsäure lösliche Theil besteht aus:

Grüne Schuppen im Schuppengneiss, XXI.

| | |
|---|---:|
| Kieselerde | 23,49 |
| Thonerde | 16,90 |
| Eisenoxydul | 34,46 |
| Kalkerde | 5,49 |
| Bittererde | 3,17 |
| Alkalien (Kali) | Spur |
| Wasser und Glühverlust | 16,50 |
| | 100,01 |

Demnach gehört der grüne Gemengtheil in die Gruppe der Chlorite und zwar in die Nähe des Eisenchlorites. Der hohe Wassergehalt spricht für eine bereits sehr vorgeschrittene Umbildung der chloritähnlichen Masse. Der in Salzsäure unlöslich gebliebene Rest besteht aus perlmutterartig glänzenden Schüppchen, welche äusserlich eine auffallende Ähnlichkeit mit dem glimmerglänzenden Gemengtheil der Phyllite besitzen und hauptsächlich aus Kieselsäure, Thonerde und Alkalien bestehen.

Ganz besonders merkwürdig sind diejenigen Gneisse, welche, gleichfalls zur grünen Modifikation des Schuppengneisses gehörend, mit Eisenocker reichlich durchdrungen sind. Sie finden sich hauptsächlich in der Umgebung des früheren Pfrenschweihers bei Eslarn (LXIX, 30, Punkt 10 und 30, Punkt 16, LX, 29, Punkt 10), Heumaden an vielen Punkten (LX, 28, 29 und 30), Gaisheim (LXVIII, 28, Punkt 9) bis Waidhaus (LXIX, 29, Punkt 6, LXXII, 30, Punkt 5, LXX, 30, Punkt 15) einerseits und bis Tiefenbach bei Schönsee (LXIII, 32, Punkt 5 und 10) andererseits. Ähnlichem eisenreichem Gneiss begegnet man wieder bei Scherreuth unfern Neustadt a./Wn.

Das Eisenoxydhydrat verbreitet sich theils ziemlich gleichmässig durch das Gestein zwischen den wesentlichen Gemengtheilen des Gneisses, welche mehr oder weniger von der Umbildung in Mitleidenschaft gezogen sind, theils zeigt es sich in ziemlich regelmässigen kleinen Putzen und bildet grössere Nester und Linsen oder es erfüllt endlich auch gangähnliche Spalten. Es ist an sich klar, dass dieses Brauneisenerz durch die Zersetzung irgend einer eisenreichen Beimengung entstanden sein muss. Dieser ursprüngliche accessorische Gemengtheil im Gneisse ist wenigstens in der Umgegend des Pfrenschweihers Spatheisenstein, welcher ähnlich, wie stellenweise der kohlensaure Kalk, hier lagerweise dem Gneiss beigemengt ist. An sehr zersetzten und an der Oberfläche befindlichen Stücken ist dieser Gehalt an kohlensaurem Eisenoxydul nicht leicht zu erkennen, bei Stückchen aus grösserer Tiefe dagegen, wo die Zersetzung nur theilweise stattfand, giebt das gepulverte Gestein durch das Aufbrausen beim Übergiessen mit Säuren und Erwärmen deutlich zu erkennen, dass noch ein Theil der äusserlich in Eisenoxydhydrat umgewandelten Spatheisensteinkörnchen unzersetzt geblieben ist. Mit dem Spatheisenstein kommt zugleich auch kohlensaurer Kalk, aber in geringer Menge, vor. Wir haben also das ganz besonders merkwürdige Verhältniss, dass, analog den Einlagerungen von körnigem Kalk im Gneiss oder Urthonschiefer, ein lagerartiges Vorkommen von körnigem Spatheisenstein in grösserer oder geringerer Reinheit hier konstatirt worden ist. Denn wenn auch bayerischerseits, soweit bekannt, der Eisenerzbestandtheil in seiner ursprünglichen Beschaffenheit im Gneiss nur als untergeordnete Beimengung neben den gewöhnlichen Bestandtheilen des Gneisses auftritt, so finden sich doch in dem unmittelbar sich anschliessenden Theile Böhmens, wo Bergbau behufs Gewinnung dieser Eisenerze im sogenannten Erzwinkel betrieben wird, partieenweise in grösserer Teufe ziemlich reine Lagen oder Linsen von körnigem Spatheisenstein.

An vielen anderen Punkten, wo reichere Beimengungen von Eisenerz im Gneisse gleichfalls angetroffen wurden, konnte es nicht konstatirt werden, ob der Erzgehalt gleichfalls von zersetztem Spatheisenstein herrühre, da meist nur Stücke ganz von der Oberfläche weg zur Untersuchung zugänglich waren. In vielen Fällen ist es wahrscheinlich, dass Schwefelkies, wie an später zu erwähnenden Punkten, das ursprüngliche Mineral war, durch dessen Zersetzung sich Brauneisenerz bildete. Bei Pillmersreuth (LXXXV, 27) unfern Tirschenreuth und bei Scherrreuth NW. von Neustadt an der Waldnaab findet sich auch Rotheisenstein in Form dickschaligen Eisenglimmers in grösseren Massen putzenweise dem Gneiss eingelagert und in glimmerähnlichen Blättchen an vielen anderen Punkten O. von Tirschenreuth. .

Eine sehr bemerkenswerthe Form des Schuppengneisses ist die stenglig-flasrige, bei welcher meist auch der weisse Glimmer, in grösseren Putzen ausgeschieden, auffallend hervortritt. Man findet dergleichen Gesteine bei Lötzau unfern Weiden (LXXIV, 21, Punkt 14½), Tröglersricht ebendaselbst (LXXIV, 20, 12), bei Waldthurn (LXXIV, 24, 61) und in der Gegend von Eslarn (LXIX, 30 u. s. w.), ebenso O. von Tirschenreuth bei Pillmersreuth und Mähring. Eine andere Abänderung zeichnet sich durch ihre dünne ebenflächige Schichtung aus. Indem zugleich grosse weisse Glimmerschuppen sporadisch auf den Schichtflächen sich einstellen, gewinnt das Gestein ein fleckiges Aussehen, welches an die Beschaffenheit vieler Fleckschiefer erinnert (Neustadt a./Wn., LXXVI, 19, 32; Kirchendemmenreuth, LXXIX, 17, 16; Reisach, LXXXIV, 28, 6).

Als nur untergeordnete Einlagerungen im typischen und grünlichen Schuppengneiss kommen stellenweise Gneisse mit bloss weissem Glimmer (Übergang in Granulit), wie bei Kirchendemmenreuth (LXXIX, 17), oder mit nur spärlichem Glimmer (Übergang in Granit), wie bei Eslarn (LXIX, 30, 23), und mit Hornblende als Übergangsform in Hornblendegneiss und Hornblendegestein vor. Überhaupt drückt sich der häufige Wechsel der Hauptmasse des Schuppengneisses mit untergeordneten Lagen von Lagergranit, Granulit, Hornblendegneiss, Syenitgranit und einer Reihe hornblendehaltiger Gesteine, mit welchen jener ein geognostisch abgrenzbares Ganzes ausmacht, auch in einer grossen Schwankung seiner petrographischen Beschaffenheit aus.

Die chemische Zusammensetzung der zum S c h u p p e n g n e i s s gerechneten Gesteine ist aus folgenden Analysen zu entnehmen, bei welchen möglichst typische und anscheinend unzersetzte Proben anzuwenden Sorge getragen wurde.

| Schuppengneiss . . . . | XXII. | XXIII. | XXIV. |
|---|---|---|---|
| Kieselerde . . . . . . . . | 66,030 | 71,744 | 76,250 |
| Titansäure ' . . . . . . . | 0,440 | 0,706 | 0,502 |
| Thonerde . . . . . . . . | 12,800 | 9,100 | 8,210 |
| Phosphorsäure . . . . . . | — | Spur | — |
| Manganoxydul . . . . . . | — | — | — |
| Eisenoxydul . . . . . . . | 0,826 | 1,344 | 0,664 |
| Eisenoxyd ⎱ . . . . . . . . Bittererde ⎰ | 11,312 | 8,343 | 8,086 |
| Schwefelkies . . . . . . . | 0,122 | 0,210 | 0,261 |
| Kalkerde . . . . . . . . | — | 2,450 | 0,504 |
| Baryterde . . . . . . . | — | — | — |
| Kali . . . . . . . . . | 3,044 | 3,040 | 2,940 |
| Natron . . . . . . . . | 1,908 | 2,550 | 1,018 |
| Wasser und Kohlensäure . . | 3,342 | 0,413 | 1,406 |
| | 99,824 | 99,900 | 99,841 |

Über diese zur Analyse verwendeten Gesteinsproben ist noch Einiges zu bemerken.

Das Gestein der Analyse XXII ist aus dem Bergbaue auf Bleierz bei Erbendorf in einer Tiefe von 20 Lachter genommen, wo dieser Gneiss das Nebengestein des Ganges Nr. V ausmacht. Es besteht aus hellem Orthoklas, sehr vielem milchweissen, parallelstreifigen Oligoklas, matt schimmerndem braunem Glimmer, weissem Glimmer und einem dichten, glimmerähnlichen verflaserten Gemengtheil; dazu gesellt sich, wie gewöhnlich, Quarz. Die auffallend grosse Menge von Eisen rührt zum grossen Theile von einer Beimengung an kohlensaurem Eisenoxydul her, denn das feine Pulver lässt bei der Einwirkung von Säuren und beim Erwärmen eine geringe Entwicklung von Kohlensäure wahrnehmen.

Der Gneiss der Analyse XXIII stammt von Sulzbrunn bei Waidhaus (LXXIII, 29, 11); er bildet einen Übergang in die mehr körnige Modifikation, die zum eigentlichen K ö r n e l g n e i s s hinüberführt. Von den Bestandtheilen ist ausser den zweierlei Feldspathen und dem Quarze der Glimmer in zwei Arten hervorzuheben. Der glänzend schwarze und tombackbraune Glimmer herrscht vor, doch kommt auch der weisse Glimmer ziemlich häufig mit jener Eigenthümlichkeit des Zerrissenseins und der Ausfranzelung an den Rändern vor. Die faserkieselähnliche Beimengung ist hier nicht sehr ausgeprägt und mit glimmerähnlichen Schuppen innigst verschmolzen. Eisenthongranaten erscheinen in kleinen Kryställchen und auch Hornblende scheint nicht ganz zu fehlen. Bestimmter noch als bei voriger Probe giebt sich hier der Gehalt an kohlensaurem Eisenoxydul zu erkennen.

Das Gestein der Analyse XXIV kommt aus der Nähe der granulit- und hornblendereichen

Schichten von Rödenbach O. von Tirschenreuth, in der Richtung gegen Mähring (LXXXIV, 29, 14). Dasselbe ist sehr glimmerreich; der tombackbraune Glimmer liegt meist in der dichten weisslichen Substanz, welche bald dem Faserkiesel sich nähert, bald das Aussehen des weissen Glimmers annimmt. Weisser Glimmer ist höchst spärlich beigemengt. Auch diese Probe zeigt beim Übergiessen des feinen Pulvers mit Säuren und beim Erwärmen eine schwache Entwicklung von Kohlensäure.

Eine weitere Probe von Thännersreuth SO. von Tirschenreuth (LXXXII, 26, 3¼) ist eine sehr feinkörnige Varietät, welche sich schon sehr dem Körnelgneiss annähert. Das feinkörnige Gestein enthält sehr vielen braunen Glimmer, untermengt mit putzenweis angehäuftem weissem Glimmer. Auch dieses Probestück zeigt einen schwachen Gehalt an Kohlensäure, im Übrigen wurde es nur auf den Gehalt an Kieselerde untersucht,

XXV.

Kieselerde . . . . . . . . 80,225 %.

Die Vergleichung der vier untersuchten Schuppengneissstücke bezüglich ihres Gehaltes an Kieselerde zeigt auf's Neue, wie sehr bei den Gesteinen, welche mineralogisch und geognostisch die grösste Ähnlichkeit besitzen, der Gehalt an verschiedenen Stoffen einem Wechsel unterworfen ist.

Man kann zwar gegen die Resultate der Analyse den Einwand erheben, dass die Gesteine nicht mehr normal frisch oder vielleicht nicht in zureichend grossen Quantitäten zur Untersuchung angewendet worden seien. Die Gesteine wurden meist aus Steinbrüchen in so frischem Zustande gesammelt, als sie überhaupt an Orten zu bekommen sind, wo keine Bergwerke den Zugang zu grösseren Tiefen eröffnen, und die Proben mit aller möglichen Vorsorge zur Erlangung einer Durchschnittszusammensetzung aus grossen Quantitäten genommen. Bei manchen kann allerdings die Möglichkeit nicht in Abrede gestellt werden, dass die Metamorphose schon ihren Zahn an sie gesetzt hat; das sind aber eben die Gesteine, wie sie in der uns zunächst zugänglichen Teufe an der Oberfläche der Erde allgemein verbreitet liegen und wie sie sich als der allerwichtigste Gegenstand unserer Untersuchung zunächst darbieten. Nur für sie gelten daher auch die Schlussfolgen, welche wir so eben gezogen haben. Die Schwierigkeit, um nicht zu sagen die Unmöglichkeit, in irgend einer Tiefe zwischen Gesteinen zu unterscheiden, die als normal unzersetzt oder in einem und dem anderen Grad verändert oder sogenannt metamorphosirt zu betrachten sind, möchte es rechtfertigen, dass hier diejenigen Proben, welche etwa ein nicht übereinstimmendes Resultat geben, gleichwohl desshalb nicht unberücksichtigt gelassen wurden.

Es bestättigt sich daher auch in unserem Gebirge unzweideutig, wie Herm. Müller[1]) für das sächsische Erzgebirge erkannte, dass die Gneissarten aus den oberen Tiefen der Erdoberfläche, welche nach ihrer petrographischen Beschaffenheit, nach den Lagerungsverhältnissen und der Verbreitung als ein geognostisch zusammengehöriger Gesteinskomplex betrachtet werden müssen, nicht durchgängig mit den nach dem verschiedenen Gehalt an Kieselerde gemachten Abtheilungen zusammenfallen und dass daher gewisse grössere Gruppen von geognostisch eng verbundenen Gneissbildungen durchaus nicht einer ursprünglich homogen zusammengesetzten Masse, wie sie bei Eruptivgesteinen erscheint, entsprechen, sondern grössere Analogie mit solchen Sedimentärschichten besitzen, welche aus wechselnden Lagen, zum Theil Thonschiefer, Kieselschiefer, Kalk und Grauwacke, bestehen.

Eine solche Analogie springt ganz besonders bei den Gneissbildungen in's Auge, welche hier unter der allgemeinen Bezeichnung Schuppengneiss zusammengestellt werden. Der so häufige Wechsel mit zwischengelagerten Graniten und hornblendehaltigem Schiefer von sehr geringem Kieselerdegehalte zeigt an, dass wir für geognostisch passende Gruppirungen der

---

[1]) Neues Jahrbuch für Mineralogie, 1864, S. 829.

Gneissgesteine von dem rein chemischen Eintheilungsprinzipe abgehen müssen und dass überhaupt kaum ein einzelnes herausgegriffenes Verhältniss der Gesteine genügen wird, ein natürliches Zusammenfassen derselben möglich zu machen. Der Wechsel von 66 bis 80% Kieselerde im S c h u p p e n g n e i s s ist allerdings so gross, dass die chemische Analyse wenig Hoffnung in Aussicht stellt, selbst die näher verwandten Varietäten sicher an ihrem gleichen Kieselerdegehalt erkennen zu können, und doch ist es immerhin höchst interessant und bemerkenswerth, dass, extreme Abänderungen ausgeschlossen, ein mittlerer Gehalt an Kieselerde von beiläufig 75 bis 76% für die Gesteinsgruppe sich ergiebt, welche in der t y p i s c h e n Gesteinsprobe XXIV repräsentirt ist. Eigenthümlich und charakteristisch für unseren S c h u p p e n g n e i s s ist der starke Gehalt an E i s e n. Ein Theil desselben ist, wie schon erwähnt, in Form von kohlensaurem Eisenoxydul und durch dessen Zersetzung als Eisenoxydhydrat vorhanden, ein anderer Theil scheint von der Zersetzung eines sehr eisenreichen glimmer- und chloritartigen Gemengtheiles herzurühren.

Von bezeichnenden Beimengungen in dieser Gneissvarietät verdient vor Allem das faserkieselhaltige, buchholzitartige Mineral hervorgehoben zu werden, welches zuweilen in eine glimmerähnliche, gleichsam durch Verflaserung des Glimmers entstandene schuppige, anscheinend dichte, seidenglänzende Substanz übergeht. Diese findet sich stellenweise, wie in dem Gebirge O. von Tirschenreuth zwischen Mähring und Bärnau, häufig in grösseren Massen ausgeschieden in Form faltenartig gebogener und äusserst fein gestreifter, etwas fettig anzufühlender Flasern, welche, unter der Loupe betrachtet, aus zahlreichen kleinsten Stengelchen zusammengesetzt erscheinen. Diese Substanz ist durchweg weiss und seidenglänzend, selten geht ihre Farbe in's Braune oder Gelbe über. Vor dem Löthrohre selbst in dünnen Splitterchen unschmelzbar oder kaum sinterbar, nimmt das Mineral mit Kobaltsolution befeuchtet und geglüht eine prächtige blaue Farbe an; sie wird übrigens von Säuren nicht angegriffen. Das specifische Gewicht im Mittel dreier Versuche beträgt 2,958, jenes des Buchholzits wird zu 3,1 bis 3,2 angegeben. Da unser Mineral äusserlich mit jener Substanz, welche aus der Gegend von Bodenmais und Schüttenhofen in Böhmen für B u c h h o l z i t angenommen wird [1]), ganz gut übereinstimmt, so möchte es kaum zweifelhaft bleiben, dass trotz etwas geringerem specifischem Gewicht wir in diesem Mineral F a s e r k i e s e l oder B u c h h o l z i t vor uns haben. In grösseren Massen ausgeschieden fand sich derselbe bei Waldthurn (LXXIV, 24, 57), ausgezeichnet bei Miesbrunn (LXXIII, 27, 11), bei Wildenreuth (LXXX, 16, 0), N. und NW. von Bärnau an zahlreichen Punkten, auch bei Tröglersricht (LXXIV, 20, 6), sonst in der Regel in kleinen flasrigen Schuppen mit und neben dem Glimmer überall, wo S c h u p p e n g n e i s s vorkommt.

Ein zweiter wichtiger accessorischer Bestandtheil des Schuppengneisses ist der G r a p h i t. Nicht selten beobachtet man einzelne glimmerähnliche, der Gneissmasse beigemengte Schüppchen, namentlich in solchen Varietäten, welche zugleich auch Hornblende enthalten, wie zunächst bei Tirschenreuth, Erbendorf und Wildenreuth. Am graphitreichsten jedoch ist der Gneiss N. von Tirschenreuth bei Klein-Klenau und Höfen, welcher durch häufige Beimengung von Glimmer in Glimmerschiefer übergeht. In diesem Glimmergneiss nimmt stellenweise der G r a p h i t in glimmerähnlichen Schuppen so überhand, dass das Gestein zum wahren G r a p h i t g n e i s s wird. Die stete Vermengung mit den übrigen Bestandtheilen des Gneisses veranlasst, dass dieses Graphitvorkommen zu den bisher wenig beachteten gehört, da die Unreinheit der Massen seiner technischen Benützung im Wege steht. Vielleicht liessen sich durch sorgfältige Schlemmarbeit aus diesem ziemlich mächtigen Graphitgneisslager doch mit einigem Nutzen reinere Qualitäten von Graphit, etwa zu Tiegeln u. s. w., gewinnen.

Eine zweite Fundstätte graphitreichen Gneisses, deren wir später noch zahlreiche bei anderen Gneiss- (Dichroitgneiss) Varietäten kennen lernen werden, trifft man in der Nähe von Kirchendemmenreuth zwischen Erbendorf und Neustadt a./Wn. (LXXIX, 16, 13). Auch hier nehmen die Graphitschuppen mit und neben weissem Glimmer genau die Stelle des Glimmers ein, so dass man glauben möchte, eine Pseudomorphose von Kohlenstoff nach braunem Glimmer vor sich zu haben. Auch deuten in diesem Gestein zahlreiche Poren und kleine Höhlungen,

---

[1]) Naumann's Mineralogie, 6te Aufl., S. 328.

welche sonst dem Gneiss fremd zu sein pflegen, auf erlittene starke Umänderungen der Gesteinsmasse hin.

Dass Schwefelkies stets in einiger Menge dem Schuppengneiss beigemengt sei, beweisen die drei Analysen. Nach diesen ergiebt sich sogar ein ziemlich hoher Gehalt, im Mittel von nahe 0,2%. Daraus erklärt sich zum grossen Theile das meist schmutzig-gelbe Aussehen vieler in beginnender Zersetzung begriffener Gneissmassen und zugleich auch die oft sehr bedeutenden Umänderungen, welche dieselben erlitten haben, da leichte Zersetzbarkeit des Schwefelkieses zunächst Ursache war, dass auch die übrigen Bestandtheile in den Kreis der Umwandlung hineingezogen wurden. Besonders ist Schwefelkies in hornblendehaltigem Gneiss und in jenen fast in Quarzschiefer übergehenden Modifikationen reichlich vorhanden, welche zugleich durch chloritische Gemengtheile grün gefärbt erscheinen, wie am Mühlbühl zunächst bei Tirschenreuth und an der Wenderer-Mühle unfern Bärnau, wo derselbe früher vielfach zu Gräbereien und Proben auf Gold und Silber Veranlassung gab.

Von dem Vorkommen des Spatheisensteins und Eisenglimmers war schon früher die Rede. Es ist hier nur noch hinzuzufügen, dass nach alten Akten in der Gegend von Bärnau in früheren Zeiten Steinbrüche auf körnigen Kalk als Einlagerung im Schuppengneiss vorhanden gewesen sein sollen. Ich konnte denselben anstehend dort nicht mehr auffinden.

Zu den fast konstanten accessorischen Beimengungen des Schuppengneisses gehört auch der Nigrin oder titanhaltige Mineralien. Der Nigrin, nach Rammelsberg ein mit Titaneisen gemengter Rutil, kommt in der Gegend von Bärnau überaus häufig vor, z. B. an den Flusshütten, eine Stunde S. von Bärnau an der böhmischen Grenze (LXXIX, 28), dann bei Thannhausen und Hohenthann (LXXIX und LXXX, 26), wo derselbe wegen seiner überaus grossen Ähnlichkeit mit Zinnerz in früheren Zeiten vielfache bergmännische Versuche in's Leben rief. Derselbe kommt in rundlichen, geschiebeartig aussehenden Knöllchen bis zu Haselnussgrösse von durchschnittlich drei Gramm Gewicht im Gneiss eingewachsen vor und zeigt auch in dieser ursprünglichen Einbettung schon jene Abrundung, wegen welcher er gewöhnlich als in Geschieben vorkommend bezeichnet wird. Er besitzt in diesen Knöllchen die Spaltbarkeit des Rutils und nach meinen Bestimmungen im Mittel von fünf Versuchen ein specifisches Gewicht von 4,732. Rammelsberg[1]) bestimmt für Stücke von gleichem Fundorte das specifische Gewicht zu 4,411 und bemerkt, dass das schwarze Pulver beim Glühen in Wasserstoffgas 3,67 bis 3,72 und 4,77 u. s. w. % Verlust giebt. Salzsäure löst Eisenoxyd und Eisenoxydul und etwas Titansäure auf mit Hinterlassung von etwa 90% eisenhaltiger Titansäure. Seine Analyse ergab im Ganzen:

|  | XXVI. |
|---|---|
| Titansäure | 89,49 |
| Eisenoxyd (Mn.) | 11,03 |
| Magnesia | 0,45 |
|  | 100,97 |

Eine andere Probe wurde von Hugo Müller[2]) untersucht. Dieselbe kommt in Körnern zwischen Hohenthann und Thannhausen vor, also an gleicher Localität, wie der von Rammelsberg untersuchte Nigrin. Das specifische Gewicht wird zu 4,56 und seine Zusammensetzung folgendermassen angegeben:

---

[1]) Rammelsberg, Handbuch der Mineralchemie, S. 1006.

Rammelsberg betrachtet den Nigrin, namentlich den von Bärnau, resp. Hohenthann, als einen mit Titaneisen gemengten Rutil. Sehr bemerkenswerth ist diesem gegenüber der Nachweis Müller's, dass statt Fe im Nigrin von Bärnau Ḟe vorhanden sei. Es scheint demnach, dass sich der Bärnauer Nigrin betrachten lasse als ein Übergang zum Titaneisen und zusammengesetzt sei aus titansaurem Eisenoxydul mit einer Beimengung von Titansäure. Man könnte diese merkwürdige Varietät als Bärnauit von den verwandten Titanmineralien trennen, um das Eigenthümliche derselben hervorzuheben.

[2]) Journal für praktische Chemie, LVIII, S. 183, und Korresp.-Bl. d. zool.-min. Vereins in Regensburg, 1852, S. 75.

XXVII.

Titansäure . . . . . . 86,2
Eisenoxydul . . . . . 14,2
100,4

Da solche rundliche Körner in Form von Sandkörnchen ausgeschlemmt in den Wasserrinnen häufig in den Gneissgebirgen zwischen Tirschenreuth und Waldmünchen, ganz besonders
reichlich und in grossen Stücken, wie erwähnt, zwischen Bärnau und Silberhüttenberg, an
dessen Nordgehänge man sie leicht in den Bachrinnsalen pfundweise sammeln kann, und in
der Gegend von Neudorf und Georgenberg N. von Waidhaus, wo böhmischerseits nach H o c h -
s t e t t e r [1]) bei Goldbach und Inselthal Körner bis zu Hühnereiergrösse umherliegen, sich finden,
so darf der N i g r i n wohl als ein ziemlich allgemein dem S c h u p p e n g n e i s s beigemengtes Mineral
betrachtet werden. Indess bleibt es oft zweifelhaft, ob wir es mit N i g r i n oder T i t a n e i s e n
zu thun haben, da letzteres mehrfach in Form von K i b d e l o p h a n gleichfalls namentlich an
Quarzausscheidungen beobachtet wurde. Das Mittel der vier auf Titansäure geprüften S c h u p -
p e n g n e i s s s t ü c k e giebt einen Gehalt von 0,7 % Titansäure, welche wahrscheinlich von beigemengtem Nigrin und Titaneisen herrührt. Auch G r a n a t und T u r m a l i n sind nicht selten
im Schuppengneiss vorhanden. Der rothe, eisenreiche Granat, der sich häufig in der Nähe des
Granulits einstellt, wie bei Rödenbach, zuweilen auch,' wie bei Pillmersreuth (LXXXV, 27, 12),
mitten im typischen Schuppengneiss zum Vorschein kommt, ist häufig ganz oder theilweise in
eine brauneisenartige Substanz zersetzt, welche die Umgebung ockerartig färbt. Auch bemerkt
man zuweilen einen schwarzen bis stahlblauen Anflug der auf einen Gehalt der Granaten an
Mangan schliessen lässt.

Eine ähnliche Rolle, wie Granat, spielt auch der s c h w a r z e  E i s e n t u r m a l i n. Er zeigt
sich häufig eingewachsen in den quarzigen Ausscheidungen und nimmt zuweilen bei quarzreichen
Abänderungen so an Häufigkeit zu, dass, wie in der Umgegend zwischen Plössberg, Schlattein
und Wildenau (LXXIX, 22, 1), ein S c h ö r l s c h i e f e r oder S c h ö r l g n e i s s sich herausbildet.
Der S c h ö r l g n e i s s von Waldthurn (LXXIV, 24, 18) enthält neben weissem Glimmer lange
nadelförmige Säulchen von Turmalin, welche zuweilen zerbrochen und durch das gewöhnliche
Gneissgemenge wieder verkittet sind. Doch bleiben diese Einlagerungen immer sehr untergeordnet und gewinnen auch keine namhafte Ausbreitung.

E p i d o t und E g e r a n treten besonders in der hornblendigen und chloritischen Gesteinsmodifikation hervor. Sie werden daher später ausführlicher besprochen werden.

Als eine hierher gehörige Erscheinung haben wir schliesslich noch die sogenannten K r y -
s t a l l k e l l e r, d. h. grössere, in Drusen vorkommende Q u a r z k r y s t a l l b i l d u n g e n, zu erwähnen. Wie der Quarz überhaupt häufig in Gängen das Gneissgebirge durchsetzt, so erscheint
er im Gneiss auch häufig in grösseren linsenförmigen Ausscheidungen. Manche dieser Linsen
oder Konkretionen sind theilweise hohl und sie sind es, in denen vorzüglich schöne K r y -
s t a l l e von Q u a r z gefunden werden. Oft sind in diesen Drusen die fein auskrystallisirten
Enden anders gefärbt, als die Hauptquarzmasse, gelb oder braun, Citrin- oder Rauchtopas-ähn-
lich. Solche Farbenspiele sind zwischen Tirschenreuth und Bärnau nicht selten zu beobachten.
Ein ähnliches Vorkommen und zwar von rings frei ausgebildeten Quarzkrystallen wurde am
Mühlteiche bei Reichenau N. von Waidhaus (LXXIV, 30, 1) beobachtet und bereits schon durch
v. H o c h s t e t t e r [2]) beschrieben. Die nur schwach angewachsenen hexagonalen Pyramiden und Prismen zeigen bei einer namhaften Grösse von 90 Millim. Länge und 25 Millim. Dicke die eigenthümliche Erscheinung einer sehr ungleichen Ausbildung der Krystalle nach beiden Enden hin, so dass
sie sich nach e i n e m Ende hin staffelförmig viel stärker verschmälern. Zugleich giebt sich an der
ungleichen Entwicklung der Pyramidenflächen, welche in unregelmässig begrenzten Partieen zum
Theil glänzend glatt, zum Theil matt erscheinen, zu erkennen, dass die Krystalle keiner holoëdri-
schen Form angehören, sondern tetartoëdrische Kombinationen sind. Diese Quarzkrystalle reihen
sich daher an die bekannten Krystalle aus der Dauphiné [3]) oder von Järischau im Riesengebirge an.

---

[1]) Jahrb. d. K. K. geol. Reichsanst., VI, 1855, S. 760.
[2]) Jahrb. d. K. K. geol. Reichsanst., VI. Bd., 1855, S. 760.
[3]) Haidinger in Brewster's Journ. of the sc., I, p. 323.

Die Hauptverbreitung des Schuppengneisses beschränkt sich auf die offenbar jüngsten, dem Glimmerschiefer oder Urthonschiefer zunächst benachbarten Gneissstriche unseres Gebirges. Im Osten ist es namentlich das Dreieck zwischen Tirschenreuth, Mähring und Bärnau bis zur Landesgrenze, innerhalb dessen die typische Gneissvarietät in Wechsellagerung mit Hornblendegestein, Granulit und Lagergranit besonders vorherrscht. Mächtige Granitstöcke unterbrechen nach Süden und Westen die Fortsetzung fast ganz. Doch ziehen sich vom südlichen Gehänge des Silberhüttenberges Schuppengneisse längs der Landesgrenze über Waidhaus, Eslarn bis in die Gegend von Waldmünchen. Am westlichen Randgebirge macht die grünlich gefärbte Abänderung des Schuppengneisses die Hauptgesteinsmasse zwischen Erbendorf, Neustadt a./Wn. und dem Flussthale der Waldnaab aus. Dieser Zug setzt bei Neustadt a./Wn. auf die südliche Waldnaabthalung über und streicht, immer am Urgebirgsrande sich haltend, bis in die Gegend von Leuchtenberg und Murach, wo gegen SW. und W. die Zone des bunten Gneisses beginnt.

Wie im Norden an die Glimmerschieferberge des Egerer Waldes und Hedelberges, so legt sich auch im mittleren Gebirgsstocke des Waldes Schuppengneiss an den Glimmerschiefer des Ossagebirges in freilich nur schmalen und kurzen Streifen an, der von Haibühl über Lam gegen Lohberg fortstreicht und allmählig in Körnelgneiss verläuft.

Wo immer sonst noch Schuppengneiss-ähnliches Gestein auftritt, sind es nur sehr untergeordnete einzelne schwache Schichtenstreifen, die keine Selbstständigkeit erlangen, wie z. B. jener von Böbrach bei Bodenmais, welcher dort schuppigen Faserkiesel enthält; ferner gehören hierher Partieen bei Rabenstein (XLIV, 51, 2) und bei Untergraineth NO. von Wolfstein. An dem zuletzt erwähnten Orte zeigt sich derselbe bereits körnig, ohne grünlichen Glimmer und im deutlichen Übergange zu dem dort herrschenden Körnelgneiss.

#### 4) Körnelgneiss.

Zum Typus der unter der Bezeichnung Körnelgneiss hier zusammengefassten Gneissvarietäten nehmen wir den Gneiss, wie er in den höchsten Gebirgstheilen unseres Waldgebirges am Gipfel des Arber's auftritt. Derselbe ist ein körnigstreifiges Gestein, in welchem meist abwechselnde Schichtenlagen von fein- und grobkörnigen Gemengen, letztere oft granitähnlich, sich bemerkbar machen. Seltener sind die Feldspaththeile gross und in länglich-runden Knollen ausgeschieden — Augengneiss —. Die Farbe ist vorherrschend grau oder gelblichgrau, selten und wahrscheinlich nur in Folge von Zersetzungen röthlich (Neunussdorf bei Viechtach).

Der Naturabdruck eines Stücks von Urlading unfern Deggendorf, welches quer zu den Schichtungsflächen angeschliffen und geätzt ist, zeigt in den schwarzen zerstreuten nebligen Partieen den vorhandenen Quarz, in den langgestreckten Streifen den Glimmer an; alle lichten Partieen bestehen aus Feldspath.

Einer der wesentlichen Gemengtheile des Körnelgneisses ist Orthoklas von weisslicher, graulicher, seltener, wahrscheinlich nur in Folge von Eisenoxydhydratinfiltrationen, gelblicher oder, wie am Eigenhof bei Kötzting (LIII, 42, 10), grünlichweisser Farbe; bei deutlichem Blätterbruche besitzt er stark spiegelnde Flächen. Der Orthoklas ist stets mit zahlreichen eckigen Bläschen erfüllt und sehr häufig

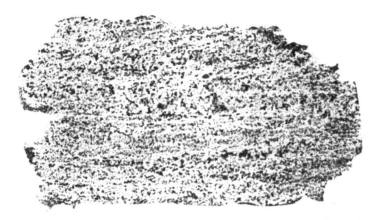

umschliesst er wasserhelle Quarzkörnchen, die auf der Oberfläche wie geschmolzen aussehen. Neben diesem weitaus vorherrschenden Orthoklas lässt sich wenigstens in manchen Gesteinen deutlich eine zweite, höchst fein parallelgestreifte Feldspathart erkennen, welche sich durch matten Glanz der Spaltungsflächen, durch leichtere Zersetzbarkeit und durch eine trübere Färbung vom Orthoklas unterscheiden lässt. Bei manchen Handstücken, wie namentlich bei jenen von dem Gipfel des Arber's, die als die typische Form gelten sollen, konnte ich mit Sicherheit einen klinoklastischen Feldspath nicht erkennen.

Der zweite charakteristische Gemengtheil ist tombackbrauner, einachsiger Glimmer, welcher meist in kleinen Schuppen entweder zerstreut in den granitischen Streifen oder zusammengehäuft zu schuppigen Partieen in den schiefrigflasrigen Streifen und nur selten in grossen Tafeln ausgeschieden ist. Auch weisser, zweiachsiger Glimmer kommt zuweilen vor; derselbe ist aber so spärlich eingemengt, dass er nur als accessorischer Bestandtheil gelten kann. Ebenso trifft man zuweilen Schüppchen von grünlichem Glimmer, die aber immer höchst vereinzelt erscheinen.

Der Quarz endlich ist meist durchsichtig, wasserhell, oft gelblich gefärbt. Sehr merkwürdig ist das Erscheinen vollkommen auskrystallisirter Quarze inmitten der feldspathigen Lagen bei einem Gneisse von der Schönbuchen unfern Kötzting (LI, 42, 2).

An accessorischen Beimengungen ist der Körnelgneiss sehr arm. In den Übergangsformen in Schuppengneiss zeigt sich zuweilen das früher besprochene Buchholzit-ähnliche Mineral, wie bei Finsterau (XLI, 63, 3), am Katzberg bei Cham (LIII, 34, 37), auf den Keitersbergen bei Kötzting u. s. w. Ebenso selten kommt Granat darin vor, z.B. bei Bodenmais (XLVI, 49, 5) oder ganz vereinzelt Hornblende und Turmalin. Am häufigsten scheinen Schwefelkies und Titaneisen als Beimengungen aufzutreten. Sehr oft bemerkt man an Stücken die ersten Spuren beginnender Zersetzung an den Rostflecken, welche ein kleines Schwefelkieskörnchen umgeben. In Folge einer noch weiter fortgeschrittenen Zersetzung nimmt das Gestein durch und durch eine gelbliche Färbung an. Zuweilen scheinen die gelben Flecken auch von zersetztem Titaneisen herzurühren, welches wenigstens in dem quarzreichen Gesteine der Keitersberge in Form krummschaligen Kibdelophans mehrfach beobachtet worden ist.

Von den bisher besprochenen Gneissarten unterscheidet sich der Körnelgneiss sehr

Digitized by G

scharf. Eine Verwechselung mit buntem — Pfahl- oder Winzergneiss ist ohnehin nicht leicht möglich; gegenüber dem ihm zunächst verwandten Schuppengneiss aber lässt sich der Körnel-gneiss leicht an dem körnigen, nicht schuppigen Gefüge, an dem Mangel des verflaserten, weisslichgrauen Glimmergemengtheiles oder des Faserkiesels und an der Seltenheit der beigemengten Schüppchen weissen Glimmers leicht erkennen.

Nach den vorgenommenen chemischen Analysen bestehen die Gesteine dieser Gneissvarietät aus:

| Körnelgneiss | XXVIII. | XXIX. |
|---|---|---|
| Kieselerde | 74,175 | 73,175 |
| Titansäure | 0,625 | 0,600 |
| Phosphorsäure | Spur | Spur |
| Thonerde | 8,437 | 8,750 |
| Bittererde | Spur | Spur |
| Eisenoxydul | 2,144 | 0,321 |
| Eisenoxyd | 5,981 | 7,804 |
| Schwefelkies | 0,212 | 0,211 |
| Kalkerde | 1,750 | 1,736 |
| Baryterde | Spur | Spur |
| Kali | 4,593 | 4,593 |
| Natron | 1,455 | 1,454 |
| Wasser | 0,312 | 0,938 |
|  | 99,684 | 99,582 |

Dreizehn weitere Gesteinsproben wurden nur. auf ihren Gehalt an Kieselerde und zum Theil auch auf Titansäure geprüft; sie enthalten:

| | XXX. | XXXI. | XXXII. | XXXIII. | XXXIV. | XXXV. | XXXVI. | XXXVII. | XXXVIII. |
|---|---|---|---|---|---|---|---|---|---|
| Kieselerde | 75,00 | 73,986 | 73,00 | 72,50 | 72,15 | 71,90 | 70,10 | 69,980 | 69,00 |
| Titansäure | unb. | 0,520 | unb. | unb. | unb. | unb. | unb. | 0,921 | unb. |

| | XXXIX. | XL. | XLI. | XLII. |
|---|---|---|---|---|
| Kieselerde | 68,060 | 67,80 | 62,80 | 58,877 |
| Titansäure | 1,440 | unb. | unb. | 1,120 |

Von den Analysen XXX, XXXII, XXXIII, XXXIV, XXXV, XXXVI, XXXVIII, XL und XLI [1]) ist bereits früher das Gestein näher beschrieben worden (s. S. 207 u. f.). Sie entsprechen der Reihe nach den dort (S. 207) unter Nr. 12, 25, 28, 30, 31, 36, 38, 42 und 45 aufgeführten Proben.

Das Gestein der Analyse XXVIII findet sich bei Schwendreuth unfern Untergraineth in der Gegend von Wolfstein (XXXIV, 66, 3a); es ist sehr frisch und ohne Spur erlittener Umänderung, mittelkörnig, in's Flasrige übergehend, reich an tombackbraunem Glimmer, wogegen kaum einzelne Blättchen weissen Glimmers zu sehen sind. Die ziemlich gleichmässig körnigen weissen Feldspaththeile sind zum grossen Theil Orthoklas, aber man erkennt auch deutlich Beimengungen von parallelstreifigem klinoklastischem Feldspathe. Trotz des grossen Gehaltes an Glimmer zeigt sich das Gestein gleichwohl sehr reich an Kieselerde, so dass es chemisch betrachtet mit dem grauen Gneiss des sächsischen Gebirges, dem es doch dem Äussern nach sehr nahe kommt, sich nicht vergleichen lässt.

Zur Analyse XXIX wurde ein Gestein aus der Donaugegend bei Hofkirchen genommen (XXVII, 50, 8), welches eine Übergangsform in Granit darstellt, die Gneisstextur jedoch noch erkennen lässt. Dasselbe ist ziemlich grobkörnig und besteht aus fast gleichgrossen Krystallkörnchen eines milchweissen Orthoklases und eines opaken, bei beginnender Zersetzung gelblichweissen Oli-

---

[1]) Diese Kieselerdebestimmungen sind vom Berg- und Salinenpraktikanten Reber ausgeführt worden.

goklases, beide zu ziemlich gleichen Theilen mit Quarz und schwarzbraunem Glimmer gemengt. Stellenweise bemerkt man kleine Partieen von schmutzig-grünlicher Färbung, welche Ausscheidungen eines Aspasiolith-ähnlichen Minerals zu sein scheinen.

Die Analyse XXXI bezieht sich auf einen körnigstreifigen Gneiss von der Heilsbergermühle nördlich von Wörth (XLIV, 26, 5), welcher sehr frisch aussieht und von dem man wohl annehmen darf, dass er noch keine Veränderung erlitten hat. Das Gestein besitzt körnigstreifige Textur und besteht aus streifenweise wechselnd glimmerreicheren und glimmerärmeren Massen von grobem, ziemlich gleichmässigem Korne. Die beiden Feldspatharten, welche darin gemengt sind, besitzen nahezu gleiche Färbung zwischen Wasserhell und Milchweiss, lassen sich aber an dem verschiedenen Glanze der Spathflächen, welcher bei dem Orthoklas glasglänzend, beim Oligoklas matt ist, ausserdem durch das Fehlen oder Vorkommen der Parallelstreifen leicht unterscheiden. Erst bei fortschreitendem Einfluss der atmosphärischen Zersetzung beginnt die Färbung des Oligoklases sich in's Gelbliche umzuändern. Der Glimmer ist dunkel-tombackbraun. Sonstige Beimengungen scheinen ganz zu fehlen.

Zur Probe XXXVII wurde eine dünngeschichtete glimmerreiche Varietät von der höchsten Spitze des Arber's bei Bodenmais genommen. Ausser dem schwarzbraunen Glimmer, welcher die Schichtflächen vollständig bedeckt, bemerkt man auf dem Querbruche ein ziemlich feinkörniges Gemenge von Orthoklas, Quarz und Glimmer. Einen klinoklastischen Feldspath konnte ich nicht mit Sicherheit erkennen.

Das Gestein der Probe XXXIX ist aus der Gegend von Falkenstein in der Nähe des Kothhofs (XLVI, 27, 0) genommen, wo ein breiter Gneissstreifen mitten in das Granitgebiet hineinragt. Die Mengung von weisslichem Orthoklas, tombackbraunem Glimmer und Quarz ist eine ziemlich gleichmässige, so dass das Gefüge als körnigstreifig zu bezeichnen ist. Eigenthümlich ist diesem Gestein, dass in dem ziemlich feinkörnigen Gemenge häufig kleine Krystalle eines Feldspaths ausgeschieden sind, deren spiegelnde Spaltungsflächen sehr deutliche Parallelstreifen zeigen. Die Farbe dieses klinoklastischen Feldspaths ist weisslich oder gelblich. Ein ähnliches Gestein trifft man auch am Rinchnacher Waldhaus (XXXIX, 53, 5).

Zur Probe XLII endlich ist ein Gestein aus dem Gebiete des Gneisses östlich von Tirschenreuth (Poppenreuth, LXXXV, 28, 11) gewählt worden, welches sich durch sein flasriges Gefüge auszeichnet, ohne eigentlich einen Übergang in den typischen Schuppengneiss zu verrathen. Der grossblättrige, in flasrige Schuppen ausgeschiedene, dunkelschwarze Glimmer durchzieht die feinkörnige, in putzenartigen Partieen angehäufte Mengung von Quarz und Orthoklas in einer Weise, dass die Schichtung sehr undeutlich wird und das Gestein das Aussehen mancher flasriger Lagergranite gewinnt. Da es innerhalb des Schuppengneisses eine scharf begrenzte Schicht ausmacht, schien es sehr geeignet, um zu untersuchen, ob in solchen bestimmt abgegrenzten Zwischenlagen von konstant gleichförmiger Mengung der Bestandtheile eine erwartete Gesetzmässigkeit des Kieselerdegehaltes sich konstatiren lasse. Das Resultat der Analyse ergab aber einen so unverhältnissmässig geringen Gehalt an Kieselerde, dass das Gestein in der nach dem Kieselsäuregehalte geordneten Reihe sehr hoch, selbst über den grauen Gneiss zu stehen käme.

Die Vergleichungen der Ergebnisse einer chemischen Untersuchung der einander geognostisch nahestehenden Gneisse, die hier unter der gemeinschaftlichen Bezeichnung Körnelgneiss zusammengestellt werden, lassen auf's Neue die Wahrnehmung machen, dass sie uns kein Mittel an die Hand zu geben scheinen, um aus der langen Reihe der zum Gneisse zu zählenden Gesteine gewisse Gruppen in Übereinstimmung mit ihren geognostischen Verhältnissen sicher und bestimmt abzugrenzen.

Auch bei diesem Gneisse stellt sich die Titansäure als Bestandtheil in ziemlicher Menge ein. Das Auffinden von Titaneisen im Gneiss der Keitersberge macht es mehr als wahrscheinlich, dass der Gehalt an Titansäure von einer Beimengung von Titaneisen abstamme, das mit dem Schwefelkies als ein fast konstanter Begleiter der Gneisse des Waldes zu betrachten ist. Das auch bei dieser Gneissart in grossen Quantitäten gefundene Eisen rührt, abgesehen von Schwefelkies, grossentheils wohl von Glimmer her. Es ist bemerkenswerth, dass kleine Mengen desselben, wie auch solche von Kalkerde, als kohlensaure Salze im Gneisse sich vorfinden, indem aus dem mit Säuren übergossenen gepulverten Gesteine einzelne Gasbläschen sich entwickeln, die bei Anwendung von Wärme sich vermehren. Es ist wohl anzunehmen, dass diese kohlensauren Verbindungen das Produkt einer bereits begonnenen Zersetzung sind.

An die typischen Formen des **Körnelgneisses** lassen sich noch einige Gesteine anreihen, welche bei grosser Verwandtschaft mit letzterem dennoch auffallende Unterscheidungsmerkmale darbieten, ohne aber in ihrem Auftreten grössere Selbstständigkeit zu gewinnen. Dahin gehören:

1) gewisse **Augengneisse**, welche bei übrigens mit dem **Körnelgneiss** übereinstimmender Zusammensetzung, durch Ausscheidungen grosser rundlicher Orthoklasmassen sich auszeichnen. Der Blätterbruch dieser Ausscheidungen beweist, dass sie eigentlich einen Zwillingskrystall darstellen, der nur gegen aussen sich nicht in regelmässiger Form ausbilden konnte. Solche Augengneisse trifft man sporadisch z. B. am Paulusberg bei Obernzell (XX, 68, 2), bei Messnerschlag am Kaasberg (XXV, 71, 1), an der alten Schönbrunner Hütte (XXXVII, 62, 1), sogar mit grün gefärbtem Feldspath am Eigenhof bei Kötzting (LIII, 42, 10) oder mit grossen, halb zersetzten Thoneisengranaten bei Rinchnach (XL, 51), ferner am Wöhrhof bei Harling (XLVIII, 34, 10), bei Markelsried unfern Rötz (LVII, 30, 2), bei Kaining unfern Freyung (XXXII, 64, 4), am Hautzenstein bei Regenstauf (XLVI, 19, 4) u. s. w. In grösseren Partieen breiten sie sich in der Gegend von Falkenberg aus (Höchenberg, XLIV, 30, 3, Heilsbergermühle, XLIV, 26, 5), wo sie zu dem umgebenden porphyrartigen Granit in einem näheren Verhältnisse stehen.

2) Sehr dichte feldspathreiche Varietäten von Oberndorf bei Kötzting und von Untergraineth bei Wolfstein (XXXIII, 66, 2ª) zeigen eine gewisse Annäherung an die Pfahlgesteine, indem der schwarze Glimmer zurücktritt und der Feldspath mit dem Quarze sich innigst mengt. Dergleichen Gneisse finden sich auch am Haidberg bei Elisabethzell (XLIII, 39, 5) und in Übergangsformen zum Winzergneiss zu Perasdorf unfern Schwarzach (XL, 39, 15). Hierher gehört auch das sehr glimmerarme, körnigstreifige Gestein aus der Gegend von Wegscheid (XXIV, 70, 5), welches das Aussehen eines grobkörnigen Quarzschiefers annimmt, und das Granulit-ähnliche Gestein aus dem Charlottenthal bei Wolfstein (LXV, 33, 14). Gleichzeitig glimmer- und feldspatharme Gesteine bilden einen Übergang zu Quarzschiefer. Der Höhenzug der Keitersberge besteht wesentlich aus solchem quarzreichen Gneissgestein, häufig mit Einschlüssen von Andalusit, z. B. am Mittagsstein (L, 43, 3), am Götzelhof (LII, 42, 4), bei Hohenwarth (LII, 43, 8) und am Jägerhaus (LIII, 43, 10).

3) Zu den glimmerarmen Abänderungen stehen jene **glimmerreichen** Gneisse im stärksten Kontraste, welche am Fuchsberge bei Oberviechtach (LXV, 26, 1) und in dem Quarzbruche am Katzberge bei Neuschönau unfern Grafenau (XXXVII, 61, 1) auftreten. Das Gestein vom Fuchsberge besteht aus tombackbraunem Glimmer, dessen grosse Blättchen kleine linsenförmige Partieen von Quarz und Feldspath förmlich umhüllen; der Gneiss vom Katzberge dagegen zeichnet sich durch seine streifigflasrige Textur aus.

Am bemerkenswerthesten ist der Übergang dieses **Körnelgneisses** in ein ziemlich gleichförmig gemengtes, nicht geschiefertes Gestein, welches vermöge seiner Lagerung als **Lagergranit** angesprochen werden muss. Wir werden später, bei der Beschreibung des Granites, auf diese interessanten Mittelformen zurückkommen, welche durch zahlreiche Übergänge Gneiss und Granit verbinden. Die gneissartigen Mittelglieder, die wir statt der oft missbrauchten Bezeichnung **Granitgneiss** lieber **Perlgneiss** nennen möchten, sind durch so viele Zwischenformen an den

30 *

Körnelgneiss angeschlossen, dass es nicht naturgemäss scheint, sie in eine abgesonderte Gruppe von diesem zu trennen.

Der Körnelgneiss und die sich ihm zunächst anschliessenden Gesteine breiten sich von den Gipfeln der höchsten Waldberge, vom Arber in dem Zuge des hinteren bayerischen Waldes durch das Lusen-, Rachelgebirge, den Zwieseler Wald, den Arbergebirgsstock bis über die Keitersberge aus und nehmen hier den Strich zwischen Glimmerschiefer und Dichroitgneiss fast ganz ausschliesslich für sich in Beschlag. Diess ist das eigentliche Körnelgneissgebiet, von welchem dann in SO. Richtung über die Grenzberge bei Finsterau und das Bischofsreuther Gebirge bis zum Dreisessel und in die Gegend von Wegscheid Ausläufer fortstreichen. Auch jenseits der Keitersberge stossen wir in nordwestlicher Richtung auf die Fortsetzung des Zuges in den Bergen zwischen Furth und Waldmünchen, bei Cham und weiterhin auf die nach und nach in den Schuppengneiss verlaufenden Partieen bei Oberviechtach und längs der Landesgrenze bis über Schönsee hinauf. Sporadisch kommen einzelne kleine Streifen von Körnelgneiss fast überall, mit dem Schuppengneiss, aber immer nur in untergeordneter Ausdehnung, vor, wie zwischen Tirschenreuth, Mähring und Bärnau, bei Waidhaus (LXXII, 28, 1), Eslarn und Waldthurn (LXXII, 24, 12).

Ohne deutlichen Anschluss und klaren Zusammenhang findet sich der Körnelgneiss in dem vorderen Gebirge an der Donau.

Kleineren Partieen begegnet man schon im Donaustaufer Granitgebirge, welches Schollen und abgerissene Schichtenkomplexe bei Frauenzell (XLIV, 25), im Otterbach am Schmalzhäusl (XLV, 23, 7), bei Pfaffenfang, Wolkersdorf und Süssenbach (XLVII, 25, 19) in sich schliesst. Daran reiht sich dann das Vorkommen ähnlicher Gneissschichten in der grösseren Gneisspartie bei Falkenstein, von der Heilsbergermühle (XLIV, 26, 5) bis gegen Michelsneukirchen (XLVII, 31) hinauf. Von hier an tauchen in dem Donaurandgebirge in SO. Richtung einzelne bald grössere, bald kleinere Schollen von Körnelgneiss zwischen Granit oder anderen Gneissschichten eingelagert zahlreichen Stellen auf, wie bei Jägerhof (XLIV, 30, 3), bei Mitterfels (XL, 35), und erst im Schwarzacher Hochwalde, im Ruselgebirge, vom Dreitannenriegel bis über den Büchelstein und das Sonnwaldgebirge hinweg gewinnt diese Gneissbildung wieder die Herrschaft über grössere Distrikte. Noch weiter in SO. Richtung tritt der Körnelgneiss wieder nur sporadisch und untergeordnet auf. Besonders sind es in dem vorderen Walde die granitähnlichen Körnelgneisse oder die Perlgneisse, welche an vielen Orten entwickelt sind, im Gegensatze zu dem körnigstreifigen Typus, der im hinteren Walde die Überhand gewinnt. Ausgezeichneten Perlgneissen begegnet man z. B. bei Schwarzach unfern Hengersberg (XXXII, 47), bei Hochdorf unfern Pfater (XLI, 28, 5), zu Sulzbach bei Wörth (XLVII, 25, 12) u. s. w. Unfern Gross-Enzenried sind in demselben prächtige Andalusite eingeschlossen.

#### 4) Dichroitgneiss.

Eine ebenso ausgezeichnete wie im Walde weit verbreitete Gesteinsart, die durch die Beimengungen von Dichroit oder von demselben entstammenden Mineralien charakterisirt ist, schliesst sich dem allgemeinen Habitus nach zunächst an den Körnel- und Schuppengneiss an, in welche sie auch streichend zu verlaufen pflegt. Als Typus dieser Gneissvarietät ist ein körnigstreifiges Gestein zu betrachten, welches aus wechselnden Lagen von körnigen, an Feldspath und Quarz reichen Streifen und von streifigschuppigen, glimmerreichen Lamellen zusammengesetzt und seltener als eine ziemlich gleichförmig gemengte, mittelkörnige, granitartige Felsart entwickelt ist.

Den wesentlichen Gemengtheilen des Gneisses gesellen sich bei dieser Varietät in putzen- oder knollenartigen, selten vollkommen auskrystallisirten Partieen, welche ganz nach Art des Quarzes auftreten, der D i c h r o i t in fast steter Begleitung von Almandin (Granat) und einem Aspasiolith-artigen Mineral oder von den diesem verwandten Mineralien bei. Bei dem folgenden Naturabdruck geben die kleineren rundlichen Flecke die eingemengten Granaten, die grösseren rundlichen Flecke den Dichroit und die zackigen, in die Länge gezogenen Partieen den Quarz an. Unter den

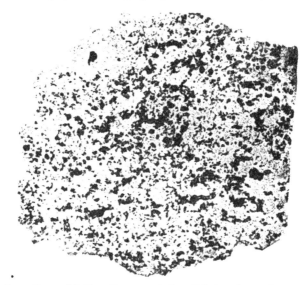

w e s e n t l i c h e n Bestandtheilen dieses typischen D i c h r o i t g n e i s s e s des bayerischen Waldes tritt zuerst der f e l d s p a t h i g e besonders hervor. Nach den äusseren Kennzeichen, welche dieser Feldspathbestandtheil besitzt, nach seinem Glanze, den Spaltungsverhältnissen und nach dem Fehlen der Parallelstreifung, gehört derselbe überwiegend dem O r t h o k l a s an.

Derselbe ist meist durchsichtig bis durchscheinend, hellfarbig, wasserhell, gelblich, selten von helllauchgrünlicher bis zu einer intensiv spangrünen Färbung (Amazonenstein). Die Mineralmasse ist vollkommen in fast gleichem Grade basisch und klinodiagonal, hemiprismatisch höchst unvollkommen spaltbar. Spaltungsflächen glasglänzend und nicht parallel gestreift; specifisches Gewicht 2,581.

Dieser im Dichroitgneiss häufige Orthoklas hat folgende Zusammensetzung:

O r t h o k l a s  a u s  d e m  D i c h r o i t g n e i s s  v o n  B o d e n m a i s, XLIII.

| | |
|---|---:|
| Kieselerde . . . . . . . . . . . . . . . . . . . . . | 65,874 |
| Thonerde . . . . . . . . . . . . . . . . . . . . . | 19,183 |
| Eisenoxydul . . . . . . . . . . . . . . . . . . . . | 0,134 |
| Kalkerde . . . . . . . . . . . . . . . . . . . . . | 0,600 |
| Baryterde . . . . . . . . . . . . . . . . . . . . . | 0,424 |
| Natron . . . . . . . . . . . . . . . . . . . . . | 2,836 |
| Kali . . . . . . . . . . . . . . . . . . . . . | 10,850 |
| | 99,901 |

Eine z w e i t e triklinische Feldspathart, kenntlich an dem verschiedenen Glanze und der Parallelstreifung der Spaltungsflächen, ist in dem typischen D i c h r o i t g n e i s s des Arbergebirges

nicht häufig bemerkbar, dagegen findet sie sich neben Orthoklas in dem Dichroit-führenden Gestein des vorderen Waldes und Donaugebirges ziemlich konstant.

Der merkwürdig grüne Feldspath von Bodenmais gehört nicht ausschliesslich zu den triklinischen Feldspatharten, wohin ihn Rammelsberg[1] zu stellen geneigt ist. Man muss
nämlich wohl unterscheiden zwischen zwei Färbungen, der spangrünen und lauchgrünen.
Der spangrüne, wohl durch Kupfer gefärbte Feldspath ist mit dem gewöhnlichen Orthoklas
des Dichroitgneisses unzertrennlich verbunden. Die Spaltungsflächen lassen keine Spur einer
Parallelstreifung erkennen; die zwei glänzenden Spaltungsflächen stehen unter einem Winkel von
90° zu einander, wie die Bestimmung, welche Prof. Sandberger auf meine Bitte vorzunehmen
die Güte hatte, gelehrt hat. Ausserdem besitze ich deutlich ausgebildete Krystalle, welche
dem monoklinischen Systeme angehören. Was nun zunächst die Übergänge in gewöhnlichen Orthoklas anbelangt, so findet man nicht selten Feldspathpartieen, welche an einer
Stelle die prächtigste, intensiv spangrüne Färbung besitzen, während in einer anderen Richtung
hin in derselben Mineralmasse allmählig schmutzig-grünliche und gelbliche Farbentöne sich
einstellen. Die grünliche Färbung ist demnach ganz unregelmässig vertheilt und giebt keinen
Anhaltspunkt zur Abgrenzung ab.

Dieser grüne Feldspath ist mithin nur als eine Farbenabänderung des Orthoklases zu betrachten. Wahrscheinlich gehört er zu Breithaupt's Mikroklin, da sich wegen schlechter
Spiegelung der Spaltungsflächen der Winkel nicht so scharf bestimmen lässt, um zwischen 90°
und 90,22 unterscheiden zu können.

Anders verhält es sich mit dem lauchgrünen, oft in Krystallen ausgebildeten Feldspath.
Dieser zeigt auf den meist fleckenweise ungleich stark glänzenden Spaltungsflächen eine Parallelstreifung, welche sich oft auf einzelne Theile der Spaltungsflächen beschränkt, so dass diese
im Übrigen so glatt wie bei Orthoklas erscheinen, als ob gleichsam zwei Feldspatharten, eine
ortho- und eine klinoklastische, durcheinander gewachsen wären.

Aus dem Bodenmaiser Bergbaue liegen mir von dem hinteren Überhaue auf der Zeche
Barbara am Silberberge grosse und wohlausgebildete Krystalle dieses helllauchgrünen Feld-
spathes vor, welche zum triklinischen Krystallsysteme gehören. Sie sind einfache, säulenförmige
Gestalten, vorherrschend in den Kombinationen ähnlich, wie solche Naumann in Figur 56
seiner Mineralogie (6. Auflage) S. 73 zeichnet. Nach Sandberger's Messung beträgt der
Winkel P:M = 86°, T:L = 120° bis 120,50 (nicht genauer bestimmbar). Breithaupt giebt
P:M = 93,15° an einem ähnlichen Mineral von Bodenmais an.

Die Aussenflächen der Krystalle sind mit einer dünnen, grünlichen, fettglänzenden chloritischen Substanz, die selbst in grünen Glimmer zu verlaufen scheint, wie mit einer Rinde überdeckt und sehen daher wie lackirt aus. Die lauchgrüne Farbe, welche an der Aussenfläche und
auf einzelnen von da aus in's Innere der Krystallmasse fortsetzenden Streifen am intensivsten
sich zeigt, verschwindet beim Erhitzen und macht einer dunkleren Farbe mit einem Stich in's
Röthlich-Graue Platz, während die spangrüne Abänderung fast vollständig verschwindet. Es
scheint demnach die erstere Farbenton von Eisenoxydül herzurühren.

Nach den Analysen von Berndt und Potyka[2] besteht der Bodenmaiser grüne Feldspath,
von dem es freilich nicht sicher ist, ob er der lauchgrünen oder klinoklastischen Art angehört, aus

|  | XLIVa. | XLIVb. |
|---|---|---|
| Kieselerde . . . . . . . . . | 63,66 | 63,12 |
| Thonerde . . . . . . . . . | 17,27 | 19,78 |
| Eisenoxydul . . . . . . . . | 0,45 | 1,51 |
| Manganoxydul . . . . . . . | 0,15 | — |
| Kalk . . . . . . . . . . | 0,39 | 0,65 |
| Magnesia . . . . . . . . | 2,28 | 0,13 |
| Kali . . . . . . . . . . | 10,66 | 12,57 |
| Natron . . . . . . . . . | 5,14 | 2,11 |
|  | 100,00 | 99,87 |

[1] Handbuch der Mineralchemie, S. 610.
[2] Journal für praktische Chemie, XLIII, S. 207, und Poggendorf's Annal. CVIII, S. 363.

Diese Zusammensetzung stimmt merkwürdiger Weise mit jener des Orthoklases aus dem Syenit des Ballon de Serbance, den Delesse analysirt hat. Das specifische Gewicht giebt Berndt zu 2,544 bis 2,549, Potyka zu 2,604 an. Meine Bestimmung ergab dagegen 2,556 in einem ganz reinen Stückchen.

Wir hätten hier also den interessanten Fall, dass ein Feldspath von der chemischen Konstitution des Orthoklases die Krystallform und Parallelstreifung des Oligoklases in sich vereinigte, wenn nämlich obige Analysen sich auf den klinoklastischen grünen Feldspath beziehen.

Ich habe nun ausgesucht reine Stückchen des klinoklastischen lauchgrünen Feldspaths selbst analysirt und fand

XLIV.

Kieselerde . . . . . . . . . . . 61,23

Thonerde . . . . . . . . . . . . 24,40

Eisenoxyd . . . . . . . . . . . 3,15

Bittererde . . . . . . . . . . . 0,18

Kalkerde . . . . . . . . . . . . 5,11

Kali . . . . . . . . . . . . . . 0,04

Natron . . . . . . . . . . . . . 5,79

99,92

Daraus ergiebt sich, dass der Bodenmaiser triklinische lauchgrüne Feldspath in der That ein ziemlich normal zusammengesetzter Oligoklas ist.

Der zweite Hauptbestandtheil ist der braune, sehr intensiv gefärbte Magnesiaglimmer. In der Regel ist er deutlich schuppig und lässt sich leicht regelmässig in die feinsten Blättchen spalten; doch kommt er zuweilen auch so dicht verbunden, gleichsam verfilzt vor, dass er sich nicht mehr fein spalten lässt und jene fast dichten Glimmerflasern bildet, die wir früher bei dem Schuppengneiss näher beschrieben haben. Da mit dieser Eigenthümlichkeit der Glimmerbeimengung zumeist zugleich auch das Vorkommen von Faserkiesel (Buchholzit) beobachtet wird, so ist es nicht unwahrscheinlich, dass dieser Vergesellschaftung eine besondere Art der Glimmerbildung zu Grunde liegt.

Auf der Schwefelkieslagerstätte des Bodenmaiser Bergbaues trifft der braune Glimmer nicht selten in grösseren Massen ausgeschieden neben krystallisirtem grünen Orthoklas in sechsseitigen Säulen auf. Die Blättchen besitzen eine so intensiv dunkle, in's Olivengrüne spielende Färbung, dass sie nur in ganz dünnen Schuppen durchscheinend werden; sie zeigen unter dem Polarisationsapparate mit dem Nikol'schen Prisma nur in äusserst dünnen Blättchen lebhaftes Farbenspiel. Bemerkenswerth ist, dass dieser braune Glimmer Flecke und ganze Partieen von hellsaftgrüner Färbung umschliesst. Die dunkelgrünen Partieen machen sich schon auf den Spaltungsflächen durch einen matten, minder lebhaften Glanz, als die der braunen Färbung, bemerkbar; ausserdem besitzen sie weder die dünne Spaltbarkeit, noch die elastische Biegsamkeit der begrenzenden braun gefärbten Theile, so dass man hier wohl eine innige Verwachsung zweier verschiedener Glimmervarietäten annehmen muss.

An den Begrenzungsrändern scheinen, bei stärkerer Vergrösserung betrachtet, beide Nüancen gleichsam ineinander zu verschmelzen. Eine Analyse Prof. v. Kobell's [1]) bezieht sich auf eine schwarze oder dunkelgrüne, optisch einaxige Glimmervarietät von Bodenmais mit einem specifischen Gewichte von 2,7, welche mit der so eben beschriebenen identisch ist, wie ich aus dem Originalexemplare der v. Kobell'schen Analyse ersah.

Sie weist folgende chemische Zusammensetzung nach:

Magnesiaglimmer von Bodenmais, XLV.

Kieselerde . . . . . . . . . . . . 40,86

Thonerde . . . . . . . . . . . . 15,13

Übertrag 55,99

---

[1]) Journal für praktische Chemie, XXXVI, S. 309

Übertrag 55,99

Eisenoxyd . . . . . . . . . . . . . 13,00
Bittererde . . . . . . . . . . . . 22,00
Kali . . . . . . . . . . . . . . 8,83
Glühverlust . . . . . . . . . . . 0,44

100,26

Neben dem dunkelfarbigen **Magnesiaglimmer** zeigt sich im Dichroitgneiss auch **silberweisser, optisch zweiachsiger Glimmer**, aber immer in sehr vereinzelten, spärlichen Schüppchen; häufiger findet er sich auf dem Bodenmaiser Erzlager, wo er sich durch seinen matten, dem angelaufenen Silber vergleichbaren Schimmer auszeichnet und manchmal gleichsam in Lamellen mit dem braunen gemengt erscheint.

Der **Quarz** als dritter wesentlicher Gemengtheil des Gneisses bietet in der Regel keine Eigenthümlichkeiten bei seinem Vorkommen im **Dichroitgneiss** gegen jenes in anderen Gneissvarietäten dar. Nur auf den Kieslagerstätten von Bodenmais nimmt er zuweilen die Beschaffenheit des sogenannten **Fettquarzes** an und bricht daselbst inmitten der Kiese in kleinen rundlichen Körnchen oder auch in mehr oder weniger ausgebildeten Krystallen, deren Aussenflächen ein geschmolzenes Aussehen und zahlreiche abgerundete Erhöhungen und Vertiefungen wie schmelzende Eiskörner aufweisen. Der Quarz dieser Körner ist sehr durchsichtig, ungefärbt oder citronengelb. Doch ist zu bemerken, dass viele für Fettquarz angesehene Stücke, namentlich Krystalle, wohl farblosem Dichroit angehören.

Beim Zerschlagen finden sich kleine Körnchen von Kies, vollständig von Quarzmasse umschlossen, welche unzweideutig beweisen, dass beide ziemlich gleichzeitig entstanden, sicherlich die Kiese nicht später als der Quarz gebildet wurden.

Manchmal zeigt sich auch **dichter** Quarz, von welchem später ausführlich die Rede sein soll, da er in dieser Form nicht zu den wesentlichen Gemengtheilen gehört.

Zu den Hauptbestandtheilen des Gneisses gesellt sich im Dichroitgneiss als charakteristischer accessorischer Bestandtheil, der Dichroit oder **Cordierit**.

Der Bodenmaiser Dichroit enthält nach der Analyse **Stromeyer's** [1]:

Dichroit des Dichroitgneisses von Bodenmais, XLVI.

Kieselerde . . . . . . . . . . . . . 48,35
Thonerde . . . . . . . . . . . . . 31,37
Eisenoxyd . . . . . . . . . . . . . 9,24    {Eisenoxyd . 3,50 [2]}
Manganoxydul . . . . . . . . . . . 0,33    {Eisenoxydul 5,16}
Magnesia . . . . . . . . . . . . . 10,16
Kalk . . . . . . . . . . . . . . . 0,59

100,04

und ist demnach eine Verbindung von 2 At. Bisilikat von Bittererde und Eisenoxydul mit 1 At. Singulosilikat von Thonerde und Eisenoxyd:

$$2\,(\ddot{M}g + \ddot{F}e)\,\ddot{S}i + (\ddot{A}l + \ddot{F}e)^2\,\ddot{S}i^3.$$

Das specifische Gewicht im Mittel zweier Beobachtungen beträgt 2,710.

Seine Färbung ist gewöhnlich dichroitisch grau und blau, jedoch kommt er auch häufig farblos vor und giebt leicht zur Verwechselung mit Quarz Veranlassung.

Er bricht meist in engster Verbindung mit Quarz oder Feldspath in rundlichen grösseren oder kleineren Körnern, welche, ähnlich wie der Fettquarz, ein geflossenes Aussehen besitzen. Zuweilen findet er sich in so grossen, derben Partieen mit mehr oder weniger Quarz, Orthoklas

---

[1] **Stromeyer's** Untersuchungen, S. 329.
[2] **Rammelsberg**, Handbuch der Mineralogie, S. 767.

und Granat innigst gemengt, dass dadurch der sogenannte Dichroitfels entsteht, welchem aber in unserem Gebirge wegen seiner geringen, nur ganz lokalen Ausbreitung und des Überganges in typischen Dichroitgneiss die Bedeutung einer selbstständigen Felsart nicht zugeschrieben werden kann.

Die Dichroit-Körner oder knolligen Ausscheidungen sind in der Regel auf ihrer Aussenfläche mit einer mehr oder weniger dicken Rinde eines grünlichgrauen weichen Minerals, zuweilen auch mit weissen glimmerartigen Schüppchen überkleidet.

Diese grüne Substanz, welche wir noch ausführlicher besprechen werden, nimmt zuweilen den grösseren Theil der Ausscheidungen in der Weise ein, dass oft nur ein kleiner Kern von Dichroit im Mittelpunkte übrig geblieben ist, von dem aus die Masse des Dichroits nach aussen ganz allmählig in die der grünen weichen Substanz übergeht.

Endlich findet man auch Stücke, in welchen die grüne Substanz unzweifelhaft die Stelle, die der Dichroit sonst einnimmt, vollständig ersetzt und bei denen von letzterem keine Spur mehr zu erkennen ist. So ergiebt sich unzweideutig, dass dieses grüne weiche Mineral lediglich ein Umwandlungsprodukt des Dichroits sei. Auf den Kieslagern von Bodenmais, seltener sonst im Dichroitgneisse, wie z. B. bei Schorndorf unfern Cham (XLIX, 32, 11), ist der Dichroit in kurzsäulenförmigen Krystallen des rhombischen Systems ausgebildet, unter welchen in vielfachen Kombinationen hexagonalen Prismen ähnliche Formen vorherrschen.

Auch auf den Flächen der Krystalle zeigt sich sehr häufig der dunkelgrüne weiche Überzug, wie wir ihn an den Körnern so eben beschrieben haben. Er ersetzt oft bis zu beträchtlicher Tiefe die Dichroitsubstanz, zieht sich an Stellen, an welchen die Krystalle zerklüftet sind, in's Innere derselben hinein und ersetzt in nicht wenigen Fällen auch ganz die sonst vom Dichroit eingenommene Masse, so dass wir hier eine vollständige Pseudomorphose des grünen Minerals nach Dichroit vor uns haben.

Diese in vielen Fällen beobachtete Stellvertretung des Dichroits durch eine grünliche weiche Mineralsubstanz, welche unter verschiedenen Namen und von verschiedener Art bekannt ist, wie Fahlunit, Gigantholit, Praseolith, Aspasiolith, Bonsdorffit, Esmarkit, Chlorophyllit oder Pinit und als Endglied Glimmer, wird ziemlich allgemein als die Folge einer Pseudomorphosenbildung angesehen; doch dürfen wir nicht unterlassen, dieser herrschenden Annahme einige Bemerkungen gegenüberzustellen, welche zu Gunsten einer ursprünglichen Bildung dieser Substanz angeführt werden könnten. Vorerst unterstützen die besonderen Verhältnisse der Vergesellschaftung des Dichroits mit den Mineralien, welche aus ihm entstanden sein sollen, wie diess Scheerer[1]) sehr richtig hervorgehoben hat, keineswegs die chemisch allerdings sehr leicht möglich gedachte Umwandlung. Beide Mineralien finden sich oft beisammen, der Dichroit ohne Spur erlittener Veränderung, das grüne Mineral in homogenen derben Massen neben- und miteinander in einem und demselben Gesteinsstücke, das bei vollkommen frischem Aussehen auch nicht die entfernteste Spur erlittener Veränderung sonst an sich trägt; sie finden sich dicht verwachsen mit Schwefelkies, Magnetkies und anderen leicht zersetzbaren Mineralien, welche vollkommen frisch und unverändert sind. Ausserdem zeigt sich das grüne Mineral in Formen, die, wenn auch oft unregelmässig, an den Ausscheidungen des Dichroits sonst nicht wahrgenommen werden. Besonders gehören hierher kurze säulenförmige Ausscheidungen in krystallähnlichen Formen, welche hier am Dichroit bis jetzt noch nicht beobachtet wurden.

Indessen lassen sich gewisse Processe nicht abläugnen, welche trotz des anscheinend frischen und auf nur sehr geringe Umänderungen hindeutenden Aussehens des Gneisses auf dem Bodenmaiser Kieslager stattgefunden haben müssen und vielfachen Neubildungen das Dasein gegeben haben. Dieser Umstand und die Wahrnehmung, dass die Umänderung der Dichroitsubstanz an deutlich erkennbaren Rissen und Sprüngen weiter in's Innere der Masse hineinzieht, als an nicht zerspaltenen Theilen, ferner endlich das Vorkommen von unzersetzten Kernen des Dichroits in der Mitte einer Hülle des grünen Minerals giebt der Anschauung einer pseudomorphischen Umbildung das entschiedene Übergewicht.

---

[1]) Poggendorf's Annalen, Bd. LXXIII, S. 155.

Was nun die mineralogische Natur dieser weichen grünlichen Substanz anbelangt, welche als erstes Stadium der Umwandlung des Dichroits erscheint, so sprechen Haidinger und Blum[1]), welche beide bereits das Vorkommen derselben bei Bodenmais beobachteten, dieselbe als Fahlunit an. Blum erwähnt nicht nur eine grünlichgraue Varietät des Fahlunits von Bodenmais, sondern auch eine dunkelleberbraune, welche beide ineinander übergingen und sehr verschiedene Härtengrade, zwischen 3,5 bis 6,0, besässen; die braune sei stets weicher, die grünliche dagegen härter, je nach dem Grade der fortschreitenden Umwandlung; Glimmer endlich, welcher in dünnen, feinen Blättchen auf der Oberfläche aber auch weit hinein zwischen den Schalen in den Fahlunit reiche, mache das letzte Produkt dieser Veränderungsreihe aus. Die mir vorliegenden Exemplare der grünen Substanz, soweit sie unzweifelhaft und direkt mit dem Vorkommen des Dichroits in Verbindung gebracht werden kann, beschränken sich auf blassgrünliche Varietäten. Eine zwar ähnliche braune Substanz gehört, wie mir scheint, nicht in diesen Kreis und einer anderen Reihe von Umbildungsprodukten an.

Die grüne Substanz nimmt, wie erwähnt, nicht nur die Stelle des in Körnern oder Krystallen ausgeschiedenen Dichroits ein, sondern findet sich auch in krystallähnlichen Putzen, welche mit jenen des Dichroits nicht vollkommen identisch zu sein scheinen. Spuren von Dichroit sind bei ersteren häufig im Innern noch erkennbar.

Selbst die anscheinend unzersetzten Dichroitkrystalle sind auf der Oberfläche unverhältnissmässig weich, so dass sie sich schaben lassen, und nicht selten mit Schüppchen weissen Glimmers bedeckt. Diesen Glimmer kann ich jedoch nicht als ein Glied der Umwandlung betrachten, weil derselbe oft in ähnlicher Weise auch Feldspaththeile überkleidet und mitten eingewachsen im unzersetzten Mineral sich findet; auch sieht man nirgends direkte Übergangsstufen zwischen dem grünen Mineral und dem Glimmer.

Das grünliche Mineral von Bodenmais besitzt ein specifisches Gewicht von 2,67; eine Härte von 3,5, ist nach der basischen Fläche der säulenförmigen Krystalle in parallele Lamellen theilbar, im Bruche flachmuschelig, grünlichweiss bis schmutziggrün, wenig glänzend, schwach kantendurchscheinend, giebt im Kolben Wasser, v. d. L. schwierig, in dünnen Splittern sich etwas aufblähend, zu schmutzig-weissem, schäumigem Glas schmelzbar und wird mit Kobaltsolution nur schmutzig-blau gefärbt; Säuren greifen das feine Pulver nur wenig an.

Die chemische Analyse möglichst reiner, mit grösster Sorgfalt ausgesuchter Stückchen ergab mir für diese Substanz folgende Zusammensetzung:

Bodenmaiser Pinit . . . XLVII.

| | |
|---|---|
| Kieselerde . . . . . | 45,95 |
| Thonerde . . . . . | 29,30 |
| Manganoxydul . . . . | Spuren |
| Eisenoxydul . . . . . | 6,48 |
| Bittererde . . . . . | 0,74 |
| Kalkerde . . . . . . | 2,30 |
| Natron . . . . . . . | 0,64 |
| Kali . . . . . . . . | 0,19 |
| Wasser . . . . . . | 14,83 |
| | 100,43 |

Diese Zusammensetzung verweist unser Mineral unzweifelhaft unter die Gruppe der Pinite und stellt dasselbe zunächst neben die Bittererde-armen und wasserreichen Abänderungen, als ein besonderes Glied in der langen Kette der aus Dichroit entstandenen Mineralien, welches sich zwar der Zusammensetzung nach dem Pyrargillit von Helsingfors anreihen lässt, durch seine physikalischen Eigenschaften aber davon verschieden erscheint. Da der Wassergehalt verhältnissmässig sehr hoch erschien, wurden drei Bestimmungen vorgenommen, welche 14,7%. 14,8% und 15% ergaben.

---

[1]) Blum, I. Nachtrag u. s. w. der Pseudom., S. 35 u. f.; sehr ausführlich im II. Nachtrag S. 36 u. f.; auch Bischof im Lehrbuch der chem. Geologie, I. Aufl., Bd. II, S. 373.

Ganz dasselbe Mineral findet sich auch ausser der Kieslagerstätte überall im Dichroit-gneisse, wo derselbe auftritt.

Besonders lehrreich sind die Krystalle von diesem Minerale, das wir zur Unterscheidung fortan B o d e n m a i s e r P i n i t nennen wollen, in der Gegend von Cham. Daselbst findet man bei Schorndorf nicht selten mitten in Quarzlamellen Krystalle eingewachsen, welche einen Kern von Dichroit in sich schliessen.

In dem vorderen Gebirge der Viechtacher Gegend taucht ein ähnliches, aber basisch spalt-bares und mehr glimmerähnliches, optisch einachsiges Mineral in sechsseitigen Säulchen auf, ohne dass hier noch ursprünglicher Dichroit bemerkt wird. Dasselbe verhält sich dem Chloro-phyllit sehr analog und scheint eine in der Umwandlung noch weiter fortgeschrittene Pseudo-morphose nach Dichroit darzustellen. Sehr bemerkenswerth ist das Vorkommen von B o d e n -m a i s e r P i n i t im Dichroitgneisse an der Innbrücke bei Passau. Hier findet sich D i c h r o i t sowohl in grossen Körnern als auch auskrystallisirt, von Quarzausscheidungen rings umschlossen. Dieser Dichroit ist von unendlich zahlreichen Sprüngen und Rissen, von welchen zwei Systeme, durch Parallelismus ausgezeichnet, den zwei Spaltungsrichtungen entsprechen, durchzogen, so dass er sich durch den leisesten Schlag in kleine Splitter zertrümmern lässt.

Die äussern Theile sind stets durch die Substanz des B o d e n m a i s e r P i n i t s ersetzt und man erkennt deutlich, dass von dieser Rinde aus die grüne Substanz längs der Zerklüf-tungen in's Innere der Mineralmasse vordringt. Manche Partieen sind ganz in jenes grüne Mineral umgesetzt und in diesem Falle bemerkt man zuweilen Hohlräume im Innern, welche hier entschieden die Pseudomorphosenbildung verrathen. Weisser Glimmer bedeckt in den meisten Fällen die Oberfläche, stellt sich aber auch in Schuppen innerhalb der Masse ein. Da in denselben Gesteinsstücken einzelne gleiche Schüppchen auch mitten im Quarz ein-gewachsen vorkommen, so kann ich dieselben für kein Umwandlungsprodukt des Dichroits an-sehen. Hierher gehört wohl auch ein grünes, weiches, in zwei ungefähr senkrecht stehenden Richtungen nach innen sehr vollkommen in dünne Blättchen spaltbares Mineral, welches sel-tener bei Bodenmais, sodann auch an der Klause unfern Finsterau (XL, 64, 2) genau so im Gneiss eingelagert ist, wie es sonst der D i c h r o i t zu sein pflegt.

Ein äusserlich vollständig gleiches Mineral werden wir später als eine konstante Beimen-gung einer Gneissvarietät (Ö d e n w i e s e r G n e i s s) kennen lernen. Auf diese Substanz scheint sich die Analyse Bischof's [1] zu beziehen, welcher sie zusammengesetzt fand aus:

Kieselerde . . . . . . . . . . 47,88
Thonerde . . . . . . . . . . . 28,31
Eisenoxyd . . . . . . . . . . 14,91
Bittererde . . . . . . . . . . 1,61
Kali . . . . . . . . . . . . . 5,29
Natron . . . . . . . . . . . . 0,25
Organische Substanz . . . . . . . 1,01
Glühverlust . . . . . . . . . 1,24
                                100,00

Ich kann diese Substanz durchaus nicht als ein Übergangsstadium in Kaliglimmer betrach-ten, vielmehr schliesst sie sich nach dieser Analyse unmittelbar an das, was wir B o d e n m a i s e r P i n i t nannten. Ich habe nie einen Übergang in Glimmer beobachtet.

Eine äusserlich ähnliche, wohl öfters mit dem so eben erwähnten B o d e n m a i s e r P i n i t verwechselte Mineralmasse bricht auf dem Kieslager des Silberberges mit und neben dem Pinit. Dieses Mineral kommt in a m o r p h e n derben Massen zwischen den Kiespartieen und meist mit krystallinischen Körnchen und Gruppen von Kies, auch von Feldspath und Quarz, so innig ver-wachsen vor, dass es kaum gelingt, ganz reine Stückchen zu sondern. Es besitzt eine grünlich-und braunschwarze Farbe, die sich in ganz dünnen, durchscheinend gewordenen Splitterchen in lebhaft lauchgrüne und leberbraune Töne auflöst. Beide Farben wechseln in unregel-mässiger Vertheilung in der Masse miteinander. Der Strich des Minerals ist schmutzig licht-

---

[1] B l u m's Pseudomorphose, II. Nachtrag, S. 37.

31 *

grün bis grünlichbraun, der Glanz matt bis pechartig. Die Härte wechselt von 3,5 bis 4,5, das specifische Gewicht bleibt wegen untrennbarer Verunreinigung etwas unsicher; zwei Bestimmungen ergaben im Mittel 2,57. Vor dem Löthrohre bläht es sich etwas auf und schmilzt schwierig zu schmutzig-grünlichweissen (nicht stahlgrauen oder pechschwarzen) Perlchen, welche kaum spurweise auf die Magnetnadel wirken. Im Kolben giebt es reichlich Wasser. Mit Kobaltsolution zeigt sich keine deutliche Reaktion. In Salzsäure löst sich das eigentliche Mineral ziemlich leicht mit Hinterlassung von nicht gelatinirender Kieselerde und einer grossen Masse von grünlichweissen Körnchen, welche von beigemengtem Feldspath und Dichroit herzurühren scheinen, indem dieser Rückstand etwa so wie Feldspathpulver schmilzt und mit Kobaltsolution sich schön blau färbt. Demnach steht das Mineral in der Nähe von Hisingerit und Thraulith, von welchen es sich aber durch seinen offenbar geringeren Gehalt an Eisen und grösseren an Thonerde unterscheidet.

Ich habe Stücke dieses Minerals Professor v. Kobell mitgetheilt; derselbe fand es zusammengesetzt aus:

| Jollyit | . . . . . . . . . . . . . . . . . | XLVIII. |
|---|---|---|
| Kieselerde | . . . . . . . . . | 35,55 |
| Thonerde | . . . . . . . . . | 27,77 |
| Eisenoxydul | . . . . . . . . . | 16,67 |
| Magnesia | . . . . . . . . . | 6,66 |
| Wasser | . . . . . . . . . | 13,18 |
| | | 99,83 |

Diess führt zur Formel $\frac{2}{3}$ Fe $\Big\{$ $\overline{\overline{Si}} + 2\,\overline{Al}\,\overline{\overline{Si}} + 6\,\overline{H}$ und weist also auf Hisingerit, in dem $\frac{1}{3}$ Mg $\Big\{$

statt Eisenoxydsilikat Thonerdesilikat eingetreten ist. v. Kobell[1]) nennt das Mineral Jollyit.

Neben dem Dichroit bricht im typischen Dichroitgneiss in der Regel auch Almandin (Eisenthongranat) in stets röthlich gefärbten, rundlichen Körnern, welche offenbar durch das Verwachsensein mit dem umschliessenden Gestein undeutlich ausgebildeten Krystallen angehören.

Doch kommt der Granat nicht überall und regelmässig, selbst nicht im typischen Dichroitgneiss des hinteren Waldes und bei Passau vor, in dem oberen Theile des vorderen Waldes dagegen scheint er im Dichroitgneiss fast ganz zu fehlen.

Wie im Körnelgneiss zuweilen und fast regelmässig im Schuppengneiss, so mengt sich auch dem Dichroitgneiss nicht selten in welligen Lamellen Faserkiesel (Buchholzit) bei, welcher früher schon ausführlicher beschrieben wurde. Besonders ist es die Nähe des Bodenmaiser Kieslagers, in welcher derselbe oft sehr schön und in derben Partieen sich zeigt (Spitze des Silberberges).

Sehr bemerkenswerth ist eine Varietät, welche sich im Bergbau des Silberberges vorfand und eine innige Verwachsung des Quarzes mit strahlig-fasrigem Buchholzit darstellt, so dass das Ganze das Aussehen einer derben, stellenweise deutlich fasrigen Mineralmasse gewinnt.

Auch den Andalusit haben wir als eine nicht seltene Beimengung im Dichroitgneisse zu nennen, obwohl seine häufigste Fundstätte der Glimmerschiefer ist.

Man trifft ihn in röthlichen krystallinischen Büscheln und Krystallen, meist mit Quarz innigst verwachsen, besonders schön bei Bodenmais gegen Unterried und bei Frath, auch im Rissloch und an den Gehängen gegen den Arber zu. Im vorderen Walde wurde er an den Donauleiten gegen die Erla und bei Kelberg gefunden.

Hornblende und ihr zunächst verwandte Mineralien, wie Strahlstein, Anthophyllit und Asbest, fehlen selten ganz in Gneissgebirgen, auch nicht in unserem Dichroitgneisse. Ihre regelmässige Beimengung begründet eine Reihe von Gesteinsmodifikationen, welche später im Zusammenhange beschrieben werden. Hier handelt es sich nur um zufällige Beimengungen. Als solche macht sich besonders ein zur Hornblendegruppe gehöriges Mineral bemerkbar, das wegen seines bronzitähnlichen Glanzes bald als Hypersthen, bald als Anthophyllit angesehen wurde. Es findet sich in grossen Ausscheidungen sowohl auf dem Kieslager des Silber-

---

[1]) Sitzungsberichte der Akademie der Wissenschaften in München, 1864.

berges, hier innigst mit Schwefelkies durchwachsen, und auf dem Kronberg bei Bodenmais mit Glimmer, Quarz und Feldspath so fest verwebt, dass es absolut unmöglich ist, selbst nur in kleineren Stückchen das Mineral rein zu sondern. Es bricht in feinfasrig-strahligen Massen, die oft büschelförmig von einzelnen Centren auslaufen, und besitzt wechselnd weissliche, grün-lichgraue und bronzeähnliche Färbung, wesshalb bei der feinfasrigen Textur die Oberfläche seidenähnlich schimmert.

Merkwürdig ist seine Umwandlung in Brauneisenstein, wovon später die Rede sein wird. Reines Mineral lässt sich nicht gewinnen und es giebt daher weder das specifische Gewicht noch die chemische Analyse nähere Anhaltspunkte zur Bestimmung. Da dasselbe jedoch meist lichte Färbung besitzt und ziemlich schwierig vor dem Löthrohre zu einer auf die Magnetnadel wirkenden schwarzen Perle schmilzt, doch nicht so schwierig, als der Anthophyllit, so glaube ich im Zusammenhalte mit der Beobachtung, dass es in Strahlstein übergeht, das Mineral bloss für **strahlige Hornblende** oder **Aktinolith**[1]) halten zu dürfen, um so mehr, als sehr schön lauchgrüner Strahlstein in sehr feinfasrigen büschelförmigen Aggregaten mehrfach auf dem Kieslager von Bodenmais gefunden wird (Gottesgabegrube, Wolfgangstollen und Giess-hübelgrube). An beiden zuletzt genannten Fundstellen bricht er in innigem Gemenge mit Kalk-spath, brauner Blende und kleinen Partieen von **violblauem Flussspath**. Dieser grüne Amphibol scheint auch häufig das färbende Prinzip in manchen grünlichen Quarzausscheidungen zu sein, wie wir solche z. B. auf dem Blötz bei Bodenmais mit Kalkspath verwachsen und mit **Asbest**-ähnlichem Strahlstein untermengt finden. Häufiger bemerkt man **Asbest** in den Gra-phitgruben bei Passau und auf den Urkalksteinlagern der verschiedenen Distrikte.

**Turmalin** macht auch im **Dichroitgneiss** einen häufigen Begleiter des Quarzes aus, so-bald derselbe sich in linsenförmige Massen ausscheidet. Es ergiebt sich dadurch eine gewisse Ana-logie mit den gangartigen Quarzbildungen des Waldes, welchen gleichfalls selten die Beimengun-gen von Turmalin fehlen. Häufig sind die fast ausschliesslich schwarzen, nur am Rachelseegehänge in's Blauliche spielenden Turmaline, aus büschelförmigen Verwachsungen in der Länge nach gestreiften Säulen ausstrahlend, an ihrem Ende frei auskrystallisirt und in diesem Falle, wie z. B. an der Zwieseler Strasse beim rothen Koth, mit rhomboëdrischen Endflächen oder im Zwieseler Wald bei Ober-Zwieselau mit der basischen Fläche versehen. Sehr merkwürdig sind die ziemlich stark gekrümmten Prismen, welche man zuweilen, wie im Rinchnacher Hochwalde bei Gehmannsberg u. s. w., findet; sie scheinen dadurch entstanden zu sein, dass durch einen Seitendruck die Masse in noch weichem oder doch verschiebbarem Zustande gebogen wurde, zum Theil aber auch dadurch, dass einzelne Säulchen vielfach quer zerbrochen und die ein-zelnen Stückchen successive etwas verschoben wurden, wodurch eine Art Krümmung entstand. Quarzmasse hat nachträglich die früheren Risse ausgefüllt und das Ganze wieder zu einer Mineralmasse verkittet.

Eine der bemerkenswerthesten Beimengungen des Gneisses ist der **Graphit**, welcher, wiewohl sehr selten, auch im **Dichroitgneisse** bei Bodenmais vorkommt. Hier erscheint der **Graphit** streifenweise in den quarz- und feldspathreicheren Lamellen neben Dichroit und Granaten an der Stelle des braunen einachsigen Glimmers. Besonders deutlich ist diese Stellvertretung an den Granatausscheidungen, welche sehr häufig von dichten Glim-merschuppen eingehüllt zu sein pflegen. Genau in gleicher Weise bedeckt hier der Gra-phit die Oberfläche der Granate. In den von Graphit durchzogenen Partieen bemerkt man nur untergeordnet Glimmer; oft scheint er darin ganz zu fehlen. Wo jedoch glimmerführende und graphithaltige Streifchen sich begrenzen, kann man die Beobachtung machen, dass Glimmer-putzen theilweise durch Graphit ersetzt sind, sowie dass Glimmer- und Graphitsubstanz in einander überzugehen scheinen. Ich konnte Glimmerschüppchen loslösen, die mit **Graphit-theilchen** noch zusammenhingen, gleichsam als sei der **Graphit** nicht bloss Stellvertreter, sondern Ersatz des Glimmers — eine Pseudomorphose desselben.

---

[1]) **Bischof** erwähnt — Lehrbuch der chemischen Geologie, Bd. II, S. 871, 1ste Aufl. — eine basaltische Hornblende von Bodenmais. Ich kenne kein anderes Mineral aus dieser Gegend, als das eben genannte, auf welches diese Angabe **Bischof's** sich beziehen könnte.

Damit würde wohl auch die Wahrnehmung übereinstimmen, dass überall, wo Graphit sich findet, das ihn beherbergende Gestein einen hohen Grad von erlittener Zersetzung zeigt. Im grossartigsten Maassstabe bricht der Graphit bekanntlich im Passauer Walde, wo er seit sehr langer Zeit einen wichtigen Gegenstand der technischen Gewinnung und Verarbeitung ausmacht. Der Graphit des Passauer Waldes kommt innerhalb des dortigen Gneissgebirges, dessen Gestein die nächste Verwandtschaft mit dem Dichroitgneiss besitzt, in einem gneissartigen Gestein vor, in welchem er ebenso, wie bei Bodenmais, die Stelle des meist völlig verschwundenen Glimmers einnimmt und genau in denselben Streifen, Lamellen und Putzen, wie der Glimmer, auftritt.

Man pflegt diese graphitreiche Masse häufig als besondere Felsart, als Graphitgneiss, zu bezeichnen.

Dieser Graphitgneiss nimmt zuweilen in der Nähe von Lagen körnigen Kalkes mehr oder weniger weit im Streichen aushaltende, oft auch auf putzen- und nesterartige Flötze und Linsen beschränkte Schichtenpartieen im normalen Gneisse ein, so dass sein Vorkommen als eine konkordante Einlagerung im Gneissgebirge ausser Zweifel steht.

Die zwei Hauptzüge, innerhalb welcher der Graphitgneiss, absätzig, bald sich allmählig auskeilend, bald plötzlich endigend, in wechselnder Mächtigkeit von einigen Zollen bis zu mehreren Fussen und in mehrfach parallelen, durch taube Zwischenmittel getrennten Streifen verbreitet ist, erstrecken sich, der nördliche zwischen Pötzöd und Reufling — das Pfaffenreuther Lager — auf eine Länge von über drei Stunden und in eine Breite von mehr als 400', der südliche zwischen Kelberg und Obernzell — das Haarer Lager — auf zwei Stunden Länge und ungefähr 3000' Breite.

' Zwischen denselben liegen nur einzelne zerstreute Nester, wie jene von Schaibing, Rackling und Griesbach.

Ebenso streichen auch ausserhalb dieser Lagerzüge noch einzelne untergeordnete Streifen zu Tag aus, wie beim Ödhäusel unfern Hautzenberg und bei Hatzing unfern Passau. Überall; wo dieser Graphitgneiss auftritt, zeigt derselbe einen höchst auffallenden Grad von erlittenen Veränderungen, auch wenn das nächste Nachbargestein eine solche nicht erkennen lässt.

Das Gestein der Graphitlager ist weich, mild, wie aufgelockert, der Feldspath grossentheils in Porzellanerde-ähnliche Thonmasse oder in eine steinmarkartige Substanz umgewandelt oder doch stark verändert. Der Quarz wird mürbe und bröcklich, während die eisenhaltigen Mineralien, Schwefelkies und selbst Hornblende, in Eisenmulm umgesetzt erscheinen. Gleichzeitig stellen sich auch die Produkte dieser Umänderung oft in grosser Menge, Jaspopal, Chloropal, Brauneisenocker und unreine Porzellanerde, ein  Verfolgt man die Lager im Streichenden, so bemerkt man oft nach und nach, oft ziemlich plötzlich einen Übergang in gewöhnlichen Gneiss, in welchem an die Stelle des Graphits Glimmer eingetreten ist. Sofort hört damit auch die Zersetzung und Auflockerung des Gesteins auf. Dieselbe Beobachtung hat man auch nach der Tiefe zu gemacht. In den tiefsten Lagen wird der Graphit rauh, d. h. das Gestein, in welchem er eingesprengt ist, wird hier fester, weniger mild, weil es im geringeren Grade verändert ist, und die in den oberen Teufen abbauwürdigen Lager werden nach der Tiefe zu oft ziemlich plötzlich wegen Festigkeit des Gesteins unbenutzbar. Diese Beobachtungen lassen keinen Zweifel, dass das Vorkommen des Graphits im engsten Zusammenhange steht mit dem Grade der Veränderung, welchen sein Muttergestein erlitten hat.

Es ist aber die Frage aufzuwerfen, ob diese Umwandlung des gneissartigen Gesteins als Folge oder als Ursache des Einschlusses von Graphit anzusehen sei.

Es ist kein Grund aufzufinden, wesshalb der an sich so unveränderliche Graphit die Ursache einer Veränderung des Gesteins sein könnte, indem er ebenso, wie der ungleich leichter zerstörbare Glimmer, eingemengt erscheint, während doch das selbst unmittelbar anschliessende glimmerführende Gestein von jenem hohen Grade der Zersetzung, welcher das Ausgehende des Graphitgneisses ergriffen hat, verschont blieb.

Die physikalische Beschaffenheit kann eine solche Verschiedenheit nicht begründen. Auch finden wir auf den graphitführenden Lagerstätten kein anderes, etwa mit dem Graphit unzertrennlich verbundenes Mineral, welchem wir die Einleitung der Zersetzung zuschreiben könnten. Denn der Schwefelkies, welcher nicht selten den Graphit begleitet, kann dafür nicht angesehen werden.

Es scheint sich uns desshalb die Annahme aufzudrängen, dass das Vorkommen des Graphits in den zersetzten Gesteinspartieen eine Folge dieser Veränderung sei und dass der Graphit jetzt die Stelle einnimmt, welche früher der Glimmer innegehabt hatte, kurz, dass der Graphit eine Pseudomorphose nach Glimmer vorstellt.

Eine solche Umbildung wäre aber höchst schwierig zu erklären, um so schwieriger, als wir von Pseudomorphosen des Graphits nach anderen Mineralien nur einzelne, höchst seltene Fälle kennen, wie jene in dem Meteoreisenstein von Arva nach Schwefelkies, von welcher Haidinger[1]) berichtet. Die Pseudomorphose von Graphit nach Schwefelkies im körnigen Kalke von Wunsiedel nach Sillem[2]) ist mehr als zweifelhaft.

Betrachtet man die einzelnen Graphitschüppchen näher, die in gleicher Weise wie der Glimmer dem Gneiss beigemengt sind und dadurch der Vermuthung einer Umänderung des letzteren in die Kohlensubstanz des Graphits Raum geben, so müsste der Graphit als Pseudomorphose genau die Gestalt des Glimmers nachahmen. Diess ist aber keineswegs der Fall. Man lässt sich zu leicht durch die oberflächliche Ähnlichkeit der Graphit- und Glimmerschuppen täuschen. Genau untersucht weisen die Graphitschuppen jedoch eine Form und Beschaffenheit nach, welche es unmöglich machen, den Graphit als eine blosse Pseudomorphose nach Glimmer zu erklären.

Schon die Betrachtung mit der Loupe lehrt, dass die Umrisse der Graphitblättchen von jenen der Glimmerschuppen völlig abweichen. Die ersteren sind meist rundlich, an den Rändern abgerundet, oft wie abgeschmolzen; Verhältnisse, die sich an dem Glimmer mit eckigen Umrissen oder zerfetzten Rändern nicht vorfinden. Dann zeigt sich der Graphit stets in kleinen, dicken, oft halbkugeligen Partieen, nicht in den dünnen ebenen Blättchen des Glimmers, und diese dicken Schuppen sind in der Mitte häufig schüsselförmig vertieft. Am bestimmtesten jedoch tritt die Verschiedenheit beider Mineralien an der Beschaffenheit der Oberfläche hervor. Die Graphitschüppchen zeigen, unter einer guten Loupe oder unter dem Mikroskop betrachtet, deutlich und bestimmt auf ihrer Oberfläche eine Facettirung, ähnlich wie manche Rohschlacke, mit zahlreichen glatten, spiegelnden Krystallflächen, die unter ein- und ausspringenden Winkeln sich aneinander anschliessen· und beweisen, dass der Graphit eine selbstständige krystallinische Ausscheidung ist, die mit der Krystallisation des Glimmers nichts gemein hat.

Häufig bemerkt man auch auf der Oberfläche der Graphitschuppen leistenartige Erhöhungen als Folge einer krystallinischen Anordnung, welche beim Glimmer niemals zum Vorschein kommt. Es ist noch anzuführen, dass der Graphit an manchen Stellen, z. B. im körnigen Kalke, da auftritt, wo Glimmerbeimengungen fast ganz fehlen. Überhaupt steht das Vorkommen von graphithaltigem Gestein nicht ohne Beziehung zu der Nachbarschaft von körnigem Kalke, auf die wir schon aufmerksam gemacht haben. Der körnige Kalk des Urgebirges umschliesst in der Regel grössere oder geringere Massen von Graphit.

Die Urkalklager, welche wir später in gleichem Gebirgszuge mit unserem Graphitgneiss in der Gegend von Passau und in nächster Nähe des Graphits kennen lernen werden, machen ebenso wenig, wie jene im Fichtelgebirge bei Wunsiedel, eine Ausnahme von dieser allgemeinen Vergesellschaftung. In dem körnigen Kalke am Steinhag SO. von Obernzell, mehr noch in jenem an der Eriau NW. von Obernzell kommen einzelne Putzen und ganze Streifen von Graphit eingelagert vor und in der Fortsetzung dieses Kalklagers bei Kelberg, oberhalb der Löwmühl, bei Kading, Stetting und Babing unfern Vilshofen treffen wir immer Graphiteinlagerungen im Urkalke.

Es ist daher denkbar, dass der Kohlenstoff, welcher die Kohlensäure des Kalkes lieferte, auch bei der Bildung des Graphits betheiligt war.

Wir müssen daher den Graphit für eine ebenso primäre Bildung, wie die übrigen Bestand-

---

[1]) Poggendorf's Annal. der Physik und Chemie, Bd. LXVII, S. 437.
[2]) Neues Jahrbuch für Mineralogie, Geognosie und Petrefaktenk., 1852, S. 520.

theile des Gneisses, den er zusammensetzen hilft, halten. Es lässt sich vielleicht der höhere Grad der Zersetzung, welchen die Graphitgneisse wenigstens an den oberen Teufen im Vergleiche zu gewöhnlichem Glimmergneisse erlitten haben, aus einer Beimengung leicht zerstörbarer kohliger Stoffe, deren Umänderung auch die anderen Gemengtheile in das Spiel des Stoffwechsels hineinzog, herleiten. Diese stärkere Zersetzung des Graphitgneisses beschränkt sich übrigens auf das Ausgehende bis zu nicht sehr beträchtlicher Teufe, in welcher das Gestein nach und nach dieselbe Festigkeit anzunehmen beginnt, wie der Glimmergneiss. Der Umstand, dass in dieser beträchtlichen Tiefe ganz normale, aber sehr feste Graphitgneisse sich finden, spricht ebenfalls sehr entschieden für die Selbstständigkeit der Graphitbildung.

Es wird Gelegenheit geboten werden, bei der näheren Schilderung der Graphitlagerstätten noch ausführlicher auf diesen Gegenstand zurückzukommen.

Es sei nur noch schliesslich bemerkt, dass nach den Untersuchungen Ragsky's[1] der Passauer Graphit, wie er im Handel vorkommt (offenbar sehr unreine Sorte), gegenüber jenem im benachbarten österreichischen Gebiete von Schwarzbach (erste Sorte) folgende Zusammensetzung besitzt:

|  | Passauer Graphit. | Schwarzbacher Graphit. |
|---|---|---|
| Kieselerde | 26,4 | 5,1 |
| Eisenoxyd | 6,5 | 1,2 |
| Thonerde | 25,1 | 6,1 |
| Kalkerde | — | 0,1 |
| Bittererde | — | Spur |
| im Ganzen | 58,0 % | 12,5 % Rückstände. |

Eine dem Dichroitgneiss nicht ausschliesslich eigenthümliche, aber doch sehr häufig eingelagerte Vergesellschaftung mehrerer Mineralien ist durch das Vorherrschen der Schwefelkiese charakterisirt. Es wurde im Vorausgehenden schon öfters der Kieslagerstätte von Bodenmais erwähnt, welche als Hauptrepräsentant dieser Art Erzeinlagerung gelten kann. Eine ziemlich grosse Anzahl von Schwefelmetallen, am häufigsten Magnet- und Schwefelkies, ferner Strahlkies, Kupferkies, Zinkblende und Bleiglanz, ausser diesen noch Magneteisen sind oft innig gemengt, stellenweise mehr oder weniger separirt auf einem Lagerzug vereinigt, welcher im Dichroit- und Granat-führenden Gneiss (also typischem Dichroitgneiss) konform eingebettet liegt. Dieses Erzlager erscheint bald nur durch einzelne, den übrigen Gemengtheilen des Dichroitgneisses beibrechende Kiestheilchen spurweise angedeutet, bald aber auch ausgedehnt, selbst bis zu einer Mächtigkeit von 1 bis 2 Lachter, stets als eine blosse Anreicherung des normalen Gneisses durch die genannten Schwefelmetalle, welche selbst, wenn die Masse vorherrschend aus Kiesen besteht, dennoch die Natur einer blossen Beimengung zu den Gneissbestandtheilen behalten.

Stets bleiben selbst in den derbsten Kiespartieen Feldspath, Quarz, Glimmer, meist auch Dichroit und Granat, in der Art mit dem Kies verbunden, dass man an der gleichzeitigen Bildung der Kiese und des Gneisses kaum zweifeln darf.

Die Vermuthung einer gleichzeitigen Entstehung wird aber durch die Thatsache zur Gewissheit erhoben, dass sowohl mitten in den festen und völlig unangegriffenen Feldspathmassen und Krystallen, die keine Spur von Rissen oder Sprüngen zeigen, als auch mitten in den derbsten und vollständig ganzen Quarzkörnern Partieen von Schwefelkies und Magnetkies eingewachsen sind.

Man kann, einestheils desshalb, weil die umschliessenden Massen vollständig ganz, von keinen Rissen und Spalten durchzogen, anderentheils auch, weil die Kiese nicht in Blättchen oder Lamellen, wie auf Klüften eingedrungen, sondern in derben, grossen Krystallgruppen oder rundlichen Körnern von dem Feldspath oder Quarz umschlossen werden, nicht annehmen, dass die Kiese erst nach der Verfestigung der sie umschliessenden Masse hineingedrungen wären. Wir haben es daher mit einer Lagerstätte zu thun, welche als wenigstens so primitiv, wie der Feldspath und Quarz des Gneisses selbst, angesehen werden muss. Aus alledem erhellt die

---

[1] Jahrbücher der k. k. geologischen Reichsanstalt, 1854, V, S. 201.

genaueste Übereinstimmung mit dem Erzvorkommen von Konsberg, welches man unter der Bezeichnung Fallbänder kennt.

Im Grossen und Ganzen betrachtet ist die Hauptkieslagerstätte am Silberberge bei Bodenmais ein aus mehreren parallel gesonderten Lagern und Ausläufern gebildeter, langgezogener, linsenförmiger Lagerzug, welcher, dem herrschenden Streichen des umgebenden Gneissgebirges folgend, in St. 9 sich erstreckt. Derselbe besteht aus einem Hauptlager, welches bei überaus grossem Wechsel in seiner Mächtigkeit von einigen Zollen bis zu mehr als drei Lachter [1]) anschwillt, sich oft in grossen Nestern erweitert oder bis auf dünne Schnürchen zusammenzieht und dabei natürlich auch gewisse Unregelmässigkeiten im Streichen annimmt. Das Hauptlager führt vorherrschend Magnetkies, dem sich Schwefelkies und Zinkblende beigesellen. Etwas mehr als 10 Lachter in SO. Richtung von dem Hauptlager streicht das sogenannte liegende Trumm. Es ist sehr unregelmässig mächtig (grossentheils nur 1¼ bis 2 Fuss), erweitert sich jedoch in einzelnen Nestern und Putzen bis zu ein bis zwei Lachter. Hier bricht vorherrschend Schwefelkies, zugleich mit Magnetkies, Zinkblende und selten mit Bleiglanz.

Auch im Hangenden in einiger Lachter Entfernung ist das Hauptlager von einem schwachen Trumm, das gewöhnlich als Ausläufer des Hauptlagers bezeichnet wird, weil es sich nach NW. näher an dasselbe heranzieht, begleitet. Es scheint aber nur in der obersten Teufe abbauwürdige Mittel in sich geschlossen zu haben.

Von dieser Hauptlagerstätte der Bodenmaiser Kiese setzt der Lagerzug mit grossen Unterbrechungen streichend nach beiden Richtungen weiter in's Feld fort. In NW. Erstreckung deuten Spuren alter Baue auf der Felserhöhung, auf welcher das Dorf Bodenmais selbst liegt, zunächst das Fortstreichende des Kieslagers an und fort und fort erkennt man von Stelle zu Stelle an der intensiv rothbraunen Färbung des Bodens, welche, durch die Zersetzung des Schwefelkieses erzeugt, ein höchst charakteristisches und leicht wahrnehmbares Zeichen von den in der Tiefe vorhandenen Kiesablagerungen abgiebt, den Zug über Bodenmais weiter fort, bei Mais, bis wir bei Unterried wieder auf eine namhafte Concentrirung der Erze, welche hier stellenweise besonders auch an Kupferkies reich sind, alte Baue und neue Versuche stossen.

Dieses Verhältniss wiederholt sich zwischen Unterried und Drachselsried auf mehr denn eine Stunde Entfernung von Bodenmais.

Auch in SO. Richtung vom Silberberge brechen auf gleicher Streichungslinie ziemlich reiche Erze auf dem Lager am sogenannten rothen Koth, einem Berge, dessen charakteristischer Name von der so eben erwähnten oberflächlichen Umwandlung des Schwefelkieses in Eisenoxyd und Eisenoxydhydrat herrührt.

Auch hier bestand früher ausgedehnter Bergbau, besonders behufs Gewinnung des Rohmaterials zur Alaunbereitung.

Unmittelbar daran schliesst sich das freilich erzarme Lager, welches mittelst eines Schurfes bei Lindberg aufgeschlossen wurde in einer Entfernung von fast drei Stunden SO. vom Silberberge. Selbst am Fusse der Rachelspitze in der Nähe des Rachelsees bemerkt man die alten Überreste eines früheren Bergbauversuchs behufs Gewinnung goldhaltiger Kiese. Ockerige Absätze des aus den verstürzten Bauen kommenden Wassers lassen hier keinen Zweifel über das Vorhandensein eines Kieslagers, welches in die allgemeine Streichlinie des ganzen Kieszuges, namentlich jenes am rothen Koth fällt und sehr wahrscheinlich demselben Zuge zugetheilt werden darf.

Die Ockerabsätze reichen von dem verbrochenen Stollenmundloch am Rachelgehänge bis herab zum Rachelsee, in welchen das Grubenwasser sich ergiesst. Von diesem Erguss mag auch der Gehalt des Rachelseewassers an Eisenoxyd herstammen, welches die Analyse Johnson's [2]) zu 0,0012 in 1000 Gramm Wasser des Rachelsees nachgewiesen hat; das Vorhandensein der Schwefelsäure, welche man im Seewasser vermuthete, wurde durch diese Analyse nicht bestätigt. Im Übrigen kommen zerstreut und unter nicht näher bekannten Verhältnissen

---

[1]) Ein Lachter = 6,75 bayer. = 6,06 pariser Fuss.
[2]) Sendtner, die Vegetationsverhältnisse des bayerischen Waldes, S. 76.

Schwefelkiese an vielen Punkten des Dichroitgneissgebiets vor, wie oft bemerkbare Ablagerungen von Eisenocker an der Oberfläche lehren.

Ob der alte Bergbau bei Maisried SW. von Bodenmais (XLV, 47) und der fabelhafte Kupferbergbau am Wasserfalle des Rissloches hierher gezählt werden dürfen, ist zweifelhaft. Das bekannte, auch jetzt wieder frisch aufgenommene Schwefelkieslager von der Schmelz bei Lam und von Lameck gehört nicht dem Dichroitgneiss, sondern den Grenzschichten zwischen Gneiss und Glimmerschiefer an. Auch im vorderen Walde, in dem graphit- und porzellanerdereichen Distrikte des Passauer Gebirges sind Spuren von Kieslagerstätten bekannt, welche, wenn auch viel ärmer an Erzen, eine grosse Analogie mit jenen von Bodenmais nicht verkennen lassen.

So begegnen wir an den Donauleiten unterhalb der Löwmühle Spuren von Eisenocker und Absätzen von basisch schwefelsaurer Thonerde, welche sicherlich nur in Folge der Zersetzung von Schwefelkies auf einem in Gneiss eingebetteten Kieslager entstanden sein können. Jeder Querbruch des Gesteins zeigt uns hier auch in der That eine fein vertheilte Einsprengung von Schwefelkies. Auf den Graphitlagern haben wir der Beimengung von Schwefelkies schon Erwähnung gethan. Auch lässt sich mit vielem Grunde vermuthen, dass das durch frühere Abbaue bekannte Lager von Brauneisenerzen, welches jetzt noch der eisenhaltigen Quelle des Bades Kelberg ihren Ursprung giebt, nur die Eisenhuth eines tieferen Kieslagers, d. h. nur ein am Ausgehenden bis zu beträchtlicher Tiefe in Brauneisenerz umgewandeltes Schwefelkieslager ist.

Die Schwefelkiese, welche schon an sich sehr leicht eine Zersetzung erleiden und daher auf ihrer Lagerstätte von mannichfachen Zersetzungs- und Umwandlungsprodukten begleitet zu werden pflegen, haben da, wo ihre Lager zugleich auch durch grossartige Bergbauanlagen aufgeschlossen und von vielen Altungen durchlöchert sind, eine erstaunliche Fülle verschiedener Mineralien zu ihren Begleitern.

Versuchen wir die auf dem Kieslager des Silberberges bei Bodenmais bis jetzt wahrgenommenen Mineralien in die zwei Gruppen der ursprünglichen und der durch Zersetzung entstandenen zu sondern, so lassen sich die reichen Schätze dieses interessanten Fundortes bequemer überblicken.

### I. Ursprüngliche Mineralien.

1. Magnetkies.
2. Schwefelkies.
3. Strahlkies, Speerkies oder Markasit. ·
- 4. Kupferkies.
5. Zinkblende.
6. Bleiglanz.
7. Magneteisen.
8. Titaneisen.
9. Kreittonit, Zinkspinell.
10. Zinnerz.

### II. Sekundär entstandene Mineralien.

1. Eisenvitriol.
2. Vitriolocker.
3. Brauneisenstein.
4. Goethit.
5. Rotheisenstein.
6. Stilpnosiderit (? Ficinit).
7. Thraulit.
8. Jollyit.
9. Vivianit.

10. Spatheisenstein und Sphärosiderit.
11. Kalkspath (Aragonit).
12. Gyps.
13. Schwefel.
14. Haarsalz und Winebergit.
15. Quarz, Chalcedon (Amethyst?).
16. Kupfergrün.
17. Desmin (Stilbit).
18. Harmatom.

Der **Magnetkies** kommt theils **grossblättrig**, mit Zinkblende und fein eingesprengtem Kupferkies verwachsen, besonders schön auf der Gieshübelzeche am Silberberge vor, theils bildet er gemengt mit den anderen Schwefelmetallen krystallinische Massen. Er findet sich auf allen Kieslagern des Bodenmaiser Zuges, ausserdem mit Kalkspath auf der Blötz bei Bodenmais.

Der Bodenmaiser Magnetkies wurde von H. Rose (a) und Graf Schaffgotsch (c) analysirt und in folgender Weise zusammengesetzt gefunden:

|  | a. | c. |
|---|---|---|
| Schwefel . . . . . . . . | 38,78 | — |
| Eisen . . . . . . . . . | 60,52 | 60,59 |
| Kieselsäure . . . . . . | 0,82 | — |
|  | 100,12 |  |

Berzelius hält denselben wahrscheinlich für eine Verbindung von 5 At. Eisensulphuret mit 1 At. Eisensesquisulphuret. Die neuesten Analysen verdanken wir Nikolaus Herzog von Leuchtenberg[1]). Sie ergaben in drei Versuchen:

Eisen   . . .  60,99 — 61,34 — 61,48
Schwefel  . . 38,21 — 39,55 — 38,63
                99,20 —100,89 —100,11

In der Probiranstalt von Bodenmais wurde in dem Magnetkies eine sehr geringe Menge von Kupfer, Kobalt und Zink (ob von Verunreinigungen?) nachgewiesen, während durch die Versuche v. Kobell's wenigstens die Abwesenheit von Nickel darin festgestellt wurde.

Besonders technisch wichtig ist der Gehalt der Magnetkiese an Gold und Silber, weil bei einem Goldgehalte der Kiese nicht viel unter 0,0015 % oder ungefähr fünf Loth in 100 Centner die von Fuchs[2]) in Vorschlag gebrachte Ausbringungsmethode noch einen reinen Gewinn in Aussicht stellen würde. Nach den vielfach unternommenen Versuchen enthalten die Kiese von Bodenmais in höchst schwankendem Verhältnisse Gold und Silber von den geringsten Spuren bis zu

0,025 % Gold und
0,063 % Silber,

wie es scheint, in höchst fein vertheiltem Zustande, so dass sie mechanisch kaum abgeschieden werden können. Desshalb ergaben auch die Proben im Grossen mittelst der Amalgamation nur sehr geringe Bruchtheile des ganzen Gehaltes. Magnetkies lieferte auf diese Weise behandelt nur = 0,0057 % güldisches Silber und = 0,0003 % Gold, während die Potée (rothe Farbe und Polirmittel aus den Rückständen des Vitriolerzeugungsprocesses) einen koncentrirten Gehalt von

0,0290 % güldischem Silber
und 0,0011 % Gold

und endlich die letzten Rückstände von beiden

0,0138 % güldisches Silber,
0,0003 % Gold enthalten.

Die neuesten Proben ergaben in den gerösteten Erzen aus dem Wolfgangsstollen, die als

---

[1]) Petersburger akademisches Bulletin, VII, S. 403.
[2]) Dingler's Journal, Bd. CXLIV, Heft 2.

die reichsten gelten, einen Gehalt von circa 0,003 % güldischem Silber, von dem jedoch versuchsweise durch die Platner'sche Extraktionsmethode nur der vierte Theil gewonnen werden konnte.

Im Mittel möchte anzunehmen sein, dass die Bodenmaiser Magnetkiese nur 0,00012 % Gold enthalten und mithin im Durchschnitte sich nicht eignen, das Gold aus ihnen zu gewinnen.

Neben dem Magnetkies ist der Schwefelkies das häufigste und bemerkenswertheste Mineral der Kieslagerstätte. Er bricht meist vermischt mit den übrigen Schwefelmetallen, zeigt sich jedoch durchgehends in höherem Grade verändert, als der Magnetkies. Derselbe ist bekanntlich Eisenbisulphuret — $\overset{2}{Fe}$ —, bestehend aus

$$\begin{array}{ll} \text{Schwefel} & \text{.  .  .  .  .  .  .  } 53,33 \\ \text{Eisen} & \text{.  .  .  .  .  .  .  } \underline{46,67} \\ & \phantom{....} 100,00 \end{array}$$

Nicht selten ist der Schwefelkies auf der Bodenmaiser Kieslagerstätte auskrystallisirt vorherrschend in Würfelform, und zwar manchmal mit höchst unregelmässigen Flächen, welche durch eine garbenartige Streifung sehr uneben erscheinen. Zuweilen beobachtet man auch Würfel mit abgestumpften Ecken; diese Abstumpfungsflächen sind glatt und ohne Streifung. (Johannisstollen). Pyritoëder lassen sich hier und da ebenfalls erkennen. In vielen Fällen sind diese Schwefelkieskrystalle theilweise in Goethit umgewandelt.

Sehr eigenthümlich sind gewisse Schwefelkiespartieen, welche von zahlreichen Höhlungen durchzogen werden, so dass das Ganze ein gewisses schlackenartiges Aussehen gewinnt. Manche dieser Räume sind leer, andere durch Brauneisenstein oder Eisenocker, offenbar ein Zersetzungsprodukt, ausgefüllt. Auf ganz frischen Bruchflächen glaubt man stellenweise in solchen Schwefelkiesmassen eine eigenthümliche hellere Färbung wahrzunehmen, als die Hauptmasse des Schwefelkieses besitzt. Zugleich sind diese putzenartig zerstreuten Partieen feinkörnig. Hier bemerkt man auch die ersten Anfänge beginnender Zersetzung. Es ist daher sehr wahrscheinlich, dass wir hier Verwachsungen von Speerkies mit Schwefelkies vor uns haben und dass die leichtere Zersetzung des Speerkieses zur Entstehung sowohl der Hohlräume als der Ockerputzen Veranlassung gab.

An einem grossen Schwefelkieswürfel, dessen Kantenlänge über 70 Millimeter misst, glaube ich mich von diesem Einschlusse von Speerkies in Schwefelkies faktisch überzeugt zu haben. Ähnliche Poren und Lücken kommen übrigens auch in dem körnigen Gemenge verschiedener Kiese und Schwefelmetalle vor und ich bin geneigt, auch diese der Beimengung von zum Theil zersetzten, zum Theil weggeführten Speerkiestheilen zuzuschreiben. Vieler Schwefelkies ist offenbar jüngeren Ursprungs und es ist sehr wahrscheinlich, dass das lückige Aussehen mancher Kiespartieen eine Folge der Umbildung von Magnetkies in Schwefelkies ist.

Auch der Schwefelkies von Bodenmais ist, ähnlich wie der Magnetkies, gold- und silberhaltig. Es ist zu bemerken, dass Schwefelkies nicht nur auf den verschiedenen Lagern des Bodenmaiser Kieszuges bricht, sondern auch sonst häufig in geringer Menge in den Gneiss eingesprengt ist, so dass, wie die bereits angeführten Analysen beweisen, fast kein Gneiss ganz frei von Schwefelkies gefunden wird. Besonders gern pflegt er sich bei dem hornblendehaltigen Gesteine einzustellen.

Der Speer- oder Strahlkies (Markasit), die im rhombischen Systeme krystallisirende heteromorphe Modifikation des Eisenbisulphuretes (Schwefelkies), ist ein ziemlich seltener Begleiter der übrigen Kiese auf den Bodenmaiser Lagerzügen. Wir haben ihn so eben als eine Einsprengung in den Schwefelkies kennen gelernt. Oft bricht er auch für sich in kleineren Partieen, welche sich durch eine eigenthümliche poröse und zellige Beschaffenheit auszeichnen. Die Wandungen dieser Hohlräume sind meist mit zierlichen, äusserst kleinen Krystallchen von Schwefelkies ausgekleidet und oft auch von dünnen Lamellen quer durchzogen, wodurch sie, wie durch Scheidewände, in kleine Zellchen abgetheilt erscheinen. Solche Zellen sind bisweilen von Magnetkies und Thraulit erfüllt.

Im Allgemeinen macht das Vorkommen des Markasits mehr den Eindruck einer sekundären als primären Bildung, ohne dass mit einiger Sicherheit die direkte Umwandlung des Schwefel- oder Magnetkieses erkannt werden könnte. Da der Markasit diejenige Kiesart darstellt, welche am leichtesten der Zersetzung unterworfen ist, so sehen wir auch am häufigsten die Produkte dieser Umbildung in seiner Nähe angehäuft und es gewinnt dadurch das an **Markasit** reiche Gestein häufig das Ansehen des Zerfressenseins.

Eine im Ganzen nicht seltene, aber nicht in grösseren, derben Massen brechende Kiesbeimengung macht der **Kupferkies** aus:

$$CúFe \ mit \ . \ . \ . \left\{ \begin{array}{l} 34,89 \ S \\ 34,59 \ Cu \\ 30,52 \ Fe \\ \overline{100,00} \end{array} \right.$$

Fein eingesprengt giebt er sich zwischen den übrigen Schwefelmetallen durch seinen frischen messinggelben Metallglanz und das Irisiren mancher Partieen leicht zu erkennen.

Leider findet er sich am Silberberge nicht in so grossen Mengen, dass er einen sehr wesentlichen Beitrag zur Herstellung kupferreicher Eisenvitriole liefern könnte. Bedeutender ist das Einbrechen des Kupferkieses auf dem Lager bei Unterried. Aber auch hier halten die reicheren Schnüre nicht im Felde aus, sondern beschränken sich auf kleine Putzen und Nester.

**Zinkblende** kommt auf den Bodenmaiser Kieslagern als fast konstante Beimengung eingesprengt, selten in reiner Ausscheidung vor. Dieselbe ist stets dunkel gefärbt, braunschwarz mit einem Stich in's Bläuliche, und von fast metallischem Glanze, daher oft bei dem deutlichen und grossblättrigen Bruche dem Bleiglanz ähnlich.

Die Spaltungsflächen zeigen nicht selten eine feine gittrige Streifung. Der Strich ist kastanienbraun bis braunschwarz. Da ich in der Vitriolmutterlauge Kadmium auffand, so ist es mehr als wahrscheinlich, dass ein Theil der Bodenmaiser Zinkblende kadmiumhaltig ist.

**Bleiglanz** bricht am Silberberge ziemlich häufig und hält sich in der Regel gesondert auf kleinen Nestern und Putzen, welche jedoch nie grössere Ausdehnung gewinnen. Wiewohl auf allen Lagerstätten hier und da erscheinend, wurde der Bleiglanz besonders in den oberen Teufen auf dem sogenannten Ausläufer im Hangenden des Hauptlagers häufiger gefunden. Da er einen beträchtlichen Gehalt an Silber besitzt, so ist es nicht unwahrscheinlich, dass derselbe in alter Zeit zur Benennung des Silberberges Veranlassung gab. Denn es wurden noch in den Jahren 1611 bis 1613 gegen 1230 Centner dieses Bleierzes gewonnen.

Der Bleiglanz am Silberberg ist durchweg grossblättrig. Sein Silbergehalt ist stets ein namhafter, selbst bis zu 0,68 %.

Beim Probiren gaben vier Stücke aus verschiedenen Fundstellen:

1) Bleiglanz vom Ludwigsstollen, III. Querschlag, SO. streichende Strecke . 0,52 % Silber,
2) Bleiglanz vom Ludwigsstollen, ganz rein ausgeschieden . . . . . . . . 0,68 % „
3) Bleiglanz der Ludwig-Sebastians-Schachtstrecke gegen SO. . . . . . 0,34 % „
4) Bleiglanz vom Wolfgangsstollen . . . . . . . . . . . . . . . 0,44 % „

Das Silber ist gering goldhaltig.

Auch das **Magneteisen** hält sich gewöhnlich in Putzen und Nestern mehr oder weniger getrennt von den Schwefelmetallen. Besonders reiche Partieen finden sich in den oberen Teufen des hangenden Trumms — des Ausläufers —, wo das Mineral grobblättrig und derb, selten in vollkommen ausgebildeten Krystallformen vorkommt. Dieses **Magneteisen** ist stark attraktorisch-magnetisch. Die nähere Untersuchung abgesprengter grösserer Gesteinsstücke, welche **Magneteisen** enthalten, lieferte bezüglich einer regelmässigen Vertheilung der Pole kein bestimmtes Resultat, was wohl davon herrühren mag, dass die Körner, Putzen, Streifen und Adern vom Magneteisen auf die mannichfaltigste Weise bald isolirt, bald mit einander in Berührung im Gestein vertheilt sind.

Bricht das **Magneteisen** eingesprengt zwischen den Schwefelmetallen, so ist es vorherrschend kleinkörnig, aber auch hier oft ziemlich rein ausgeschieden. Diese kleinkörnige Varietät zeichnet sich durch ihre geringe attraktorische Eigenschaft vor der blättrigen auffallend aus, als ob gleichsam die Polarität der einzelnen Kryställchen oder krystallinischen Theilchen ihre attraktorische Kraft schwächen würde. Bei manchen Proben des Bodenmaiser **Magneteisensteins** zeigt sich ein Gehalt an Titan. Doch ist es schwer zu entscheiden, ob dieser Gehalt von einer Beimengung an Titaneisen, welches damit zuweilen vorkommt, herrührt oder dem Magneteisen selbst eigenthümlich ist. Nach den Untersuchungen v. **Kobell's** ist es frei von Nickel, enthält jedoch geringe Mengen von Mangan. Nach den Untersuchungen von A. Vógel[1]) sind manche Stücke vom Silberberge, welche bisher für Magneteisen angesehen wurden, wirklich Titaneisen.

Die Analyse eines kleinkörnigen Minerals, welches als Magneteisen vom Silberberg bezeichnet war, ergab ihm:

LII.

|  |  |
|---|---|
| Titansäure . .. . . . . . . . . . | 18,53 |
| Eisenóxyd . . . . . . . . . . | 63,00 |
| Eisenoxydul . . . . . . . . . . | 17,79 |
|  | 99,32 |

eine Verbindung, welche einer Mischung von 1 At. titansaurem Eisenoxydul mit 2 At. Eisenoxyd entspricht:

$$FeTi + 2\ddot{F}e,$$

analog den schwach magnetischen Körnern von Horrshöberg in Wermland und den derben Massen von Uddewalla in Schweden. Nach meiner Untersuchung ist es jedoch wahrscheinlich, dass das Ergebniss nur zufällig auf eine solche Verbindung führt, dass das Mineral vielmehr nur ein Gemenge von Magneteisen mit einem titanhaltigen Oxyde des Eisens darstellt, wie denn ebensowohl Kibdelophan als Nigrin unter den gewöhnlichen Begleitern der Gneisse auch in der Umgegend von Bodenmais nicht fehlen.

An das Magneteisen schliesst sich zunächst der höchst interessante Eisenzinkspinell, eine Varietät des Gahnits, die v. Kobell mit dem Namen Kreittonit belegt hat. Nach v. Kobell ist der Kreittonit in folgender Weise zusammengesetzt:

Kreittonit von Bodenmais . . . . LIII.

|  |  |
|---|---|
| Thonerde . . . . . . . | 49,62 |
| Eisenoxyd . . . . . . . | 18,48 |
| Zinkoxyd . . . . . . . | 26,67 |
| Magnesia . . . . . . . | 3,40 |
| Manganoxydul . . . . . | 1,44 |
|  | 99,61 |

Derselbe ist schwarz bis grünlichschwarz, im Striche graulichgrün, von pechähnlichem Glasglanze, undurchsichtig, unvollkommen oktoëdrisch, spaltbar, im Bruche muschlig, schwach, aber deutlich magnetisch. In guter Reduktionsflamme giebt er auf Kohle schwachen, aber noch deutlich erkennbaren Zinkbeschlag. Das specifische Gewicht beträgt im Mittel nach meinen Wägungen mit sehr reinen Krystallen 4,450. Am häufigsten bricht er im Gemenge mit Magnetkies, Kupferkies, Feldspath und Quarz in kleinen Körnchen, welche meist jedoch kleine, wohl ausgebildete Krystalle bis zu 20 Millimeter Länge, auch zu Zwillingen in der Weise verbunden sind, dass eine Fläche des Oktoëders als Zwillingsebene erscheint. Gewöhnlich zeigen sich die Kanten abgestumpft; diese Abstumpfungsflächen sind der Länge nach gestreift. Eigenthümlich ist, dass die Oktoëderflächen häufig mit innigst angewachsenen Blättchen weissen, zweiachsigen Glimmers bedeckt sind.

Zinnerz ist einer der seltneren, aber merkwürdigsten Begleiter der Bodenmaiser Kieslager. Dasselbe findet sich in meist grossen Krystallen mit geflossen aussehender Oberfläche, auch eingesprengt in kleinen, nicht deutlich als Krystalle erkennbaren Körnchen sowohl in dem körnigen Gemenge von Magnetkies, Kupferkies und Fettquarz, als auch in Gesellschaft des grossblättrigen Magneteisens, wo dieses in grösseren Partieen ausgeschieden ist, oder eingesprengt mit Hornblende, Quarz und Schwefelkies. Das Bodenmaiser Zinnerz ist röthlich-braunschwarz, undurchsichtig, von fettigem Glasglanze; das specifische Gewicht beträgt = 6,64.

Da das Zinnerz immer sehr spärlich und nur auf kleine Nester beschränkt, z. B. auf der Ebensohle bei Nr. 845 der Zeche Gottesgabe und im Wolfgangsstollen bricht, so hat sein Vorkommen keine technische Wichtigkeit.

---

[1]) v. Liebig, Jahresbericht 1856, S. 840, und Rammelsberg, Handbuch der Mineralchemie, S. 415.

Aus der Reihe der durch Umänderung wahrscheinlich ursprünglicher Lagermineralien entstandenen Gebilde ist zunächst zu nennen das Produkt der Schwefelkieszersetzung — Eisenvitriol. Derselbe bildet sich in allen Altungen der Bergbaue am Silberberg, am rothen Koth, bei Unterried und am Rachel und überzieht häufig sowohl das Gestein, als auch besonders in schönen grossen Krystallen das Grubenholz in zerfallenen Bauen. Als Efflorescenz findet man ihn ebenso häufig an Gesteinswänden, Felsen u. s. w., wo schwefelkieshaltige Lager vorkommen.

Daran schliesst sich unmittelbar als weiteres Zersetzungsprodukt des Eisenvitriols Vitriolocker, basisch schwefelsaures Eisenoxydhydrat, ein Mineral von schwankender Zusammensetzung, welches sich theils in Form lockeren, staubartigen Schlamms von ockergelber Farbe da absetzt, wo eisenvitriolhaltiges Wasser in Altungen längere Zeit steht oder auch in Schlammrinnen fortfliesst, theils in Form von Stalaktiten an den Firsten oder als Krusten auf Gesteinswänden ausgeschieden wird.

In der letzten Form von Stalaktiten und Krusten ist die Masse dunkelbraun, im Bruche muschlig, glasglänzend, im Striche ockergelb, aus dünnen, zuweilen ablösbaren schaligen Lamellen bestehend. Diese als dichte Varietät des Vitriolockers zu betrachtende Varietät ist ein ziemlich konstantes Produkt der Kieszersetzung in allen Altungen bei Bodenmais. Besonders reichlich fand ich dasselbe bei den Unterrieder alten Gruben, als dieselben wieder aufgesäubert wurden, an der Firste und an den Stössen.

Einen weiteren Grad der Schwefelkieszersetzung stellt der Brauneisenstein dar. Es ist bekannt, dass alle Kieslagerstätten sich schon an der Oberfläche durch die massigen Brauneisensteinablagerungen verrathen, welche oft auf weite Strecken selbst dem Ackerboden eine eisenbraune Färbung ertheilen. Zuweilen bilden diese Anhäufungen von Brauneisenstein, indem sie die Quarzkörner des Gneisses umhüllen und verbinden, eine Art eisenschüssigen Sandsteins. Dieser Brauneisenstein ist der Eisenhuth der in grösserer Tiefe unzersetzt durchstreichenden Kieslager. So ist die Kuppe des Silberberges reichlich mit Brauneisensteinstücken bedeckt, welche aus dem an der Oberfläche zersetzten Schwefel- und Magnetkies entstanden sind und hier wohl die erste Veranlassung zu einem Bergbau behufs Gewinnung von Eisenerzen gegeben haben. Das Fortstreichen der Kieslager gegen Unterried lässt sich mehrfach bei Bodenmais und Mais in den Feldern an Brauneisenstücken und an der gelben Farbe der Ackerkrume erkennen.

Auch an dem Ableg bei Klautzenbach und in der Fortsetzung davon am rothen Koth und bei Lindenberg kommt Brauneisenstein in der bezeichneten Weise so mächtig vor, dass er früher an mehreren Stellen für benachbarte Eisenhüttenwerke gewonnen wurde.

Auch der Schiltenstein in der Nähe des Silberberges beherbergt solche Brauneisensteinbildungen.

Auf dem Kieslager selbst stösst man gleichfalls nicht selten, namentlich in Altungen, auf zum Theil mächtige Massen von Brauneisenstein in allen Formen vom mulmig-erdigen Zustande bis zum dichten glaskopfartigen. Nicht selten besitzt er noch die Form des Schwefelkieses, aus dem er als Pseudomorphose entstanden ist. Ganz besonders interessant sind die Brauneisenpseudomorphosen von Brauneisenstein nach Kalkspath, welche bereits Blum[1] ebenso vortrefflich als ausführlich beschrieben hat. Wir haben dieser erschöpfenden Schilderung wenig hinzuzufügen. Hierher gehört auch die Brauneisenpseudomorphose, welche Hausmann als aus Pyroxen entstanden vom Silberberg beschreibt.

An einer grossen Reihe von Stufen, welche von den ersten Spuren der beginnenden Umwandlung bis zu vollendeten Pseudomorphen den Gang dieser Veränderung klar vor Augen stellen, bemerkt man, dass sich beim ersten Stadium ein fast nur hauchartiger Anflug von schmutzig-bräunlicher bis grünlicher Farbe auf dem Kalkspath zeigt.

Die Krystallform des letzteren ist fast ausschliesslich die sechsseitige Säule mit rhomboedrischen Endflächen; die Krystalle sind oft säulenförmig verlängert und verjüngen sich absatzförmig gegen ihr Ende. Meist sind die Säulenflächen in ausgezeichneter Weise rauh, wie mit zahllosen kleinen, aber doch mit blossem Auge erkennbaren Schuppen bedeckt, während

---

[1] Pseudomorphose der Min., 1843, S. 292 und I. Nachtrag.

die Rhomboëderflächen glatt sind. Es lässt sich in diesem Stadium schwer entscheiden, ob wir eine blosse Überrindung und Umhüllung oder einen substanziellen Stoffumtausch vor uns haben. Wird die gelblichgrüne Rinde dicker, so lässt sie sich, wenigstens an den Endflächen, wegsprengen. Die so frei gelegte Kalkspathfläche ist nicht mehr glänzend und glatt, sondern wie angeätzt mit Parallelstreifchen, welche auf die Kombinationskante senkrecht stehen. Nimmt man einen zerspaltenen Krystall, so sieht man deutlich, dass die gelbgrüne Substanz des Kalkspaths mit kurzen wurzelähnlichen Ausläufern sich einsenkt. Es ist hier kein Zweifel, dass die äussere gelbgrüne Substanz an die Stelle verschwundenen Kalkspaths getreten ist. Nähere Untersuchungen haben gelehrt, dass diese Rindensubstanz aus kohlensaurem Eisenoxydul besteht, dass zuerst mithin eine Umwandlung des Kalkspaths in Spatheisenstein vor sich geht, bei welcher Kalkerde durch Eisenoxydul ersetzt wird.

Mit der nun weiter fortschreitenden Veränderung geht aber auch schon eine zweite Metamorphose vor sich, indem das kohlensaure Eisenoxydul in Brauneisenstein sich zersetzt. Meist geschieht diess nur in beschränkterem Maasse und vorzüglich an den aufgewachsenen Theilen der Krystalle. Nicht selten findet man in diesem Stadium Krystalle, welche im Innern noch einen Kalkspathkern besitzen, der mehr oder weniger stark zerfressen ist. An diesen schliesst sich eine zellige, lückige Partie an, welche aus Spatheisenstein und Blättchen von Gyps besteht, während die äussersten, nur als Rinde erscheinenden Krystalltheile in Brauneisenstein zersetzt sind.

Ist der Process vollendet, d. h. ist aller Kalkspath verschwunden, so finden wir an seiner Stelle die Krystalle grossentheils im Innern nicht ganz ausgefüllt, sondern zellig-porös, zum Theil hohl. Die Ausfüllungsmasse ist von gleicher Art, wie die äussere, rindenartige, d. h. vorherrschend Spatheisenstein, oft auch bereits schon in Brauneisenstein umgeändert, und bildet unregelmässige, blättrige Lamellen in der Richtung der Blätterdurchgänge des Kalkspaths, während in den Hohlräumen zwischen solchen Blättchen feine Nadeln und Zäpfchen querüber stehen und die eigenthümlich zellig-poröse Beschaffenheit der Pseudomorphose bedingen. Nicht selten sind auch einzelne kleine Schwefelkieskryställchen in die Substanz des Spatheisensteins eingemengt, aber immer bleiben sie nur vereinzelt und widerstehen länger der Veränderung, auch wenn aller Spatheisenstein bereits, wie nicht selten der Fall wird, in Brauneisenstein sich umgesetzt hat. Es ist demnach nicht Schwefelkies, wie Blum vermuthet hat, sondern Spatheisenstein die Substanz, welche bei der Bildung des Brauneisensteins an der Pseudomorphose von Bodenmais vorausgegangen ist. Neuerlich wurden auf dem Wolfgangsstollen Haupttrumm wieder grosse Nester mit dieser Pseudomorphose aufgeschlossen. Eine andere Pseudomorphose von Bodenmais steht mit der eben beschriebenen in zu grossem Zusammenhange, um sie nicht gleich hier zur Sprache zu bringen.

Es ist diess die Rotheisenstein-Pseudomorphose nach Kalkspath oder eigentlich Pseudomorphose des Spatheisensteins in Form von Kalkspath. Die hiesige Sammlung besitzt eine prachtvolle Stufe, an welcher frei ausgebildete Skalenoëder von 50 bis 80 Millimeter Länge aus Rotheisenstein bestehen. Im Innern sind diese Pseudomorphosen hohl, theilweise mit zelligen Querrippchen, ähnlich wie bei der vorigen Bildung, versehen, welche dick von drusiger Rotheisensubstanz bedeckt sind. Auch die innern Flächen der Wände sind von traubigen Zäpfchen überkleidet. Die Aussenflächen zeigen sich zum Theil glatt und glänzend, offenbar die ursprünglichen Kalkspathflächen darstellend und keine blossen Überrindungsflächen; zum Theil aber sind sie mit unreinem Rotheisenstein, wie der ganze übrige Theil der Stufe, überrindet. Aus dem ganzen Habitus dieser Pseudomorphose ergiebt sich die innigste Beziehung derselben zu der vorhin erwähnten Brauneisensteinbildung. Ich glaube desshalb mit allem Grunde annehmen zu dürfen, dass ihre Entstehung auf eine ähnliche Weise erfolgt sei, wie jene des Brauneisensteins, indem erst an die Stelle des Kalkspaths kohlensaures Eisenoxydul trat und durch einen zweiten Verwandlungsprocess endlich Spatheisenstein in Rotheisenstein überging.

Wir reihen hier gleich eine dritte, theils sekundär erzeugte, theils wirklich auch als Pseudomorphose auftretende Substanz an — das Eisenoxydhydrat in der Form als Goethit.

Dieses Mineral trifft man zuweilen in stänglichen oder faserigen Massen neben Brauneisenstein und Eisenpocherz; am häufigsten kommt es als Pseudomorphose nach Schwefelkies vor.

Man findet den Schwefelkies in allen Stadien der Umbildung in Eisenoxydhydrat; besonders ausgezeichnete Übergangsformen kommen oder kamen im Johannisstollen des Silberberges vor. Selten scheint der Magnetkies in diese Art des Brauneisensteins überzugehen. In amorphem Zustande heisst dieses Eisenoxydhydrat Pecheisenerz oder Stilpnosiderit. Dergleichen amorphe Massen gehören auf allen Kieslagern unseres Reviers, zu den häufigeren Erscheinungen und bilden sowohl dicke, rindenartige Überzüge über ganze Gesteinswände, als auch stalaktitische, traubige und knollige Gestalten an der Firste oder stellen sich in derben Partieen eingesprengt zwischen dem Kies ein. Zwei Arten von Pseudomorphosen dieses Minerals verdienen besonders hervorgehoben zu werden.

Die eine schliesst sich unmittelbar an die des Brauneisenerzes nach Kalkspath an. Auf dem Wolfgangsstollen am Silberberge fand ich eine putzenartige Ausscheidung von Pecheisenerz deutlich in Form des Kalkspaths mit jenen schuppigen Flächen der sechsseitigen Säule, welche schon früher beschrieben wurden. Die Krystalle waren im Innern etwas porös, doch weit derber ausgefüllt, als bei der bezeichneten Pseudomorphose des Brauneisensteins.

Eine zweite Pseudomorphose von Stilpnosiderit ist aus krystallisirtem Vivianit entstanden. Blum hat diese Bildung in seinem ersten Nachtrage zu den Pseudomorphosen (S. 112) ausführlich beschrieben. Die Vivianitkrystalle verwandeln sich nach und nach in Pecheisenerz um, wobei das Innere theilweise hohl, und zum Theil mit nierenförmigem Stilpnosiderit erfüllt ist. Ob die angeführten Zwillingskrystalle dem Vivianit angehören, möchte ich sehr bezweifeln; sie dürften vielmehr dem Harmotom zuzutheilen sein, welchen ich mehrfach in solchen Krystallen, auch in der Nähe des Vivianits gefunden habe. Was ich wenigstens von solchen Formen untersucht habe, gehörte dem Harmotom an.

Diese theilweise in Eisenoxydhydrat verwandelten Vivianite scheinen auch die Veranlassung zu der Aufstellung eines neuen, bloss auf das Vorkommen am Silberberg von Bodenmais beschränkten Minerals gegeben zu haben — des räthselhaften Ficinites.

Glocker[1]) giebt an, dass der Ficinische Vivianit nach Ficinus Eisenoxydul und Phosphorsäure, Wasser und in geringer Menge Manganoxyd und Schwefelsäure enthalte. Kenngott[2]) theilt die Ficinus'sche Analyse dieser Substanz mit:

| | | |
|---|---|---|
| Eisenoxydul | . . . . . . . . . . | '58,85 |
| Manganoxydul | . . . . . . . . . | 6,82 |
| Kalkerde | . . . . . . . . . . | 0,17 |
| Kieselerde | . . . . . . . . . | 0,17 |
| Schwefelsäure | . . . . . . . . | 4,07 |
| Phosphorsäure | . . . . . . . | 12,82 |
| Wasser | . . . . . . . . . . | 16,87 |

Diess passt ganz zu einem Vorkommen, welches ich am Silberberg beobachtete, indem hier zum Theil veränderte Vivianite auf einer Kruste von Stilpnosiderit und Vitriolocker aufsitzen. Es erklärt sich daraus leicht der Gehalt dieses Gemenges, wie Ficinus es angiebt. Diese Massen bilden aber kein selbstständiges Mineral, und es möchte desshalb Ficinit unter den Mineralnamen zu streichen sein, obwohl Kenngott als wahrscheinlich annehmen zu müssen glaubt, dass Ficinit eine bestimmte Species sei, offenbar, weil er nur einzelne Stücke untersuchte und die allmähligen Übergänge nicht kannte, welche diese Substanz zeigt.

Hisingerit und Thraulit machen zusammen eine Mineralgruppe aus, welche ihre Vertreter auch unter den Zersetzungsprodukten der Bodenmaiser Kieslagerstätte besitzt. Der Thraulit von Bodenmais ist eine amorphe bräunlichschwarze Substanz, welche nach v. Kobell schwer schmelzbar ist und nach längerer Einwirkung der Desoxydationsflamme vor dem Löthrohre magnetisch wird, in Salzsäure sich ohne Gallertbildung zersetzt und ausserdem im Kolben vor dem Löthrohre Wasser giebt.

Die Analysen Hisinger's (a) und v. Kobell's (b) geben folgende Zusammensetzung:

---

[1]) Glocker, Generum et specierum miner. synopsis, p. 233.
[2]) Mineralog. Notizen, XI, S. 22.

Thraulit von Bodenmais        LIV.

|  | a. | b. |
|---|---|---|
| Kieselerde . . . . . | 31,77 | 31,28 |
| Eisenoxydul } .' | 49,87 | 49,12 |
| Eisenoxyd . } | | |
| Wasser . . . . . . | 20,00 | 19,12 |
| | 101,64 | 99,52 |

Berechnet man nach Rammelsberg [1]) die Menge des Eisenoxyds und Eisenoxyduls, unter der Voraussetzung, dass ihr Sauerstoff 2 : 1 sei, so erhält man:

Kieselerde . . . . . . . . . . 31,28
Eisenoxyd . . . . . . . . . . 29,06
Eisenoxydul . . . . . . . . . . 19,61
Wasser. . . . . . . . . . . . 19,12
                         99,07

welche Zusammensetzung der Formel entspräche:

$$(3 \ddot{F}e \, \ddot{S}i + \ddot{F}e^2 \, 2 \, \ddot{S}i^2) + 12 \, Aq.$$

v. Kobell hat später darin nur 5,7 % Eisenoxydul gefunden und glaubt, dass noch ein Theil desselben vom beigemengten Magnetkies herrühre, daher der Thraulit eigentlich sei:

$$\ddot{F}e^2 \, \ddot{S}i^3 + 6 \, Aq.$$

In neuerer Zeit kam in grösseren Massen ein grünlich- bis bräunlich-schwarzes amorphes Mineral vor, welches, bereits früher (S. 244) als Jollyit oder Jollyt beschrieben, sich unmittelbar an Thraulit und Hisingerit anschliesst. Wahrscheinlich schwanken diese Hydrate von Eisenoxyd- und Eisenoxydulsilikaten in ihrer Zusammensetzung nach örtlichen Verhältnissen, so dass sie nicht sehr bestimmt sich scheiden lassen.

Vivianit, oder das Eisenblau, ist eine wegen seines häufigen Vorkommens in grossen Krystallen berühmte Mineralspecies von Bodenmais, welche jedoch höchst wahrscheinlich nur als eine Pseudomorphose [2]) von weissem phosphorsauren Eisenoxydul ($\ddot{F}e^3 \, \ddot{P} + 8 \, Aq.$) zu betrachten ist, wobei letzteres auf 2 At. 3 At. Sauerstoff aufnahm und die Hälfte Wasser abgab. Ich habe schon früher und neulich wieder auf dieses Verhältniss aufmerksam gemacht und für das weisse Oxydulsalz den Namen Coerulescit vorgeschlagen. Dass beide auf ihren jetzigen Fundorten eine sekundäre Bildung sind, unterliegt ohnehin keinem Zweifel.

Die Analyse Rammelsberg's giebt für den krystallisirten blauen

Vivianit von Bodenmais . . . . . . LV.
Phosphorsäure . . . . . . . . 29,01
Eisenoxyd . . . . .*. . . . . 11,60
Eisenoxydul . . . . . . . . . 35,65
Wasser (durch Rechnung ergänzt) . 25,70
                         101,96

also $6 \, (\ddot{F}e^3 \, \ddot{P} + 8 \, Aq.) + \ddot{F}e^3 \, \ddot{P}^2 + 8 \, Aq.$).

Ausserdem kommt auch das erdige Eisenblau, aber spärlicher, bei Bodenmais vor.

Es ist auffallend, dass auf der Kieslagerstätte von Bodenmais, auf welcher bis jetzt kein Phosphat bekannt ist, der Vivianit in ziemlicher Häufigkeit gefunden wird. Es ist kaum anders denkbar, als dass die Phosphorsäure von organischen Substanzen abstamme, welche erst während des Bergbaues in's Innere der Lagerstätte gelangen. Diess gewinnt durch den Umstand an Wahrscheinlichkeit, dass der Vivianit als sekundäres Gebilde und ausschliesslich in Altungen sich zeigt, wo er auf Gesteinswänden, oft auch auf Rinden von Brauneisenstein oder Stilpnosiderit aufsitzt.

Die Zersetzung von Schwefelkies bei Gegenwart organischer Substanzen scheint den Process der Herstellung phosphorsaurer Salze besonders zu begünstigen, weil dasselbe Mineral auch auf den Kiesgängen von Cornwallis sich erzeugt. — Die weitere Veränderung, welche der Vivianit in Stilpnosiderit erleidet, ist schon früher erwähnt worden.

---

[1]) Handbuch der Mineralchemie, S. 853.
[2]) Rammelsberg a. a. O. S. 327.

Kohlensaures Eisenoxydul (Spatheisenstein und Sphärosiderit) schliesst sich zunächst an die durch Umbildung neu entstandenen Eisensalze an.

Auf den Bodenmaiser Kieslagern wurde das kohlensaure Eisenoxydul nie anders beobachtet, als in Hohlräumen, auf Klüften oder in Form rindenartiger Überzüge, wodurch dessen sekundäre Entstehung erwiesen wird. Zahlreiche untersuchte Stücke liefern das übereinstimmende Ergebniss, dass der Spatheisenstein hier meist sogar auf Krusten von Brauneisenstein aufsitzt. Seine nachträgliche Bildung haben wir bereits als Ersatz verschwindenden Kalkspaths kennen gelernt. In allen Fällen erscheint dieses Mineral bei Bodenmais in eigenthümlich grünlich-gelber oder gelblich-brauner Farbe, vorherrschend in kleinen traubig-nierenförmigen Kügelchen, welche einzeln oder zusammenfliessend in Hohlräumen sich ausbreiten. Seltener sind die Wände von Drusenräumen mit wohlausgebildeten grösseren Rhomboëdern überkleidet. Aus dem Tiefsten der Zeche Gottesgabe liegt mir eine solche Druse vor, bei welcher bereits der Spatheisenstein sich in Brauneisenstein zu verändern begonnen hat. Das Interessante aber an dieser Stufe ist, dass die Kanten sehr vieler dieser Rhomboëder mit ganz kleinen Kryställchen von Schwefelkies bedeckt sind. also offenbar von noch jüngerem Ursprung als der Spatheisenstein selbst sind. Wir haben hier mithin eine zweite Schwefelkiesgeneration auf der ersten, welche die Druse rings einschliesst.

Bei Bad Kellberg unfern Passau bricht Spatheisenstein auf einem hornblendigen Gneisslager ein; dasselbe wurde früher nebst dem begleitenden Brauneisenstein als Eisenerz gewonnen. Jetzt liefert die aus den Altungen dieses früheren Bergbaues kommende Quelle ein stark eisenhaltiges Wasser zum Bade Kellberg. Wahrscheinlich ist auch dieses kohlensaure Eisenoxydul ein sekundäres Erzeugniss auf einer Schwefelkieslagerstätte.

· Auch dem Kalkspath, der selten in den Gruben am Silberberg gefunden wird, können ·wir nur einem späteren sekundären Ursprung zuschreiben. Er findet sich stets in Drusen-, räumen zersetzter Kiespartieen oder doch in den von Zersetzungen angegriffenen Lagertheilen, in Krystallen ausgebildet, nicht in körnigen Massen, wie der Urkalk einzubrechen pflegt. Es ist bis jetzt im Bergbau am Silberberg keine Stelle aufgeschlossen worden, an welcher eine Einlagerung körnigen Kalkes bemerkt worden wäre, ausser mit Strahlstein verbunden in grossblättrigen krystallinischen Massen auf dem Wolfgangs- und im Neustollen, und auch hier nur in geringer Ausdehnung.

In den drusigen Räumen ist der Kalkspath stets in schönen Krystallen ausgebildet, in sechsseitigen Säulen mit rhomboëdrischen Endflächen, in sehr spitzen Rhomboëdern oder in Skalenoëdern und deren Kombinationen. Von vorzüglichster Schönheit wurden diese Krystalle auf dem Wolfgangsstollen-Haupttrumm angetroffen. Hier kommen auch die Umbildungen zu Spatheisenstein und Brauneisenstein vor, von welchen schon früher berichtet wurde.

Die ganze Erscheinung dieses Mineralvorkommens spricht für seine Entstehung in Folge eingetretener Umänderungen von den im Kieslager eingesprengten kalkhaltigen Mineralien. Obwohl solche hier selten sind, fehlen sie doch nicht gänzlich. Aus den Analysen XXVII (S. 230) wissen wir, dass selbst der Feldspath durchschnittlich $^1/_4$ % Kalkerde enthält. Auch die hornblendeartigen Mineralien sind kalkhaltig. Aus der Zersetzung des einen oder anderen dieser Gneissbestandtheile stammt um so zuverlässiger dieser Kalk, als in seiner Nähe immer die Spuren grossartiger Zersetzung sich bemerkbar machen.

Auch der rhombisch krystallisirte kohlensaure Kalk, der Aragonit, soll am Silberberg vorkommen[1]), ich habe ihn jedoch nicht zu sehen und zu untersuchen Gelegenheit gehabt.

Als grosse Seltenheit wird ferner der Gyps angeführt. Derselbe nimmt neben Vivianit seine Stelle ein und scheint ein Produkt einer Zersetzung von kalkhaltigen Mineralien und von Schwefelkies zu sein.

Zu den seltensten und interessantesten Neubildungen gehört offenbar der Schwefel. Derselbe erscheint spärlich in Form kleiner Kryställchen und erdiger Körnchen mit Brauneisenstein, welche in Altungen durch die Zersetzung der Kiese entstanden sind. Da Gyps

---

[1]) Wineberger, Versuch einer geognostischen Beschreibung des bayerischen Waldes, S. 123.

hier, so zu sagen, gänzlich fehlt, haben wir in dieser Schwefelbildung den unzweifelhaften Fall vor uns, dass Schwefel sicher aus Schwefelkies sich gebildet haben muss. Es ist wahrscheinlich, dass derselbe zunächst aus Eisenvitriol, welcher ein sehr häufiges Umwandlungsprodukt der Kiese ist, sich in Folge des Einflusses von organischen Stoffen, Grubenholz, Holzspänen, welche nicht selten in Altungen verräumt werden, ausschied, indem gleichzeitig kohlensaures Eisenoxydul entstand.

Da der Schwefel nicht auf dem unveränderten Theile des Kieslagers eingesprengt ist, sondern auf Brauneisenerz, das aus den Erzen des Lagers erst später entstanden ist, so scheint hier der Ursprung des Schwefels nicht so gedeutet werden zu können, wie es Bischof[1]) als Folge der Umwandlung von Magnetkies in Eisenkies als möglich darstellt.

Ein sehr häufiges, aber wegen Verunreinigung mit Eisenocker selten deutlich erkennbares Zersetzungsprodukt des Silberberges ist ein mit dem Haarsalz und Aluminit verwandtes Mineral, welches sich zum Theil als Schwand in Altungen in Form weisser, oft durch Eisen gelblich gefärbter, im nassen Zustande schmieriger, im trockenen erdiger Masse absetzt und auch als Ausblühung an Felsen gefunden wird. In letzterer Art kommt es besonders schön an der Donauleiten bei der Löwmühl unfern Passau vor. Dieses wollen wir zunächst unserer weiteren Beschreibung zu Grunde legen. Das Mineral besteht aus sehr feinen seidenglänzenden Nädelchen, welche zu traubigen, kugeligen und rindenähnlichen Konkretionen verbunden sind. Die Substanz bläht sich vor dem Löthrohre stark auf, wie Borax, — jedoch ohne zu schmelzen — und giebt mit Kobaltsolution ein schmutzig-grünliches Blau. Aus der Lösung in Wasser, welche leicht erfolgt, setzen sich nach Zusatz von schwefelsaurem Kali Alaunkrystalle ab. Demnach verhält sich diese Salzausblühung genau wie Haarsalz, nur dass in Folge einer Eisenoxydulbeimischung das Blau mit Kobaltsolution vor dem Löthrohre nicht rein erscheint.

Ähnlich verhält sich der weisse Grubenschwand, doch bläht er sich vor dem Löthrohre, ohne sich zu schwärzen, kaum erkennbar auf; mit Kobaltlösung sich prächtig blau färbend, giebt er im Kolben reichlich Wasser, welches Lakmuspapier röthet, ist in Wasser unlöslich, dagegen leicht in verdünnter Salzsäure oder Schwefelsäure; die letztere Lösung mit Zusatz von schwefelsaurem Kali liefert Alaunkrystalle.

Ich habe als seine Zusammensetzung nach einer Analyse gefunden:

|  | BVI. |
|---|---|
| Schwefelsäure | 15,61 |
| Thonerde | 40,80 |
| Eisenoxyd | 2,60 |
| Bittererde | 0,78 |
| Wasser | 40,21 |
|  | 100,00 |

Er schliesst sich demnach zunächst an Pissophan, von welchem er sich durch seine weisse Farbe und geringen Eisengehalt wohl unterscheidet. Zur Bezeichnung dieser basisch schwefelsauren Thonerde wählen wir den Namen Winebergit zu Ehren des um die mineralogische und geognostische Beschreibung unseres Waldes so hoch verdienten Forstrathes Ludwig Wineberger.

Doch kommt auch häufig ein gelb gefärbtes Salz als Grubenschwand vor, das sich beim Glühen schwärzt und dem Pissophan vollständig entspricht.

In den Gruben des Silberberges sind beide ein Zersetzungsprodukt von Schwefelkies und Feldspath.

Auch Quarz erscheint unter den durch Umbildung entstandenen Mineralien bei Bodenmais. In hornsteinartigen Ausscheidungen ist er höchst selten anzutreffen. Besonders zeichnet sich in dieser Form eine grünlich gefärbte Varietät aus, welche prasemähnlich ein merkwürdig hobes specifisches Gewicht von 3,444 besitzt. Auch als graulich-grüner und gelblich gefärbter Chalcedon wurde Quarz in traubigen Konkretionen auf Kies und Zinkblende aufsitzend beobachtet.

Sehr bemerkenswerth sind die wasserhellen Körnchen von Quarz — sogenannter Fett-

---

. [1]) Lehrbuch der chemischen und physikalischen Geologie, II, S. 1361.

quarz —, welche mit völlig abgerundeter, glatter Oberfläche in Form von kartoffelähnlichen Knöllchen in Kies eingesprengt vorkommen. Diese rundlichen Körnchen erinnern lebhaft an die in ähnlicher Form ausgebildeten Pargasite in manchen Lagern körnigen Kalkes, als ob sie organischen Ursprungs seien. Wineberger führt auch Amethyst als ein Mineral des Silberberges auf. Ich kenne ihn nicht von diesem Fundorte.

Auf den Graphitlagern werden Opal und die ihn begleitenden Zersetzungsprodukte: Chloropal, Kaolin u. s. w. überaus häufig angetroffen, in gleicher Weise wie auf den Lagerstätten der Porzellanerde, bei deren Betrachtung wir auf diese Gegenstände zurückkommen werden.

In Folge der Zersetzung von Kupferkies und Feldspath scheinen in seltenen Fällen die Stoffe sich zusammengefunden zu haben, welche in ihrer Verbindung das Kupfergrün oder den Kieselmalachit darstellen. In früherer Zeit wurde dieses Mineral auf kupferkiesreicheren Stellen des Silberberges mehrfach angetroffen. Ich habe es nicht wieder auffinden können.

Während fast sämmtliche bisher betrachtete, für sekundäre Erzeugungen gehaltene Mineralien des Silberberges deutlich aus der Umbildung primär vorhandener Mineralien der Kieslager hergeleitet werden, haben wir zum Schlusse dieser Betrachtung zwei Mineralien zu erwähnen, welche sonst nur selten in Urgebirgsfelsarten aufzutreten pflegen.

Es sind zwei Zeolithe: Desmin (Stilbit) und Harmotom.

Der Desmin (Stilbit) sitzt in breitsäulenförmigen, schuppig bis nadelförmig streifigen und büschelförmig gruppirten Krystallen in Drusen, welche zwischen stark zersetzten Mineralgemengen von Brauneisenstein, Thraulit und Schwefelkies sich vorfinden. Die ziemlich grossen, aber durch die schuppigen Ansätze nicht scharf abgegrenzten Krystalle besitzen eine bräunlichgelbe Färbung und zeigen sich nach aussen ziemlich matt, erst im Innern kommt der eigenthümliche Glasglanz zum Vorschein. Auch auf den Spaltungsflächen lässt sich eine fasrigbüschelförmige Streifung wahrnehmen. Wir besitzen keine Analyse dieses Zeolithes. Da derselbe sich vor dem Löthrohre stark aufbläht und zur weissen blasigen Perle schmilzt, ferner von Salzsäure mit Hinterlassung schleimiger Kieselerde zersetzt wird, ohne Gallerte zu bilden, so möchte derselbe wohl zu der bezeichneten Mineralspecies zu rechnen sein.

Harmotom wurde auf dem Haupttrumm der Giesshübelzeche in Drusenräumen gefunden, welche hier mitten in den dem äussern Aussehen nach völlig unveränderten Gemengen von Magnetkies und Fettquarz mit wenig Kupferkies vorkommen. Die Wände dieser Hohlräume sind dicht mit äusserst zierlichen, vollkommen ausgebildeten Krystallen in den bekannten charakteristischen Durchkreuzungszwillingen bedeckt. Die Farbe der Krystalle ist eine gelblich-braune bis grünlich-braune. Fragt man nach der Entstehung dieses baryterdehaltigen Zeolithes, namentlich nach dem Ursprung der Baryterde, so kann auf den Baryterdegehalt so vieler Feldspathe des Waldes, welche untersucht wurden, hingewiesen werden, welcher wohl auch dem Feldspath von Bodenmais nicht fehlen dürfte.

Es schliessen sich hier noch einige weniger genau bekannte Mineralien, vielleicht gleichfalls Zersetzungsprodukte, auf den Kieslagerstätten an, welche wenigstens erwähnt zu werden verdienen. Aufsitzend auf den Krystallen von Kalkspath und begleitet von Schwefelkieskrystallgruppen, welche von einer gelben häutigen Masse wie von einem Tuche umhüllt sind und nach dem Zerschlagen dieser Umhüllung mit glänzenden Flächen zum Vorschein kommen, findet sich ein dichtes amorphes Mineral in traubig-kugeligen Massen auf dem Wolfgangsstollen-Haupttrumm am Silberberg. Diese kugeligen Massen sind leicht zersprengbar, wobei das Mineral in spitzzackige Kugelausschnitte zerfällt. Gegen aussen ausgebleicht gelblich-weiss, besitzt dasselbe gegen die Mitte eine lauchgrüne Farbe, welche sich beim starken Erhitzen vor dem Löthrohr in Weiss oder röthliches Weiss umändert. Es ist unschmelzbar, zerfällt aber leicht in kleinere nadelförmige Stückchen. Mit Kobaltlösung färbt sich das weiss gebrannte Mineral vor dem Löthrohre schön roth, im Kolben erhitzt giebt es viel brenzlich riechendes Wasser. Von verdünnter Salzsäure wird es nicht aufgelöst. Wir haben es sohin mit einem speckstein-ähnlichen Mineral zu thun, welches einestheils an Pyrallolith, anderentheils an Kerolith erinnert. Leider ist die Substanz zu selten, um Material zu einer Analyse zu erhalten. Da aber die magnesiahaltigen Mineralien so selten bei Bodenmais sind, glaubte ich dieses wasserhaltige Bittererdesilikat nicht unerwähnt lassen zu dürfen.

Von gleicher Fundstelle, welche auch durch die Pseudomorphose nach Kalkspath besonderes Interesse verdient, stammt auch ein amorphes, stellenweise in's Blättrige übergehendes, hellgraugrünes Mineral, welches in die Nähe des Hisingerits und Thraulits zu stellen sein dürfte, sich jedoch durch die auffallend lichte Farbe und den matten Glanz bestimmt von beiden unterscheidet.

Dasselbe ist mild, ziemlich weich, nicht fettig anzufühlen, schmilzt vor dem Löthrohre etwas schwierig zu einer schwarzen, blasigen, die Magnetnadel schwach bewegenden Perle; im Kolben giebt es Wasser.

Der Strich, wie das Pulver, ist gelblich-grüngrau; in heisser Salzsäure löst sich ein Theil unter Brausen auf, während ein anderer sich unter Ausscheidung pulveriger Kieselsäure zersetzt.

Der unter Brausen sich zersetzende Bestandtheil ist kohlensaures Eisenoxydul und der übrige entspricht dem früher beschriebenen grünlich gefärbten Mineral Jollyit, so dass wir es also mit einem blossen Gemenge zu thun haben, dem sich ausserdem noch sehr viel Schwefelkies beigesellt hat.

Es lässt sich hier noch ein Gestein anschliessen, welches in grösseren Massen bei Hundsdorf unfern Thürnau im Passauischen vorkommt und von Wineberger unter der Bezeichnung Topfstein aufgeführt wird.

Dieses Mineral oder Gestein besteht aus amorpher, derber, lauchgrüner bis grünlich-grauer und leberbrauner, oft lichter oder dunkler geflammter Masse mit pechartigem Glasglanz, der in's Matte übergeht, mit ausgezeichnet muschligem Bruche und der Härte des Feldspaths; das specifische Gewicht beträgt 2,15. Vor dem Löthrohre ist es unschmelzbar, etwas zerknisternd, sich dunkel färbend und nach anhaltendem Glühen auf die Magnetnadel wirkend löst es sich in heisser Salzsäure nur theilweise mit Hinterlassung vielen Quarzpulvers.

In dünnen Splittern ist die Substanz durchscheinend und an diesen bemerkt man, dass die durchsichtige Grundmasse von einer dunklen Masse in wolkenähnlichen Streifchen und wurzelartig verzweigten Adern durchzogen ist.

Gegen aussen oder in der Nähe durchziehender Klüfte ist das Gestein heller gefärbt und wird weicher, an manchen Stellen geht es in eine fettig anzufühlende, weisse, fast erdige Substanz über, welche die Beschaffenheit und Eigenschaft einer steinmarkähnlichen Masse annimmt. Einzelne grünlichweiss gefärbte Adern, welche das Gestein durchschwärmen, zeigen ein krystallinisches blättriges Gefüge.

Nach meiner Analyse besteht die Substanz aus:        LVII.

| | |
|---|---:|
| Kieselsäure | 81,30 |
| Thonerde | 0,40 |
| Eisenoxyd | 9,00 |
| Kalkerde | 0,11 |
| Bittererde | 0,30 |
| Alkalien | 0,80 |
| Wasser und Glühverlust | 7,80 |
| Quarzrückstand | 0,96 |
| | 100,67 |

Das ganze Aussehen verräth die Verwandtschaft mit Chloropal, von welchem unser Mineral sich durch dunklere Farbe und grössere Härte unterscheidet. Es lässt sich demnach als mit Chloropal vermengter Halbopal betrachten. Seinem Vorkommen nach ist es offenbar ein dem Chloropal analoges Zersetzungsprodukt und insofern von grosser Wichtigkeit, weil dasselbe ein in seiner Nähe vorkommendes, bis jetzt noch nicht aufgeschlossenes Graphitlager zu verrathen scheint. Der Wink, welchen uns diese Substanz giebt, verdient um so grössere Beachtung, als das Massenhafte der Ausscheidung eine bedeutende Mächtigkeit der vermutheten Lagerstätte voraussetzen lässt. In der That bemerkt man an der Substanz hier und da Flimmerchen von Graphit, welche diese Vermuthung bestättigen. Wahrscheinlich kommt zugleich Hornblende vor, aus deren Zersetzung die reichere Menge von Bittererde stammt.

Eine fast ganz gleiche Mineralmasse wurde auch bei Dörfling unfern Bogen (XXXVII, 37) entdeckt.

Nachdem wir die Bestandtheile des Dichroitgneisses, sowie die Mineralien, die in demselben häufiger eingemengt zu sein pflegen, näher kennen gelernt haben, kehren wir zur Betrachtung der Gebirgsart selbst zurück. Es wurden vier Analysen von verschiedenen Gesteinsproben veranstaltet. Dieselben ergaben folgendes Resultat:

| Dichroitgneiss | . . LVIII. | LIX. | LX. | LXI. |
|---|---|---|---|---|
| Kieselerde . . . . | 56,143 — | 71,426 — | 66,280 — | 60,40 |
| Titansäure . . . . | 0,407 — | 1,002 — | 4,220 | |
| Thonerde . . . . | 18,125 — | 11,200 | | |
| Manganoxydul . . | Spur — | — | | |
| Eisenoxydul . . . | 2,300 — | 4,311 | | |
| Eisenoxyd . . . . | 15,600 — | 4,489 | | |
| Bittererde . . . . | —. — | 0,036 | | |
| Schwefelkies . . . | 0,133 — | 0,310 | unbestimmt. | unbestimmt. |
| Kalk . . . . . . | 0,350 — | 0,560 | | |
| Baryterde . . . . | — — | Spur | | |
| Natron . . . . . | 0,640 — | 1,080 | | |
| Kali . . . . . . | 4,970 — | 4,544 | | |
| Wasser . . . . . | 1,250 — | 0,662 | | |
| | 99,918 — | 99,620 | | |

Das Gestein der Analyse LVIII ist typischer Dichroitgneiss von Pemfling bei Cham (Probe Nr. 50, S. 208). Es besteht aus hellem, zuweilen grünlichem, zuweilen gelblichem, stellenweise streifigem Feldspath — wahrscheinlich Verwachsung von Orthoklas und Oligoklas, Quarz und einachsig braunschwarzem Glimmer im Gemeng mit sehr viel Almandin (Granat). Letzterer bildet mit Feldspath und Glimmer ein sehr feinkörniges Gemenge, in welchem streifen- und putzenweise grössere Anhäufungen von Feldspath, dann auch von Quarz mit schönem Dichroit eingewachsen sind. Wiewohl sorgfältig Bedacht genommen wurde, möglich gleichförmig gemischte Theile des ganzen Gesteins zur Analyse zu verwenden, so zeigt gleichwohl der enorm geringe Gehalt an Kieselerde, welcher weit unter jenen des sächsischen typischen grauen Gneisses herabsinkt, wie unzuverlässig der Gehalt an Kieselerde zur näheren Fixirung der verschiedenen Abänderungen des Gneisses sei, um so entschiedener, wenn wir damit das Resultat der Analyse LIX (Probe Nr. 33, S. 207) vergleichen.

Das Gestein dieser Probe LIX ist ein ziemlich gleichförmiges und feines Gemenge von den Hauptbestandtheilen des Dichroitgneisses aus der Gegend von Bromau bei Wolfstein (XXXIII, 64). Der Kieselerdegehalt reicht an jenen der sächsischen rothen Gneisse.

Von dem Gestein (LX) einer dritten Fundstelle, Bieberbach NW. von Waldmünchen (LXI, 33, 1), wurde bloss der Kieselerde- und der Titansäuregehalt bestimmt und von einem vierten Gestein (LXI oder Probe Nr. 47, S. 208) nur jener an Kieselerde. Das Gestein ist ein flasrig-streifiger Gneiss von der Art des Dichroitgneisses, bei welchem der schwarzbraune Glimmer streifenweis zwischen dem ziemlich feinkörnigen Gemenge von Feldspath und Quarz, mit spärlichen, aber doch sicher erkennbaren Dichroit- und Almandintheilchen eingemengt ist. Sein Kieselerdegehalt ist nahezu derselbe wie jener der Probe XVI des Schuppengneisses aus dem Tirschenreuther Grenzgebirge und erreicht die Höhe des typischen grauen Gneisses.

Der Dichroitgneiss umfasst eine grosse Reihe von Gesteinsvarietäten, von denen wir noch einige näher betrachten müssen.

Wir gehen hierbei von dem typischen Dichroitgneiss aus. Darunter sind

diejenigen Gneisse zu verstehen, welche, wie bereits erwähnt, aus meist zweierlei
Feldspath, Quarz und tombackbraunem einachsigem Glimmer nebst Almandin und
Dichroit oder dessen Stellvertreter, aus Bodenmaiser Pinit, besteht. Daraus geht
zunächst, wenn der Almandin fehlt, eine Gesteinsvarietät hervor, die sich durch
ihre gleichmässig körnige Struktur dem Körnelgneiss anschliesst und granitähnlich
wird. Oft lässt sich nur an einzelnen parallelen Glimmerlagen noch die Gneissnatur
wahrnehmen. Solche Varietäten, bei denen immer der Dichroit noch ziemlich häufig
hervortritt oder auch, wie bei Altmannsreuth, theilweise durch Bodenmaiser Pinit
ersetzt ist, verbreiten sich hauptsächlich im vorderen Walde längs der Donau und
lehnen sich gegen das Innere des Gebirges an eine verwandte Gneissvarietät an,
die als Ödenwieser Gneiss zu sondern versucht wurde. Streichend dagegen
gegen Südosten scheint sich der typische Dichroitgneiss in der Passauer. Gegend
daraus zu entwickeln.

Diesen dichroithaltigen, granitartigen Gneiss im Donaugebirge wollen wir zum
Unterschied von dem normalen des hinteren Waldes Vorderwaldgneiss nennen.

Zuweilen verläuft der Dichroitgneiss auch in ein Gestein ohne Dichroit, das
im Übrigen aber unbedingt mit dem Normaltypus übereinstimmt. Es sind diess
die Übergangsformen zum Körnelgneiss.

Zu diesen Übergangsformen gehört auch jener Gneiss, in welchem bei sonst
normaler Zusammensetzung die Glimmerschuppen zu schalig-derben Flasern verwachsen erscheinen. Oft bewirkt die Beimengung von Buchholzit oder Faselkiesel diese
Modifikation. Stücke der Art aus dem Unterbaustollen am Silberberg bei Bodenmais brechen in grossschaligen Trümmern. Dergleichen schalige Dichroitgneisse finden sich auch bei Ödmaiersrieth (LXVIII, 30, 5), am Rehberg bei Wolfstein
(XXXIII, 65, 1), bei Wegscheid (XXIV, 70, 5) und an anderen Orten. &.

Eine zweite hervorragende Varietät bildet jenes Gestein, welches mitten aus
normalem Dichroitgneiss sich entwickelnd und durch alle Grade des Überganges mit
letzterem unzertrennlich verbunden in seiner extremsten Form in's Dichte und Porphyrartige übergeht. Wir haben schon erwähnt, dass beim Dichroitgneiss häufig
fast ganz dichte Lagen mit mehr körnigen wechseln. Erweitern sich diese in's
Dichte übergehenden Lagen und werden sie vor den körnigen vorherrschend, so
haben wir ein Gestein vor uns mit anscheinend gleichförmiger (aphanitischer),
schwarzer oder röthlichgrauer Grundmasse, in welcher porphyrartig zahlreiche
Partieen von Feldspath, Quarz, Dichroit und Granat in rundlichen Körnern eingebettet liegen. Von Glimmer lässt sich kaum mehr eine Spur unterscheiden.
Dadurch gewinnt das Gestein ein massiges Aussehen. Ohne Zweifel ist dieses
dasselbe, welches Fischer als eine Modifikation seines neu aufgestellten Kin-
zigits anführt[1]).

Da dasselbe nirgendswo in unserem Gebirge eine gewisse Selbstständigkeit erlangt, überdiess durch allmähligen Übergang in Dichroitgneiss verläuft, ohne dass
man eine Grenze dazwischen ziehen könnte, so glaube ich das Gestein nicht zu
einer selbstständigen Art erheben zu sollen.

---

[1]) Neues Jahrbuch für Mineralogie u. s. w., 1861, S. 643.

Die Analyse einer solchen Gneissvarietät lieferte folgendes Ergebniss:
Dichter Dichroitgneiss (Kinsigit), LXII.

| | |
|---|---|
| Kieselerde | 73,790 |
| Titansäure | 1,744 |
| Thonerde | 12,027 |
| Eisenoxydul ) Eisenoxyd } Bittererde ) | 5,901 |
| Schwefelkies | Spur |
| Baryterde | Spur |
| Natron | 1,230 |
| Kali | 4,325 |
| Wasser | 0,521 |
| | 99,538 |

Daraus erkennt man, dass der Kieselerdegehalt nahe übereinstimmt mit dem der Probe LIX; auch ergiebt sich im Übrigen keine wesentliche Differenz, um auch vom chemischen Standpunkte aus eine Trennung zu veranlassen. Wir bezeichnen diese Modifikation als porphyrähnlichen Dichroitgneiss.

Ebenso wenig selbstständig, aber ausgezeichnet durch gewisse Eigenschaften ist eine dem Dichroitgneiss eingelagerte Mineralmengung, welche man als Dichroitfels unterschieden hat. Derselbe besteht in vorwaltender Menge aus Quarz und Dichroit, denen sich Granat, Feldspath und wenig Glimmer beigesellen. Dadurch gewinnt das Gestein meist eine dunkle Färbung; ist Quarz vorherrschend, so geht es in lichtere Nüancen über. Sehr bemerkenswerth ist, dass da, wo der Dichroit in die pinitartige, weiche grüne Substanz übergeht, sofort auch weisser oder grünlicher zweiachsiger Glimmer sich einstellt.

Der Dichroitfels bildet bei Bodenmais nur mehr oder weniger grosse Ausscheidungen im Dichroitgneiss, in den er übergeht, so dass er hier keine Selbstständigkeit als Felsart gewinnt.

Der Dichroitgneiss verbreitet sich in seiner typischen Form von Bodenmais, das wir als Centrum seines Auftretens im Walde nehmen müssen, dem allgemeinen Streichen der Schichten entsprechend, zunächst in NW. Richtung über Drachselsried, Wettzell (hier mit Kibdelophan) in die Gegend von Viechtach und Kötzting und mit einer Wendung nach Westen über die Gegend von Zandt, Schachendorf und Pemfling NW. von Cham.

Bei Cham selbst die weite Thalung überschreitend dringt der verschmälerte Zug gegen Rötz und Waldmünchen vor, wo jedoch nur mehr in einzelnen Partieen normaler Dichroitgneiss entwickelt sich findet, wie z. B. bei Biberbach (LXI, 33, 3), bei Schwand unfern Schönsee (LXVI, 30, 10), Mittellangau (LXVII, 29, 27), Ödmaiersreuth (LXVIII, 30, 5) u. s. w.

In der Breite reicht hier der Dichroitgneiss von dem vorliegenden Streifen des Körnelgneisses bis in die Nähe des Pfahls.

In südöstlicher Richtung streicht der Dichroitgneiss von Bodenmais aus über Zwiesel und den Zwieseler Wald zur Gruppe des Rachel und setzt dann bis zum Granitstock des Dreisesselgebirges fort. Bei Kreuzberg unfern Grafenau (XXXVII,

56, Pkt.) überzieht Malachit die Klüfte eines Gneissfelsens und deutet damit den Gehalt an Kupferkies an, der hier dem Gneiss beigemengt ist, wie denn häufig rostige Auswitterungen und Überrindungen mit Brauneisenstein an Dichroitgneissfelsen wahrgenommen werden und als Zeichen eines Gehaltes an Schwefelkies gedeutet werden dürfen. Bei Obermitterdorf unfern Regen (XLI, 48, 2) sind es sogar derbe Knollen an Schwefelkies, welche eine bemerkenswerthe Einlagerung von Kiesen verrathen.

Die Varietät des Dichroitgneisses, welche als porphyrähnliche bezeichnet wurde, beschränkt sich innerhalb des so eben erwähnten Hinterwaldzuges nicht auf die nächste Nähe von Bodenmais, wo er im Bergbau des Silberberges öfters vorkommt, sondern tritt, aber immer in kleinen Partieen, auf bei Drachselsried (XLVII, 45, 9), auf der Blöss bei Bodenmais (XLV, 49, 3), am Weghof bei Teisnach (XLIV, 47, 2), selbst bei Gutmanning unfern Cham (LI, 35, 5).

Im vorderen Wald ist die typische Form des Dichroitgneisses nicht sehr ausgebreitet. Wir finden sie hier zunächst um Passau und in den Donauleiten abwärts, auch in einzelnen Punkten zerstreut bis Wegscheid (Kaasberg, XXV, 70, 1). Donau aufwärts wurde normaler Dichroitgneiss noch bei Vilshofen und Plattling beobachtet.

Dagegen kommt diejenige Abänderung, welche wir als Vorderwaldgneiss abgesondert haben, in der Gegend von Falkenstein (Rettenbach, XLV, 29, 1), bei Wiesenfelden (XLIII, 31, 5), bei Stallwang (Haibach, XLIII, 36, 4), bei Gossersdorf (XLVI, 36, 26), hier sogar mit Granaten, bei Birnbrunn (XLVII, 36, 1) und endlich noch einmal gegen SO. bei Altmannsreuth (XXXIII, 55, 3) und Preiing (XXI, 57, 2) unfern Tittling vor.

Hieran reihen wir eine mit dem Dichroit- und Körnelgneiss zunächst verwandte Varietät, welche auffallend granitische Textur annimmt und im Streichenden in eine besondere Abart des Granites, den sogenannten Ödenwieser Granit, übergeht. Wir bezeichnen dieses Gestein als

'Ödenwieser Gneiss,

dessen wesentlicher Charakter auf der Beimengung einer lichtgrünen, glimmerglänzenden, in die Gruppe der chloritartigen Mineralien gehörigen Substanz beruht. Im Übrigen ist das Gestein vorherrschend mittelkörnig, granitartig und meist nur durch parallele Anordnung der vorherrschend tombackbraunen, seltener mit einzelnen weissen Schüppchen untermengten Glimmerblätter gestreift und geschiefert, d. h. gneissartig. Der Feldspath ist weitaus vorherrschend orthoklastisch; doch sind auch fast wasserhelle oder gelblich-weisse Partieen von klinoklastischem Feldspathe beigemengt. Nicht selten scheiden sich grössere glimmerarme Knollen und linsenförmige Konkretionen von der übrigen Gesteinsmasse aus.

Es ist kaum ausführbar gewesen, grössere, zu einer chemischen Analyse zureichende Mengen des grünen Minerals vollständig rein aus dem Gestein zu gewinnen, um so weniger, als es oft innigst mit feinen Blättchen braunen und weissen Glimmers durchwachsen ist. Dasselbe findet sich, wie es scheint, auch in säulenartigen Konkretionen, welche ihrem ganzen Wesen nach lebhaft an Pinit erinnern. Rechtwinklig auf die Achse dieser Säulchen ist das Mineral vollkommen, doch nicht in ganz dünnen Blättchen, sondern mehr in blättrigstenglige Schüppchen spaltbar, welche ungefähr das Aussehen lichtfarbigen Ripidolithes besitzen. Es erweist sich als optisch zweiachsig. Die Härte ist der des Chlorites ungefähr gleich. Vor dem Löthrohre bläht es sich stark auf und schmilzt nur schwierig zu schmutzig-grünlich weissem Email, welches mit Kobaltlösung befeuchtet blau wird. Es zeigt deutlich die Reaktion auf, wenn auch kleine Mengen von Wasser; von Salzsäure wird es nur wenig angegriffen.

Diese Eigenschaften bestimmen seine Verwandtschaft mit den gewöhnlich aus Dichroit entstandenen Mineralien der Aspasiolithgruppe, am nächsten jedoch scheint es dem Chlorophyllit in fortschreitender Umbildung in ein chloritisches Mineral zu stehen. Es unterscheidet sich durch sein blättriges Gefüge und durch das konstante Vorkommen in säulenartigen Kryställchen von dem sogenannten B o d e n m a i s e r Pinit, dessen Masse ohne deutlichen Blätterbruch erscheint. Ich konnte weder direkt einen Übergang der Substanz in Dichroit beobachten, noch auch in dem typischen Gesteine Dichroit selbst als Beimengung auffinden. Auch ist die Vertheilung des Minerals in kleinen isolirten Kryställchen und Putzen eine solche, in welcher der Dichroit sonst nicht aufzutreten pflegt.

Desshalb glaube ich einiges Bedenken tragen zu müssen, diese Substanz unbedingt als eine Pseudomorphose des Dichroits anzusehen, wenigstens in dieser so eigenthümlichen Gneissvarietät, obwohl in nordwestlicher Richtung bei Gossersdorf, sowie auch südöstlich bei Altmannsreuth Gneisse anstehen, welche Dichroit, aber in anderer Vertheilung, enthalten. Es ist desshalb dieser Ö d e n w i e s e r G n e i s s wohl nur eine Modifikation des V o r d e r w a l d - G n e i s s e s , jedoch hinreichend charakterisirt, um ihn davon in der Beschreibung unter der besonderen Bezeichnung: Ödenwieser Gneiss, getrennt zu halten.

Sehr häufig ist das grobkörnige Gestein gelblich gefärbt, offenbar in Folge der Zersetzung von Schwefelkies, oft auch geht dasselbe in eine Felsart über, welche Glimmer, Feldspath und Quarz in einer schwärzlichen, fast aphanitischen Masse vereinigt und nur einzelne Feldspathkrystalltheile und grünliche Putzen ausgeschieden enthält. Es nähert sich durch dieses Verhalten dem P f a h l g e s t e i n , z. B. bei Engelmar (XLII, 39, 4) und auf der Himmelwies bei Ruhmannsfelden (XLIII, 43, 2); am dichtesten findet es sich bei Fahrnbach unfern Bischofsmais (XXXIX, 48, 1). Andererseits bietet es auch Übergänge zu gewissen A u g e n g n e i s s v a r i e t ä t e n , bei welchen der braune Glimmer und die grüne Mineralsubstanz ineinander verlaufen, wie in dem Augengneiss von Rattenberg bei Viechtach (XLVI, 37, 9), von Irlach ebendaselbst (XLIV, 43, 12), von Arzelsberg bei Wolfstein (XXXII, 63, 1 und XXXII, 64, 1a) und von Spillergut daselbst (XXX, 70, 14).

Ausgezeichnet feinstreifig kommt eine ähnliche Modifikation bei Weiden unfern Ruhmannsfelden (XLII, 47, 1) und streifig-flasrig bei Münchszell unfern Viechtach (XLII, 39, 2) und Rattenberg (XLVI, 38, 5) vor.

Ein grobkörniges Gestein von Gossersdorf bei Konzell (XLVI, 36) schliesst sich gleichfalls dieser Gesteinsvarietät an und führt bereits, wie erwähnt, D i c h r o i t .

Ein sehr ausgezeichnetes, ziemlich grobkörniges Gestein von Bischofsmais (XXVIII, 57, 1), welches beinahe schon zu den Lagergraniten gezählt zu werden verdient und nur durch parallele Lage grösserer Glimmerausscheidungen gneissartig bleibt, wurde bezüglich seines Gehaltes an Kieselerde und Titansäure chemisch untersucht.

Die Analyse hat folgendes Ergebniss geliefert:

|  | LXIII. |
|---|---|
| Kieselerde . . . . . . . . . . | 62,413 |
| Titansäure . . . . . . . . . . | 0,512 |
|  | 62,925 Prozente. |

Demnach gehört dieser Gneiss zu den kieselerdeärmsten, die wir bis jetzt kennen gelernt haben. Ich setze diesen geringen Gehalt an Kieselerde auf Kosten der Beimengung des ziemlich häufig neben dem schwarzen Glimmer vorkommenden grünen Minerals. Es lässt sich schon durch das Ansehen vermuthen, dass das Gestein, obgleich sonst ganz typisch gemengt, wenig Quarz enthält.

Dieses Gestein beherbergt ziemlich häufig Nigrin in grossen Knollen. Bei Bischofsmais fanden sich Nigrinstücke bis zu einem Gewichte von 110 Gramm.

Diese Gebirgsvarietät beschränkt sich auf die Gebirgsrücken südwestlich von Viechtach, welche dem Pfahl parallel fortstreichen. Die sehr bedeutenden Höhen des Ödenwieser Gebirges zwischen Rattenberg und dem Krackelwald bestehen vorherrschend aus dieser Modifikation des Gneisses.

Als spezielle Fundpunkte können die Umgegend von Rattenberg (XLVI, 37), Elisabethenzell (XLIII, 38, 7), namentlich am Haidberg daselbst (XLIII, 39, 2), dann bei Engelmar (XLII,

34 *

39, 1), Ehrn (XLIII, 42, 1), SW. von Ritzmais (XXXVII, 38, 4), im Krackelwalde (XLIV, 39, 3), im Ödenwieser Walde (XLI, 42, 9), bei Ruhmannsfelden (XLI, 45, 4, auch XXXIX, 45, 4), bei Bischofsmais (XXVIII, 57, 1) und isolirt von diesem Zuge bei Damersdorf unfern Stallwang (XLIV, 35, 0) und bei Ratzing angegeben werden.

An den Gneiss und seine Abänderung schliesst sich am natürlichsten ein gneissartig geschichtetes Gestein, welches von Gneiss sich nur durch eine Beimengung von Hornblende unterscheidet. Es ist diess der sogenannte

### 6) Syenitgneiss oder hornblendehaltige Gneiss.

Das Gestein ist meist schiefrig-streifig, nicht leicht spaltbar, stets dunkel gefärbt und vorherrschend feinkörnig bis aphanitisch; selten sind die Bestandtheile in grösseren Theilchen ausgeschieden.

Der Feldspathgemengtheil besteht aus undurchsichtigem bis trübem Orthoklas und aus wasserhellem bis graulich durchscheinendem Oligoklas, letzterer häufig, aber nicht vorherrschend. Der Glimmer ist ausschliesslich einachsiger tombackbrauner Biotit. Auch Quarz fehlt nie, er ist wie gewöhnlich beigesprengt, zuweilen auch in Streifen ausgeschieden. Dazu gesellt sich als charakteristischer Bestandtheil lauchgrüne, strahlig-fasrige Hornblende in grösserer und geringerer Menge. Bisweilen bemerkt man auch Schüppchen eines grünen weichen Minerals, ohne mit Sicherheit bestimmen zu können, ob sie Chlorit oder grünem Glimmer angehören. Die angeschliffene und geätzte Fläche lässt, wie der Naturabdruck zeigt, sehr bestimmt die Art der Betheiligung der sämmtlichen Gemengtheile erkennen. Die langgezogenen schwarzen Flecke repräsentiren die Hornblende neben dem Glimmer; der Quarz ist nur in feinen, kleinen Flecken sichtbar, welche sich in den Feldspathlamellen vertheilt zeigen.

Unter den häufigsten Begleitern dieses Syenitgneisses ist Schwefelkies und Magnetkies zu nennen. In geringer Menge finden sie sich, namentlich ersterer, stets in diesem Gestein und bewirken durch ihre Verwitterung ein rostfarbiges Anlaufen des Syenitgneisses, wo er der Einwirkung der Atmosphäre ausgesetzt ist. An dieser eisenockerfarbigen Rinde lassen sich diese Gesteine schon von fern erkennen. Auch sind sie auffallend schwerer, als die gewöhnlichen Gneisse, was sich schon beim Aufheben mit der Hand beurtheilen lässt. Oft sind die Kiese so häufig, dass das Gestein von denselben ganz durchsprengt erscheint, wie z. B. bei Mitterwasser unfern Wegscheid (XXIII, 70, 1), am Büchelberg bei Neukirchen (XL, 38, 1) u. a. O. Auch Granaten mengen sich zuweilen bei.

Sehr bezeichnend ist die Art, in welcher die an der Oberfläche befindlichen abwitternden Flächen des Gesteins sich darstellen. Durch den sehr ungleichen Grad der Zerstörbarkeit der verschiedenen Gemengtheile wird eine pockennarbenartige Beschaffenheit der Gesteinsaussenflächen hervorgerufen, welche sofort in die Augen springt und die innere Natur der Gebirgsart verräth.

Eine eigenthümliche Abänderung wurde am Röhrnhof bei Frauenzell (XLV, 27, 9) beobachtet. Hier bemerkt man in dem feinkörnigen, fast aphanitischen schwarzen Gestein erbsengrosse rundliche Partieen ziemlich dicht nebeneinander; welche sich durch eine lichtere Farbe auszeichnen. Auf den Bruchflächen entstehen fleckige Zeichnungen, welche an den Blatterstein erinnern. Diese weisslichen rundlichen Partieen scheinen einer Koncentration der feldspäthigen Bestandtheile ihren Ursprung zu verdanken.

Das specifische Gewicht des Syenitgneisses übersteigt stets das der Glimmergneissvarietäten. Doch ist es wegen der wechselnden Beimengung von Schwefelkies schwer, ein richtiges Mittel zu finden. Meine Versuche ergaben an Stücken möglichster Reinheit, bei welchen sich wenigstens mit der Loupe keine Schwefelkiestheilchen erkennen liessen, in vielen Proben 2,81 bis 2,95.

Das Mittel aller Versuche nähert sich der Zahl 2,85.

Der Syenitgneiss nimmt keine grösseren Distrikte für sich allein ein, sondern bildet immer mehr oder weniger beschränkte Zwischenlagen im Glimmergneiss, besonders im Schuppengneiss, und vermittelt den Übergang in die eigentlichen Hornblendegesteine. Wir finden den Syenitgneiss mitten im Schuppengneiss häufig in dem Grenzgebiete zwischen Tirschenreuth, Mähring und Bärnau (z. B. bei Poppenreuth, LXXXV, 27, 20½), auch im westlichen Randgebirge bei Wildenreuth und besonders bei Neustadt a./Wn. Ausserdem stossen wir auf zerstreute Partieen bei Moosbach (LXX, 27, 22½), bei Pleistein (LXXI, 27, 15), am Fuchsberg bei Oberviechtach (LXV, 26), bei Breitenried unfern Schönau (LXIII, 33, 13), bei Winklarn (LXI, 28, 7), am Schwarzeneck (LIX, 24, 8), bei Furth (LVI, 41, 13), bei Buchberg und überhaupt bei Neukirchen am heil. Blut (XL, 38). Ebenso bildet der Syenitgneiss Einlagerungen im Passauer Gneissgebiete, wo er z. B. in der Nähe des Halser Hornblendegesteins vorkommt und in der Umgegend von Wegscheid häufig auftaucht, wie z. B. am Heindlschlag (XXVIII, 67, 3), am Steindlberg (XXVI, 70, 2), am Gollerberg (XXVII, 71, 1), in der Nähe von Mitterwasser (XXIII, 70, 1), auch bei Schönberg (XXXVI, 55, 3), Grossgsenget (XXVII, 70, 1) und an anderen Orten.

Ausser diesen Gneissvarietäten von einigermaassen bedeutenderer Ausbreitung kommen uns aber noch eine grosse Menge von Gesteinsarten innerhalb unseres Urgebirgsdistriktes zu Gesicht, welche bloss lokale Einlagerungen sind und desshalb nur ganz örtliches Interesse besitzen. Von denjenigen unter diesen, welche sich zunächst dem Gneiss anschliessen, sollen hier noch einige der bedeutenderen Modifikationen hervorgehoben werden. Im Übrigen werden wir bei der Detailbeschreibung Gelegenheit genug finden, solche untergeordnete Vorkommnisse am passenden Orte zu erwähnen.

Eine auffallende gneissähnliche Gebirgsart von dünnschichtig flasriger Textur treffen wir bei Pleistein (LXXII, 26, 13); sie besteht aus grossen Anhäufungen von grünem dichtverflasertem Glimmer, welcher bei dem Versuche, ihn in Blättchen abzuheben, meist in staubige Theilchen zertrümmert wird. Doch gelang es wenigstens, so grosse Blättchen zu gewinnen, um seine optische Einachsigkeit zu konstatiren. In diesen grünlichen Flasern liegen nun einzelne grössere Schuppen von tombackbraunem, ebenfalls einachsigem Glimmer und zerstreute Blättchen weissen zweiachsigen Glimmers, so dass es den Anschein gewinnt, als ob der grüne Glimmer nur einen Umänderungszustand des braunen zu weissem Glimmer darstelle.

Ausser Glimmer kommt ein nicht weiter bestimmbarer Feldspath in feinen Körnchen vor, an welchen nur Spuren von Spaltungsflächen aufgefunden werden konnten. Der Quarz ist meist in grösseren Linsen ausgeschieden, wasserhell und trägt die Farbe des Rabensteiner Rosenquarzes.

Ein ähnliches Gestein wurde auch bei Erbendorf angetroffen (LXXXI, 15, 34). Dasselbe enthält nur grünen, optisch einachsigen Glimmer und daneben eine in's Dichte übergehende grünliche Substanz von chloritischer Natur. Der Quarz ist milchweiss und auch hier sind am Feldspath keine gut spiegelnden Flächen behufs Beobachtung der Parallelstreifung zu entdecken. Es ist bemerkenswerth, dass kleine Hohlräumchen mit Quarzkryställchen überkleidet sind. Diese Gesteine bilden offenbar den Übergang zu chloritischem Gestein und zu Serpentin. Man könnte sie grüne Gneisse nennen.

An die eben beschriebene Varietät schliesst sich ferner ein Gestein, welches bei Erbendorf in der Grenzregion zwischen Schuppengneiss und Chloritschiefer eingelagert ist, z. B. zwischen Schadenreuth und Frauenberg (LXXXII, 14, 31). Es lässt kaum mehr Spuren eines grünlichen Glimmers erkennen und besteht nur aus weissem, optisch zweiachsigem Glimmer, röthlich-weissem Oligoklas (? ausschliesslich) und wasserhellem Quarz. Es zeigen sich darin Spuren von Epidot.

Ähnliche Gesteine, deutlich Epidot-haltig, stellen sich auch in der Nähe der Lager körnigen Kalkes ein, wie z. B. bei Burggrub unfern Erbendorf. Ein mit gleichmässig vertheiltem Epidot durch und durch gemengter Gneiss kommt bei Wurz unfern Neustadt a./Wn. (LXXVIII, 19, 0) vor.

Oft bilden auch dünne Lagen, welche durch das Fehlen oder durch das Zurücktreten einzelner Gemengtheile sich auszeichnen, Zwischenschichten in dem normalen Gneiss. Es ist meist unmöglich, solche Zwischenformen bestimmter abzugrenzen. Es sind eben Übergangsgebilde, die auf eine besondere Bezeichnung nicht Anspruch machen können. Als solche lassen sich hervorheben: gewisse glimmerarme Gneisse, welche in Granulit verlaufen, oder solche, welche den Glimmer in eigenthümlich feiner Vertheilung umschliessen und dadurch ein auffallendes Aussehen annehmen, wie ein Gestein von Schöllnach (XXX, 52, 1), welches wie feingetigert erscheint, oder jenes von Pfreimt (LXV, 20, 7), bei welchem die Beimengung feiner Granatkrystalle den Übergang in Granulit verräth, oder jenes vom Hofberg bei Neukirchen beim heil. Bl. (LVI, 46, 6), welches fast nur aus Feldspath und Quarz besteht.

Gewinnt der Quarz die Oberhand, so entsteht eine Reihe quarziger Gesteine, deren Natur besonders schwierig zu enthüllen ist, weil Alles auf's dichteste durcheinander gewachsen ist und die Gemengtheile sich nicht leicht scheiden und näher bestimmen lassen. Doch ist ein konstanter Charakter dieser quarzigen Gneisse, wie wir sie im Allgemeinen nennen können, dass sie fast ausnahmslos nur in grösseren oder kleineren linsenförmigen Ausscheidungen auftreten. Wir werden noch einige der am häufigsten vorkommenden Gesteine der Art näher bei den Quarzfelsarten kennen lernen.

Selten sind die Fälle, in welchen der Glimmer als vorwiegender Bestandtheil vorherrscht. Es entstehen durch diese Vermehrung des Glimmers putzenartige Ausscheidungen, welche aber nie eine grössere Ausdehnung gewinnen. Ausgezeichnet glimmerreiche Partieen wurden z. B. bei Eslarn (LXIX, 30, 2) und bei Schönberg (XLVI, 20, 3) konstatirt.

## Granit und granitartige Gesteine.

§. 5. An den Gneiss reiht sich unmittelbar, als ihm zunächst verwandte Gesteinsart, der Granit. Es gilt dieser unmittelbare Anschluss zwar nicht von allen Graniten, aber doch von einem sehr umfangreichen Komplex derselben, von denjenigen Graniten nämlich, die man kurz als Lagergranite bezeichnen kann.

Alle Granite unseres Gebiets und wohl überhaupt die der meisten Urgebirgsdistrikte lassen sich nämlich in Bezug auf ihr Auftreten, welches natürlich in innigster Beziehung steht mit ihren sonstigen Verhältnissen, in drei grosse Gruppen theilen, in:

A) Lagergranite,
B) Stockgranite,
C) Ganggranite,
je nachdem das Vorkommen und die Verknüpfung mit dem Nebengestein ein lager-, stock- oder gangförmiges ist.

Diese Eintheilungsweise unterliegt sehr grossen Schwierigkeiten, deren sich der Verfasser vollständig klar bewusst ist. Denn für's Erste lässt es sich in der Natur in äusserst wenig Fällen direkt und zuverlässig bestimmen, ob wir es in diesem oder jenem Falle mit einem Lager oder Stock zu thun haben. Gänge sind ungleich leichter zu konstatiren. Namentlich in Bezug auf die lagerweise Verbreitung scheinen sich in der Natur häufig Verhältnisse zu finden, welche gegen die Anwendbarkeit derselben für ein Eintheilungsprinzip zu sprechen scheinen. Wo wir inmitten des Gneissgebirges Linsen und Lagen von Granit bemerken, welche gleichförmig ein- und allseitig abgeschlossen sind, da bleibt über die Lagernatur des Granites wohl kein berechtigtes Bedenken übrig. Wie häufig aber sind die Fälle, wo wir nur einen sehr kleinen Theil einer gleichförmig eingelagerten Granitmasse im Gneiss entblösst finden oder beobachten können! Hier schon scheint die Sicherheit der Eintheilung in die Enge zu gerathen. Nicht selten aber erkennt man sogar, dass ein unzweideutiges Granitlager, welches an einer Stelle sicher als solches erkannt werden kann, an einer anderen Stelle plötzlich aus der gleichförmigen Einlagerung im Gneisse in eine durchgreifende gang- oder stockförmige Lagerungsweise übergeht. Derselbe Granit ist also Lager-, Stock- oder Ganggranit, je nachdem er an verschiedenen Punkten seines Vorkommens beobachtet wurde. Ebenso kann Stock- und Ganggranit in einer Form der anderen Kategorien auftreten. Diese Verhältnisse haben wir wirklich vielfach in unserem Gebirge gefunden und kennen gelernt.

Gleichwohl entgeht es dem Beobachter, der sich mit so ausgedehnten und umfassenden Detailstudien befasst, wie sie unsere geognostische Landesaufnahme erfordert, gewiss nicht, dass sich ein grosser Unterschied wahrnehmen lässt in Bezug auf die Häufigkeit dieser oder jener Lagerungsweise. Der Geognost, der im Detail arbeitet, wird sehr bald zwischen normalen und abnormen Verhältnissen, unter welchen dieser oder jener Granit auftritt, unterscheiden lernen. Und diese weit vorherrschende Regel, durch welche der Granit in seiner Lagerungsweise beherrscht wird, ist es, auf welche unser Versuch, eine Scheidung in dem unbezwingbar scheinenden Chaos der Granitgesteine anzubahnen, sich stützt. Einige Ausnahmsfälle, die wohl ihre Erklärung finden werden, können nicht hindern, die im Allgemeinen hervortretenden und erkennbaren Eigenschaften eines Gesteins als leitendes Eintheilungsprinzip festzuhalten.

Dazu kommt aber noch, dass, wie wir nachweisen werden, eine wohlbemerkbare Beziehung der inneren Natur der Gesteine zu einander dieser Eintheilung zur wesentlichen Stütze dient. Lagergranit und Gneiss, in welchem jener gleichförmig eingebettet ist, weisen so deutlich Ähnlichkeiten in ihren Gemengtheilen, aus denen sie bestehen, nach, besitzen so viele Analogieen in der Art der Verbindung dieser Elemente und in der Beimengung accessorischer Gemengtheile, dass diesen gegenüber die Eigenartigkeit eines wahren Stock- oder Ganggranites sofort in die Augen springt.

Wenn es auch gewiss ist, dass bei dem Versuche, die Granite des Waldes auf die bezeichnete Weise zu sondern, vielfach Irrthümer unvermeidlich waren, so glaubt der Verfasser sich doch lieber der Gefahr aussetzen zu sollen, vielfache Fehler zu begehen, als sich des grösseren schuldig zu machen, den Versuch gar nicht gewagt zu haben. Jeder, welcher die hier aufgehäuften Schwierigkeiten aus eigener Erfahrung kennt, wird, das Wünschenswerthe einer solchen Scheidung zugestehend, diesen Versuch, auch wenn er ein verfrühter sein sollte, mit billiger Nachsicht beurtheilen.

## A) Lagergranite.

Granite in vorherrschend konkordant lagerförmiger Verbindung mit Gneiss und von ähnlicher Art der Bestandtheile, wie der ihn einschliessende Gneiss.

## 1) Bunter Granit.

Derselbe bildet der Hauptmasse nach Linsen, Lager, selbst kleinere Stöcke in konkordanter Verbindung mit dem sogenannten b u n t e n  G n e i s s, dessen petrographische Beschaffenheit mit Ausnahme der Textur derselbe völlig theilt.

Der b u n t e  G r a n i t lässt sich als gleichförmig gemischter, bankartig gesonderter, nicht dünngeschichteter b u n t e r  G n e i s s betrachten.

Seine Gemengtheile sind genau die nämlichen, wie jene des bunten Gneisses, wesshalb das früher hierüber Angeführte unverändert auch für den bunten Granit gilt. Auch seine chemische Zusammensetzung stimmt vollständig mit jener des rothen Gneisses überein, wie folgende Analyse lehrt:

B u n t e r  G r a n i t von Pamsendorf bei Pfreimt, LXIV.

| | |
|---|---:|
| Kieselsäure | 74,632 |
| Titansäure | 0,432 |
| Thonerde | 10,540 |
| Eisenoxydul | 0,452 |
| Eisenoxyd | 3,595 |
| Bittererde | 1,226 |
| Kalkerde | 0,845 |
| Kali | 5,325 |
| Natron | 2,223 |
| Glühverlust (Wasser zum Theil) | 0,632 |
| | 99,902 |

Vergleicht man hiermit die Resultate der Analysen des rothen Gneisses I, II und III, so sieht man, dass kein wesentlicher Unterschied besteht.

Von zwei Gesteinsarten wurde nur die Kieselerde bestimmt, und zwar zu

|  | LXV. | LXVI. |
|---|---|---|
| Kieselerde | 75,00 | 73,50 |

welcher Gehalt gleichfalls nicht weit von dem des typischen bunten Gneisses abweicht. Diese zwei Proben entsprechen den Nr. 12 und 22 S. 207.

Auch das specifische Gewicht 2,64 stimmt sehr gut überein. Das Gestein, dessen Gehalt die vorstehende Analyse angiebt, bilden schwache Lager im typischen bunten Gneiss bei Pamsendorf unfern Pfreimt (LXV, 22, 14). Dasselbe ist feinkörnig, gleichmässig mit ziemlich vielem Glimmer, sowohl dunklem als weissem gemengt.

Der bunte Granit unterscheidet sich mithin nur durch seine Textur vom bunten Gneiss, er besteht aus gleichförmig gemengten Bestandtheilen, nicht aus solchen, welche in parallele Lager gesondert sind. Doch finden sich alle möglichen Formen des Überganges bis zum deutlichen Gneiss. Diess zeigt sich schon in dem Abdrucke des angeschliffenen und geätzten Gesteins, wie im nachstehenden Bilde eines Stücks von Weiher bei Hirschau zu bemerken ist. Weniger scharf tritt in demselben der auffallende Unterschied beider Feldspatharten hervor, welcher beim Ätzen sehr bestimmt sich dadurch bemerkbar macht, dass der Oligoklas um vieles leichter als der Orthoklas zersetzt wird. Es giebt sich dadurch zu erkennen, dass meist der erstere in letzterem eingeschlossen vorkommt, gleichsam einen Kern bildet, um den sich Orthoklasmasse anlegt. Dabei ist der Oligoklas häufig in eine Steinmark-ähnliche Substanz zersetzt.

Wir begegnen aber auch in nicht wenigen Fällen Granitmassen dieser Abänderung, welche vollständig mit dem eben beschriebenen Lagergestein übereinstimmen, aber unzweideutig die benachbarten Schichten des bunten Gneisses gangartig durchsetzen, ja sogar bedeutende Stöcke ausmachen. Eines der lehrreichsten Beispiele der Art bietet ein Steinbruch an der

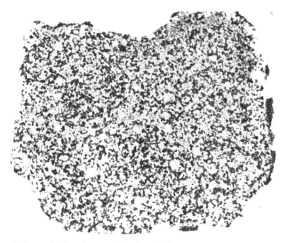

Strasse zwischen Luhe und Wernberg. Hier durchbricht nicht nur bunter Granit den daselbst herrschenden bunten Gneiss, sondern hat selbst Schollen desselben in seine Masse rings eingeschlossen. Solche gangartige Vorkommnisse lassen sich in jener Gegend häufig, auch sehr

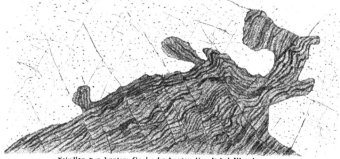

Schollen von buntem Gneiss im bunten Granit bei Wernberg.

schön bei Naabburg beobachten; das Pfreimtthal schliesst sie in zahlreichen Profilen auf. Auch in stockförmigen Ausbreitungen überdeckt derselbe Granit grössere Flächen innerhalb des Naab- und Pfreimtgebirges, besonders östlich von Wernberg. Aber trotzdem ist sein Vorkommen auf Lager weitaus das vorherrschende.

Diese Doppelnatur des Granites ist eine fast allen Lagergraniten gemeinschaftliche und beweist, dass bei seiner Entstehung verschiedene Bildungsbedingungen wirksam waren. Wir werden auf die Erklärung dieser Verhältnisse später ausführlich zurückkommen.

Von eigenthümlichen Modifikationen des bunten Granites haben wir noch einige Formen besonders hervorzuheben. Sehr auffallend ist es, dass in sehr vielen und selbst anscheinend von Zersetzung sonst völlig unangegriffenen Graniten Putzen und kleine Flecke eines sehr zersetzten, thonsteinähnlichen, meist sehr weichen, schmutzig-graulichrothen Minerals eingesprengt sind. Man wird zu der Annahme gedrängt, dass diese thonige Substanz durch Umbildung grösserer Partieen des rothen Oligoklas entstanden sei, da sonst keine Mineraleinmengung bekannt ist, welche diese Masse liefern könnte. Ähnliche Verhältnisse wurden auch beim bunten Gneiss bemerkt.

Sehr ausgezeichnet ist ein ziemlich dichtes glimmerarmes Gestein zwischen Neunburg v. W. und Schwarzhofen. Darin ist der blassröthliche Oligoklas weit vorherrschend und stellenweise in grossen Partieen, theils ganz rein, theils einzelne Gemengtheile in sich einschliessend, abgesondert. Diese Ausscheidungen nehmen jene ausgezeichnete blumig-strahlige Form an, welche sonst dem Albit eigen zu sein pflegt. Man bemerkt auf den Bruchflächen deutlich die Parallelstreifung.

In noch grösseren Partieen finden sich ganz dieselben blumig-strahligen Ausscheidungen bei Leuchtenberg. Das blumig-blättrige Gefüge tritt auf einzelnen Bruchflächen ausgezeichnet schön hervor, während auf anderen eine sehr innige Durchwachsung von Feldspathsubstanz und den Granitgemengtheilen wahrgenommen wird, wesshalb auch eine chemische Analyse dieses ausgezeichneten klinoklastischen Feldspaths, weil diese kein genaues Resultat in Aussicht stellte, unterlassen wurde. Ein anderes interessantes Verhältniss wurde in dem bunten Granit zunächst Schwarzhofen beobachtet. Es brechen dort Granite von mittelgrobem bis feinem Korne, welche vielfach von dünnen Adern sehr feinkörnigen, glimmerarmen Granites, aber sonst von ganz derselben Mischung und Beschaffenheit, durchschwärmt werden. Die Begrenzungsflächen beider Granitvarietäten sind scharf, ohne Übergänge, zugleich ist die Verwachsung ohne Spur eines Saalbandes oder Bestegs eine so innige, wie zwischen den einzelnen Theilen des übrigen Gesteins selbst. Hier und da bemerkt man kleine Brocken des Hauptgesteins in der feinkörnigen Masse der Gangbildung. Wir haben hier zweifelsohne eine Kluftausfüllung vor uns.

Eine der auffallendsten Modifikationen geht bei Fuchsendorf (LXVI, 22, 20) zu Tag aus. Es ist ein Porphyr-ähnliches Gestein, bei welchem die grauliche Hauptmasse völlig wie bei Porphyr in's Dichte übergeht. In diesem Teige liegen nun die übrigen zahlreichen Gemengtheile, fleischrother Orthoklas, grauer Quarz und grünlicher Glimmer(?), eingesprengt. Der tombackbraune Glimmer scheint der normale glimmerartige Gemengtheil zu sein. Der grünlich-braune oder graulich-grüne, meist etwas fettig anzufühlende dürfte nur ein Zersetzungsstadium des braunen darstellen. Diese Umwandlung geht dann bis zur Bildung einer weichen, grünlich-grauen, selbst Serpentin-ähnlichen Substanz, welche man stellenweise in diesem Granite bemerkt.

Bei Dörnersdorf (XLIII, 24, 1) kommt ein sehr grobkörniger Granit vor, in welchem der zuweilen etwas röthlich gefärbte Orthoklas mit einem blassgrünen Feldspath vermengt ist, welcher opak und ohne deutliche Spaltungsfläche die Stelle des Oligoklas zu vertreten scheint. Diese grünliche Feldspathsubstanz hat grosse Ähnlichkeit mit jener des Wörther Gneisses. Das Gestein besitzt übrigens nur grünlichen, talkigen, weichen Glimmer.

Bezüglich der Verbreitung des bunten Granites können wir uns ganz auf das bezüglich des vom bunten Gneiss eingenommenen Gebiets Gesagte beschränken. Besonders grobkörnig und fast dem sogenannten porphyrartigen Granit ähnlich ist das Gestein südlich von Naabburg, z. B. am Wölsenberg, wo in demselben die Flussspathgänge aufsetzen. Hier sind grosse Putzen weissen, in's Röthliche spielenden Glimmers reichlich beigemengt. Dem Pfahlzuge fehlen die typischen bunten Granite fast ganz; dagegen zeigen sich darin Granite vom Typus der folgenden Art.

## 2) Winzergranit.

Eine zweite Modifikation des Lagergranites verhält sich zum Winzergneiss wie der bunte Granit zum bunten Gneiss.

Es genügt, diese Beziehung festzustellen, um das, was dieser Granitform eigen ist, aus der Beschreibung des Winzergneisses zu entnehmen, mit Ausnahme der Beschaffenheit des Gefüges, welches bei dem Granit ein gleichmässig sogenanntes mittelkörniges ist. Dabei ist stets eine Neigung vorhanden, dass sich die klinoklastische Feldspasubstanz in rundlichen Partieen absondert, wie sich am besten in dem beigegebenen Naturabdruck ersehen lässt. Die kleineren weissen Partieen bezeichnen vorherrschend die grünliche Feldspathsubstanz, die grösseren dagegen die

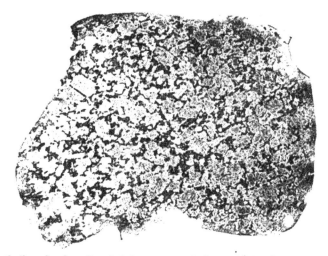

Orthoklastheile. In den Graniteinlagerungen findet sich häufiger, als im Gneiss, die grünliche, undeutlich spaltende Feldspathmasse unzersetzt und lässt sich an der Parallelstreifung deutlich als eine klinoklastische erkennen. Im Übrigen können wir sowohl in Bezug auf Gemengtheile, als Zusammensetzung und Verbreitung, auf die Beschreibung des Winzergneisses zurückverweisen.

Es ist sehr interessant, dass die Ähnlichkeit mancher den Pfahl an seinem nordwestlichsten Ende begleitender Gneisse mit dem Winzergneiss ganz unzweideutig auch bei den Graniten beider Bezirke hervortritt.

Längs des Pfahlquarzes in seiner Ausdehnung zwischen Naabthal und Regenthal zeigen sich nämlich öfters Granite, welche sich dem Winzergranite unmittelbar anschliessen. Es sind mittelkörnige Granite mit einer Annäherung an das Gneissartige, welche schon dadurch ein eigenthümliches Aussehen gewinnen, dass die Feldspathbestandtheile meist in rundlichen, etwa erbsengrossen Putzen ausgeschieden sind. Selten gewahrt man deutlich spiegelnde Flächen, welche Orthoklastheilen angehören; der grössere Theil der Feldspathbeimengung besteht aus einem milchweissen, röthlichen oder auch grünlichen opaken, sonst sehr frisch aussehenden Feldspath, bei dem es schwer hält, grössere Bruchflächen zu Gesicht zu bekommen. Diese Spaltungsflächen zeigen nur in einzelnen kleinen Fleckchen eine Spiegelung mit Parallelstreifung, während die übrigen Theile matt erscheinen, daher denn auch im Ganzen die Fläche nur schwach spiegelt. Es ist diess ein Verhalten, wie wir es genau ebenso an dem zweiten Feldspathgemengtheile des Winzer-Gneisses und -Granites beobachtet haben. Häufig ist dieser Gemengtheil zersetzt und in eine grünliche, Steinmark-ähnliche Substanz, die wie Speckstein aussieht, verwandelt. Dadurch ergiebt sich eine gewisse Ähnlichkeit mit dem Protogyn der Alpen. Ebenso übereinstimmend ist die Beschaffenheit des Glimmergemengtheiles. Es fehlt der braune und weisse Glimmer bis auf wenige vereinzelte Schüppchen und dafür tritt die grüne Glimmer-ähnliche Substanz ein, welche sich nicht in Blättchen spalten lässt, sondern nur in kleine Splitterchen zersprengbar ist. Sie fühlt sich zugleich fettig an. Solche Granite liegen gleichförmig im Gneisse z. B. bei Pingarten unfern Bodenwöhr (LVII, 24, 25½), bei Hohenkemnath unfern Neunburg v. W. (LIX, 22, 5), bei Oberstocksried bei Bodenwöhr (LVI, 25, 6½) und an anderen Orten, zwischen Schwarzenfeld an der Naab bis in die Gegend von Neunkirchen Balbini und Regenstauf.

Auf der anderen Seite erscheinen auch in dem eigentlichen Gebiete „des Winzergneisses" röthlich gefärbte Granite, welche dem typischen bunten Granite sehr ähnlich sind, nur dass wenigstens zum Theil der im bunten Granit stets deutlich hervortretende Oligoklas hier durch

35 *

die oben beschriebene röthliche, grünliche oder gelbliche Feldspathsubstanz, der braune Glimmer durch das grüne, fettig anzufühlende Mineral ersetzt sind.

Um die Übereinstimmung bestimmter erkennen zu können, habe ich ein Gestein dieser Art einer chemischen Analyse unterwerfen lassen. Diese ergab folgende Zusammensetzung:

Röthlicher Winzergranit, LXVII.

| | |
|---|---:|
| Kieselerde | 75,462 |
| Titansäure | 0,600 |
| Phosphorsäure | Spur |
| Thonerde | 9,800 |
| Manganoxydul | — |
| Eisenoxydul | 0,422 |
| Eisenoxyd | 4,890 |
| Bittererde | Spuren |
| Schwefelkies | 0,201 |
| Kalk | 0,350 |
| Kali | 5,455 |
| Natron | 1,342 |
| Wasser | 1,250 |
| | 99,772 |

Vergleicht man damit die Analysen des bunten Gneisses, namentlich jene des Gesteins von Nenneigen (Analyse Nr. II), so ergiebt sich eine wirklich erstaunliche Übereinstimmung, welche es nicht mehr zweifelhaft lässt, dass die Gesteine beider Gruppen, der bunte Gneiss und bunte Granit, dann der Winzer-Gneiss und -Granit, chemisch betrachtet, zusammengehörige Bildungen sind. Diess wird auch bestättigt durch die Übereinstimmung bezüglich mancher accessorischer Verhältnisse, namentlich durch das Vorkommen von Bleierz, Flussspath-Gängen und in beiden Gneissgebieten. Endlich begegnen wir sowohl im Pfahl, als am Rande des Donaugebirges einer Quarzfelsbildung, welche gleichmässig mit diesen Felsarten in innigster Beziehung steht.

Solche röthlich gefärbte Abänderungen findet man z. B. am Sauberg bei Eidenzell unfern Wörth (XLII, 26) mit rostfarbigen Zersetzungsausscheidungen zwischen den einzelnen Bestandtheilen, an der Forstmühle bei Frauenzell (XLV, 24, 9) sehr dicht und quarzreich, am Urberg bei Ettersdorf unfern Wörth (XLII, 25, 1), bei Heissenzell unfern Frauenzell (XLIV, 29, 15), endlich am Ochsenberg bei Wörth (XLIV, 29, 10), von welchem Fundorte das Gestein stammt, dessen Zusammensetzung die Analyse LXVII angiebt.

Ein Gestein, in welchem beide Feldspatharten ziemlich gleichmässig weisslich gefärbt vorkommen, bricht häufiger in der Umgegend von Deggendorf, z. B. bei Steinkirchen unfern Deggendorf (XXXIV, 41, 2) und zeichnet sich noch überdiess durch zahlreiche, knollenförmige Ausscheidungen der Feldspathbestandtheile aus.

### 3) Waldlagergranit.

Eine dritte Modifikation des Lagergranites unseres Gebiets bezeichnen wir als Waldlagergranit.

Der Waldlagergranit ist durchschnittlich ein lichtfarbiges, fein-, selten mittelkörniges, zweiglimmeriges Granitgestein, welches sich durch die Eigenthümlichkeit leicht erkennen und unterscheiden lässt, dass der meist untergeordnete, aber nie fehlende weisse Glimmer sich in kleinen, zerrissen aussehenden und am Rande ausgefranzten Blättchen eingemengt findet. Eine typische, feinkörnige Art stellt der beigegebene Naturabdruck eines Gesteins von Steinburg vor.

Im Übrigen besteht diese Granitart aus überwiegend vorherrschendem Orthoklas, sehr wenig klinoklastischem Feldspath, Quarz und zweierlei, tom-

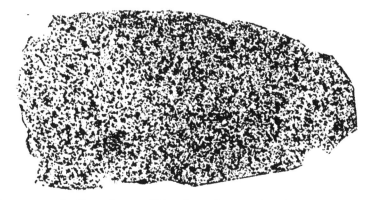

backbraunem und silberweissem, Glimmer. Der Orthoklas ist weisslich bis gelblich gefärbt, undurchsichtig, stets von mattem Glanz und nur in seltenen Fällen in grösseren Kryställchen ausgeschieden, durchweg in kleinen Körnchen mit Quarz und braunem Glimmer gleichmässig gemengt.

Der seltene klinoklastische Feldspath, nach der Analogie mit dem verwandten Gneiss beurtheilt wahrscheinlich Oligoklas, ist lichter, graulichweiss, wasserhell bis durchscheinend und findet sich stets in kleinen krystallinischen Körnchen ausgeschieden.

Der Quarz ist grau bis gelblich und ebenfalls in kleinen Körnchen ausgebildet.

Den übrigen Bestandtheilen gleichmässig beigemengt findet sich nur der tombackbraune Glimmer, dessen Farbe höchst selten in's Grünlichgraue überspielt. Seine Schüppchen sind meist gleichfalls sehr klein. Doch liegen manchmal auch einzelne grössere Blättchen dazwischen, wodurch der Granit ein fleckiges Aussehen erhält. Auch kommt es vor, dass die Glimmerschüppchen eine parallele Lage annehmen oder in Putzen sich anhäufen, wodurch Übergangsformen in Gneiss entstehen.

Charakteristisch für den Waldlagergranit ist die eigenthümliche Beimengung des weissen, optisch zweiachsigen Glimmers. Derselbe tritt zerstreut, in kleine Blättchen und Putzen vertheilt, auf und zeigt die merkwürdige Beschaffenheit, keine ununterbrochene Masse oder ganze Blättchen zu bilden, sondern die Glimmerblättchen oder rundlichen Ausscheidungen sind von den übrigen Gemengtheilen völlig durchwachsen, so dass sie wie zerstückelt und zertrümmert und am Rande ausgezackt und ausgefranzt erscheinen.

Ähnliche Krystallisationen kennt man sonst auch am Sandstein, bei welchem partieenweise Kalkspathsubstanz zwischen den Sandsteinkörnchen auskrystallisirt ist, und beim Gyps von Berchtesgaden, der Kalksteinstücke in seine Masse eingeschlossen hat. Diese Art der Glimmerausscheidung bewirkt, dass die Bruchflächen des Granites da, wo der weisse Glimmer vorwaltet, ganz eigenthümlich spiegelnd schimmert, ein Verhalten, welches diese Granitmodifikation leicht kenntlich macht. Auch scheint dieser weisse Glimmer noch dadurch ausgezeichnet, dass er fein gefältelt und nicht bloss in Blättchen, sondern auch in grösseren rundlichen Massen ausgebildet ist. Von ganz besonderer Schönheit zeigt sich das Schimmern der weissen Glimmerputzen in einem Lagergranit aus dem Zwieseler Walde beim Jackelhäusl unfern Zwiesel (XLIII, 55, 1), weil hier ganz grosse Flächen bei einer gewissen kleinen Wendung des Gesteins plötzlich in hellem, Silber-ähnlichem Glanze spiegeln.

Bisweilen bemerkt man eine Verwachsung beider Glimmerarten, am häufigsten in der Weise, dass um einen Putzen braunen Glimmers nach aussen ein Kranz weissen Glimmers sich anlegt; oft aber zeigt sich der braune Glimmer auch am Rande der Partieen des weissen Glimmers. Man könnte deshalb folgern wollen, der weisse Glimmer sei durch eine Metamorphose des braunen entstanden. Wohl dürfte es kaum ein besseres Mittel geben, diese Ansicht als unrichtig nachweisen zu können, als die Berücksichtigung der eigenthümlichen Art, mit welcher unser weisser Glimmer auftritt. Der braune Glimmer bildet stets, selbst auch wenn er im Centrum des weissen vorkommt, ganze Blättchen, welche nie das Zerfressenzackige des weissen Glimmers zeigen, und beschränkt sich auf dünne isolirte Schuppen, während der weisse Glimmer oft in grösseren Massen ausgeschieden ist. Ihr Auftreten wird ein völlig verschiedenes schon dadurch, dass der braune Glimmer regelmässig durch die Masse zerstreut, der weisse Glimmer immer auf einzelnen Putzen zusammengedrängt erscheint. Der weisse Glimmer kann darnach unmöglich aus braunem entstanden sein.

Das sehr interessante Verhältniss einer Ausscheidung der Gemengtheile in grösseren, Pegmatit-ähnlichen Massen wurde in der Nähe des vorhin erwähnten schimmernden Granites in der Nähe der Regenhütte bei Zwiesel (XLV, 52, 5) beobachtet. Es scheiden sich hier aus dem normal feinkörnigen Granite gangartig der Orthoklas, der graue Quarz, etwas grünlich-brauner Glimmer aus und zugleich entwickelt sich auch der weisse Glimmer, und zwar in der Nähe des Überganges von der feinkörnigen Masse in die Pegmatit-artige noch in den charakteristisch zerstückelten und wie zerbröckelt aussehenden Blättchen und erst gegen die Mitte der grosskrystallinischen Ausscheidung bricht er in grösseren Partieen, welche gleichwohl die charakteristische Fältelung noch aufweisen, zum deutlichsten Beweise, dass dieser Pegmatit-ähnliche Granit nur eine Ausscheidung aus dem feinkörnigen Granite ist.

Was die Zusammensetzung dieses Granites anbelangt, so giebt uns hierüber die chemische Analyse eines Probestücks von Hagendorf unfern Waidhaus (LXXIII, 28) Aufschluss. Dieser Granit besteht aus:

### Waldlagergranit von Hagendorf, LXVIII.

| | |
|---|---:|
| Kieselerde | 74,322 |
| Titansäure | 0,640 |
| Thonerde | 10,662 |
| Manganoxydul | 0,055 |
| Eisenoxydul | — |
| Eisenoxyd ) Bittererde ) | 5,310 |
| Schwefelkies | 0,064 |
| Kalk | 0,504 |
| Natron | 2,141 |
| Kali | 5,767 |
| Wasser (Glühverlust) | 0,353 |
| | 99,818 |

Diesem nach bestände die grösste Ähnlichkeit unseres Gesteins mit dem Körnelgneiss, namentlich der analysirten Probe Nr. XXVIII, was auch sehr gut zu dem Zusammenhang beider Gesteine vom geognostischen Standpunkte betrachtet passt. Das Gestein von Hagendorf ist von lichtgraulicher Farbe, mittelfeinkörnig, mit ziemlich viel weissem, optisch zweiachsigem Glimmer und grünlich-weissem, durchschimmerndem Orthoklas. Specifisches Gewicht = 2,707.

In Bezug auf die geognostische Stellung des Waldlagergranites haben wir zu bemerken, dass derselbe als Einlagerungsmasse sowohl im Schuppen-

als im ·Körnelgneiss auftritt. Auch dem Dichroitgneiss ist er nicht völlig fremd; jedoch ist er vorwaltend die Granitform der erstgenannten zwei Gneissbildungen.

Gewöhnlich findet er sich in dem Gneiss gleichförmig eingebettet in Lagen von geringerer und grösserer Ausdehnung, zuweilen schwillt er zu mächtigen Massen auf und nimmt in seiner Ausbreitung die Natur kleiner Stöcke an, welche sich jedoch, weil immer in regelmässigem Verbande mit den benachbarten Gneissschichten stehend, als grosse Gesteinslinsen betrachten lassen. Auch fehlt es nicht an Fällen, in welchen beobachtet wurde, dass solche Lagergranite stellenweise die Natur der Ganggranite annehmend das Nachbargestein gangartig durchsetzen, wie wir es auch bei dem bunten Lagergranit gesehen haben. Dabei kommt es zuweilen vor, dass solche Gangverzweigungen von Lägern ausgehen und dass abgerissene Gneissbruchstücke gleichsam schwimmend in die Granitmasse eingehüllt sind. Zuweilen hat sich diese Mengung in so hohem Grade eingestellt, dass eine Art Breccie entsteht, wie bei Bärnau beobachtet wurde.

Da der Waldlagergranit stets mit Schuppengneiss und Körnelgneiss vergesellschaftet ist, so genügt es, bezüglich seiner Verbreitung auf jene der eben genannten Gneissmodifikationen hinzuweisen. Doch dürfte es zweckmässig sein, einzelne Fundstellen in verschiedenen Distrikten näher zu bezeichnen.

Im nördlichen Schuppengneissdistrikt östlich von Tirschenreuth ist die Umgebung von Gross-Konreuth wegen Einlagerungen der Granite wichtig, welche hier in schwachen Zwischenlagen im Gneisse vertheilt, aber auch in grösseren Partieen stockförmig und in Gangadern beobachtet werden können. Solche Granitlagen sind z. B. wieder bei Ellenfeld (LXXXII, 27, 33), Ödwaldhausen (LXXXI, 26, 5) und reichlich bei Bärnau (LXXXI, 27, 2) zu sehen.

Noch häufiger tauchen sie in der Gegend von Waidhaus, Pleistein, Eslarn und Tännersberg auf, z. B. bei Frankenreuth (LXXIII, 29, 8 und 20), bei Pfrentsch (LXXI, 28, 0), bei Moosbach unfern Eslarn (LXIX, 31, 1), bei Mittellangau (LXVII, 29, Punkt), bei Dietersdorf (LXVII, 30, I), bei Tännersberg (LXVII, 24, 6), bei Lampenricht (LXVI, 24, 5), bei Schönau (LXIV, 33, 7) und an anderen Orten.

In der Gegend von Cham, nördlich des Regen, wurden Lagergranite der eben beschriebenen Art beobachtet bei Katzdorf und am Fuchsbrunnen (LVIII, 25, 4 und LVIII, 40, Punkt), bei Loibling (LIII, 33, 2), bei Katzberg (LIII, 35, 1), bei Zifling (LIII, 35, 10) und an anderen Orten. Eine durch hellgrünen Orthoklas ausgezeichnete Varietät kommt am Fusse des hohen Bogen bei Rimmbach (LIII, 42, 10) vor. Der zweite Feldspathbestandtheil ist darin opak und seine Farbe spielt in's Fleischrothe.

Seltener zeigen sie sich, wie schon erwähnt, im Dichroitgneissgebiet des Zwieseler Waldes, z. B. am schon genannten Jackelhäusl und bei der Regenhütte, im Lusengebirge bei den Waldhäusern (XL, 60, 1), dann zerstreut hier und da, z. B. an der Steinburg (XL, 37, 1), bei Gugelöd (XXXIX, 59, 1), bei Viechtach (XLV, 43, 7), im vorderen Walde an der Forstmühle (XLVI, 24, 5), bei Staudach (XXXVIII, 41, 12), bei Garham (XXVII, 51, 1) und an anderen Orten.

Wir reihen hier einige Granitvarietäten, zunächst eine weniger bestimmt charakterisirte und weniger scharf als selbstständige Gesteinsgruppe abgeschlossene Gebirgsart an, welche von dem Waldlagergranit sich durch das Fehlen des weissen Glimmers unterscheidet, in allem Übrigen aber damit übereinstimmt. Diese Abart bezeichnen wir als grauen Lagergranit.

### a) Grauer Lagergranit.

Derselbe ist meist fein- und gleichmässig körnig, doch zeigt er auch gröberes Korn und geht durch parallele Anordnung der Glimmerschuppen in Gneiss (Körnelgneiss) über. Seine Bestandtheile sind die des Waldlagergranites. Der weisse Glimmer fehlt fast ganz; doch ist zu bemerken, dass sich zuweilen Spuren kleiner weisser Glimmerblättchen einstellen, wodurch einestheils ein Übergang in die nahe verwandte Granitmodifikation vermittelt wird, anderentheils diese Gruppe nicht als eine vollständig abgegrenzte bezeichnet werden kann.

Man begegnet diesem Granite mit und neben dem Waldlagergranit im Gebiete des Schuppen-, Körnel- und Dichroitgneisses, aber weit seltener als der zuletzt erwähnten Gebirgsart und nie in sehr ausgedehnten Partieen.

Beispielsweise wurde der graue Lagergranit aufgefunden bei Ellenfeld unfern Bärnau (LXXXII, 27, 26), bei Ödmiesbach unfern Tännersberg (LXVI, 25, 2), bei der Höllmühle unfern Rötz (LVIII, 29, 2), bei Furth (LVI, 41, 12), bei Schönberg (XXXV, 56, 9), bei Karlsbach und Aggmannsberg unfern Wolfstein (XXXI, 64, Punkt, und XXX, 63, 5), bei Waldkirchen (XXX, 67, Mösing), bei Momannsfelden unfern Falkenstein (XLVII, 31, Punkt), bei Mühlhof unfern Hofkirchen (XXVII, 51, 2) und an anderen Orten.

### b) Perlgranit.

Mit Perlgranit soll diejenige Modifikation der Lagergranite bezeichnet werden, bei welcher die Bestandtheile in deutlich erkennbaren grösseren Körnchen ausgebildet sind, so dass das Gestein als ein mittelgrobkörnig gemengtes erscheint. Durch das gröbere Korn unterscheidet sich dieses Gestein leicht von dem vorhin beschriebenen grauen Lagergranit, von welchem es im ganzen Habitus und auch durch die weit dunklere Färbung abweicht. Der Perlgranit besteht aus deutlich in einzelne Krystallkörnchen geschiedenem Orthoklas, von trüber milchweisser bis graulich-weisser Färbung und von mattem bis glasähnlichem Glanze. Derselbe zeigt sich oft stark angegriffen. In gewissen Gebietstheilen finden sich solche Lagergranite mit grossen Ausscheidungen des Orthoklases in nicht vollständig scharf ausgebildeten, sondern rundlichen Krystallen, welche zu Zwillingen nach Art der Karlsbader vereinigt sind. Dadurch entstehen porphyrartige Granite von fast gleichem Aussehen, wie die sogenannten Krystallgranite.

Zum Orthoklas gesellt sich vorherrschend hellfarbiger weisslicher Oligoklas in einzelnen Körnchen. Zuweilen scheint der Oligoklas zu fehlen. Der Quarzbestandtheil ist ebenfalls in kleinen Körnchen ziemlich reichlich eingemengt. Der dritte wesentliche Gemengtheil ist der schwarze oder tombackbraune, optisch einachsige Glimmer, welcher immer in reichlicher Menge auftritt und dadurch dem Gestein im Ganzen eine dunkle Färbung ertheilt.

Weisser Glimmer fehlt in der Regel ganz oder erscheint in so untergeordneten Mengen, dass er gegen den dunkelfarbigen ganz verschwindet. Wo er zum Vorschein kommt, bildet er vollständige Blättchen, welche zur Unterscheidung von jenen des Waldlagergranites nicht wie zerstückelt aussehen. Über die Vertheilung der Gemengtheile giebt am besten der Naturabdruck eines typischen Exemplars des Vorderwaldperlgranites von Hof bei Viechtach Aufschluss. Die dunklen Partieen zeigen, wie in allen diesen Abdruckbildern, den Quarz und Glimmer, die hellen Partieen die feldspathigen Gemengtheile an.

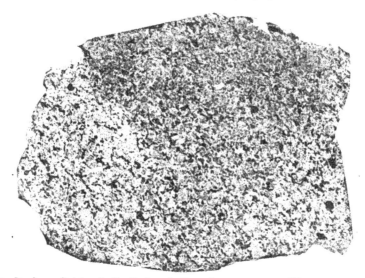

Der Perlgranit ist, wie die Gneissvarietäten, denen er sich anschliesst, reich an accessorischen Bestandtheilen. Unter denselben nimmt der Dichroit die hervorragendste Stelle ein. Derselbe spielt genau dieselbe Rolle, wie der Dichroit im Dichroitgneiss. Auch zeigen sich dieselben Umwandlungsprodukte im Granit, wie im Gneisse, die Bodenmaiser Pinite und die grüne Substanz des Ödenwieser Gneisses, welche veranlassen, dass der Granit an manchen Stellen eine grünliche Färbung annimmt. Er ist jedoch Kieselerde-ärmer, wie eine Probe mittelkörnigen, Dichroit-führenden Granites (Probe Nr. 43, S. 208) von Haibach lehrt, welche nach einem Versuche nur LXIX.

Kieselerde . . . . . . . . . . 66,80 enthält.

Diese Substanzen werden häufig von Granaten, wenn auch sehr kleinen, begleitet.

Auch dieselben Schwefelmetalle, der Schwefelkies, Magnetkies, dann auch Magneteisen, Titaneisen und Nigrin, wie im Gneisse, brechen in diesem Granite ein, so dass, da derselbe im Gneiss immer lagerförmig auftritt, nur das Gefüge ein bestimmtes Kennzeichen zur Unterscheidung vom Dichroit-, Vorderwald- und Ödenwiesergneiss abgiebt.

Je nachdem dieser Granit sich mehr der einen oder anderen Gneissart anschliesst, lassen sich drei Unterabtheilungen von Perlgranit unterscheiden:

α) Dichroitperlgranit oder Dichroitgranit,

β) Vorderwald-Perlgranit und

γ) Ödenwieser Granit (oft porphyrartig).

α) Der Dichroitperlgranit ist die gleichmässig gemengte Granitform des Dichroitgneisses und verhält sich mit Ausnahme des Gefüges ganz so wie dieser selbst. Auch fallen die Verbreitungsgebiete beider genau zusammen, sowohl im hinteren Walde, in der Bodenmaiser Gegend und bei Cham (Traitsching, XLIX, 34, 19), als auch im Bezirk von Passau und im vorderen Walde.

Der Dichroitgranit des hinteren Waldes und der Chamer Gegend neigt sich fortwährend dem Übergange in Gneiss zu und lässt in der Regel noch eine mehr oder weniger parallele Lage der Glimmerblättchen erkennen; häufig ist der Dichroit hier in die Substanz des Bodenmaiser Pinits übergegangen, auch zeigt sich mitunter der Oligoklas grünlich gefärbt. Kleine Granaten sind eben nicht selten eingemengt. Prächtige, grosse Krystalle von Granat, rings von Glimmer eingehüllt und auf den Spaltungsflächen Spuren einer Umwandlung in die Pinit-ähnliche grüne Substanz zeigend, trifft man in dem Granit von Gebsdorf bei Kötzting (L, 40, 4 und 5). Bei

Neunussberg unfern Viechtach (XLVI, 43, 1) wurde eine eigenthümliche Abänderung beobachtet, ein dem Perlstein ähnlicher Granit, bei welchem Feldspath und Quarz in etwa erbsengrossen Körnchen, von Faserkieselsubstanz umhüllt, eingebettet sind; der schwarze Glimmer erscheint spärlich in dünnen, langen säulenförmigen Platten. Die Verwandtschaft dieses Granites mit dem oft auffallend dem Krystallgranit ähnlichen Gestein der Ödenwieser Berge tritt sehr schön auch im hinteren Walde durch die Neigung hervor, den Orthoklas in grossen Krystallen von rundlichen Umrissen (nach aussen nicht scharf ausgebildet) auszuscheiden. So entsteht auch hier ein, wenn auch im Ganzen weniger deutlicher, Porphyr-artiger Dichroitgranit, wie er sich in der nächsten Nähe des Kieslagers am Silberberge bei Bodenmais zeigt und mit den Schichten auf grössere Länge fortstreicht.

Der Dichroitgranit der Passauer Gegend ist dem Bodenmaiser ähnlich, doch im Allgemeinen etwas feinkörniger und weniger gneissartig. Auch findet sich der Dichroit oder der Bodenmaiser Pinit, wie die hellrothen Almandine, mehr in kleinen Körnchen beigemengt; oft ist er in der Gesteinsmasse sehr schwierig zu erkennen, da bei den kleinen Körnchen im dunklen Gestein die charakteristische Farbe weniger bestimmt hervortritt. Oft kann man erst durch Schlämmen sich von seiner Anwesenheit überzeugen. Doch ist auch ohne Dichroit das Gestein an seiner dunklen, fast schwarzen Farbe leicht von allen nicht Hornblende-haltigen Granit-ähnlichen Gesteinen des Waldes leicht zu unterscheiden. In seiner feinkörnigen Varietät liefert dieser Granit einen ausgezeichneten Pflasterstein. Die Umgegend von Pleinting und Vilshofen zeichnet sich durch häufiges Vorkommen von Dichroitgranit aus. Es genügt, einzelne Fundpunkte hier zu bezeichnen: bei St. Barbara bei Vilshofen (XXV, 51, 1), Birkeröd (XXV, 50, 2), hier gleichfalls in grösseren Orthoklaskrystallausscheidungen, bei Kaltenöd (XXII, 52, 12), hier sehr feinkörnig mit grünlichem und ziemlich viel weissem Glimmer, bei Sollasöd im Vilsthale (XXIV, 51, 4), dann auf der Hochgasse bei Altenmark (XXI, 57, 1), bei Neuhaus, Schärding gegenüber (XVI, 59, 1).

In dem Passauer Gebirge, nördlich der Donau, findet sich der Dichroitgranit in ausgezeichneter Weise mit dem Bodenmaiser Pinit bei Waldkirchen (XXX, 65, 9), auch bei Altschönau (XXXIX, 60, 8) und bei Pilgramsberg durchsprengt mit Titaneisen (XXXI, 66, 3).

An das Vorkommen des Dichroitgranites bei Passau und Vilshofen schliesst sich zunächst in NW. Richtung jenes bei Gotteszell unfern Ruhmannsfelden (XL, 45, 10), welches desshalb wichtig ist, weil hier das Gestein, voll Dichroit und Granaten, den Typus des Dichroitgranites besitzt, obwohl das Gebiet bereits dem sogenannten Ödenwieser Granit zugehört. Diess bestättigt wiederholt die geognostische Gleichstellung beider Granitvarietäten.

In einer sehr ausgezeichneten Form findet sich endlich noch der Dichroitgranit in der Mitterfelser Gegend, vor Allem bei Haibach (XLIII, 36, 4) und an der Gschwellmühle bei Wörth (XLII, 27, 3). Das Gestein trägt hier ganz den Typus der Varietät, welche als Vorderwald-Perlgranit bezeichnet wurde, d. h. es ist gleichmässig körnig und ziemlich reich an Oligoklas. Der Dichroit bildet hier grosse rundliche Brocken, welche aus dem dunklen Gestein prächtig hervorleuchten. In dieser Abänderung ist uns unmittelbar der Übergang in die zweite Modifikation gegeben, nämlich in den

β) Vorderwald-Perlgranit, dessen Hauptcharakter auf der gleichmässig mittelfeinkörnigen Grösse seiner Bestandtheile beruht. Der hellfarbige Feldspath und lichte Quarz in rundlichen Körnern von ungefähr der Grösse kleiner Erbsen stechen gegen den schwarzen Glimmer grell ab und rufen ein fein geflecktes Aussehen des Gesteins hervor. Selten treten einzelne Orthoklastheile hervor, wodurch ein Übergang in Porphyr-artigen Granit vermittelt wird. Häufiger ist die Verschmelzung mit dem Vorderwaldgneiss zu beobachten. Seine sonstigen Eigenschaften stimmen auch mit denen der eben erwähnten Gneissvarietät überein.

Ein sehr typischer Vorderwald-Perlgranit von Eben bei Schwarzach (XXXVIII, 38, x²), bestehend aus rundlichen, etwa 3,5 bis 4 Millimeter dicken Orthoklaskörnern von meist mattem Aussehen und einzelnen etwas grösseren Krystallputzen von hellerer Färbung, aus wenig Quarz und vielem schwarzem Glimmer, enthält nur hier und da kleine Körnchen von Oligoklas, sehr vereinzelte Schüppchen weissen Glimmers und eines grünlichen, Pinit-ähnlichen Minerals. Die Analyse ergab folgende Zusammensetzung:

Vorderwald-Perlgranit von Eben, LXX.

| | |
|---|---:|
| Kieselerde | 70,925 |
| Titansäure | 0,540 |
| Thonerde | 9,375 |
| Manganoxydul | 0,012 |
| Eisenoxydul | 0,085 |
| Eisenoxyd | 11,737 |
| Bittererde | Spuren |
| Schwefelkies | 0,053 |
| Kalk | 0,770 |
| Natron | 1,475 |
| Kali | 3,977 |
| Wasser und Glühverlust | 0,685 |
| | 99,634 |

Das specifische Gewicht beträgt 2,775 (Mittel dreier Bestimmungen).

Dieser Zusammensetzung nach schliesst sich das Gestein in seiner Mengung zunächst an den Schuppengneiss von Waidhaus (Analyse XV) und den Körnelgneiss von Hofkirchen (Analyse XXI) an.

Das Hauptverbreitungsgebiet dieses Granites beschränkt sich auf den vorderen Wald. Es sind als Fundorte beispielsweise zu nennen: bei Schwarzach das oben erwähnte Eben, dann Grün, hier mit grossen Nigrinkörnern (XXXIX, 41, 25), Loitzendorf bei Stallwang (XLVII, 35, 2), Mühlthal bei Falkenstein (XLVII, 29, 3), Unterauerbach bei Hengersberg (XXXIII, 49, 3) und Grafling (XXXVII, 44, 4); bei Haibach: Glasberg (XLIV, 36, 3), Landasberg, feinkörnig mit Putzen schwarzen Syenitgranites (XLII, 37, 9), Gossersdorf (XLVI, 36, 23), bei Wörth: Ochsenberg (XLIV, 29, 12), am Raf- und Kropfersberg (XLVII, 23, Pkt. 1). Ausgezeichnet durch nussgrosse Ausscheidungen von Pinit und Chlorophyllit oder (in vollendeter Umwandlung) von grünem Glimmer, welche im Äussern ganz die Form von Granaten tragen und auch nach den Andeutungen der Blätterdurchgänge aus Granat entstanden zu sein scheinen, finden sich in dem langen Granitzuge bei Bernried (XXXVIII, 41, 51). Vereinzelt stellt er sich auch bei Viechtach am Hof (XL, 37, 4) ein.

γ) Die dritte Modifikation des Perlgranites, der sogenannte Ödenwieser Granit, umfasst eine Reihe sehr veränderlicher Gesteinsarten, welche nach verschiedenen Beziehungen auseinandergehen. Zum Typus machen wir dasjenige Gestein, welches als die gleichförmig gemengte Granitform des Ödenwieser Gneisses gelten kann. Es besteht aus mittel- bis grobkörnigem Gemenge von weisslichem, oft gelblich angelaufenem Orthoklas, von graulichem Quarz, vielem grossblättrigem schwarzem Glimmer und jenem grünen, Pinit-artigen Mineral, welches früher bei

36 *

der entsprechenden Gneissbildung beschrieben wurde. Dazu gesellt sich nicht
selten Granat in kleinen Krystallen, seltener Dichroit, dann wieder feinfasriger
grüner Strahlstein (übrigens weich, wie zersetzt) und Schüppchen grünen Glimmers
(ebenfalls sehr weich, Chlorit-artig). Endlich scheidet sich der Orthoklas in grösseren Krystall-ähnlichen Putzen und Knollen aus.

Durch diese Beimengungen wird eine Anzahl von Abänderungen hervorgerufen.
welche nach und nach in Gesteine von gesonderten Typen verlaufen. Darunter
sind als die wichtigsten der Porphyr-artige Granit und die Syenit-
granitart hervorzuheben, welch' letztere wir später bei den Varietäten des Syenits
näher kennen lernen werden. Hier sei vorläufig erwähnt, dass sowohl der typische
Ödenwieser Granit, wie der Porphyr-artige durch Aufnahme von strahlig-stengliger
Hornblende so allmählig in ein grünlich-graues Gestein — den Syenitgranit —
verläuft, dass es in den meisten Fällen geradezu unthunlich erscheint, ihre Gebiete
in der Natur scharf abzugrenzen.

Eine der charakteristischsten und am weitesten verbreiteten Varietäten dieses
Gesteins ist in beistehendem Abdruck dargestellt. Man erkennt sogleich eine
gewisse Neigung zum gneissartigen Gefüge.

Das typische Gestein treffen wir gleichfalls ohne scharfe Scheidung vom Gneiss
in den Bergen westlich und südwestlich von Viechtach im Ödenwieser Walde und
seinen Verzweigungen, z. B. an den Käsplatten bei Neidling (XLIII, 42, 3), gneiss-
artig bei Grub unfern Rattenberg (XLVII, 37, 26). Ungleich häufiger sind die
Porphyr-artigen Granite in diesem Distrikte. Sie nähern sich in ihrem Aussehen so sehr den gewöhnlichen, in grosser stockförmiger Ausbreitung vorkommenden Porphyr-artigen oder den Krystall-Graniten, dass oft grosse Aufmerksamkeit dazu gehört, sie von einander zu unterscheiden.

Der Porphyr-artige Granit des vorderen Waldes ist durchweg ein Lagergranit und lässt in den meisten Fällen durch eine eigenthümliche parallele oder doch in grösseren Schuppen geordnete Lage des Glimmers die Verwandtschaft mit Gneiss erkennen, mit dem derselbe durch vielfache Übergänge eng verbunden ist, so dass es oft zweifelhaft bleibt, ob man das Gestein naturgemäss als Granit oder als Augengneiss zu bezeichnen habe.

Seine Orthoklasgemengtheile treten meist in grossen Ausscheidungen hervor. Theils sind es sich aneinander schliessende Flasern, theils Krystall-ähnliche, aber nach aussen nicht scharf ausgeprägte Putzen, in welchen der Orthoklas vor den übrigen Gemengtheilen hervortritt. Diese Abrundung der Orthoklasputzen, welche übrigens die Verwachsung der Karlsbader Zwillinge zeigen, scheint ein Unterscheidungsmerkmal gegenüber den stockförmigen Krystalgraniten, bei denen die Orthoklasausscheidung fast ausschliesslich eine mehr oder weniger scharf begrenzte Krystallform besitzt. Putzen von 50 Millimeter Länge und 25 Millimeter Breite sind nicht selten.

Neben dem Orthoklas, der stellenweise, wie bei Bromau unfern Wolfstein und bei Grafenau, auch eine blassröthliche Färbung annimmt, zeigt sich Oligoklas sehr selten und untergeordnet. Wo er erscheint, bildet auch er grössere Putzen von graulich-weisser bis wasserheller Färbung. Quarz ist im Ganzen nicht in grosser Menge vorhanden.

Der Glimmer ist tombackbraun bis schwarz oder röthlich-braun und feinschuppig, nicht in Blättchen ausgebildet, welche der Grösse des Orthoklas entsprechen. Oft verfliesst dieser Glimmer in eine so feinschuppige Substanz, dass man nur an den Rändern ihre Glimmernatur zu erkennen im Stande ist. Zugleich nimmt dieser verfilzte Glimmer eine grünlichschwarze Färbung an, als sei in ihm Glimmer und Pinit in einer Masse verschmolzen. Zuweilen bilden sich Schuppen grünen Glimmers oder auch Nadeln von Hornblende aus diesen glimmerigen Flasern heraus und so entstehen die Übergänge in Porphyr-artigen Syenitgranit (Gegend von Grafenau und Wolfstein).

Ein Porphyr-artiger Ödenwieser Granit von Rattenberg bei Viechtach (XLVI, 38, 15) mit einem specifischen Gewicht von 2,704 (Mittel dreier Bestimmungen) ergab bei der chemischen Untersuchung folgende Zusammensetzung:

Porphyr-artiger Ödenwieser Granit von Rattenberg, LXXI.

| | |
|---|---:|
| Kieselerde . . . : . . . . . . . . . . . . . . . . | 69,050 |
| Titansäure . . . . . . . . . . . . . . . . | 0,331 · |
| Thonerde . . . . . . . . . . . . . . . . . | 11,090 |
| Manganoxydul . . . . . . . . . . . . . . . | Spur |
| Eisenoxydul . . . . . . . . . . . . . . . . | 0,312 |
| Eisenoxyd ⎫ . . . . . . . . . . . . . . . . Bittererde ⎭ | 11,300 |
| Schwefelkies . . . . . . . . . . . . . . . | Spur |
| Kalkerde . . . . . . . . . . . . . . . . . . | 1,120 |
| Natron . . . . . . . . . . . . . . . . . . | 1,300 |
| Kali . . . . . . . . . . . . . . . . . . | 4,949 |
| Wasser und Glühverlust . . . . . . . . . . | 0,330 |
| | 99,782 |

ein Resultat, welches vom chemischen Standpunkte eine grosse Übereinstimmung mit der vorhergehenden Granitart (Analyse LXX) nachweist.

Solchen Modifikationen begegnen wir in dem südwärts vom Pfahl mit ihm parallel fortstreichenden Urgebirge, also zunächst im Viechtacher Gebirge bei Rattenberg (XLVI, 38, 15), Siegersdorf (XLV, 39, 1), bei Moosbach (XLVII, 39, 1), bei Eppenschlag unfern Grafenau (XXXVII, 55, 2), bei Grafenau selbst (XXXV, 58, 3), bei Bromau unfern Wolfstein (XXXIII, 64, 1) und an vielen anderen Orten.

Den Gegensatz zu dem Porphyr-artigen Granit bildet ein Porphyr-ähnliches Gestein mit fast gleichförmiger Grundmasse, welches wir bei Abtschlag unfern Schönberg (XXXVII, 53, 2) anstehen finden.

Es reihen sich hier noch einige Granite an, welche im Gneiss gleichförmig eingelagert sind, ohne mit den bisher erwähnten Gesteinsarten vollständig übereinzustimmen. Solche auf nur einzelne Örtlichkeiten beschränkter Varietäten werden wir in der Detailbeschreibung mehrfach zu besprechen Gelegenheit finden. Hier sei nur einiger weniger näher gedacht.

Als getigerten Granit bezeichnen wir ein in der Gegend von Grafenau bei Hobenau (XXXV, 61, 4), dann bei Wolfstein am Abtsberg (XXXVI, 66, Pkt. 0) und auch bei Dorn unfern Waldkirchen beobachtetes Lagergestein von granitischem Aussehen, das jedoch namentlich bei Wolfstein gemäss einer Andeutung von Parallelflasrung in Gneiss überzugehen scheint. Die Mengung von Orthoklas (ob auch von Oligoklas, ist zweifelhaft) und Quarz ist eine sehr innige, so dass es oft schwer hält, die Bestandtheile deutlich zu erkennen; einzelne grössere spiegelnde Spaltungsflächen weisen Orthoklas nach. In dieser Masse liegen zerstreut grössere Blättchen (10 Millimeter und grösser) von tombackbraunem optisch einachsigem und weissem optisch zweiachsigem Glimmer. Beide Glimmerarten sind zuweilen gesondert, öfters aber bilden sie zusammen und nebeneinander die Glimmerschuppen. Sehr eigenthümlich ist in diesem Falle die Art ihrer Verwachsung. In der Regel schneiden die beiden Glimmerarten scharf aneinander ab, obgleich es beim Abheben einzelner möglichst dünner Blättchen zuweilen gelingt, zusammenhängende, in einer Hälfte aus weissem, in der anderen Hälfte aus schwarzem Glimmer bestehende Stücke zu erhalten. Meist liegt der weisse Glimmer am Rande der einzelnen Glimmerputzen und ist gegen die benachbarte Gesteinsmasse nach aussen gefranzelt. Seltner zeigt sich jene Art der Verwachsung, dass beide Glimmerarten in dünnen Blättchen übereinander liegen. Untersucht man solche Verwachsungen mittelst des Stauroskops, so tritt das merkwürdige Verhalten hervor, dass der oft anscheinend gleichartige braune Glimmer optisch zweiachsig erscheint, obwohl er an sich nur einachsig ist. Diess rührt von einer Zwischenlage oder Auflagerung von weissem Glimmer auf braunem her. Es ist wahrscheinlich, dass ähnliche Verwachsungen öfters vorkommen und die Reinheit der optischen Reaktion stören.

Durch diese in einzelnen Putzen ausgeschiedene Beimengung von schwarzem und weissem Glimmer erhält das Gestein ein getigertes Aussehen.

Zuweilen bemerkt man an der Stelle einzelner Partieen des braunen Glimmers eine grünliche weiche Substanz (Pinit-ähnlich), welche durch Umänderung des Glimmers entstanden zu sein scheint.

Auch schliesst sich am engsten hier eine Granitvarietät an, die bei Marchetsreith unfern Wolfstein (XXXII, 60, 2) beobachtet wurde. Der Quarz besitzt eine bläuliche Färbung und einen Opal-ähnlichen Schimmer, und da derselbe reichlich eingemengt ist, verleiht er dem ganzen Gestein einen blauen Ton. Dieses Gestein gehört zu den schönsten unseres Waldgebirges.

In demselben Verhältnisse, in welchem die bisher besprochenen Lagergranite zum Glimmergneiss (ohne Hornblendebeimengung) stehen, in derselben Art schliesst sich ein in Lagern vorkommender Hornblende-haltiger Granit an die Syenit- oder Hornblende-haltigen Gneiss. Wir fassen diese Modifikationen des Lagergranites hier als

#### 4) Lager-Syenitgranit

zusammen. Derselbe besteht aus gleichen Bestandtheilen, wie der hornblendige Gneiss, wesshalb wir kurz auf dasjenige zurückverweisen können, was früher hierüber gesagt wurde. Das Gefüge ist dagegen ein ziemlich gleichförmig körniges, wobei der dunkelfarbige Glimmer, welcher neben der tombackbraunen Farbe auch die grünliche häufiger aufweist, fast vorherrschend in grösseren Blättchen ausgebildet ist. Doch kommen auch so feinkörnige Gemenge vor, dass das Gestein ein aphanitisches Aussehen gewinnt. Diesem steht dann wieder eine Porphyr-artig grosskörnige Varietät gegenüber, bei welcher der Orthoklas theilweise in grossen Karlsbader Zwillingskrystallen, aber stets in abgerundeten Knollen-ähnlichen Ausscheidungen ohne scharfe Abgrenzung der Krystalle nach aussen abgesondert erscheint. Orthoklas behält in diesem Granite immer weitaus das Übergewicht über den klinoklastischen Feldspath, welcher durch stark glänzende Spaltungsflächen und eine etwas in's Röthliche oder Röthlichgraue spielende Färbung sich bemerkbar macht. Zuweilen ist der Feldspath so verwachsen, dass es nicht gelingt, seine Spaltungsflächen zu Gesicht zu bekommen, oder er ist so mit Hornblende und Glimmer vermengt, dass er nur in kleinen Partieen, fast dicht auftritt. In seltenen Fällen ist er gleichsam in der Masse vertheilt.

Der dunkelfarbige Glimmer spielt bei gewissen Syeniten eine Hauptrolle, indem er, theils in grossen Blättern ausgeschieden, dem Gestein ein ganz eigenthümliches grobgeflecktes Aussehen verleiht und bewirkt, dass beim Zerschlagen des Gesteins dasselbe, nach der Lage dieser Glimmerblättchen brechend, eine zackig unebene Bruchfläche erhält.

An der Oberfläche der zu Tage liegenden Gesteinsblöcke entstehen durch Auswitterung des in grösseren Putzen angehäuften Glimmers Vertiefungen und dadurch erhält das Gestein eine sehr charakteristische pockennarbige, unebene Verwitterungsfläche.

In anderen Fällen zeigt sich der Glimmer in langen, gleichbleibend schmalen, nadelartigen Blättchen von geringer Dicke. Durch Auswittern dieser Glimmerpartieen entstehen schmale, tiefe Hohlräume und die Oberfläche des Gesteins sieht wie von Messerschnitten zerstückelt oder wie zerhackt aus. Dazu gesellt sich als weitere Eigenthümlichkeit gerade dieser Syenitgranite, welche durch die grossblättrige oder schmalnadelförmige Ausscheidung des Glimmers ausgezeichnet sind, das Vorkommen in grossen rundlichen Blöcken von undeutlich schaliger Struktur. Die Syenitlager bestehen nämlich aus kugeligen Partieen von grösserer Festigkeit, welche vereinzelt oder dicht aneinander schliessend in einer mürben, nur locker gebundenen Masse von gleicher mineralogischer Zusammensetzung analog den Kugeldioriten und Kugelmelaphyren eingebettet sind. Indem nun solche Lagermassen verwittern, werden die mürben Theile als Grus weggeschwemmt und es bleiben nur die festeren Kernstücke übrig, die oft auch aussen schalenartig abblätternd als ein ungemein festes Gestein in kugeliger Form über die Oberfläche

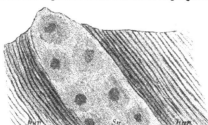

Ausgehendes eines Lagers von Syenitgranit bei Diepersreuth unfern Tirschenreuth.
hgn = Syenitgneiss. Sy = Lagersyenitgranit.

zerstreut liegen. Auch bei manchen aphanitischen Lagersyeniten findet sich eine analoge Koncentration fester Gesteinsmasse um einzelne Mittelpunkte und gleiche kugelige Bildungen, wobei man eine zunehmende Verdichtung der Masse nach dem Mittelpunkt der Kugelstücke oft deutlich beobachten kann.

Die übrigen Lager-Syenitgranite besitzen diese Art der Absonderung nicht.

Neben dem braunen, zuweilen grünschwarzen Glimmer kommt niemals weisser Glimmer vor. Dagegen zeigen sich hier und da hellgrüne feine Schüppchen von grünem Glimmer oder Chlorit, was sich bei der höchst geringen Menge und Kleinheit der Schüppchen nicht entscheiden lässt.

Quarz ist meist feinkörnig und graulich gefärbt; nicht selten ist er auf der Masse quer durchziehender Adern mit oder ohne Feldspathbeimengung reichlicher angehäuft. Solche nicht verwitternde Adern treten besonders an den zu Tag liegenden kugeligen Blöcken als Rippen hoch hervor und verleihen diesen Kugeln das Aussehen, als wären sie mit Stricken umbunden, gerippt oder gereift.

Die Hornblende ist durchweg dunkelgrün gefärbt und stenglig-fasrig auf den Bruchflächen. Sie ist meist in feinen Nadeln oder stengligen Krystalltheilen eingestreut, seltener in grösseren, stets unreinen Partieen ausgeschieden.

Ausser Hornblende zeigt sich auch Titanit häufig als charakteristischer accessorischer Gemengtheil in kleinen braunen fettglänzenden Kryställchen. Schwefelkies stellt sich stets in grösserer Menge ein.

Je nach dem verschiedenen Verhalten lassen sich folgende Varietäten des Lager-Syenitgranites unterscheiden:

a) Kugelsyenitgranit: grobkörnig mit in sehr grossen Blättern ausgeschiedenem braunem Glimmer, beim Auswittern konstant in grossen kugeligen Blöcken abgerundet.

b) Porphyr-artiger Syenitgranit: mittel- bis grobkörnig mit Ausscheidungen mehr oder weniger grosser Feldspathknollen und nicht bestimmt in kugeligen Blöcken ausgebildet.

c) Aphanitischer oder dunkler Syenitgranit: feinkörnig bis zur Ununterscheidbarkeit der einzelnen Gemengtheile, daher ziemlich gleichmässig dunkel gefärbt, dabei oft in lagerartigen, oft in kugeligen Blöcken auswitternd.

a) Der Kugelsyenitgranit, welcher sich an der eigenthümlichen Art der Glimmerausscheidung, wie sie im Vorausgehenden beschrieben wurde, und an den darauf begründeten sonstigen Eigenschaften des Gesteins ebenso wie an den kugeligen Blöcken auf den ersten Blick leicht und bestimmt erkennen lässt, hat neben dem braunen Glimmer vorherrschend eine so innig aus Feldspath und Quarz gemengte Grundmasse, dass man selten selbst kleine spiegelnde Flächen des Feldspathbestandtheiles beobachten kann. Es schien daher ungewiss, ob der Feldspath dem Orthoklas zugezählt werden dürfe. Eine mit möglichst rein gesondertem Feldspath-artigem Material vorgenommene Analyse ergab:

Feldspathsubstanz im Kugelsyenit von Weiding bei Schönsee.

LXXII.

| | |
|---|---:|
| Kieselerde . . . . . . . . | 72,006 |
| Thonerde . . . . . . . . . | 10,849 |
| Kalkerde . . . . . . . . . | 1,932 |
| Baryterde . . . . . . . . | 2,518 |
| Natron . . . . . . . . . . | 1,758 |
| Kali . . . . . . . . . . . | 10,837 |
| | 99,900 |

Diese Analyse zeigt eine höchst merkwürdige Zusammensetzung des Feldspaths, auch wenn wir, wie wahrscheinlich angenommen werden muss, einen Theil der Kieselsäure auf Rechnung einer Beimengung von Quarz setzen dürfen. Schon der geringe Gehalt an Thonerde gegenüber dem an Alkalien ist sehr auffallend. Dazu kommt eine namhafte Menge von Kalkerde und endlich Baryterde in erstaunlicher Menge. Zwar kehrt ein geringer Gehalt an Baryterde in vielen Feldspathen unseres Gebiets wi      r haben ihn schon in dem Feldspath des Dichroitgneisses von Bodenmais (Analyse XLIII) kennen gelernt. Auch A. Mitscherlich[1]) hat einen selbst bis zu 2,33 Prozent steigenden Gehalt an Baryterde in verschiedenen Feldspathen nachgewiesen. Es scheint demnach diese Erde häufig stellvertretend aufzutreten. Das Gestein, aus welchem die untersuchte Feldspathmasse genommen wurde, findet sich bei Weiding unfern Schönsee (LXV, 31, 2) und zeigt ziemlich grosse Ausscheidungen hellgrüner Hornblende, die zuweilen in die bräunliche Farbe des Bronzits überspielt. Das specifische Gewicht = 2,957. Der beigesetzte Naturabdruck giebt ein ungefähres Bild von dem Aussehen des Gesteins auf seiner Schlifffläche. Das Stück stammt von Reisach bei Tirschenreuth.

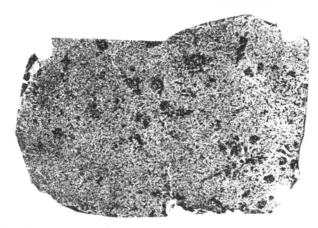

Die Kugel-Syenitgranite sind hauptsächlich in dem Schuppengneissdistrikt östlich von Tirschenreuth gegen Mähring und Bärnau entwickelt. Sie bilden hier zusammenhängende lange Lagerzüge, welche sich an den zahlreichen über die Oberfläche ausgestreuten kugligen Blöcken verfolgen lassen. In ursprünglicher Lagerstätte finden sie sich zwischen Gneissschichten normal eingebettet, oft in linsenförmig erweiterten Lagen, welche sich in der Richtung des Fortstreichens stellenweise ausbauchen, stellenweise zusammenschnüren. Ein Blick auf die Karte, Blatt Mähring (LXXXIII bis LXXXVI, 26 bis 30), wird genügen, solche Lagerzüge in ihrer Verbreitung kennen zu lernen. Das Gestein setzt westwärts in die Umgegend von Tirschenreuth fort, wo es ausgezeichnet in und um Klein-Klenau (LXXXIV, 25, 2), dann auch bei Leonberg (LXXXVII, 22, 33) zu Tag ausgeht. Mehr aphanitisch tauchen einzelne Köpfe bei Mitterteich und dann bei Leugast hervor, welche diesem Verbreitungsbezirk anzugehören scheinen. Ein sehr ähnliches Gestein ist nordöstlich von Redwitz bereits im Fichtelgebirgsgebiete sehr verbreitet.

Einen zweiten Verbreitungsbezirk, welchem einzelne Einlagerungen, wie jene bei Miesbrunn unfern Pleistein (LXXII, 27, 22) und bei St. Ulrich unfern Moosbach (LXXI, 28, 13), sich anschliessen, bietet die Umgegend von Schönsee. Doch sind es hier nur kurze, kleine Lager im Gneiss, welche aus dieser Gesteinsart bestehen; hier trifft man sie ziemlich feinkörnig z. B. bei Dietersdorf (LXVII, 31, 3), mittelgrobkörnig bei Schönsee selbst (LXVI, 31, 12) und bei Weiding, wie oben bereits bei der Analyse erwähnt, bei Schönau sehr grossblättrig (LXIV, 32, 39), ebenso sehr dunkel gefärbt bei Rottendorf unfern Oberviechtach (LXIII, 25, 33). Ein mehr vereinzeltes Auftreten als grünschwarzes, an Feldspath und Quarz armes, an Hornblende reiches Gestein bei Berndorf unfern Rötz (LIX, 31, 22) vermittelt die Verbindung mit dem südlichen Vorkommen.

Sporadische Fundpunkte ziehen sich auch durch das Naabburger Gebirge: bei Pfreimt (LXVI, 22, Punkt) mit einzelnen röthlichen Partieen und (LXV, 19, 4) sehr glimmerreich; bei Naabburg (LXIII, 20, 6), bei Altendorf unfern Schwarzhofen (LXI, 22, 4) und bei Egelsried unfern Bodenwöhr (LVI, 26, Punkt). Hierher dürfte auch ein Gestein von Rattenberg unfern Viechtach gehören (XLVI, 38, 6), welches in seiner Grundmasse Labrador-artig schillernden klinoklastischen Feldspath ausgeschieden enthält.

Im hinteren Walde begegnet man dieser Gesteinsart nach Süden zu immer seltener. Sehr ausgeprägt nach dem normalen Typus des Kugel-Syenitgranites kommt die Felsart bei Bodenmais am Madlkreuz (XLVII, 48, 3) vor und am Fuss des Arber's in der Nähe der grossen Arberhütte (XLVII, 49, Punkt) liegen mächtige Blöcke über die Weidfläche zerstreut. Das Gestein dieses Fundortes an der grossen Arberhütte enthält:

LXXIII.
| | |
|---|---|
| Kieselerde . . . . . . . | 57,500 |
| Titansäure . . . . . . . | 1,310 |

mithin weniger Kieselerde, als fast alle untersuchten Gneiss- und Granitvarietäten des Waldes.

Im Donaugebirge tritt in dieser Form der Syenitgranit höchst selten auf. Wir können als vereinzelte Fundorte z. B. Irschenbach bei Stallwang (XLIV, 36, 10) und Urlading bei Deggendorf (XXXIV, 47, 10) namhaft machen.

b) Die zweite Abänderung, der Porphyr-artige Syenitgranit, erscheint zwar vorherrschend mit Ausscheidungen des Orthoklases, ähnlich wie der Porphyrartige Ödenwieser Granit, in den er verläuft. Doch ist diese Porphyr-artige Struktur nicht die ausschliessliche. Sehr häufig nimmt das Gestein ein ziemlich gleichmässig grobkörniges Gefüge an und lässt die Feldspathausscheidungen nicht mehr in auffallender Weise hervortreten. Beide Formen gehen so vielfach ineinander über, dass man sie selbst in der Beschreibung nicht streng gesondert halten kann.

Die Analyse der vorherrschenden Feldspathbeimengung mit rechtwinkligem Blätterbruch, ohne Parallelstreifung, von milchweisser bis graulicher Farbe ergab aus einem glimmerarmen, hornblendereichen Gestein von Kirchberg (XXXVII, 51, 4) mit einem specifischen Gewicht = 2,854 folgendes Resultat:

Orthoklastischer Feldspath aus dem Porphyr-artigen Syenitgranit von Kirchberg, LXXIV.

| | |
|---|---|
| Kieselerde . . . . . . . | 65,750 |
| Thonerde . . . . . . . | 18,220 |
| Eisenoxydul . . . . . . . | 0,300 |
| Kalkerde . . . . . . . | 0,837 |
| zum Übertrag | 85,107 |

Übertrag 85,107

| | |
|---|---|
| Baryterde | 0,500 |
| Natron | 3,774 |
| Kali | 10,325 |

99,706

Diese Mischung weist dem Feldspath auch vom chemischen Standpunkte seine Stelle unter dem Orthoklas an, wo er sich zunächst dem des Syenits von Ballon de Servance in den Vogesen anznschliessen scheint. Selbst roth gefärbt kommt dieser Orthoklas vor. Doch fehlen auch klinoklastische Feldspathbeimengungen nicht; diess lässt sich häufig an der Parallelstreifung einzelner fast wasserheller Theile erkennen, ergiebt sich aber auch aus der Analyse des Gesteins selbst.

Um einen mittleren Gehalt zu bekommen, wurde ein ziemlich gleichförmig gemengtes Gestein von Hohenstein unfern Wolfstein (XXXI, 67, Punkt) gewählt, bei welchem der Oligoklas deutlich neben Orthoklas erkannt wurde. Die Analyse wies folgende Zusammensetzung nach:

Porphyr-artiger Syenitgranit, LXXV.

| | |
|---|---|
| Kieselerde | 58,127 |
| Titansäure | 1,281 |
| Eisenoxydul | 7,850 |
| Eisenoxyd | 9,053 |
| Thonerde | 13,504 |
| Kalkerde | 4,654 |
| Natron | 4,988 |
| Kali | 0,200 |
| Wasser und Glühverlust | 0,300 |

99,957

Daraus scheint hervorzugehen, dass in manchen Lokalitäten der Oligoklas die Oberhand gewinnt, namentlich bei fein gemengten Varietäten, während er bei dem grosskörnigen, deutlich Porphyr-artigen Gestein in den Hintergrund tritt. In jenem Oligoklas-reichen Gestein haben wir mithin einen Übergang in den wahren Diorit.

Diese Abänderung des Lager-Syenitgranites hält einen merkwürdig geradlinigen Verlauf quer durch die südlichen Theile des Waldes ein. Wir begegnen den ersten schmalen, aber zahlreichen parallelen Zügen an dem Regendurchbruche südwestlich von Roding, zwischen Roding, Walterbach und Michelsneukirchen (XLVIII bis LII, 27 bis 32), mit kleinen Streifen bis Falkenstein (Sonnhof, XLVIII, 32, 3), fortwährend in nordwestlicher-südöstlicher Längenausdehnung verlaufend. Vorherrschend ist hier sogenannter Krystallgranit sein Nachbargestein, seltener erscheint Gneiss mit und neben ihm. Da er mit diesem konform fortstreicht, ohne denselben gangartig zu durchsetzen, halte ich diesen Granit für ein Lagergestein.

Mächtiger und in breiteren Zügen kommt dieser Granit im Gebirge südlich vom Markt Regen wieder zum Vorschein und streicht nun in südöstlicher Richtung, fast ununterbrochen südwärts dem Pfahl sich anschliessend, von Kirchberg, Grafenau, Wolfstein bis in die neue Welt bei Wegscheid an der österreichischen Grenze. Hier treten gleiche Gesteine nach Oberösterreich über und gewinnen hier in Form des von Peters [1]) zum Theil als Syenit bezeichneten Granites eine

---

[1]) Jahrbücher der geologischen Reichsanstalt, Bd. IV, 1853, S. 255.

grosse Verbreitung. Auch das Hornblende-führende Gestein zwischen Kappel und Hofkirchen, sowie jenes zwischen Lembach und Kirchberg an der Donau in Österreich, schliesst sich unserer Granitvarietät an.

Auch innerhalb des bayerischen Gebiets zweigen sich von dem durchschnittlich etwa eine Stunde breiten Hauptzuge vielfach kleinere Partieen längs der Südgrenze ab und selbst gänzlich isolirte Streifen tauchen im ganzen Gebirge zwischen Passau, dem Dreisesselgebirge und der oberösterreichischen Grenze auf. Am weitesten zertheilt sich der Hauptzug zwischen Wegscheid und Lackahäuser, indem einestheils sogenannter Krystallgranit sich einschiebt, anderentheils dioritische Gesteine neben und mit dem Lager-Syenitgranit zur Entwicklung kommen.

Es genügt, einzelne Fundorte zur Orientirung näher anzuzeigen, z. B. Grub bei Viechtach (XLVII, 37, 12) mit Übergängen in den Ödenwieser Granit, sehr grossblättrig bei Neurandsberg unfern Viechtach (XLVII, 38, 13), mit fast dichter, aphanitischer Grundmasse bei Moosbach unfern Viechtach (XLVII, 38, 13), ziemlich fein- und gleichförmig körnig ohne hervorstechende Feldspathausscheidungen bei Konzell unfern Stallwang (XLV, 36, 4), mit zahlreichen grünen chloritischen Blättchen am Eckersberg unfern Viechtach (XLII, 46, 3), flasrig mit blassröthlichem Orthoklas bei Zell unfern Regen (XXXVIII, 50, 1), sehr grobkörnig mit grünem Glimmer und Epidot auf Adern bei Schleeberg unfern Regen (XXXVIII, 50, 2), grobkörnig mit bräunlich- und grünlich-schwarzem Glimmer nebst Titanit bei Ungelnagelbach unfern Rinchnach (XXXVIII, 51, 3), feinkörnig bei Kirchberg (XXXVII, 51, 4), sehr reich an Titanit bei Walpersberg (XXXIX, 39, 20), Krystallgranit-ähnlich am Stierberg bei Waldkirchen (XXXII, 65, 8), mit zum Theil im Innern zu Eisenocker zersetzter Hornblende am Ödhof bei Schönberg (XXXV, 55, 10), gneissartig-flasrig am Höhenstein bei Gross-Gsenget (XXXI, 67, 5), Dichroitgranit-ähnlich, sogar mit Dichroit, bei Unter-Höchenstetten unfern Waldkirchen (XXIX, 23, 6), mit milchweissem, opalisirendem Quarze zwischen Vorder- und Mitterau bei Heindlschlag (XXVIII, 67, 2), bei Schönberg Oligoklas-reich und glimmerarm (XXVII, 70, 1), ebenso bei Breitenberg in der neuen Welt (XXVIII, 72, 1), sehr glimmerreich nordöstlich von Breitenberg (XXVIII, 71, 0), feinkörnig, fast ohne Glimmer, daher hellfarbig, auch ohne grössere Feldspathausscheidungen an dem Reiterfurtbruch (XXIX, 55, 1) und bei Lehen unfern Pittling (XXVII, 55, 1), mittelkörnig, streifig-fleckig bei Laufenbach unfern Passau (XXIII, 55, 10) u. s. w.

c) Unter den aphanitischen Syenitgraniten sind alle Modifikationen des Lager-Syenitgranites zusammengenommen, welche ein feines oder sehr feines Mengungskorn besitzen und dabei weder durch grosse Glimmerblättchen, noch durch Feldspathausscheidungen ausgezeichnet sind. Sie schliessen sich beiden vorausgehenden Gesteinsarten an und finden sich durch Auswitterung theils in kugligen Blöcken, theils in mehr lagerartigen Massen. Die Abänderungen, welche den Kugel-Syenitgranit begleiten, sind auf der Oberfläche der wie dieser abgerundeten Blöcke gleichfalls mit pockennarbigen Vertiefungen versehen, wobei oft die Quarzgemengtheile hoch hervorragen und die rauhe Beschaffenheit des Gesteins verstärken (z. B. Gumpen bei Tirschenreuth, LXXXIII, 21, 11).

Das Gestein zeichnet sich neben seiner bedeutenden Schwere, welche schon beim Wägen mit der Hand bemerkt werden kann (specifisches Gewicht = 2,9) durch seine ausserordentliche Härte aus. Auf der angeätzten Schlifffläche eines Gesteinstücks von Tiefenbach bei Nittenau giebt sich die feine Vertheilung zwischen Feldspath, Quarz und Glimmer sehr deutlich zu erkennen. In dieser feinkrystallinischen Masse liegen die einzelnen scharfeckigen Feldspathkrystalle und die unregelmässigen Putzen von Hornblende, wie es der Naturabdruck ersehen lässt.

Im Gneiss- und Kugel-Syenitgranit-Gebiete bei Tirschenreuth finden sich aphanitische Abänderungen häufig, z. B. bei Rödenbach (LXXXIV, 28, 76), Ellenfeld (LXXXII, 27, 12), bei Leugast und Wiesau (LXXXV, 19, 32), bei Mitterteich
(LXXXVII, 22, 11. 25 und 21, 1), in's Mittelkörnige übergehend, glimmerarm,
aber sehr reich an Titanit und Schwefelkies bei Gumpen (LXXXIII, 21, 10),
flasrig mit Feldspathadern bei Frauenreuth (LXXXIV, 26, 3½), schiefrig, in Hornblendeschiefer übergehend bei Rödenbach (LXXXIV, 28, 21). Sehr ähnlich verhalten sich die feinkörnigen Syenitgranite am Regen oberhalb Nittenau, von 'Holz-
heim bis Wutzeldorf, und bei Roding, z. B. bei Tiefenbach (L, 24, 4 und 8), bei
Hermannsdorf (L, 27, 9), Gumpern (XL, 24, 1), bei Breitenbach (XLVII, 28, 5),
Unterzell (XLVIII, 27, 1 und 13), bei Trasching (XLIX, 28, 1), Loibling (L, 28, 30),
am Achterlinghof (L, 31, 6) und bei Hochbrunn (L, 31, 7), hier mit Pistazit.

Wo Hornblende-haltige Gesteine auftreten, pflegen auch Übergänge derselben
in Gneiss und Granit vorzukommen. Solche Granit-ähnliche Übergangsgesteine —
wahre Lager-Syenitgranite — gewinnen aber keine Selbstständigkeit und grössere Ausbreitung, wesshalb sie auch auf der Karte nicht ausgeschieden wurden.
Wir werden solcher Übergangsgesteine näher bei dem eigentlichen Hornblendegestein gedenken, hier genügt es, auf solche meist aphanitische Syenitgranite
hinzuweisen, welche sporadisch neben Hornblendegestein auftauchen, wie z. B. bei
Neustadt a./Wn., bei Heumaden unfern Eslarn, bei Zwiesel (XLIII, 53, 5), bei
Bodenmais, dann an der Zimmerhütte bei Zwiesel (XLIV, 56, 2), am Lusen (XL,
62, 10), häufiger im Passauer Gebirge. Als vereinzelte Fundpunkte müssen endlich die folgenden gelten: bei Göppenbach unfern Regenstauf (XLVII, 28, 13), auf
dem schönen Tannet bei Wörth (XLIV, 27, 5), bei Konzell (XLV, 36, 18), bei
Grün (XXXIX, 41, Punkt), bei Anzing (XXIX, 53, 2), bei St. Hermann zwischen
Regen und Deggendorf, bei Krösbach unfern Deggendorf (XXXIV, 46, 3) und an
anderen Orten.

## B) Stockgranite.

Den Lagergraniten stehen die in grossen Stöcken ausgebreiteten und an den Grenzen gegen krystallinische Schiefer quer absetzenden oder sie gangartig durchdringenden Granite gegenüber, welche eine sehr grosse Verbreitung nicht nur innerhalb unseres Waldgebirges, sondern auch in den benachbarten Gebieten des Böhmerwaldes und Fichtelgebirges gewinnen. Am bekanntesten ist diese Granitart aus der Gegend von Marienbad, Karlsbad und den Höhen des Fichtelgebirges. Zumeist ist sie in Porphyr-ähnlicher Weise durch Ausscheidung grosser Feldspathkrystalle ausgezeichnet und wird desshalb oft geradezu als Porphyr-artiger Granit bezeichnet. Indess gestatten die unzähligen Übergänge in Gesteine ohne Porphyr-artiges Gefüge, welche unzertrennbar mit der herrschenden Abänderung verbunden sind und eine strenge Scheidung weder petrographisch noch graphisch zulassen, die Anwendung dieser Benennung nicht für den ganzen Umfang der natürlich zusammengehörigen Gesteine. Man hat desshalb bereits vielfache andere Namen in Vorschlag gebracht; Wineberg[1] z. B. nennt den ganzen Komplex von Gesteinsarten, der hierher gehört, jedoch mit Einschluss aller petrographisch ähnlicher Lagergranite und der Syenitgranite, Gebirgsgranit; Peters[2] bezeichnet sie aus dem oben angedeuteten Grunde des steten Wechsels in der Grösse der Gemengtheile als „unregelmässig grobkörnige Granite"; Hochstetter[3] bedient sich theils der Bezeichnung Plöckenstein-, theils Porphyr-artiger Granit; ich selbst habe sie früher als Krystallgranit beschrieben[4]. Alle diese Bezeichnungsweisen scheinen nicht allgemein und umfassend genug zu sein, wesshalb ich von dem ausgedehnten Vorkommen dieser Gesteinsart in den verschiedenen „Wald"-Gebirgen des hercynischen Gebirgssystems die Benennung Waldgranit vorschlage, um damit alle stockförmigen Granite unseres Gebirges, sowohl die Porphyr-artigen, als auch die grob- und feinkörnigen Granite, welche ineinander verlaufen und offenbar ein geognostisches Ganzes darstellen, zusammenzufassen.

Der Charakter des Gesteins ist zwar in den Hauptformen desselben ein sehr bestimmt ausgeprägter und scharfer, es schliessen sich aber an diese typischen Granite so mannichfache und vielgestaltige Abänderungen, sowohl in Bezug auf Grösse des Korns, des Gefüges, als auch in Rücksicht auf die Beschaffenheit der Gemengtheile, dass es schwierig wird, eine auf den ganzen Umfang der natürlich zusammengehörigen Gesteinsgruppen passende Charakteristik zu liefern. An Handstücken wird es daher nicht immer möglich, diese Granitart bestimmt von gewissen Lagergraniten zu unterscheiden. Erst wenn man zugleich die Lagerungsverhältnisse mit berücksichtigt, wird es gelingen, die Scheidung auch mit solchen Varietäten vorzunehmen, welche sich petrographisch nahe stehen und theils dem Wald-, theils dem Lagergranit angehören.

## 1) Waldgranit.

Der Waldgranit besteht aus vorherrschendem Orthoklas, stets in untergeordneter Menge beibrechendem Oligoklas, graulichem Quarz und schwarzem Glimmer, dem in den allermeisten Fällen weisser Glimmer beigemengt ist. Accessorische Einschlüsse fehlen fast ganz. Die Textur ist vor-

---

[1] Versuch einer geognostischen Beschreibung des bayerischen Waldes, 1851, S. 31.

[2] Jahrbücher der k. k. geologischen Reichsanstalt, Bd. IV, 1853, S. 245.

[3] Daselbst Bd. VI, 1855, S. 12.

[4] Korrespondenzblatt des zoologisch-mineralogischen Vereins in Regensburg, 1854, S. 17.

herrschend **grobkörnig**, häufig **Porphyr-artig**; doch fehlen auch Übergänge in mittelkörniges und feinkörniges Gestein nicht; in einzelnen Fällen nimmt die Grundmasse sogar selbst die dichte Beschaffenheit des Porphyrteiges an, wodurch gewisse Porphyrgranite entstehen.

Der Orthoklas ist fast durchgängig weiss bis gelblich-weiss, opak, selten graulich-weiss und in wenigen Fällen blassröthlich (nie ziegel- oder intensiv roth). Er scheidet sich meist in gröberen krystallinischen Körnern mit deutlichen spiegelnden Spaltungsflächen und zugleich auch in mehr oder weniger ringsum ausgebildeten Krystallen aus. Selten ist die Vermengung mit den Quarztheilchen so innig, dass man die einzelnen Mineralien nicht mehr zu unterscheiden im Stande ist. Die durchgängig tafelartigen Krystallausscheidungen bilden immer Zwillinge, nach dem bekannten sogenannten Karlsbader Verwachsungsgesetz. Auf Bruchflächen des Granites erscheinen die Durchschnitte dieser Zwillinge in Form langgezogener Sechsecke oder breiter Tafeln, je nachdem der Bruch den schmalen oder breiten Seitenflächen parallel geht. Im ersten Falle bemerkt man stets sehr deutlich die Halbirungsfläche der Zwillingsverwachsung an der Linie, von welcher an die eine Hälfte bei einer gewissen Stellung in den Spaltungsflächen hell spiegelt, während die andere Hälfte nur einen matten Schimmer behält. Sehr leicht lassen sich die Krystalle längs dieser Halbirungsfläche zerspalten. Es ist auffallend, dass bei den meisten Spaltungsflächen, auch wenn sie ganz eben sind und nur eine Fläche darstellen, nicht alle Theile mit gleicher Stärke glänzen, sondern dass erst bei ganz geringer Drehung nach und nach die gleichhelle Spiegelung, aber in verschiedenen Theilen bei verschiedener feiner Wendung, hervortritt. Diess scheint auf eine Verwachsung gleichsam verschiedener Krystalle hinzudeuten, die nur im Allgemeinen. den Anordnungen einer gemeinsamen Krystallbildung sich fügen, im Kleinsten eine gewisse Sonderheit sich bewahren. Daher mag auch die Erscheinung rühren, dass man bei Bruchstücken sehr häufig einen streifenweisen Wechsel hellerer und dunkler Krystalltheile beobachten kann.

Die Krystallmasse ist sehr selten ganz homogen und rein. Es sind nicht nur unzählige kleine eckige Hohlräumchen in derselben, sondern sowohl Quarz- als Glimmertheile finden sich mitten darin eingeschlossen. Die besonders häufigen Quarzeinschlüsse erscheinen in der nämlichen Form unregelmässiger Körnchen, wie in der ganzen Granitmasse, der Glimmer in Schuppen, gleichfalls nach Art seiner Beimengung in der Hauptmasse.

Am interessantesten ist der Einschluss von Oligoklas im Orthoklas. Bei lichter oder gleichartiger Färbung lässt sich dieser Einschluss schwierig konstatiren; dagegen bietet sich in gewissen Graniten mit ziegelrothem Oligoklas und hellfarbigem Orthoklas Gelegenheit, zu beobachten, dass dieser ziegelrothe Oligoklas in kleinen krystallinischen Körnchen in der Orthoklasmasse eingehüllt ist oder in dünnen Lamellen zwischen den Orthoklas tritt und dadurch eine durchscheinende fleischrothe Färbung des an sich hellen Orthoklases bewirkt. Doch ist nicht aller fleischrothe Orthoklas auf diese Weise gefärbt. Die Mengung beider verschiedenfarbiger Feldspathe lässt sich im ganzen Granitgebirgsstocke westlich von Regen, zwischen Regenstauf, Nittenau, Fischbach und Leonberg, und in den anschliessenden Gebieten östlich von Regen überall beobachten.

Bei beginnender Zersetzung wird der Orthoklas matt und weich, endlich bröcklich und thonig. Die meisten Granite, welche zu Tag ausgehen, zeigen den Orthoklas in diesem mehr oder weniger stark angegriffenen Zustande, welcher bis zu beträchtlicher Tiefe in das Innere des Gesteins reicht. In Folge dieser beginnenden Zersetzung ist der Granit oft völlig in seine einzelnen Gemengtheile zerfallen und stellt so den **Granitgrus** dar, einen Feldspath- und Glimmer-reichen Sand, welcher die Hauptmasse des Vegetationsbodens aller granitischen Gegenden ausmacht. Doch ist zu bemerken, dass schon in der ursprünglichen Beschaffenheit des Granites, vor jeder Spur beginnender Zersetzung, eine Ungleichheit des Zusammenhaltes der verschiedenen Gemengtheile bemerkt wird, welche bewirkt, dass gewisse Granitmassen leichter in Grus verfallen, während die fester verbundenen Partieen als feste Felsen oder grosse Gesteinbrocken an der Oberfläche zurückbleiben.

An Stellen, an welchen der Granit in solchen Grus aufgelockert ist, finden sich im Gebiete des Porphyr-artigen Waldgranites die Zwillingskrystalle herausgewittert, oft nach der Halbirungsfläche in zwei Theile zerspalten. Die Oberfläche dieser Krystalle ist durchweg nicht glatt, sondern durch an- und aufgewachsene Gemengtheile uneben, rauh. Besonders ist es der schwarze Glimmer, welcher zuweilen so dicht aufgestreut liegt, dass der Feldspath wie in eine Hülle von Glimmer eingeschlossen erscheint. In diesem Falle ist die Krystallfläche völlig unkenntlich und die Form der Feldspathausscheidung ist eine eiförmige.

Die Analyse eines ziemlich reinen tafelförmigen Feldspath-Zwillingskrystalles aus dem Porphyr-artigen Waldgranite gab folgende Zusammensetzung bei einem specifischen Gewichte von 2,553:

**Orthoklaskrystalle aus dem Krystallgranit des Tirschenreuther Waldes (LXXXIV, 23, 6).**

LXXVI.

| | |
|---|---:|
| Kieselerde | 64,031 |
| Thonerde | 19,323 |
| Eisenoxydul | 0,092 |
| Kalkerde | 0,437 |
| Baryterde | Spur |
| Natron | 2,350 |
| Kali | 13,650 |
| | 99,883 |

Hierbei ist der hohe Gehalt an Kali neben der nicht unbeträchtlichen Menge Natron bemerkenswerth. Auch Spuren eines Gehaltes von Baryterde verdienen Beachtung.

Es ist kein Grund vorhanden, anzunehmen, dass der Feldspath des körnigen Gemenges dieser Granitart eine wesentlich andere Zusammensetzung besitze.

Die blassroth gefärbten orthoklastischen Feldspathe, die wir bereits als in dem Granitgebiete des unteren Regen's vorkommend genannt haben und die sich von da an durch das obere Donaugebirge bis Wörth und andererseits durch das Pfahlgebirge bis gegen Viechtach an zerstreuten Stellen wiederfinden, verdanken zum Theil den Einschlüssen von ziegelrothem Oligoklas ihre besondere Färbung und zeigen durch den allmähligen Übergang in Orthoklas von gewöhnlicher Farbe ihre Identität mit diesem an. Ähnliche röthlich gefärbte Feldspathausscheidungen trifft man auch in den Porphyr-artigen Graniten bei Wegscheid (XXIV, 70, 3); doch ist hier die Färbung nicht durch Beimengung rothen Oligoklases bedingt.

Der zweite immer in untergeordneter Menge vorkommende Feldspath ist klinoklastisch mit deutlicher Parallelstreifung auf den meist stark spiegelnden Spaltungsflächen. Er ist nach seinem Verhalten im Allgemeinen als Oligoklas anzusprechen.

Der Oligoklas bildet stets nur kleine Krystallkörnchen, theils für sich, theils in Verwachsung mit Orthoklas, von dem er sich durch die hellere Spiegelung auf den mit deutlicher Parallelstreifung versehenen Spaltungsflächen leicht unterscheidet. Es ist auffallend, dass in Kontrast zu dieser starken Spiegelung der Spaltungsflächen die übrigen Bruchflächen ein viel matteres Aussehen als jene des Orthoklases besitzen, so dass man auch darnach die einzelnen Oligoklastheile unterscheiden kann. Die Färbung des Oligoklases ist meist etwas abweichend von jener des Orthoklases. Entweder zeigt er sich wasserhell oder graulich, grünlich und ziegelroth gefärbt, oft kommen farblose und grünlich oder röthlich gefärbte Körnchen mit einander vor. Die letzteren Varietäten beschränken sich auf den schon öfters genannten Distrikt im Südwesten vom unteren Regen bis zum Donaugebirge bei Falkenstein.

Der Quarz des Waldgranites ist durchsichtig, graulich, oft mit einem Stich in's Röthliche. Derselbe ist in sehr unregelmässig geformten Körnchen, welche wie zusammengeballte Graupen aussehen, ausgeschieden und umschliesst überaus häufig Glimmerblättchen, die eine sehr zuverlässige Bestimmung seines specifischen Gewichtes erschweren. Mehrfache Bestimmungen ergaben im Mittel das specifische Gewicht = 2,659. Sehr häufig sind kleine Quarzkörnchen, wie bereits erwähnt, mitten im Orthoklas eingeschlossen. Eine regelmässige Krystall-artige Form konnte ich auch an diesen nicht erkennen.

Nur bei den Übergangsformen in ein Porphyr-ähnliches Gestein wurden deutlich ausgebildete Dihexaëder von Quarz beobachtet, namentlich bei Regenstauf, Kürn und am Schloss Hautzenstein. Dabei nimmt der Quarz oft eine rothe, selbst bläuliche und Opal-artige Färbung an; eine ähnliche Beschaffenheit besitzt er innerhalb des ganzen Verbreitungsbezirkes der roth gefärbten Oligoklase.

Der Glimmer des Waldgranites ist fast ausschliesslich der dunkelfarbige, vorherrschend bräunlich-, selten grünlich-schwarze. Derselbe wurde in vielen Proben optisch mit dem v. Kobell'schen Stauroskop untersucht und ausnahmslos einachsig gefunden. Sein specifisches Gewicht = 3,06; vor dem Löthrohre ist er nicht sehr schwierig zu einer schwarzen Perle schmelzbar, welche auf die Magnetnadel deutlich einwirkt. Da bei der Analyse des Granites im Ganzen sich nur sehr unbedeutende Mengen von Bittererde ergaben, so ist zu vermuthen, dass der dunkelfarbige, optisch einachsige Glimmer unseres Waldgranites zu den Eisenerz- und Kalireichen, aber Magnesia-armen Glimmervarietäten gehöre.

Nicht selten zeigt sich dieser schwarze Glimmer angegriffen und theilweise zersetzt; hierbei nimmt er eine fahle, schmutzig-braune Farbe an, wird trübe und enthält nicht selten zwischen den Blättchen eine weisse Substanz ausgeschieden.

Eine sehr merkwürdige Veränderung haben diejenigen Granitstücke erlitten, welche zum Theil im Basalt, zum Theil im Basalttuff (Kulch, Stollen an der Braunkohlengrube Sattlerin bei Fuchsmühl) eingeschlossen gefunden werden. Die Gesteinsmasse ist mürbe und in hohem Grade verändert. Die Orthoklassubstanz ist ganz trübe, undurchsichtig und besitzt auf den Spaltungsflächen nur mehr einen matten Schimmer, obwohl die Masse nicht zersetzt ist, sondern die normale Feldspathhärte besitzt; der Quarz ist bis in's Kleinste zersprungen und zerfällt leicht in die feinsten Theilchen. Der schwarze Glimmer endlich ist völlig verschwunden und an seine Stelle ist eine ziegelrothe Substanz getreten, die sich wie Eisenoxyd verhält.

Zeigt sich grünlicher Glimmer, so besitzt derselbe selten das frische Aussehen des braunschwarzen, lässt sich nicht mehr in dünne Blättchen spalten und zerbröckelt bei diesem Versuche in kleine Stückchen. Er scheint bereits ein vorgeschrittenes Stadium der Umwandlung anzudeuten.

Der silberweisse, optisch zweiachsige Glimmer fehlt in der Regel selten ganz im Waldgranit. Er tritt entweder in isolirten Partieen auf und zeigt in diesem Falle oft die schon beschriebenen zackigen Ränder, oder er gesellt sich dem schwarzen Glimmer bei und bildet dann in der Regel die randlichen Massen der Glimmerhäufchen. Auch lässt sich hierbei eine Verwachsung mit dem schwarzen Glimmer beobachten. In manchem, namentlich feinkörnigem Waldgranite ist der weisse Glimmer nur in sehr geringer Menge beigemengt und zuweilen verschwindet er ganz.

Von accessorischen Gemengtheilen finden sich im Waldgranite ausser Schwefelkies sehr selten Spuren von Turmalin, Hornblende und Pinit, letztere vielleicht nur in solchen Modifikationen, welche dem Ödenwieser Granit angehören, aber sich nicht sicher vom Waldgranit trennen lassen, wie in dem Gebiete der Porphyr-artigen Granite mit rothem Oligoklas und in dem Striche längs des Pfahls.

Je nach der Grösse des Korns und dem Gefüge überhaupt lässt sich die umfangreiche Gruppe des Waldgranites in drei Unterabtheilungen bringen, wobei jedoch bemerkt werden muss, dass diese durch Übergänge so stetig verbunden sind, dass zwar die typischen Formen leicht auseinanderzuhalten sind, aber zahlreiche vermittelnde Zwischenformen eine strenge Sonderung nicht möglich machen. Die Haupttypen sind:

a) der Krystallgranit oder der sogenannte Porphyr-artige Granit (Gebirgsgranit Wineberger's zum Theil);

38

b) der Steinwaldgranit oder der Plöckensteingranit Hochstetter's, und
c) der Passauer Waldgranit.

## a) Krystallgranit.

Der Krystallgranit [1]) besteht aus einem grobkörnigen Gemenge von weisslichem, sehr selten blassröthlichem Orthoklas mit wenigem Oligoklas, graulichem
Quarz und schwarzem Glimmer, dem in der Regel auch weisser in geringer Menge
beigesellt ist. In diesem grobkörnigen Gemenge liegen mehr oder weniger scharf
ausgebildete Zwillingskrystalle von Orthoklas. Die Grösse des Korns mag im Quarz
durchschnittlich gegen fünf Millimeter betragen, die Feldspathkörner sind etwas
grösser, die Glimmerputzen etwas kleiner. Die ausgeschiedenen Orthoklaskrystalle
mögen durchschnittlich 60 Millimeter lang, 35 Millimeter breit, 12 bis 15 Millimeter dick sein; doch kommen auch weit grössere Krystalle, bis über 80 Millimeter,
vor und gehen herab bis zur Grösse des gewöhnlichen Korns. Zur bessern Ver-
sinnlichung dieser Verhältnisse geben wir hier den Naturabdruck eines Gesteinstücks von Konnersreuth bei Tirschenreuth.

Die Analyse einer möglichst nach dem Verhältnisse der Gemengtheile gemischten Probe ergab folgende Bestandtheile:
Krystallgranit aus dem Tirschenreuther Walde zunächst
bei Tirschenreuth (LXXXIV, 23, 6).
LXXVII.

Kieselerde . . . . . . . 75,450

Titansäure . . . . . . . 1,005

Eisenoxyd $\left.\begin{array}{c} \\ \\ \end{array}\right\}$ . . . . . . 6,540
Eisenoxydul

                       zum Übertrag 82,995

[1]) Korrespondenzblatt des zoolog.-mineral. Vereins zu Regensburg, 1854, S. 18.

Übertrag 82,995

Thonerde . . . . . . . . . 9,944
Kalkerde (und Bittererde). . 0,350
Manganoxyd. . . . . . . . Spur
Natron . . . . . . . . . 1,102
Kali . . . . . . . . . . 5,460
9̲9̲,̲8̲5̲1̲

Bei dieser Zusammensetzung ist die geringe Menge der Thonerde auffallend. Am nächsten stellt sich unser Krystallgranit nach seiner chemischen Zusammensetzung neben den Harzgranit aus dem Ockerthal[1]), der jedoch nahezu 13 % Thonerde enthält.

Eine zweite Probe des Krystallgranites aus dem Regengebiete mit vielem ziegelrothen Oligoklas neben grossen Orthoklaskrystallen wurde nur auf ihren Gehalt an Kieselerde untersucht. Dieselbe enthält keinen weissen Glimmer, aber grünlichschwarzen Pinit.

**Röthlicher Krystallgranit von der Reberhöhe bei Nittenau.**
LXXVIII.

Kieselerde . . . . . . . 71,875
Titansäure . . . . . . . 0,625

Der gegen 3,5 % geringere Kieselerdegehalt gegen jenen des grauen Krystallgranites (Probe LXXVII) rührt hier wohl von geringerer Beimengung an Quarz her, der nur in feinen Körnchen zu erkennen ist.

Es lassen sich nach der öfters angedeuteten Beimengung von rothem Oligoklas zwei Varietäten des Krystallgranites unterscheiden.

α) Der **graue** oder **typische Krystallgranit**, mit nur weisslichem, höchst selten etwas röthlichem Orthoklas und weisslichem Oligoklas und zweierlei Glimmer. Diess ist das verbreitetste Gestein des stockförmig auftretenden Granites in unserém Gebiete. Daraus besteht die grosse Granitpartie des Tirschenreuther Waldes und der von ihm nach Südosten auslaufenden Granitzüge, z. B. bei Wildenau (LXXIX, 22, 23), Auerberg (LXXIX, 21, 5) und an anderen Orten, in dem nördlichen Theile der Oberpfalz und ein Theil des Granites im Mittelgebirge, besonders im Reichsforste, als Bindeglied mit dem gleichen Gestein des Fichtelgebirge-Centralgranitstocks. Doch fehlt es auch innerhalb dieses Bezirkes nicht an Übergängen in gleichförmig gemengte Abänderungen ohne Krystallausscheidungen und in sehr dichte, Porphyr-ähnliche Gemenge, wie z. B. bei Hohenwald unfern Tirschenreuth (LXXXIV, 22, 7). Sehr bemerkenswerth ist eine bei Falkenberg beobachtete Bildung (LXXXII, 20, 2), nämlich kugelförmige Ausscheidungen eines feinen, innigen Gemenges der Granitbestandtheile inmitten der typischen Krystallgranite. Beim Herauswittern dieser festen Kerne entstehen Kegelkugel-ähnliche, auch grössere Blöcke, welche auf der Oberfläche zerstreut liegen. '

· Dieser Granit ist sehr der Zerstörung unterworfen und liefert durch die Auflockerung seiner Bestandtheile einen bröcklich-grobkörnigen Boden, aus den Bestandtheilen des Granites gemengt, den man in der Oberpfalz schlechtweg Sandboden nennt. Zur Unterscheidung vom

---

[1]) Analyse von Graba, Neues Jahrbuch für Mineralogie, Geognosie und Petref., 1862, S. 814.

eigentlichen und wesentlich anders sich verhaltenden Sandboden muss man den aus Granit entstandenen Boden als Granitgrusboden bezeichnen.

Durch dieses Verwittern und theilweise Zerfallen des Krystallgranites tritt eine Eigenthümlichkeit des Gesteins hervor, welche wesentlich die Formen bedingt, unter welchen der Krystallgranit in Felsen zu Tag tritt. Das vom Krystallgranit eingenommene Gebiet besteht aus abgerundeten, meist kleineren Berg- und Hügelkuppen, welche auf ihrer Spitze mit oft sehr pittoresk gruppirten Felsen verziert sind, während die Gehänge und die Zwischenräume zwischen den einzelnen Felsgruppen von Granitgrus mehr oder weniger erfüllt und verebnet erscheinen. Mitunter sind solche Felspartieen in grossartigstem Maassstabe angelegt. Die Louisenburg des benachbarten Fichtelgebirges bietet uns das vollendetste Muster solcher Felsengebilde, deren Analogieen im ganzen Tirschenreuther Walde nicht fehlen. Wir geben hier beispielsweise ein Bild der Felsengruppe bei Falkenstein, welches sich in oft noch grossartigerem Maassstab in der Naabthalenge zwischen Falkenstein und Neuhaus wiederholt.

Schalige Ausbildung des Granites bei Falkenstein unfern Tirschenreuth.

Fast jede kleine Erhöhung und jeder Hügel ist von einer, wenn auch kleinen, Felsgruppe gekrönt. Als Beleg mag die Ansicht eines kleinen Hügels bei Rothenbürg unfern Tirschenreuth dienen.

Es bedarf nicht erst eines Beweises, dass wir in diesen Felsgebilden die durch Auswitterung entstandenen Reste solcher Gesteinsmassen vor uns haben, welche der Zerstörung grösseren Widerstand entgegengesetzt haben. Jeder Blick auf solche Gruppen lehrt uns dies. Indem diese festeren Particen nun entweder aufeinander gehäuft liegen blieben, oder theilweise zusammenstürzten, entstanden Jene mannichfachen, oft sonderbaren Felsformen, deren Eigenthümlichkeiten selbst das sonst so nüchterne Volk oft mit phantastischen Namen belegte, wie z. B. die Teufelskirche, das Butterfass, Mühlstein, Platte u. s. w.

Die Form der unverwittert zurückbleibenden Felsstücke zeigt eine gewisse Regelmässigkeit, welche sich durch eine Bank-ähnliche Absonderung zu erkennen giebt. Man bezeichnet solche Formen gewöhnlich als Wollsack-ähnliche Aufeinanderhäufung von Granitblöcken. Manche sehen sie sogar als Beweis für eine Schichtung des Granites an, indem sie die Bänke mit

Schalige Absonderungen des Granites bei Rothenbürg im Tirschenreuther Walde.

Schichten verwechseln. Beobachtet man grössere Granitmassen auf ursprünglicher Lagerstätte, in Steinbrüchen, Hohlwegen oder tiefen Thaleinschnitten, wo die Zerstörung und Auswaschung noch nicht den Zusammenhang geändert hat, so führen uns sorgfältige Vergleichungen der Strukturverhältnisse in den verschiedenen Theilen der Granitmasse zum Erkennen einer schon ursprünglich vorhandenen Verschiedenheit des Gefüges. Wir sehen gewisse Theile weit fester gebunden und sich in bankartig abgesonderten Massen von dem lockeren Einhüllungsmaterial ausscheiden. Diese festeren Bänke bilden aber keine den Schichten vergleichbare Absonderungen; denn sie breiten sich nicht wie die wahren Schichten der Flötzbildungen in annähernd gleicher Mächtigkeit aus, sondern schwellen plötzlich an, um ebenso rasch nach anderer Richtung sich auszukeilen. Es sind keine parallel begrenzte Lager, sondern sich anlegende und wieder auslaufende Schalen oder Schalenstücke einer im Grossen und Kleinen kugel- oder eiförmigen Ausbildung der Granitmasse. Im Kleinen ist diese kuglige Struktur des Krystallgranites selten ausgebildet und sichtbar. Wo sie sich findet, lässt sie keinen Zweifel, dass die bankartige Absonderung einer Schalenbildung entspreche. Im Grossen, wo sich ein Überblick über das ganze System der zusammengehörigen Schalen bis zu den innern Kernmassen selten gewinnen lässt und wo wir nur einzelne Theile der meist riesigen Geoden vor uns haben, gewinnt es oft den Anschein, als ob die Bänke mehr oder weniger horizontal lägen und nichts mit Schalen gemeinsam haben könnten, die doch nach der Kugel- oder Eiform mehr oder weniger gewölbt erscheinen müssten. In der That sind es auch meist die mehr oder weniger horizontal liegenden Schalenstücke, welche bei der Auswitterung sich leichter erhalten haben und die stehen gebliebenen Felsgruppen ausmachen, während die Schalentheile der stärkeren Wölbung, welche eine zum Horizont geneigte Lage besitzen, leichter abgleiten und zusammenstürzend die Hauptmasse der Felsblöcke liefern. Doch lässt eine Betrachtung mancher Felsgruppen, welche einander benachbart sind, in nicht wenigen Fällen, wenn man sie aus einiger Entfernung überblickt, erkennen, dass ihre Bänke den Schalen einer grossen kugeligen Ausscheidung der Granitmasse entsprechen, indem die Bänke der einen Felsenpartie sanft nach der entgegengesetzten Weltgegend der anderen sich neigen und die mittleren Theile vielleicht sich mehr oder weniger der horizontalen Lage nähern. Sind einzelne Schalenstücke durch Thaleinschnitte oder sonstige Zerstörung an der Oberfläche weggeführt, so erscheinen jetzt die ursprünglich zusammengehörigen und zusammenhängenden Gesteinsmassen isolirt und ohne innern Zusammenhang, den wir erst wieder durch sorgfältige Beobachtung erkennen können. Wir lenken die Aufmerksamkeit auf die letzte landschaftliche Ansicht unseres Blattes der Gebirgsformen (hinterer Oberpfälzer Wald, von Rothenbürg aus gesehen), in welcher die beiden Felsgruppen des Vordergrundes aus Krystallgranit bestehen und sich als

Theile eines Schalengewölbes deutlich genug erkennen lassen. Ähnliches zeigt uns auch das vorstehende Bild der Felsgruppe bei Falkenstein. Am klarsten und prächtigsten jedoch findet man diese schalige Absonderung des Waldgranites an der weitläufigen Ruine des Schlosses „Flossenbürg" (LXXVII, 24) entwickelt, wie es das nebenstehende Bild veranschaulichen soll. Hier liegen oft nur wenige Fuss dicke Bänke hundertfach übereinander und wölben sich deutlich nach den verschiedenen Gehängen des Berges abfallend, so dass die Hauptruine fast auf der höchsten Wölbung der kugeligen Schalen steht. Betrachtet man die einzelnen Felspartieen für sich, so erscheint die Struktur des Granites eine ausgezeichnet plattenförmige, und erst wenn man das Ganze der Felsbildung zusammenfasst, stellt sich die Zusammengehörigkeit aller dieser Schalen zu einer grossartigen Granitkugel unzweideutig heraus.

Wir werden später aus dem Regengebirge auch den Fall kennen lernen, dass die nach aussen und oben sich wölbenden Schalentheile in einer Felsgruppe erhalten sind, zum Beweise, dass diese Strukturverhältnisse des Waldgranites allgemein herrschend sind.

Der graue Krystallgranit breitet sich ausserhalb der eben genannten nördlichen Partieen auch weiter südlich in dem Gebirge zwischen Neunburg v./W. und Rötz, im Schwarzwöhrberg, Tannstein u. s. w., aus, ohne jedoch hier die Alleinherrschaft zu erlangen, welche ihm der mittelkörnige Granit ohne oder mit nur wenigen Feldspath-Krystallausscheidungen streitig macht. Der weisse Glimmer ist in diesem Granit sehr selten und dafür macht sich ein grünliches Mineral bemerkbar, das bald mehr grünem Glimmer gleicht, bald das Aussehen von Pinit gewinnt. Bei Mitteraschau unfern Neunburg v./W. ist der grobkörnige Granit in Folge beigemengten rothen Oligoklases röthlich gefärbt und vermittelt einen Übergang in den Regengranit.

Ein dritter Bezirk umfasst die südöstlichen Theile des Lusengebirges in den waldigen Gegenden von Finsterau und Mauth. Auch hier fällt der Mangel oder die Spärlichkeit der Beimengung weissen Glimmers auf, obwohl ganz typisches Gestein sehr verbreitet ist, z. B. bei Mauth selbst (XXXVII, 64, 43). Öfters erscheint grünlich-schwarzer Glimmer neben dem normalen braunschwarzen, z. B. bei Oberfirmiansreuth (XXXVIII, 65, 1).

Der vierte grössere Verbreitungsbezirk ist der interessanteste wegen des merkwürdigen Gesteinswechsels, der sich hier zeigt. Derselbe umfasst das Granitgebiet nordöstlich und östlich von Regensburg, vom Rande des Urgebirges bis zu dem grossen Vorsprung an der Südgrenze des Bodenwöhrer Beckens bei Fischbach und von da gegen die Donau bis nach Falkenstein und Wörth mit vielfachen Abzweigungen längs des Pfahls und der Donau, wobei es allerdings in vielen Fällen unentschieden bleibt, ob das Gestein dem typischen Krystallgranit oder dem früher beschriebenen Porphyr-artigen Lagergranite zugetheilt werden muss.

In diesem Granitgebiete zwischen dem unteren Regen und der Donau sind zwar vielfach graue typische Krystallgranite, zugleich aber auch jene Varietät, die wir als Regengranit zum Typus einer zweiten Hauptabänderung erheben wollen, verbreitet. Des Vergleichs wegen setzen wir hier den Naturabdruck eines Stücks von Grub bei Nittenau bei. Auch hier sind die Feldspathausscheidungen vielfach von feinen Quarzlamellen durchzogen. Doch sind beide Modifikationen so innig verbunden, dass es nicht zulässig erschien, beide graphisch getrennt zu halten. Wir wollen zur Orientirung nur einige Fundstellen des grauen Krystallgranites aus dieser Gegend namhaft machen: Rottendorf bei Wörth (XLIV, 25, 2), Katzenrohrbach bei Roding (L, 27, 10), Reichenbach bei Nittenau (L, 25, 7).

RUINE FLOSSENBÜRG
auf plattenförmigem Granit.

Digitized by Google

Digitized by Google

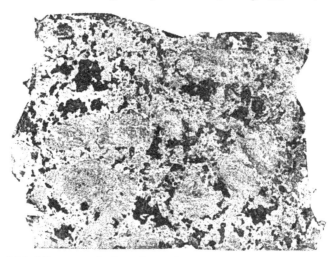

Frauenwald bei Donaustauf, Brennberg, Frauenzell, Falkenstein, ziemlich isolirt bei Schöllnach unfern Hengersberg (XXXI, 50, 1). Doch bemerken wir häufig den Mangel weissen Glimmers, die Beimengung eines grünen, Pinit-ähnlichen Minerals, die grünliche oder röthliche Färbung des Oligoklases und den damit gleichen Schritt haltenden Übergang des ungefärbten oder grauen Ortboklases in röthliche Schattirungen, z. B. im Frauenwald an den drei Martern (XLV, 24, 5), bei Frauenzell (XLIV, 25, 36), bei Thurasdorf unfern Falkenfels (XLII, 32, 6), an der Heilsberger Mühle (XLIV, 26, 5), bei Treitling unfern Nittenau (LI, 24, 5), bei Prezabruck unfern Schwarzenfeld (LX, 19, 1) und an anderen Orten.

Die äussere Form, unter welcher der Kryställlgranit hier zu Tag tritt, ist ganz dieselbe, wie im Tirschenreuther Wald. Die Umgegend von Kürn, Falkenberg, Brennberg bietet zahlreiche Belege zu dieser Behauptung. Wir wollen nur ein Beispiel näher erwähnen, weil dieses den Fall klar vor Augen stellt, dass die schalige Absonderung, welche hier in den nach oben offenen Schalenstücken erhalten ist, der Grund der bankartigen Struktur des Stockgranites ist. Diese Felsform wurde bei Wald unfern Nittenau beobachtet.

*β*) Der Regengranit oder röthliche Krystallgranit, dessen Beziehungen zu dem bisher besprochenen grauen Krystallgranit so eben erwähnt wurden und welcher sich auf der anderen Seite unter der Vermittlung des grobkörnigen bunten Granites, wie er z. B. am Kulm westlich von Naabburg vorkommt, an den letzteren sich anschliesst, zeichnet sich vor jenem hauptsächlich durch die grünliche, meist ziegelrothe Färbung des Oligoklases und in Folge inniger Verwachsung mit Orthoklas durch die gleichfalls oft röthliche Färbung des letzteren, durch den fast gänzlichen Mangel an weissem Glimmer und endlich durch die Beimengung eines grünlichen, Pinit-ähnlichen Minerals aus. Der Orthoklas scheint auch ohne Verwachsung mit rothem Oligoklas röthlich gefärbt vorzukommen. Meist bricht neben opakem ziegelrothem Oligoklas noch durchsichtiger grünlicher oder graulicher Oligoklas durch. Diess deutet auf einen Unterschied in der Zusammensetzung. Oligoklas ist in diesem Gestein in sehr bedeutender Menge vorhanden, in manchen Partieen, wie es scheint, überwiegend über den Orthoklas. Dieser Granit zeigt stets Hinneigung zur innigsten Verschmelzung der einzelnen Gemengtheile, so dass

in der Regel die grossen Feldspathausscheidungen gegen die fein gemengte Teigmasse um so greller hervorstechen. In einzelnen Fällen ist dieser Teig fast aphanitisch gemengt, dass wir dem Gefüge nach wahren Porphyr vor uns zu haben
annehmen müssten, wenn nicht die deutlichsten Übergänge zu dem Krystallgranit
ganz allmählig hinüberführten. Solche Porphyrgranite finden sich bei Regenstauf, am Schloss Hautzenstein, bei Kürn u. s. w. in ausgezeichneter Weise.

Das Gestein bei Hautzenstein gehört zu den prächtigsten des Waldes. Der Quarz, der
nicht selten, wie im Porphyr, auskrystallisirt erscheint, besitzt hier eine röthliche und bläuliche
Färbung und theilt denselben Farbenton dem auf's feinste gemengten Teig mit. In dieser röthlichen Grundmasse liegen nun grosse Krystalltheile fleischrothen Orthoklases, dann kleinere Körner von rothem und grünlich-weissem Oligoklas, tiefschwarzem Glimmer und blaulich-rothem,
fast opalisirendem Quarze. Auch Pinit fehlt nicht, um die Mannichfaltigkeit der bunten Farben-
mischung zu erhöhen.

Einer ähnlichen Mengung begegnen wir auch bei Fischbach unfern Regenstauf. Hier sind
hellfarbiger, fleischrother und grünlicher Feldspath fast zu gleichen Theilen mit grauem Quarz
und schwarzem Glimmer in grossen Körnchen zu einem buntfarbigen Gestein vereinigt. An
der Reberhöhe unfern Nittenau (LI, 24, 14) ist der Granit ziemlich feinkörnig und voll ziegelrothen Oligoklases in grösseren Krystalltheilchen, welche neben dem dunklen Pinit grell hervortreten. Bei Grub (XLIX, 30, 1), Bärndorf (XLV, 27, 4) und an vielen anderen Orten ist
die Textur der des grauen Krystallgranites ähnlich, nur scheinen die Feldspathkrystalle in
ihren Umrissen weniger scharf abgegrenzt, wie wir es an dem Porphyr-artigen Lagergranite
des Ödenwieser Gebirges gesehen haben. Die theilweise röthliche Färbung der Orthoklasausscheidungen giebt sich hier deutlich als Folge der Beimengung von rothem Oligoklas zu erkennen. In einem gleichen, zum Theil röthlichen Regengranit bei Schillerwiesen unfern Falkenstein wurden feine Gänge einer sehr dichten rothen, Granit-ähnlich gemengten Gesteinsmasse
beobachtet, welche den Krystallgranit durchsetzen, aber auf's innigste mit den Gemengtheilen
des letzteren verschmolzen sind. Dabei fällt es auf, dass in diesem feinkörnigen Gemenge
weisser Glimmer besonders gegen die Seitenflächen der Gangbegrenzung vorkommt, während er
doch in der übrigen Granitmasse fehlt.

Dieses Gesammtverhalten des Regengranites spricht für eine strengere Scheidung desselben vom typischen Krystallgranit, als wir diese auf der Karte durchführen konnten. Es lassen
sich bei ihm gewisse Anklänge an den bunten Granit des nördlich anschliessenden Gebiets kaum
verkennen. Andererseits deuten der Gehalt an Pinit, der sich vielfach konstatiren lässt, die oft
mangelhafte Ausbildung der Orthoklasausscheidungen und das Fehlen des weissen Glimmers auf
eine Verbindung mit dem Porphyr-artigen Lagergranite des Pfahlgebiets südlich von Viechtach.
Wir glauben sogar vollständige Übergänge zwischen beiden Gesteinen erkennen zu können.
Vielleicht weist dieses Verhalten auf Eruptivmassen, welche der Bildungszeit des bunten Gneisses
näher stehen, als der graue Krystallgranit; der Regengranit ist vielleicht der Stockgranit der
Periode der Bildung des bunten Gneisses, während die Entstehung des grauen Krystallgranites
später fällt. Indem letzterer sich zwischen und über dem ersteren ausbreitete, mögen die
ursprünglich deutlicheren Beziehungen zu dem bunten Gneiss verwischt worden sein.

Bezüglich der Oberflächenformen schliesst sich der Regengranit unmittelbar
an den typischen grauen Krystallgranit an.

### b) Steinwaldgranit.

Die zweite Hauptform, unter welcher der stockförmige Granit unseres Gebirges auftritt, umfasst die mittel- und grobkörnig gemengten Granite, bei welchen
keine Ausscheidungen von Orthoklaskrystallen, wenigstens nicht regelmässig und
häufig, vorhanden sind. Ich habe diese Granitvarietät wegen ihres ausgebreiteten
Vorkommens im Steinwalde, dem Mittelgebirge zwischen Oberpfälzer-Wald und

Fichtelgebirge, bereits früher schon[1]) Steinwaldgranit genannt, wie dasselbe Gestein später Hochstetter[2]) wegen der Ausbreitung im Plöckensteingebirge Plöckensteingranit genannt hat. Bezüglich der Gemengtheile des Steinwaldgranites können wir uns kurz fassen. Es sind dieselben wie die des Krystallgranites. Der Orthoklas, meist matt, weiss und gelblich-weiss, ist weitaus vorherrschend, sehr zum Zersetzen geneigt und oft die Ursache eines Zerfallens des Granites in sandigen Grus. Auch heller Oligoklas, obwohl im Ganzen nur in geringer Menge, fehlt in diesem Granite gleichfalls nicht. Der weisse, optisch zweiachsige Glimmer ist in der Regel häufiger als in dem Krystallgranit; er umgiebt oft die Putzen des schwarzen, optisch einachsigen Glimmers am Rande und es gelingt leicht, Blättchen durch Spalten zu erhalten, bei welchen die Substanz des schwarzen auf gleichen Spaltungsflächen neben der des weissen Glimmers liegt oder damit schichtenweise wechselt. Häufig geht der Granit über in feinkörnige Varietäten und in Krystallgranit.

Am deutlichsten lässt sich das Gefüge dieser Granitvarietät an dem beigesetzten Naturabdruck eines Stücks aus dem Steinwaldgebiete entnehmen.

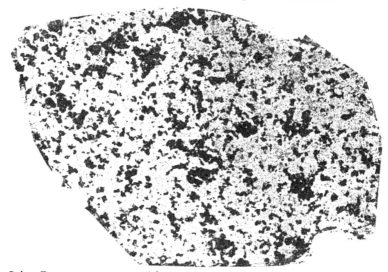

Seine Zusammensetzung ergiebt sich aus der Analyse eines hierher gehörigen Granites von Hautzenberg, aus welchem die Monolithe für die Befreiungshalle bei Kellheim zu verfertigen beabsichtigt war:

Steinwaldgranit aus dem Monolithbruch bei Hautzenberg, dessen specifisches Gewicht = 2,656.      LXXIX[a.]

| | |
|---|---|
| Kieselerde | 72,500 |
| Titansäure | 0,660 |
| Phosphorsäure | — |
| zum Übertrag | 73,160 |

---

[1]) Korrespondenzblatt des zool.-mineral. Vereins in Regensburg, 1854, S. 18.
[2]) Jahrbücher der k. k. geolog. Reichsanstalt, 1855, S. 12.

<pre>
                    Übertrag  73,160
Thonerde . . . . . . . .  12,160
Eisenoxydul . . . . . . .   0,032
Eisenoxyd  . . . . . . .    4,128
Schwefelkies  . . . . . .   0,022
Kalk . . . . . . . . .      0,930
Bittererde  . . . . . . .   Spuren
Natron. . . . . . . . .     2,188
Kali . . . . . . . . .      6,462
Wasser und Glühverlust  .  _0,700_
                           99,782
</pre>

In Vergleichung mit der Zusammensetzung des Krystallgranites (LXXVII) ergiebt sich ein geringerer Gehalt an Kieselerde und ein grösserer an Thonerde und Kali, was einer grösseren Feldspathbeimengung zu entsprechen scheint.

Von accessorischer Beimengung ist dieser Granit fast völlig frei. Hier und da bemerkt man Schüppchen einer grünen chloritischen Substanz, weicher als der schwarze Glimmer, und kleine Schwefelkieskörnchen, welche bewirken, dass selbst die geschliffenen monumentalen Kunstgegenstände in freier Luft rostig anlaufen. Bei Hopfau unfern Erbendorf fanden sich mitten im Steinwaldgranit rings umschlossene grosse Putzen von Arsenikkies und Molybdänglanz.

Zu erwähnen ist hier noch die häufige Zersetzung des Feldspaths zu Porzellanerde, namentlich in solchen feinkörnigen Granitmassen, welche gangförmig in das Nebengestein eingedrungen sind, wie z. B. bei Wondreb, Ebnat, Bichelberg und an anderen Orten. Diese Porzellanerde kann nur durch Schlämmen gewonnen werden. Die rohe Masse aus einem zersetzten Ganggranit bei Wondreb liefert in 100 Pfund Rohmaterial 38% Feinerde und 60,4% Schlämmsatz. Dieses Material von Wondreb besteht nach Herberger's Analyse in zwei Proben aus:

LXXIX<sup>b.</sup>

| | Kieselerde. | Thonerde. | Eisenoxyd. | Kalkerde. | Wasser. |
|---|---|---|---|---|---|
| I. Geschlämmte Erde . | 32,980 | 52,250 | 0,010 | 0,010 | 14,500 |
| Schlämmsatz . . . | 83,023 | 13,950 | 0,015 | 0,120 | 3,000 |
| Rohmaterial . . . | 54,785 | 34,700 | 0,010 | 0,005 | 10,500 |
| II. Geschlämmte Erde . | 37,462 | 50,000 | 0,023 | 0,015 | 12,500 |
| Schlämmsatz . . . | 64,002 | 32,300 | 0,038 | 0,010 | 2,750 |
| Rohmaterial . . . | 52,208 | 37,500 | 0,030 | 0,12 | 10,250 |

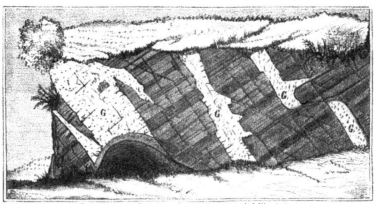

Granitgänge mit Porzellanerde von Grossensee bei Wondreb.

DER HACKLSTEIN (GRANIT) AM STEINWALD

bei Fuchsmühl.

Dig : zed by Google

In Bezug auf die Formen, in welchen der Steinwaldgranit in Felsen zu Tag ansteht, beobachten wir ganz dasselbe Verhalten, wie beim Krystallgranit. Im Allgemeinen lässt sich bemerken, dass die Schalen des Steinwaldgranites dünner sind und daher die Bank-ähnlichen Absonderungen noch auffallender sich zeigen.

Das Zusammengehören der Bänke verschiedener, aber benachbarter Felsgruppen lässt sich aus dem Bilde des Hacklsteins im Steinwald vortrefflich erkennen, welches die beigegebene Zeichnung darstellt.

Um die Gleichförmigkeit und Analogie der Felsformen selbst in den verschiedenen Verbreitungsgebieten vor Augen zu führen, geben wir hier zunächst eine Abbildung des Diebsteins im Steinwalde.

Granitfelsen des Diebsteins auf dem Steinwaldgebirge.

Damit lässt sich die prachtvolle Felsgruppe des Dreisessels auf dem Plöckensteingebirge vergleichen, obwohl hier die dünnen Bänke des Granites in viel grösserer Anzahl übereinander gethürmt erscheinen. Nur der Rudolphstein im Fichtelgebirge wetteifert an Schönheit mit diesen Felsformen.

Die Verbreitung des Steinwaldgranites ist analog der des Krystallgranites. Im Norden setzt er die grosse Berggruppe des Steinwaldes zusammen und verläuft hier gegen den Reichsforst zu in grauen Krystallgranit. Auch das Granitgebiet, das sich zwischen Silberhütte südlich von Bärnau und Neustadt v./Wn. erstreckt, besteht vorherrschend aus Steinwaldgranit.

In zahlreichen kleinen Stöcken schiebt er sich überdiess zwischen die Gneiss- und Glimmerschieferschichten mit und zum Theil als Stellvertreter des Krystallgranites. So finden wir ihn am Poppenreuther Berg, häufig gangartig das Schiefergebirge durchsetzend bei Mähring und besonders schön bei Wondreb und Grossensees.

In der Umgegend von Flossenbürg herrscht eine Granitart, welche die Mitte hält zwischen Steinwaldgranit und Krystallgranit; bei Wildenau (LXXIX, 22, 4) ist das Gestein ganz übereinstimmend mit ersterem, etwas feinkörniger als gewöhnlich bei Schirnbrunn unfern Plössberg (LXXIX, 22, 3). Mit dem Krystallgranit zieht sich der Steinwaldgranit in den Bergen östlich von Weiden südlich fort bis Leuchtenberg. In getrennten Gruppen, gleichfalls neben und mit Krystallgranit, taucht er wieder auf in dem Granitstocke des Schwarzwöhrberges bei Rötz und Neunburg v/W., bei Waidhaus, Lohma (LXXI, 27, 361) und Oberviechtach; ferner auf dem Kürnberg und der Plattenhöhe bei Stammsried (LIV und LV, 31), mehrere Kuppen bei Cham, wie jene vom Blauberg unfern Raindorf, die Rossberge, die Kuppen zwischen Wiesing und Arnbruck bei Viechtach bestehen aus diesem Granit. Bei Arnbruck ist das Gestein mittelkörnig und enthält Büschel von Schörlkrystallen.

Granitfels des Dreisessels im Plockensteingebirge.

Südlich von Viechtach erscheint dieser Granit ziemlich typisch in dem Gebirge von Sattelbeilstein. Viel _____ in dem langen _____ eifen von Granit, der sich längs des Pfahls fortzieht, bieten gleichfalls Granite, welche ihrem Verhalten nach hierher zu ziehen sind, z. B. bei Leuthen (XLVI, 39, 1), auf der Kollenburg (XLIV, 41, 115). Doch ist ihr Auftreten so mit jenem des Ödenwieser Lagergranites verflochten, dass eine zuverlässige Scheidung beider hier kaum ausführbar erscheint.

Auch das Regengranitgebiet hat hier und da mittelkörnige Granite aufzuweisen, welche unserem Steinwaldgranite entsprechen, wie z. B. am Grubhof bei Falkenstein (XLVII, 28, 3) und am vorderen Zirnberg bei Wörth (XLIII, 28, 24). Sehr normal tritt dieser Granit wieder in den Bergen von Deggendorf auf in Verbindung mit solchem Gestein, welches sich zum Krystallgranit hinneigt, wie z. B. bei Metten und Offenberg (XXXV, 41 bis 43), an Schloss Egg (XXXVI, 43). Im hinteren Walde beginnt der Steinwaldgranit in dem Lusengebirge, in welchem er den Krystallgranit begleitet oder ersetzt, wie am Lusen selbst, an den Waldhäusern (XXXIX, 60, 9), bei Neuriedlhütte (XL, 57, 6) u. s. w. So gelangen wir zu der grossen Granitgruppe des Dreisesselgebirges, in welchem bis weit in Böhmen und Österreich hinein der Steinwaldgranit herrscht. Daran schliessen sich fast unmittelbar die grossen Granitgebiete, welche sich einerseits bei Wegscheid längs der bayerisch-österreichischen Grenze bis zum Donauthal hinab ziehen und andererseits über den breiten Strich zwischen Passau, der neuen Welt, Ranfels und Schönberg ausgedehnt sind. In letzterem wechseln sehr häufig die mittelkörnigen Steinwaldgranite mit dem feinkörnigen Passauer Waldgranite. Beide finden sich z. B. in nächster Nähe bei Hautzenberg vereinigt. Ausläufer von diesen grossen Granitstöcken reichen oft weit hinaus in das Nachbargebiet, wie z. B. bis Schwanenkirchen (XXX, 49, 3).

### c) Passauer Waldgranit.

Zur dritten Hauptform des Stockgranites nehmen wir den feinkörnigen Granit, den sogenannten Passauer Waldgranit.

Obwohl es an scharfen Kennzeichen fehlt, um diese Modifikation untrüglich von dem ihm zunächst stehenden Steinwaldgranit zu unterscheiden, da beide ineinander verlaufen und die Grösse des Korns sich schwer feststellen lässt, bis zu welchem die Gemengtheile anschwellen dürfen, um noch dem Gestein den Charakter des Feinkörnigen zu belassen, so ist es doch in typischen Formen leicht, diese Granite von einander zu unterscheiden, mindestens ebenso leicht, als das Auge sich gewöhnt, grob- und feinkörnigen Sandstein zu erkennen.

Die feinkörnigen Granite des Passauer Gebirges besitzen dieselbe Zusammensetzung, wie die Steinwaldgranite. Doch verschwindet der weisse Glimmer wegen der feinen Zertheilung der Gemengtheile dem Auge fast ganz und es nimmt das Gestein eine graue Färbung an, die namentlich bei Betrachtung in geringer Entfernung hervortritt. Wollen wir ein mittleres Maass angeben, so kann man annehmen, dass die Feldspaththeilchen die Grösse von 1½ bis 2 Millimeter nicht übersteigen; die Glimmerschüppchen sind noch kleiner und meist fein vertheilt, der Quarz selten deutlich unterscheidbar.

Die Zerkleinerung der Gemengtheile geht so weit, dass endlich ein fast aphanitisches Gestein zum Vorschein kommt, wie z. B. bei Birka unfern Viechtach (XLVII, 42, 2) und das Gestein des Lusengipfels. Die Übergänge in Steinwaldgranit und durch diesen in Krystallgranit gehören zu den nicht seltenen Erscheinungen. Um die Beschreibung dieser Granitvarietät zu vervollständigen, ist hier der Naturabdruck beigesetzt, welcher besser als weitschweifige Worte die Texturverhältnisse deutlich macht.

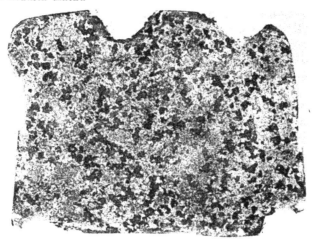

Die Analyse eines Passauer Waldgranites aus der Gegend von Deggendorf bei Auerbach (XXXIII, 49, 12) lieferte folgendes Ergebniss:

Passauer Waldgranit von Auerbach, specifisches Gewicht = 2,685.

LXXX.

| | |
|---|---|
| Kieselerde | 73,900 |
| Titansäure | 0,731 |
| Thonerde | 10,312 |
| Manganoxydul | Spur |
| Eisenoxydul | 0,021 |
| Eisenoxyd ⎱<br>Bittererde ⎰ | 6,492 |
| Schwefelkies | 0,049 |
| Kalk | 1,022 |
| Natron | 3,123 |
| Kali | 3,777 |
| Wasser und Glühverlust | 0,444 |
| | 99,871 |

Der hohe Gehalt an Natron und Kalkerde spricht für eine Beimengung von Oligoklas in grösserer Menge, als sie im sonstigen Waldgranite vorzukommen pflegt, und es scheint fast im Allgemeinen in unserem Gebirge beobachtet werden zu können, dass im Durchschnitt mit dem Zunehmen des Gehaltes an Oligoklas auch eine grössere Verfeinerung und Kleinkörnigkeit des Gesteins eintritt. Accessorische Gemengtheile fehlen fast ganz, mit Ausnahme von Schwefelkies und Schörl. Im Übrigen schliesst sich dieser Granit eng der vorhergehenden Modifikation an, namentlich auch in Bezug auf die Formen, in welchen er an der Oberfläche hervortritt.

Schon in dem nördlichen Krystallgranitgebiete tauchen stellenweise sehr fein gemengte Granite auf. Es genügt, an die kugelförmigen Konkretionen mitten im

Krystallgranit zu erinnern, die früher (S. 299) von Falkenstein erwähnt wurden. Daran schliessen sich feinkörnige Granite von Mitterteich·(LXXXIX, 18, 31) und von Poppenreuth östlich von Tirschenreuth (LXXXIV, 28, 41 und 48). Mit dem Krystall- und Steinwaldgranit' ziehen sich auch die feinkörnigen Granite nach Süden, ohne aber irgendwo grössere Distrikte für sich allein einzunehmen. So reichen nördlich von Waidhaus von Böhmen herein feinkörnige Granite. Häufiger zeigen sie sich im Gebirge südlich von Viechtach mit und zwischen Lagergraniten, z. B. bei Moosbach (XLVII, 38, 15), bei Prackenbach (XLVI, 40, 182), am unteren Bocksberg (XLV, 39, 4). Auch im Schwarzacher Hochwalde begegnen wir ihnen, z. B. bei Haslach (XXXVIII, 40, 50), an vielen Punkten im Russelgebirge, am Dreitannenriegel, am Fusse des Haussteins (XXXV, 48, 2), bei Deggendorf (XXXIV, 44, 7), bei Neuhofen (XXXI, 50, 61), hier mit Ausscheidungen kleiner Orthoklaskrystalle, und an anderen Orten.

Im hinteren Walde kommt der feinkörnige Granit in einer kleinen Partie bei Aigelshof(LVI,41,11) zum Vorschein, hier und da im Lusengebirge, an den Waldhäusern (XXXIX,60,25) und selbst der Trümmerhaufen von Granitblöcken auf der Spitze des Lusen's besteht grossentheils aus diesem Granite, den hier Adern grobkörnigen Granites mit Schörlkrystallen durchsetzen. Das Hauptrevier des feinkörnigen Granites dehnt sich aber erst im Süden, in dem grossen Granitgebiete zwischen Passau und Schönberg, aus. Hier kommt er häufig mit und neben dem grobkörnigen Granite und in denselben übergebend vor. Schöne Gesteine dieser Art bietet namentlich der Frauenwald bei Hautzenstein, auch der benachbarte Guggenberg besteht daraus (XXVI, 66, 6). Durch einen gewissen Grad der Zersetzung gelblich gefärbt, bricht er bei Ulrichsreit unfern Waldkirchen (XXX, 61, 8). Bei Neusässing (XXVII,56, 1) zeigt das Gestein eine Hinneigung zum Vorderwaldgranite. Bei Neuhaus südwestlich von Cham (XLVIII, 33,'16) findet sich ein Granit mit Porphyr-ähnlich dichter Grundmasse, in welche einzelne kleine Säulchen von Feldspath, rundliche Körnchen von Quarz und eckige Schuppen von grünlich- oder braunschwarzem Glimmer eingestreut sind.

## C) Ganggranite.

Wir gehen nunmehr zur Betrachtung derjenigen Granite über, welche, stets auf kleine Räume beschränkt, mehr durch ihre auffallende Beschaffenheit und durch den Reichthum an aussergewöhnlichen Mineraleinschlüssen auffallen, als einen wesentlichen Antheil an dem Aufbau des Gebirges nehmen. Es sind Gesteine, welche in Adern, Nestern und Putzen zwischen und inmitten anderer Granite auftreten und als Ausscheidungen aus letzteren gelten müssen; seltener bilden sie deutliche Gänge mit scharf abgegrenzten Gangflächen und mit einem Bestege als Beweis ihrer späteren Einführung in den Gangraum. Die bei weitem grösste Anzahl dieser Granite lassen sich zusammenfassen unter der allgemeinen Bezeichnung von Pegmatit[1]).

---

[1]) Im Sinne Delesse's (Annales des mines, 4· série, XVI, p. 97) und Naumann's (Lehrbuch der Geologie, II. Aufl., S. 558) also umfassender, als der Begründer des Namens, Hauy, den Begriff eingeführt hatte.

## 1) Pegmatit.

Darunter werden alle grobkörnigen, wesentlich aus Orthoklas (selten Oligoklas), Quarz und weissem, optisch zweiachsigem Glimmer (in einzelnen Fällen schwarzer, optisch einachsiger) bestehenden Granite verstanden, welche in Gängen, Nestern und kleinen Stöcken vorkommen und durch zahlreiche accessorische Beimengungen, am häufigsten von Turmalin, ausserdem von Oligoklas, schwarzem Glimmer, Beryll, Andalusit, Pinit, Apatit, Granat, Columbit, Arsenikkies, Schwefelkies, Triphyllin, Triplit, Zwieselit, Kraurit, Uranglimmer und Steatit u. s. w., ausgezeichnet sind.          ·

Orthoklas von gelblich-weisser, seltener graulicher Farbe, in gewissen Varietäten des Pegmatits fleischroth gefärbt, ist im Ganzen nie durchsichtig, wasserhell, sondern nur in geringem Grade kantendurchscheinend bis undurchsichtig. Die Spaltungsflächen sind meist nur mattglänzend, weil dieselben in unzählig kleine Facetten getheilt sind, die nicht gleichmässig spiegeln, zum Theil auch mit einer Menge von Bläschen und rauhen Abbruchslinien versehen sind, welche den Glanz der Fläche brechen. Sehr eigenthümlich ist der Wechsel von mehr oder weniger wasserhellen Streifen und Flecken mit solchen, welche fast undurchsichtig erscheinen, wodurch das Mineral geadert und gefleckt, gleichsam wie im Kleinen in langgezogene Maschen eines Fischernetzes getheilt sich zeigt. Diese Erscheinung rührt, wie die Untersuchung dünner Blättchen unter dem Mikroskop lehrt, von abwechselnd durchsichtigen oder wasserhellen Lamellen mit solchen her, welche einen gewissen Grad von Undurchsichtigkeit erlangt haben [1]. Indem sich diese Lamellen durch Veräderungen miteinander verbinden, entsteht jene Maschenähnliche Streifung, die wohl mit der Linienstreifung der klinoklastischen Feldspathe verwechselt worden sein mag, da man öfters der Angabe begegnet, die Feldspathe der hierher gehörigen Granite seien Albite. Um diess vom chemischen Standpunkte festzustellen, wurde ein typischer Feldspath aus dem durch seine vielen Mineralien berühmten Quarzbruche vom Hühnerkobel bei Rabenstein einer Analyse unterworfen. Diese ergab:

Orthoklas aus dem Pegmatit des Steinbruches am Hühnerkobel bei Rabenstein, LXXXI.

| | |
|---|---:|
| Kieselerde . . . . . . . . . . . | 63,466 |
| Thonerde . . . . . . . . . . . | 21,418 |
| Kalkerde. . . . . . . . . . . . | 0,547 |
| Natron . . . . . . . . . . . . | 2,232 |
| Kali . . . . . . . . . . . . . | 12,245 |
| | 99,908 |

Diese Zusammensetzung weist den Hauptbestandtheil der Pegmatite unseres Waldgebiets dem Orthoklas zu. Diess wird auch durch seine Krystallform bestättigt. Der Orthoklas ist nämlich zuweilen in sehr schönen und grossen Krystallen ausgebildet (Hühnerkobel, Steinbruch auf der Blöss, bei Bodenmais, an der Jungmeierhütte bei Zwiesel). Am Hühnerkobel erreichen diese Krystalle nicht selten eine kolossale Grösse. Ich maass einen Feldspathkrystall von 1½' Länge und ¾' Dicke. Die Krystallform ist monoklinisch in den Kombinationen der Flächen T, l, P, M, x und y [2]. Gemessen wurden die Winkel zwischen P und M = 90°, T und l = 118° 50', T und P = 112° 20', x und T = 111°. Die Rauhigkeit der Oberfläche verhinderte schärfere Genauigkeit. Durch die vorwaltende Ausdehnung der Flächen P und M entstehen rechtwin-

---

[1] Es ist in hohem Grade auffallend, dass auf angeschliffenen und mit verdünnter Flusssäure behandelten Stückchen dieses fein maschenförmig gestreiften Orthoklases die wasserhellen Lamellen rasch von der Säure zersetzt werden, während die opaken weniger angegriffen sich zeigen und nur wie zerfressen aussehen. Es gewinnt daher den Anschein, als ob in diesem Feldspathe Kieselerde-reichere und -ärmere Lamellen in dünnsten Flasern miteinander verwachsen wären.

[2] S. Naumann, Lehrbuch der Mineralogie, S. 313, Fig. 8.
n und o.

kelige, säulenförmige Krystalle, welche bei dem Übergewicht von M gegen P in's Tafelförmige übergehen.

Sehr häufig sind Quarz und weisser Glimmer selbst in der auskrystallisirten Feldspathmasse eingeschlossen und weisser Glimmer überdeckt, dicht angeschmiegt, die Krystalloberflächen an einzelnen Stellen. Auch feine Turmalinkryställchen breiten sich auf den Krystallflächen aus, zum Theil in die Feldspathmasse eingesenkt, zum Theil über diese vorragend.

An manchen Lokalitäten lässt sich auch das Vorkommen von Oligoklas neben Orthoklas im Pegmatit erkennen. Hierbei ist dann zuweilen der erstere in Streifen und scheinbar unregelmässigen Partieen mit dem Orthoklas verwachsen, so dass man auf manchen Spaltungsflächen neben glatten Zonen auch solche mit feinster Linearstreifung wahrnimmt.

Zu den seltenen Erscheinungen gehört die röthliche Färbung des Orthoklases. Diese Farbe ist innerhalb unseres Gebiets fast ausschliessliches Eigenthum des Oligoklases. Es erregt desshalb immer Verdacht, sobald wir röthlichem Feldspath begegnen, ob wir es nicht mit Oligoklas zu thun haben. In der That habe ich an einer Reihe von Pegmatit-ähnlich ausgebildeten grosskörnigen Graniten den rothen Feldspath an der Parallelstreifung und an dem Spaltungswinkel von 86° als Oligoklas erkannt. Bei einer anderen Reihe konnte ich mich nicht von der Oligoklasnatur des röthlichen Feldspaths überzeugen. So fehlt dem rothen Feldspathe vom Muglhof bei Weiden (LXXIII, 21, 58), ebenso jenem von Haid bei Tirschenreuth (LXXXI, 22, 7) jede Spur einer Parallelstreifung und bei ersterem beträgt der Spaltungswinkel 90° oder nahezu 90° und das specifische Gewicht = 2,565, Eigenschaften, die sehr entschieden auf Orthoklas deuten. Auch bei Bayerisch-Eisenstein wurde ein Pegmatit mit rothem Orthoklas (XLVII, 52, 4) beobachtet.

Der zweite Hauptgemengtheil ist der Quarz. Derselbe kommt meist durchsichtig, wasserhell, vorherrschend mit einem Stich in's Grauliche und Röthliche vor, doch auch häufig trübe, milchig und undurchsichtig. Die reinsten graubraunen Farben gehören dem Rauchtopas, die reinsten rothen dem Rosenquarz dar.

Obwohl der Quarz stets eine Neigung verräth, auszukrystallisiren, erscheint er doch im Ganzen selten in ausgebildeten Krystallen, wie als schöner Rauchtopas am Hühnerkobel und am Schafhof bei Kötzting (LII, 42, 4), gleichfalls als Rauchtopas bei Pleinting unfern Vilshofen (XXV, 50, 1) und am Kirchberg. Meist findet er sich derb, die Zwischenräume zwischen Feldspath und Glimmer ausfüllend. In einem Mittelzustande zwischen derb und krystallisirt tritt der Quarz in denjenigen Pegmatiten auf, welche man durch die besondere Bezeichnung Schriftgranite hervorzuheben pflegt. Man versteht darunter solche Pegmatitvarietäten, bei welchen in der Orthoklasmasse der Quarz in mehr oder weniger parallel laufenden stengligen Absonderungen eingebettet liegt. Auf der zur Längenrichtung quer laufenden Bruchfläche erscheinen diese Quarzstengelchen in Zeichnungen, welche einer Keilschrift nicht unähnlich sind. Die einzelnen Quarzstengelchen sind nicht vollständig auskrystallisirte Säulen; diess beweisen die stark gestreiften aus- und einspringenden Seiten, welche als Zusammensetzungsflächen zu betrachten sind. Noch bestimmter wird diess im Querbruche erkannt; denn hier bilden die Schrift-ähnlichen Quarzlamellen nur Winkel, welche von der sechsseitigen Säule hergeleitet werden können, wenn bei dieser bald die eine, bald die andere der sechs Seitenflächen verschwindet, also Winkel von 120°, 90°, 60° und 30°. Auch Lamellen mit parallelen Seitenflächen kommen vor, wenn zwei Seiten des Prisma's mit Zurückdrängen der übrigen weitaus vorwalten. Die Lamellen bilden keine geschlossene Figuren, sondern erscheinen wie die Wandungen von sechsseitigen Säulen, welche der Länge nach halbirt, gedritttheilt oder geviertelt u. s. w. sind. Die durch ein- und ausspringende Kanten erzeugte grobe Streifung findet sich übrigens bei den meisten Quarzmassen der Pegmatite. Es ist sehr bemerkenswerth, dass selbst auskrystallisirter Orthoklas da, wo er an solche Quarze grenzt, oder wo diese in den Orthoklas eingewachsen sind, genau die Eindrücke dieser Streifen besitzt. Es muss demnach, wenn die Orthoklassubstanz vor der Verfestigung des Quarzes ausgeschieden wurde, jene noch längere Zeit einen gewissen Grad von Weichheit behalten haben, um die Eindrücke anzunehmen, welche erst bei dem Festwerden des Quarzes durch die Bildung der oben beschriebenen groben Streifen entstehen. Der beigegebene Naturabdruck zeigt auf's klarste diese Art der Schriftgranite.

Tschermak[1]) betrachtet manchen Rosenquarz von Rabenstein und den Quarz vom Hörlberg als Pseudomorphosen nach Orthoklas, weil sich gewisse regelmässig scheinende Abson-
derungsmassen bei diesem zeigen. Ich konnte mich von der Richtigkeit dieser Ansicht nicht
überzeugen und glaube vielmehr annehmen zu sollen, dass die oft regelmässige Verwachsung
der Feldspathe Veranlassung war, dass der zwischen den Orthoklasmassen eingeschlossene
Quarz, dem übrig gebliebenen Raum sich fügend, eine regelmässige Form nachahmt. Vollständig
auskrystallisirter Quarz bricht in dem Pegmatit am Leonhardsberg bei Mitterteich und bei
Bayerisch-Eisenstein. Was die chemische Beschaffenheit des Quarzes anbelangt, so zeichnet
sich der Quarz der Pegmatite durch seine grosse Reinheit aus. Darauf beruht seine vortreff-
liche Brauchbarkeit zu den feinsten Glassorten und sein Vorkommen begründet theilweise die
Blüthe der bayerischen und böhmischen Glasfabrikation und die Schönheit ihrer Produkte.

Die auffallende Färbung des Rosenquarzes, welcher sich nicht bloss am Hühnerkobel
bei Rabenstein, sondern auch in den Steinbrüchen von Frath, auf der Blöss und am Hörnlberg
bei Bodenmais, dann am Schönberg bei Arnbruck, ferner bei Alberting (XXXVI, 44, 5) und
bei Winzer, bei Pleistein, auf dem Pegmatitgang und am Mühlbühl bei Tirschenreuth, bei
Frauenreuth (LXXXIV, 26) findet, wird nach N. Fuchs[2]) veranlasst durch einen Gehalt an
Titan. Fuchs fand im Rosenquarz von Rabenstein 1 bis 1,5% Titanoxyd, aber weder
Alkali noch alkalische Erden. Berthier[3]) dagegen glaubte, dass wenigstens der Rosenquarz
von Quincy durch organische Stoffe gefärbt sei. Da indess nach Wolf[4]) der Rosenquarz durch
Glühen weder an absolutem noch an specifischem Gewicht verliert, so scheint die Berthier'sche
Ansicht geringe Wahrscheinlichkeit für sich zu haben, um so weniger, als nach meinen Versuchen bei nicht zu starkem Glühen der Rosenquarz zwar sich ausbleicht, aber nach dem Erkalten und längerem Liegen sich wieder etwas anfärbt. Überhaupt ist das gänzliche Ent-
färben durch Erhitzen schwer sicher zu erkennen, da durch das Rissigwerden die Durchsichtigkeit verloren geht. Der gleichfalls am Hühnerkobel bei Rabenstein in schönen Krystallen,
ferner auf der Stangen unfern Bodenmais und bei Herzogau vorkommende Rauchtopas dagegen bleicht sich bei nicht sehr bedeutender Hitze vollständig aus, ohne seine Farbe beim
Abkühlen wieder zu erlangen.

Der dritte wesentliche Gemengtheil des Pegmatites ist der weisse, optisch zweiachsige
Glimmer. Seine Farbe ist rein weiss, oft in's Rauchgraue und Röthlichgraue überspielend.
Derselbe bricht in oft grossen Schuppen, welche in der Feldspath- und Quarzmasse eingewachsen sind. Diese Schuppen besitzen häufig die Form sechsseitiger Tafeln. Am Hühnerkobel
kommt der Glimmer auch in wohl ausgebildeten Prismen mit sehr rauhen Seitenflächen vor,

-------

[1]) Sitzungsberichte der k. k. Akademie der Wissenschaften in Wien, XLVII, 1862, S. 461.
[2]) Schweizer's Journal, LXII, S. 253.
[3]) Annales des mines, XIII, p. 218.
[4]) Journal für praktische Chemie, XXXIV, S. 467

deren Winkel zu 118° und 62° gemessen wurden. Stellenweise ist dieser Glimmer in prächtigen blumigblättrigen und strahligen Massen ausgebildet, welche an Dendriten erinnern, z. B. am Mühlbühl bei Tirschenreuth. Auch Zwillingsbildungen fehlen nicht, bei welchen der Glimmer von einer feinschuppigen centralen Masse aus in grossen Krystallblättern nach allen Richtungen strahlig sich ausbreitet. Diese Blätter endigen nach aussen mit Schwalbenschwanz- ähnlichen Aus- und Einsprüngen, ganz ähnlich den bekannten Gypszwillingen. Die Seiten der zusammenstossenden Spitzen bilden Winkel von circa 60°, die der zurücktretenden Buchten dergleichen von circa 120°. Die Spaltungsflächen sind diesen Winkeln entsprechend gestreift. Fundorte dieser Schwalbenschwanz-Zwillinge sind die Sägmühle bei Tirschenreuth, der Mühlbühl daselbst, das Bärnauer Gebirge und das Randgebirge südlich von Weiden.

Noch verdient eine Art des Vorkommens von weissem Glimmer inmitten des schwarzen besonders hervorgehoben zu werden. Der schwarze einachsige Glimmer ist nämlich eine nicht seltene Beimengung im Pegmatit; in dem Gestein vom Dölsch bei Neustadt a./Wn. (LXXVIII, 18, 2) herrscht er sogar vor und umschliesst in reichlicher Menge kleine sechsseitige, scharf abgegrenzte Täfelchen von weissem Glimmer, welche, in verschiedenen Blätterlagen eingefügt, bald ganz an der Oberfläche liegen, bald nur aus tieferen Lagen durchschimmern.

Wir schliessen hier gleich das Wenige an, was über den schwarzen Glimmer der Pegmatite anzuführen ist.

Diese Glimmerart erscheint nur als unwesentliche Beimengung; denn der schwarze Glimmer kommt neben dem weissen im Pegmatit nur selten vor, er fehlt sogar an vielen Fundorten ganz; dagegen verdrängt er auch zuweilen (Herzogau) den weissen Glimmer ganz.

Der schwarze Glimmer ist optisch einachsig, von tombackbrauner Farbe und bricht in dem weissen Glimmer analogen grossen Tafeln oder was für ihn eigenthümlich ist, in langen lanzettförmigen Nadeln. Die oft sechsseitigen, oft rhombischen Tafeln schliessen in ihren Seiten Winkel von circa 120°, die letzteren von circa 60° und 120° ein; die nadelförmigen Krystalle entstehen einfach durch unverhältnissmässig grössere Ausdehnung zweier paralleler Seiten der sechsseitigen Tafeln. Der schwarze Glimmer ist stets zu Zersetzungen geneigt. Die Oberfläche der Tafeln ist daher meist matt, wie blindes Fensterglas, und trübe schmutzig-weissbraun gefärbt. Zuweilen ist die ganze Masse in eine weiche, nicht mehr elastisch biegsame und in dünne Blättchen spaltbare, schmutzig-grünbraune Substanz, welche Ähnlichkeit mit dem Pinit zu besitzen scheint, wie in der Pseudomorphose nach Turmalin von der Blöss unfern Bodenmais, oder in ein lebhaft grünes, Chlorit-ähnliches Mineral (Griesbach) verwandelt. Auch der weisse Glimmer ist zuweilen in eine weiche, fettig anzufühlende, durchscheinende, weingelbe Substanz übergeführt, wodurch der Glimmer stellenweise selbst eine grünlich-gelbe Färbung angenommen hat.

Neben dem Orthoklas bemerkt man, wie erwähnt, in den meisten Pegmatiten auch Oligoklas, oder wenigstens einen Feldspath mit deutlich parallel gestreiften Spaltungsflächen, in untergeordneter Menge. In dem typischen Pegmatit von Rabenstein zeigt er sich in graulich-weissen Particen, welche zwischen dem Orthoklas und Quarz liegen oder auch, wie bereits erwähnt, in bandförmigen Streifen und Putzen mit den durch die Analyse sicher als Orthoklas bestimmten Feldspathmassen dicht verwachsen sind. So erscheint er in den Pegmatiten der meisten Fundorte accessorisch. Vorwiegend, fast ausschliesslich tritt er dagegen in gewissen Pegmatiten hervor, welche wie jene am Hörlberg [1]) und überhaupt im Lamer Winkel sich durch das Vorwalten von Schörl- und Granateinschlüssen auszeichnen. Auch hier behält er die charakteristische grauliche Farbe bei, welche bestättigt, dass wir trotz des Vorwaltens der klinoklastischen Feldspathe es doch mit wesentlich derselben Gangformation zu thun haben. Im westlichen Theil des Waldes, in dem Regengebirge dagegen scheiden sich die dort vorkommenden Pegmatite, wie durch ihre röthliche Farbe im Allgemeinen, so auch durch das Vorherrschen rother Oligoklase ab. Zugleich scheint hier nur weisser Glimmer und als accessorischer Bestandtheil nur Schörl sich zu finden; auch ist mir kein Gestein zu Gesicht

---

[1]) Tschermak betrachtet den parallelstreifigen Feldspath vom Hörlberg als Albit (Sitzungsber. der k. k. Akademie der Wissenschaften in Wien, 1863, XLVII, S. 451).

10 *

gekommen, bei welchem der trübe röthlich-graue Quarz dieses Pegmatites nach Art des Schriftgranites mit dem Oligoklas verwachsen ist. Dadurch dürfte die Ausscheidung einer eigenen
Varietät des Pegmatites gerechtfertigt sein.

Unter allen accessorischen Beimengungen nimmt der gemeine, schwarze Schörl die
erste Stelle ein. Das Vorkommen desselben in der erstaunlichen Grösse von 1¼' Länge und ¼' Dicke
am Hörlberg bei Bodenmais und in prächtigen Krystallen um Rabenstein und Zwiesel hat diesen
Fundorten europäischen Ruf verschafft. Wir finden den Schörl stets in Krystallen, meist in
säulenförmigen Prismen mit geraden Endflächen oder rhomboëdrischer Zuspitzung. In dem
Pegmatit von der Sägmühle bei Tirschenreuth kommen auch hemiedrische dreiseitige Säulchen
vor. Die Krystalle liegen theils einzeln und zerstreut in den übrigen Gemengtheilen, theils
vereinigen sie sich zu büschelförmig auseinanderlaufenden Aggregaten oder, wo sie auf einer
Fläche sich ausbreiten, zu strahligen Büscheln. Nicht selten nehmen sie in Gangmassen
gegen die Gangwände hin an Häufigkeit zu und stellen sich hier mehr oder weniger senkrecht
auf diese Gangfläche, oder die strahlenförmigen Büschel, welche auf der Gangfläche aufsitzen,
zeigen einen Aufbau, der von dieser Grenzfläche ausgegangen ist. Nur selten, wie bei Kötzting (L, 40, 4), bei Oberaign (XXXIII, 51, 1) und Kollberg (XXXV, 44, 5), bei Deggendorf und
bei Tirschenreuth, bildet der Turmalin feinkörnige krystallinische Massen, welche am erstgenannten Orte Quarz wie mit einer derben Kruste überziehen. Merkwürdig sind hier die py-
ramidal zulaufenden Krystalle mit Treppen-ähnlichen Absätzen (Hörlberg).

Längere Schörlkrystalle sind selten unverletzt und ganz, gewöhnlich sind sie vielfach
quer zerbrochen, stückweise etwas auseinandergezogen oder seitlich verschoben. Die Zwischenräume zwischen den Bruchstellen sind meist durch Quarz ersetzt und so die Krystalle gleichsam wieder zusammengekittet. In Folge dieser Zerstückelung erscheinen die Turmalinsäulen
zuweilen gebogen und geknickt. Der braunschwarze Schörl vom Hörlberg zeigt mit dem
Stauroskop die Eigenschaft optisch zweiachsiger Mineralien, er ist in dünnen Blättchen von
gelblich-brauner bis olivenbrauner Farbe und besitzt ein specifisches Gewicht von 3,154. Seine
chemische Zusammensetzung ist nicht genau bekannt. Denn wenn auch die Analyse C. Gmelin's [1]) eines Schörls von Rabenstein bei Zwiesel auf ein unzweifelhaft gleich zusammengesetztes
Mineral sich bezieht, so wurde doch durch diese weder Fluor noch Phosphorsäure bestimmt. Auch
ist die Angabe eines so hohen Gehaltes an Bittererde (6,14%) wahrscheinlich nicht richtig.

In Ermangelung sonstiger Analysen geben wir hier die C. Gmelin'sche Analyse, fügen
jedoch zur Orientirung diejenige Rammelsberg's [2]) bei, welche sich auf ein unserem
Vorkommen in allen Stücken ähnliches Mineral des nächst benachbarten böhmischen Gebirges
bezieht:

LXXXII.

| Turmalin von Rabenstein bei Zwiesel nach Gmelin. | | Turmalin von Krummau in Böhmen nach Rammelsberg. |
|---|---|---|
| Fluor . . . . . . . | — | 1,90 |
| Phosphorsäure . . . | — | — |
| Kieselsäure . . . . | 35,48 | 38,43 |
| Borsäure . . . . . | 4,02 | 8,06 |
| Thonerde . . . . | 34,75 | 34,25 |
| Eisenoxyd | | 9,98 |
| Eisenoxydul | 17,44 | 1,44 |
| Manganoxyd . . . | 0,43 | — |
| Bittererde . . . . | 6,14 | 3,84 |
| Kalkerde . . . . . | — | 0,44 |
| Natron . . . . . . | 1,75 | 1,36 |
| Kali . . . . . . . | 0,48 | 0,30 |
| Glühverlust . . . . | — | 2,66 |

[1]) S. Rammelsberg, Handbuch der chem... Mineralogie, S. 676.
[2]) Ebendaselbst S. 676.

Der Schörl erleidet im Ganzen selten eine Umänderung. Am weitesten fortgeschritten finden wir diese an manchen Turmalinen aus dem Pegmatit der Sägmühle bei Tirschenreuth, wo selbst sowohl die körnig-krystallinischen Massen, wie auch die erwähnten dreiseitigen Prismen theils in grünlich-weissen, theils durch Eisenoxyd intensiv roth gefärbten Speckstein umgewandelt sind. Einzelne Krystalle bestehen theilweise selbst aus Eisenoxyd. Auch eine Umbildung des Schörls in Glimmer scheint stattgefunden zu haben, obwohl man sich nicht verleiten lassen darf, alle Glimmerblättchen, welche den Schörlkrystallen angeschmiegt und mit der Substanz dicht verwachsen oder auch mitten eingeschlossen sind, für Pseudomorphose zu erklären. Es kommen schon ursprünglich in die Schörlmasse eingewachsene Glimmerpartieen und Quarzkörnchen vor. Es beweist dieses die scharfe Grenze der Glimmerschuppen und ihre sechsseitige Tafelform. Dagegen bemerkt man an mürben, von Rissen und Sprüngen durchzogenen Schörlkrystallen sehr häufig (Hörlberg, Klautzenbach bei Zwiesel, Pleistein, Lusen, Rinchnach [XXXIX, 53, 6], bei Grafenau und an vielen anderen Orten), dass auf den Kluftflächen nicht nur rostfarbige Überrindungen erscheinen, sondern es zeigen sich auch kleine, nur lose anhängende, silberweisse Schüppchen, welche wie weisser Glimmer aussehen. Sie sind auffallend weich und zerreiblich. An einem Exemplar von Klautzenbach (XLIV, 52, 3) ist das eine Ende eines zwei Zoll langen Krystalles fast ganz durch weissen, optisch zweiachsigen Glimmer ersetzt, während das andere Ende nur Spuren der Umänderung erkennen lässt. Die Glimmerschüppchen haben die Richtung der Hauptachse und schliessen mitunter noch wenig zersetzte Turmalinlamellen zwischen sich ein. Eine hier sich anreihende Pseudomorphose, die gewöhnlich von Andalusit abgeleitet wird, soll bei diesem sogleich näher zur Sprache gebracht werden.

Einige interessante Fundorte von Schörl sind z. B. ausser den genannten der Lindberg bei Zwiesel mit 30 Millimeter dicken Krystallen, die Holzmühle bei Lam (LII, 46, 9), Ansdorf bei Hohenwarth (LII, 44, 2) und Kötzting (L, 40. 4), Langholz (XLI, 37, 4), Neurittsteig (LIII, 47, 1), Pleisdorf (LXXXI, 18, 9), Ellenfeld (LXXXII, 27, 8) und Grossbüchelberg (LXXXVIII, 20, 22).

Eine zweite sehr häufige Mineralbeimengung ist der Andalusit in gleicher Beschaffenheit, in welcher er sich auch in Quarzausscheidungen des Glimmerschiefers einstellt. Mit Pegmatit kommt derselbe vor in der Gegend von Zwiesel im Quarzbruche auf der Taferlhöhe bei Oberfrauenau, ausgezeichnet im Quarzbruche auf der Blöss und Stanzen, am Schwarzeneck bei Bodenmais, in einem Schurfe auf Quarz am Nordgehänge des Arbers und im Bärenloch, ebenso in einem Quarzbruche bei Maisried (XLV, 47, 64), in den Pegmatitgängen des Ossagebirges, z. B. am Ossa (LI, 47, 27) und bei Lambach (LII, 48, 2), in kolossalen Massen bei Döfering unfern Rötz, bei Herzogau unfern Waldmünchen, bei Windisch-Eschenbach und an anderen Orten.

Buchholz[1] hat den Andalusit von Herzogau einer Analyse unterzogen und giebt als dessen Zusammensetzung an:

Andalusit von Herzogau . . . . . . LXXXIII.
Kieselerde . . . . . . . . . . . 36,5
Thonerde . . . . . . . . . . . 60,5
Eisenoxyd . . . . . . . . . . . 4,0
————
101,0

Derselbe findet sich immer in säulenförmigen Krystallen und radialstengligen Krystall-Aggregaten, vielfach verwachsen, an der Blöss auch in Durchkreuzungszwillingen, wie sie beim Staurolith sehr häufig sind. Die Farbe ist vorherrschend zwischen Fleisch- und Pfirsichblüthroth mit Übergängen in's Schwarzgraue. Mit dem Stauroskop wurde derselbe als optisch zweiachsig erkannt. Der Andalusit von Herzogau hat ein specifisches Gewicht von 3,145.

Die Erscheinung, dass die Oberfläche der Andalusite mit weissem Glimmer dicht belegt oder wie mit Schuppen bedeckt ist, gehört auch in unserem Gebirge nicht zu den Seltenheiten. Zuweilen stellen sich gegen das untere Ende der Krystallbüschel, wo sie gleichsam wurzeln, die Glimmerblättchen so häufig ein, dass sie die Andalusitsubstanz ganz verdrängen und von der Form der Andalusitkrystalle begrenzt erscheinen. Ebenso zeigen sich überaus häufig

---

[1] Scheerer's Neues Jahrbuch, II, S. 15.

Schuppen weissen Glimmers, parallel zur Längenachse gestellt oder auch senkrecht zu derselben, auf's innigste mit der Andalusitsubstanz verwachsen.

Es ist eine natürliche Folge davon, dass die Krystalle nach der Richtung dieser Glimmer-lamellen beim Zerschlagen am leichtesten zerbrechen und dass daher solche Glimmeranhäu-fungen in der Regel beim Zerschlagen der Andalusite zum Vorschein kommen. Doch fehlen sie auch mitten in der derben Masse nicht ganz, obwohl sie hier seltener sind. Ich beobach-tete sowohl weissen als auch schwarzen Glimmer in Form solcher Einschlüsse, wobei die Frische dieser rings umschlossenen Schuppen gegen den theilweise zersetzten oder doch angegriffenen Zustand des Glimmers an der Aussenfläche ganz besonders auffällt.

Auf der Blöss und im Bärenloch bei Bodenmais, auch zu Herzogau finden sich Partieen von Andalusit, deren Raum fast ausschliesslich von weissem Glimmer eingenommen wird. Alle diese Glimmerschuppen, welche den Andalusit begleiten oder theilweise an seiner Stelle vorkommen, betrachtet man ziemlich allgemein als Erzeugniss des Pseudomorphismus[1]. Meine Beobachtungen an den Andalusiten der Pegmatite des ostbayerischen Grenzgebirges sprechen nicht dafür, alle mit dem Andalusit vorkommenden Glimmerpartieen für Pseudomorphosen zu halten. Es ist vorerst zu bemerken, dass der weisse Glimmer nicht bloss auf der Ober-fläche und auf Zerklüftungen des Andalusits vorkommt, sondern auch in scharf begrenzten Blättchen mitten in seiner Substanz, wo auch keine Spur eines Bisses oder eine begonnene Zersetzung wahrzunehmen ist. Diese Glimmerpartieen sind besonders frisch und unangegriffen und lassen den Gedanken an eine Pseudomorphose nicht zu. Aber noch bemerkenswerther ist das Vorkommen von schwarzem Glimmer neben weissem. Diese Beimengung beweist die Thatsache, dass Glimmer in der Substanz des Andalusits primitiv eingewachsen ist, unzwei-deutig. Auch bemerkt man da, wo der Andalusit, wie auf der Blöss, in eine weiche Onkosin-ähnliche Substanz übergegangen ist, dass auch der weisse Glimmer ganz oder theilweise in eine ähnliche Masse verwandelt erscheint. Wo auch Klüften Glimmerschüppchen liegen und sich Spuren begonnener Umänderung am Andalusit wahrnehmen lassen, da hält auch der vorfind-liche weisse Glimmer in seiner Versetzung gleichen Schritt mit dem Grade der Veränderung der Andalusitsubstanz, während da, wo letztere frisch ist, auch der Glimmer, wie bei dem Einschlusse mitten im Andalusite, vollständig glänzend, fest, elastisch und unzersetzt geblieben ist. Andalusit und Glimmer unterliegen gleichzeitig einer Umwandlung und es hat nicht den Anschein, als ob der Glimmer erst aus dem Andalusit entstehen muss, um so weniger, da er ja rings in der ganzen Gesteinsmasse — offenbar als nicht Pseudomorphose — eingesprengt ist. Wir führen aber weiter eine Thatsache an, welche alle Einrede ausschliesst. Man sieht nämlich da, wo die Glimmerblättchen schuppig auf der Andalusitfläche vorstehen, namentlich gerade auch da, wo gegen das untere Ende der Krystallbüschel der Glimmer so gehäuft auf-tritt, in dem umgebenden Quarz deutlich die Eindrücke der Glimmerschuppen. Wäre der Glimmer eine sekundäre Bildung, so wären diese Eindrücke in der Quarzhülle ganz undenkbar.

Es soll damit weder die Möglichkeit der Glimmerpseudomorphose nach Andalusit in Frage gestellt, noch das wirkliche Vorkommen an anderen Orten weggeläugnet werden. Dagegen vermag ich nicht einzusehen, mit welchem Rechte die Umwandlung des Dichroits in Glimmer uns nöthigen sollte, denselben Vorgang auch auf allen Glimmer auszudehnen, der mit Anda-lusit vorkommt, oder wesshalb wohl, weil man diese Pseudomorphose in gewissen Fällen nicht in der Natur begründet findet, man auch die Umwandlung des Feldspaths in Kaolin nicht anerkennen dürfe. Verwachsungen von selbst heterogenen Mineralien giebt es bekanntlich viele in der Natur; sie alle für Bildungen der Umänderung zu erklären, wäre zwar konsequent, aber nichtsdestoweniger ein Irrthum. Wir kennen in unserem Gebiete nur eine wirkliche Umwandlung des Andalusits, nämlich die schon erwähnte, welche gleichzeitig auch den benach-barten Glimmer mit ergriffen hat und als Produkt eine weiche, fettig anzufühlende Substanz liefert. Solche Umänderungsmassen werden als Speckstein[2] angesehen; doch liegt keine chemische Analyse solcher Annahme zu Grunde. In der ausgezeichnetsten Weise kommen

[1] Blum's I. Nachtrag zu den Pseudomorphosen der Mineralien, S. 25.
[2] Blum, Pseudomorphosen der Mineralien, S. 128.

diese Pseudomorphosen in dem Quarzbruche von der Blöss bei Bodenmais vor. Die Substanz, in welche die Andalusitkrystalle mehr oder weniger vollständig übergeführt sind, erweist sich als weich, schabbar und fühlt sich fettig an, ohne an der Zunge zu kleben. Es hält sehr schwer, reine Stückchen zu gewinnen, d. h. solche, welche sicher keinen unzersetzten Andalusit- theil mehr enthalten. Sorgfältig ausgewählte Stückchen erwiesen sich aber keineswegs als Speckstein; sie nehmen nämlich vor dem Löthrohre mit Kobaltlösung befeuchtet und geglüht eine reine blaue Färbung an und zeigen selbst einen gewissen Grad von Schmelzbarkeit, wobei die Masse sich etwas aufbläht. Das Mineral steht mithin in der Nähe von Onkosin und Kaolin[1]), ist wahrscheinlich dieselbe Masse, welche Blum[2]) beschreibt und von der Carius folgende Zusammensetzung gefunden hat:

| | | |
|---|---|---|
| · Kieselerde | . . . . . . . . . . | 36,53 |
| Thonerde . | . . . . . . . . . . | 54,05 |
| Eisenoxyd | . . . . . . . . . . | 1,04 |
| Kalk . | . . . . . . . . . . . | 0,02 |
| Bittererde | . . . . . . . . . . | 0,91 |
| Natron . . : | . . . . . . . . . . | 1,20 |
| Kali . | . . . . . . . . . . . . | 0,54 |
| Wasser . | . . . . . . . . . . . | 6,92 |
| | · | 101,21 |

Eine ganz gleiche Mineralmasse fand ich in dem Pegmatit von Herzogau, hier aber, wie es scheint, Umwandlungsprodukt des Orthoklases.

Dieses Zersetzungsprodukt aus Andalusit ist ebenso leicht erklärlich, wie die Entstehung einer Specksteinsubstanz schwierig zu verstehen wäre, da Bittererde-haltige Substanzen in unserem Gebirge überhaupt und besonders im Pegmatite sehr selten sind.

Es reiht sich an diese Substanz am natürlichsten ein in der Bodenmaiser Gegend an mehreren Stellen im Pegmatit neben Andalusit und Schörl auftauchendes Mineral an, welches gewöhnlich als Pinit[3]) bezeichnet wird.

Dieser Pinit scheint den Charakter einer Pseudomorphose so deutlich an sich zu tragen, dass man nicht lange nach dem Mineral suchen zu dürfen glauben könnte, aus welchem es entstanden sei. Auch besitzen in der That sowohl Andalusit wie Schörl in ihren Krystallen ganz ähnliche Formen, wie wir sie bei dem sogenannten Pinit finden. Bei einer näheren Untersuchung ergiebt sich jedoch, dass die Krystalle, welche meist zerbrochen und in den einzelnen Bruchstücken verschoben und ausserdem mit rauhen schuppigen Flächen versehen sind, sich nicht von jenen des Andalusits ableiten lassen. Diese Pinite kommen nämlich in sechs- oder zwölfseitigen Prismen vor, welche nie bei den zugleich beibrechenden Andalusiten beobachtet werden. Auch fehlen den Piniten die stark vortretenden Längsstreifen oder Vorsprünge, welche die Krystallaggregate der Andalusite so ganz bestimmt charakterisiren. Dagegen besitzen sie die büschelförmige Gruppirungsart der Andalusite. Aus Andalusit können aber diese Pinite ihrer Form nach nicht entstanden sein. Auch fehlt trotz des gesellschaftlichen Vorkommens beider Mineralien jede Spur einer Zwischenform oder eines Übergangs.

Mit dem Schörl stimmt dagegen die Krystallform sehr wohl überein, welche meist durch zwölfseitige Tafeln mit Winkeln von 150° bis 152° und horizontaler Endfläche oder Bhomboëder-ähnlicher Zuspitzung dargestellt wird. Doch ist auffallend, dass man den Schörl gewöhnlich nicht in solcher eigenthümlichen büschelförmigen Verwachsung, wie sie die sogenannten

---

[1]) Die Mittheilungen Heymann's (Neues Jahrbuch, 1863, S. 467) über die Andalusite von der Blöss und die dort vorkommenden Pseudomorphosen sind nicht genau. Da in diesen und, so viel bekannt, auch in anderen Pegmatiten kein Dichroit vorkommt, fällt damit Alles, was dort von der Umbildung dieses Minerals gesagt ist.

[2]) II. Nachtrag zu den Pseudomorphosen der Mineralien, S. 79 ff.

[3]) Es ist diess nicht der Pinit, von welchem früher die Rede war, der im Dichroitgneiss vorkommt und auf den offenbar Haidinger's Beobachtungen sich beziehen (Abhandlungen der böhmischen Gesellschaft der Wissenschaften, V. Folge, 1845, S. 8 und ff.).

Pinite darbieten, beobachtet. Aber trotzdem und trotz dem Fehlen der den Turmalinkrystallen sonst eigenthümlichen Längsstreifen, welche durch die Glimmer-ähnliche Schuppung verdrängt oder unkenntlich geworden sind, dürfte hier bei den genau stimmenden Winkeln die Pseudomorphose nach Turmalin nicht zweifelhaft sein. Noch findet sich in derselben Pegmatitbildung zwar der Beryll, welcher seiner Form nach sich vielleicht als primitive Bildung unseres Minerals betrachten liesse; doch fehlen gerade an den Fundstellen des sogenannten Pinits die Berylle und umgekehrt. Auch besteht sonst keine Ähnlichkeit in der Gruppirung der Krystalle und in ihrer äussern Beschaffenheit. .

Der sogenannte Pinit hat das Aussehen von zersetztem Glimmer; der Glanz hält die Mitte zwischen Glimmer- und Fettglanz; die Härte wechselt zwischen der von Gyps und Kalkspath. Das Mineral spaltet sich in ausgezeichneter Weise basisch, d. h. senkrecht zu der Längenachse der Säule. Doch ist die Spaltbarkeit nicht so in dünne Blättchen wie beim Glimmer möglich; es gelingt nur zuweilen, dünne, durchsichtige Blättchen herauszuspalten, die wie grünliche Glimmerschüppchen aussehen, aber nicht elastisch biegsam sind. Auch parallel mit den Seitenflächen der sechsseitigen Tafel zeigt sich, wie es scheint, ein Blätterbruch, doch ist derselbe weniger deutlich, als der basische. Die Winkel der verschiedenen Blätterbrüche, die sich nur approximativ mit dem Anlegegoniometer messen lassen, betragen zwischen 112° und 120°.

Die Substanz ist nach der Untersuchung mit dem Stauroskop optisch einachsig. Doch ist zu bemerken, dass zuweilen Glimmerblättchen eingewachsen sind, welche sich als optisch zweiachsig erweisen, wie denn überhaupt Blättchen weissen Glimmers oft die Krystallfläche bedecken und auf den verschiedenen Spaltungsflächen zum Vorschein kommen. Dem äussern Ansehen nach dürfte man schliessen, dass man bloss mehr oder weniger zersetzten braunen Glimmer vor sich habe; sobald man aber die Masse zerkleinert, verräth die Weichheit und leichte Zerreiblichkeit sogleich die Verschiedenheit von Glimmer. Vor dem Löthrohre blättern sich die meisten Proben auf und schmelzen schwierig, etwa wie weisser Glimmer, an den Kanten zu einem grünbraunen Glase und nehmen mit Kobaltsolution die blaue Thonerdefarbe an. Es geht daraus hervor, dass dieser sogenannte Pinit nur ein Übergangsstadium der Wandelung anzeigt und wahrscheinlich der Hauptmasse nach dem Gigantolith am nächsten kommt. Meine Analyse ergab als dessen Zusammensetzung:

LXXXIII[b].

| | |
|---|---|
| Kieselerde . . . . . . . . . . | 44,10 |
| Thonerde . . . . . . . . . . . | 27,30 |
| Eisenoxydul mit etwas Manganoxydul | 17,28 |
| Kalkerde . . . . . . . . . . . | 1,46 |
| Bittererde . . . . . . . . . . | 0,70 |
| Kali . . . . . . . . . . . . . | 0,96 |
| Natron . . . . . . . . . . . . | 2,14 |
| Wasser . . . . . . . . . . . . | 7,50 |
| | 101,44 |

Die Fundorte für diese schöne Pseudomorphose sind bei Bodenmais der Quarzschurf im Bärenloch, der Quarzbruch auf der Blöss und am Harlachberge.

Zu den charakteristischen Mineralien unserer Pegmatite gehört auch der Beryll[1]). Bis jetzt ist er bekannt aus dem grossen Quarzbruche des Hühnerkobels bei Rabenstein, dann vom Muglhof bei Weiden (LXXIII, 21, 22), von Schwarzenbach (LXXXII, 25, 1) und an der Sägmühle bei Tirschenreuth (LXXXIII, 23, Punkt 1)[1]).

Der Beryll des Waldes findet sich in meist grossen, langen sechsseitigen Säulen mit gerader Endfläche oder seltener mit rhomboëdrischer Zuspitzung. Auch kommen büschelförmigstenglige Aggregate vor. Sehr häufig sind die Säulen nach den basischen Spaltungsflächen

---

[1]) Petzl in Denkschrift der Akademie der Wissenschaft. in München für 1809 u. 1810, S. 580.

[2]) Wineberger giebt ausserdem noch als Fundpunkte an den Urkalk bei Reitbacher und den Porphyr-artigen Granit vom Diessenstein.

gebrochen, verbogen und auseinandergeschoben, jedoch durch Quarzmasse wieder verkittet. Sehr merkwürdig sind die Biegungen der Krystalle, besonders aber der stengligen Aggregate, ohne bemerkbaren Bruch, als sei die Masse in noch weichem Zustande einem Seitendruck ausgesetzt gewesen. Die Farbe wechselt von dem reinen Grün bis in's Grünlich- und Gelblichweisse. Die meisten Krystalle sind undurchsichtig und unrein. Das specifische Gewicht bestimmte ich an Exemplaren von Tirschenreuth zu 2,695, bei solchen von Rabenstein zu 2,743. Wir besitzen Analysen von Rammelsberg[1]) (A) und Hugo Müller[2]) (B und C) über bayerische Berylle.

Beryll von Rabenstein, Tirschenreuth, Schwarzenbach, LXXXIV.

Spec. Gewicht = 2,715 mit Spuren von Verwitterung.

| | A. | B. | C. |
|---|---|---|---|
| Kieselerde . . . . . . | 65,17 | 66,8 | 67,4 |
| Thonerde . . . . . . | 17,17 | 19,9 | 20,0 |
| Beryllerde . . . . , . | 12,70 | 13,1 | 12,0 |
| Eisenoxyd . . . . . . | 2,62 | 0,9 | 0,3 |
| Kalkerde . . . . . . | 2,00 | — | — |
| Bittererde . . . . . . | 0,30 | — | — |
| Wasser . . . . . . . | 0,10 | — | — |
| | 100,06 | 100,7 | 99,7 |

Die Flächen der Berylle sind oft mit weissem Glimmer belegt. Diess sieht man besonders an weggeschlagenen Stücken, bei welchen der Glimmer an der umgebenden Quarzmasse haften bleibt. Dieser Glimmer ist von einer weingrünen Substanz begleitet, welche ein Zersetzungsprodukt des Berylls zu sein scheint. Als solches erscheint deutlicher die sogenannte Beryllerde, welche nach der Analyse von Aug. Müller[3]) besteht aus:

Beryllerde von Tirschenreuth, LXXXV.

(Mehr oder weniger zersetzter Beryll).

| | In Schwefelsäure unlöslich. | durch Schwefelsäure zersetzt. | zusammen. |
|---|---|---|---|
| Kieselerde . . . . . | 41,9 | 16,9 | 58,8 |
| Thonerde . . . . . . | 10,8 | 13,9 | 24,7 |
| Beryllerde . . . . . . | 5,7 | 4,5 | 10,2 |
| Eisenoxyd . . . . . . | — | 2,6 | 2,6 |
| Wasser . . . . . . . | — | 2,5 | 2,5 |
| | | | 98,8 |

Daraus geht hervor, dass der Beryll in fortschreitender Zersetzung begriffen ist. Während die durch Schwefelsäure zerlegbare Masse die eigentliche Beryllerde darstellt, scheint der übrige Theil weniger zersetzt und aus zum Theil noch unzersetztem Beryll zu bestehen.

Sillem[4]) erwähnt auch eine Pseudomorphose von Brauneisenstein nach Beryll von Rabenstein, bei welcher eine Beryllsäule durch den ganzen Krystall in Brauneisenstein umgewandelt ist, und nur am oberen Ende, in der Mitte des Krystalles, fände sich etwas Quarz. Ich habe nie etwas Ähnliches zu Gesicht bekommen. Vielleicht hat Pseudotriplit, der zuweilen in sechsseitigen Säulen sich findet, Veranlassung zu dieser Annahme gegeben. Eine der interessantesten Pseudomorphosen ist jene von Quarz nach Beryll, welche ich in einem Pegmatitstücke von Herzogau auffand, dessen Feldspath gleichzeitig in eine grüne Steinmark-ähnliche Substanz umgewandelt ist. Nach Blum[5]) findet man auch zuweilen an den Beryllen von Rabenstein eine beginnende Umänderung in Glimmer. Ein Exemplar enthalte sehr viele

[1]) Rammelsberg, Handbuch der Mineralogie, S. 555.
[2]) Ebendaselbst und Journal für praktische Chemie, LVIII, 180.
[3]) Korrespondenzblatt des zoologisch-mineralogischen Vereins in Regensburg, 1852, Jahrgang VI, S. 72.
[4]) Poggendorf, Annalen, Bd. 70, S. 568, und Neues Jahrb. für Mineralogie, 1851, S. 398.
[5]) Bischof, Lehrbuch der chemischen und physikalischen Geologie, I. Aufl. II, 1427, und II. Nachtrag zu den Pseudomorphosen der Mineralien von Blum, S. 44.

Glimmerblättchen eingemengt und sei an vielen Stellen mit solchen bedeckt. Offenbar ist damit der früher erwähnte Fall gemeint, welchen ich aber unbedenklich nicht für eine Pseudomorphose, sondern für eine Verwachsung erachte.

Für die Pegmatite mancher Lokalitäten ist auch der Granat charakteristisch. Man trifft ihn in dem Pegmatit auf der Blöss bei Bodenmais (XLV, 48, Punkt a), am Hörl- und Schneiderberg bei Lam (XLIX, 48, 3), bei Klautzenbach (XL, 52, 3) und bei Schönberg unfern Lam (L, 45, 1). Dieser Granat unserer Pegmatite ist stets in Granatoëdern, welche häufig zu Krystallhaufen zusammengruppirt sind, auskrystallisirt, im Ganzen schwarz bis braunschwarz, in dünnen Bruchstückchen pechbraun bis röthlich-braunschwarz; sein specifisches Gewicht beträgt 3,879; vor dem Löthrohre ziemlich leicht schmelzbar zu einer fast metallisch glänzenden Perle, welche deutlich auf die Magnetnadel wirkt; mit Soda auf Platinblech geglüht zeigt sich starke Manganreaktion. Der schwarze Granat des Pegmatites gehört demnach der Gruppe der Eisenmangangranaten an und dürfte sich zunächst an die Granate von Broddbo bei Fahlun anschliessen. Nur an einer Stelle fand sich Epidot im Pegmatit an der Russel unfern Deggendorf (XXXVII, 48, 6).

Zu den eigenthümlichsten und interessantesten Mineralien der Pegmatite des Waldes, welche sich jedoch bis jetzt auf die beiden Quarzbrüche des Hühnerkobels bei Rabenstein und des längst verschütteten unmittelbar bei Zwiesel beschränken, gehören die Phosphate Triphyllin, Pseudotriplit und Zwieselit. Der Triphyllin ist dem Quarzbruche am Hühnerkobel eigenthümlich. Er bricht daselbst in grösseren krystallinischen Massen, mit Beryll, Oligoklas und grünem, optisch einachsigem Glimmer eng verwachsen. Seine Farbe ist gelblich bis grünlichgrau, in's Blaue verlaufend; die Farbennüancen sind oft fleckig vertheilt. Manche Stellen sind stahlblau angelaufen, offenbar in Folge von Zersetzungen. Die Krystallform ist rhombisch, nach Tschermack Kombinationen von Prismen, Domen und Pinakoiden ($\infty$ P 133° $\infty$ $\breve{P}$ 298°, P $\infty$ 79°, 2 $\breve{P}$ $\infty$ 93°, 0 P und $\infty$ $\breve{P}$ $\infty$).

Dieses Mineral wurde zuerst vom Oberbergrath v. Fuchs als neue Species erkannt und analysirt. Wir besitzen eine ganze Reihe von Analysen dieses merkwürdigen Körpers:

Triphyllin vom Hühnerkobel, LXXXVI.

| | A. | B. | C. | D. | E. | F. |
|---|---|---|---|---|---|---|
| Phosphorsäure . . | 41,47 | 36,36 | 40,72 | 40,32 | 41,09 | 44,19 |
| Eisenoxydul . . . | 48,57 | 44,52 | 39,97 | 36,54 | $\begin{cases}\text{Fe } 3,31\\ \text{Fe } 35,61\end{cases}$ | 38,21 |
| Manganoxydul . . | 4,70 | 5,76 | 9,80 | 9,05 | 11,40 | 5,63 |
| Lithion . . . . . | 3,40 | 5,09 | 7,28 | 6,84 | 5,47 | 7,69 |
| Natron . . . . . | — | 5,16 | 1,45 | 2,51 | 0,87 | 0,74 |
| Kali . . . . . . | — | 1,19 | 0,58 | 0,35 | 0,07 | 0,04 |
| Kalkerde . . . . | — | 1,00 | — | 0,58 | — | 0,76 |
| Bittererde . . . . | — | 0,73 | — | 1,97 | 0,48 | 2,39 |
| Kieselsäure . . . | 0,57 | 1,78 | 0,25 | — | — | 0,40 |
| Wasser . . . . . | 0,68 | — | — | — | 1,03 | — |
| | 99,39 | 101,59 | 100,05 | 98,16 | 99,33 | 100,05 |

Demnach ist der Triphyllin eine isomorphe Mischung von Drittelphosphaten mit der Formel:

$$\left.\begin{array}{c}\text{⅓ Li}\\ \text{⅓ Mg}\end{array}\right\}\ ^3\ \ddot{\ddot{P}} + 2\left\{\begin{array}{c}\text{⅓ Fe}\\ \text{⅓ Mn}\end{array}\right\}\ ^3\ \ddot{\ddot{P}}$$

Ich bestimmte an einem sehr frischen Stücke das specifische Gewicht zu 3,543.

Die Analysen stammen von folgenden Untersuchern her:

A) von Fuchs (Journal für praktische Chemie, III, 98; V, 319);

B) von Baer (Journal für praktische Chemie, XLVII, 462);

C) von Rammelsberg (Mittel aus vier Analysen) (Poggendorf, Annal., LXXXV, 439);

D) von Gerlach (Zeitschrift für die gesammten Naturwissensch., IX, 149);

E) von Wittstein (Vierteljahrsschrift für praktische Chemie, I, 506);

F) von Oesten mit einer hellgraugrünen Masse, deren specifisches Gewicht = 3,561 (Poggendorf, Annal., CVII, 436 und CVIII, 647).

Wahrscheinlich rührt die Ungleichheit der Ergebnisse von einem gewissen Grad begonnener Zersetzung her, zu welcher das Mineral sehr geneigt scheint. Schon die häufig vorkommenden gelbgrünen und stahlblauen Flecke zeigen den Beginn der Umänderung an. Eine solche aus zersetztem Triphyllin entstandene Pseudomorphose ist der Pseudotriplit, eine braunschwarze, oft in's Stahlblaue überspielende derbe Masse von mattem Pechglanz, mit einem specifischen Gewicht von 3,167 und folgender Zusammensetzung nach Fuchs (A) und nach Delffs (B):

Pseudotriplit vom Hühnerkobel, LXXXVII.

|  | A. | B. |
|---|---|---|
| Phosphorsäure . . . . | 35,70 | 35,71 |
| Eisenoxyd . . . . . . | 48,17 | 51,00 |
| Manganoxyd . . . . . | 8,94 | 8,06 |
| Wasser . . . . . . . | 5,30 | 4,52 |
| Kieselsäure . . . . | 1,40 | 0,71 |
|  | 99,51 | 100,00 |

Demnach ist die Zusammensetzung eine konstante und entspricht der Formel:

$$\left. \begin{array}{c} ^4/_1 \ \ddot{\overline{Fe}} \\ ^1/_1 \ \ddot{Mn} \end{array} \right\} \ ^3 \ \dddot{P}^2 + 2 \ Aq.$$

Es ist sehr auffallend, dass der Pseudotriplit so häufig in Krystallen getroffen wird, während der Triphyllin aus dem er entstanden ist, so selten bestimmte Krystallisationen wahrnehmen lässt. Der Grund dieser Erscheinung dürfte in dem Umstande zu suchen sein, dass der Pseudotriplit in einer sehr zerbröckelten Gesteinsmasse vorkommt, aus welcher die einzelnen Gemengtheile sich leicht loslösen, während der Triphyllin, mit der Nebenmasse fest verwachsen, sich nicht rein ablöst.

Unter den Krystallformen des Pseudotriplits beobachtete ich am häufigsten rhombische Säulen mit einem Winkel von 135° in Kombination mit einem Brachydoma und der basischen Fläche. Die Flächen sind meist rauh und wulstig, so dass eine Winkelbestimmung nur unsichere Resultate giebt.

Eine gleichfalls aus Triphyllin entstandene Bildung ist der Kraurit[1]), von welchem ich zahlreiche Exemplare vom Hühnerkobel untersuchte. Derselbe scheint zum Theil als Pseudomorphose die Form des Triphyllins beibehalten zu haben, theils kommt er, Drusenräume bedeckend, selbstständig in krystallinisch-körnigen oder strahlig-fasrigen Massen vor. Die Farbe ist dunkel- bis schwarzgrün, der Strich licht gelbgrün. Das specifische Gewicht wurde zu 3,501 bestimmt. Dasselbe Mineral wurde auch im Quarze von Pleistein in ziemlich bedeutender Menge aufgefunden.

Ein offenbar erst aus der weiteren Zersetzung dieses Minerals hervorgegangenes Produkt stellt eine röthlich-braune bis orangenfarbige, fast erdige Substanz vor, welche wesentlich phosphorsaures Eisenoxydhydrat ist und am nächsten mit dem Beraunit[2]) übereinstimmt und wohl auch als Pseudotriplit bezeichnet wird. Es findet sich zuweilen in Drusenräumen in traubigen Knöllchen, welche früher zweifelsohne aus Kraurit bestanden.

Eine andere Zersetzungsweise hat dagegen aus Triphyllin direkt Vivianit entstehen lassen. Man sieht nicht nur gleichsam nur angehauchte Anflüge eines weichen blauen Überzuges, der Vivianit ist, sondern es kommen auch grössere, derbere Konkretionen vor, welche ähnlich wie der Kraurit gebildet sind.

Solche Vivianite wurden auch auf der Ansätz bei Bodenmais (XLVI, 48, 5) aufgefunden. Kleine traubige, radial-fasrige, blendend weisse Kügelchen, welche mit und neben dem Vivianit auftauchen, dürften wohl unbedenklich als Wawellit zu deuten sein.

Auch die Anflüge von Manganoxydhydraten, von Wad und Manganit, welche sich

---

[1]) Es ist diess das von Wineberger a. a. O. S. 59 als Melanchlor aufgeführte Mineral.
[2]) Vergl. Tschermack, Sitzungsberichte der k. k. Akademie der Wissenschaften in Wien, XLVII, 1863, S. 444.

auf Quarz und Feldspath so häufig zeigen, werden bei diesen Umwandelungsprocessen des Triphyllins entstanden sein.

Das zweite Hauptphosphat der Pegmatite des Waldes wurde gleichfalls von Fuchs[1]) entdeckt und als Eisenapatit beschrieben. Breithaupt hat dasselbe nach seinem Fundorte in dem Quarzbruche unmittelbar bei Zwiesel, an der sogenannten Birkhöhe, Zwieselit benannt. Es kommt nicht am Hühnerkobel, dagegen auch in dem an Mineralien sehr reichen Pegmatitgang bei Döfering (LVIII, 34, 17) unfern von Waldmünchen vor.

Das Mineral von Zwiesel besteht bei einem specifischen Gewicht von 4,03 nach der Analyse von Fuchs (A) und Rammelsberg (B) aus:

Zwieselit von Zwiesel . . . LXXXVIII.

|  | A. | B. |
|---|---|---|
| Fluor . . . . . . . . . | 3,18 | 6,00 |
| Phosphorsäure . . . . . | 35,60 | 30,33 |
| Eisenoxydul . . . . . . | 41,56 | 41,42 |
| Manganoxydul . . . . . | 20,34 | 23,25 |
| Kieselsäure . . . . . . | 0,68 | — |
|  | 101,36 | 101,00 |

Nach Rammelsberg[2]) lässt sich daher das Mineral betrachten als

$$\left. {{}^{2}/_{3}\,\dot{Fe}} \atop {{}^{1}/_{3}\,\ddot{Mn}} \right\} \ddot{Fl} + \left. {{}^{2}/_{3}\,\dot{Fe}} \atop {{}^{1}/_{3}\,\ddot{Mn}} \right\}^{3} \ddot{P},$$ nach von Kobell[3]) ist es dagegen: $$3\left. {{}^{2}/_{3}\,\dot{Fe}} \atop {{}^{1}/_{3}\,\ddot{Mn}} \right\} \ddot{Fl} + 4\left. {{}^{2}/_{3}\,\dot{Fe}^{3}} \atop {{}^{3}/_{1}\,\ddot{Mn}^{3}} \right\}\ddot{P}$$

und entweder als isomorph mit Triphyllin oder aus diesem Mineral entstanden. Kenngott[4]) erklärt dieses Mineral für wesentlich mit dem Triplit identisch. Auch v. Kobell nimmt an, dass der Zwieselit mit dem Triplit von Limoges und Schlackenwald nur eine Species bilde oder dass sie, wenn man das Vorherrschen des Eisenoxyduls im Zwieselit berücksichtigen wolle, nur zweien Species angehören.

Der Umstand, dass das Mineral ein sehr frisches Aussehen besitzt und die sonst bei Pseudomorphosen meist in die Augen springenden Spuren vor sich gegangener Zersetzung hier gänzlich fehlen, überdiess auch das primitive Mineral, aus welchem es durch Zersetzung hätte entstehen können, der Triphyllin, in dem Quarzbruche von Zwiesel nicht vorkommt, lässt mich mit mehr Wahrscheinlichkeit annehmen, dass der Zwieselit eine dem Triphyllin analoge primitive Bildung sei.

Diese Annahme wird noch weiter unterstützt durch die Entdeckung einer zweiten Fundstelle dieses bisher bloss auf Zwiesel beschränkten seltenen Minerals, da auch an dieser zweiten Stelle keinerlei Anzeichen einer Pseudomorphosenbildung sichtbar sind. Unfern des Dorfes Döfering südwestlich von Waldmünchen wurde ein Quarzbruch auf einem Pegmatitgange eröffnet und dadurch eine an prächtigem Andalusit reiche Lagerstätte erschlossen. Neben Turmalin erkannte ich in einem stark glänzenden braunschwarzen Mineral den Zwieselit. Derselbe bricht in derben Massen von ziemlicher Grösse. Die schwarze Farbe verwandelt sich in dünnen durchscheinenden Splittern in eine tiefbraune. An solchen durchscheinenden Stückchen konnte ich mittelst des Stauroskops erkennen, dass das Mineral optisch zweiachsig ist. Das specifische Gewicht beträgt 3,905. In allen übrigen Stücken verhält es sich genau wie der Zwieselit von Zwiesel, so dass über die Identität kein Zweifel auftauchen kann.

Aus dem Zwieselit von Zwiesel sieht man durch Zersetzung eine rothgelbe Substanz entstehen, welche wesentlich mit dem schon erwähnten Beraunit vom Hühnerkobel übereinstimmen. Ein sehr seltenes Mineral in dem Pegmatite des Hühnerkobels ist der Apatit

$$(3\,\dot{Ca}^{3}\,\ddot{P} + Ca\,{\textstyle {F \atop Cl}}).$$

Derselbe wurde einmal in schönen blaurothen Krystallen daselbst angetroffen und scheint seit der Zeit nicht wieder vorgekommen zu sein. Dagegen habe ich denselben in dem be-

---

[1]) Journal für praktische Chemie, XVIII, 499.
[2]) Handbuch der Mineralchemie, S. 351.
[3]) Journal für praktische Chemie, 1864, S. 393.
[4]) Übersicht der Resultate der mineralogischen Forschungen im Jahr 1859, S. 30.

kannten Pegmatit am Hörlberg wieder aufgefunden. Hier bildet er violette kleine Krystalle, scheint jedoch auch an dieser Fundstelle zu den grössten Seltenheiten zu gehören.

Nur in dem Pegmatit von der Blöss wurde bis jetzt Kalkspath beobachtet. Im Ganzen nicht sehr häufig stellen sich im Pegmatite unseres Waldgebirges geschwefelte Metalle ein, Schwefelkies, Arseneisen und Zinkblende. Arseneisen von ganz auffallend geringem specifischen Gewichte (= 5,786) findet sich sowohl in dem Quarzbruche des Hühnerkobels, wie in jenem bei Frath unfern Bodenmais. A. Vogel hat diesen Kies des erstern Fundortes analysirt. Er giebt als specifisches Gewicht 6,21 und als Bestandtheile

$$
\begin{aligned}
&\text{Arsen} &&54,70 \\
&\text{Schwefel} &&7,44 \\
&\text{Eisen} &&85,20 \\
&\text{Kupfer} &&\underline{\text{Spur}} \\
& &&97,34
\end{aligned}
$$

an und hält ihn zusammengesetzt nach der Formel Fe S + Fe² As². Er würde demnach eine Stellung zwischen Arseneisen und Arsenkies einnehmen, womit auch seine übrigen Eigenschaften übereinstimmen. — Zinkblende dagegen, innigst mit Speerkies verwachsen, wurde bisher nur am Hühnerkobel beobachtet.

Ein Begleiter der Berylle vom Hühnerkobel bei Rabenstein und in dem Quarzbruche an der Sägmühle bei Tirschenreuth ist das seltene Mineral, welches früher für Tantalit[1]) gehalten, später durch H. Rose als eine eigenthümlich zusammengesetzte Species erkannt und Columbit genannt wurde. Die im Walde vorkommende Species unterscheidet sich nämlich von dem ächten Tantalit von Limoges und aus Finnland dadurch, dass statt Tantalsäure Unterniobsäure (H. Rose) den Hauptbestandtheil ausmacht. Diese Unterniobsäure Rose's soll aber nach Hermann und v. Kobell Tantalsäure enthalten[1]).

Dieses Mineral kam auch in dem Quarzbruche an der Birkhöhe unmittelbar an Zwiesel neben Zwieselit vor und wurde ausserdem in dem Pegmatit an der Sägmühle bei Tirschenreuth, dann in jenem von Alberting unfern Deggendorf (XXXVI, 44, 5 und 20) und am Muglhof unfern Weiden (LXXIII, 21, 22) nachgewiesen. An vielen anderen Orten[2]) mag es bis jetzt übersehen worden sein.

Wir besitzen zahlreiche (10) Analysen des Niobits (von Kobell) oder Rabensteiner Columbits und eine jenes von Tirschenreuth (11).

## LXXXIX.

| | 1[1])<br>Vogel. | 2<br>Danin-Berkowski. | 3<br>Thomson. | 4<br>H. Rose. | 5<br>H. Rose. | 6<br>R. Rose. | 7<br>Awdejew. | 8<br>Jarolson. | 9<br>Chandler | 10<br>Warren. | 11<br>H. Müller. |
|---|---|---|---|---|---|---|---|---|---|---|---|
| Unterniobsäure[4])<br>(Unterniob- und<br>Tantalsäure). | 75 | 75 | 79,65 | 81,07 | 81,34 | 79,68 | 80,64 | 79,73 | 76,02 | 78,51 | 78,60 |
| Zinnsäure . . . . | 1 | 0,5 | 0,50 | 0,45 | 0,19 | 0,12 | 0,10 | 0,10 | 0,47 | 0,03 | 0,17 |
| Wolframsäure . | — | — | — | — | — | — | — | — | 0,39 | 1,47 | — |
| Eisenoxydul . . | 17 | 20 | 14,00 | 14,30 | 13,89 | 15,10 | 15,33 | 14,77 | 17,22 | 15,17 | 15,10 |
| Manganoxydul . | 5 | 4 | 7,55 | 3,85 | 3,77 | 4,65 | 4,65 | 4,77 | 3,59 | 2,31 | 5,20 |
| Kalkerde . . . | — | — | — | — | — | — | 0,21 | — | 0,22 | 0,30 | — |
| Kupferoxyd . . | — | — | — | 0,13 | 0,10 | 0,12 | — | 1,51 | — | 1,57 | — |
| | 98 | 99,5 | 101,70 | 99,80 | 99,29 | 99,67 | 100,93 | 100,88 | 96,91 | 99,96 | 99,07 |
| Spec. Gewicht | 6,464 | — | 6,038 | 6,390 | — | 5,70 | 6,078 | — | 5,971 | 5,698 | — |

[1]) Sitzungsberichte der bayerischen Akademie der Wissenschaften, 1865, Bd. II, S. 68.

[2]) Die Fundorte Bärenloch und Lam, welche Wineberger in seinem Versuch einer geognostischen Beschreibung des Waldgebirges, S. 128, angiebt, beziehen sich auf Kibdelophan, nicht auf Columbit.

[3]) S. die Zusammenstellung in Rammelsberg's Handbuch der Mineralchemie, S. 393 und S. 992 mit den angegebenen Quellen.

[4]) S. Sitzungsberichte der bayerischen Akademie der Wissenschaften, 1865, Bd. II, S. 68.

Nach Hermann's[1]) Untersuchungen besteht jedoch die Säure dieser bayerischen Columbite den Procenten nach aus 59,58 % Unterniobsäure, 9,25 % Niobsäure und 31,17 %
Tantalsäure. Nach Hermann's neuester Analyse enthält der Tantalcolumbit von Bodenmais

Zinnsäure . . . . . . . . . . . 0,45

Tantalsäure . . . . . . . . . . 25,25

Niobige Säure . . . . . . . . . 41,68

Jemensäure . . . . . . . . . . 14,09

Eisenoxydul . . . . . . . . . . 14,30

Manganoxydul . . . . . . . . . 3,85

Kupferoxyd . . . . . . . . . . 0,13
_____
99,75

Oesten[2]) hat dagegen keine Tantalsäure nachzuweisen vermocht.

Die Krystallformen der bayerischen Columbite hat Schrauf[3]) einer genauen Untersuchung
unterworfen und bei den dem rhombischen System angehörigen Krystallen als die gewöhnlichen
Formen gefunden: 0 P, ∞ P ∞; ∞ P 135° 40', ∞ P̆ 3, 101° 26', ∞ P̄ 6 und P, weniger häufig
kommen vor: 2 P ∞ 62° 40', 3 P̆ 3 und P̄ ∞, 101° 12'. Dabei besitzen sie meist einen tafelartigen Habitus durch die Ausdehnung von ∞ P̆ ∞; nebendem sind die Flächen P und
0 P die entwickeltsten. Zwillingskrystalle sind bis jetzt bloss von Rabenstein bekannt; die
Zwillingsebene ist eine Fläche von 2 P̄ ∞, so dass die Hauptachsen bei dem verwachsenen Krystalle einen Winkel von 62° 40' machen.

Den Pegmatiten unseres Gebiets scheint auch der Uranglimmer eigenthümlich zu sein.
Derselbe findet sich spärlich in dem Quarzbruche des Hühnerkobels bei Rabenstein in der Nähe
des Tantalits, aber auch mitten im Granite des zu diesem Quarzbruche getriebenen Stollens.
Sein Vorkommen wiederholt sich in dem Pegmatite der Sägmühle bei Tirschenreuth. H. Müller[4])
giebt an, dass jener von Rabenstein der kalkhaltige Uranit sei, während der von Tirschenreuth Kupferoxyd enthalte, mithin zu Chalkolith gehöre. Das mir zur Disposition stehende
Material reicht nicht zu, die Verschiedenartigkeit zu bestättigen, die wenig Wahrscheinlichkeit
für sich hat. Mit dem Uranglimmer von Rabenstein kommt auch ein staubartiger gelber
Anflug vor, den man für Uranocker halten kann. Das Erscheinen Uran-haltiger Mineralien,
die ganz das Gepräge sekundärer Gebilde an sich tragen, mit und neben Columbit giebt zu
der Vermuthung Veranlassung, dass vielleicht neben den Columbiten auch ein dem Samarskit
ähnliches Mineral im Pegmatite versteckt sei, dessen Zersetzung der Uranglimmer seinen
Ursprung verdanke.

Es genügt, an noch einige andere Zersetzungsprodukte, welche mit Pegmatit aufzutreten
pflegen, zu erinnern, wie z. B. Brauneisenstein, Manganerze (Wad und Manganit) und
Kaolin, welche keine weitere Beschreibung nothwendig machen.

Indem wir zur allgemeinen Betrachtung der Pegmatite wieder zurückgehen,
ist die nächste Frage, ob sich unter der grossen Anzahl von Einzelfunden in den
verschiedenen Gegenden unseres Bezirkes nach gewissen Eigenthümlichkeiten und
Verschiedenheiten der Mineraleinschlüsse u. s. w. nicht gewisse Unterabtheilungen
machen lassen.

Die grosse Mehrzahl aller im Walde beobachteten Pegmatite besitzen ein und
denselben Typus und müssen ungetheilt als zusammengehörig betrachtet werden,
auch wenn an den verschiedenen Fundorten dieses oder jenes accessorische Mineral fehlt, Oligoklas da oder dort häufiger beigemengt ist und schwarzer Glimmer

_____

[1]) A. a. O. S. 394 und Bulletin de la société imp. de natural. de Moscou, XXXVIII,
Nr. 2, S. 345 bis 368.

[2]) Poggendorf, Annalen, XCIX, S. 617.

[3]) Sitzungsberichte der k. k. Akademie der Wissenschaften in Wien, XLIV, S. 445 ff.

[4]) Korrespondenzblatt des zoologisch-mineralogischen Vereins in Regensburg, 1852, S. 76.

stellenweise sich dem weissen beigesellt. Auch die eigentlichen Schriftgranite, d. h. Pegmatite mit Verwachsung des Quarzes und Orthoklases in Schrift-ähnlich gestalteten Ausscheidungen des ersteren, können nicht scharf von der typischen Form gesondert werden, weil sie unvermerkt in diese übergehen. Selbst für diejenigen Pegmatite, welche röthlich gefärbten Orthoklas enthalten, z. B. am Muglhof bei Weiden (LXXIII, 21, 58), bei Haid unfern Tirschenreuth (LXXXI, 22, 7), bei Auerberg unfern Neustadt a./Wn. (LXXIX, 21, 5), bei Tröglerricht unfern Weiden (LXXIV, 21, 59), hier mit Orthoklas-Krystallen, bei Pfreimt selbst (LXV, 20, 6), bei Bayerisch-Eisenstein (XLVIII, 52, 4), können wir kein zureichend festes Kennzeichen finden, um sie als Unterart von der typischen Felsart abzuscheiden. Ebenso wenig lässt sich eine Grenze ziehen zwischen den im höchsten Grade grobkörnigen Gemengen — Riesenpegmatite —, den mittelgrobkörnigen und solchen, welche bis in's ziemlich Feinkörnige übergehen. Letztere gleichen sehr gewöhnlichen Stockgraniten, zeichnen sich aber durch das Vorwalten des weissen Glimmers, durch die Beimengung von Schörl u. s. w. und durch ihr gangförmiges Auftreten aus, welches häufig selbst in Handstücken dadurch angedeutet ist, dass die Schörlnadeln senkrecht zur Gangwand gruppirt sind. Solche feinkörnige Pegmatite durchziehen in vielen Adern den Glimmerschiefer des Ossagebirges, z. B. bei Lohberg, und wurden oft auch innerhalb des Gneissgebiets beobachtet, z. B. an der Frath bei Bodenmais, bei Hohenwardt unfern Kötzting (LH, 43, 5) mit blumig-strahligem weissen Glimmer, bei Aussenried unfern Zwiesel (XLIII, 51, 4) mit zahlreich eingemengten Granaten, bei Schönkirch (LXXIX, 22, 13) mit blumig-strahligem weissen Glimmer, bei Beudel (LXXX, 22, 8) und am Mühlbühl bei Tirschenreuth ebenfalls mit blumig-strahligem weissem Glimmer.

Bei dem Gestein von Beudel fallen mit dem Gangraum parallele Streifen besonders auf, welche zunächst an der Wand aus grobkörnigem Granit mit Oligoklas und zahlreichen senkrecht stehenden, Stricknadel-dicken Schörlkrystallen bestehen; darauf folgt nach innen eine Zone feinen Granites, in welchem die zahlreichen Schörlnädelchen kaum mit blossen Augen zu erkennen sind. Die mittlere Masse ist grobkörnig mit unregelmässig eingebetteten Schörlkrystallen.

Dagegen scheinen gewisse Pegmatite, welche sich in dem Granitstocke zwischen Regen und der oberen Donau gangweise ausbreiten, durch ihren ausschliesslichen oder doch weit vorherrschenden Gehalt an fleisch- bis ziegelrothem Oligoklas neben graulich-weissem, oft in's Röthliche spielendem Quarze und neben dem gleichfalls meist röthlich-weissen, optisch zweiachsigen, in Zwillingen mit Schwalbenschwanz-ähnlichen Enden krystallisirten Glimmer ausgezeichnet zu sein. Man bemerkt neben diesem weissen Glimmer oft noch einen grünlichen, sehr zersetzten, fettig anzufühlenden Glimmer, wie denn das ganze Gestein die Spuren starker Zersetzung an sich trägt, so dass oft selbst an dem Feldspath die Parallelstreifung nicht sicher zu erkennen ist. Schörlkrystalle vervollständigen die Analogie mit typischem Pegmatit. Wir wollen diese Abänderung als rothen Oligoklaspegmatit gesondert zu halten versuchen. Derselbe wurde aufgefunden in mächtigen Massen in dem Gebirge südöstlich von Weiden, namentlich bei Muglhof, bei Hackenberg südwestlich von Nittenau (XLVIII, 23, 9), bei Penting nordöstlich von Bodenwöhr (LVII, 25, 14), bei Kirchenrohrbach (L, 26, 9), bei Schönberg unfern Donaustauf (XLV, 20, 7), hier mit Schörl, zwischen Mainsbauern und Rigertshofen (XLVII, 24, 1), bei Pilgramsberg unfern Stallwang (XLIII, 33, Punkt a) und an anderen Orten.

Daran reiht sich ein Ganggestein von Tittling (XXIX, 57, 1), welches aus fast dichtem fleischrothem Feldspath und Quarz mit ausgebildeten Krystallen in Drusenräumen besteht.

Um eine Übersicht über das Verbreitungsgebiet der typischen grossblättrigen Pegmatite zu geben, gehen wir von dem eigentlichen Mittelpunkt ihrer Entwicklung in dem Gebirgsstocke des Arbers aus. Die Umgebung von Rabenstein, Zwiesel und Bodenmais ist unstreitig die reichste an Pegmatitgängen in unserem ganzen Gebirgszuge. Der Quarzbruch am Hühner-kobel (XLV, 50, 3) bei Rabenstein ist der eigentliche Stammsitz unseres Gesteins.

Das nebenstehende Bild giebt uns eine allgemeine Übersicht über die für die ostbayerische Glasproduktion so wichtige Ablagerung vorzüglich reinen Quarzes am Hühnerkobel, während der folgende Holzschnitt die Vergesellschaftung der einzelnen Mineralausscheidungen an einer Wand dieses Steinbruches darstellt.

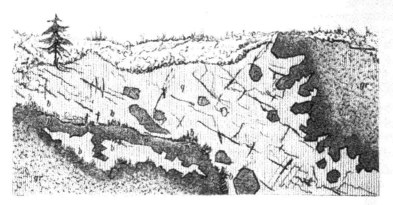

Da dieser Pegmatitgang später noch näher beschrieben werden wird, so beschränken wir hier unsere Erläuterung auf die Erklärung der beigesetzten Buchstaben:

gr bedeutet Granit, das Gestein, in welchem die Gangmasse aufsetzt;

f, die dunkel schattirten Partieen stellen den Orthoklas vor,

q, die halb schattirten den Quarz;

b, t und p deuten die Stellen an, wo sich Beryll, Triphyllin und Pseudo-triplit findet.

Daran reiht sich zunächst der Pegmatitgang, auf welchem ein Quarzbruch auf der Blöss bei Bodenmais (XLV, 49, 3) eröffnet wurde. Er zeichnet sich durch seine grossen Feldspath-krystalle und durch das Vorkommen von Kalkspath, Andalusit, grossen Piniten, schwarzen Gra-naten, Schörlkrystallen und schwarzbraunem Glimmer in tafelförmigen Nadeln aus. Hier findet man auch prächtige Stücke von Schriftgranit und Rosenquarz, welcher an intensiver Färbung dem vom Hühnerkobel nicht nachsteht. Ein ähnliches Verhalten zeigt auch der Pegmatit im Bärenloch am Arber, wo sehr grosse Pinitkrystalle gewonnen worden sind. Der Pegmatit von Frath (XLVI, 46, 6) führt intensiv rothen Rosenquarz, grosse Putzen oft goldgelben zwei-achsigen Glimmers, rothbraune Granaten und saalbandartig ausgeschiedenen dichten Schörl und jener bei Maisried in dem Hühnerloch (XLV, 47, 3 und 7) grosse Ausscheidungen von Ortho-klas und Granaten.

Unmittelbar an Zwiesel streicht der Pegmatit an der Birkhöhe und am Kammermayer-Keller aus. Die früher reichen Quarzbrüche sind jetzt verlassen. Ausgezeichnete Schriftgranite und der seltene Zwieselit verliehen diesem Vorkommen besondere Berühmtheit. Der Pegmatit der Taferlhöhe (XLIV, 55, 1) bei Frauenau ist reich an Andalusit und Schörl, wie jener an der Hilsenhütte (XLIV, 56, 1) an schönen Orthoklaskrystallen und Schwalbenschwanz-förmigem weissem Glimmer sowie jener an der Zimmerhütte (XLIV, 57, 5) und am Lindberg (XLIV, 58, 1) an strahlig auskrystallisirtem Schörl. In der Nähe bei der Zwieseler Gefallhütte (XLVI, 58, 6)

QUARZBRUCH AUF DEM HÜHNERKOBEL BEI RABENSTEIN.

Dgtzed by Go

wurde behufs der Gewinnung von Quarz ein Schurf auf Pegmatit eröffnet. Bei dem Zwieseler Waldhaus (XLVII, 53, 6) erscheint der Quarz röthlich gefärbt, an der Buchenhütte (XLVI, 51, 3) im Schriftgranit gelblich-grau. Bei Klautzenbach (XLIV, 52, 3) finden wir in dem Pegmatit viele schwarze Granaten im Quarz eingewachsen. Bei Bayerisch-Eisenstein in der Defernick (XLVIII, 53, 1) enthalten die Pegmatite viel grauen Oligoklas, wie überhaupt häufiger in der Gegend von Lam und in den Gangadern, welche den Glimmerschiefer des Ossagebirges durchschwärmen, z. B. am Lambach (LII, 48, 6) mit prächtigen, grossen Schörlkrystallen, ebenso am Eckersberg (LI, 48, 6), auf der Eben (XLIX, 50, 3) und bei Schwarzau (L, 47, 10), wo der ziemlich feinkörnige Pegmatit von sehr zahlreichen, in eine dunkelgrüne Steinmark-ähnliche Substanz umgeänderten, kleinen Turmalinnadeln erfüllt ist. So werden wir zu den berühmten Fundstellen des Hörndl-, Schneider- und Harlachberges geführt. Der grosse Quarzbruch (XLIX, 48, 3) am Hörndlberg ist weltbekannt wegen seiner prächtigen, wohlausgebildeten Schörlkrystalle, welche hier mit ziemlich vorherrschendem grauem Oligoklas im Quarz eingebettet liegen. Auch Krystalle weissen Glimmers und schwarze Granaten gehören an dieser Fundstelle zu den nicht seltenen Erscheinungen. Die Pegmatite von Ottmannszell (L, 45, 1), ebenfalls mit vielen schwarzen Granaten und Orthoklaskrystallen, dann jene an der Schwarzacher Höhe (XLIX, 46, 4), bei Arnbruck (XLVIII, 46, 10 und 45, 1) und am Baumgarten daselbst (XLVIII, 44, 4), endlich aus dem Rehberger Eisenschachte (XLVII, 46, 5) bei Draxelsried mit Schörl und Granaten leiten uns in die Gegend von Bodenmais zurück. Hier haben wir zunächst noch des Pegmatitgangs bei Brandten und Langdorf (XLIII, 50, 2) mit Schriftgraniten und grossen Feldspathmassen und jenes bei Böbrach (XLV, 46, 4) mit Schörl in schönen Krystallen und dichten Massen zu gedenken. Daran schliesst sich ein Vorkommen von Quarz, innigst mit Schörl verwachsen, im Rinchnacher Walde (XXXIX, 53, 6).

Nordwärts zeigen sich in der Gegend von Kötzting noch häufig Pegmatitgänge, wie z. B. bei Gehesdorf (L, 40, 3) und Weissenregen (L, 40, 4) mit dicht verwachsenem Schörl, bei Haibühl (LII, 45, 2) gleichfalls mit ziemlich grossen Schörlkrystallen und auch bei Hohenwarth mit ausgezeichnet blumig-strahligem weissen Glimmer.

Noch weiter gegen Norden und Nordwesten verschwinden fast alle Spuren der Pegmatite auf grösseren Strecken. Im Gebiet des hohen Bogens ist nur am Vorderbuchberg (LV, 44, 1) und bei Rimmbach (LII, 42, 6), hier mit Rauchtopas, ein Pegmatit-ähnliches Gestein gefunden worden. Es enthält jedoch nur braunen, optisch einachsigen Glimmer und neben vielem Quarze, soweit sich diess untersuchen liess, nur gelblich-weissen Oligoklas, wesshalb Bedenken bestehen, dieses Ganggestein dem Pegmatit zuzuzählen. Ächte Pegmatite gehen dagegen auf der Öd bei Cham (LI, 36, 1) zu Tag und umschliessen in Schriftgranit-artigem Granit grosse Schörlkrystalle. Auch nördlich von der Chamb-Regenthalung zeigen sich die Pegmatite nur vereinzelt. In südlicher Richtung von dem Bodenmais-Zwieseler Centrum gehören Pegmatite gleichfalls zu den seltensten Erscheinungen. Typische Ganggranite wurden hier beobachtet bei Guglöd (XL, 60, 8) mit grossen Schörlkrystallen, an den Waldhäusern des Lusen (XXXIX, 60, 28) und am Lusengipfel, bei Kleinphilippsreuth unfern Wolfstein (XXXVI, 67, 5 und XXXV, 66, Hüterhügel) mit grossen Krystallen von Schörl und Andalusit. Bei einem grosskörnigen Ganggestein bei Wegscheid (XXIV, 70, 2), wie bei dem feinkörnigen von Wildenranna und Eckwies bei Griesbach (XXIII, 69, 4 und 6) ist die Zugehörigkeit zum Pegmatit zweifelhaft. Aus der Gegend von Vilshofen wurden schon früher Pegmatite erwähnt. Ihnen schliessen sich im Ödenwieser Gebirge die ausgezeichneten Schriftgranite vom Schneeberg (XLI, 42, 1), dann jene von Handling bei Ruhmannsfelden (XLII, 44, 1), von Birka bei Viechtach (XLVII, 42, 3), von Neurandsberg (XLVII, 38, 9) mit grossen Tafeln schwarzen Glimmers, von Oberbocksberg (XLV, 39, 4) und die Pegmatite bei Deggendorf (XXXIV, 45, 5 und XXXVI, 44, 5 und 20) an. Von letzterem Punkte wurde schon früher das Vorkommen von Columbit hervorgehoben. Hierher gehört wahrscheinlich auch ein grobkörniger Granit, der bei Neukirchen unfern Mitterfels zu Tage tritt (XLI, 38, 212 und XLI, 37, 5). In dem östlichen Urgebirge zwischen Donau und Regen und nordwärts gegen Naabburg und Neuburg v./W. treten die Pegmatite fast nur in der Abänderung auf, die als rothe Oligoklas-Pegmatite früher beschrieben wurde.

Gehen wir zurück in das hintere Waldgebirge nordwärts der Chamb-Regenthalung, so begegnen wir einer ausgezeichneten Pegmatitbildung erst wieder bei Waldmünchen. Hier sind es vor Allem die Pegmatite von Herzogau, schon altbekannt durch die Einschlüsse von schönen Andalusiten, welche unsere Aufmerksamkeit verdienen. Es sind zum Theil sehr schöne Pegmatite mit Oligoklas, welche Andalusite und grosse Schörlkrystalle beherbergen; doch trifft man auch Gestein mit sehr grossen Tafeln schwarzen, optisch einachsigen Glimmers. Daran schliesst sich westwärts der prächtige Pegmatit von Döfering (LVIII, 34, 17) unfern Rötz an, wo kolossale Krystallbüschel von Andalusit und der seltene Zwieselit entdeckt wurden. Der Feldspath scheint auch, wenn nicht ausschliesslich, sicher vorwiegend Oligoklas zu sein. In der Nähe streichen dann auch bei Schönthal (LIX, 32) feinkörnige Pegmatite, die von Schörlnadeln vollgespickt sind, zu Tag aus, wie bei Bach (LXI, 25, 12) solche mit langen Nadeln schwarzen Glimmers. Zwischen Cham und Furth gehen in der Osterau bei Weiding mächtige Quarzmassen aus, die, obwohl Feldspath selten sich zeigt, dem Pegmatit angehören. Andalusite in diesem Quarz sind völlig in eine Steinmark-artige Masse zersetzt, welche von einer Hülle weissen Glimmers umgeben ist. Auch bei Cham selbst stösst man (LII, 35, 3) auf Schörl-führende, Schriftgranit-ähnliche Pegmatite, die Fortsetzung gleichsam derjenigen von der Öd. Hierher gehört auch ein grosskörniges Feldspathgestein von Waffenbrunn bei Cham (LIV, 34, 19). In der Richtung nördlich von Waldmünchen folgen sich nun einzelne Pegmatitgänge in der Steinlohe (LXIII, 34, 8) als Schriftgranit, bei Schwandt (LXVI, 30, 8) als Schriftgranit mit grossen Tafeln röthlich-weissen, optisch zweiachsigen Glimmers und bei Stadlern (LXVI, 34, 9 und 8) auf den Halden beim Goldbrunnen, wo in dem an gelblichem Oligoklas reichen Gestein viele rothbraune Granaten eingewachsen sind. Bei Oberviechtach am Fuchsherg (LXV, 26, Berg) sind grosse, breite und lange Partieen schwarzen Glimmers reichlich beigemengt.

In nördlicher Richtung kommen dann weiter Pegmatite vor unfern Eslarn bei Passenried (LXIX, 29, 12), zunächst an Eslarn sehr schörlreich (LXIX, 30, 5) und am Bühl daselbst (LXIX, 30, 17), bei Pfrentsch (LXXI, 28, Ort) als schöner Schriftgranit mit weissem und grünlich-grauem Stangenglimmer, bei Miesbrunn an mehreren Orten (LXXIII, 27, 10 und 11, dann 28, 7), zum Theil Schriftgranit-ähnlich mit Schörlkrystallen, zum Theil feinkörnig mit vielen langen, schmalen Nadeln von grünlich-braunem Glimmer, am letzterwähnten Orte mit grossen Orthoklasausscheidungen, welche stellenweise von Manganauflug schwarz angefärbt sind.

Am Kreuzberg bei Pleistein (LXXII, 26, 20) tritt eine mächtige Quarzmasse zu Tag, welche in einen grossen Theil des Untergrundes, worauf der Ort steht, fortsetzt. (S. gegenüberstehendes Bild.) Es ist eine merkwürdige, mächtige, fast reine Quarzbildung, welche in vieler Beziehung an jene des Hühnerkobels bei Rabenstein erinnert. Man trifft hier nicht nur denselben, fast ebenso intensiv gefärbten Rosenquarz, sondern auch in reichlicher Menge den Kraurit als traubenförmige Stalaktiten in grösseren Druseuräumen neben Wawellit, Beraunit und erdigem Vivianit, welcher die Klüfte des Quarzes überkleidet. Dazu kommen dann noch Schwefelkies und eine sehr eisenreiche tiefschwarze Zinkblende, welche an den Marmatit erinnert und der schwarzen Blende vom Hühnerkobel entspricht. Diess Alles deutet auf eine grosse Analogie mit den Verhältnissen des Pegmatites vom Hühnerkobel und Spuren von Pseudotriplit-ähnlichen Pseudomorphosen machen es mehr als wahrscheinlich, dass auch mit dem Quarze von Pleistein Triphyllin und Triplit einbrechen.

Aus der Gegend von Weiden wurden bereits die Pegmatite mit röthlichem Orthoklas erwähnt. Hier sind als Fundpunkte prächtiger, an röthlich-weissem Glimmer reicher Pegmatite noch nachzutragen: Tröglersricht (LXXIV, 20, 10½), Irchenried (LXXII, 21, Bergabhang), am Muglhof mit Beryll und Spuren von Columbit (LXXIII, 21, 22). Überaus grosse Tafeln weissen Glimmers trifft man in der Nähe des Wöllershofs unfern Neustadt a./Wn., die offenbar aus Pegmatit stammen, und ähnlich grosse Blätter neben Nadeln schwarzen Glimmers im Pegmatit von Dölsch ebendaselbst (LXXVIII, 18, 2).

Bei Scherreuth und Steinreuth kommen Oligoklas-reiche Pegmatite (LXXIX, 17, 2 und 18, 7), bei Birkenreuth unfern Erbendorf solche mit vielen Anhäufungen von weissem Glimmer vor (LXXX, 15, 14 und 15). Reichlicher breiten sich die Pegmatite wieder in dem nordöst-

Quarzfels von Pleistein.

lichen Gneissgebiete zwischen Tirschenreuth, Mähring und Bärnau aus, und zwar in höchst auffallender Weise genau mit gleichem Typus und mit gleichen Mineralbeimengungen, wie bei Bodenmais und Zwiesel. Die grossartigen Riesenpegmatite bei Leugas (LXXXV, 20, 33) vermitteln die Verbindung zwischen West und Ost. Grosse Schörl- und Rauchtopaskrystalle fehlen auch hier nicht, und jene Pegmatite von Kleinbüchelberg (LXXXVII, 19, 37) mit vielen Oligoklasbeimengungen zeigen schon kleine Krystalle von Beryll. Am wichtigsten ist ein Pegmatitgang, welcher ganz in der Nähe von Tirschenreuth bei der Sägmühle auf kurze Zeit behufs Gewinnung des Quarzes zur Strassenbeschotterung aufgeschlossen war. Es brechen hier dieselben rosenrothen Quarze und Schriftgranite, dieselben grossen Berylle, dieselben Columbite wie am Hühnerkobel bei Rabenstein. Auch an Schörl und weissem Glimmer ist das Gestein reich; Orthoklas und Quarz sind oft in mehrere Kubikfuss grossen Massen ausgeschieden, während der Schörl zum Theil in wohlausgebildeten, zum Theil in Steinmark-ähnliche Substanz verwandelten Krystallen oder auch in feinkörniger, fast dichter Masse und ebenso der weisse Glimmer in grossen Krystallen mit Schwalbenschwanz-ähnlichen Strahlenenden oder feinschuppig vorkommen, wie diess schon früher beschrieben wurde. Auch Uranglimmer ist auf Klüften angeflogen.

Ein ähnlicher Pegmatit durchschwärmt in zahlreichen Gangadern das geschieferte Gestein am Mühlbühl dicht bei Tirschenreuth (LXXXIV, 24, 22). Doch ist er feinkörniger und führt nur schönen, blumig-strahligen weissen Glimmer, dessen Büschel stets senkrecht auf die Gang-

wände gestellt sind.  Als eine südliche Fortsetzung lässt sich der Pegmatit bei Schwarzenbach
(LXXXII, 25) ansehen, welcher ebenfalls grosse, licht gefärbte Beryllkrystalle umschliesst.
Die Pegmatite von Leichau (LXXXI, 22, 7) mit schönen grossen Schörlkrystallen, von Beudel
(LXXX, 22, 8), gleichfalls mit Schörl, und von Schönbrunn (LXXIX, 22, 1) scheinen einem gemeinschaftlichen Gangzug anzugehören.  Die Schriftgranite von Dippersreuth (LXXXIII, 26, 2)
enthalten weissen Oligoklas neben Orthoklas und die Pegmatite aus der Gegend von Mähring
bei Poppenreuth (LXXIV, 28, 41), von Pillmersreuth (LXXV, 27, 25) und bei Mähring selbst
bieten keine besonderen Eigenthümlichkeiten, dagegen fällt in jenem von Haidhof (LXXXV,
26, 23) die reiche Beimengung eines intensiv grünen Glimmers neben weissem Glimmer und
Schörl besonders auf.

Wir schliessen die Aufzählung der einzelnen Fundstellen des Pegmatites mit der Erwähnung
eines ausgezeichneten Schriftgranites aus den Hohlwegen nördlich von Gross-Konreuth, östlich
von Tirschenreuth (LXXIV, 27), welcher nur in stengligen, Nadel-ähnlichen Krystallen ausgebildeten schwarzen, fast ganz zersetzten Glimmer enthält.

## 2) Steinachgranit.

An den Pegmatit reiht sich genetisch und petrographisch ein Gestein, welches
unter sehr schwankenden äussern Verhältnissen auftritt und mit verschiedenen
Namen belegt wird: S p e c k s t e i n - oder E i s e n g r a n i t und P r o t o g i n, je nachdem man die charakteristischen Beimengungen eines allerdings Speckstein-ähnlichen
Minerals oder die von Eisenglimmer in den Vordergrund stellt.  Da jedoch die
accessorischen Bestandtheile, nach denen man die Bezeichnung wählte, nicht dem
Speckstein, nur in seltenen Fällen einer Chlorit-artigen Substanz angehören und
Eisenglimmer nicht immer als kennzeichnend erscheint, so glaube ich an der Stelle
der oben erwähnten Namen eine allgemeinere, von dem bekanntesten Fundorte
hergenommene Bezeichnung vorschlagen zu dürfen und verstehe demnach unter
S t e i n a c h g r a n i t, von der Fundstelle Warmensteinach im Steinachthale bei
Fichtelberg, diejenigen Ganggranite, welche wesentlich aus röthlichem Orthoklas,
Quarz, weissem oder grünlichem Glimmer und (als charakteristische Beimengung)
aus einem grünlichen Onkosin allein oder auch mit Chlorit bestehen.  Eisenglimmer stellt sich häufig zugleich ein, fehlt aber an sehr vielen Fundorten
des Gesteins.  Schwefelkies und in einzelnen Fällen Schörl erscheinen ebenfalls
darin.

Der Orthoklas ist fast immer intensiv fleischroth gefärbt, doch zeigen sich auch Übergänge in weisse Abänderungen.  Klinoklastischen Feldspath habe ich nicht deutlich beobachten
können.  Nicht selten lassen die Orthoklastheile eine ganz eigenthümliche löcherige und poröse
Beschaffenheit wahrnehmen.  Die eckigen Drusenräume sind leer oder mit einem Anflug von
grünlicher erdiger Substanz überzogen.  Es macht diess den Eindruck, als ob ein mit dem
Orthoklas verwachsenes Mineral (? Oligoklas) ausgewittert sei.

Der Quarz ist, wie in allen Graniten, der beständigste Gemengtheil.  Doch tritt er hier zuweilen in Drusenräumen krystallisirt auf oder durchzieht in dünnen Bändern das Gestein (z. B.
bei Schwarzenbach, am Frankengütel bei Tirschenreuth u. s. w.).

Der weisse Glimmer ist optisch zweiachsig; er fehlt selten, hauptsächlich nur da, wo
Eisenglimmer sich einstellt.

Der dunkelfarbige grüne, Glimmer-ähnliche Bestandtheil theilt die Eigenschaften der Substanzen, welche wir so häufig aus der Zersetzung des schwarzen Glimmers hervorgehen sahen.  Hier
mag aber auch ein eigenthümliches grünes Mineral hinzutreten, das man für C h l o r i t halten muss.
Dünne Splitter dieser grünen, Glimmer-ähnlichen Beimengungsmassen sind unter der Loupe betrachtet nicht homogen, sondern bestehen aus einer hellen Grundmasse, in welche sehr zahl-

reiche kleine, intensiv grüne Blättchen von Chlorit(?) eingesprengt sind. Daher erklärt es sich auch, dass es nicht gelingt, dünne Schüppchen abzuheben. Optisch erweist sich die Substanz als zweiachsig. Oft ist diese chloritische Masse, welche nach der Untersuchung durch v. Kobell reichlich Wasser enthält und einen starken Gehalt an Eisenoxydul und Bittererde erkennen lässt, mit weissem Glimmer dicht verwachsen. Wegen seines dem Glimmer analogen Verhaltens hat man den sogenannten Eisenglimmer, d. h. Eisenglanz in Glimmer-ähnlichen Schuppen ausgebildet, als Stellvertreter des Glimmers angesehen. In der That kommt es häufig vor, dass in dem Gestein, in welchem der Eisenglimmer sich reichlich einstellt, aller Glimmer fehlt, wie z. B. im Dorfe Fichtelberg und bei Floss unfern Neustadt a./Wn. In den meisten Fällen muss der Eisenglimmer nur als sehr untergeordneter Bestandtheil betrachtet werden, der auch ganz fehlen kann, ohne die Eigenthümlichkeit unseres Ganggranites zu ändern. Manchmal bildet er im Steinachgranite gangartige Schnüre und ist auf Klüften angeflogen, Eigenschaften, welche nicht zu Gunsten einer Stellvertretung des Eisenglimmers für Glimmer sprechen. Auch ist daran zu erinnern, dass dasselbe Mineral ein Begleiter vieler Gangquarze ist und auch auf den Flussspathgängen des Wölsenberges auftritt.

Als eigentlich charakteristischer Bestandtheil ist eine meist licht gelblich-grüne, selten durch Vermengung mit dem oben erwähnten grünen chloritischen Mineral lauchgrün gefärbte Substanz anzusehen, welche nach von Kobell's Untersuchung dem Onkosin nahe zu stehen scheint, indem sie vor dem Löthrohre schmilzt und von Schwefelsäure stark angegriffen wird.

Die Substanz besitzt ein specifisches Gewicht von 2,56, ist vor dem Löthrohre ziemlich schwierig schmelzbar und färbt sich dabei mit Kobaltlösung blau. Am meisten Ähnlichkeit scheint das Mineral mit dem sogenannten Agalmatolith vom Ochsenkopfe bei Schwarzenberg zu haben, welchen Scheerer neben den'Onkosin stellt. An einigen Stellen ist die Substanz mit einem durch Salzsäure leicht zersetzbaren, viel Eisenoxydul und Bittererde enthaltenden Chlorit-ähnlichen Mineral so dicht verwachsen, dass die ganze Masse lauchgrün gefärbt erscheint; erst nach der Einwirkung der Salzsäure zeigt sich die bloss grünliche Färbung des Onkosin-ähnlichen Gemengtheiles. Nach seiner chemischen Zusammensetzung und nach der Art der Beimengung kann dieses Mineral nicht als ein ursprüngliches angesehen werden. Die Partieen, welche daraus bestehen, deuten in den Umrissen und nach der Weise ihrer Stellung zu den übrigen Gemengtheilen auf einen Feldspath-artigen Bestandtheil, der in den Graniten in gleicher Weise aufzutreten pflegt. Es ist daher nicht unwahrscheinlich, dass dieses Mineral eine Pseudomorphose nach Feldspath und, darf man Spuren von sichtbar gebliebenen Streifen Gewicht beilegen, nach einem klinoklastischen Feldspath sei. In einzelnen Fällen aber scheint aller Feldspath eine Umänderung erlitten zu haben, da hier ausser Quarz und Glimmer nur das lauchgrüne Mineral ohne Feldspath getroffen wird.

Ausser den Hauptfundstellen bei Warmensteinach und im Dorfe Fichtelberg, welche beide bereits ausserhalb des Gebiets unserer Darstellung, im eigentlichen Fichtelgebirge liegen, wurden die Steinachgranite an folgenden Punkten aufgefunden:

Ruine Weissenstein im Steinwalde (LXXXV, 16, 12), hier mit dichter grüner Chloritmasse; bei Grossbüchelberg (LXXX, 21, 13), bei St. Nicolaus unfern Mähring im Glimmerschiefergebiet (LXXXVI, 29, Kirche), mit Pegmatit verwachsen; bei Schwarzenbach unfern Tirschenreuth (LXXXII, 25, 12 und 13) mit Quarzkrystallen; am Frankengütel bei Tirschenreuth (LXXX, 24, 22) genau so, wie vom Weissenstein; am Trautenberg bei Erbendorf (LXXXI, 17, 33) mit Schwefelkies; bei Bernstein (LXXXI, 19, 4 und 7), am letzteren Punkte fast ohne Feldspath; bei Iglersreuth unfern Tirschenreuth (LXXX, 25, 1 und 20) theils typisch, theils wie am Weissenstein, auch mit Eisenglimmer; bei Wildenau (LXXIX, 22, 7½, 26 und 27) sehr quarzreich, in Hornstein übergehend; am Auerberg (LXXIX, 21, 17) bei Floss mit schwarzem Schörl, auch ausgezeichnet durch reiche Eisenglimmerbeimengung; am Rothhof bei Tirschenreuth (LXXIX, 24, Felder) mit ausgezeichnetem Eisenglimmer auf den Kluftflächen. Nach Süden zu hören diese Ganggranite fast ganz auf. Das Gestein vom Vogelherd bei Leuchtenberg (LXX, 22,

Berg) hat nur entfernte Verwandtschaft; es ist ein fast dichtes grünlich-gelbes Feldspath-gestein.

## 3) Epidotgranit.

Auch ein Epidot-haltiges Ganggestein möchte hier passend zu erwähnen sein. Wir nennen Epidotgranit ein wesentlich aus Feldspath und Epidot zu-sammengesetztes, auf schmalen Gängen auftretendes Gestein, welches sich an den Epidosit anschliesst.

Der Feldspath ist meist nur fleischroth gefärbter Orthoklas. Doch bemerkt man auch weissen Orthoklas, Übergänge vom röthlichen in den weissen Orthoklas und zuweilen auch weisslichen Oligoklas; in dem Epidotgranit von Scherreuth (LXXIX, 18, 2) bei Neustadt a./Wn. scheint der parallel gestreifte Feldspath sogar vorzuherrschen. Nicht selten zeigt sich der Feld-spath wie zerfressen, mit eckigen Höhlungen erfüllt, die zuweilen kleine Quarzkryställchen beherbergen.

Der Epidot ist in der Weise mit dem Feldspath verbunden, dass er ungefähr die Stelle einnimmt, welche sonst der Quarz einzunehmen pflegt. In der Regel bildet er aber zugleich auch noch derbe Massen, welche in Schnüren und Adern das Gestein durchziehen, und hier ist es, wo er auch sehr schön säulenförmig krystallisirt auftritt.

Der Epidot ist die Varietät des grasgrünen Pistazites.

Blum[1]) betrachtet den Epidot dieser Gebirgsart, welche genau so wie die unsrige auch zu Vordorf und an anderen Orten im Fichtelgebirge von mir beobachtet und untersucht wor-den ist, als eine Pseudomorphose nach Orthoklas. Ich kann dieser Ansicht für das Gestein weder im Fichtelgebirge, noch innerhalb des ostbayerischen Grenzgebirges beitreten. Dass in diesem Mineralgemenge grossartige Umänderungen vor sich gegangen sind, das beweist schon die luckige Beschaffenheit des röthlichen Orthoklases. Aber die Beschaffenheit des Gesteins weist nach, dass gerade der Feldspathbestandtheil auffallend frisch und gut erhalten geblieben ist. Zwar umgiebt der Epidot häufig die Orthoklastheile, dringt auf Klüfte und Risse der-selben in ihrer Masse vor und ist sogar stellenweise so innig mit ihnen verwachsen, dass Ortho-klas- und Epidotkörnchen neben einander liegend wechseln. Aber stets ist die Substanz des Epidots streng und ohne Übergänge von dem benachbarten völlig frisch aussehenden Feldspath geschieden und der Epidot setzt von den Rissen in dem Feldspath unmittelbar und ohne Unter-brechung in solche des benachbarten Quarzes, wo dieser zuweilen mit vorkommt (am Kirch-. schlag bei Fichtelberg), über. Von einer Pseudomorphose gerade des Orthoklases kann unter diesen Umständen um so weniger die Rede sein, als dieser allein der konstante Begleiter des Epidots in dieser Granitart bleibt, wogegen oft alle anderen Bestandtheile des normalen Granites fehlen: Glimmer und Quarz und Oligoklas. Auch spricht das Auftreten des Epidots in derben Schnüren und sehr häufig in selbstständigen Krystallen ganz gegen die Annahme einer Pseudomorphose im gewöhnlichen Sinne.

Der Quarz gewinnt im Epidotgranit nur die Bedeutung eines zufälligen Gemengtheiles, so selten stellt er sich ein. Kommt er vor, so sind es meist Krystalle, welche hier und da in der Gesteinsmasse eingeschlossen sind (Wolfstein, XXXIII, 62).

Auch Glimmer fehlt gänzlich, wenn wir nicht eine dunkelgrüne, spröde, sich nicht in dünne Blättchen spaltbare Substanz, die eher zum Chlorit gehören dürfte, hierher rechnen müssen. Diese grünen Blättchen sind spärlich dem Gestein am Grossmisselberg und bei Scherreuth beigemengt.

Charakteristisch dagegen scheint der Granat zu sein. In dem Gestein von Auerberg ist er in grossen und kleinen Krystallen von tief rothbrauner Färbung beigemengt und es wird da-durch bei der ziemlich gleichmässigen Vertheilung des fleischrothen Orthoklases und hell-grünen Epidots ein Gestein von äusserst schönem Ansehen gebildet, welches wegen des be-

---

¹) II. Nachtrag, S. 120.

stimmteren Heraustretens der einzelnen Farben selbst die Schönheit des Fichtelberger Eklogits überflügelt.

Diese Granaten scheinen sehr eisenreich zu sein, da sie häufig, zum Theil zersetzt, mit einem Ringe, welcher von Eisenoxydhydrat gelb gefärbt ist, umgeben sind.

. Was die Verbreitung des Epidotgranites anbelangt, so scheint sich diese auf die Nachbarschaft Kalk-haltiger Gesteine zu beschränken. Wir finden sie hauptsächlich in der Nähe von Urkalklagern und Hornblende-haltigen Gesteinen.

Die Hauptfundorte sind: bei Leugas unfern Mitterteich (LXXXV, 20, Hohlweg) neben Syenitgranit mit prächtigen Krystallrinden; bei Windischeschenbach (LXXX, 18) und Scherreuth (LXXIX, 18, 2) neben Kalk-haltigem Gneiss; am Auerberg (LXXIX, 21, Gehäng) bei Neustadt a/Wn. und bei Botzenreuth (LXXVIII, 20, 22) in der Nähe von Hornblende-haltigem Gestein. Von hier springt sein Vorkommen bis in's südöstliche Gebirge: Teufelsklause bei Finsterau (XL, 64); Grossmissberg bei Grafenau (XXXVI, 55) und bei Bärenstein daselbst; zunächst bei Wolfstein (XXXIII, 62, Solla); bei Grossgsenget (mit Quarzkrystallen) und Spillergut bei Waldkirchen (XXX, 69, Strasse, und XXX, 70, Ort); bei Rothau unfern Tittling (XXX, 57, 1) und bei Schweiberg unfern Passau (XXIV, 59, 1).

Hierher zu zählen ist auch noch ein Breccien-ähnliches Gestein mit zum Theil zersetzter Hornblende aus der Nähe von Schönberg (XXXV, 55, 5).

## III. Granulit.

§. 6. Eine mit Gneiss und Granit verwandte Gesteinsgruppe zeichnet sich durch eine feinkörnige, aus Feldspath und Quarz gemengte Grundmasse und eine reichliche Einmengung von Granat oder Schörl aus. Man fasst diese unter dem allgemeinen Namen G r a n u l i t zusammen.

Der G r a n u l i t  u n s e r e s  G e b i e t s ist in seiner Grundmasse, welche, durchschnittlich feinkörnig, nur selten in grobkörnige Gemenge übergeht, häufiger dagegen eine fast völlig dichte, gleichartig scheinende Beschaffenheit annimmt, immer eine innige Vermengung von Feldspath und Quarz.

Der Feldspath erscheint zuweilen in grösseren Partieen ausgeschieden, ungefähr in der Weise, wie der Kalkspath in dem sogenannten krystallisirten Sandstein; er fasst eine Menge Quarztheile, welche gleichsam in seine Krystallmasse eingestreut sind, in sich und seine Bruchflächen schimmern daher bei gewisser Stellung der Gesteinsstücke, oft auf grösseren Flächen gleichzeitig, aber immer nur fleckenweise. Selbst kleine Feldspathausscheidungen sehen wie zertheilt und durch Quarzsubstanz unterbrochen aus. Diese Feldspathe sind, nach den Bruchflächen beurtheilt, O r t h o k l a s. Doch konnte ich an kleinen Bruchflächen des feinen Gemenges unzweideutig auch die Parallelstreifung eines klinoklastischen Feldspaths erkennen. Die Anwesenheit des O l i g o k l a s e s ist dadurch sichergestellt, welchen auch H o c h s t e t t e r [1]) in den benachbarten Granuliten des Böhmerwaldes nachgewiesen hat.

Ich vermuthe sogar, dass in der fast dicht scheinenden Grundmasse viele Feldspaththeilchen dem Oligoklas angehören. Um darüber Aufschluss zu erhalten, liess ich aus einer etwas grosskörnigen Granulitvarietät, bei welcher die Scheidung zwischen Quarz und Feldspathsubstanz unter der Loupe möglich war, die Feldspathmasse chemisch untersuchen. Sie bestand aus:

[1]) Jahrbuch der k. k. geologischen Reichsanstalt, 1854, V, S. 11.

Feldspathmasse aus einem Granat-Granulit bei Waldheim (LXXV, 28, 4).

XC.

| | |
|---|---:|
| Kieselerde | 66,250 |
| Thonerde | 20,500 |
| Eisenoxydul | 0,133 |
| Kalkerde | 0,824 |
| Natron | 4,375 |
| Kali | 7,762 |
| | 99,844 |

Der hohe Gehalt an Natron und Kalkerde scheint die Ansicht zu bestättigen, dass neben Orthoklas auch Oligoklas im Granulit als konstanter Bestandtheil auftritt.

Der Quarz ist im Granulit nicht nur in feinen Körnchen mit dem Feldspath innig verbunden, sondern in den meisten Varietäten scheidet er sich auch in grösseren Körnern und Lamellen aus. Dadurch wird hauptsächlich das mehr oder weniger deutliche Schiefergefüge des Gesteins bedingt. Der Quarz scheint die Neigung zu besitzen, eine bräunliche Färbung anzunehmen.

Der dritte wesentliche Bestandtheil ist Granat, der aber in unserem Gebirge gleichwerthig durch Schörl ersetzt werden kann. Nicht selten sind beide zugleich beigemengt.

Der Granat kommt in krystallinischen Körnchen und ausgebildeten Krystallen von der Grösse eines Hirsekorns bis zu der einer mässigen Kirsche vor. Selbst die nicht scharf ausgebildeten und auf der Oberfläche wie geflossen aussehenden Körnchen zeigen in ihren Umrissen die Krystallform des Granates. Auch kommen Zusammenhäufungen von Granaten in Putzen vor und in einzelnen Fällen beobachtete ich, dass die Granatsubstanz, über grosse Partieen ausgedehnt, ähnlich wie der Orthoklas, das feine Gemenge von Feldspath und Quarz in ihrer Masse einschloss. Solche von Granat gleichsam durchtränkte Granulitflecken gewinnen oft die Grösse eines Apfels und schälen sich beim Verwittern des Gesteins in kugligen Knollen heraus.

Die Farbe der Granaten wechselt vom reinsten Colombinroth bis zum Braunroth und schmutzigen Rothbraun. Die unrein gefärbten Stücke scheinen sehr zum Zersetzen geneigt und bilden namentlich in der fleckenweisen Ausbreitung von Eisenoxydhydrat gelbbraun gefärbte Partieen. Oft sind auch die einzelnen Granatkörnchen von rostigfarbigen Ringen umsäumt. Am häufigsten wird die vollendete Umsetzung in Brauneisenstein beobachtet. Seltener zeigt sich an der Stelle der Granaten eine Substanz, welche theils an Chlorit, theils an Pinit erinnert, sogar zuweilen Glimmer-ähnlich zu sein scheint. Doch beweist die Vermengung mit noch unzersetzten Granatlamellen, dass die Umbildung nicht vollendet ist und wir nur einen wahrscheinlich sehr schwankend zusammengesetzten Mischlingskörper in diesen zersetzten Granatkörnchen vor uns haben.

Schwarze Flecke und Dendriten von Manganoxydhydrat, welche so häufig auf Granulit vorkommen, können ihren Ursprung gleichfalls nur in der Zersetzung Mangan-haltiger Granaten nehmen.

Der gewöhnliche schwarze Schörl in Nadeln von der kleinsten, mikroskopischen Grösse bis zu Federkieldicke ersetzt zum Theil den Granat, in dem reinen Schörlgranulit, oder tritt auch zugleich mit den Granaten in das Gemenge der Granulite ein.

Meist liegen die Nadeln ohne bestimmtes Gesetz in der Richtung ihrer Länge zerstreut in der Granulitmasse, doch stellen sie sich häufig, entsprechend der Schichtenabsonderung des Gesteins, in parallelen Streifen ein und verursachen dadurch ein streifiges Aussehen des Gesteins.

Digitized by Go

Seltener sind die Gesteinsabänderungen, bei welchen die Schörlnädelchen in einzelnen Putzen vereinigt strahlig-fleckige Zeichnungen hervorrufen. Solche Granulite sehen wie schwarz geflammt aus.

Auch weisser, optisch zweiachsiger Glimmer mengt sich nicht selten den Granuliten bei. Doch ist seine Anwesenheit nicht wesentlich, sondern nur accessorisch, da er vielfach gänzlich fehlt. Nur ausnahmsweise findet man auch schwärzlichen Glimmer oder ein grünliches chloritisches Mineral beigemengt. Es bleibt oft zweifelhaft, ob solche Gesteine mit schwarzem Glimmer, wenn er sich häufiger einstellt, nicht besser zu dem Granat-führenden Gneiss zu stellen sind.

Charakteristisch für viele Granulite unseres Gebiets ist die Beimengung von Buchholzit, Faserkiesel, Disthen und Cyanit, letzterer kommt sehr selten in den Granuliten der Waldmünchener Gegend, häufiger, wie es scheint, nach Hochstetter im benachbarten Böhmen vor.

Was die Zusammensetzung des Gesteins als Ganzes betrifft, so giebt uns darüber die Analyse eines ausgezeichneten Schörlgranulites ohne Granaten, mit spärlichen Blättchen weissen und höchst vereinzelten Schüppchen schwarzen Glimmers nebst deutlich erkennbarem Oligoklas aus der Gegend südöstlich von Zwiesel (XLII, 53, 1) Aufschluss. Das specifische Gewicht ist = 2,685.

Schörlgranulit von Zwiesel.　XCI.

| | |
|---|---|
| Kieselerde | 76,850 |
| Titansäure | 0,651 |
| Borsäure und Fluor [1]) | 0,144 |
| Thonerde | 9,748 |
| Eisenoxydul | Spur |
| Eisenoxyd | 2,900 |
| Schwefelkies | Spur |
| Magnesia | Spur |
| Kalk | 0,700 |
| Natron | 1,717 |
| Kali | 6,140 |
| Wasser | 1,150 |
| | 100,000 |

Das Gefüge des Granulites des Waldes ist oft Gneiss-artig, dünnschiefrig; diese Gesteine sind durch Quarzlamellen und Glimmerschuppen in parallele Lagen getheilt und gehen ohne sehr bestimmte Grenzen in Gneiss über, zwischen welchem sie eingebettet vorkommen, wie im Gebirge zwischen Bärnau und Tirschenreuth an vielen Stellen zu beobachten ist.

Häufiger noch ist der Granulit mittel- bis feinkörnig, den herrschenden Lagergraniten ähnlich, mit welchen er auch genau die Lagerungsverhältnisse theilt. Doch zeigen sich alle Stufen des Überganges in das schiefrige Gefüge. Es scheinen die Schörl-führenden Granulite besonders geneigt zum Körnigen, während die Granat-führenden öfters dünn geschichtet gefunden werden.

Bei den Granuliten unseres Gebiets lassen sich zwei Varietäten unter-

---

[1]) Durch den Verlust bestimmt.

scheiden, je nachdem Granat oder Schörl vorzugsweise beigemengt ist. Die Scheidung ist zwar keine scharfe, da ja in vielen Fällen Granat und Schörl zugleich sich einstellen, aber für die grosse Mehrheit der Gesteine lässt sich doch die Trennung vornehmen. Wir bezeichnen die ersteren als Granatgranulite oder Granulite schlechtweg, die letzteren als Schörlgranulite[1]). Zum Vergleiche stellen wir hier den Abdruck beider Gesteine nebeneinander.

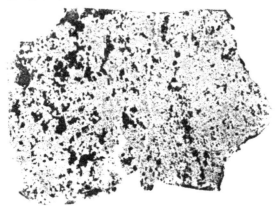

Granatgranulit.

Bei letzterem bestehen die zwei grossen Flecke aus einer merkwürdigen Zusammenhäufung von Granat- und Quarztheilchen.

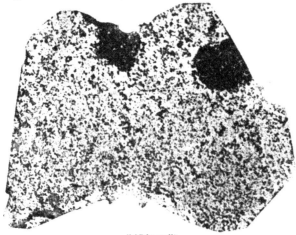

Schörlgranulit.

Die Granulite beschränken sich in unserem Waldgebirge auf kleinere Ein- und Zwischenlagerungen im Gneiss und breiten sich nirgendswo selbstständig über grössere Strecken aus. Am bedeutendsten ist ihre Entwicklung am Ahornberg bei Griesbach östlich von Tirschenreuth, und im Bärnauer Gebirge. An allen übrigen Stellen machen sie sich äusserlich kaum bemerkbar.

---

[1]) Vergl. Korrespondenzblatt des zoologisch-mineralogischen Vereins in Regensburg, 1853, S. 158, und 1854, S. 7.

In dem Gneissgebiete zwischen Tirschenreuth, Mähring und Bärnau gewinnt der Granulit die grösste Ausbreitung, besonders an und um den Ahornberg und in den Grenzbergen östlich von Bärnau. Die Granulite dieses Gebirgsstriches sind vorwaltend flasrig-schiefrig, seltener körnig, und häufig durch reichliche Beimengung von Faserkiesel und Disthen flasrigstreifig. Bei Ellenfeld (LXXXII, 27, 6) findet sich ein Gestein, welches fast ausschliesslich aus diesen fasrigen Mineralien und aus Quarz besteht, von Granat und Feldspath dagegen nur Spuren erkennen lässt — eine Art Disthenfels. Bei Lauterbach (LXXXIV, 28, 54) führt das dünnschiefrige Gestein auch rothbraunen Glimmer in dem verfilzten Zustande, welcher für den Glimmer dieser Schuppengneisses dieser Gegend eigenthümlich ist. Diess bestättigt die Gleichheitlichkeit der Entstehung unseres Granulites mit dem Gneiss. Ein sehr dünn und wohlgeschichtetes Gestein von Grosskonreuth (LXXXIV, 27, 9) ist auf den Schichtflächen von Faserkiesel gleichsam überzogen, ohne jedoch Einschlüsse von Granaten zu zeigen.

In dem Grenzgebirge bei Bärnau tauchen vielfach körnige Varietäten auf, von welchen manche jene grünliche Färbung besitzen, welche als eine Folge begonnener Zersetzung beschrieben wurde.

Bei Plössberg (LXXIX, 23, 34) bilden Schörlgranulite eine Übergangsform des dort ziemlich ausgebreiteten Schörl-haltigen Gneisses.

Auch am westlichen Randgebirge zwischen Neustadt a./Wn. und Erbendorf zeigen sich in schwachen, auf der Karte oft nicht darstellbaren Zwischenlagen Granulite mit Granat und Schörl, bei Wöllershof (LXXVII, 19, 30), bei Globenreuth (LXXVIII, 18, 1) mit weissem Glimmer und zum Theil in eine schmutzig grünbraune Masse umgewandelten Granaten, bei Kirchendemmenreuth (LXXIX, 17, 32) und an anderen Orten.

In dem hinteren Waldgebirge ziehen sich die Granulite mit dem Schuppengneiss fort. Hier begegnet man denselben z. B. bei Schönbrunn unfern Floss (LXXVI, 23, 41½, Granat-arm), ähnlichen bei Spielberg (LXXV, 24, 18) in dünn geschichteten Lagen, bei Hagenhaus nördlich von Waidhaus (LXXV, 28, 6) und Brünst (LXXV, 27, 19) daselbst, bei Waldthurn (LXXIV, 24, 16 und 18), hier als reinen Schörlgranuliten. In der Umgegend von Pleistein zeigen sie sich häufig bei Miesbrunn (LXXIII, 27, 4, 6, 12 und 25), meist zugleich mit grossen Granaten und feinen Schörlnadeln, letztere weit vorherrschend, bei Frankenreuth (LXXIII, 29, 690) in gelber Farbe, bei Lämmersdorf unfern Vohenstrauss (LXXII, 22, 695) ohne Granaten und daher nur Granulit-ähnlich, bei Pleistein selbst als feinkörniges Gestein, reich an weissem Glimmer und in Brauneisenstein verwandelten Granaten, daselbst an der Bartelmühle (LXXII, 27, 10) mit Schörl und Granaten, am Spielhof (LXXII, 28, 1 und 9) mit grün gefärbten Bändern, bei Heumaden (LXX, 28) Pegmatit-ähnlich, bei Eslarn an Ragenwies (LXIX, 28, 6, 8 und 9) mit Faserkiesel, Granat, Schörl und der schon mehrfach erwähnten bandweis grünlichen Färbung. Am Randgebirge kommt nur bei Leuchtenberg (LXX, 21, 18) ein Granulit-ähnliches dichtes Gestein vor, bei welchem die Granaten ganz ausgewittert sind. In ziemlich zahlreichen grösseren Partieen kommt der Granulit nördlich von Oberviechtach und bei Schönsee vor, von wo er sich südwärts in's Waldmünchener Gebirge ausbreitet. Hier sind als besondere Fundpunkte zu nennen bei Oberviechtach: Gutenfürst (LXVI, 26, 4) mit streifigem, in Gneiss übergehenden Gestein, Fuchsberg (LXV, 26, 722), Pirkhof (LXV, 28, 5), ·Hiermersried (LXV, 27, 1½) und mit besonders schönem Granat-reichen Granulit bei Altschneeberg (LXIII, 31, 20); bei Schönsee: Lindau und Polster (LXVIII, 31, 12 und 11) mit ausgezeichnetem, Granat- und Schörl-führenden, geschichteten Granulit, unmittelbar bei Schönsee selbst (LXVI, 31, 3, 15, 20, 21 und 29) mit oft apfelgrossen Granaten, welche theilweise zersetzt sind, und bei Stadlern (LXVI, 33, 9). Daran reihen sich die Granulite bei Weiding (LXV, 31, 22), Löwenthal (LXV, 32, 27), Schwarzach (LXV, 33, 6), hier mit einzelnen grossen, schönen Krystallen von Granat und Schörlnadeln in Menge, Schönthann (LXIV, 29, 708), Schönau (LXIV, 34, 1), Tiefenbach (LXIII, 32, 21), hier mit Faserkiesel im Schörlgranulite und bei Pottenhof (LXII, 27, 1) mit grobem Korne und zersetzten Granaten. Eigenartig sind gewisse Granulite bei Tännersberg, welche durch ihre röthliche Färbung ausgezeichnet sind; zum Theil wenigstens sind es Granulite von der Zusammensetzung des bunten Gneisses, welchem bei grosser Armuth an Glimmer Granaten, meist nicht in Krystallen, sondern in unregelmässigen Putzen, oder Schörl beigemengt sind.

Wir nennen als Fundorte Tännersberg (LXVII, 25, 1), Kleinschwend daselbst (LXVIII, 24, 6) und Langenricht ebendaselbst (LXVI, 24, 10). Der Granulit von Rottendorf unfern Pfreimt ist reich an Faserkiesel und enthält einzelne grosse Granatkrystalle, wie jener von Pillmersried (LX, 30, 13), während bei Mautlarn (LXI, 25, 12) typische Schörlgranulite mit in Putzen gehäuften Schörlnadeln, welche dendritische Zeichnungen annehmen, vorkommen. Bei Schönau unfern Schwarzhofen ähneln die Granulite denen von Tännersberg, doch sind sie weiss.

Wenden wir uns von hier mehr ostwärts, so begegnen wir zunächst wieder Granuliten in der Umgebung von Waldmünchen, welche den Zug im hinteren Walde, den wir bei Schönsee verlassen haben, fortführen. Die Granulite von Arnstein und Kramberg gehören· zu den ausgezeichnetsten unseres Gebirges (LXI, 36, Berg). Sie ziehen zugleich dadurch unsere Aufmerksamkeit auf sich, dass sie häufig die erwähnten grünlichen und bläulichen Farbentöne besitzen, von welchen der letztere eine fein vertheilte Beimengung von Lazulith vermuthen lässt. Faserkiesel oder Disthen und vollständig ausgebildete Krystalle von Granaten sind ebenfalls häufig anzutreffen. Grosskörnige Schörlgranulite finden sich in der Blumloh daselbst (LXI, 35), feinkörnige, dünn geschichtete, flasrige Schörlgranulite bei Eschelbach (LX, 33, 17). Ähnliche Granulite breiten sich in dem Grenzgebirge bis gegen Furth aus, am Dieberg (LVIII, 41, 3) und am Fuchsbrunn (LVIII, 40, 3). Westwärts verbinden die Granatgranulite aus der Steinloh bei Tiefenbach (LXIII, 34, 5) die Grenzzone mit den ähnlichen Gesteinsgruppen bei Cham. Hier machen sich die fast dichten, dünn geschichteten Granulite von Hifling (LIII, 35, 8) und die prächtig gefleckten Schörlgranulite von Loibling (LIII, 33, 37) bemerkbar im Anschluss an den mittelkörnigen Schörlgranulit von Scharlau bei Cham (LI, 34, 5).

In zahlreichen, aber stets schwachen Lagen zwischen Gneiss stellt sich Granulit wieder in der Gegend von Bodenmais und Zwiesel ein. Schon bei Draxelsried (XL, 45, 12) und Frath (XLVI, 46, 2) zeigen sich streifige, feinkörnige Gesteine, die dann bei Böbrach (XLV, 46, 2), bei Maisried (XLV, 47, 4, 7), besonders in der Hennerloh (XLV, 47, 3) mit Granaten und schwärzlichem, mit Faserkiesel verfilztem Glimmer sich mächtiger ausbreiten. Auch am Silberberg selbst fehlen solche Gesteine nicht. In der Nähe von· Zwiesel trifft man Granulite an der Zimmerhütte (XLIV, 56, 1), am Jägerhaus (XLIII, 48, 8), bei Klautzenbach (XLIV, 52, 6), bei Zwiesel selbst mit Graphitschüppchen (XLIII, 52, 2), bei Katzenbach und bei Waldmann (XLIII, 49, 3 und 5). In den übrigen südlichen Distrikten können wir nur vereinzelte Fundstellen namhaft machen, wie jene bei Klingenbrunn an der Althütte (XL, 56, 3), an der Klause bei Finsterau (XLI, 36, 25), ein Granulit-ähnliches Gestein von Schneeberg bei Ruhmannsfelden (XLI, 42, 3) und von Altschönau bei Grafenau (XXXVIII, 61, 5). Auch die weissen Gesteine bei Schönberg (XXXV, 56, 8, XXXIV, 55, 1 und 57, 8) lassen sich nicht mit den typischen Granuliten gleichstellen, weil ihnen sowohl Granat- wie Schörleinschlüsse fehlen. Doch schliessen sie sich am meisten den Granuliten an. Ähnlich ist auch das Gestein von Haibach (XXXIII, 56, 2), doch lässt ein Stich in's Röthliche die Anwesenheit feiner Granaten vermuthen. Wieder weniger bestimmt kann man gewisse weisse Schichtgesteine von Sandbach bei Vilshofen (XXIII, 54, 10) zum Granulit rechnen, in welchen sich zwar Granaten, aber ausserdem ungewöhnlich viel schwarzer Glimmer beigemengt finden. Nur in der Gegend von Wegscheid (XXIV, 70, 9 und 71, 1) sowie bei Windpassing unfern Griesbach (XXIV, 65, 4) kennen wir im südöstlichen Theil des Waldes ächte, Granaten-führende Granulite.

Eine neue Reihe von Urgebirgsarten ist durch die reichliche Beimengung von Hornblende oder Amphibol charakterisirt und schliesst sich zunächst an die bereits beschriebenen Syenitgranit an. Man bezeichnet die hierher gehörigen Gesteine als amphibolische oder Hornblende-reiche. An die Spitze derselben stellt sich am natürlichsten

## IV. Hornblendegestein oder Amphibolit.

§. 7. Das Hornblendegestein oder der Amphibolit ist von theils gleichmässig körnigem Gefüge als sogenannter Hornblendefels oder körniger Amphibolit, theils von körnig-schiefrigem Gefüge als Hornblendeschiefer entwickelt. Das Hornblendegestein besteht wesentlich bloss aus gemeiner Hornb l e n d e von grüner bis grünlich-schwarzer Farbe, welche sich zu mittelkörnigen, seltener aphanitischen Gesteinsmassen vereinigt. Zuweilen zeigt sich ein faariges bis blättrig-strahliges Aggregat, wodurch sich bei vorwaltender strahliger Textur die besonders durch dünne Schichtung und helle Färbung ausgezeichneten S t r a h l - s t e i n s c h i e f e r herausbilden. Nur als accessorische Beimengungen zeigen sich in manchen Varietäten Quarz, klinoklastischer Feldspath und tombackbrauner Glimmer, in seltenen Fällen Granaten, Magneteisen und Epidot auf Adern, wogegen Schwefelkies zu den regelmässigen Einmengungen zu zählen ist. Bei feinkörnigen und dichten Abänderungen ist es schwer zu erkennen, ob Quarz und Feldspath fehlen, und daher lassen sich Aphanite oft nicht mit aller Schärfe als Amphibolite deuten. Auch finden Übergänge sowohl in Diorit als in Eklogit, Syenit und Syenitgneiss statt. Als Zersetzungsprodukt der Hornblendegesteine fällt besonders das lichtgrünlich-graue, fettig anzufühlende Mineral auf, welches sich zunächst an den N o n t r o n i t anschliesst oder eigentlich dieses Mineral in unreiner Form darstellt. Beispielsweise zeigt sich dasselbe als aus Strahlsteinschiefer entstanden bei Wiesau.

Die A m p h i b o l i t e lassen sich in der Natur leicht an ihrer dunklen Färbung und daran erkennen, dass ihre Oberfläche rauh verwittert und oft in eine Art Brauneisenstein umgewandelt getroffen wird. Diess ist namentlich bei den Feldspath-haltigen der Fall.

Ein sehr typischer H o r n b l e n d e s c h i e f e r mit nur sehr geringen Beimengungen weisslicher Mineralien (Quarz und Feldspath) vom Treppenstein unfern Mähring, östlich von Tirschenreuth (LXXXIV, 30, Feld), besitzt ein specifisches Gewicht von 3,085 und ist in folgender Weise zusammengesetzt:

|  | XCII. |
|---|---|
| Kieselerde | 46,711 |
| Titansäure | 2,800 |
| Thonerde | 4,313 |
| Eisenoxydul | 18,070 |
| Eisenoxyd | 8,022 |
| Kalkerde | 14,760 |
| Bittererde | 2,044 |
| Natron | 2,414 |
| Glühverlust und Wasser | 0,500 |
|  | 99,634 |

Ein Probeversuch auf Fluor ergab negatives Resultat.

Die H o r n b l e n d e, aus welcher unser Gestein wesentlich zusammengesetzt ist, gehört mithin zu den Eisenoxydul- und Kalkerde-reichen, Bittererde- und Thonerde-armen Varietäten. Der geringe Gehalt an Alkalien, der höchst wahrscheinlich der Hornblende angehört, spricht für Abwesenheit irgend nennenswerther Mengen von Feldspath; wenn dieser vorhanden ist, so kann es nur ein Kali-freier und klinoklastischer (Oligoklas oder Albit) sein.

Die Hornblendegesteine scheiden sich, wie schon bemerkt, in massige und geschichtete oder in H o r n b l e n d e f e l s und H o r n b l e n d e s c h i e f e r. Doch ist diese Scheidung keine durchgreifende, indem häufig beide Modifikationen ineinander überspielen. Sie bilden mit den

Diorit-artigen Gesteinen eine innig verwandte Gruppe, bei welcher es in den meisten Fällen nicht möglich ist, in der Natur zwischen den einzelnen Gliedern eine feste Grenze zu ziehen. Auf der Karte erscheinen daher diese Gesteine oft zusammengefasst und durch e i n e Farbe bezeichnet. Auch selbst gegen Syenit, Syenitgranit und Syenitgneiss sind die Unterscheidungsmerkmale durch Zwischenformen oft so verwischt, dass eine Ausscheidung auf der Karte nicht ausführbar schien.

Ein hellgrünes Aktinolithgestein von Waldkirchen (XXIX, 64, 5), als eine der am weitesten vom Typus abweichenden Varietäten, zeigte ein specifisches Gewicht von 3,095, zum Beweise, dass in der That das specifische Gewicht von 3,0 bis 3,1 als eine wichtige Eigenschaft der Hornblendegesteine sich ergiebt. In ihrer Verbreitung sind diese Gesteinsarten sehr beschränkt. In mehr massiger Form findet man sie z. B. zwischen Tirschenreuth und Mähring, dann an dem steilen Gehänge der Waldnaab bei Neustadt a./Wn. und im gleichen Gebirgszuge bei Wildenreuth (LXXX, 17, 10), mitten im Granit nördlich von Windisch-Eschenbach (LXXX, 19, Hohlweg) und ähnlich bei Friedenfels (LXXXIV, 17, 52); ferner bei Waidhaus (LXXIV, 29, 3), bei Miesbrunn unfern Pleistein (LXXIII, 27, 5) voll Schwefelkies, bei Kühried unfern Oberviechtach (LXVI, 26, 1) mit Granaten, blättrig-strahlig vom Fuchsberg bei Oberviechtach (LXV, 26, 28). Innigst verwebt mit Diorit und Dioritschiefer betheiligen sich H o r n b l e n d e f e l s und H o r n - b l e n d e s c h i e f e r wesentlich an der Zusammensetzung des weit ausgedehnten, Hornblende-reichen Bezirkes am Hohenbogen. Gerade hier aber ist die Trennung vom D i o r i t sehr schwierig.

Im Donaugebirge tauchen an einzelnen Stellen Amphibolite auf bei Konzell (XLV, 36, 8) voll grosser brauner Glimmerschuppen, am Hafnerhof bei Wörth (XLIII, 27, 3), bei Schwarzach (XXXVIII, 40, 51) erfüllt von feinen Schwefelkies- und Magnetkiestheilchen, da das Gestein schwach auf die Magnetnadel wirkt und einzelne Kiesstückchen von der Magnetnadel angezogen werden, und bei Metten (XXXV, 43, 14). Daran schliesst sich ein grossblättriges, etwas fettig anzufühlendes Gestein mit grossen Glimmerschuppen von Innernzell bei Schönberg (XXXV, 54, 4), ein sehr Schwefelkies-reiches von Grossmisselberg bei Grafenau (XXXVI, 55, 1) und ein feinkörniges von Zenting (XXXII, 53, 4). Endlich bleiben noch die blättrigen und Aktinolith-ähn-lichen Gesteine von Waldkirchen (XXIX, 64, 5) und Schönberg bei Wegscheid (XXVII, 70, 1) und die mit Graphit verwachsenen Hornblendemassen von Lämmersdorf unfern Obernzell (XXII, 68, 2 und 3) zu erwähnen.

Ein Streifen von H o r n b l e n d e s c h i e f e r breitet sich neben dem H o r n b l e n d e f e l s bei Mähring aus, woher das analysirte Stück stammt (LXXXIV, 30, Feld), auch bei Reisach (LXXXIV, 28, 64) zeigt er sich. Im westlichen Randgebirge tritt er auf unfern Erbendorf (LXXXI, 15, 35) und in mächtiger Ausbreitung bei Neustadt a./Wn., z. B. am Mühlberg (LXXVII, 19, 7) auf. Das schiefrige Gestein vom Muglhof bei Weiden (LXXIII, 21, 18) ist quarzig und wechselt in La-mellen mit grünlichem Quarz, ganz ähnlich dem Hornblendeschiefer von Schönbrunn bei Wald-thurn (LXXVI, 23, 53 und LXXIV, 24, 64), welches in Diorit verläuft. Auf einen ausgezeich-neten Strahlsteinschiefer stösst man bei Grafenreuth südlich von Floss (LXXV, 23, 81). — Bei Oberlind unfern Vohenstrauss besitzt das Gestein ein ausgezeichnet dünnschiefriges, fast eben-flächiges Gefüge, wie auch sehr viele Schiefer des Hohenbogengebirges zwischen Furth, in dessen Nähe der Grenztunnel zum Theil durch dieses sehr harte Gestein getrieben wurde, Hohen-warth und Rittsteig, wo, wie erwähnt, alle Modifikationen der Hornblendegesteine nebeneinander auftreten. Es ist nicht nöthig, aus diesem weiten Distrikte einzelne Fundorte näher anzugeben.

Im südlichen Gebirge ist das Gestein selten, mit Ausnahme der Hornblendekuppe von Kell-berg, Jahrdorf und Thalberg bei Passau, an deren Zusammensetzung es sich betheiligt. Auch bei Rinchnach (XXXVIII, 51, 2) stösst man auf Hornblendeschiefer, hier reich an Epidot, ferner bei Lindach unfern Mitterfels (XXXIX, 36, 4) und endlich noch bei Brennberg (XLV, 27, 9).

Es erübrigt nun noch, einige Worte über die Lagerungsverhältnisse der Horn-blendegesteine unseres Gebirges hinzuzufügen.

Das Hornblendegestein, sei es massig und in mehr oder weniger dicken Lagen, sei es als Schiefer ausgebildet, tritt hier nirgends anders denn als entschiedene Einlagerung in Gneiss oder in Gneiss-artig geschichteten Gesteinsarten auf. Eruptives Hornblendegestein wurde innerhalb unseres Gebirges nicht angetroffen. In Strichen, wo es mit Diorit grössere Gebirgsmassen zusammensetzt, hält es regelmässige Streichrichtungen ein und stimmt nicht selten genau mit der herrschenden Lagerung des benachbarten Schiefergebirges überein. Die Detailbeschreibung wird hierüber die näheren Erörterungen bringen.

Als zweite Gesteinsgruppe der an Hornblende reichen Felsarten unterscheiden wir den

## V. Diorit.

Der Diorit ist gleichfalls entweder massig oder geschichtet—Dioritschiefer. Die öfter angedeuteten Übergänge von Hornblendegestein in Feldspath-haltige Felsarten führen unmittelbar bei Zunahme des Feldspathbestandtheiles zu Diorit, welcher nämlich aus einem krystallinisch-körnigen Gemengtheile gemeiner, meist lauchgrüner Hornblende und aus einem klinoklastischen Feldspath besteht. Dieser lässt zwar hier und da die Parallelstreifung erkennen, aber da er meist dicht mit Hornblende verwachsen ist und nur in kleinen Körnchen vorkommt, so gelingt es schwierig, reines Material zu einer Sonderanalyse zu gewinnen. Indess scheint die Bauschanalyse des Gesteins zu genügen, uns näheren Aufschluss über die Natur des Feldspaths zu geben.

Diorit des Gebiets am hohen Bogen, aus dem Eisenbahntunnel bei Furth.

Specifisches Gewicht = 3,035.　　XCIII.

| | |
|---|---|
| Kieselerde | 53,590 |
| Titansäure | 0,910 |
| Thonerde | 9,600 |
| Eisenoxydul | 15,620 |
| Eisenoxyd | 9,444 |
| Manganoxydul | 0,017 |
| Kalkerde | 7,160 |
| Bittererde | Spur |
| Natron | 3,120 |
| Kali | Spur |
| Schwefelkies | 0,233 |
| | 99,694 |

Der geringe Gehalt des Gesteins an Kali, von welchem nur Spuren nachgewiesen werden konnten, und der verhältnissmässig nicht hohe Gehalt an Natron lassen vermuthen, dass der beigemengte klinoklastische Feldspath zum Oligoklas gehöre. Zwar findet sich dieser Feldspath im Gestein zuweilen auf Adern ausgeschieden, welche den Diorit gangartig durchschwärmen, aber es ist nicht nachweisbar, dass dieser deutlich parallelstreifige Feldspath der Adern identisch sei mit jenem, der als Gemengtheil im Gestein auftritt. Daher würde seine Analyse keine weiteren sicheren Aufschlüsse über die Natur des letzteren geben. Doch wird die oben ausgesprochene Vermuthung wesentlich bekräftigt durch die Analyse eines Diorites aus einem anderen Verbreitungsgebiete, nämlich aus der Nähe von Passau:

Diorit östlich von Hautzenberg (XXVI, 66, 4). Specifisches Gewicht = 3,10.

XCIV.

| | |
|---|---|
| Kieselerde | 49,688 |
| Titansäure | 0,937 |
| Eisenoxydul ⎫ Bittererde ⎭ | 7,089 |
| Eisenoxyd | 16,223 |
| Manganoxydul | 0,022 |
| Thonerde | 10,291 |
| Kalkerde | 13,504 |
| Natron | 1,622 |
| Schwefelkies | Spur |
| Wasser und Glühverlust | 0,500 |
| | 99,876 |

Auf Fluor und Kali wurde geprüft und beide sind nicht gefunden worden. Aus dem Ergebniss dieser Analyse darf gefolgert werden, dass der Feldspath dieses Diorites gleichfalls als Oligoklas (oder Labrador) zu betrachten sei. Dieser Feldspath ist weiss bis graulich, meist durchsichtig bis durchscheinend.

Mit aller Umsicht ausgesuchte Feldspathstückchen aus dem Diorit des Eisenbahntunnels von Furth ergaben mir bei der Analyse folgende Zusammensetzung:

Oligoklas aus Diorit von Furth.    XCV.

| | |
|---|---|
| Kieselerde | 64,40 |
| Thonerde | 23,07 |
| Eisenoxydul | 0,27 |
| Kalkerde | 5,61 |
| Kali | 0,96 |
| Natron | 5,85 |
| | 100,16 |

Diese Zusammensetzung spricht für die oben angeführte Feldspathspecies.

Die Gesteine dieser beiden Analysen sind ziemlich übereinstimmend feinkörnig, dunkelgrün gefärbt von vorwaltender Hornblende, zwischen welcher man die weissen Körnchen des Feldspaths in zahlreichen, aber stets kleinen Stückchen erblickt. Quarz scheint nur in geringen Mengen vorhanden zu sein oder zu fehlen; auch Glimmerblättchen werden vermisst; dafür stellen sich zuweilen hellgrüne weiche Blättchen, die zum Chlorit gehören, ein. Das Gestein wirkt stets auf die Magnetnadel; zum Theil rührt dieses Verhalten von Magneteisen-Einschlüssen, häufiger jedoch von Magnetkies-Einsprengungen her, welche zuweilen sogar auf Äderchen ausgeschieden zu bemerken sind.

Diesen feinkörnigen und aphanitischen Normaldioriten gesellt sich eine Reihe verwandter Gesteine bei, welche mehr grobkörnig und Granit-ähnlich durch reichliche Beimengung von schwarzem Glimmer und auch, zum Theil wenigstens, von Quarz charakterisirt sind. Wenn die typischen Diorite durch ihre entschieden grüne Färbung sich kenntlich machen, so nehmen diese Varietäten, welche wir Körneldiorit [1]) nennen wollen, einen mehr in's Graue fallenden Ton an und

---

[1]) Passender wäre das Wort: Glimmerdiorit, welche Bezeichnung jedoch von Delesse in anderem Sinne verwendet wurde.

näbern sich in vielen Beziehungen den Syenitgraniten, in welche sie auch übergehen. Ihre Mineralzusammensetzung verbietet aber, sie mit letzteren zu vereinigen, da sie keinen Orthoklas enthalten.

Das Gestein ist mittelkörnig, die weisslichen Feldspath-Theile sind deutlich ausgeschieden und auf den stark glänzenden Spaltungsflächen kann man mit seltenen Ausnahmen unter der Loupe die Parallelstreifung wahrnehmen. Die Hornblende ist hellgrün, feinfasrig, der schwarze, optisch einachsige Glimmer in grösseren Blättchen beigemengt. Da die Analyse kein Kali fand, so muss, obgleich man nicht auf allen Spaltungsflächen der Feldspathbestandtheile die Parallelstreifung erkennen kann, die Abwesenheit von Orthoklas angenommen werden.

Glimmer-arme Gesteine mit wenig Hornblende, vielem milchig-blaulichen Quarz und zum Theil nicht parallel-streifigem Orthoklas vermitteln den Übergang in den Syenitgranit.

Auch trifft man Gesteine, bei welchen die Gemengtheile in das ununterscheidbar Feine verfliessen, wodurch das Ganze aphanitisch wird, wie das Gestein vom Schauberg bei Hautzenberg, dessen Abdruck hier gegeben ist. Die Grundmasse scheint hier dicht, Feldstein-artig, ist aber, wie der Abdruck lehrt, feinkörnig.

Sind in diesem Falle Feldspath und Hornblende putzenweise ausgeschieden, so entsteht Porphyr-ähnliches Gefüge; das Gestein wird zum Porphyrdiorit im Gegensatz zu den Fleckendioriten, bei welchen in gewöhnlich körniger Grundmasse Feldspathe und Hornblende in Putzen ausgeschieden sind, wie es der folgende Abdruck eines Stücks von Hötzlhof bei Kötzting lehrt.

In dem Dioritgebiete des hohen Bogen bilden zuweilen Hornblende-arme Gesteine, welche fast nur aus Feldspath bestehen, prächtig weisse schwache Zwischenlagen. Man könnte solche Modifikationen passend Weisssteindiorit nennen. Der zweitfolgende Abdruck zeigt die Vertheilung der Feldspath- und Hornblendepartieen durch die lichten und dunklen Flecke an.

Ähnliche Gesteine kehren auch in der Umgegend von Breitenberg an der österreichischen Grenze wieder; sie enthalten aber auch noch schwarzen Glimmer, wodurch ihre weisse Farbe getrübt wird. Wir haben solche Abänderungen als Übergangsformen in Syenitgranit bereits kennen gelernt.

*Fleckendiorit.*

Unter den begleitenden Beimengungen können wir kaum eine als ganz besonders bezeichnend hervorheben, es wäre denn **Schwefelkies, Magnetkies** und **Magneteisen**, welche jedoch selten deutlich sichtbar hervortreten. **Epidot** füllt oft Kluftflächen aus oder überzieht Hohlräume des Gesteins (Neustadt a./Wn., St. Felix bei Floss u. s. w.) und Chloritblättchen sind zuweilen in die Ge-

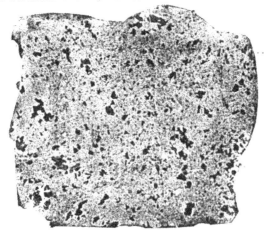

**Weissteindiorit.**

steinsmasse eingestreut. Auch Granaten mengen sich häufig bei und vermitteln den Übergang zu einem **Eklogit**-ähnlichen Gesteine, welches jedoch nicht genau mit dem **Eklogit** des Fichtelgebirges übereinstimmt, weil es — wenigstens innerhalb unseres Gebiets — wesentlich Feldspathbeimengungen enthält, mithin nicht bloss aus Granat und Hornblende (Smaragdit) zusammengesetzt ist, wie die typischen Eklogite[1]). Die **Granat-führenden Diorite** unseres Gebirges enthalten

---

[1]) Vgl. von **Hochstetter** in Jahrbuch der k. k. geologischen Reichsanstalt, 1855, VI, S. 776.

nach einem Versuche immer gegen 5% Alkalien, so dass der Feldspathbestandtheil, den sie anzeigen, zur Hauptmasse des Gesteins gehört. Im Übrigen sind sie auch ihrer Lagerung nach so innig mit dem Hornblendegestein verschmolzen, dass es fast unthunlich erscheint, sie von diesem zu scheiden. Vielleicht wäre für unsere Gesteinsvarietät statt der Bezeichnung „Eklogit" die Benennung **Granatdiorit** passender.

An den **Diorit** reiht sich auch jene Gebirgsart an, welche als Zwischenlage mit demselben, mit Serpentin und Gabbro-ähnlichem Gestein im Gebiete des hohen Bogen, namentlich am Aiglshof bei Eschelkam, vorkommt, der **Enstatitfels**, von welchem wir später ausführlichere Mittheilungen machen werden.

Als mineralogische Seltenheit sind noch **Prehnit** zu nennen, welcher bei Tännersberg (LXVII, 24, 7) auf Adern in krystallinisch-grossblättrigen Massen sich findet, und der **Stilbit**, welcher bei Kirchendemenreuth in dünnen Adern das Gestein durchzieht.

Im Übrigen lassen sich auch in unserem Gebirge verschiedene Variationen der Textur erkennen. Wir haben körniglagerige, mehr oder minder **massige Diorite** im Übergange bis zu dem ausgezeichnet dünn- und wohlgeschichteten **Dioritschiefer**. Au Mühlberg bei Neustadt a./Wn. sind diese Schiefer sogar gewunden und im Zickzack gebogen, wie gewisse Thonschiefer.

Die Verbreitung der **Dioritgesteine** in ihren verschiedenen Abänderungen hält gleichen Schritt mit jener der **Hornblendegesteine**, von welchen früher die Hauptzonen ihres Vorkommens angegeben worden sind. Auch pflegen **Diorite** mit und neben **Syenitgraniten** aufzutauchen.

Nur in **einem** Bezirke machen diese Felsarten fast ausschliesslich alle Gesteinsbildungen aus, nämlich an dem **hohen Bogen** und in seiner Umgebung von Furth bis Hohenwarth und Rittsteig, und setzen von hier in einem breiten Streifen nördlich in Böhmen weit fort. Hier sind Diorite in allen möglichen Variationen das eigentliche dominirende Gestein, so dass die Karte es auf diesem Bezirke besonders leicht kenntlich macht, während es an anderen Stellen untergeordnet und auf schmale Streifen beschränkt weniger in die Augen fällt. Es bedarf hier keiner näheren Bezeichnung einzelner Fundorte. Verfolgen wir die übrigen zerstreut liegenden kleineren Verbreitungsbezirke von Norden gegen Süden und Südosten, so müssen wir zunächst das Gebirge zwischen Mähring, Tirschenreuth und Bärnau in's Auge fassen. Hier tauchen Diorite mit und ohne Hornblendegestein in schmalen Streifchen fortstreichend von Mähring bis Bärnau auf. Beispielsweise nennen wir Hermannsreuth, Holzhaus, Wendern, Orte zunächst nördlich von Bärnau — beim Holzhaus prächtig gefleckter Diorit —, Frankengütel bei Plössberg (LXXX, 24, 15). Im Nordwesten finden wir dasselbe Gestein bei Leugas unfern Wiesau (LXXXV, 20, 21) und in dem westlichen Grenzgebirge südlich von Erbendorf zerstreut bis Neustadt a./Wn., z. B. bei Wildenreuth in Eklogit oder **Granatdiorit** übergehend, bei Kirchendemenreuth (LXXIX, 16, 1), bei Wurz (LXXVIII, 20, 12), besonders mächtig entwickelt um Neustadt a./Wn. am Galgenberg, am Mühlberg, bei St. Felix, hier voll Magneteisen. Mit dem Auerberg bei Wildenau (LXXIX, 21) beginnt ein langer und schmaler Zug Hornblende-reichen Gesteins, der, vielfach von Stockgranit unterbrochen, bis Leuchtenberg fortstreicht. Hier begegnen wir am St. Nikolausberg bei Floss ausgezeichnetem Pistazit in grossen krystallinischen Massen und in Krystallen auf Klüften des Diorites. Fleckiger Diorit bricht bei Wildenau (LXXVIII, 22, 11), ebenso am Spielberg (LXXV, 24, 9), fleckig-streifiger Dioritschiefer bei Waldthurn (LXXIV, 24, 65), ausgezeichnet dünn- und ebenschiefrig bei Vohenstrauss (LXXI, 24, 29) und ein prächtig grüner körniger Dioritschiefer mit Granaten am Hermannsberg unfern Leuchtenberg (LXXI, 21).

Von hier an stösst man in südöstlicher Richtung weithin nur auf sporadische Einlagerungen, wie jene bei Putzenrieth und Heumaden unfern Eslarn (LXX, 29, 12 und 28, 11), bei Pfrentsch (LXX, 28, 13) mit grossen Hypersthen-ähnlichen Ausscheidungen und am Fuchsberg bei Winklarn, hier mit Granaten als Granatdiorit. Man sieht daraus, dass das Gebiet des Schuppengneisses oder das der jüngsten Gneissbildung dasjenige ist, in welchem hauptsächlich Hornblende-reiche Gesteine sich einstellen. Im Gebiete des bunten Gneisses fehlen sie fast gänzlich und erst längs des Pfahls zeigen sie sich hier und da wieder, z. B. bei Hansenried unfern Neukirchen Balbini (LVI, 29, 8), dann unfern Rötz bei Voitsried (LX, 30, 882) und Heinrichskirchen (LXI, 30, 917). Andere zerstreute Fundpunkte sind: Zimmering bei Roding (XLIX, 29, 4), Sonnhof bei Falkenstein (XLVIII, 32, 5), in's Dichte übergehend, Böbrach bei Bodenmais (XLV, 46, 10), Schönau bei Viechtach (XLV, 44, 18), Reichsdorf daselbst (XLV, 41, Felder) mit einem dichten, Saussurit-artigen Feldspath und Granaten, zum Gabbro sich hinneigend, Ruhmannsfelden (XLI, 44, 1), Haibach bei Schönberg (XXXIII, 56, 1). Wieder in grösserer Ausbreitung liegen sie bei Waldkirchen (XXX, 63, 8; 64, und 65 häufig), am Wildenberg bei Tittling (XXVIII, 57, 1), am Guggenberg bei Hautzenberg (XXVI, 66, 6), bei Jahrdorf daselbst (XXV, 66, 1), bei Windpassing (XXIV, 65, 1) und endlich wieder einen grösseren geschlossenen Bezirk zusammensetzend in der neuen Welt bei Breitenberg (XXVII, 70, 3; XXVI, 66, 6; 68, 1; XXV, 70 häufig; 69, 1).

Für Granat-führende Diorite und Eklogite wollen wir einige Fundorte besonders namhaft machen. Am ausgezeichnetsten trifft man sie am Kalvarienberge bei Winklarn (LXII, 28), wo das Gestein überaus reich an Granaten ist; ähnlich auch bei Wildenreuth unfern Erbendorf (LXXIX, 16, 1), wo einzelne Lagen dem ächten Eklogit am nächsten stehen. Der starke Schwefelkiesgehalt hat hier das Gestein in seiner Zersetzung zu einem sehr guten Brauneisenstein umgewandelt, zugleich aber dient diese zersetzte Masse, offenbar wegen des Gehaltes an feinzerklüfteten Granaten, in geschlämmtem Zustande zum Poliren der Spiegelgläser als sogenannter Smirgel, wie wir ihn näher von Albersrieth beschreiben werden. Granatdiorite brechen ferner bei Winklarn (LXII, 29), unfern Floss bei Wildenau (LXXVIII, 22, 4), bei Neustadt a./Wn. (LXXVII, 19, 4), dann zu Hauxdorf unfern Erbendorf (LXXXI, 15, 13), bei Kirchendemenreuth (LXXIX, 17, 8 und 25), bei Windisch-Eschenbach (LXXIX, 18, 2), bei Frauenreuth unfern Tirschenreuth (LXXXIV, 20, 11) mit grossblättriger Hornblende, Granaten und einem Saussurit-ähnlichen Gemengtheil; bei Kühried unfern Oberviechtach (LXVI, 26, 1), auch am Windberg bei Bogen (XXXIX, 38, 4).

Es schliessen sich hier noch einige Diorit-ähnliche Gesteine an, welche bei einer mehr oder weniger bestimmt ausgesprochenen Porphyr-artigen Textur selten die Hornblende deutlich erkennen lassen, jedoch grün gefärbt erscheinen. Zugleich sieht man als Beimengung Schüppchen von grünlichem Glimmer oder Chlorit, vielleicht als Stellvertreter der Hornblende und in der Regel scheiden sich auch feldspathige Gemengtheile besonders aus. Solche Gesteine kommen sehr vereinzelt und zerstreut vor, so dass sie im Ganzen des Gebirges völlig verschwinden. Es sind eben Beispiele jener unzähligen Übergänge verschiedener Urgebirgsfelsarten. Solche Gesteine finden sich z. B. bei Wilchenreuth unfern Weiden (LXXV, 21, 11½) schwarzgrau, ganz dicht mit einzelnen Nadeln von Feldspath und Hornblende; bei Zenting (XXXII, 55, 1), Altschönau (XXXVIII, 62, 3) mit zahlreichen grünen Schuppen; bei Waldkirchen (XXVIII, 64, 2 und XXIX, 64, 1), am Schauberg bei Hautzenberg (XXVII, 68, 2) voll Schwefelkies und Feldspathausscheidungen; in der neuen Welt (XXV, 67, 1 und XXIV, 70, 3) gleichfalls mit grünen Schuppen; endlich in ähnlicher Weise auch unfern Vilshofen bei Hausbach (XXIII, 53, 8) mit grossen Hornblendeausscheidungen in fast dichter Grundmasse. Alle diese Variationen der Porphyr-ähnlichen Diorite, wie wir diese Gruppe zusammen bezeichnen können, bieten keine konstanten gemeinsamen Charaktere.

Dagegen zeigt ein dem Diorit nahe verwandtes Gestein, obwohl auch nur selten und untergeordnet vorkommend, ebenso auffallende wie durchgehende Merkmale, so dass es passend erscheint, es näher zu beschreiben.

# VI. Nadeldiorit.

Der Nadeldiorit besteht aus einer anscheinend vollständig dichten graugrünen Grundmasse, welche an gewisse dunkelfarbige Porphyre erinnert. Doch lassen sich immer noch die Spuren eines feinen krystallinischen Gefüges erkennen und auf ausgewitterten Flächen nimmt man unter der Loupe deutlich die in's Kleinste gehende Vermengung eines grünen Hornblende-Bestandtheiles und eines weissen Feldspaths wahr. In dieser so innig gemengten Grundmasse liegen nun zahlreiche lange schmale Nadeln von grün-schwarzer Hornblende und sehr vereinzelte Ausscheidungen schmutzig-weissen Feldspaths, an dem sich nichts weiter bestimmen lässt. Das Charakteristische dieses Gesteins ist die Einmengung nadelförmiger, nie in Putzen und blättrigen Partieen ausgeschiedener Hornblende, wie sich an dem Naturabdruck deutlich wahrnehmen lässt, bei welchem die schwarzen Partieen den Hornblendenadeln entsprechen.

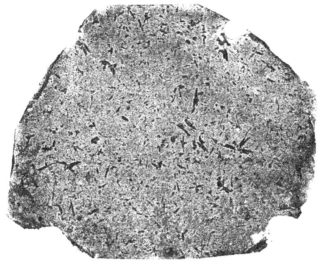

Über die Natur des Feldspathbestandtheiles kann nur eine Analyse Auskunft geben. Dieselbe weist entschieden die Verwandtschaft mit unserem Diorite nach, wesshalb wir berechtigt sind, diesem Gestein den Namen Nadeldiorit beizulegen. Nadeldiorit von Kaasberg aus der neuen Welt bei Wegscheid, specifisches Gewicht = 2,807. XCVI.

| | |
|---|---:|
| Kieselsäure | 54,775 |
| Titansäure | 0,625 |
| Thonerde | 12,511 |
| Eisenoxydul | 8,550 |
| Eisenoxyd | 8,900 |
| Manganoxydul | 0,544 |
| Kalkerde | 3,640 |
| Bittererde | 0,512 |
| Schwefel | 0,119 |
| Natron | 5,990 |
| Kali | 1,002 |
| Wasser und Glühverlust | 2,500 |
| | 99,668 |

Daraus ergiebt sich eine sehr deutlich ausgesprochene Annäherung an die Gesteine der Analyse LXXV und XCIV. Die Menge von Natron und Kalk ist hierfür bezeichnend, doch betheiligt sich hier auch Kali in nicht unansehnlichen Mengen an der Zusammensetzung des feldspathigen Gemengtheiles, der mithin sich wieder mehr dem Oligoklas zu nähern scheint. Das geringere specifische Gewicht spricht überdiess für ein Überwiegen des Feldspathbestandtheiles, welcher den grössten Theil der feinkörnigen Grundmasse ausmacht. Daher bildet auch das vollständig ausgewitterte und in eine sandigthonige, zerreibliche Masse verwandelte Gestein eine weisslich-graue Erde, welche wenig von Eisenoxydhydrat gefärbt ist.

Als zufällige Gemengtheile sind zu nennen: Schwefelkies, der fast nirgends fehlt, Magneteisen in kleinen Kryställchen (Eggenreuth), grüne chloritische und selten schwarze Glimmerschüppchen.

Obwohl überall nur in wenig mächtigen Lagen mit anderen Hornblendegesteinen auftretend, gewinnt unser Nadeldiorit doch eine ziemliche Ausbreitung in den südlichen Bezirken. Sehr ausgezeichnet trifft man das Gestein schon westlich von Regen bei Rohrbach (XL, 48, 3) und bei Obermitterdorf (XLI, 48, 1), ebenso bei Grafling (XXXVII, 45, 1), am Köblhof unfern Grafenau (XXXIV, 57, 7), bei Urlading unfern Deggendorf (XXXIV, 47, 5), am Grubhof bei Hengersberg (XXXII, 48, 16), in der Gegend von Tittling bei Eggenreuth (XXXI, 56, 3) und bei Preying (XXXI, 57, 2), im Ilzthal bei Fürsteneck (XXIX, 60, 6) und Kalteneck, bei Leitzersberg unfern Griesbach (XXIV, 67, 8) und endlich bei Kaasberg unfern Wegscheid (XXV, 70, 2).

Wir haben hier noch ein in der Oberpfalz berühmtes Gestein namhaft zu machen, welches unter dem Namen „Oberpfälzer Smirgel" eine ausgedehnte Verwendung beim Poliren der Spiegelgläser findet. Es bestanden und bestehen zum Theil noch mehrere sogenannte Schmirgelgruben bei Albersrieth unfern Vohenstrauss (Maximilianszeche, Garten- und Spitzacher Grube), bei Woppenrieth (Josephszeche), bei Kaimling unfern Vohenstrauss (Georgszeche) und, wie schon erwähnt, bei Wildenreuth unfern Erbendorf (Carolinazeche), einer grossen Anzahl Muthungen und Aufschürfungen gar nicht zu gedenken. Immer ist es ein zersetztes, eisenschüssiges, Granat-führendes Hornblendegestein, welches als sogenannter Schmirgel bergmännisch gewonnen und an Glasschleifer abgesetzt wird.

Ein mir von einem Kundigen als Schmirgel der besten Art übergebenes Stück aus der Maximilianszeche bei Albersrieth hatte das Aussehen eines völlig zersetzten, sehr eisenschüssigen, braun, weiss und stahlblau angelaufenen, im Querbruche schmutzig-braunen Gesteins, in welchem sich mit Mühe einzelne grünbraune Glimmerschüppchen, braunrothe Körnchen von Granaten, von unzähligen Rissen durchzogen, und einzelne weisse, Feldspath-ähnliche Partieen erkennen liessen. Die Masse lässt sich ziemlich leicht in ein feines Mehl verwandeln, dessen Bodensatz dann als Polirmittel dient. Dieser Rückstand des feinsten Pulvers nach dem Schlämmen besteht vorherrschend aus kleinen Körnchen von Granat, denen einzelne Schüppchen von Glimmer, dann feine Theilchen von Feldspath und vielleicht auch von Quarz beigemengt sind. Da die Härte des Granates = 7,0 beträgt, so ist nicht zweifelhaft, dass das Granatpulver das Wirksame dieses Oberpfälzer Schmirgels ist. Man benützt aber desshalb sehr zersetzte Granat-reiche Gesteine, weil die Granaten in Folge dieser Zersetzung von unzähligen Rissen und Sprüngen durchzogen, zum Theil wohl auch in Brauneisenstein und Glimmer verwandelt, sich auf die leichteste Weise in Form feinsten Pulvers gewinnen lassen.

Um dieses Resultat auf sichere Basis zu stellen, wurde die genannte Probe einer chemischen Untersuchung unterworfen und gab folgendes Resultat:

Oberpfälzer Schmirgel von Albersrieth, XCVII und XCVIII.

|  | A. | B. | C. |
|---|---|---|---|
| Kieselerde . . . | 54,700 | 19,140 | 49,50 |
| Thonerde . . . | 7,570 | 5,300 | 6,50 |
| Übertrag | 62,270 | 24,440 | 56,00 |

| | Übertrag | 62,270 | 24,440 | 56,00 |
|---|---|---|---|---|
| Eisenoxydul . . . | | 4,860 | 4,860 ⎱ | 41,55 |
| Eisenoxyd . . . | | 24,080 | 7,850 ⎰ | |
| Kalkerde . . . . | | 0,580 | 0,335 | 0,54 |
| Bittererde . . . | | 1,785 | 1,785 | Spur |
| Natron . . . . | | 1,864 | 0,640 ⎱ | 1,61 |
| Kali . . . . . | | 2,136 | 0,910 ⎰ | |
| Wasser . . . . | | 1,800 | 1,800 | — |
| | | 99,375 | 42,620 | 99,70 |

A ist die Zusammensetzung des Schmirgels im Ganzen,

B der durch Salzsäure zersetzbare Theil;

C giebt den Gehalt des Schlämmrückstands.

Betrachtet man das Resultat der Bauschanalyse A, so geht aus dieser hervor, dass das Gestein vor seiner Zersetzung ein Schwefelkies-reicher Diorit gewesen sein mag, in dem im Zusammenhalte mit der Analyse XCIV nur der grosse Gehalt an Kali befremdet. Dass viele Kalkerde fortgeführt worden sei und eine so reiche Menge von Eisenoxydhydrat sich bildete, ist durch sich selbst verständlich. Wahrscheinlich bildete das Lager den Übergang vom typischen Diorit in einen Hornblende-führenden Gneiss, in Syenitgneiss, worauf auch die Beimengung des Glimmers hinweist, und unter dieser Voraussetzung erklärt sich dann auch der hohe Kaligehalt, welcher von Orthoklasbeimengung herrühren wird.

Die Bestandtheile B zeigen den Weg, welchen die Zersetzung eingeschlagen hat. Schwefelkies und Hornblende scheinen völlig zerstört und umgewandelt, Feldspath und Glimmer aber nur theilweise in den Kreis der Umbildung gezogen. Wie sich aus der Untersuchung der Masse mit der Loupe ergiebt, dürfte ein Theil der Granaten gleichfalls in stark angegriffenem Zustande sich befinden, ja sogar zum Theil bereits in Glimmer verwandelt sein, da sich ganze Putzen Glimmer bemerken lassen, welche äusserlich die Form der Granaten besitzen.

Was schliesslich den als Polirmittel benützten Rückstand, dessen Analyse unter C mitgetheilt ist, anbelangt, so ist der vorwaltende Bestandtheil Eisenthongranat mit einem Maximum von Oxyden des Eisens und einem Minimum von Thonerde. Dazu gesellen sich staubartige Körnchen von Quarz, Orthoklas und kleine Schüppchen von Glimmer. Auch Rumpf[1]) hält den Schmirgel von Thumsenreuth für ein Gemenge von Almandin und Quarz.

## VII. Gabbro-artiger Diorit und Enstatit- oder Schillerfels.

Kaum vom Diorit getrennt zu halten ist ein Gestein, welches in dem Bezirk des hohen Bogen aufgefunden worden ist, sich zunächst an die früher erwähnten Weisssteindiorite anschliesst und durch oft Faust-grosse Ausscheidungen eines Diallag-ähnlichen Minerals charakterisirt ist. Man wird es unter die polymorphe Gruppe des Gabbro's einreihen müssen, obwohl sich dagegen bemerken lässt, dass es streng genommen mit keinem der bisher bekannten, Gabbro genannten Gesteine völlig übereinstimmt, wenn nicht mit jenem von Ronsperg in Böhmen, welches Zippe entdeckt und Hochstetter[2]) so treffend beschrieben hat, welches aber bei übrigens fast absolut übereinstimmender petrographischer Beschaffenheit einen Diallag von wesentlich anderer Zusammensetzung enthält.

Bei der geringen Selbstständigkeit und dem nur untergeordneten Auftreten dieses Gesteins in und neben dem Diorit scheint es naturgemässer, dasselbe nur

---

[1]) Buchner's Repertorium für Pharmacie, IV, S. 405.

[2]) Jahrbücher der k. k. geologischen Reichsanstalt, VI. Bd., 1855, S. 784 ff.

als eine Varietät des Diorites zu betrachten. Der nachfolgende Naturabdruck gehört einer Abänderung mit verhältnissmässig kleinen Diallag-Ausscheidungen, welche durch die dunklen Flecke dargestellt werden, an. Meist sind diese Ausscheidungen von Chloritschuppen umgeben, gleichsam in diese eingehüllt.

Die Hauptmasse dieses Gesteins ist eine meist rein weisse, feinkrystallinisch-körnige, höchst selten in's Dichte übergehende, zuweilen aber auch grosskörnig werdende Feldspathsubstanz. Mit der Loupe erkennt man deutlich die spiegelnden Spaltungsflächen der einzelnen krystallinischen Körnchen; manche derselben zeigen eine Parallelstreifung, bei anderen konnte diese nicht beobachtet werden. Nicht selten scheiden sich in dieser rein weissen Feldspathmasse kleine Particeen grossblättrigen, durch grauliche Färbung ausgezeichneten, deutlich parallel gestreiften klinoklastischen Feldspaths aus, welchen ich einer Analyse unterwarf, und in folgender Weise zusammengesetzt fand:

Labrador aus dem Gabbro-ähnlichen Gestein vom hohen Bogen, XCIX.

| | |
|---|---:|
| Kieselerde | 52,25 |
| Thonerde | 30,25 |
| Kalkerde | 12,60 |
| Bittererde | 0,40 |
| Natron | 4,60 |
| Kali | 0,20 |
| | 100,30 |

also ähnlich dem Labrador von Egersund.

In dieser körnigen Feldspathmasse liegen nun Hirse- bis Faust-grosse Krystalle eines graugrünen, auf dem blättrigen Bruch bronzeartig schillernden Minerals, welches das Aussehen des Paulites besitzt. Es bricht sehr leicht nach zwei Richtungen zu meist stengligen Stückchen, jedoch lässt sich wegen der feinfasrigen Beschaffenheit dieser Brüche ihr Verhältniss nicht scharf bestimmen; doch erkennt man, dass ein Bruch blättriger, der andere fasriger ist. Vor dem Löthrohre schmilzt das Mineral ziemlich leicht zu einem grünlichen Glase, das nicht auf die Magnetnadel wirkt. Das specifische Gewicht beträgt 3,123. Es besteht im Mittel zweier von mir ausgeführter Analysen:

Diallag aus dem Gabbro-ähnlichen Diorit vom hohen Bogen, C.

| | |
|---|---:|
| Kieselerde | 53,40 |
| Eisenoxydul mit Manganoxydul und etwas Eisenoxyd | 10,89 |
| Thonerde | 6,00 |
| Kalkerde | 14,63 |
| Bittererde | 15,09 |
| | 100,01 |

Demnach gehört dieser Gemengtheil, obwohl seine Zusammensetzung mit keinem der bisher bekannten Mineralien genau übereinstimmt, in die Gruppe des Diallags und bildet eine Varietät desselben, in welcher Eisenoxydul, Kalkerde und Bittererde sich nahezu das Gleichgewicht halten. Da das äussere Ansehen dem des Hypersthens nahe kömmt, so zeigt sich hierin, wie in der Zusammensetzung, eine grosse Ähnlichkeit mit dem Diallag von Neurode.

Nicht selten sind die äusseren Rindentheile der Diallagausscheidungen von einer körnigen, strahligen oder schuppigen Masse umgeben, welche aus Enstatit und Chlorit zu bestehen scheint. Ich konnte keinen eigentlichen Übergang beider Mineralien erkennen und es scheint nicht, dass hier eine Pseudomorphosenbildung, wenigstens nicht zwischen Diallag und Enstatit stattgefunden habe, vielleicht aber wohl zwischen letzterem und Chlorit, welche manchmal in abgesonderten Putzen zusammengemengt und durcheinandergewachsen getroffen werden. Das blättrige Glimmer-schuppige Mineral, das hier als Chlorit angeführt wird, ist sehr weich, fühlt sich fettig an, blättert sich wie Glimmer auf, ohne aber elastisch-biegsam zu sein, vielmehr bricht es bei der Aufblätterung in viele kleine Stückchen und Schüppchen, welche sich im Mörser leicht zu Pulver zerreiben lassen. Vor dem Löthrohr schmilzt es ziemlich schwierig zu schmutzig-weissem Glas und giebt die Reaktion mit Kobaltlösung auf Thonerde. Stauroskopisch untersucht erweist es sich optisch einachsig. Von Salzsäure wird es nur wenig angegriffen, von Schwefelsäure dagegen ziemlich vollständig zersetzt.

Das Auffallendste an dem Mineral ist die Unbeständigkeit seiner Färbung. Es ist nämlich bald lebhaft grünlich gefärbt, bald zeigt es die silberweisse Farbe des Margarodits, mit welchem dasselbe überhaupt viele Verwandtschaft besitzt. Es scheinen daher diese Massen verschiedene Übergangsstufen einer Pseudomorphosenreihe in sich zu schliessen. Einem ähnlichen Mineral begegnen wir auch in dem Chloritschiefer von Erbendorf, wesshalb wir es vorläufig dem Chlorit angeschlossen haben. Sehr häufig ist auch Magneteisen beigemengt.

Die Fundorte dieses Gabbro-ähnlichen Diorits beschränken sich, wie erwähnt, auf die Umgebung des hohen Bogen, wo das Gestein, zwischen dem übrigen Hornblendegestein normal eingelagert, stets in Lagern, nie gangartig auftretend beobachtet wird. Man findet es z. B. am Klöpfelsberg bei Furth, am Aiglshof, wo zuweilen der Feldspathbestandtheil in's Dichte übergeht, hier auch mit Magneteisen; bei Eschelkam gegen die Jakobsmühle mit grossen Diallagkrystallen, ebenso am vorderen Buchberg, am Seugenhof bei Warzenried, bei Schwarzenberg, besonders schön mit sehr grossen Magneteisenpartieen bei Lamberg unfern Neukirchen beim heiligen Blut. Beim Seugenhof (LVII, 44, 15) kommt ein Gestein mit dichter schwarzer Grundmasse vor, in welcher einzelne kleine Feldspathkörner und grössere, durch dazwischen eingeschlossene Grundmasse unterbrochene Partieen von Diallag sich finden; es ist dadurch ein Übergang in Serpentin angedeutet.

Von dieser Gebirgsart lässt sich jenes Gestein, das als Enstatit- oder Schillerfels bezeichnet werden kann, nicht scharf trennen, da es mit jener sowohl durch Übergänge verbunden, als auch nach Lagerung und Vorkommen mit ihr gleichsam zusammengewachsen ist.

Doch ist das Erscheinen einer Beimengung von Enstatit zu bemerkenswerth, um nicht unsere Aufmerksamkeit, welche durch Fried. Sandberger's[1]) Arbeit über den Olivinfels auf diesen Gegenstand gezogen wurde, besonders auf sich zu lenken. Sandberger selbst hat die an ihn geschickten Gesteine als Enstatitfels erkannt. Eine Beimengung von Magneteisen ist gewöhnlich, überdiess gesellt sich auch Picotit hinzu, welcher in dem wahrscheinlich identischen Gestein von Ronsperg in Form des sogenannten Hercinits auftritt. Besonders typisch findet sich das Gestein bei Aiglshof und am Lamberg, auch in der Nähe der Serpentine, welche dem Diorit des hohen Bogengebirges eingelagert sind.

---

[1]) Neues Jahrbuch für Mineralogie, Geognosie und Petrefaktenkunde, 1866, S. 385.

Eine zweite Fundstelle ist neben dem Diorit und Serpentin bei Winklarn. Hier ist das Gestein ziemlich feinkörnig gemengt und nur der bronzefarbig schillernde Diallag in etwas grösseren Partieen ausgeschieden. Der Labrador ist selten und von graulich-weisser Farbe. Granaten sind deutlich zu erkennen, weniger bestimmt treten Picotitkryställchen auf. Man kann einen allmähligen Übergang einerseits in **Granatamphibolit** und andererseits in **Serpentin** beobachten. Wohl mögen ähnliche Gesteine noch an manchen Punkten zwischen Diorit versteckt eingelagert sein. In allen grösseren Amphibolitdistrikten, namentlich in solchen mit gleichzeitiger Serpentinbildung, wird man wohl kaum vergebens nach Stellvertretern dieser Gebirgsart suchen dürfen.

Bei Dalking unfern Furth (LV, 37, 17) wurde ein Gestein aufgefunden, welches bei einer ebenfalls schwarzen Serpentin-artigen Grundmasse von ganz kleinen Graphitschüppchen erfüllt ist und in der Masse grössere hellgraue, mit Diallag verwandte Ausscheidungen enthält. Es lässt sich als eine ähnliche Abänderung, wie jenes von Seugenhof betrachten und ist vermuthlich nur zersetzter Enstatitfels.

Einer anderen Übergangsform begegnen wir in einem bei Eslarn an zwei Punkten auftretenden Gestein, welches vorwiegend aus Diallag zu bestehen scheint. Es kommt bei Passenrieth (LXIX, 29, 1) und südwestlich von Eslarn (LXIX, 31, 6) vor. Eine feldspathige Grundmasse und die Beimengung von einzelnen braunen Glimmerschuppen und von Schwefelkies verbinden das Gestein mit dem Lager-**Syenitgranit**.

## VIII. Syenit.

**Syenit** ist ein in unserem Gebiete äusserst seltenes Gestein, welches normal und typisch (abgesehen von dem früher beschriebenen **Syenitgranit**) sich auf den südlichen Gebirgsantheil beschränkt und hier eine merkwürdige Rolle innerhalb des Porzellanerde- und Graphitdistriktes spielt.

Dieser **Syenit** besteht vorwaltend aus fein- und grobkörnigem **Orthoklas** von weisser oder weisslich-grauer Farbe, mit einem specifischen Gewicht von 2,616 und von folgender Zusammensetzung:

**Orthoklas** aus dem Syenit von Mitterwasser bei Wegscheid.

|                    | Cl.     |
| ------------------ | ------- |
| Kieselerde         | 63,825  |
| Thonerde           | 19,125  |
| Eisenoxydul        | 0,262   |
| Kalkerde           | 0,974   |
| Baryterde          | 0,322   |
| Natron             | 1,775   |
| Kali               | 13,450  |
|                    | 99,733  |

Klinoklastischer Feldspath scheint völlig zu fehlen. Der zweite Bestandtheil, die hellgrüne, fasrige **Hornblende**, ist meist in stenglig-krystallinischer Masse ausgeschieden, welche sehr häufig ganz oder theilweise zersetzt ist. Wir finden alle Übergangsstadien der Hornblende, von der normalen Substanz bis zu einem ocker-farbigen Minerale, selbst bis zum Nontronit, wobei merkwürdiger Weise der benachbarte Orthoklas oft nicht eine Spur eines Angegriffenseins erkennen lässt. Häufig vertritt auch schmutzig-weissgrauer **Strahlstein**[1]) die Stelle der Hornblende, wobei sich dieser Gemengtheil mehr in grössere Putzen vereinigt. Dadurch, sowie durch das Zurücktreten und Fehlen des **Hornblende**-artigen Gemengtheiles entstehen grössere Gesteinslagen, welche bloss aus Feldspath und seinen eigenthümlichen Begleitern bestehen.

Fast so häufig wie Hornblende stellt sich **Titanit** ein. Derselbe bildet einfache, oft 10 Millimeter lange Krystalle mit vorwaltender Halbpyramide (n)[2]) von rothbrauner Farbe. **Quarz** fehlt selten ganz, zuweilen ist er sogar in reichlicher Menge vorhanden, während das Vorkommen des weichen, grünlichen oder weissen, fettig anzufühlenden, optisch einachsigen **Glimmers** oder **Chlorites**, genau von gleicher Beschaffenheit, wie die Substanz aus dem **Gabbro-ähnlichen Diorit** früher beschrieben wurde, nicht wesentlich zu sein scheint. Der Naturabdruck, der hier beigesetzt ist, stellt eine ziemlich Quarz-reiche Varietät aus dem Graphitzuge von Pfaffenreuth dar.

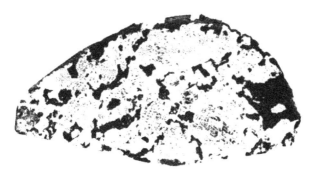

Von besonderem Interesse sind zwei charakteristische Einschlüsse, nämlich die des **Porzellanspaths** und des **Graphits**. Der letztere liegt in kleinen zerstreuten Schuppen in der Orthoklasmasse, zuweilen mitten in festen, unzersetzten, krystallisirten Partieen derselben. Da Glimmer in diesem Gestein nur selten vorkommt und nie in ähnlicher Weise eingeschlossen beobachtet wurde, so spricht dieser Einschluss sehr gegen die Annahme einer metamorphischen Bildung des **Graphits**. Da, wo die Syenitlager an den umschliessenden Gneiss angrenzen, mehren sich die Glimmerschuppen und nach und nach entsteht ein wirklicher **Graphitgneiss**.

Der **Porzellanspath** liegt theils in langen, oft 5 Millimeter dicken Säulchen von rhombischem Querschnitte, die Feldspathmasse nach allen Richtungen durchkreuzend, zuweilen büschelförmig aus einem gemeinschaftlichen Verwachsungspunkte ausstrahlend, theils in unregelmässig putzenförmigen Ausscheidungen im Gestein. Seine Substanz ist meist aufgelockert, mehr oder weniger zersetzt, zuweilen in vollständige Porzellanerde verwandelt, wobei der benachbarte **Orthoklas** in auffallender Weise seine Frische bewahrt hat. Auch wurden grosse, derbe,

---

[1]) Vor dem Löthrohr zu einer grünlichen Perle schmelzend, mit kohlensauren Alkalien aufgeschlossen reagirt die Lösung in Salzsäure schwach auf Eisenoxyd, stark auf Bittererde und Kalkerde.

[2]) Siehe **Naumann's** Mineralogie, 6. Aufl., S. 402, erste Figur.

frische und unzersetzte Porzellanspathpartieeu aufgefunden, welche gleichfalls in einem dem oben beschriebenen Orthoklas-Gemenge vollständig ähnlichen, sogar auf demselben Lager im Fortstreichenden vorkommenden Gesteine eingewachsen und so dicht mit dieser Masse verbunden sind, dass sich keine feste Grenze zwischen Porzellanspath und Orthoklas-Grundmasse ziehen lässt. In solchen Fällen setzt der krystallinische Porzellanspath mit Orthoklas ein feinkörniges bis dichtes Gemenge zusammen oder bildet auch für sich sehr mächtige Lager, welche im Fortstreichen allmählig in den oben beschriebenen Syenit übergeben. In der Regel vermindert sich mit der Zunahme des Porzellanspaths die Häufigkeit der Hornblende- und Titanitbeimengung oder es tritt an die Stelle der ersteren, wie schon erwähnt, hellfarbig grauer Strahlstein.

Man kann hier in solchen an Porzellanspath ärmeren und reicheren Stellen ein und desselben Lagerzuges leicht die Überzeugung gewinnen, dass das Vorkommen der Passauer Porzellanerde wesentlich bedingt und abhängig erscheint von dem Vorkommen des Porzellanspaths, und es unterliegt keinem Zweifel, dass die zuerst von Fuchs [1]) ausgesprochene Ansicht über die Entstehung der Passauer Porzellanerde vollständig für diese Fundorte unseres Gebirges richtig ist.

Wir sehen zuerst da, wo der Porzellanspath in einzelnen Säulchen in dem Syenite eingeschlossen ist, die Zersetzung desselben weniger stark vorangeschritten, als da, wo er massiger auftritt. Mit dem Grade seiner Zersetzung hält aber auch die der begleitenden Mineralien gleichen Schritt. Zunächst ist es die Hornblende, welche sich an der Umänderung betheiligt. Sie lockert sich zuerst auf und ist leicht in unzählige dünne, Nadel-ähnliche Stückchen zerspaltbar. Dann überziehen sich im nächsten Stadium der Zersetzung die Sprünge und Risse mit einer ockerigen Substanz und diese Verwandlung nimmt zu, bis die ganze Masse der Hornblende entweder in einen ockerigen Muhn oder in den sogenannten Strakonitzit [2]) umgesetzt ist.

Diese Pseudomorphose kommt auch in demselben Gestein bei Pfaffenreuth vor und ist unzweifelhaft identisch mit dem von Zepharovich beschriebenen Mineral, aus dessen Spaltungsverhältnissen er auf Augit als das primitive Mineral schliessen zu dürfen glaubte. Die vorliegenden Übergänge aber beweisen unzweideutig, dass wir hier eine Pseudomorphose nach Hornblende vor uns haben, welche physikalisch genau mit den von Zepharovich angegebenen Eigenschaften übereinstimmt. Die Analyse des Minerals, welche C. v. Hauer vornahm, ergab als Zusammensetzung:

**Strakonitzit von Pfaffenreuth.**     CII.

| | |
|---|---|
| Kieselerde | 53,42 |
| Thonerde | 7,06 |
| Eisenoxydul | 15,41 |
| Kalkerde | 1,37 |
| Bittererde | 2,94 |
| Wasser | 19,86 |
| | 100,00 |

Ich habe offenbar dasselbe Mineral von Pfaffenreuth untersucht und finde, dass die mir vorliegenden zahlreichen Stücke weit vorherrschend Eisenoxyd, nicht Eisenoxydul enthalten, und glaube annehmen zu sollen, dass wir es hier mit keiner fertigen Pseudomorphose, sondern nur mit einem gewissen Stadium der Umwandlung zu thun haben, welches endlich zum Nontronit hinführt. Diess zeigt auch die Zusammensetzung eines Nontronits, welcher sichtlich aus derselben Hornblendesubstanz entstanden ist, nach Analyse CIII und die Zusammensetzung sämmtlicher ähnlicher Eisenoxydsilikate unseres Gebirges nach Analyse CIV, welche auf eine ähnliche Mischung hinweist, bei der nur noch Thonerde vorhanden, die Kalk- und Bittererde aber fast vollständig verschwunden sind.

Nicht selten geht die Verwandlung einen anderen Gang, namentlich wenn die benach-

---

[1]) Denkschrift der bayerischen Akademie der Wissenschaften, VII, S. 65.
[2]) Jahrbuch der k. k. geologischen Reichsanstalt, 1853, IV, S. 700.

barten Mineralmassen auch an der Umsetzung Theil nehmen, und es entstehen an der Stelle der Hornblende mehr oder weniger Kieselerde-reiche Eisenoxydsilikate—Nontronit oder Chloropal. Eine sehr leicht zerreibliche, fettig anzufühlende, grünlich-gelbe, erdige, mit Kalilauge sofort braun werdende Substanz aus dem Syenit von der Kropfmühle bei Leitzersberg, welche die von Hornblende früher eingenommene Stelle ausfüllte, besteht nach meiner Untersuchung aus: Nontronit-Pseudomorphose nach Hornblende, CIII.

| | | |
|---|---|---:|
| Kieselerde | . . . . . . . . . . | 49,53 |
| Thonerde | . . . . . . . . . . . | 3,23 |
| Eisenoxyd mit Eisenoxydul | . . . . | 32,33 |
| Kohlensaurer Kalk | . . . . . . . | 0,51 |
| Wasser und Glühverlust | . . . . . | 14,20 |
| | | 99,79 |

Aus dieser Substanz, welche gleichsam den Kern einer Reihe von ähnlichen Mineralien ausmacht, geht nun durch weitere Zuschüsse von der aus der Zersetzung des Porzellanspaths stammenden Kieselerde der Chloropal hervor, ein Gemenge von Nontronit und Opal, wie die deutlich zu verfolgende Entstehungsweise klar vor Augen legt. Der Chloropal ist ein steter Begleiter der Porzellanerde und des Graphites und findet sich auf den meisten Gruben im Passauischen oft in grossen Klumpen, welche die Stelle früherer Strahlstein- und Porzellanspathausscheidungen eingenommen haben. v. Kobell und Hausmann[1] betrachten den Chloropal als ein Gemenge von Opal mit einem Eisenoxydsilikat von der Formel: $Fe\,Si^3 + 3\,Aq.$, nach v. Kobell mit 70 bis 80% Kieselerde, 1% Thonerde, 10 bis 14% Eisenoxyd und 5 bis 15% Wasser.

Es ist bemerkenswerth, dass derselbe Nontronit in ganz analoger Weise auch im nördlichsten Theil unseres Gebirges und im Fichtelgebirge wieder zum Vorschein kommt, da, wo Porzellanerde aus Zersetzung feldspathiger Minerale in der Nähe von Hornblende entstanden ist, wie unmittelbar an Tirschenreuth in der Nähe des Gottesackers, bei Gross-Kornreuth in den Hohlwegen daselbst, bei Wiesau (LXXXV, 19, 9), bei Breitenried (LXIII, 33, 16 und 17), bei Waldmünchen, an den Helmhöfen bei Lam (LIV, 47, 5) und besonders prachtvoll mit Porzellanerde in der sogenannten Schwefelgasse bei Ebnath, welche wegen des gelblich-grünen Schwefel-ähnlichen Aussehens der Gesteinsmasse diesen Namen erhalten hatte und bereits von Flurl[2] ausführlich beschrieben wurde. Eine durch Herrn v. Kobell vorgenommene chemische Analyse ergab nach Abzug von 7,50% unzersetzter Masse:

Nontronit aus der Schwefelgasse bei Ebnath, CIV.

| | a. | b. | c. |
|---|---:|---:|---:|
| Kieselerde . . . . . . . . | 43,98 | 47,20 | 47,59 |
| Thonerde . . . . . . . . | 2,69 | 7,15 ⎫ | |
| Eisenoxyd . . . . . . . . | 32,38 | 35,75 ⎬ | 42,49 |
| Bittererde . . . . . . . . | 0,97 | — | — |
| Wasser . . . . . . . . | 19,97 | 9,80 | 9,87 |
| | 99,99 | 99,90 | 99,95 |

eine Zusammensetzung, welche bei a. mit jener des Nontronits aus der typischen Fundstelle von Nontron nahe übereinstimmt. Die Analysen b. und c. beziehen sich auf den Nontronit von Tirschenreuth nach der Untersuchung von Hugo Müller (b) und von Uricoechea[3] und weisen die Zusammengehörigkeit der äusserlich so ähnlichen Mineralien auch nach ihrer Zusammensetzung nach. An allen Fundstellen im nördlichen Theile unseres Gebirges ist die Vergesellschaftung mit Porzellanspath nicht nachgewiesen.

Der Porzellanspath in dem erwähnten ersten Stadium der Zersetzung ist von dem Zustande, in welchem er durchscheinend war, übergegangen in eine undurchsichtige, milchweisse, in unzählige feine Fäserchen zerklüftete, erdig zerreibliche, noch rauh anzufühlende Substanz.

---

[1] Rammelsberg, Mineralchemie, S. 590.
[2] Beschreibung der Gebirge von Bayern, S. 435.
[3] Korrespondenzblatt des zoolog.-mineralog. Vereins zu Regensburg, 1853, VII, S. 31.

Chlornatrium und Kalkerde sind die Bestandtheile, welche zuerst aus der Verbindung heraus-
treten, und sie sind es offenbar, welche die leichte Zersetzung des Minerals einleiten und begründen. Um diese Veränderungen überblicken zu können, scheint es passend, zuerst die Zusammensetzung des primitiven Porzellanspaths einer Betrachtung zu unterziehen. Wir besitzen drei Analysen, A von Fuchs, B von v. Kobell und C von Schafbäult[1]):

| Porzellanspath, CV. | A. | B. | C. |
|---|---|---|---|
| Kieselerde . . . . . . . | 49,30 | 50,29 | 49,20 |
| Thonerde . . . . . . . | 27,90 | 27,37 | 27,30 |
| Kalkerde . . . . . . . | 14,42 | 13,53 | 15,48 |
| Natron . . . . . . . . | 5,46 | 5,92 | 4,53 |
| Kali . . . . . . . . . | — | 0,17 | 1,23 |
| Chlor . . . . . . . . | — | — | 0,92 |
| Wasser . . . . . . . . | 0,90 | — | 1,20 |
|  | 97,98 | 97,28 | 99,86 |

Ein vollständig frisches, sehr reines Stück vom Steinhag bei Passau, dessen specifisches
Gewicht = 2,690 beträgt, wurde von Wittstein einer Analyse unterzogen und bestand:

Porzellanspath (Passauit).                          CVI.

$$Kieselerde \dots \dots \dots 54,875$$
$$Thonerde \dots \dots \dots 25,324$$
$$Kalkerde \dots \dots \dots 11,625$$
$$Chlornatrium \dots \dots \dots 2,151 = \begin{cases} 0,851 \ Natrium \\ 1,300 \ Chlor \end{cases}$$
$$Natron \dots \dots \dots 3,855$$
$$Kali \dots \dots \dots 1,500$$
$$99,331$$

Die Abwesenheit von Wasser in diesem Stück beweist den noch nicht in der Zersetzung
begriffenen Zustand und die Art der Zusammensetzung spricht für die Selbstständigkeit der
Species, die sich nach der ganzen Art des Vorkommens enger an Skapolith als an die Feldspathe anschliesst. Reine Stücke sind in dünnen Blättchen durchsichtig und ich habe an solchen mittelst des Stauroskops die optische Zweiachsigkeit des Minerals erkannt.

Im Vergleich mit dieser ursprünglichen Zusammensetzung erweist sich die eines bereits
ziemlich zersetzten Stücks, welches sich noch rauh anfühlt, in folgender Weise:

Porzellanspath in beginnender Zersetzung von Mitterwasser.

CVII.

$$Kieselerde \dots \dots \dots \dots 46,52$$
$$Thonerde \dots \dots \dots \dots 30,23$$
$$Kalkerde \dots \dots \dots \dots 10,88$$
$$Natron \dots \dots \dots \dots 2,65$$
$$Wasser \dots \dots \dots \dots 9,53$$
$$99,81$$

Unter dem Einfluss des mit Kohlensäure verbundenen Wassers hat sich demnach zuerst
wahrscheinlich Kochsalz und kohlensaurer Kalk und dann kieselsaures Natron und Kali aus
der Mischung ausgeschieden und es ist dafür Wasser eingetreten. In einem folgenden Zustande
noch weiter fortgeschrittener Zersetzung gewinnt das Produkt nach und nach ein feines fet-
tiges Anfühlen und hat einen mehr oder weniger graulichen, selbst gelblichen Farbenton. Nicht selten
gewahrt man kleine Ockerputzen und dendritischen Anflug von Mangan (Wad), die offenbar
Zersetzungsprodukte des beibrechenden Strahlsteins sind, wie denn überhaupt der Eisengehalt
der Porzellanerde nur aus dieser Quelle abzuleiten ist. Einige Sorten sind voll kleiner schwarzer Pünktchen von Wad, deren Farbe jedoch beim Brennen völlig verschwindet.

Es ist nun höchst wahrscheinlich, dass im Verlaufe der Umwandlung des Porzellanspaths

---

[1]) Siehe Rammelsberg, Mineralchemie, S. 604.

auch das aus Orthoklas bestehende Nebengestein, in welchem der Porzellanspath theils gruppenförmig eingewachsen, theils auf kleinere Partieen vertheilt vorkommt, mit in den Bereich der Zersetzung gezogen wird. Denn die Umwandlung eines Körpers giebt gar häufig Veranlassung, dass auch ein zweiter, der gewöhnlich der Zersetzung mehr Widerstand entgegensetzt, dem gleichsam ansteckenden Einfluss nicht entgeht und mit in den Kreis des Stoffumsatzes eintritt. Dafür lassen sich zahlreiche Beispiele aufzählen. Für unseren Orthoklas wird dieses Verhalten um so wahrscheinlicher, weil auf den sämmtlichen Lagerstätten der Passauer Porzellanerde stellenweise halbzersetzter Orthoklas neben halbzersetztem Porzellanspath sich findet. Damit gewinnen wir zugleich eine Erklärung der grossen Ausdehnung der Porzellanerdelager, welche sich mit dem Streichen der Syenitlager' fortziehen. Aber nicht alle Punkte des letzteren sind für die Erzeugung brauchbarer und reiner Porzellanerde, im Passauer Bezirk „Weisen" genannt, günstig. Überall, wo eisenreiche Hornblende in dem Syenit als Gemengtheil auftritt, ist die Porzellanerde eisenschüssig und mehr oder weniger untauglich und nur in den Partieen des Syenits, innerhalb welcher die Hornblende fehlt oder durch den Eisen-armen Strahlstein ersetzt ist, wird die vorzüglichste Porzellanerde angetroffen und abgebaut. Diess trifft man im grossen Ganzen der Verbreitung, wie innerhalb der einzelnen auf Porzellanerde getriebenen Gruben. Die gute Porzellanerde bildet nur grössere oder kleinere Putzen auf dem Lager der Syenite und reicht nur bis zu geringer Tiefe, wo nach und nach unzersetzte Gesteinsmassen an ihrer Stelle sich einstellen.

Wir besitzen mehrfache Analysen der Passauer Porzellanerde:

A und B von Fuchs[1]), A der derben geschlämmten und
 B der krystallisirten geschlämmten,
C von Forchhammer[2]),
D, E und F von Knaffl[3]) der käuflichen grauweissen aus den Jahren (D) 1858, (E) 1859 und (F) 1860.

### Passauer Porzellanerde, CVIII.

|                        | A.    | B.    | C.     | D.      | E.    | F.    |
|------------------------|-------|-------|--------|---------|-------|-------|
| Kieselerde             | 45,06 | 43,65 | 45,14  | 48,21   | 51,02 | 46,59 |
| Thonerde               | 32,00 | 35,93 | 35,00  | 31,02   | 31,11 | 36,54 |
| Eisenoxyd              | 0,90  | 1,00  |        | 0,91    | 1,05  | 0,69  |
| Kalkerde               | 0,74  | 0,83  | } 2,70 | 0,47    | 0,63  | 3,02  |
| Bittererde             | —     | —     |        | Spur    | Spur  | 1,28  |
| Kali                   | —     | —     | —      | 3,42    | 0,81  | 1,32  |
| Wasser und Glühverlust | 18,00 | 18,50 | 17,16  | 16,01   | 14,23 | 9,69  |
| Feldspath              | 2,96  | —     | —      | —       | —     | —     |
|                        | 99,66 | 99,91 | 100,00 | 100,04  | 98,85 | 99,13 |

Nach Forchhammer ist daher die Porzellanerde von Passau

$$\text{Äl}^4\ \text{S}^9 + 12\ \text{Aq.}$$

Die Analysen lassen erkennen, dass die Passauer Porzellanerde nicht vollständig gleich zusammengesetzt ist; ihre Beschaffenheit und Güte wechselt nach den verschiedenen Orten ihres Vorkommens, selbst nach einzelnen Stellen ein und desselben Fundorts. Das ist eine bei den Porzellanfabriken, welche diese Erde verwenden, bekannte Thatsache. Die von Rana muss als eine der besten und am schönsten sich brennenden gelten, während manche Sorten von Südrevier ungleich sind und im Brand etwas grau bleiben.

Mag die Porzellanerde aus Porzellanspath oder Orthoklas entstanden sein, so muss bei diesem Umwandlungsprocesse neben den Bestandtheilen an Alkalien und Kalkerde, welche durch Wasser, namentlich Kohlensäure-haltiges, aufgelöst und fortgeführt werden, eine grosse Menge Kieselsäure, ungefähr der dritte Theil des ursprünglichen Minerals, ebenfalls aufgelöst und ausgeschieden worden sein. In der That findet sich dieses Ausscheidungsprodukt mit, in und

---

[1]) Gesammelte Schriften, S. 53 und 54.
[2]) Berzelius, Jahresbericht, XV, S. 218, und Rammelsberg, Mineralchemie, S. 573.
[3]) v. Hingenau, Österreichische Zeitschrift für Bergbaukunde, 1865, S. 20.

neben der Porzellanerde auf deren Lagerstätte in Form von Opal, Halhopal und Jasp.
opal. v. Fuchs[1]) hat dieses Vorkommen ganz vortrefflich geschildert, indem er sagt: „Das
Vorkommen des Opals in der Porzellanerde hat einige Ähnlichkeit mit dem des Feuersteins
in der Kreide. Er findet sich in und unter der Porzellanerde in unförmlichen knolligen Massen,
manchmal auch in plattenförmigen Stücken, die gewöhnlich mit einer dicken weissen Rinde
umgeben sind; bisweilen hat er kleine Höhlungen, wo er gewöhnlich eine kleine nierenförmige
und Tropfstein-artige Gestalt angenommen hat. Nicht selten ist er sehr porös und leicht und
oft verläuft er sich hier und da in eine zellige Masse, welche man kaum für Opal halten
würde, wenn man sie ausser Verbindung mit dem Kompakten fände. Seine Farbe ist graulich
oder gelblich, isabell- und blassockergelb, nicht selten ist er gestreift und gefleckt. Nebst
diesem findet sich in den Porzellangruben auch bisweilen Jaspopal und ein Gemenge von
gemeinem Jaspis und Kalcedon."
     Ich beobachtete derbe Opalausscheidungen, welche von Austrocknungsrissen durchzogen
waren, zum deutlichen Beweise, dass die Kieselerde in gelatinösem Zustande abgelagert wurde
und nach und nach austrocknete. In ähnlichen Hohlräumen finden sich dann traubige und
Stalaktiten-ähnliche Zäpfchen von Opal. Durch Vermengung mit Eisenoxydhydrat und Oxyd
(Eisen- und Jaspopal) oder mit Nontronit entstehen dann eine Menge verschiedenfarbiger, bunt
gestreifter, gefleckter und geaderter Varietäten, welche durch ihre gelbe, braune, rothe und
grüne Farbe besonders die Aufmerksamkeit auf sich ziehen. Auch beobachtet man einen
Übergang des Opals in Jaspis, welch' letzterer gewöhnlich den kompakteren Theil der Kiesel-
ausscheidungen ausmacht. Als Seltenheit erscheint nach Wineberger[2]) auch milchweisser
Opal mit Farbenspiel (edler Opal) und wasserheller Hyalith und Hydrophan. Mit der
Porzellanerde finden sich auch andere ähnlich zusammengesetzte Wasser-haltige Thonerdesilikate. Darunter ist eine derbe, fein und etwas fettig anzufühlende, grünlichweisse Substanz
zu erwähnen, welche nicht wie die oft Steinmark-ähnliche Porzellanerde sich in eine plastische
Masse verwandeln lässt; überdiess zerspringt sie vor dem Löthröhre und rundet sich schwach
an den Kanten, mit Kobaltlösung eine blaue Farbe annehmend; im Wasser wird sie durchscheinend. Dieses Mineral, offenbar ein Zersetzungs- und Ausscheidungsprodukt, ähnlich der
Porzellanerde, steht in der Nähe des so Vielfaches in sich fassenden Steinmarks.
     Es ist schon erwähnt, dass auf den Porzellanerde-führenden Lagern häufig auch Graphit
zu finden sei. Es besitzen in der That die Lagerstätten des Graphits auffallende Analogieen
mit denen der Porzellanerde, namentlich in Bezug auf die Zersetzungs-Nebenprodukte. Wir
begegnen in den Graphitgruben denselben Mineralien: Eisenocker, Wad, Opal, Halhopal, Hydrophan und Jaspopal, Nontronit und Chloropal, sogar auch Porzellanerde, und häufiger als auf
den Porzellanerdelagern Steinmark-ähnlichen Mineralien. Auch das Nachbargestein ist häufig
eine dem Syenit ähnliche Felsart. Doch herrschen in der Nähe der eigentlichen Graphitlager
Glimmer-reiche Gneisse vor im Gegensatz zu dem Glimmer-armen Syenit der Porzellan-
erdezüge. Es ist dadurch mehr als wahrscheinlich gemacht, dass ganz analoge Veränderungen
auf beiden Lagerstätten vor sich gingen; bei dem Feldspath- und Porzellanspath-reichen Gestein
entstand mehr oder weniger reine Porzellanerde, bei den Feldspath-armen, aber Glimmer-
und Graphit-reichen dagegen eine weiche, unreine thonige Masse, welche die Gewinnung des
durch diese Zersetzung mild und zart gewordenen Graphits möglich macht. Der zu den Tiegeln
verwendete Graphit ist nur ein Graphit-reicher Thon, von dem er nach Ragsty's Analyse
S. 248, 58% enthalten soll.
     Als weitere Zersetzungsprodukte, welche sich auf den Porzellanerde- und Graphitlager-
stätten stellenweise vorfinden, lassen sich noch anführen gewisse Zeolithe, Laumontit- und
Chabasit-ähnliche kleine Krystallaggregate in Druseräumen, dazu Apophyllit und ein Diploit-
ähnliches Mineral. Wahrscheinlich darf auch der Kalkspath hierher gerechnet werden,
welcher nicht selten mit solchen Umwandlungsprodukten verwachsen gefunden wird. Doch ist

---

[1]) Fuchs, gesammelte Schriften, S. 54 und 55.
[2]) Versuch einer geognostischen Beschreibung des bayerischen Waldes, S. 125.

dem Syenit

o wird die
sache voll-
·n hier und

Porzellan-
rf, Wastl-
terwasser,
· bezeich-
Porzellan-

·, 1) und

wie stra-

·nblende-
·ges auf.
·ung mit
·der we-
:en, mit
wischen-
, welche
hüllende
nsenför-
iefer in
·00 Fuss
e Schie-
hen des
Von be-
rpentin-
Chlorit-
Solche
Fichtel-
l). Ein
icht be-

·rfallen,
·u Fels-
·genden
d meist
zu den
unfern

SERPENTINFELS „FÖHRENBÜHL"
bei Erbendorf.

Digitized by Google

es nicht unwahrscheinlich, dass an manchen Punkten körniger Kalk primitiv mit dem Syenit verbunden war.

Fügen wir noch Granat, Vesuvian und Asbest zu diesen Mineralien, so wird die Liste der begleitenden, unwesentlichen Beimengungen des Syenits in der Hauptsache vollständig sein, wenn auch vielleicht noch einzelne Mineralien als grosse Seltenheiten hier und da vorkommen.

Die Verbreitung des Syenits beschränkt sich auf den eigentlichen Porzellanerde- und Graphitdistrikt von Passau, in welchem die Gegend von Jahrdorf, Wastlmühl, Leitzersberg, Pfaffenreuth, Germannsdorf, Pelzöd, Wilden-Ranna, Mitterwasser, Kranawitthof, Diendorf, Niederndorf und Haar die erheblichsten Fundorte bezeichnen. In der Regel treffen wir Spuren des Gesteins in der Nähe aller Porzellanerde- und Graphitgruben.

Ausserdem wurde ein ähnliches Gestein unfern Grafenau (XXXVI, 58, 1) und Obernagelbach (XXXVIII, 51, 2) sicher erkannt.

An die Hornblende-reichen Gesteine schliesst sich sowohl genetisch wie stratographisch auf's engste an der

## IX. Serpentin.

§. 8. Der Serpentin tritt fast ausnahmslos theils mit und im Hornblendegestein, theils neben chloritischem Schiefer innerhalb unseres Waldgebirges auf. Merkwürdig ist ausserdem die vielfach wiederkehrende Vergesellschaftung mit Granulit. Er bildet in beiden Fällen entweder deutlich begrenzte, mehr oder weniger dünne Bänke in konkordanter Lagerung mit den genannten Felsarten, mit welchen er an den Begrenzungen häufig durch allmählige Übergänge und Zwischengesteine verbunden ist, oder erscheint in grossen, oft linsenförmigen Stöcken, welche sich plötzlich aufthun, nicht ohne an ihren Grenzen normal an das einhüllende Nachbargestein sich anzuschliessen. Man kann in unserem Gebirge solche linsenförmige Serpentin-Einlagerungen im hornblendigen oder chloritischen Schiefer in der Grösse einer Faust und eines Kindskopfs bis zu der Ausbreitung von 12000 Fuss in die Länge und 1000 Fuss in die Breite bemerken. Dabei legen sich die Schiefer, welche die Serpentinpartieen einschliessen, an die Aussenflächen des Serpentins, den Unebenheiten sich anschmiegend, in schaligen Massen. Von besonderem Interesse sind die Übergänge von ziemlich ebenflächigen Serpentinlagern in chloritische Schiefer, wobei der Serpentin selbst genau wie der Chloritschiefer dünne Schichtung annimmt und zum Serpentinschiefer wird. Solche Bildungen treffen wir besonders bei Erbendorf am westlichen Rande der Fichtelnaab, bei der Herrnmühle und beim Kager am hohen Bogen (LIII, 44, 4). Ein gangartiges Auftreten des Serpentins ist innerhalb unseres Gebirges nicht beobachtet worden.

Da die umhüllenden Gesteine mechanisch leichter der Verwitterung verfallen, als der oft massige und kompakte Serpentin, so ist dieser besonders zu Felsbildung geneigt. Selbst kleine Einlagerungen treten daher meist in aufragenden Erhöhungen aus ihrer verebneten Umgebung hervor. Die Felsen selbst sind meist stark zerklüftet und zackig ausgewittert, so dass die Serpentinfelsen zu den bizarresten unseres Gebirges gehören. Vor Allem ist der Föhrenbühl unfern

Erbendorf geeignet, diese Art der Felsbildung des Serpentins zu zeigen. Auch die steile Kuppe des hohen Bogens beherbergt an den Gehängen an mehreren Orten wildzackige Felsgruppen von Serpentin.

Der Serpentin unseres Gebirges bietet petrographisch betrachtet gegenüber dem Gestein anderer Gegenden keine wesentlichen Verschiedenheiten dar. Es ist dasselbe meist dunkelgrüne, dichte, matte, milde, mit dem Messer schabbare, beim Anschlagen pelzige, fettig anzufühlende, im Bruche splittrige Gestein, wie es allerorts vorkommt.

Von besonderer Wichtigkeit ist die Frage über die Zusammensetzung derjenigen Serpentine, welche aus Enstatitfels entstanden zu sein scheinen. Hierher gehört ein Theil der Serpentine von Erbendorf, von welchen ich einen aus der Gegend von Grötschenreuth analysirte und in folgender Weise zusammengesetzt fand:

**Serpentin von Grötschenreuth bei Erbendorf, CIX.**

| | |
|---|---|
| Kieselerde . . . . . . . . . . | 40,30 |
| Thonerde . . . . . . . . . . | 1,30 |
| Eisenoxydul . . . . . . . . . | 8,50 |
| Eisenoxydoxydul . . . . . . . | 1,35 |
| Chromoxyd . . . . . . . . . | 0,90 |
| Kalkerde . . . . . . . . . . | Spuren |
| Bittererde . . . . . . . . . . | 34,21 |
| Wasser . . . . . . . . . . . | 13,00 |
| | 99,56 |

Das Chromoxyd scheint nicht einen Bestandtheil von Chromeisen, sondern von Picotit auszumachen.

Nach der Zusammensetzung der Serpentine war zu erwarten, dass die ziemlich ausgedehnten Lehmmassen, welche die grosse Serpentingruppe zwischen Erbendorf und Thumsenreuth bedecken und welche zur Ziegelverfertigung verwendet werden, vorzüglich aus Bittererdesilikaten bestehen, da sich dieser Lehm aus der Zersetzung des Serpentins gebildet zu haben scheint.

Die Analyse lieferte folgendes Ergebniss:
Ziegellehm, auf Serpentin gelagert, von der Ziegelhütte zwischen Erbendorf und Thumsenreuth.

| | CX. |
|---|---|
| Kieselerde . . . . . . . . . | 46,55 |
| Thonerde . . . . . . . . . . | 24,60 |
| Eisenoxyd . . . . . . . . . | 11,34 |
| Bittererde . . . . . . . . . | Spur |
| Kali . . . . . . . . . . . | 1,13 |
| Wasserverlust bei 100° C. . . . . | 7,00 |
| Glühverlust (Wasser u. org. Substanzen) | 9,25 |
| | 99,87 |

Daraus geht mit Bestimmtheit hervor, dass dieser Thon nicht durch Verwitterung des Serpentins entstanden sein kann, sondern vielmehr nur als ein Anschwemmungsprodukt aus dem benachbarten granitischen Gebirge betrachtet werden muss, weil Bittererde fast ganz fehlt.

Der gewöhnliche Serpentin unseres Gebirges besitzt in mehr oder weniger reinen, nicht magnetischen Stücken ein specifisches Gewicht von

2,633 bis 2,639,

besteht jedoch nicht aus gleichmässiger Mineralsubstanz, sondern aus einer in dünnsten Blätt-

eben in geringerem oder höherem Grade durchscheinenden Grundmasse, in welcher dunkelgrüne und schwärzliche Kügelchen oder erdig-staubige Theilchen oder dunklere und hellere
Streifchen und Putzen theils einzeln zerstreut, theils nach gewissen Richtungen an- und neben-
einandergereiht, meist aber zu grösseren Partieen vereinigt eingeschlossen sind. Daher rührt
das fleckige, geflammte, geaderte und gestreifte Aussehen, welches die meisten ge-
meinen Serpentine zeigen und welches auf einen Ursprung aus früher vorhandenen, gemischt
zusammengesetzten Gesteinsarten hinweist. Nur wenige Partieen, namentlich solche von heller
und gleicher Farbe, welche zuweilen wie auf Klüften ausgeschieden vorkommen, sind homogene
Massen. Eine ausgezeichnet schöne, durchscheinende, gelblich gefärbte Serpentinvarietät kommt
in ziemlich grossen Partieen im Urkalke von Babing vor. Es ist diess die von Flurl als
Bildstein bezeichnete Masse. Ich habe an letzteren, sowie an den gefleckten Varietäten
mittelst dünngeschliffener Blättchen durch das Stauroskop ihre optische Zweiachsigkeit
bestimmt erkennen können. Ebenso fand ich den steten Begleiter des Serpentins, den
Chrysotyl, optisch zweiachsig. An accessorischen Beimengungen ist unser Serpentin
äusserst arm, wenn Chrysotyl und Pikrolith, die nur eine Modifikation der Serpentinmasse
sind und selten in irgend einem Serpentin ganz fehlen, abgerechnet werden. Adern von Chrysotyl mit stets zu den Wandungen senkrecht stehenden Fasern kommen besonders prachtvoll
zu Winklarn, Haupersreuth und am Steinhag bei Obernzell vor. Bei weitem am häufigsten ist
ausserdem das Magneteisen. Es ist sowohl in feinen Körnchen und Kryställchen in der
Masse zerstreut, als auch auf Spalten, in oft derben Platten (Föhrenbühl bei Erbendorf), ausgeschieden. Dieser Beimengung verdankt der Serpentin seine polarisch-attraktorischen
Eigenschaften.

Der polarische Magnetismus der Serpentinfelsen wurde beinahe an allen Punkten konstatirt, wo Serpentin zu Tage tritt. Doch sind die Erscheinungen meist so verwickelter Art,
dass es schwer hält, die Gesetzmässigkeit der Vertheilung des Magnetismus zu erkennen.
Die magnetisch-polarische Eigenschaft des Serpentins wurde von Fichtel[1] entdeckt
(1794), jedoch erst durch v. Humboldt[2] in den Kreis einer sehr ausführlichen wissenschaftlichen Erörterung gezogen. v. Humboldt hatte den polarischen Magnetismus des Serpentins
an einem von ihm zuerst geheim gehaltenen Orte in oder an dem Fichtelgebirge aufgefunden und
die Behauptung aufgestellt, dass diese Eigenschaft nicht durch eine Beimengung von Magneteisen hervorgerufen werde. v. Flurl vermuthete, dass dieser Magnetfels der Serpentin bei Erbendorf sein könnte, und veranlasste Reiner[3] zu einer Untersuchung desselben. Es fand sich,
dass in der That dieser Serpentin sowohl anstehend auf dem Gebirgsrücken, als auch in
lose umherliegenden Blöcken viele Anziehungspunkte besass, dass aber eine Gesetzmässigkeit
bezüglich der Lage der Achsen sich nicht herausstellte. v. Flurl[4] untersuchte dann später
selbst denselben Erbendorfer Serpentin und bestättigte die Unregelmässigkeit der Vertheilung der Polarität, indem auf ein und derselben Fläche des Felsens zuweilen kaum in Entfernung von wenigen Zollen sich beide Pole zeigen, und so abwechselungsweise auf einer langen
Strecke. An Stellen, wo der Serpentin ganz rein war, bemerkte man nie eine Polarität, sondern
nur an jenen Orten, wo sich Hornblende (d. h. Bronzit) beigemengt zeigte. Es entstand nun eine
Streitfrage, welche lange Zeit lebhaft geführt wurde, was die Ursache des Polarmagnetismus sei,
bis Bischof[5] zuerst an dem inzwischen bekannt gewordenen Magnetberg Al. v. Humboldt's,
an dem Heidberge bei Zell im Fichtelgebirge, die Abhängigkeit des polarischen Magnetismus von der Anwesenheit des Magneteisens faktisch nachwies. Bezüglich der Vertheilung

---

[1] Fichtel, Mineralogische Aufsätze, Wien 1794, S. 223.
[2] Allgemeine Literatur-Zeitung, Jena 1796, Intelligenzblatt Nr. 169, S. 447, und 1797, Nr. 38,
S. 323; Nr. 68, S. 564, und Nr. 87, S. 722.
[3] Münchener Taschenkalender 1798 und v. Moll's Jahrbuch der Berg- und Hüttenkunde,
III, S. 1799. 301.
[4] Über d. Gebirgsformat. der churpfalzbayer. Staaten, 1805, S. 42.
[5] Physikalische Beschreibung des Fichtelgebirges, S. 193 f., und Schweigger's Journal
für Phys. und Chemie, ält. Reihe, XVIII, 1816.

des Polarmagnetismus in den Felsmassen hatte zwar B i s c h o f feststellen zu können geglaubt, dass am Heidberg der Nordpol an der nordwestlichen, der Südpol an der südöstlichen Seite des Berges liege, entsprechend der Streichlinie des Gesteins von Südwest nach Nordosten, in welcher Richtung die neutrale Zone liege; jedoch konstatirt auch er die Unregelmässigkeit der Vertheilung des Magnetismus. Durch die neuesten und sorgfältigen Untersuchungen R e i c h' s[1] endlich an demselben Serpentinfelsen wurde erkannt, „dass die Bergkuppe, welche aus Magneteisen-haltigem S e r p e n t i n besteht, polarmagnetisch sei und auf die Magnetnadel schon in grösseren Abständen eine sehr wesentliche Einwirkung ausübe, dass aber trotzdem diesem Heidberg keine eigentliche Polarität zugeschrieben werden kann".

Ich habe ähnliche Untersuchungen an der mächtigen S e r p e n t i n k u p p e des Föhrenbühls bei Erbendorf, welcher vorn erwähnt wurde, angestellt und gefunden, dass die Serpentinfelsen theils auf Kluft-ähnlichen Adern derbe Magneteisenplatten, welche nach allen Richtungen das Gestein durchziehen, hauptsächlich aber nach den in dieser Gegend vorherrschenden Spaltungslinien nordwest-südöstlich und südwest-nordöstlich auftreten, in grosser Menge enthalten, theils in ihrer Gesteinsmasse selbst kleine Magneteisentheilchen umschliessen. Alle die Magneteisenmassen, welche auf Klüften ausgeschieden sind, zeigen Polarmagnetismus in hohem Grade, besonders jene, welche in senkrechten Platten nahe in meridionaler Richtung durch das Gestein setzen; weniger stark ist die polare Anziehung auf anderen Platten von mehr ost-westlicher und flacher Lage. Bei manchen deutlich plattenförmig ausgebreiteten Magneteisenadern erwies es sich, dass die ganze Fläche der Platte, je nachdem solche nach Norden oder nach Süden gewendet ist, entsprechende Polarität besitzt, so dass öfters der Fall beobachtet werden kann, dass an ganz nahe liegenden Stellen, je nachdem man die Magnetnadel der oberen oder der unteren Fläche näher bringt, entgegengesetzt polarische Anziehungen sich bemerkbar machen. Auch die in der S e r p e n t i n m a s s e eingeschlossenen Magneteisentheilchen, wenigstens die isolirbaren Krystalle, besitzen einen Polarmagnetismus. Denkt man sich nun eine Anzahl solcher magnetischer höchst unregelmässig gestalteter, theils stab-, theils plattenförmiger Körper voll Aus- und Einsprünge, mit Auszackungen oder Spitzen besetzt, und einzelner kleiner Magnetstückchen durcheinandergeworfen, sich theils berührend, theils durchdringend, theils in geringer Entfernung nebeneinander gestellt, so begreift sich von selbst, dass die ursprünglichen magnetischen Kräfte der einzelnen Stücke in dieser Verbindung wesentlich verändert werden, dass ihr Magnetismus theils aufgehoben, theils geschwächt werden wird. Durchdringen sich Adern, so kann, ähnlich wie beim Hufeisenmagnet, der Fall eintreten, dass die beiden Pole nicht an entgegengesetzten Seiten des Felsens, sondern auf gleicher Seite neben einander zum Vorschein kommen. Diese Betrachtung allein reicht hin, die beobachtete Unregelmässigkeit des Polarmagnetismus an Serpentinfelsen zu erklären. Es muss aber weiter wohl angenommen werden, dass die einzelnen des Magnetismus fähigen Magneteisentheilchen nach ihrer Entstehung die Polarität durch den Einfluss des Erdmagnetismus erlangt haben und dass demnach ihre Pole nach dieser ihrer ursprünglichen Lage und Richtung sich ausbildeten. Diese ursprüngliche Lage der Felsen ist jedoch durch vielfache Verrückungen gestört worden, wodurch zugleich auch die Magnete in den Felsmassen aus ihrer ursprünglichen Lage gebracht wurden und mithin die Lage ihrer Pole nicht mehr in Übereinstimmung zu stehen scheint mit ihrer jetzigen Richtung.

In einzelnen Adern von M a g n e t e i s e n glaube ich durch direkte Beobachtungen die Spuren dieser Veränderung der Lage und der Stellung der Pole erkannt zu haben.

Bei Haupersreuth (LXX, 23) südlich von Floss steht ein kleiner S e r p e n t i n f e l s zu Tag, welcher sich durch seine deutliche Schieferung entsprechend der Streichrichtung des benachbarten Gneissgebirges auszeichnet. Diesen S e r p e n t i n s c h i e f e r durchschwärmen zahlreiche Adern von Magneteisen. Eine Anzahl derselben nimmt eine ziemlich senkrechte Lage und eine Richtung ein, welche zu der von Südwesten nach Nordost gerichteten Streichrichtung senkrecht steht. Hier zeigt sich nun sehr häufig — obwohl nicht ohne Ausnahme — auf der nach Nordwesten gewendeten Seite des Felsens Nordpolarität, auf der nach Südosten abdachenden

---

[1] Berg- und hüttenmännische Zeitung, 1863, S. 86.

Seite Südpolarität, entsprechend der Verrückung der Serpentinfelsmasse und der ursprünglich von Süden nach Norden gerichteten Magneteisenadern aus einer horizontalen und meridionalen Lage in eine steil aufgerichtete und von Südwesten nach Nordosten abweichende Stellung.

Es kommt nun noch hinzu, dass die fortwährenden Veränderungen, welche an den zu Tag ausgehenden Felsmassen vor sich gehen, und der Wechsel der Temperatur nicht ohne Einfluss auf die Umänderung der ursprünglichen Polarität geblieben sein können. So erklären sich dann alle die Unregelmässigkeiten in der Vertheilung des Magnetismus, wie sie an Serpentinfelsen wahrgenommen werden, vollständig.

Der Häufigkeit nach ist nach dem Magneteisen der Bronzit als Begleiter des Serpentins zu nennen. Er findet sich theils in grösseren, theils in kleineren blättrigen Aggregaten ohne regelmässige Umrisse mit der Serpentinmasse dicht verwachsen. Ein Theil dieser Einschlüsse zeigt die charakteristischen grossen, gestreiften und gekrümmten Spaltungsflächen mit bräunlichem, Perlmutter-ähnlichem Glanze, wie z. B. ein Serpentin von Waldau bei Vohenstrauss (LXXII, 23, Schloss), zu Weiding unfern Schönsee (LXV, 31, 9), von Waldthurn (LXXIII, 23, 10. 11), von Seugenhof am hohen Bogen (LVII, 44, 14); ein anderer Theil neigt sich durch seine lichte glanzlose Farbe und durch den mehr fasrigen Bruch dem Schillerspathe und Diallag zu. In dem Serpentin von Winklarn ist der Bronzit in Talk umgewandelt. Ähnlich zeigen sich auch der hellfarbige, grünliche, optisch zweiachsige Glimmer, in weniger häufigen Fällen Chloritblättchen und schuppige und dichte Aggregate von Talk dem Gestein, wiewohl im Ganzen nicht selten, doch nicht überall eingesprengt. Als mehr oder weniger vereinzelt vorkommende Beimengungen sind noch anzuführen: Diopsid (bei Vohenstrauss, LXXII, 24, 20) in grossen, feinstreifigen, grünlich-weissen Aggregaten; Strahlstein mit Asbest (an mehreren Punkten, namentlich bei Erbendorf); Enstatit (am hohen Bogen); ein dem Pyrallolith zunächst nahe verwandtes Mineral (bei Neukirchen beim heiligen Blut, LIII, 44, 4); Magnesit (bei Erbendorf, LXXXII, 15, 48, und Wildenau, LXXIX, 21, 9½); Halbopal auf Klüften (bei Erbendorf, LXXXII, 15, 54) und hier und da Kalkspath. Nur an einem Fundorte umschliesst der Serpentin röthliche Granaten: bei Grossgsenget (XXIX, 69, 2) östlich von Waldkirchen.

In dem Passauer Gebirge, am Steinhag unfern Obernzell, kommt noch eine eigenthümliche Vereinigung des Serpentins mit körnigem Kalk vor, der sogenannte Ophicalcit, welcher später bei Besprechung des Urkalkes ausführlicher beschrieben werden soll.

Nach den Bestimmungen, welche ich Herrn Professor Sandberger verdanke, enthält der Serpentin bei Erbendorf, Guglöd, Winklarn und Grossgsenget partieenweise auch Picotit, einen Chromeisenpleonast, der den Olivinfels kennzeichnet.

Die neuesten Untersuchungen Sandberger's [1]) über den sogenannten Olivinfels machen es wahrscheinlich, dass manche Serpentine als Umwandlungsmassen des Olivinfelsens angesehen werden müssen. Sandberger glaubt, alle Serpentine, welche Pyrop, Bronzit, Chromdiopsid und Picotit enthalten, müssten aus Olivingesteinen entstanden sein, da nur in diesen jene Körper primitiv vorkommen. Ich habe eine Reihe von Serpentinen des Waldes Sandberger zur Untersuchung vorgelegt und bei den meisten derselben, namentlich bei jenen von Erbendorf, Guglöd, Winklarn und Grossgsenget, in denen er auch jetzt noch Picotit erkannte, erklärt er sich für obige Annahme; den Serpentin vom Seugenhof am hohen Bogen hält er für ein Umwandlungsprodukt aus Enstatitfels. Da nun viele unserer Serpentine des Waldes Bronzit oder Diopsit enthalten, so gehören sie vorherrschend in diese Kategorie der Gesteine. Indess kann ich aus den Lagerungsverhältnissen und ihrer Verbindung mit Hornblendegestein und krystallinischem Kalk bei vielen derselben nur eine mit letzteren gleichzeitige Ent-

---

[1]) Neues Jahrbuch für Mineralogie, Geognosie und Petrefaktenkunde, 1866, S. 392.

stehung annehmen, deren Wahrscheinlichkeit übrigens durch das Auftreten des Chrysotyls, der denn doch keine Pseudomorphosenbildung darstellt, erwiesen ist.

Eine an mehreren Stellen beobachtete und in grösseren Massen vorkommende Felsart stellt eine dem Speckstein gleichkommende Substanz dar. Wir wollen dieses weiche, mit dem Nagel ritzbare, fettig anzufühlende, pelzige, schmutzig-bräunlich- und grünlich-weisse Gestein Talkgestein nennen.

Zum grossen Theil ist dasselbe durch eine Zersetzung des Serpentins entstanden. In einzelnen Theilen bemerkt man zuweilen noch die Spuren des fasrigen Gefüges von Chrysotyladern, welche nach der Umänderung ganz in die Masse des übrigen Talkgesteins übergegangen sind. · Es tritt meist in derben Massen, ohne Spur einer Schieferung auf. Nur bei Wildenau (LXXIX, 22, 14⅔) erscheint es auch in Form eines porösen, luckigen Gesteins, dessen zahlreiche Porenräume dicht mit kleinen Quarzkryställchen bedeckt sind. Es ist eine bemerkenswerthe Eigenthümlichkeit des Gesteins, dass seine Masse, obwohl ursprünglich so weich, selbst durch nicht sehr hohe Temperaturgrade eine bedeutende Härte annimmt, obwohl es völlig unschmelzbar ist. Durch alle diese Eigenschaften schliesst es sich zunächst an den Topfstein, der in einem ähnlichen Verhältnisse zum Chlorit-schiefer zu stehen scheint, wie unser Talkgestein zum Serpentin.

Am ausgezeichnetsten tritt das Talkgestein bei Erbendorf und Wildenau (LXXIX, 21, 9, 22, 12 u. 14⅔) unfern Neustadt a./Wn. mit Magnesit und Talk in eingesprengten Partieen hervor, auch bei Tittling (XXIX, 58, 2), wo es mit Chloropal vermengt vorkommt und aus hornblendigem Gestein entstanden zu sein scheint, bei Ahrnschwang (LIV, 39, 19) am Fusse des hohen Bogen mit Spuren von Chrysotyladern, bei Röhrenbach unfern Waldkirchen (XXIX, 62, 8) als grün-lich-graues Gestein, bei Winklarn (LXII, 28, 6) als offenbares Zersetzungsprodukt des Serpentins und endlich bei Schönkirch unfern Tirschenreuth (LXXX, 23, 25), woselbst das weiche, leicht schneidbare Material behufs Herstellung von Uhr-gewichten und dergleichen in kleinen Quantitäten gegraben und verwendet wird, findet man dasselbe. Als ein weiteres Zersetzungsprodukt des Serpentins, namentlich der lichtfarbig ölgrünen Varietät im körnigen Kalke, ist der Gymnit zu bezeichnen. Er ist durch allmählige Übergänge mit dem Serpentin unmittelbar verbunden und bildet sich wie dieser in zerrissenen Putzen im körnigen Kalke, be-sonders am Steinhag und überhaupt, wo Urkalklager mit Serpentin auftreten. Der Gymnit von Passau ist gelblich gefärbt, halbdurchscheinend und aus Serpentin dadurch entstanden, dass Eisenoxydul und etwas kieselsaure Bittererde aus der Verbindung aus- und dafür Wasser eingetreten ist.

Der typische Serpentin erlangt innerhalb unseres Gebirges in der Umgebung von Erben-dorf seine ausgedehnteste Verbreitung, sowohl in der Richtung gegen Grötschenreuth, als nach Thumsenreuth und Plaern. Erbendorf selbst steht grossentheils auf Serpentin; dann tritt der-selbe oberhalb auf beiden Seiten des Naabthales zu Tag, westlich am Köhrangen, östlich am Naabberg und Kellerrangen, von wo er sich zum Föbrenbühl bei Grötschenreuth erstreckt. Eine kleine isolirte Kuppe geht bei Biengarten zwischen Chloritschiefer zu Tag. In der Richtung nach Plaern erhebt er sich vor der Naabbrücke im Lausenbühl, dann jenseits derselben im Köbstein und dehnt sich über die Schweisslohe, die Erzäcker, das Steinholz bis zum Kirch-bühl, Krumm- und Kronberg bei Thumsenreuth aus.

Weiter zeigt sich Serpentin an mehreren Punkten des Auerberges bei Wildenau (LXXIX,

21 und 22) im Anschluss an das Talkgestein von Schönkirch, dann bei Floss unfern St. Nicolaus und gegen den Plankenhammer zu (LXXVI, 23, 53), wie schon erwähnt, bei Haupersreuth (LXXV, 23), bei Hermannsreuth unfern Bärnau (LXXXI, 28), hier überall in Verbindung mit Hornblende-haltigem Gestein, ebenso bei Waldau (LXXII, 23) unfern Vohenstrauss, in der Nähe von Eslarn (LXIX, 30, 2); dagegen in der Nähe von Granulit an mehreren Punkten bei Schönsee (LXV u. LXVI, 30 u. 31), unfern Oberviechtach bei Gutenfürst (LXVI, 26) und bei Burghardsberg (LXV, 26), bei Murach und Rottendorf (LXIII u. LXIV, 25 u. 26). Sehr bemerkenswerth ist das Auftreten eines kleinen Serpentinlagers bei Feistelberg auf den Ödäckern (LXVIII, 19) nördlich von Wernberg und zwischen Uckersdorf und Rackau (LXI, 24), innerhalb des Gebiets des bunten Gneisses, welcher sonst mit keinem Gesteine dieser Art in Verbindung zu stehen scheint.

Südwärts reihen sich an die Vorkommnisse von Murach jene bei Denglarn (LXI, 25), am Aschathal in der Nähe des Frauenhäusel (LX, 26), am Grubhof westlich von Biberbach (LXI, 32, 4), bei Schönthal östlich von Rötz (LIX, 32), bei Winklarn (LXII, 28 und 29), sowie das bereits von Flurl erwähnte, allerdings sehr beschränkte Vorkommen zwischen Regen und Zwiesel an. In grösserer Ausdehnung und an mehreren Punkten bricht Serpentin meist am Rande der grossen Kuppe von Hornblendegestein am hohen Bogen zu Tag. Man findet ihn in mehreren Zügen in der Brünst oberhalb des Eigenhofs bei Rimmbach (LIII, 42, 12) und am Fusse des Dausing-Riegels, am Kager und östlich von Lamberg südlich und südöstlich von Neukirchen am heiligen Blut und in einigen Kuppen bei Seugenhof und Warzenried nördlich von Neukirchen am heiligen Blut, am Klöpfelsberg bei Furth (LVII, 41, 7), bei Grossaign (LVII, 42, 2) daselbst. Auch schliesst sich hier zunächst ein Serpentin-artiges Gestein von Dalking (LV, 37, 17) an. Im ganzen südlichen Gebirge tritt diese Gebirgsart nur in vereinzelten Kuppen auf, so z. B. im Klingenbrunner Walde im Schwarzkoth bei Guglöd (XXXIX, 58, 4), wo dieselbe beim Wegbau vollständig aufgeschlossen wurde, in ganz isolirter Kuppe bei Ilim im Schwarzacher Hochwalde (XLI, 40, 1) mit Schillerspath-ähnlichen Beimengungen, bei Neureuth unfern Wolfstein (XXXII, 61) in schön gebänderter Varietät mit Chrysotyl, bei Grossgsenget unfern Waldkirchen (XXIX, 69, 2) mit röthlichen Granaten, welche dicht mit dem Serpentin verwachsen sind und endlich zwischen Seyersdorf und Strasskirchen unfern Passau (XXV, 60, 1). Schliesslich erinnern wir an das Vorkommen des Serpentins mit körnigem Kalk gemengt (Ophicalcit) an fast allen Orten, wo letzterer im Gneissgebirge eingelagert ist.

# X. Talkschiefer.

§. 9. Talkschiefer ist nur in der Umgebung von Erbendorf neben Serpentin und Chloritschiefer, gleichsam deren Verbindung vermittelnd, entwickelt, ohne aber jene Ausdehnung zu erlangen, dass man sie selbst auf Karten von grossem Maassstabe ausscheiden könnte. Sie sind daher auf unserer Karte mit unter dem Chloritschiefer einbegriffen. Der Talkschiefer erscheint hier als dünn- und uneben schiefriges, sehr weiches, pelziges, grünliches Gestein, welches einestheils in Serpentin, anderentheils in Chloritschiefer verläuft.

Die Gehänge am Naabthalrande oberhalb Erbendorf lassen hier und da diesen talkischen Schiefer beobachten. Bei Hopfau enthält derselbe Talkspath und Schwefelkies in grosser Menge.

# XI. Chloritschiefer.

§. 10. Wichtiger ist der Chloritschiefer, obwohl auch er sich innerhalb unseres Gebirges auf zwei sehr kleine Verbreitungsgebiete beschränkt, nämlich auf jenes bei Erbendorf im Norden und das bei Rittsteig im Südosten des hohen

Bogen. Der Chloritschiefer unseres Gebirges ist ein meist ziemlich dichtes, deutlich, aber selten ebenflächig spaltendes, dunkelgrünes, weiches Gestein, dessen Hauptbestandtheil in feinen Schüppchen verwehter, selten in grösseren Blättchen ausgebildeter, optisch einachsiger Chlorit[1]) ausmacht. Der Bruch desselben ist schuppig, unregelmässig schiefrig, nur wo Quarz als Beimengung auftritt, vollkommen blättrig. Diejenigen Varietäten, bei welchen der Chlorit so innig verfilzt ist, dass das Gestein dem Dichten sich nähert, schliessen sehr häufig kleine, aber wohlausgebildete Krystalle von Magneteisen und grössere Krystalle von gelblichem Magnesit, sowie grosskrystallinische Partieen von Rauten- und Braunspath (Dolomit) ein. Sehr häufig nimmt das Gestein Quarztheile in sich auf, welche in Lamellen sich ausscheiden, häufiger aber in kleinen linsenförmigen Körnchen, ja selbst in grösseren Linsen auftreten und dem Schiefer ein gestreiftes oder im letzteren Falle ein geflecktes, Gneiss-artiges Aussehen verleihen. Diese Ähnlichkeit mit Gneiss wird noch ganz besonders vermehrt, wenn, wie am Frauenberg bei Grötschenreuth, zu dem Quarz sich noch Feldspath in ziemlich ansehnlicher Menge als Gemengtheil hinzugesellt. Es entsteht dadurch ein sehr schön gefleckter Schiefer, bei welchem die Farbenkontraste des dunkelgrünen, oft in grösseren Schuppen ausgebildeten Chlorits, des blendend weissen oder röthlichen Feldspaths und des weissen oder graulichen Quarzes besonders in's Auge fallen. Solchen Quarz und Feldspath in reichlicher Menge führenden Chloritschiefer kann man wohl passend Chloritgneiss nennen.

Sehr ausgezeichnet sind die Einschlüsse von Strahlstein im Chloritschiefer am Frauenberg bei Erbendorf. Der Strahlstein bildet grosse Klumpen von theils innig aneinander schliessenden, feinstrahligen krystallinischen Massen, theils deutlich ausgebildeten Krystallen zwischen Chloritblättchen oder weissem Talk.

Im quarzreichen Chloritschiefer stellen sich nicht selten auch Epidot-Beimengungen ein. Der Epidot erscheint hier mit Quarz innigst vermengt streifenweise zwischen den Chloritlagen und ist zugleich auch in einzelnen Hohlräumen auskrystallisirt. Als eine Seltenheit ist noch die an einem Punkt beobachtete Einmengung von Kupferkies nach Art des Magneteisens zu erwähnen, welche sich leicht an dem reichen Malachitüberzug des zu Tag anstehenden Gesteins verräth (LXXXII, 15, 41).

Ausser den zwei kleinen Verbreitungsgebieten des Chloritschiefers zeigen sich noch hier und da Gesteine in geringer Mächtigkeit, welche mit Chloritschiefer wenigstens grosse Verwandtschaft besitzen, ohne vollständig damit übereinzustimmen. Dahin gehören gewisse Schichten am Mühlbühl bei Tirschenreuth, ähnliche Gesteine an der Wendernermühle bei Bärnau, ein Glimmer-, Quarz- und Feldspathführendes Gestein von Schwarzenbach bei Tirschenreuth (LXXXI, 25, 33) und bei Iglersreuth unfern Bärnau. Von dem kleinen Chloritschiefergebiet im Südosten des hohen Bogens ist nur zu bemerken, dass der Schiefer daselbst ein sehr mächtiges Lager von körnigem Kalke einschliesst und ziemlich häufig Epidot auf Klüften ausgeschieden enthält.

## XII. Quarzige Gesteine.

§. 11. Die ihrer Hauptmasse nach aus Quarz bestehenden Gesteine des ostbayerischen Gneissgebirges, welchen sich petrographisch sehr ähnliche Gebilde des

---

[1]) Nach der Werner'schen, nicht G. Rose'schen Bezeichnungsweise.

Glimmerschiefer- und Urthonschiefergebiets unmittelbar anschliessen, bieten trotz der Einfachheit ihrer Zusammensetzung eine grosse Mannichfaltigkeit in ihrem petrographischen Verhalten und in ihrer Lagerungsweise. Nicht nur, dass durch Beimengungen verschiedener Mineralien in grösserer oder geringerer Fülle gewisse Modifikationen bewirkt werden, auch die Textur des Quarzgesteins unterliegt mannichfachem Wechsel vom Dichten bis zum Dünnschiefrigen und Körnigen; ebenso verschieden zeigt sich dasselbe in der Lagerung, indem es bald in deutlichen gleichförmigen Zwischenlagen im Schiefergebirge, bald in wohlausgebildeten Linsen oder in unregelmässigen Putzen und Nestern, bald auf mächtigen, weit in's Feld streichenden Gängen für sich oder in Vereinigung mit mancherlei Mineralien und Erzen (auf Erzgängen) oder auch in dünnen Schnüren und Adern, welche Gneiss und Granit durchschwärmen, auftritt. Nimmt man hinzu, dass fast alle bisher besprochenen Gesteinsarten in quarzreichen Abänderungen vorkommen, bei denen mit Zurücktreten der übrigen Bestandtheile der Quarz die Oberhand erhält (z. B. quarziger Gneiss, quarziger Granulit u. s. w.), so dehnt sich der Umfang der hierher gehörigen Gebilde in's Grosse aus. Von diesen quarzreichen Gesteinen, die bereits im Vorausgehenden besprochen wurden, soll aber hier nicht weiter die Rede sein. Es lässt sich jedoch daraus ungefähr der Umfang überblicken, in welchem die quarzigen Gesteine unseres Gebiets auseinandergehen.

Der gewöhnliche Quarz als die Hauptsubstanz aller Quarzgesteine erscheint in fast allen möglichen Modifikationen krystallisirt, in krystallnischen und dichten Massen. Diesen schliessen sich zuweilen Bergkrystalle (wasserhell, braun [Rauchtopas], gelblich [Citrin] oder violblau [Amethyst]), Eisenkiesel und Hornstein an.

· Dazu gesellen sich nun als untergeordnete Beimengungen, am häufigsten in den schiefrigen und linsenförmigen Quarzmassen, der weisse, optisch zweiachsige Glimmer, selten solcher von dunkler Färbung, dann in gewissen Varietäten Chlorit oder, was sich wegen innigster Vermengung der Substanzen häufig nicht sicher entscheiden lässt, Hornblende, wodurch eine ganze Reihe dunkelfarbiger Quarzgesteine entsteht. Diesen ähnlich sind dann auch jene, welche neben Quarz wesentlich Epidot (Epidosit), seltener Vesuvian, vielleicht zuweilen auch Granaten enthalten.

Dass auch der Feldspath in verschiedenen Abänderungen häufig sich einstellt, bedarf kaum einer Erwähnung, da wir vorher die so häufigen Übergänge der normalen Feldspath-führenden Gesteine in quarzige erwähnt haben.

In den allermeisten Fällen hält es aber sehr schwer, die Natur dieser Beimengungen genau zu bestimmen, weil sie so dicht und innig mit der Quarzmasse verwachsen sind, dass es unmöglich ist, sie mechanisch zu isoliren. Doch kommt uns hier die Natur selbst mit einem Hilfsmittel des Erkennens entgegen. Alle Quarzgesteine mit reichlichen Beimengungen zeigen nämlich auf ihrer verwitterten Oberfläche eine mehr oder weniger starke Zersetzung der nicht quarzigen Beimengungen. Dadurch entsteht eine meist weiche und helle als die Hauptmasse, oft durch Eisen rostbraun gefärbte Überrindung des Quarzgesteins, de sen Aussenseite zugleich eine sandig-rauhe Beschaffenheit gewinnt. An diesen Zersetzungsprodukten, welche nach der Art der Gemengtheile sowohl substanziell verschieden als auch in verschiedenem Grade weit ausgebildet sind, und an den durch diese theilweise Auflösung des Gesteins oft isolirt hervortretenden Mineralien der Verwitterungsrinden gelingt es zuweilen, die beibrechenden Einmengungen näher zu bestimmen.

· Nach dem vorwaltenden Mineral, welches in solcher Art mit Quarz verbunden auftritt, lassen sich nun eine Reihe von Modifikationen der Quarzgesteine unterscheiden, bei welchen es genügen dürfte,‚weil sie stets nur in sehr untergeordneter Weise in unserem Gebirge vorkommen, ihrer hier nur kurz Erwähnung zu thun.

Man kann sie in zwei Gruppen theilen: in hellfarbige mit Glimmer oder Feldspath in der Beimengung, und in dunkelfarbige, welche Chlorit, Hornblende, Epidot, Vesuvian, Granat oder Schörl führen. Gemeinschaftlich ist ihnen ein meist feinkörnig-krystallinisches Gefüge und das Vorkommen in Zwischenschichten, auf Lagern und in Linsen.

Zu den hellfarbigen gehört der

## Glimmerquarzit,

welcher besonders in der Glimmerschieferformation grosse Wichtigkeit durch die Übergänge in Quarzitschiefer erlangt, und der

## Feldsteinquarzit

welcher einestheils an die Granulite grenzt, anderentheils aber in das Pfahlgestein, den ·Hölleflint, verläuft, wie schon früher dargestellt wurde.

Unter den dunkelfarbigen haben wir besonders die Chlorit-haltigen Gesteine, den

## Chloritquarzit,

hervorzuheben, welcher nicht nur innerhalb der Phyllit- oder Urthonschieferformation eine wichtige Rolle spielt, sondern auch in dem Gneissgebiet an manchen Stellen beobachtet wurde, so z. B. am Mühlbühl bei Tirschenreuth, an der Wenderner Mühle unfern Bärnau, bei Dürnkonreuth daselbst. Häufige Einsprengung von Schwefelkies ist dieser wie fast allen folgenden Modifikationen eigen.·

Noch häufiger sind die Hornblendequarzite, dunkelgrüne, Schwefelkiesreiche, durch ihre ungemein grosse Härte ausgezeichnete Gesteine, welche in fast allen Zonen Hornblende-haltiger Gebirgsarten hier und da meist in Linsen auftauchen und in ausgewitterten Blöcken über die Oberfläche ausgestreut sind. Es sei hur beispielsweise das Randgebirge zwischen Erbendorf und ·Neustadt a./Wn. genannt, wo man solchen Felsarten häufig in Blöcken· und Brocken begegnet; ebenso in der Gegend nördlich von Waldthurn, und überall zerstreut, wie bei Klingenbrunn (XXXVIII, 57, 3), bei Neulust unfern Hengersberg (XXX, 47, 6), bei Lalling (XXXIV, 51, 1) und an anderen Orten. Seltener sind die Epidot-führenden Quarzite oder die sogenannten Epidosite, welche sich durch hellgrüne Farbe und dadurch auszeichnen, dass meist neben dem in der Quarzmasse zerstreut eingemengten Epidot Krystalle desselben auf Klüften mehr oder weniger deutlich ausgebildet zu finden sind. Solche Varietäten halten sich immer in der Nähe der hornblendigen Gesteine, wie z. B. am Nicolausberg bei Floss, am Auerberg bei Wildenau, an mehreren Stellen bei Tirschenreuth, bei Dürnkonreuth und Iglersreuth, am Krähenhaus (LXXX, 23), an der Beudelmühle (LXXIX, 22), bei Plössberg (LXXIX, 23), bei Scherreuth unfern Neustadt a./Wn. (LXXVII, 18, 3), bei Abtschlag (XXXVII, 53, 1), im südlichen Gebirge in der Gegend von Grafenau und Wolfstein bei Kirchdorf, Augrub, Kirchberg, Grafenhütt und an anderen Orten.

Ähnlich verhalten sich die Vesuvianquarzite und die Granatquar-
. zite, welche theils durch die hellgrünlichen, theils röthlich-braunen Farbenabände-

rungen sich kenntlich machen. Ihre strenge Scheidung ist oft sehr schwierig. Ausgezeichnete Beispiele des Vorkommens solcher Gesteine finden wir am Mühlbühl bei Tirschenreuth, bei Wildenau (LXXIX, 21, 2 und 4), am Fuchsberg bei Pleistein, bei Hauxdorf südlich von Erbendorf, bei Stöckarn und Eixendorf unfern Rötz (LVIII, 28, 1 und 6), am Schafhübel bei Waidhaus (LXX, 30), bei Breitenried (LXIII, 33, 7), bei Lengau unfern Waldmünchen (LVIII, 36, 13), bei Arnbruck (L, 45, 1), bei Minsing unfern Aicha (XXVII, 56, 2) und an anderen Orten. Einmengungen von S c h ö r l im Q u a r z i t, wie solche neben Schörlgneiss bei Plössberg vorkommen, erinnern an gewisse G r e i s e n. Dieses S c h ö r l g e s t e i n zeigt sich jedoch nur in höchst untergeordneter Weise.

Ausser den soeben angeführten accessorischen Bestandtheilen vieler Quarzite sind aber weiter als häufige Begleiter des Gesteins noch folgende zu nennen:

S t e i n m a r k, ein weisses, zum Theil ziemlich festes, derbes, zum Theil kreideweiches, fast erdiges, wasserhaltiges Thonerdesilikat, von welchem die an verschiedenen Orten vorkommenden Massen zwar unter sich nicht ganz genau, aber doch im Gesammtverhalten mit den gewöhnlich unter diesem Namen bezeichneten Mineralien übereinstimmen. Sie nähern sich, indem manche weich und in Salzsäure theilweise löslich sind, ohne jedoch eine Gallerte zu bilden, dem K o l l y r i t e oder in jenen Varietäten, welche im feuchten Zustande eine bildsame Teigmasse darstellen und der Einwirkung der Salzsäure widerstehen, dem K a o l i n. Die grössere Menge dieser Thonarten jedoch besteht aus einem in Wasser nicht plastisch werdendem Thonerdesilikat, welches zerrieben in bildsamen Zustand übergeführt werden kann, aber beim Anfühlen eine gewisse Rauheit behält. Es stellen sich daher diese selbst als Verkittungsmassen breccienartiger Quarzgesteine sehr häufig in unserem Gebirge auftretenden Substanzen in die Mitte der überaus mannichfachen und in ihrer Mischung nicht übereinstimmenden Steinmarkarten, neben K a o l i n und K o l l y r i t.

Es ist diese Substanz gerade desshalb besonders interessant, weil sie eine der wenigen ist, welche mit dem Pfahlquarz häufig in Verbindung tritt und dadurch eine grosse Ausbreitung gewinnt. Nicht selten übernimmt sie die Rolle einer Teigmasse, in welche meist sehr scharfkantige Stücke von Quarz eingebacken sind. Solche Breccien gehen in das sogenannte Q u a r z b r o c k e n g e s t e i n über. Dieses besteht aus Quarzstückchen, welche wiederum durch Quarz oder auch durch dieses Steinmark verkittet sind. Oft bestehen grosse Strecken des Pfahls aus solcher Breccie, wie am Hirschenstein bei Bodenwöhr, am Schwärzenberg daselbst; ebenso findet man am Weissenstein bei Regen Übergänge in Quarzbrockengestein. Auch auf anderen Lagerstätten von Quarz treten ähnliche Breccien hervor, wie z. B. bei Rötz (LVIII, 30, 2), bei Stallwang (XLIV, 34), in gelblichen Massen am Katzberg bei Cham, wie schon Flurl[1]) erwähnt, und an anderen Orten. Ist die S t e i n m a r k m a s s e vorwaltend, so entstehen stellenweise aus deren Auflockerung weiche, leicht zersprengbare Breccien, welche, indem sie verwittern, manchmal um die sonst höchst sterilen Quarzfelsen einen der Vegetation wenigstens nicht ganz unzugänglichen Boden anschütten.

Neben dem Steinmark kommen namentlich bei Pfahlquarz M a n g a n m i n e r a l i e n am häufigsten vor. Dieselben erscheinen meist als dünne, krustenförmige Überzüge auf Gesteinsklüften, seltener bilden sie Dendriten oder traubig-nierenförmig schalige Massen. Am häufigsten bestehen diese Manganaflüge aus einer Wad-ähnlichen Masse, aus Pyrolusit und Manganit, seltener nähert sich die Substanz dem Psilomelan. An mehreren Punkten verhalten sich die derben, nierenförmigen, schalig brechenden, blauschwarzen Rinden wie ein Gemenge aus Pyrolusit und Manganit, z. B. am Hedelberg (LXXXVI, 26, 4½) und auf dem Pfahl bei Wilting (L, 34) unfern Cham.

Als Seltenheit ist auch der H a u s m a n n i t anzuführen, welcher in krystallinisch-körnigen Klumpen südlich von Schirnding (XCII, 21, 25) aufgefunden wurde und in metallglänzenden

---

Blättchen im Quarz des Gaisberges (Katzberges) bei Cham [1]) und bei Pemfling (LIV, 33, 3) ebendaselbst auf Quarzgängen einbricht.

Eine dritte Beimengung zum Quarz, welche sich aber auf gewisse nur gangartig auftretende Massen beschränkt, ist der Eisenglanz in dünnen, Glimmer-ähnlichen Schuppen und Blättchen als sogenannter Eisenglimmer. Am mächtigsten und schönsten entwickelt ist diese Vergesellschaftung am sogenannten Gleisingerfels im benachbarten Fichtelgebirge. Von hier breiten sich ähnliche, aber minder reiche Quarzgangzüge durch das ostbayerische Grenzgebirge mit ähnlicher Zusammensetzung aus. Am südlichen Rande des Fichtelgebirges, bei Reichenbach, sind viele Quarzstücke von Eisenglimmer erfüllt, wie auch bei Siegritz unfern Erbendorf am Steinwalde. Auch am Randgebirge südlich von Erbendorf, z. B. bei Walpersreuth (LXXIX, 20, 12), bei Wurz (LXXVIII, 19, 33) unfern Windisch-Eschenbach führt der Gangquarz Einsprengungen von Eisenglimmer in reichlicher Menge. Sehr häufig trifft man denselben auch in den Quarzgängen des Tirschenreuther Waldes, z. B. beim Krähenhaus gegen Plössberg (LXXX, 23), bei Schönkirch daselbst, auch bei Plössberg selbst (LXXIX, 23), dann östlich bei Lonsitz unfern Tirschenreuth und bei Dürnkonreuth. Im südlichen Gebiete ist das Mineral seltener, doch fehlt es auch hier nicht, wie das Vorkommen im Quarze von Zwieselberg bei Zwiesel (XLII, 52, 1) und Spuren bei Reitbacher unfern Vilshofen beweisen. Von besonderer Wichtigkeit ist das Auftreten des Eisenglimmers auf den Flussspathgängen des Wöisenberges, weil dasselbe die Zugehörigkeit dieser Gänge zu derselben Gangformation der gewöhnlichen Quarzgänge anzudeuten scheint.

Vielleicht als Stellvertreter des Eisenglimmers zeigt sich Kibdelophan im Quarze bei der Hölle (LXXXV, 14, 0) und bei Alberting unfern Deggendorf (XXXVI, 44, 5).

Auch Schwefelkies trifft man zuweilen im Quarz eingeschlossen und in Folge der Zersetzung desselben Brauneisenstein und Stilpnosiderit, z. B. bei Grosskonreuth (LXXXIV, 27, 53), am Riethberg bei Achslach (XXXIX, 42, 10) und an anderen Orten. Ebenso stellt sich zuweilen Kupferkies ein, wodurch ein Übergang in eigentliche Erzgänge angebahnt wird. Solche Kupferkiese und deren Zersetzungsprodukte, das Kupferpecherz, wurden früher auf einem Quarzlager, wahrscheinlich einer Fortsetzung der bei Dreihacken im benachbarten Böhmen bebauten Kupfererzlagerstätten, bei St. Nicolaus unfern Mähring bergmännisch aufgeschlossen. Ähnliche Einsprengungen in spärlichen Partieen trifft man im Quarze am Südfusse des Keitersberges unfern Niederndorf (XLIX, 44, 1), am Lindberg bei Zwiesel (XLIV, 53), bei Geiersthal südöstlich von Viechtach (XLIV, 45, 5). Offenbar gehören hierher auch die Kupferkiesführenden Quarzgesteine des Schwarzenberges bei Kulmain.

Auch Graphit erscheint zuweilen als Beimengung in einzelnen Schuppen und derben Massen, wie z. B. bei Wurz unfern Neustadt a./Wn. (LXXVIII, 19, 33), bei Plössberg, Wildenau, Gössen, Wampenhof östlich von Neustadt a./Wn., am Schneeberg unfern Oberviechtach (LXIII, 30, 9).

## Quarzige Mineralgangmassen.

Es ist hier die geeignete Stelle, auch der sogenannten Mineralgangmassen zu erwähnen, welche leider viel häufiger Quarz- als Erzgänge darstellen. Die Vergesellschaftung gewisser Mineralien, die Ähnlichkeit in der Streichrichtung, ja sogar das unmittelbare Verlaufen von sogenannten Erz- oder Flussspathgängen in reine Quarzgänge spricht deutlich für ihre geognostische Identität. Sehr merkwürdig sind aber auch die innigen Beziehungen, welche — namentlich im südlichen Gebirge — weiter zwischen solchen Erz- und Flussspathgängen mit ausgedehnten Hornstein- und Eisenkieselgangmassen bestehen, während letztere wieder in innigste Verbindung mit gewissen Porphyren treten und als deren Ab-

---

[1]) Ein Vorkommen, welches Flurl, Beschreibung der Gebirge von Bayern, S. 320, ausführlich beschreibt.

kömmlinge sich zu erkennen geben. Die Flussspathgänge von Bach unfern Regensburg werden in nordwestlicher Richtung von gewissen Hornsteingängen bei Altenthann ersetzt, welche stellenweise eine Porphyr-ähnliche Beschaffenheit annehmen und dadurch jenen Ausscheidungen gleich werden, welche die Pinitporphyrzüge im westlichen Regengebirge zu begleiten pflegen. Im Porphyr von Pingarten bei Bodenwöhr kehren auf zahlreichen Schnüren und Gangadern dieselben Mineralien der Flussspathgänge — Flussspath, Schwerspath und Hornstein — wieder, welche sofort in den eigentlichen Erzgängen bei Schwarzenfeld, offenbar als Fortsetzungen der südöstlichen Gangzüge, vorwalten und eine Anreicherung der Gänge an Erzen bewirkt zu haben scheinen. Demselben Zuge gehören auch die berühmten Flussspathgänge von Wölsendorf selbst an. Weniger sicher, aber doch sehr wahrscheinlich ist die Zugehörigkeit der Erzgänge von Erbendorf zu gleicher Gangformation anzunehmen. Zuverlässig hierher zu zählen ist der Schwerspathgang von Roggenstein bei Weiden, der Quarzgang mit Flussspath und Pseudomorphosen von Quarz nach Flussspathwürfeln bei Pottenhof unfern Winklarn (LXII, 27), vielleicht auch die Bleierz-führenden Gänge bei Voitsberg unfern Vohenstrauss, am Lamerberge bei Pleistein und wohl auch jener der Fürstenzeche bei Lam.

Ausser gewöhnlichem Quarz, welcher die Hauptmasse dieser Gänge ausmacht und theils derb, theils in stengligen Aggregaten, nicht selten auch auf Drusenräumen auskrystallisirt vorkommt, verdient vor Allem der rothe Jaspis oder Eisenkiesel hervorgehoben zu werden, welcher in dem Regengebirge eine grosse Rolle spielt und hier grossentheils den ganzen Gangraum ausfüllt. Es ist deutlich ein durch Eisenoxydbeimengung roth gefärbter Quarz, da Rotheisenstein nicht selten dabei vorkommt und gleichsam in die Quarzmasse übergeht. Auskrystallisirte Massen bestehen dagegen meist aus mehr oder weniger reinem Quarz ohne Beimengung von Rotheisensubstanz. Doch fehlen auch Krystalle von sogenanntem Eisenkiesel nicht und an mehreren Stellen wechseln schmutzigweisse, grauliche und gelbliche Jaspis-ähnliche Lagen und Streifen mit eisenrothen. An einer Stelle bei Altenthann fand sich auch blass-apfelgrün gefärbter derber Quarz, Chrysopras-ähnlich.

Dieser rothe oder buntfarbig gebänderte Kiesel bildet an den Flussspathgängen von Wölsendorf oft die der Gangwand zunächst liegenden Theile der Gangausfüllung und legt sich zuweilen auch in Lamellen mitten zwischen die Flussspathgangmasse. Dabei umschliesst der rothe Kiesel häufig breccienartig Fragmente Feldstein-ähnlicher Gesteine, von Quarz selbst und von Feldspath, wodurch ein scheckiges Gestein entsteht, welches grosse Ähnlichkeit mit manchen Porphyren besitzt, mit manchen Porphyrbreccien aber in der That übereinzustimmen scheint. Solche Kieselmassen ohne Flussspath durchziehen in zahlreichen Gängen das Regengebirge und legen sich hier so an die Pinitporphyre an, dass die Vermuthung gerechtfertigt erscheint, diese Gangmassen seien in Folge der Eruptionen der Porphyre entstanden. Manche Porphyre sind sogar von solchen Breccien begleitet oder werden, wie bei Pingarten, von Adern dieser Quarzmassen durchzogen.

Die eingeschlossenen, zuweilen ziemlich abgerundeten Gesteinsbrocken sind theils Thonstein-ähnlich, theils gleichen sie dem Feldsteinporphyr oder sie sind gleichsam zertrümmerte Kieselausscheidungen, die wieder zusammengekittet worden sind. Die Feldspaththeile stammen offenbar aus dem benachbarten Granite, von welchem in einzelnen Fällen selbst kleine Stückchen mit eingeschlossen werden. Sind solche meist rundliche und stets frisch aussehende Feldspathkörnchen reichlich beigemengt, so mehrt sich bei oberflächlicher Betrachtung die Ähnlichkeit mit Porphyr sehr.

Von dem **Flussspathgang** bei Bach, der selbst von ähnlichen Eisenkieselbildungen begleitet wird, breiten sich diese Gänge durch den Thiergarten des Donaustaufer Forstes aus, wo sie häufig zu Tag ausstreichen, z. B. am Kleinschmidt (XLV, 24, 3), am Seehof (XLV, 23, Weg), am Aspenbronner Jagdhäusl (XLV, 23, 11), bei Bruckbach und an der Himmelmühl (XLV, 25, 1, 2 u. 4), im Heilingholz daselbst (XL, 25, 7), am Zumhof (XL, 27, 11), an letzteren Orten in ausgezeichneten Konglomerat-ähnlichen Breccien, im Gerichtsschreiberschlag (XLIV, 24, 5), ferner bei Siegenstein zu Frauenhofen (XLVI, 25, 4) fast ganz porphyrartig, am Hauserhof (XLVI, 25, Feld), bei Adelmannstein (XLVI, 22, 4), bei Steinbach (XLVII, 25, 8), bei Erlbach unfern Regenstauf (XLVII, 21, 6). Dahin gehören ferner die Gangmassen bei Ibenthann (LI, 18, Ort), von Pösing (LIII, 30, 4) mit vielen Granitbrocken, ausgezeichnete Gangmassen am Wölsenberg (LXII, 19, 2) und die ähnlichen Quarzmassen von Löffelsberg bei Pfreimt (LXV, 21, 6), bei Pfreimt selbst (LXV, 19, 8). Endlich reiht sich auch das isolirte Auftreten eines ähnlichen Gesteins am Lodenhof bei Tittling (XXX, 56, 2) hier an, sowie das schon erwähnte von Pottenhof bei Winklarn, wo neben Flussspath die Quarzmasse pseudomorphisch in Würfeln nach jenem gebildet auftritt.

Die auf diesen Quarzgängen vorkommenden Mineralien sind:

**Flussspath**, theils krystallinisch, theils krystallisirt, selten staubartig und erdig (Flusserde vom Wölsenberg), vorherrschend in violblauen und grünlichen Farben, seltener wasserhell. Die Färbung ändert sich oft bänder- und streifenweise. Von besonderem Interesse ist der sogenannte **Stinkfluss** oder **Antozonit** vom Wölsenberg bei Nabburg, welcher bei tief schwarzblauer Farbe die Eigenthümlichkeit besitzt, beim Reiben einen intensiven Geruch, ähnlich der unterchlorigen Säure, zu entwickeln. Diess rührt, wie Schönbein[1]) festgestellt hat, von einem Gehalt an jener Modifikation des Sauerstoffes her, welche dem Ozon gegenübersteht und als **Antozon** bezeichnet wird. Die Anwesenheit des freien Antozon wird nicht nur an dem eigenthümlichen Geruche erkannt, welchen das Mineral beim Schlagen, Reiben und Zerstossen entwickelt, indem dadurch dem eingeschlossenen Gas Gelegenheit gegeben wird, zu entweichen, sondern sie lässt sich auch nachweisen, indem man das Antozon-haltige Mineral mit Wasser zusammen zerreibt, wobei der grössere Theil des Antozons an Wasser tritt und Wasserstoffsuperoxyd bildet. Man versetzt nun die abfiltrirte Flüssigkeit mit einem oder zwei Tropfen der Lösung eines Nickel-, Kobalt-, Wismuth- oder Bleisalzes, fügt zur Fällung der Salzbasis einige Tropfen Kalilösung hinzu, mischt schliesslich etwas verdünnten Jodkaliumkleister und Essigsäure oder verdünnte Schwefelsäure bei. Bei der nur geringsten Spuren von Wasserstoffsuperoxyd tritt eine augenfällige Bläuung des Gemisches ein[2]). Die Menge des eingeschlossenen Antozon dürfte nach Schönbein's vorläufigen Versuchen $\frac{5}{100}$ des Gewichtes des Flussspaths betragen. Nach Schönbein's und meinen Untersuchungen[3]) steht der Gehalt an Antozon im innigsten Zusammenhange mit dem Grade der Tiefe der violblauen Färbung des Flussspaths. Derselbe ist nicht nur auf den verschiedenen Gangzonen sehr ungleich vertheilt, sondern selbst in ein und demselben Krystalltheil, den man z. B. durch Spaltung erhält, wechseln tiefblaue Farben und grösserer Antozongehalt mit lichtfarbigen und Antozon-armen Partieen in Bändern, Streifen, Wolken-ähnlichen Putzen. Diese ungleiche Vertheilung steht, wie ich nachgewiesen habe, in einer gewissen Beziehung zum Aufbau der Krystalle und krystalli-

---

[1]) Verhandlungen der naturforschenden Gesellschaft in Basel, III, 1861, S. 165 bis 177; S. 408 bis 416. Sitzungsberichte der bayerischen Akademie der Wissenschaften, 1863, I, 300.

[2]) Erdmann, Journal für Chemie, 1864, Bd. 93, S. 60.

[3]) Sitzungsberichte der bayerischen Akademie der Wissenschaften, 1863, I, S. 301 u. ff.

nischen Bildungen und zeigt, dass das Pigment wie das Antozon eine von der Mineralmasse getrennte Substanz darstellt. Von diesem Farbestoff glaubt Schönbein einen organischen Ursprung annehmen zu dürfen. Er vermuthet, dass das Antozon dem krystallisirenden Flussspath in Form von HO + Antozon zugeführt wurde. Dieses Wasserstoffsuperoxyd mag aber analog entstanden sein, wie bei der langsamen Oxydation vieler organischer Farbe-gehender Substanzen. Das dabei frei gewordene Ozon oxydirte die organische Materie zu blauen, violetten, grünen und anderen Farbestoffen, welche gleichzeitig mit dem aus Antozon und Wasser entstandenen Wasserstoffsuperoxyd in den Flussspath eintraten und darin in hermetischem Verschlusse gehalten blieben, nachdem sich schliesslich noch das mit dem Antozon verbundene Wasser durch irgend eine Hydratbildung von ihm abgetrennt hatte.

Neben dem Flussspath stellt sich zunächst der Schwerspath am häufigsten auf diesen Gängen ein, theils in dünnen Tafeln und stenglig-fasrigen Massen krystallisirt, theils in dichten Aggregaten, röthlich- oder gelblich-weiss. Er findet sich am Silberanger bei Erbendorf, auf allen Bleierzgängen bei Schwarzenfeld (Miesberg, Pretzabruck, Altfalter, Weiding, Krondorf und Hartenricht, LXI, 16, 25), als Gangausfüllung ohne begleitende Mineralien bei Roggenstein östlich von Weiden, im Porphyr von Pingarten bei Bodenwöhr mit Flussspath, bei Bach.

Kalkspath zeigt sich im Ganzen selten auf unseren Erzgängen und es scheinen diese, wenn Kalkspath als vorwaltende Gangart auftritt, einer besonderen Modifikation der barytischen Bleigangformation anzugehören. Das Vorkommen von grossen, in Rhomboëder spaltbaren, weissen, undurchsichtigen Kalkspathmassen am Miesberg bei Schwarzenfeld, auch bei Hartenricht (LXI, 18, 25) verbindet indessen die typischen oberpfälzischen Bleierzgänge mit jenen von der Fürstenzeche am Puchet bei Lam, von Hunding unfern Hengersberg und mit jenen ausschliesslich Kalkspath und Bleiglanz führenden Gangschnüren, welche in grosser Anzahl, aber nie mächtig und stets absätzig das Gebirge bei Bogen durchschwärmen.

Untergeordnet stellt sich mit dem Kalkspath zuweilen auch Spatheisenstein ein.

Bleiglanz ist dasjenige Mineral, welches den Gängen ihre technische Bedeutung giebt, indem er vielfach Bergbauunternehmungen veranlasste. Derselbe kommt theils in grossblättrig brechenden Krystallen oder Krystallaggregaten, theils in mittel- und feinkörnigen Massen und als Bleischweif (bei Weiding und Erbendorf) vor und ist stets Silber-haltig, namentlich in den körnigen Varietäten. Nach den vorgenommenen Proben enthält:

Silbergehalt im Bleiglanz.                                    CXI.
Grobkörniger Bleiglanz von Erbendorf im grossen Mittel .   0,063 %,
Schlich aus dem Fürstenzechergang bei Lam . . . . . .   0,156 %,
Bleiglanz vom Kulp bei Schwarzenfeld . . . . . . . .   0,035 %.

Am bedeutendsten ist das Bleiglanzvorkommen auf den Gängen der barytischen Bleiformation[1]) am Silberanger bei Erbendorf, von denen man gegenwärtig sechs kennt. Von Beust[2]) zählt sie noch zu den Gängen der älteren Silbererzformation, welche in einer nach ungefähr St. 4 streichenden, den Rücken des Erzgebirgszuges unter spitzem Winkel durchschneidenden Zone von Sachsen nach Bayern fortstreicht. Die schon im vierzehnten Jahrhundert bebauten Gänge, auf welchen der Bergbau später zum Erliegen kam, sind neuerlichst wieder mit grosser Energie mittelst Tiefbauten aufgeschlossen worden, so dass es nun noch möglich wird, Einsicht in diese leider im Felde nicht aushaltende Erzlagerstätte zu gewinnen. Dieselbe wird später ausführlich beschrieben werden.

Offenbar zu gleicher Gangformation gehören auch die zahlreichen Bleierzgänge bei Schwarzenfeld, auf welche gleichfalls in alter Zeit, schon vor 1534, ein lebhafter, aber leider auch längst verlassener Bergbau umging. Besonders Weiding war der Mittelpunkt zahlreicher Grubengebäude, welche sich über Krondorf nach Altfalter, Pretzabruck bis Schwarzenfeld erstreckten. Auch die alten, fast nur sagenhaften Bergbaue bei Voitsberg und am Lamerberg bei Pleistein waren auf einem Bleierz-führenden Gange getrieben, wie jener der Fürsten-

---

[1]) Sitzungsberichte der bayerischen Akademie der Wissenschaften, 1863, I, S. 303.

[2]) Über den Kontakteinfluss der Gesteine auf die Erzführung, 1861, und Neues Jahrbuch, 1862, S. 491.

zeche bei Lam und bei Hunding. Die Kalkspath begleitenden Bleiglanzschnürchen bei Bogen wurden schon vorhin erwähnt.

Als sekundäre und durch Zersetzung des Bleiglanzes entstandene Erze sind noch zu nennen: Weissbleierz, welches in grossen, prächtigen Krystallen in Hohlräumen der Altungen der Erbendorfer Bleierzgänge neuerlichst aufgefunden wurde. Mit Bleimulm gemengt als sogenanntes Schwarzbleierz kam es auch häufig bei Schwarzenfeld, namentlich bei Weiding und Krondorf vor. Gleichen Ursprung hat zweifelsohne auch das Grünbleierz (Pyromorphit), welches gleichfalls in Hohlräumen nadelförmig auskrystallisirt bei Schwarzenfeld ziemlich häufig auf den alten Halden liegt und auch bei Hunding als Überzug über Bleiglanztheile auftritt.

Auch Zinkblende nimmt einen wesentlichen Antheil an der Erzführung unserer Gänge, so zu Erbendorf, schwarzbraun derb bei der Fürstenzeche unfern Lam und bei Hunding. Ebenso wurde Zinkblende bei der Keinzmühle im Pfreimtthale gefunden, wahrscheinlich auf Gangschnürchen, die als Fortsetzung der Voitsberger betrachtet werden dürfen. Bei Pleistein bricht gleichfalls Zinkblende im Quarz.

Rothgültigerz soll in Erbendorf[1]) eingebrochen sein, doch wurde es in neuerer Zeit nicht wieder angetroffen und es ist desshalb sein Vorkommen zweifelhaft. In der Fürstenzeche[2]) bei Lam wird gleichfalls dasselbe als aufgewachsen und angeflogen angegeben, obwohl es Flurl nicht erwähnt.

Kupferkies und als sein Zersetzungsprodukt Malachit stellen sich gleichfalls sowohl bei Erbendorf, als auch auf den Fürstenzecher Erzgängen ein, aber immer nur höchst untergeordnet und sporadisch, wie der Schwefelkies mit Brauneisenstein, der sich als zufällig hier und da zeigt. Hauptbeimengung ist er auf den Erzlagerstätten bei Dreihacken in Böhmen. von wo die letzten Ausläufer im Bayerischen den alten, längst auflässigen Bergbau bei St. Nicolaus unfern Mähring veranlassten.

Gehen wir von der Betrachtung der den Quarz begleitenden mannichfachen Mineralien wieder zurück zur Hauptsache, zur weiteren Schilderung der hauptsächlich aus Quarz bestehenden Gesteinsarten, so können wir im grossen Ganzen bloss nach petrographischen Verhältnissen nur zwei Gruppen derselben unterscheiden, nämlich den Quarzfels und den Quarzschiefer, je nachdem der Quarz derb, krystallinisch, körnig oder krystallisirt als massiges Gestein auftritt oder ein schiefriges Gefüge besitzt.

Von der ersten Abtheilung haben wir bereits eine ganze Reihe von Modifikationen, welche durch Beimengungen bedingt sind, wie die Glimmer-, Feldstein-, Chlorit-, Hornblende-, Epidot-, Vesuvian-, Granat- und Schörlquarzite, kennen gelernt, von denen wir hier nicht weiter zu sprechen nöthig haben. Auch wurde bereits S. 373 von dem Eisenkiesel, der als Gangmasse auftritt, theils derb für sich, theils in Porphyr-ähnlichen, in Breccien- und Konglomerat-artigen Abänderungen, das Bemerkenswertheste angeführt.

Es erübrigt daher nur noch hinzuzufügen, dass der gewöhnliche Quarzfels, ohne charakteristische Beimengungen, nach den Verhältnissen seiner Lagerung sich in Lager- und Gangquarzfels scheiden lässt. Indess kann man selten aus der petrographischen Beschaffenheit mit Sicherheit auf seine Lagernatur schliessen, daher diese Eintheilung nur geologische Bedeutung besitzt. Von den auf Erzgängen auftretenden Quarzmassen und vielen das geschichtete Gebirge quer durchbrechenden Quarzfelsen wissen wir sicher, dass sie dem Gangquarzfels angehören. Schwieriger wird diese Bestimmung bei manchen dem Hauptstreichen parallel laufenden Quarzfelsen, worunter der Pfahl die erste Stelle einnimmt.

---

[1]) Flurl, Beschreibung der Gebirge von Bayern, S. 508.
[2]) Wineberger, Versuch einer geognostischen Beschreibung des Waldgebirges, S. 69.

FELSEN DES PFAHLQUARZES BEI VIECHTACH.

Digitized by Google

Der Pfahl ist eine aus der Gegend von Schwarzenfeld an der Naab bis zur österreichischen Grenze bei Klafferstrass am südlichen Fusse des Dreisesselgebirges — freilich mit vielfachen Unterbrechungen — jedoch in einer geraden Linie fortstreichende mächtige Quarzfelsmasse, welche ganz genau dem allgemeinen Streichen der Gebirgsschichten und dem besonderen der ihr benachbarten Schiefer parallel und in übereinstimmender Lagerung fortzieht. Der Pfahlquarz durchbricht in seiner Hauptmasse an keiner Stelle, so weit er untersucht wurde, weder im Streichenden, noch in der Fallrichtung sein geschichtetes Nebengestein. Daraus folgt mit Nothwendigkeit, dass derselbe ein Lagergestein darstelle, nicht einen Gang bilde, wie der erste Anblick seines Ausgehenden zu lehren scheint.

Diese Annahme gewinnt an Wahrscheinlichkeit durch die Beobachtung, dass die Natur des Nebengesteins des Pfahls, obwohl in seiner Längenerstreckung von 35 bis 40 Wegstunden mehrfachen Veränderungen unterworfen, doch im Ganzen auf diesem langen Zuge gewisse Eigenthümlichkeiten bewahrt hält, welche beweisen, dass es eine gleichartige Schieferbildung ist, dass die Entstehung des geschichteten Nebengesteins mit jener des Pfahlquarzes selbst in innigster Verbindung steht und ziemlich gleichzeitig stattgefunden haben muss. Namentlich ist die auf lange Strecken konstante Begleitung von quarzigem Schiefer des Hölleflintgesteins ein sicherer Beweis für die genetische Verwandtschaft dieses und des Quarzes im Pfahl. Auch spricht die Struktur des Pfahls, die Vertheilung seiner Quarzmassen in parallele lagerartige Bänke und der oft beobachtete Übergang in's Nebengestein für eine homogene, primitive Einlagerung des Pfahlquarzes im Gneissgebirge. Das Profil in dem Hohlwege von Penting bei Cham, welches wir später ausführlich besprechen werden, mag für jetzt genügen, diese Strukturverhältnisse des Pfahls vor Augen zu führen.

NO.                                                                                          SW.

Durchschnitt durch den Pfahl in einem Wegeinschnitte bei Penting unfern Cham.

a = röthlicher Pfahlschiefer. u = röthlicher Quarz. gr = röthlicher, sehr dichter Pfahlschiefer (Hölleflint).
gl = graulicher Quarz. m = weisser Quarz. gr im Liegenden = röthlicher Pfahlgneiss.

Es sollen damit die gewichtigen Bedenken nicht verhehlt werden, welche der Annahme einer Lagernatur des Pfahls entgegentreten. Vor Allem muss es höchst auffallend erscheinen, dass eine solche primitive Bildung von so hohem Alter bei den mannichfachen Störungen und Verrückungen, welche das Gebirge zweifelsohne erlitten hat, auf so erstaunlich grosse Länge hin nicht aus der geraden Streichrichtung gebracht worden sei, und es scheint fast unbegreiflich, auf welche Weise die Aufrichtung des Gebirges, welcher der Pfahl bei seinem steilen Fallen denn doch auch unterworfen war, stattgefunden haben kann, ohne dieses Lager zu zerstückeln und ohne dass die Stücke verschoben wurden. Auch treten geotektonische Linien unzweideutig hervor, welche sowohl im Nordosten vom Pfahl, z. B. im hohen Bogengebirge, die Richtung der Schichten und Formationsgrenzen bedingen, als auch, die Zone des Pfahls selbst überspringend, gleichsam als Fortsetzung der richtenden Kräfte im Nordosten und Südwesten vom Quarzrücken, z. B. in den Gneisszonen von Falkenstein und Wiesenfelden, deutlich ihren Einfluss auf die Stellung der Schichten und die Grenzen der Gesteine erkennen lassen, indem der Gneiss dieser Streifen häufig in St. 2 bis 3 streicht und der Granit in gleicher Linie zwischen das Gneissgebirge eindringt. Auch deutet die petrographische Beschaffenheit vieler

Partieen des Pfahlquarzes, welche aus krystallinisch-stengligen Massen bestehen, eher auf ein Gestein, wie es auf Gängen vorzukommen pflegt, als auf Lagergebilde.

Was die so wenig verrückte Stellung des Pfahls anbelangt, so erregt diese in der That unser Staunen. Dass sie aber gleichwohl keinen Beweis für eine spätere gangartige Entstehung des Pfahlquarzes in sich schliesse, geht sehr einfach aus der Thatsache hervor, dass ja auch alle begleitenden Nebengesteine des Pfahls, wohlgeschichtete und höchst charakteristische Gneissvarietäten und Hölleflinte, ebenso wenig von Verrückungen berührt wurden, dass sie mithin gegenüber ihrer Bildung in gleicher Lage mit dem Pfahl selbst sich befinden. Man wird wohl, um auch für diese Nebengesteine eine spätere Entstehung annehmen zu können, die Metamorphose zu Hülfe rufen, welche erst eingetreten sein könnte, nachdem das ganze Gebirge bereits in seine gegenwärtige geotektonische Lage gebracht war. Eine solche Metamorphose anzunehmen, verbietet uns aber die materielle Beschaffenheit gerade dieses Pfahlnebengesteins, welches theilweise vollständig mit dem bunten Gneiss übereinstimmt, theilweise, wo es aus Hölleflint besteht, so eigenthümliches Gefüge — eine in's Feinste und Dünnste gehende Schichtung — besitzt, dass wir im ganzen Umfang unseres Gebirges kein Gestein kennen, welches auch nur entfernt die Möglichkeit einer Umbildung durch Metamorphose in das Hölleflintgestein darböte.

Zugleich aber findet man in dem Bau des hohen Bogengebirges selbst Anhaltspunkte, welche andeuten, dass wirklich gewisse geotektonische Kräfte von Norden und Nordosten her wirkten nur bis hierher reichten und das Gebiet des Pfahls in südwestlicher Richtung nicht mehr berührten. Das plötzliche Umsetzen der Streichrichtung der Schiefer am hohen Bogen aus der nord-südlichen oder nordwest-südöstlichen Richtung innerhalb der nördlichen Gebirgstheile in jene von Südwesten nach Nordosten auf den südlichen Gehängen ist ein deutlicher Beweis für diese Auffassung, mit welcher auch die Grenzen der sich dort berührenden Zonen verschiedener Gesteine übereinstimmen. Dass jenseits der unberührten Pfahlzone, also nach Südosten im Donaugebirge, dieselben richtenden Kräfte wie am hohen Bogen wieder auftauchen, steht nicht als isolirter Fall da; man kennt viele Beispiele, dass gewisse Richtungen der Dislokationen mit Überspringung breiter Streifen, die sie unberührt lassen, wiederkehren.

Dagegen steht fest und ist nicht zu verkennen, dass wir das Quarzlager nicht mehr in seiner primitiven Beschaffenheit vor uns haben. Zweifelsohne haben grossartige Umbildungen auf demselben stattgefunden; es wurde Quarzmasse aufgelöst fortgeführt oder auch wieder auf Klüften des Gesteins selbst oder auf in's Nebengestein hineinziehenden Spaltenräumen abgesetzt. Dadurch entstanden nicht bloss die krystallinisch-stengligen Massen, welche so häufig den Pfahl durchschwärmen, sondern auch die Krystalle von Quarz auf Hohlräumen und die zahllosen Adern dichten, derben Quarzes, welche in allen Richtungen den Pfahl durchsetzen und oft dem Gestein das Aussehen einer Breccie ertheilen, ebenso leiten die wirklichen Breccien und Quarzbrockengesteine, welche so häufig den Pfahl begleiten, ihren Ursprung von dieser späteren Umbildung der Quarzmasse ab und es findet auch das vielfach vorkommende Abzweigen kleiner Quarzmassen und ihr gangartiges Vordringen in's Nebengestein auf diese Weise eine Erklärung.

Wir betrachten mithin den Pfahl als ein primitives Lager von Quarz, welches durch nachfolgende Umbildungen vielfach mit gangartigen Massen in Verbindung getreten ist.

Dieser Bildung steht als entschiedene Gangausscheidung der auf den Gängen der sogenannten barytischen Bleiformation als Gangart auftretende Quarz gegenüber. Mit grosser Wahrscheinlichkeit gehören die zahlreichen Quarzgänge, welche weder Schwer- und Flussspath, noch Blei oder andere Erze mit Ausnahme des Eisenglimmers führen, nicht zu derselben Gangformation, obwohl sie ziemlich gleiches Streichen besitzen.

Alle die einzelnen Fundorte anzuführen, an welchen Quarze der einen oder anderen Art auftreten, wäre unnöthig, da ein Blick auf die Karte über ihre Verbreitung bessere Auskunft giebt, als eine blosse Aufzählung. Wir wollen nur einige Fundstellen nennen, welche zu besonderen Bemerkungen Veranlassung geben. Quarze in zum Theil schönen Krystallen finden sich in ziemlich grossen Drusenräumen in den sogenannten Krystallkellern zu Moos bei Tirschenreuth (LXXXII, 23, 9), theilweise als Citrin in gelben Farben, in Drusen mit schön ausgebildeten, fast wasserhellen Krystallen, welche zum Theil auf Hornstein aufsitzen, zu Schönau bei Viechtach (XLV, 43, 7), in sehr grossen Krystallen bei Pfahlholz unfern Stallwang (XLIV, 34, 7), in Krystallen, die zum Theil eine Neigung zur Tafelform besitzen, zu Tiefenbach bei Waldmünchen (LXIII, 32, 9). Gewöhnliche Krystallisationen trifft man auf den Gängen bei Pretzabruck (LX, 19, 11), im Bacher Forst (röthlich gefärbt) (XLIII, 22, 3), zu Wasching unfern Wolfstein (XXXIV, 60, 4), bei Arnbruck (XLIX, 45, Ecke), bei Zirkenreuth unfern Waldsassen, bei Stadlern (LXV, 33, 13) und an vielen anderen Orten.

Ausserhalb des Pfahlzuges, welchem an vielen Stellen Breccien- und Konglomeratgesteine sich anschliessen, wurde ausgezeichneter Quarzbrockenfels bei Rötz (LVIII, 30, 2), bei Stallwang (XLV, 34, 7 und XLIV, 34, 0) und Schwarzach angetroffen.

Die zweite Reihe der Quarzgesteine bilden die

Quarzschiefer, d. h. die vorherrschend aus Quarz bestehenden, deutlich, meist sogar dünngeschichteten Gesteine sowohl aus dem Gebiete der Gneiss- und Granitformation, als auch aus der Vergesellschaftung mit Glimmerschiefer und Urthonschiefer. Obwohl diese Felsart selten mit Gneiss zusammenlagernd getroffen wird und ihre Hauptentwicklung erst innerhalb der Glimmerschiefer- und Urthonschieferformation gewinnt,.so scheint es gleichwohl passend, um Wiederholungen zu vermeiden, hier zugleich die Gebilde dieser Art ohne Rücksicht auf ihre Beziehung zu den verschiedenen Urgebirgsgesteinen zu betrachten.

Die Quarzmasse als Hauptsubstanz des Quarzschiefers ist meist fein krystallinisch-körnig, selten dicht, wie der Quarzfels. Noch seltener finden sich wechselnde Lagen dichten und feinkörnigen Quarzes oder linsenförmige Ausscheidungen des dichten Minerals in krystallinischen Partieen. Häufiger durchziehen Adern und Schnüre dichten Quarzes den Schiefer. Zuweilen sind auch Krystalle in Drusenräumen ausgebildet.

Sehr merkwürdig sind die Verzerrungen, Biegungen und auf ganz kleine Stellen beschränkte Verschiebungen, welche manche Quarzschiefer mit ausgebildeten Quarzlamellen aufzuweisen haben. Es ist sehr wahrscheinlich, dass diese

Verhältnisse in einer Zeit entstanden sind, in welcher die Gesteinsmasse noch weich, wenigstens plastisch war. Ein kleines Bild solchen lamellirten Gesteins, wie es der vorstehende Naturabdruck eines Stücks von Neu-Albenreuth darstellt, genügt, um die so merkwürdige Textur klar zu machen.

Im Quarzschiefer tritt jedoch Quarz nie ganz allein auf, vielmehr scheint das Gefüge des Schiefers von gewissen Beimengungen abzuhängen, ohne welche eben die Quarzmasse zu Quarzfels zusammenwächst.

Für einen anscheinend ziemlich Einschluss-freien Quarzschiefer von Leonberg (LXXXVI, 23, 16) ergab sich folgende Zusammensetzung:

Quarzschiefer, spec. Gewicht = 2,675. CXII.

| | |
|---|---|
| Kieselerde | 95,750 |
| Thonerde | 3,250 |
| Eisenoxyd | 0,500 |
| Kalkerde | 0,437 |
| Alkalien | Spur |
| | 99,937 |

Diese Analyse zeigt, dass selbst dem anscheinend reinsten Quarzschiefer noch 4 bis 5 % fremde Bestandtheile, hier wohl chloritischer und feldspathiger Natur, beigemengt sind.

In erster Linie ist es der Glimmer, welcher in dünnen Lagen mit Quarz wechselnd das schiefrige Gefüge bedingt. Immer geht die Theilungsfläche den Glimmerlagen parallel, wie auch der Hauptbruch des Gesteins, abgesehen von Klüften, dieselbe Richtung einhält. Das Gefüge entspricht also einer wahren Schichtung, nicht einer Schieferung im Sinne einer Parallelzerspaltung des Gesteins zu dünnen Platten ohne Beziehung zu der Lage der die Masse zusammensetzenden Gemengtheile. Alle accessorischen Beimengungen halten sich daher an die durch die' Schichtung bezeichnete parallele Anordnung der zusammensetzenden Mineraltheile und lassen daher, selbst wenn sie nur zerstreut vorkommen, in ihrer Lage das Gesetz der streifenweisen Vertheilung leicht erkennen.

Der auf den Schichtflächen meist angehäufte Glimmer ist vorwaltend der weisse, optisch zweiachsige mit Übergängen oder in Verbindung mit grünem Glimmer oder, was wahrscheinlicher ist, mit Chlorit. Die feine Vertheilung des letzteren macht es schwierig, die Natur desselben näher zu bestimmen. Doch spricht der Übergang dieser dunkelfarbigen glimmerartigen Substanz in die Masse des Urthonschiefers zu Gunsten der Annahme seiner chloritischen Natur, was auch mit ihrer leichteren Zersetzbarkeit in Säuren übereinstimmt. Ebenso ist es in vielen Fällen sehr wahrscheinlich, dass die Stelle des weissen Glimmers der Quarzschiefer in der Glimmerschieferformation in jenen der Urthonschieferformation durch eine weisse Glimmer-ähnliche Substanz ersetzt werde, welche wir später bei der Beschreibung der Phyllite näher kennen lernen werden. Bei Übergängen in Glimmerschiefer stellt sich auch dunkelfarbiger Glimmer ein.

Bestimmt erkennbar zeigt sich Chlorit als Beimengung wenigstens stellenweise. Es gehören hierher nicht nur gewisse Einlagerungen im Urthonschiefer, sondern auch innerhalb des Gneissgebiets begegnen wir chloritischem Quarzschiefer in Verbindung mit Schwefelkies: chloritischem Quarzfels, z. B. am Mühlbühl bei Tirschenreuth, an der Wenderner Mühle nordwestlich von Bärnau und an anderen Orten.

An einigen Stellen sind dem feinkörnigen und dünnschiefrigen Quarzschiefer solche Glimmer-ähnliche Substanzen, oder auch selbst weisser Glimmer, in so bedeutender

Menge eingesprengt, dass dünne Platten einen gewissen Grad von Biegsamkeit erlangen. Wir haben hier Gesteine vor uns, welche den Itakolumit vertreten. Solche Varietäten giebt es namentlich am Teichelrang und bei Schachten, wie überhaupt in allen grösseren Quarzschieferstrichen unseres Gebirges, aber immer nur in sehr untergeordneten Lagen und an einzelnen Punkten.

Diese Verwandtschaft mit dem Itakolumit bestättigt sich auch durch die fast regelmässige Beimengung von sehr kleinen, fein vertheilten Kryställchen von Magneteisen, dann von Eisenglanz und Schwefelkies in der Masse der Quarzschiefer. Das Magneteisen macht sich bemerkbar durch mit der Loupe erkennbare Oktaëder und durch, wenn auch geringe, attraktorisch-magnetische Eigenschaften. Meist sind diese Magneteisentheilchen in Rotheisenstein verwandelt, so dass das Gestein zwar schwarze Oktaëder enthält, die aber nicht mehr auf die Magnetnadel wirken und einen rothen Strich besitzen.

Rotheisenerz findet sich in Form von Eisenglanz in Gang-ähnlichen Schnürchen bei Leonberg sehr schön (LXXXVII, 23, Platte). Auch an vielen anderen Stellen scheint Eisenglanz ähnlich wie Magneteisen in Krystallen eingesprengt sich vorzufinden, oft ist es aber unmöglich, solche Bildungen von jenen zu unterscheiden, welche durch Umwandlung aus Magneteisen entstanden sein können. In dem unmittelbar anstossenden Urthonschiefergebiete des Fichtelgebirges begegnet man im Quarzite von Hagenhaus bei Arzberg (XCI, 20) Hohlräumen, welche nur noch zum Theil von Rotheisenstein erfüllt sind und dem Grundrhomboëder des krystallisirten Rotheisensteins entsprechen.

Andere zum Theil mit Rotheisenerz, öfters noch mit Brauneisenstein erfüllte würfelförmige Räume scheinen von zersetztem Schwefelkies herzustammen. Schwefelkies lernten wir bereits in den chloritischen Quarzschiefern als gewöhnlichen Begleiter derselben kennen. In reinem Quarzschiefer wurde er bis jetzt unzersetzt noch nicht beobachtet, aber es ist kaum zu zweifeln, dass er ursprünglich in reinen Quarzschiefern vorhanden war.

Mit diesem grossen Gehalt an Eisenerzen verschiedener Art steht das Vorkommen von Lagergängen, welche reiche Brauneisenerze führen, wie z. B. am Teichelrang, an der Theresienzeche bei Zirkenreuth, bei Leonberg u. s. w., alle in der Nähe der Königshütte bei Waldsassen, in unmittelbarem Zusammenhange. Es sind diess Adern und Gänge von Brauneisenstein, welche sich in der Streichrichtung der eisenhaltigen Quarzschiefer fortziehen und dadurch entstanden sind, dass das in letzteren in kleinen Kryställchen zerstreut eingeschlossene Eisen seinen Platz gewechselt und sich auf Spalten und Klöften in grösseren Massen gleichsam koncentrirt hat, ähnlich wie diess auch bei vielen gangartig vorkommenden Brauneisenerzen von Arzberg vorausgesetzt werden darf. Es ist im ersten Akt ein Auflösungs- und Auslaugungsprocess, wahrscheinlich unter dem Einflusse kohlensaurer Gewässer, welche in der Nähe so häufig zu Tag treten, und im zweiten Akt eine Wiederabscheidung und eine Vereinigung der vorher zerstreuten Oxyde auf den das Gestein durchziehenden zahlreichen Klüften und Spalten. Daher ist das Erzvorkommen sehr unregelmässig auf Putzen und Nester von oft grosser Mächtigkeit vertheilt, welche ebenso rasch sich wieder zusammenziehen.

Brauneisenstein aus dem Quarzschiefer von Teichelrang nach der Analyse Professor v. Kobell's. CXIII.

Eisenoxyd . . . . . . . . . . . . . 77,20 = 53,54 reg. Eisen.
Kieselerde-reicher Thon . . . . 3,60
Kieselerde . . . . . . . . . . . 3,60
Thonerde . . . . . . . . . . . 2,20
Kalkerde . . . . . . . . . . . 0,12
Talkerde . . . . . . . . . . . 0,08
Kupferoxyd und Phosphorsäure . Spuren
Wasser . . . . . . . . . . . 11,80
                              98,60

Wir können hier nicht unerwähnt lassen, dass auch feine Einsprengungen von Gold, welche ja dem Itakolumit-ähnlichen Quarzschiefer fast überall eigen zu sein pflegen, in unserem Quarzschiefer nicht zu fehlen scheinen. Es weisen darauf die zahlreichen S e i f e n w e r k e hin, welche in der Nähe von Neualbenreuth, auf der Kalmreuth, am Fusse des Düllen im Striche des Quarzschiefers vor Alters im Gange waren. Auch Bergbau auf Gold fand an zwei Punkten statt, nämlich im B u r g h o l z bei Schachten, worüber noch aktenmässige Berichte aus der Betriebsperiode im 17. Jahrhundert erhalten sind, und bei Ottengrün auf der Zeche G ü l d e n s t e r n (vielleicht auch bloss ein Seifenwerk).

Von ersterem, dem G o l d b e r g w e r k im B u r g h o l z unfern Waldsassen, wissen wir [1]), dass im Jahre 1574 in drei Quartalen neun Mark, zehn Loth, ein Quentchen feines, 22karätiges Gold geliefert wurde. Doch kam gegen das Ende des 16. Jahrhunderts der Bergbau fast zum Erliegen, obwohl zwei böhmische Bergmeister (1795), welche die Gruben St. G o t t e s g a b und R e i n h a r d befuhren, sich günstig äusserten und zum Fortbetrieb dieser hoffnungsvollen Baue riethen.

Ein Bericht aus dem Jahre 1669 sagt, dass die früher betriebenen Goldbergwerke wegen schlechter Anbrüche verlassen worden seien; Gottesgab sei von 1613 bis 1615 nur mit Schaden fortbebaut worden. Ein anderer Bergbau bei der Ottengrüner Schmelz, „G ü l d e n s t e r n" genannt, am Ziegenteich wurde gleichfalls um 1615 aufgegeben. Auch auf der Kolbenreuth am Düllenberg sei früher ein Goldbergwerk von den Calvinisten aus Wondreb betrieben worden, aber liegen geblieben (etwa nach 1622), als sie ihrer Religion wegen auswandern mussten.

Das Bergwerk im Burgholz wurde später, um 1675 [2]), wieder auf kurfürstliche Kosten eröffnet. Es bestand damals ein 18 Lachter tiefer Schacht und ein 53 Lachter langer Erbstollen, von der Burgmühl aus getrieben. Man fand hier die Radstube mit der Kunst völlig zerfallen und unter der Sohle des Erbstollens Alles voll Wasser, während auf alten Strecken in oberen Teufen keine Spur von Erz sich zeigte, daher es zur Fortsetzung des Baues, um das Erzlager in der Tiefe aufzuschliessen, nöthig gewesen wäre, bei der Burgmühle eine neue Wasserkunst zur Bewältigung des Wassers zu erbauen. Zu gleicher Zeit wurde das Waschwerk am Güldenstern wieder aufgemacht und einiger Schlich gewonnen.

Die Kostspieligkeit der neuen Anlage und die geringe Hoffnung auf Erfolg riethen für die Einstellung weiterer Versuche und so kamen diese Werke 1680 zum völligen Erliegen.

Eine im Ganzen seltene Beimengung im Quarzschiefer ist T u r m a l i n. Derselbe durchzieht namentlich zwischen Wiesau und Fuchsmühl unfern Ottobad manche Quarzschiefer in so grosser Menge, dass das Gestein eine schwarze Farbe annimmt und zum S c h ö r l s c h i e f e r [3]) wird. Doch beschränkt sich diese Gebirgsart auf einige Zwischenlagen an den genannten Orten.

Von grösserer Bedeutung ist die Verbindung des Quarzes mit G r a p h i t oder einem s c h w a r z e n, k o h l i g e n M i n e r a l, welches bei einer gleichzeitig sich einstellenden Verdichtung der Quarzmasse die Bildung von einem dem K i e s e ls c h i e f e r gleichen Gestein verursacht. Diese K i e s e l s c h i e f e r oder L y d i t e der Urgebirgsformationen theilen alle Eigenthümlichkeiten dieser Felsart von jüngerem Ursprunge; sie zeigen sogar jene Durchaderung ihrer schwarzen Hauptmasse von feinen weissen Quarzschnürchen, welche für die jüngeren Kieselschiefer so charakteristisch sind. Ihre Verbreitung ist beschränkt. Im Gneissgebiete sind nur sehr vereinzelte Lydit-ähnliche Quarze, z. B. bei Floss (LXXVI, 24, 6), bekannt. Man trifft sie ausserdem nur in dem Gebirge bei Leonberg unfern Mitterteich und dann zwischen Fuchsmühl und Friedenfels. Hier umschliessen sie zu Güttern bei Voitenthann (LXXXV, 18, Weg) ein durchsichtiges grünes Chiastolith-ähnliches,

---

[1]) S. F l u r l's Beschreibung der Gebirge von Bayern, S. 389.

[2]) Bericht des Bergobersten v. A l t m a n n s h a u s e n zu Gottesgab im Fichtelberg und des Oberamtsmanns K ü p f e r l e in Waldsassen.

[3]) F l u r l, Beschreibung der Gebirge von Bayern, S. 416.

aber fast Speckstein-weiches Mineral, welches zuerst Oberbergrath v. Gumppenberg[1]) entdeckt und beschrieben hat.

Dieses weiche, fettig anzufühlende grüne Mineral besitzt ganz die äussere Form des Chia-
stoliths: gestreckt-säulenförmige, 35 bis 40 Millimeter lange, 2 bis 2½ Millimeter dicke Krystalle, welche im Querschnitte das charakteristische Kreuz an der dunklen Färbung gewisser Particen erkennen lassen. Die Härte des Minerals erreicht dagegen nur jene des Specksteins
oder des Steinmarkes. Es ist mithin nicht zweifelhaft, dass wir eine aus Chiastolith entstandene Pseudomorphose vor uns haben. Diess wird auch durch die nähere chemische Untersuchung bestättigt. Ich fand das Mineral vor dem Löthrohr unschmelzbar, sich zerklüftend,
wobei es weiss wird; mit Kobaltlösung befeuchtet nimmt es durch Glühen eine schöne blaue
Farbe an; im Kolben giebt es eine ziemliche Menge Wassers; den Einwirkungen der Säuren leistet
es Widerstand; mit Soda aufgeschlossen zeigen sich als wesentliche Bestandtheile nur Kieselerde und Thonerde nebst Spuren von Bittererde und Eisen. Es ist daher kein Zweifel, dass
die Substanz in die Nähe des Steinmarks und nicht in jene des Specksteins[2]) gehört, wie
das betrügerische äussere Ansehen anzudeuten schien. An einer zweiten Lokalität sind die
von Chiastolith eingenommenen Räume meist hohl oder nur theilweise mit grünem Steinmark erfüllt; auch zeigen sich Anhäufungen von weissen Glimmerschuppen, welche gleichfalls
eine sekundäre Bildung zu sein scheinen.

Hierher gehört auch ein ähnliches, dunkelfarbiges, aber nicht dichtes, sondern
mehr krystallinisch-körniges, Grauwacke-ähnliches Quarzgestein, welches auf dem
Urthonschieferrücken nördlich von Erbendorf bei Zwergau ziemlich mächtig ausgebreitet ist und eine besondere Wichtigkeit dadurch erlangt, dass dasselbe eine un-
geheure Menge der im benachbarten Rothliegenden eingeschlossenen Rollgesteine
geliefert hat. Dieser Grauwacke-ähnliche Quarzschiefer besitzt übrigens eine oft
in's Röthliche spielende Färbung, lässt hier und da feine Glimmerschüppchen erkennen und besitzt jedenfalls eine bedeutende Beimengung von Thonschiefersubstanz. Überaus zahlreiche Schnüre und Äderchen von weissem Quarz durchschwärmen auch dieses Quarzgestein nach allen Richtungen und verleihen ihm
daher das Aussehen ächten Kieselschiefers. Wir wollen diese Abänderung, die
wir zweckdienlich von den übrigen getrennt halten, als Zwergauer Quarzschiefer bezeichnen.

Wie der Glimmer, so gesellt sich auch der Feldspath manchem Quarz-
schiefer zu und diese feldspathige Beimengung ist es, welche den Übergang zu
einem höchst interessanten Gestein der Urthonschieferformation, zum sogenannten
Phyllitgneiss, vermittelt. Diese feldspathigen Quarzschiefer, welche wir als
Feldspathquarzite bezeichnen können, besitzen folgende Zusammensetzung:
Feldspathquarzschiefer von Kapellberg bei Waldsassen (XC, 23, 15).

Specifisches Gewicht = 2,681.          CXIV.

| Kieselerde | 90,872 |
|---|---|
| Thonerde | 6,250 |
| Eisenoxyd | 1,124 |
| Kalkerde | 0,375 |
| zum Übertrag | 98,621 |

---

[1]) v. Moll, Annalen der Berg- und Hüttenkunde, 5. Bd., 1806, S. 349.
[2]) Blum führt in seinem klassischen Werke nur Speckstein und Talk als Pseudomorphosen
nach Chiastolith an; ob nicht auch in manchen dieser Fälle statt Speckstein Steinmark vorkommt?

Übertrag 98,621

Natron  . . . . . . . . . . .  Spur

Kali  . . . . . . . . . . . .  1,250

99,871

Das Gestein ist ein inniges Gemenge von gröberen Quarzknöllchen, welche man eigentlich nicht Körner nennen kann, und von einer, zwischen diesen kleinen Quarzlinsen, wenn man so sagen will, eingewobenen dichten Feldspathsubstanz (Orthoklas) mit weissem Glimmer.

Die Feldspathmasse ist fast durchweg dicht oder äusserst feinkörnig, so dass man keine Spaltungsflächen oder nur in sehr seltenen Fällen wahrnehmen kann. Unsere Analyse lehrt, dass dieser feldspathige Bestandtheil Orthoklas sei, da neben Spuren von Natron über 1 % Kali vorkommt und der Kalk, weil in dem Feldspath-armen Quarzitschiefer der Probe CXII in noch grösserer Menge vorhanden, nicht zum Feldspathbestandtheil gehören kann. Die Feldspathsubstanz bildet theils dünne Lagen neben und zwischen der Quarzmasse, theils aber auch kleine knollen- oder feinlinsenförmige Ausscheidungen. In letzterem Falle gewinnt das Gestein ein flasrig-körniges Aussehen und wird zum sogenannten Knollenschiefer, welcher durch Aufnahme von Glimmer ganz allmählig in Phyllitgneiss verläuft.

Dieser Feldspathquarzit nimmt innerhalb der Urthonschieferregion neben dem hierin verbreiteten Quarzschiefer eine vermittelnde Stellung zwischen diesem und dem Phyllitgneiss ein. Wir begegnen dem Gestein in grosser Ausdehnung nördlich und nordwestlich von Waldsassen, wo es an dem Kapellberg von Neusorg gegen Netzstahl und Kondrau fortstreicht. In gleicher Weise tritt es am nördlichen Gehänge des Steinwaldgebirges bei Helmbrechts, Poppenreuth und Hohenhard auf und streicht mit einigen Unterbrechungen in südwestlicher Richtung bis zum Westrandgebirge, wo es zwischen Trevesen, Zienst und Waldeck sich ausbreitet.

Der gewöhnliche Quarzschiefer dagegen kommt nicht nur neben dieser feldspathigen Varietät in den eben genannten Strecken vor, sondern nimmt hauptsächlich die Grenzregionen zwischen Glimmerschiefer und Urthonschiefer ein. In dieser Stellung zieht er sich im Waldsassischen von Neualbenreuth bis Leonberg und Königshütte als breiter Gürtel durch, erscheint aber auch, jedoch nur untergeordnet, mitten im Urthonschiefergebiet, häufiger noch innerhalb des Glimmerschiefers. Im südlichen Gebirge setzt er mächtige Felsmassen des Glimmerschiefergebiets der künischen Berge am Zwergeck, am Ossa und längs des schroffen und zackigen Rückens, welcher hier die Grenze zwischen Bayern und Böhmen bildet, zusammen. Hier zeigen sich wenigstens an einer Stelle Lydit-ähnliche Gesteine und Graphit-haltige Quarzschiefer am sogenannten Puchet unfern Lam, wo sie durch die Baue der Fürstenzeche unterirdisch aufgeschlossen wurden. Ihre Verbreitung und Ausdehnung scheint hier mit der Erzführung der Gänge im Zusammenhang zu stehen.

## Phyllitgneiss.

§. 12. Am natürlichsten schliesst sich an den Quarzschiefer, namentlich an den Feldspath-haltigen, ein Gestein an, welches die älteren Gneissformationen mit der jüngeren Urthonschieferformation in Verbindung bringt. Diess ist ein Gneiss, bei welchem der Glimmerbestandtheil entweder durch die Masse des Urthonschiefers ersetzt wird oder in feinen, schuppigen, oft zu dünnen Flasern verwehten Lagen erscheint. Es ist ein Gneiss von entschieden jüngerer Entstehung, welcher zum Urthonschiefer wie eine untergeordnete Einlagerung sich verhält, also ein Glied der Formation des letzteren ausmacht. Das Gestein möchte daher passend, wie ich früher vorgeschlagen habe, als Phyllitgneiss oder Thonschiefergneiss zu bezeichnen sein [1]).

Der Phyllitgneiss oder Porphyr-artige Urthonschiefer besteht wesentlich aus Feldspath, Quarz und aus Glimmer oder Urthonschiefermasse in lamellar-flasriger Vermengung, wie es der beistehende Naturabdruck zu erkennen giebt.

Der Feldspath ist meist undeutlich krystallinisch, feinkörnig, an's Dichte grenzend; selten bemerkt man Partieen, bei welchen die Spaltungsflächen in einiger Ausdehnung sichtbar werden. Er findet sich meist in kleinen putzen-, knollen- oder linsenförmigen Massen vereinigt und drückt, da auch der Quarz häufig in ähnlichen Ausscheidungen vorkommt, dem Gestein das Aussehen des sogenannten Augengneisses auf. Die nähere Bestimmung des Feldspaths unterliegt grossen Schwierigkeiten, da reines Material nicht vollständig zu isoliren ist und auch die Bruchflächen sehr wenige Beobachtungen, welche über die Natur des Feldspaths Auskunft geben könnten, zulassen. An einigen spiegelnden Spaltungsflächen konnte ich zwar mit aller Sicherheit die Parallelstreifung der klinoklastischen Feldspathe erkennen, bei allen indess gelang es nicht. Der Spaltungswinkel scheint etwas grösser als 90°; auch nähert sich die Schmelzbarkeit mehr der des Oligoklases als jener des Orthoklases. Aus alledem folgt die Wahrscheinlichkeit, dass die Feldspathsubstanz dem Oligoklas zuzurechnen sei. Diess wird durch die Analyse freilich nicht vollständig reiner Stücke, wie die folgenden Zahlen nachweisen, bestätigt.

Oligoklas aus dem Phyllitgneiss vom Rosenhammer (LXXXVIII, 16, 40) bei
Waltershofen.                           CXV.

| | |
|---|---|
| Kieselerde | 70,250 |
| Thonerde | 17,240 |
| Eisenoxyd | 0,874 |
| Kalk | 1,876 |
| Natron | 6,400 |
| Kali | 2,875 |
| | 99,515 |

[1]) Korrespondenzblatt des zoologisch-mineralogischen Vereins in Regensburg, 1854, S. 14.

Geognost. Beschreib. v. Bayern. II.                                    49

Der hohe Gehalt an Kieselerde rührt, wie sich schon durch das Auge bemerken lässt, von beigemengtem Quarze her, welcher, wie die angeätzte Schlifffläche auf's schönste zeigte, in vielen feinen Lamellen und Streifchen die ganze Feldspathmasse durchdringt. Im Übrigen aber spricht das Verhältniss beider Alkalien für die Annahme, dass der Feldspath des Phyllitgneisses O l i g o k l a s sei.

Der Q u a r z bildet, wie erwähnt, häufig in Form der gewöhnlichen dichten, milchweissen, undurchsichtigen Varietät, Knoten und kleine Linsen, wie der Oligoklas. Zuweilen ist er auch in Streifen mit einzelnen Knoten ausgeschieden, die wellig oder im Zickzack gebogen zwischen den thonig-glimmerigen Flasern durchziehen. Eine gewöhnliche Erscheinung ist, dass der in Putzen ausgeschiedene Quarz halb durchsichtig bis durchscheinend wird und dabei ein Opalähnliches Aussehen mit bläulich-weisser Färbung annimmt. An diesen knolligen Ausscheidungen des Quarzes, welche kein eigentlicher Glimmergneiss besitzt, lässt sich sofort der Phyllitgneiss erkennen.

Das Charakteristische unseres G n e i s s e s ist der dritte Bestandtheil. Er gleicht in vielen Fällen der glimmerglänzenden Hauptmasse, aus welcher die meisten Urthonschiefer unseres Bezirkes bestehen, und theilt auch alle Eigenschaften der letzteren in Farbe, feiner Parallelfaltelung und glimmerähnlichem Glanze. Da solche P h y l l i t g n e i s s e direkt in Phyllit verlaufen, darf man wohl mit Grund annehmen, dass dieser dritte Bestandtheil die Beschaffenheit der Urthonschiefersubstanz besitze. Die chemische Untersuchung hat diess bestätigt, indem sich kein wesentlicher Unterschied in der Zusammensetzung beider ergab. In anderen Fällen, namentlich in der Nähe des Q u a r z s c h i e f e r s, entwickeln sich aus dieser Thonschiefersubstanz äusserst feine Schüppchen von schwarzem, oft bronzeartig schimmerndem Glimmer, der sich nicht in auch nur einigermaassen grossen Blättchen abheben oder spalten lässt, sondern beim Abschuppen in die feinsten Theilchen zerfällt. Die dunkle Farbe dieser Glimmerähnlichen Beimengung verleiht dem Phyllitgneiss die dunkelgraue Färbung, welche ihm eigen ist, und wird hervorgerufen durch ein Eisenoxydul-reiches C h l o r i t- ähnliches Mineral, welches wir bei der Beschreibung des P h y l l i t s und U r t h o n s c h i e f e r s näher kennen lernen werden. Behandelt man nämlich das gepulverte Gestein mit Salzsäure, so löst sich ein beträchtlicher Theil der glimmerigen Beimengung nebst einigem kohlensauren Kalk, der durch theilweise Zersetzung offenbar erst sekundär im Gestein entstanden ist. Die Lösung in Salzsäure enthält vorherrschend Eisenoxydul, daneben Kieselerde und Thonerde, nebst Bittererde in geringer Menge, wie die bei Behandlung des Phyllits mit Salzsäure erhaltene theilweise Lösung.

Das nach der Einwirkung der Salzsäure zurückbleibende Gemenge ist lichtfarbig, schmutziggrau und zeigt neben unverändertem Quarz und Oligoklas eine grosse Menge kleiner, Glimmerglänzender, weisslicher oder blassbräunlich-weisser Schüppchen, welche das Aussehen fein zerriebenen weissen Glimmers besitzen. Diese lösen sich in concentrirter Schwefelsäure nicht oder höchst unvollständig und scheinen in der That weissem Kaliglimmer zu entsprechen. Von ihrer Analyse konnte ein bestimmter Aufschluss nicht gehofft werden, weil mit den feinen Glimmerschüppchen quarzige und feldspathige Staubtheilchen untrennbar verbunden blieben. Das specifische Gewicht eines sehr gleichmässig gemengten Gesteins dieser Art ergab im Mittel zweier Beobachtungen = 2,682.

Durch diese Eigenthümlichkeiten des Gesteins sowohl in Bezug auf seine Zusammensetzung aus Oligoklas, Quarz und einem chloritischen schuppigen Mineral neben weissem Glimmer als auch in Bezug auf die Einlagerung im Urthonschiefer ist die Selbstständigkeit dieser Gebirgsart wohl begründet.

Von accessorischen Beimengungen in dem Phyllitgneiss macht sich kein Mineral bemerkbar. Wohl mögen S c h w e f e l k i e s und M a g n e t e i s e n zuweilen vorkommen, allein ihr Erscheinen ist nicht auffällig und häufig.

Bezüglich der Verbreitung dieser Felsart lässt sich bemerken, dass sie sich auf das Gebiet des Urthonschiefers beschränkt und hier in den mehr liegenden Partieen in und mit Quarzschiefer, in welchen das Gestein häufig verläuft, oft mit ihm wechsellagernd, bald schmälere, bald breitere Streifen ausmacht. Wir nennen hier nur den Quarzschieferstrich am Kapellberg bei Waldsassen, einen mächtigen Streifen am nördlichen Gehänge des Steinwaldgebirges zwischen Helmbrechts, Waltershofen und Walmreuth und schliesslich auf dem Westrandgebirge den Gebirgsrücken zwischen Trevesen, Riglasreuth und Zienst, um die drei Hauptverbreitungsgebiete des Phyllitgneisses zu bezeichnen.

## XIII. Glimmerschiefer.

§. 13.  Es wurde bereits beim Quarzschiefer des Überganges dieser Felsart in Glimmerschiefer durch häufigere Beimengung von Glimmer gedacht, ebenso wie beim Schuppengneiss, bei welchem die Abnahme der Feldspathbestandtheile ein Verlaufen des Gneisses gleichfalls in Glimmerschiefer bedingt.

Dieses Bindeglied zwischen Gneiss und dem Quarzschiefer des Urthonschiefers, der Glimmerschiefer, nimmt nun stellenweise eine grosse Verbreitung an und begründet dadurch die Selbstständigkeit einer besonderen Urgebirgsformation, welche sowohl in Bezug auf Gesteinsbeschaffenheit, wie nach der Lagerung die Mitte hält zwischen der älteren Gneiss- und der jüngeren Urthonschieferformation.

Der Glimmerschiefer unseres Gebirges besteht wesentlich aus verschiedenen Glimmerarten und aus Quarz, welchem fast konstant Chlorit, Granat und im Ossagebirge Titaneisenerz beigemengt sind.

Der Glimmer ist meist zweierlei Art, weisser oder grünlich-weisser, optisch zweiachsiger Kaliglimmer und tombackbrauner oder licht-braunrother, optisch einachsiger Magnesiaglimmer, wie es mir die mittelst des Stauroskops an zahlreichen Gesteinsstücken vorgenommene Untersuchung gezeigt hat.

Beide Glimmerarten sind meist in feinschuppigen Massen mit- und durcheinander verwachsen; doch bemerkt man häufig, dass der braune Glimmer in den feinschuppigen Flasern des weissen als grössere Blättchen sich absondert, gleichsam darin eingesprengt vorkommt. Im Ganzen sind mit Ausnahme der Ausscheidungen an Quarzlinsen beide Glimmer nur selten in grösseren Schuppen entwickelt. Die Glimmerblättchen besitzen eine parallele Lage, wesshalb auch der Glimmerschiefer so leicht in der Richtung dieser Lagen sich abblättern lässt; nur in wenigen Fällen, in welchen der braune Glimmer wahrscheinlich an die Stelle eines früher eingemengten Minerals getreten ist, stellen sich die Schuppen des letzteren unregelmässig quer zu der Schichtung und rufen dadurch und durch ihre Anhäufung zu grösseren Putzen ein geflecktes Aussehen hervor. Diese Varietäten sind die dunkelgefleckten Glimmerschiefer.

Es muss als eine sehr grosse Ausnahme bezeichnet werden, wenn nur eine der beiden Glimmerarten sich vorfindet. Doch sind einzelne wenige Fälle bekannt geworden, dass sowohl bloss weisser Glimmer (z. B. bei Rosall, LXXXVI, 25, 15, am Zwieseleck, LIII, 47, 3, u. s. w.), als auch bloss brauner Glimmer (bei Eckersberg unfern Lam, LI, 48, 6, und im Norden längs der Gneissgrenze u. s. w.) die Glimmereinmengung des Glimmerschiefers ausmacht.

Manche Partieen namentlich des quarzreichen Glimmerschiefers zeichnen sich durch eine schöne rothe, oft Kupfer-ähnliche Färbung aus. Diese auffallende Färbung beschränkt sich auf einzelne Streifen, Flecken oder Felsmassen neben dem normalen, meist dunkelgrauen Gestein. Der Glimmer erscheint als Träger dieser Farbe, welche bei Einwirkung von Säuren rasch verschwindet. Dabei wird die normale Farbe des Glimmers wieder hergestellt und es unterliegt keinem Zweifel, dass durch eine Zersetzung jenes eisenreichen Minerals, welches wir bald kennen lernen werden, sich Eisenoxyd bildete und dass dieses es ist, welches, zwischen die Glimmerblättchen eindringend, die rothe Farbe sekundär erzeugt. Die von der Säure gelöste Substanz ist wesentlich Eisenoxyd. Manchmal häuft sich der Glimmer in dem Maasse

49 *

an, dass der beigemengte Quarz ganz verschwindet. Solche Glimmer-reiche Abänderungen besitzen ein ausgezeichnetes Parallelgefüge und dünne Schichtung; bisweilen zeigt sich an ihnen die Parallelfaltelung, welche den Urthonschiefer in so hohem Grade auszeichnet.

In dem Ossagebirge ist bemerkenswerth, dass der braune Glimmer häufig durch grünen ersetzt wird; doch erscheint auch jener namentlich gegen die Gneissgrenze hin, während der grüne Glimmer mehr in den hangenden Schichten herrscht.

Nicht selten sind die Glimmerbeimengungen nicht in deutlich feinschuppigen Massen entwickelt, sondern erscheinen in dichten Flasern und Lagen, bei welchen es nicht gelingt, einzelne Schüppchen abzulösen. In diesem Falle ist die Substanz so dicht, dass sie nur in stengligen Theilchen (Damaurit-ähnlich) bricht. Im Übrigen verhält sie sich wie Glimmer. Wahrscheinlich ist darin 'der Glimmer auf's innigste mit Faserkiesel verwachsen, gleichsam verfilzt, ähnlich wie in jenen glimmerigen Schuppen, welche bei dem Schuppengneiss beschrieben wurden. Solche dichte Glimmer-ähnliche Flasern bemerkt man besonders oft in der Grenzzone gegen das Gneissgebiet.

Zu den Glimmer-ähnlichen Bestandtheilen ist auch das grüne, schuppige, wasserhaltige und durch Salzsäure leicht lösliche Mineral zu rechnen, welches in den nördlichen Glimmerschiefergebieten, in den Waldsasser Stiftsbergen, als ständiger Begleiter des Glimmers im Glimmerschiefer wahrgenommen wird, in dem südlichen Gebirge des Ossa zwar auch selten fehlt, aber nicht in so grosser Menge und nicht so konstant beigemengt sich zeigt. Es ist das schon öfters erwähnte Chlorit-ähnliche Mineral, das im Urthonschiefer eine so grosse Rolle spielt. Seiner Beimengung verdankt der Glimmerschiefer den bei weitem grössten Theil seines Wassergehaltes.

Der Glimmerschiefer der Waldsasser Stiftsberge enthält durchschnittlich etwa 7% dieser Beimengung, jener des Ossagebirges dagegen nur gegen 3,3%. Die in Salzsäure löslichen Bestandtheile, welche ausser dem Chlorit-ähnlichen Mineral noch Spuren von kohlensaurem Kalk zum Theil auch Eisenoxyd und Titaneisen in sich schliessen, bestehen in ihrer prozentischen Zusammensetzung aus:

Chloritbeimengung im Glimmerschiefer vom Düllen (LXXXVIII, 29, 2) mit
specifischem Gewicht = 2,69.                              CXVI.

| Kieselerde | . . . . . . . . . . . . . | 23,56 |
| Titansäure | . . . . . . . . . . . . | Spur |
| Thonerde | . . . . . . . . . . . . | 22,35 |
| Eisenoxydul | . . . . . . . . . . . | 30,43 |
| Eisenoxyd | . . . . . . . . . . . . | 4,25 |
| Bittererde | . . . . . . . . . . . | 6,75 |
| Kalk | . . . . . . . . . . . . . | 0,23 |
| Alkalien | . . . . . . . . . . . | 0,10 |
| Kohlensäure | . . . . . . . . . . . | Spur |
| Wasser | . . . . . . . . . . . . | 11,49 |
| | | 99,16 |

Eine Vergleichung dieser Bestandtheile mit jenen des chloritischen Gemengtheiles im Urthonschiefer weist die Identität beider nach. Dadurch wird ein Beweis für die successive Entstehung der krystallinischen Schiefer nach ähnlichen Gesetzen der Mineralbildung gewonnen, welcher jeden Gedanken an eine Metamorphosenentstehung der einen aus den anderen entschieden verscheucht.

Der Quarz im Glimmerschiefer ist entweder in feinen Körnchen so in dem Gestein vertheilt, dass man denselben nicht weiter bemerkt, oder er bildet zwischen den Glimmerflasern dünne Lagen, welche, meist ungleich dick, wechselnd hier oft linsenförmig anschwellen und dort sich auskeilen. Dadurch erhält das Gestein ein gestreiftes, gebändertes Aussehen und wulstige Oberflächen. Zugleich sind diese Quarzlamellen vielfach gebogen, in Zickzack geknickt und auf die bizarrste Weise gewunden und gekrümmt, so dass die Glimmerschieferfelsen in den zur Schichtung quer abgeschnittenen Wänden die sonderbarsten Windungen aufweisen.

Auch trifft man zuweilen Ausscheidungen grösserer Quarzlinsen, selbst mit Krystall-

Felsen des quarzigen Glimmerschiefers bei Altmugl am Düllen bei Waldsassen.

bildungen im Innern, denen sich meist auch grössere Blättchen von ausgeschiedenem Glimmer, Chlorit und einem Feldspath-ähnlichen Bestandtheile beigesellen. Ebenso gehören Quarz-adern zu den häufigsten Erscheinungen im Glimmerschiefer.

Unter den accessorischen Gemengtheilen nimmt, wenn wir den Chlorit neben Glimmer zu den wesentlichen Einmengungen rechnen, Granat die erste Stelle ein.

Kaum wird es apfelgrosse Stücke von Glimmerschiefer geben, in welchen nicht einzelne, oft winzig kleine, oft sehr grosse Krystalle von Granat aufzufinden wären. Sie sind stets einzeln und zwar in ausgebildeten Krystallen hier und da in der Gesteinsmasse eingestreut. Stellenweise, wie am schwarzen Teich bei der Kornmühle unfern Waldsassen, liegen sie so dicht beisammen, dass das Gestein einem Konglomerat von Granaten gleicht und früher als Zuschlag zu den Eisenerzen auf dem Hochofen zu Ottengrün benützt wurde. Die Gra-naten sind meist unrein und von schmutzig-dunkelrother Farbe. Dagegen kommen auch schön kirschrothe, durchscheinende Almandine, namentlich am sogenannten Granatbrun-nen am Düllen unfern Waldsassen, vor, welche vollständig geeignet wären, als Perlenschmuck-steine verwendet zu werden. Nürnberger Kaufleute haben auch den Versuch an dem bereits erwähnten Granatbrunnen des Düllen und böhmischerseits am Fuchs daselbst machen lassen, sie zu gewinnen und zu verwerthen. Indess liessen sich die Granaten, wie man sagt, nicht bohren und desshalb wurde deren Gewinnung wieder aufgegeben. Auch im Glimmerschiefer des Mariahilfberges bei Lam sind schöne und zum Theil reine Almandine eingeschlossen.

Dieser Granat mit einem specifischen Gewicht = 4,2 bis 4,3 besteht nach einer Analyse von Dr. Besnard[1] aus:

Granat (Almandin) von Albenreuth (LXXXVIII, 27). CXVII.

| | |
|---|---|
| Kieselerde | 38,76 |
| Thonerde | 21,00 |
| Eisenoxydul | 32,05 |
| Manganoxydul | 6,43 |
| Bittererde | 3,95 |
| | 102,19 |

Neben Granat zeigt sich Andalusit als Beimengung in allem Glimmerschiefer unseres Gebirges. Derselbe kommt entweder in einzelnen stengligen Krystallen vor oder bildet büschel-förmige Krystallaggregate, oft von ansehnlicher Grösse. Jene vereinzelt eingestreuten Anda-

---

[1] Korrespondenzblatt des zoolog.-mineralog. Vereins in Regensburg, 1849, S. 30.

lusite sieht man fast allerorts im Glimmerschiefer, wesshalb es überflüssig ist, besondere Fundstellen anzuführen. Durch grosse Krystallbüschel zeichnen sich die Fundorte am Düllen aus, welche bereits schon von Reuss[1]) erwähnt werden. Ich fand in der Umgebung von Altmugl und bei der Muglmühle (LXXXVII, 28, 11) Krystalle von 100 Millimeter Länge und 30 Millimeter Dicke und ganz ähnliche Gruppen auch am Hedelberg, bei Wernersreuth und bei St. Nicolaus (LXXXVI, 28, 27). Hier sieht man gewöhnlich, dass Quarz und weisser Glimmer gleichsam die Umfüllungsmassen um solche Andalusitaggregate ausmachen und da, wo die Krystalle, wie nicht selten der Fall ist, zerbrochen und verschoben sind, als Verkittungsmaterial in die Risse eingedrungen sind. Der weisse Glimmer umhüllt in der Regel in grossblättrigen Schuppen, welche sehr häufig den Krystallflächen innigst sich anschmiegen, die Andalusite; oft ersetzt er die Stelle der letzteren theilweise oder fast ganz und findet sich auch eingestreut in vereinzelten Blättchen mitten in .der Andalusitmasse. Zuweilen stehen die Glimmerschuppen mehr oder weniger rechtwinklig zur Längenachse der Andalusitkrystalle in verschiedenen Richtungen und unter verschiedenen Winkeln gegen einander geneigt, wodurch ein in wirrem Durcheinander zusammengedrängter Haufen von Glimmerschuppen entsteht.

Fast allgemein betrachtet man diesen weissen Glimmer als eine Pseudomorphose nach Andalusit. Ich konnte nie einen allmähligen Übergang der Substanz beider Mineralien ineinander bei unseren Andalusiten wahrnehmen. Auch spricht die Einsprengung einzelner Glimmerschuppen in unveränderter, von keinen Rissen durchzogener Andalusitmasse sehr gegen die sekundäre Entstehung des Glimmers in allen Andalusiten. Schlagend erwiesen wird jedoch die nicht-pseudomorphische Bildung des letzteren durch die Thatsache, dass einzelne Glimmerblättchen von der Andalusitumhüllung ohne Unterbrechung in die Masse des benachbarten Quarzes fortsetzen, also einestheils in den Andalusit, anderentheils in den Quarz hineinragen. In diesem Falle ist eine spätere Ausbildung dieses Glimmers aus dem Andalusit nicht denkbar, man müsste denn annehmen, dass jener aus dem Andalusit zu einer Zeit entstanden und aus dem Raume des Krystalles herausgewachsen sei, als der Quarz noch nicht vorhanden war. Diese Annahme aber widerspricht der ganzen Natur solcher Andalusit-Ausscheidungen und ihrem Verhalten gegen die Umgebung. Dass aber selbst nicht ein kleinster Theil des weissen Glimmers im Glimmerschiefer dem Andalusit sein Dasein verdanke, das muss nach der Art, wie der Glimmer im Glimmerschiefer gelagert erscheint, Jedem, der in der Natur beobachtet hat, vollständig klar geworden sein.

Von grossem Interesse dagegen ist die unzweideutige theilweise Umwandlung der meisten Andalusite des Düllen in Steinmark. Bei vielen Krystallen dieses Minerals bemerkt man, wenn die Oberfläche nicht von Glimmer umhüllt ist, eine mehr oder weniger dicke Lage derselben, welche sich durch ihre fettige Beschaffenheit, grosse Weichheit und grauliche Färbung auffallend von der unzersetzten, harten, graulich-rothen Andalusitmasse unterscheidet. Im Querbruche erscheint diese aus einer oberflächlichen Zersetzung des Andalusits hervorgegangene Substanz als eine Rinde, welche nach dem Innern des Krystalles allmählig in die unzersetzte Masse übergeht. Doch lässt sich der völlig umgesetzte Theil wie eine Rinde von dem mehr unveränderten Kern abschälen.

Was die Natur dieser fettig anzufühlenden Substanz anbelangt, so wurde diese für specksteinartig[2]) angesehen, in Übereinstimmung mit der oft wiederholten Angabe, dass Andalusit in Speckstein verwandelt sei. Diese und, wie ich vermuthe, manche der bisher als Speckstein angesehenen Substanzen sind jedoch keine Bittererde-, sondern Thonerdesilikate, also kein Speckstein, sondern Steinmark oder ein ähnliches Mineral. Das vom Düllen enthält 4,86 % Wasser, ist vor dem Löthrohr unschmelzbar oder sintert nur in den dünnsten Kanten zusammen und nimmt mit Kobaltlösung eine schöne blaue Färbung an. Mit Alkalien aufgeschlossen zeigt es als wesentliche Bestandtheile nur Kieselerde und Thonerde mit wenig Kalkerde und nur Spuren von Eisenoxyd und Bittererde. Wahrscheinlich ist es die gleiche Substanz,

[1]) Abhandlungen der k. k. geologischen Reichsanstalt.in Wien, Bd. 1, S. 6.
[2]) Jokely in den Jahrbüchern.der geolog. Reichsanstalt in Wien, 1856, S. 484.

welche Haidinger[1]) als Gigantolith von Altalbenreuth, einem Orte am Düllen, bezeichnet; näher verwandt ist sie jedoch mit dem Myelin.

Bei Wernersreuth (LXXXVII, 25, 11) liegen kleinere Andalusit-Krystalle zerstreut im Glimmerschiefer, welche das Ansehen von Staurolithen besitzen. Sie sind fast vollständig in eine fettig anzufühlende, weiche Masse verwandelt, welche von der eben beschriebenen nicht verschieden zu sein scheint. Hier wie bei Rosall (LXXXVI, 25, Felsen) und überhaupt in allen Glimmerschieferdistrikten bilden die Andalusite auf den Schichtflächen häufig Wülste, welche stellenweise so aneinander stossen, dass eine Art Flechten-ähnliches Netzwerk entsteht. Auch betheiligt sich oft Faserkiesel an der Zusammensetzung dieser netzförmig verlaufenden Erhöhungen.

Von besonderer Häufigkeit sind die Andalusite in manchen Theilen des Ossa-gebirges, wo sie z. B. bei Lambach .(LII, 47, 2) und noch prachtvoller in der Nähe des Girgel- und Bistritzer Sees grosse Flächen der Glimmerschieferschichten überdecken. .

Es sei noch erwähnt, dass Andalusite auch in dem kleinen, südlich von Redwitz gelegenen Glimmerschiefergebiet, welches bereits über die Grenzen unserer Karten fällt, in reichlicher Menge, z. B. bei Manzenberg und im Frauenholz u. s. w., zu treffen sind.

Des Faserkiesels oder Buchholzites ist schon mehrfach Erwähnung geschehen, sowohl als Hauptbestandtheiles gewisser dichter Flasern im Glimmerschiefer, wie auch als des Begleiters der netzförmig verlaufenden Quarz- und Andalusitwülste auf den Schichtflächen. Ihm schliesst sich auf's engste der zartfasrige Disthen an, von welchem der Faserkiesel wohl nur eine Modifikation darstellt. Die kleinen Krystallnadeln des Disthens zeigen sich häufig im Glimmer-schiefer unseres Gebiets, ohne aber in Cyanit überzugehen, d. h. eine blaue Farbe anzuneh-men. Nur im Ossergebirge, namentlich in der Nähe von Bayerisch-Eisenstein, nimmt der Disthen auch die schöne blaue Farbe an, die den Cyanit auszeichnet.

Turmalin ist ein im Ganzen seltener Gast im Glimmerschiefer. In kleinen, aber wohl-ausgebildeten Kryställchen, welche einzeln in der Glimmerschiefermasse liegen, findet man ihn z. B. am Kolmstein bei Lam im Ossagebirge (LIII, 45, 6) und in fast mikroskopischen Nädel-chen bei Wondreb (LXXXV, 26, 21) stellenweise so dicht gehäuft, dass ein wahrer Schörl-schiefer entsteht.

Hier bei Wondreb liegen diese Turmaline an einer Stelle anstatt zwischen Glimmerschuppen in einer weissen, ziemlich weichen, fettig anzufühlenden, wasserhaltigen Masse, welche offenbar den Glimmer ersetzt und vertritt. Diese Substanz ähnelt dem sogenannten verhärteten Talk vom Zillerthal und erweist sich als ein wasserhaltiges Thonerdesilikat, welches höchst wahr-scheinlich mit dem Margarodit identisch ist.

Ausserdem müssen noch Graphit (bei Lam, Rittsteig und Wondreb), Schwefelkies (am Pu-chet und an der Schmelz bei Lam) mit Magnetkies, Kupferkies, Blende und besonders häufig im Ossagebirge Titaneisen als Einmengungen im Glimmerschiefer genannt werden. Letz-teres Mineral kommt sowohl in Blättchen mit wellig gebogener Oberfläche, als auch in kleinen Körnchen namentlich in quarzreichen Glimmerschiefervarietäten ungemein häufig vor.

Zu den merkwürdigsten Erscheinungen im ganzen Glimmerschiefergebiet gehört das Kies-lager an der Schmelz bei Lam, worauf ein uralter Bergbau umging. Hier brechen haupt-sächlich Schwefelkiese mit etwas Kupferkies und untergeordnet Magnetkies, Blende und Blei-glanz, also im Ganzen eine Vergesellschaftung von Schwefelmetallen, genau wie wir sie auf dem Erzlager von Bodenmais kennen gelernt haben. Die fein eingesprengten Erze bilden Erz-bänder, welche mehrfach sich wiederholend mit typischem erzleerem oder erzarmem Glimmer-schiefer wechsellagern und im Ganzen ein sehr bestimmt ausgesprochenes Lager ausmachen. Dieses streicht in einer Gesammtmächtigkeit von durchschnittlich ¾ Lachter, oft bis 1 oder 1¼

---

[1]) Siehe Bischof's Lehrbuch der chem. Geologie, 1. Aufl., II. Bd., S. 376.

Lachter sich erweiternd, in St. 7½ weit in's Feld und fällt mit 70 bis 75° nach Nordosten ein. Man findet noch Spuren der Fortsetzung des Lagers am Himmelreich und am Kreuz. Sehr bemerkenswerth ist die Art der Einsprengungen der Kiese, welche nie derb, sondern stets in kleinen Krystallen oder krystallinischen Körnchen ganz zerstreut neben den übrigen Bestandtheilen des Glimmerschiefers sich einstellen; doch tritt in den erzreichen Streifen der Glimmer zurück oder fehlt auch ganz. Die Ähnlichkeit mit dem Bodenmaiser Kieslager wird noch vermehrt durch das Vorkommen ziemlich grosser Ausscheidungen von grünlichem klinoklastischem Feldspath, der doch sonst hier im Glimmerschiefer nicht beobachtet wurde. Die Feldspathausscheidungen an Quarzlinsen im Glimmerschiefer, wie sie nicht selten vorzukommen pflegen, müssen als orthoklastische gedeutet werden.

Die Schwefelkiese bilden die Hauptmasse der eingesprengten Erze, welche 37% Schliche bei der Aufbereitung liefern. Diese enthalten durchschnittlich ½₀ Loth Silber mit Spuren von Gold und Kupfer im Zentner. Der gegenwärtige Bergbau hat die Gewinnung der Erze behuf Herstellung von Schwefel im Auge.

Die Zusammensetzung des Glimmerschiefers zeigt nach den vorgenommenen qualitativen Versuchen eine entschiedene Annäherung an jene des benachbarten Urthonschiefers.

Diess tritt noch bestimmter hervor, wenn wir die Mineralzusammensetzung im Einzelnen vergleichen, indem dann der in Salzsäure lösliche Bestandtheil als identisch mit jenem aus dem Urthonschiefer durch die gleiche Säure lösbaren Chlorit erkannt wird. Auch besitzt der in Salzsäure nicht lösliche Rest beider Gesteinsarten eine so grosse Ähnlichkeit, dass man, wie auch der Augenschein in der Natur durch die allmähligen Übergänge unzweideutig lehrt, den Glimmerschiefer nur für einen vollständiger in krystallisirten Mineralien ausgebildeten Urthonschiefer ansehen muss, nicht aber für eine erst durch Umwandlung aus Thonschiefer entstandene Felsart. In den tieferen Lagen oder gegen die Grenze des zunächst benachbarten Gneisses verliert sich nach und nach der Chloritgehalt, es vermehrt sich entsprechend die Häufigkeit des braunen Glimmers und zugleich stellen sich in zunehmender Menge feldspathige Gemengtheile ein, so dass wir nach dieser Seite ebenso schrittweise Übergänge in den nächst tiefer liegenden Gneiss vor uns sehen, wie nach oben in den nächst jüngeren Urthonschiefer. Diese Übergänge nach oben und unten näher zu untersuchen, ist von grossem Interesse, weil sich damit die Frage über die Entstehung dieser verschiedenen Schiefergebilde auf analogem Wege und unter Verhältnissen, welche auf eine mit der Zeit allmählig sich verringernde Krystallisationsfähigkeit der gebildeten Massen hinweisen, auf's engste verknüpft.

Für unser Gesammtgebiet liegt keine einzige Thatsache vor, welche einer Entstehung des einen oder anderen Gesteins — Urthonschiefers, Glimmerschiefers und Gneisses — durch metamorphische Processe feuriger oder wässriger Art das Wort redet. Alle Erscheinungen des Überganges dieser Gesteine nach Grenzlinien, welche mit ihrer Lagerung auf's innigste in Übereinstimmung stehen, ihre stets normale Verbindung und ihre Mineralbeschaffenheit selbst, machen es mehr als wahrscheinlich, dass wenigstens Urthonschiefer, Glimmerschiefer und die dem letzteren zunächst untergebreiteten Gneissschichten unseres Gebirges ursprüngliche, nur verschiedenaltrige Bildungen, vergleichsweise analog den drei grossen Gruppen der postkarbonischen, devonischen und silurischen Thonschieferformationen, vorstellen, welche, vielleicht durch weit grössere Bildungszeiträume auseinanderstehend, als die Glieder der genannten drei Übergangsgebirgsformationen, unter ähnlichen Bedingungen, aber bei etwas geändertem Bildungsmaterial und geminderter Energie der Krystallisation nach und nach entstanden. Nur bei dieser Annahme lassen sich die konstanten Übergänge der verschiedenen Urgebirgsschiefer längs ihrer Begrenzungsrichtung, nur so die Gleichartigkeit und Ähnlichkeit des Gefüges, nur so endlich die Differenz in Beziehung auf Beimengungen von Mineralien, auf Nüancen im Gefüge und Mischung der wesentlichen Gemengtheile, welche in gleichen Schichten stets in gleicher Weise wiederkehren, erklären und verstehen. Auch wenn von rein chemischem Standpunkte ihre Bildung durch Umwandlung sich erklären lässt, so ist damit noch keineswegs erwiesen, dass das, was möglich ist, auch wirklich in der Natur stattgefunden hat.

Nach der Natur des Glimmerschiefers und der ihm accessorisch beigemengten Mineralien lassen sich folgende Hauptabänderungen namhaft machen:

1) **Typischer Glimmerschiefer**, aus weissem und tombackbraunem Glimmer, sowie aus Quarz zusammengesetzte Schiefer mit bestimmt ausgeprägter Parallelstruktur. Hierher gehören auch:

  a) der **dunkel gefleckte Glimmerschiefer**, welcher sich durch putzenweise Anhäufung des dunkelfarbigen Glimmers kenntlich macht;

  b) der **schuppige Glimmerschiefer**, bei welchem der Glimmer fast ohne Quarzzwischenstreifen ausgebildet ist;

  c) der **gebänderte Glimmerschiefer**, bei welchem Lagen von Glimmer mit Lagen von Quarz streng geschieden wechseln und daher im Querbruch ein entschieden gebändertes Aussehen des Gesteins hervortritt.

2) **Quarzitglimmerschiefer** mit vorwaltendem Quarz, welcher in Quarzschiefer zu verlaufen pflegt. Ihm sind untergeordnet:

  a) der **blättrige Glimmerschiefer** mit wohlausgebildeten, ebenflächigen, dünnen Quarzlagen, welche sich leicht abheben lassen;

  b) der **sandige Glimmerschiefer**, bei welchem Glimmer und Quarz mehr gemengt als in besonderen Lagen nebeneinander auftreten; dabei zeigt sich jedoch das Gestein im Ganzen deutlich in dünne Schichten abgesondert;

  c) der **gewundene Glimmerschiefer** mit auffallend stark gebogenen, gewundenen, wellenförmig auf- und absteigenden oder im Zickzack geknickten Parallellagen, wodurch selbst eine zweite Art Spaltbarkeit entstehen kann.

3) **Phyllitglimmerschiefer** als Übergangsform zum Urthonschiefer, wobei die Glimmermassen wenigstens theilweise durch die Substanz der Urthonschiefer vertreten sind. An dieser Varietät zeigt sich häufig eine ausgezeichnete Parallelfaltelung, und diess sind die sogenannten **gefältelten Glimmerschiefer**.

4) **Gneissglimmerschiefer** mit zahlreichen Flasern und Streifen, welche Feldspath enthalten und dadurch den Übergang in Gneiss vermitteln.

## XIV. Urthonschiefer (Phyllit und Schistit).

§.14. Den Urthonschiefer haben wir bereits als jenes Schiefergestein kennen gelernt, in welches der Glimmerschiefer nach oben überzugehen pflegt. Hier an seiner unteren Grenze lässt sich ebensowohl in der Mineralbeschaffenheit als in der Lagerung der Charakter des Urgebirggesteins unzweifelhaft und bestimmt erkennen. Nach der anderen Seite dagegen lehnt sich der Urthonschiefer stellenweise an jüngere, petrographisch höchst ähnliche Schiefergesteine, welche offenbar sedimentären Ursprungs sind, weil sie zuweilen organische Überreste in sich schliessen, und durch den sehr allmähligen und Schritt für Schritt zu verfolgenden Übergang in jene älteren, versteinerungsleeren Gebilde für diese selbst eine sehr ähnliche Entstehungsart ausser Zweifel stellen. Es sind daher gegen oben oder an der Grenze gegen das überlagernde älteste, versteinerungsführende Thonschiefergebirge die Urthonschiefer ebenso stetig wie nach unten mit dem Glimmerschiefer verbunden, zum Beweise einer allmähligen Fortbildung von dem rein krystallinischen Schiefer zu dem mehr erdigen und unzweifelhaft sedimentären nach ein und demselben Typus, aber bei sehr veränderten äusseren Verhältnissen oder bei namhaften Verschiedenheiten des Materials.

Die ganze grosse Reihe der Schiefergesteine, welche in der Mitte liegen zwischen Glimmerschiefer und versteinerungsführendem Thonschiefer, umfasst das, was man im Allgemeinen Urthonschiefer nennt, so verschieden auch immer diese Gebilde unter sich selbst sein mögen. Im Ganzen lassen sie sich in zwei grosse Gruppen theilen, nämlich in solche mit Glimmer-ähnlichem Glanze auf den Schichtflächen, die glimmerigen Urthonschiefer oder Phyllite, und in die erdig-dichten, matt schimmernden, die erdigen Urthonschiefer oder Schistite.

Die ersteren, welche so häufig noch mit Glimmerschiefer verwechselt werden, unterscheiden sich von diesem auf's bestimmteste dadurch, dass sie zwar mit ihm den Glimmer-ähnlichen Glanz theilen, aber eigentlichen Glimmer nicht als wesentlichen Gemengtheil, im Ganzen selbst nur selten und zufällig enthalten. Die einfachste Probe, die man machen kann, indem man in zweifelhaften Fällen die Glimmer-ähnliche Substanz wie Glimmer in dünne Blättchen zu spalten oder abzuheben versucht, überzeugt uns bei dem Phyllit, dass wir hier in der glimmerglänzenden Masse keinen wirklichen weissen, optisch zweiachsigen Glimmer, dem die Substanz am nächsten zu stehen scheint, vor uns haben, weil sie sich nicht wie dieser spalten lässt. Man hat daher angenommen, diese Substanz sei dichter oder verfilzter Glimmer. Auch darüber hat die chemische Analyse bereits entschieden und gezeigt, dass diese glimmerig glänzende Phyllitmasse vom weissen, optisch zweiachsigen Glimmer des Glimmerschiefers wesentlich verschieden ist.

Ist somit die Unterscheidung der Phyllite in ihrer typischen Beschaffenheit vom eigentlichen Glimmerschiefer nur in den unmittelbaren Übergangsformen schwierig, so gilt das Nämliche auch bezüglich der Trennung der Schistite von dem ältesten, versteinerungsführenden Thonschiefer in Schichten, welche zufällig keine organischen Überreste einschliessen.

Beide Schieferarten unterscheiden sich sowohl durch ihr äusseres Aussehen, indem die ersteren immer einen gewissen Glanz besitzen, welcher den letzteren fehlt, als auch durch ihre chemische Konstitution, welche bei dem Urthonschiefer auf eine Zusammenmengung bestimmter Mineralien hinweist, während eine solche bei dem Silurschiefer zu fehlen scheint, wenigstens mit gleicher Bestimmtheit nicht hervortritt.

Alle Urthonschiefer unseres Bezirkes bestehen nämlich gemäss den vorgenommenen Analysen wesentlich aus drei verschiedenen Gemengtheilen:

1) aus Chlorit oder einem Chlorit-ähnlichen Mineral;
2) aus einem gewässerten Thonerdesilikat und
3) aus Quarz mit etwas Feldspath, Glimmer, Magneteisen, Chiastolith, Andalusit, Ottrelit, Turmalin oder Hornblende.

Über die Mineralnatur des zuerst erwähnten Gemengtheiles giebt uns die Eigenthümlichkeit unseres Schiefers die erste Auskunft, dass ein Theil desselben in Salzsäure löslich ist und dass die durch diese theilweise Lösung isolirbare Masse der Zusammensetzung nach am nächsten mit einem Eisenoxydul-reichen Chlorit übereinstimmt. Nach der Einwirkung der Säure hat sich die Schiefersubstanz entfärbt, sie hat ihre grünliche Farbe verloren und eine graulichweisse angenommen; zugleich bemerkt man, dass die oft deutlich erkennbaren grünen Schüppchen, von welchen eben der grünliche Farbenton des Schiefers erzeugt wird, verschwunden sind. Es ist demnach unzweifelhaft, dass der grüne Gemengtheil von der Salzsäure zersetzt worden ist. Auch dieses deutet auf ein Chlorit-ähnliches Mineral.

Da aber nicht bloss dieses grüne, schuppige Mineral von Salzsäure zersetzt wird, sondern zugleich auch noch einige andere, vielleicht bloss accessorische Gemengtheile, so Magneteisen und manche in Zersetzung begriffene Mineraltheilchen, mehr oder weniger gelöst oder angegriffen werden, so geben die in Salzsäure gelösten und quantitativ bestimmten Mischungsbestandtheile des Schiefers wohl selten die eigentliche Natur der grünen Substanz ganz genau an; man hat es mit einer mehr oder weniger unreinen Lösung zu thun.

Dagegen finden sich mitten im Urthonschiefergebiete nicht selten von dem Schiefer rings umschlossene Quarzlinsen, an welchen das grüne Mineral ausgeschieden, im Quarz putzenförmig vertheilt vorkommt. Diese Quarzlinsen sind eigentlich nichts Anderes als die im Grossen gesonderten Bestandtheile des Schiefers, da neben dem Quarz und dem grünen Mineral auch ein weisses glimmerglänzendes Mineral und in einzelnen Putzen sogar auch ein klinoklastischer, gelblich-weisser Feldspath zum Vorschein kommt. Aus diesem Grunde trage ich kein Bedenken, dieses grüne Mineral der Quarzlinsen als den Typus des grünen Gemengtheiles der Urthonschiefer unseres Gebiets anzusehen.

Die Analyse eines solchen an Quarz ausgeschiedenen grünen Minerals von Pechtnersreuth bei Waldsassen ergab:

|                | CXVIII. |
|----------------|---------|
| Kieselerde     | 27,500  |
| Thonerde       | 18,150  |
| Eisenoxyd      | 10,802  |
| Eisenoxydul    | 28,025  |
| Manganoxydul   | 0,600   |
| Bittererde     | 5,125   |
| Natron         | 0,440   |
| Kali           | 1,660   |
| Wasser         | 7,500   |
|                | 99,802  |

Da nach den gelben Rändern, welche um die Putzen des grünen Minerals sichtbar sind, schon eine Zersetzung des Eisenoxyduls in Oxyd eingetreten ist, darf man wohl einen Theil des gefundenen Eisenoxyds dem Oxydul zuschlagen; ein anderer Theil mag die Thonerde vertreten, während ein Theil der Alkalien von zersetzten Feldspaththeilchen abzuleiten sein dürfte, so dass die Formel unseres Minerals zu sein scheint:

$$2\,\dot{R}\ddot{S} + \dot{R}\ddot{A} + 2\,Aq.,$$

die Thonerde als Aluminat betrachtet, oder

$$\dot{R}^3\ddot{S} + \ddot{A}\ddot{S} + 2\,Aq.$$

als reines Silikat.

Es ist wohl kaum zweifelhaft, dass dieses grüne Mineral, welches ein specifisches Gewicht von 2,91 besitzt, übrigens vor dem Löthrohr etwas schwierig zu einer schwarzen magnetischen Kugel schmilzt, in den nicht geschmolzenen Theilen sich schwärzt und optisch einachsig sich erweist, in die Gruppe der Chlorite gehört und in dieser zunächst an die eigentlichen Chlorit (Ripidolith Rose's) sich anschliesst, von welchem es eine Eisenoxydul-reiche Varietät darstellt. Sandberger's Aphrosiderit scheint eine noch Eisen-reichere Abänderung derselben Reihe von Chlorit zu sein, der auch unser oberpfälzisches, etwas Eisen-ärmeres, aber Bittererde-reicheres Mineral angehört. Wir schlagen für diese als Gemengtheil im Urthonschiefer des ostbayerischen Grenzgebirges auftretende Chloritvarietät die Bezeichnung Phyllochlorit vor.

Vergleichen wir damit die Zusammensetzung der durch Zersetzung verschiedener Urthonschiefer mittelst Salzsäure erhaltenen theilweisen Lösungen, so erhalten wir nicht immer sehr übereinstimmende Resultate, was seine Erklärung in dem Umstande findet, dass zur Analyse nur Gesteine von der Oberfläche, aus nur seichten Steinbrüchen oder Hohlwegen genommen werden konnten, welche, wie es der Augenschein zeigt, alle mehr oder weniger in der Zersetzung begriffen sind.

Diese Analysen wurden theils von Herrn Prof. v. Kobell (= K.), theils von Dr. Wittstein (= W.), theils von dem Verfasser (= G.) ausgeführt:

50 *

CXIX.

| | K.1. | K.2. | W.3. | W.4. | W.5. | G.6. | G.7. | G.8. |
|---|---|---|---|---|---|---|---|---|
| Kieselerde . | 26,95 | 24,64 | 30,90 | 26,88 | 35,55 | 22,92 | 21,36 | 20,85 |
| Thonerde . | 23,04 | 26,32 | 17,70 | 26,88 | 15,93 | 23,08 | 26,31 | 21,37 |
| Eisenoxyd . | — | — | 28,88 | 25,22 | 25,16 | 10,54 | 9,52 | 26,12 |
| Eisenoxydul | 36,98 | 31,36 | 11,81 | 9,24 | 9,10 | 26,95 | 23,92 | 16,57 |
| Bittererde . | 6,98 | 8,18 | 0,93 | 1,68 | 3,28 | 6,43 | 7,64 | 6,86 |
| Kalkerde . | — | — | 1,26 | — | — | — | — | — |
| Natron .. | — | — | 1,92 } | 3,78 { | 5,56 | — | — | — |
| Kali ... | — | — | 1,09 } | | | — | — | — |
| Wasser . . | 7,50 | 9,55 | 5,25 | 8,30 | 5,45 | 10,08 | 11,25 | 8,23 |
| | 101,45 | 100,05 | 99,74 | 101,98 | 100,03 | 100,00 | 100,00 | 100,00 |

Prozentgehalt des
Schiefers an Phyllo-
chlorit . . . . . 26,64   19,27   33,25   11,90   10,97   45,24   30,48   18,95

Der Urthonschiefer der Analyse 1 ist ein glimmerig glänzendes, deutlich schiefriges Gestein mit Parallelstreifung aus der Nähe von Schachten (NO., LXXXIX', 26, 15). Derselbe gab·als nähere Bestandtheile:

     1) durch concentrirte Salzsäure zersetzbar . . 26,64 %
     2) durch concentrirte Schwefelsäure zersetzbar   53,06 %
     3) von diesen Säuren unzersetzt bleiben . . . 20,30 %
                                       100,00 %

Der Wassergehalt im Ganzen beträgt 4,36 %, welcher nach den vorgenommenen Versuchen zum Theil auf den durch Salzsäure zersetzbaren Phyllochlorit (2,00 %), zum Theil auf den durch Schwefelsäure zersetzten Bestandtheil kommt.

Das Gestein der Analyse 2 aus einem Steinbruche bei Pechtnersreuth (XCII, 23, 11) unfern Waldsassen ist stark glimmerglänzend mit unterscheidbaren Flasern von schuppigem Phyllochlorit und mehr dichter Schiefermasse nebst Quarz. Dasselbe besteht aus:

     1) durch concentrirte Salzsäure zersetzbaren Gemengtheilen   . = 19,27 %
     2) durch concentrirte Schwefelsäure zersetzbaren Gemengtheilen = 34,73 %
     3) von beiden nicht zersetzbar bleiben. . . . . . . . . . = 46,00 %
                                                    100,00 %

Der Gesammtwassergehalt des Schiefers von 4,30 % vertheilt sich mit 1,84 % auf den chloritischen und mit 2,46 % auf den durch Schwefelsäure zersetzbaren Gemengtheil. Das specifische Gewicht beträgt im Mittel zweier Versuche = 2,82.

Die Analyse 3 bezieht sich auf einen wenig glänzenden, dem gewöhnlichen Dachschiefer an Farbe und Schimmer ähnlichen Urthonschiefer, bei welchem sich keine Gemengtheile unterscheiden lassen; das Gestein ist scheinbar eine dichte homogene Masse. Dasselbe kommt bei Hopfau unfern Erbendorf (LXXXIII, 14, 28) mit durchweg erdig aussehendem Urthonschiefer vor. Concentrirte Salzsäure löst die bedeutende Menge von 33,25 % auf; der Gesammtwassergehalt beträgt 3,5 %, das specifische Gewicht = 2,74.

Zur Analyse 4 wurde ein stark glimmerglänzender Urthonschiefer aus der Nähe von Neu-Albenreuth bei Waldsassen genommen. Derselbe gleicht sehr dem Gestein der Probe 2; es lassen sich mehr schuppige, grüne und mehr dichte, glimmerglänzende Partieen deutlich nebeneinander erkennen; ebenso bemerkt man, dass in letzteren kleine Theilchen des grünen Minerals und ganz kleine, feine Nädelchen eingewachsen sind. Die ganze Masse ist ziemlich aufgelockert und in Zersetzung begriffen, wie intensiv eisenockerige Streifen bemerken lassen. Die dichte, glimmerglänzende Masse lässt sich nur in derbe Stückchen und ganz kleine Schüppchen spalten; erstere zeigen in dünnen, geschliffenen Blättchen im Stauroskop nicht die Erscheinungen zweiachsiger Mineralien. Zur Analyse wurden die am wenigsten angegriffenen Theile benützt. Specifisches Gewicht = 2,79.

Die Analyse 5 bezieht sich auf einen ebenfalls glimmerig glänzenden Urthonschiefer von holzfasrigem Gefüge mit ziemlich dichter, anscheinend homogener grauer Masse und nur Spuren von Ausscheidungen grüner chloritischer und glimmerglänzender Blättchen. Der Schiefer stammt von Hardeck bei Waldsassen (LXXXIX, 26, 31). Der in concentrirter Salzsäure lösliche Gemengtheil beträgt nur 10,97 %, der Gesammtwassergehalt 1,8 %. Unter den durch Salzsäure gelösten Massen macht sich besonders die Menge der Alkalien bemerkbar, doch ist unter der dafür gegebenen Prozentzahl zugleich 0,110 % Schwefelsäure, Spuren von Phosphorsäure, Kalkerde u. s. w. eingeschlossen. Es ist höchst auffallend, dass gerade bei diesem Schiefer dünne, geschliffene Blättchen der homogen scheinenden Schiefersubstanz, nachdem sie mit Salzsäure gekocht waren, trotz ihres wenig Glimmer-ähnlichen Glanzes im Stauroskop deutlich als optisch zweiachsig, aber mit geringen Neigungswinkeln der Achsen erkannt werden konnten. Specifisches Gewicht im Mittel zweier Versuche = 2,85.

Zur Analyse 6 wurde ein sehr deutlich grün gefärbter Urthonschiefer aus der nächsten Nähe von Waldsassen verwendet. Ockerige Streifen deuten auf beginnende Zersetzung.

Der Urthonschiefer der Analyse 7 stammt von Münchsreuth bei Waldsassen und ist ein anscheinend gleichartiges Gestein von grünlich-grauer Farbe mit sehr ausgesprochener Parallelfaltelung.

Endlich das Gestein der Analyse 8 ist ein stark glimmerglänzender, anscheinend dichter Urthonschiefer von Pechtnersreuth bei Waldsassen, welcher starke Spuren begonnener Zersetzung an sich trägt.

Was nun die Deutung des durch Salzsäure zersetzbaren Gemengtheiles der verschiedenen Schiefer anbelangt, so lässt sich eine gewisse Analogie zwischen diesem Gemengtheil und dem Mineral der Analyse CXVIII nicht verkennen; es ist ein wasserhaltiges Chlorit-ähnliches Mineral, bei welchem Eisenoxydul eine hervorragende Rolle spielt. Dass in den Proben 3, 4, 5 und 8 Eisenoxyd in so grosser Menge auftritt, ist als eine Folge begonnener Zersetzung zu betrachten. Doch scheint neben Eisenoxydul auch Oxyd im unveränderten Mineral enthalten zu sein. Die Identität desselben mit dem beschriebenen Phyllochlorit tritt sofort hervor, wenn man das Eisenoxyd theilweise als Eisenoxydul berechnet.

Da übrigens im Urthonschiefer öfters Flecken und Putzen dieses grünen, durch Salzsäure zersetzbaren Minerals in Blättchen ausgeschieden sind, welche sich nach allen Beziehungen identisch mit dem bezeichneten Phyllochlorit erweisen und sichtbar in die dichte Thonschiefermasse sich vertheilen, so ist es wohl nicht gewagt, den Phyllochlorit als einen wesentlichen Gemengtheil unserer Urthonschiefer zu betrachten. Derselbe macht im Mittel 25 % der ganzen Schiefermasse aus.

Damit stimmt auch im Allgemeinen das Resultat der Untersuchungen Sauvage's[1]) an den Ardennenschiefern überein, indem auch bei diesen ein durch Salzsäure zersetzbarer Gemengtheil eine ähnliche Zusammensetzung besitzt, wie folgende Angaben nachweisen:

Sauvage's Analysen der Ardennenschiefer.

1) Chloritischer, durch Salzsäure zersetzbarer Antheil.

|  | A. | B. | C. | D. | E. |
|---|---|---|---|---|---|
| Prozente . . . . . | 12,36 | 17,36 | — | 21,59 | — |
| Kieselerde . . . . | 25,73 | 27,65 | 19,10 | 25,71 | 27,72 |
| Thonerde . . . . . | 17,80 | 15,96 | 13,95 . | 23,44 | 18,80 |
| Eisenoxyd . . . . | 8,35 | 28,28 | 22,00 | 21,58 | 8,88 |
| Eisenoxydul . . . . | 15,29 | — | 16,55 | — | 15,20 |
| Manganoxydul . . . | 2,43 | — | — | Mn 0,42 | 7,80 |
| Bittererde . . . . | 15,13 | 12,21 | 8,80 | 6,48 | — |
| Kalkerde . . . . . | Spur | 2,30 | 0,75 | — | — |
| Kali . . . . . . . | 1,29 | 1,44 | 1,55 | 1,30 | — |
| Wasser u. Glühverlust | 14,08 | 12,16 | 17,30 | 21,07 | 21,60 |
|  | 100,00 | 100,00 | 100,00 | 100,00 | 100,00 |

A. Grünlich-grauer Schiefer von Deville.
B. Grünlich-grauer Schiefer von Rimogne.

---

[1]) Annales des mines, VII, 411.

C. Graublauer Schiefer von Rimogne.

D. Dunkelgrauer Schiefer von Monthermé.

E. Schwarzer Schiefer von Fumay.

Wir sehen dieselben Schwankungen im Gehalt an Eisenoxyd und Oxydul, sowie an Wasser, welches hier ganz dem chloritischen Gemengtheil zugerechnet ist. Würde ein Theil des Wassers dem zweiten, durch Schwefelsäure zerlegbaren Antheile zugeschlagen worden sein, wie es nach meinen Versuchen naturgemäss erscheint, so würde eine noch weit grössere Ähnlichkeit in der Zusammensetzung des grün färbenden Minerals beider Urschieferdistrikte hervortreten, welches nicht wesentlich verschieden zu sein scheint und demnach die Urthonschiefer verschiedener Gegenden auch ihrer Zusammensetzung nach eng aneinanderschliesst.

Die meisten übrigen Analysen von Urthonschiefer lassen eine nähere Vergleichung nicht zu, weil wir nur das Resultat von Bauschanalysen kennen; doch lässt der meist hohe Gehalt an Eisenoxydul vermuthen, dass den meisten eine ähnliche chloritische Beimengung eigen ist.

Untersucht man das Gesteinspulver der Urthonschiefer vor und nach der Einwirkung der Salzsäure unter dem Mikroskop oder noch besser mit einer guten Loupe, so ergiebt sich, dass, wie auch der Augenschein lehrt, der grün färbende Bestandtheil durch die Säure zerstört wurde und dadurch ein weisser, in dünne Blättchen ausgebildeter, seidenartig schimmernder Bestandtheil im Rückstande die Herrschaft erhalten hat.

Dieser zweite Gemengtheil bedingt den Glimmer-ähnlichen Glanz der meisten Urthonschiefer und gab vielfach Veranlassung, das Gestein für Glimmerschiefer anzusprechen. Indess mangeln dieser glimmerig glänzenden Urthonschiefermasse, wie schon bemerkt, alle äusseren Eigenschaften wahren, weissen Glimmers. Auch chemisch verhält sich die Substanz vollständig anders als der Glimmer; sie ist in concentrirter Schwefelsäure löslich, ohne aber die Zusammensetzung und das Aussehen des Magnesienglimmers zu besitzen. Ausserdem ist sie auch wasserhaltig. Selbst an Quarzlinsen, an welchen dieser Gemengtheil neben dem chloritischen oft gesondert in glimmerglänzenden Schüppchen sich findet, behält er die ihn vom weissen Glimmer trennenden Eigenschaften unverändert bei. Behandeln wir den wohlgereinigten Rückstand des mit concentrirter Salzsäure gekochten Pulvers nach Entfernung der lösbaren Kieselerde mit concentrirter Schwefelsäure, so lösen sich in dieser 30 bis 50% der ursprünglichen Urthonschiefermasse, und zwar grossentheils die oben beschriebenen glimmerig glänzenden Schüppchen.

Diese durch Schwefelsäure theilweise zersetzte Substanz besteht, wenn wir derselben den entsprechenden Antheil des Wassergehaltes zurechnen, nach den Analysen v. Kohell's und des Verfassers aus:

Glimmerig glänzender Gemengtheil der Urthonschiefer, CXX.

|  | A. | B. | C. |
|---|---|---|---|
| Kieselerde | 43,24 | 45,52 | 49,40 |
| Thonerde | 45,53 | 45,79 | 44,69 |
| Eisenoxyd | Spur | — | — |
| Bittererde | 1,44 | 0,69 | 2,35 |
| Verlust und Alkalien | 6,65 | — | Ka 0,23 |
| Wasser | 3,14 | 7,07 | 3,31 |
|  | 100,00 | 99,07 | 99,98 |

Die Analysen beziehen sich auf die Gesteine der Analyse CXIX und zwar

    A. auf CXIX, 1 (v. Kobell).

    B. auf CXIX, 2 (v. Kobell).

    C. auf CXIX, 7 (Gümbel).

Da durch die Einwirkung der Schwefelsäure wohl noch verschiedene, namentlich feldspathartige Beimengungen theilweise mit zersetzt werden, so kann die oben angeführte Zusammensetzung nur ungefähr der wahren Zusammensetzung des durch Schwefelsäure zersetzbaren zweiten Hauptbestandtheiles der Urthonschiefer entsprechen. Es ist unter Berücksichtigung dieses Umstandes sehr wahrscheinlich, dass für diesen glimmerig glänzenden Gemengtheil die Formel

$$\overset{\cdots}{Al^2} \ \overset{..}{Si^3} + Aq.$$

aufgestellt werden darf. Ich schlage für diesen Gemengtheil die Bezeichnung Promicit vor.

Auch dieses Mineral hat mit jenem der durch Schwefelsäure zersetzbaren Theile der Ardennenschiefer nach Sauvage's Untersuchungen die grösste Analogie. Sauvage betrachtet jedoch diesen Gemengtheil als wasserfrei nach der Formel,

$$\ddot{A}l \ \ddot{S}i$$

zusammengesetzt, was gleichfalls auch für unsere Substanz passt, wenn wir sie als wasserfrei annehmen. Mehrfache Versuche, welche angestellt wurden, beweisen jedoch, dass wir es mit einer wasserhaltigen Substanz zu thun haben. Schon der Überschuss, welcher sich in den Schiefern an Wasser ergiebt, wenn man für ihren chloritischen Gemengtheil den Wassergehalt des Phyllochlorites annimmt, weist auf einen zweiten gewässerten Bestandtheil hin. Direkt wurde der Wassergehalt in dem Rückstande bestimmt, welcher nach der Behandlung mit Salzsäure und nach Entfernung der durch Zersetzung frei gewordenen Kieselerde mittelst Kalilauge ungelöst bleibt. Da die auf diese Weise erhaltene Quantität Wassers der ganzen Wassermenge des Schiefers nicht gleichkommt, so beweist diess, dass der fehlende Rest dem chloritischen Mineral angehört. Dieser Rest entspricht durchschnittlich ungefähr dem Wassergehalte, wie solcher angenommen werden müsste, wenn das chloritische Mineral als Phyllochlorit angesehen wird.

Der glimmerig glänzende Gemengtheil schmilzt vor dem Löthrohr ziemlich schwierig unter Aufschwellen zu einem weissen Email, welches mit Kobaltlösung rein blaue Farbe annimmt. Sehr eigenthümlich ist das optische Verhalten im Stauroskop; hier zeigt die Substanz nicht gleiches Verhalten, wenn man dünne Blättchen[1]) der verschiedenen Schiefer schleift, bis sie durchscheinend geworden sind, und sodann prüft. Die einen Blättchen lassen auf's deutlichste ihre Zweiachsigkeit erkennen, wie z. B. der Schiefer der Analyse CXIX, 5 von Hardeck, der nicht stark Glimmer-ähnlich glänzt, ebenso der stark glänzende Phyllit von Wernersreuth, während z. B. die Schiefer der Analyse CXIX, 2 und CXIX, 4 auf ganz gleiche Weise behandelt eine Zweiachsigkeit nicht zu besitzen scheinen; jedoch bemerkt man, dass die beiden Hyperbeln, durch deren Berührung das schwarze Kreuz im Stauroskop entsteht, beim Drehen etwas auseinanderweichen. Auch bei den deutlich zweiachsigen Proben ist der Neigungswinkel der Achsen ein geringer. Die Mehrzahl der untersuchten Proben zeigt sich optisch einachsig. Gleichwohl ist es nicht wahrscheinlich, dass die glimmerig glänzende Substanz dieser Schiefer nach jenem verschiedenen optischen Verhalten eine verschiedene Natur besitze, vielmehr dürfte diese Verschiedenartigkeit vielleicht darauf beruhen, dass ein Theil dicht, der andere krystallinisch ausgebildet ist. In manchen Fällen mag eingewachsener weisser Glimmer die Ursache der deutlich hervortretenden optischen Zweiachsigkeit sein.

Der weder durch Salzsäure noch durch Schwefelsäure zersetzbare Rest der Urthonschiefer ist im Allgemeinen Quarz, welcher so häufig auch in grösseren Linsen und Lamellen ausgeschieden bemerkt wird, sogar in schönen Krystallen ausgebildet vorkommt. Von besonderem Interesse sind die grossen, oft an beiden Enden vollständig entwickelten Krystalle, welche bei Schachten (LXXXVIII, 26, 19½) unfern Waldsassen gefunden wurden. Es sind sechsseitige Säulen mit der sechsflächigen Pyramide an beiden Enden von 50 Millimeter Länge und 35 Millimeter Dicke, welche nach Art der Überfangsgläser aus dreierlei Quarzmassen bestehen, im Innern aus weisslichem Quarz, darüber aus prächtig gefärbtem Amethyst und endlich nach aussen aus wasserheller oder durch wolkige Partieen weisslich gefärbter Substanz. Diese drei Zonen liegen übereinander, eine die andere umfassend und überdeckend und an den Begrenzungsflächen ziemlich scharf geschieden, wie wenn man z. B. einen Alaunkrystall in zwei verschieden gefärbten Alaunlösungen weiter wachsen lässt. Es sind Überfangskrystalle. Zugleich mit dem Quarz kommen eine Menge bald häufiger, bald spärlicher beibrechender Mineralien, namentlich Glimmer, Feldspath, Andalusit, Turmalin, Ottrelit, Titaneisen, wohl auch Hornblende vor. Diess ergiebt sich zunächst aus der Untersuchung des Restbestandtheiles unter dem Mikroskop, wobei Splitter von Quarz als vorherrschend erkannt werden; manchmal sind denselben in grosser Menge, stets wenigstens einige dünn ·, am Rande ausgezackte Blättchen von Glimmer beigemengt;

---

[1]) Da sich die Glimmer-ähnliche Schiefermasse nicht wie Glimmer spalten lässt, so muss man grössere, festere Schuppen schleifen, bis sie das Kreuz im Stauroskop zeigen.

dazu kommen noch Trümmer eines weisslichen Minerals (Feldspath), eines metallisch glänzenden schwarzen, vom Magnet schwach gezogenen Titaneisens, glatte, dünne Linsen eines schwarzen Minerals (Ottrelit), stenglige, grünliche Fasern (Hornblende?) und stets eine Menge wohlausgebildeter sechsseitiger Prismen mit undeutlicher Endform, welche meist doppeltfarbig, gegen das eine Ende wasserhell, gegen das andere Ende licht-bräunlich gefärbt, erscheinen (Turmalin). Die Andalusite bemerkt man meist schon beim Zerkleinern des Gesteins, wobei sie sich durch ihre Härte ausscheiden lassen. Die dunkel gefärbten Varietäten sind durch einen kohligen Stoff gefärbt, wie mich die Untersuchung eines tief schwarz gefärbten Urthonschiefers aus dem Steinbruche bei Mammersreuth unfern Waldsassen (XC, 25) lehrte. Derselbe gab mit Kupferoxyd verbrannt 1,10% Kohlensäure, folglich enthält der Schiefer 0,3% Kohlenstoff (Graphit).

Bei vielen Varietäten tritt der Gehalt an Kohlenstoff deutlich in Form von Graphit hervor; graphithaltige Urthonschiefer gehören zu den gewöhnlichen Erscheinungen in unserem Urthonschiefergebiete, sie sind stellenweise in Zwischenlagen so reich an Graphit, dass das Gestein abfärbt und einen glänzenden Strich erzeugt.

Der Restbestandtheil mehrerer Schiefer, einer Analyse unterzogen, enthielt folgende Bestandtheile:

Rest der Urthonschiefersubstanz nach ihrer Behandlung mit Salz-
und Schwefelsäure:                               CXXI.

|              | A.    | B.     | C.     |
|--------------|-------|--------|--------|
| Kieselerde   | 60,92 | 89,12  | 88,00  |
| Thonerde     | 28,26 | 5,44   | 10,95  |
| Bittererde   | —     | 1,40   | 0,20   |
| Kalkerde     | 0,71  | —      | —      |
| Natron       | 1,55 ⎫| 4,04   | —      |
| Kali         | 7,55 ⎭|        | 0,85   |
|              | 98,99 | 100,00 | 100,00 |

Bei A. ist der Urthonschiefer der Analyse CXIX, 4 (Wittstein), bei B. der Schiefer derselben Analysenreihe, CXIX, 6 (Gümbel), sowie bei C. der Urthonschiefer der Analyse CXIX, 7 (Gümbel) verwendet worden.

Die bedeutende Menge von Thonerde und Alkalien spricht für die Annahme, dass ausser Quarz in diesem Rückstande Feldspath und Glimmer vorgeherrscht haben.

Zum Schluss unserer Betrachtung über die Zusammensetzung der ostbayerischen Urthonschiefer stellen wir hier die Resultate der Gesammt- und einiger Bauschanalysen zusammen:

Glimmerglänzender Urthonschiefer von Neualbenreuth (Gestein der Analyse CXIX, 4).                              CXXII.

|   |   |                 |        |
|---|---|-----------------|--------|
| *A. durch Salzsäure zersetzbar.* | Kieselerde | 3,200 | |
|   | Thonerde | 3,200 | |
|   | Eisenoxyd | 3,002 | |
|   | Eisenoxydul | 1,100 | — 11,902 |
|   | Bittererde | 0,200 | |
|   | Alkalien | 0,450 | |
|   | Wasser | 0,750 | |
| *B. durch Schwefelsäure zersetzbar.* | Kieselerde | 24,600 | |
|   | Thonerde | 22,090 | |
|   | Eisenoxyd | 1,500 | — 49,390 |
|   | Kalkerde | 0,150 | |
|   | Wasser | 1,050 | |
| *C. Rest.* | Kieselerde | 23,500 | |
|   | Thonerde | 10,900 | |
|   | Kalkerde | 0,275 | — 38,575 |
|   | Natron | 0,600 | |
|   | Kali | 3,300 | |
|   |   |   | 99,867 |

CXXIII.

A. Gestein der Analyse CXIX, 3. B. Gestein der Analyse CXIX, 5.

| | | A. | | B. | |
|---|---|---|---|---|---|
| In Salzsäure zersetzbarer Bestandtheil. | Kieselerde | 10,300 | 33,246 | 3,900 | 10,970 |
| | Thonerde | 5,900 | | 1,750 | |
| | Eisenoxyd | 9,625 | | 2,760 | |
| | Eisenoxydul | 3,935 | | 0,990 | |
| | Bittererde | 0,310 | | 0,360 | |
| | Kalkerde | 0,420 | | ? Spur | |
| | Natron | 0,641 | | 0,500 | |
| | Kali | 0,365 | | | |
| | Wasser | 1,750 | | 0,600 | |
| | Schwefelsäure | — | | 0,110 | |
| Restbestandtheil. | Kieselerde | 51,320 | 66,370 | 65,200 | 88,770 |
| | Thonerde | 10,280 | | 14,700 | |
| | Eisenoxyd | 0,055 | | 0,500 | |
| | Kalkerde | 0,110 | | 0,250 | |
| | Natron | 1,860 | | 0,820 | |
| | Kali | 0,995 | | 6,100 | |
| | Wasser | 1,750 | | 1,200 | |
| | | | 99,616 | | 99,740 |

Bauschanalysen:

CXXIV.

| | A. | B. |
|---|---|---|
| Kieselerde | 67,900 | 62,826 |
| Titansäure | 2,500 | 0,700 |
| Thonerde | 16,183 | 22,440 |
| Eisenoxyd | 4,006 | — |
| Eisenoxydul | 2,890 | 4,320 |
| Manganoxydul | 0,811 | Spur |
| Bittererde | 0,316 | — |
| Natron | 3,111 | 5,512 |
| Kali | 0,567 | 2,740 |
| Kohle | Spur | — |
| Wasser | 1,800 | 0,900 |
| | 100,084 | 99,438 |

Das Gestein der Analyse CXXIV, A ist ein dunkelgrünlich-grauer, nicht stark glimmerig glänzender Urthonschiefer, welcher von Chiastolith in grossen, länglich-runden, wie abgerollt walzenförmigen Knöllchen vollgespickt ist (Knotenschiefer). Zur Analyse wurde die Chiastolith-freie Schiefersubstanz verwendet. Der Schiefer kommt unfern Grossensees bei Waldsassen (LXXXVI, 23) vor. Das specifische Gewicht beträgt 2,58.

Zur Analyse CXXIV B wurde ein ausgezeichnet glimmerglänzender, fast rein weisser Schiefer vom specifischen Gewicht 2,74 verwendet, der bereits in Glimmerschiefer übergeht. Derselbe wurde aus der Region der Grenze zwischen Urthonschiefer und Glimmerschiefer bei Wernersreuth (LXXXVII, 25) genommen. Die Parallelfaltelung des Schiefers ist so ausgeprägt, dass derselbe fast das sogenannte Holzfasergefüge zeigt. Trotz des völlig glimmergleichen Glanzes der Hauptmasse dieses Schiefers lässt sich derselbe gleichwohl nicht in Blättchen wie Glimmer spalten, sondern er bricht nur in kleine Schuppen, welche optisch einachsig sind (wenigstens in den dünnsten, zur Untersuchung verwendeten Schüppchen); bei dickeren, aber wegen des geringen Grades der Durchsichtigkeit in den Farbenerscheinungen nicht mehr ganz deutlichen Partieen glaubt man Zweiachsigkeit wahrnehmen zu können. Sehr merkwürdig ist der grosse Gehalt an Alkalien, namentlich an Natron, wodurch die Substanz eine Annäherung an den sogenannten Paragonit zu verrathen scheint.

Das specifische Gewicht der Urthonschiefer stellt sich nach zahlreichen Versuchen im Mittel je zweier Bestimmungen folgendermaassen heraus:

bei dem Schiefer der Analyse CXIX, 2 . . . . . . . . . . . . . . . . . . 2,82
    „    „    „    „    „    CXIX, 3    . . . . . . . . . . . . . . . . . . 2,74
    „    „    „    „    „    CXIX, 4    . . . . . . . . . . . . . . . . . . 2,79
    „    „    „    „    „    CXIX, 5    . . . . . . . . . . . . . . . . . . 2,85
    „    „    „    „    „    CXXIV, A . . . . . . . . . . . . . . . . . . 2,58
    „    „    „    „    „    CXXIV, B . . . . . . . . . . . . . . . . . . 2,74
    „ einem schwarzen ebenschichtigen Schistit von Hatzenreuth (XC, 25, 14) . . . . 2,82
    „ einem stark glimmerglänzenden, schön eben spaltenden, etwas zersetzten Schiefer
       von Ebnath (LXXXVII, 14, 27) . . . . . . . . . . . . . . . . . . 2,73
    „ einem Düpfelschiefer mit Magneteisen von Pechtnersreuth . . . . . . . . . 2,77
    „ einem quarzigen Schiefer von Neualbenreuth (LXXXVIII, 28, 1) . . . . . . 2,76
    „ einem Ottrelithschiefer von Ebnath . . . . . . . . . . . . . . . . . 2,73
                                Also im Mittel 2,76

Neben den grauen, grünlich-grauen und schwärzlichen Urthonschiefern trifft man in deren Verbreitungsgebiete auch intensiv gelbe, rothe und weissliche, oft mit streifenweis wechselnder Farbe bunte, gefleckte und gebänderte Varietäten. Mit dieser bunten Färbung ist stets ein mehr oder weniger hoher Grad von Zersetzung verbunden, durch welche der Schiefer in eine sehr weiche, thonige Masse übergeführt ist. Tiefe, erst nach und nach einschneidende Hohlwege, an deren Wänden die weichen, bunten Schiefer oft in grosser Mächtigkeit zu Tag treten, sind für das Gebiet dieses stark zersetzten Urgesteins besonders charakteristisch. Es genügt, an die Gegend von Grossensees, Pfaffenreuth und besonders von Schloppach zu erinnern, um auf die Grossartigkeit dieser Erscheinung aufmerksam zu machen.

Die Schritt für Schritt zu verfolgenden Übergänge dieser buntfarbigen, weichen Schichten in harten und normal grau gefärbten Urthonschiefer beweisen ihre Entstehung durch Zersetzung des letzteren. Hierbei spielt das Eisenoxydul des Phyllochlorites eine Hauptrolle und daher rührt auch das Vorherrschen von rothen und gelben Farben. Der glimmerige Bestandtheil wird weit weniger stark verändert, doch verleiht er dem zersetzten Schiefer das eigenthümlich Fettige beim Anfühlen. Diese Schiefer sind durch ein auffallend geringes specifisches Gewicht von 2,49 bis 2,65 ausgezeichnet, welches gegen das Mittel der unzersetzten Schiefer um 0,24 niedriger steht. Denn es zeigt

ein rothgrauer, holzfasriger Schiefer von Egerteich (XCI, 24, 4) . . . $= 2,49$

ein rothgrauer, wohlgeschichteter Schiefer von Waldsassen (LXXXIX,
   23, 13) . . . . . . . . . . . . . . . . . . . . . . . . . . . $= 2,52$

ein roth und gelb gestreifter, erdiger Schiefer von Zirkenreuth (LXXXVII,
   23, 12) . . . . . . . . . . . . . . . . . . . . . . . . . . . $= 2,58$

ein graurother Schiefer voll Chiastolithen von Altenhammer (LXXXVIII,
   23) . . . . . . . . . . . . . . . . . . . . . . . . . . . . $= 2,65$

Nur innerhalb eines kleinen Distriktes nördlich von Erbendorf bei Hophau, Kronau und Zwergau kommen auch buntfarbige, röthlich-graue, violettgraue und graulich-grüne Urthonschiefer vor, deren Färbung eine ursprüngliche ist. Ihr Aussehen ist weniger glänzend, sie sind mehr dicht und erdig; auch giebt es einzelne quarzreiche feine Zwischenlagen, welche als Wetzsteine sich verwenden lassen (Guttenberg am Zwergauer Anger).

Im Allgemeinen sind die Urthonschiefer des Waldes, wie jene des anstossenden Fichtelgebirges, dünnschichtig, aber nur sehr selten in ebene, dünne Platten spaltbar, wie es die Dachschiefer zu sein pflegen. Dachschiefer-ähnliche Gesteine kommen hier nicht vor. Gewöhnlich ist die Schichtfläche uneben, schuppig, oft wellig gebogen und fast beständig von paralleler Faltelung in oft verschiedener Richtung bedeckt.

Diese Parallelfaltelung gehört zu den charakteristischen Kennzeichen dieser alten Schiefer. Ihre Form ist die der Falten in Kleidern, ähnlicher noch den Runzeln der Haut: parallel verlaufende schmale Erhöhungen (Faltenhügel) neben entsprechenden Vertiefungen (Faltenthäler). Durchschnittlich erheben sich die Faltenhügel aus dem Faltenthal auf einer Seite allmählig, während sie nach der anderen Seite steil abfallen; der Gipfel ist daher nicht gleichförmig gewölbt, sondern scharf kantig, oft winklig einseitig.

Solche parallel verlaufende Falten kommen in einer Feinheit und Zartheit vor, dass man sie mit dem blossen Auge kaum bemerkt; oft aber erreichen sie auch eine Höhe, dass die Schichtflächen von 2 bis 3 Millimeter hohen Runzeln dicht bedeckt sind, und sie verstärken sich selbst bis zu grossen Wellenbiegungen, wie sie beim Glimmerschiefer beschrieben wurden.

Selten zeigt sich nur ein System von Parallelfaltelung, d. h. nur in einer Richtung verlaufende Erhöhungen und Vertiefungen; meist gesellt sich diesem ein zweites System hinzu, welches das erste unter vorherrschend spitzen Winkeln durchschneidet; dadurch entstehen rauten- und narbenförmige Zeichnungen auf den Schichtflächen, welche den Narben des Lepidodendron zuweilen ähnlich werden.

Wiederholt sich der steilere Abfall des einen Faltenflügels in mehreren aufeinanderfolgenden Schieferlagen in gleicher Weise, so brechen solche Gesteine in der Richtung dieses Steilabfalls leicht in stenglige Stückchen. Dadurch ist das sogenannte Holzfasergefüge mancher Schiefer bedingt, welches besonders beim Verwittern deutlich in's Auge springt. Gewöhnlich ist die Richtung der Parallelfalten in benachbarten Schieferschichten die gleiche, wenn auch ihre Stärke stetem Wechsel unterliegt. Sehr wichtig ist die Thatsache, dass zuweilen völlig ebenflächige, nicht gefaltete Schieferpartieen zwischen solchen mit starker Parallelfaltelung mitten inne liegen. Diess beweist, dass die Ursache dieser Erscheinung nicht in einem Seitendruck gesucht werden darf, welcher etwa die noch weichen Schiefer zusammengepresst hätte, wie die im Zickzack gebogenen Schichten mancher Kohlenschiefer.

Zwischen der Richtung der Parallelfaltelung und der herrschenden Streichungslinie konnte ein konstantes und durchgehendes Abhängigkeitsverhältniss nicht ermittelt werden. Zwar laufen beide manchmal auf grössere Strecken parallel, aber noch öfter folgen sie verschiedenen Linien, welche in keiner Beziehung zu einander stehen. Damit stimmt auch die Erscheinung, dass in nahe übereinander liegender Schichtenlage selbst ein und desselben Handstücks diese Richtungen nicht übereinstimmen.

Die Parallelfaltelung scheint wesentlich an den dichten, glimmerigen Gemengtheil gebunden, um zur Entwicklung zu gelangen, aber bedingt zu sein von dem reichlichen Vorhandensein quarziger Beimengungen. Dieselbe ist zweifelsohne als eine Erscheinung zu betrachten, welche bei dem Übergang der Schiefermasse vom weichen in den festen Zustand in Folge geänderter Ausdehnung der fest werdenden Gemengtheile zum Vorschein kam. Sie lässt sich genau mit der Runzelung vergleichen, welche entsteht, wenn z. B. eine biegsame Kruste oder Rinde über einer Flüssigkeit sich bildet und diese beim Austrocknen oder Erkalten sich zusammenzieht, ohne auf bestimmten Raum eingespannt zu sein[1]). Das Durchkreuzen zweier Faltungsrichtungen scheint nicht bedingt durch in verschiedener Zeit nacheinander eintretenden Spannungen,

---

[1]) Das einfachste Beispiel ist die faltige Haut, welche sich über gekochter Milch beim Abkühlen bildet, die Haut beim Festwerden des Leims in gewissen Fällen und die Salzkrusten, welche beim Concentriren oder Abdampfen mancher Salzlösungen zum Vorschein kommen.

sondern durch ziemlich gleichzeitige, aber von verschiedenen Richtungsstellen her wirkende Zugkräfte.

Es ist bemerkenswerth, dass im ganzen Urthonschiefergebiete unseres Gebirges eine ausgesprochene Schieferung, d. h. eine die Schichtung durchkreuzende regelmässige Zerspaltbarkeit des Gesteins, nur in einzelnen, höchst seltenen Fällen, wie z. B. bei Neuköstlarn (LXXXIV, 6 bis 7), angedeutet gefunden wurde.

Über die als accessorische Gemengtheile auftretenden Mineralien sind hier noch einige Bemerkungen einzuschalten.

Neben dem häufig in Linsen ausgeschiedenen Quarz erkennt man, meist damit vermengt, auch einen Feldspath von gelblich-weisser Farbe und körnigem Bruche, welcher selten grössere, spiegelnde Spaltungsflächen beobachten lässt. Auf diesen zeigen sich Spuren einer Parallelstreifung. Der Feldspath enthält Kali neben nicht unbedeutenden Mengen von Natron und etwas Kalkerde. Diess führt zur Annahme, dass dieser klinoklastische Feldspath dem Oligoklas am nächsten steht. Es ist wohl kein Grund zur Annahme vorhanden, dass der in fein vertheiltem Zustande im Urthonschiefer vorkommende Feldspath, welcher namentlich in dem weder durch Salz- noch durch Schwefelsäure zersetzbaren Rest hervortritt, eine abweichende Beschaffenheit besitze, wie diess auch die allmählige Entwicklung des Urthonschiefers zu dem sogenannten Phyllitgneiss, dessen Feldspath dem Oligoklas entspricht, augenscheinlich lehrt. Eine zum gewöhnlichen Phyllit sich neigende Varietät des letzteren bei Walmreuth (LXXXVII, 16, 12) enthält kleine, isolirbare Krystalle graulichen Oligoklases.

Auch wirklicher weisser, optisch zweiachsiger Glimmer betheiligt sich zuweilen, namentlich in den Grenz- und Übergangsschichten zum Glimmerschiefer, an der Zusammensetzung gewisser Urthonschiefer. Dazu scheinen namentlich die oft zahlreichen weissen, glänzenden Blättchen zu gehören, welche bei manchen Proben nach der Behandlung mit Salz- und Schwefelsäure im Rückstande bleiben. Auffallend muss es erscheinen, dass sich dagegen nirgends Spuren von braunem, optisch einachsigem Glimmer bemerken lassen; derselbe scheint von dem Phyllochlorit vollständig ersetzt zu werden.

Zu den interessantesten Einschlüssen im Urthonschiefer gehört der Ottrelith, welchen ich zuerst in unserem Gebirge an mehreren Stellen, namentlich bei Grünberg unfern Brand (LXXXVII, 11), bei Ebnath, Frankenreuth und ebenso an dem Hammergut unfern Wunsiedel, auffand. Der Ottrelith findet sich in sechsseitigen, fast rundlichen, etwa $^1/_2$ Millimeter dicken, 1 bis $1\frac{1}{4}$ Millimeter im Durchmesser grossen, linsenförmigen Täfelchen einzeln und zerstreut, aber in grosser Menge in dem Urthonschiefer eingewachsen. Derselbe ist intensiv braunschwarz und selbst in den dünnsten Blättchen undurchsichtig, parallel den Tafelflächen spaltbar, und besitzt ein specifisches Gewicht von 2,53; er giebt im Kolben Wasser, schmilzt vor dem Löthrohre schwierig zu einer schwarzen, magnetischen Masse und zeigt mit Soda die Manganreaktion.

Zu den häufigsten Beimengungen gehören Chiastolith und Andalusit, welche man wohl in vielen Fällen nicht sicher unterscheiden kann.

Der erstere findet sich in grosser Ausdehnung und Verbreitung in der Gegend von Grossensees (LXXXVI, 23) und bei Fuchsmühl (LXXXV, 18) mit dem auf dem Querbruche leicht wahrnehmbaren charakteristischen dunkelfarbigen Kreuze in der weissen oder gelblich- bis röthlich-weissen, am häufigsten dunkelgrünlich-grauen Mineralmasse. Häufig ist das Mineral angegriffen, zersetzt, in erdig zerreibliche Substanz verändert oder in eine Steinmark-ähnliche, fettig anzufühlende Masse verwandelt. Wo diese Zersetzung nicht so weit vorangeschritten ist, dass die stabförmigen Chiastolithe beim Herausschlagen aus der umhüllenden Thonschiefermasse zerbrechen, zeigt es sich, dass dieselben weder an den Seiten- noch Endflächen scharf ausgebildet sind, sondern rundliche, walzenförmige, an den Enden gleichfalls völlig abgerundete Körper bilden, welche im Innern sowohl die prismatische als brachydiagonale Spaltbarkeit besitzen und meist auch die centrale und randliche Ausfüllung mit Thonschiefersubstanz aufweisen. In den Schiefern, bei welchen solche, oft wegen der Gleichfarbigkeit mit dem umgebenden Thonschiefer auf dem Querbruche nicht auffallend hervortretende Chiastolithwalzen reichlich eingemengt sind, zeigen sich die Schichtungsflächen knotig angeschwollen und uneben, ähnlich wie bei vielen stark gefalteten Schiefervarietäten. Diese Chiastolithe oder Andalusite sind die Veranlassung zur Bildung der sogenannten Knotenschiefer, welche von dem gefalteten Urthonschiefer wohl unterschieden werden müssen.

Der Andalusit geht von der Glimmerschieferformation über in die Gesteine unseres Urthonschiefers. Obwohl seine Unterscheidung von Chiastolith, wenn er in Thonschiefer eingewachsen ist, nicht vollständig sicher gelingt, so dürften doch diejenigen Einmengungen harter, säulenförmiger Krystalltheilchen, welche im Querbruche eine rhombische Form besitzen und nicht das charakteristische Kreuz des Chiastolithes aufweisen, passender für Andalusit als für Chiastolith anzusprechen sein. Darnach beurtheilt, sind vielfach harte, schieferfarbige oder röthlich-graue Knollen, Putzen und säulenförmige, vor dem Löthrohre unschmelzbare Körper mit rhombischem Querbruche und mit einer prismatischen, nicht sehr deutlichen Spaltbarkeit in dem Urthonschiefer für Andalusite zu halten.

Auch diese sind von mannichfachen Umänderungen betroffen worden, ähnlich wie die Chiastolithe. Eigenthümlich ist die Verbindung, in welcher häufig Anhäufungen von grünem Phyllochlorit und selbst von weissen Schüppchen zu diesen Andalulitausscheidungen stehen; sie scheinen theilweise an die Stelle der letzteren getreten zu sein, indem sie deren Raum erfüllen; man könnte sie für Pseudomorphosen nach Andalusit halten. Da diese Anhäufungen indess meist gemengt aus Phyllochlorit und der glimmerglänzenden Substanz bestehen, wie die ganze benachbarte Thonschiefermasse überhaupt, und nur dadurch auffallend aus der Grundmasse hervortreten, dass ihre Schuppen eine mit der Schichtungsfläche nicht parallele Lage besitzen, so scheint mir keine Wahrscheinlichkeit, dass die Thonschiefermasse in ihren Gemengtheilen selbst als Pseudomorphose nach Andalusit betrachtet werden darf, vielmehr möchte hier einfach dieselbe Erscheinung einer reichlicheren Ausscheidung und von der Schichtung abweichenden Stellung der beiden Gemengtheile des Urthonschiefers vorliegen, wie wir solche überall wahrnehmen, wo in dem Urthonschiefer Substanzen in grösseren Partieen ausgeschieden vorkommen, z. B. an den Quarzlinsen, an den Chiastolithknollen u. s. w. Ausgezeichneten Phylliten mit solchen Andalusiteinschlüssen begegnet man unter Anderem besonders bei Wernersreuth (LXXXVIII, 25).

Auch Schörl scheint eine Beimengung vieler Urthonschiefer auszumachen. Stellenweise stellt er sich so häufig ein, dass die übrigen Gemengtheile ausser Quarz völlig verschwinden und Schörl nebst Quarz ganze Zwischenlagen im Urthonschiefer bilden. Es sind diess die Schörlschiefer der Urthonschieferformation, deren schon v. Flurl[1]) gedenkt. Besonders reichlich und häufig findet man sie bei Tirschnitz unfern Ottobad (LXXXV, 19) und in der Umgegend von N.-Albenreuth. Die Schörlkrystalle sind klein und verlieren sich allmählig in der Thonschiefermasse. Es wurde bereits früher erwähnt, dass gewisse, an den Enden verschiedenfarbige, mikroskopische Nädelchen, welche bei vielen Urthonschiefervarietäten in dem von Salz- und Schwefelsäure nicht zersetzten Rückstande zum Vorschein kommen, dem Schörl angehören dürften. Eine grosse Menge der auch mit blossem Auge wahrnehmbaren kleinen, dunkelfarbigen Krystallnadeln, die zerstreut in der Thonschiefermasse liegen, lassen eine gleiche Deutung zu. Zuweilen bemerkt man eine büschelförmige Zusammenhäufung der Schörlkrystalle, und es ist nicht unwahrscheinlich, dass die Garben-ähnlichen Büschel der sogenannten Garbenschiefer zum Theil aus Schörl bestehen. Spärlicher ist Hornblende beigemengt. Es zeigen sich zwar sehr häufig Nadeln und büschelförmige Gruppen grüner Mineralien im Phyllite, welche dem Äussern nach allerdings für Hornblende gelten könnten, doch ist ihre Natur nicht ganz festgestellt. Sie sind besonders häufig in den sogenannten Garbenschiefern, z. B. am Lehenbühl bei Konnersreuth (XC, 21). Solche grüne Nadeln werden von Salzsäure nur schwierig und theilweise zersetzt, wobei eine an Eisenoxydul reiche Lösung erhalten wird; vor dem Löthrohre schmilzt die Masse zu einem magnetischen Korne. Diess erlaubt allerdings, diese Krystallbündelchen als aus eisenreichem Strahlstein zusammengesetzt zu betrachten. Doch muss diess so lange als eine blosse Vermuthung gelten, bis es gelingt, durch eine chemische Analyse an einem zureichend reinen Material, das ich mir nicht zu verschaffen ver-

---

[1]) Beschreibung der Gebirge von Bayern und der oberen Pfalz, 1792, S. 416.

mochte, die Zusammensetzung des Strahlsteins direkt nachzuweisen. Dagegen erscheint unzweifelhafte Hornblende hauptsächlich in den nördlichen Urthonschieferdistrikten, wo sie einen steten Begleiter der Lager körnigen Kalkes ausmacht. Hier bildet sie ganze Schichtenlagen von Hornblendeschiefer, oft mitten zwischen den Kalkbänken, wie bei Wunsiedel, und vermengt sich als Tremolit sehr häufig selbst mit dem körnigen Kalke (Waltershof, Pullenreuth, Neusorg, Wappenöst).

Als zufällige Einsprengungen im Phyllit sowohl als in dem quarzigen Urthonschiefer trifft man Hornblende überdiess z. B. bei Redwitz, bei Zwergau (LXXXIII, 13, 12), Friedenfels' (LXXXIV, 17, 26) und in den an das Fichtelgebirge anstossenden Urthonschieferdistrikten überaus häufig. Das merkwürdigste Vorkommen dürfte das in der Schwefelgasse bei Ebnath (LXXXVII, 12, 33) sein, wo Hornblende einem dünngeschichteten, ebenflächigen in wechselnden Lagen bald mehr thonigen bald mehr feldspathigen, meist stark zersetzten Schiefer beigemengt vorkommt und wie im Gneissdistrikte bei Tirschenreuth Veranlassung zur Bildung von Nontronit gegeben hat. Wegen der gelblichen Farbe dieses Minerals trägt der Hohlweg, worin er ziemlich massenhaft neben aus Feldspath entstandener Porzellanerde sich findet, im Munde des Volkes den Namen Schwefelgasse.

Dieser Nontronit aus der Schwefelgasse besteht nach v. Kobell's Analyse aus:

CXXV.

| | |
|---|---|
| Kieselerde | 42,90 |
| Eisenoxyd | 32,38 |
| Thonerde | 2,69 |
| Bittererde | 0,97 |
| Wasser | 19,97 |
| | 98,91 |

Vieles der in solchen dunkelgrünen oder bräunlich-schwarzen Flecken und Putzen ausgeschiedenen Substanzen, namentlich wenn diese weich sind, könnte für Fahlunit ausgegeben werden. Ich habe keine Anhaltspunkte gewinnen können, den Fahlunit darin zu vermuthen, vielmehr zeigte es sich, dass in den meisten Fällen diese Putzen und Flecke von unbestimmter Umgränzung, welche keine Knoten erzeugen, aus dem Phyllochlorit selbst, oft in Gemenge mit dem weissen, glimmerigen Gemengtheile, bestehen, dass jedoch, wie schon früher bemerkt wurde, die Blättchen und Schüppchen fleckweise nicht parallel mit der Schichtenfläche gestellt sind und daher um so eher sich bemerkbar machen.

Unter den allgemein verbreiteten Beimengungen der Urthonschiefer ist noch Magneteisen in meist kleinen, mikroskopischen Oktaëderchen in fast allen untersuchten Proben, sodann Titaneisen in dünnen Blättchen oder titanhaltiges Magneteisen in kleinen, rundlichen Körnchen und besonders Graphit hervorzuheben.

Der letztere scheint das färbende Prinzip aller schwärzlichen Urthonschiefer im Allgemeinen zu sein, selbst auch, wenn wegen der feinen Zertheilung die galvanische Probe v. Kobell's einen Gehalt an Graphit nicht anzeigt. Dass diess bei dem auch in der Urthonschieferformation mehrfach eingelagerten Lydit der Fall sei, ergiebt sofort der blosse Augenschein, obwohl auch an diesem, sowie selbst an deutlich graphithaltigem Schiefer die galvanische Reaktion nicht eintritt.

Der Graphit findet sich in vielen Varietäten des Urthonschiefers so häufig in feinen, den übrigen Bestandtheilen beigemengten Schüppchen, dass das Gestein abfärbt und den eigenthümlichen Metall-ähnlichen Glanz auf dem Striche zeigt. Solche Schiefer gehen gern durch Aufnahme grösserer Mengen von Quarz in Quarzschiefer und Lydit über, wie z. B. bei Dobrigau unfern Leonberg (LXXXVI, 23, 14 und 24, 6), bei Ottobad, wo demselben feine, büschelförmig gruppirte Schörlnadeln beigemengt sind (LXXXV, 19 und 20), und bei Güttern daselbst. Andere graphitische Urthonschiefer streichen z. B. zu Tag aus bei Waldsassen (LXXXIX, 23,16), bei Siegritz unfern Erbendorf (LXXXIII, 16, 64) und nördlich in der Gegend von Schirnding bis Ebnath.

Als seltene, nur hier und da ausnahmsweise vorkommende Beimengungen können noch Eisenkies, Pistazit und Granaten genannt werden. Letztere sind in kleinen, fast mikroskopischen Kryställchen, wie z. B. bei Pechtnersreuth, in der Thonschiefermasse so zahlreich eingestreut, dass sie die Schichtflächen fast sandig-rauh machen.

Wir haben bereits im Vorausgehenden zwei Gruppen angedeutet, in welche die umfangreichen Varietäten des Urthonschiefers sich scheiden lassen:

1) die Gruppe der glimmerig glänzenden Urthonschiefer oder der Phyllite, welche nach Lagerung und Gesteinsbeschaffenheit zunächst dem Glimmerschiefer sich anschliessen, und

2) die Gruppe der matt schimmernden, nur Dachschiefer-ähnlich glänzenden Urthonschiefer oder Schistite, welche den Übergang nach oben, in die tiefsten versteinerungsführenden Thonschiefer vermitteln.

Beide, übrigens durch alle Arten des Überganges und durch vielfache Wechsellagerung verbunden, treten in gleicher Weise unter mancherlei Modifikationen des Gefüges und der Beimengung auf. Wir wollen ohne weitere Scheidung beider Gruppen die hauptsächlichsten Varietäten unseres Gebirges, welche im Vorausgehenden meist schon beschrieben wurden, hier übersichtlich zusammenstellen.

### A. Abänderungen nach dem Gefüge.

a) Gewöhnlicher Urthonschiefer mit nicht ganz regelmässigen, nach der Schichtung spaltendem Bruche, schuppigen und mehr oder weniger fein gefälteten Schichtflächen.

b) Dünn- und wohlgeschichteter Urthonschiefer, welcher in dünne, regelmässige Platten Dachschiefer-ähnlich sich spalten lässt und ebene, mit nur feinen Faltelungen bedeckte Schichtenflächen besitzt, wie z. B. einige der in unserem Gebirge sehr seltenen Varietäten der Schistite und manche an Lydit grenzende quarzreiche Schiefer. Hierher gehören auch die röthlichen und grünlichen, (nicht in Folge von Zersetzung) meist ziemlich ebenspaltigen, bunten Urthonschiefer aus der Gegend von Hophau bei Erbendorf.

c) Holzfasriger Urthonschiefer mit hohen, steilen Falten, welche Veranlassung sind, dass die Schiefer in Holzfaser-ähnliche Stückchen sich spalten. Daran schliessen sich wulstig gewundene und hoch gefaltene Varietäten, welche als Übergänge in den gewöhnlichen Urthonschiefer anzusehen sind.

### B. Abänderungen nach den Beimengungen.

a) Fleckschiefer, d. h. solche Urthonschiefer, denen zahlreiche, mehr oder weniger rundliche oder ovale, nicht scharf abgegrenzte, meist dunkler gefärbte Flecke und Putzen, hauptsächlich von ausgeschiedenem Phyllochlorit, zuweilen vielleicht auch von Fahlunit und Hornblende, ein geflecktes Aussehen verleihen. Sie findet sich fast überall in unserem Gebiete.

Hier schliessen sich auch gewisse fleckige, fast in Glimmerschiefer übergehende Phyllite an, welche, in Schollen-ähnlichen kleinen Partieen rings von Granit umgeben, gleichsam inselartig in letzterem liegen. Sie zeichnen sich durch ihr undeutliches, fast verworrenes Gefüge und durch sehr dicht verwachsene Gemengtheile aus, unter denen neben Quarz dichte Feldspathmasse und, wie es scheint, auch wahrer Glimmer entwickelt sind. Häufig oder fast durchgehends sind sie fleckenweise dunkel gefärbt. Sie entsprechen den sogenannten Cornubianiten [1])

---

[1]) Siehe Naumann's Lehrbuch der Geologie, II. Aufl., S. 548.

und finden sich häufig im Granit bei Friedenfels (LXXXIV, 16, 28; 17, 26; 17, 55 u. s. w.). Sie sind geognostisch für blosse Modifikationen der Fleckschiefer anzusehen.

b) Garbenschiefer, Fleckschiefer-ähnliche Gesteine, bei welchen Krystallbündel von Hornblende, Schörl oder Andalusit in büschelförmigen oder Garben-ähnlichen, an den Enden durch einzelne weiter vorragende Nadeln ausgezeichneten Zusammenhäufungen auftreten. (Überall, besonders schön am Lehenbühl bei Konnersreuth.)

c) Gesprengelte Urthonschiefer mit äusserst kleinen, aber überaus zahlreichen Nädelchen oder Blättchen von Schörl, Phyllochlorit u. s. w. (Überall.)

d) Schörlthonschiefer mit als herrschender Gemengtheil angehäuften Schörlkryställchen. (Tirschnitz, Neu-Albenreuth.)

e) Chiastolithschiefer, gewöhnlicher Urthonschiefer mit nicht spärlich eingemengten Chiastolithen.

f) Knotenschiefer, Urthonschiefer mit Beimengungen von Chiastolith oder Andalusiten, welche, in walzenförmigen Konkretionen ausgebildet und von Thonschiefermasse umhüllt, die Schichtflächen uneben, wulstig und knotig machen. (Grossensees.)

g) Düpfelschiefer, dem Knotenschiefer ähnliche, mehr oder weniger, jedoch ebenflächige Urthonschiefer mit feinen, Hirse-grossen Konkretionen oder Kryställchen (Magneteisen, Granat), welche auf den Schichtungsflächen kleine, flache Erhöhungen erzeugen und denselben ein punktirtes Aussehen verleihen. (Besonders bei Pechtnersreuth häufig.)

h) Ottrelithschiefer, Phyllite mit zerstreut eingesprengten Ottrelithkrystallputzen. (Grünberg, Ebnath, Frankenreuth.)

i) Glimmerphyllit, an der Grenze gegen den Urthonschiefer auftretende, deutlich weissen Glimmer führende Phyllite. Hier reihen sich zum Theil auch die schon erwähnten Cornubianite an.

k) Quarziger Urthonschiefer mit Übergängen in Quarzschiefer und Wetzsteinschiefer, den Quarz in ausgeschiedenen Körnchen und Linsen enthaltend.

l) Wetzsteinschiefer, ein quarzreicher, meist grünlichgelb gefärbter Schistit, in welchem die Quarzsubstanz in feinster Vertheilung verbreitet ist, so dass das Gestein zu Wetzstein tauglich ist. (Guttenberg bei Erbendorf.)

m) Graphitischer Urthonschiefer, graphithaltiges Gestein mit Übergängen in Lydit.

Durch Zersetzung nehmen alle diese Varietäten eine bunte, rothe, gelbe, oft streifige Färbung an.

Es sind schliesslich noch gewisse Gesteinsmodifikationen namhaft zu machen, welche zwar bereits früher beschrieben wurden, mit dem Urthonschiefer jedoch in so engem Zusammenhange stehen, dass sie hier noch einmal in Erinnerung gebracht zu werden verdienen.

Es sind diess namentlich die Quarzschiefer, die Feldspathschiefer und vor Allem die Phyllitgneisse, welche alle als Glieder der umfangreichen Urthonschieferformation durch Übergänge namentlich mit dem Phyllit verbunden sind.

Die Verbreitung der zur Gesteinsgruppe der Urthonschiefer gehörigen Gebirgsarten beschränkt sich im ostbayerischen Grenzgebirge auf die grossen Mulden und das Mittelgebirge, welche am Nordende des Waldes zwischen diesem und dem Centralstocke des Fichtelgebirges eingefügt sind. Hier nehmen die Schiefer, unmittelbar an den Glimmerschiefer angelehnt oder von Stockgranit nach Süden abgegrenzt, dem Hauptstreichen der Glimmerschieferschichten und der Erzgebirgsrichtung folgend den breiten Strich zwischen Eger bis zum Westrandgebirge bei Erbendorf ein und reichen mit Unterbrechung durch eingeschlossene Granitmassen und Basaltkuppen bis zum südlichen Rande des Fichtelgebirges hinan.

In dem südlichen Gebirge begegnet man ganz vereinzelten Urthonschieferstreifen, welche neben dem Chloritschiefer bei Neurittsteig (LIV, 47, Grenze) auftauchen und aus dem benachbarten grösseren Urgebirgsdistrikte Böhmens im Hangenden des kynischen Glimmerschiefers (Ossagebirge), aus der Gegend von Grün herüberstreichen, ohne bedeutende Verbreitung zu gewinnen.

## XV. Körniger Kalk.

§. 15. Als letztes der den Urgebirgsgebilden angehörigen Gesteine ist endlich der körnige oder Urkalk zu nennen, welcher im ostbayerischen Grenzgebirge sowohl innerhalb des Gneissgebiets als im Glimmerschiefer und Urthonschiefer gleichförmig eingelagert sich findet. Derselbe ist, abgesehen von kleinen Schwankungen, in allen diesen verschiedenen Lagen ganz dasselbe krystallinisch-körnige, wesentlich aus kohlensaurem Kalk bestehende Gestein, aus ziemlich gleichförmigen und gleich groben krystallinischen Theilchen, welche ohne Lücken und Poren zu einer festen Masse miteinanderverwachsen sind. Feines und mittelgrosses Korn ist bei unserem körnigen Kalk die Regel, selten bemerkt man grossblättrige Ausbildungsweise, wie in den mehr gangförmig brechenden Kalken bei Bogen und Steinkirchen an der Donau oberhalb Deggendorf (XXXIV, 41, 2 und 4); prächtig ist die blättrig-blumige Textur mancher Kalkpartieen bei Babing. Die vorherrschende Farbe ist weiss, an beschränkten Stellen, namentlich in dolomitischen und eisenhaltigen Varietäten, gelblich und in den Lagern von Burggrub bei Erbendorf (LXXXI, 16) fast konstant fleischroth. Diese normalen Farben werden wesentlich modificirt durch gewisse färbende Beimengungen. Vor Allem ist es der überaus häufige Graphit, welcher einen graulichen, selbst schwärzlichen Ton hervorruft, während der gleichfalls sehr häufig brechende Serpentin, zuweilen auch Hornblende, grüner Glimmer, Chlorit und Pistazit in seltenen Fällen grünliche Färbungen bewirken. Von sonstigen Mineralien ist nur noch der Glimmer in bräunlichen oder grünlichen Nüancen, welcher in gewissen Streifen die Grundfarbe des Urkalkes abändert, zu nennen, während die übrigen Beimengungen mehr oder weniger nur das reine Weiss verwischen und modificiren. Meist ist der Kalk auch Bittererde-haltig und dadurch dolomitisch.

Der körnige Kalk bildet meist dicke, aber deutlich schichtenweise abgesonderte Bänke, welche im Streichen und Fallen mit dem umschliessenden Urgebirgsschiefer gleichförmige Lagerung besitzen. In den Urthonschieferdistrikten nimmt der Kalk durch Beimengung von Thonschiefermasse oft die dünne Schichtung des Thonschiefers selbst an, aber auch fast ganz reine Kalklagen zeigen sich hier zuweilen in sehr dünner, ebenflächiger Schichtenabsonderung ausgebildet.

Die schon genannten grossblättrigen Kalke von Bogen und Steinkirchen dagegen tragen den gemischten Charakter von lager- und gangartiger Ausbreitung zugleich an sich; es scheinen hier primitive Lager von körnigen Kalken im Winzergneiss eingebettet zu sein, von denen durch spätere Umbildung der Kalkmasse und durch Ausfüllung von Spaltenräumen Gang-ähnliche Verzweigungen in's Nebengestein auslaufen.

Die im körnigen Kalk accessorisch vorkommenden Mineralien sind sehr zahlreich. Als die bedeutungsvollsten sind zuerst der Glimmer und die Substanz zu nennen, welche die Hauptmasse des Urthonschiefers zusammensetzt.

Der Glimmer des körnigen Kalkes unterscheidet sich von jenem des einschliessenden Gneisses in auffallender Weise. Derselbe ist stets licht gefärbt, weisslich mit einem schwachen Stich in's Grünliche oder blass-röthlich, olivengrün oder lebhaft lauchgrün, und verhält sich mit dem Stauroskop untersucht entweder wie optisch einachsig oder bei der grünen Varietät doch wie ein Mineral mit höchst geringer Neigung der optischen Achsen, in dem man zuweilen ein Verschieben und ein unbedeutendes Auseinanderweichen der Hyperbeln, nie aber deutliche Farbenwandelung beobachtet. Ausserdem ist dieser grüne Glimmer wenig oder nicht elastischbiegsam, bricht beim Biegen und fühlt sich fettig an. Vor dem Löthrohr ist derselbe ziemlich leicht unter sehr starkem Aufblättern zu einer weissen, schaumigen Masse schmelzbar, welche mit Kobaltlösung sich blau färbt; von Salzsäure wird der Glimmer wenig angegriffen, von Schwefelsäure dagegen unter Ausscheidung schleimiger Kieselsäure zersetzt. Die Lösung enthält grosse Mengen von Bittererde, verhältnissmässig wenig Thonerde und nur Spuren von Eisen. Dieses Verhalten weist unserem Glimmer eine eigene Stellung unter den bisher bekannten Varietäten zu, welche wahrscheinlich in der Nähe des Phlogopits Breithaupt's zu suchen ist. Man dürfte ihn vielleicht Talkglimmer nennen.

Dieser Glimmer ist namentlich den sämmtlichen Lagern körnigen Kalkes bei Passau eigen, auch auf jenem am hohen Bogen stellt er sich ein. In den Kalklagern des Urthonschiefergebirges, welche im Norden unser Gebiet berühren, aber eigentlich schon dem Fichtelgebirge angehören, kommen mehrere in ihrem Verhalten verschiedene Glimmerarten vor; vorherrschend ist auch hier der eben beschriebene talkige, spröde, optisch scheinbar einachsige, von weisser und röthlicher Färbung. Nur in einzelnen Fällen habe ich die Anwesenheit entschieden und deutlich optisch zweiachsigen Glimmers, z. B. im Kalke von Waltershofen, konstatiren können[1]). Endlich zeigt sich auch eine schwarze, tombackschimmernde, aber innigst mit Quarz verwachsene Glimmersubstanz, welche äusserlich mit tombackbraunem Glimmer übereinstimmt, indess nicht vollständig sich absondern und näher untersuchen lässt.

Der Glimmer oder das Glimmer-ähnliche Mineral ist in der Masse des körnigen Kalkes meist in Streifen angehäuft, seltener mehr oder weniger gleichförmig darin vertheilt, so dass eigentlicher Cipollin nicht vorkommt, wohl aber Cipollin-ähnliche Gesteine.

In demselben Verhältniss, welches zwischen den Glimmerbestandtheilen des Glimmerschiefers und der Hauptsubstanz der Urthonschiefermasse herrscht, scheint auch das eben beschriebene glimmerartige Mineral zu der meist grauen, glimmerig glänzenden Substanz zu stehen, welche mit dem körnigen Kalke der Urthonschieferdistrikte aufzutreten pflegt. Es finden sich Gemenge von körnigem Kalk und Urthonschiefermasse von grauer Färbung, welche einen vollständigen Übergang beider Bildungen beweisen. Bezüglich der Natur dieser Beimengung genügt es, auf die Darstellung S. 398 zu verweisen.

Im Betreff der Übergangsformen zwischen Urthonschiefer und körnigem Kalke — des so-

---

[1]) Auch bei Untersuchung des in dem körnigen Kalke vom südlichen Gebirge eingeschlossenen Glimmers sah ich mit dem Stauroskop zuweilen an einzelnen Blättchen den Farbenwechsel; doch dürfte diese Erscheinung als eine bloss ausnahmsweise zu betrachten sein.

genannten kalkigen Urthonschiefers — ist zu bemerken, dass diese Gesteine sich auf die unmittelbare Nachbarschaft der Lager körnigen Kalkes beschränken und nur als Seltenheiten in ihrer bloss örtlichen Erscheinung zu bezeichnen sind.

Als eine der merkwürdigsten und am weitesten verbreiteten Beimengungen ist ferner der Graphit zu nennen. Er zeigt sich sowohl in dem körnigen Kalk des Urthonschiefergebiets, wie in jenem des Gneisses und es wird in unserem Gebirge kaum ein Kalklager geben, dessen Gestein beim Auflösen in Säuren nicht wenigstens einzelne Schüppchen von Graphit im Rückstand liesse. Das im höchsten Grade interessante Vorkommen von derbem, dichtem Graphit in vollständig runden, Tropfen-ähnlichen Kügelchen oder in unregelmässigen, selbst eckigen Knöllchen, wie solche der körnige Kalk des Fichtelbergischen Urthonschiefers bei Wunsiedel einschliesst, berührt die Nordgrenze unseres Gebiets zu nahe, um diese Erscheinung ganz übergehen zu können. Wie dort, so verbreitet sich über alle Lager körnigen Kalkes der Graphit wenigstens in Blättchen und Schüppchen, welche zuweilen in thonigen Zwischenlagen und in den nächst benachbarten Phyllitschichten sich so anhäufen, dass wahre Graphitschiefer entstehen.

Auf den Lagern körnigen Kalkes im Passauer Gneissdistrikte steht das Vorkommen des Graphits in engem Zusammenhange mit dem allgemeinen Auftreten der Graphit- und Porzellanerde-Lager. Geognostisch betrachtet sind die Kalklager nur ein Äquivalent der ersteren, oft sogar ihre direkte Fortsetzung. Die isolirt im Urkalk vorkommenden Graphitschüppchen zeichnen sich, wenn man sie durch Auflösung des Kalkes in Säuren frei macht, durch sehr bestimmte sechsseitige, dünn tafelartige Krystallformen aus, deren Basis fein gestreift erscheint.

Hieran reiht sich unmittelbar die Beimengung von Serpentin, meist in Form der durchscheinenden, öl- bis lichtlauchgrünen Abänderung, zugleich mit Chrysotil, welcher in prächtig glänzenden Schnüren das Gestein durchzieht. Auch tief dunkelgrüne Serpentin-artige Mineralbeimengungen kommen vor, die vielleicht einer anderen Mineralspecies zugehören. Im Allgemeinen sind diese Mineralausscheidungen im körnigen Kalke nur putzenweise vorhanden und bilden in diesen Partien ein prächtig weiss und grün geflecktes Gestein, bei welchem eine gewisse Regelmässigkeit in der Vertheilung dieser Flecken sofort in die Augen fällt. Es ist diess der ächte Ophicalcit (Verde antico), dessen Vorkommen eine ungemein grosse geognostische Wichtigkeit erlangt hat, seitdem wir wissen, dass er thierischen Überresten seinen Ursprung zu verdanken hat. Besonders zeichnen sich durch dieses Vorkommen die Kalkbrüche am Steinhag bei Obernzell unterhalb Passau aus; doch fehlen fast an keinem Fundorte des körnigen Kalkes wenigstens Spuren von Serpentinbeimengungen. Auf den Lagerstätten des Urkalkes innerhalb der Urthonschieferformation wurde Serpentin weit seltener, z. B. am Steinberg bei Hohenburg unfern Wunsiedel, beobachtet.

Als ein Zersetzungs- und Umwandlungsprodukt des Serpentins oder anderer Bittererde-haltiger Mineralien zeigt sich auch häufig der Speckstein und stellenweise in der Gegend von Passau der Gymnit, theils wie der Serpentin in Lagen und Schnüren, theils nach Art des Ophicalcits mit Körnchen des Urkalkes gemengt, als gelblich-weiss geflecktes Gestein.

In eine talkigfett anzufühlende Masse, welche noch feinkörniges Gefüge besitzt, sind einzelne Partien des Serpentins von Floss zersetzt, so dass hier grössere Massen von Speckstein zu Tag treten.

Als Stellvertreter des Serpentins erscheint im Urkalke des Phyllites die Hornblende, theils in Form des grünen Amphibols, theils als weisser, seidenglänzender Tremolit. Am Steinhag ist der Serpentin auf's innigste mit Enstatit oder einem diesem zunächst stehenden Pyroxen verwachsen. In grosser Häufigkeit und unter ganz eigenthümlichen Verhältnissen beobachtet man diese Beimengung in dem Wunsiedeler Kalkzug. Da hier diese Erscheinung am grossartigsten hervortritt, so soll dieselbe bei der Beschreibung des Fichtelgebirges ausführlich geschildert werden, während wir hier nur im Vorübergehen daran erinnern wollen.

Eine sehr charakteristische Beimengung in dem körnigen Kalke des Passauer Gebirges am Steinhag und bei Stetting ist der Porzellanspath. Derselbe bildet an beiden Orten mitten im Urkalke mit Serpentin verwachsen mehr oder weniger mächtige putzenartige Ausscheidungen und ganze Lagen, welche das Mineral in vollständig frischem und unzersetztem Zustande enthalten. Es wurde früher in der Analyse CVI bereits die chemische Zusammensetzung dieses Porzellanspaths nebst seinen physikalischen Eigenschaften mitgetheilt.

Da derselbe Porzellanspath auch auf den eigentlichen, von Syenit begleiteten Porzellanlagern — aber meist in zersetztem Zustande — gefunden wird und anderentheils die Lager körnigen Kalkes, welche den Porzellanspath beherbergen, von, wenn auch wenig mächtigen, Streifen von Syenit begleitet sind, so ergiebt sich auch aus diesen Verhältnissen die geognostische Gleichstellung der Porzellanerde- und der Kalklagerstätten.

Sehr verwandt mit dieser Einlagerung ist das nur am Steinhag beobachtete Vorkommen feinkörnigen röthlichen Rosellans in geringer Menge. Daran reiht sich der Chondrodit, welcher früher in dem Urkalke von Stemmas bei Wunsiedel vorkam, den ich aber neuerdings im Passauischen an mehreren Orten aufgefunden habe, nämlich besonders reichlich im Kalklager des schon öfters erwähnten Steinhags, dann oberhalb der Löwmühle bei Unter-Satzbach (XXIII, 62, 1) und Aichet, dann am Kalkberg bei Hausbach (XXIII, 53, 8) und auch bei Gaishofen (XXIV, 56, 7). Das Mineral ist stets in kleinen, gelben, rundlichen Körnchen im Kalk eingewachsen, aus welchem es durch Auflösung des Kalkes in Säuren leicht gewonnen und nach seinem chemischen und physikalischen Verhalten leicht als Chondrodit bestimmt werden konnte. Gleichzeitig kommt damit, wenigstens in dem zuerst genannten Kalklager, auch hyacinthrother Spinell in fast mikroskopisch kleinen Oktaёderchen vor.

Von den übrigen vorkommenden Mineralien ist noch zu bemerken: Aragonit und Apatit[1]) in zum Theil scharfflächigen, zum Theil wie geflossen abgerundeten Säulchen zerstreut im Urkalk eingewachsen bei Hausbach; Flussspath, von Dr. Waltl auf dem Lager bei Unter-Satzbach entdeckt; krystallisirter Quarz (Bergkrystall und Amethyst), ersterer besonders prächtig am Strehlenberge bei Redwitz im benachbarten Fichtelgebirge, letzterer nach Wineberger bei Stetting; Chalcedon und Hornstein in weisslichen und braungelben Adern am Steinhag; Kalkspath als sekundäre Krystallbildung hier und da auf Klüften, auf welchen am Steinhag auch dichter Kalk — als Sinterbildung — zu treffen ist; Dolomit, ebenfalls am Steinhag, als Anzeige des mit dem körnigen Kalke stets vergesellschafteten lagerigen körnigen Dolomits; Dolomitspath, Braunspath und Spatheisenstein in dem Kalkzuge des Urthonschiefers, ausgezeichnet am schon genannten Strehlenberg bei Redwitz; letzterer besonders wichtig, weil durch seine Zersetzung die ausgedehnten Lagerstätten von reichem Brauneisenstein, welche von Hohenberg und Schirnding an über Arzberg bis Eulenlohe streichen und sich in dem Zuge von Redwitz über Waltershof, Pullenreuth bis Neusorg wiederholen, entstanden sind und weil derselbe an sich als sogenanntes Weisserz in grösserer Tiefe (z. B. in der Grube Eulenlohe bei Arzberg u. s. w.) den Urkalk zu begleiten pflegt, so dass er technische Gewinnung und wahrscheinlich eine Benützung zur Herstellung von Stahl nach dem Bessemer-Verfahren gestattet[2]).

---

[1]) Wineberger giebt an, dass sich auch Beryll im Urkalke bei Hausbach fände. Die von dort stammenden Kalke enthalten allerdings blaue und grünliche Säulchen von mehreren Linien Länge, aber sie bestehen nur aus kohlensaurem Kalke mit etwas Strontianerde (Aragonit) und aus blauem Apatit.

[2]) Obwohl alle diese Einlagerungen bereits dem Gebiete des Fichtelgebirges angehören, so

Schwefelkies, zum Theil in Krystallen, welche in Brauneisenerz umgewandelt sind (Wimhof, Vilshofen gegenüber), Magnetkies und Kupferkies, hier und da in dünnem Anfluge und in kleinen Körnchen, dann braune Zinkblende bei Vilshofen, endlich Bleiglanz, sowohl in dem öfters erwähnten grossblättrigen Kalk bei Bogen und namentlich zu Dörfling (XXXVII, 37, 10), als auch am Wimhof, Vilshofen gegenüber (XXV, 51, 1), sind die im Ganzen sehr seltenen metallischen Begleiter der Urkalklagerstätten. Rutil trifft man in dem Urkalk am hohen Bogen.

Auf sehr vereinzelte Fundpunkte beschränken sich der Epidot, welcher in prächtig grünen Streifchen und gemengt mit dem fleischrothen Kalke und Dolomit zu einem sehr schönen Gestein auf dem Lager von Burggrub gefunden wird, und der Vesuvian (Egeran), dessen ausgezeichnete Krystalle büschelförmig zu Göpfersgrün bei Wunsiedel vorkommen, der jedoch sonst im Urkalke nur in Form dichter, mit dem Kalk innig verwachsener, röthlicher, brauner oder grünlicher Massen in den Kalklagern bei Passau anzutreffen ist. Wineberger[1]) erwähnt überdiess noch das Vorkommen von Granat (Almandin) in körnigem Kalk von Stetting, Steinhag und Pfaffenreuth.

Als Anhang zum körnigen Kalke wollen wir die schon erwähnten zwei Begleiter: den körnigen Dolomit und den Ophicalcit, noch besonders hervorheben.

## Körniger Dolomit.

Der körnige Dolomit, welcher in demselben Verhältniss zum gewöhnlichen Dolomit steht, wie der Urkalk zum dichten Flötzkalke, ist eine besonders den Urkalkzügen der Phyllitformation an vielen Stellen eigenthümliche Einlagerung. Häufig wechseln einzelne dolomitische Lagen mit Bänken körnigen Kalkes, wie bei Thierstein, Wunsiedel und Waltershof, oder es setzen die Dolomite innerhalb kleinerer Strecken vorherrschend den ganzen Schichtenkomplex zusammen, wie bei Sinnatengrün unfern Wunsiedel und am Strehlenberg bei Redwitz, oder sie treten auch in Putzen und unregelmässigen Ausscheidungen mitten im Kalk hervor. Als ein Zersetzungsprodukt des Dolomits ist der Speckstein zu betrachten, der in grossen, runden, innen hohlen Knollen in dem Eisenerz bei Pullenreuth sich fand.

In den Kalklagern der Gneissgebiete tritt der Dolomit stets neben dem Kalk auf; einzelne Lagen bei Burggrub unfern Erbendorf, sowie jene an den Donauleiten, namentlich am Steinhag bei Passau sind stark dolomitisch und können selbst als Dolomite bezeichnet werden.

Ausserdem kommt Dolomit auch mit dem körnigen Kalke von den Helmhöfen im Ossagebirge vor.

## Ophicalcit.

Weniger wegen seiner Ausbreitung als wegen der ausgezeichnet prächtigen Färbung, abgesehen von der Wichtigkeit, thierische Überreste zu beherbergen, ist hier noch einmal der Ophicalcit als selbstständige Gesteinsart zu nennen. Ge-

---

mussten sie doch hier sowohl wegen ihrer Beziehung zum benachbarten Oberpfälzer-Gebirge, als auch desshalb erwähnt werden, weil wenigstens ein kleiner Theil dieser Lagerstätte noch in den Rahmen unserer Karte fällt.

[1]) A. a. O. S. 122.

mengt aus weissem körnigen Kalk und grünem Serpentin, welche beide in kleinen Partieen wechseln, stellt der Ophicalcit prächtig gefärbtes Gestein dar, welches zu artistischen Zwecken vielfache Verwendung finden könnte.

Obwohl das Hauptlager dieses Ophicalcites in unserem Gebirge sich bloss auf grosse Ausscheidungen in dem Lager von körnigem Kalke des Steinhags bei Obernzell beschränkt, so ist doch die Schönheit der Färbung so hervorstechend, dass sich der Versuch wohl lohnen dürfte, dem bisher unbenützt gelassenen Gestein eine zweckentsprechende Verwendung zu verschaffen.

In kleineren Massen trifft man den Ophicalcit auch noch auf den Urkalklagern an den Donauleiten unterhalb der Kernmühle bei Kellberg in ausgezeichneter Färbung (XXIII, 62, 1), dann bei Aicbberger unfern Vilshofen (XXV, 53, 8) und bei Schöllenstein unfern Hofkirchen (XXVIII, 50, 8 und XXVII, 50, 2) und fleckweise auf jeder Lagerstätte körnigen Kalkes im Süden (Stetting, Kalsing u. s. w.). Mit dem körnigen Kalk der Phyllitformation ist Ophicalcit weit seltener vergesellschaftet, wie am südlichen Rande des Fichtelgebirges bei Thiersheim und Hohenberg.

Diese merkwürdige Vermengung von Serpentin und Kalk im Ophicalcit kommt innerhalb vieler Urgebirgsdistrikte vor und gab zunächst durch die an allen Fundorten stets wiederkehrende, mehr oder weniger deutliche Regelmässigkeit dieser Verknüpfung Veranlassung, darin die Mitwirkung organischen Lebens zu vermuthen. Wir verdanken Sir W. Logan die ersten Ideen hierüber und seinen beharrlichen Bemühungen die endliche Entdeckung von Strukturverhältnissen in dem Ophicalcit aus Canada, welche nach dem einstimmigen Urtheil der bewährtesten Fachgelehrten, Dawson's, Carpenter's und R. Jones', nur für organische erklärt werden können [1]). Dieselben Gelehrten haben in ganz gleicher Einstimmigkeit zugleich ihre Ansicht dahin ausgesprochen, dass diese organischen Einschlüsse einem Thier aus der Klasse der Rhizopoden, den Foraminiferen, angehören, unter welchen die Geschlechter *Carpenteria, Nubecularia* und *Nummulina* als Verwandte die nächsten Vergleichungsverhältnisse darbieten. Dawson bezeichnete diese Urforaminifere als *Eozoon canadense*.

Die zwischen Gneissschichten in Canada ausgebreiteten körnigen Kalke umschliessen an mehreren Orten dieses *Eozoon* in sehr regelmässig ausgebildeter Form, bei welcher der Serpentin, als Ausfüllungsmasse der früher von der Sarkode eingenommenen Körpertheile, und der Kalk, als der Überrest des kalkigen Schalengerüsts, in bandartigen, mehr oder weniger parallelen Streifen miteinander wechseln. Zuweilen aber zeigt sich ein Übergang dieser regelmässigen Anordnung in eine mehr unregelmässige, haufenweise (acervulose) Vertheilung, wobei Serpentin (früher Sarkode) und Kalk (früheres Zwischenskelett) absatzweise in unter sich durch Röhrchen oder Lamellen zusammenhängenden Putzen nebeneinander gelagert erscheinen und auf diese Weise das fleckige Aussehen des Gesteins veranlassen. An gewissen Fundpunkten lässt sich nur diese haufenweise Anordnung wahrnehmen, obwohl im Übrigen die innere Struktur mit jener der bandartig parallelen Abänderung übereinstimmt. Für die haufenweise Anordnung der Kammern ist es besonders charakteristisch, dass nach Hinwegnahme der kalkigen Theile durch Säuren, am besten durch Salpetersäure oder Essigsäure, ein Serpentinhaufwerk, vollständig zusammenhängend, übrig bleibt, welches als treuer Abdruck der Sarkodentheile des Thiers der Form eines von Ameisen durchlöcherten alten Holzstocks ähnlich ist. Der nebenstehende Naturabdruck versinnlicht diese Verhältnisse in ganz entsprechender Weise. Der Serpentin ist meist strukturlos, das kalkige Zwischenskelett dagegen ist erfüllt mit zahllosen feinen, anastomosirenden Röhrchen, welche beim Anätzen mit schwacher Säure mikroskopisch erkannt werden können. Ebenso zeigen sich durch Mineralsubstanz ausgefüllte Zwischen- und

---

[1]) Quarterly Journ. of the geol. Soc. of London, Vol. XXI, No. 81, 1865, Febr., und Sitzungsberichte der königl. Akademie der Wissenschaften in München, Band I, Januar 1866, S. 25.

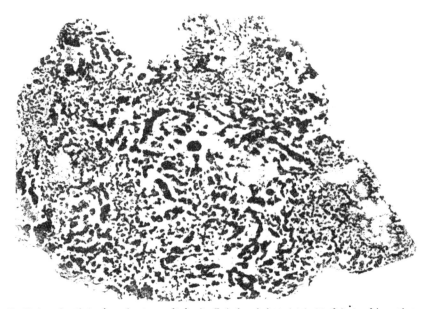

Verbindungskanäle und an der Aussenfläche des Zwischenskeletts (nicht häufig) eine feingeröhrte Oberflächenschicht.

Diese wichtige, Epoche-machende Entdeckung in Canada, welche unsere Anschauungen über die Entstehung der Urgebirgsschiefer in eine ganz bestimmte Richtung einzuweisen geeignet scheint und das Erkennen der Äquivalente innerhalb der Urgebirgsformationen auf eine sichere Basis zu gründen in Aussicht stellt, gewann erst recht an Bedeutung, als es auch auf dem alten Kontinent gelang, entsprechende Bildungen zu erkennen und nachzuweisen.

Was das Auffinden ähnlicher *Eozoon*-haltiger Gesteine auf den Britischen Inseln anbelangt, so ist bis jetzt über dasselbe noch nicht viel festgestellt[1]) oder bekannt geworden. Auf dem Festlande des alten Kontinentes dagegen gelang es mir, in den Ophicalciten der Passauer Gegend, namentlich aus dem Lager körnigen Kalkes am Steinhag bei Obernzell[2]), das *Eozoon* in grossen Massen zuerst nachzuweisen, während v. Hochstetter[3]) gleichzeitig die Spuren dieser Bildung in dem benachbarten Böhmen bei Krumau verfolgte.

Unser bayerisches *Eozoon*, dessen ausführliche Beschreibung bereits von mir in der oben angeführten Abhandlung gegeben wurde, gehört, soweit wenigstens dessen Vorkommen bekannt wurde, ausschliesslich zu der Form mit haufenweisem Wachsthum in gigantischen Exemplaren, welche kolonienweise wie Korallenriffe in dem körnigen Kalke eingebettet liegen und aufsteigende Riffe bilden, wie bei der Detailbeschreibung näher erörtert werden soll.

Es möchte hier nicht am unrechten Orte sein, die Bemerkung beizufügen, dass ich sehr zahlreiche Präparate des bayerischen *Eozoon* in dünnen Schliffen und angeätzten Stückchen auf's sorgfältigste mikroskopisch untersucht habe und dass ich nicht anstehe, die Röhrchenstruktur für unzweifelhaft organischen Ursprungs zu halten. Dass sehr zahlreiche feine, nadelförmige Kryställchen mit vorkommen, die stets bestimmt von jenen organischen Röhrchen zu unterscheiden sind, kann diesen ihre Bedeutung nicht rauben.

---

[1]) Canadian naturalist, Aprilheft 1865.

[2]) Sitzungsberichte der königlichen Akademie der Wissenschaften in München, Januar 1866, S. 25.

[3]) Sitzungsberichte der geologischen Reichsanstalt in Wien, 16. Bd., 1866 Sitzung vom 16. Januar, S. 2.

Dieselben organischen Formen habe ich weiter in den Lagern des körnigen Kalkes von Untersatzbach, Stetting, Babing, Kading wieder erkannt, nicht gefunden habe ich sie in dem mir zur Zeit in sehr beschränkten Exemplaren zu Gebote stehenden körnigen Kalk von Burggrub bei Erbendorf und von den Helmhöfen.

Eine verwandte kleinere Form scheint dem körnigen Kalke der Phyllitformation eigen zu sein. Ich habe sie bei Hohenberg unfern Wunsiedel entdeckt und einstweilen als *Eozoon bavaricum* [1]) bezeichnet.

Bezüglich des Vorkommens von körnigem Kalke ist die Vertheilung auf die Gebiete des Urthonschiefers, des Glimmerschiefers und des Gneisses schon angedeutet worden.

Im Gebiete des Urthonschiefers streicht das merkwürdige Lager in zwei parallel ausstreichenden Zügen in der Zwischenmulde zwischen dem centralen Fichtelgebirge und dem Mittelgebirge, welches den Oberpfälzerwald nordwärts begrenzt. Das nördlich Ausgehende dehnt sich von Hohenberg über Wunsiedel bis Eulenlohe, während südlich der Gegenzug bei Schirnding beginnt, über Arzberg fortsetzt, nach einer Unterbrechung durch den granitischen Stock bei Seussen unfern Redwitz sich wieder heraushebt und nun in absätzigen Lagern über Waltershof, Dechantsees, Pullenreuth nach Neusorg, stets in Begleitung abbauwürdiger Brauneisensteinbildungen, streicht, um an dem äussersten Westrand bei Unterwappenöst noch einmal aufzutauchen.

Im Glimmerschiefer-Gebiete, da, wo diese Gesteinsart bereits in Phyllit und chloritischen Schiefer überzugehen anfängt, zeigt sich ein Urkalklager dicht an der Landesgrenze, an den Helmhöfen unfern Lam am Ossagebirge (LIV, 47), von wo es dann weiter in Böhmen noch an mehreren Punkten auftaucht. Es ist von mächtigen Schuttmassen bedeckt und besteht zum Theil auch aus Dolomitlagen.

Die mikroskopische Untersuchung lässt mich auch in diesem Kalk organische Strukturen vermuthen, die ich indessen nicht unzweifelhaft sicher zu erkennen vermochte. Sehr auffallend zeigen sich hier gewisse kurzsäulenförmige Absonderungen, welche Stylolithen ähnlich sind.

Im Gneissgebiete liegt am weitesten im Norden der körnige Kalk bei Burggrub und Nottersdorf unfern Erbendorf in grosser Mächtigkeit (LXXXI, 17 und LXXX, 17).

Hornblende-haltiger Gneiss ist das umschliessende Gestein, in welchem mehrfache Kalkbänke mit Zwischenlagen von Hornblende-haltigem Schiefer wechselnd gleichförmig eingebettet sind. Der körnige Kalk ist theils weiss, theils aber auch fleischroth gefärbt und in letzterer Abänderung, welche durch einen Gehalt an Eisen- und Manganoxydul bedingt zu sein scheint, oft mit hellgrünem Epidot reichlich durchwachsen. Die dadurch bewirkte prächtige Färbung solcher Zwischenlagen wird leider durch die unregelmässige Beimengung von Gneissflasern sehr abgeschwächt. Doch verdient auch diese Gesteinsmodifikation die Aufmerksamkeit der Bautechniker.

Vom äussersten Norden unseres Gebirges müssen wir bis zum äussersten Süden überspringen, um wieder zu Einlagerungen körnigen Kalkes im Gneisse zu gelangen. Hier sind es die Donauleiten, welche an vielen Punkten Lager von körnigem Kalk beherbergen. Schon bei Hofkirchen (XXVII, 50, 2 und XXVIII, 50, 8) beginnt der Zug und setzt mit Unterbrechungen in der Umgegend von Vilshofen

---

[1]) Sitzungsberichte der königlichen Akademie der Wissenschaften in München, Sitzung vom Januar 1866, Band I, S. 25.

fort. Hier sind Lager bekannt am Wimhof (XXV, 51), bei Babing (XXV, 53), bei Stetting (XXV, 54), in kleiner Ausdehnung nördlich von Kading (XXV, 55), dann bei Hitzing (XXIV, 55) und am Neubach bei Gaishofen (XXIV, 56). Südlich von der Donau reiht sich hieran das Urkalklager bei Hausbach (Kalkberger und Reitbacher, XXIII, 53), während wieder an der Nordseite der Donau Spuren von Kalkgestein an der hohen Wand oberhalb Wörth (XXIII, 58), bei Mayerhof und Hachelberg zunächst oberhalb Passau (XXII, 59) zu einem zweiten Hauptzuge zwischen Passau und der Landesgrenze hinführen. Mächtig entwickelt tritt uns in diesem Striche der körnige Kalk erst wieder östlich von Passau bei Untersatzbach (XXIII, 62) entgegen und dann an mehreren Punkten in gleicher Streichrichtung zu beiden Seiten des Höreuther Baches oberhalb der Kern- und Pulvermühle, ebenso im Erlauthale bei Haar an der Kühleite (oberhalb des Hinterhammers, XXII, 64) und endlich in dem prächtigen Lager an der Hofleiten und am Steinhag bei Obernzell (XXI, 66 und 67). Als sporadische und nur untergeordnete Kalkeinlagerungen können dann die kalkigen Gesteine der Porzellanerde- und Graphitlager gelten, wie z. B. jene von Pfaffenreuth (XXIV, 67, 7) und mit Syenit verbunden unfern Mitterwasser (XXIII, 70, 1).

Schliesslich sind noch das ganz isolirte Kalklager am Kalkofen bei Tretting unfern Furth am Westgehänge des hohen Bogen (LIV, 40, 4), welches in einem grossen Steinbruche ausgebeutet wird, und jenes am Eck der Keitersberge (L, 45, 1), zu erwähnen, dessen Masse, mit Quarz, Feldspath, Tremolit und Vesuvian vergesellschaftet, einen sehr unreinen Kalk darstellt und eigentlich nur als kalkige Abänderung einer Gneisseinlagerung gelten kann.

Von den Kalkeinlagerungen an den Donauufern, zu Zeitldorf oberhalb Deggendorf (XXXIV, 41, 2) und von Anning bei Bogen (XXXVII, 37, 10), hier mit Bleiglanz, ist schon früher die Rede gewesen.

## Jüngere Eruptionsgesteine.

Nachdem die zu den Urgebirgsformationen gehörigen Gesteine in ihren Hauptarten, so weit sie sich am Aufbau unseres Gebirges wesentlich betheiligen, der Reihe nach genannt und beschrieben worden sind, bleiben nunmehr nur noch einige sogenannte Eruptivgesteine jüngeren Alters und einige zufällige, auf Gängen auftretende Mineralien zu beschreiben übrig. Zu den ersteren gehören der Porphyr und der Basalt mit ihren Tuffen, zu den letzteren einige Erze und Gangarten.

## XVI. Porphyr.

§. 16. Die Porphyre, welche im ostbayerischen Grenzgebirge innerhalb des eigentlichen Urgebirges, aber auch am Rande desselben mit dem Rothliegenden auftauchen, sind Gesteine von dichter, homogener, feldspathig-erdiger oder glasartiger Grundmasse mit eingestreuten Krystallen oder Krystallkörnchen von Feldspath, Quarz und Glimmer, zuweilen auch mit accessorischen Pinitbeimengungen.

Die hierher gehörigen Gesteine lassen sich in drei Gruppen theilen. Die eine umfasst die typischen sogenannten Felsit- oder Quarzporphyre mit dichter, Feldstein-artiger Grundmasse von weisslich-gelber oder röthlicher, selbst grünlicher Färbung als Hauptsubstanz und mit eingesprengten Krystallen oder Körnchen von Quarz, von bloss einerlei Feldspath (Orthoklas) und selten von braunem Glimmer.

Die zweite Gruppe umfasst Porphyre mit dichter Feldstein-artiger Grundmasse, welche häufig nur untergeordnet und gegen die Menge der eingesprengten Mineralien zurücktretend ein dem Granite in feinkörnigen Varietäten ähnliches Gefüge bedingt. In der Grundmasse von graulich-weisser oder gelblicher Farbe liegen zahlreiche Krystalle von Quarz, von zweierlei Feldspath; hellfarbigem oder weisslichem Orthoklas und gelblichem oder rothem Oligoklas, von tombackbraunem Glimmer, der optisch wie einachsig sich verhält, und in den meisten Fällen auch von Pinit. Das Gestein erlangt dadurch ein granitisches Aussehen. Man könnte es daher wohl Granitporphyr oder granitischen Porphyr nennen, Bezeichnungen, welche sich wegen ihrer sonstigen Anwendung für andere Gesteinsarten und wegen möglicher Verwechselung nicht empfehlen. Der meist beibrechende Pinit würde auch den Namen Pinitporphyr rechtfertigen. Da aber nicht an allen Punkten darin wirklich Pinit vorkommt und dazu die Natur des Pinits problematisch ist, so scheint es zweckgemässer, eine örtliche Benennung von dem Verbreitungsgebiete im Regengebirge zu wählen und diese Gesteinsmodifikation als Regenporphyr zu unterscheiden.

Das Gestein der dritten Gruppe endlich stimmt vollständig überein mit derjenigen Felsart, die man Pechsteinporphyr nennt. Es besteht aus einer dichten, amorphen, glasartigen, wasserhaltigen Grundmasse von dunkler Farbe mit spärlich eingesprengtem bräunlichem, auf den Spaltungsflächen gestreiftem Feldspath, zuweilen auch mit etwas Quarz. Glimmer scheint zu fehlen. Diese Porphyrarten wollen wir nun näher beschreiben.

## a) Quarzporphyr.

Die Hauptmasse dieses Porphyrs besteht aus einer dichten, mehr erdig als krystallinisch aussehenden Feldstein-ähnlichen Mineralsubstanz, welche zuweilen in Hornstein, wenigstens in sehr quarzreiche Modifikationen übergeht. Nur selten tritt deutlich und bestimmt wirklicher Hornstein für die Grundmasse ein, andererseits nimmt sie stellenweise auch die Beschaffenheit des erdigen Thonsteins an.

Diese Grundmasse ist vorwaltend derb, zuweilen luckig, öfters aber wie in kleine Körner abgetheilt, so dass die Bruchfläche ein raubes Aussehen annimmt. Bei derben Massen ist der Bruch sonst flachmuschlig und glatt. Ich glaube mich durch Anschleifen und Ätzen der Schliffläche [1]) überzeugt zu haben, dass diese Grundmasse ein homogenes Ganzes bildet und nicht als ein Gemenge von Feldspath-artiger Substanz und Quarz zu betrachten ist. Dagegen erkannte ich sehr bestimmt, dass, wie im Grossen, so auch bis in die kleinsten Theilchen Quarz eingestreut liegt, aber stets sporadisch und streng von der Grundmasse geschieden. Die Farbe der Grundmasse, welche dem Gestein als Ganzem seine Färbung verleiht, ist wechselnd gelblich- oder röthlich-weiss, gelblich-braun, eisenroth, leberfarbig, blauroth und graulich-grün. Diese Farbennüancen

---

[1]) Ich kann diese Methode der Untersuchung namentlich an aphanitischen Gesteinsmassen nicht genug empfehlen, da sie die klarste Einsicht in die Zusammensetzung des Gesteins verschafft.

wechseln häufig miteinander ab. Ein Gehalt an Wasser scheint von dem Grade der Zersetzung abzuhängen. Ganz frische Porphyre sind fast wasserfrei.

Die eingestreuten Feldspathe sind meist Zwillingskrystalle, wie jene des Krystallgranites; doch kommen auch einfach säulenförmige Krystalle und öfters, namentlich in den Thonstein-ähnlichen Abänderungen, Feldspathputzen vor, deren Umrisse zwar die Krystallform andeuten, aber nicht bestimmt abgrenzen. Nicht selten sind diese Feldspathkrystalle aus dem aufgelockerten Gestein herausgewittert und können so, wie z. B. an der Almesbacher Mühle bei Weiden, leicht gesammelt werden. Alle diese Feldspathkrystalle gehören sicher dem Orthoklas an, nach ihrer Krystallisation, ihrer Spaltbarkeit und ihrem chemischen Verhalten.

Sie sind weiss, gelblich oder fleischroth gefärbt. In vielen Fällen ist der Feldspath theilweise zersetzt, weich, wenigstens matt, auf den Spaltungsflächen ohne Glanz, und daher seine Natur weniger sicher zu bestimmen. Doch konnte ich mich bei dieser Porphyrart von der Anwesenheit einer zweiten Feldspathspecies nicht überzeugen.

Der stets durch seinen Fettglanz hervorleuchtende grauliche Quarz ist meist, wenn nicht immer, in oft sehr deutlichen Doppelpyramiden ausgebildet. Von Glimmer gewahrt man nur hier und da einzelne halbzersetzte grünlich-graue Schüppchen. Varietäten mit Hornstein-artigen Grundmassen zeichnen sich durch ihren muschligen Bruch und grössere Härte aus; mit dem Feuerstahl giebt das Gestein Funken. Auch durchziehen, wenigstens den Porphyr des Kornberges, Adern von schmutzig-grünem und rothem Hornstein (Sattel am Weg von Schadenreuth nach dem Kornhof). Damit stehen Porphyrbreccien in Verbindung, welche aus den durch Hornstein und eine Grünerde-ähnliche Substanz wieder verbundenen Porphyrstückchen bestehen. Auch zeigt sich hin und wieder eine Neigung zu Porphyrmandelstein, doch ohne dass dieser zur vollen Entwicklung kommt. Bei dieser Gesteinsmodifikation begegnet man am Kornberge auch einer Grünerde-Bildung, zum Theil als Ausfüllung, zum Theil als Anflug. Diese Substanz scheint auch das färbende Prinzip des grünen Hornsteins zu sein. Eigentliche Porphyrkonglomerate sind Flötzbildungen, welche dem Rothliegenden zuzuzählen sind.

Von accessorischen Begleitern des Quarzporphyrs sind ausser Hornstein nur noch Anflüge von Grünerde und Dendriten von Manganoxyden zu nennen.

Die Struktur des stets kuppenförmig auftretenden Porphyrs ist vorwaltend massig; zahllose Klüfte zerspalten das Gestein, so dass es beim Brechen in mehr oder weniger kleine rhomboëdrische Stückchen sich sondert. Häufig stellt sich eine plattenförmige Struktur ein, welche als Folge des successiven Festwerdens anzusehen ist. Das specifische Gewicht des Porphyrs unterliegt grossen Schwankungen. Bei ganz frischen Stücken ergab sich dasselbe zu 2,64, bei anderen scheinbar ebenfalls frischen nur zu 2,59 und bei deutlich angegriffenen, Thonstein-ähnlichen sogar nur zu 2,35 bis 2,46. Mit Zunahme der Zersetzung und des Wassers nimmt das specifische Gewicht deutlich ab.

An diesen Porphyr schliessen sich auf's engste der Thonstein und der Porphyrtuff an, Glieder der Formation des Todtliegenden, welche ihr Material den Eruptionen benachbarter Porphyre verdanken. Es sind bald mehr, bald weniger zersetzte und vom Wasser verarbeitete eruptive Massen, analog denen unserer vulkanischen Berge. Sie erscheinen daher mehr oder weniger deutlich geschichtet oder doch geschichtetem Gestein eingelagert, ohne durch dasselbe durchzubrechen, bald als dichte, erdige, blass-röthlich gefärbte schiefrige Gesteine vom

Aussehen der Grundmasse mancher Porphyre (Thonstein), bald als konglomerat-artige Ablagerungen mit Übergängen in diese.

Dieser Quarzporphyr ist in seiner Verbreitung auf den nördlichsten Theil des Oberpfälzerwaldes und dessen westlichen Rand beschränkt, an welchem die vielfachen Zerspaltungen dem Empordringen des Eruptivgesteins eine günstige Ge-legenheit darboten. Im Fichtelgebirge und Thüringerwalde begegnet man denselben Felsarten. Speziell zeichnet sich die Gegend von Erbendorf als Porphyr-reich aus. Hier ist es die Doppelkuppe des Kornberges, welche aus Porphyr besteht, und eine kleinere ist dieser nordwärts bei Pingarten angeschlossen.

Gegen das Fichtelgebirge brechen noch an zwei Punkten, bei Aign (LXXXV, 11) und in einer kleinen runden Kuppe bei Lenau (LXXXV, 10), Porphyre her-vor, während in südlicher Richtung zunächst erst wieder östlich von Weiden viel-fach Porphyrkuppen theils isolirt, theils zu grösseren Partieen aneinandergeschlos-sen zum Vorschein kommen. (Hierher gehört auch v. Flurl's Klingstein von der heiligen Staude bei Weiden, welcher nichts Anderes als Porphyr ist.) Unter letzteren sind als Fundorte besonders hervorzuheben: Edeldorf, Tröglersricht und Letzau. Die letzten Ausläufer scheinen hier bis gegen Waldthurn (LXXIV, 23, 14½) zu reichen.

## b) Regen- oder Pinitporphyr.

Die graulich-weisse, röthliche oder schmutzig-rothe Grundmasse dieser Porphyr-abänderung stimmt im Wesentlichen mit jener des typischen Quarzporphyrs überein, doch macht sie bei weitem keinen so grossen Theil der Gesteinsgesammt-masse aus, wie bei letzterem. Es müssen demnach die eingestreuten Gemengtheile viel reichlicher vorhanden sein. Diess ist in der That in einem Maasse der Fall, dass das Gestein meist ein Granit-ähnliches Aussehen erlangt, zuweilen wirk-lichem Granit fast vollständig gleichkommt. Nur selten findet man Übergänge in jenes quarzreiche, rothe Hornsteinganggestein, von welchem früher S. 373 be-reits die Rede war. Beide Bildungen scheinen nahezu gleichen Ursprung zu haben.

Zur Verdeutlichung der Vertheilung der Gemengtheile in der Grundmasse kann der folgende Naturabdruck dienen.

Sehr bezeichnend für dieses Gestein ist das bestimmte Auftreten zweierlei

Feldspathe, eines weissen oder lichtfarbigen Orthoklases in Zwillingskrystallen und eines gelblichen, meist mehr oder weniger intensiv roth gefärbten Oligoklases, genau wie in dem Granite, in welchem diese Porphyre aufzusetzen pflegen. Oft sind beide scharf geschiedene Feldspathe durcheinander gewachsen; bei beginnender Zersetzung zeigt sich der Oligoklas meist stärker angegriffen als der Orthoklas.

Der Quarz spielt keine hervorragende Rolle, da er gegenüber den Feldspatheinstreuungen in viel kleineren Theilen, welche im Querschnitte auf der geätzten Schlifffläche oft nur als feine Pünktchen sichtbar sind, ausgeschieden ist. Er bildet übrigens auch hier zum Theil wohlausgebildete Doppelpyramiden, welche nur wegen der grossen Festigkeit des Gesteins seltener bemerkt werden.

Als dritter Gemengtheil findet sich in kurzen sechsseitigen Säulchen und Blättchen tombackbrauner Glimmer, welcher sich optisch wie einachsig verhält. Er ist im Ganzen spärlich eingestreut.

Als sehr charakteristisch für den Regenporphyr kann die Beimengung eines braunschwarzen, in deutlichen, meist zwölfseitigen Säulchen mit gerade abgestumpften Enden krystallisirten Minerals gelten, das man als Pinit zu bezeichnen pflegt.

Dasselbe ist jedoch keine primitive Bildung, sondern ohne Zweifel eine Pseudomorphose. Diess konnte an unserem Mineral in einigen Fällen dadurch unzweideutig erkannt werden, dass in der Mitte der Säulchen ein oft noch sehr fester und harter, glasglänzender, durchsichtiger oder durchscheinender Kern sich vorfindet, von welchem aus nach aussen der Grad der Umwandlung allmählig zunimmt; stets ist der äusserste Rindentheil der am stärksten veränderte. Was die Natur dieses primitiven Minerals anbelangt, so lässt sich nach seiner Färbung nur so viel sagen, dass es nicht Dichroit sei, obwohl ich vermuthe, dass es in die Nähe des letzteren gehört, vielleicht aus gefärbtem Nephelin oder Eläolith besteht.

Das veränderte Mineral — oder der Pinit — ist stark wasserhaltig, so weich wie Steinmark, schmilzt vor dem Löthrohr ziemlich schwierig zu graulich-weissem Glas, welches mit Kobaltlösung schmutzig-blau gefärbt werden kann. Von Schwefelsäure und Salzsäure wird das feine Pulver stark angegriffen, ohne vollständig zersetzt zu werden.

Die Krystallform scheint dem rhomboëdrischen System anzugehören, es sind jedoch die Flächen zu matt, um scharfe Winkelmessungen vornehmen zu können. Die Endfläche kommt ohne weitere Kombinationen vor und ist ursprünglich wie die Seitenflächen matt. Da das Mineral aber basisch, d. h. parallel mit dieser geraden Endfläche, sehr vollkommen und ganz eben sich spalten lässt, so erscheint auf diesen Spaltungsflächen ein etwas matter Glimmerglanz, welcher dem Pinit eigen ist. Diese Spaltungsverhältnisse weisen auch auf Nephelin hin. Da diese Krystalle meist sehr klein sind, in sehr verschieden hohem Grade zersetzt und daher sehr ungleich zusammengesetzt zu sein scheinen, so sind von einer Analyse kaum weitere Aufschlüsse zu erwarten. Zweifelsohne entspricht unser Mineral der Substanz, welche als Pinit im Porphyr anderer Gegenden angegeben wird.

Von anderen Beimengungen haben wir kaum noch eine weitere zu nennen. Die gangartig im Porphyr auftretenden Mineralien, wie Fluss- und Schwerspath, gehören, nach früheren (S. 372) Erläuterungen, dem grossen Zuge der Hornstein- und Quarzgänge an, deren Bildung wahrscheinlich als Folge der Porphyreruptionen anzusehen ist.

In der Fortsetzung der Porphyrzüge treffen wir nämlich zwischen Regen und Donau auf Hornsteinbildungen, welche durch spärliche Beimengungen von Feldspaththeilchen eine Porphyrartige Beschaffenheit annehmen. Selbst die quarzigen Saalbänder der Flussspathgänge von Wölsenberg erinnern durch feldspathige Einschlüsse an Porphyr. Übergänge von Porphyr in solche Porphyr-ähnliche Ganggesteine sind nicht vorhanden, obwohl beide auf gleichen Spalten sich einstellen, wohl aber durchsetzen die letzteren den Porphyr an einzelnen Stellen. Die ganze Natur der Hornsteingangmassen lässt erkennen, dass sie Abscheidungen aus cirkulirendem Wasser sind, welche wahrscheinlich mit dem Emportreten der Porphyre in genetischem Zusammenhange stehen. Diess weist auf die Beziehungen beider Gesteine zu einander hin.

Der Regenporphyr ist weniger als der typische Quarzporphyr der Zersetzung unterworfen. Daraus erklärt sich auch der geringe Gehalt an Wasser und sein hohes specifisches Gewicht, das im Mittel dreier Versuche 2,66 beträgt.

Derselbe kommt theils in isolirten Kuppen, wie am Kulmberg bei Pingarten unfern Bodenwöhr (LVII, 24) und bei Loisnitz unfern Fischbach (LIII, 19), theils in langen, schmalen, meist von Norden nach Süden streichenden Gangmassen vor, welche das Granitgebirge durchsetzen. Solche Gänge lassen sich in dem Granitstock westlich vom Regen zwischen Leonberg und Ramspau zahlreich beobachten, obwohl ihre Züge in dem Walde schwierig zu verfolgen sind. Sie setzen südöstlich von Regen, in dem Granite von Regenstauf, Schneitweg und Hautzenstein, in zahlreichen Gangzügen auf, über deren Verbreitung uns am besten ein Blick auf die Karte belehrt.

Gangausfüllungen mit theils Hornstein-, theils Thonstein-artiger Hauptmasse und eingestreuten Feldspath- und Quarztheilchen, welche dadurch eine Ähnlichkeit mit Porphyr erhalten, trifft man auf den Gangspalten bei Heiligenberg unfern Bruckbach (XLV, 25, 7), am Zumhofe (XLV, 27, 11) und bei Frauenzell (XLVII, 25, 8), sogar auch noch besonders schön bei Kalsing (XLIX, 31, 6). Ähnliche Bildungen gewahrt man in Anschluss an den Bodenwöhrer Porphyr beim Saalhof unfern Roding (LIII, 30, 4) und bei Fronau (LIV, 28, 3) und eine Porphyrähnliche grünliche Breccie bei Kemnath (LIX, 22, 4) im Zuge des Pfahlquarzes, mit welchem diese Gesteine in Verbindung zu setzen sind.

In dem Pfreimtgebirge dagegen stossen wir auf freilich ganz vereinzelt vorkommende Spuren von ächtem Porphyr und Thonstein, welche Zeugniss für die weitere nördliche Verbreitung dieser Gebirgsart ablegen. Solchen Spuren begegnet man bei Alletshof (LXVIII, 20), einem deutlichen Thonstein bei Trausnitz (LXVI, 22, 38), und bei Treswitz östlich von Pfreimt (LXV, 22, 4) bricht normaler Pinitporphyr zu Tag. Selbst bei Neustadt a./Wn. (LXXVI, 23, 9), zunächst bei Schönbrunn, findet sich ein sehr Glimmer-reiches Gestein mit porphyrartig dichter Grundmasse und zahlreichen Doppelpyramiden von Quarz, welches zu diesem Porphyr zu zählen ist.

Woher die Fragmente von Porphyr mit prächtigen Pinitkrystallen, welche man bei Mitterteich (LXXXVII, 22) traf, stammen, ist nicht sicher ermittelt.

## c) Pechsteinporphyr.

Diese Gebirgsart kommt nur an einer einzigen Stelle neben dem Quarzporphyr vor, nämlich auf dem Kornberge bei Erbendorf, und zeichnet sich vor anderem Gestein durch ihre glasartige Beschaffenheit aus. In dickeren Fragmenten graulich-schwarz, zeigt sich die pechartig glänzende Grundmasse in dünnen Splitterchen durchscheinend und erfüllt von feinen Einmengungen schwarzer und gelblichbrauner Körperchen, sowie grösserer deutlicher Krystalltheile.

Sie besteht aus wasserhaltigem Glas, welches vor dem Löthrohr unter schwachem Auf-
blähen sich wirft, zerspaltet und endlich zu weisser, schaumartiger, mit Kobaltlösung blau wer-
dender Masse schmilzt; im Stauroskop verhält sich das Glas optisch einachsig. In Säuren
unlöslich verliert die Grundmasse einen grossen Theil der sie färbenden Beimengungen und
wird heller graulich gefärbt. Diese in Salzsäure gelösten Theilchen bestehen vorzüglich aus Kieselerde, welche als körnige Flocken ausgeschieden wird, aus Thonerde, Eisenoxydul
und Kalkerde mit etwas Bittererde und Alkalien. Es möchte demnach dieses färbende Mineral
zum Theil als Magneteisen, welches sich durch den Magnetstab zu erkennen giebt, und
zum Theil als eine der Grünerde ähnliche Masse anzusprechen sein. Ausserdem erkennt man
in der Grundmasse unter dem Mikroskop sehr zahlreiche kleine Nädelchen oder Krystallaggregate eines schwärzlich oder gelblich-braun gefärbten Minerals von starkem, fast Diamant-ähnli-
chem Glanze, welches besonders auf angeschliffenen Flächen, nachdem sie mit verdünnter Flusssäure geätzt wurden, sehr deutlich zum Vorschein kommt. Dieses Mineral, vor dem Löthrohr
zu magnetischen Kugeln schmelzend und die Eisenreaktion zeigend, kann nur in die Nähe des
Olivins gestellt werden. Die Hauptausscheidungen in grösseren Krystalltheilchen und Putzen
gehören jedoch dem Feldspath und dem Quarz an.

Die Feldspathkrystalle sind zum Theil rissig, wie Sanidin, von starkem Glanze, wasserhell und zuweilen irisirend, zugleich lassen sie deutlich die Parallelstreifung eines klinoklastischen Feldspaths auf den Spaltungsflächen erkennen, während milchig-trübe Krystallausscheidungen diese Streifung nicht zeigen, daher dem Orthoklas angehören.

Die Quarzausscheidungen bilden in grösster Menge kleinere oder grössere runde
Kügelchen, deren Inneres aus wasserheller, stark glänzender, oft durch Risse irisirender, zuweilen gelblich gefärbter Kieselerde besteht, während nach aussen sich eine erdig-weisse
Schale von amorpher Kieselerde um den Kern anlegt. Selbst noch mikroskopisch kleine Kügelchen von dieser Beschaffenheit lassen sich nachweisen. Doch erreicht die Grösse dieser Ausscheidungen und der Beimengungen von kleinen Feldspathkryställchen eine untere Grenze, so dass
ausserdem eine dichte Grundmasse vorhanden ist, in welcher jene eingebettet sind. Dünngeschlif-
fene und mit Flusssäure angeätzte Blättchen zeigen unter dem Mikroskop keine Auflösung in
unendlich feine Krystallaggregate, sondern eine Vermengung ziemlich regelmässig gestalteter
Partieen in Form von Nadeln, Nadelhäufchen und selbst filzartigen Fasern der Kieselsäure mit
einer Grundmasse, welche in Flusssäure leichter zersetzbar ist, als Quarz. Meine Analyse des
Gesteins im Ganzen ergab als seine Zusammensetzung:

Pechsteinporphyr (Felsitpechstein) vom Kornberg bei Erbendorf, CXXVI.

|  |  |
|---|---|
| Kieselerde | 67,90 |
| Thonerde | 14,20 |
| Eisenoxydul und Oxyd | 6,48 |
| Kalkerde | 2,57 |
| Bittererde | Spur |
| Kali | 0,86 |
| Natron | 3,99 |
| Wasser | 4,90 |
|  | 100,90 |

Diese Zusammensetzung stimmt mit keinem der bis jetzt analysirten Felsitpechstein, ähnelt
jedoch in vielen Beziehungen dem Gestein von Lake Superior. Es muss bemerkt werden, dass
die analysirte Probe von vollständig frischem und unzersetztem Gestein genommen wurde.

Über die Natur der Grundmasse lässt sich bei der bezeichneten innigen Vermengung verschiedener Mineralien kaum eine begründete Vermuthung aussprechen. Sehr prächtig scheiden
sich diese letzteren von der Grundmasse, wenn man gröblich gepulvertes Gestein mit mässig
verdünnter Flusssäure längere Zeit behandelt, den Rückstand, nachdem ein Theil der zersetzten
Masse mittelst Schwefelsäure entfernt wurde, trocknet und unter dem Mikroskop betrachtet.
Neben den sternförmigen Kieselnadelaggregaten bemerkt man schwammartig poröse und filz-
ähnlich verwobene Kieselmassen.

Das Gestein tritt massig auf, ist stark zerklüftet und zeigt Spuren einer Neigung zu plattenförmiger Absonderung. Übergänge ·in den benachbarten Quarz-porphyr wurden nicht beobachtet.

## XVII. Basalt und seine Tuffe.

§. 17. Der lange Zug basalti-scher Gesteine, welche mit dem Mittelgebirge an der Elbe beginnend am südlichen Fusse des Erzgebirges in südwestlicher Richtung fortstrei-chen und als Mittelgebirge zwischen Fichtelgebirge und Oberpfälzer-Wald wieder mächtig sich ausbreiten, bricht zwar am Westrande unseres Gebirges ab, wird aber hier von einer Reihe basaltischer Eruptionen ersetzt, welche nach einem andern Spalten-system in der Richtung des Thürin-ger Waldes, jenes des Erzgebirgs-zuges kreuzend, in mehr sporadischen Kegelbergen nach Süden und Norden weiter zu verfolgen sind. Die Haupt-basaltmasse concentrirt sich in unserem hercynischen Mittelgebirge, auf dem sogenannten Reichsforst und seiner westlichen Fortsetzung in den Basaltbergen um Waldeck, gegen welche alle übrigen Basalte nur als Ausläufer erscheinen, selbst die am Westrande, sowohl am rauhen Kulm als am hohen Parkstein aufsteigen-den mächtigen Bergkegel nicht aus-genommen.

Das Gestein aller dieser Kegel und Kuppen ist von auffallender Gleichartigkeit und auch die mit demselben in Verbindung stehenden Trümmergesteine und Tuffe lassen nur geringe Unterschiede wahrneh-men. Es ist besonders hervorzu-heben, dass hier sowohl trachy-tische wie phonolithische oder doleritische Gesteine gänzlich fehlen.

Die Hauptmasse unseres ober-pfälzischen Basaltes, auf welchen alle nachfolgenden Erörterungen allein sich beziehen, lässt in dünnsten, durchscheinenden Splitterchen bei mässiger Vergrösserung deutlich eine **körnig - krystallinische** Textur erkennen; sie ist nicht gleichartig oder glasartig amorph.

Bei auffallendem Sonnenlichte reflektiren zahllose kleinste Krystalltheilchen, welche von heller graulicher Farbe mit dazwischen eingefügten, im Profil quadratischen, dunklen Kryställchen verbunden sind; letztere sind vielleicht nur dieselben Mineraltheilchen, aber statt der Länge nach quer senkrecht zum Auge gestellt und daher in der Richtung der längeren Ausdehnung undurchsichtig oder doch dunkler gefärbt. Ein Theil dieser dunklen Kryställchen von metallischem Glanze gehört unzweifelhaft dem **Magneteisen** an, ein anderer Theil dem Augit oder der Hornblende. Einzelne Stellen, welche putzenweise vertheilt sind, grenzen sich in der Grundmasse als lichtere und durchsichtigere Partieen zwar nicht scharf ab, scheinen jedoch Ausscheidungen einer derjenigen Substanzen zu sein, welche als Bestandtheile der Hauptmasse auftreten und am leichtesten durch Säuren zersetzt werden. Gewisse weiss gefärbte Partieen sind sicher als Zeolithe zu deuten. Ausserdem bemerkt man sehr zahlreiche ganz durchsichtige, scharf begrenzte Mineraltheile, welche nach Glanz und Farbe Olivin sind; andere seltnere Einstreuungen dunkler Körper lassen sich nicht näher nach ihrem Aussehen bestimmen. Die Grundmasse ist übrigens nicht vollständig dicht, sondern von kleinen, eckigen und zackigen Gesteinsbläschen erfüllt, welche in überaus grosser Anzahl vorhanden sind und die im Basalte so häufig wahrgenommenen Umänderungen wesentlich begünstigen, vielleicht allein möglich machen. Die Schliffflächen des Gesteins zeigen im angeätzten Zustande, wie der beigesetzte

Naturabdruck lehrt, gleichfalls das feine, krystallinisch - körnige Gefüge. Auf solchen Schliffflächen treten bei auffallendem Sonnenlichte die stark glänzenden Olivinbruchflächen sehr deutlich hervor. Die meisten aller auf dem Bruche durch Glanz sich bemerkbar machenden Theilchen entsprechen dem Olivin, welcher in den feinsten Körnchen der Basaltmasse beigemengt ist; einzelne matter schimmernde, dunkle lassen sich als Augit und Magneteisen deuten. Endlich bemerkt man noch ganz kleine meist längliche, weissliche Flecke in kleinen Säulen krystallisirter Mineralien, welche einem zeolithischen Bestandtheil anzugehören scheinen. Es muss bemerkt werden, dass im Widerspruche mit Beobachtungen an Basalten anderer Gegenden niemals eine Spur einer weissen Krystallmasse mit Parallelstreifung erkannt werden konnte, dass überhaupt eine **Feldspathausscheidung** in keinem der untersuchten Basalte sich sicher konstatiren liess.

Behandelt man möglichst dünne Splitter des Basaltes mit verschiedenen Säuren, so lassen sich Verhältnisse feststellen, welche am feinen Pulver nicht mehr zu sehen sind. Unter den vielen untersuchten Proben wähle ich als eine normale und typische für unsere Basaltregion das in Säulen ausgebildete Gestein aus der Mitte des grossen Steinbruches am hohen Parkstein, welches, wie es scheint, im Innern der Säulen keine bemerkbare Veränderung erlitten hat.

Dünnste Splitterchen dieses Gesteins mit sehr verdünnter Salpetersäure übergossen gaben durch Aufsteigen weniger Gasblasen zu erkennen, dass sie trotz ihres frischen Aussehens Carbonate beherbergen, also gewissen Veränderungen unterworfen waren. Dieser Verlust an Kohlensäure betrug bei feingepulvertem Gestein $= 0,282\%$; die Lösung enthielt vorherrschend Kalkerde und etwas Eisenoxydul. Die gefundene Menge Kohlensäure entspricht:

0,128 kohlensaure Kalkerde,
0,148 kohlensaures Eisenoxydul.

Nach der Einwirkung der schwachen Säure zeigten sich manche Gesteinslücken und kleine Blasenräume auffallend erweitert und es ist kein Zweifel, dass in diesen die Carbonate erst sekundär ausgeschieden waren.

Nimmt man nach dieser Behandlung stärkere Salpetersäure, so löst sich ein beträchtlicher Antheil der Proben auf; die Splitter nehmen eine etwas lichtere graue Färbung an und es werden nun gewisse, vorher kaum in den Umrissen angedeutete, weisse Pünktchen und mehr oder weniger scharf begrenzte weisse Flecke sichtbar, welche stark angegriffenen und mit Salpetersäure behandelten, trübe gewordenen Nephelintheilchen nicht unähnlich sind. Die salpetersaure Lösung enthält viel Eisenoxyd, dazu Kalkerde, Thonerde, Bittererde und relativ viele Alkalien mit weit vorwaltendem Natron. Die Kieselerde bleibt als schleimige Masse am Gestein und lässt sich mit Kalilauge leicht wegnehmen. Sie scheint die quantitativ grösste Menge [1] auszumachen.

Lässt man hierauf kochende Salzsäure auf diese Splitter wirken, so verwandeln sie sich in eine poröse, schwammige Masse, welche, so lange die ausgeschiedene Kieselsäure nicht entfernt ist, noch gut zusammenhält und erkennen lässt, dass der Überrest erfüllt ist mit grossen Lücken, entstanden durch die Auflösung von Olivin, Magneteisen und jenen weissen Mineraltheilchen, welche durch die Einwirkung der Salpetersäure deutlich gemacht worden sind. Nimmt man durch Ätzkali die schleimige Kieselsäure, welche die durch Salzsäure zersetzten Theile zurückgelassen haben, weg, so zerfallen die Stückchen in ein feinstes Pulver oder sie halten, je nach dem Grade der Einwirkung der Salzsäure, nur schwach zusammen. Unter dem Mikroskop erkennt man, dass dieser pulverige oder filzig verwobene Rückstand aus lauter sehr kleinen, graulichen und bräunlichen, vollständig wohlausgebildeten Kryställchen besteht. Diese bisher noch nicht nachgewiesenen Kryställchen stellen kleine Säulchen mit Kombinationen an den Enden vor, welche, soweit diess bestimmbar ist, monoklinischen Formen entsprechen. Man glaubt die augitische Zuschärfung erkennen zu können. Vor dem Löthrohre schmelzen diese Körperchen ziemlich leicht zu einem braunen magnetischen Glase; auch geben sie mit Borax die Reaktion auf Eisen. Es ist demnach kaum zweifelhaft, dass die durch Salzsäure völlig isolirten, vollständig ausgebildeten Kryställchen dem Pyroxen angehören und einen der wesentlichen und in bedeutender Menge vorhandenen Gemengtheile des Basaltes ausmachen. Ausserdem haben wir weiter noch Olivin und Magneteisen, welches aus dem feinen Pulver mit einer Magnetnadel herausgezogen werden kann, sowie die Carbonspathe als Bestandtheile unseres Basaltes erkannt. Es bleibt uns noch die Frage zu beantworten, ob ausserdem noch andere Mineralien sich an dessen Zusammensetzung betheiligen, und welche diese sind.

Die Thatsache, dass die ächten Basalte mit Säuren gelatiniren und mit Salpetersäure und Salzsäure nach der Reihe behandelt verschiedene Lösungen geben, führte zum Erkennen gewisser weiterer wesentlichen Gemengtheile, die man für Labrador und eine Zeolithsubstanz hält. Die Untersuchungen Girard's [2] sowie jene Bischof's [3] haben es mehr als wahrscheinlich gemacht, dass auch Nephelin in gewissen Basalten statt des Labradors enthalten sei, wie diess Hoffmann's Beobachtung von weissen Nephelinkrystallen als Einschlüssen im Basalt direkt bestättigt.

Das Vorkommen von Zeolithen im Basalte ist durch die direkte Beobachtung derselben als Ausscheidungen in Blasenräumen ausser Frage gestellt; es ist mehr als wahrscheinlich, dass auch sehr viele der kleinen Hohlräume im Gestein (Gesteinslücken) zum Theil mit zeolithischer Substanz, namentlich bei schon etwas zersetzten Massen, ausgefüllt sind. Daher

---

[1] Diese Versuche, bei welchen statt feinen Pulvers dünne Splitter verwendet werden, eignen sich nicht zu quantitativen Bestimmungen, da die Säuren immer nur auf die Oberfläche einwirken, also nicht Alles zersetzen, was sie in der Masse zersetzen könnten, wenn sie fein gepulvert wäre.

[2] Poggendorf's Annalen, LIV, S. 562, 1841 und Hoffmann das. III, S. 73.

[3] Bischof's Lehrbuch der chemischen Geologie, 1. Aufl., II, S. 2257.

mag allerdings bei manchen Proben die Erscheinung herrühren, dass sich bei Einwirkung der Säure eine Kieselgallerte bildet. Sicher ist diess aber nicht bei allen Basalten der Fall, sondern das Gelatiniren, besonders bei wasserarmen Massen, scheint nach meinen Versuchen nicht wesentlich bedingt durch die Beimengung von Zeolithen, sondern durch die eines anderen Minerals, welches bei Einwirkung von Säuren gleichfalls unter Gallertebildung zersetzt wird.

Behandelt man nämlich nach Entfernung der Carbonate durch schwache Säuren das feine Gesteinpulver mit Salpetersäure, so zersetzt sich ein beträchtlicher Theil desselben, nämlich nach meinen Versuchen 42,88 % bei unserem Basalt vom Parkstein, unter Gallertebildung. Die Lösung enthält:

|  | CXXVII. |
|---|---|
| Kieselerde | 43,17 |
| Thonerde | 24,70 |
| Eisenoxyd (mit Oxydul) | 14,47 |
| Kalkerde | 8,43 |
| Bittererde | 2,98 |
| Phosphorsäure | 0,32 |
| Kali | 0,80 |
| Natron | 5,04 |
| Glühverlust (Wasser, Kohlensäure u. s. w.) | 0,33 |
|  | 99,74 |

Der Verlust rührt wahrscheinlich davon her, dass noch ein Theil der Carbonate, darunter namentlich Spatheisenstein, sich erst bei Anwendung erwärmter Salpetersäure auflöst. Es unterliegt keinem Zweifel, dass die in dieser Lösung gefundenen Stoffe nicht einfach den Bestandtheilen eines einzigen Minerals entsprechen. Die Phosphorsäure z. B. stammt wohl von Apatit. Ob einzelne, sehr seltene Körnchen, die Kupfer reduziren, aus met. Eisen bestehen, ist zweifelhaft.

Ein Theil der gelösten Gemengtheile, und zwar, wie es nach der Gallertbildung gefolgert werden darf, ein sehr beträchtlicher, zeichnet sich durch seinen hohen Gehalt an Natron aus. Da zugleich eine grosse Menge Kieselerde und Thonerde zugegen ist, so widersprechen ihre Mengen wenigstens nicht der Annahme, in diesem Gemengtheil ein Nephelin - ähnliches Mineral zu vermuthen, worauf der hohe Gehalt an Natron hinweist. Zugleich scheinen kleine Mengen von Olivin und jenes Minerals zersetzt worden zu sein, welches als zum Augit gehörig nachgewiesen wurde. Damit stimmt auch die mikroskopische Untersuchung des Rückstandes, welcher gegenüber der Beschaffenheit des Pulvers vor der Behandlung mit Salpetersäuren die Zersetzung fast aller wasserheller Theilchen erkennen liess, mit Ausnahme eines Theiles des Olivins und gewisser grösserer, früher heller, jetzt Opal-artig trüber Splitter, welche dem Nephelinähnlichen Mineral entsprechen. Dunkle kleine ungelöste Krystalltheilchen mögen dem Magneteisen angehören.

Von dem in Salpetersäure ungelöst gebliebenen Rückstand lösen sich nun weiter

12,18 %

in Salzsäure. Die salzsaure Lösung enthält vorherrschend Eisenoxyd und -Oxydul, welche von aufgelöstem Magneteisen herrühren. Der Gehalt wurde berechnet auf

9,51 % Eisenoxydoxydul,

da aber ein Theil des gelösten Eisenoxyduls dem Olivin angehört, so ist diese Prozentzahl wohl etwas zu gross.

Die Lösung enthielt überdiess noch vorwaltend Bittererde nebst Kieselerde, wenig Thonerde und Natron. Überdiess war Kieselerde noch als schleimige Masse ausgeschieden. Diess entspricht dem Vorhandensein von Olivin und jener von Salpetersäure nicht vollständig zersetzter Beimengung, welche für Nephelin - ähnlich gehalten wird. Nach Entfernung der Kieselerde zeigte sich der ungelöste, zusammengeballte Rückstand unter dem Mikroskop vollständig durchlöchert, schwammig, etwa wie lockerer Filz, von graulicher Farbe; erst wenn man die kleinen Klümpchen zerdrückte, kamen nun auch die kleinen Kryställchen zum Vorschein, welche schon früher beschrieben wurden und für augitisch anzusehen sind.

Nach diesen Untersuchungsresultaten besteht der Basalt des Fichtelberger Mittelgebirges wesentlich aus einem feinsten Gemenge von Augit, Magneteisen und Nephelin oder einem Nephelin-artigen Mineral, welchen als charakteristische accessorische Beimengung noch Olivin beigesellt ist; ausserdem fehlen ihm selten Kalk- und Eisencarbonate sowie Zeolithe, welche in Gesteinslücken ausgeschieden, jedoch nur als sekundäre Bildungen zu betrachten sind. Ob auch Labrador vorkommt, muss bezweifelt werden, da derselbe bis jetzt nirgendswo als Ausscheidungsmasse erkannt wurde.

Mit dieser Annahme stimmen auch die Analysen zweier Basalte unseres Zuges, von welchen sogar der eine von Pullenreuth unmittelbar unserem Basaltgebiete selbst angehört.

I. Basalt von Petschau, analysirt von Köhler[1]);
II. Basalt von Pullenreuth, analysirt von Baumann[2]).

CXXVIII.

|                 |        | I.     | II.    |
|-----------------|--------|--------|--------|
| Kieselerde      | . . .  | 45,06  | 46,01  |
| Thonerde        | . . .  | 13,46  | 9,69   |
| Eisenoxyd       | . . .  | 3,84   | 7,96   |
| Eisenoxydul     | . . .  | 8,54   | 13,58  |
| Kupferoxyd      | . . .  | 0,15   | —      |
| Kalkerde        | . . .  | 11,50  | 10,83  |
| Bittererde      | . . .  | 10,58  | 7,36   |
| Kali            | . . .  | 1,21   | 0,84   |
| Natron          | . . .  | 2,49   | 2,70   |
| Wasser          | . . .  | 1,50   | 0,75   |
|                 |        | 98,33  | 99,72  |

Der Sauerstoffquotient: 0,724 . . . 0,687.

Der grosse Natrongehalt und die Höhe des Sauerstoffquotienten, welche diese Analysen nachweisen, sprechen zu Gunsten der Annahme eines Nephelin-ähnlichen Gemengtheiles. Bei beiden Analysen ist keine Rücksicht auf die Anwesenheit von Carbonaten und Phosphaten genommen worden, welche wohl auch in diesen Gesteinsproben nicht gefehlt haben werden. Ebenso zeigte sich Titansäure bei unseren Versuchen als konstanter Bestandtheil der ausgeschiedenen Kieselerde; dieselbe scheint durch Zersetzung von Titaneisen sich gebildet zu haben. Von besonderer Wichtigkeit ist der Gehalt des Basaltes und des daraus entstandenen Bodens an Phosphorsäure; er erklärt die Fruchtbarkeit der basaltischen Gegenden, obwohl die geringe Menge Kali vermuthen liesse, dass basaltischer Untergrund nicht günstig auf die Vegetation einwirke. Die Phosphorsäure erscheint an Kalkerde gebunden. Dieses Mineral ist aber kein ursprünglicher Bestandtheil des Basaltes, sondern ein Zersetzungsprodukt. Diess ergibt sich unzweideutig aus dem Vorkommen von erdigem phosphorsauren Kalke — sogenannter Phosphorit — in dem den Basalt begleitenden Tuff und in den Trümmergebilden, in welchen er an drei Stellen innerhalb der Basaltregion aufgefunden wurde: im Untergrunde der Braunkohlenablagerung an der Schindellohe (Pilgramsreuth)[3]) bei Waltershof (LXXXVI, 14) und in zwei Stollen der Braunkohlengruben auf der Sattlerin bei Fuchsmühl (LXXXVII, 18). An dem erstgenannten Fundpunkte liegt der erdige Phosphorit, welcher, mit zersetzter Basalterde verunreinigt, eine bräunliche Farbe besitzt, in einer wechselnd 1 bis 4 Zoll mächtigen Lage 15 Fuss unterhalb des aus Sand und Mergelthon bestehenden Liegenden des dortigen Braunkohlenflötzes und wurde durch einen Wasserstollen an mehreren Punkten aufgeschlossen. Ähnlich war das Vorkommen in einem alten Stollen, der zur Braunkohlengrube Sattlerin getrieben war und in welchem weisser erdiger Phosphorit zwischen Basalt-

[1]) Roth, Gesteinsanalysen, S. 47.
[2]) Rammelsberg, Handw. der Mineralogie, Suppl. 4, 14, 1849.
[3]) Nauck in Deutsch. geolog. Zeitschrift, II, S. 39 und ff.

brocken und zersetztem Tuff in grossen Knollen und Putzen ohne regelmässige Lage und Zusammenhang gefunden wurde. Neuerdings traf man ebendaselbst in einem von Säubach getriebenen Stollen, nachdem man durch lose Basaltblöcke und durch Lagen von röthlichem Thon und graulich-weissem plastischen Thon durchgekommen war, basaltisches Brockengestein und Tuff, in welchem einzelne kleine Nester von erdigem weissem Phosphorit eingeschlossen sind. Alle diese Vorkommnisse sind zu gering mächtig und unregelmässig, um an Gewinnung des höchst-schätzbaren Phosphorites denken zu dürfen, um so weniger, da die tiefe Lage einen höchst kostspieligen Abbau nothwendig machen würde.

Der Olivin, welcher in allen untersuchten Basalten unseres Gebirges nicht fehlt, ist theils in Form kleiner und kleinster isolirter krystallinischer Körnchen in der Basaltmasse eingeschlossen, theils bildet derselbe mit verschiedenen Mineralien grosse körnige Aggregate, welche dadurch ausgezeichnet sind, dass die einzelnen krystallinischen Körnchen scharf gesondert und auch verschieden gefärbt erscheinen. Die meisten dieser Körnchen besitzen die glasgrüne Färbung des Olivins, aus welchem in der That die Hauptmasse besteht; daneben leuchten lebhaft hellgrüne und dunkelschwarze Körnchen hervor; letztere galten bisher als Magneteisenbeimengungen. Sandberger hat neulich¹) dagegen nachgewiesen, dass diese grosskörnigen Brocken als Bruchstücke von Olivinfels angesehen werden müssen, welche aus Olivin, Bronzit, Enstatit oder Chromdiopsid und Picotit bestehen. Derselbe erkannte in den Olivinbrocken des Basaltes von Kemnath (Anzenberg) und Pullenreuth den Chromdiopsid. Der Picotit kommt darin in kleinen Körnchen vor. Sandberger glaubt damit die Behauptung, welche bereits Gutberlet²) aufgestellt hatte, thatsächlich erwiesen zu haben, dass nämlich diese abgesonderten Einschlüsse im Basalte Trümmer eigenthümlicher, in der Tiefe anstehender Gesteine seien, welche durch vulkanische Eruptionen abgerissen und in die Teigmasse der Basalte eingehüllt wurden. Alle Basalte unseres Grbirges enthalten mehr oder weniger grosse Brocken solcher Olivinfelsbruchstücke. Den grössten zu 0,1 Meter sah ich im Basalte von Schindellohe bei Pullenreuth.

Augit, welcher in dichtem Basalte in sehr grossen Krystallausscheidungen nicht vorzukommen scheint, findet sich in der Nähe des wahrscheinlich sehr jugendlichen Kraters bei Boden unfern Neualbenreuth und nicht weniger schön in dem Basalttuff am Silberranger bei Grossschlattengrün überaus häufig in grossen Krystallen, welche entweder in einer Tuffmasse eingebettet liegen oder häufiger in knollen- und bombenförmiger, schlackiger oder poröser Basaltmasse eingeschlossen sind. Diese oft zolllangen, dunkelschwarzen Augitkrystalle sind vollkommen frisch und zeigen die charakteristischen Spaltungsverhältnisse. Doch ist ihre Aussenfläche in der Regel abgerundet, namentlich wo die Masse aus der umhüllenden Basaltmasse hervortritt, wie geschmolzen und geflossen. Von einer Abrollung nach dem Einschlusse in die Basaltmasse kann diese Rundung nicht herrühren, da sie auch in den ganz umhüllten Theilen fortsetzt; es scheint mir vielmehr diess als eine Erscheinung der Umschmelzung angesehen werden zu dürfen, da sich häufig im Innern der Augite Blasenräume vorfinden und es sogar vorkommt, dass, wohl in Folge rascherer Abkühlung, ein Theil der Augitmasse amorph geworden ist, d. h. keinen Blätterdurchgang zeigt. Ähnlich verhält es sich mit den grossen Ausscheidungen von tombackbraunem Glimmer, welcher einzig und allein mit diesen Augiten in rundlichen Knollen der Tuffe von Albenreuth bemerkt wurde. Der Glimmer ist scheinbar optisch einachsig und in dicken Partieen ausgeschieden, welche gleichfalls nach aussen abgerundet und wie abgeschmolzen aussehen.

Der Wassergehalt des Basaltes verdient besondere Beachtung. Man darf den Glühverlust nicht seiner ganzen Menge nach geradezu als Wasser ansehen. Ich habe in dieser Richtung Versuche angestellt, um die Wassermenge direkt zu bestimmen, welche theils als mechanisch eingeschlossen (Gesteinsfeuchtigkeit), theils als chemisch gebunden anzusehen ist. So geben:

Basalt von Hohenhard   = 1,26% Glühverlust, davon = 0,52 ch. g. Wasser und 0,70 m. e. Wasser,

   vom hohen Parkstein = 1,20 „   „   „   = 0,33 „   „   „ 0,80 „   „

---

¹) Neues Jahrbuch für Mineralogie, Geologie und Petrefaktenkunde, 1866, S. 395.
²) Über Einschlüsse in vulkanischen Gesteinen, 1853, S. 29.

Basalt vom rauhen Kulm = 2,50 % Glühverlust, davon = 0,25 ch. g. Wasser und 0,97 m. e. Wasser,
»   »   Gommel     = 3,00  »       »       »  = 1,56  »       »    »   0,75  .»   »
»   »   Gulg        = 3,64 »        »       »  = 1,26  »       »    »   1,77  »   »

Dieses Wasser stammt demnach zum Theil von Zeolitheinsprengungen, zum Theil von der in porösen Massen verdichteten Feuchtigkeit, während der Rest des Glühverlustes hauptsächlich der Kohlensäure angehört und es scheint daher dieser Basalt als eine ursprünglich wasserfreie Gebirgsart betrachtet werden zu dürfen.

In dem eigentlich dichten und massigen Basalt haben wir kaum eine weitere accessorische Beimengung zu nennen. Unser Basalt ist an solchen sehr arm. Selbst die schlackigen, porösen und mandelsteinartigen Basalte, welche in anderen Gebirgen so reich an Mineraleinschlüssen sind, bieten ausser Kalkspath und Aragonit nur sehr wenige sonstige Ausfüllungsmassen, namentlich einige Zeolithe. Kalkcarbonate erfüllen in spathigen, fasrigen und feinkörnigen, anscheinend dichten Massen am häufigsten die Blasenräume der basaltischen Mandelsteine. Ausserdem findet man in der Regel das Innere der Blasenräume im porösen und schlackigen Basalte von einer dünnen, oft nur wie angehauchten, weissen Rinde von kohlensaurem Kalk überzogen. Selbst darin ausgebildete Zeolithe sind zum Theil erst über diesem Überzuge abgelagert. Dazu kommt dann weiter eine auch in den anscheinend dichten, nur mit kleinen Gesteinsbläschen versehenen Basalten, häufiger jedoch in den schlackigen Varietäten eingesprengte gelblich-braune, derbe, muschlig brechende, Speckstein-ähnliche, aber härtere Substanz von auffallend Pech-ähnlichem Glanze, welche vor dem Löthrohr leicht zu einer magnetischen Kugel schmilzt und in Salzsäure unter Gallertebildung sich löst. Es ist demnach mit Grund diese Substanz als Palagonit anzusprechen. Zuweilen umgiebt dieses Mineral noch ein Kern von Olivin, in welchen dasselbe überzugehen scheint, daher wir einen Theil des Palagonits wohl als Umwandlungsprodukt eines Eisen-reichen Olivins anzusehen haben. Eine ähnliche speckstcinartige, weisse, fleisch- und isabellfarbige, auch gelbliche, grünliche und bräunliche Substanz füllt häufig die Blasenräume der löcherigen Basaltvarietäten und gehört zu dem sogenannten Bol. Die weisse Substanz, welche zuweilen auch in kugligen Massen mit concentrischen, durch leere Zwischenräume getrennten Schalen ausgebildet ist, zeigt meist Austrocknungsrisse, ist etwas spröde, wenig fettig anzufühlen, klebt an der Zunge und nimmt einen schwachfettglänzenden Strich an; Härte = 2, specifisches Gewicht = 2,35. Vor dem Löthrohr schmilzt sie ziemlich leicht zu einer mit Bläschen erfüllten weissen Glasmasse, die sich durch Kobaltsalz blau färbt; im Kolben giebt sie viel Wasser und wird von Salzsäure ohne Gallertebildung nicht ganz vollständig zersetzt. Die Lösung enthält Thonerde und Kalkerde als Hauptbestandtheile, nebst Spuren von Eisenoxyd und Bittererde.

Nach diesen Reaktionen dürfte es kaum zweifelhaft sein, dass dieser Bol jenem von Stolpen gleichsteht, also als Stolpenit zu bezeichnen ist. Dieses Mineral ist eines der häufigsten Zersetzungsprodukte aller basaltischen Gesteine unseres Gebirges und findet sich noch häufiger in den tuffartigen Gebilden und in der Basalterde, als im blasigen Basalt. Es begleitet auch den Phosphorit auf seinen verschiedenen Lagerstätten.

Von diesem weiss, fleisch- und isabellroth gefärbten Bol führen nun unzweideutige Übergänge zu gelblichen, grünlichen und bräunlichen Varietäten, welche nach und nach so Eisenreich werden, dass ihre schwarze Schmelzperle sich magnetisch erweist. Diese Eisen-reichen Bole entsprechen dem eigentlichen, gewöhnlichen Basaltbol, ohne dass man aber eine feste Grenze gegen den Bol von Stolpen zu ziehen im Stande ist.

Sehr verbreitet im Tuff ist eine lederbraune Bol-ähnliche Masse, welche gleichsam das Bindemittel der übrigen von Basalt abstammenden Fragmente, Brocken und Mineraltheilchen abgiebt. Sie nähert sich so sehr dem Palagonit, dass, mit Ausnahme des Nicht-Gelatinirens, alle anderen Merkmale übereinstimmen. Die Analyse ergab:

Palagonit-ähnliche Masse vom Silberranger bei Redwitz, CXXIX.

Kieselerde . . . . . . . . . . . . 36,675
Thonerde . . . . . . . . . . . . . 9,892
Eisenoxyd . . . . . . . . . . . . 22,700
                    Übertrag 69,267

Übertrag 69,267

Manganoxyd . . . . . . . . . . . . . 1,224
Kalk . . . . . . . . . . . . . . . . . 2,852
Bittererde . . . . . . . . . . . . . . 1,813
Alkalien . . . . . . . . . . . . . . . . 2,644
Wasser . . . . . . . . . . . . . . . 21,685

99,685

Diese Zusammensetzung stimmt so nahe mit jener des Palagonits von Lago naftia[1]) überein, dass eine Vergleichung damit wohl naturgemäss erscheint, obwohl unser Mineral mehr
Wasser enthält und nicht entschieden gelatinirt. Es dürfte demnach der diese Palagonit-ähnliche Masse enthaltende Tuff dem typischen Palagonittuff unmittelbar angereiht werden.
Bei Kleinsterz ist der Basalttuff, verschwemmt von den benachbarten Basaltkegeln, in eine
grünlich-gelbe Walkererde-artige Masse umgewandelt.

Auch ächter Speckstein kommt, wiewohl nur selten, in unserem Basaltgebiete vor. Es
liegt ein derbes Stück aus den Waldsassischen Basaltbergen vor, welches sich durch Andeutung fasrigen Gefüges auszeichnet. Derselbe ist gelblich-braun, vor dem Löthrohr unschmelzbar und nimmt mit Kobaltlösung eine fleischrothe Farbe an. Durch seine Unschmelzbarkeit
und seine beim Anfühlen fettige Beschaffenheit unterscheiden sich leicht diese Speckstein-
massen von jenen des Bols, dem sie sonst äusserlich ähnlich sind.

Endlich haben wir noch die ächten Zeolithe zu erwähnen, welche in mehreren Arten
als Ausfüllungsmassen der Blasenräume in den Basalten spärlich zum Vorschein kommen. Bestimmt nachweisbar ist nur das Vorhandensein von Stilbit in strahlig-fasrigen Aggregaten von
gelblicher Färbung (z. B. Basaltkuppe bei Aign, LXXXV, 11, 24). Dazu kommt noch ein Cha-
basit-ähnliches Mineral in sechsseitigen Säulchen mit gerader Endfläche, wahrscheinlich Gme-
linit (Basaltbruch an der Kappel bei Waldsassen) und ein haarförmig-feiner Zeolith, der Na-
trolith zu sein scheint. Diese letzten Mineralien sind so spärlich, dass es nicht gelang, auch
nur die für eine qualitative Analyse nothwendige Menge zu erhalten.

Betrachten wir die basaltischen Gesteine in ihren zwei Hauptformen als Basalt und Basalttuff, so haben wir von beiden noch eine Reihe von Modifikationen näher zu bezeichnen.

Der Basalt tritt in folgenden Hauptmodifikationen auf:

1) Dichter Basalt, einfache, dichte, nur von ganz kleinen Gesteinslücken
unterbrochene, scheinbar gleichförmige Grundmasse, in welcher in den meisten
Fällen einzelne Körnchen oder ganze nussgrosse Aggregate von Olivin eingeschlossen sind. Im Übrigen kann dieser Basalt, durch Klüfte unregelmässig zerspalten, in ungefähr parallelepipedischen Stücken brechen: Scherbenbasalt,
oder in oft grossen runden Brocken und Kugeln, welche in einer lockeren, zersetzten oder tuffartigen Masse eingebettet liegen und aus diesem Lager leicht auswittern, ausgebildet sein: Kugelbasalt, oder auch aus lauter etwa erbsengrossen, rundlichen und etwas eckigen Knöllchen bestehen, welche dicht aneinander
gedrängt dem Basalt das Aussehen einer Art Oolithbildung verleihen: Perl-
basalt (Senft's sphärolithischer Basalt), oder durch parallele Absonderungsflächen in Platten gesondert vorkommen: Plattenbasalt, oder endlich in säulenförmigen Formen brechen: Säulenbasalt.

Von besonderer Schönheit sind die Säulenbildungen vom hohen Parkstein und vom Gommel
bei Waldsassen, während als Beispiel von wild übereinander gehäuften Kugel- und Scherben-
basalten der Steinkegel des Hirschentanzes angeführt zu werden verdient.

----

[1]) Rammelsberg, Handw. der Mineralogie, S. 866.

Basaltsäulen am Gommel unfern Waldsassen.

2) Schlackiger Basalt mit dichter Masse, in welcher mehr oder weniger unregelmässig in die Länge gezogene zackige (nicht blasenförmig runde) Hohlräume sich vorfinden. In diesen Hohlräumen kommen Mineralausscheidungen, Chalcedon, Carbonspathe und Zeolithe, vor, ohne sie jedoch auszufüllen. Solche

Haufwerk von Basaltblöcken auf dem Gipfel des Hirschentanzes im Reichsforst.

schlackige Varietäten kommen häufig an den äusseren Rändern der aus dichtem Basalt bestehenden Felsmassen vor.

3) Basaltmandelstein hat eine dichte Masse, in welcher einzelne Blasen-räume von rundlicher Form ganz oder doch grösstentheils mit Kalkspath oder Zeolithen ausgefüllt sind. Die Grundmasse tritt nie so zurück, dass sie undeut-lich oder unkenntlich würde. Auch diese Modifikation bildet in der Regel Hüllen um die Kuppen dichten Gesteins.

4) Poröse Basalte sind Gesteine mit so zahlreichen kleinen und grossen Poren, dass die Grundmasse ganz zurücktritt und unkenntlich wird. Sie gleichen in Wasser abgelöschter Schlacke und einigermaassen auch dem Bimsstein, wel-chem sehr ähnliche schaumige Gesteine als Brocken in dem Basalttuff bei Thumsen-reuth vorkommen. Die Grundmasse nimmt dabei häufig eine fast erdige Be-schaffenheit an und geht in die sogenannte Wacke über. Ein Theil der Blasen-räume ist oft von Kalkspath, Zeolith oder Bol erfüllt, die Wände dagegen meist mit einer äusserst dünnen Rinde von Chalcedon überkleidet. Solche poröse Ba-salte finden sich hauptsächlich in den Tuffen als Brocken und Bomben; sie bil-den einen wesentlichen Theil der Konglomerat-artigen Gesteine.

Unter basaltischem Tuffe fassen wir alle diejenigen Gesteinsbildungen zu-sammen, deren Material ursprünglich aus basaltischen Eruptionen stammt, deren Ent-stehung aber nicht-eruptiver Natur ist. Als Material treten daher Brocken und Fragmente von den verschiedenen so eben erwähnten Basaltvarietäten zum Theil in Form von Lapilli oder zertrümmerter Felsmassen und ausser diesen noch ba-saltische Asche oder klein zertheilte Basaltmasse auf. Diese Produkte der ba-saltischen Eruptionen wurden theils analog den Tuffanschüttungen an vulkanischen Bergen an und um die basaltischen Kuppen aufgehäuft (Trockentuffe), theils aber vom Wasser erfasst, vielfach verarbeitet und endlich Schichten-ähnlich abgelagert (Schlammtuffe). Die auf beide Bildungsweisen entstandenen Tuffmassen erlitten weiter im Laufe der Zeit mehr oder weniger wesentliche Veränderungen durch Zersetzung gewisser Gemengtheile und Neubildungen anderer.

Die Entstehung weicher thoniger·Massen, welche die basaltischen Tuffe jetzt meistentheils ausmachen, die Erzeugung von Kalkspath, von Bol und Bol-ähnlichen Substanzen, von Pala-gonit und Speckstein, von Zeolithen und Phosphoriten stammen aus späterer Zeit, innerhalb welcher solche Zersetzungen und Neubildungen, begünstigt durch den Einfluss Kohlensäure-haltiger Gewässer, erfolgten. Wir finden daher selten mehr Tuffmassen in einer ihrem ur-sprünglichen Zustande auch nur annähernd gleichen Beschaffenheit. Am wenigsten tragen die Spuren der Zerstörung·jene Tuffe an sich, welche nicht unter der direkten Einwirkung des Wassers zur Ablagerung gelangt zu sein scheinen. Solche „trocken gebildete" Tuffe fin-den sich in ziemlich weiter Verbreitung bei Albenreuth (LXXXIX, 27), in dessen Nähe ein kleiner Hügel mit kraterförmiger Vertiefung bei Boden auch jetzt noch einen Eruptionspunkt aus basaltischer Zeit andeutet. Sie breiten sich in meist nicht bedeutender Mächtigkeit über den an vielen Punkten darunter entblössten Urthonschiefer zwischen Neu- und Alt-Albenreuth und Boden aus und bestehen aus wenig zersetzten, feinerdigen, grauen bis grauschwarzen Tuffen, welche offenbar Aschenniederschläge repräsentiren und sehr zahlreiche Körnchen, Knol-len und grosse rundliche Blöcke von schlackigem und porösem Basalt, sowie sehr viele deut-lich verschlackte Fragmente von Urthonschiefer zu einer Art Konglomerat verbinden. Aus die-sem Trockentuff stammen auch die Knollen und Bomben mit schwarzem, auf der Oberfläche wie geschmolzen aussehendem Augit und Glimmer, die bereits beschrieben wurden. Diese Ver-hältnisse haben die grösste Ähnlichkeit mit jenen des benachbarten Kammerbühls bei Eger.

Diesen Anschüttungstuffen stehen die bei weitem häufigeren Tuffbildungen gegenüber, welche den grössten Theil der von basaltischen Massen eingenommenen Distrikte ausmachen und bei deren Ablagerung das Wasser eine Hauptrolle übernommen hatte. Die eigentlichen Basalte ragen aus denselben nur in einzelnen Kuppen, Kegeln oder Köpfen hervor; die Zwischenräume zwischen den einzelnen Basaltpunkten sind ganz von Tuffmassen ausgefüllt und daher meist auch flach eingeebnet.

Sie sind theils Konglomerate, wenn die Gesteinsbrocken sehr häufig und abgerundet sind, theils Breccien, wenn die festen Trümmer vorherrschend eine eckige Form besitzen, theils ächte Tuffe, basaltische, gewissen Trachyten ähnliche Thonsteine, wenn die fein zerriebenen Bestandtheile vorherrschen. Doch ist diese Unterscheidung in der Natur nicht streng festzuhalten, weil alle möglichen Zwischenformen gleichfalls ausgebildet sind und der Wechsel zwischen denselben ein endloser ist.

In den Konglomeraten trifft man Brocken und Blöcke selbst von kolossaler Grösse aller möglichen Basaltabänderungen, welche meist wenigstens an der Rinde stark zersetzt sind. Tuffmassen füllen die Zwischenräume aus und bilden so das durch Zersetzung meist thonige Bindemittel. Sie tragen meist den Charakter eines wirren Haufwerkes von Blöcken an sich, welche von Tuffmasse gleichsam übergossen wurden. Sie lassen daher selten eine Art Schichtung erkennen, bilden vielmehr unregelmässige Hüllen zunächst am Fusse der Basaltmassen oder einzelne Bank-ähnliche Zwischenlagen im Tuff.

Der Übergang in Breccie ist ein sehr allmähliger. Hauptsächlich aber sind es Fragmente fremdartiger Gesteine des vom Basalt durchbrochenen Gebirges, welche, wenn sie sich häufiger einstellen, den Charakter der Breccie bedingen. Stark veränderte Stücke von Quarzschiefer, Urthonschiefer, Granit, ja selbst von Sedimentgebilden jüngeren Ursprungs, trifft man an sehr vielen Orten in solchen Tuffen (Silberrangen, Zottenwies, Sattlerin, hoher Parkstein). Zu ihnen gesellen sich Brocken von Basalt, Schlacken, Bimsstein-ähnliche Gesteine, Augitkrystalle, zuweilen auch Glimmer.

Am verbreitetsten jedoch und oft in grösserer Entfernung und sogar völlig isolirt von Basaltpunkten zeigen sich die eigentlichen Tuffe (Schlammtuffe). Sie sind meist grau, doch auch braun und schwärzlich gefärbt und tragen meist mehr oder weniger deutliche Spuren horizontaler Ausbreitung durch das Wasser an sich; oft sind sie sogar deutlich und in dünnen Bänken geschichtet. Nicht selten schliessen sie Brocken von Basalt oder auch fremdartige Gesteine ein. Wo sie ohne solche auftreten, erhalten sie durch eine tief eingreifende Umbildung stellenweise ein homogenes Aussehen, werden hart, Thonstein-ähnlich und gehen in die sogenannte Wacke und den basaltischen Thonstein über. Eine kuglig-schalige Absonderung pflegt in solchen Fällen diesen verdichteten Tuffmassen eigenthümlich zu sein; es zeigt sich hierdurch eine Annäherung an die sogenannten Massengesteine.

In dieser dichten, dem Basalt selbst ähnlichen Basaltwacke liegen zahlreiche kleine Gesteinssplitter oder Krystalltheilchen, welche dem Gestein oft einen Porphyr-artigen Charakter verleihen.

Andererseits bemerkt man auch eine Verbindung von basaltischen Tuffmassen mit offenbar jüngeren Sedimentgebilden, welche in Form von Braunkohlenschichten und Brauneisenerzablagerungen die Basalte begleiten. Nicht selten zeigen sich in der thonigen Unterlage der Braunkohlenflötze zahlreiche Einschlüsse von basaltischem Gestein und Tuff und aus den thonigen Schichten werden nach und nach Tuff- und Konglomeratlagen, so dass unzweifelhaft die Entstehung dieser Tertiärgebilde nahe mit der Zeit der Hauptbasalteruptionen zusammenfällt. An wenigen Stellen liegen selbst Konglomerat-artige Tuffe zwischen und über den Braunkohlenflötzen (Bayerhof bei Thumsenreuth).

Eine ähnliche Wechselbeziehung findet auch zwischen Tuff und gewissen Brauneisenerzablagerungen, welche ihre Entstehung Eisensäuerlingen zu verdanken haben, statt, indem solche Eisenerze oft putzen-, oft flötzförmig zwischen basaltischem Tuff angetroffen werden, wie z. B. bei Pechofen (LXXXVII, 21) unfern Mitterteich.

Manche Tuffe sind durch jene braune, Pech-ähnliche Substanz verkittet, deren Analyse früher unter CXXIX mitgetheilt und welche als dem Palagonit ähnlich erkannt wurde. Solche Tuffe

umgeben namentlich die Basaltkerne des Reichsforstes, wo sie früher einmal durch einen Berg-
bauversuch — nach der Volkssage auf Silber — am sogenannten Silberrangen bei Grossschlattengrün prächtig aufgedeckt waren. Auch in den Stollen, welche behufs Wasserlösung in
die Braunkohlengrube auf der Sattlerin bei Fuchsmühl getrieben wurden, durchfuhr man mehrere
solcher Palagonittufflager. Die Brecc ienbildung an und um die Basaltkerne des kleinen
Kulm bei Neustadt, in welchen man dieses Palagonit-ähnliche Mineral als feine Einsprengung,
oft in pulvergrossen Körnchen, wahrnimmt, gehört gleichfalls in die Reihe dieser merkwürdigen Tuffe.

Zu den interessantesten Erscheinungen, welche mit der basaltischen Bildung
in Verbindung stehen, gehören die Einschlüsse fremdartiger Gesteine
in dem Basalt und seinen Tuffen und die Veränderungen, welche sie hier erlitten haben.

Wir müssen wohl unterscheiden zwischen den Einschlüssen im Basalte
selbst und denen in seinen Breccien und Tuffen.

Häufig hat selbst der dichte Basalt Gesteinsfragmente des Gebirges, durch
welches er emporstieg, in sich eingeschlossen. So trifft man in dem dichten Basalte des Gommels bei Waldsassen zahlreiche Granitstücke und manche Stelle des
Basaltes am hohen Parkstein strotzt von stark veränderten Gesteinsfragmenten
der Keuperformation. Auch am Kulm bei Neustadt finden sich Einschlüsse von
Sandsteinbrocken, die dem Keuper entstammen, jedoch oft kaum Spuren von Veränderungen an sich tragen.

Die Granitbrocken im Basalt des Gommels lassen im Innern wenige Spuren erlittener
Veränderung wahrnehmen, mit Ausnahme des Glimmers, der mehr oder weniger in eine weiche
Masse verwandelt ist; nur an der Aussenseite, da, wo die Basaltmasse angewachsen ist, zeigt
sich zuweilen gleichsam in einem schmalen Saalband eine Verschmelzung von Granit- und Basaltmasse zu einem dichten Gestein, das in Zusammensetzung und Farbe zwischen beiden die
Mitte hält; der nächst benachbarte Theil des Basaltes ist blasig und porös. An anderen Stellen
ist die Verwachsung beider Gesteine eine innige, ohne dass sich eine Spur von Einwirkung
auch an den Berührungsflächen beobachten lässt, und die Granitstücke liegen im Basalt genau
in demselben Weise, wie die grobkörnigen Olivinbrocken.

Die Einschlüsse im Basalt des hohen Parksteins und am rauhen Kulm dagegen
sind, wenn sie nicht dem Granit angehören, der gleichfalls wenig verändert ist, äusserst dichte,
glasartig aussehende, zum Theil gleichartige Massen von röthlich-blauer und graulicher Färbung, genau von der Beschaffenheit des Porzellan- oder Basaltjaspis[1]), zum Theil
Porphyr-artig, mit dichter, glasartiger, grauer Grundmasse und zahlreich eingesprengten stark
fettglänzenden Quarzkörnchen, sowie weissen, ebenfalls stark glänzenden Feldspathkrystall-
theilen, oder auch Sandstein-artig, mit sehr dichter Grundmasse und den gewöhnlichen Einschlüssen der Sandsteine. Eine Menge von Zwischenstufen, welche man antrifft, setzen es
ausser Zweifel, dass diese Einschlüsse im Basalte veränderte Gesteine der zunächst benachbarten Keupergebilde sind, in deren normale Beschaffenheit eben jene Zwischenformen allmählig übergehen. Dem äusseren Ansehen nach gleichen alle diese veränderten Massen ge-
fritteten und verglasten Gesteinen, wie wir sie analog z. B. aus dem Gestell der Hochöfen oder
aus Ziegelöfen hervorgehen sehen. Nach ihrer chemischen Natur scheinen sie weder wesentliche Stoffe aufgenommen, noch abgegeben zu haben, wenn nicht vielleicht Wasser. Indess
hält es schwer, genaue Parallele zu ziehen, da uns das Gesteinslager, aus welchem die veränderte Masse hervorging, nur im Allgemeinen, nicht aber so genau bekannt ist, dass man bei
dem grossen Wechsel der Flötzlagen des Keupers von Schicht zu Schicht mit einiger Zuver-
lässigkeit das unveränderte spezielle Muttergestein herausfinden könnte, um durch Vergleichung
der Zusammensetzung den Gang der erlittenen Veränderung genau nachweisen zu können.

[1]) Vergl. Naumann, Lehrbuch der Geognosie, 2. Aufl., I. Band, S. 739.

Der ringsum von dichtem Basalt umschlossene lavendelblaue Basaltjaspis vom hohen Parkstein verliert im Feuer seine röthliche Farbe und wird graulich, zugleich erleidet er einen
Glühverlust von 3,78%; sein specifisches Gewicht beträgt 2,50. In stärkster Hitze schmilzt er
zu einem graulich-weissen Glas und wird homogen, während er vorher, obwohl von sehr kom-
paktem Aussehen, in dünnen Splittern unter der Loupe als gemengte Masse sich erkennen lässt.
Mit kochender Kalilauge behandelt löst sich nur eine geringe Menge Kieselerde, ebenso entzieht Salzsäure dem feinen Pulver 0,34% kohlensauren Kalk unter schwacher Entwicklung von
Kohlensäurebläschen, nebst etwas Kalk-, Thon-, Kiesel-, Bittererde und Eisenoxyd. Sehr ähnlich verhält sich eine gleichfalls lavendelblaue, dem typischen Basaltjaspis ähnliche, aber
nicht glasglänzende, sondern noch fast erdig aussehende Masse, welche häufig in der Basalt-
breccie des hohen Parksteins gefunden wird und den Übergang in gewöhnlichen Keuperletten
vermittelt. Dieses Gestein enthält 6,75% flüchtige Stoffe, zum Theil Wasser (nach dem Glühverlust) und 0,57% kohlensauren Kalk bei einem specifischen Gewicht von 2,475. Vergleichen
wir damit den Keuperletten, wie er in der nächsten Nähe, z. B. bei Pressat, ganze Berge zusammensetzt, so enthält dieser im Mittel 6,45% Wasser (wenn wir den ganzen Glühverlust als
Wasser betrachten), dagegen 1,27% kohlensauren Kalk bei einem specifischen Gewicht von nur
2,33 bis 2,42.

Obwohl wir nicht absolut sicher nachweisen können, dass es gerade dieser Keuperletten
von Pressat, oder eine ihm völlig gleiche Lage war, aus welchem der Basaltjaspis des hohen
Parksteins entstanden ist, so besteht doch ohne Zweifel eine Analogie zwischen diesen Gebilden
und es ist wohl erlaubt, eine ungefähre Parallele zu ziehen. Sie zeigen auffallende Verschiedenheiten, indem der

| | typische Basaltjaspis — | der erdige Basaltjaspis — | der gewöhnliche Keuperletten |
|---|---|---|---|
| bei einem specifischen Gewicht von | 2,50 | 2,47 | 2,33 bis 2,42 |
| Wasser (d. h. Glühverlust) . . . | 3,78% | 6,75% | 6,45% |
| kohlensauren Kalk . . . . . . | 0,34 » | 0,57 » | 1,27 » |

enthalten. Daraus geht hervor, dass der Basaltjaspis eine grössere Dichtigkeit besitzt, als
der halb- und nicht veränderte Keuperletten. Auch ist sein Wassergehalt bedeutend geringer.
Indess ist hierauf kein grosses Gewicht zu legen, da selbst der Porzellanjaspis, der durch
die Hitze brennender Steinkohlenflötze entsteht, mit der Zeit wieder Wasser aufnimmt, obwohl
er zweifelsohne vorher wasserfrei gewesen ist. So enthält der deutlich verglaste Porzellanjaspis von Duttweiler nach meinen Versuchen 0,37% Wasser. Ebenso muss man annehmen,
dass auch der Basaltjaspis, vorher wasserfrei, erst später wieder Wasser aufgenommen habe
und dass der Wassergehalt, den er jetzt besitzt, nur als Maassstab seiner Fähigkeit, wieder
Wasser aufzusaugen, angesehen werden darf.

Anders scheint die Abnahme des Gehaltes an kohlensaurem Kalke, welche mit dem Grade
der Veränderung wächst, gedeutet werden zu müssen. Der unveränderte Keuperletten enthält
immer einigen Kalk, der sich oft so reichlich einstellt, dass der Lettenschiefer zum Mergel
wird. Dieser Kalk ist vielleicht mit Ausnahme höchst geringer Mengen als kohlensaurer Kalk
dem Lettenschiefer beigemengt, aus welchem Säuren eine entsprechende Menge Kohlensäure
austreiben. Durch starkes Erhitzen verliert der Kalk die Kohlensäure und geht endlich beim
Schmelzfluss eine Verbindung mit Kieselerde ein. Der Basaltjaspis enthält nur sehr wenig
kohlensauren Kalk, weniger als der Basalt selbst, und dieser Kalk scheint mir ebenfalls nur als
eine theilweise Regenerirung eines früheren Gehaltes betrachtet werden zu dürfen. Darauf weist
der Gesammtgehalt des Basaltjaspis an Kalkerde, der sich sogar gegen jenen im benachbarten
Lettenschiefer des Keupers vermehrt hat. Denn nach meiner Untersuchung enthalten:

CXXX.

| | Basaltjaspis vom hohen Parkstein | Keuperletten von Pressat |
|---|---|---|
| Kieselerde . . . . . . | 60,08 | 62,30 |
| Thonerde . . . . . . . | 18,30 | 16,12 |
| Eisenoxyd . . . . . . | 16,55 | 10,32 |
| Eisenoxydul . . . . . . | — | 3,15 |
| Kalkerde . . . . . . | 0,75 | Spur |
| Übertrag | 95,68 | 91,89 |

| | Übertrag 95,68 | 91,89 |
|---|---|---|
| kohlensauren Kalk . . . | 0,34 | 1,27 |
| kohlensaure Bittererde . . | — | 0,32 |
| Wasser und Glühverlust . | 3,78 | 6,45 |
| | 99,80 | 99,93 |

Nach dieser Zusammensetzung wäre demnach der Einfluss des Basaltes auf den einge-schlossenen Keuperletten (Basaltjaspis) eine blosse Verdichtung, bei welcher der früher kohlen-saure Kalk eine Verbindung mit Kieselerde und Eisen einzugehen veranlasst wurde, während die Gesammtmengung ungefähr dieselbe verblieb. Der Absatz von geringen Mengen kohlen-sauren Kalkes in demselben, die Aufnahme von Wasser und die Umfärbung in den röthlichen Thon sind sekundärer Natur und gehen den Veränderungen parallel, welche die Basaltmasse selbst erlitten hat.

In den Basalttuffen trifft man noch häufiger Fragmente veränderter Nachbargesteine. Am hohen Parkstein sind es neben dem oben genannten Basaltjaspis Sandsteinbildungen, welche stellenweise wie in einer Breccie angehäuft vorkommen. Der Sandstein ist graulich, Glimmer-reich und vielfach bis in's Glasartig-Dichte verändert. Selbst pflanzliche Überreste fanden sich in einigen Brocken, aus welchen hervorgeht, dass die meisten dieser Sand-steine ursprünglich dem älteren Keupersandstein, der Lettenkohlen- und der zunächst jün-geren Stufe des Schilfsandsteins angehören. Auch bei den Sandsteinen hat sich das specifische Gewicht wesentlich in Folge der erlittenen Veränderung erhöht. Dasselbe schwankt zwischen 2,41 bis 2,47, während dasjenige der verwandten, nicht veränderten Keupersandsteine 2,28 bis höchstens 2,4 beträgt. Kohlige Substanz ist keine mehr vorhanden, vielmehr bestehen die einzelnen schwarzen Flecke, welche, wie es bei dünnen Kohlenrinden so häufig vorkommt, in von einander entfernte rhombische Fetzen zerrissen sind, aus schwärzlicher Speckstein-ähn-licher Substanz, die offenbar erst während ihres Einschlusses im Basalttuff entstanden ist.

Ausserdem gehören Brocken von Granit, Urthonschiefer, Phyllitgneiss und Quarzschiefer zu den häufigeren Einschlüssen, erstere in den Tuffen an der Sattlerin bei Fuchsmühl, am hohen Parkstein, von Thumsenreuth und an der Zottenwies, letztere in den Tuffen bei Albenreuth.

Die meisten Granitstücke lassen noch deutlich ihre ursprüngliche Mengung erkennen und zeigen meist nur eine theilweise Umänderung des Feldspaths und Glimmers in weiche thonige, Steinmark- und Speckstein-ähnliche Substanzen. In dem Braunkohlenstollen der Sattlerin fanden sich an einer Stelle Trümmer eines anscheinend noch wenig angegriffenen Krystall-granites mit noch glänzenden Feldspath- und unveränderten Quarzgemengtheilen, während der ursprünglich tombackbraune Glimmer vollständig in eine eisenrothe, spröde, etwas spaltbare (jedoch nicht so dünn, wie es sonst der Glimmer zulässt), undurchsichtige, matt glänzende Sub-stanz verwandelt ist, welche dem Rubellan Breithaupt's zu entsprechen scheint. Die Granitstücke im Tuff vom hohen Parkstein sind, wie zersetzter Granit, aufgelockert.

Die Fragmente von Quarzschiefer und Urthonschiefer, welche in der Basaltschlacke des Tuffs bei Albenreuth eingebacken sind, besitzen ihrem Aussehen nach ·die Beschaffenheit gebrannter und gefritteter Gesteine; sie sind von Rissen durchzogen, entfärbt und stellenweise glasartig dicht. Der veränderte Quarzschiefer erlangt ein specifisches Gewicht von 2,70 gegen 2,67 des unveränderten Gesteins, während auffallender Weise ein noch deutlich erkennbarer Fleckschiefer an Dichte verloren hat, indem er ein specifisches Gewicht von nur 2,33 gegen 2,75 des normalen Schiefers zeigt. Salzsäure entzieht ihm nur noch Thonerde mit wenig Eisenoxydul und Kieselerde, so dass demnach der chloritische Gemengtheil eine wesentliche Veränderung erlitten hat, d. h. nicht mehr vollständig in Salzsäure löslich ist.

Zu den interessantesten Einschlüssen des Basalttuffs gehören die Pflanzentheile, welche in Form ·von Stämmen und Ästen oder Stammstücken neuerlich in der Braunkohlengrube bei Bayerhof unfern Thumsenreuth aufgeschlossen wurden (LXXXIII, 16). Am häufigsten erkennt man in diesem Holz, welches zum Theil sehr wohl erhalten ist, Fragmente von *Pinites Hoedlia-nus*, Ung. Diese Lignite sind dadurch ausgezeichnet, dass das Holz nicht wie auf den Braun-kohlenflötzen zusammengedrückt, sondern als vollkommen walzenförmige Stücke im ursprüng-lichen Umfange im Tuff eingebacken ist, zugleich· aber entweder vollständig oder doch am

Umfange verkohlt erscheint. Der Umstand, dass bei solchen nur in den äussersten Theilen verkohlten Stücken der Tuff fest mit der Kohle zusammengebacken ist, beweist, dass die Verkohlung nicht vor dem Einschlusse im Tuffe stattfand, sondern als eine Folge desselben angesehen werden muss. Vollständig verkohlte Stücke verhalten sich genau wie Holzkohle; sie enthalten keine bituminösen Bestandtheile mehr, glimmen im Feuer ohne Geruch und geben mit Kalilauge behandelt keine, selbst nicht blass-weingelb gefärbte Flüssigkeit. · Durch die galvanische Probe lässt sich erkennen, dass die Kohle keinem sehr hohen Hitzgrad, wenigstens nicht der Weissgluth ausgesetzt war, da sie nicht als leitend sich erweist. Bei den nur am Umfange verkohlten Stücken nimmt der Gehalt an Bitumen mit der Entfernung von diesen verkohlten Aussentheilen stufenweise zu bis zum innersten Kern, wo die Masse aus mehr oder weniger normalem Lignit besteht.

§. 18. Mit dem Vorkommen des Basaltes sind auch in unserem Gebirge, wie in so vielen anderen Gegenden, Erscheinungen verknüpft, welche als Folge der Eruptionen des Basaltes angesehen werden müssen. Es sind diess die früher und noch jetzt vorhandenen Quellen mit reichlicher Beimischung von Kohlensäure und Minerallösungen, sowie die durch sie erzeugten Absätze — die sogenannten

## XVIII. Mineralquellen und Quellenabsätze.

Wenn auch die Mineralquellen ihr Wasser, wie jede andere Quelle, aus den atmosphärischen Niederschlägen und aus deren Ansammlungen in unterirdischen Behältern beziehen, so sind es doch die Eruptionen des Basaltes gewesen, welche früher und noch jetzt diesen gewöhnlichen Quellwassern ihre Eigenthümlichkeiten verschafft und erhalten haben. Unter den wichtigsten und grossartigsten Erscheinungen, welche mit der Bildung der Basalte in unmittelbarer Verbindung stehen, ist vor allen die tief eingreifende Zerspaltung der festen Erdrinde zu erwähnen. Diese Spalten sind es, welche es den Gewässern der höheren Gebirgsschichten möglich machen, in grössere Tiefe einzudringen und sich nach dem Grade der dort herrschenden erhöhten Temperatur zu erwärmen. Werden solche tief eingedrungene und erwärmte Gewässer wieder zur Oberfläche gehoben, so entstehen daraus jene segensreichen Heilquellen, welche wir als heisse zu bezeichnen pflegen. Das zunächst benachbarte Böhmen hat in den heissen Quellen Karlsbad's, wo der Sprudel 59° R., der Bernhardsbrunnen 55° R. und der Neubrunnen 48¼° R. Wärme besitzt, auf gleichem Basaltzuge die sprechendsten Beispiele solcher Quellbildung. Aber auch viele andere sogenannte Heilquellen bringen einen, wenn auch geringen, aber doch messbaren Wärmezuschuss über die Temperatur der gewöhnlichen Quellen an gleichem Ausflusspunkte mit sich aus der Tiefe. Dahin gehören z. B. die Heilquellen des nahegelegenen Marienbad's, wo der Kreuzbrunnen 9,5°, der Ferdinandsbrunnen 7,5°, der Karolinenbrunnen 7° R. warmes Wasser liefern, mithin gegen die mittlere Temperatur der dortigen gewöhnlichen Quellen von 6,0 bis 6,5° R. 1 bis 3° Wärmezuschuss aus der Tiefe fördern, oder Franzensbad, dessen Heilquellen bei 9,16 bis 9,75° R. Wärme gegen die Temperatur der dortigen gewöhnlichen Quellen von 5,88 bis 6,0° R. eine gleichfalls namhafte Temperaturerhöhung bemerken lassen.

Der Zug dieser böhmischen Heilquellen setzt unmittelbar mit dem Strich der Basalte von Böhmen in die Oberpfalz über und mit ihm bleibt auch das Auftreten der Heilquellen verbunden, an welchen unser Landstrich so reich ist. ·

Dicht an der Grenze, aber noch in Böhmen, entquillt der Tiefe die prächtige Hardecker Heilquelle, einst ein Juwel des Klosters Waldsassen, jetzt in unverdiente Vergessenheit gerathen, obwohl sie wohl würdig wäre, neben Marienbad's Quellen genannt zu werden. Daran schliesst sich zunächst der Sauerbrunnen bei Kondrau, die Quellen des Ottobades bei Wiesau und zahlreiche Säuerlinge bei Harlachmühl, in einem Weiher südlich von Schönheid, der von Falkenberg, Grossschlattengrün und Eklasgrün, dann der Goldbrunnen bei Gulg, welche sämmtlich eine etwas höhere Temperatur als die benachbarten Süsswasserquellen besitzen.

Zugleich dienen jene Spalten auch als Kanäle, um die in der Tiefe durch die dort stattfindenden vulkanischen Zersetzungsprocesse frei gewordene Kohlensäure aufwärts zu leiten und zum Theil zu Tage zu fördern. An zahllosen Punkten in der Nähe unserer Basaltberge entströmt dem Boden solches emporgedrungene Gas, das erst dann deutlich bemerkbar wird, wenn es an sumpfigen oder wasserreichen Stellen zu Tag tritt, indem in diesem Falle entweder Gasblasen aus dem Wasser aufsteigen oder beim Auftreten auf den Boden und beim Hinein-stossen eines Stocks in den wässrigen Grund unter hörbarem Zischen die Kohlensäure ent-weicht. Fast an jeder sumpfigen Stelle in dem nordöstlichen Theile der Oberpfalz lässt sich auf diese einfache Weise das Ausströmen der Kohlensäure nachweisen.

Trifft jedoch die aufsteigende Kohlensäure in grösserer Tiefe mit dort cirkulirendem Wasser zusammen, so bewirkt der erhöhte Druck die Aufnahme des Kohlensäuregases in das Wasser und es bilden sich auf diese Weise die sogenannten Säuerlinge oder das Sauerwasser, welches zu Tage tretend bei vermindertem Drucke die absorbirte Kohlensäure unter Kochen-ähnlichem Aufwallen wieder ausstösst und an die Atmosphäre abgiebt.

Die Menge der Kohlensäure, welche auf diesem Wege aus der Erdtiefe aufsteigt, ist eine erstaunliche. Nach einem mässigen Überschlag berechnet sich dieselbe für unseren verhältniss-mässig kleinen Basaltdistrikt zwischen Oberpfälzerwald und Fichtelgebirge auf jährlich un-gefähr 40 Millionen Kubikfuss, während die drei Heilquellen von Ottobad allein jährlich über 3½ Millionen Kubikfuss Kohlensäure zu Tage fördern.

Es ist bekannt, dass Wasser, welches Kohlensäure enthält, wie eine verdünnte Säure vor-züglich geeignet ist, gewisse Stoffe aufzulösen, solche sogar aus Mineralien auszuziehen und dadurch eine der grossartigsten Umgestaltungen wachzurufen, welche wir in der unorganischen Natur überhaupt kennen. Diese Eigenschaft kommt begreiflicher Weise in um so höherem Maasse auch dem in der Tiefe entstandenen und auf vielfach verzweigten Klüften das Gestein durchdringenden Sauerwasser zu, je mehr es Kohlensäure enthält. Es ist daher nichts natür-licher, als dass jenes Sauerwasser auf seinem oft langen Zuge durch verschiedene Gebirgs-schichten und Gesteinsarten viele in Kohlensäure lösliche Stoffe in sich aufnimmt und mit sich zu Tage bringt. Hauptsächlich sind Gebirgsarten und Mineralien, welche Eisen, Kalkerde, Bittererde und Alkalien enthalten, dem zersetzenden Einflusse des Sauerwassers ausgesetzt und es erscheinen die kohlensauren Salze dieser Grundstoffe als die vorherrschenden Bestandtheile der sogenannten Mineralquellen, namentlich der Kohlensäure-haltigen. Unsere Säuer-linge sind daher meistentheils zugleich Eisensäuerlinge oder sogenannte Stahlquellen.

Um die Natur dieser oberpfälzischen Heilquellen näher kennen zu lernen, dienen die Er-gebnisse der Analyse dreier Quellen von Ottobad, welche Fickentscher vornahm:
Es enthält 1 Pfund bayrisches Civilgewicht (360 Grammen) Quellwasser:

CXXXI.

| Bestandtheile. | Otto-Quelle. 6° R. | Wiesen-Quelle. 8° R. | Sprudel-Quelle. 8° R. |
|---|---|---|---|
| A. An festen Bestandtheilen in Gran. | | | |
| Kohlensaures Eisenoxydul . . . . | 0,7150 | 0,7300 | 0,7439 |
| " Manganoxydul . . . | 0,0304 | 0,0152 | 0,0214 |
| " Natron . . . . . . | 0,5102 | 0,5202 | 0,5082 |
| " Bittererde . . . . . | 0,5737 | 0,5630 | 0,5320 |
| " Kalkerde . . . . | 0,4136 | 0,3431 | 0,5033 |
| Quellsaures Kali . . . . . . . | 0,0573 | 0,0235 | 0,0152 |
| " Natron . . . . . . | 0,2451 | 0,2351 | 0,1664 |
| Schwefelsaures Kali . . . . . | 0,0335 | 0,0286 | 0,0224 |
| " Natron . . . . | 0,0651 | 0,1421 | 0,0652 |
| Chlorkalium . . . . . . . . | 0,0288 | 0,0144 | 0,0081 |
| Chlornatrium . . . . . . . . | — | 0,0810 | 0,0401 |
| Phosphorsaurer Kalk . . . . . | 0,0072 | 0,0092 | 0,0087 |
| " Thonerde (bas.) . . | 0,0063 | | |
| Fluorcalcium . . . . . . . | Spuren | — | — |
| Kieselerde . . . . . . . . . | 0,5549 | 0,5329 | 0,6043 |
| Zusammen | 3,2411 | 3,2383 | 3,2392 |
| B. An flüchtigen Bestandtheilen in rhein. Kubikzollen. | | | |
| Freie Kohlensäure . . . . . . . | 36,8124 | 34,5 | 45,0 |
| Schwefelwasserstoff . . . . . | Spur | — | — |

Ein Theil dieser gelösten Stoffe wird wieder ausgeschieden, sobald beim Zutagtreten der Quelle ein Theil der Kohlensäure, deren Überschuss die Lösung bewirkt, wieder frei wird und in die Atmosphäre übergeht. In Karlsbad bildet sich durch diesen Vorgang der sogenannte Sprudelstein. Bei unseren Quellen, bei welchen der Kalk- gegen den Eisengehalt zurücktritt, ist es besonders das kohlensaure Eisenoxydul, welches sich ausscheidet und durch Zersetzung in Eisenoxydhydrat übergehend den sogenannten Eisenocker erzeugt, ein charakteristisches Zeichen, welches das Vorkommen eines Eisensäuerlings in der Nähe verräth (Eisenguhren) und als Führer zum Auffinden neuer Säuerlinge benützt werden kann. Die Menge der aus der Tiefe durch die Mineralquellen zur Oberfläche gebrachten Bestandtheile ist so gross, dass ein einziger Säuerling z. B. bloss an Eisenoxydhydrat jährlich über 2000 Zentner zu liefern im Stande ist und die Ottoquelle des Ottobades jährlich an festen Bestandtheilen über zwei Millionen Pfund mit sich führt.

Diese Angaben genügen, um den Antheil begreiflich zu machen, welchen die Mineralquellen früherer Zeit an den in den oberen Lagen vorkommenden Absatzmassen genommen haben. Denn es ist leicht einzusehen, dass die Thätigkeit der Mineralquellen während und unmittelbar nach der Haupteruptionsperiode der Basaltbildung eine gegen die jetzt noch lebendige, allmählig schwächer gewordene Erscheinung vergleichungsweise viel grossartigere gewesen sein muss. In der That erkennen wir auch aus vielen Eisenerzablagerungen der basaltischen Gegend das Vorhandensein früherer grossartiger Eisensäuerlinge, welchen die Eisenerzbildung auf den basaltischen Tuffen an der Zottenwies, auf der Sattlerin, bei Pechofen, wohl auch jene von Klein-Sterz, dann bei Oberteich und Konnersreuth, sowie jene bei Ottobad selbst und auf dem hohen Parkstein ihren Ursprung zu verdanken haben. Es sind diess sogenannte Quell-, Rasen- und Sumpferze, ockerige, meist weiche, mit Sand und Thon vermengte Brauneisensteine, welche, nahe unter der Oberfläche gelagert und von thonigen Schichten oder Basalttuff begleitet, nie eine Ausbreitung über grössere Flächen gewinnen, sondern stets sich auf kleine Flecke beschränken und hier oft mächtige linsenförmige Putzen bilden.

Auch gewisse thonige Ablagerungen stehen in direkter Beziehung zu den Mineralquellen, obwohl sie nicht durch dieselben erzeugt, aber doch in ihrem Materiale durch den Einfluss des auflösenden Kohlensäure-haltigen Wassers verändert wurden. Dahin kann man gewisse plastische weisse Thone zählen, welche mit den tertiären Schichten vorkommen und durch ihre weisse Farbe zu feineren Töpferarbeiten sich eignen. Es ist nicht unwahrscheinlich, dass die tief eingehende Zersetzung, welche den Granit an manchen Stellen in der Nähe des Basaltes, z. B. bei Klein-Büchelberg, ergriffen hat und seine Benützung zum Ausschlämmen von Porzellanthon ermöglicht, veranlasst wurde durch aufsteigendes Sauerwasser, welches den Umwandlungsprocess einleitete.

Bezüglich der Verbreitung des Basaltes innerhalb unseres Gebirges genügt es, an das früher Angeführte zu erinnern. Der Zug des Basaltes, der von Böhmen hereintritt, erhält zwar seinen Abschluss in südwestlicher Richtung mit den Basalten der Fichtelbergischen Mittelgebirge, aber die Einzelkuppen, welche über diesen Kreis hinaus bereits im Gebiete der vorliegenden Flötzschichten auftauchen, deuten die weiteren Verbindungswege an, welche die entfernteren Basaltgebiete unter sich verbinden. So stellt der Basalt des Patersberges, der durch die Lias- und Doggerschichten hindurchgebrochen und diese verglast hat, die Verbindung unseres Basaltdistriktes mit jenem der hohen Rhön her und die doleritischen Gesteine von Oberleinleiten, welche mitten aus dem Jurakalk auftauchen, weisen auf den langen, den ganzen Strich des fränkisch-schwäbischen Juragebirges begleitenden Zug basaltischer Ausbrüche hin, welche endlich im Höhgau ein neues Centrum der Entwicklung gewinnen.

Lightning Source UK Ltd.
Milton Keynes UK
UKHW020121090119
334943UK00005B/613/P

9 780265 486085